이 교재의 표지는 생성형 AI와 함께 만들었습니다.

#Iridescent #Opalescence #High resolution #3D rendered

 안을 **연필**로 칠하거나 **동전**으로 긁으면 답이 나옵니다.

# I 화학 반응의 규칙과 에너지 변화

## 화보 1.1 물질 변화

진도 교재 10쪽

### 물리 변화

물리 변화는 물질의 고유한 성질은 변하지 않으면서 모양이나 상태 등이 변하는 현상이다. ➡ [　　　]의 배열만 달라진다.

▲ 향수 냄새가 퍼진다.

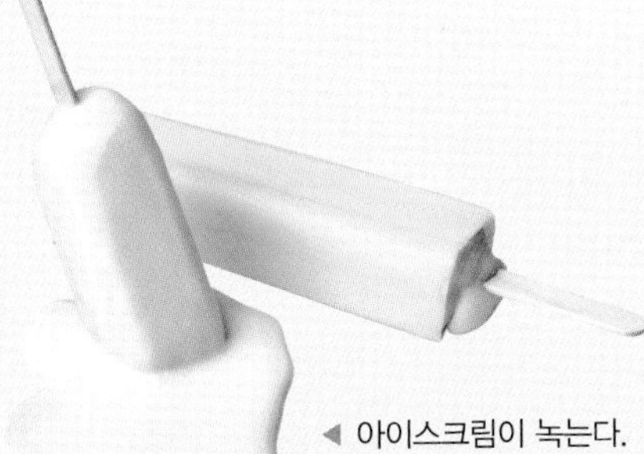

◀ 아이스크림이 녹는다.

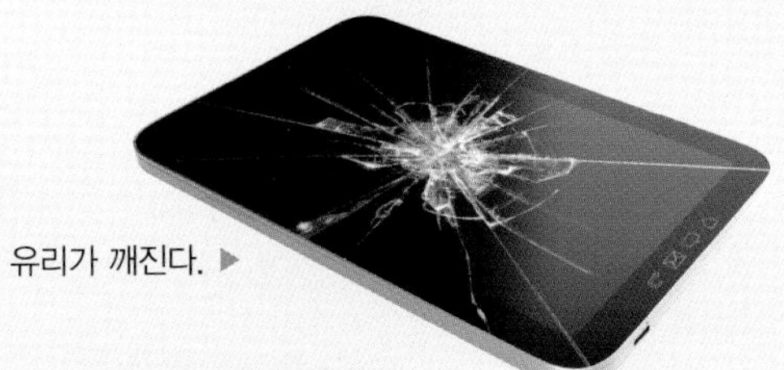

유리가 깨진다. ▶

▲ 유리창에 김이 서린다.

캔이 찌그러진다. ▶

### 화학 변화

화학 변화는 어떤 물질이 성질이 다른 새로운 물질로 변하는 현상이다. ➡ [　　　]의 배열이 달라진다.

◀ 철이 녹슨다.

▲ 메테인 가스가 연소하여 열과 빛이 발생한다.

▲ 김치가 시어진다.

▲ 아이오딘화 칼륨 수용액에 질산 납 수용액을 넣으면 노란색 앙금이 생긴다.

▼ 포도가 익어 맛이 변한다.

화보 1.2

## 질량 보존 법칙

진도 교재 20쪽

▶ **질량 보존 법칙** 화학 반응이 일어날 때 반응물의 총질량과 생성물의 총질량은 ☐다. ➡ 화학 반응이 일어날 때 ☐의 종류와 개수가 변하지 않기 때문이다.

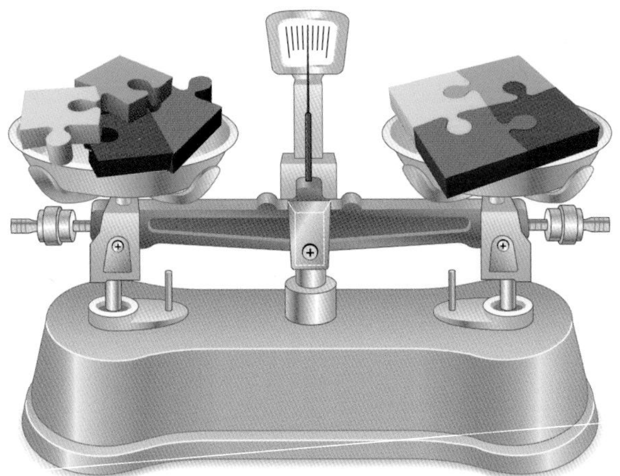

화보 1.3

## 산화 구리(Ⅱ)와 물에서의 일정 성분비 법칙

진도 교재 22쪽

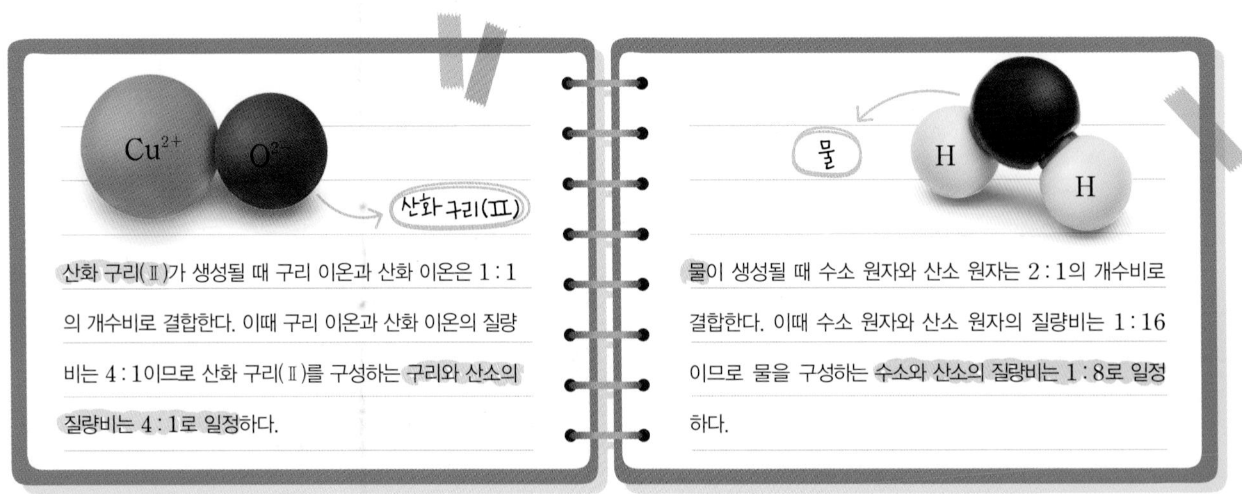


산화 구리(Ⅱ)가 생성될 때 구리 이온과 산화 이온은 1 : 1의 개수비로 결합한다. 이때 구리 이온과 산화 이온의 질량비는 4 : 1이므로 산화 구리(Ⅱ)를 구성하는 구리와 산소의 질량비는 4 : 1로 일정하다.

물이 생성될 때 수소 원자와 산소 원자는 2 : 1의 개수비로 결합한다. 이때 수소 원자와 산소 원자의 질량비는 1 : 16이므로 물을 구성하는 수소와 산소의 질량비는 1 : 8로 일정하다.

화보 1.4

## 화학 반응에서 출입하는 에너지의 활용

진도 교재 34쪽

▲ **손난로**
철 가루와 산소가 반응할 때 ☐하는 에너지로 손을 따뜻하게 한다.

▲ **발열 컵**
산화 칼슘과 물이 반응할 때 ☐하는 에너지로 용기 안의 음료를 데운다.

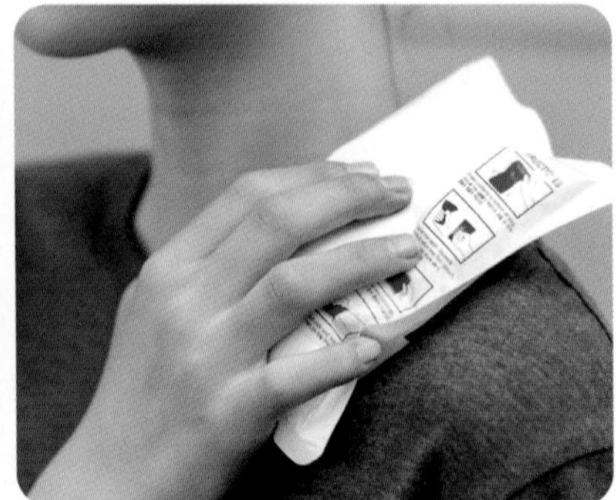

▲ **냉찜질 팩**
질산 암모늄과 물이 반응할 때 에너지를 ☐하여 주변의 온도가 낮아지므로 열을 내리거나 통증을 완화시킨다.

# Ⅱ 기권과 날씨

화보 2.1 **기권의 층상 구조**

진도 교재 48쪽

**열권**

공기가 매우 희박하고, 낮과 밤의 온도 차가 ______, 오로라를 볼 수 있다.

△ 인공위성 궤도

△ 오로라

약 80 km

**중간권**

대류가 일어나지만 ______가 거의 없어 기상 현상은 나타나지 않고, 유성이 관측되기도 한다.

△ 유성

약 50 km

**성층권**

대기가 안정하고, 높이 약 20~30 km 구간에 ______이 존재한다.

▲ 장거리 비행기 항로

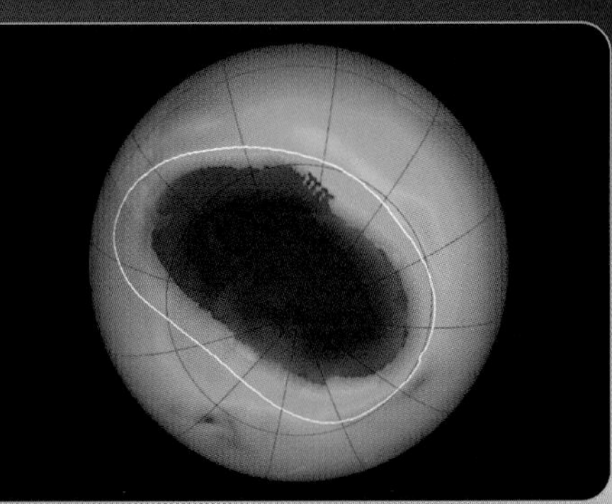

▲ 오존층

약 11 km

**대류권**

대류가 일어나고 수증기가 있어 기상 현상이 나타난다.

△ 기상 현상(구름)

△ 기상 현상(번개)

지표면

| 화보 2.2 | 기압의 증거 |
|---|---|
| | 진도 교재 72쪽 |

▲ 신문지를 펼쳐 자로 빠르게 들어 올려도 신문지가 잘 올라오지 않는다. 그 까닭은 ☐이 모든 방향으로 작용하기 때문이다.

▲ 페트병에 뜨거운 물을 조금 넣고 뚜껑을 닫아 얼음물에 넣으면 페트병이 찌그러진다. 그 까닭은 ☐이 모든 방향으로 작용하기 때문이다.

▲ 컵에 물을 가득 담고 윗부분을 종이로 막은 후 거꾸로 뒤집어도 물은 쏟아지지 않는다. 그 까닭은 ☐이 모든 방향으로 작용하기 때문이다.

| 화보 2.3 | 우리나라에 영향을 주는 기단과 계절별 날씨의 특징 |
|---|---|
| | 진도 교재 84쪽 |

▼ 우리나라는 대륙과 해양에서 만들어진 기단의 영향으로 다양한 날씨가 나타난다.

시베리아 기단

오호츠크해 기단

양쯔강 기단

북태평양 기단

▲ **겨울**
춥고 건조하며, 폭설이 내린다.

▲ **초여름**
동해안 지역에 저온 현상이 나타나기도 한다.

▲ **봄**
따뜻하고 건조하며, 황사가 나타난다.

▲ **가을**
따뜻하고 건조하며, 맑은 하늘이 자주 나타난다.

▲ **여름**
덥고 습하며, 폭염, 열대야가 나타난다.

# Ⅲ 운동과 에너지

## 화보 3.1 운동의 기록

진도 교재 100쪽

▼ 일정한 시간 간격으로 운동하는 물체를 촬영한 다중 섬광 사진에서는 물체 사이의 간격이 ______ 수록 물체의 속력이 빠르다.

느리다.

빠르다.

## 화보 3.2 등속 운동의 예

진도 교재 100쪽

▼ 속력이 일정한 등속 운동을 하는 물체들의 ______ 는 시간에 따라 일정하게 증가한다.

스키 리프트

모노레일

컨베이어

무빙워크

## 화보 3.3 일의 양이 0인 경우

진도 교재 112쪽

▲ 철봉에 매달려 있는 경우 [      ]가 0이다. 따라서 한 일의 양이 0이다.

▲ 마찰이 없는 얼음판 위에서 등속 운동을 하는 학생의 경우 작용한 [      ]이 0이다. 따라서 한 일의 양이 0이다.

▲ 가방을 들고 수평 방향으로 이동하는 경우 힘의 방향과 이동 방향이 [      ]이다. 따라서 한 일의 양이 0이다.

## 화보 3.4 운동 에너지의 전환

진도 교재 114쪽

**볼링** 볼링공이 가진 [      ]가 볼링핀을 쓰러뜨리는 일로 전환된다.

**윈드서핑** 바람이 가진 [      ]가 돛과 서핑보드를 이동시키는 일로 전환된다.

# 자극과 반응

## 화보 4.1 눈의 구조와 기능

진도 교재 130쪽

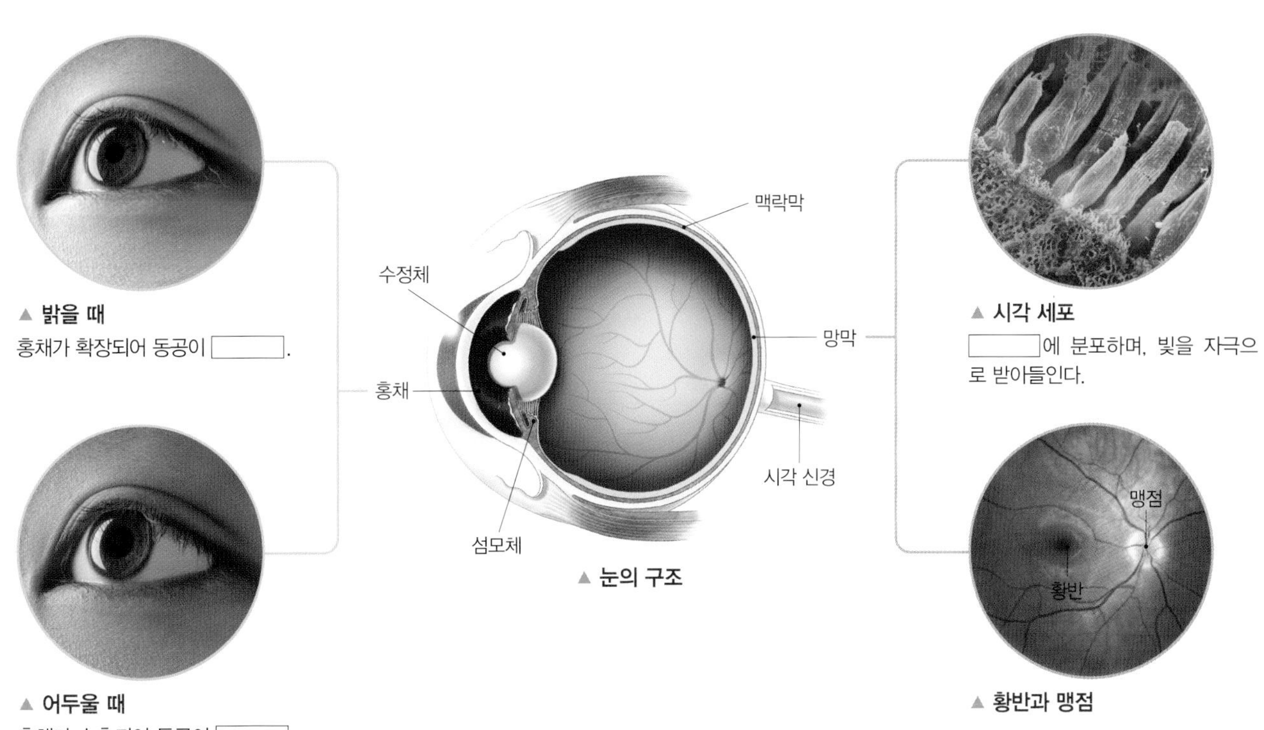


▲ 밝을 때
홍채가 확장되어 동공이 [ ].

▲ 어두울 때
홍채가 수축되어 동공이 [ ].

▲ 눈의 구조

▲ 시각 세포
[ ]에 분포하며, 빛을 자극으로 받아들인다.

▲ 황반과 맹점

## 화보 4.2 뉴런의 구조

진도 교재 140쪽

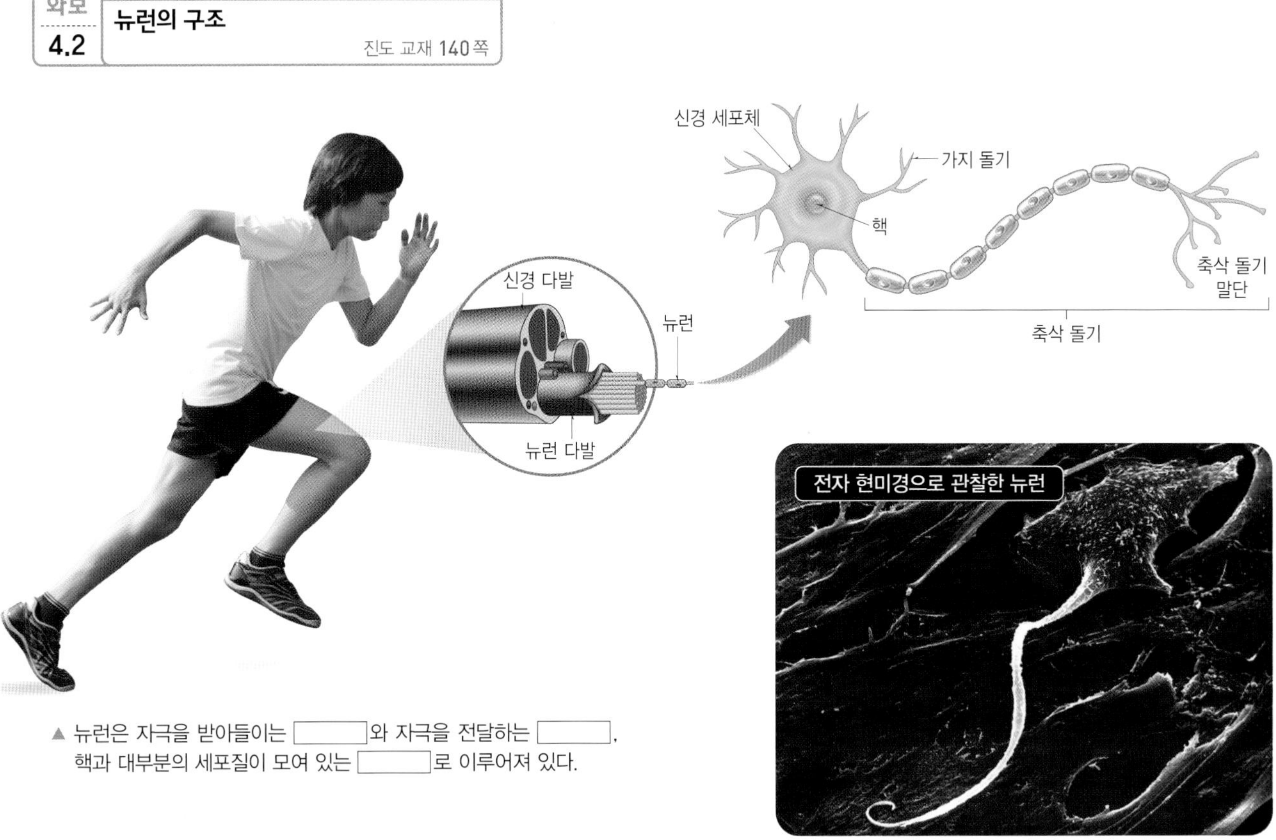


▲ 뉴런은 자극을 받아들이는 [ ]와 자극을 전달하는 [ ], 핵과 대부분의 세포질이 모여 있는 [ ]로 이루어져 있다.

## 화보 4.3 사람의 신경계

진도 교재 140 쪽

▼ **신경계의 구분**

______ 신경계는 뇌와 척수로 이루어져 있고, ______ 신경계는 감각 신경과 운동 신경으로 이루어져 있다.

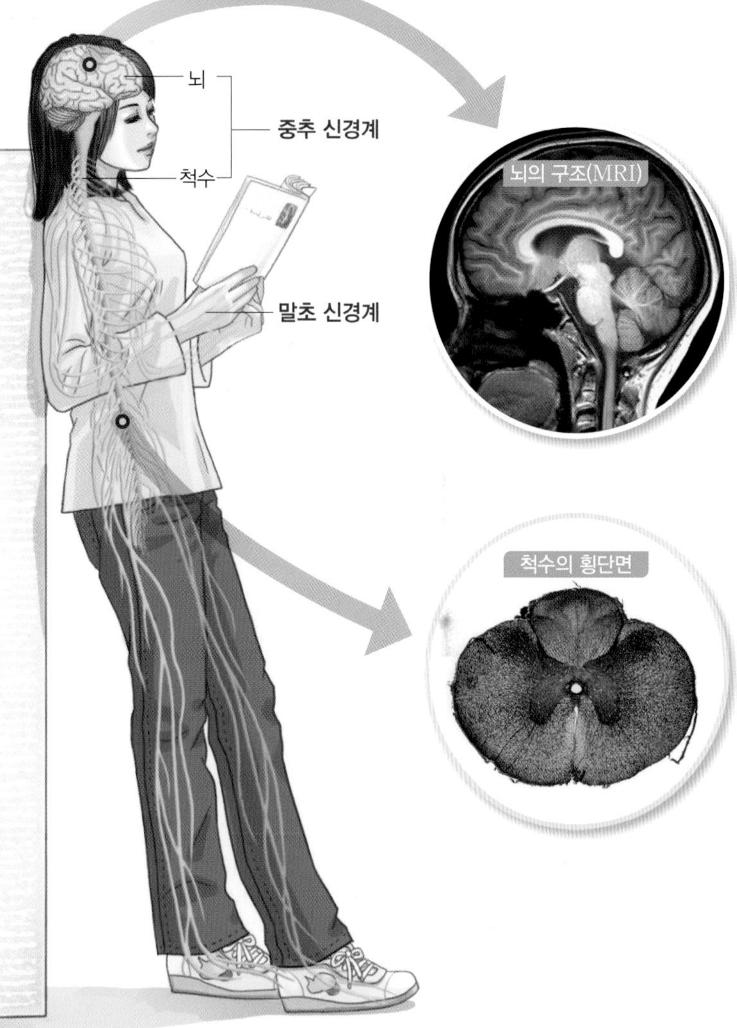


▼ **여러 가지 활동을 할 때 대뇌 겉질이 활성화되는 부위**

대뇌는 추리, 기억, 학습, 감정 등 정신 활동을 담당하고, 감각과 운동의 중추이다. 대뇌의 정신 활동은 대부분 대뇌 겉질에서 일어난다.

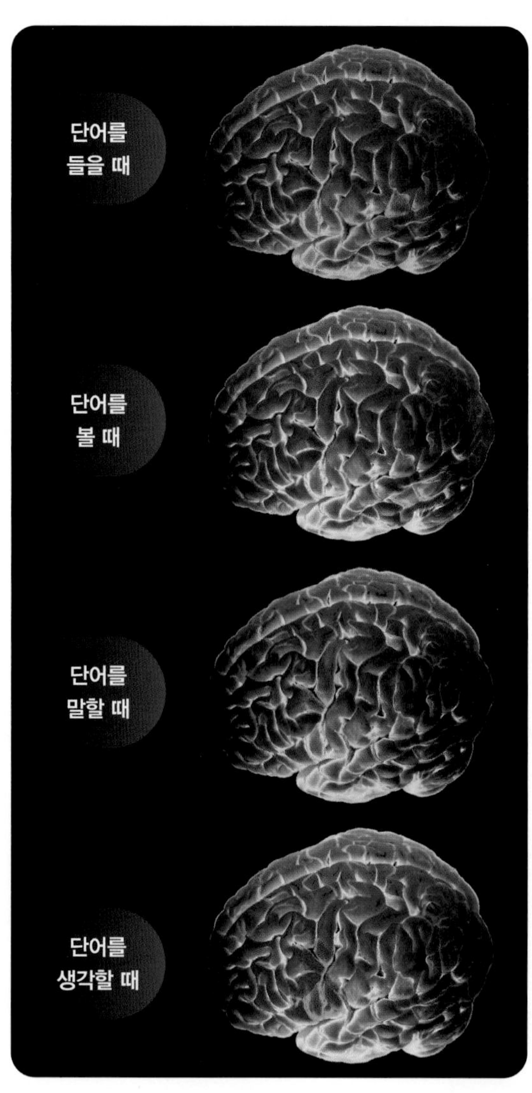


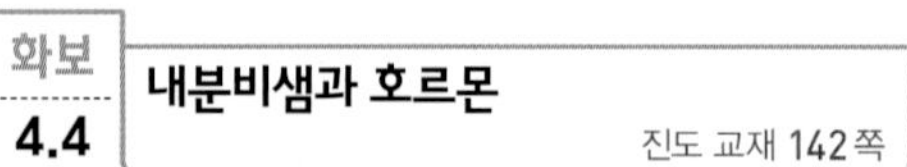

## 화보 4.4 내분비샘과 호르몬

진도 교재 142 쪽

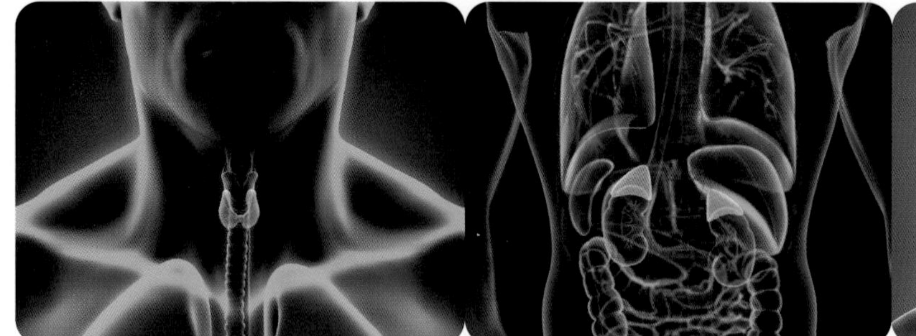


▲ **갑상샘**

세포 호흡을 촉진하는 ______을 분비한다.

▲ **부신**

심장 박동을 촉진하고 혈당량을 높이는 ______을 분비한다.

▲ **이자**

혈당량을 낮추는 ______과 혈당량을 높이는 ______을 모두 분비한다.

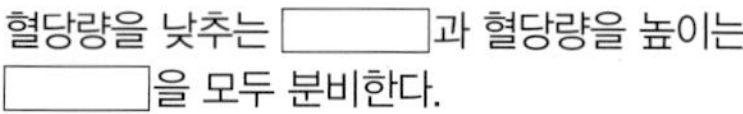

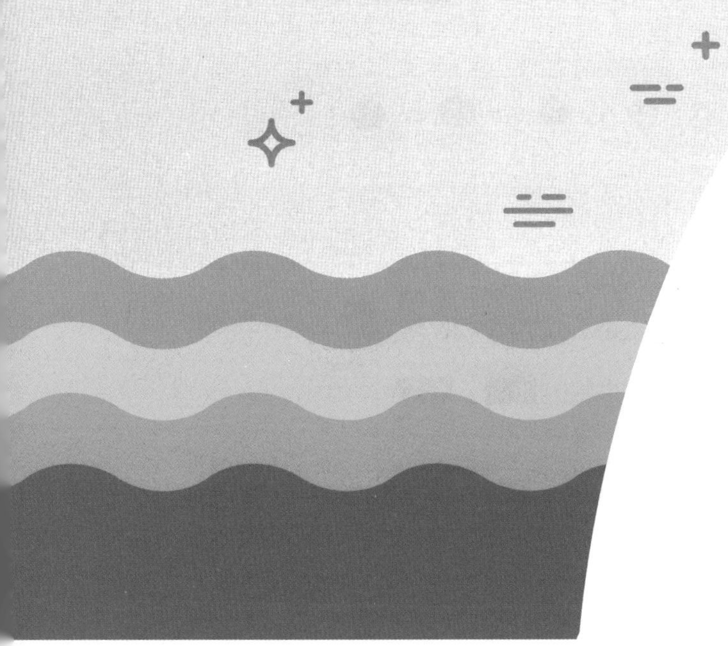

# 오투

# 3-1

# 제대로 된 과학 공부를 원한다면, 오투 ~ !

## 오투의 '탁월함'은 어떻게 만들어진 것일까?

매해 전국의 기출 문제를 모아 영역별 → 단원별 → 개념별로 세분화하여 오투에 완벽하게 적용한다.

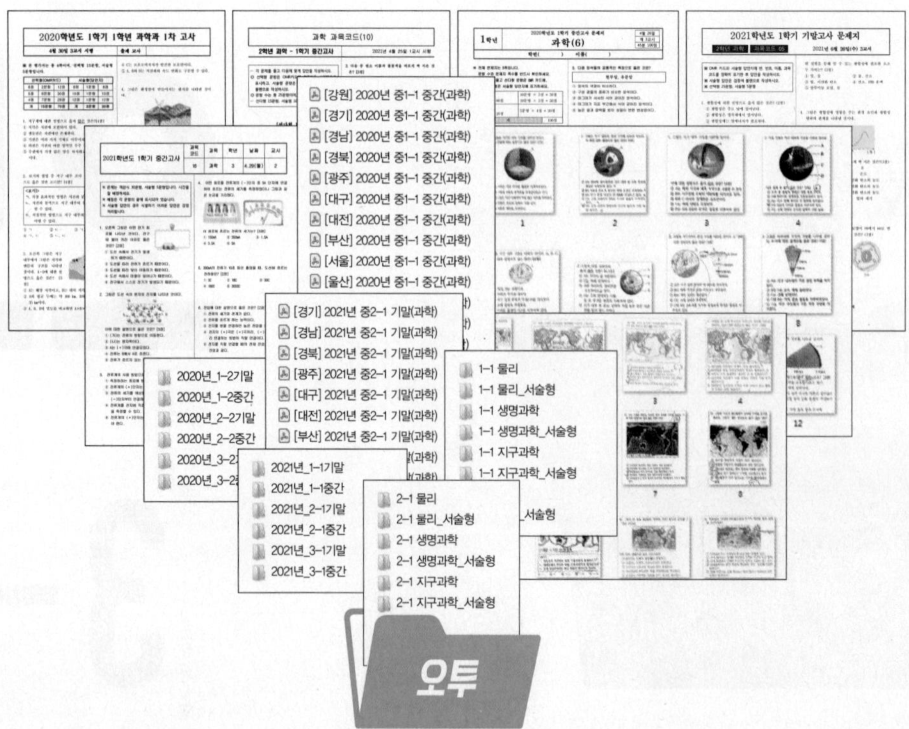


- 기출 문제 분석을 통한 **핵심 개념 정리**
- 중요하면서 까다로운 주제 도출 및 공략 **여기서 잠깐**
- 시험에 꼭 나오는 탐구와 탐구 문제 **오투실험실**
- 자주 나오는 기출 문제 구조화 **개념 쏙쏙, 내신 쑥쑥, 실력 탄탄**

## 오투의 완벽한 학습 시스템

**1** 체계적인 오투 학습을 통해 과학 공부의 즐거움을 경험할 수 있다.

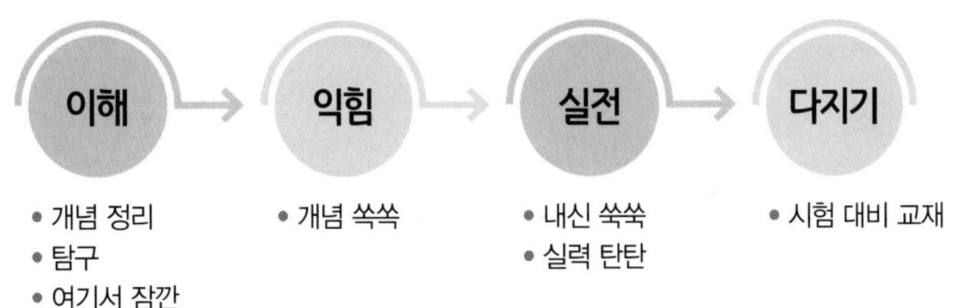


| 이해 | 익힘 | 실전 | 다지기 |
|---|---|---|---|
| • 개념 정리<br>• 탐구<br>• 여기서 잠깐 | • 개념 쏙쏙 | • 내신 쑥쑥<br>• 실력 탄탄 | • 시험 대비 교재 |

**2** 오투의 탁월함에 생생함을 더했다. 실험 과정부터 원리 설명까지 실험 속 생생함을 오투실험실에서 경험할 수 있다.

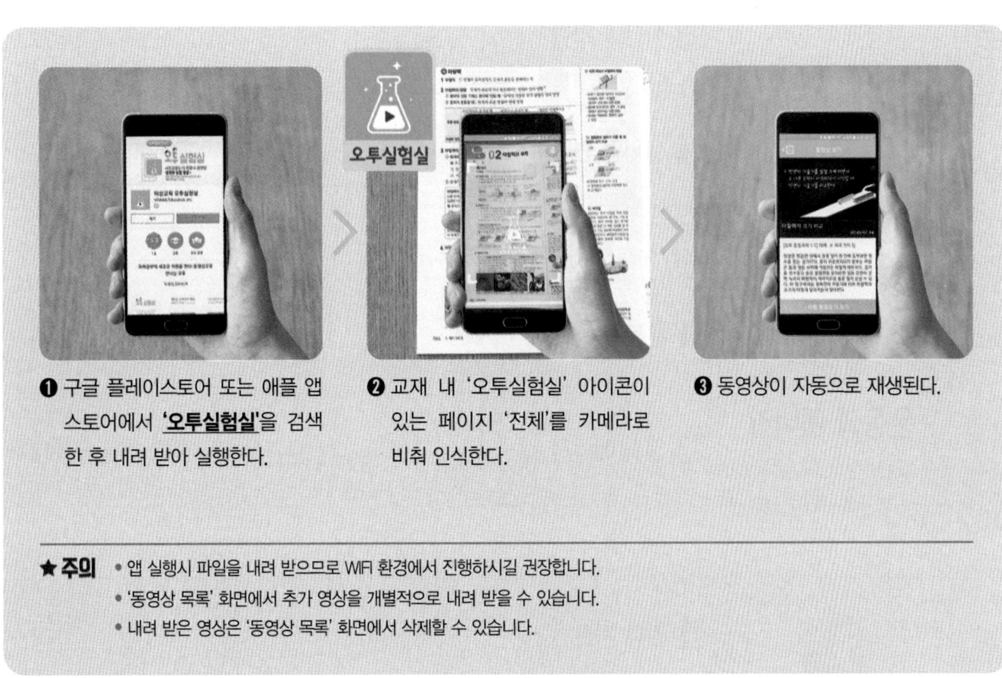


❶ 구글 플레이스토어 또는 애플 앱 스토어에서 **'오투실험실'**을 검색한 후 내려 받아 실행한다.

❷ 교재 내 '오투실험실' 아이콘이 있는 페이지 '전체'를 카메라로 비춰 인식한다.

❸ 동영상이 자동으로 재생된다.

**★ 주의**
- 앱 실행시 파일을 내려 받으므로 WIFI 환경에서 진행하시길 권장합니다.
- '동영상 목록' 화면에서 추가 영상을 개별적으로 내려 받을 수 있습니다.
- 내려 받은 영상은 '동영상 목록' 화면에서 삭제할 수 있습니다.

# 오투와 내 교과서 비교하기

아래 표를 어떻게 봐야 할지 모르겠다구?
먼저 내 교과서 출판사명과 시험 범위를 확인하는 거야!
음... 비상교육 교과서 12 ~ 20쪽이면 오투 10 ~ 19쪽까지를 공부하면 돼.

| 비상교육 | 미래엔 | 천재교과서 | 동아 |
|---|---|---|---|
| 12 ~ 20 | 14 ~ 25 | 13 ~ 23 | 13 ~ 19 |
| 26 ~ 35 | 26 ~ 37 | 27 ~ 40 | 23 ~ 32 |
| 40 ~ 45 | 38 ~ 45 | 43 ~ 47 | 34 ~ 38 |
| 54 ~ 61 | 56 ~ 63 | 57 ~ 66 | 49 ~ 56 |
| 66 ~ 75 | 64 ~ 73 | 71 ~ 82 | 59 ~ 68 |
| 80 ~ 83 | 74 ~ 77 | 85 ~ 89 | 71 ~ 73 |
| 84 ~ 91 | 78 ~ 85 | 90 ~ 99 | 74 ~ 82 |
| 100 ~ 109 | 96 ~ 115 | 108 ~ 121 | 92 ~ 105 |
| 114 ~ 121 | 116 ~ 127 | 122 ~ 135 | 106 ~ 117 |
| 130 ~ 137 | 138 ~ 147 | 142 ~ 155 | 126 ~ 139 |
| 142 ~ 153 | 148 ~ 162 | 156 ~ 173 | 140 ~ 159 |

# 오투의 단원 구성

## I 화학 반응의 규칙과 에너지 변화



## II 기권과 날씨

# Ⅲ 운동과 에너지



# Ⅳ 자극과 반응



오투 중등과학으로 누구나 쉽고 재미있게
과학을 공부할 수 있어 ~ !

## 3-2에서 배울 내용

| V. 생식과 유전 | VI. 에너지 전환과 보존 | VII. 별과 우주 | VIII. 과학기술과 인류 문명 |
|---|---|---|---|
| 01 세포 분열 | 01 역학적 에너지 전환과 보존 | 01 별까지의 거리 | 01 과학기술과 인류 문명 |
| 02 사람의 발생 | 02 전기 에너지의 발생과 전환 | 02 별의 성질 | |
| 03 멘델의 유전 원리 | | 03 은하와 우주 | |
| 04 사람의 유전 | | | |

# I

# 화학 반응의 규칙과 에너지 변화



## |다른 학년과의 연계는?|

**초등학교 3학년**

- 물질의 성질 : 물질은 물체를 만드는 재료이며, 물질마다 서로 다른 성질을 가지고 있기 때문에 물체의 기능에 알맞은 물질을 선택하여 물체를 만든다.

**초등학교 6학년**

- 연소 : 연소는 탈 물질이 공기 중의 산소와 빠르게 반응하여 열과 빛을 내며 타는 현상이다.

**중학교 3학년**

- 물질 변화와 화학 반응식 : 물리 변화와 화학 변화를 구분하고, 간단한 화학 반응을 화학 반응식으로 나타낸다.
- 화학 반응의 규칙, 화학 반응에서의 에너지 출입 : 화학 반응이 일어날 때 물질의 양적 관계의 규칙성 및 에너지 출입을 확인한다.

**통합과학**

- 화학 변화 : 대표적인 화학 반응인 산화·환원 반응, 산·염기 중화 반응을 통해 화학 변화의 규칙성을 알아본다.

이 단원에서는 물질 변화와 화학 반응식, 화학 반응의 규칙, 화학 반응에서의 에너지 출입에 대해 알아본다. 이 단원을 들어가기 전에 이전 학년에서 배운 개념을 확인해 보자.

다음 내용에서 필요한 단어를 골라 빈칸을 완성해 보자.

성질, 물체, 물, 새로운 물질, 이산화 탄소, 산소

**초3**

**1. 물질의 성질**

① 물질 : ❶□□를 만드는 재료 ➡ 물질마다 서로 다른 ❷□□을 가지고 있다.

| 금속 | 플라스틱 | 나무 | 고무 |
|---|---|---|---|
| 광택이 있고, 다른 물질보다 단단하다. | 금속보다 가볍고, 다양한 모양의 물체를 쉽게 만들 수 있다. | 금속보다 가볍고, 고유한 향과 무늬가 있다. | 늘어났다가 다시 돌아오며, 잘 미끄러지지 않는다. |

② 서로 다른 물질을 섞으면 섞기 전에 각 물질이 가지고 있던 색깔, 손으로 만졌을 때의 느낌 등의 ❷□□이 변하기도 한다.

예 물, 붕사, 폴리비닐 알코올을 섞어서 만든 탱탱볼은 물, 붕사, 폴리비닐 알코올의 성질과 다르다.

▲ 물 ▲ 붕사 ▲ 폴리비닐 알코올 ▲ 탱탱볼

**초6**

**2. 물질이 탈 때 필요한 기체**

① 물질이 탈 때 필요한 기체 : ❸□□

② 산소의 양에 따른 물질의 타는 모습

| 산소가 충분히 공급되는 경우 | 탈 물질이 모두 없어질 때까지 계속 탄다. |
|---|---|
| 산소가 부족한 경우 | 탈 물질이 남아 있어도 더 이상 타지 않는다. |

**3. 물질이 연소한 후에 생기는 물질**

① 초가 연소하면 ❹□과 ❺□□□ □□가 생성된다.

② 물질이 연소하면 연소 전의 물질과는 다른 ❻□□□□□이 만들어진다.

정답 | ❶ 물체 ❷ 성질 ❸ 산소 ❹ 물 ❺ 이산화 탄소 ❻ 새로운 물질

# 01 물질 변화와 화학 반응식

## A 물질 변화 탐구 a 14쪽

**1 물리 변화** 물질의 고유한 성질은 변하지 않으면서 모양이나 상태 등이 변하는 현상[1][2]

| 모양 변화 | 상태 변화 |
|---|---|
| • 컵이 깨진다.<br>• 종이를 접거나 자른다.<br>• 빈 음료수 캔을 찌그러뜨린다. | • 아이스크림이 녹는다.<br>• 유리창에 김이 서린다.<br>• 물을 끓이면 수증기가 된다. |

| 확산 | 용해 |
|---|---|
| • 잉크가 물속으로 퍼진다.<br>• 향수병의 마개를 열어 놓으면 향수 냄새가 퍼진다. | • 설탕을 물에 넣으면 용해된다.<br>• 따뜻한 우유에 코코아를 녹인다. |

**2 화학 변화** 어떤 물질이 성질이 다른 새로운 물질로 변하는 현상[3]

| 열과 빛 발생 | *앙금 생성 |
|---|---|
| • 양초가 탄다.<br>• 종이를 태운다.<br>• 메테인 가스가 *연소하여 열과 빛이 발생한다. | • 아이오딘화 칼륨 수용액과 질산 납 수용액이 반응하면 노란색 앙금이 생성된다. |

발포정

| 기체 발생 | 색깔, 냄새, 맛 등의 변화 |
|---|---|
| • 발포정을 물에 넣으면 기포가 발생한다.<br>• 달걀 껍데기와 묽은 염산(또는 식초)이 반응하면 이산화 탄소가 발생한다. | • 철이 녹슨다.<br>• 과일이 익는다.<br>• 김치가 시어진다.<br>• 깎아 놓은 사과의 색이 변한다. |

**3 물질 변화에서 입자 배열의 변화**

| 구분 | 물리 변화 | 화학 변화 |
|---|---|---|
| 성질 변화 | 물질의 성질이 변하지 않는다.<br>➡ 분자의 종류는 변하지 않고 분자의 배열만 변하기 때문 | 물질의 성질이 변한다.<br>➡ 원자의 배열이 달라져 분자의 종류가 변하기 때문 |
| 모형 | 물 분자 / 수증기 / 상태 변화 (기화) ← 물 분자 / 물 | → 전기 분해[4] / 수소 분자 / 수소 / 산소 분자 / 산소 |
| 변하는 것 | 분자의 배열 | • 원자의 배열, 분자의 종류<br>• 물질의 성질 |
| 변하지 않는 것 | • 원자의 배열, 원자의 종류와 개수<br>• 분자의 종류와 개수<br>• 물질의 성질과 총질량 | • 원자의 종류와 개수<br>• 물질의 총질량 |

### 플러스 강의

**❶ 설탕을 가열할 때의 변화**
- 물리 변화 : 설탕(고체)을 약한 불로 가열하면 설탕이 녹는다(액체). ➡ 녹은 설탕은 단맛이 난다.
- 화학 변화 : 녹은 설탕을 더 오래 가열하면 설탕이 타서 검게 변한다. ➡ 검게 변한 설탕은 단맛이 나지 않는다.

**❷ 물리 변화의 여러 가지 예**
- 오이를 썬다.
- 달걀이 깨진다.
- 젖은 빨래가 마른다.
- 용광로에서 철이 녹는다.
- 빵에 바른 버터가 녹는다.
- 수증기가 응결하여 구름이 된다.
- 드라이아이스의 크기가 작아진다.
- 가는 철을 뭉쳐 강철솜을 만든다.
- 촛불 주위의 양초가 녹아 촛농이 된다.

**❸ 화학 변화의 여러 가지 예**
- 종이를 태운다.
- 음식물이 부패한다.
- 프라이팬 위의 달걀이 익는다.
- 가을이 되면 단풍잎이 붉은색으로 변한다.
- 오래된 우유가 상해 덩어리가 생기거나 기체가 발생한다.
- 밀가루 반죽을 오븐에 넣고 가열하면 반죽이 부풀어 오른다.

**❹ 물의 전기 분해**
물을 전기 분해하면 물 분자를 이루는 수소 원자와 산소 원자의 결합이 끊어진 다음 수소 원자 2개, 산소 원자 2개가 각각 결합하여 수소 분자와 산소 분자가 생성된다.

**용어 돋보기**
* **연소(燃 불이 타다, 燒 불태우다)**_물질이 산소와 빠르게 반응하여 열과 빛을 내며 타는 현상
* **앙금**_두 종류의 수용액을 섞을 때 생성되는, 물에 잘 녹지 않는 고체 물질

**A 물질 변화**

- □□ 변화 : 물질의 고유한 성질은 변하지 않으면서 모양이나 상태 등이 변하는 현상
- □□ 변화 : 어떤 물질이 성질이 다른 새로운 물질로 변하는 현상
- 입자 배열의 변화 : 물리 변화가 일어날 때는 □□의 배열이 변하고, 화학 변화가 일어날 때는 □□의 배열이 변한다.

**암기 쾅** 물리 변화, 화학 변화와 입자 배열의 변화

물리 변화는 분자 배열이 변하고, 화학 변화는 원자 배열이 변한다.
➡ 물분(부은) 화원!

A

**1** 다음 (  ) 안에 알맞은 말을 쓰시오.

> 물질 변화는 물질의 고유한 (  ) 변화 여부에 따라 물리 변화와 화학 변화로 구분한다.

**2** 다음 현상이 물리 변화이면 '물', 화학 변화이면 '화'라고 쓰시오.

(1) 철이 녹슨다. ( )
(2) 물에 잉크가 퍼진다. ( )
(3) 설탕이 물에 녹는다. ( )
(4) 빈 음료수 캔을 찌그러뜨린다. ( )
(5) 과일이 익으면서 색과 맛이 변한다. ( )
(6) 달걀 껍데기와 식초가 반응하면 이산화 탄소가 발생한다. ( )

**3** 화학 변화가 일어났음을 알 수 있는 현상을 보기에서 모두 고르시오.

보기
ㄱ. 앙금이 생성된다.
ㄴ. 열과 빛이 발생한다.
ㄷ. 새로운 기체가 발생한다.
ㄹ. 고체에서 액체로 변한다.

**4** 다음 모형을 물리 변화와 화학 변화로 구분하시오.

(1)
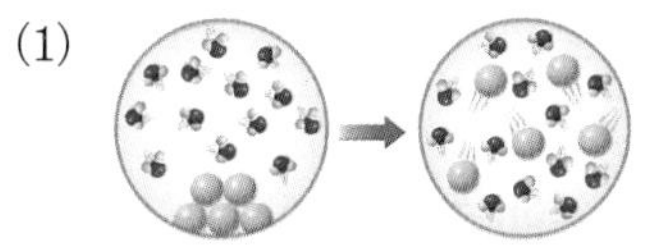

(2)
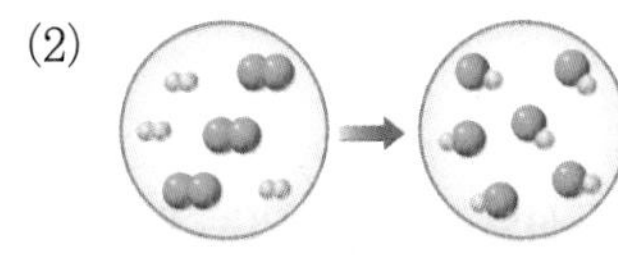

**5** 물리 변화에 대한 설명은 '물', 화학 변화에 대한 설명은 '화'라고 쓰시오.

(1) 물질의 원자 배열이 달라진다. ( )
(2) 어떤 물질이 성질이 다른 새로운 물질로 변한다. ( )
(3) 물질의 상태나 모양만 변하며, 성질은 변하지 않는다. ( )
(4) 원자의 배열은 변하지 않으며, 분자의 배열만 변한다. ( )

**6** 화학 변화가 일어날 때 변하는 것은 ○, 변하지 않는 것은 ×로 표시하시오.

(1) 원자의 개수 ( )
(2) 원자의 종류 ( )
(3) 원자의 배열 ( )
(4) 물질의 성질 ( )

## B 화학 반응과 화학 반응식

**1 화학 반응** 화학 변화가 일어나 반응 전 물질과 다른 새로운 물질이 생성되는 반응

➡ 화학 반응이 일어날 때 원자의 종류와 개수는 변하지 않고, 원자의 배열이 달라져 새로운 물질이 생성된다.

예 수소와 산소가 반응하여 물이 생성된다.

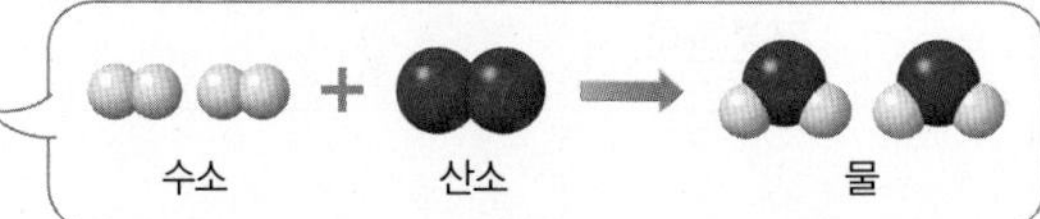


**2 화학식과 화학 반응식**

① 화학식 : 물질을 이루는 원자의 종류와 개수를 원소 기호를 이용하여 나타낸 식❶

② 화학 반응식 : 화학식을 이용하여 화학 반응을 나타낸 식

**3 화학 반응식을 나타내는 방법** 여기서 잠깐 15쪽

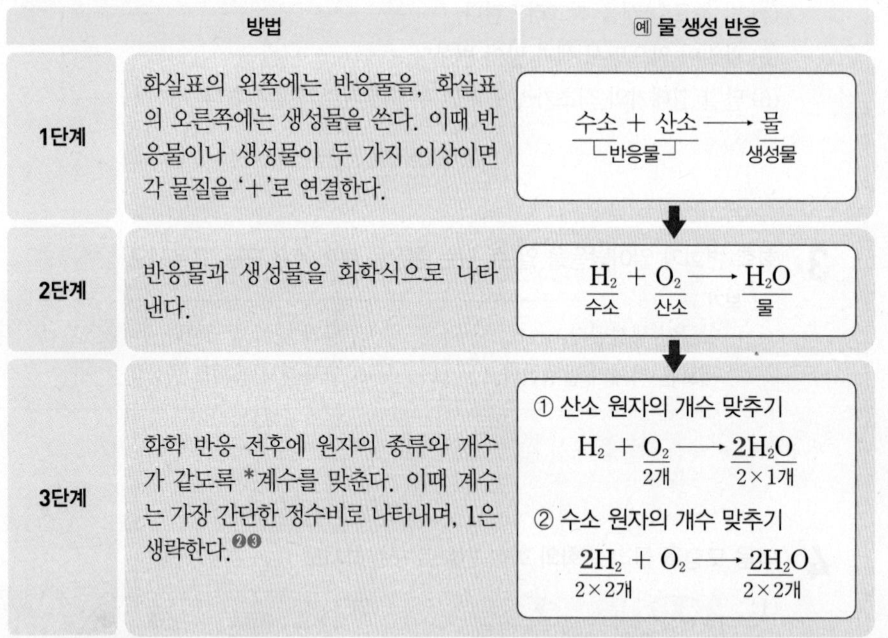

| | 방법 | 예 물 생성 반응 |
|---|---|---|
| 1단계 | 화살표의 왼쪽에는 반응물을, 화살표의 오른쪽에는 생성물을 쓴다. 이때 반응물이나 생성물이 두 가지 이상이면 각 물질을 '+'로 연결한다. | 수소 + 산소 ⟶ 물 (수소, 산소: 반응물 / 물: 생성물) |
| 2단계 | 반응물과 생성물을 화학식으로 나타낸다. | $H_2 + O_2 \longrightarrow H_2O$ (수소, 산소, 물) |
| 3단계 | 화학 반응 전후에 원자의 종류와 개수가 같도록 *계수를 맞춘다. 이때 계수는 가장 간단한 정수비로 나타내며, 1은 생략한다.❷❸ | ① 산소 원자의 개수 맞추기<br>$H_2 + O_2 \longrightarrow 2H_2O$<br>(2개, 2×1개)<br>② 수소 원자의 개수 맞추기<br>$2H_2 + O_2 \longrightarrow 2H_2O$<br>(2×2개, 2×2개) |

**4 화학 반응식으로 알 수 있는 것** 반응물과 생성물의 종류, 반응물과 생성물을 이루는 원자의 종류와 개수, 입자 수의 비 등을 알 수 있다.❹

예 암모니아 생성 반응

| 화학 반응식 | $N_2$ | + $3H_2$ | ⟶ $2NH_3$ |
|---|---|---|---|
| 모형 | 질소 | 수소 | 암모니아 |
| 반응물과 생성물의 종류 | 반응물: 질소 | 반응물: 수소 | 생성물: 암모니아 |
| 분자의 종류와 개수 | 질소 분자 1개 | 수소 분자 3개 | 암모니아 분자 2개 |
| 원자의 종류와 개수 | 질소 원자 2개 | 수소 원자 6개 | 질소 원자 2개<br>수소 원자 6개 |
| 계수비 | 1 | : 3 | : 2 |
| 분자 수의 비❺ | 1 | : 3 | : 2 |

### 플러스 강의

**❶ 여러 가지 물질의 화학식**

| 물질 | 화학식 | 물질 | 화학식 |
|---|---|---|---|
| 수소 | $H_2$ | 산소 | $O_2$ |
| 물 | $H_2O$ | 과산화 수소 | $H_2O_2$ |
| 탄소 | C | 이산화 탄소 | $CO_2$ |
| 메테인 | $CH_4$ | 염화 수소 | HCl |
| 마그네슘 | Mg | 구리 | Cu |

➡ 수소, 물과 같은 분자는 분자를 이루는 원자의 종류와 개수를 원소 기호와 숫자를 이용하여 나타내고, 탄소와 금속인 마그네슘, 구리는 원소 기호를 이용하여 나타낸다.

**❷ 화학 반응식에서 계수를 맞추는 까닭**

화학 반응 전후에 물질을 이루는 원자는 없어지거나 새로 생겨나지 않으므로 반응 전후에 원자의 종류와 개수가 같도록 계수를 맞춘다.

**❸ 여러 가지 화학 반응식**

- 메테인의 연소 반응
  $CH_4 + 2O_2 \longrightarrow CO_2 + 2H_2O$
- 과산화 수소의 분해 반응
  $2H_2O_2 \longrightarrow 2H_2O + O_2$
- 탄산 나트륨과 염화 칼슘의 반응
  $Na_2CO_3 + CaCl_2 \longrightarrow 2NaCl + CaCO_3$
- 마그네슘과 묽은 염산의 반응
  $Mg + 2HCl \longrightarrow MgCl_2 + H_2$
- 염화 수소 생성 반응
  $H_2 + Cl_2 \longrightarrow 2HCl$

**❹ 화학 반응식으로 알 수 없는 것**

- 원자의 크기, 모양, 질량
- 반응물과 생성물의 질량

**❺ 화학 반응식에서 분자 수의 비**

반응물이나 생성물이 분자로 이루어진 물질일 때는 화학 반응식에서 계수비가 분자 수의 비와 같다.

**용어 돋보기**

* 계수(係 묶다, 數 셈하다)_화학 반응식에서 화학식 앞에 쓰는 숫자

**B 화학 반응과 화학 반응식**

- □□□ : 물질을 이루는 원자의 종류와 개수를 원소 기호를 이용하여 나타낸 식
- □□ □□□ : 화학식을 이용하여 화학 반응을 나타낸 식

**7** 다음 (　　) 안에 알맞은 말을 쓰시오.

> 수소와 산소가 반응하여 물이 생성되는 것과 같이 화학 변화가 일어나 반응 전 물질과 다른 새로운 물질이 생성되는 반응을 (　　)이라고 한다.

**8** 화학 반응식에 대한 설명으로 옳은 것은 ○, 옳지 않은 것은 ×로 표시하시오.

(1) 화학 반응식을 나타낼 때 반응물은 화살표의 왼쪽에, 생성물은 화살표의 오른쪽에 쓴다. ······ (　　)

(2) 화학 반응식을 나타낼 때 반응 전후에 분자의 종류와 개수가 같도록 화학식 앞의 계수를 맞춘다. ······ (　　)

(3) 화학 반응식을 쓸 때 계수가 1인 경우에는 생략한다. ······ (　　)

더 풀어보고 싶다면? 시험 대비 교재 4쪽 계산력·암기력 강화 문제

**9** 다음 화학 반응식을 완성하시오.

(1) $H_2 + Cl_2 \longrightarrow$ (　　)HCl

(2) $2H_2O_2 \longrightarrow 2H_2O +$ (　　)

(3) $Na_2CO_3 + CaCl_2 \longrightarrow$ (　　) $+ CaCO_3$

**10** 그림은 수소와 산소가 반응하여 물이 생성되는 반응을 모형으로 나타낸 것이다.

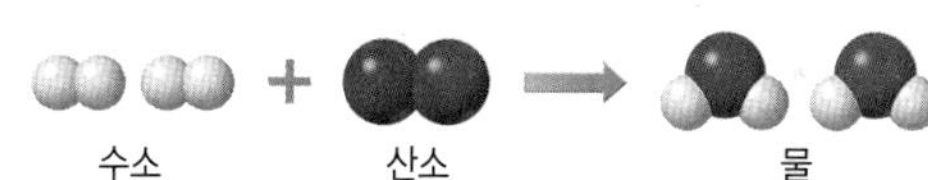


이 반응을 화학 반응식으로 나타내시오.

**11** 다음 화학 반응식에 대한 설명으로 옳은 것은 ○, 옳지 않은 것은 ×로 표시하시오.

$$N_2 + 3H_2 \longrightarrow 2NH_3$$

(1) 반응물은 질소와 수소, 생성물은 암모니아이다. ······ (　　)

(2) 반응 전후에 원자의 종류와 개수가 달라진다. ······ (　　)

(3) 분자 수의 비는 질소 : 수소 : 암모니아=1 : 3 : 2이다. ······ (　　)

**12** 화학 반응식으로 알 수 있는 것을 보기에서 모두 고르시오.

> **보기**
> ㄱ. 반응물과 생성물의 질량
> ㄴ. 반응물과 생성물을 이루는 원자의 크기
> ㄷ. 반응물과 생성물을 이루는 입자 수의 비
> ㄹ. 반응물과 생성물을 이루는 원자의 종류와 개수

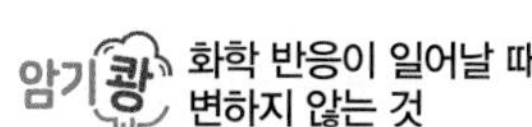

# 탐구 a 마그네슘의 물리 변화와 화학 변화

**이 탐구에서는** 마그네슘 리본을 구부렸을 때와 태웠을 때의 성질을 비교하여 물리 변화와 화학 변화를 구분한다.

● 정답과 해설 2쪽

**과정**

페이지를 인식하세요! 오투실험실

❶ 마그네슘 리본을 페트리 접시에 놓는다.

❷ 마그네슘 리본을 구부려 페트리 접시에 놓는다.

❸ 마그네슘 리본을 증발 접시 위에서 태우고, 타고 남은 재를 페트리 접시에 놓는다.

❹ 과정 ❶~❸에 묽은 염산을 2방울씩 떨어뜨리고 변화를 관찰한다.

**결과**

| 구분 | 마그네슘 리본 | 구부린 마그네슘 리본 | 마그네슘 리본이 타고 남은 재 |
|---|---|---|---|
| 묽은 염산과의 반응 | 기체 발생 | 기체 발생 | 기체가 발생하지 않음 |

**정리**

1. 마그네슘 리본을 구부려도 마그네슘의 성질은 변하지 않는다. ➡ ㉠(　　　) 변화
2. 마그네슘 리본을 태우면 마그네슘의 성질이 변한다. ➡ ㉡(　　　) 변화

$$2Mg + O_2 \longrightarrow 2MgO$$

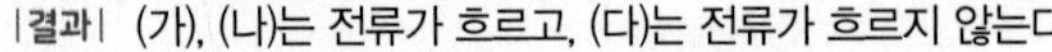

### 이렇게도 실험해요 (내 교과서 확인 | 천재)

|과정| ❶ 10 cm 길이의 마그네슘 리본 3개를 준비하여 (가) 하나는 그대로, (나) 하나는 작게 잘라서, (다) 나머지 하나는 타고 남은 재를 페트리 접시에 담는다.
❷ (가)~(다)에 간이 전기 전도계를 대고 전류가 흐르는지 관찰한다.

|결과| (가), (나)는 전류가 흐르고, (다)는 전류가 흐르지 않는다.

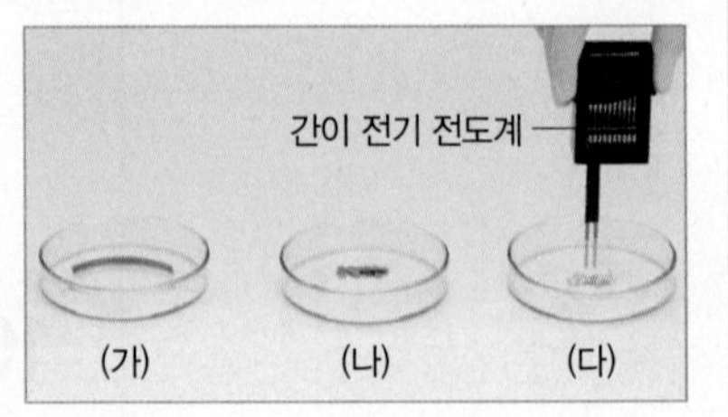


## 확인 문제

**01** 위 실험에 대한 설명으로 옳은 것은 ○, 옳지 않은 것은 ×로 표시하시오.

(1) 마그네슘 리본을 구부리는 것은 화학 변화이다. ( )

(2) 마그네슘 리본을 태우면 물질의 성질이 변한다. ( )

(3) 마그네슘 리본을 구부리면 마그네슘 리본을 이루는 원자의 종류가 변한다. ( )

(4) 마그네슘 리본에 묽은 염산을 떨어뜨리면 기체가 발생하지 않는다. ( )

(5) 구부린 마그네슘 리본과 마그네슘 리본이 타고 남은 재에 묽은 염산을 떨어뜨리면 모두 기체가 발생한다. ( )

**02** 그림과 같이 장치하고 묽은 염산을 떨어뜨린 후 변화를 관찰하였다.

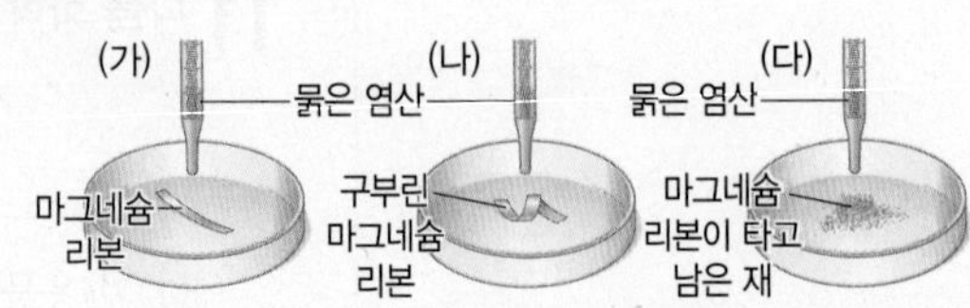


(가)~(다) 중 기체가 발생하는 것을 모두 고르시오.

**03** 마그네슘 리본을 태우면 열과 빛을 내면서 매우 격렬하게 산소와 반응하여 산화 마그네슘($MgO$)이 생성된다.

$$2Mg + O_2 \longrightarrow 2MgO$$

이 반응은 물리 변화와 화학 변화 중 무엇인지 쓰고, 그 까닭을 서술하시오.

우리 주변에서 일어나는 화학 반응을 화학 반응식으로 나타내면 이해하기 쉬워집니다. 여기서 잠깐 을 통해 화학 반응식을 완성하고, 이 화학 반응식으로부터 알 수 있는 것을 확인해 볼까요?

● 정답과 해설 2쪽

## 화학 반응식

### ① 질소와 수소가 반응하여 암모니아가 생성된다.

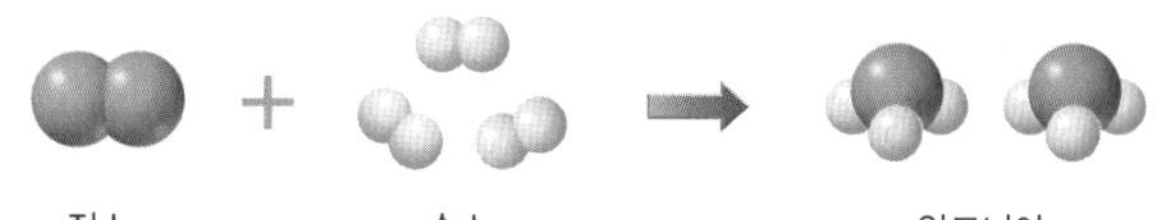

질소 수소 암모니아

**❶ 반응물과 생성물을 쓰고, 각 물질을 화학식으로 나타낸다.**

- 반응물 : 질소 – $N_2$, 수소 – $H_2$
- 생성물 : 암모니아 – $NH_3$

➡ (❶ ) + (❷ ) ⟶ (❸ )

**❷ 반응 전후에 원자의 종류와 개수가 같도록 화학식 앞의 계수를 맞춘다. 먼저 질소 원자의 개수를 같게 맞춘다.**

$N_2 + H_2 \longrightarrow NH_3$ ➡ $N_2 + H_2 \longrightarrow$ (❹ )$NH_3$

2개 1개 2개 2개

$NH_3$ 앞에 2를 붙이면 질소 원자가 2개로 같아진다.

**❸ 수소 원자의 개수를 같게 맞춘다.**

$N_2 + H_2 \longrightarrow 2NH_3$ ➡ $N_2 +$ (❺ )$H_2 \longrightarrow 2NH_3$

2개 2×3개 3×2개 2×3개

$H_2$ 앞에 3을 붙이면 수소 원자가 6개로 같아진다.

[화학 반응식 분석하기]

| 화학 반응식 | $N_2 + 3H_2 \longrightarrow 2NH_3$ |
|---|---|
| 물질의 종류 | 반응물 : 질소, 수소<br>생성물 : 암모니아 |
| 분자의 종류와 개수 | 반응물 : $N_2$ 1개, $H_2$ 3개<br>생성물 : $NH_3$ 2개 |
| 원자의 종류와 개수 | 반응물 : N 2개, H 6개<br>생성물 : N 2개, H 6개 |
| 계수비(분자 수의 비) | $N_2 : H_2 : NH_3 =$ (❻ ) |

답 ❶ $N_2$ ❷ $H_2$ ❸ $NH_3$ ❹ 2 ❺ 3 ❻ 1 : 3 : 2

### ② 메테인이 연소하여 이산화 탄소와 물이 생성된다.

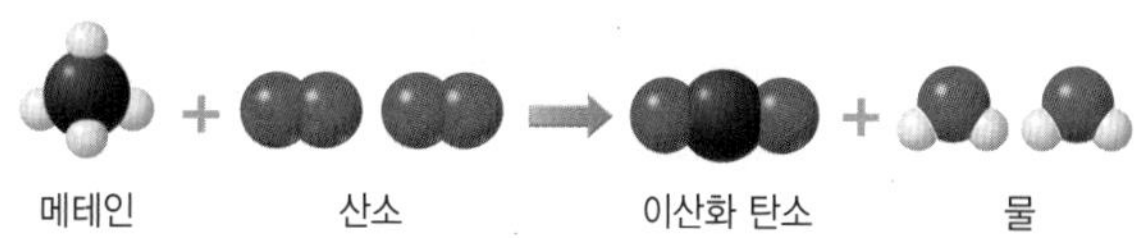

메테인 산소 이산화 탄소 물

**❶ 반응물과 생성물을 쓰고, 각 물질을 화학식으로 나타낸다.**

- 반응물 : 메테인 – $CH_4$, 산소 – $O_2$
- 생성물 : 이산화 탄소 – $CO_2$, 물 – $H_2O$

➡ (❶ ) + (❷ ) ⟶ (❸ ) + (❹ )

**❷ 반응 전후에 원자의 종류와 개수가 같도록 화학식 앞의 계수를 맞춘다. 먼저 수소 원자의 개수를 같게 맞춘다.**

$CH_4 + O_2 \longrightarrow CO_2 + H_2O$

4개 2개

➡ $CH_4 + O_2 \longrightarrow CO_2 +$ (❺ )$H_2O$

4개 (❻ )개

**❸ 산소 원자의 개수를 같게 맞춘다.**

$CH_4 + O_2 \longrightarrow CO_2 + 2H_2O$

2개 2개 2개

➡ $CH_4 +$ (❼ )$O_2 \longrightarrow CO_2 + 2H_2O$

(❽ )개 2개 2개

[화학 반응식 분석하기]

| 화학 반응식 | $CH_4 + 2O_2 \longrightarrow CO_2 + 2H_2O$ |
|---|---|
| 물질의 종류 | 반응물 : 메테인, 산소<br>생성물 : 이산화 탄소, 물 |
| 분자의 종류와 개수 | 반응물 : $CH_4$ 1개, $O_2$ 2개<br>생성물 : $CO_2$ 1개, $H_2O$ 2개 |
| 원자의 종류와 개수 | 반응물 : C 1개, H 4개, O 4개<br>생성물 : C 1개, H 4개, O 4개 |
| 계수비(분자 수의 비) | $CH_4 : O_2 : CO_2 : H_2O = 1 : 2 : 1 : 2$ |

답 ❶ $CH_4$ ❷ $O_2$ ❸ $CO_2$ ❹ $H_2O$ ❺ 2 ❻ 4 ❼ 2 ❽ 4

**유제❶** 다음 화학 반응식을 완성하시오.(단, 계수가 1인 경우 생략하지 않고 1로 나타낸다.)

(1) ( )Cu + ( )$O_2$ ⟶ ( )CuO

(2) ( )C + ( )$O_2$ ⟶ ( )$CO_2$

(3) ( )$H_2O$ ⟶ ( )$H_2$ + ( )$O_2$

(4) ( )Mg + ( )HCl ⟶ ( )$MgCl_2$ + ( )$H_2$

**유제❷** 다음 여러 가지 반응을 화학 반응식으로 나타내시오.

(1) 수소 + 산소 ⟶ 물

(2) 일산화 탄소 + 산소 ⟶ 이산화 탄소

(3) 마그네슘 + 산소 ⟶ 산화 마그네슘

(4) 탄산 나트륨($Na_2CO_3$) + 염화 칼슘($CaCl_2$) ⟶ 염화 나트륨 + 탄산 칼슘($CaCO_3$)

# 기출문제로 내신쑥쑥

전국 주요 학교의 **시험에 가장 많이 나오는 문제**들로만 구성하였습니다.
모든 친구들이 '꼭' 봐야 하는 코너입니다.

## A 물질 변화

**01** 물질 변화에 대한 설명으로 옳지 <u>않은</u> 것은?

① 물질의 성질이 변하는 것은 화학 변화이다.
② 물질의 성질이 변하지 않는 것은 물리 변화이다.
③ 과일이 익는 것은 화학 변화이다.
④ 설탕이 물에 용해되는 것은 화학 변화이다.
⑤ 물질의 모양이나 상태가 변하는 것은 물리 변화이다.

중요
**02** 물리 변화의 예로 옳은 것을 보기에서 모두 고른 것은?

보기
ㄱ. 김치가 시어진다.
ㄴ. 메테인이 연소한다.
ㄷ. 종이를 접거나 자른다.
ㄹ. 아이스크림이 녹는다.
ㅁ. 드라이아이스의 크기가 작아진다.

① ㄱ, ㄴ, ㄷ ② ㄱ, ㄹ, ㅁ ③ ㄴ, ㄷ, ㄹ
④ ㄴ, ㄷ, ㅁ ⑤ ㄷ, ㄹ, ㅁ

**03** 물질 변화의 종류가 나머지 넷과 <u>다른</u> 것은?

① 컵이 깨진다.
② 향수 냄새가 퍼진다.
③ 겨울철 창문에 성에가 생긴다.
④ 빈 음료수 캔을 찌그러뜨린다.
⑤ 단풍이 들어 나뭇잎의 색이 변한다.

**04** 화학 변화가 일어났음을 알 수 있는 현상이 <u>아닌</u> 것은?

① 앙금 생성 ② 상태 변화
③ 열과 빛의 발생 ④ 색깔과 맛의 변화
⑤ 새로운 기체 발생

**05** 그림은 부엌에서 저녁 식사를 준비하는 모습이다.

㉠~㉤의 현상을 물리 변화와 화학 변화로 옳게 분류한 것은?

| | 물리 변화 | 화학 변화 |
|---|---|---|
| ① | ㉠, ㉡, ㉣ | ㉢, ㉤ |
| ② | ㉠, ㉣ | ㉡, ㉢, ㉤ |
| ③ | ㉡, ㉢ | ㉠, ㉣, ㉤ |
| ④ | ㉡, ㉢, ㉤ | ㉠, ㉣ |
| ⑤ | ㉢, ㉤ | ㉠, ㉡, ㉣ |

[06~07] 그림은 물의 두 가지 변화를 모형으로 나타낸 것이다.

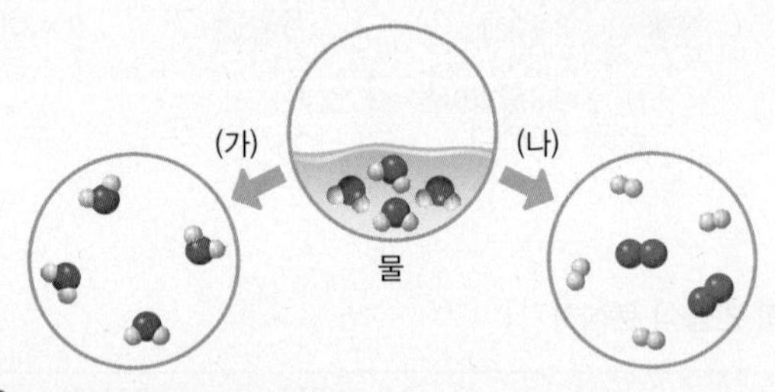


중요
**06** 이에 대한 설명으로 옳은 것은?

① (가)는 화학 변화이고, (나)는 물리 변화이다.
② (가)에서 분자의 종류가 변한다.
③ (가)에서 물질의 성질은 변하지 않는다.
④ (나)에서 원자의 배열은 달라지지 않는다.
⑤ (가)와 (나)에서 모두 원자의 종류와 개수가 변한다.

중요
**07** (나)와 같은 변화가 일어나는 경우가 <u>아닌</u> 것은?

① 양초가 탄다.
② 잉크가 물속으로 퍼진다.
③ 발포정을 물에 넣으면 기포가 발생한다.
④ 오븐에 넣어 가열한 밀가루 반죽이 부풀어 오른다.
⑤ 달걀 껍데기와 묽은 염산이 반응하면 이산화 탄소 기체가 발생한다.

**08** 화학 변화가 일어날 때 변하지 않는 것을 모두 고르면?(2개)

① 원자의 배열　② 원자의 종류
③ 원자의 개수　④ 분자의 종류
⑤ 물질의 성질

**09** 다음은 우리 주변에서 일어나는 여러 가지 현상을 나타낸 것이다.

- 메테인이 연소한다.
- 철로 만든 대문이 시간이 지나면서 녹슨다.
- 아이오딘화 칼륨 수용액과 질산 납 수용액이 반응하면 노란색 앙금이 생성된다.

이 현상들의 공통점으로 옳은 것을 보기에서 모두 고른 것은?

보기
ㄱ. 성질이 다른 새로운 물질이 생성된다.
ㄴ. 물질을 이루는 원자의 배열이 달라진다.
ㄷ. 물질을 이루는 원자의 종류는 변하지 않는다.

① ㄷ　② ㄱ, ㄴ　③ ㄱ, ㄷ
④ ㄴ, ㄷ　⑤ ㄱ, ㄴ, ㄷ

**10** 다음은 설탕을 가열할 때의 변화를 나타낸 것이다.

(가) 설탕을 약한 불로 가열하면 녹는다.
(나) 액체 설탕을 더 오래 가열하면 설탕이 타면서 검게 변한다.

이에 대한 설명으로 옳지 않은 것은?

① (가)에서 분자의 배열이 변한다.
② (가)에서 물질의 성질은 변하지 않는다.
③ (나)에서 원자의 배열이 변한다.
④ (나)에서 새로운 분자가 생성된다.
⑤ (가)와 (나)는 모두 화학 변화이다.

중요 탐구 a 14쪽

**11** 그림과 같이 페트리 접시에 (가) 길게 자른 마그네슘 리본, (나) 구부린 마그네슘 리본, (다) 마그네슘 리본이 타고 남은 재를 놓았다.

이에 대한 설명으로 옳지 않은 것은?

① 마그네슘 리본을 구부리는 것은 물리 변화이다.
② 마그네슘 리본이 타는 것은 화학 변화이다.
③ 마그네슘 리본이 타고 남은 재는 마그네슘과는 성질이 다르다.
④ (가)와 (나)에 묽은 염산을 떨어뜨리면 모두 기체가 발생한다.
⑤ (나)와 (다)에 간이 전기 전도계를 대면 모두 전류가 흐른다.

## B 화학 반응과 화학 반응식

**12** 화학 반응식에 대한 설명으로 옳지 않은 것은?

① 화학식을 이용하여 화학 반응을 나타낸 식이다.
② 화학 반응이 일어나기 전의 물질은 반응물, 화학 반응 결과 만들어진 물질은 생성물이다.
③ 화학식 앞의 숫자는 각 물질의 입자 수의 비이다.
④ 화학 반응식의 계수비는 각 물질의 질량비와 같다.
⑤ 반응물과 생성물의 종류, 각 물질을 이루는 원자의 종류를 알 수 있다.

**13** 다음은 질소와 산소가 반응하여 이산화 질소가 생성되는 반응을 나타낸 것이다.

질소 + 산소 ⟶ 이산화 질소($NO_2$)

이 반응을 화학 반응식으로 옳게 나타낸 것은?

① $N_2 + O_2 \longrightarrow NO_2$
② $N_2 + O_2 \longrightarrow 2NO_2$
③ $2N_2 + 2O_2 \longrightarrow NO_2$
④ $2N_2 + O_2 \longrightarrow 2NO_2$
⑤ $N_2 + 2O_2 \longrightarrow 2NO_2$

**14** 메테인($CH_4$)의 연소 반응을 화학 반응식으로 나타내는 방법에 대한 설명으로 옳지 않은 것은?

① 반응물은 메테인과 산소이다.
② 생성물은 이산화 탄소와 물이다.
③ 반응물은 화살표(→)의 왼쪽에, 생성물은 화살표의 오른쪽에 쓴다.
④ 반응 전후에 원자의 종류와 개수가 같도록 화학식 앞의 계수를 맞춘다.
⑤ 메테인의 연소 반응을 화학 반응식으로 나타내면 $CH_4 + 2O_2 \longrightarrow CO_2 + H_2O$이다.

중요
**15** 다음은 마그네슘과 산소의 반응을 화학 반응식으로 나타낸 것이다.

( ㉠ )Mg + ( ㉡ )$O_2$ ⟶ ( ㉢ )MgO

( ) 안에 알맞은 계수를 옳게 나타낸 것은?

| | ㉠ | ㉡ | ㉢ | | ㉠ | ㉡ | ㉢ |
|---|---|---|---|---|---|---|---|
| ① | 1 | 1 | 1 | ② | 1 | 2 | 2 |
| ③ | 2 | 1 | 1 | ④ | 2 | 1 | 2 |
| ⑤ | 3 | 2 | 3 | | | | |

**16** 다음은 두 가지 화학 반응식을 나타낸 것이다.

• ( ㉠ )CO + ( ㉡ )$O_2$ ⟶ $2CO_2$
• $2H_2O_2$ ⟶ ( ㉢ )$H_2O$ + ( ㉣ )$O_2$

계수 ㉠~㉣의 합을 구하면?

① 4 ② 5 ③ 6
④ 7 ⑤ 8

중요
**17** 화학 반응식을 옳게 나타낸 것은?

① $H_2 + O_2 \longrightarrow H_2O$
② $C + O_2 \longrightarrow 2CO_2$
③ $Cu + O_2 \longrightarrow 2CuO$
④ $Mg + HCl \longrightarrow MgCl_2 + H_2$
⑤ $Na_2CO_3 + CaCl_2 \longrightarrow 2NaCl + CaCO_3$

중요
**18** 다음은 질소와 수소가 반응하여 암모니아가 생성되는 반응을 화학 반응식으로 나타낸 것이다.

$$N_2 + 3H_2 \longrightarrow 2NH_3$$

이에 대한 설명으로 옳지 않은 것은?

① 반응물은 질소와 수소, 생성물은 암모니아이다.
② 질소 분자 1개와 수소 분자 3개가 반응한다.
③ 반응 전후에 분자의 개수는 변하지 않는다.
④ 반응물과 생성물의 성질은 전혀 다르다.
⑤ 반응물과 생성물의 분자 수의 비는 질소 : 수소 : 암모니아=1 : 3 : 2이다.

**19** 다음은 수소와 염소가 반응하여 염화 수소가 생성되는 반응을 화학 반응식으로 나타낸 것이다.

$$H_2 + Cl_2 \longrightarrow 2HCl$$

수소 분자 3개가 모두 반응할 때 생성되는 염화 수소 분자의 개수는?

① 2개 ② 3개 ③ 4개
④ 6개 ⑤ 9개

**20** 그림은 어떤 화학 반응을 모형으로 나타낸 것이다.

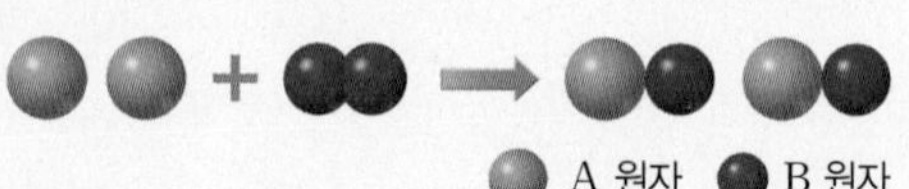


이 반응을 화학 반응식으로 옳게 나타낸 것은?

① $A + B \longrightarrow AB$ ② $A_2 + B_2 \longrightarrow AB_2$
③ $A_2 + 2B \longrightarrow AB_2$ ④ $2A + B_2 \longrightarrow 2AB$
⑤ $A_2 + 2B \longrightarrow 2AB$

**21** 화학 반응식으로 알 수 있는 사실이 아닌 것은?

① 반응물의 종류
② 물질을 이루는 원자의 종류
③ 물질을 이루는 원자의 개수
④ 반응물과 생성물의 입자 수의 비
⑤ 물질을 이루는 원자의 크기와 질량

## 서술형 문제

**22** 다음은 생활 속에서 볼 수 있는 두 가지 현상을 나타낸 것이다.

| (가) 유리창이 깨진다.<br>(나) 깎아 놓은 사과의 색깔이 변한다. |
|---|

(가)와 (나)를 물리 변화와 화학 변화로 구분하고, 그 까닭을 물질의 성질과 관련지어 서술하시오.

중요

**23** 그림은 물의 두 가지 변화를 모형으로 나타낸 것이다.

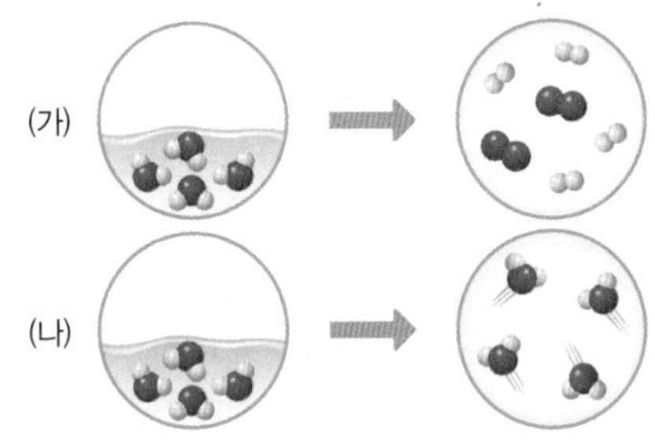


(1) (가)와 (나)를 물리 변화와 화학 변화로 구분하시오.

(2) (1)과 같이 답한 까닭을 다음 용어를 모두 포함하여 서술하시오.

| 원자의 배열, 분자의 배열 |
|---|

중요

**24** 그림은 과산화 수소의 분해 반응을 모형으로 나타낸 것이다.

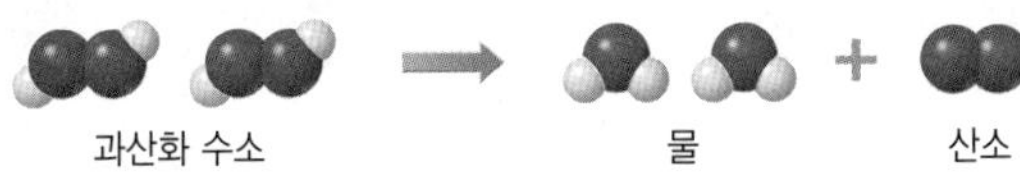


(1) 이 반응을 화학 반응식으로 나타내시오.

(2) (1)에서 과산화 수소 : 물 : 산소의 계수비를 쓰고, 계수비가 의미하는 것을 한 가지만 서술하시오.

● 정답과 해설 4쪽

**01** 물질 변화의 종류가 나머지 넷과 다른 것은?

① 구리를 증발 접시 위에 놓고 가열한다.
② 물과 에탄올을 섞어 에탄올 수용액을 만든다.
③ 수산화 나트륨을 조금 넣은 물을 전기 분해한다.
④ 철이 산소와 결합하여 붉은색의 산화 철(Ⅱ)이 생성된다.
⑤ 탄산 나트륨 수용액과 염화 칼슘 수용액이 반응하면 흰색 앙금이 생성된다.

**02** 그림은 암모니아 생성 반응을 입자 모형으로 나타낸 것이다.

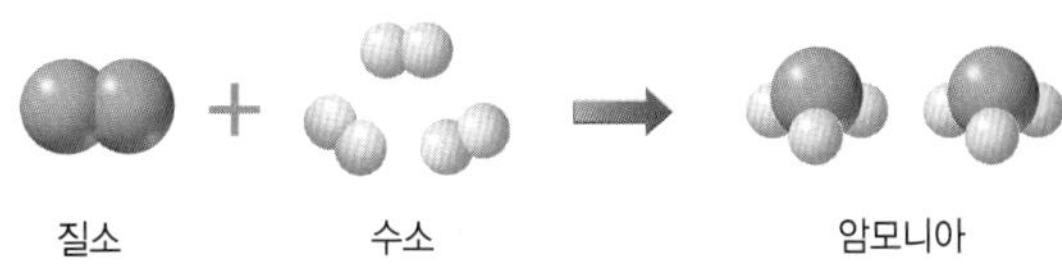


질소 분자 3개가 완전히 반응하기 위해 필요한 수소 원자의 최소 개수는?

① 6개 ② 9개 ③ 12개
④ 15개 ⑤ 18개

**03** 다음은 두 가지 화학 반응식을 나타낸 것이다.

| (가) ( ㉠ )$CH_4$ + ( ㉡ )$O_2$ ⟶ $CO_2$ + ( ㉢ )$H_2O$<br>(나) $2H_2O$ ⟶ ( ㉣ )$H_2$ + ( ㉤ )$O_2$ |
|---|

이에 대한 설명으로 옳은 것을 보기에서 모두 고른 것은?

| 보기 |
|---|
| ㄱ. 산소 분자는 (가)에서는 반응물이고, (나)에서는 생성물이다.<br>ㄴ. (가)에서 ㉠+㉡+㉢은 5이다.<br>ㄷ. (나)에서 ㉣과 ㉤의 값은 같다. |

① ㄷ ② ㄱ, ㄴ ③ ㄱ, ㄷ
④ ㄴ, ㄷ ⑤ ㄱ, ㄴ, ㄷ

# 02 화학 반응의 규칙

## A 질량 보존 법칙

화보 1,2

**1 질량 보존 법칙(1772년, 라부아지에)** 화학 반응이 일어날 때 반응물의 총질량과 생성물의 총질량은 같다.

① 성립하는 까닭 : 화학 반응이 일어날 때 물질을 이루는 원자의 종류와 개수가 변하지 않기 때문이다.

② 질량 보존 법칙은 물리 변화와 화학 변화에서 모두 성립한다.❶

**2 여러 가지 반응에서 질량 변화**

① 앙금 생성 반응에서 질량 변화❷ 탐구 a 26쪽

| | |
|---|---|
| 화학 반응 | 염화 나트륨 수용액과 질산 은 수용액이 반응하면 흰색 앙금인 염화 은이 생성된다.❸ 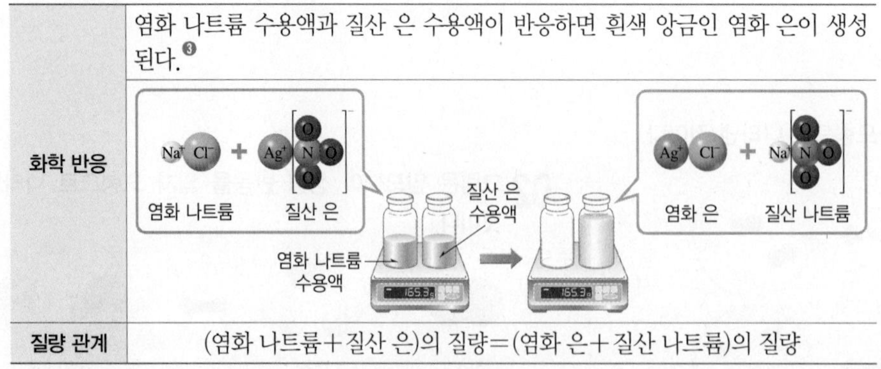 |
| 질량 관계 | (염화 나트륨+질산 은)의 질량=(염화 은+질산 나트륨)의 질량 |

② 기체 발생 반응에서 질량 변화❹ 탐구 a 26쪽

| | | |
|---|---|---|
| 화학 반응 | 탄산 칼슘과 묽은 염산이 반응하면 이산화 탄소 기체가 발생한다. 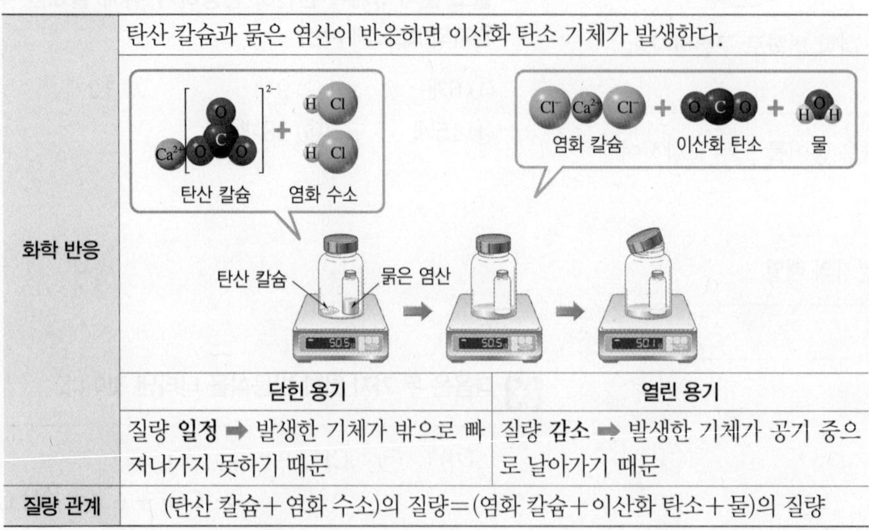 | |
| | 닫힌 용기 | 열린 용기 |
| | 질량 **일정** ➡ 발생한 기체가 밖으로 빠져나가지 못하기 때문 | 질량 **감소** ➡ 발생한 기체가 공기 중으로 날아가기 때문 |
| 질량 관계 | (탄산 칼슘+염화 수소)의 질량=(염화 칼슘+이산화 탄소+물)의 질량 | |

③ 연소 반응에서 질량 변화

| 구분 | 강철솜의 연소 | 나무(또는 종이)의 연소 |
|---|---|---|
| 화학 반응 | 철+산소 ⟶ 산화 철(Ⅱ) | 나무(또는 종이)+산소 ⟶ 재+이산화 탄소+수증기 |
| 닫힌 용기❺ | 질량 **일정** ➡ 결합한 산소의 질량을 합하면 반응 전후 질량 일정 | 질량 **일정** ➡ 발생한 기체의 질량을 합하면 반응 전후 질량 일정 |
| 열린 용기 | 질량 **증가** ➡ 철이 공기 중의 산소와 결합하기 때문 | 질량 **감소** ➡ 발생한 기체가 공기 중으로 날아가기 때문 |
| 질량 관계 | (철+산소)의 질량=산화 철(Ⅱ)의 질량 | (나무(또는 종이)+산소)의 질량 =(재+이산화 탄소+수증기)의 질량 |

### 플러스 강의

**❶ 물리 변화와 질량 보존 법칙**
물리 변화가 일어날 때 물질의 상태나 모양이 변하지만 원자의 종류와 개수는 변하지 않으므로 질량 보존 법칙이 성립한다.

**❷ 여러 가지 앙금 생성 반응**
- 탄산 나트륨+염화 칼슘 ⟶ 탄산 칼슘↓+염화 나트륨
- 황산 나트륨+염화 바륨 ⟶ 황산 바륨↓+염화 나트륨
- 아이오딘화 칼륨+질산 납 ⟶ 아이오딘화 납↓+질산 칼륨

**❸ 염화 나트륨 수용액과 질산 은 수용액의 반응에서 원자의 종류와 개수**
반응 전후에 나트륨 원자(●), 염소 원자(●), 은 원자(●), 질소 원자(●)의 개수는 각각 1개, 산소 원자(●)의 개수는 3개로 일정하다.

**❹ 여러 가지 기체 발생 반응**
- 마그네슘+묽은 염산 ⟶ 염화 마그네슘+수소↑
- 아연+묽은 염산 ⟶ 염화 아연+수소↑
- 과산화 수소 ⟶ 물+산소↑
- 탄산수소 나트륨 ⟶ 탄산 나트륨+물+이산화 탄소↑

**❺ 닫힌 용기에서 강철솜과 나무의 연소 모형**

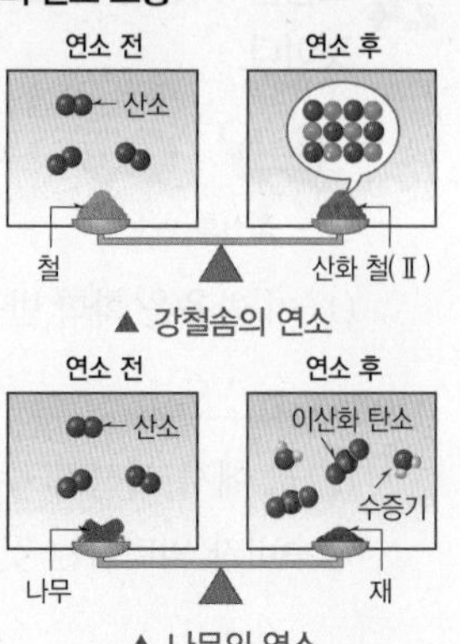

▲ 강철솜의 연소
▲ 나무의 연소

**A 질량 보존 법칙**

- □□ 보존 법칙 : 화학 반응이 일어날 때 반응물의 총질량과 생성물의 총질량은 같다.
- 앙금 생성 반응에서 반응 전후에 질량은 □□하다.
- 기체 발생 반응에서 질량 변화
  - 닫힌 용기 : □□
  - 열린 용기 : □□
- 강철솜과 나무의 연소에서 질량 변화

| 구분 | 강철솜 | 나무 |
|---|---|---|
| 닫힌 용기 | ㉠□□ | ㉡□□ |
| 열린 용기 | ㉢□□ | ㉣□□ |

**암기콱** 질량 보존 법칙

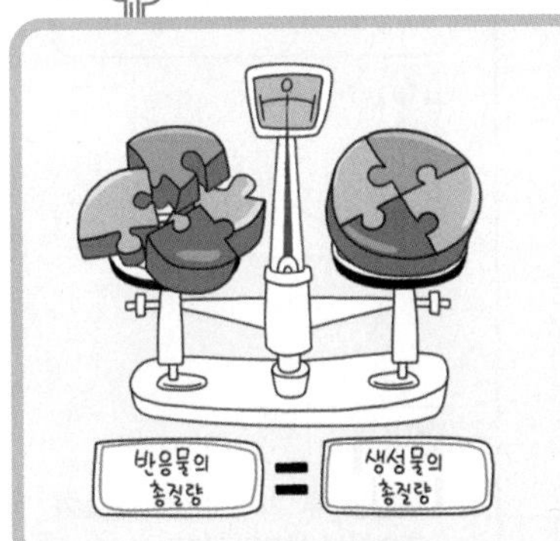


A

**1** 질량 보존 법칙에 대한 설명으로 옳은 것은 ○, 옳지 않은 것은 ×로 표시하시오.

(1) 반응물의 총질량과 생성물의 총질량은 같다. ( )

(2) 물리 변화에서는 질량 보존 법칙이 성립하지 않는다. ( )

(3) 기체가 발생하는 반응에서는 질량 보존 법칙이 성립하지 않는다. ( )

**2** 다음 ( ) 안에 알맞은 말을 쓰시오.

> 화학 반응이 일어날 때 질량이 보존되는 까닭은 반응 전후에 물질을 이루는 ( ) 의 종류와 개수가 변하지 않기 때문이다.

**3** 그림은 염화 나트륨 수용액과 질산 은 수용액의 반응을 모형으로 나타낸 것이다.

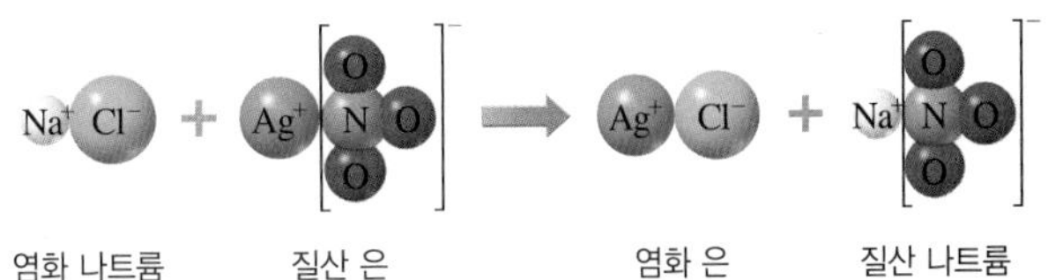


두 수용액이 반응하기 전과 반응한 후의 질량을 비교하시오.

**4** 오른쪽 그림과 같이 탄산 칼슘이 들어 있는 유리병에 묽은 염산을 넣고 뚜껑을 닫은 후 반응시켰다. 이 실험에 대한 설명으로 옳은 것은 ○, 옳지 않은 것은 ×로 표시하시오.

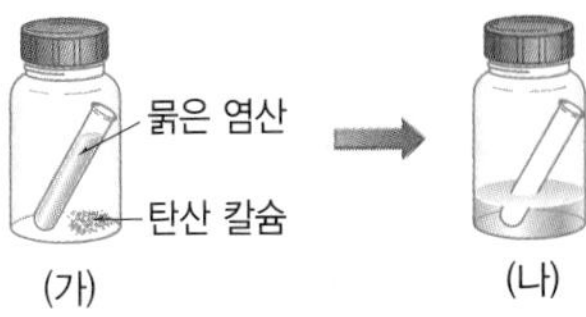


(1) 발생하는 기체는 이산화 탄소이다. ( )

(2) 기체가 발생하므로 (나)의 질량이 (가)의 질량보다 작다. ( )

(3) (나)에서 반응이 끝난 후 유리병의 뚜껑을 열면 질량이 감소한다. ( )

**5** 열린 용기에서 다음 반응이 일어날 때 반응 후 질량이 감소하면 '감소', 증가하면 '증가', 일정하면 '일정'을 각각 쓰시오.

(1) 묽은 염산에 마그네슘 조각을 넣어 반응시킨다. ( )

(2) 강철솜을 연소시키면 검은색 산화 철(Ⅱ)이 생성된다. ( )

(3) 황산 나트륨 수용액과 염화 바륨 수용액을 반응시킨다. ( )

(4) 나무를 연소시키면 열과 빛을 내면서 타고 재가 남는다. ( )

**6** 공기 중에서 강철솜 21 g을 가열한 후 질량을 측정하였더니 27 g이었다. 강철솜과 반응한 산소의 질량을 구하시오.

# 02 화학 반응의 규칙

## B 일정 성분비 법칙

**1 일정 성분비 법칙(1799년, 프루스트)** *화합물을 구성하는 성분 원소 사이에는 일정한 질량비가 성립한다. 여기서 잠깐 28쪽

① 성립하는 까닭 : 물질을 구성하는 원자가 항상 일정한 개수비로 결합하여 화합물을 생성하기 때문이다.❶

② 일정 성분비 법칙은 화합물에서는 성립하지만, 혼합물에서는 성립하지 않는다.❷

③ 성분 원소의 종류는 같지만 원소의 질량비가 다르면 서로 다른 물질이다.❸

화보 1.3 **2 일정 성분비 법칙과 모형**

① 화합물을 구성하는 성분 원소의 질량비

| 구분 | 물 | 암모니아 | 이산화 탄소 | 산화 구리(Ⅱ) |
|---|---|---|---|---|
| 모형 | H O H | H N H H | O C O | $Cu^{2+}$ $O^{2-}$ |
| 성분 원소 | 수소, 산소 | 질소, 수소 | 탄소, 산소 | 구리, 산소 |
| 원자의 개수비 | 수소 : 산소 =2 : 1 | 질소 : 수소 =1 : 3 | 탄소 : 산소 =1 : 2 | 구리 : 산소 =1 : 1 |
| 원자의 질량비 | 1 : 16 | 14 : 1 | 12 : 16 | 64 : 16 |
| 성분 원소의 질량비 | 2×1 : 1×16 =1 : 8 | 1×14 : 3×1 =14 : 3 | 1×12 : 2×16 =3 : 8 | 1×64 : 1×16 =4 : 1 |

② 볼트(B)와 너트(N)를 이용하여 화합물 $BN_2$를 만들 때의 질량비

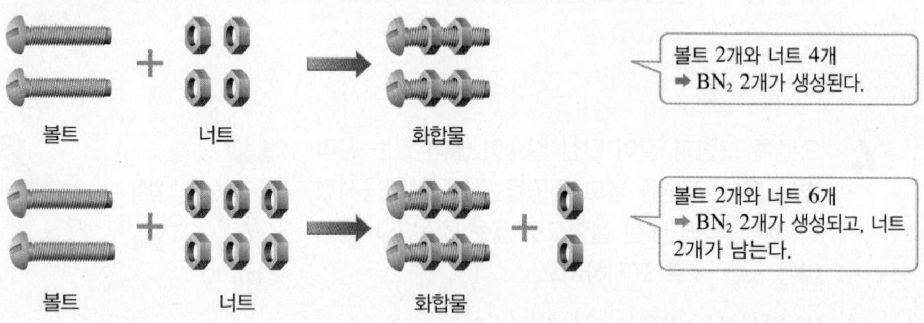


- 볼트와 너트는 1 : 2의 개수비로 결합하므로 여분의 물질은 결합하지 않고 남는다.
- 화합물 $BN_2$를 구성하는 볼트와 너트의 질량비는 일정하다.( (볼트)=5 g, (너트)=2 g)
  ➡ 볼트 : 너트=5 g : 2×2 g=5 : 4

**3 산화 구리(Ⅱ) 생성 반응에서 질량비** 구리 가루를 가열하면 구리와 산소가 4 : 1의 질량비로 반응하여 산화 구리(Ⅱ)가 생성된다.❹❺ 탐구 b 27쪽

구리 + 산소 ⟶ 산화 구리(Ⅱ)
질량비 ➡ 4 : 1 : 5

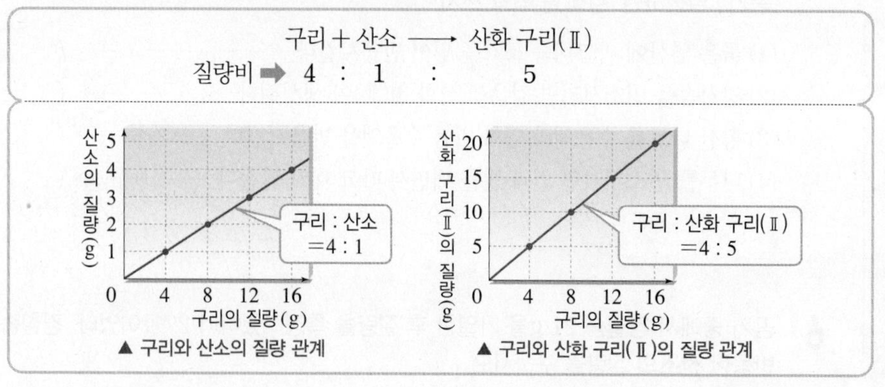

▲ 구리와 산소의 질량 관계 ▲ 구리와 산화 구리(Ⅱ)의 질량 관계

---

**플러스 강의**

**❶ 원자의 개수비와 질량비**
원자는 질량이 있고, 원자의 종류에 따라 질량이 다르다. 따라서 원자의 개수비가 일정하면 질량비도 일정하다.

**❷ 혼합물과 일정 성분비 법칙**
혼합물은 성분 물질이 섞이는 비율이 일정하지 않으므로 일정 성분비 법칙이 성립하지 않는다.
예 설탕물은 설탕과 물의 양에 따라 여러 가지 농도로 만들 수 있다.

**❸ 물과 과산화 수소를 구성하는 원자의 개수비와 질량비**

| 구분 | 물 | 과산화 수소 |
|---|---|---|
| 모형 | H O H | H O O H |
| 원자의 개수비 | 수소 : 산소 =2 : 1 | 수소 : 산소 =1 : 1 |
| 질량비 | 1 : 8 | 1 : 16 |

**❹ 구리 4 g을 가열할 때 생성되는 산화 구리(Ⅱ)의 질량 변화**

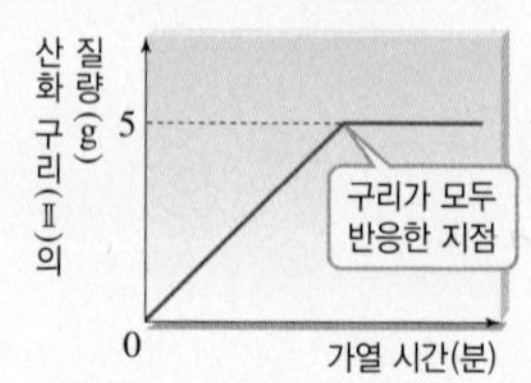


- 처음에는 질량이 증가하다가 구리가 모두 반응한 후에는 질량이 일정해진다.
- 산화 구리(Ⅱ) 5 g이 생성되었으므로 구리 4 g과 반응한 산소의 질량은 1 g이다.

**❺ 산화 마그네슘 생성 반응에서 질량비**
마그네슘을 가열하면 마그네슘과 산소가 3 : 2의 질량비로 반응하여 산화 마그네슘이 생성된다.

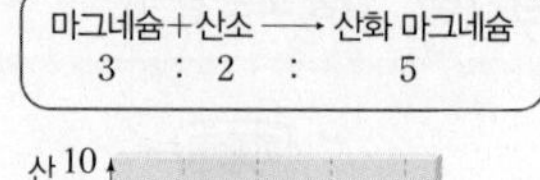


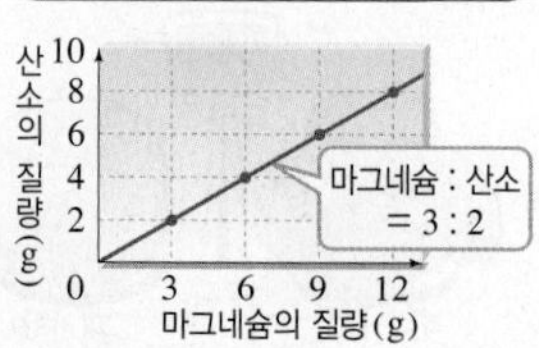


**용어 돋보기**
*화합물_두 가지 이상의 원소가 결합하여 생성된 물질

● 정답과 해설 5쪽

**B 일정 성분비 법칙**

- □□ □□□ 법칙 : 화합물을 구성하는 성분 원소 사이에는 일정한 질량비가 성립한다.
- 물을 구성하는 수소 : 산소의 질량비 = □ : □
- 볼트(B)와 너트(N)를 이용하여 화합물 $BN_2$를 만들 때 B 5개, N 10개가 있으면 $BN_2$ □개를 만들 수 있다.
- 산화 구리(Ⅱ)가 생성될 때 구리 : 산소의 질량비 = □ : □

**암기쾅** 성분 원소의 질량비 외우기

[물]
수소 1 : 산소 8
수일이가 산 팔찌

[산화 구리(Ⅱ)]
구리 4 : 1 산소
구사일생(산)

B

**7** 일정 성분비 법칙에 대한 설명으로 옳은 것은 ○, 옳지 않은 것은 ×로 표시하시오.

(1) 화합물은 일정 성분비 법칙이 성립한다. ( )

(2) 균일 혼합물은 성분 물질이 고르게 섞여 있으므로 일정 성분비 법칙이 성립한다. ( )

(3) 화합물에서 일정 성분비 법칙이 성립하는 까닭은 물질을 구성하는 원자가 일정한 개수비로 결합하여 화합물을 생성하기 때문이다. ( )

**8** 일정 성분비 법칙이 성립하는 물질을 보기에서 모두 고르시오.

| 보기 | | | |
|---|---|---|---|
| ㄱ. 공기 | ㄴ. 설탕물 | ㄷ. 산화 철(Ⅱ) | ㄹ. 암모니아 |

**9** 수소와 산소가 반응하여 물이 생성될 때 반응하는 수소와 산소의 질량비는 1 : 8이다. 수소 6 g과 산소 32 g이 완전히 반응할 때 생성되는 물의 질량을 구하시오.

**10** 그림은 볼트(B)와 너트(N)를 이용하여 화합물 $BN_2$를 만드는 반응을 나타낸 것이다.

(1) 화합물 $BN_2$를 구성하는 볼트와 너트의 질량비(볼트 : 너트)를 구하시오.(단, 볼트 1개의 질량은 3 g, 너트 1개의 질량은 2 g이다.)

(2) 볼트 20개와 너트 30개를 이용하여 최대로 만들 수 있는 화합물 $BN_2$의 개수를 구하시오.

더 풀어보고 싶다면? 시험 대비 교재 12쪽 계산력·암기력 강화 문제

**11** 오른쪽 그림은 구리 가루를 가열하여 산화 구리(Ⅱ)가 생성될 때 구리와 산소의 질량 관계를 나타낸 것이다.

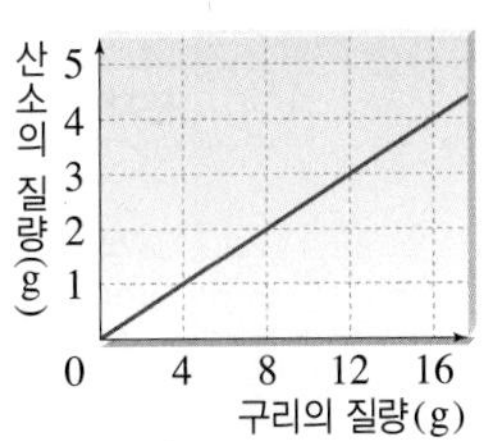


(1) 반응하는 구리와 산소의 질량비(구리 : 산소)를 구하시오.

(2) 구리 20 g이 완전히 반응할 때 생성되는 산화 구리(Ⅱ)의 질량을 구하시오.

# 02 화학 반응의 규칙

## C 기체 반응 법칙

**1 기체 반응 법칙(1808년, 게이뤼삭)** 일정한 온도와 압력에서 기체가 반응하여 새로운 기체를 생성할 때 각 기체의 부피 사이에는 간단한 정수비가 성립한다.❶

예 일정한 온도와 압력에서 수소 기체와 산소 기체가 반응하여 수증기를 생성할 때 부피비는 수소 : 산소 : 수증기=2 : 1 : 2이다.

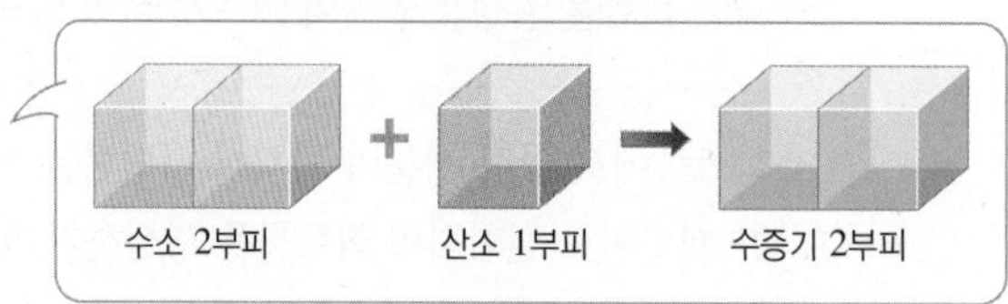


**[수증기 생성 반응에서 부피 관계]**

| 실험 | 반응 전 기체의 부피(mL) | | 반응 후 남은 기체의 종류와 부피(mL) | 반응한 기체의 부피(mL) | | 생성된 수증기의 부피(mL) |
|---|---|---|---|---|---|---|
| | 수소 | 산소 | | 수소 | 산소 | |
| 1 | 10 | 5 | 0 | 10 | 5 | 10 |
| 2 | 20 | 5 | 수소, 10 | 10 | 5 | 10 |
| 3 | 20 | 20 | 산소, 10 | 20 | 10 | 20 |

**2 기체의 부피와 분자의 개수** 온도와 압력이 일정할 때 모든 기체는 같은 부피 속에 같은 개수의 분자가 들어 있다.❷

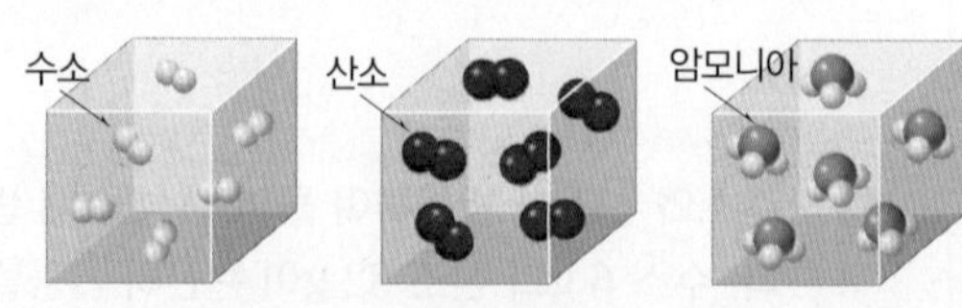


**3 기체의 부피비와 분자 수의 비** 온도와 압력이 일정할 때 반응물과 생성물이 기체인 반응에서 기체 사이의 부피비와 분자 수의 비는 화학 반응식의 계수비와 같다.

| 반응 | 구분 | 내용 |
|---|---|---|
| 수증기 생성 반응 | 모형과 화학 반응식 | $2H_2$ + $O_2$ ⟶ $2H_2O$ |
| | 부피비 | 2 : 1 : 2 |
| | 분자 수의 비 | 2 : 1 : 2 |
| 암모니아 생성 반응❸ | 모형과 화학 반응식 | $N_2$ + $3H_2$ ⟶ $2NH_3$ |
| | 계수비 | 1 : 3 : 2 |
| | 분자 수의 비 | 1 : 3 : 2 |
| 염화 수소 생성 반응 | 모형과 화학 반응식 | $H_2$ + $Cl_2$ ⟶ $2HCl$ |
| | 부피비 | 1 : 1 : 2 |
| | 분자 수의 비 | 1 : 1 : 2 |
| 이산화 질소 생성 반응 | 모형과 화학 반응식 | $N_2$ + $2O_2$ ⟶ $2NO_2$ |
| | 부피비 | 1 : 2 : 2 |
| | 분자 수의 비 | 1 : 2 : 2 |

### 플러스 강의

**❶ 기체 반응 법칙**

기체 반응 법칙은 반응물과 생성물이 기체인 경우에만 성립한다.

예 탄소(고체)+산소 ⟶ 이산화 탄소

➡ 기체 반응 법칙이 성립하지 않는다.

**❷ 같은 부피 속에 들어 있는 원자의 개수**

같은 부피 속에 들어 있는 기체 분자의 개수는 같지만, 각 분자를 구성하는 원자의 개수가 다르므로 같은 부피 속에 들어 있는 원자의 개수는 기체의 종류에 따라 다르다.

**❸ 암모니아 생성 반응과 화학 반응 법칙**

$N_2+3H_2 \longrightarrow 2NH_3$

- 기체 반응 법칙 : 암모니아 기체를 생성할 때 질소 기체와 수소 기체의 부피비는 1 : 3으로 일정하다.(단, 반응 전후 온도와 압력 일정)
- 질량 보존 법칙 : (질소+수소)의 질량은 암모니아의 질량과 같다. (원자 1개의 상대적 질량 : 수소 1, 질소 14)
  $2\times14+3\times(2\times1)=2\times17$
- 일정 성분비 법칙 : 암모니아를 구성하는 질소와 수소의 질량비는 일정하다.
  질소 : 수소=14 : 3×1
  =14 : 3

● 정답과 해설 5쪽

**C 기체 반응 법칙**

- 기체 반응 법칙 : 일정한 온도와 압력에서 기체가 반응하여 새로운 기체를 생성할 때 각 기체의 □□ 사이에는 간단한 정수비가 성립한다.
- 온도와 압력이 일정할 때 모든 기체는 같은 부피 속에 같은 개수의 □□가 들어 있다.
- 반응물과 생성물이 기체인 반응에서 각 기체의 부피비는 □□ 수의 비와 같다.
- 반응물과 생성물이 기체인 반응에서 부피비
  - 수소 : 산소 : 수증기 =□:□:□
  - 질소 : 수소 : 암모니아 =□:□:□
  - 수소 : 염소 : 염화 수소 =□:□:□
  - 질소 : 산소 : 이산화 질소 =□:□:□

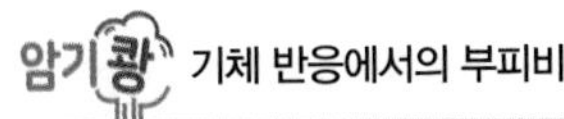


이수에서 일산 찍고 이수로!
2 소 1 소 2 증기

질문 하나! 이거 수삼 이얌(암)?
소 1 소 3 2 모니아

C

**12** 기체 반응 법칙에 대한 설명으로 옳은 것은 ○, 옳지 않은 것은 ×로 표시하시오.

(1) 기체 반응 법칙에 따르면 반응하는 기체와 생성되는 기체 사이에는 일정한 부피비가 성립한다. ( )

(2) 반응물과 생성물이 기체인 반응에서 각 기체의 부피비는 분자 수의 비와 같다. ( )

(3) 반응물과 생성물이 기체인 반응에서 반응하는 기체의 부피를 합하면 항상 생성되는 기체의 부피와 같다. ( )

(4) 온도와 압력이 일정할 때 모든 기체는 같은 부피 속에 같은 개수의 분자가 들어 있다. ( )

더 풀어보고 싶다면? 시험 대비 교재 13쪽 계산력·암기력 강화 문제

**13** 그림은 수소 기체와 산소 기체가 반응하여 수증기가 생성될 때의 부피 관계를 나타낸 것이다.(단, 온도와 압력은 반응 전후 같다.)

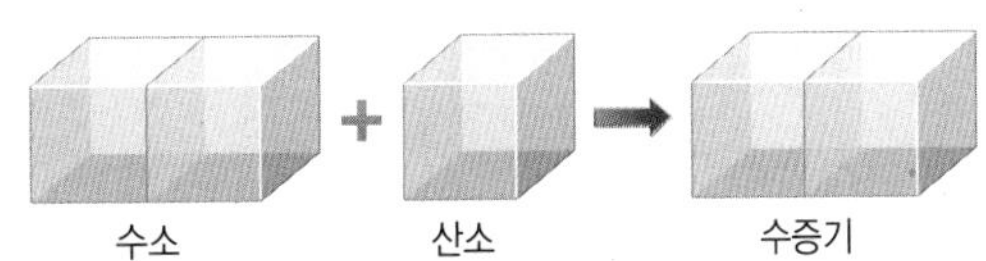


(1) 수증기가 생성될 때 각 기체의 부피비(수소 : 산소 : 수증기)를 구하시오.

(2) 수소 기체 60 mL를 충분한 양의 산소 기체와 완전히 반응시킬 때 (가) 반응하는 산소 기체의 부피와 (나) 생성되는 수증기의 부피를 각각 구하시오.

**14** 오른쪽 표는 기체 A와 기체 B가 반응하여 기체 C가 생성될 때의 부피 관계를 나타낸 것이다.(단, 온도와 압력은 반응 전후 같다.)

| 실험 | 반응 전 기체의 부피(mL) | | 반응 후 남은 기체의 종류와 부피(mL) | 생성된 기체 C의 부피(mL) |
|---|---|---|---|---|
| | A | B | | |
| 1 | 40 | 10 | ㉠ | 20 |
| 2 | 40 | 20 | 0 | 40 |
| 3 | 30 | 30 | ㉡ | 30 |

(1) ㉠과 ㉡에 들어갈 기체의 종류와 부피(mL)를 각각 구하시오.

(2) 기체 A 70 mL와 기체 B 40 mL가 완전히 반응할 때 생성되는 기체 C의 부피(mL)를 구하시오.

**15** 질소 기체 20 mL와 수소 기체 80 mL가 반응하여 암모니아 기체 40 mL가 생성되고, 수소 기체 20 mL가 남았다. 이 반응에서 각 기체의 부피비(질소 : 수소 : 암모니아)를 구하시오.(단, 온도와 압력은 반응 전후 같다.)

**16** 수소 기체 400 mL와 염소 기체 100 mL가 완전히 반응하여 염화 수소 기체가 생성될 때 남는 기체의 종류와 부피(mL)를 구하시오.(단, 온도와 압력은 반응 전후 같다.)

# 탐구 a 화학 반응에서 질량 변화

**이 탐구에서는** 앙금 생성 반응과 기체 발생 반응에서 질량이 보존됨을 알아본다.

• 정답과 해설 5쪽

과정 & 결과

## 실험 ❶ 앙금 생성 반응에서 질량 변화

❶ 그림과 같이 염화 나트륨 수용액과 질산 은 수용액의 질량을 측정한다.

결과 165.3 g

❷ 두 수용액을 섞은 후 일어나는 변화를 관찰한다.

결과 흰색 앙금(염화 은) 생성

❸ 반응이 끝난 후 전체 질량을 측정한다.

결과 165.3 g ➡ 질량 일정

## 실험 ❷ 기체 발생 반응에서 질량 변화

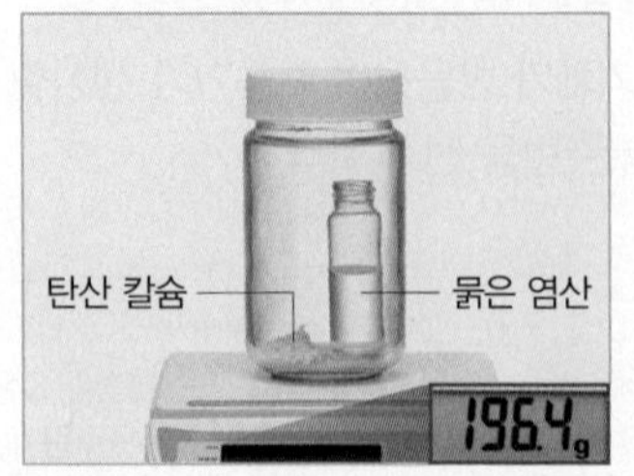


❶ 묽은 염산이 들어 있는 용기와 탄산 칼슘을 유리병에 넣은 후 뚜껑을 닫고 질량을 측정한다.

결과 196.4 g

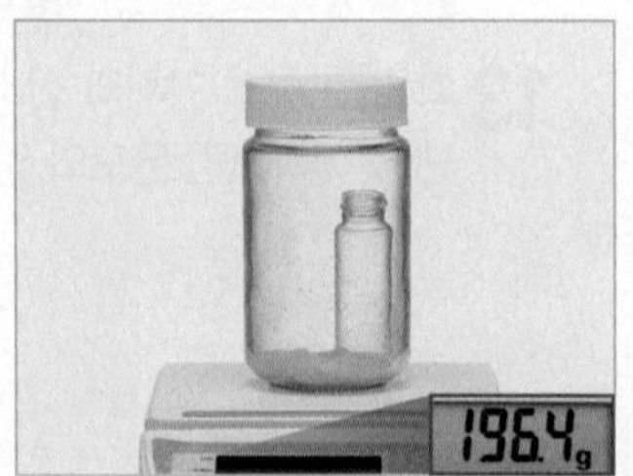


❷ 유리병을 기울여 반응시키면서 변화를 관찰한 후 질량을 측정한다.

결과 • 기체(이산화 탄소) 발생
• 196.4 g ➡ 질량 일정

❸ 유리병의 뚜껑을 연 후 질량을 측정한다.

결과 196.1 g ➡ 발생한 기체가 빠져나가므로 질량 감소

정리

1. 앙금 생성 반응에서 반응 전후에 총질량은 ㉠(　　　)하다. ➡ ㉡(　　　) 법칙 성립
2. 열린 용기에서 기체 발생 반응이 일어나면 발생한 기체가 빠져나가므로 질량은 ㉢(　　　)하지만, 빠져나간 기체의 질량을 고려하면 반응 전후에 총질량은 ㉣(　　　)하다. ➡ ㉤(　　　) 법칙 성립

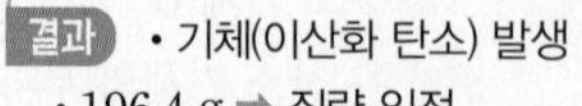

## 확인 문제

**01** 위 실험에 대한 설명으로 옳은 것은 ○, 옳지 않은 것은 ×로 표시하시오.

(1) 염화 나트륨 수용액과 질산 은 수용액이 반응하면 질산 나트륨 앙금이 생성된다. ( )

(2) 실험 ❶에서 (염화 나트륨＋질산 은)의 질량은 (염화 은＋질산 나트륨)의 질량과 같다. ( )

(3) 탄산 칼슘과 묽은 염산이 반응하면 이산화 탄소 기체가 발생한다. ( )

(4) 열린 용기에서 기체 발생 반응이 일어나면 반응 후 질량이 감소한다. ( )

(5) 기체가 발생하는 반응에서는 질량 보존 법칙이 성립하지 않는다. ( )

**02** 염화 나트륨 수용액 30 g과 질산 은 수용액 25 g을 섞었더니 흰색 앙금이 생성되었다. 실험 결과 만들어진 흰색 앙금의 이름을 쓰고, 반응 후 혼합 용액의 전체 질량을 구하시오.

**03** 오른쪽 그림은 탄산 칼슘과 묽은 염산의 반응을 나타낸 것이다. (가)와 (나)의 질량을 등호나 부등호로 비교하고, 그 까닭을 서술하시오.

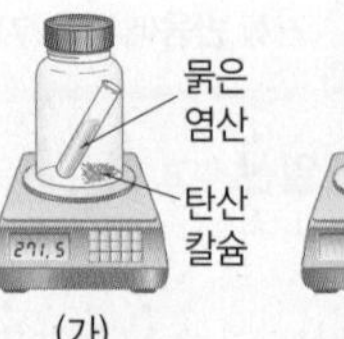

# 탐구 b 산화 구리(Ⅱ) 생성 반응에서 질량비

**이 탐구에서는** 구리와 산소가 일정한 질량비로 반응하여 산화 구리(Ⅱ)가 생성됨을 알아본다.

● 정답과 해설 6쪽

**과정**

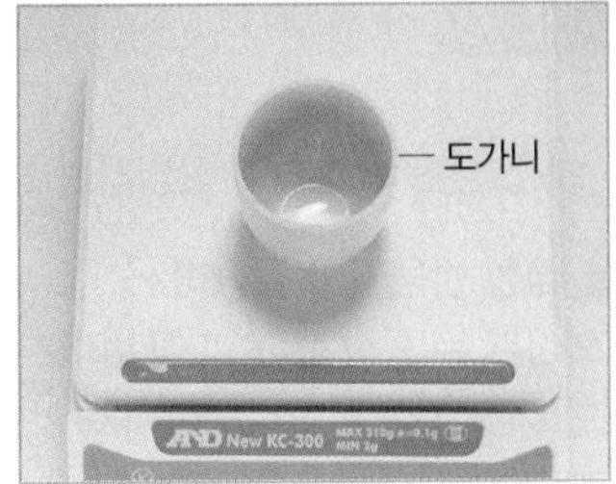


❶ 도가니 5개의 질량을 측정한 후 각 도가니에 구리 가루를 0.4 g, 0.8 g, 1.2 g, 1.6 g, 2.0 g씩 넣는다.

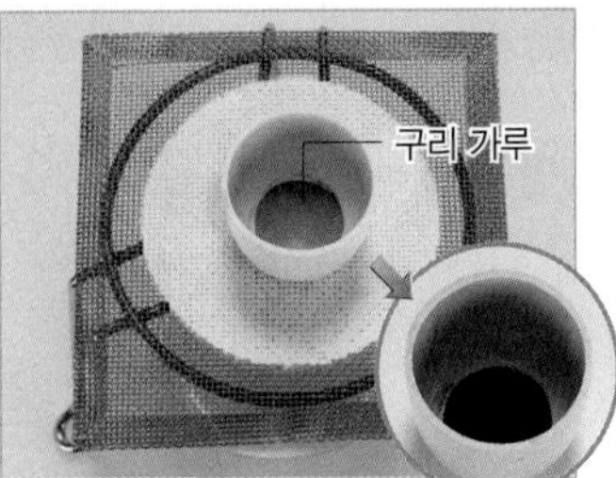


❷ 구리 가루의 색깔이 검은색으로 변할 때까지 가열한다.

◎ 구리와 산소가 반응하여 검은색 산화 구리(Ⅱ)가 생성된다.

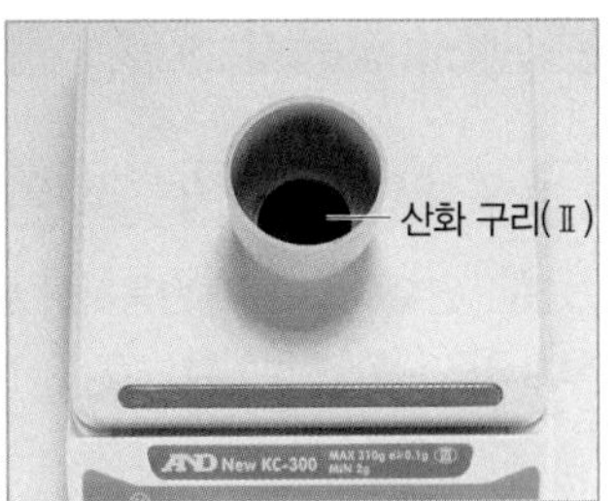


❸ 각 도가니의 전체 질량을 측정하여 산화 구리(Ⅱ)의 질량을 구한다.

◎ 생성된 산화 구리(Ⅱ)의 질량 = 도가니의 전체 질량(과정 ❸) − 도가니의 질량(과정 ❶)

**결과 & 해석**

• 산화 구리(Ⅱ)가 생성될 때 반응하는 구리와 산소의 질량 관계

| 구리의 질량(g) | 산화 구리(Ⅱ)의 질량(g) | 산소의 질량(g) | 구리 : 산소 질량비 |
|---|---|---|---|
| 0.4 | 0.5 | 0.1(=0.5−0.4) | 4 : 1 |
| 0.8 | 1.0 | 0.2(=1.0−0.8) | 4 : 1 |
| 1.2 | 1.5 | 0.3(=1.5−1.2) | 4 : 1 |
| 1.6 | 2.0 | 0.4(=2.0−1.6) | 4 : 1 |
| 2.0 | 2.5 | 0.5(=2.5−2.0) | 4 : 1 |

산화 구리(Ⅱ)의 질량−구리의 질량

➡

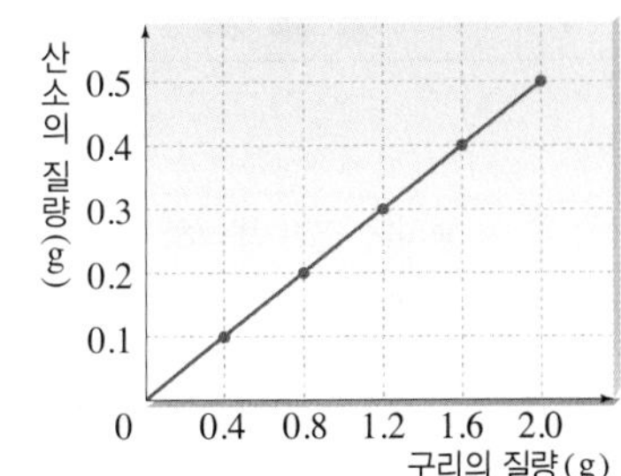


**정리**

1. 구리 가루를 가열하면 구리와 ㉠(          )가 반응하여 산화 구리(Ⅱ)가 생성된다.

$$2Cu + O_2 \longrightarrow 2CuO$$

2. 산화 구리(Ⅱ)가 생성될 때 반응하는 구리와 산소의 질량비는 ㉡(          )로 일정하다.
➡ ㉢(          ) 법칙 성립

## 확인 문제

**01** 위 실험에 대한 설명으로 옳은 것은 ○, 옳지 않은 것은 ×로 표시하시오.

(1) 구리의 질량에 관계없이 반응하는 산소의 질량은 일정하다. ( )

(2) 구리의 질량이 증가해도 반응하는 구리와 산소의 질량비는 일정하다. ( )

(3) 구리 가루 8 g이 완전히 반응하기 위해 필요한 산소의 최소 질량은 1 g이다. ( )

(4) 구리 가루 10 g이 산소와 완전히 반응하면 산화 구리(Ⅱ) 12.5 g이 생성된다. ( )

(5) 반응하는 구리와 생성되는 산화 구리(Ⅱ)의 질량비는 일정하지 않다. ( )

**[02~03]** 오른쪽 그림은 구리와 산소가 반응하여 산화 구리(Ⅱ)가 생성될 때의 질량 관계를 나타낸 것이다.

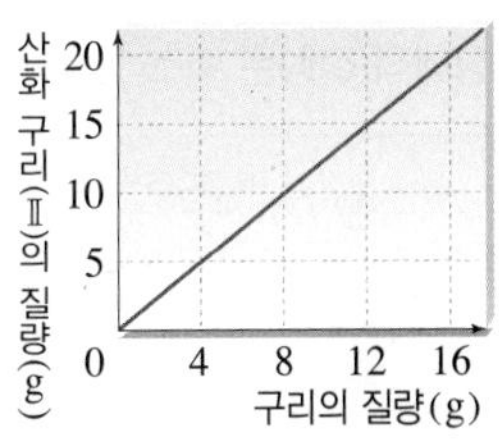


**02** 산화 구리(Ⅱ)가 생성될 때 반응하는 구리와 산소의 질량비(구리 : 산소)를 구하시오.

**03** 구리 24 g이 완전히 반응할 때 생성되는 산화 구리(Ⅱ)의 질량(g)을 풀이 과정과 함께 서술하시오.

# 여기서 잠깐

일정 성분비 법칙이 어렵다구요? 모형을 활용하여 일정 성분비 법칙을 학습하고, 일정 성분비 법칙이 성립하는 반응을 여기서 잠깐 을 통해 조금 더 살펴볼까요?

● 정답과 해설 6쪽

## 일정 성분비 법칙

### ① 일정 성분비 법칙을 모형으로 설명하기

그림은 원자 A와 B가 반응하여 화합물 AB가 생성되는 반응을 모형으로 나타낸 것이다.

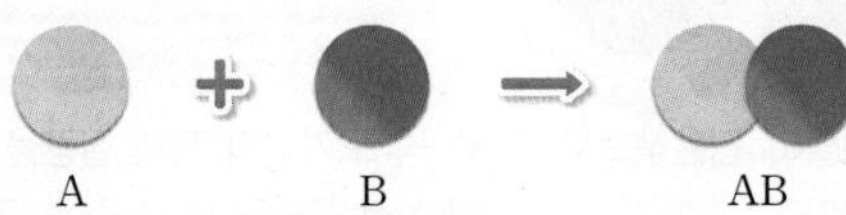


**❶ 다음과 같이 반응물이 있을 때 생성물 만들기**

| 구분 | 반응물 | 생성물 | 남는 물질 |
|---|---|---|---|
| 1 | | | |
| 2 | | | 없음 |
| 3 | | | |

**❷ ❶의 생성물 결과 해석하기**(단, 질량은 A 5 g, B 1 g으로 가정한다.)

| 구분 | 반응에 참여한 원자(개) | | 개수비 ( : ) | 질량비 ( : ) |
|---|---|---|---|---|
| | | | | |
| 1 | 1 | 1 | 1 : 1 | 5 : 1 |
| 2 | 2 | 2 | 1 : 1 | 5 : 1 |
| 3 | 2 | 2 | 1 : 1 | 5 : 1 |

**❸ ❷의 결과로 반응 전후에 물질의 질량비 비교하기**

➡ 화합물 AB가 생성될 때 반응하는 원자 A와 B의 개수비가 일정하므로 원자 A와 B의 질량비도 일정하다.

### ② 일정 성분비 법칙이 성립하는 반응

**○ 물 생성 반응에서 질량비**

수소와 산소는 항상 1 : 8의 질량비로 반응하여 물을 생성하므로 과량의 수소 또는 산소는 반응하지 않고 남는다.

| 실험 | 반응 전 기체의 질량(g) | | 반응 후 남은 기체의 질량(g) | 생성된 물의 질량(g) |
|---|---|---|---|---|
| | 수소 | 산소 | | |
| 1 | 2 | 8 | 수소, 1 | 9 |
| 2 | 2 | 16 | 0 | 18 |
| 3 | 2 | 20 | 산소, 4 | 18 |

**○ 아이오딘화 납 생성 반응에서 질량비**

과정 10 % 아이오딘화 칼륨 수용액 6 mL에 10 % 질산 납 수용액의 부피를 다르게 하여 반응시킨다.

| 시험관 | A | B | C | D | E | F |
|---|---|---|---|---|---|---|
| 아이오딘화 칼륨 수용액(mL) | 6 | 6 | 6 | 6 | 6 | 6 |
| 질산 납 수용액(mL) | 0 | 2 | 4 | 6 | 8 | 10 |

결과 생성된 아이오딘화 납 앙금의 높이는 다음과 같다.

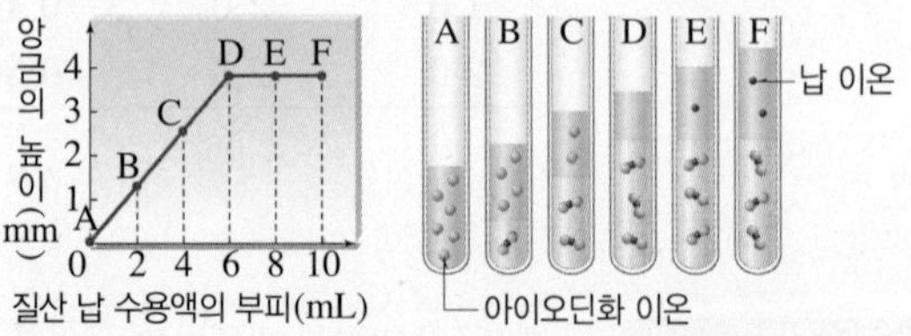


- B~D에서 앙금의 높이가 증가한다.
- D 이후에는 앙금의 높이가 더 이상 증가하지 않는다.

  ➡ 같은 농도의 아이오딘화 칼륨 수용액과 질산 납 수용액은 1 : 1의 부피비로 반응한다.
- E와 F에는 질산 납과 반응할 수 있는 아이오딘화 칼륨이 없다.

---

**유제❶** 표의 ㉠~㉤에 알맞은 내용을 쓰시오.(단, 원자 1개의 상대적 질량은 수소 1, 산소 16이다.)

| 구분 | 반응에 참여한 원자(개) | | 개수비 (수소 : 산소) | 질량비 (수소 : 산소) |
|---|---|---|---|---|
| | 수소 | 산소 | | |
| 물 | 2 | 1 | 2 : 1 | ( ㉠ ) |
| 과산화 수소 | ( ㉡ ) | ( ㉢ ) | ( ㉣ ) | ( ㉤ ) |

**유제❷** 이산화 질소($NO_2$)를 구성하는 질소와 산소의 질량비(질소 : 산소)를 구하시오.(단, 원자 1개의 상대적 질량은 질소 14, 산소 16이다.)

**유제❸** 물 54 g을 얻기 위해 필요한 수소와 산소의 최소 질량을 각각 구하시오.

**유제❹~❺** 오른쪽 그림은 10 % 아이오딘화 칼륨 수용액이 6 mL씩 들어 있는 시험관 A~F에 10 % 질산 납 수용액을 0, 2, 4, 6, 8, 10 mL씩 각각 넣었을 때 앙금의 높이를 나타낸 것이다.

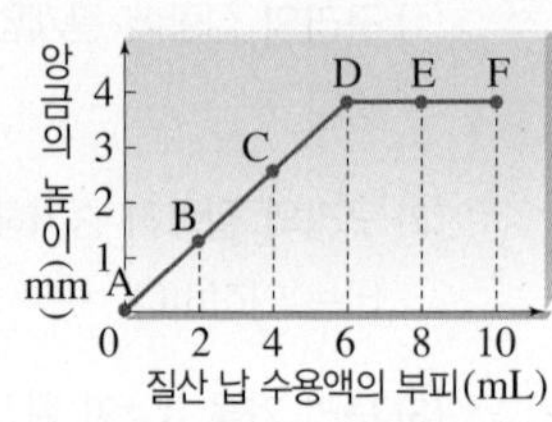


**유제❹** 아이오딘화 칼륨 수용액 6 mL와 완전히 반응한 질산 납 수용액의 부피(mL)를 구하시오.

**유제❺** 시험관 F에 남은 물질을 완전히 반응시키기 위해 넣어 주어야 할 물질과 부피(mL)를 구하시오.

기출 문제로 내신쑥쑥

전국 주요 학교의 **시험에 가장 많이 나오는 문제**들로만 구성하였습니다.
모든 친구들이 '꼭' 봐야 하는 코너입니다.

● 정답과 해설 6쪽

## A 질량 보존 법칙

**01** 질량 보존 법칙에 대한 설명으로 옳은 것은?

① 연소 반응에서는 성립하지 않는다.
② 기체 발생 반응에서는 성립하지 않는다.
③ 물리 변화가 일어날 때는 성립하지 않는다.
④ 반응물의 총질량과 생성물의 총질량은 같다.
⑤ 앙금 생성 반응에서는 생성된 앙금의 양만큼 질량이 증가한다.

**02** 화학 반응이 일어날 때 질량이 보존되는 까닭은?

① 원자의 배열이 달라지기 때문
② 새로운 물질이 만들어지기 때문
③ 물질의 고유한 성질이 변하지 않기 때문
④ 물질을 이루는 원자의 종류와 개수가 변하지 않기 때문
⑤ 물질을 이루는 분자의 종류와 개수가 변하지 않기 때문

중요 탐구 a 26쪽

**03** 그림과 같이 염화 나트륨 수용액과 질산 은 수용액의 질량을 측정한 후 두 수용액을 섞어 반응시켰다.

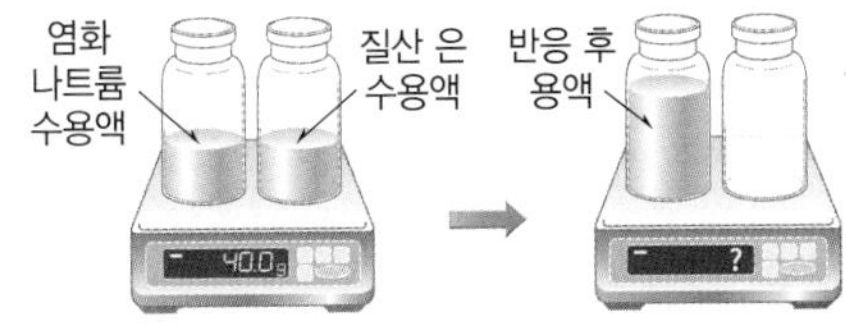


이에 대한 설명으로 옳은 것은?

① 흰색 앙금인 질산 나트륨이 생성된다.
② 반응 후 질량은 반응 전보다 증가한다.
③ 반응 후 원자의 종류와 개수가 변한다.
④ 반응 후 원자의 배열은 달라지지 않는다.
⑤ 반응 전후를 비교하면 질량 보존 법칙을 확인할 수 있다.

**04** 탄산 나트륨 수용액 25 g과 염화 칼슘 수용액 25 g을 섞어 반응시켰더니 흰색 앙금이 생성되었다. 이 앙금의 이름과 혼합 용액의 전체 질량을 옳게 짝 지은 것은?

① 탄산 칼슘, 25 g ② 염화 나트륨, 25 g
③ 탄산 칼슘, 50 g ④ 염화 나트륨, 50 g
⑤ 탄산 칼슘, 75 g

탐구 a 26쪽

**[05~06]** 그림과 같이 탄산 칼슘과 묽은 염산을 반응시키면서 반응 전후의 질량을 측정하였다.

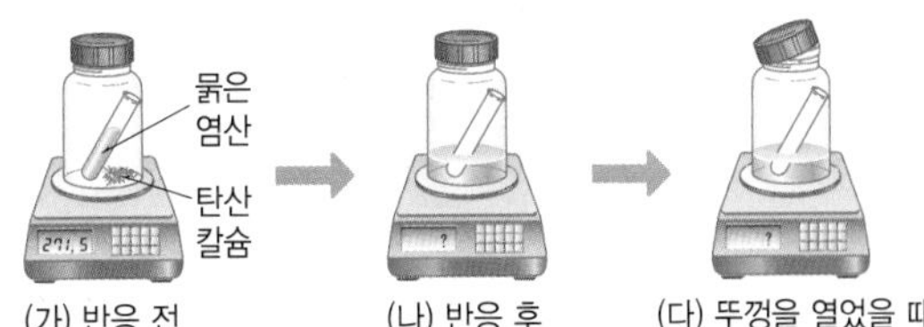


중요

**05** (가)~(다)의 질량을 옳게 비교한 것은?

① (가)>(나)>(다) ② (가)>(나)=(다)
③ (가)=(나)<(다) ④ (가)=(나)>(다)
⑤ (가)=(나)=(다)

중요

**06** 이 실험에 대한 설명으로 옳은 것을 보기에서 모두 고른 것은?

보기
ㄱ. 탄산 칼슘과 묽은 염산이 반응하면 이산화 탄소 기체가 발생한다.
ㄴ. (다)에서는 발생한 기체가 빠져나가기 때문에 질량이 감소한다.
ㄷ. 이 실험에서 질량 보존 법칙은 성립하지 않는다.

① ㄷ ② ㄱ, ㄴ ③ ㄱ, ㄷ
④ ㄴ, ㄷ ⑤ ㄱ, ㄴ, ㄷ

중요

**07** 그림과 같이 질량이 같은 강철솜을 막대저울의 양쪽에 매달아 수평을 이루게 한 후 강철솜 B를 충분히 가열하였다.

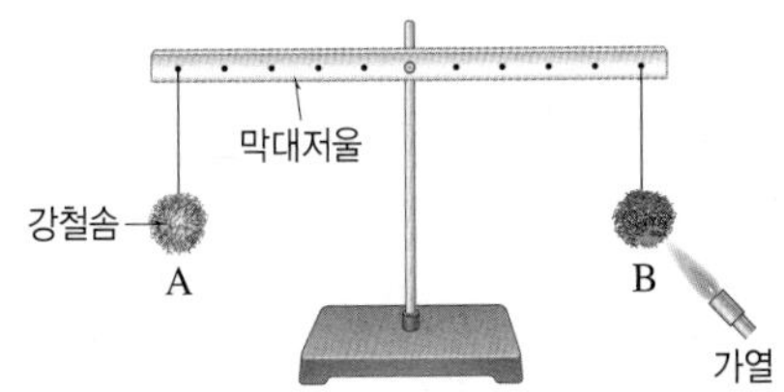


이에 대한 설명으로 옳은 것을 모두 고르면?(2개)

① 강철솜을 가열하면 이산화 탄소와 결합하여 산화 철(Ⅱ)이 생성된다.
② 연소 후에도 막대저울은 수평을 유지한다.
③ 연소 후 막대저울은 B쪽으로 기울어진다.
④ 연소 후 B의 성질은 A와 달라진다.
⑤ 연소 후 A와 B를 이루는 원자의 종류와 개수는 같다.

**08** 그림은 밀폐 용기 안에서 나무의 연소 반응을 입자 모형으로 나타낸 것이다.

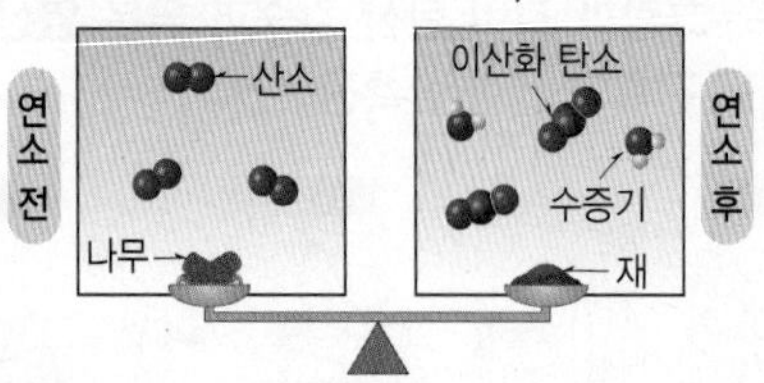


**이에 대한 설명으로 옳지 않은 것은?**

① 나무의 연소 반응은 화학 변화이다.
② 나무를 연소시키면 이산화 탄소와 수증기가 발생한다.
③ 연소 전후에 물질의 총질량은 같다.
④ 연소 전후에 산소 원자의 개수는 같다.
⑤ 열린 공간에서 나무를 연소시켜도 반응 전후에 측정한 질량은 같다.

**09** 열린 용기에서 반응이 일어날 때 반응 후 질량이 감소하는 것을 모두 고르면?(2개)

① 마그네슘을 태운다.
② 강철솜을 가열한다.
③ 종이에 불을 붙인다.
④ 묽은 염산에 마그네슘 조각을 넣는다.
⑤ 탄산 나트륨 수용액과 염화 칼슘 수용액을 반응시킨다.

## B 일정 성분비 법칙

**10** 일정 성분비 법칙이 성립하지 않는 경우는?

① 마그네슘을 연소시킨다.
② 설탕을 물에 녹여 설탕물을 만든다.
③ 수소와 산소가 반응하여 물이 생성된다.
④ 수소와 질소를 이용하여 암모니아를 합성한다.
⑤ 구리 가루를 가열하여 산화 구리(Ⅱ)를 만든다.

**11** 오른쪽 그림은 암모니아의 분자 모형을 나타낸 것이다. 암모니아를 구성하는 질소와 수소의 질량비(질소 : 수소)는? (단, 원자 1개의 상대적 질량은 수소 1, 질소 14이다.)

① 7 : 1 ② 7 : 3 ③ 14 : 1
④ 14 : 3 ⑤ 28 : 3

**12** 그림은 물과 과산화 수소의 분자 모형을 나타낸 것이다.

**이에 대한 설명으로 옳은 것을 보기에서 모두 고른 것은?(단, 원자 1개의 상대적 질량은 수소 1, 산소 16이다.)**

보기
ㄱ. 물을 구성하는 수소 원자와 산소 원자의 개수비는 2 : 1이다.
ㄴ. 과산화 수소를 구성하는 수소와 산소의 질량비는 1 : 16이다.
ㄷ. 물과 과산화 수소는 성분 원소의 종류가 같으므로 같은 물질이다.
ㄹ. 물과 과산화 수소는 성분 원소의 질량비가 다르므로 서로 다른 물질이다.

① ㄱ, ㄴ ② ㄴ, ㄷ ③ ㄷ, ㄹ
④ ㄱ, ㄴ, ㄹ ⑤ ㄴ, ㄷ, ㄹ

**[13~14] 그림은 볼트(B)와 너트(N)를 이용하여 화합물 모형 $BN_2$를 만드는 과정을 나타낸 것이다.**

**13** 이 반응에 대한 설명으로 옳지 않은 것은?(단, 볼트 1개의 질량은 5 g, 너트 1개의 질량은 2 g이다.)

① 이 반응은 $B + 2N \longrightarrow BN_2$로 나타낼 수 있다.
② 생성된 화합물에서 B : N의 개수비는 1 : 2이다.
③ 생성된 화합물에서 B : N의 질량비는 5 : 2이다.
④ 이 반응을 이용하면 질량 보존 법칙을 설명할 수 있다.
⑤ 이 반응을 이용하면 일정 성분비 법칙을 설명할 수 있다.

중요

**14** 볼트 15개와 너트 20개를 이용하여 그림과 같은 화합물을 만들 때 (가) 최대로 만들 수 있는 화합물의 개수와 (나) 결합하지 않고 남는 것의 종류와 개수를 옳게 나타낸 것은?

| | (가) | (나) | | (가) | (나) |
|---|---|---|---|---|---|
| ① | 5개 | 볼트, 10개 | ② | 10개 | 너트, 5개 |
| ③ | 10개 | 볼트, 5개 | ④ | 15개 | 너트, 5개 |
| ⑤ | 15개 | 없음 | | | |

[15~16] 표는 물 생성 반응에서 질량 관계를 나타낸 것이다.

| 실험 | 반응 전 기체의 질량(g) | | 반응 후 남은 기체의 종류와 질량(g) |
|---|---|---|---|
| | 수소 | 산소 | |
| 1 | 6 | ㉠ | 수소, 3 |
| 2 | 4 | 16 | 수소, 2 |
| 3 | 2 | 20 | ㉡ |

**15** 이에 대한 설명으로 옳은 것을 보기에서 모두 고른 것은?

보기
ㄱ. ㉠은 24 g이다.
ㄴ. ㉡은 산소, 4 g이다.
ㄷ. 실험 1, 2, 3에서 수소와 산소의 질량비는 1 : 8로 일정하다.

① ㄴ ② ㄱ, ㄴ ③ ㄱ, ㄷ
④ ㄴ, ㄷ ⑤ ㄱ, ㄴ, ㄷ

**16** 수소 0.8 g이 모두 반응하기 위해 필요한 산소의 최소 질량은?

① 0.1 g ② 0.8 g ③ 1.6 g
④ 6.4 g ⑤ 12.8 g

중요 탐구 b 27쪽

**17** 4개의 도가니에 구리 가루를 각각 4, 8, 12, 16 g씩 넣고 그림 (가)와 같이 가열하였더니 산화 구리(Ⅱ)가 생성되었다. 이때 구리와 산화 구리(Ⅱ)의 질량 관계는 그림 (나)와 같다.

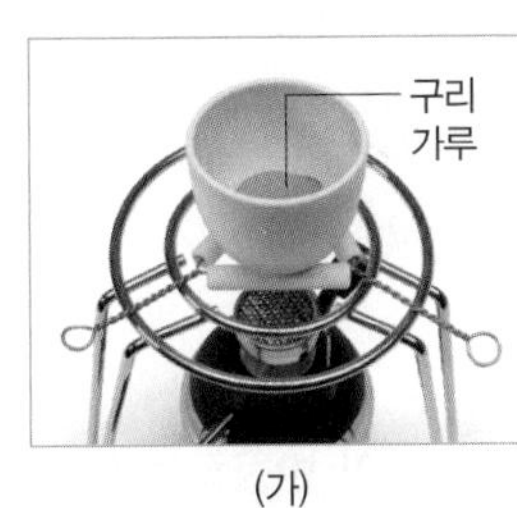

(가)

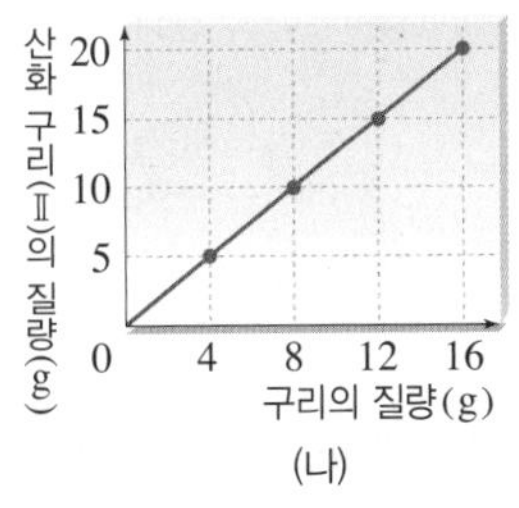

(나)

이에 대한 설명으로 옳은 것은?

① 반응하는 구리와 산소의 질량비는 4 : 5이다.
② 산화 구리(Ⅱ) 10 g에는 산소 8 g이 들어 있다.
③ 구리의 질량이 증가해도 결합하는 산소의 질량은 일정하다.
④ 산화 구리(Ⅱ)가 생성될 때 질량 보존 법칙은 성립하지 않는다.
⑤ 구리의 질량이 증가하면 생성되는 산화 구리(Ⅱ)의 질량도 증가한다.

[18~19] 오른쪽 그림은 구리를 가열하여 산화 구리(Ⅱ)가 생성될 때 구리와 산소의 질량 관계를 나타낸 것이다.(단, 가열하는 불꽃의 세기는 일정하다.)

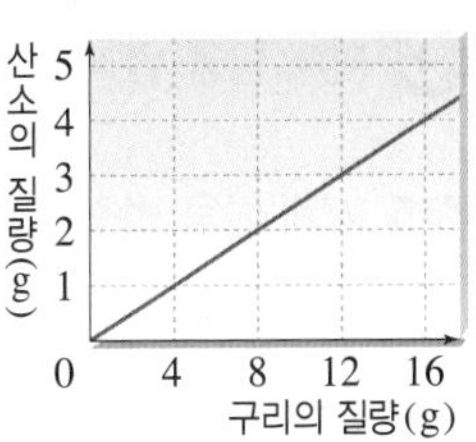


중요

**18** 산화 구리(Ⅱ) 25 g이 생성되기 위해 필요한 구리와 산소의 최소 질량을 옳게 나타낸 것은?

| | 구리 | 산소 | | 구리 | 산소 |
|---|---|---|---|---|---|
| ① | 5 g | 20 g | ② | 10 g | 15 g |
| ③ | 12.5 g | 12.5 g | ④ | 15 g | 10 g |
| ⑤ | 20 g | 5 g | | | |

**19** 이 실험에서 구리의 질량을 증가시켜도 변하지 <u>않는</u> 것은?

① 구리와 결합하는 산소의 질량
② 생성되는 산화 구리(Ⅱ)의 질량
③ 반응하는 구리와 산소의 질량비
④ 산화 구리(Ⅱ) 속에 포함된 산소의 질량
⑤ 구리와 산소가 완전히 반응하는 데 걸리는 시간

[20~21] 표는 마그네슘과 산소가 반응하여 산화 마그네슘이 생성될 때의 질량 관계를 나타낸 것이다.

| 마그네슘의 질량(g) | 1.5 | 3.0 | 4.5 | 6.0 |
|---|---|---|---|---|
| 산소의 질량(g) | 1.0 | 2.0 | 3.0 | 4.0 |

**20** 산화 마그네슘이 생성될 때 반응하는 마그네슘과 산소의 질량비(마그네슘 : 산소)는?

① 2 : 1 ② 3 : 1 ③ 3 : 2
④ 4 : 1 ⑤ 4 : 5

**21** 산화 마그네슘 30 g을 얻기 위해 필요한 마그네슘의 최소 질량은?

① 12 g ② 14 g ③ 16 g
④ 18 g ⑤ 20 g

## C 기체 반응 법칙

**22** 기체 반응 법칙이 성립하는 경우를 모두 고르면?(2개)

① 질소 + 수소 ⟶ 암모니아
② 수소 + 염소 ⟶ 염화 수소
③ 탄소 + 산소 ⟶ 이산화 탄소
④ 마그네슘 + 산소 ⟶ 산화 마그네슘
⑤ 염화 나트륨 + 질산 은 ⟶ 염화 은 + 질산 나트륨

중요
**23** 표는 수소 기체와 산소 기체가 반응하여 수증기가 생성될 때의 부피 관계를 나타낸 것이다.

| 실험 | 반응 전 기체의 부피(mL) | | 반응 후 남은 기체의 종류와 부피(mL) | 생성된 수증기의 부피(mL) |
|---|---|---|---|---|
| | 수소 | 산소 | | |
| 1 | 20 | 10 | 0 | 20 |
| 2 | 50 | 20 | ㉠ | 40 |
| 3 | 80 | 50 | 산소, 10 | ㉡ |

이에 대한 설명으로 옳지 않은 것은?(단, 온도와 압력은 반응 전후 같다.)

① ㉠에서 남은 기체의 종류는 수소이다.
② ㉠에서 남은 기체의 부피는 10 mL이다.
③ ㉡에서 생성된 수증기의 부피는 80 mL이다.
④ 실험 2에서 수소 기체를 더 넣으면 수증기의 부피가 증가한다.
⑤ 실험 1, 2, 3에서 반응하는 기체의 부피비는 같다.

중요
**24** 그림은 수소 기체와 산소 기체가 반응하여 수증기가 생성되는 반응을 모형으로 나타낸 것이다.

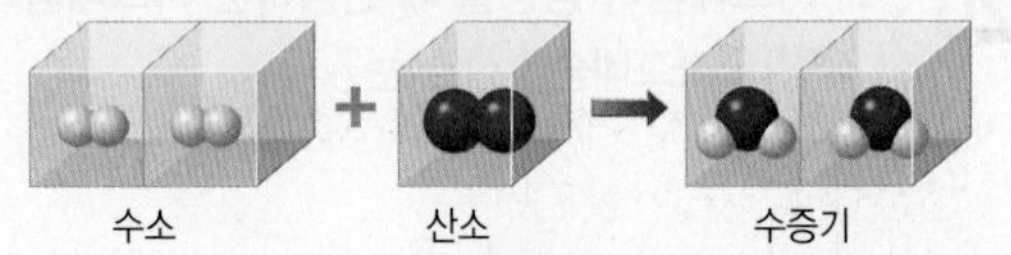


이에 대한 설명으로 옳지 않은 것은?(단, 온도와 압력은 반응 전후 같다.)

① 반응 전후에 물질의 총질량은 같다.
② 각 기체 1부피에 포함된 분자의 개수는 같다.
③ 수소 기체와 산소 기체는 1 : 8의 부피비로 반응한다.
④ 수소 : 산소 : 수증기의 분자 수의 비는 2 : 1 : 2이다.
⑤ 반응하는 수소 기체의 부피와 생성되는 수증기의 부피는 같다.

중요
**25** 그림은 질소 기체와 수소 기체가 반응하여 암모니아 기체가 생성되는 반응을 모형으로 나타낸 것이다.

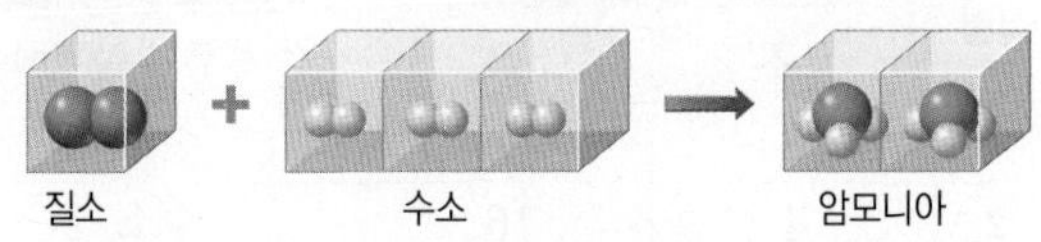


이에 대한 설명으로 옳은 것을 보기에서 모두 고른 것은?(단, 온도와 압력은 반응 전후 같다.)

보기
ㄱ. 반응 전후에 분자의 종류와 개수가 같다.
ㄴ. 질소 분자 1개는 수소 분자 3개와 반응한다.
ㄷ. 질소 기체 20 mL가 모두 반응하면 암모니아 기체 40 mL가 생성된다.

① ㄷ ② ㄱ, ㄴ ③ ㄱ, ㄷ
④ ㄴ, ㄷ ⑤ ㄱ, ㄴ, ㄷ

**26** 그림은 수소 기체 10 mL와 염소 기체 10 mL가 반응하여 염화 수소 기체 20 mL가 생성되는 반응을 모형으로 나타낸 것이다.

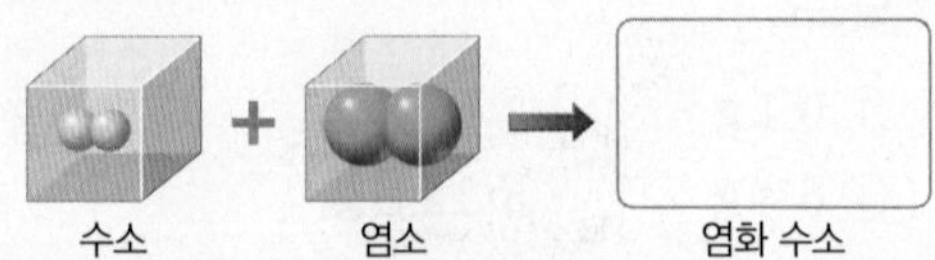


☐에 해당하는 모형으로 옳은 것은?(단, 온도와 압력은 반응 전후 같다.)

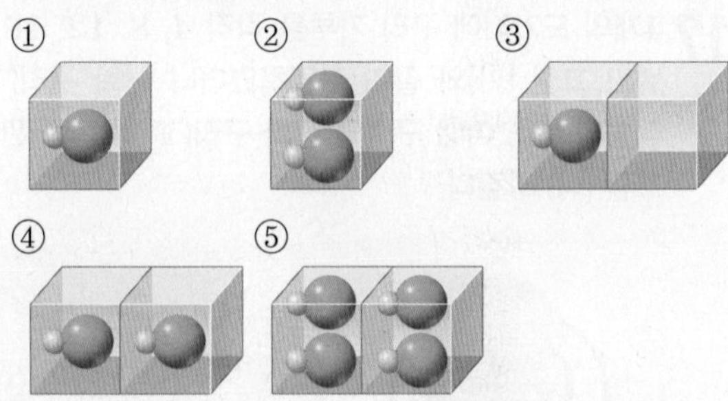


**27** 그림은 질소 기체와 산소 기체가 반응하여 이산화 질소 기체가 생성되는 반응을 모형으로 나타낸 것이다.

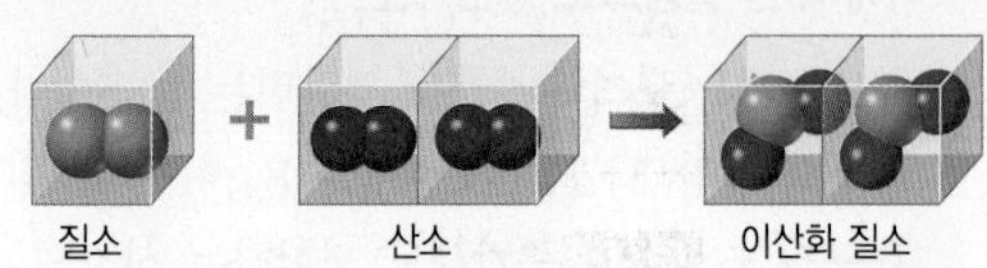


질소 기체 30 mL와 산소 기체 30 mL가 완전히 반응할 때 생성되는 이산화 질소 기체의 부피는?(단, 온도와 압력은 반응 전후 같다.)

① 10 mL ② 15 mL ③ 30 mL
④ 40 mL ⑤ 60 mL

## 서술형 문제

**28** 그림은 탄산 칼슘과 묽은 염산의 반응을 모형으로 나타낸 것이다.

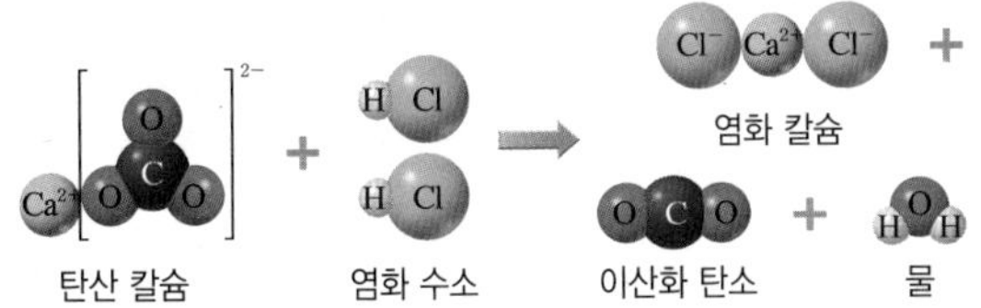


밀폐된 공간에서 두 물질이 반응한 후의 질량 변화를 예상하고, 그 까닭을 모형을 참고하여 서술하시오.

중요

**29** 오른쪽 그림은 마그네슘과 산소가 반응하여 산화 마그네슘이 생성될 때의 질량 관계를 나타낸 것이다.

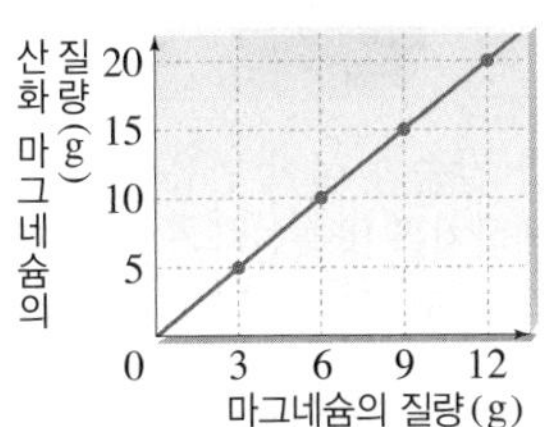


(1) 산화 마그네슘 35 g을 얻기 위해 필요한 산소의 최소 질량(g)을 풀이 과정과 함께 서술하시오.

(2) (1)의 결과로 알 수 있는 법칙을 서술하시오.

중요

**30** 그림은 질소 기체와 수소 기체가 반응하여 암모니아 기체가 생성되는 반응을 모형으로 나타낸 것이다.(단, 온도와 압력은 반응 전후 같다.)

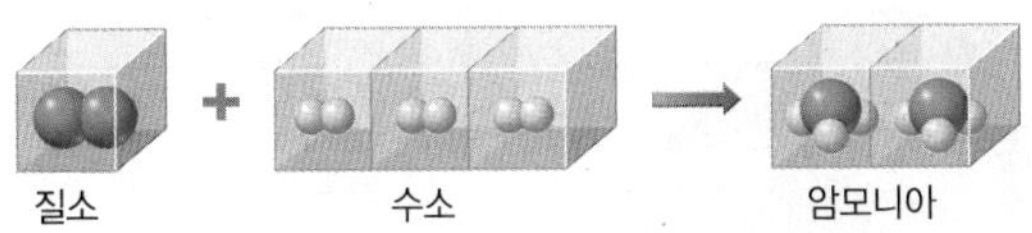


(1) 이 반응을 화학 반응식으로 나타내시오.

(2) 질소 기체 15 mL와 수소 기체 30 mL가 완전히 반응할 때 반응하지 않고 남는 기체의 종류와 부피(mL)를 구하고, 그 까닭을 서술하시오.

## 수준 높은 문제로 실력 탄탄

● 정답과 해설 9쪽

**01** 그림 (가)와 같이 시험관 A~F에 10 % 아이오딘화 칼륨 수용액을 6 mL씩 넣은 후 10 % 질산 납 수용액을 0, 2, 4, 6, 8, 10 mL씩 넣고 앙금의 높이를 측정하여 그림 (나)와 같은 결과를 얻었다.

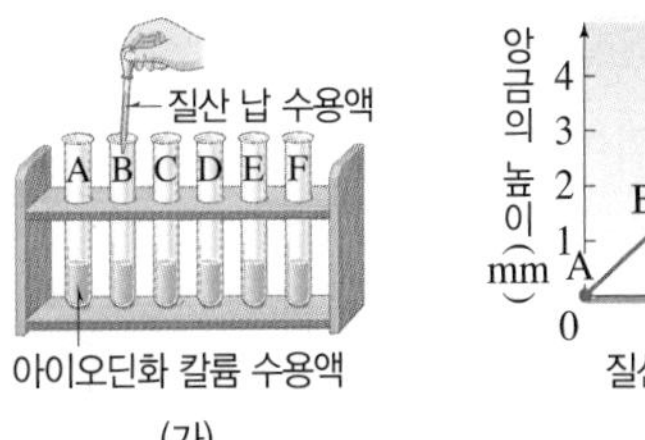

(가)

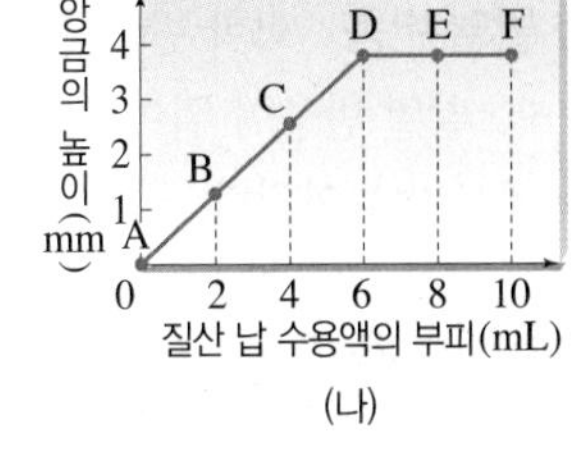

(나)

이에 대한 설명으로 옳은 것을 모두 고르면?(2개)

① 반응하는 두 수용액의 부피비는 1 : 1이다.
② 시험관 C에 아이오딘화 칼륨 수용액을 더 넣으면 앙금의 높이가 증가한다.
③ 시험관 E에 질산 납 수용액을 더 넣으면 앙금의 높이가 증가한다.
④ 앙금의 높이가 일정량 이상이 되면 더 높아지지 않는 까닭은 질산 납이 모두 반응했기 때문이다.
⑤ 이 실험을 통해 일정 성분비 법칙을 설명할 수 있다.

**02** 오른쪽 그림은 수소 기체와 질소 기체가 반응하여 암모니아 기체가 생성될 때 반응한 기체와 반응 후 남은 기체의 부피를 나타낸 것이다. 이에 대한 설명으로 옳은 것을 보기에서 모두 고른 것은?(단, 온도와 압력은 반응 전후 같다.)

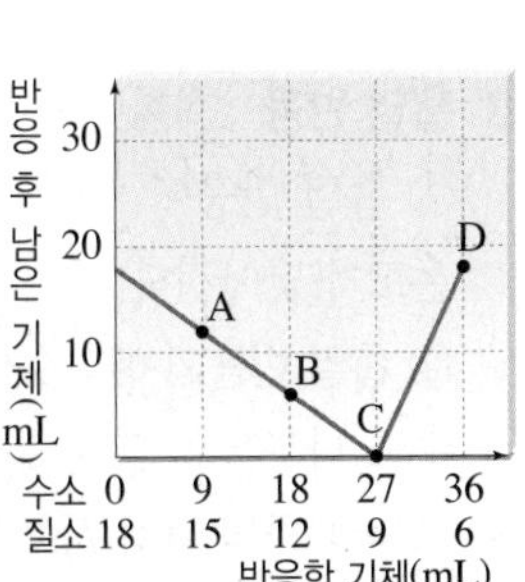


보기
ㄱ. A점에서는 질소 기체, D점에서는 수소 기체가 모두 반응한다.
ㄴ. B점에서는 반응 후에 질소 기체 6 mL가 남는다.
ㄷ. 암모니아 기체가 가장 많이 생성되는 것은 C점이다.

① ㄴ ② ㄱ, ㄴ ③ ㄱ, ㄷ
④ ㄴ, ㄷ ⑤ ㄱ, ㄴ, ㄷ

# 03 화학 반응에서의 에너지 출입

## A 화학 반응에서의 에너지 출입 탐구 a 36쪽 탐구 b 37쪽

**1 화학 반응에서의 에너지 출입** 화학 반응이 일어날 때에는 에너지를 방출하거나 흡수한다.❶

**2 발열 반응** 화학 반응이 일어날 때 에너지를 방출하는 반응❷

① 발열 반응이 일어날 때 주변으로 에너지를 방출한다. ➡ 주변의 온도가 높아진다.

② 발열 반응의 예 : 연소 반응, 산과 염기의 반응, 산화 칼슘과 물의 반응, 호흡, 금속이 녹스는 반응, 산과 금속의 반응 등❸

▲ 에너지 방출

| 연소 반응 | 산과 염기의 반응 | 산화 칼슘과 물의 반응 |
|---|---|---|
| | 수산화 나트륨 수용액<br>염산 | 물<br>산화 칼슘 |
| 나무가 연소할 때 열에너지와 빛에너지를 방출한다. | 염산과 수산화 나트륨 수용액이 반응할 때 열에너지를 방출한다.❹ | 산화 칼슘과 물이 반응할 때 열에너지를 방출한다.❺ |

화보 1.4

③ 발열 반응의 활용

- 난방 및 음식 조리 : 연료가 연소할 때 방출하는 에너지를 이용하여 난방을 하거나 음식을 조리한다.
- 손난로 : 철 가루와 산소가 반응할 때 방출하는 에너지로 손을 따뜻하게 한다.
- 발열 컵 : 산화 칼슘과 물이 반응할 때 방출하는 에너지로 용기 안의 음료를 데운다.
- 염화 칼슘 제설제 : 염화 칼슘과 물이 반응할 때 방출하는 에너지로 눈을 녹인다.

**3 흡열 반응** 화학 반응이 일어날 때 에너지를 흡수하는 반응❻

① 흡열 반응이 일어날 때 주변에서 에너지를 흡수한다. ➡ 주변의 온도가 낮아진다.

② 흡열 반응의 예 : 수산화 바륨과 염화 암모늄의 반응, 광합성, 탄산수소 나트륨의 열분해, 소금과 물의 반응, 물의 전기 분해, 질산 암모늄과 물의 반응 등❼

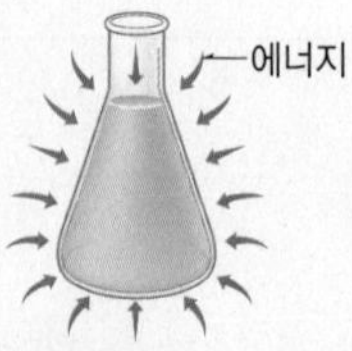

▲ 에너지 흡수

| 수산화 바륨과 염화 암모늄의 반응 | 광합성 | 탄산수소 나트륨의 열분해 |
|---|---|---|
| 수산화 바륨 + 염화 암모늄 | | |
| 수산화 바륨과 염화 암모늄이 반응할 때 열에너지를 흡수한다. | 식물이 광합성을 할 때 빛에너지를 흡수한다. | 탄산수소 나트륨을 가열하면 에너지를 흡수하면서 분해되어 이산화 탄소를 생성한다. |

③ 흡열 반응의 활용

- 냉찜질 팩 : 질산 암모늄과 물이 반응할 때 에너지를 흡수하여 주변의 온도가 낮아지므로 통증을 완화시킨다.

### 플러스 강의

**❶ 화학 반응이 일어날 때 에너지를 방출하거나 흡수하는 까닭**

화학 반응에서 반응물과 생성물은 고유의 에너지를 가지고 있는데, 반응이 일어날 때 이 에너지의 차이만큼 에너지를 방출하거나 흡수하기 때문이다.

**❷ 발열 반응**

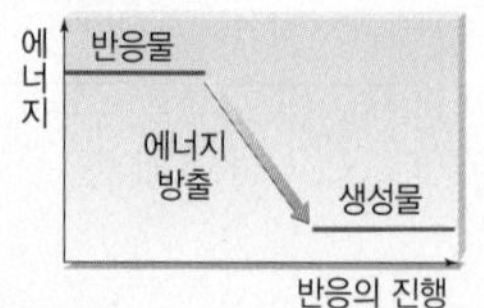


반응물의 에너지 합이 생성물의 에너지 합보다 크다.
➡ 반응물 ⟶ 생성물 + 에너지

**❸ 석고 붕대**

석고의 주성분은 황산 칼슘으로, 물과 반응하면 굳으면서 열에너지를 방출한다.

**❹ 산과 염기**

- 산 : 푸른색 리트머스 종이를 붉게 만드는 물질 예 염산, 황산 등
- 염기 : 붉은색 리트머스 종이를 푸르게 만드는 물질 예 수산화 나트륨, 수산화 칼륨 등

**❺ 구제역 바이러스 제거**

산화 칼슘과 물이 반응할 때 방출하는 열에너지를 이용하여 열에 약한 구제역 바이러스를 제거한다.

**❻ 흡열 반응**

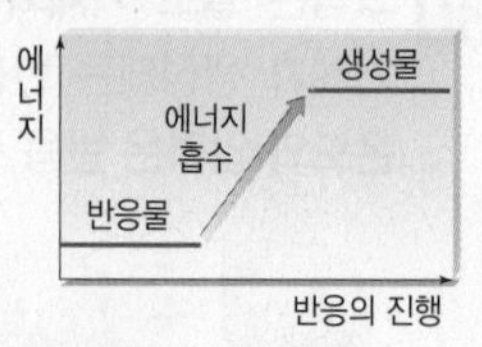


반응물의 에너지 합이 생성물의 에너지 합보다 작다.
➡ 반응물 + 에너지 ⟶ 생성물

**❼ 상태 변화와 에너지 출입**

- 에너지를 방출하는 응고, 액화, 승화(기체 → 고체)는 발열 반응이다.
- 에너지를 흡수하는 융해, 기화, 승화(고체 → 기체)는 흡열 반응이다.

**A 화학 반응에서의 에너지 출입**

- 발열 반응 : 화학 반응이 일어날 때 에너지를 □□하는 반응
- 발열 반응이 일어날 때 주변의 온도가 □아진다.
- 흡열 반응 : 화학 반응이 일어날 때 에너지를 □□하는 반응
- 흡열 반응이 일어날 때 주변의 온도가 □아진다.

**암기 콱** 발열 반응과 주변의 온도 변화

**발 주변**이 **뜨거워**!

열 (주변의 온도가 높아지므로)
반
응

**A**

**1** 화학 반응에서의 에너지 출입에 대한 설명으로 옳은 것은 ○, 옳지 않은 것은 ×로 표시하시오.

(1) 화학 반응이 일어날 때에는 에너지가 출입한다. ( )

(2) 발열 반응은 에너지를 흡수하는 반응이고, 흡열 반응은 에너지를 방출하는 반응이다. ( )

(3) 발열 반응이 일어나면 주변의 온도가 낮아지고, 흡열 반응이 일어나면 주변의 온도가 높아진다. ( )

**2** 다음 반응이 발열 반응이면 '발', 흡열 반응이면 '흡'이라고 쓰시오.

(1) 금속이 녹슨다. ( )

(2) 사람이 호흡을 한다. ( )

(3) 소금과 물이 반응한다. ( )

(4) 탄산수소 나트륨을 가열하여 분해한다. ( )

(5) 수산화 바륨과 염화 암모늄을 혼합한다. ( )

(6) 염산과 수산화 나트륨 수용액을 혼합한다. ( )

**3** 다음 ( ) 안에 알맞은 말을 고르시오.

> 식물이 광합성을 할 때 빛에너지를 ㉠( 방출, 흡수 )하므로 광합성은 ㉡( 발열, 흡열 ) 반응이다.

**4** 다음 ( ) 안에 알맞은 말을 쓰시오.

(1) 추운 날 사용하는 휴대용 손난로는 철 가루와 산소가 반응할 때 에너지를 방출하여 주변의 온도가 ( )아지는 원리를 이용한 것이다.

(2) 열이 나거나 통증이 있을 때 사용하는 냉찜질 팩은 질산 암모늄과 물이 반응할 때 에너지를 흡수하여 주변의 온도가 ( )아지는 원리를 이용한 것이다.

(3) 눈이 온 뒤에 염화 칼슘 제설제를 뿌리면 염화 칼슘 제설제가 물과 반응하여 에너지를 ( )하므로 눈이 빨리 녹는다.

# 탐구 a 화학 반응에서의 에너지 출입 확인

**이 탐구에서는** 화학 반응이 일어날 때 에너지가 출입함을 알아본다.

● 정답과 해설 9쪽

**과정 & 결과**

## 실험 ❶ 에너지를 방출하는 반응

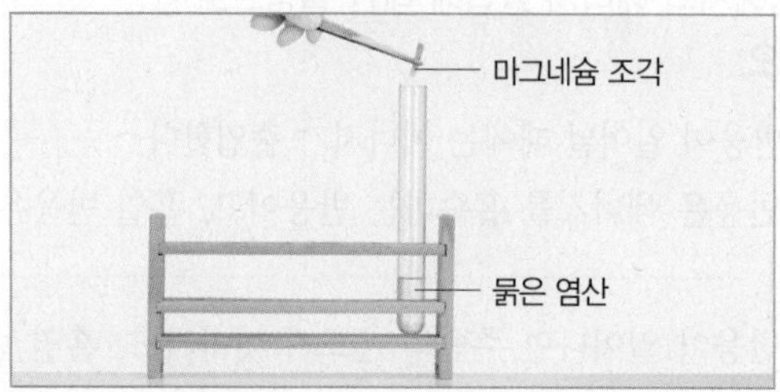


❶ 시험관에 묽은 염산 20 mL를 넣은 다음, 핀셋으로 마그네슘 조각 3~4개를 넣고 온도계를 넣어 눈금 변화를 확인한다.

**결과** 온도계의 눈금이 올라간다.

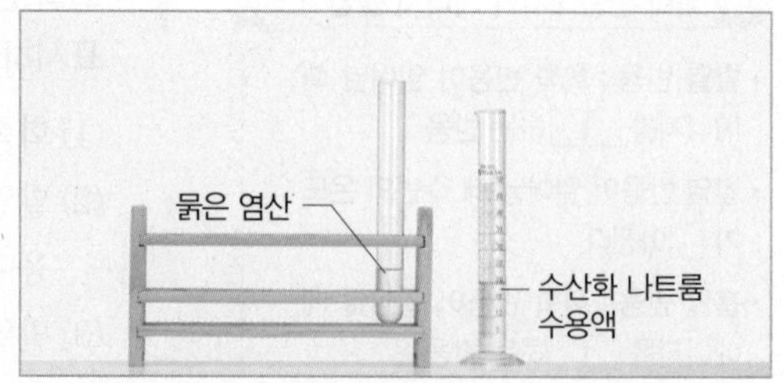


❷ 시험관에 묽은 염산 20 mL를 넣은 다음, 수산화 나트륨 수용액 20 mL를 넣고 온도계를 넣어 눈금 변화를 확인한다.

**결과** 온도계의 눈금이 올라간다.

## 실험 ❷ 에너지를 흡수하는 반응

❶ 나무판 위에 물을 떨어뜨리고, 삼각 플라스크를 올려놓는다.

❷ 삼각 플라스크에 수산화 바륨 20 g과 염화 암모늄 10 g을 넣고 유리 막대로 잘 저은 다음 온도계를 넣어 눈금 변화를 확인한다.

**결과** 온도계의 눈금이 0 ℃ 이하로 내려간다.

❸ 나무판 위에 올려놓은 삼각 플라스크를 손으로 들어 본다.

**결과** 나무판에 떨어뜨린 물이 얼어서 나무판이 삼각 플라스크에 달라붙는다.

**정리**

1. 실험 ❶에서 온도계의 눈금이 올라갔으므로 주변으로 에너지를 ㉠(　　　)하는 반응이 일어난다.
2. 실험 ❷에서 온도계의 눈금이 내려갔으므로 주변에서 에너지를 ㉡(　　　)하는 반응이 일어난다. 반응이 일어날 때 주변의 온도가 낮아지므로 나무판 위의 물이 얼어서 나무판이 삼각 플라스크에 달라붙는다.

## 확인 문제

**01** 위 실험에 대한 설명으로 옳은 것은 ○, 옳지 않은 것은 ×로 표시하시오.

(1) 산과 금속의 반응은 발열 반응이다. (　　)

(2) 산과 염기가 반응할 때 에너지를 흡수한다. (　　)

(3) 수산화 바륨과 염화 암모늄이 반응하면 주변의 온도가 높아진다. (　　)

(4) 실험 ❶에서 에너지를 방출하는 반응이 일어나면 주변의 온도가 높아진다. (　　)

(5) 실험 ❷에서 나무판 위의 물은 얼음으로 변한다. (　　)

**02** 다음은 발열 반응과 흡열 반응의 예를 나타낸 것이다.

| (가) 호흡 | (나) 광합성 | (다) 물의 전기 분해 |
|---|---|---|

실험 ❶의 반응과 에너지 출입의 방향이 다른 반응의 기호를 모두 쓰시오.

**03** 실험 ❷의 삼각 플라스크 안에서 일어나는 반응은 발열 반응과 흡열 반응 중 무엇인지 쓰고, 그 까닭을 에너지 출입과 관련지어 서술하시오.

# 에너지 출입을 활용한 장치 만들기

이 탐구에서는 화학 반응이 일어날 때 출입하는 에너지를 활용한 장치를 만들어본다.

● 정답과 해설 10쪽

**과정 & 결과**

## 실험 ❶ 손난로 만들기

❶ 부직포 주머니에 철 가루, 숯가루, 소금, 질석을 한 숟가락씩 넣은 다음 물을 한 숟가락 넣는다.

> ◎ **부직포를 사용하는 까닭**
> 부직포 봉투에는 미세한 구멍이 있어서 철 가루 혼합물을 넣고 흔들면 철 가루가 공기 중의 산소와 반응하기 때문

❷ 열 봉합기로 과정 ❶의 주머니 입구를 밀봉한다.

❸ 주머니를 흔들거나 주무른 다음 변화를 확인한다.

**결과** 주머니가 따뜻해진다.

## 실험 ❷ 손 냉장고 만들기

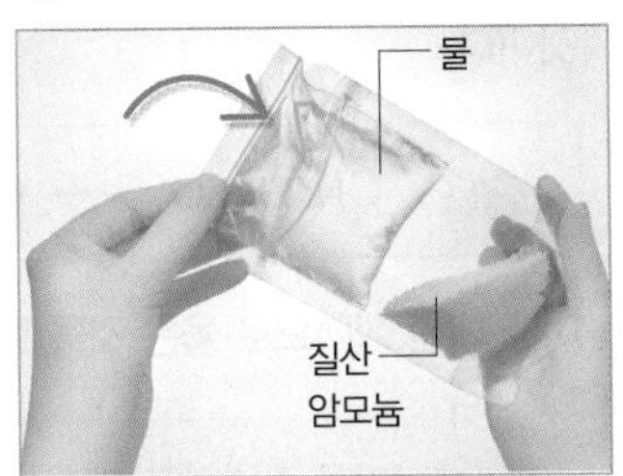


❶ 투명 봉지에 질산 암모늄 30 g을 넣은 다음, 작은 지퍼 백에 물 20 mL를 넣고 입구를 닫아서 질산 암모늄이 담긴 투명 봉지에 넣는다.

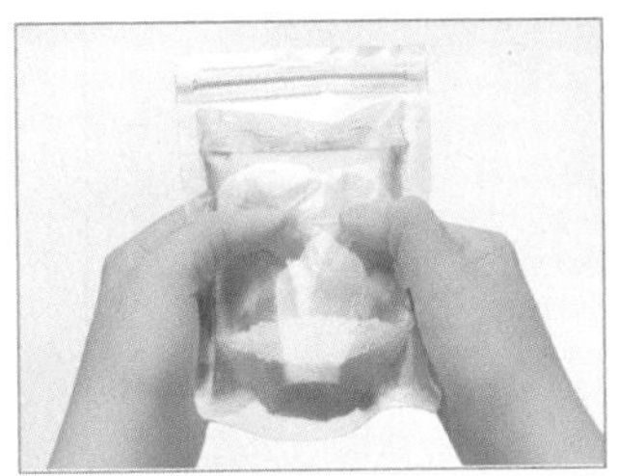

❷ 과정 ❶의 투명 봉지를 열 봉합기로 밀봉한 다음, 작은 지퍼 백을 손으로 눌러 물과 질산 암모늄이 섞이게 한다.

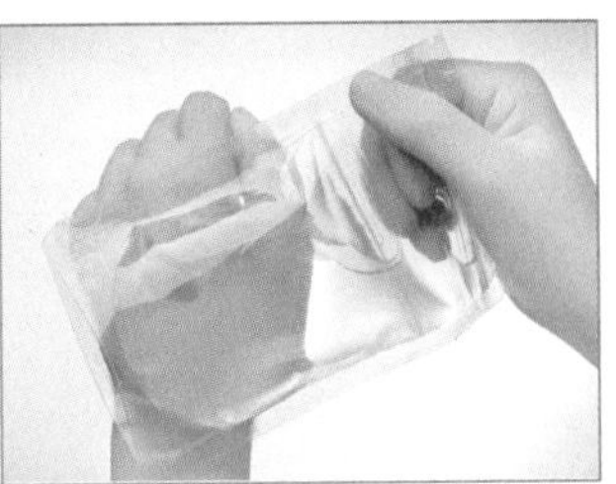

❸ 투명 봉지를 손이나 팔에 대어 보면서 변화를 확인한다.

**결과** 봉지가 차가워진다.

**정리**

1. 손난로에 들어 있는 철 가루와 공기 중의 산소가 반응할 때 에너지를 ㉠(　　　)하므로 주변의 온도가 높아져 손난로가 따뜻해진다.
2. 손 냉장고에 들어 있는 질산 암모늄과 물이 반응할 때 에너지를 ㉡(　　　)하므로 주변의 온도가 낮아져 손 냉장고가 차가워진다.

## 확인 문제

**01** 위 실험에 대한 설명으로 옳은 것은 ○, 옳지 않은 것은 ×로 표시하시오.

(1) 손난로를 흔들면 주머니 안의 철 가루가 공기 중의 산소와 반응하여 에너지를 흡수한다. ( )

(2) 손 냉장고는 질산 암모늄과 물이 반응할 때 에너지를 방출하여 주변의 온도가 낮아지는 원리를 이용한다. ( )

(3) 산화 칼슘과 물이 반응할 때 출입하는 에너지로 용기 안의 음료를 데우는 발열 컵은 손난로와 같은 원리를 활용한 장치이다. ( )

(4) 화학 반응이 일어날 때 주변의 온도가 높아지거나 낮아지는 것을 통해 에너지가 출입함을 알 수 있다. ( )

**[02~03]** 다음은 화학 반응에서 출입하는 에너지를 활용한 예를 나타낸 것이다.

> (가) 벽난로에서 나무를 태워 난방을 한다.
> (나) 휴대용 손난로를 이용하여 손을 따뜻하게 한다.
> (다) 냉찜질 팩으로 열을 내리거나 통증을 완화시킨다.

**02** (가)~(다)를 발열 반응과 흡열 반응으로 구분하시오.

**03** (가)~(다)에서의 온도 변화를 에너지 출입과 관련지어 서술하시오.

전국 주요 학교의 **시험에 가장 많이 나오는 문제**들로만 구성하였습니다.
모든 친구들이 '꼭' 봐야 하는 코너입니다.

## A 화학 반응에서의 에너지 출입

중요
**01** 화학 반응에서의 에너지 출입에 대한 설명으로 옳은 것은?

① 화학 반응이 일어날 때 에너지는 출입하지 않는다.
② 발열 반응이 일어나면 에너지를 방출하므로 주변의 온도가 낮아진다.
③ 흡열 반응이 일어나면 에너지를 흡수하므로 주변의 온도가 높아진다.
④ 물의 전기 분해는 물이 전기 에너지를 방출하여 일어나는 발열 반응이다.
⑤ 나무가 연소할 때 열에너지와 빛에너지를 방출한다.

**02** 화학 반응이 일어날 때 주변의 온도가 높아지는 반응을 보기에서 모두 고른 것은?

보기
ㄱ. 식물의 광합성
ㄴ. 수산화 바륨과 염화 암모늄의 반응
ㄷ. 염산과 수산화 나트륨 수용액의 반응

① ㄱ ② ㄷ ③ ㄱ, ㄴ
④ ㄴ, ㄷ ⑤ ㄱ, ㄴ, ㄷ

중요
**03** 에너지를 흡수하는 반응을 보기에서 모두 고른 것은?

보기
ㄱ. 철이 녹스는 반응
ㄴ. 소금과 물의 반응
ㄷ. 산화 칼슘과 물의 반응
ㄹ. 질산 암모늄과 물의 반응
ㅁ. 탄산수소 나트륨에 열을 가할 때의 반응

① ㄱ, ㄷ ② ㄱ, ㄴ, ㅁ ③ ㄴ, ㄷ, ㄹ
④ ㄴ, ㄹ, ㅁ ⑤ ㄷ, ㄹ, ㅁ

**04** 금속이 녹슬 때 나타나는 현상에 대한 설명으로 옳은 것은?

① 에너지를 흡수한다.
② 주변의 온도가 낮아진다.
③ 주변과의 에너지 출입이 없다.
④ 냉각 장치를 만드는 데 활용할 수 있다.
⑤ 물에 적신 석고 붕대가 단단하게 굳을 때와 에너지 출입의 방향이 같다.

**05** 다음은 메테인의 연소 반응을 화학 반응식으로 나타낸 것이다.

$$CH_4 + 2O_2 \longrightarrow CO_2 + 2H_2O$$

이에 대한 설명으로 옳은 것을 보기에서 모두 고른 것은?

보기
ㄱ. 에너지를 흡수하는 반응이다.
ㄴ. 반응이 일어나면 주변의 온도가 높아진다.
ㄷ. 사람이 호흡할 때와 에너지 출입의 방향이 같다.

① ㄱ ② ㄴ ③ ㄷ
④ ㄴ, ㄷ ⑤ ㄱ, ㄴ, ㄷ

탐구 a 36쪽
**06** 그림과 같이 묽은 염산이 들어 있는 시험관 2개에 각각 마그네슘 조각과 수산화 나트륨 수용액을 넣었다.

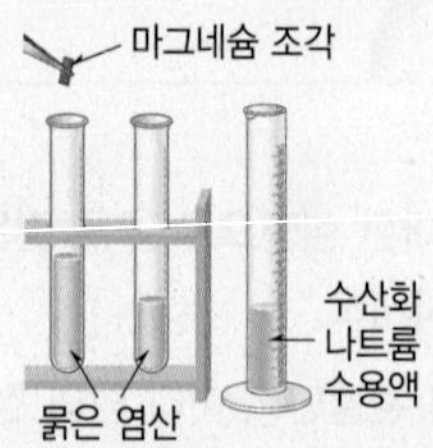


두 시험관에서 공통적으로 일어나는 현상에 대한 설명으로 옳은 것을 보기에서 모두 고른 것은?

보기
ㄱ. 흡열 반응이 일어난다.
ㄴ. 주변으로 에너지를 방출한다.
ㄷ. 반응이 일어날 때 시험관에 온도계를 넣으면 온도계의 눈금이 내려간다.

① ㄱ ② ㄴ ③ ㄷ
④ ㄴ, ㄷ ⑤ ㄱ, ㄴ, ㄷ

중요 탐구 a | 36쪽

**07** 다음은 화학 반응이 일어날 때 에너지의 출입을 알아보기 위한 실험 과정과 결과이다.

> 〈실험 과정〉
> 나무판 위를 물로 적시고, 그 위에 수산화 바륨과 염화 암모늄을 넣은 삼각 플라스크를 올려놓은 후 유리 막대로 잘 섞은 다음 삼각 플라스크를 들어올렸다.
> 〈실험 결과〉
> 나무판이 삼각 플라스크에 달라붙어서 함께 들렸다.

이에 대한 설명으로 옳은 것을 보기에서 모두 고른 것은?

> 보기
> ㄱ. 수산화 바륨과 염화 암모늄의 반응은 발열 반응이다.
> ㄴ. 삼각 플라스크 주변의 온도가 낮아진다.
> ㄷ. 삼각 플라스크에 산화 칼슘과 물을 넣고 반응시켜도 이 실험과 같은 결과가 나타난다.

① ㄱ ② ㄴ ③ ㄱ, ㄷ
④ ㄴ, ㄷ ⑤ ㄱ, ㄴ, ㄷ

중요 탐구 b | 37쪽

**08** 부직포 주머니에 철 가루, 숯가루, 소금, 질석을 각각 한 숟가락씩 넣고 섞은 다음 물을 조금 넣고 밀봉하여 흔들었다. 이에 대한 설명으로 옳은 것을 보기에서 모두 고른 것은?

> 보기
> ㄱ. 철 가루와 산소가 반응한다.
> ㄴ. 에너지를 흡수하는 반응이 일어난다.
> ㄷ. 반응이 일어날 때 주변의 온도가 높아진다.

① ㄴ ② ㄱ, ㄴ ③ ㄱ, ㄷ
④ ㄴ, ㄷ ⑤ ㄱ, ㄴ, ㄷ

탐구 b | 37쪽

**09** 오른쪽 그림은 질산 암모늄이 들어 있는 투명 봉지에 물이 들어 있는 지퍼 백을 넣고 투명 봉지를 밀봉한 모습이다. 물이 들어 있는 지퍼 백을 눌러 물과 질산 암모늄을 섞이게 할 때의 설명으로 옳지 않은 것은?

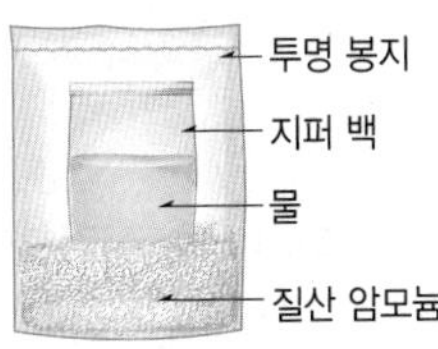


① 질산 암모늄과 물의 화학 반응이 일어난다.
② 에너지를 방출하는 반응이 일어난다.
③ 흡열 반응이 일어난다.
④ 투명 봉지가 차가워진다.
⑤ 이 반응을 활용하여 냉찜질 팩을 만들 수 있다.

**10** 다음은 실생활에서 볼 수 있는 현상이다.

> • 겨울철 쌓여 있는 ㉠눈에 염화 칼슘을 뿌린다.
> • 석고 붕대의 주성분인 ㉡황산 칼슘이 물과 반응하면 굳으면서 따뜻해진다.
> • 냉찜질 팩 속 ㉢질산 암모늄이 물과 반응하면서 찜질 팩이 차가워진다.

㉠~㉢ 중 에너지를 흡수하는 현상을 모두 고른 것은?

① ㉠ ② ㉢ ③ ㉠, ㉡
④ ㉡, ㉢ ⑤ ㉠, ㉡, ㉢

**11** 발열 반응과 흡열 반응을 활용하는 예를 옳게 짝 지은 것은?

> (가) 손난로 (나) 손 냉장고
> (다) 발열 도시락 (라) 가스레인지
> (마) 염화 칼슘 제설제

| | 발열 반응 | 흡열 반응 |
|---|---|---|
| ① | (나) | (가), (다), (라), (마) |
| ② | (가), (다) | (나), (라), (마) |
| ③ | (가), (다), (라) | (나), (마) |
| ④ | (나), (라), (마) | (가), (다) |
| ⑤ | (가), (다), (라), (마) | (나) |

**12** 다음은 두 가지 반응을 나타낸 것이다.

> (가) 소금과 물이 반응한다.
> (나) 가스를 연소하여 국을 끓인다.

이에 대한 설명으로 옳은 것을 보기에서 모두 고른 것은?

> 보기
> ㄱ. (가)는 흡열 반응이다.
> ㄴ. (가)는 반응물이 에너지를 흡수하며 생성물로 변한다.
> ㄷ. (나)의 반응이 일어날 때 에너지를 방출한다.

① ㄱ ② ㄷ ③ ㄱ, ㄴ
④ ㄴ, ㄷ ⑤ ㄱ, ㄴ, ㄷ

## 서술형 문제

**13** 산화 칼슘과 물의 반응을 이용하면 소, 돼지 등과 같은 가축에게 치명적인 전염병인 구제역 바이러스를 제거할 수 있다. 이 방법을 이용하는 까닭을 화학 반응에서의 에너지 출입과 관련지어 서술하시오.

**14** 오른쪽 그림과 같이 부직포로 된 손난로 안에는 철 가루, 숯 가루, 소금 등이 들어 있고, 시중에서 판매하는 손난로는 비닐봉지 안에 밀봉되어 있다. 손난로가 비닐봉지 안에 밀봉되어 있는 까닭을 화학 반응과 관련지어 서술하시오.

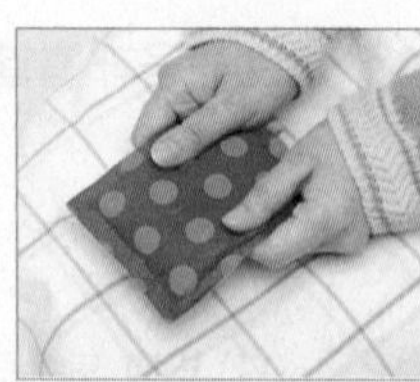

중요

**15** 다음은 수산화 바륨과 염화 암모늄의 반응에서 에너지 출입을 알아보기 위한 실험이다.

나무판 위를 물로 적신 다음, 수산화 바륨과 염화 암모늄을 넣은 삼각 플라스크를 올려놓고 두 물질을 섞으면 나무판이 삼각 플라스크에 달라붙는다.

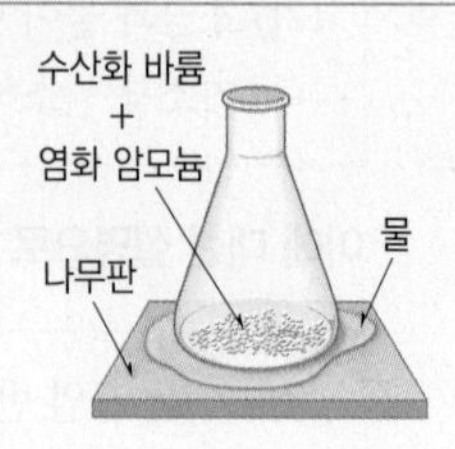


나무판이 삼각 플라스크에 달라붙는 까닭을 화학 반응에서의 에너지 출입과 온도 변화를 이용하여 서술하시오.

## 수준 높은 문제로 실력탄탄

● 정답과 해설 11쪽

**01** 다음은 두 가지 반응을 나타낸 것이다.

(가) 염산에 마그네슘 조각을 넣는다.
(나) 베이킹파우더를 이용해 빵을 부풀린다.

(가)와 (나)에 대한 설명으로 옳은 것을 보기에서 모두 골라 옳게 짝 지은 것은?

보기
ㄱ. 발열 반응이다.
ㄴ. 흡열 반응이다.
ㄷ. 반응이 일어나면 주변의 온도가 낮아진다.
ㄹ. 반응이 일어나면 주변의 온도가 높아진다.
ㅁ. 냉찜질 팩과 같은 에너지의 출입이 일어난다.

| | (가) | (나) |
|---|---|---|
| ① | ㄱ, ㄷ | ㄴ, ㄹ, ㅁ |
| ② | ㄱ, ㄹ | ㄴ, ㄷ, ㅁ |
| ③ | ㄱ, ㄷ, ㅁ | ㄴ, ㄹ |
| ④ | ㄴ, ㄷ | ㄱ, ㄹ, ㅁ |
| ⑤ | ㄴ, ㄷ, ㅁ | ㄱ, ㄹ |

**02** 다음 (가)는 광합성을 통해 포도당($C_6H_{12}O_6$)을 생성하는 반응을, (나)는 포도당을 이용하여 생명 활동에 필요한 에너지를 만드는 반응을 각각 화학 반응식으로 나타낸 것이다.

(가) $6CO_2$ + ( ㉠ ) $\xrightarrow{\text{빛에너지}}$ $C_6H_{12}O_6 + 6O_2$

(나) $C_6H_{12}O_6 + 6O_2$ ⟶ ( ㉡ ) + $6H_2O$ + 에너지

이에 대한 설명으로 옳은 것을 보기에서 모두 고른 것은?

보기
ㄱ. ㉠은 $6H_2O$, ㉡은 $6CO_2$이다.
ㄴ. (가)는 흡열 반응이고, (나)는 발열 반응이다.
ㄷ. (가)의 반응이 일어날 때 주변의 온도가 높아지고, (나)의 반응이 일어날 때 주변의 온도가 낮아진다.

① ㄴ ② ㄱ, ㄴ ③ ㄱ, ㄷ
④ ㄴ, ㄷ ⑤ ㄱ, ㄴ, ㄷ

# 단원 평가 문제

지금까지 열심히 달려오셨어요!
단원 평가 문제를 풀면서 자신의 **실력**을 **확인**해 봅시다.

● 정답과 해설 11쪽

**01** 화학 변화의 예가 아닌 것은?

① 나무가 탄다.
② 철이 녹슨다.
③ 어항 속의 물이 점점 줄어든다.
④ 깎아 놓은 사과가 갈색으로 변한다.
⑤ 오븐에 넣은 반죽이 부풀면서 빵이 된다.

**02** 다음은 양초의 연소 과정에서 관찰한 현상이다.

(가) 양초가 열과 빛을 내며 탄다.
(나) 양초가 녹아 촛농이 생긴다.
(다) 양초의 촛농이 흘러내리다가 굳는다.

(가)~(다) 중 물리 변화를 모두 고른 것은?

① (가) ② (나) ③ (다)
④ (가), (나) ⑤ (나), (다)

**03** 그림은 물질의 변화를 모형으로 나타낸 것이다.

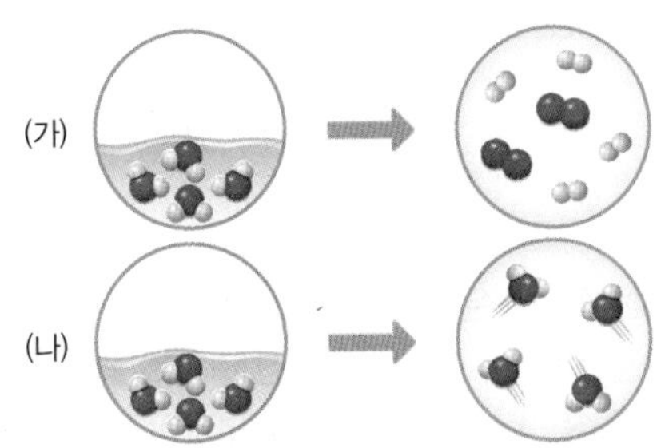


(가)와 (나)의 변화가 일어날 때 항상 변하지 않는 것을 보기에서 모두 고른 것은?

보기
ㄱ. 원자의 종류 ㄴ. 분자의 종류
ㄷ. 원자의 개수 ㄹ. 물질의 성질

① ㄱ, ㄴ ② ㄱ, ㄷ ③ ㄴ, ㄷ
④ ㄷ, ㄹ ⑤ ㄱ, ㄴ, ㄹ

**04** 여러 가지 반응의 화학 반응식으로 옳지 않은 것은?

① $H_2 + Cl_2 \longrightarrow 2HCl$
② $2Mg + O_2 \longrightarrow 2MgO$
③ $2H_2O_2 \longrightarrow H_2O + O_2$
④ $NaCl + AgNO_3 \longrightarrow AgCl + NaNO_3$
⑤ $CaCO_3 + 2HCl \longrightarrow CaCl_2 + CO_2 + H_2O$

**05** 다음은 메테인($CH_4$)이 연소하여 이산화 탄소와 물이 생성되는 반응을 화학 반응식으로 나타내는 방법이다.

(가) 반응물의 화학식은 화살표의 왼쪽에, 생성물의 화학식은 화살표의 오른쪽에 쓴다.
$CH_4$ + ( ㉠ ) ⟶ $CO_2$ + ( ㉡ )
(나) 화살표 양쪽에 있는 원자의 종류와 개수가 같도록 계수를 맞춘다.
( ㉢ )$CH_4$ + ( ㉣ )㉠
⟶ ( ㉤ )$CO_2$ + 2㉡

㉠~㉤에 들어갈 내용으로 옳지 않은 것은?

① ㉠-$O_2$ ② ㉡-$H_2O$ ③ ㉢-1
④ ㉣-2 ⑤ ㉤-2

**06** 다음 화학 반응식의 ( ) 안에 알맞은 계수를 옳게 나타낸 것은?

$N_2$ + ( ㉠ )$H_2$ ⟶ ( ㉡ )$NH_3$

| | ㉠ | ㉡ | | ㉠ | ㉡ |
|---|---|---|---|---|---|
| ① | 1 | 2 | ② | 2 | 2 |
| ③ | 2 | 3 | ④ | 3 | 2 |
| ⑤ | 3 | 3 | | | |

**07** 다음은 수소와 산소가 반응하여 물이 생성되는 반응을 화학 반응식으로 나타낸 것이다.

$$2H_2 + O_2 \longrightarrow 2H_2O$$

이에 대한 설명으로 옳지 않은 것은?

① 반응물은 수소와 산소이다.
② 반응 전후에 원자의 개수는 변하지 않는다.
③ 반응 전후에 분자의 종류는 변하지 않는다.
④ 분자 수의 비는 수소 : 산소 : 물=2 : 1 : 2이다.
⑤ 수소 분자 20개와 산소 분자 10개가 완전히 반응하면 물 분자 20개가 생성된다.

**08** 그림은 염화 나트륨 수용액과 질산 은 수용액의 반응을 모형으로 나타낸 것이다.

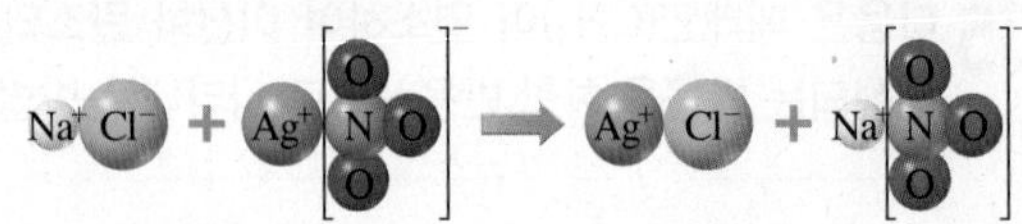


이에 대한 설명으로 옳지 않은 것은?

① 반응물은 염화 나트륨과 질산 은이다.
② 생성물은 염화 은과 질산 나트륨이다.
③ 반응 후에 원자의 종류와 개수가 변한다.
④ 반응물의 총질량과 생성물의 총질량은 같다.
⑤ 원자의 배열이 달라져 새로운 물질이 생성된다.

**09** 그림과 같이 탄산 칼슘과 묽은 염산을 반응시키면서 반응 전후의 질량을 측정하였다.

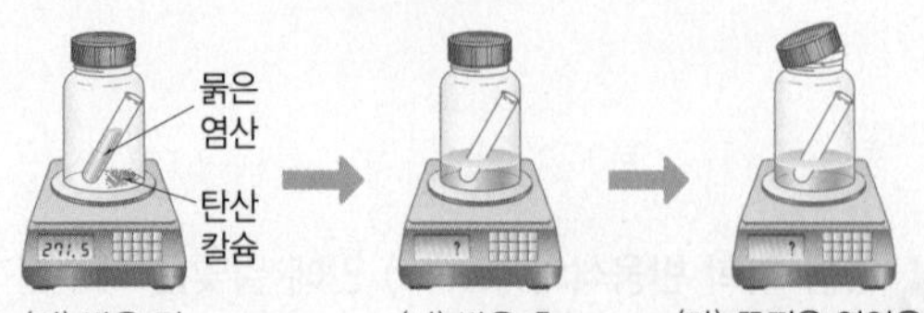


이에 대한 설명으로 옳은 것을 보기에서 모두 고른 것은?

보기
ㄱ. 질량을 비교하면 (가)=(나)>(다)이다.
ㄴ. (나)에서 반응 후 산소 기체가 발생한다.
ㄷ. (다)에서 뚜껑을 열면 기체가 공기 중으로 빠져나간다.
ㄹ. 기체가 발생하는 반응에서는 질량 보존 법칙이 성립하지 않는다.

① ㄱ, ㄴ ② ㄱ, ㄷ ③ ㄴ, ㄷ
④ ㄴ, ㄹ ⑤ ㄱ, ㄷ, ㄹ

**10** 오른쪽 그림과 같이 질량 50 g인 강철솜을 가열하여 연소시킨 후 질량을 측정하였다. 이에 대한 설명으로 옳지 않은 것은?

① 강철솜을 가열하면 공기 중의 산소와 결합한다.
② 나무의 연소와 질량 변화가 같다.
③ 연소 후 생성된 물질은 강철솜과 성질이 다르다.
④ 연소 후 질량을 측정하면 연소 전보다 증가한다.
⑤ 강철솜과 반응한 기체의 질량을 고려하면 연소 전후에 물질의 총질량은 같다.

**11** 일정 성분비 법칙이 성립하는 물질을 보기에서 모두 고른 것은?

보기
ㄱ. 우유 ㄴ. 설탕물
ㄷ. 탄산음료 ㄹ. 산화 구리(Ⅱ)
ㅁ. 이산화 탄소 ㅂ. 아이오딘화 납

① ㄱ, ㄴ, ㄷ ② ㄱ, ㄹ, ㅁ ③ ㄴ, ㄷ, ㅂ
④ ㄷ, ㄹ, ㅁ ⑤ ㄹ, ㅁ, ㅂ

**12** 표는 기체 A와 기체 B가 반응하여 기체 C가 생성될 때의 질량 관계를 나타낸 것이다.

| 실험 | 반응 전 기체의 질량(g) | | 반응 후 남은 기체의 종류와 질량(g) |
|---|---|---|---|
| | A | B | |
| 1 | 6 | 8 | A, 5 |
| 2 | 2 | 20 | B, 4 |

기체 A 5 g과 기체 B 24 g을 완전히 반응시킬 때 생성되는 기체 C의 질량은?

① 21 g ② 23 g ③ 25 g
④ 27 g ⑤ 29 g

**13** 오른쪽 그림은 이산화 탄소의 분자 모형을 나타낸 것이다. 이산화 탄소를 구성하는 탄소와 산소의 질량비(탄소 : 산소)는?(단, 원자 1개의 상대적 질량은 탄소 12, 산소 16이다.)

① 1 : 2 ② 3 : 4 ③ 3 : 8
④ 8 : 3 ⑤ 14 : 3

**14** 그림은 볼트(B)와 너트(N)를 이용하여 화합물 $BN_2$를 만드는 반응을 나타낸 것이다.

볼트 5개와 너트 8개를 이용하여 최대로 만들 수 있는 화합물 $BN_2$의 총질량은?(단, 볼트 5개의 질량은 15 g이고, 너트 8개의 질량은 16 g이다.)

① 25 g ② 26 g ③ 28 g
④ 30 g ⑤ 31 g

**15** 오른쪽 그림은 구리와 산소가 반응하여 산화 구리(Ⅱ)가 생성될 때의 질량 관계를 나타낸 것이다. 구리 20 g과 산소 8 g을 완전히 반응시킬 때 반응하지 않고 남는 물질의 종류와 질량은?

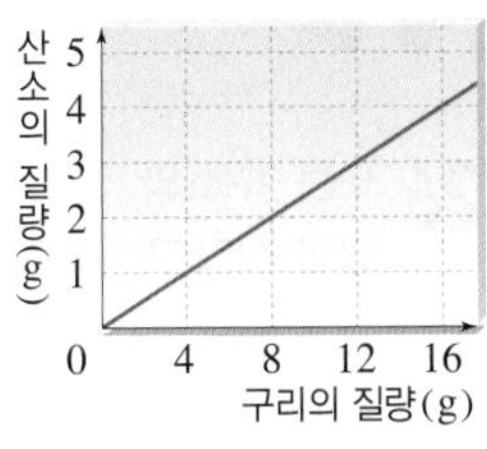


① 구리, 2 g ② 구리, 4 g ③ 산소, 2 g
④ 산소, 3 g ⑤ 남는 물질이 없다.

**16** 표는 마그네슘을 가열할 때 반응하는 마그네슘과 생성되는 산화 마그네슘의 질량 관계를 나타낸 것이다.

| 마그네슘의 질량(g) | 1.5 | 3.0 | 4.5 | 6.0 |
|---|---|---|---|---|
| 산화 마그네슘의 질량(g) | 2.5 | 5.0 | 7.5 | 10.0 |

산화 마그네슘 25 g을 얻기 위해 필요한 산소의 최소 질량은?

① 2 g ② 4 g ③ 6 g
④ 8 g ⑤ 10 g

**17** 그림은 수소 기체와 산소 기체가 반응하여 수증기가 생성될 때의 부피 관계를 나타낸 것이다.

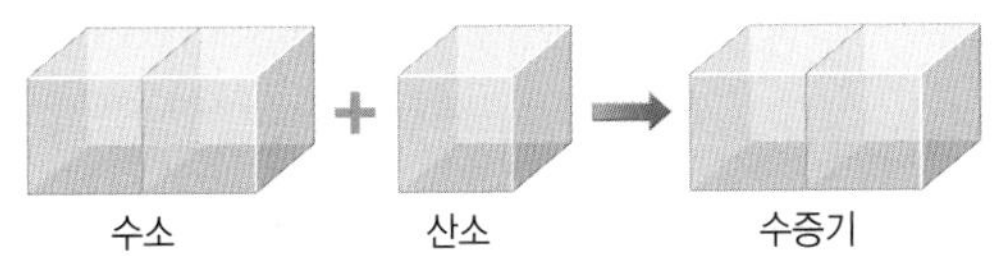


수소 기체 50 mL와 산소 기체 30 mL를 완전히 반응시킬 때 생성되는 수증기의 부피는?(단, 온도와 압력은 반응 전후 같다.)

① 25 mL ② 40 mL ③ 50 mL
④ 60 mL ⑤ 80 mL

**18** 표는 질소 기체와 수소 기체가 반응하여 암모니아 기체가 생성될 때의 부피 관계를 나타낸 것이다.

| 실험 | 반응 전 기체의 부피(mL) | | 반응 후 남은 기체의 종류와 부피(mL) |
|---|---|---|---|
| | 질소 | 수소 | |
| 1 | 20 | 60 | 0 |
| 2 | 45 | 90 | ㉠ |

㉠에 들어갈 기체의 종류와 부피로 옳은 것은?(단, 온도와 압력은 반응 전후 같다.)

① 질소, 5 mL ② 질소, 15 mL ③ 0
④ 수소, 30 mL ⑤ 수소, 75 mL

**19** 그림은 수소 기체와 염소 기체가 반응하여 염화 수소 기체가 생성되는 반응을 모형으로 나타낸 것이다.

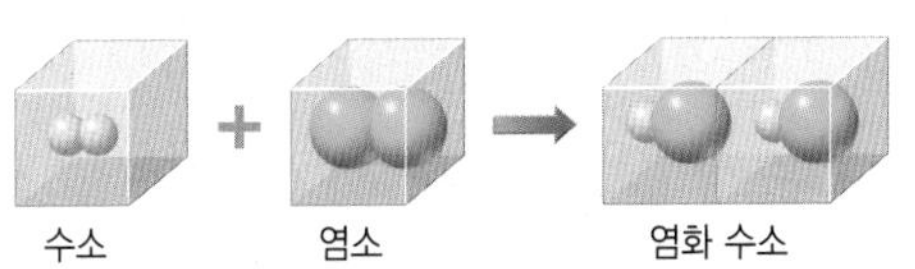


이에 대한 설명으로 옳지 않은 것은?(단, 온도와 압력은 반응 전후 같다.)

① 질량 보존 법칙이 성립한다.
② 일정 성분비 법칙이 성립한다.
③ 기체 반응 법칙이 성립한다.
④ 각 기체 1부피에 포함된 분자의 개수는 같다.
⑤ 수소 기체 10 mL와 염소 기체 10 mL가 완전히 반응하면 염화 수소 기체 10 mL가 생성된다.

**20** 발열 반응에 해당하는 것을 보기에서 모두 고른 것은?

보기
ㄱ. 철 가루와 산소가 반응한다.
ㄴ. 염산과 수산화 나트륨 수용액이 반응한다.
ㄷ. 식물이 광합성을 할 때 빛에너지를 흡수한다.
ㄹ. 자동차 엔진에서는 연료의 연소 반응이 일어난다.
ㅁ. 탄산수소 나트륨을 가열하면 분해되면서 이산화 탄소 기체가 발생한다.

① ㄱ, ㄴ, ㄷ ② ㄱ, ㄴ, ㄹ ③ ㄴ, ㄷ, ㅁ
④ ㄴ, ㄹ, ㅁ ⑤ ㄷ, ㄹ, ㅁ

**21** 다음은 질산 암모늄과 물의 반응을 이용하여 장치를 만드는 과정이다.

(가) 투명 봉지에 질산 암모늄을 넣는다.
(나) 물을 넣고 입구를 닫은 지퍼 백을 (가)의 투명 봉지에 넣는다.
(다) 투명 봉지를 밀봉한 후 손으로 물이 든 지퍼 백을 세게 눌러 터뜨리면 질산 암모늄이 물에 녹으면서 차가워진다.

(다)에서 일어나는 반응에 대한 설명으로 옳지 않은 것은?

① 흡열 반응이 일어난다.
② 주변의 온도가 낮아진다.
③ 주변에서 에너지를 흡수한다.
④ 발열 도시락에 이용할 수 있다.
⑤ 에너지 출입의 방향이 물의 전기 분해와 같다.

## 서술형 문제

**22** 그림은 메테인의 연소 반응을 모형으로 나타낸 것이다.

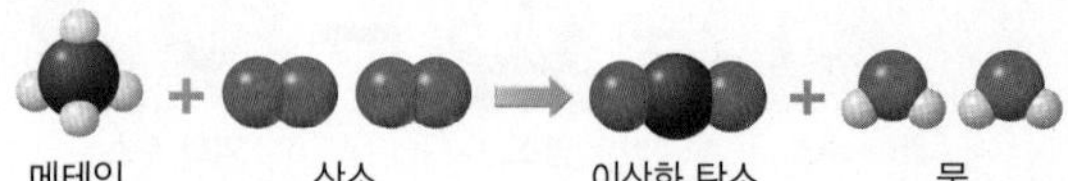


(1) 이 반응은 물리 변화와 화학 변화 중 무엇인지 쓰고, 그 까닭을 원자의 배열과 관련지어 서술하시오.

(2) 이 반응을 화학 반응식으로 나타내시오.

**23** 그림과 같이 비커에 묽은 염산이 든 시험관과 탄산 칼슘을 넣고 질량을 측정한 후 두 물질을 반응시키고 다시 질량을 측정하였다.

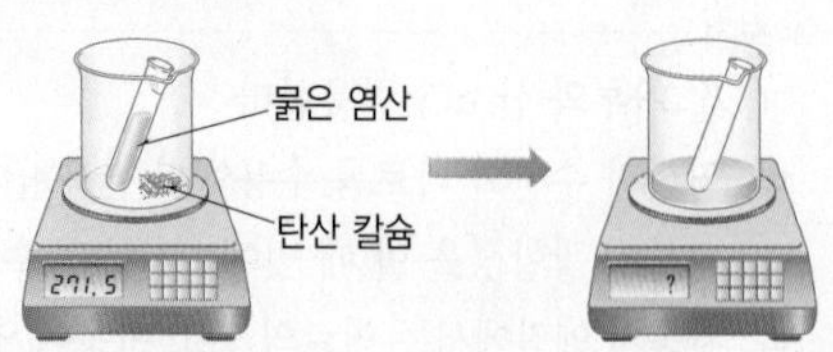


(1) 반응 후 질량 변화를 쓰시오.

(2) 반응 전후에 질량이 보존됨을 증명하려면 어떻게 해야 하는지 서술하시오.

**24** 열린 공간에서 강철솜과 나무를 연소시킬 때 연소 전과 비교하여 연소 후 질량이 어떻게 변하는지 각각 서술하시오.

• 강철솜 :

• 나무 :

**25** 그림은 암모니아 생성 반응을 모형으로 나타낸 것이다.

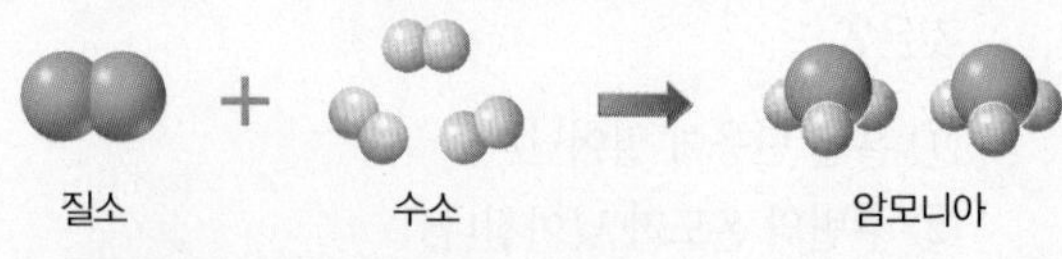


이 모형을 참고하여 화학 반응이 일어날 때 질량 보존 법칙이 성립하는 까닭을 서술하시오.

**26** 표는 수소와 산소가 반응하여 새로운 물질이 생성될 때의 질량 관계를 나타낸 것이다.

| 실험 | 반응 전 기체의 질량(g) | | 반응 후 남은 기체의 종류와 질량(g) |
|---|---|---|---|
| | 수소 | 산소 | |
| 1 | 4 | 16 | 수소, 2 |
| 2 | 3 | 30 | ? |

실험 2에서 반응 후 남은 기체의 종류와 질량(g)을 풀이 과정과 함께 서술하시오.

**27** 오른쪽 그림은 구리와 산소가 반응하여 산화 구리(Ⅱ)가 생성될 때의 질량 관계를 나타낸 것이다. 산화 구리(Ⅱ) 15 g을 얻기 위해 필요한 구리와 산소의 최소 질량(g)을 구하고, 그 까닭을 서술하시오.

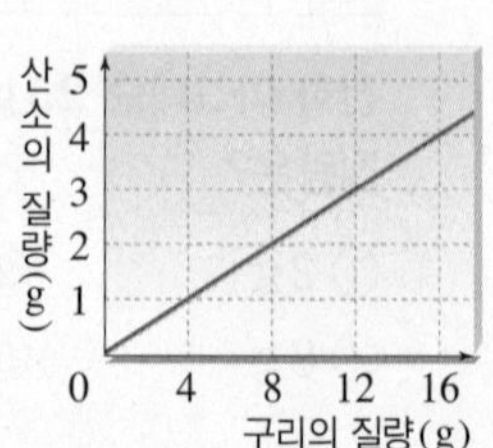


**28** 다음은 이산화 질소 기체의 생성 반응을 화학 반응식으로 나타낸 것이다.

$$N_2 + 2O_2 \longrightarrow 2NO_2$$

질소 기체 30 mL가 완전히 반응할 때 생성되는 이산화 질소 기체의 부피(mL)를 풀이 과정과 함께 서술하시오.(단, 온도와 압력은 반응 전후 같다.)

**29** 오른쪽 그림은 연료의 연소 반응을 나타낸 것이다. 이 반응은 발열 반응과 흡열 반응 중 무엇인지 쓰고, 그 까닭을 서술하시오.

# 대단원 콕콕 점검

이 단원에서 학습한 내용을 확실히 이해했나요?
다음 내용을 잘 알고 있는지 스스로 체크해 보세요.

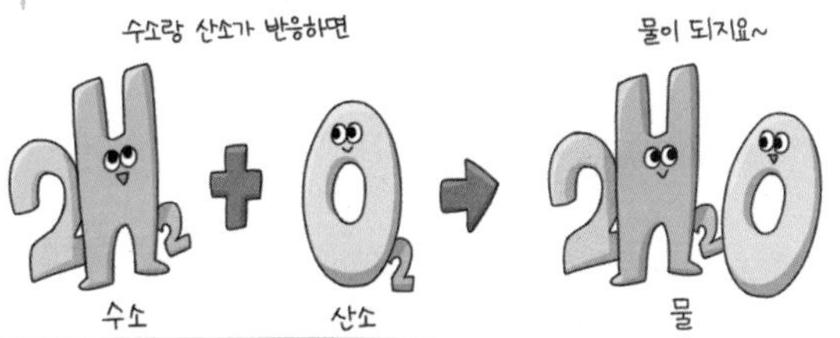

- ☐ 물리 변화, 화학 변화의 예와 입자 배열 변화를 설명할 수 있다. 10쪽 Ⓐ
- ☐ 화학 반응을 식으로 나타내고, 화학 반응식을 설명할 수 있다. 12쪽 Ⓑ

- ☐ 일정 성분비 법칙의 정의와 예를 설명할 수 있다. 22쪽 Ⓑ
- ☐ 질량 보존 법칙의 정의와 예를 설명할 수 있다. 20쪽 Ⓐ

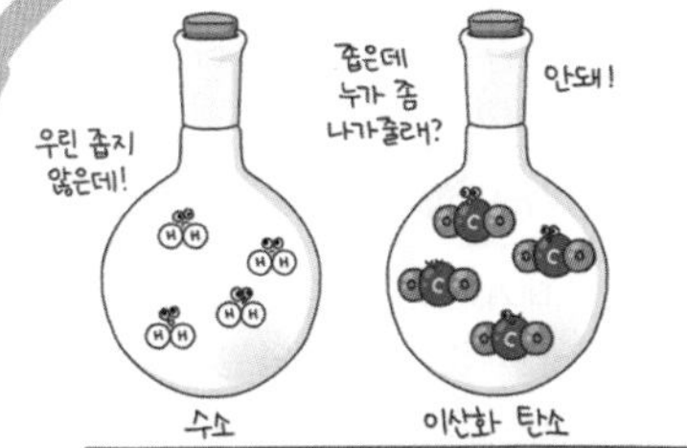

- ☐ 기체 반응 법칙의 정의와 예를 설명할 수 있다. 24쪽 Ⓒ
- ☐ 화학 반응에서의 에너지 출입을 설명할 수 있다. 34쪽 Ⓐ

- 모두 체크　참 잘했어요! 이 단원을 완벽하게 이해했군요!
- 5~4개 체크　알쏭달쏭한 내용은 해당 쪽으로 돌아가 복습하세요.
- 3개 이하　이 단원을 한 번 더 학습하세요.

# Ⅱ 기권과 날씨



## 다른 학년과의 연계는?

**초등학교 5학년**

- 날씨와 우리 생활 : 수증기가 응결하여 이슬, 안개, 구름이 생기고, 공기가 이동하여 바람이 분다.

**중학교 3학년**

- 기권과 지구 기온 : 기권은 4개의 층으로 나뉘고, 지구는 복사 평형을 이루어 평균 기온이 거의 일정하게 유지된다.
- 구름과 강수 : 대기 중의 수증기가 응결하여 구름이 생성되고, 강수가 나타난다.
- 기압과 바람 : 기압 차이로 바람이 분다.
- 날씨의 변화 : 기단, 전선, 기압의 영향으로 날씨가 변한다.

**통합과학**

- 지구 시스템 : 지권, 기권, 수권은 층상 구조를 이룬다.
- 생태계와 환경 : 지구 온난화는 지구 환경과 인간 생활을 변화시킨다.

**지구과학 Ⅰ**

- 대기와 해양의 변화 : 온대 저기압이 통과하면서 중위도 지방의 날씨가 변한다.

이 단원에서는 기권의 층상 구조와 지구의 기온 및 날씨 변화에 대해 알아본다.
이 단원을 들어가기 전에 이전 학년에서 배운 개념을 확인해 보자.

## 알고 있나요?

다음 내용에서 필요한 단어를 골라 빈칸을 완성해 보자.

| 눈, 비, 구름, 기압, 바람, 습도, 안개, 이슬 |
|---|

**초5**

### 1. 날씨 요소

① ❶□□ : 공기 중에 수증기가 포함된 정도
② ❷□□ : 공기가 이동하는 것
③ ❸□□ : 공기의 무게 때문에 생기는 공기의 압력

### 2. 날씨 현상

밤이 되어 기온이 낮아지면 공기 중의 수증기가 응결하여 풀잎이나 나뭇가지 등에 물방울로 맺히는 것을 ❹□□이라고 한다.

공기 중의 수증기가 응결하여 지표면 가까이에 떠 있는 것을 ❺□□라고 한다.

공기 중의 수증기가 높은 하늘에서 응결하여 작은 물방울이나 얼음 알갱이 상태로 떠 있는 것을 ❻□□이라고 한다.

구름 속의 작은 물방울이나 얼음 알갱이가 커지고 무거워져서 떨어질 때 기온이 높으면 빗방울이 되어 ❼□가 내린다.

구름 속의 얼음 알갱이가 점점 커지고 무거워져 떨어져 ❽□이 내린다.

정답 | ❶ 습도 ❷ 바람 ❸ 기압 ❹ 이슬 ❺ 안개 ❻ 구름 ❼ 비 ❽ 눈

# 01 기권과 지구 기온

## A 기권의 층상 구조

**1 기권(대기권)** 지구 표면을 둘러싸고 있는 대기(공기)

① 대기는 지표에서 높이 약 1000 km까지 분포한다.

② 대기를 이루는 기체는 지표 부근일수록 더 많이 모여 있다.

③ 대기는 여러 가지 기체로 이루어져 있다.❶

화보 2.1

**2 기권의 층상 구조**

① 구분 기준 : 높이에 따른 기온 변화

② 구분 : 지표에서부터 대류권, 성층권, 중간권, 열권의 4개 층으로 구분

| 구분 | | 내용 |
|---|---|---|
| 대류권<br>(지표~높이 약 11 km) | 기온 변화 | 높이 올라갈수록 기온 하강<br>➡ 높이 올라갈수록 지표에서 방출하는 에너지를 적게 받기 때문 |
| | 특징 | • 대류가 잘 일어남<br>• 기상 현상이 나타남 ➡ 대류가 일어나고, 수증기가 많기 때문❷<br>• 공기의 대부분이 모여 있음 |
| *대류권 계면 | | 대류권과 성층권의 경계면 |
| 성층권<br>(높이 약 11~50 km) | 기온 변화 | 높이 올라갈수록 기온 상승<br>➡ *오존층에서 태양으로부터 오는 자외선을 흡수하여 가열되기 때문 |
| | 특징 | • 대류가 일어나지 않아 대기가 안정함 ➡ 장거리 비행기의 항로로 이용됨<br>• 높이 약 20~30 km에 오존층 존재 |
| 성층권 계면 | | 성층권과 중간권의 경계면 |
| 중간권<br>(높이 약 50~80 km) | 기온 변화 | 높이 올라갈수록 기온 하강<br>➡ 높이 올라갈수록 지표에서 방출하는 에너지를 적게 받기 때문 |
| | 특징 | • 대류가 잘 일어나지만, 수증기가 거의 없기 때문에 기상 현상은 나타나지 않음❸<br>• *유성이 관측되기도 함<br>• 중간권 계면에서 최저 기온이 나타남 |
| 중간권 계면 | | 중간권과 열권의 경계면 |
| 열권<br>(높이 약 80~1000 km) | 기온 변화 | 높이 올라갈수록 기온 상승<br>➡ 태양 에너지에 의해 직접 가열되기 때문 |
| | 특징 | • 공기가 매우 희박함<br>• 낮과 밤의 기온 차가 매우 큼<br>• *오로라가 나타나기도 함<br>• 인공위성의 궤도로 이용됨 |

높이(km) / 열권 / 오로라 / 80 / 중간권 계면 / 유성 / 중간권 / 50 / 성층권 계면 / 성층권 / 오존층 / 11 / 대류권 계면 / 구름 / 대류권 / 0 / −80 −60 −40 −20 0 20 / 기온(℃)

▲ 기권의 층상 구조와 높이에 따른 기온 변화

③ 성층권에 오존층이 존재하지 않는다고 가정할 때, 기권의 높이에 따른 기온 분포 : 높이에 따라 기온이 낮아지는 층과 기온이 높아지는 층 2개로 구분될 것이다. ➡ 자외선을 흡수하여 성층권의 기온을 높이는 오존층이 존재하지 않기 때문

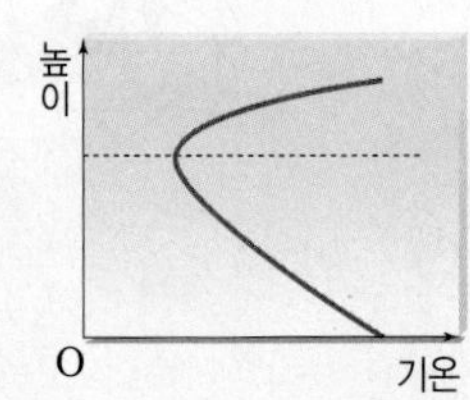


### 플러스 강의

**❶ 대기의 조성(부피비)**

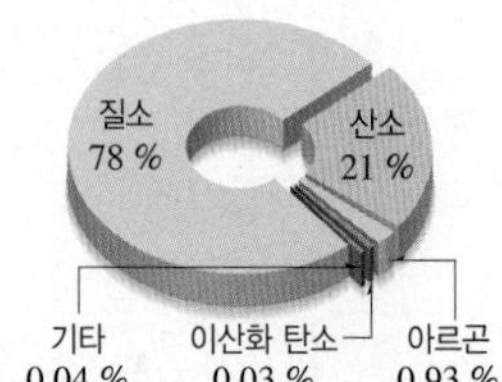


지구의 대기는 질소, 산소, 아르곤, 이산화 탄소 등으로 이루어져 있고, 질소와 산소가 대부분을 차지한다.

**❷ 대기 중의 수증기**

대기 중에서 수증기가 차지하는 비율은 적지만, 기상 현상을 일으키는 중요한 역할을 한다.

**❸ 기권의 층상 구조의 특징**

| 구분 | 대류 | 기상 현상 |
|---|---|---|
| 대류권 | ○ | ○ |
| 성층권 | × | × |
| 중간권 | ○ | × |
| 열권 | × | × |

• 대류권과 중간권의 공통점 : 대류가 잘 일어난다.

• 대류권과 중간권의 차이점 : 대류권에서는 기상 현상이 나타나지만, 중간권에서는 기상 현상이 나타나지 않는다.

### 용어 돋보기

* **대류권 계면(界 경계, 面 면)**_대류권과 성층권의 경계면으로, 기권에서 각 층의 경계면은 아래층의 이름을 따서 붙인다.
* **오존층**_오존($O_3$)이 집중적으로 모여 있는 구간으로, 오존이 자외선을 흡수하여 지구의 생명체를 보호한다.
* **유성(流 흐르다, 星 별)**_외권에서 지구로 들어오는 행성 간 물질이 대기와 마찰하여 타면서 빛을 내는 것
* **오로라(aurora)**_태양에서 방출된 전기를 띤 입자가 지구 대기로 들어오면서 공기 입자와 충돌하여 빛을 내는 현상으로, 고위도 지방에서 잘 관측된다.

● 정답과 해설 14쪽

**A 기권의 층상 구조**

- □□ : 지구 표면을 둘러싸고 있는 대기(공기)
- 기권의 구분 기준 : 높이에 따른 □□ 변화
  - □□□ : 대류가 활발하고, 기상 현상이 나타나는 층
  - □□□ : 대기가 안정하고, 오존층이 존재하는 층
  - □□□ : 대류가 잘 일어나고, 유성이 관측되는 층
  - □□ : 공기가 매우 희박하고, 낮과 밤의 기온 차가 매우 큰 층
- □□□ : 높이 약 20~30 km 구간에 존재하며, 자외선을 흡수하는 층

**암기콱 대류가 잘 일어나는 층과 안정한 층**

- 대류가 잘 일어나는 층 : 대류권과 중간권!

- 안정한 층 : 성층권과 열권!

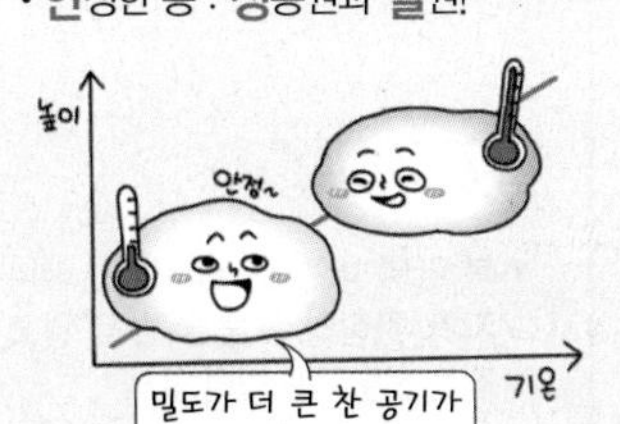


**A**

**1** 다음은 기권에 대한 설명이다. (  ) 안에 알맞은 말을 고르시오.

(1) 대기는 지표에서 높이 약 ( 10, 1000 ) km까지 분포한다.
(2) 대기를 이루는 기체는 지표 부근일수록 더 ( 많이, 적게 ) 모여 있다.
(3) 대기는 ( 한 가지, 여러 가지 ) 기체로 이루어져 있다.
(4) 지구의 대기는 ( 질소, 이산화 탄소 )와 산소가 대부분을 차지한다.

**2** 오른쪽 그림은 기권의 층상 구조를 나타낸 것이다.

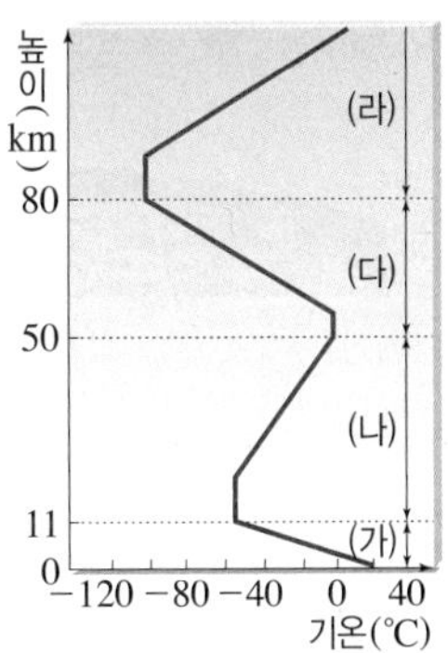


(1) (가)~(라) 각 층의 이름을 쓰시오.

(2) (가)~(라) 중 대류가 잘 일어나는 층을 모두 고르시오.

(3) (가)~(라) 중 대기가 안정한 층을 모두 고르시오.

(4) (가)~(라) 중 기상 현상이 나타나는 층을 고르시오.

(5) (가)~(라) 중 오존층이 존재하는 층을 고르시오.

**3** 기권 각 층의 이름과 각 층에서 높이에 따라 기온이 변화하는 까닭을 선으로 연결하시오.

(1) 대류권 •　　• ㉠ 태양 에너지에 의해 직접 가열되기 때문
(2) 성층권 •　　• ㉡ 오존층에서 태양으로부터 오는 자외선을 흡수하기 때문
(3) 중간권 •　　• ㉢ 높이 올라갈수록 지표에서 방출하는 에너지를 적게 받기 때문
(4) 열권 •

**4** 기권 각 층의 이름과 특징을 선으로 연결하시오.

(1) 대류권 •　　• ㉠ 대류가 일어나고, 유성이 관측되기도 한다.
(2) 성층권 •　　• ㉡ 수증기가 존재하고, 기상 현상이 나타난다.
(3) 중간권 •　　• ㉢ 오로라가 나타나고, 인공위성의 궤도로 이용된다.
(4) 열권 •　　• ㉣ 오존층이 존재하고, 장거리 비행기의 항로로 이용된다.

**5** 다음은 기권의 층상 구조에 대한 설명이다. (  ) 안에 알맞은 말을 쓰시오.

(1) 기권은 ㉠(  )에 따른 기온 변화에 따라 ㉡(  )개의 층으로 구분한다.
(2) 공기의 대부분이 모여 있는 층은 (  )이다.
(3) (  ) 계면 부근에서 최저 기온이 나타난다.

# 01 기권과 지구 기온

## B 지구의 복사 평형과 지구 온난화

### 1 지구의 복사 평형

① **복사 에너지** : 물체의 표면에서 *복사에 의해 방출되는 에너지❶ 탐구 a 52쪽

② **복사 평형** : 물체가 흡수하는 복사 에너지양과 방출하는 복사 에너지양이 같은 상태❷

③ **지구의 복사 평형** : 지구는 흡수하는 태양 복사 에너지양과 방출하는 지구 복사 에너지양이 같다. ➡ 지구의 평균 기온이 거의 일정하게 유지된다.❸ 여기서잠깐 53쪽

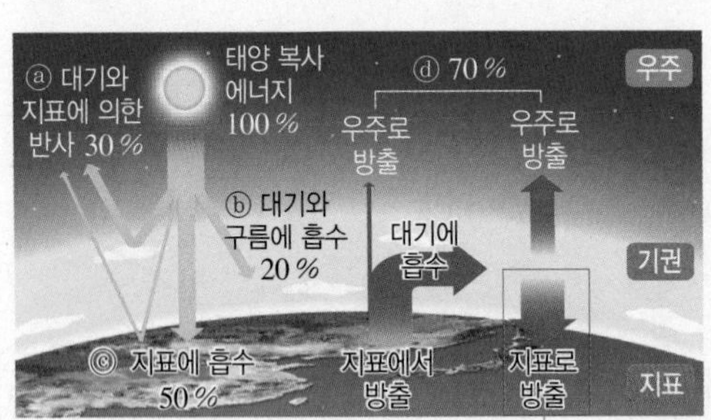


▲ 지구의 복사 평형 (온실 효과를 일으킴)

| [태양 복사 에너지] | [지구 복사 에너지] |
|---|---|
| ⓐ 대기와 지표에 의한 반사 30 %<br>ⓑ 대기와 구름에 흡수 20 %<br>ⓒ 지표에 흡수 50 % | ⓓ 대기와 지표에서 우주로 방출 70 % |
| [복사 평형]<br>흡수량 (ⓑ+ⓒ) 70 % = 방출량 (ⓓ) 70 % | |

### 2 온실 효과

대기가 지표에서 방출하는 지구 복사 에너지의 일부를 흡수했다가 지표로 다시 방출하여 지구의 평균 기온이 높게 유지되는 현상

① **온실 기체** : 지구 대기를 이루는 기체 중에서 지구 복사 에너지를 흡수한 후 지표로 다시 방출하여 온실 효과를 일으키는 기체 예 수증기, 이산화 탄소, 메테인 등

② **지구와 달은 태양으로부터의 거리가 거의 같지만, 지구가 달보다 평균 온도가 높은 까닭** : 지구는 대기가 있어서 온실 효과가 일어나 달보다 높은 온도에서 복사 평형을 이루기 때문

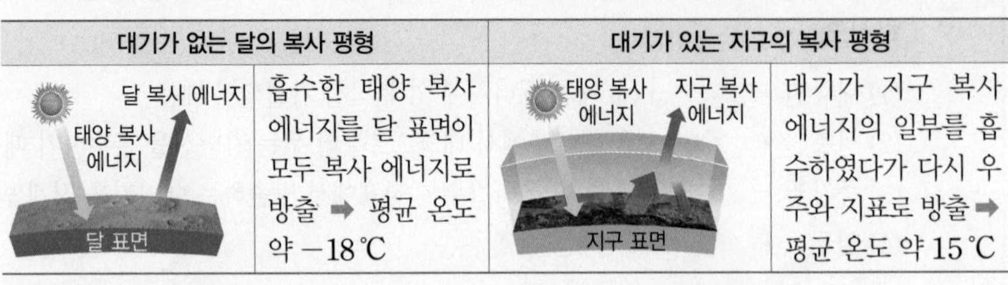

| 대기가 없는 달의 복사 평형 | | 대기가 있는 지구의 복사 평형 | |
|---|---|---|---|
| (그림) 달 복사 에너지 / 태양 복사 에너지 / 달 표면 | 흡수한 태양 복사 에너지를 달 표면이 모두 복사 에너지로 방출 ➡ 평균 온도 약 −18 ℃ | (그림) 태양 복사 에너지 / 지구 복사 에너지 / 지구 표면 | 대기가 지구 복사 에너지의 일부를 흡수하였다가 다시 우주와 지표로 방출 ➡ 평균 온도 약 15 ℃ |

### 3 지구 온난화

온실 효과가 강화되어 지구의 평균 기온이 높아지는 현상

| 구분 | 내용 |
|---|---|
| 최근 지구 온난화의 원인 | 인류의 산업 활동으로 *화석 연료의 사용이 증가하면서 대기 중으로 배출되는 온실 기체의 양이 많아짐 ➡ 이산화 탄소가 가장 많은 양을 차지 |
| 대기 중 이산화 탄소의 농도와 지구의 평균 기온의 관계 | 대기 중 이산화 탄소의 농도가 증가하면 지구의 평균 기온이 높아진다.<br>(그래프: 대기 중 이산화 탄소의 농도(ppm) 270~350, 연도(년) 1850~2000) 1850년 이후 대기 중 이산화 탄소의 농도가 증가함<br>(그래프: 지구의 평균 기온(℃) 13.5~14.5, 연도(년) 1850~2000) 1850년 이후 지구의 평균 기온이 대체로 상승함 |
| 지구 온난화의 영향 | • 빙하 면적 감소, 만년설 감소 • 해수면 상승으로 육지 면적 감소<br>• 폭염, 홍수, 가뭄 등 기상 이변 • 농작물 생산량 감소, 생태계 변화❹ |

#### 플러스 강의

**❶ 복사 에너지**

- 모든 물체는 복사 에너지를 방출한다.
  - 예 태양 복사 에너지 : 태양이 방출하는 복사 에너지
  - 예 지구 복사 에너지 : 지구가 방출하는 복사 에너지
- 물체의 온도가 높을수록 복사 에너지를 많이 방출한다.

**❷ 물체의 복사 에너지 흡수량과 방출량에 따른 온도 변화**

| 흡수량과 방출량 | 온도 변화 |
|---|---|
| 흡수량 > 방출량 | 온도 상승 |
| 흡수량 < 방출량 | 온도 하강 |
| 흡수량 = 방출량 (복사 평형) | 온도 일정 |

여기서잠깐 53쪽

**❸ 지구의 위도별 에너지 불균형**

지구는 위도별로는 복사 평형이 이루어지지 않는다.

- 저위도 : 에너지 남음(과잉)
- 고위도 : 에너지 부족

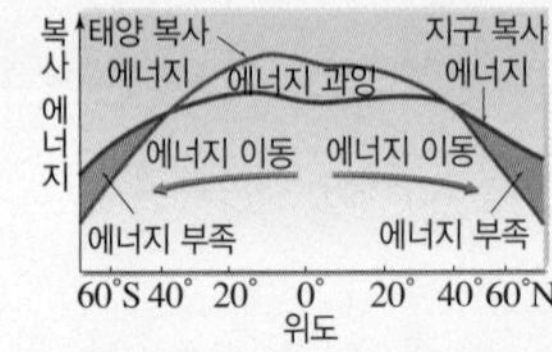


➡ 저위도의 남는 에너지가 고위도로 이동하여 지구 전체적으로는 복사 평형을 이룬다.

**❹ 지구 온난화의 대책**

- 온실 기체 배출량 줄이기
- 나무 심고, 숲 보존하기
- 쓰레기 줄이고, 자원 재활용하기
- 에너지 절약하기
- 친환경 에너지 개발하기

#### 용어 돋보기

* **복사(輻 바퀴살, 射 쏘다)**_에너지가 물질의 도움을 받지 않고 직접 전달되는 방법
* **화석 연료**_옛날에 살았던 생물이 땅속에 묻혀 굳어져 오늘날 연료로 이용되는 것 예 석탄, 석유

**B 지구의 복사 평형과 지구 온난화**

- □□ □□ : 물체가 흡수하는 복사 에너지양과 방출하는 복사 에너지양이 같은 상태
- 지구의 복사 평형 : □□ 복사 에너지 흡수량=□□ 복사 에너지 방출량
- □□ □□ : 대기가 지구 복사 에너지의 일부를 흡수했다가 지표로 다시 방출하여 지구의 평균 기온이 높게 유지되는 현상
- □□ □□□ : 온실 효과가 강화되어 지구의 평균 기온이 높아지는 현상
- 지구 온난화의 원인 : □□ □□의 사용이 증가하면서 대기 중으로 배출되는 온실 기체의 양이 많아짐

**6** 다음은 복사 평형에 대한 설명이다. (　　) 안에 알맞은 말을 고르시오.

(1) 복사 평형 상태에서 물체가 흡수하는 복사 에너지양은 방출하는 복사 에너지양보다(과) ( 적다, 같다, 많다 ).

(2) 복사 평형 상태에서 물체의 온도는 ( 높아진다, 일정하다, 낮아진다 ).

**7** 오른쪽 그림은 지구의 복사 평형을 나타낸 것이다. 지구에 들어오는 태양 복사 에너지양을 100 %라고 할 때 (　　) 안에 알맞은 값을 쓰시오.

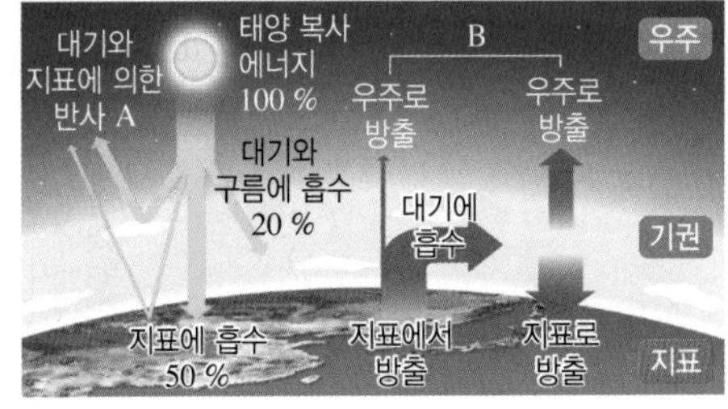


(1) 지구에 흡수되는 태양 복사 에너지양 : (　　) %

(2) 대기와 지표에 의해 반사되는 태양 복사 에너지양(A) : (　　) %

(3) 지구에서 우주로 방출되는 지구 복사 에너지양(B) : (　　) %

**8** 다음은 지구의 온실 효과에 대한 설명이다. (　　) 안에 알맞은 말을 쓰시오.

> 지구는 ㉠(　　)가 있어서 ㉡(　　)가 일어나므로 달보다 ㉢(　　) 온도에서 복사 평형을 이루어 평균 온도가 높다.

**9** 온실 기체가 아닌 것을 모두 고르면? (2개)

① 산소　② 질소　③ 메테인　④ 수증기　⑤ 이산화 탄소

**10** 지구 온난화에 대한 설명으로 옳은 것은 ○, 옳지 않은 것은 ×로 표시하시오.

(1) 온실 효과가 약화되어 지구의 평균 기온이 높아지는 현상이다. (　　)

(2) 최근 화석 연료의 사용이 증가하면서 지구 온난화가 나타났다. (　　)

(3) 대기 중 이산화 탄소의 농도가 증가하면 지구의 평균 기온이 낮아진다. (　　)

(4) 지구 온난화의 영향으로 해수면은 대체로 낮아졌을 것이다. (　　)

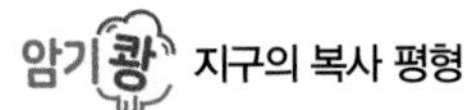


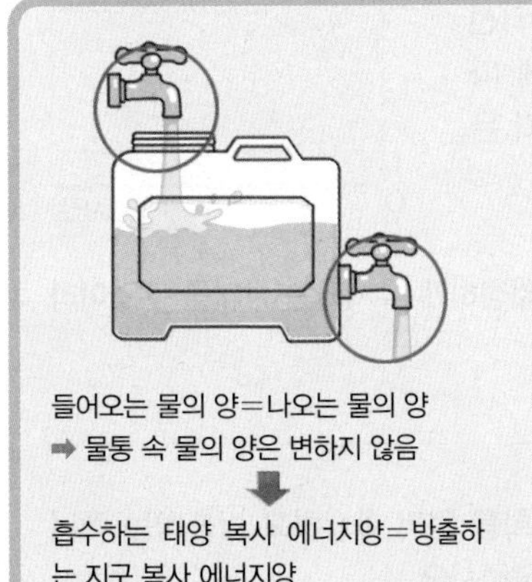

들어오는 물의 양=나오는 물의 양
➡ 물통 속 물의 양은 변하지 않음

흡수하는 태양 복사 에너지양=방출하는 지구 복사 에너지양
➡ 지구의 평균 기온 일정

# 탐구 a 복사 평형

**이 탐구에서는** 물체가 복사 평형에 도달하는 과정을 이해할 수 있다.

● 정답과 해설 14쪽

**과정 & 결과**

❶ 검은색 알루미늄 컵에 디지털 온도계를 꽂은 뚜껑을 덮는다.
❷ 적외선등에서 30 cm 정도 떨어진 곳에 컵을 놓는다.
❸ 적외선등을 켜고 2분 간격으로 컵 속 공기의 온도를 측정하여 기록한다.

| 시간(분) | 0 | 2 | 4 | 6 | 8 | 10 | 12 |
|---|---|---|---|---|---|---|---|
| 온도(°C) | 25.4 | 29.8 | 36.1 | 40.9 | 44.0 | 45.9 | 47.2 |
| 시간(분) | 14 | 16 | 18 | 20 | 22 | 24 | 26 |
| 온도(°C) | 48.0 | 48.4 | 48.7 | 48.8 | 48.8 | 48.8 | 48.8 |

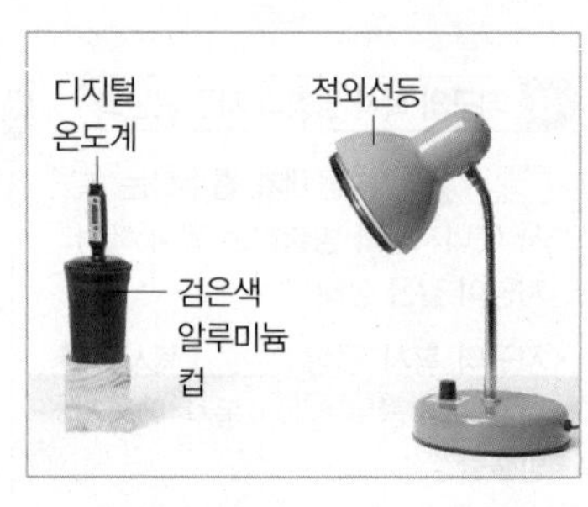


**유의점**
컵 속 공기의 온도가 실내 기온과 같아졌을 때 적외선등을 켜고 실험을 시작한다.

**해석**

• 시간에 따른 컵 속 공기의 온도 변화 : 적외선등을 켠 후 처음에는 온도가 높아지다가 20분 이후에는 일정하게 유지되었다.

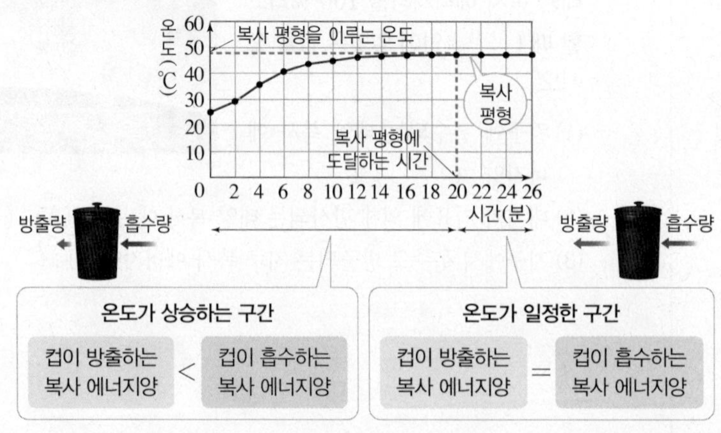


◎ **거리에 따른 복사 평형**
적외선등에서 거리가 멀어질수록 복사 평형을 이루는 온도가 낮아지고, 복사 평형에 도달하는 시간은 길어진다.

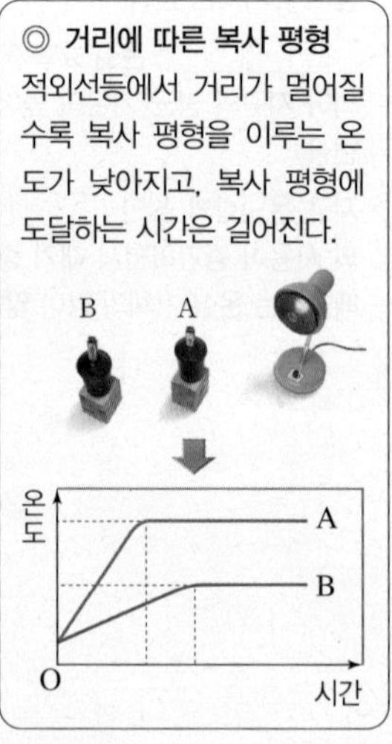


**정리**

1. 실험과 실제 지구 비교 : 적외선등은 태양, 알루미늄 컵은 ㉠(　　　)에 해당한다.
2. 알루미늄 컵 속 공기의 온도가 계속 높아지지 않는 까닭 : 시간이 지나면 알루미늄 컵이 흡수하는 복사 에너지양과 방출하는 복사 에너지양이 같아져서 ㉡(　　　) 상태에 도달하기 때문이다.
3. 지구가 태양 복사 에너지를 계속 흡수하면서도 평균 기온이 일정하게 유지되는 까닭 : 지구가 흡수하는 태양 복사 에너지양과 방출하는 ㉢(　　　) 에너지양이 같아서 ㉣(　　　)을 이루기 때문이다.

## 확인 문제

**01** 위 실험에 대한 설명으로 옳은 것은 ○, 옳지 않은 것은 ×로 표시하시오.

(1) 컵 속 공기의 온도는 시간이 지날수록 계속 높아진다. (　　)

(2) 20분 이전에 컵은 에너지를 흡수하기만 한다. (　　)

(3) 20분 이후에 컵 속의 공기는 복사 평형을 이룬다. (　　)

(4) 20분 이후에 컵의 에너지 흡수량은 방출량과 같다. (　　)

(5) 지구는 흡수하는 태양 복사 에너지양만큼 복사 에너지를 방출하여 복사 평형을 이룬다. (　　)

**[02~03]** 오른쪽 그림은 검은색 알루미늄 컵에 적외선등을 비추었을 때 시간에 따른 알루미늄 컵 속 공기의 온도 변화를 나타낸 것이다.

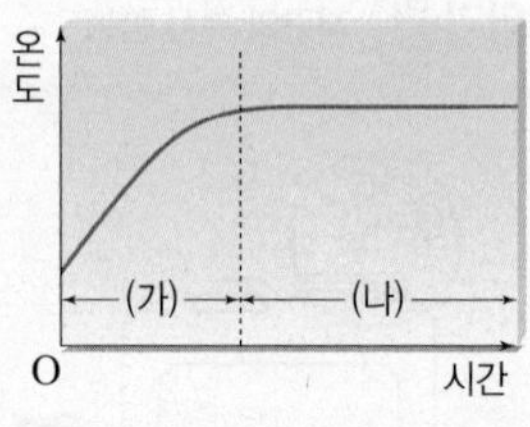


**02** (나)와 같이 온도가 일정하게 유지되는 상태를 무엇이라고 하는지 쓰시오.

**03** (나) 구간의 온도 변화를 컵이 흡수하고 방출하는 에너지양과 관련지어 서술하시오.

지구 전체는 복사 평형을 이루어 평균 기온이 거의 일정하지만, 위도별로는 흡수하는 태양 복사 에너지양과 방출하는 지구 복사 에너지양이 불균형하게 분포하고 있어요. 지구에서 일어나는 복사 평형에 대해 전체적인 것과 부분적인 것을 여기서잠깐 을 통해 차근차근 알아볼까요?

• 정답과 해설 15쪽

## 지구의 복사 평형 이해하기

### ① 지구 전체의 복사 평형

**❶ 지구에 출입하는 복사 에너지**

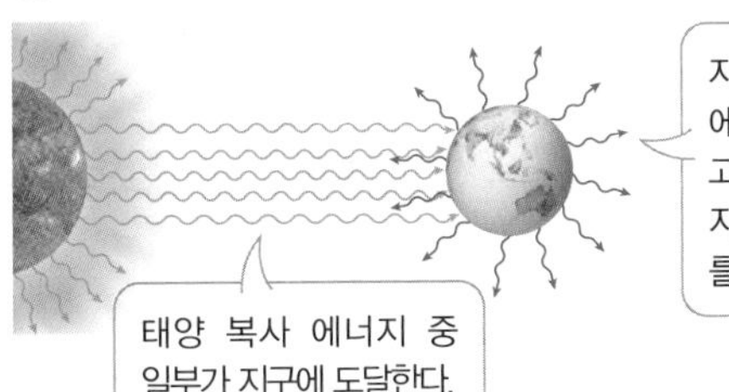


**❷ 지구의 복사 평형**

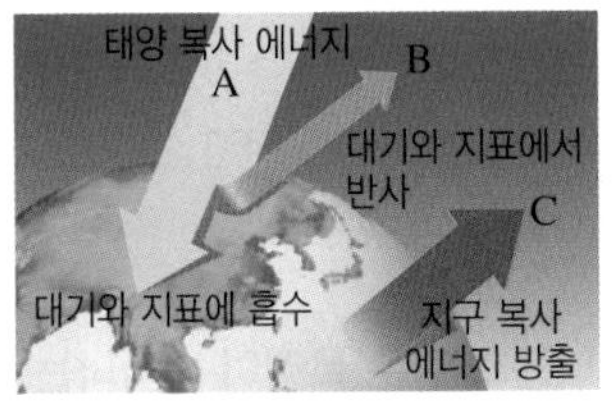


지구는 흡수한 태양 복사 에너지양(A−B)만큼 지구 복사 에너지(C)를 방출하여 복사 평형을 이룬다.

유제❶ 위 그림에서 지구에 들어오는 태양 복사 에너지양(A)을 100이라고 할 때, 다음 에너지양을 각각 쓰시오.

(1) 대기와 지표에 흡수되는 태양 복사 에너지양 : (　　　)

(2) 대기와 지표에서 반사하는 태양 복사 에너지양(B) : (　　　)

(3) 지구에서 방출하는 지구 복사 에너지양(C) : (　　　)

유제❷ 위 그림에서 A, B, C의 관계를 수식으로 나타내시오.

(1) ㉠(　　)=B+㉡(　　)

(2) B=㉠(　　)−㉡(　　)

(3) C=㉠(　　)−㉡(　　)

**❸ 지구의 복사 평형 과정(각 영역에서의 에너지 출입)**

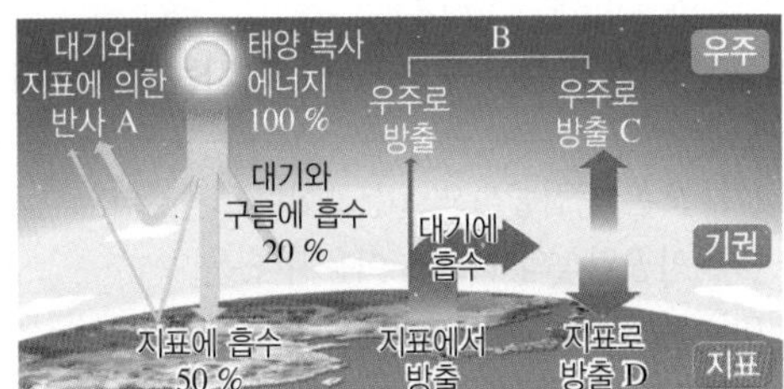


유제❸ 위 그림에서 (　　) 안에 알맞은 에너지양을 쓰시오.

(1) 지구에 흡수되는 태양 복사 에너지양
=㉠(　　)%+20 %=㉡(　　)%

(2) 대기와 지표에 의해 반사되는 태양 복사 에너지양(A)
=100 %−20 %−㉠(　　)%=㉡(　　)%

(3) 지구에서 우주로 방출되는 지구 복사 에너지양(B)
=50 %+㉠(　　)%=㉡(　　)%

유제❹ A~D 중 온실 효과를 일으키는 복사 에너지 : (　　　)

### ② 지구의 위도별 에너지 불균형

**❶ 위도에 따라 도달하는 태양 복사 에너지**

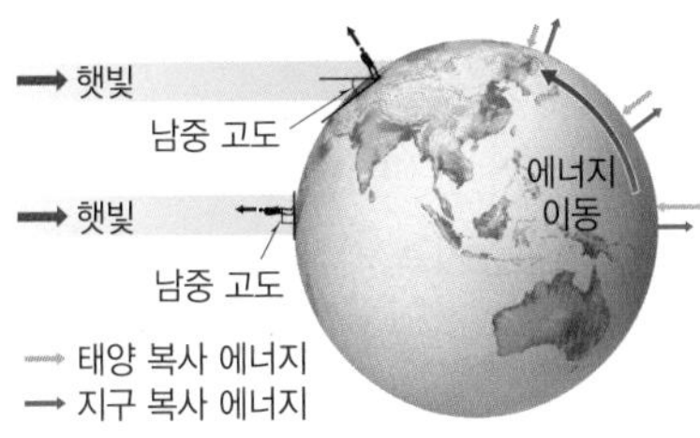


지구가 둥글기 때문에 고위도로 갈수록 태양의 남중 고도가 낮아져 단위 시간에 단위 면적당 도달하는 태양 복사 에너지양이 적어진다.

**❷ 위도별 태양 복사 에너지와 지구 복사 에너지 분포**

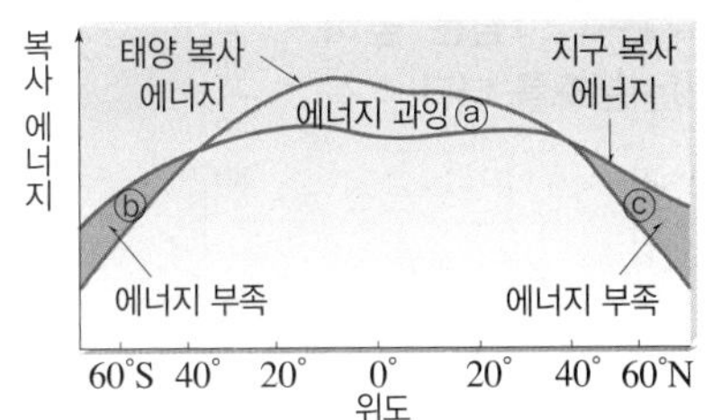


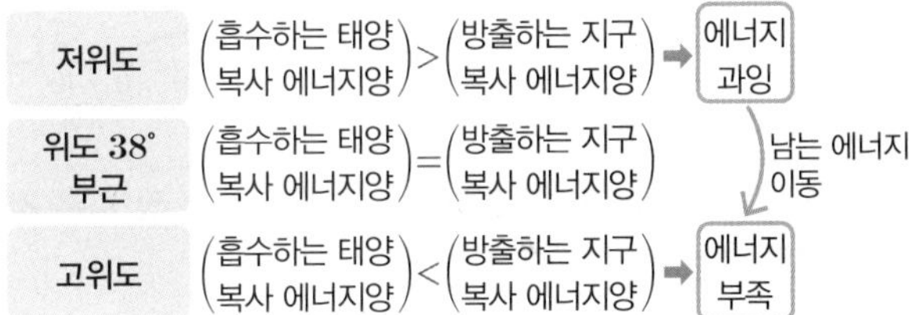

| | | | |
|---|---|---|---|
| 저위도 | (흡수하는 태양 복사 에너지양) > (방출하는 지구 복사 에너지양) | ➡ 에너지 과잉 | 남는 에너지 이동 |
| 위도 38° 부근 | (흡수하는 태양 복사 에너지양) = (방출하는 지구 복사 에너지양) | | |
| 고위도 | (흡수하는 태양 복사 에너지양) < (방출하는 지구 복사 에너지양) | ➡ 에너지 부족 | |

대기와 해수의 순환으로 저위도의 남는 에너지가 고위도로 운반되어 지구 전체적으로는 복사 평형을 이룬다. ➡ ⓐ=ⓑ+ⓒ

유제❺ 그림은 위도에 따른 복사 에너지양을 나타낸 것이다.

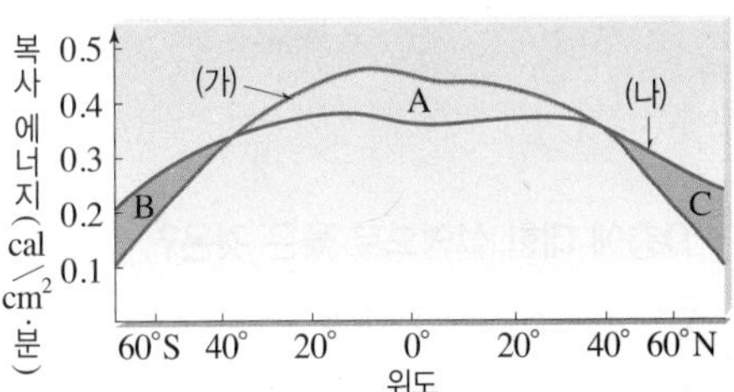


이에 대한 설명으로 옳지 않은 것은?

① (가)는 흡수하는 태양 복사 에너지양이다.
② A는 남는 에너지, B와 C는 부족한 에너지이다.
③ 고위도의 남는 에너지는 저위도로 이동한다.
④ A의 면적은 B+C의 면적과 같다.
⑤ 위도 38° 부근에서는 태양 복사 에너지양과 지구 복사 에너지양이 같다.

전국 주요 학교의 **시험에 가장 많이 나오는 문제**들로만 구성하였습니다.
모든 친구들이 '꼭' 봐야 하는 코너입니다.

# 기출문제로 내신쑥쑥

## A 기권의 층상 구조

**01** 기권에 대한 설명으로 옳은 것은?

① 높이에 따라 기온 분포가 일정하다.
② 대부분의 공기는 열권에 모여 있다.
③ 대기는 질소와 산소만으로 이루어져 있다.
④ 대기 중의 수증기는 기상 현상을 일으킨다.
⑤ 지표로부터 높이 약 100 km까지의 구간이다.

**[02~03]** 오른쪽 그림은 높이에 따른 기온 분포를 나타낸 것이다.

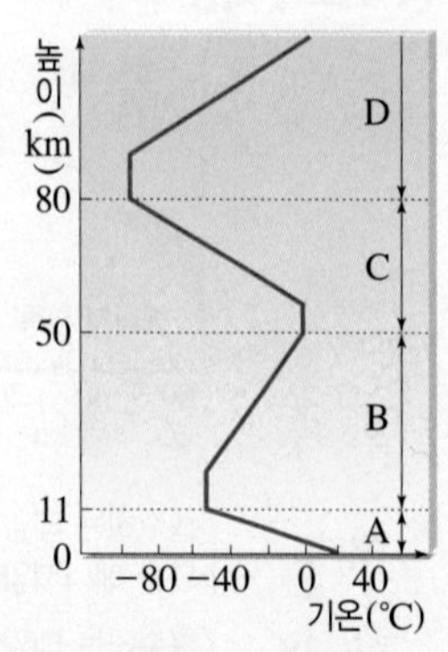


중요
**02** A~D 중 대류가 잘 일어나는 층끼리 옳게 짝 지은 것은?

① A, B ② A, C ③ B, C
④ B, D ⑤ C, D

중요
**03** A~D층에 대한 설명으로 옳은 것은?

① A층에는 수증기가 없다.
② B층은 높이 올라갈수록 지표에서 방출하는 에너지를 많이 받아 기온이 높아진다.
③ C층에서는 대류가 일어나지만, 기상 현상은 나타나지 않는다.
④ D층은 대기가 안정하여 장거리 비행기의 항로로 이용된다.
⑤ D층은 오존층이 태양에서 오는 자외선을 흡수하여 높이 올라갈수록 기온이 높아진다.

중요
**04** 기권의 층상 구조에 대한 설명으로 옳은 것은?

① 중간권은 오로라가 잘 나타난다.
② 중간권에서는 대류가 일어나지 않는다.
③ 열권은 공기가 희박하고, 낮과 밤의 기온 차가 매우 크다.
④ 높이 올라갈수록 기온이 낮아지는 층은 대류권과 성층권이다.
⑤ 기권은 높이에 따른 기온 변화를 기준으로 5개의 층으로 구분된다.

**05** 기권에서 다음과 같은 특징이 나타나는 층은?

- 높이 올라갈수록 기온이 높아진다.
- 대기가 안정하여 대류가 잘 일어나지 않는다.
- 오존층에서 자외선을 흡수하여 지구의 생명체를 보호한다.

① 열권 ② 외권 ③ 대류권
④ 성층권 ⑤ 중간권

**06** 다음은 기권의 층상 구조에서 나타나는 특징이다.

(가) 오존이 집중적으로 분포한다.
(나) 인공위성의 궤도로 이용된다.
(다) 눈, 비 등 기상 현상이 나타난다.
(라) 상층부에서 유성이 관측되기도 한다.

**(가)~(라)와 같은 특징이 나타나는 층을 지표에서부터 가까운 것부터 순서대로 옳게 나열한 것은?**

① (가) → (나) → (다) → (라)
② (가) → (다) → (나) → (라)
③ (나) → (라) → (가) → (다)
④ (다) → (가) → (라) → (나)
⑤ (다) → (라) → (가) → (나)

**07** 성층권에 높은 농도로 오존이 존재하지 않을 때 예상되는 높이에 따른 기온 변화로 가장 옳은 것은?

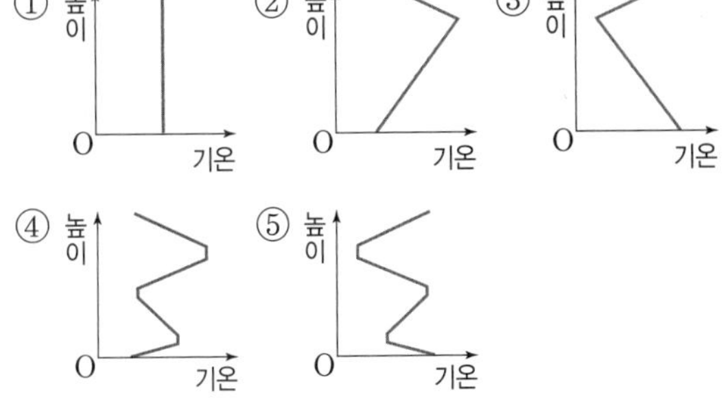


## B 지구의 복사 평형과 지구 온난화

**08** 복사 에너지에 대한 설명으로 옳은 것은?

① 물질의 도움을 받아 전달되는 에너지이다.
② 온도가 높은 물체만 복사 에너지를 방출한다.
③ 태양이 흡수하는 에너지를 태양 복사 에너지라고 한다.
④ 물체의 온도에 관계없이 물체가 방출하는 복사 에너지양은 모두 같다.
⑤ 지구가 흡수하는 태양 복사 에너지양과 방출하는 지구 복사 에너지양은 같다.

중요 탐구 a 52쪽

**09** 오른쪽 그림과 같이 장치한 후, 적외선등을 켜고 2분 간격으로 컵 속 공기의 온도를 측정하는 실험을 하였다. 이에 대한 설명으로 옳지 않은 것은?

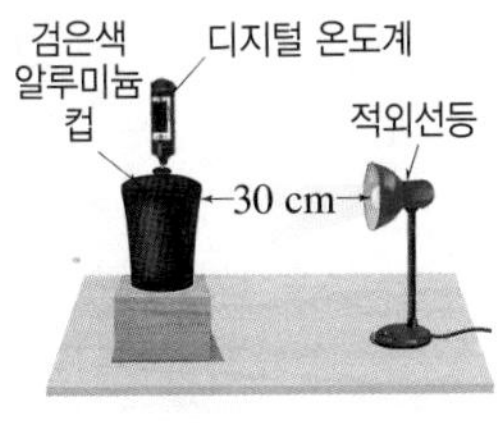


① 지구의 복사 평형을 알아보기 위한 실험이다.
② 알루미늄 컵은 지구, 적외선등은 태양에 해당한다.
③ 컵 속 공기의 온도는 시간이 지날수록 계속 상승한다.
④ 어느 정도 시간이 지나면 컵이 방출하는 에너지양과 흡수하는 에너지양이 같아진다.
⑤ 적외선등과 컵 사이의 거리를 더 가깝게 하면, 복사 평형을 이룰 때 컵 속 공기의 온도는 더 높아질 것이다.

중요 탐구 a 52쪽

**10** 그림은 어떤 물체가 복사 평형에 도달하는 과정을 나타낸 것이다.

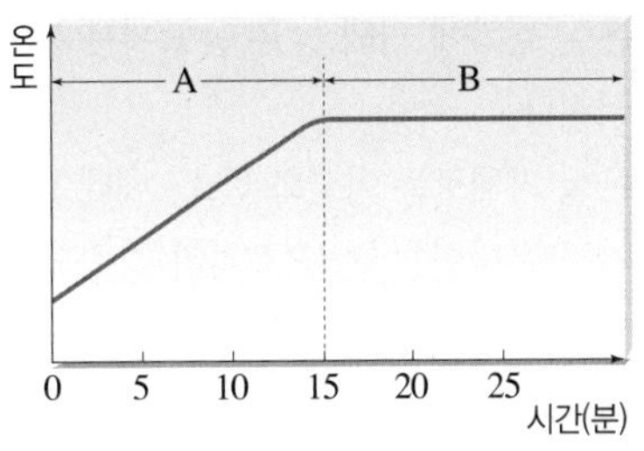


이에 대한 설명으로 옳은 것을 보기에서 모두 고른 것은?

보기
ㄱ. A 구간에서는 물체가 흡수하는 에너지양이 방출하는 에너지양보다 많다.
ㄴ. B 구간에서 물체는 에너지를 흡수하거나 방출하지 않는다.
ㄷ. 물체는 A 구간에서 복사 평형 상태이다.

① ㄱ ② ㄴ ③ ㄷ
④ ㄱ, ㄴ ⑤ ㄱ, ㄷ

[11~12] 그림은 지구의 복사 평형을 나타낸 것이다. (단, 지구에 들어오는 태양 복사 에너지양을 100 %라고 한다.)

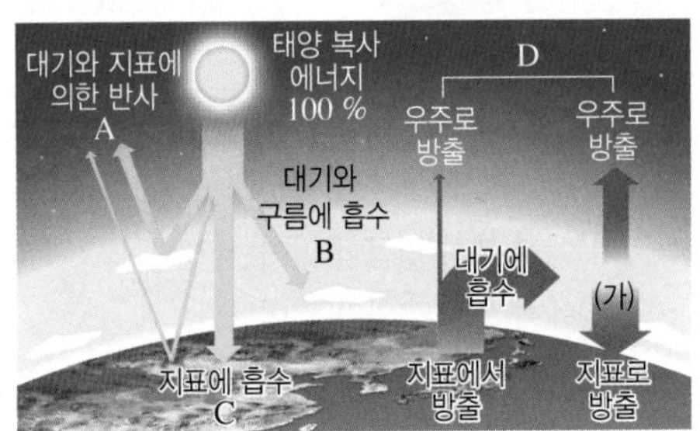


**11** A~D의 관계를 수식으로 옳게 나타낸 것은?

① A=D ② C=D
③ B+C=D ④ A+D=B+C
⑤ A+B+C=D

중요

**12** 이에 대한 설명으로 옳지 않은 것은?

① 대기와 지표에 의해 반사되는 태양 복사 에너지양(A)은 30 %이다.
② 지구에 흡수되는 태양 복사 에너지양(B+C)은 100 %이다.
③ 지구에서 우주로 방출되는 지구 복사 에너지양(D)은 70 %이다.
④ (가) 과정으로 온실 효과가 나타난다.
⑤ 지구의 평균 기온이 일정하게 유지된다.

중요

**13** 지구의 온실 효과와 지구 온난화에 대한 설명으로 옳지 않은 것은?

① 온실 효과에 의해 높은 온도에서 복사 평형이 이루어진다.
② 온실 기체로는 이산화 탄소, 메테인 등이 있다.
③ 지구 온난화는 온실 효과가 강화되어 나타나는 현상이다.
④ 대기 중 온실 기체의 농도가 증가하면 지구의 평균 기온이 낮아진다.
⑤ 지구 온난화로 해발 고도가 낮은 섬들이 침수될 수 있다.

중요

**14** 그림 (가)는 대기가 없는 달에서, (나)는 대기가 있는 지구에서 복사 에너지 출입을 나타낸 것이다.

이에 대한 설명으로 옳은 것을 보기에서 모두 고른 것은?

보기
ㄱ. (가)에서 복사 평형이 일어난다.
ㄴ. (나)에서 온실 효과가 일어난다.
ㄷ. 평균 온도는 (나)보다 (가)일 때 높다.

① ㄱ ② ㄷ ③ ㄱ, ㄴ
④ ㄴ, ㄷ ⑤ ㄱ, ㄴ, ㄷ

**15** 다음에서 설명하는 현상과 관련된 기체만으로 옳게 짝지은 것은?

대기가 지구 복사 에너지의 일부를 흡수했다가 지표로 다시 방출하는 과정을 통해 지구의 평균 기온이 높게 유지된다.

① 질소, 산소 ② 질소, 수증기
③ 산소, 수증기 ④ 산소, 이산화 탄소
⑤ 수증기, 이산화 탄소

중요

**16** 그림 (가)는 1850년 이후 대기 중 이산화 탄소의 농도 변화를, (나)는 지구의 평균 기온 변화를 나타낸 것이다.

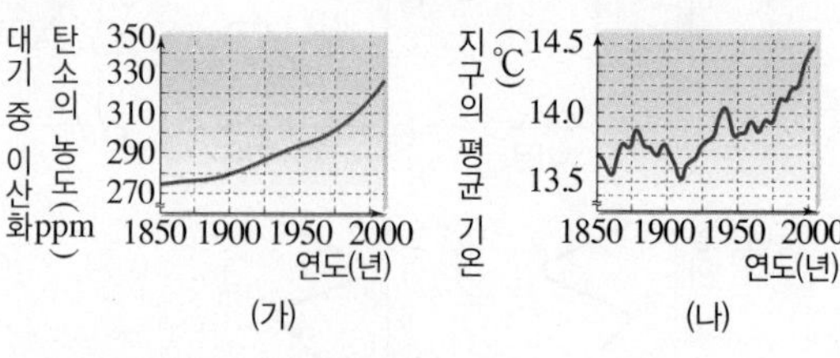


이에 대한 설명으로 옳지 않은 것은?

① 대기 중 이산화 탄소의 농도가 증가한 주요 원인은 화석 연료의 사용 증가이다.
② 대기 중 이산화 탄소의 농도가 증가함에 따라 온실 효과는 약화될 것이다.
③ 지구의 평균 기온이 대체로 높아지고 있다.
④ (나)와 같은 현상을 지구 온난화라고 한다.
⑤ 지구의 평균 기온 상승은 대기 중 이산화 탄소의 농도 변화와 관련이 있다.

**17** 지구 온난화에 의해 나타나는 현상으로 옳지 않은 것은?

① 해수면이 상승한다.
② 극지방의 빙하가 녹는다.
③ 육지의 면적이 증가한다.
④ 열대 식물의 서식지가 고위도로 이동한다.
⑤ 가뭄, 폭염, 홍수 등 기상 이변이 증가한다.

**18** 지구 온난화를 줄이기 위한 방법으로 적절하지 않은 것은?

① 숲을 보존하고 가꾼다.
② 일회용품 사용을 줄인다.
③ 온실 기체의 배출량을 늘린다.
④ 쓰레기를 줄이고 자원을 재활용한다.
⑤ 친환경 에너지를 개발하여 사용한다.

## 서술형 문제

중요

**19** 오른쪽 그림은 기권의 층상 구조를 나타낸 것이다.

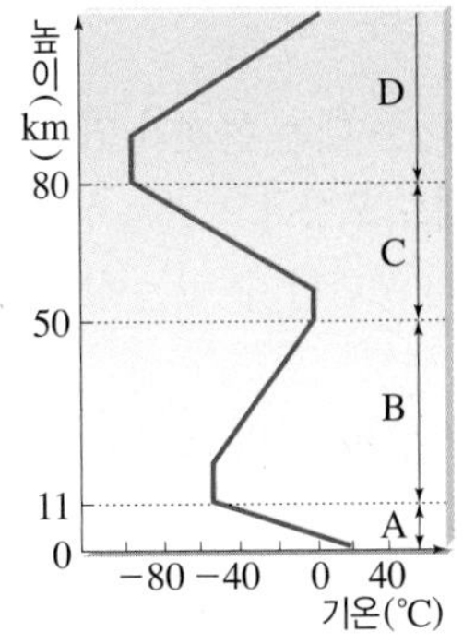


(1) 기권을 A~D층으로 구분한 기준을 쓰시오.

(2) 높이 올라갈수록 B층의 기온이 높아지는 까닭을 서술하시오.

(3) C층에서 기상 현상이 나타나지 않는 까닭을 서술하시오.

**20** 그림 (가)와 같이 장치하고 알루미늄 컵 속 공기의 온도를 측정한 결과 (나)와 같은 그래프를 얻었다.

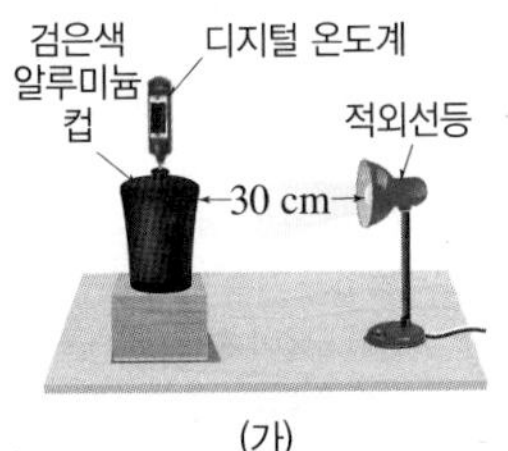

(가)

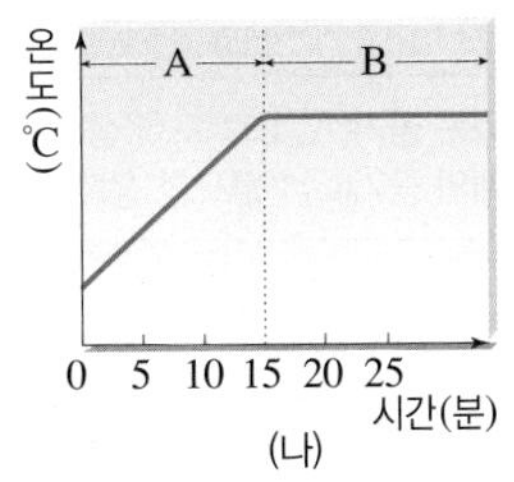

(나)

(1) A 구간에서 온도가 상승하는 까닭을 서술하시오.

(2) B 구간에서 온도가 일정한 까닭을 서술하시오.

**21** 지구와 달은 태양으로부터의 거리가 거의 같지만, 지구가 달보다 평균 온도가 높은 까닭을 다음 용어를 모두 포함하여 서술하시오.

| 대기, 온실 효과, 복사 평형 |
|---|

**22** 지구는 태양 복사 에너지를 지속적으로 흡수하고 있다. 그럼에도 불구하고 지구의 평균 기온이 계속 상승하지 않고 일정하게 유지되는 까닭을 서술하시오.

## 실력 탄탄

● 정답과 해설 17쪽

**01** 오른쪽 그림은 지구의 대기를 구성하는 기체의 부피비를 나타낸 것이다. 이에 대한 설명으로 옳은 것은?

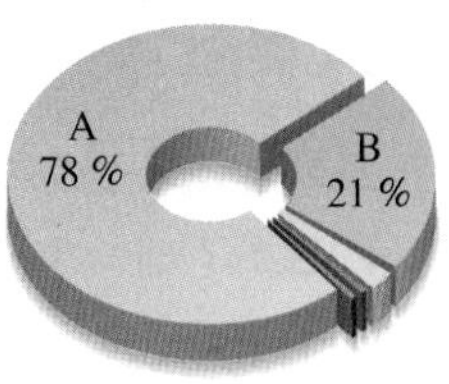


① A는 질소이다.
② B는 이산화 탄소이다.
③ A는 태양으로부터 오는 유해한 자외선을 막아 준다.
④ B는 비, 구름 등 기상 현상의 원인이 된다.
⑤ A와 B는 온실 효과를 일으킨다.

**02** 그림과 같이 알루미늄 컵 2개를 적외선등으로부터 서로 다른 거리에 놓고, 컵 속 공기의 온도를 측정하였다.

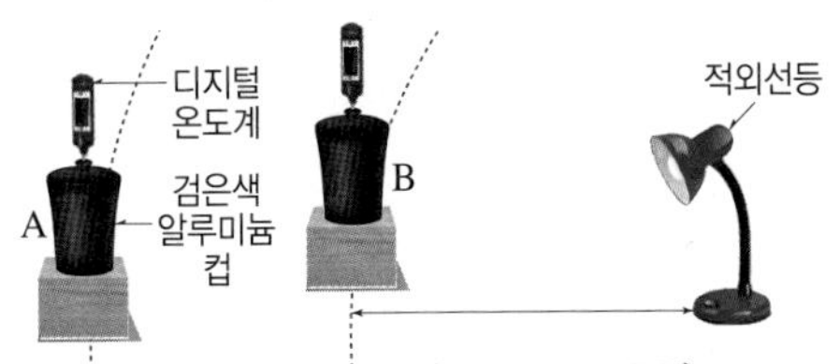


이에 대한 설명으로 옳은 것은?

① A와 B는 적외선등을 켜면 바로 복사 평형을 이룬다.
② 복사 평형을 이루는 온도는 B가 A보다 높다.
③ 복사 평형에 도달하는 시간은 A와 B가 같다.
④ 복사 평형에 도달하는 시간은 B가 A보다 길다.
⑤ A와 B는 모두 온도가 하강하다가 일정해진다.

**03** 그림은 지구에 출입하는 에너지를 나타낸 것이다.

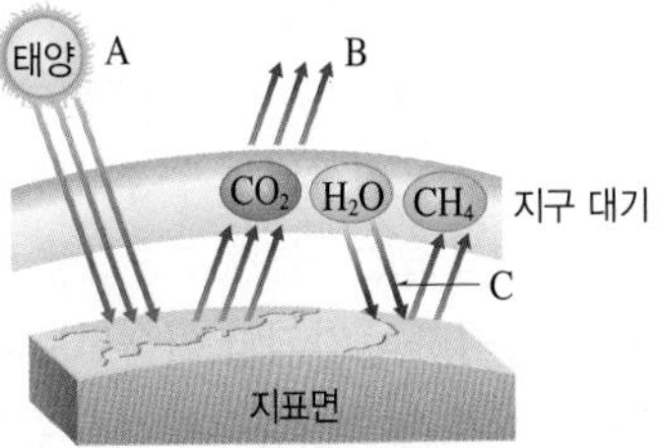


이에 대한 설명으로 옳지 않은 것은?(단, A는 모두 지구에 흡수된다고 가정한다.)

① 지구 대기는 지구 복사 에너지를 잘 흡수한다.
② A의 양은 B와 C의 양을 합한 것과 같다.
③ 온실 효과와 관계 있는 에너지는 C이다.
④ 대기 중 이산화 탄소의 농도가 증가하면 C의 양이 증가할 것이다.
⑤ 대기가 없다면 지구의 평균 기온은 현재보다 낮아질 것이다.

# 02 구름과 강수

## A 대기 중의 수증기

**1 포화 상태와 불포화 상태** 일정한 양의 공기가 수증기를 포함하는 데는 한계가 있다.

① 포화 상태 : 어떤 기온에서 일정한 양의 공기가 수증기를 최대로 포함하고 있는 상태

② 불포화 상태 : 어떤 기온에서 일정한 양의 공기가 수증기를 더 포함할 수 있는 상태❶❷

**2 포화 수증기량** 포화 상태의 공기 1 kg에 들어 있는 수증기량(g) ➡ 단위 : g/kg

① 포화 수증기량의 변화 요인 : 기온 ➡ 기온이 높을수록 포화 수증기량이 증가한다.❸

② 공기의 포화 상태 판단 : 포화 수증기량과 현재 공기 중의 실제 수증기량을 비교한다.

- 현재 공기 중의 실제 수증기량=포화 수증기량 ➡ 포화 상태
- 현재 공기 중의 실제 수증기량<포화 수증기량 ➡ 불포화 상태

**[포화 수증기량 곡선 해석]** 여기서 잠깐 64쪽

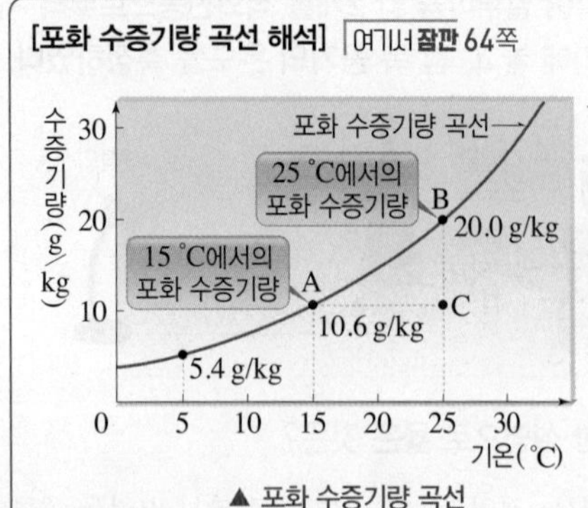

▲ 포화 수증기량 곡선

- 기온 : 점의 가로축 값
- 실제 수증기량 : 점의 세로축 값
- 포화 수증기량 : 점의 기온에 해당하는 포화 수증기량 곡선의 수증기량 값

| 공기 | A | B | C |
|---|---|---|---|
| 기온(℃) | 15 | 25 | 25 |
| 실제 수증기량(g/kg) | 10.6 | 20.0 | 10.6 |
| 포화 수증기량(g/kg) | 10.6 | 20.0 | 20.0 |

- 포화 수증기량 곡선에 있는 공기(A, B) : 포화 상태
- 포화 수증기량 곡선 아래의 공기(C) : 불포화 상태

③ 불포화 상태인 공기를 포화 상태로 만드는 방법 : 기온을 낮추거나, 수증기를 공급한다.

불포화 상태의 공기(C)를 포화 상태로 만들려면, 기온을 15 ℃로 낮추거나(C → A), 수증기 9.4 g/kg을 공급한다(C → B).

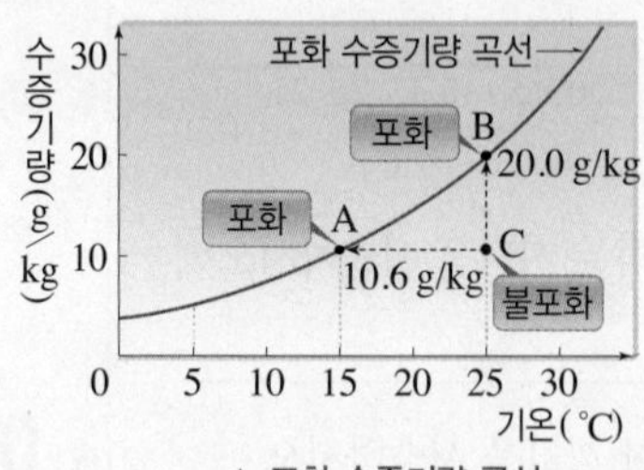

▲ 포화 수증기량 곡선

**3 이슬점**

① 응결 : 공기 중의 수증기가 물방울로 변하는 현상❹

② 이슬점 : 공기가 냉각되어 수증기가 응결하기 시작할 때의 온도

③ 이슬점의 변화 요인 : 실제 수증기량 ➡ 실제 수증기량이 많을수록 이슬점이 높다.❺

④ 응결량 : 공기가 냉각되어 이슬점보다 낮은 온도가 될 때 응결되는 물의 양

➡ 응결량=실제 수증기량−냉각된 온도에서의 포화 수증기량

**[포화 수증기량 곡선에서 이슬점과 응결량 해석]** 여기서 잠깐 64쪽

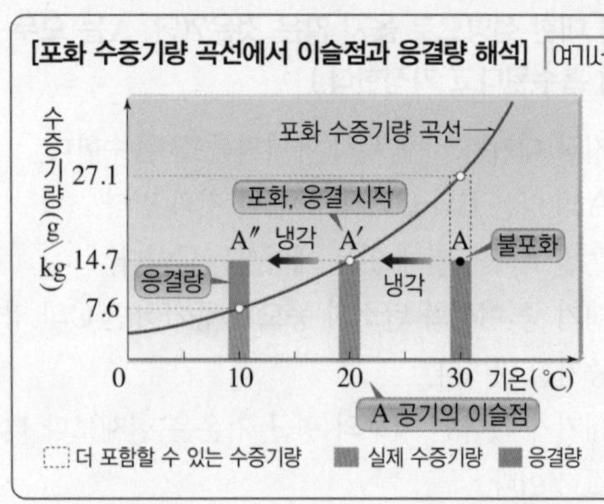


- A 공기의 이슬점 : 20 ℃
  =응결이 시작되는 온도
  =불포화 상태의 공기(A)가 냉각되어 포화 상태가 될 때(A′)의 온도
  =불포화 상태의 공기(A)가 냉각될 때 포화 수증기량 곡선과 만나는 점의 온도
- A 공기를 10 ℃로 냉각할 때 응결량

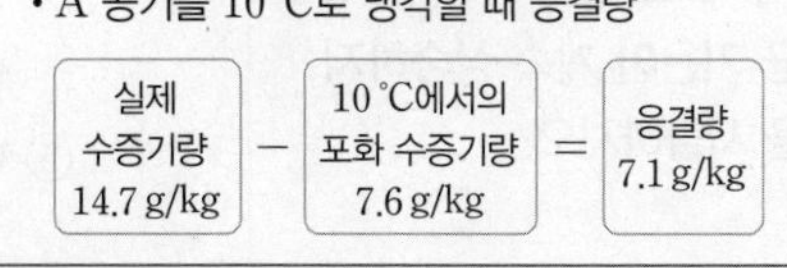


### 플러스 강의

내 교과서 확인 | 동아

**❶ 물이 담긴 그릇을 밀폐된 곳에 둘 때 포화 상태가 되는 과정**

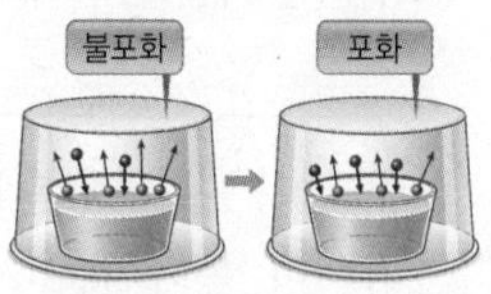


- 불포화 상태 : 물에서 공기 중으로 나가는 물 분자 수>공기에서 물속으로 들어가는 물 분자 수
- 포화 상태 : 물에서 공기 중으로 나가는 물 분자 수=공기에서 물속으로 들어가는 물 분자 수

내 교과서 확인 | 천재

**❷ 같은 양의 물이 든 비커 중 한쪽만 수조로 덮을 때 물의 높이 변화**

(가)

(나)

- (가) : 물이 계속 증발하여 물의 높이가 계속 낮아진다.
- (나) : 물이 증발하여 물의 높이가 낮아지다가 포화 상태에 도달하여 더 이상 낮아지지 않는다.
- 며칠 후 물의 높이 : (가)<(나)

**❸ 기온과 포화 수증기량의 관계**

- 가열했을 때 : 포화 수증기량 증가 ➡ 증발이 일어나 플라스크 내부가 맑아진다.
- 찬물로 식혔을 때 : 포화 수증기량 감소 ➡ 응결이 일어나 플라스크 내부가 뿌옇게 흐려진다.

**❹ 응결이 일어나는 예**

- 김 서린 안경
- 새벽에 풀잎에 맺힌 이슬
- 차가운 캔 표면에 맺힌 물방울

**❺ 이슬점에서의 포화 수증기량=실제 수증기량**

이슬점은 실제 수증기량으로 포화 상태가 되는 온도이므로 이슬점에서의 포화 수증기량은 실제 수증기량과 같다.

● 정답과 해설 17쪽

**A 대기 중의 수증기**

- □□ □□ : 어떤 공기가 수증기를 최대로 포함하고 있는 상태
- □□ □□□□ : 포화 상태의 공기 1 kg에 들어 있는 수증기량(g)
- □□이 높을수록 포화 수증기량이 증가한다.
- □□□ : 공기가 냉각되어 수증기가 응결하기 시작할 때의 온도
- □□ □□□□이 많을수록 이슬점이 높다.
- □□□=실제 수증기량－냉각된 온도에서의 포화 수증기량

**암기쾅** 기온과 포화 수증기량의 관계

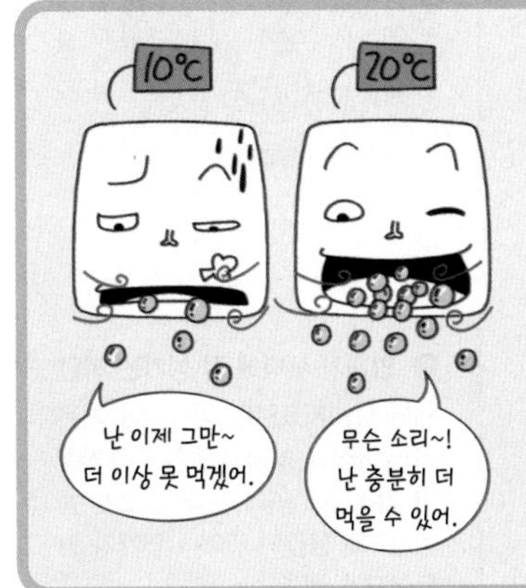


**A**

**1** 대기 중의 수증기에 대한 설명으로 옳은 것은 ○, 옳지 않은 것은 ×로 표시하시오.

(1) 일정한 양의 공기가 포함할 수 있는 수증기의 양에는 한계가 있다. ( )
(2) 기온이 높을수록 포화 수증기량이 감소한다. ( )
(3) 이슬점이 높을수록 포화 수증기량이 증가한다. ( )
(4) 기온이 높을수록 이슬점도 높아진다. ( )
(5) 공기 중에 포함된 실제 수증기량이 많을수록 이슬점이 낮다. ( )
(6) 이슬점에서의 포화 수증기량은 실제 수증기량과 같다. ( )

더 풀어보고 싶다면? 시험 대비 교재 35쪽 계산력·암기력 강화 문제

[2~5] 오른쪽 그림은 기온에 따른 포화 수증기량 곡선을 나타낸 것이다.

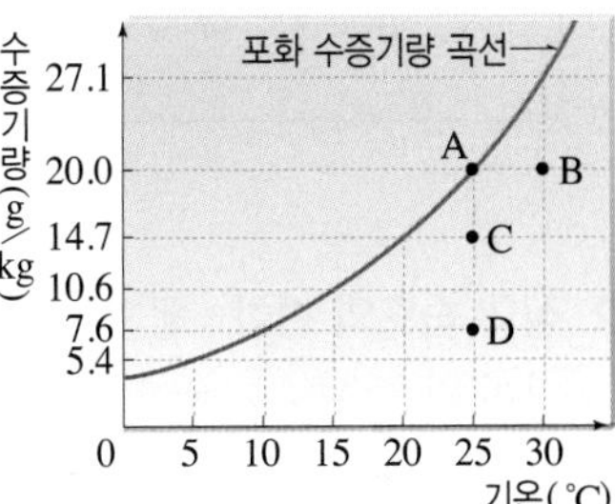


**2** B 공기의 기온, 실제 수증기량, 포화 수증기량, 이슬점을 쓰시오.

(1) 기온 : ( )
(2) 실제 수증기량 : ( )
(3) 포화 수증기량 : ( )
(4) 이슬점 : ( )

**3** A~D 중 다음 설명에 해당하는 것을 각각 모두 골라 쓰시오.

(1) 실제 수증기량이 가장 적은 공기 ( )
(2) 포화 수증기량이 가장 많은 공기 ( )
(3) 포화 상태의 공기 ( )
(4) 불포화 상태의 공기 ( )
(5) 이슬점이 가장 낮은 공기 ( )

**4** 다음은 B 공기를 포화 상태로 만드는 방법이다. ( ) 안에 알맞은 값을 쓰시오.

> 기온을 30 ℃에서 ㉠( ) ℃로 낮추거나, 수증기 ㉡( ) g/kg을 공급한다.

**5** B 공기를 15 ℃로 냉각시킬 때 응결량을 구하는 과정을 완성하시오.

> 실제 수증기량－냉각된 온도에서의 포화 수증기량＝응결량
> ㉠( ) g/kg－㉡( ) g/kg＝㉢( ) g/kg

# 02 구름과 강수

## B 상대 습도

**1 습도(상대 습도)** 공기의 건조하고 습한 정도로, 일반적으로 상대 습도를 말한다.❶

$$\text{상대 습도(\%)} = \frac{\text{현재 공기 중에 포함된 실제 수증기량(g/kg)}}{\text{현재 기온에서의 포화 수증기량(g/kg)}} \times 100$$

**[포화 수증기량 곡선에서 상대 습도 해석]** 여기서 잠깐 64쪽

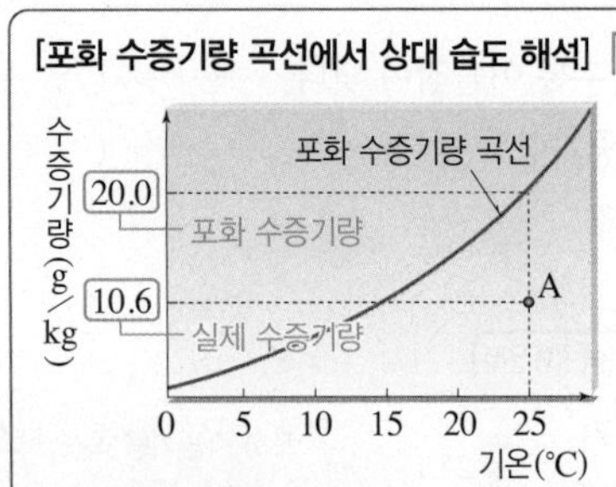


• A 공기의 상대 습도(%)

$= \frac{\text{실제 수증기량}}{\text{포화 수증기량}} \times 100$

$= \frac{10.6\text{ g/kg}}{20.0\text{ g/kg}} \times 100 = 53\ \%$

포화 수증기량 20.0 g/kg
실제 수증기량 10.6 g/kg

• 포화 수증기량 곡선에 있는 공기의 상대 습도=100 %
➡ 포화 수증기량과 실제 수증기량이 같기 때문❷

**2 상대 습도의 변화** 공기 중의 실제 수증기량과 기온의 영향을 받는다. ➡ 실제 수증기량이 많을수록, 기온이 낮을수록(포화 수증기량이 적을수록) 상대 습도가 높아진다.

| 기온이 일정할 때(포화 수증기량 일정) | 실제 수증기량이 일정할 때❸ |
|---|---|
| 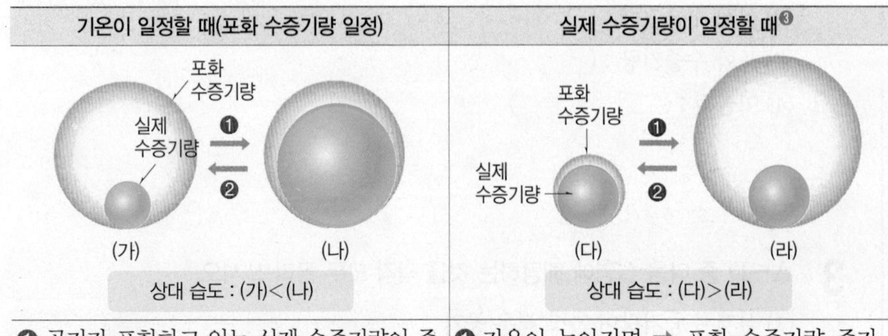 | |
| ❶ 공기가 포함하고 있는 실제 수증기량이 증가하면 ➡ 상대 습도 증가<br>❷ 공기가 포함하고 있는 실제 수증기량이 감소하면 ➡ 상대 습도 감소 | ❶ 기온이 높아지면 ➡ 포화 수증기량 증가 ➡ 상대 습도 감소<br>❷ 기온이 낮아지면 ➡ 포화 수증기량 감소 ➡ 상대 습도 증가 |

**3 맑은 날 하루 동안의 기온, 상대 습도, 이슬점 변화**

① 기온 : 14~15시경에 가장 높고, 4~5시경에 가장 낮다.

② 상대 습도 : 기온과 반대로 나타난다. ➡ 공기 중의 수증기량이 일정할 때 기온이 높을수록 포화 수증기량이 증가하여 상대 습도가 낮아지기 때문❹

③ 이슬점 : 거의 일정하다. ➡ 맑은 날은 하루 동안 공기 중에 포함된 수증기량의 변화가 거의 없기 때문

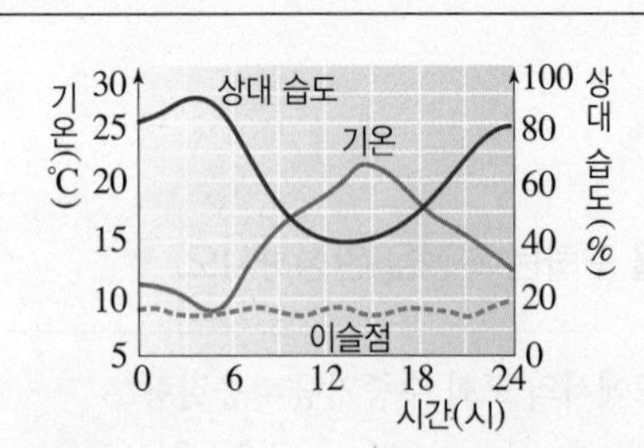


▲ 맑은 날 하루 동안 기온, 상대 습도, 이슬점 변화

| 구분 | 하루 중 가장 낮을 때 | 하루 중 가장 높을 때 |
|---|---|---|
| 기온 | 4~5시경 | 14~15시경 |
| 상대 습도 | 14~15시경 | 4~5시경❺ |
| 이슬점 | 거의 일정 | |

➡ 기온과 상대 습도는 대체로 반대로 나타난다.

### 플러스 강의

**❶ 절대 습도(g/m³)**
공기 1 m³에 들어 있는 수증기량을 g으로 나타낸 것으로, 절대 습도는 실제 수증기량이 많을수록 높다.

**❷ 상대 습도가 100 %인 경우**
• 포화 상태일 때
• 포화 수증기량과 실제 수증기량이 같을 때
• 현재 기온과 이슬점이 같을 때
• 공기의 상태가 포화 수증기량 곡선에 있을 때

**❸ 밀폐된 방 안에서 상대 습도의 변화(수증기량 변화가 없을 때)**
밀폐된 곳에서는 수증기의 유입이 없으므로 실제 수증기량이 일정하다.
• 난방을 할 때 : 기온이 상승하여 포화 수증기량이 증가하므로 상대 습도가 낮아진다.

| 일정 | 실제 수증기량, 이슬점 |
|---|---|
| 증가 | 기온, 포화 수증기량 |
| 감소 | 상대 습도 |

• 냉방을 할 때 : 기온이 하강하여 포화 수증기량이 감소하므로 상대 습도가 높아진다.

| 일정 | 실제 수증기량, 이슬점 |
|---|---|
| 감소 | 기온, 포화 수증기량 |
| 증가 | 상대 습도 |

**❹ 비 오는 날 상대 습도**
비가 오면 맑은 날보다 공기 중의 수증기량이 많아져 상대 습도가 높아진다. 상대 습도가 높을수록 증발이 잘 일어나지 않는다.

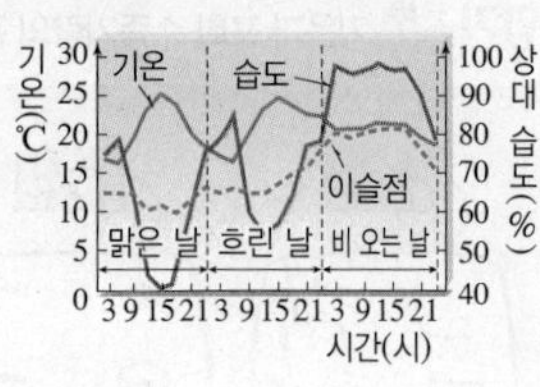


**❺ 안개가 새벽에 잘 생기는 까닭**
새벽에는 지표면이 냉각되어 기온이 낮아진다. 따라서 포화 수증기량이 감소함에 따라 상대 습도가 높아지므로 응결이 일어나 안개가 만들어지기 쉽다.

● 정답과 해설 17쪽

**B 상대 습도**

- □□ : 공기의 건조하고 습한 정도
- 상대 습도(%)
  $= \dfrac{\text{현재 공기 중의 실제 수증기량(g/kg)}}{\text{현재 기온의 □□ 수증기량(g/kg)}} \times 100$
- 기온이 일정할 때, 실제 수증기량이 □□수록 상대 습도가 높다.
- 실제 수증기량이 일정할 때, 기온이 □□수록 상대 습도가 높다.
- 맑은 날 하루 동안 □□□은 거의 일정하다.
- 맑은 날 하루 동안 □□과 상대 습도는 대체로 반대로 나타난다.

**암기쾅** 맑은 날 기온, 상대 습도, 이슬점 변화

이슬점이 일정할 때, 기온이 낮으면 상대 습도가 높고, 기온이 높으면 상대 습도가 낮다. ➡ 기온과 상대 습도가 대체로 반대로 나타난다.

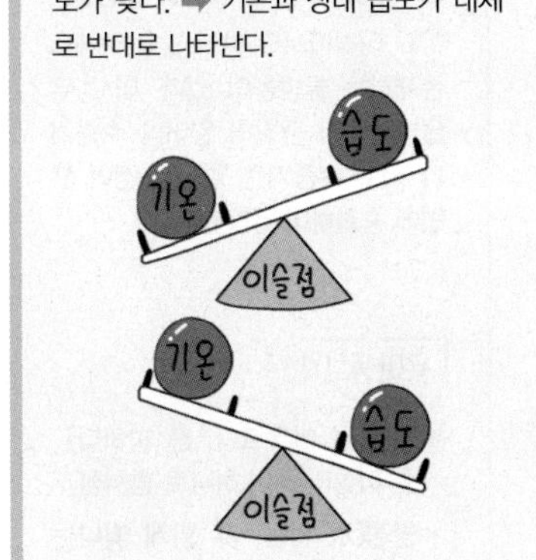


**6** 기온이 32 ℃인 공기 1 kg에 15 g의 수증기가 포함되어 있다면, 이 공기의 상대 습도는 얼마인지 구하시오. (단, 32 ℃에서의 포화 수증기량은 약 30 g/kg이다.)

더 풀어보고 싶다면? 시험 대비 교재 37쪽 계산력·암기력 강화 문제

**7** 오른쪽 그림은 기온에 따른 포화 수증기량 곡선을 나타낸 것이다.

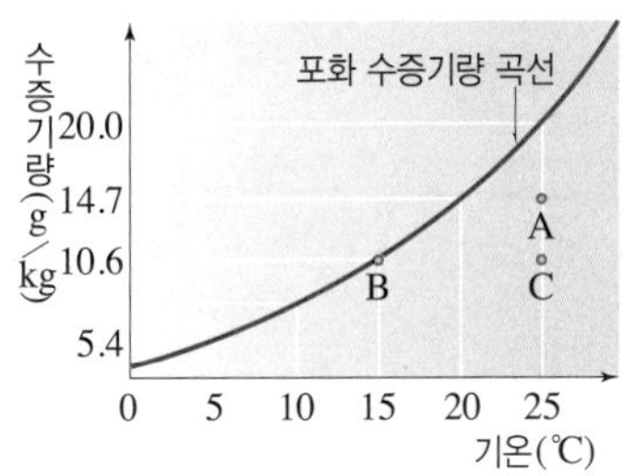


(1) (　　) 안에 알맞은 값을 써서 A 공기의 상대 습도를 구하는 식을 완성하시오.

$$\text{상대 습도(\%)} = \frac{㉡(\qquad)\ g/kg}{㉠(\qquad)\ g/kg} \times 100$$

(2) A, B, C 중 다음에 해당하는 공기를 고르시오.

㉠ 실제 수증기량과 포화 수증기량이 같은 공기 ………… (　　)

㉡ 상대 습도가 100 %인 공기 ………… (　　)

㉢ 현재 기온과 이슬점이 같은 공기 ………… (　　)

(3) A, B, C 공기의 상대 습도를 부등호 또는 등호로 비교하시오.

(4) 기온이 25 ℃이고, 이슬점이 5 ℃인 공기의 상대 습도를 구하시오.

**8** 다음은 밀폐된 방 안에서 난방을 할 때 상대 습도에 대한 설명이다. (　　) 안에 알맞은 말을 고르시오.

> 수증기량은 ㉠( 증가, 일정, 감소 )하고 포화 수증기량이 ㉡( 증가, 일정, 감소 )하므로, 상대 습도가 ㉢( 높아진다, 일정하다, 낮아진다 ).

**[9~10]** 오른쪽 그림은 어느 맑은 날 하루 동안의 기온, 상대 습도, 이슬점 변화를 나타낸 것이다.

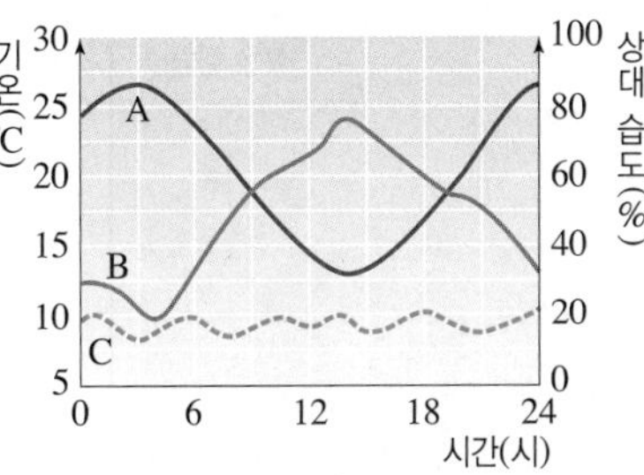


**9** A, B, C는 각각 무엇을 나타내는지 쓰시오.

**10** 위 그림에 대한 설명으로 옳은 것은 ○, 옳지 않은 것은 ×로 표시하시오.

(1) 맑은 날 기온은 4~5시경에 가장 낮고, 오후 2~3시경에 가장 높다. (　　)

(2) 맑은 날에는 기온이 높을수록 상대 습도가 높아진다. ………… (　　)

(3) 맑은 날 이슬점의 변화가 거의 없는 까닭은 공기 중 수증기량의 변화가 거의 없기 때문이다. ………… (　　)

# 02 구름과 강수

## C 구름 수증기가 응결하여 생긴 물방울이나 얼음 알갱이가 하늘에 떠 있는 것

### 1 구름의 생성 과정 공기 덩어리가 상승하면서 단열 팽창하여 생성된다.❶ 탐구 a 66쪽

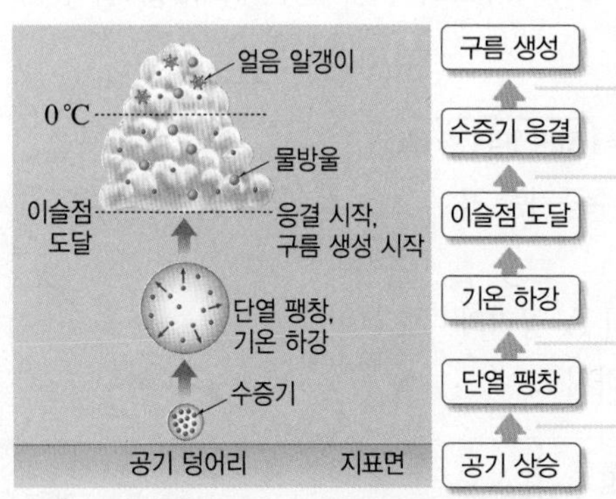


- 수증기가 응결하여 생긴 작은 물방울이나 얼음 알갱이가 모여 구름이 된다.
- 공기 덩어리의 기온이 낮아져 이슬점에 도달하면 수증기가 응결하기 시작한다.
- 공기 덩어리가 단열 팽창하면서 주변의 공기를 밀어내는 데 열을 소모하여 기온이 낮아진다.❷
- 높이 올라갈수록 주변 공기의 압력이 낮아지므로 공기 덩어리가 상승하면 부피가 팽창한다.

### 2 공기가 상승하여 구름이 생성되는 경우

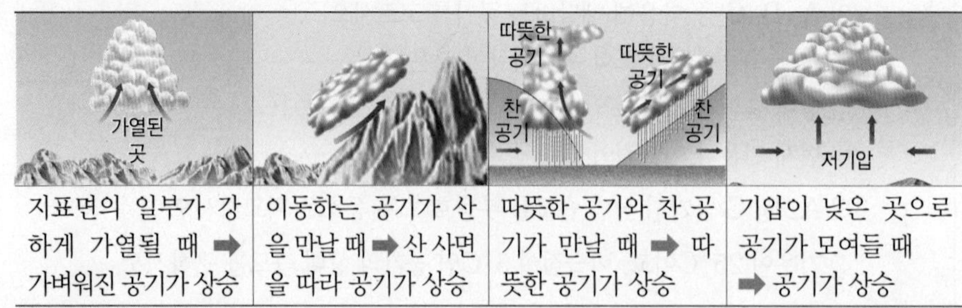


| 지표면의 일부가 강하게 가열될 때 ➡ 가벼워진 공기가 상승 | 이동하는 공기가 산을 만날 때 ➡ 산 사면을 따라 공기가 상승 | 따뜻한 공기와 찬 공기가 만날 때 ➡ 따뜻한 공기가 상승 | 기압이 낮은 곳으로 공기가 모여들 때 ➡ 공기가 상승 |
|---|---|---|---|

### 3 구름의 모양

| 적운형 구름 | 구분 | 층운형 구름 |
|---|---|---|
| 위로 솟는 모양 | 모습 | 옆으로 퍼지는 모양 |
| 강할 때 생성 | 공기의 상승 | 약할 때 생성 |
| 소나기성 비 | 강수 | 지속적인 비 |

## D 강수 구름에서 지표로 떨어지는 비나 눈

| 열대 지방, 저위도 지방 ➡ *병합설 | 강수 이론 | 중위도나 고위도 지방 ➡ *빙정설❹ |
|---|---|---|
| 0 ℃, 작은 물방울, 물방울, 큰 물방울, 물방울, 빗방울, 지표면 | 모습 | 얼음 알갱이, −40 ℃, 수증기, 눈, 얼음 알갱이, 0 ℃, 물방울, 빗방울, 물방울, 얼음 알갱이, 얼음 알갱이 + 물방울, 물방울, 지표면 |
| 물방울(전 구간 구름 온도 : 0 ℃ 이상) | 구름의 구성 | 물방울, 얼음 알갱이(빙정) |
| 구름 속에 있는 크고 작은 물방울들이 서로 부딪치면서 합쳐져 점점 커지고, 무거워지면 지표면으로 떨어져 비(따뜻한 비)가 된다.❸<br>물방울 + 물방울 ➡ 비 | 강수 과정 | −40~0 ℃ 구간의 물방울에서 증발한 수증기가 얼음 알갱이에 달라붙어 얼음 알갱이가 커지고, 무거워져 떨어지면 눈, 떨어지다 녹으면 비(차가운 비)가 된다.❺<br>얼음 알갱이 + 수증기 ➡ 눈(녹으면 비) |

## 플러스 강의

**❶ 단열 변화**

공기가 외부와 열을 주고받지 않으면서 부피가 변하는 것으로, 이때 기온이 변한다.

| 단열 팽창 | 단열 압축 |
|---|---|
| 상승 – 단열 팽창 기온 하강 (공기 덩어리) | 하강 – 단열 압축 기온 상승 (공기 덩어리) |
| ▲ 상승하는 공기 | ▲ 하강하는 공기 |
| 부피 증가 | 부피 감소 |
| 기온 하강 | 기온 상승 |

**❷ 상승하는 공기의 상대 습도**

공기 덩어리가 단열 팽창하여 기온이 낮아지므로 포화 수증기량이 감소하여 상대 습도가 높아진다.

내 교과서 확인 | 천재

**❸ 구름 입자와 빗방울의 크기**

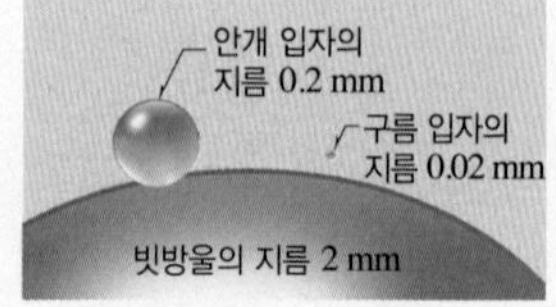


구름 입자가 100만 개 이상 모여야 빗방울 하나가 만들어질 수 있다. 비나 눈이 내리려면 구름 입자가 빗방울 크기만큼 성장해야 한다.

**❹ 우리나라의 강수**

우리나라는 중위도 지방이므로, 우리나라 겨울철에 내리는 비나 눈은 빙정설로 설명할 수 있다.

**❺ −40~0 ℃ 구간의 물방울**

0 ℃ 이하에서도 얼지 않고 액체로 존재하는 물방울이 있다. 이 경우 물방울에서 증발이 일어나 수증기가 되고 수증기는 얼음 알갱이 표면에 승화하여 달라붙는다.

**용어 돋보기**

* 병합(倂 아우르다, 合 합하다)_ 둘 이상의 것이 하나로 합쳐짐
* 빙정(氷 얼음, 晶 밝게 빛나는 모양)_ 얼음 결정

● 정답과 해설 17쪽

**C 구름**

- □□ : 수증기가 응결하여 생긴 물방울이나 얼음 알갱이가 하늘에 떠 있는 것
- □□ □□ : 공기가 외부와 열을 주고받지 않으면서 부피가 팽창하는 것
- 구름의 생성 : 구름이 생성되려면 공기 덩어리가 □□해야 한다.
- □□□ 구름 : 위로 솟는 모양의 구름
- □□□ 구름 : 옆으로 퍼지는 모양의 구름

**D 강수**

- □□□ : 구름 속의 크고 작은 물방울들이 서로 부딪치면서 합쳐져서 떨어져 비가 된다는 강수 이론
- □□□ : 구름 속의 얼음 알갱이에 수증기가 달라붙어 커져서 떨어지면 눈, 떨어지다 녹으면 비가 된다는 강수 이론

**암기 쾅** 구름의 생성 과정 외우기

'공기 상승 → 단열 팽창 → 기온 하강 → 이슬점 도달 → 수증기 응결' 과정으로 구름이 생성된다.

**C**

**11** 다음은 구름의 생성 과정을 나열한 것이다. (  ) 안에 알맞은 말을 고르시오.

> 공기 상승 → 단열 ㉠( 팽창, 압축 ) → 기온 ㉡( 상승, 하강 ) → 이슬점 도달 → 수증기 ㉢( 증발, 응결 ) → 구름 생성

**12** 오른쪽 그림과 같이 A 지점에 있던 공기 덩어리가 B 지점까지 상승하여 구름이 생성되었다. 이 과정에서 일어나는 변화로 옳은 것은 ○, 옳지 않은 것은 ×로 표시하시오.

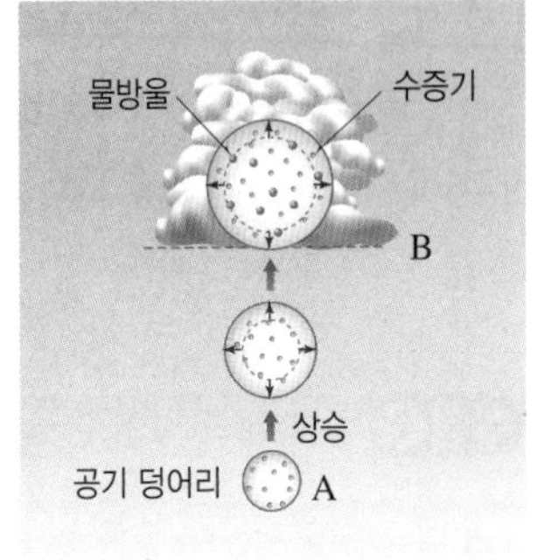


(1) 주변의 기압이 높아진다. ( )
(2) 공기의 부피가 팽창한다. ( )
(3) 공기의 기온이 낮아진다. ( )
(4) 공기의 포화 수증기량이 감소한다. ( )
(5) 공기의 상대 습도가 낮아진다. ( )
(6) 이슬점에 도달하면 수증기가 응결하여 구름이 생성된다. ( )

**13** 다음은 구름이 생성되는 경우이다. (  ) 안에 알맞은 말을 고르시오.

(1) 지표면의 일부가 강하게 ( 가열, 냉각 )될 때
(2) 찬 공기와 따뜻한 공기가 만나 따뜻한 공기가 ( 상승, 하강 )할 때
(3) 공기가 산을 만나 산 사면을 타고 ( 내려갈 때, 올라갈 때 )
(4) 기압이 ㉠( 높은, 낮은 ) 곳으로 공기가 ㉡( 모여들 때, 불어 나갈 때 )

**14** 오른쪽 그림과 같은 모양의 구름과 관련하여 (  ) 안에 알맞은 말을 고르시오.

(1) ( 적운형, 층운형 ) 구름이다.
(2) 공기의 상승이 ( 약할 때, 강할 때 ) 잘 생성된다.
(3) 주로 ( 소나기성 비, 지속적인 비 )가 내린다.

**D**

**15** 다음은 강수 이론에 대한 설명이다. 빙정설에 대한 설명에는 '빙', 병합설에 대한 설명에는 '병'을 쓰시오.

(1) 구름의 전 구간이 물방울로 이루어져 있다. ( )
(2) 구름 속에 물방울과 얼음 알갱이가 함께 존재한다. ( )
(3) 중위도나 고위도 지방의 강수를 설명한다. ( )
(4) 열대 지방에서 비가 내리는 과정을 설명한 것이다. ( )
(5) 크고 작은 물방울들이 서로 부딪치면서 합쳐져 빗방울로 성장한다. ( )
(6) 물방울에서 증발한 수증기가 얼음 알갱이에 달라붙어 점점 커지고 무거워지면 떨어진다. ( )

# 여기서 잠깐

포화 수증기량 곡선에서 공기의 실제 수증기량, 포화 수증기량, 이슬점, 응결량, 상대 습도를 묻는 다양한 유형의 문제가 출제 돼요! 여기서 잠깐을 통해 포화 수증기량 곡선에서 여러 가지 물리량을 해석하는 비법을 알아볼까요?

● 정답과 해설 19쪽

## 포화 수증기량 곡선에서 나올 수 있는 문제 유형별 해석 방법

### 유형 ① 실제 수증기량과 포화 수증기량 구하기

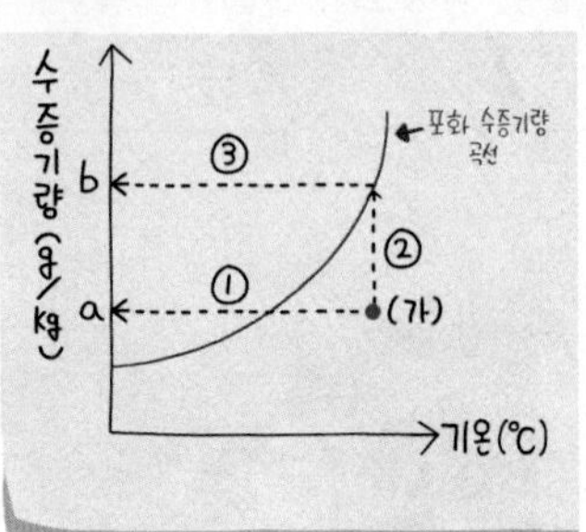


• (가)의 실제 수증기량
: ① ➡ a
(세로축 값을 읽는다.)

• (가)의 포화 수증기량
: ② → ③ ➡ b
(현재 기온에서 포화 수증기량 곡선과 만나는 점의 수증기량을 읽는다.)

**유제 ①** 실제 수증기량과 포화 수증기량을 구하시오.

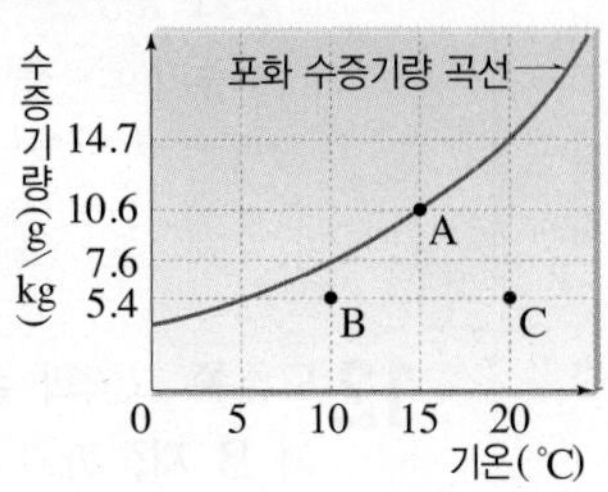


(1) 실제 수증기량
A : (　　　) g/kg
B : (　　　) g/kg
C : (　　　) g/kg

(2) 포화 수증기량
A : (　　　) g/kg
B : (　　　) g/kg
C : (　　　) g/kg

### 유형 ② 이슬점 구하기

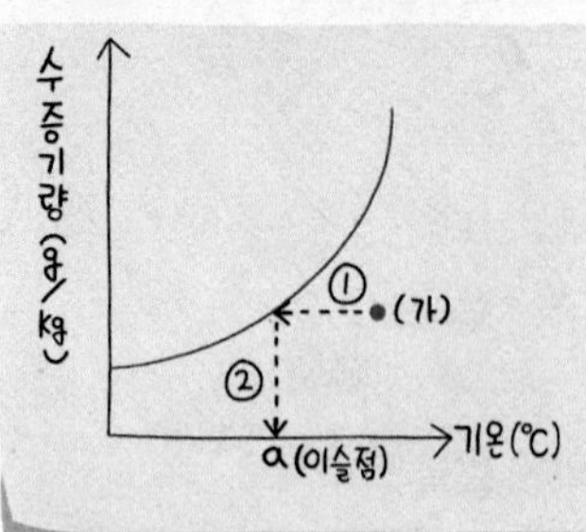


• (가)의 이슬점
: ① → ② ➡ a
(실제 수증기량에서 포화 수증기량 곡선과 만나는 점의 기온을 읽는다.)

**유제 ②** 이슬점을 구하시오.

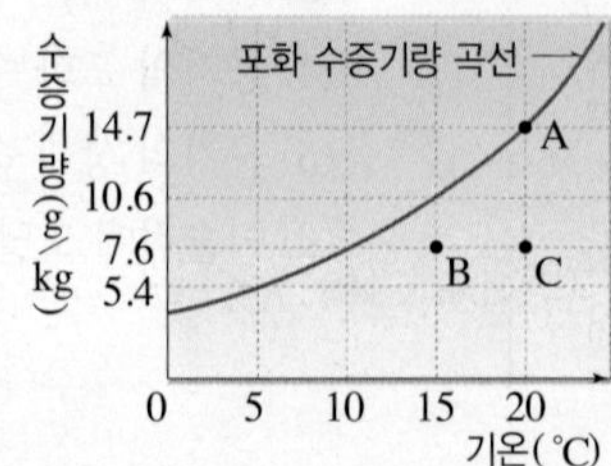


A : (　　　) ℃
B : (　　　) ℃
C : (　　　) ℃

### 유형 ③ 응결량 구하기

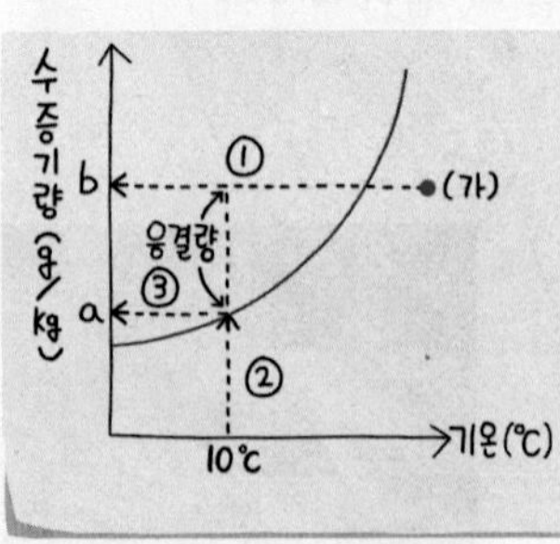


• (가)의 기온을 10 ℃로 낮출 때 응결량
i ) (가)의 실제 수증기량
: ① ➡ b
ii ) 10 ℃에서의 포화 수증기량 : ② → ③ ➡ a
iii ) 응결량 : b−a

**유제 ③** 응결량을 구하는 식을 완성하시오.

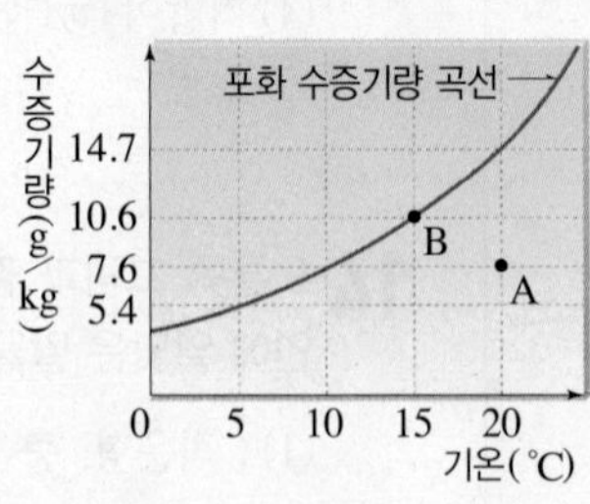


(1) 1 kg의 공기 A를 5 ℃로 낮출 때 응결량은?
㉠(　　　) g−㉡(　　　) g
=㉢(　　　) g

(2) 1 kg의 공기 B를 5 ℃로 낮출 때 응결량은?
㉠(　　　) g−㉡(　　　) g
=㉢(　　　) g

### 유형 ④ 상대 습도 구하기

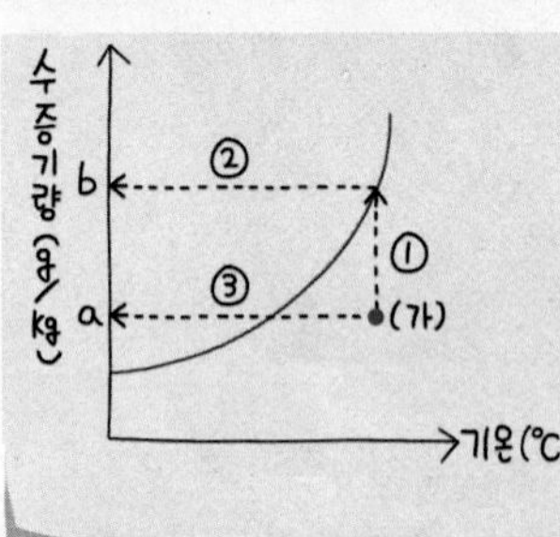


• 상대 습도(%)
$=\frac{\text{실제 수증기량}}{\text{포화 수증기량}}\times 100$
i ) (가)의 포화 수증기량
: ① → ② ➡ b
ii ) (가)의 실제 수증기량
: ③ ➡ a
iii ) (가)의 상대 습도(%)
$=\frac{a}{b}\times 100$

**유제 ④** 상대 습도를 구하는 식을 완성하시오.

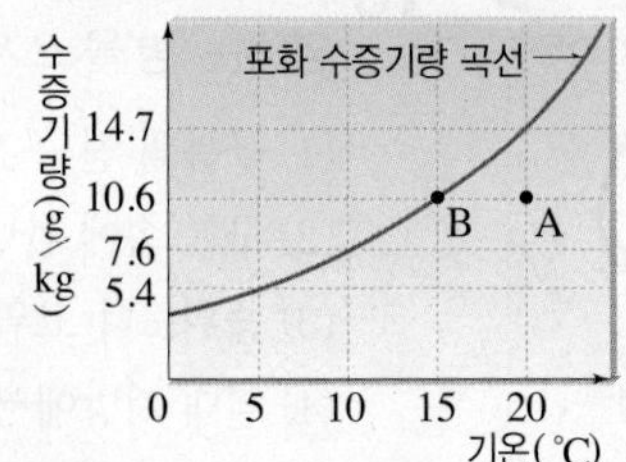


(1) A 공기의 상대 습도를 구하는 식은?
$\frac{㉡(\quad\quad) \text{ g/kg}}{㉠(\quad\quad) \text{ g/kg}}\times 100$

(2) B 공기의 상대 습도를 구하는 식은?
$\frac{㉡(\quad\quad) \text{ g/kg}}{㉠(\quad\quad) \text{ g/kg}}\times 100$

수증기량, 이슬점, 응결량, 상대 습도의 값을 구하는 문제를 정복했다면, 이제는 이와 같은 값을 비교하는 비법을 익혀볼까요?

## 유형 5 수증기량 비교하기

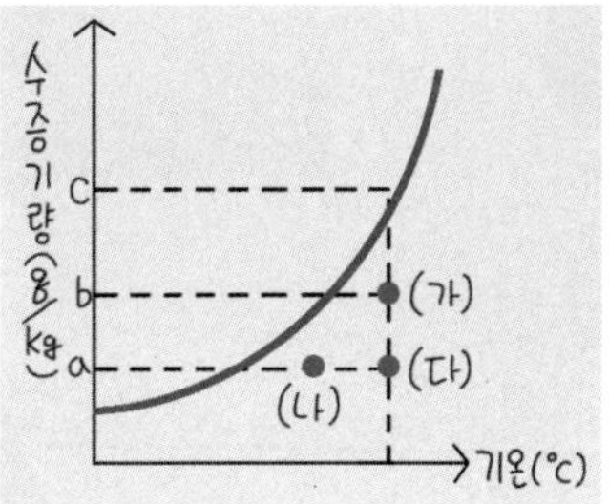


- (가), (나), (다) 중 실제 수증기량이 가장 많은 공기 : 세로축 값이 가장 큰 공기 ➡ (가)
- (가), (나), (다) 중 실제 수증기량이 가장 적은 공기 : 세로축 값이 가장 작은 공기 ➡ (나), (다) ➡ (나)와 (다)의 실제 수증기량은 같다.
- (가), (나), (다) 중 포화 수증기량이 가장 많은 공기 : 기온이 가장 높은 공기 ➡ (가), (다) ➡ (가)와 (다)의 포화 수증기량은 같다.
- (가), (나), (다) 중 포화 수증기량이 가장 적은 공기 : 기온이 가장 낮은 공기 ➡ (나)

## 유형 6 이슬점 비교하기

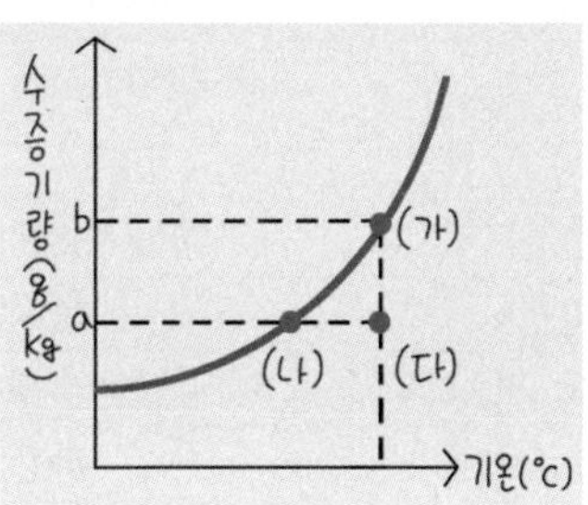


- (가), (나), (다) 중 이슬점이 가장 높은 공기 : 실제 수증기량이 가장 많은 공기 ➡ (가)
- (가), (나), (다) 중 이슬점이 가장 낮은 공기 : 실제 수증기량이 가장 적은 공기 ➡ (나), (다) ➡ (나)와 (다)의 이슬점은 같다.

## 유형 7 상대 습도 비교하기

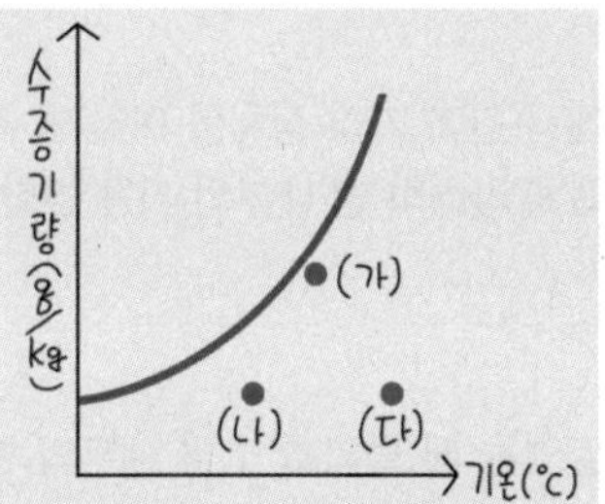


- (가), (나), (다) 중 상대 습도가 가장 높은 공기 : 포화 수증기량 곡선과 가장 가까이 있는 공기 ➡ (가)
- (가), (나), (다) 중 상대 습도가 가장 낮은 공기 : 포화 수증기량 곡선과 가장 멀리 있는 공기 ➡ (다)

유제 5~8 그림은 기온과 포화 수증기량의 관계를 나타낸 것이다.

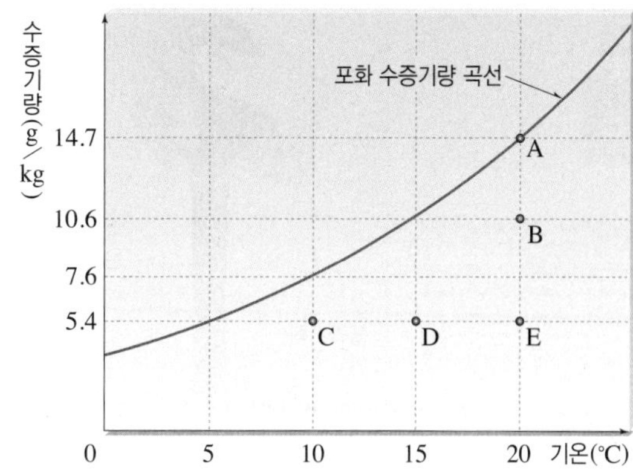


**유제 5**

(1) A~E 중 실제 수증기량이 가장 많은 공기는?

(2) A~D 중 실제 수증기량이 E와 같은 공기는?

(3) A~E의 실제 수증기량을 비교하여 등호 또는 부등호로 나타내시오.

(4) A~E 중 포화 수증기량이 가장 적은 공기는?

(5) A~D 중 포화 수증기량이 E와 같은 공기는?

(6) A~E의 포화 수증기량을 비교하여 등호 또는 부등호로 나타내시오.

**유제 6**

(1) A~E 중 이슬점이 가장 높은 공기는?

(2) A~D 중 이슬점이 E와 같은 공기는?

(3) A~E의 이슬점을 비교하여 등호 또는 부등호로 나타내시오.

**유제 7**

(1) A~E 중 상대 습도가 가장 낮은 공기는?

(2) A~E 중 상대 습도가 가장 높은 공기는?

(3) A, B, E의 상대 습도를 비교하여 부등호로 나타내시오.

(4) C, D, E의 상대 습도를 비교하여 부등호로 나타내시오.

**유제 8** C, D, E 공기가 같은 값을 갖는 것을 보기에서 모두 고르시오.

보기

| | |
|---|---|
| ㄱ. 기온 | ㄴ. 이슬점 |
| ㄷ. 실제 수증기량 | ㄹ. 포화 수증기량 |
| ㅁ. 상대 습도 | ㅂ. 0 °C로 냉각시킬 때 응결량 |

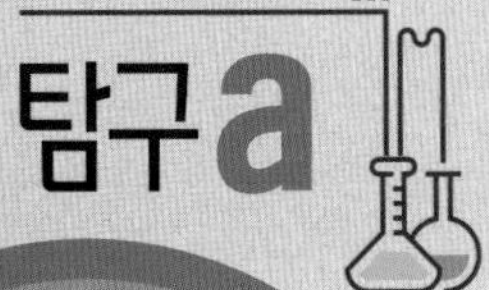

# 탐구 a 구름 발생 원리

**이 탐구에서는** 공기가 팽창할 때의 변화를 통해 구름 발생 원리를 이해할 수 있다.

● 정답과 해설 19쪽

**과정 & 결과**

❶ 플라스틱 병에 물을 조금 넣고 액정 온도계를 넣은 다음, 간이 가압 장치가 달린 뚜껑으로 입구를 닫는다.

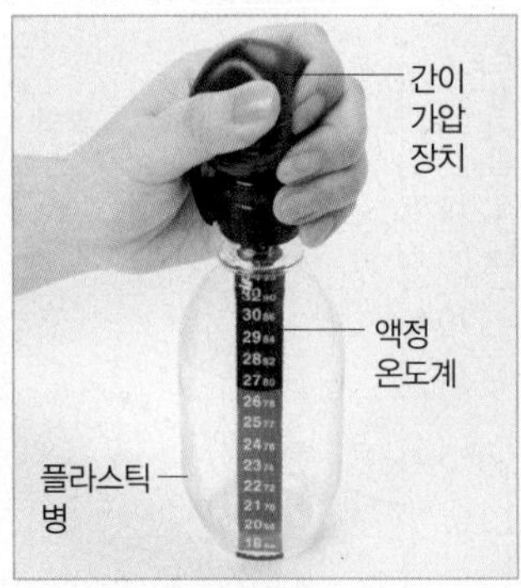


❷ 간이 가압 장치를 여러 번 누르고 플라스틱 병 내부의 기온과 병 내부의 변화를 관찰한다.

**결과** • 기온 변화 : 24 ℃ → 26 ℃ (상승)
• 내부 변화 : 변화 없다.(맑다.)

❸ 뚜껑을 열어 플라스틱 병 내부의 공기를 팽창시킨 후 기온과 플라스틱 병 내부의 변화를 관찰한다.

**결과** • 기온 변화 : 26 ℃ → 23 ℃ (하강)
• 내부 변화 : 뿌옇게 흐려진다.(응결)

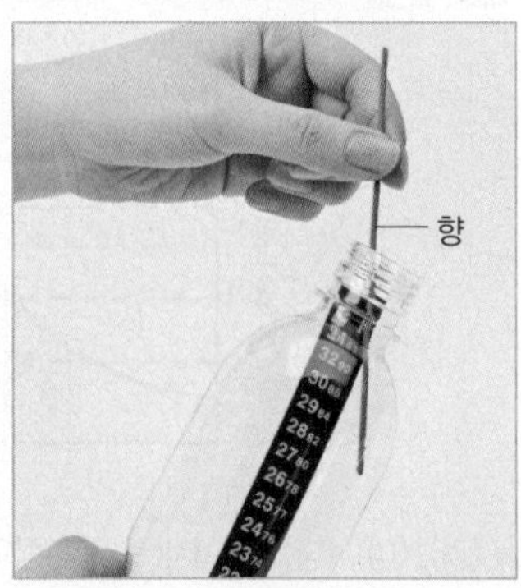


❹ 플라스틱 병에 향 연기를 조금 넣은 후, 과정 ❷와 ❸을 반복하면서 플라스틱 병 내부의 변화를 관찰한다.

**결과** • 내부 변화 : 향 연기를 넣지 않았을 때보다 더 뿌옇게 흐려진다. ➡ 향 연기 : *응결핵 역할

* **응결핵**_응결이 잘 일어나도록 도와 주는 작은 알갱이로, 바닷물이 증발할 때 발생하는 소금 입자, 먼지, 연기 등이 응결핵 역할을 한다.

**해석 & 정리**

1. 플라스틱 병 내부의 변화

| 구분 | | 간이 가압 장치를 누를 때(❷) | 뚜껑을 열 때(❸) |
|---|---|---|---|
| 향 연기를 넣지 않은 경우 | 부피 변화 | 단열 ㉠(　　　) | 단열 ㉡(　　　) |
| | 기온 변화 | ㉢(　　　) | ㉣(　　　) |
| | 내부 변화 | 변화 없다.(맑다.) | 뿌옇게 흐려진다. |
| | 실제 현상 | 구름 소멸 | 구름 생성 |
| 향 연기를 넣은 경우(❹) | 부피 변화 | 단열 압축 | 단열 팽창 |
| | 기온 변화 | 상승 | 하강 |
| | 내부 변화 | 맑아진다. | 더 뿌옇게 흐려진다. |
| | 실제 현상 | 구름 ㉤(　　　) | 구름 ㉥(　　　) |

2. 구름의 발생 과정 : 공기 덩어리가 상승하면 단열 ㉦(　　　)하여 기온이 낮아지고, 이슬점에 도달하면 수증기가 ㉧(　　　)하여 구름이 생성된다.

3. 향 연기의 역할 : 수증기의 응결을 돕는 ㉨(　　　) 역할을 한다.

## 확인 문제

**01** 위 실험에 대한 설명으로 옳은 것은 ○, 옳지 않은 것은 ×로 표시하시오.

(1) 간이 가압 장치를 누르면 플라스틱 병 속의 공기가 압축된다. (　　　)

(2) 뚜껑을 열면 플라스틱 병 속의 기온은 낮아진다. (　　　)

(3) 구름은 간이 가압 장치를 누를 때와 같은 원리로 발생한다. (　　　)

(4) 플라스틱 병 속에 향 연기를 넣는 까닭은 증발이 더 잘 일어나도록 하기 위해서이다. (　　　)

**02** 위 실험에서 간이 가압 장치를 여러 번 누른 후, 뚜껑을 열었을 때 플라스틱 병 내부의 기온 변화를 쓰시오.

**03** 뚜껑을 열었을 때 플라스틱 병 내부의 변화를 쓰고, 그 까닭을 다음 단어를 모두 사용하여 서술하시오.

| 포화 수증기량, 상대 습도 |
|---|

기출 문제로 **내신쑥쑥**

전국 주요 학교의 **시험에 가장 많이 나오는 문제**들로만 구성하였습니다.
모든 친구들이 '꼭' 봐야 하는 코너입니다.

● 정답과 해설 19쪽

## A 대기 중의 수증기

중요

**01** 대기 중의 수증기에 대한 설명으로 옳지 않은 것은?

① 기온이 높을수록 포화 수증기량이 증가한다.
② 포화 수증기량은 포화 상태의 공기 1 kg에 들어 있는 수증기량(g)이다.
③ 포화 상태에서는 포화 수증기량이 실제 수증기량보다 많다.
④ 실제 수증기량이 많을수록 이슬점이 높다.
⑤ 이슬점에서의 포화 수증기량은 실제 수증기량과 같다.

**02** 그림과 같이 두 개의 비커에 같은 양의 물을 담고 한쪽만 수조를 덮은 채 3일 동안 놓아두었다.

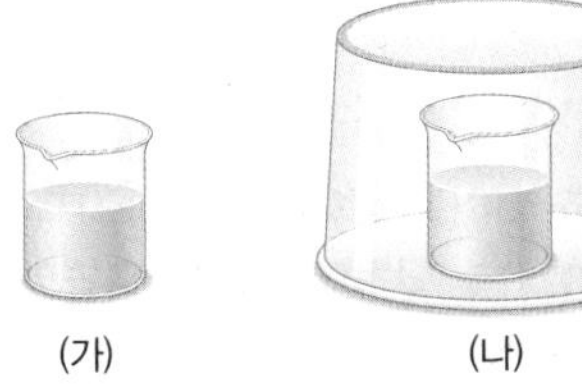


이에 대한 설명으로 옳은 것을 보기에서 모두 고른 것은?

보기
ㄱ. (가) 비커에서는 물의 양이 계속 줄어든다.
ㄴ. (나) 수조 속의 공기는 포화 상태에 도달한다.
ㄷ. 3일 후 남아 있는 물의 양은 (나)가 (가)보다 많다.

① ㄱ ② ㄷ ③ ㄱ, ㄴ
④ ㄴ, ㄷ ⑤ ㄱ, ㄴ, ㄷ

**03** 그림과 같이 플라스크에 따뜻한 물을 조금 넣고 가열한 후, 플라스크를 찬물에 넣어 내부를 관찰하였다.

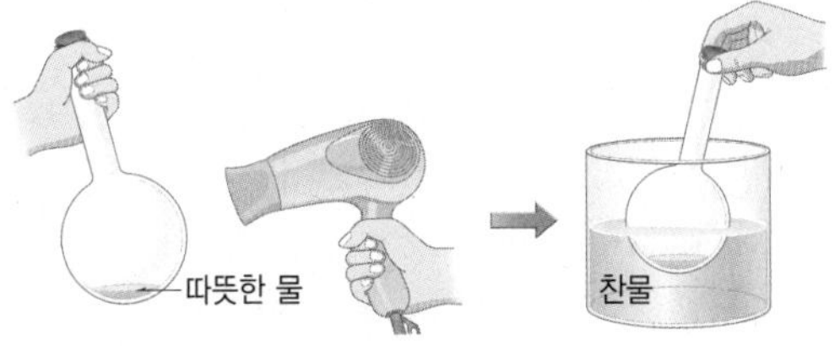


찬물에 넣었을 때 플라스크 내부의 변화로 옳은 것은?

| | 기온 | 포화 수증기량 | 내부 변화 |
|---|---|---|---|
| ① | 낮아짐 | 증가함 | 맑아짐 |
| ② | 낮아짐 | 감소함 | 맑아짐 |
| ③ | 낮아짐 | 감소함 | 뿌옇게 흐려짐 |
| ④ | 높아짐 | 감소함 | 맑아짐 |
| ⑤ | 높아짐 | 증가함 | 뿌옇게 흐려짐 |

[04~06] 그림은 기온에 따른 포화 수증기량 곡선을 나타낸 것이다.

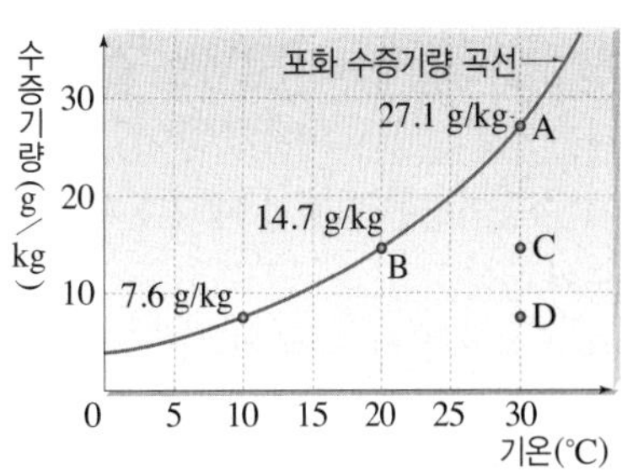


중요

**04** A~D 공기에 대한 설명으로 옳은 것은?

① A 공기는 불포화 상태이다.
② B 공기의 실제 수증기량은 포화 수증기량과 같다.
③ C 공기의 실제 수증기량은 D와 같다.
④ D 공기를 포화시키려면 27.1 g/kg의 수증기를 더 공급해야 한다.
⑤ D 공기의 이슬점은 30 °C이다.

**05** A~D 중 이슬점이 가장 높은 공기와 가장 낮은 공기를 순서대로 옳게 짝 지은 것은?

① A, B ② A, D ③ C, D
④ D, A ⑤ D, B

**06** C 공기 4 kg의 기온을 10 °C로 낮추었을 때의 응결량은 몇 g인가?

① 7.1 g ② 12.4 g ③ 14.2 g
④ 19.5 g ⑤ 28.4 g

중요

**07** 표는 기온에 따른 포화 수증기량을 나타낸 것이다.

| 기온(°C) | 5 | 10 | 15 | 20 | 25 | 30 |
|---|---|---|---|---|---|---|
| 포화 수증기량 (g/kg) | 5.4 | 7.6 | 10.6 | 14.7 | 20.0 | 27.1 |

기온이 30 °C인 어떤 공기 1 kg 속에 20.0 g의 수증기가 포함되어 있을 때, (가) 이슬점과 (나) 이 공기 2 kg의 기온을 15 °C로 낮추었을 때의 응결량을 옳게 짝 지은 것은?

| | (가) | (나) | | (가) | (나) |
|---|---|---|---|---|---|
| ① | 10 °C | 29.4 g | ② | 15 °C | 21.2 g |
| ③ | 15 °C | 33.0 g | ④ | 25 °C | 9.4 g |
| ⑤ | 25 °C | 18.8 g | | | |

## B 상대 습도

**08** 상대 습도에 대한 설명으로 옳지 않은 것은?

① 포화 상태인 공기의 상대 습도는 100 %이다.
② 일상생활에서 주로 사용하는 습도는 상대 습도이다.
③ 실제 수증기량이 일정할 때 기온이 높을수록 상대 습도가 높다.
④ 기온이 일정할 때 실제 수증기량이 많을수록 상대 습도가 높다.
⑤ 맑은 날 상대 습도는 기온 변화와 대체로 반대로 나타난다.

**[09~11]** 그림은 기온에 따른 포화 수증기량 곡선을 나타낸 것이다.

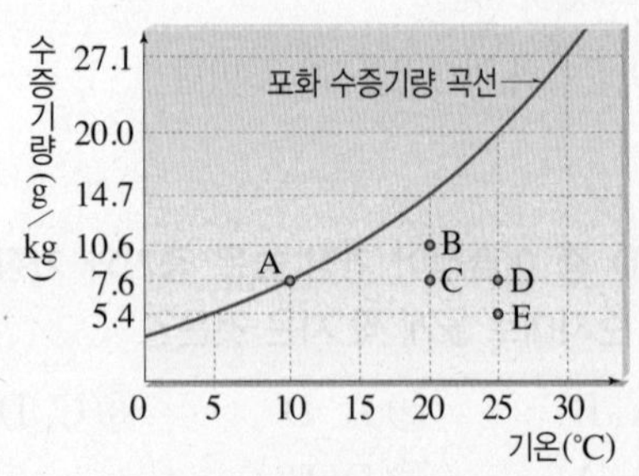


**09** A~E 공기의 상대 습도를 옳게 비교한 것은?

① A>B>C>D>E ② A>B=C>D=E
③ B>A=C=D>E ④ D=E>B=C>A
⑤ E>D>C>B>A

중요
**10** 기온이 10 ℃인 공기 500 g 속에 수증기 1.9 g이 들어 있을 때, 이 공기의 상대 습도는 몇 %인가?

① 25 % ② 35 % ③ 50 %
④ 65 % ⑤ 100 %

중요
**11** 위 그림에 대한 설명으로 옳은 것은?

① A는 B보다 실제 수증기량이 많다.
② B는 C보다 포화 수증기량이 많다.
③ C는 D보다 이슬점이 높다.
④ D는 E보다 건조한 공기이다.
⑤ E의 온도를 낮추면 상대 습도가 높아진다.

**[12~14]** 표는 기온에 따른 포화 수증기량을 나타낸 것이다.

| 기온(℃) | 10 | 15 | 20 | 25 | 30 |
|---|---|---|---|---|---|
| 포화 수증기량(g/kg) | 7.6 | 10.6 | 14.7 | 20.0 | 27.1 |

**12** 기온이 20 ℃이고 이슬점이 15 ℃인 공기 1 kg에 들어 있는 수증기의 양을 쓰시오.

중요
**13** 기온이 30 ℃인 공기 3 kg 속에 수증기 31.8 g이 들어 있을 때, 이 공기의 상대 습도는 몇 %인가?

① 약 30 % ② 약 39 % ③ 약 50 %
④ 약 85 % ⑤ 100 %

**14** 기온이 25 ℃이고 상대 습도가 80 %인 공기 2 kg의 기온을 10 ℃로 낮추었을 때의 응결량은 몇 g인가?

① 5.4 g ② 8.4 g ③ 9.8 g
④ 16.8 g ⑤ 17.4 g

중요
**15** 겨울철 밀폐된 방 안에서 난로를 피웠을 때의 변화로 옳은 것을 보기에서 모두 고른 것은?

보기
ㄱ. 포화 수증기량은 증가한다.
ㄴ. 이슬점은 낮아진다.
ㄷ. 상대 습도는 높아진다.

① ㄱ ② ㄷ ③ ㄱ, ㄴ
④ ㄴ, ㄷ ⑤ ㄱ, ㄴ, ㄷ

**16** 수증기량이 일정한 밀폐된 실내에서 냉방을 할 때, 증가하는 것을 보기에서 모두 고르시오.

보기
ㄱ. 기온 ㄴ. 이슬점
ㄷ. 상대 습도 ㄹ. 포화 수증기량

중요
**17** 그림은 어느 날 하루 동안의 기온, 상대 습도, 이슬점 변화를 나타낸 것이다.

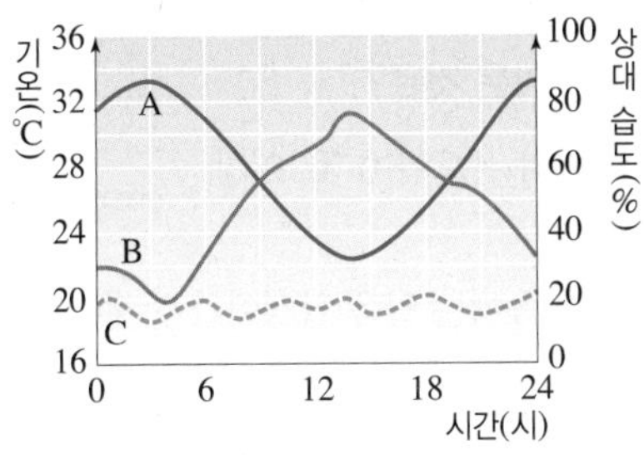


이에 대한 설명으로 옳지 않은 것은?

① A는 상대 습도, B는 기온, C는 이슬점이다.
② 비교적 맑은 날의 그래프이다.
③ 기온이 높아지면 상대 습도는 낮아진다.
④ 하루 중 상대 습도가 가장 낮을 때는 14~15시경이다.
⑤ 하루 중 값의 변화가 가장 크게 나타나는 것은 이슬점이다.

## C 구름

중요
**18** 구름의 생성 과정을 순서대로 옳게 나열한 것은?

| | |
|---|---|
| (가) 기온 하강 | (나) 단열 팽창 |
| (다) 공기 상승 | (라) 수증기 응결 |
| (마) 구름 생성 | (바) 이슬점 도달 |

① (가) → (나) → (다) → (바) → (라) → (마)
② (가) → (다) → (나) → (라) → (바) → (마)
③ (다) → (가) → (나) → (라) → (바) → (마)
④ (다) → (나) → (가) → (바) → (라) → (마)
⑤ (다) → (나) → (바) → (가) → (라) → (마)

중요
**19** 오른쪽 그림은 구름이 만들어지는 과정을 나타낸 것이다. 이에 대한 설명으로 옳지 않은 것은?

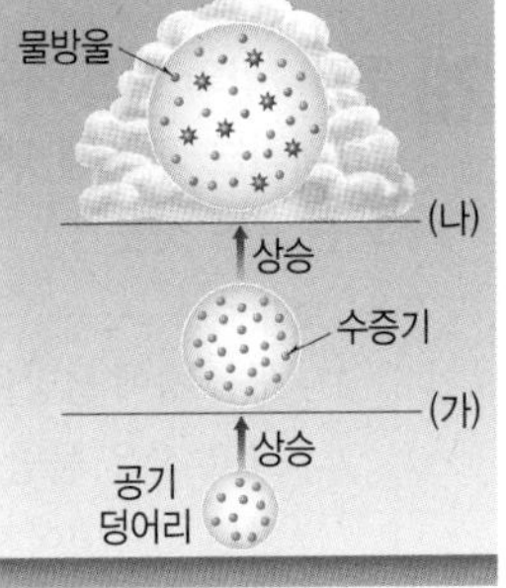


① 공기가 상승하면 주변 기압이 낮아진다.
② 공기 덩어리는 상승하면서 단열 팽창한다.
③ 상승하는 공기는 (가) 높이에서 포화 상태가 된다.
④ (나) 높이에서 응결이 시작되어 구름이 만들어진다.
⑤ 어느 기온의 공기 덩어리가 상승할 때 공기 덩어리의 수증기량이 많을수록 (나)의 높이는 낮아진다.

**20** 다음은 구름의 생성 과정을 순서 없이 나타낸 것이다.

(가) 단열 팽창 (나) 공기 상승 (다) 응결 시작

이에 대한 설명으로 옳은 것은?

① 구름은 (가) → (나) → (다) 순으로 생성된다.
② (가)에서 공기의 기온은 높아진다.
③ (나)에서 공기의 상대 습도는 높아진다.
④ (다)에서 물이 수증기로 변한다.
⑤ (다)에서 공기의 기온은 이슬점보다 높다.

탐구 a 66쪽
**21** 다음은 구름의 생성 원리를 알아보기 위한 실험이다.

(가) 플라스틱 병에 물을 조금 넣고 뚜껑을 닫은 후, 간이 가압 장치를 여러 번 누른다.
(나) 뚜껑을 열고 플라스틱 병 내부의 변화를 관찰한다.

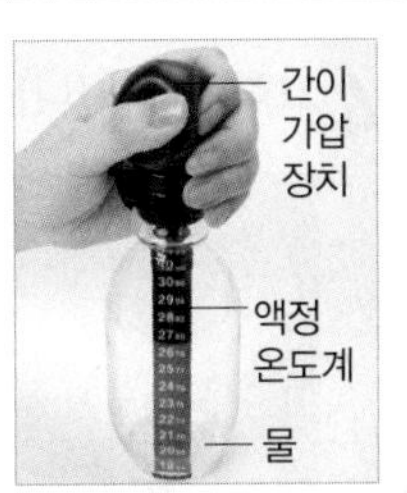


(나)에서 플라스틱 병 내부의 변화를 옳게 짝 지은 것은?

| | 기압 | 기온 | 내부 변화 |
|---|---|---|---|
| ① | 상승 | 하강 | 맑아짐 |
| ② | 상승 | 상승 | 뿌옇게 흐려짐 |
| ③ | 상승 | 하강 | 뿌옇게 흐려짐 |
| ④ | 하강 | 상승 | 맑아짐 |
| ⑤ | 하강 | 하강 | 뿌옇게 흐려짐 |

중요 탐구 a 66쪽
**22** 그림은 구름 발생 실험 과정을 나타낸 것이다. 플라스틱 병 안에 향 연기를 넣고, (가)와 같이 간이 가압 장치를 여러 번 눌렀다가 (나)와 같이 뚜껑을 열었다.

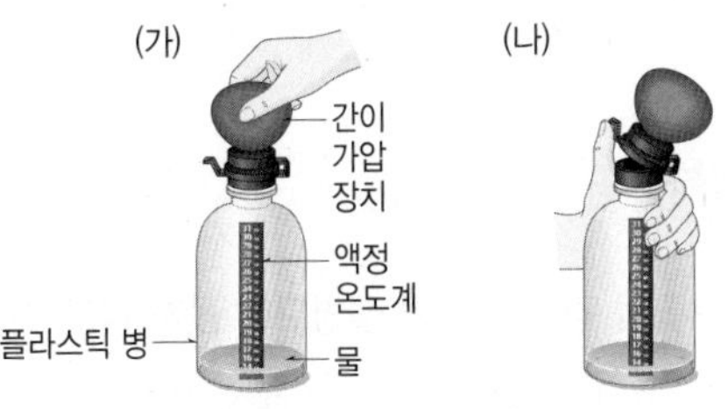


플라스틱 병 내부의 변화로 옳지 않은 것은?

① (가)에서 공기가 압축된다.
② (가)에서 병 안의 기온이 상승한다.
③ (나)에서 포화 수증기량이 증가한다.
④ (나)에서 상대 습도는 높아진다.
⑤ (나)에서 향 연기는 응결핵 역할을 한다.

중요

**23** 구름이 생성되는 경우를 보기에서 모두 고른 것은?

보기
ㄱ. 지표면의 일부가 냉각될 때
ㄴ. 따뜻한 공기와 찬 공기가 만날 때
ㄷ. 이동하는 공기가 산을 타고 오를 때
ㄹ. 기압이 높은 곳에서 공기가 퍼질 때

① ㄱ, ㄷ ② ㄱ, ㄹ ③ ㄴ, ㄷ
④ ㄱ, ㄴ, ㄹ ⑤ ㄴ, ㄷ, ㄹ

**24** 그림 (가)와 (나)는 두 종류의 구름을 나타낸 것이다.

(가)

(나)

이에 대한 설명으로 옳은 것을 보기에서 모두 고른 것은?

보기
ㄱ. (가)는 위로 솟는 모양이므로 층운형 구름이다.
ㄴ. (나)에서는 주로 소나기성 비가 내린다.
ㄷ. (가)는 (나)보다 공기의 상승이 강할 때 생성된다.

① ㄱ ② ㄴ ③ ㄷ
④ ㄱ, ㄴ ⑤ ㄴ, ㄷ

## D 강수

**25** 구름과 강수에 대한 설명으로 옳지 않은 것은?

① 공기가 약하게 상승할 때 층운형 구름이 생성된다.
② 구름에서 지표로 떨어지는 비나 눈을 강수라고 한다.
③ 구름 입자가 100만 개 이상 모여야 빗방울이 된다.
④ 저위도 지방에서는 구름의 온도가 주로 0 ℃보다 낮아 구름이 얼음 알갱이만으로 이루어져 있다.
⑤ 중위도나 고위도 지방에서는 구름 속에서 얼음 알갱이에 수증기가 달라붙어 점점 커진다.

중요

**26** 오른쪽 그림은 어느 지역에서 비가 내리는 원리를 나타낸 것이다. 이에 대한 설명으로 옳지 않은 것은?

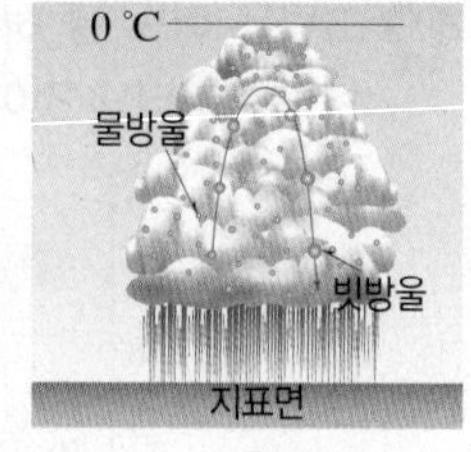


① 구름의 온도가 0 ℃ 이상이다.
② 구름 속에는 얼음 알갱이가 존재하지 않는다.
③ 이와 같이 내리는 비를 따뜻한 비라고 한다.
④ 고위도 지방에서 비가 내리는 원리를 나타낸다.
⑤ 크고 작은 물방울들이 서로 부딪치면서 합쳐진다.

중요

**27** 그림은 어느 지역에서 발달한 구름의 모습을 나타낸 것이다.

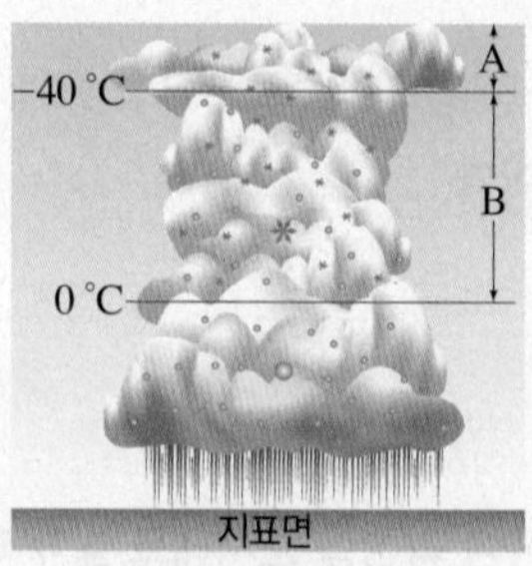


이에 대한 설명으로 옳은 것은?

① 저위도 지방에서 발달하는 구름이다.
② A층은 얼음 알갱이와 물방울로 이루어져 있다.
③ B층에서는 얼음 알갱이에 수증기가 달라붙어 얼음 알갱이가 점점 커진다.
④ B층에서 만들어진 얼음 알갱이가 그대로 떨어지면 비가 내린다.
⑤ 이와 같은 구름에서 비가 내리는 과정을 설명하는 이론을 병합설이라고 한다.

**28** 우리나라와 같은 중위도 지방이나 고위도 지방에서 비가 내리는 과정에 대한 설명으로 옳은 것을 보기에서 모두 고른 것은?

보기
ㄱ. 구름 속에 물방울과 얼음 알갱이가 함께 존재한다.
ㄴ. 크고 작은 물방울들이 합쳐져 빗방울이 되고 무거워지면 떨어진다.
ㄷ. 지표의 기온이 낮으면 눈이 내리고, 지표의 기온이 높으면 비가 내린다.

① ㄱ ② ㄴ ③ ㄱ, ㄷ
④ ㄴ, ㄷ ⑤ ㄱ, ㄴ, ㄷ

## 서술형 문제

중요

**29** 그림은 기온과 포화 수증기량의 관계를 나타낸 것이다.

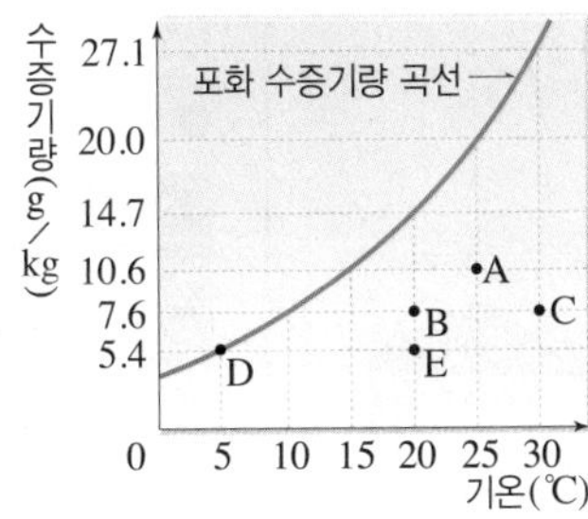


(1) A 공기를 포화 상태로 만들기 위한 방법 두 가지를 구체적으로 서술하시오.

(2) A 공기의 상대 습도를 구하는 식을 세우시오.

(3) A~E 중 B와 이슬점이 같은 공기를 고르고, 그 까닭을 서술하시오.

중요

**30** 오른쪽 그림은 맑은 날 하루 동안의 기온과 상대 습도의 변화를 나타낸 것이다.

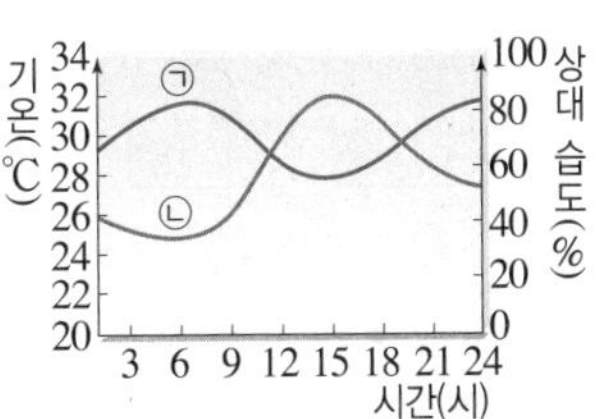


(1) ㉠과 ㉡은 각각 무엇을 나타내는지 쓰시오.

(2) 기온이 높아질 때 상대 습도는 어떻게 변하는지 쓰고, 그 까닭을 서술하시오.

중요

**31** 그림 (가)와 (나)는 서로 다른 지방의 강수 과정이다.

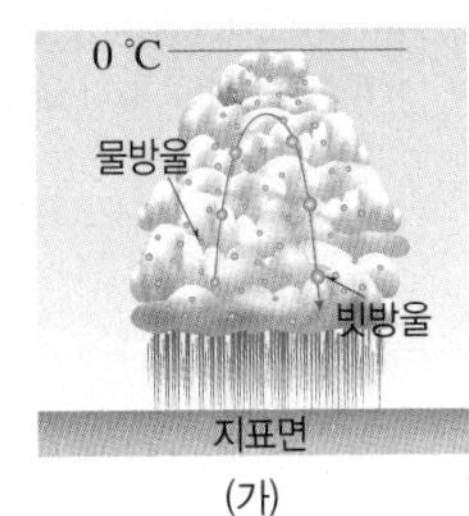

(가)

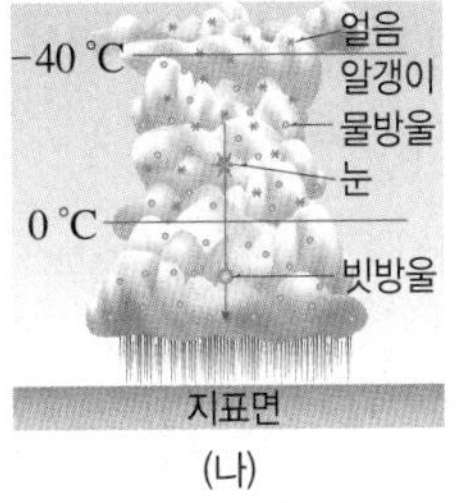

(나)

(1) (가)와 (나)는 어느 지방의 강수 과정인지 쓰시오.

(2) (가)와 (나)의 강수 과정을 각각 서술하시오.

## 수준 높은 문제로 실력 탄탄

● 정답과 해설 22쪽

**01** 그림은 3일 동안의 기온, 상대 습도, 이슬점 변화를 나타낸 것이다.

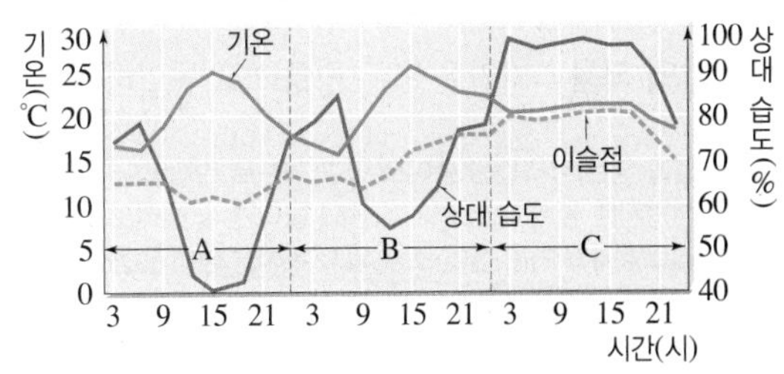


이에 대한 설명으로 옳지 않은 것은?

① A는 맑은 날, B는 흐린 날, C는 비 오는 날이다.
② 비 오는 날의 상대 습도가 가장 높다.
③ 비 오는 날은 공기 중의 수증기량이 적다.
④ 맑은 날은 흐린 날보다 이슬점 변화가 작다.
⑤ 맑은 날은 기온과 상대 습도의 변화가 대체로 반대로 나타난다.

**02** 그림 (가)~(다)와 같이 공기가 운동할 때 나타나는 공통점으로 옳은 것은?

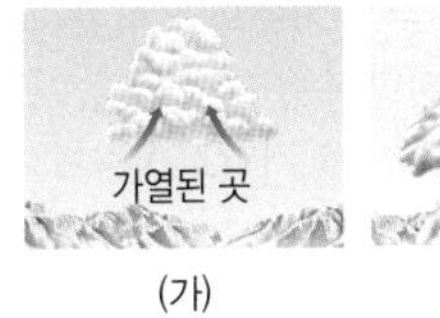

(가)

(나)

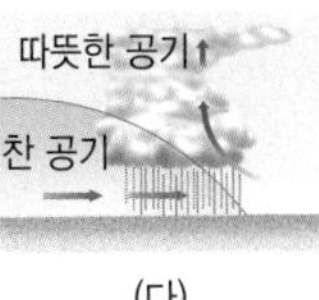

(다)

① 지표면의 일부가 가열된다.
② 공기 덩어리의 기온이 상승한다.
③ 공기 덩어리의 부피가 감소한다.
④ 공기 덩어리의 상대 습도가 낮아진다.
⑤ 공기 덩어리의 포화 수증기량이 감소한다.

**03** $-40 \sim 0$ ℃ 구간의 구름에서 오른쪽 그림과 같이 얼음 알갱이가 성장하여 내리는 강수 이론에 대한 설명으로 옳지 않은 것은?

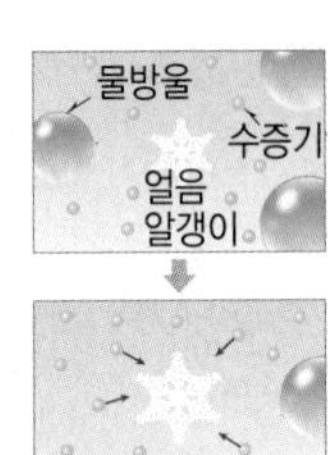


① 빙정설이다.
② 물방울에서 증발이 일어난다.
③ 물방울에 수증기가 달라붙는다.
④ 수증기가 승화하여 얼음 알갱이가 된다.
⑤ 얼음 알갱이의 크기는 점점 커진다.

# 03 기압과 바람

## A 기압

**1 기압(대기압)** 공기가 단위 넓이($1\ m^2$)에 작용하는 힘❶

**2 기압의 작용** 기압은 모든 방향으로 동일하게 작용한다.❷

화보 2.2

- 물을 담은 유리컵을 종이로 덮고 거꾸로 뒤집어도 물이 쏟아지지 않음
- 신문지를 펼쳐 자로 빠르게 들어 올리면 잘 올라오지 않음
- 페트병에 뜨거운 물을 조금 넣고 뚜껑을 닫아 얼음물에 넣으면 페트병이 찌그러짐

➡ 이러한 현상이 일어나는 까닭 : 기압이 모든 방향으로 작용하기 때문

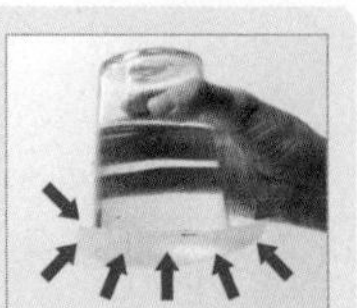

**3 기압의 측정** 토리첼리가 수은을 이용하여 최초로 측정하였다.

| 실험 과정 | 수은을 가득 채운 길이 1 m의 유리관을 수은이 담긴 그릇에 거꾸로 세운다. | |
|---|---|---|
| 실험 결과 | • 유리관 속의 수은이 내려오다가 수은 면으로부터 76 cm 높이에서 멈춘다. ➡ 멈춘 까닭: 수은 기둥이 누르는 압력과 수은 면에 작용하는 기압이 같아졌기 때문<br>• 수은 기둥이 누르는 압력(A) =수은 면에 작용하는 기압(B) =수은 기둥을 떠받치는 압력(C) | 1 m 유리관, *진공, 수은 기둥, 76 cm, A, 기압(B), 수은 면, C, 수은 |
| 수은 기둥의 높이 | 기압이 같을 때, 유리관의 굵기를 다르게 하거나 유리관을 기울여도 수은 기둥의 높이는 변하지 않는다.($h_1=h_2=h_3$) | $h_1$ 수은, $h_2$ 수은, $h_3$ 수은 |
| | 기압이 높아지면 수은 기둥의 높이가 높아지고, 기압이 낮아지면 수은 기둥의 높이가 낮아진다.($h_1>h_2>h_3$ ➡ 기압 : A>B>C) | $h_1$ A 수은, $h_2$ B 수은, $h_3$ C 수은 |

**4 기압의 단위와 크기**

① 기압의 단위 : 기압, hPa(헥토파스칼), cmHg

② 1기압의 크기 : 수은 기둥의 높이 76 cm에 해당하는 압력

1기압 = 76 cmHg = 760 mmHg ≒ 1013 hPa
= 물기둥 약 10 m의 압력 = 공기 기둥 약 1000 km의 압력

**5 기압의 변화**

① 높이 올라갈수록 급격히 낮아진다. ➡ 높이 올라갈수록 공기의 양이 줄어들기 때문

② 측정 장소와 시간에 따라 달라진다. ➡ 공기가 끊임없이 움직이기 때문

높이 올라갈수록 공기의 양이 줄어 들어 공기 밀도가 급격히 작아진다.

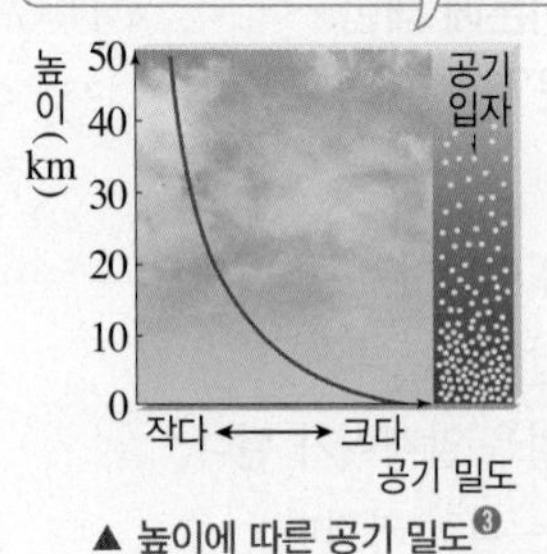


▲ 높이에 따른 공기 밀도❸

높이 올라갈수록 기압이 급격히 낮아진다. ➡ 고지대는 저지대보다 기압이 낮아서 수은 기둥의 높이가 낮다.($h_1<h_2$)

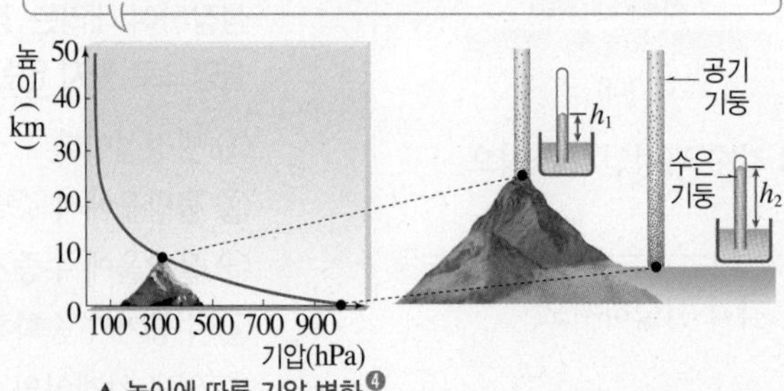


▲ 높이에 따른 기압 변화❹

## 플러스 강의

내 교과서 확인 | 천재

**❶ 마그데부르크의 반구**

게리케는 1654년 마그데부르크에서 반구 2개를 붙이고 반구 속에서 공기를 빼낸 후 분리시키는 실험을 하였다. 이 반구는 말 16마리가 양쪽에서 당겼을 때 겨우 분리되었다.

| 반구 내부의 공기를 뺀 경우 | 내부의 공기를 빼지 않은 경우 |
|---|---|
| 반구 밖 공기의 압력에 의해 반구가 잘 분리되지 않는다. | 반구 안과 밖의 공기의 압력이 같아 반구가 쉽게 분리된다. |

**❷ 일상생활에서 사람이 기압을 거의 느끼지 못하는 까닭**

기압과 같은 크기의 압력이 사람의 몸속에서 외부로 작용하고 있기 때문이다.

**❸ 높은 산을 오를 때 산소마스크가 필요한 까닭**

높이 올라갈수록 공기가 희박해지기 때문이다.

**❹ 높이 올라갈수록 기압이 낮아지기 때문에 나타나는 현상**

- 풍선이 하늘로 높이 올라가면 점점 커진다.
- 하늘을 나는 비행기 안에서 과자 봉지가 부풀어 오른다.
- 높은 산에 올라가면 귀가 먹먹해진다. ➡ 높은 곳은 기압이 낮아 몸속의 압력과 차이가 생기기 때문

**용어 돋보기**

*진공(眞 참, 空 비다)_공기가 없이 완전히 비어 있는 상태

**A 기압**

- □□ : 공기가 단위 넓이($1\ m^2$)에 작용하는 힘
- 기압은 □□ 방향으로 동일하게 작용한다.
- 기압의 측정 : 토리첼리가 □□을 이용하여 최초로 측정하였다.
- 수은 기둥이 누르는 압력=수은 면에 작용하는 □□
- 기압이 높아지면 수은 기둥의 높이가 □□진다.
- 수은 기둥의 높이 76 cm에 해당하는 압력=□기압
- 기압은 높이 올라갈수록 급격히 □□진다.

암기쾅 1기압=76 cmHg

1기압=수은6 cmHg

**A**

**1** 다음은 기압의 작용에 대한 설명이다. ( ) 안에 알맞은 말을 쓰시오.

(1) 기압이 ( ) 방향으로 작용하기 때문에 물을 담은 유리컵을 종이로 덮고 거꾸로 뒤집어도 물이 쏟아지지 않는다.

(2) 일상생활에서 사람이 기압을 거의 느끼지 못하는 까닭은 사람의 몸속에서 외부로 기압보다(과) ( ) 크기의 압력이 작용하기 때문이다.

**2** 오른쪽 그림은 토리첼리의 실험을 나타낸 것이다. 다음 ( ) 안에 알맞은 말을 고르시오.

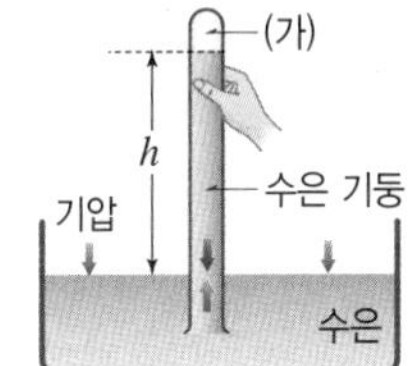


(1) 수은 기둥이 내려오다가 멈추었을 때, 수은 기둥이 누르는 압력은 기압보다(과) ( 작다, 같다, 크다 ).

(2) 1기압일 때 수은 기둥의 높이($h$)는 ( 76, 760 ) cmHg이다.

(3) (가)는 공기로 ( 채워져 있다, 채워져 있지 않다 ).

(4) 굵기가 더 굵은 유리관을 사용하면 수은 기둥의 높이($h$)는 ( 낮아진다, 변함없다, 높아진다 ).

(5) 유리관을 기울이면 수은 기둥의 높이($h$)는 ( 낮아진다, 변함없다, 높아진다 ).

(6) 수은 대신 물로 실험한다면, 물기둥의 높이는 수은 기둥의 높이보다(와) ( 낮다, 같다, 높다 ).

**3** 다음은 1기압의 크기를 나타낸 것이다. ( ) 안에 알맞은 값을 쓰시오.

> 1기압=㉠( ) cmHg=㉡( ) mmHg≒㉢( ) hPa
> =물기둥 약 ㉣( ) m의 압력=공기 기둥 약 1000 km의 압력

**4** 지표면과 높은 산 정상에서의 공기의 양, 공기 밀도, 기압, 수은 기둥의 높이를 등호(=)나 부등호(>, <)로 비교하시오.

(1) 공기의 양 : 지표면 ( ) 산 정상

(2) 공기 밀도 : 지표면 ( ) 산 정상

(3) 기압 : 지표면 ( ) 산 정상

(4) 수은 기둥의 높이 : 지표면 ( ) 산 정상

**5** 기압에 대한 설명으로 옳은 것은 ○, 옳지 않은 것은 ×로 표시하시오.

(1) 공기가 단위 넓이에 작용하는 힘을 기압 또는 대기압이라고 한다. ……… ( )

(2) 기압은 아래 방향으로만 작용한다. ……… ( )

(3) 지표면에서 높이 올라갈수록 기압이 높아진다. ……… ( )

(4) 측정하는 시간과 장소에 따라 기압이 달라진다. ……… ( )

## B 바람

**1 바람** 공기가 기압이 높은 곳에서 낮은 곳으로 수평 방향으로 이동하는 것

**2 바람이 부는 원리** 지표면의 가열과 냉각에 따른(*차등 가열에 따른) 온도 차이로 기압 차이가 발생하여 바람이 분다. 탐구 a 76쪽

① 지표면의 가열과 냉각

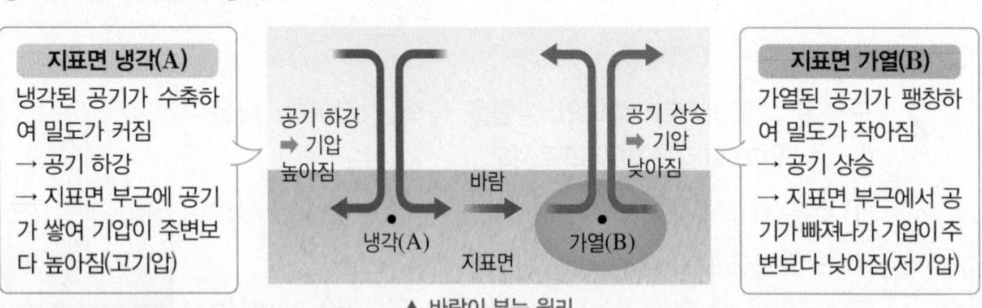

▲ 바람이 부는 원리

② 바람의 방향(풍향) : 기압이 높은 곳(A) → 기압이 낮은 곳(B)

③ 바람의 세기(풍속) : 기압 차이가 클수록 바람이 강하다.❶

여기서 잠깐 77쪽

**3 해륙풍과 계절풍** 육지와 바다의 가열과 냉각 차이로 발생하는 기압 차이로 부는 바람

① 해륙풍 : 해안에서 하루를 주기로 풍향이 바뀌는 바람

| 구분 | 해풍 | 육풍 |
|---|---|---|
| 원인 | 낮에는 육지가 바다보다 빨리 가열되고, 밤에는 육지가 바다보다 빨리 냉각되기 때문❷ | |
| 모습 | 육지 바다 | 육지 바다 |
| 부는 때 | 낮 | 밤 |
| 기온 | 육지 > 바다 | 육지 < 바다 |
| 지표면의 기압 | 육지 < 바다 | 육지 > 바다 |
| 바람의 방향 | 바다에서 육지로 | 육지에서 바다로 |

② 계절풍 : 대륙과 해양의 사이에서 1년을 주기로 풍향이 바뀌는 바람

| 구분 | 남동 계절풍(우리나라) | 북서 계절풍(우리나라) |
|---|---|---|
| 원인 | 여름철에는 대륙이 해양보다 빨리 가열되고, 겨울철에는 대륙이 해양보다 빨리 냉각되기 때문❷❸ | |
| 모습 | 대륙 해양 | 대륙 해양 |
| 부는 때 | 여름철 | 겨울철 |
| 기온 | 대륙 > 해양 | 대륙 < 해양 |
| 지표면의 기압 | 대륙 < 해양 | 대륙 > 해양 |
| 바람의 방향 | 해양에서 대륙으로 | 대륙에서 해양으로 |

### 플러스 강의

**❶ 풍향과 풍속**
- 풍향 : 바람이 불어오는 방향
  예 남풍 : 남쪽에서 불어오는 바람
- 풍속 : 바람의 세기(단위 : m/s)

**❷ 육지와 바다의 온도가 차이 나는 까닭**
육지가 바다보다 *열용량이 작기 때문이다. 열용량이 작은 육지 쪽이 낮에는 바다 쪽보다 더 빨리 가열되고, 밤에는 바다 쪽보다 더 빨리 냉각된다. 이와 마찬가지로 열용량이 작은 대륙이 여름철에는 해양보다 더 빨리 가열되고, 겨울철에는 해양보다 더 빨리 냉각된다.

**❸ 해륙풍과 계절풍 비교**

| 구분 | 해륙풍 | 계절풍 |
|---|---|---|
| 공통점 | 육지(대륙)와 바다(해양)의 가열과 냉각 차이로 발생 | |
| 차이점 | 하루를 주기로 풍향이 바뀜 | 1년을 주기로 풍향이 바뀜 |

### 용어 돋보기

* **차등 가열(差 다르다, 等 무리, 가열)**_ 고르거나 가지런하지 않고 차별이 있게 가열되는 것
* **열용량(熱 열, 容 담다, 量 양)**_ 어떤 물질의 온도를 1 ℃ 높이는 데 필요한 열에너지의 양

**B 바람**

- 바람 : 공기가 기압이 □은 곳에서 □은 곳으로 수평 방향으로 이동하는 것
- 지표면의 가열과 냉각에 따른 온도 차이로 □□ 차이가 발생하여 바람이 분다.
- □□□ : 해안에서 하루를 주기로 풍향이 바뀌는 바람
  - □□ : 낮에 바다에서 육지로 부는 바람
  - □□ : 밤에 육지에서 바다로 부는 바람
- □□□ : 대륙과 해양 사이에서 1년을 주기로 풍향이 바뀌는 바람
  - □□ 계절풍 : 우리나라 여름철에 해양에서 대륙으로 부는 바람
  - □□ 계절풍 : 우리나라 겨울철에 대륙에서 해양으로 부는 바람

**암기 쾅** 해륙풍과 우리나라 부근의 계절풍 외우기

- 해가 뜨는 낮에는 해풍이 분다.
- 해가 오래 떠 있는 여름에는 남동 계절풍이 분다.

**6** 다음은 바람이 부는 원리에 대한 설명이다. ( ) 안에 알맞은 말을 고르시오.

> 지표면이 가열되는 곳에서는 기압이 주변보다 ㉠( 높아지고, 낮아지고 ), 지표면이 냉각되는 곳에서는 기압이 주변보다 ㉡( 높아지며, 낮아지며 ), 공기는 기압이 ㉢( 높은 곳, 낮은 곳 )에서 ㉣( 높은 곳, 낮은 곳 )으로 이동하며 바람이 분다.

**7** 오른쪽 그림은 어느 지역에서 지표면의 온도 차이에 따른 공기의 상승과 하강을 나타낸 것이다.

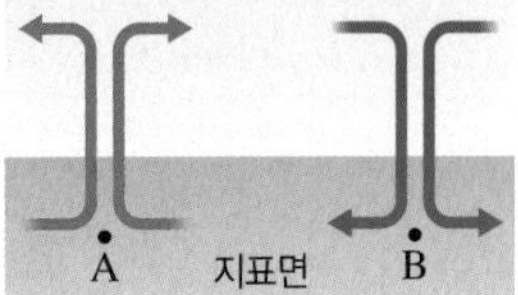


(1) A와 B 중 지표면이 가열된 곳 : ( )

(2) A와 B 중 지표면의 기압이 높은 곳 : ( )

(3) 바람이 부는 방향 : ㉠( ) → ㉡( )

**8** 해륙풍과 계절풍은 육지와 바다의 가열과 냉각 차이로 발생하는 ( ) 차이로 부는 바람이다.

**9** 오른쪽 그림은 해안 지역에서 하루를 주기로 풍향이 바뀌는 바람을 나타낸 것이다. 이 바람에 대한 설명으로 ( ) 안에 알맞은 것을 고르시오.

(1) 바람의 방향 : 육지 ( →, ← ) 바다

(2) 바람의 이름 : ( 해풍, 육풍 )

(3) 바람이 부는 때 : ( 낮, 밤 )

(4) 기온 : 육지 ( >, < ) 바다

(5) 기압 : 육지 ( >, < ) 바다

**10** 그림은 우리나라 부근에서 1년을 주기로 풍향이 바뀌는 바람을 나타낸 것이다.

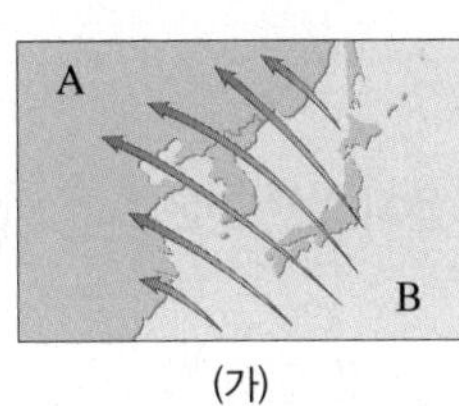

(가)

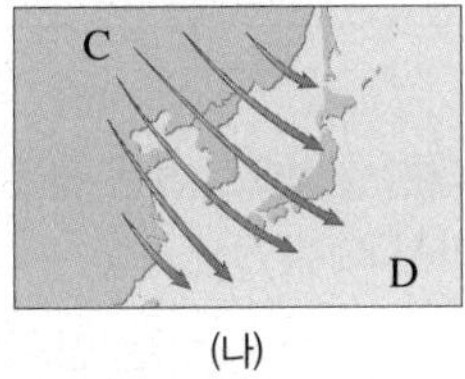

(나)

(1) (가)와 (나)에서 부는 계절풍의 이름을 각각 쓰시오.

(2) A와 B 중에서 기압이 더 높은 곳, C와 D 중에서 기압이 더 높은 곳을 각각 고르시오.

(3) (가)와 (나)의 계절을 각각 쓰시오.

# 탐구 a 바람의 발생 원인

**이 탐구에서는** 지표면의 온도 차이를 통해 공기의 이동 방향을 알고, 바람의 발생 원리를 설명할 수 있다.

● 정답과 해설 23쪽

**과정 & 결과**

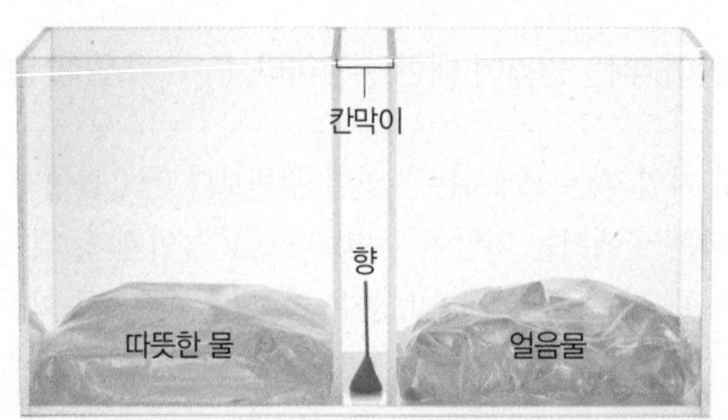


❶ 수조 가운데에 향을 세우고, 칸막이를 설치한다.
❷ 칸막이 양쪽 칸에 각각 따뜻한 물과 얼음물이 담긴 지퍼 백을 넣는다.
❸ 시간이 5분 정도 지난 후 향에 불을 붙이고, 칸막이를 들어 올린다.

**결과** 향 연기가 얼음물이 있는 쪽에서 따뜻한 물이 있는 쪽으로 이동한다.

**해석**

| 구분 | 따뜻한 물이 있는 쪽 | 얼음물이 있는 쪽 |
| --- | --- | --- |
| 가열과 냉각 | 공기의 가열 → 밀도 감소 → 공기 상승 | 공기의 냉각 → 밀도 증가 → 공기 하강 |
| 기압 | 낮아짐 | 높아짐 |
| 향 연기의 이동 | 따뜻한 물이 있는 쪽 ← | 얼음물이 있는 쪽 |

• 향 연기가 이동한 까닭(바람이 발생한 까닭) : 따뜻한 물과 얼음물의 온도 차이로 발생한 기압 차이 때문

**정리**

1. 얼음물 위의 공기는 기압이 ㉠(　　　)아지고, 따뜻한 물 위의 공기는 기압이 ㉡(　　　)아진다.
2. 바람이 부는 방향 : 기압이 ㉢(　　　)은 곳 → 기압이 ㉣(　　　)은 곳
3. 바람의 발생 원인 : 지표면의 온도 차이로 발생한 ㉤(　　　) 차이

**이렇게도 실험해요** 내 교과서 확인 | 동아, 천재

|과정| 오른쪽 그림과 같이 장치한 후, 적외선등을 켜고 10분 동안 모래와 물의 온도를 측정하고, 향 연기의 이동 방향을 관찰한다.

|결과|

| 온도 | 기압 | 향 연기의 이동 방향 | 실제 바람 |
| --- | --- | --- | --- |
| 모래＞물 | 모래＜물 | 모래 ← 물 | 해풍, 남동 계절풍(우리나라) |

➡ 향 연기가 물 쪽에서 모래 쪽으로 이동하는 까닭 : 모래가 물보다 빨리 가열되어 모래 쪽의 공기가 상승하면서 기압이 낮아졌기 때문(기압 차이 발생)

## 확인 문제

**01** 위 실험에 대한 설명으로 옳은 것은 ○, 옳지 않은 것은 ×로 표시하시오.

(1) 얼음물이 있는 쪽의 공기는 상승하고, 따뜻한 물이 있는 쪽의 공기는 하강한다. ……………… (　　)

(2) 얼음물이 있는 쪽의 기압은 따뜻한 물이 있는 쪽의 기압보다 높아진다. ……………… (　　)

(3) 이 실험으로 바람이 부는 원리를 알 수 있다. (　　)

**02** 위 실험 과정 ❸에서 향 연기가 이동한 방향을 쓰시오.

**03** 바람이 부는 원리를 다음 용어를 모두 사용하여 서술하시오.

| 온도, 공기, 상승, 하강, 기압 |
| --- |

# 여기서 잠깐

해륙풍과 계절풍은 그림과 특징을 함께 기억하면서 직접 그려보면 헷갈리지 않고 문제를 쉽게 풀 수 있어요. 여기서 잠깐을 통해 해륙풍의 그림을 그리는 방법과 해륙풍과 계절풍의 그림을 해석하는 방법을 익혀볼까요?

## 해륙풍과 계절풍을 그림으로 기억하기

### 낮에 부는 해륙풍(해풍) 그리기

❶ 낮에 육지가 더 빨리 가열되어 공기가 상승하고 기압이 낮아지므로 육지에 '저(기압이 낮음)'를 쓴다.

❷ 공기가 상승하므로 육지에 위로 향하는 화살표를 그린다.

❸ 화살표 방향으로 순환 그림을 그린다.

❹ 공기가 하강하는 바다에 '고(기압이 높음)'를 쓴다.

지표면 부근에서 바다에서 육지로 해풍이 분다.

### 밤에 부는 해륙풍(육풍) 그리기

❶ 밤에 육지가 더 빨리 냉각되어 공기가 하강하고 기압이 높아지므로 육지에 '고(기압이 높음)'를 쓴다.

❷ 공기가 하강하므로 육지에 아래로 향하는 화살표를 그린다.

❸ 화살표 방향으로 순환 그림을 그린다.

❹ 공기가 상승하는 바다에 '저(기압이 낮음)'를 쓴다.

지표면 부근에서 육지에서 바다로 육풍이 분다.

### 바람의 방향을 보고 낮과 밤 판단하기

❶ 지표면 부근에서 바람이 불기 시작한 방향에 '고', 바람이 향하는 방향에 '저'를 쓴다.
➡ 육지의 기압 < 바다의 기압
❷ 기압으로 기온을 판단한다.
➡ 육지의 기온 > 바다의 기온

육지가 더 빨리 가열되었으므로 낮에 부는 바람이다.

❶ 지표면 부근에서 바람이 불기 시작한 방향에 '고', 바람이 향하는 방향에 '저'를 쓴다.
➡ 육지의 기압 > 바다의 기압
❷ 기압으로 기온을 판단한다.
➡ 육지의 기온 < 바다의 기온

육지가 더 빨리 냉각되었으므로 밤에 부는 바람이다.

### 바람의 방향을 보고 계절 판단하기

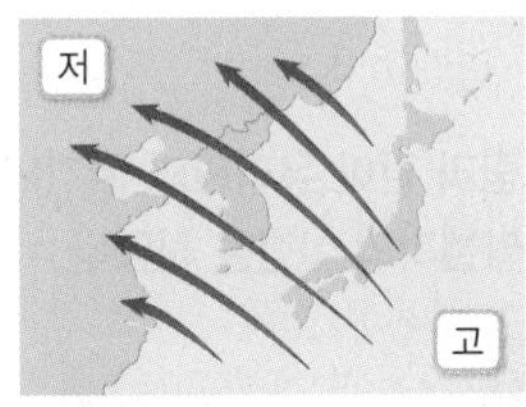


❶ 바람이 불기 시작한 방향에 '고', 바람이 향하는 방향에 '저'를 쓴다.
➡ 대륙의 기압 < 해양의 기압
❷ 기압으로 기온을 판단한다.
➡ 대륙의 기온 > 해양의 기온

대륙이 더 빨리 가열되었으므로 여름에 부는 바람이다.

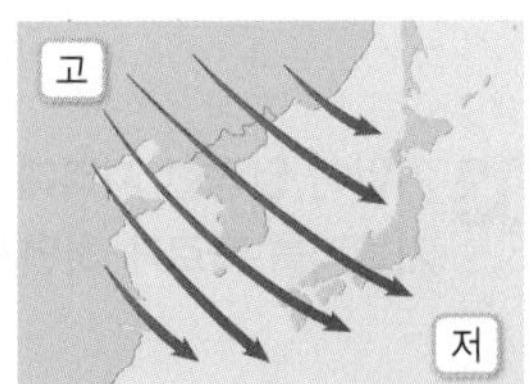


❶ 바람이 불기 시작한 방향에 '고', 바람이 향하는 방향에 '저'를 쓴다.
➡ 대륙의 기압 > 해양의 기압
❷ 기압으로 기온을 판단한다.
➡ 대륙의 기온 < 해양의 기온

대륙이 더 빨리 냉각되었으므로 겨울에 부는 바람이다.

전국 주요 학교의 **시험에 가장 많이 나오는 문제**들로만 구성하였습니다.
모든 친구들이 '꼭' 봐야 하는 코너입니다.

## A 기압

중요

**01** 기압에 대한 설명으로 옳지 않은 것은?

① 1기압은 약 1013 hPa이다.
② 기압은 모든 방향으로 작용한다.
③ 지표에서 높이 올라갈수록 기압이 낮아진다.
④ 지표에서 기압은 시간과 장소에 관계없이 일정하다.
⑤ 토리첼리가 수은을 이용하여 기압을 최초로 측정하였다.

**02** 그림과 같이 유리관에 수은을 가득 채우고 수은이 담긴 수조 속에 거꾸로 세웠더니, 수은 기둥이 내려오다가 수은 면으로부터 76 cm의 높이에서 멈추었다.

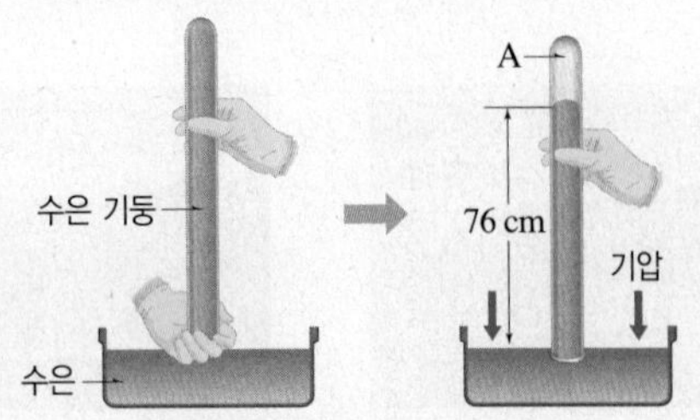


수은 기둥이 멈춘 까닭은?

① 수은 기둥의 온도가 변했기 때문
② 수은 기둥의 밀도가 작아졌기 때문
③ 수은 기둥의 압력이 기압과 같아졌기 때문
④ 수은 기둥의 압력이 기압보다 작아졌기 때문
⑤ 유리관 속의 A에서 수은 기둥을 밀어냈기 때문

**03** 기압이 일정한 지역에서 그림과 같이 유리관의 굵기와 기울기를 다르게 하면서 토리첼리의 실험을 하였다.

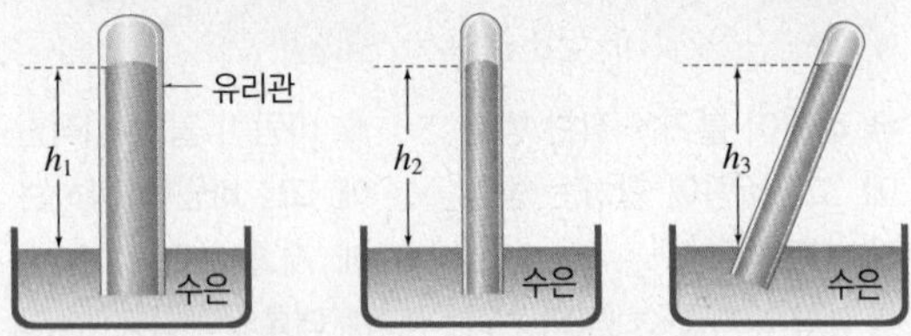


수은 기둥의 높이 $h_1$, $h_2$, $h_3$을 옳게 비교한 것은?

① $h_1=h_2=h_3$ ② $h_1>h_2>h_3$
③ $h_1>h_3>h_2$ ④ $h_1>h_2=h_3$
⑤ $h_3>h_2>h_1$

**04** 기압의 크기가 다른 하나는?

① 1기압
② 76 cmHg
③ 약 1013 hPa
④ 물기둥 약 10 m의 압력
⑤ 공기 기둥 약 10 km의 압력

중요

**05** 오른쪽 그림은 토리첼리의 기압 측정 실험을 나타낸 것이다. 이에 대한 설명으로 옳지 않은 것은?

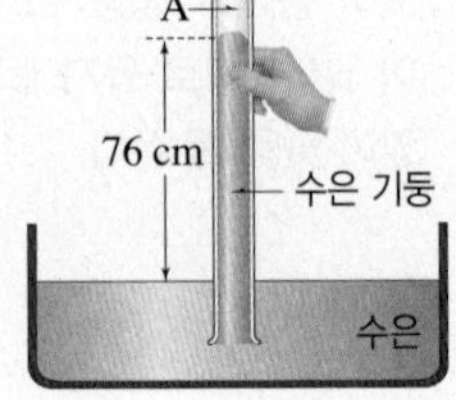


① A는 진공 상태이다.
② 이 지역은 현재 1기압이다.
③ 수은 기둥이 누르는 압력과 수은 면에 작용하는 기압이 같다.
④ 수은 대신 물을 이용해도 기둥의 높이는 변하지 않는다.
⑤ 높은 산에 올라가서 실험을 하면 수은 기둥의 높이가 76 cm보다 낮아진다.

중요

**06** 그림과 같이 길이가 1 m인 유리관 속에 수은을 가득 채운 후, 수은이 담긴 수조에 거꾸로 세웠더니 수은 기둥이 내려오다가 일정한 높이($h_1$)에서 멈추었다.

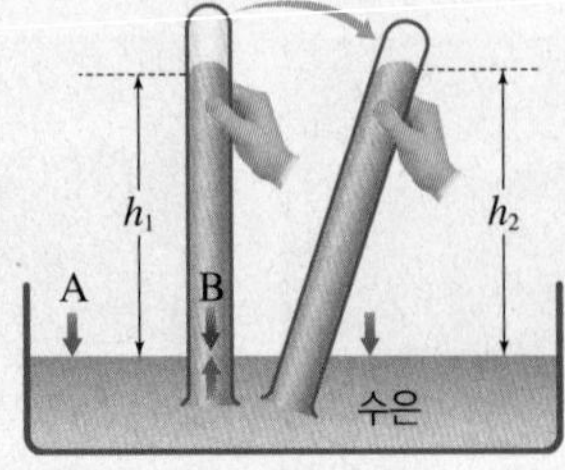


이에 대한 설명으로 옳은 것은?

① A의 압력은 B의 압력보다 크다.
② 1기압일 때 $h_1$의 높이는 1 m이다.
③ A의 압력이 커지면 $h_1$의 높이는 높아진다.
④ 굵은 유리관을 사용하면 $h_1$은 낮아진다.
⑤ 유리관을 기울여 측정한 $h_2$의 높이는 $h_1$의 높이보다 높다.

**07** 그림은 높이에 따른 기압 변화를 나타낸 것이다.

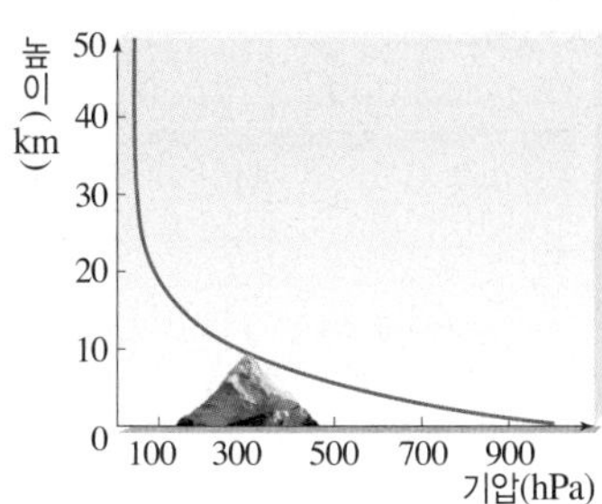


이에 대한 설명으로 옳은 것은?

① 높이 올라갈수록 공기 밀도가 작아진다.
② 높이 올라갈수록 공기의 양이 많아진다.
③ 높이 올라갈수록 기압이 급격히 높아진다.
④ 저지대보다 고지대에서 공기 기둥의 높이가 높다.
⑤ 토리첼리 실험을 하면 저지대보다 고지대에서 수은 기둥의 높이가 높다.

**08** 기압 때문에 나타나는 현상으로 옳지 않은 것은?

① 높은 산에 올라가면 귀가 먹먹해진다.
② 높은 산을 올라갈 때 숨을 쉬기 편해진다.
③ 풍선이 하늘로 높이 올라가면 점점 커진다.
④ 비행기 고도가 높아지면 비행기 안에서 과자 봉지가 부푼다.
⑤ 물을 담은 컵을 종이로 덮고 거꾸로 뒤집어도 물이 쏟아지지 않는다.

## B 바람

**09** 바람에 대한 설명으로 옳은 것을 보기에서 모두 고른 것은?

보기
ㄱ. 기압이 낮은 곳에서 높은 곳으로 분다.
ㄴ. 기압 차이가 클수록 바람이 강하게 분다.
ㄷ. 동쪽에서 서쪽으로 부는 바람은 서풍이다.

① ㄱ ② ㄴ ③ ㄱ, ㄷ
④ ㄴ, ㄷ ⑤ ㄱ, ㄴ, ㄷ

중요

**10** 그림은 지표면이 가열 또는 냉각되는 지역에서 공기의 흐름을 나타낸 것이다.

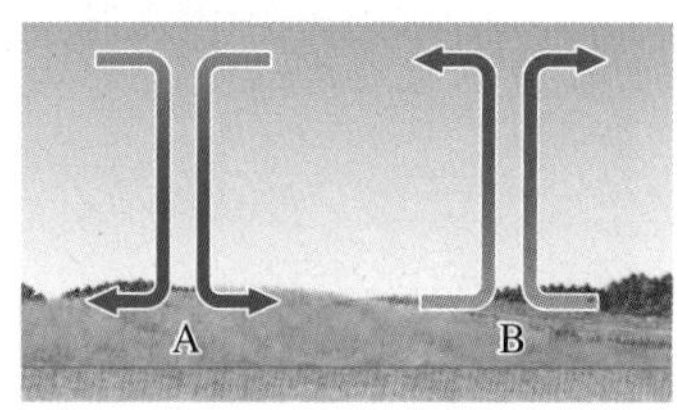


이에 대한 설명으로 옳은 것은?

① 지표면이 가열된 곳은 A이다.
② A는 B보다 기압이 낮다.
③ B에서는 공기가 가벼워져서 상승한다.
④ 지표면에서 바람은 B에서 A로 분다.
⑤ 바람은 수직 방향으로 이동하는 공기의 흐름이다.

**11** 해륙풍과 계절풍에 대한 설명으로 옳은 것은?

① 해안에서 낮에는 육풍이 분다.
② 밤에는 바다가 육지보다 기압이 높다.
③ 우리나라에서 여름철에는 남동 계절풍이 분다.
④ 계절풍은 해안에서 하루를 주기로 풍향이 바뀐다.
⑤ 바다가 육지보다 더 빨리 가열되고 냉각되기 때문에 발생한다.

중요

**12** 오른쪽 그림은 해안 지역에서 하루를 주기로 풍향이 바뀌는 바람을 나타낸 것이다. 이와 같은 바람이 불 때, 육지와 바다의 기온과 기압 비교 및 바람의 이름을 옳게 짝 지은 것은?

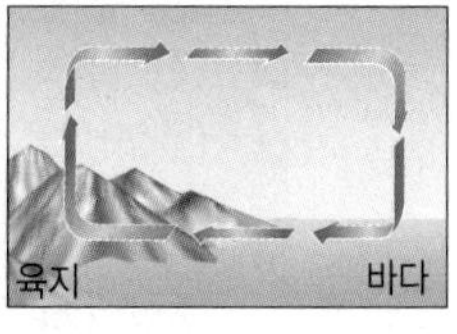


| | 기온 | 기압 | 바람 |
|---|---|---|---|
| ① | 바다>육지 | 바다>육지 | 육풍 |
| ② | 바다>육지 | 육지>바다 | 해풍 |
| ③ | 육지>바다 | 바다>육지 | 육풍 |
| ④ | 육지>바다 | 바다>육지 | 해풍 |
| ⑤ | 육지>바다 | 육지>바다 | 해풍 |

중요

**13** 그림은 해안에서 부는 바람의 모습을 나타낸 것이다.

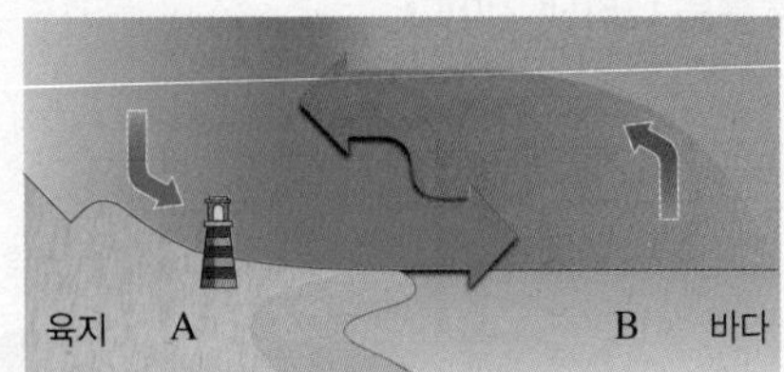


이에 대한 설명으로 옳은 것을 보기에서 모두 고른 것은?

보기
ㄱ. A가 B보다 기압이 높다.
ㄴ. A가 B보다 기온이 낮다.
ㄷ. 낮에 부는 육풍의 모습이다.

① ㄱ ② ㄷ ③ ㄱ, ㄴ
④ ㄴ, ㄷ ⑤ ㄱ, ㄴ, ㄷ

**14** 오른쪽 그림은 우리나라 주변에서 부는 바람의 모습을 나타낸 것이다. 이에 대한 설명으로 옳은 것은?

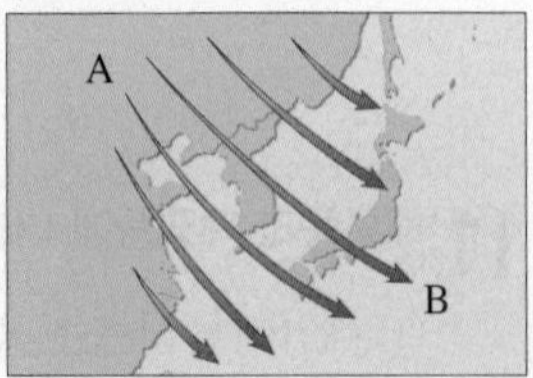


① 남동 계절풍이다.
② 기압은 A가 B보다 낮다.
③ 기온은 A가 B보다 낮다.
④ 우리나라가 여름철일 때 분다.
⑤ 대륙과 해양의 습도 차이로 부는 바람이다.

중요

**15** 그림 (가)는 해안 지역에서 부는 바람을, (나)는 우리나라 주변에서 부는 바람을 나타낸 것이다.

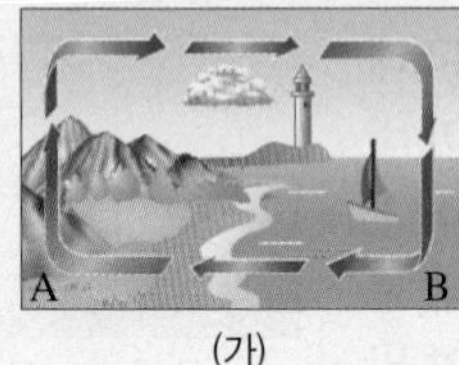

(가)

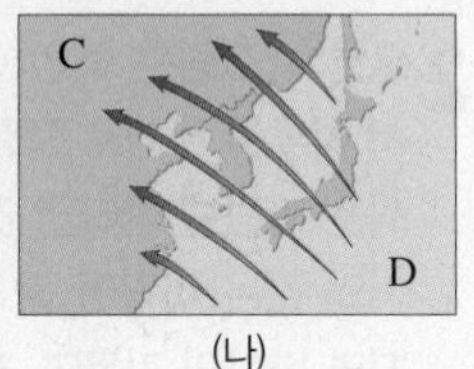

(나)

이에 대한 설명으로 옳은 것은?

① (가)는 육풍에 해당한다.
② (가)에서 기온은 A가 B보다 낮다.
③ (나)는 겨울철에 부는 계절풍에 해당한다.
④ (나)에서 기압은 C가 D보다 낮다.
⑤ (가)와 (나) 모두 바다가 육지보다 빨리 가열되기 때문에 발생한다.

탐구 a 76쪽

[16~17] 그림은 바람의 발생 원인을 알아보기 위한 실험을 나타낸 것이다.

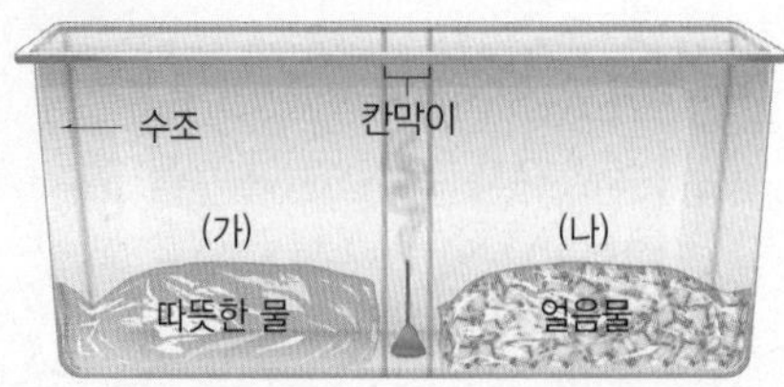


**16** 칸막이를 들어 올렸을 때, 향 연기가 이동하는 방향과 (가)와 (나)의 기압 비교를 옳게 짝 지은 것은?

| | 향 연기의 이동 방향 | 기압 |
|---|---|---|
| ① | (가) → (나) | (가) > (나) |
| ② | (가) → (나) | (가) < (나) |
| ③ | (가) ← (나) | (가) > (나) |
| ④ | (가) ← (나) | (가) < (나) |
| ⑤ | 이동하지 않는다. | (가) = (나) |

**17** 이에 대한 설명으로 옳은 것을 보기에서 모두 고른 것은?

보기
ㄱ. (가)에서 공기의 밀도는 작아진다.
ㄴ. (나)에서 공기는 상승한다.
ㄷ. 따뜻한 물쪽과 얼음물 쪽의 기압 차이가 작을수록 향 연기가 빠르게 이동한다.

① ㄱ ② ㄴ ③ ㄷ
④ ㄱ, ㄴ ⑤ ㄴ, ㄷ

중요 탐구 a 76쪽

**18** 그림과 같이 수조에 같은 양의 모래와 물을 각각 넣고 적외선등으로 10분 동안 가열한 후, 모래와 물의 온도를 측정하고 향 연기의 움직임을 관찰하였다.

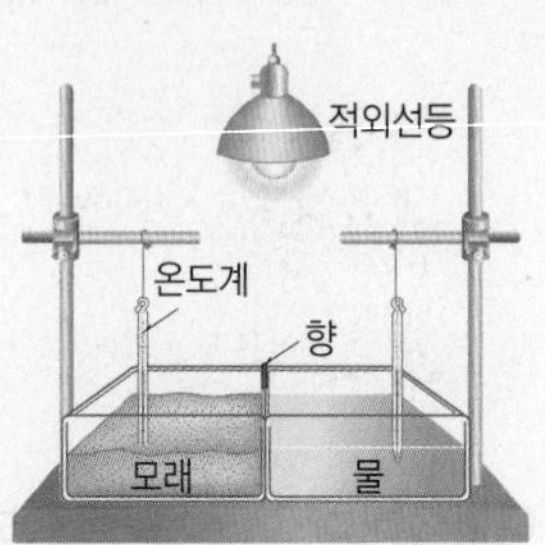


이에 대한 설명으로 옳은 것은?

① 모래의 온도는 물의 온도보다 낮다.
② 모래 쪽에서 공기의 상승이 일어난다.
③ 기압은 모래 쪽이 물 쪽보다 높아진다.
④ 향 연기는 모래에서 물 쪽으로 이동한다.
⑤ 이와 같은 원리로 육지가 바다보다 빨리 가열되어 육풍이 분다.

## 서술형 문제

**19** 오른쪽 그림과 같이 유리컵에 물을 담고 종이로 덮은 후, 거꾸로 뒤집어도 물이 쏟아지지 않는다.

(1) 이러한 현상이 나타나는 까닭을 기압의 작용 방향과 관련지어 서술하시오.

(2) 기압이 작용함에도 불구하고 우리가 일상생활에서 기압을 느끼지 못하는 까닭을 서술하시오.

**20** 오른쪽 그림은 토리첼리의 기압 측정 실험을 나타낸 것이다. 이와 같은 실험을 높은 산에 올라가서 했을 때 수은 기둥의 높이 $h$는 어떻게 변할지 쓰고, 그렇게 생각한 까닭을 서술하시오.

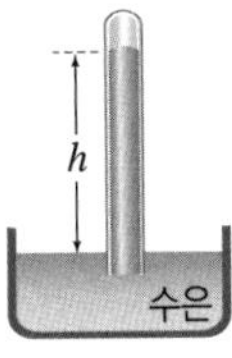


중요
**21** 그림은 어느 해안가에서 하루를 주기로 풍향이 바뀌는 바람을 나타낸 것이다.

(1) 그림과 같은 방향으로 부는 바람의 이름을 쓰시오.

(2) 이 바람이 부는 까닭을 육지와 바다의 온도 차이, 공기의 상승과 하강, 기압 차이를 포함하여 서술하시오.

**22** 대륙과 해양이 만나는 곳에서 계절풍이 분다.

(1) 우리나라 여름철에 부는 계절풍의 방향과 이름을 서술하시오.

(2) 이와 같은 방향으로 바람이 부는 까닭을 대륙과 해양의 기압 차이를 포함하여 서술하시오.

● 정답과 해설 25쪽

**01** 1654년에 독일의 게리케는 지름이 약 50 cm인 반구 2개를 붙인 후, 그림과 같이 내부의 공기를 뺀 경우와 빼지 않은 경우에 반구를 양쪽에서 잡아당겨 분리시키는 실험을 하였다.

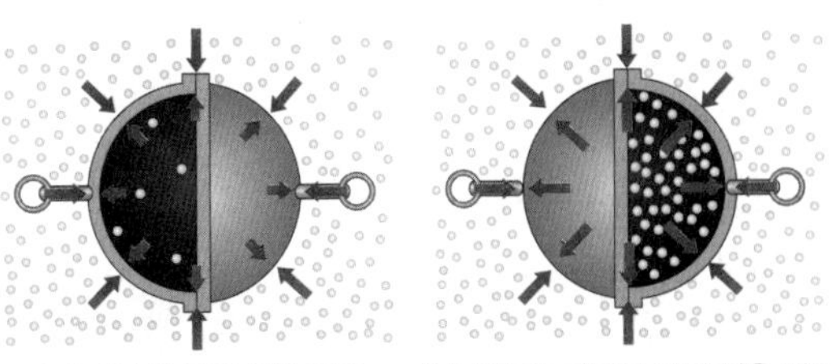

(가) 내부의 공기를 뺀 경우 (나) 내부의 공기를 빼지 않은 경우

이에 대한 설명으로 옳지 않은 것은?

① (가)는 반구 외부의 압력이 내부의 압력보다 크다.
② (나)는 반구 내부의 압력이 외부의 압력과 같다.
③ (가)는 (나)보다 쉽게 분리된다.
④ (가)는 (나)보다 분리하는 데 더 큰 힘이 필요하다.
⑤ 기압의 작용을 알아보기 위한 실험이다.

**02** 그림은 서로 다른 세 지역에서 토리첼리의 실험으로 기압을 측정한 결과이다.

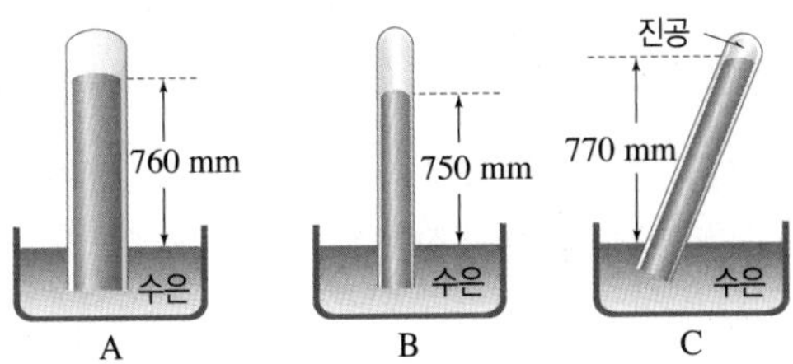


A~C 지역의 기압을 부등호 또는 등호로 비교하시오.

**03** 그림은 지표면이 가열 또는 냉각되는 곳의 지표면 부근에서 바람이 부는 방향을 나타낸 것이다.

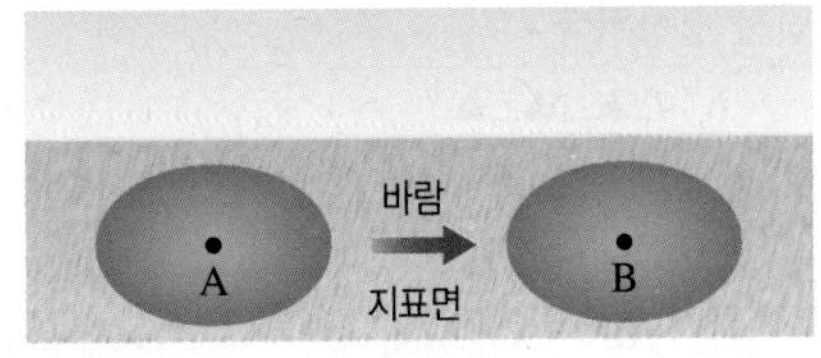


이에 대한 설명으로 옳은 것을 보기에서 모두 고른 것은?

보기
ㄱ. 지표면이 가열된 곳은 A이다.
ㄴ. B에서는 공기가 상승한다.
ㄷ. 구름은 A보다 B에서 잘 생성된다.

① ㄱ ② ㄴ ③ ㄷ
④ ㄱ, ㄴ ⑤ ㄴ, ㄷ

# 04 날씨의 변화

## A 기단

**1 기단** 넓은 장소(대륙, 해양 등)에 오래 머물러 성질이 지표와 비슷해진 큰 공기 덩어리
➡ 기단의 성질은 발생지의 성질(기온, 습도 등)에 따라 결정된다.❶

| 기단의 발생지 | 고위도 | 저위도 | 대륙 | 해양 |
|---|---|---|---|---|
| 기단의 성질 | 한랭(저온) | 온난(고온) | 건조 | 다습 |

**2 우리나라에 영향을 주는 기단**

| 우리나라 주변의 기단 | 기단 | 발생지 | 성질 | 계절 | 날씨 |
|---|---|---|---|---|---|
| 시베리아 기단 (한랭 건조), 오호츠크해 기단 (한랭 다습), 양쯔강 기단 (온난 건조), 북태평양 기단 (고온 다습) | 시베리아 기단 | 고위도 대륙 | 한랭 건조 | 겨울 | 춥고 건조한 날씨 |
| | 양쯔강 기단 | 저위도 대륙 | 온난 건조 | 봄, 가을 | 따뜻하고 건조한 날씨 |
| | 오호츠크해 기단 | 고위도 해양 | 한랭 다습 | 초여름 | 동해안 지역에 저온 현상 |
| | 북태평양 기단 | 저위도 해양 | 고온 다습 | 여름 | 무덥고 습한 날씨 |

## B 전선

**1 전선** 성질이 다른 두 기단이 만나서 생긴 경계면을 전선면, 전선면이 지표면과 만나는 경계선을 전선이라고 한다.❷
➡ 전선을 경계로 기온, 습도, 바람 등 날씨가 크게 달라진다.

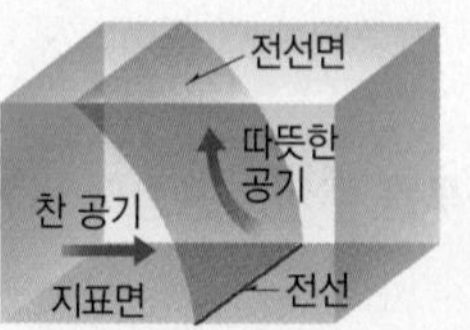

▲ 전선면과 전선

**2 전선의 종류와 특징**

① 한랭 전선과 온난 전선

| 한랭 전선 | 구분 | 온난 전선 |
|---|---|---|
| 전선면, 따뜻한 공기, 찬 공기 | 모습 | 따뜻한 공기, 찬 공기, 전선면 |
| 찬 공기가 따뜻한 공기 아래를 파고 들면서 형성된다. | 형성 과정 | 따뜻한 공기가 찬 공기를 타고 오르면서 형성된다. |
| ▲▲▲ | 기호 | ●●● |
| 급하다. | 전선면의 기울기 | 완만하다. |
| 적운형 구름 | 구름의 종류 | 층운형 구름 |
| 좁은 지역, 소나기성 비 | 강수 구역과 형태 | 넓은 지역, 지속적인 비 |
| 빠르다. | 이동 속도 | 느리다. |
| 낮아진다. | 통과 후 기온 | 높아진다. |

② 폐색 전선과 정체 전선

| 폐색 전선 | 구분 | 정체 전선 |
|---|---|---|
| 한랭 전선과 온난 전선이 겹쳐지면서 형성된다.❸ | 형성 과정 | 세력이 비슷한 두 기단이 만나서 한곳에 오래 머무르며 형성된다.❹ |
| ▲●▲● | 기호 | ●▼●▼ |

### 플러스 강의

**❶ 기단의 변질** 내 교과서 확인 | 동아

기단은 발생한 곳과 성질이 다른 곳으로 이동하면 성질이 변한다.
예 차고 건조한 기단이 따뜻한 바다 위를 지나면, 기단 아래쪽의 기온과 습도가 높아지면서 구름이 생성되어 비나 눈이 내린다.

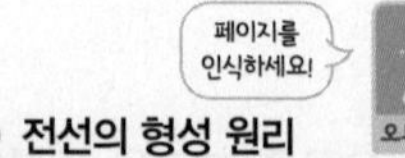


**❷ 전선의 형성 원리**

수조에 찬물과 따뜻한 물을 넣고 칸막이를 들어 올리면, 밀도가 큰 찬물이 따뜻한 물 아래로 이동하면서 경계면을 형성한다. ➡ 경계면은 전선면, 경계면이 수조 바닥과 닿는 경계선은 전선에 해당한다.

**❸ 폐색 전선의 형성과 소멸**

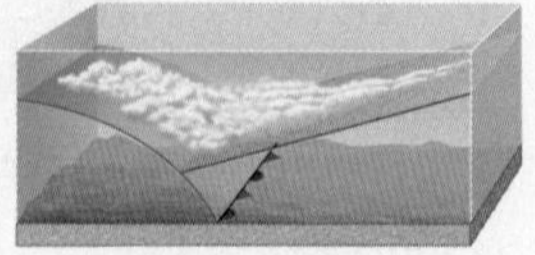

한랭 전선이 온난 전선보다 빠르게 이동 → 두 전선이 겹쳐져 폐색 전선 형성 → 공기의 상하 이동이 없어지면서 강수 현상이 점차 사라짐 → 폐색 전선 소멸

**❹ 우리나라 부근의 정체 전선**
북쪽의 찬 기단과 남쪽의 따뜻하고 습한 북태평양 기단이 만나 형성되고, 한곳에 오래 머무르며 많은 비를 내려 장마 전선이라고도 한다.

● 정답과 해설 26쪽

**A 기단**

- □□ : 넓은 장소에 오래 머물러 성질이 지표와 비슷해진 큰 공기 덩어리
- 계절에 따라 우리나라에 큰 영향을 주는 기단
  - 봄, 가을 : □□□ 기단
  - 초여름 : □□□□□ 기단
  - 여름 : □□□□ 기단
  - 겨울 : □□□□ 기단

**B 전선**

- □□□ : 성질이 다른 두 기단이 만나서 생긴 경계면
- □□ : 전선면과 지표면이 만나는 경계선
- □□ □□ : 찬 공기가 따뜻한 공기 아래를 파고들면서 형성된 전선
- □□ □□ : 따뜻한 공기가 찬 공기를 타고 오르면서 형성된 전선
- □□ □□ : 한랭 전선과 온난 전선이 겹쳐지면서 형성된 전선
- □□ □□ : 세력이 비슷한 두 기단이 만나서 형성된 전선

**암기 꽝** 한랭 전선과 온난 전선

**A**

**1** 기단에 대한 설명으로 옳은 것은 ○, 옳지 않은 것은 ×로 표시하시오.

(1) 기단은 기온과 습도 등의 성질이 지표와 비슷해진 큰 공기 덩어리이다. (　　)

(2) 저위도에서 발생한 기단은 기온이 높다. ………… (　　)

(3) 해양에서 발생한 기단은 건조하다. ………… (　　)

(4) 기단의 성질은 변하지 않는다. ………… (　　)

[2~3] 오른쪽 그림은 우리나라에 영향을 주는 기단을 나타낸 것이다.

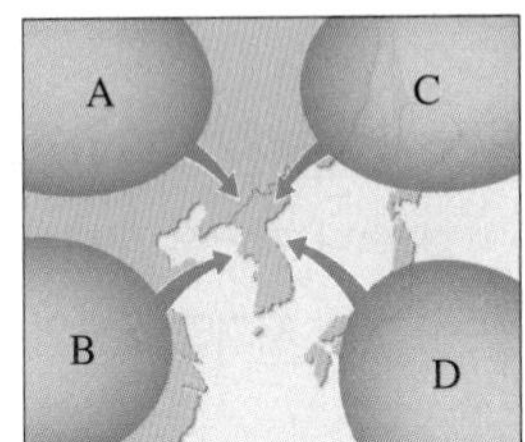


**2** A~D 기단의 이름을 각각 쓰시오.

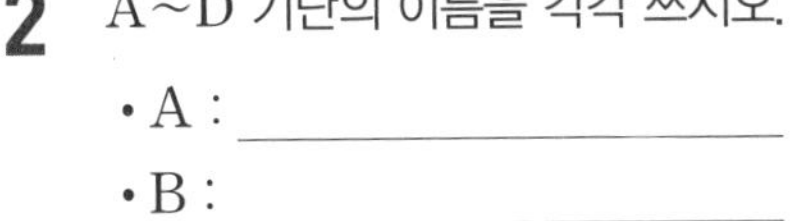

- A : ____________
- B : ____________
- C : ____________
- D : ____________

**3** A~D 기단의 성질과 각 기단이 영향을 크게 미치는 계절을 선으로 연결하시오.

| 기단 | 성질 | 기단 | 계절 |
|---|---|---|---|
| (1) A • | • ㉠ 한랭 건조 | (5) A • | • ㉤ 봄, 가을 |
| (2) B • | • ㉡ 한랭 다습 | (6) B • | • ㉥ 초여름 |
| (3) C • | • ㉢ 온난 건조 | (7) C • | • ㉦ 여름 |
| (4) D • | • ㉣ 고온 다습 | (8) D • | • ㉧ 겨울 |

**B**

**4** 다음 전선에 해당하는 기호를 각각 빈 칸에 그리시오.

| 한랭 전선 | 온난 전선 | 폐색 전선 | 정체 전선 |
|---|---|---|---|
| ㉠ | ㉡ | ㉢ | ㉣ |

**5** 오른쪽 그림은 어느 전선의 단면을 나타낸 것이다. 이 전선에 대한 설명으로 (　　) 안에 알맞은 말을 고르시오.

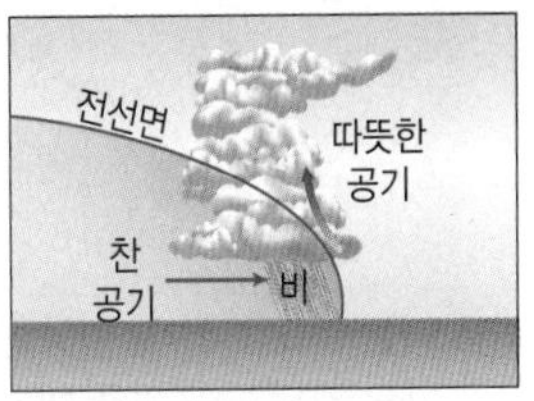


(1) 전선의 이름 : ( 한랭, 온난 ) 전선

(2) 전선면의 기울기 : ( 급함, 완만함 )

(3) 구름의 종류 : ( 층운형, 적운형 ) 구름

(4) 강수 형태 : ( 지속적인 비, 소나기성 비 )

(5) 이동 속도 : ( 빠름, 느림 )

(6) 통과 후 기온 : ( 높아짐, 낮아짐 )

# 04 날씨의 변화

## C 기압과 날씨

### 1 고기압과 저기압

| 고기압 | 저기압 |
|---|---|
| 주위보다 기압이 높은 곳<br>• 공기의 연직 운동 : 하강 *기류 ➡ 구름 소멸<br>• 날씨 : 맑음<br>• 바람(북반구) : 시계 방향으로 불어 나감 | 주위보다 기압이 낮은 곳<br>• 공기의 연직 운동 : 상승 기류 ➡ 구름 생성<br>• 날씨 : 흐리거나 비, 눈<br>• 바람(북반구) : 시계 반대 방향으로 불어 들어옴 |

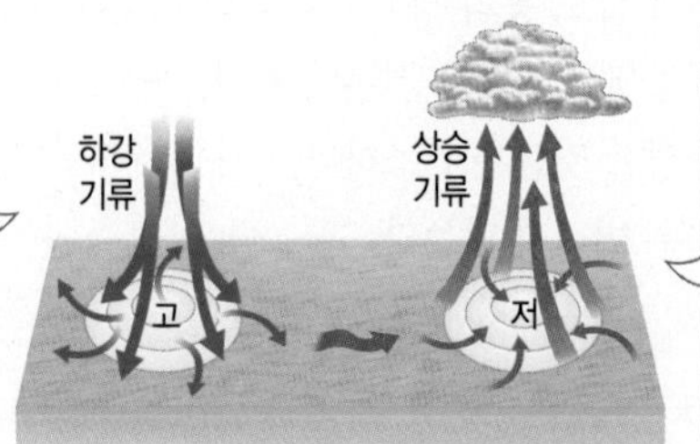

▲ 고기압과 저기압에서 공기의 이동(북반구)

### 2 온대 저기압

**2 온대 저기압** 중위도 지방에서 북쪽의 찬 기단과 남쪽의 따뜻한 기단이 만나 한랭 전선과 온난 전선을 동반한 저기압

① 온대 저기압 주변의 날씨

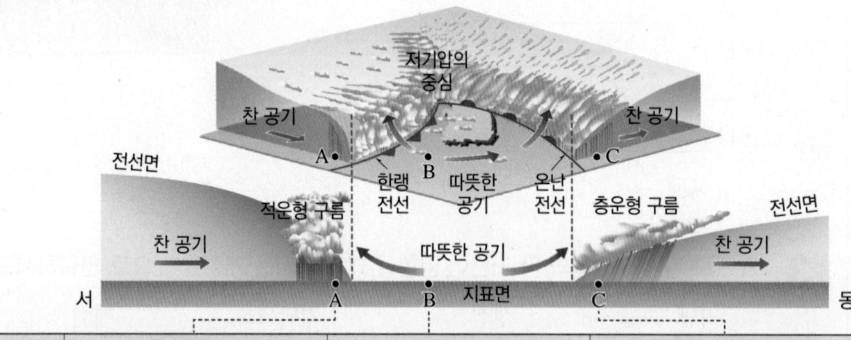


| 지역 | A 지역(한랭 전선 뒤쪽) | B 지역(두 전선 사이) | C 지역(온난 전선 앞쪽) |
|---|---|---|---|
| 날씨 | 좁은 지역에 소나기성 비 | 맑음 | 넓은 지역에 지속적인 비 |
| 기온 | 낮음 | 높음 | 낮음 |
| 풍향 | 북서풍 | 남서풍 | 남동풍 |

② 온대 저기압의 이동 : *편서풍의 영향으로 서쪽에서 동쪽으로 이동한다. ➡ 온난 전선이 먼저 통과하고, 한랭 전선이 나중에 통과하여 날씨가 변한다.(C → B → A)❶

## D 우리나라의 계절별 날씨 여기서 잠깐 86쪽

**1 일기도** 기온, 기압, 풍향, 풍속, 고기압, 저기압, 전선 등을 지도에 기호로 표시한 것

화보 2,3

### 2 우리나라의 계절별 일기도와 날씨

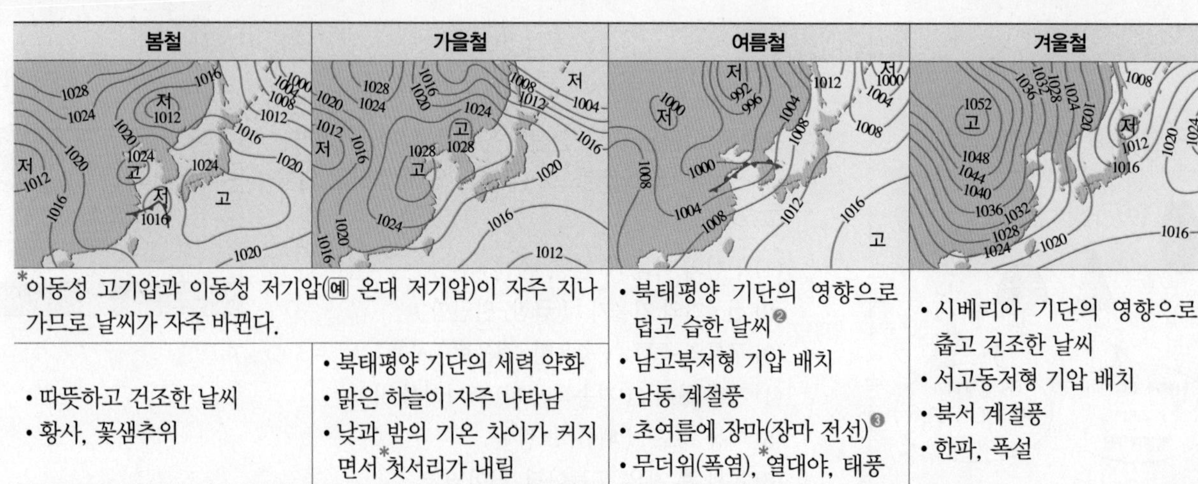


| 봄철 | 가을철 | 여름철 | 겨울철 |
|---|---|---|---|
| *이동성 고기압과 이동성 저기압(예 온대 저기압)이 자주 지나가므로 날씨가 자주 바뀐다. | | • 북태평양 기단의 영향으로 덥고 습한 날씨❷<br>• 남고북저형 기압 배치<br>• 남동 계절풍<br>• 초여름에 장마(장마 전선)❸<br>• 무더위(폭염), *열대야, 태풍 | • 시베리아 기단의 영향으로 춥고 건조한 날씨<br>• 서고동저형 기압 배치<br>• 북서 계절풍<br>• 한파, 폭설 |
| • 따뜻하고 건조한 날씨<br>• 황사, 꽃샘추위 | • 북태평양 기단의 세력 약화<br>• 맑은 하늘이 자주 나타남<br>• 낮과 밤의 기온 차이가 커지면서 *첫서리가 내림 | | |

### 플러스 강의

**❶ 온대 저기압의 이동과 날씨**

• C : 지속적인 비, 추움, 남동풍

• B : 맑음, 따뜻함, 남서풍

• A : 소나기성 비, 추움, 북서풍

**❷ 고기압**
우리나라의 계절에 영향을 주는 기단들은 고기압의 성질을 띤다. 규모가 큰 고기압에 북태평양 고기압, 시베리아 고기압 등이 있다.

**❸ 장마 전선**
초여름에 북태평양 기단의 세력이 북쪽으로 확장되면서 북쪽의 찬 기단과 만나 형성되며, 정체 전선의 일종이다.

### 용어 돋보기

* **기류(氣 공기, 流 흐르다)**_공기의 흐름
* **편서풍**_중위도 지방의 상공에서 서쪽에서 동쪽으로 부는 바람
* **이동성(移 옮기다, 動 움직이다, 性 성질) 고기압**_한곳에 머무르지 않고 이동하는 비교적 규모가 작은 고기압
* **서리**_수증기가 승화하여 물체 표면에 얼어붙은 것
* **열대야(熱 덥다, 帶 지역, 夜 밤)**_최저 기온이 25 ℃ 이하로 내려가지 않는 밤

● 정답과 해설 26쪽

**C 기압과 날씨**

- □□□ : 주위보다 기압이 높은 곳
- □□□ : 주위보다 기압이 낮은 곳
- □□ □□□ : 중위도 지방에서 북쪽의 찬 기단과 남쪽의 따뜻한 기단이 만나 한랭 전선과 온난 전선을 동반한 저기압

**D 우리나라의 계절별 날씨**

- □□□ : 여러 기상 정보를 지도에 기호로 나타낸 것
- 봄철, 가을철 일기도 : □□□ 고기압과 이동성 저기압이 자주 지나간다.
- 여름철 일기도 : □□□□형 기압 배치
- 겨울철 일기도 : □□□□형 기압 배치

**암기 쾅** 북반구의 고기압과 저기압(오른손 이용)

| 고기압 | 저기압 |
|---|---|
| 시계 방향 / 하강 기류 | 시계 반대 방향 / 상승 기류 |
| 바람이 시계 방향으로 불어 나가고, 하강 기류가 나타난다. | 바람이 시계 반대 방향으로 불어 들어오고, 상승 기류가 나타난다. |

C

**6** 다음은 고기압과 저기압에 대한 설명이다. ( ) 안에 알맞은 말을 고르시오.

(1) 북반구 지상의 고기압 중심에서는 바람이 ㉠( 시계 방향, 시계 반대 방향 )으로 ㉡( 불어 나간다, 불어 들어온다 ).

(2) 저기압에서는 ㉠( 상승 기류, 하강 기류 )가 나타나 날씨가 대체로 ㉡( 맑다, 흐리다 ).

**7** 오른쪽 그림은 북반구 어느 지역에서 부는 바람의 방향을 나타낸 것이다. (가)와 (나) 지역이 고기압인지 저기압인지 각각 쓰시오.

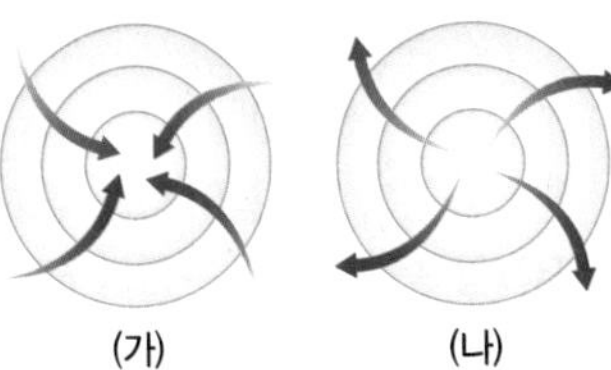
(가) (나)

**8** 오른쪽 그림은 우리나라 부근을 지나는 온대 저기압의 모습을 나타낸 것이다.

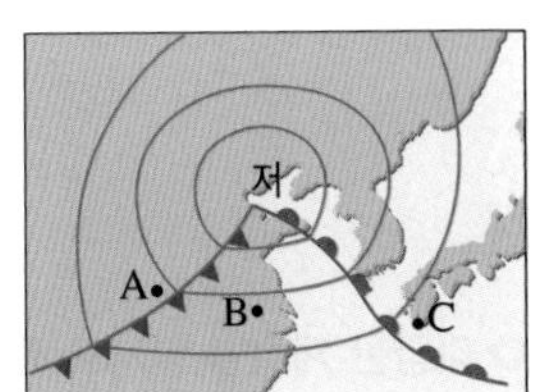


(1) A~C 중 기온이 가장 높은 곳을 쓰시오.

(2) A~C 중 층운형 구름이 발달한 곳을 쓰시오.

(3) A~C 중 소나기성 비가 내리는 곳을 쓰시오.

(4) A~C 지역의 풍향을 각각 쓰시오.

**9** 다음은 온대 저기압에 대한 설명이다. ( ) 안에 알맞은 말을 쓰시오.

> 온대 저기압은 중위도 지방에서 발생하여 ㉠( )쪽에서 ㉡( )쪽으로 이동하면서 그 지역의 날씨를 변화시킨다.

D

**10** 그림 (가)와 (나)는 여름철 일기도와 겨울철 일기도를 순서 없이 나타낸 것이다.

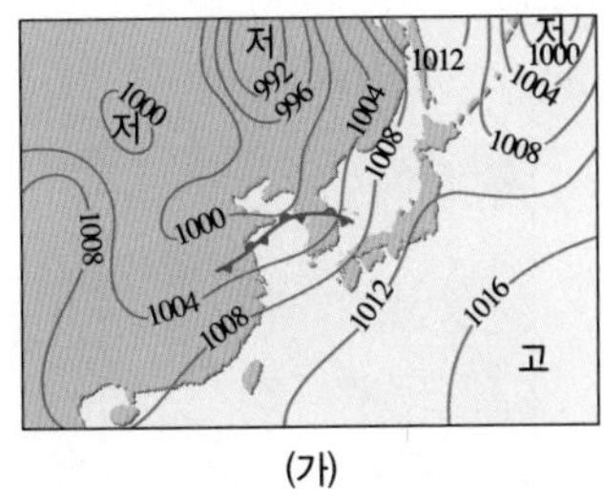

(가)

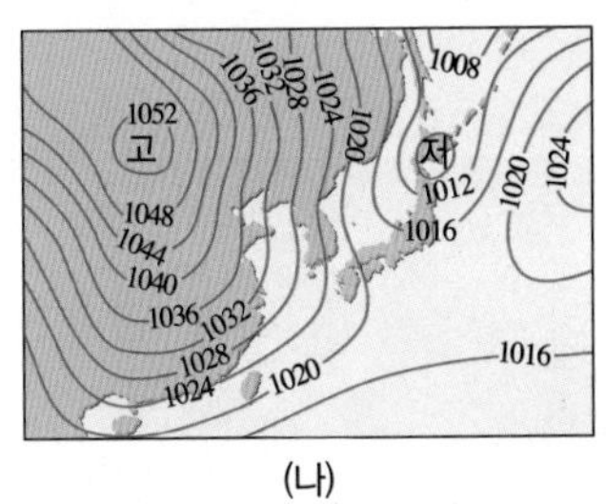

(나)

(1) (가)와 (나)의 기압 배치를 각각 쓰시오.

(2) (가)와 (나)의 계절을 각각 쓰시오.

# 여기서 잠깐

일기도에는 다양한 기상 정보가 기록되어 있어서 일기도를 해석하면 날씨를 예측할 수 있어요. 여기서 잠깐 을 통해 일기도와 인공위성에서 촬영한 구름 사진을 비교하여 날씨를 해석하는 방법을 알아보고, 계절에 따른 다양한 일기도를 살펴보아요.

● 정답과 해설 27쪽

## 일기도 해석하기

### ○ 일기도와 위성 사진 해석하기

**고기압과 저기압의 날씨**

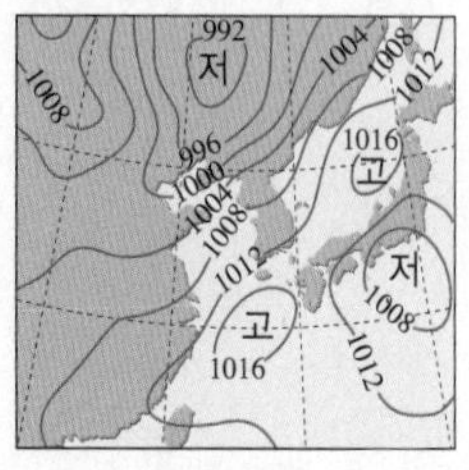

▲ 일기도

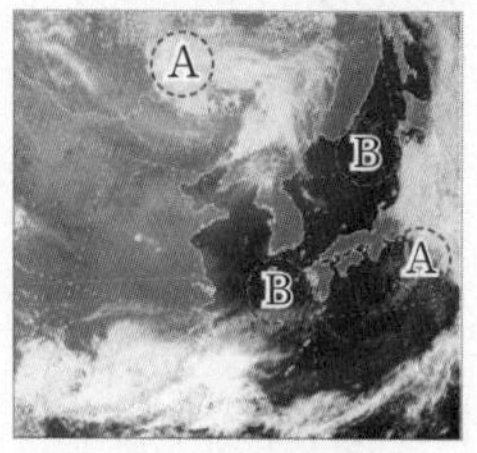

▲ 위성 사진

1. 위성 사진에서 구름이 있는 부분은 하얗게 나타난다.
2. 저기압 중심부(A) : 구름이 많아 날씨가 흐리고 비나 눈이 내릴 가능성이 있다. ➡ 상승 기류가 나타나기 때문
3. 고기압 중심부(B) : 구름이 없어 날씨가 맑다. ➡ 하강 기류가 나타나기 때문

**온대 저기압의 날씨**

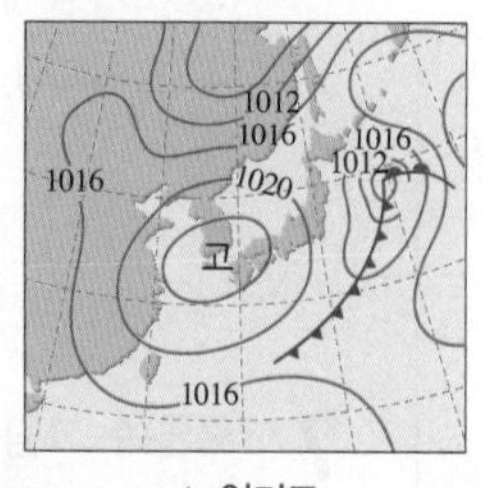

▲ 일기도

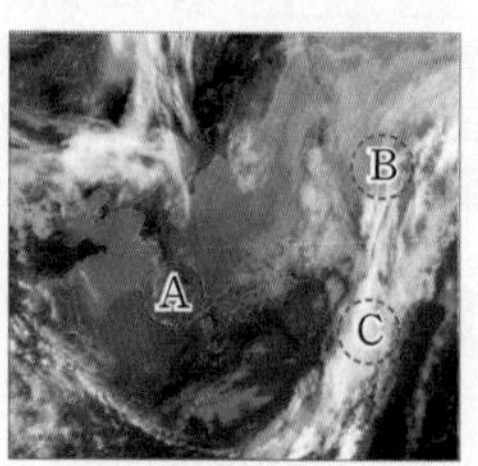

▲ 위성 사진

1. 고기압 중심부(A) : 구름이 없어 날씨가 맑다.
2. 저기압 중심부(B) : 구름이 많아 날씨가 흐리다.
3. 전선 부근(C) : 구름이 많다. ➡ 따뜻한 공기가 찬 공기 위로 상승하기 때문

### ○ 다양한 계절별 일기도 해석하기

**유제 ❶**

(　　　,　　　)철 일기도

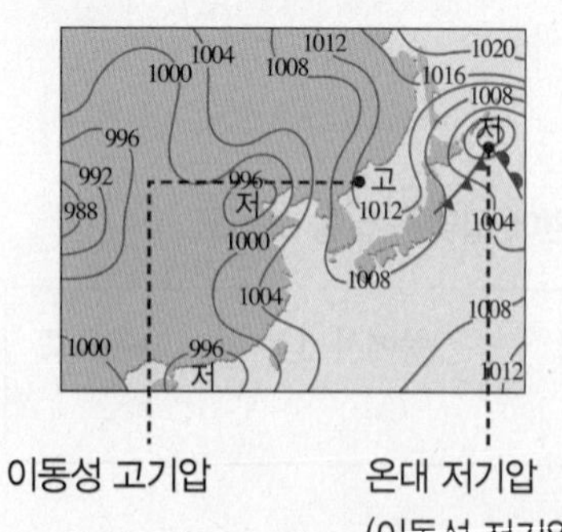

이동성 고기압　　　온대 저기압(이동성 저기압)

**유제 ❷**

㉠(　　　,　　　)철 일기도

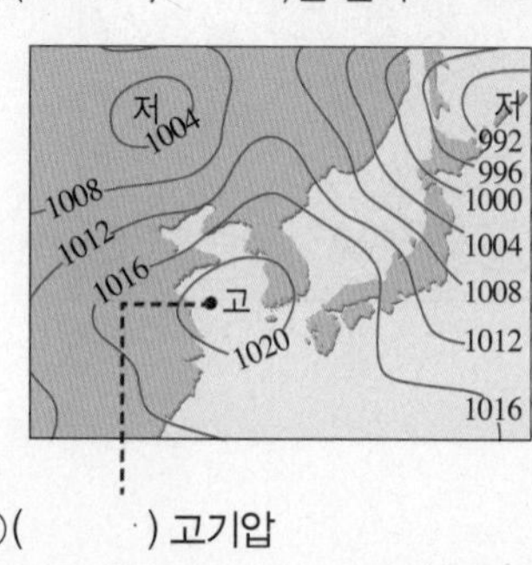


㉡(　　　) 고기압

**유제 ❸**

㉠(　　　)철 일기도

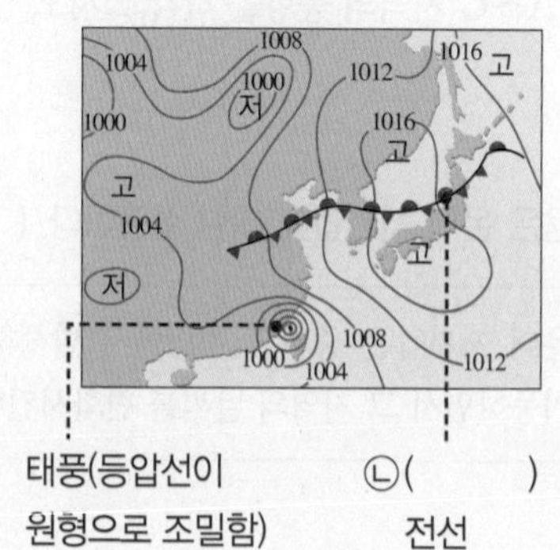

태풍(등압선이 원형으로 조밀함)　　　㉡(　　　) 전선

**유제 ❹**

㉠(　　　)철 일기도

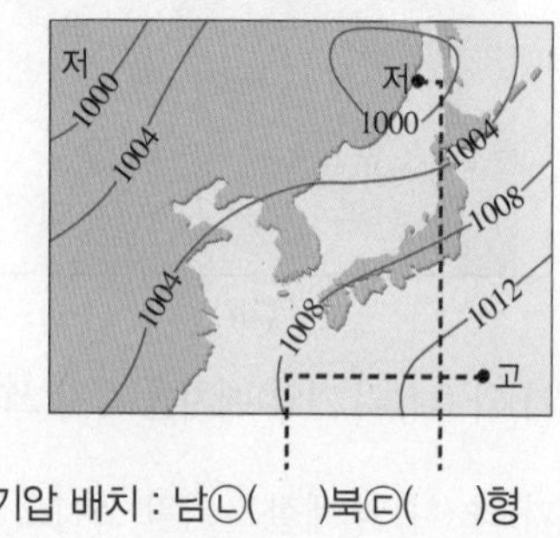


기압 배치 : 남㉡(　　)북㉢(　　)형

**유제 ❺**

㉠(　　　)철 일기도

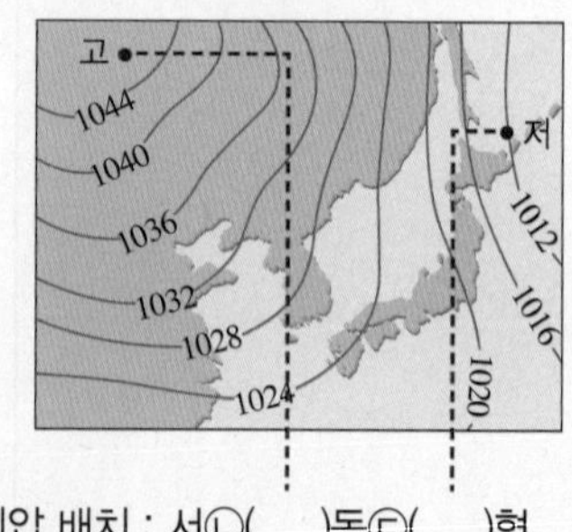


기압 배치 : 서㉡(　　)동㉢(　　)형

**유제 ❻**

㉠(　　　)철 일기도

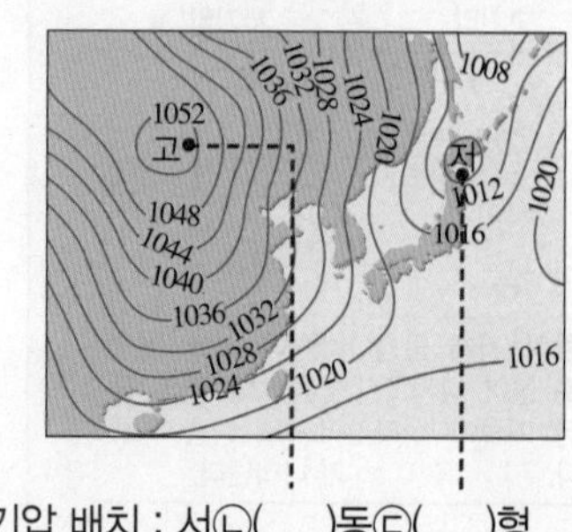


기압 배치 : 서㉡(　　)동㉢(　　)형

기출 문제로 **내신쑥쑥**

전국 주요 학교의 **시험에 가장 많이 나오는 문제**들로만 구성하였습니다.
모든 친구들이 '꼭' 봐야 하는 코너입니다.

● 정답과 해설 27쪽

## A 기단

**01** 기단에 대한 설명으로 옳지 않은 것은?

① 대륙에서 형성된 기단은 습하다.
② 저위도에서 형성된 기단은 따뜻하다.
③ 기단은 주로 넓은 대륙이나 해양에서 발생한다.
④ 기단이 다른 지역으로 이동하면 성질이 변한다.
⑤ 기단은 기온과 습도가 거의 비슷한 큰 공기 덩어리이다.

[02~04] 그림은 우리나라에 영향을 미치는 기단을 나타낸 것이다.

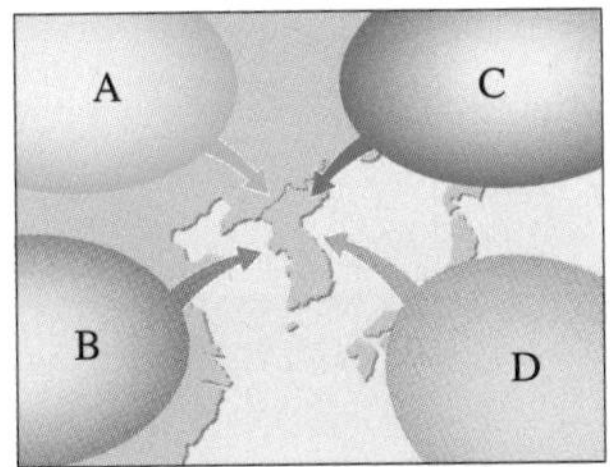


중요
**02** A~D 중 우리나라의 여름철에 주로 영향을 미치는 기단의 기호와 이름을 옳게 짝 지은 것은?

① A, 시베리아 기단　② B, 양쯔강 기단
③ B, 오호츠크해 기단　④ C, 북태평양 기단
⑤ D, 북태평양 기단

중요
**03** A~D 중 우리나라의 겨울철에 주로 영향을 미치는 기단의 기호와 성질을 옳게 짝 지은 것은?

① A, 한랭 다습　② A, 한랭 건조
③ B, 온난 건조　④ C, 한랭 다습
⑤ D, 고온 다습

중요
**04** A~D에 대한 설명으로 옳은 것은?

① A와 C는 건조한 기단이다.
② A와 B는 한랭한 기단이다.
③ B는 우리나라의 봄철 날씨에 영향을 준다.
④ C의 영향으로 무덥고 습한 날씨가 나타난다.
⑤ D의 영향으로 초여름에 우리나라의 동해안 지역에 저온 현상이 나타난다.

**05** 그림 (가)는 우리나라에 영향을 미치는 기단을, (나)는 기단의 성질을 나타낸 것이다.

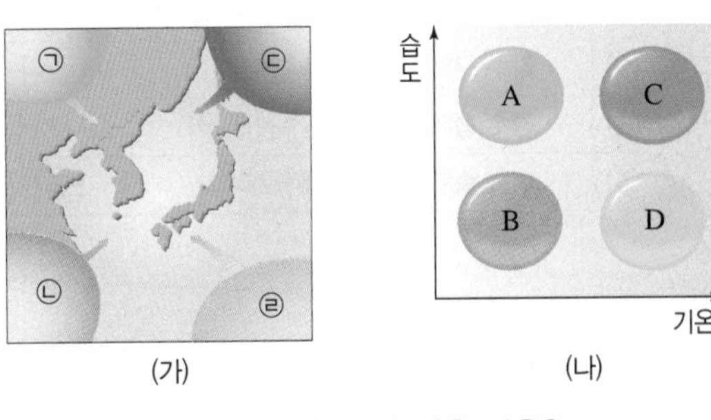


기단과 기단의 성질을 옳게 짝 지은 것은?

① ㉠-A　② ㉡-B　③ ㉡-C
④ ㉢-A　⑤ ㉣-D

## B 전선

**06** 전선에 대한 설명으로 옳은 것은?

① 성질이 다른 두 기단이 만나서 생긴 경계면이다.
② 전선을 경계로 기온, 습도, 바람 등이 크게 달라진다.
③ 전선면을 따라 따뜻한 공기는 아래로 내려간다.
④ 한랭 전선은 따뜻한 공기가 찬 공기를 타고 오르면서 형성된다.
⑤ 한랭 전선이 빠르게 이동하여 온난 전선과 겹쳐지면 정체 전선이 형성된다.

**07** 오른쪽 그림과 같이 전선의 형성 원리를 알아보기 위해 수조에 따뜻한 물과 찬물을 각각 넣고 칸막이를 서서히 들어 올렸다. 찬물과 따뜻한 물의 이동 모습으로 옳은 것은?

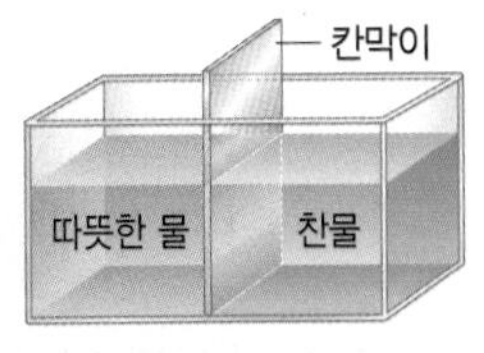


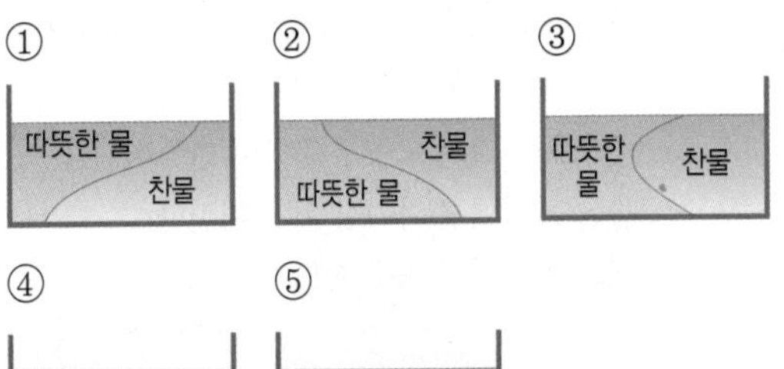


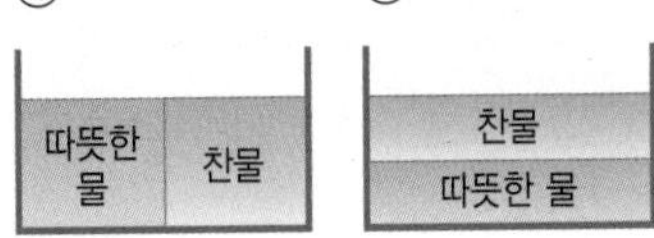

**08** 온난 전선과 한랭 전선을 비교한 것으로 옳지 않은 것은?

| | 구분 | 온난 전선 | 한랭 전선 |
|---|---|---|---|
| ① | 전선면의 기울기 | 완만하다. | 급하다. |
| ② | 구름의 종류 | 층운형 구름 | 적운형 구름 |
| ③ | 강수 구역 | 넓다. | 좁다. |
| ④ | 강수 형태 | 지속적인 비 | 소나기성 비 |
| ⑤ | 이동 속도 | 빠르다. | 느리다. |

**09** 오른쪽 그림은 어느 전선의 단면을 나타낸 것이다. 이 전선에 대한 설명으로 옳은 것은?

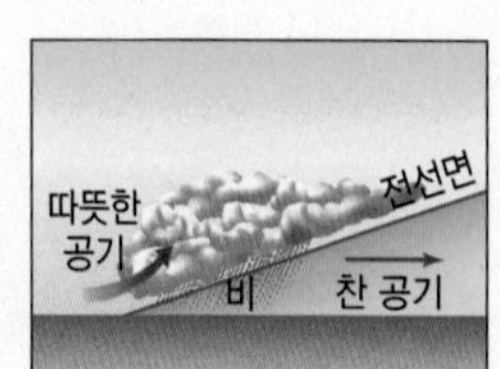


① 한랭 전선이다.
② 적운형 구름이 발달한다.
③ 전선면의 기울기가 급하다.
④ 전선 통과 후 기온이 높아진다.
⑤ 전선의 기호는 ▲▲▲이다.

중요
**10** 그림은 어느 전선의 모습을 나타낸 것이다.

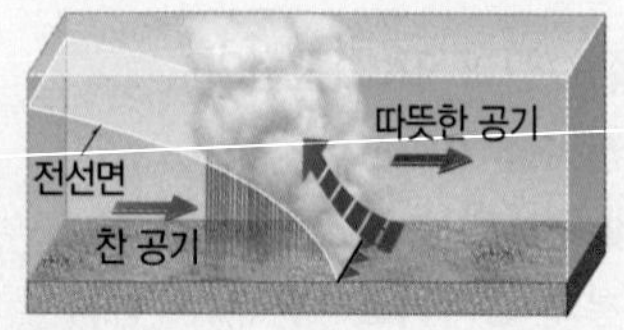


이에 대한 설명으로 옳은 것을 보기에서 모두 고른 것은?

보기
ㄱ. 따뜻한 공기가 찬 공기 쪽으로 이동하여 찬 공기를 타고 오르면서 형성된다.
ㄴ. 옆으로 퍼지는 모양의 구름이 만들어진다.
ㄷ. 좁은 지역에 소나기성 비가 내린다.
ㄹ. 비교적 전선의 이동 속도가 빠르다.

① ㄱ, ㄴ ② ㄱ, ㄹ ③ ㄴ, ㄷ
④ ㄴ, ㄹ ⑤ ㄷ, ㄹ

중요
**11** 그림 (가)와 (나)는 서로 다른 종류의 전선을 나타낸 것이다.

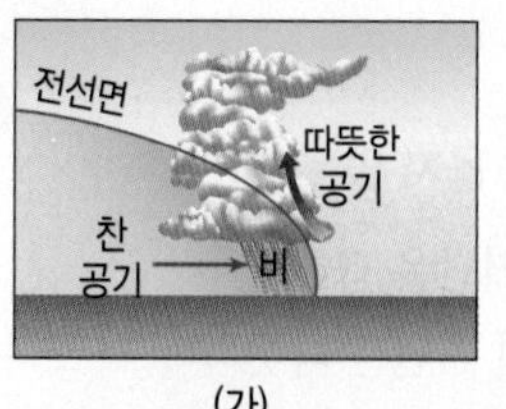

(가)

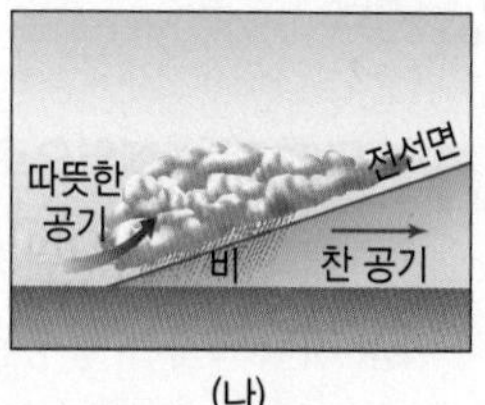

(나)

이에 대한 설명으로 옳은 것은?
① (가)는 온난 전선, (나)는 한랭 전선이다.
② (가) 전선이 통과한 후에는 기온이 높아진다.
③ (나) 전선에서는 좁은 지역에 소나기성 비가 내린다.
④ 전선면의 기울기는 (가)가 (나)보다 급하다.
⑤ 전선의 이동 속도는 (나)가 (가)보다 빠르다.

## C 기압과 날씨

**12** 고기압과 저기압에 대한 설명으로 옳은 것은?
① 저기압 중심에서는 하강 기류가 발달한다.
② 고기압에서는 구름이 생성되어 날씨가 흐리다.
③ 고기압은 기압이 1000 hPa보다 높은 곳이다.
④ 북반구의 경우, 고기압 중심에서는 바람이 시계 반대 방향으로 불어 나간다.
⑤ 북반구의 경우, 저기압 중심에서는 주위로부터 바람이 시계 반대 방향으로 불어 들어온다.

**13** 북반구의 고기압과 저기압에서 부는 바람의 방향과 공기의 연직 운동을 옳게 나타낸 것은?

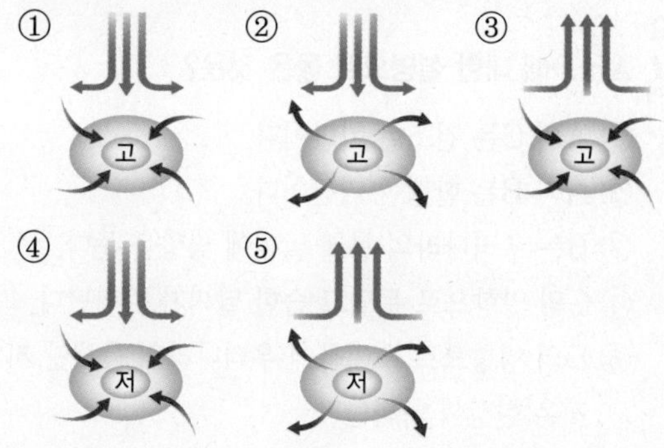

중요

**14** 그림은 북반구의 고기압과 저기압을 순서 없이 나타낸 것이다.

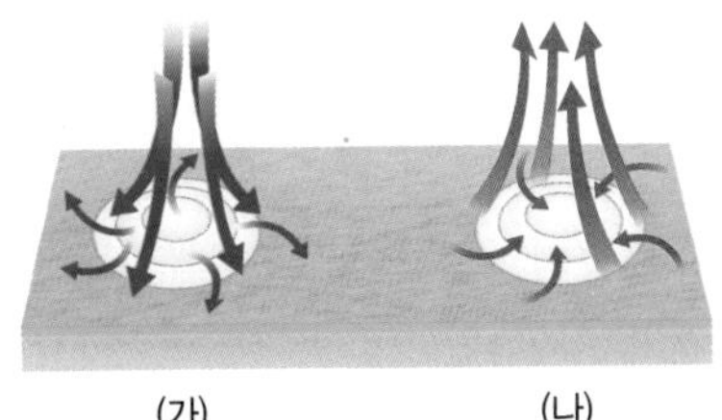

(가)　　　　(나)

**이에 대한 설명으로 옳은 것은?**

① (가)에서는 날씨가 맑다.
② (가)는 주위보다 기압이 낮다.
③ (나)는 하강 기류가 발달한다.
④ (나)는 시계 방향으로 바람이 불어 들어온다.
⑤ 지표 부근에서 바람은 (나)에서 (가) 방향으로 분다.

**15** 오른쪽 그림은 북반구 어느 지역의 지표 부근에서 부는 바람을 나타낸 것이다. 이에 대한 설명으로 옳은 것을 보기에서 모두 고른 것은?

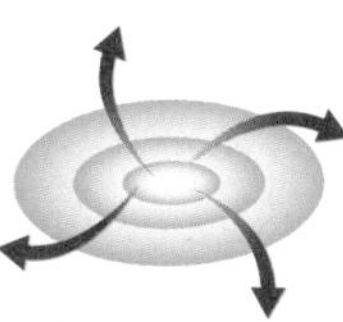

보기
ㄱ. 바람이 시계 반대 방향으로 불어 나간다.
ㄴ. 고기압에서 나타나는 바람의 방향이다.
ㄷ. 중심 부근에서 공기가 상승하여 단열 팽창이 일어난다.

① ㄱ　② ㄴ　③ ㄱ, ㄷ
④ ㄴ, ㄷ　⑤ ㄱ, ㄴ, ㄷ

**16** 오른쪽 그림은 온대 저기압을 나타낸 것이다. ㉠－㉡ 방향으로 수직 단면의 모습을 옳게 나타낸 것은?

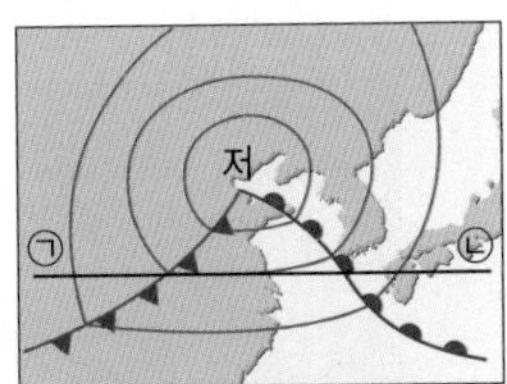


①

②

③

④

⑤

**[17~18]** 그림은 우리나라 부근을 지나는 온대 저기압을 나타낸 것이다.

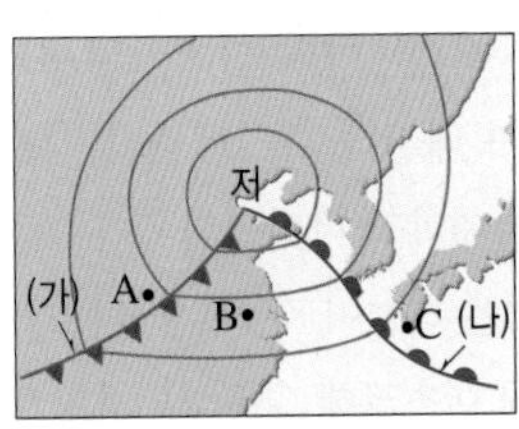


중요

**17** 이에 대한 설명으로 옳은 것은?

① (가)는 온난 전선, (나)는 한랭 전선이다.
② A 지역에는 층운형 구름이 발달한다.
③ B 지역은 날씨가 맑고 기온이 높다.
④ C 지역은 현재 남서풍이 불고 있다.
⑤ 온대 저기압은 동쪽에서 서쪽으로 이동해 갈 것이다.

**18** A~C 중 다음과 같은 날씨가 예상되는 지역을 쓰시오.

> 아침 현재 넓은 지역에 걸쳐 지속적인 비가 내리고 있으나, 비가 그친 후 오후부터는 점차 맑아지고 기온이 상승할 것이다.

## D 우리나라의 계절별 날씨

**19** 그림은 같은 날, 같은 시각에 우리나라 주변의 일기도와 인공위성에서 촬영한 구름 사진을 나타낸 것이다.

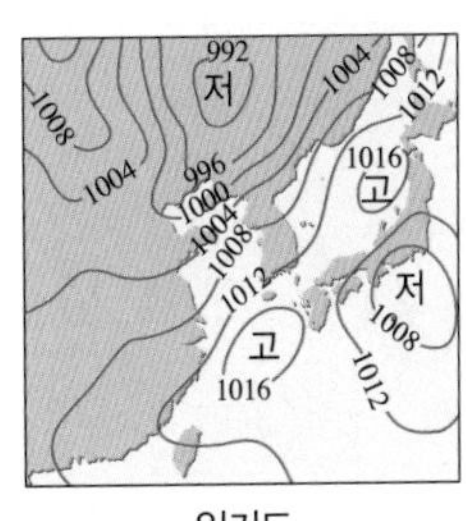


일기도

위성 사진

**이에 대한 설명으로 옳은 것을 보기에서 모두 고른 것은?**

보기
ㄱ. 고기압의 중심부 지역에는 구름이 많다.
ㄴ. 저기압의 중심부 지역은 대체로 날씨가 흐릴 것이다.
ㄷ. 우리나라에서는 남풍 계열의 바람이 불 것이다.

① ㄱ　② ㄴ　③ ㄷ
④ ㄱ, ㄴ　⑤ ㄴ, ㄷ

중요

**20** 우리나라의 계절별 날씨의 특징으로 옳지 않은 것은?

① 봄 – 꽃샘추위가 나타난다.
② 초여름 – 북태평양 기단과 북쪽의 찬 기단이 만나 많은 비가 내린다.
③ 여름 – 열대야가 나타난다.
④ 가을 – 맑은 하늘이 자주 나타나고, 첫서리가 내린다.
⑤ 겨울 – 오호츠크해 기단의 영향으로 춥고 건조한 날씨가 나타난다.

**21** 우리나라 여름철 날씨의 특징으로 옳은 것은?

① 북서 계절풍이 분다.
② 황사가 자주 발생한다.
③ 서고동저형의 기압 배치가 나타난다.
④ 이동성 고기압의 영향을 자주 받는다.
⑤ 북태평양 기단의 영향으로 폭염이 나타난다.

**22** 그림은 우리나라 어느 계절의 일기도이다.

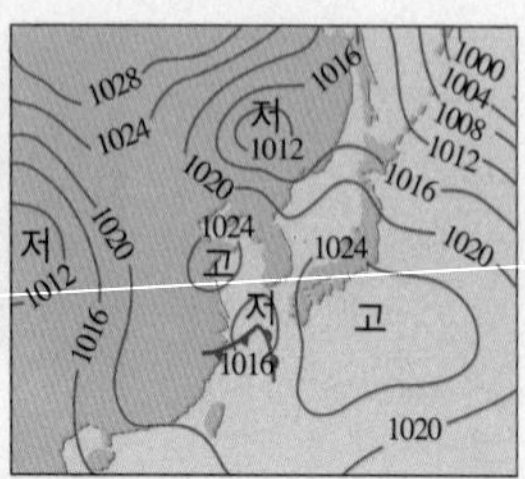


이에 대한 설명으로 옳은 것을 보기에서 모두 고른 것은?

보기
ㄱ. 겨울철 일기도이다.
ㄴ. 양쯔강 기단의 영향을 받는다.
ㄷ. 이동성 고기압과 저기압이 지나가 날씨가 자주 바뀐다.

① ㄱ ② ㄴ ③ ㄱ, ㄷ
④ ㄴ, ㄷ ⑤ ㄱ, ㄴ, ㄷ

**23** 오른쪽 그림은 우리나라 어느 계절의 일기도이다. 이에 대한 설명으로 옳은 것은?

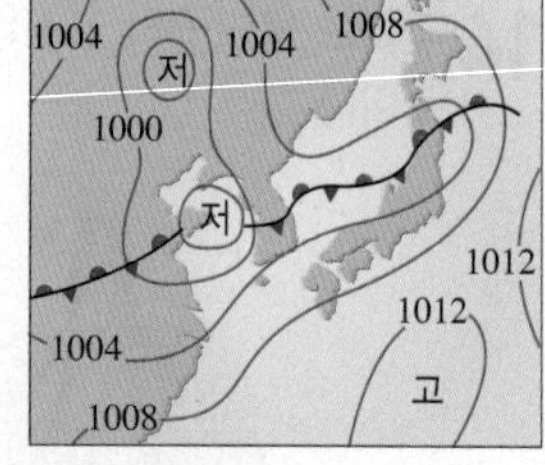


① 겨울철 일기도이다.
② 서고동저형의 기압 배치가 나타난다.
③ 우리나라는 양쯔강 기단의 영향을 받는다.
④ 정체 전선의 일종인 장마 전선이 형성되어 있다.
⑤ 시베리아 기단의 세력이 확장되면서 남쪽의 따뜻한 기단과 만나 전선이 형성되었다.

중요

**24** 그림 (가)는 우리나라 어느 계절의 일기도를, (나)는 우리나라에 영향을 주는 기단을 나타낸 것이다.

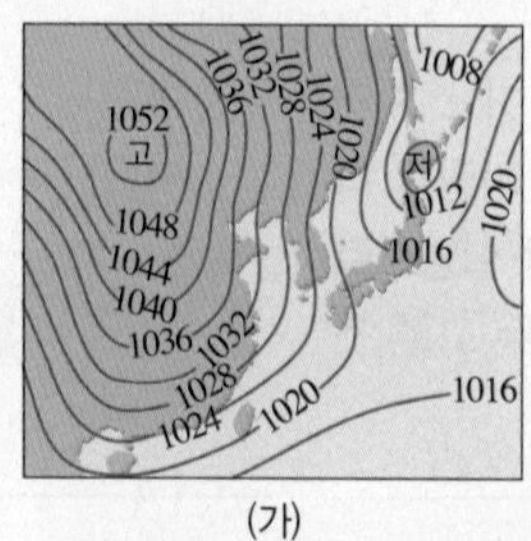


(가)

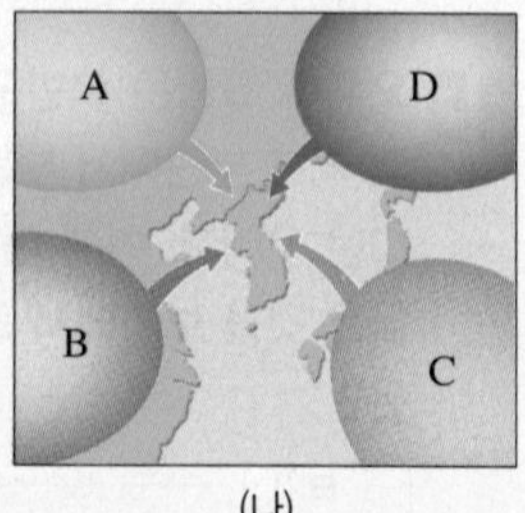


(나)

(가) 일기도가 나타나는 계절과 이때 우리나라에 가장 큰 영향을 주는 기단을 (나)에서 골라 옳게 짝 지은 것은?

① 봄, A ② 여름, B ③ 여름, C
④ 겨울, A ⑤ 겨울, D

중요

**25** 그림 (가)와 (나)는 우리나라 여름철 일기도와 겨울철 일기도를 순서 없이 나타낸 것이다.

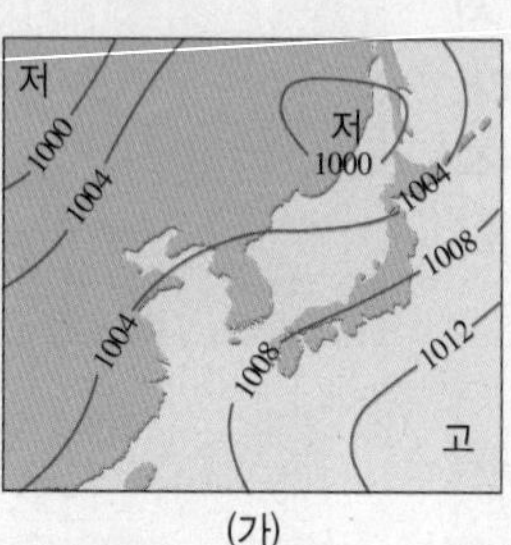


(가)

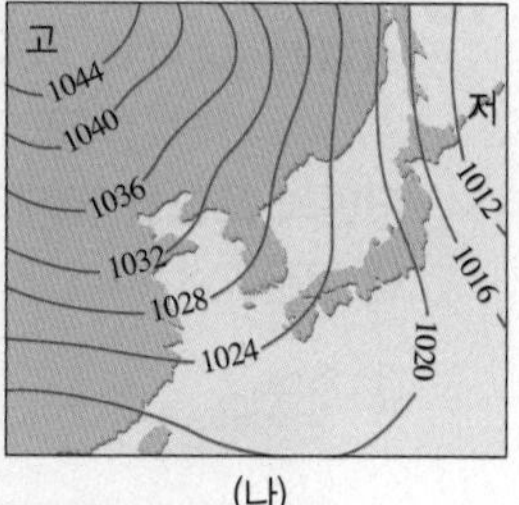


(나)

이에 대한 설명으로 옳지 않은 것은?

① (가)는 겨울철 일기도, (나)는 여름철 일기도이다.
② (가)는 남고북저형의 기압 배치가 나타난다.
③ (가)는 북태평양 기단의 세력이 강하다.
④ (나)에서는 한파가 나타난다.
⑤ (나)에는 북서 계절풍이 분다.

## 서술형 문제

중요
**26** 오른쪽 그림은 우리나라에 영향을 미치는 기단을 나타낸 것이다.

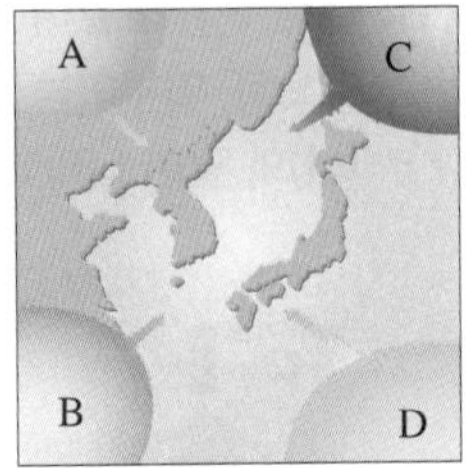


(1) A~D 중 시베리아 기단을 고르시오.

(2) 시베리아 기단의 성질을 기온과 습도를 포함하여 서술하시오.

중요
**27** 그림은 우리나라 부근의 온대 저기압을 나타낸 것이다.

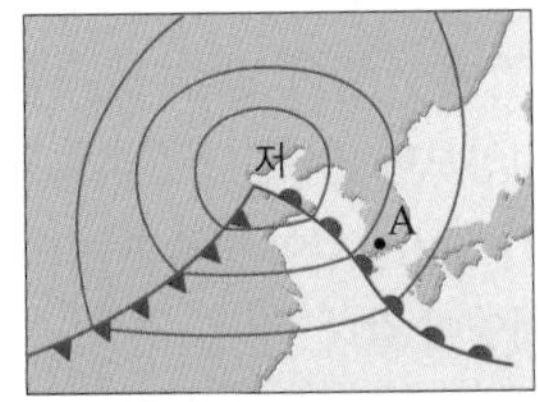


(1) A 지역의 현재 날씨(기온, 구름의 종류, 강수, 풍향)를 서술하시오.

(2) 온대 저기압이 A 지역을 통과하는 동안 날씨(기온, 구름의 종류, 강수, 풍향) 변화를 서술하시오.

**28** 그림은 우리나라 서로 다른 계절의 일기도이다.

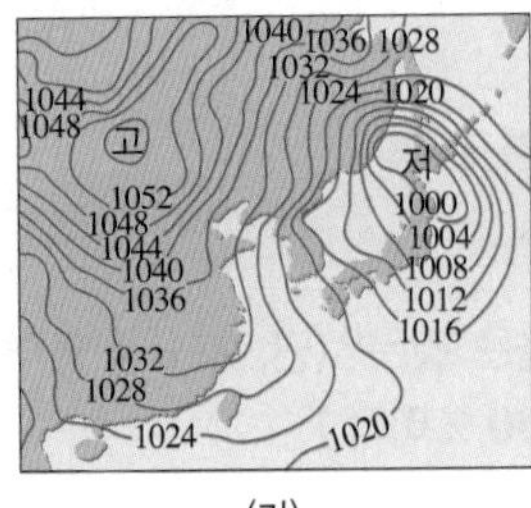

(가)

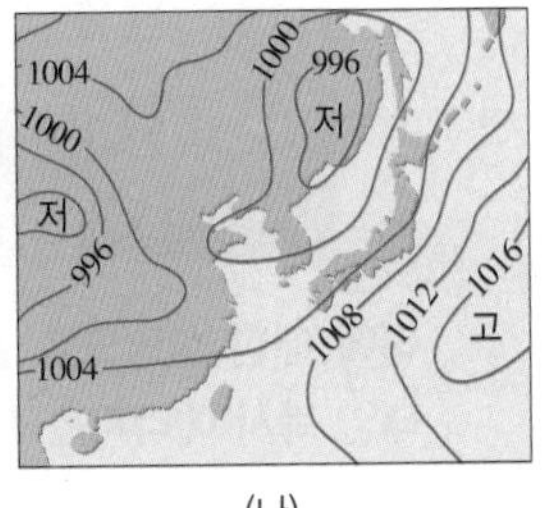

(나)

(1) (가)와 (나) 중 여름철 일기도를 고르고, 그렇게 생각한 까닭을 기압 배치와 관련지어 서술하시오.

(2) (가) 계절에 나타나는 날씨의 특징을 두 가지만 서술하시오.

## 수준 높은 문제로 실력 탄탄

● 정답과 해설 29쪽

**01** 그림은 차가운 육지에서 발생한 기단이 따뜻한 바다 위를 지나 따뜻한 육지로 이동하는 모습을 나타낸 것이다.

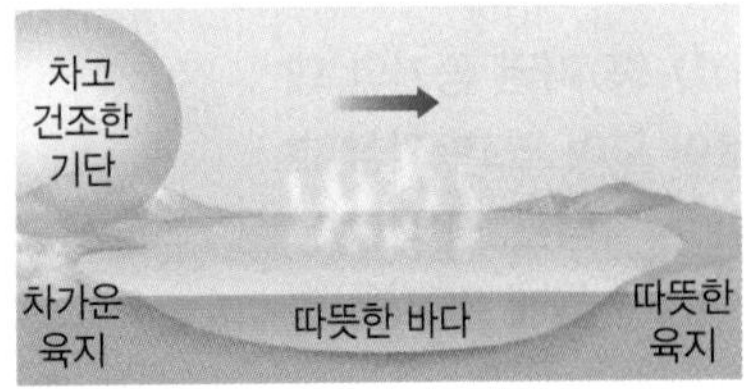


기단의 성질 변화 및 날씨 변화로 옳은 것은?

| | 기단의 성질 변화 | 날씨 변화 |
|---|---|---|
| ① | 기온 상승, 습도 증가 | 구름 생성 |
| ② | 기온 상승, 습도 감소 | 구름 생성 |
| ③ | 기온 하강, 습도 증가 | 구름 소멸 |
| ④ | 기온 하강, 습도 감소 | 구름 소멸 |
| ⑤ | 변화 없다. | 변화 없다. |

[02~03] 그림은 우리나라 부근의 일기도를 나타낸 것이다.

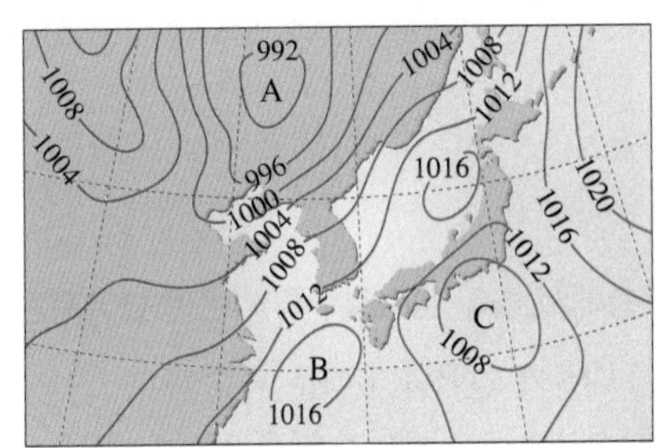


**02** A 지역의 지표에서 부는 바람의 방향을 옳게 나타낸 것은?

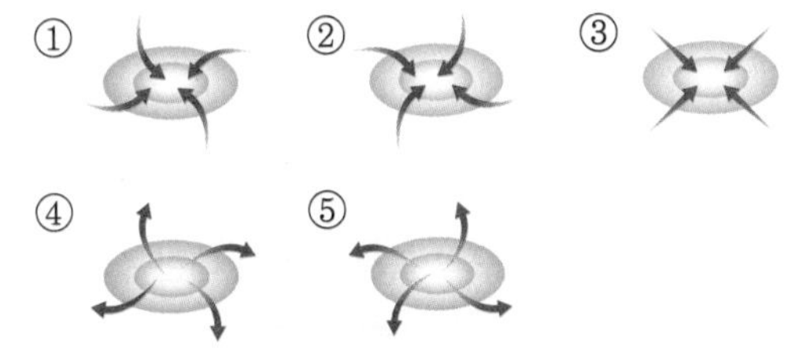


**03** 이에 대한 설명으로 옳은 것은?

① A 지역은 날씨가 맑다.
② B 지역은 저기압이다.
③ B 지역에서는 바람이 시계 방향으로 불어 나간다.
④ 바람은 A에서 B 쪽으로 분다.
⑤ C 지역의 중심에서는 하강 기류가 발달한다.

지금까지 열심히 달려오셨어요!
단원 평가 문제를 풀면서 자신의 **실력**을 **확인**해 봅시다.

# 단원 평가 문제

[01~03] 오른쪽 그림은 기권의 층상 구조를 나타낸 것이다.

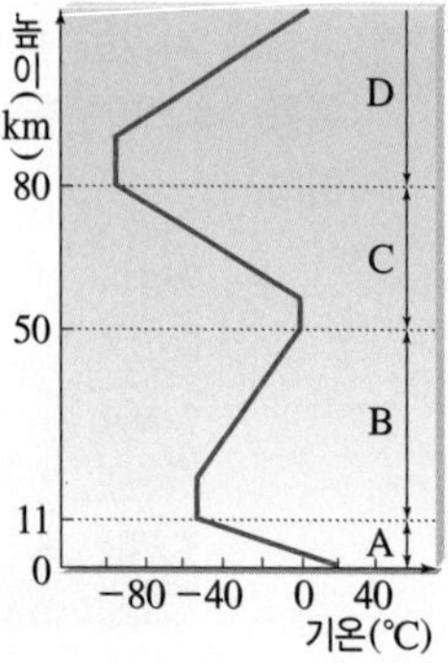


**01** A~D 중 기권 공기의 대부분이 모여 있고, 기상 현상이 나타나는 층의 기호와 이름을 옳게 짝 지은 것은?

① A, 대류권 ② B, 성층권 ③ C, 중간권
④ D, 대류권 ⑤ D, 열권

**02** 이에 대한 설명으로 옳은 것은?

① A층에는 오존층이 존재한다.
② B층에서는 대류가 일어난다.
③ C층은 주로 장거리 비행기의 항로로 이용된다.
④ D층에서는 오로라가 나타나기도 한다.
⑤ 각 층을 구분한 기준은 높이에 따른 기압 변화이다.

**03** B층에서 높이 올라갈수록 기온이 높아지는 까닭은?

① 대류가 일어나기 때문
② 오존층에서 자외선을 흡수하기 때문
③ 대류권의 복사 에너지를 전달받기 때문
④ 태양이 방출하는 에너지의 영향을 많이 받기 때문
⑤ 지표면에서 방출하는 복사 에너지를 흡수하기 때문

**04** 복사 에너지와 지구의 복사 평형에 대한 설명으로 옳은 것을 보기에서 모두 고른 것은?

보기
ㄱ. 모든 물체는 복사 에너지를 방출한다.
ㄴ. 지구는 태양 복사 에너지를 끊임없이 흡수하기 때문에 평균 기온이 계속 상승한다.
ㄷ. 지구는 달에 비해 높은 온도에서 복사 평형을 이루어 평균 온도가 높다.

① ㄱ ② ㄴ ③ ㄱ, ㄷ
④ ㄴ, ㄷ ⑤ ㄱ, ㄴ, ㄷ

**05** 그림 (가)와 같이 장치한 후, 적외선등을 켜고 5분 간격으로 알루미늄 컵 속 공기의 온도를 측정하였더니 (나)와 같이 나타났다.

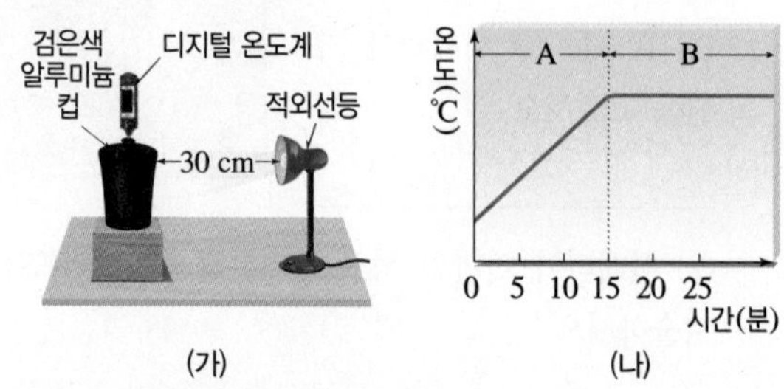


이에 대한 설명으로 옳은 것은?

① 알루미늄 컵은 태양, 적외선등은 지구에 해당한다.
② 복사 평형에 도달한 시각은 적외선등을 켜고 20분이 지난 후이다.
③ A 구간에서 컵이 방출하는 에너지양은 흡수하는 에너지양보다 많다.
④ B 구간에서는 컵이 방출하는 에너지양과 흡수하는 에너지양이 같다.
⑤ 컵을 적외선등으로부터 50 cm 거리에 두고 실험하면 더 높은 온도에서 온도가 일정해진다.

**06** 그림은 지구의 복사 평형을 나타낸 것이다.

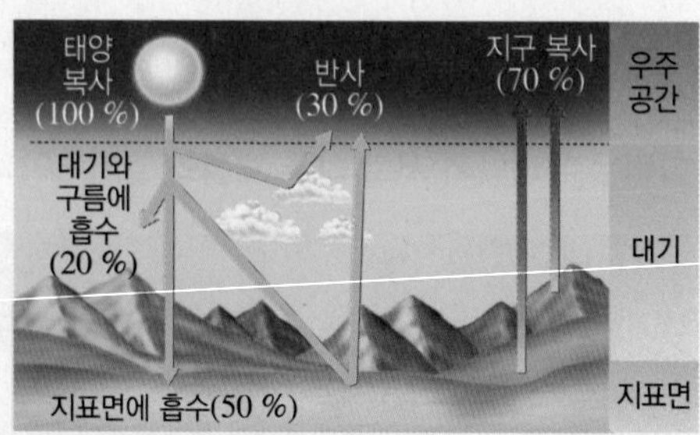


이에 대한 설명으로 옳은 것은? (단, 지구에 들어오는 태양 복사 에너지는 100 %이다.)

① 지구에 흡수되는 태양 복사 에너지양은 50 %이다.
② 태양 복사 에너지 중 70 %는 지표면에 흡수된다.
③ 지구에서 우주로 방출되는 지구 복사 에너지양은 70 %이다.
④ 지구에 들어오는 태양 복사 에너지양 중 30 %는 대기와 구름에 흡수된다.
⑤ 지구에 흡수되는 태양 복사 에너지양은 우주로 방출되는 지구 복사 에너지양보다 적다.

**07** 그림은 1880년 이후 지구의 평균 기온 변화를 나타낸 것이다.

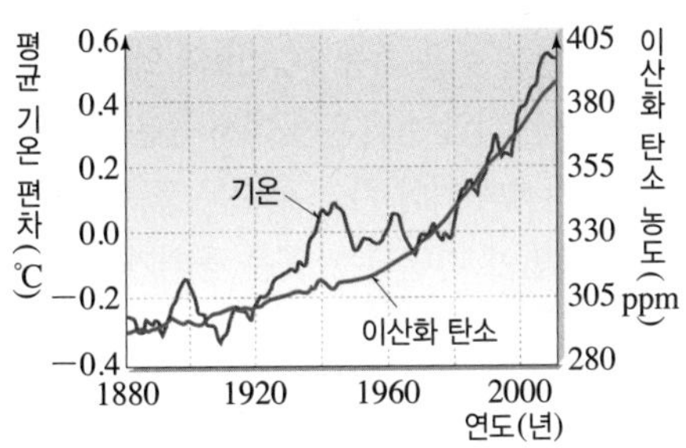


이에 대한 설명으로 옳지 않은 것은?

① 산업 활동이 증가함에 따라 대기 중 이산화 탄소의 농도가 증가하였다.
② 지구의 평균 기온이 상승한 원인 중 하나는 대기 중 이산화 탄소의 농도 증가 때문이다.
③ 이산화 탄소는 온실 기체이다.
④ 이 기간 동안 온실 효과는 약화되었다.
⑤ 지구의 평균 기온이 계속 상승하면 해수면이 점점 높아질 것이다.

[08~10] 그림은 기온에 따른 포화 수증기량 곡선을 나타낸 것이다.

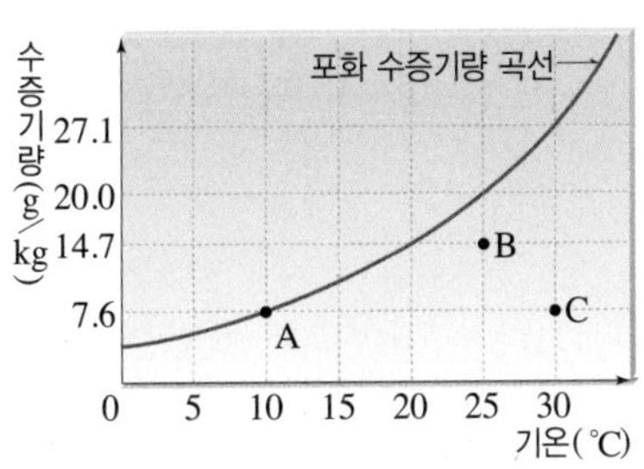


**08** A~C 공기에 대한 설명으로 옳지 않은 것은?

① A 공기의 포화 수증기량이 가장 적다.
② B 공기는 불포화 상태이다.
③ C 공기의 상대 습도가 가장 낮다.
④ 이슬점을 비교하면 B>A=C이다.
⑤ B 공기 3 kg을 10 °C로 냉각시킬 때 응결되는 수증기량은 7.1 g이다.

**09** C 공기 500 g을 포화시키려면 수증기 몇 g을 더 공급해야 하는가?

① 3.8 g ② 7.6 g ③ 9.75 g
④ 19.5 g ⑤ 13.55 g

**10** B 공기의 상대 습도는 몇 %인가?

① 28.0 % ② 38.5 % ③ 52.0 %
④ 54.0 % ⑤ 73.5 %

[11~12] 표는 기온에 따른 포화 수증기량을 나타낸 것이다.

| 기온(°C) | 5 | 10 | 15 | 20 | 25 | 30 |
|---|---|---|---|---|---|---|
| 포화 수증기량(g/kg) | 5.4 | 7.6 | 10.6 | 14.7 | 20.0 | 27.1 |

**11** 10.6 g의 수증기를 포함한 25 °C의 공기 1 kg을 10 °C로 냉각시키면 몇 g의 수증기가 응결되는가?

① 3.0 g ② 7.6 g ③ 10.6 g
④ 12.4 g ⑤ 20.0 g

**12** 30 °C인 공기 2 kg 속에 21.2 g의 수증기가 들어 있을 때, 이 공기의 (가) 이슬점과 (나) 상대 습도를 옳게 짝 지은 것은?

| | (가) | (나) | | (가) | (나) |
|---|---|---|---|---|---|
| ① | 15 °C | 약 39 % | ② | 15 °C | 약 78 % |
| ③ | 20 °C | 약 50 % | ④ | 27 °C | 약 39 % |
| ⑤ | 27 °C | 약 78 % | | | |

**13** 그림은 맑은 날 하루 동안의 기온과 상대 습도의 변화를 나타낸 것이다.

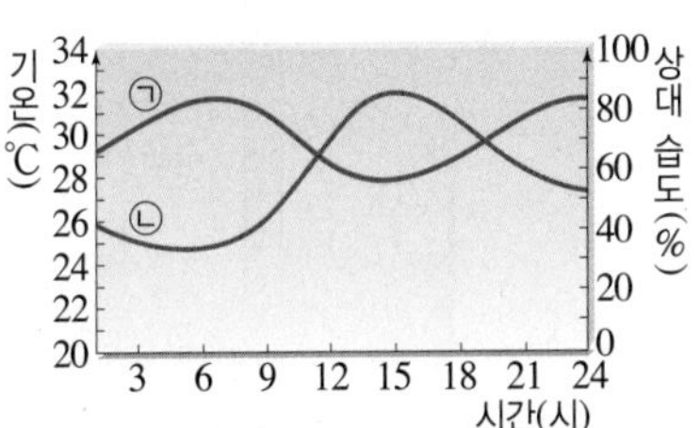


이에 대한 설명으로 옳은 것은?

① ㉠은 기온, ㉡은 상대 습도이다.
② 기온은 새벽 6시경에 가장 높았다.
③ 하루 동안 공기 중의 수증기량 변화가 크다.
④ 맑은 날 기온과 상대 습도의 변화는 대체로 반대로 나타난다.
⑤ 기온이 높아지면 공기 중의 수증기량이 감소하여 상대 습도가 변한다.

**14** 다음은 구름이 만들어지는 과정을 나타낸 것이다.

| 공기 덩어리 상승 → 단열 ㉠(      ) → 공기 덩어리의 기온 ㉡(      ) → ㉢(      ) 도달 → 수증기 ㉣(      ) → 구름 생성 |
|---|

㉠~㉣에 알맞은 말을 쓰시오.

**15** 그림은 눈이나 비를 만드는 구름을 나타낸 것이다.

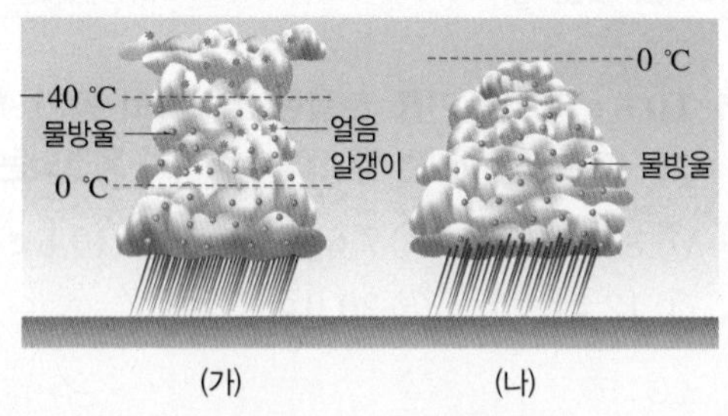


이에 대한 설명으로 옳지 않은 것은?

① (가)는 중위도나 고위도 지방에서 발달한다.
② (가)에서는 수증기가 달라붙어 얼음 알갱이가 점차 커진다.
③ (가)를 이용하여 눈과 비가 내리는 과정을 모두 설명할 수 있다.
④ (나)에서는 차가운 비가 내린다.
⑤ (나)에서는 물방울들이 합쳐져서 비가 내린다.

**16** 그림과 같이 어느 지역에서 유리관에 수은을 가득 채우고 수은이 담긴 수조에 거꾸로 세웠더니 수은 기둥이 내려오다가 멈추었다.

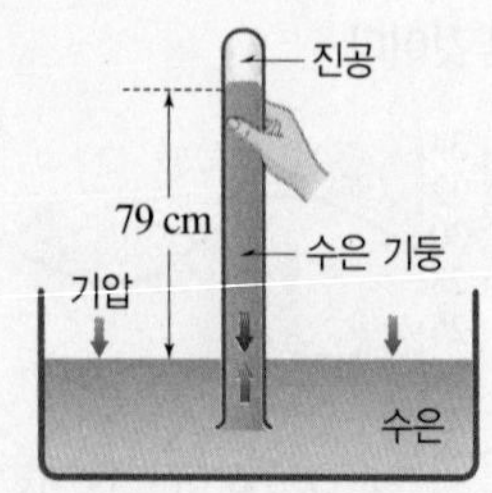


이에 대한 설명으로 옳지 않은 것은?

① 수은 기둥의 압력은 기압과 같다.
② 이 지역의 기압은 1013 hPa보다 크다.
③ 수은 기둥을 기울여도 수은 기둥의 높이는 달라지지 않는다.
④ 높은 산의 정상에서 실험하면 수은 기둥의 높이는 낮아진다.
⑤ 시험관의 굵기가 가는 것으로 실험하면 수은 기둥의 높이가 높아진다.

**17** 기압과 바람에 대한 설명으로 옳지 않은 것은?

① 지표에서 높이 올라갈수록 기압이 낮아진다.
② 1기압은 수은 기둥 76 cm의 압력과 같다.
③ 바람은 기압이 낮은 곳에서 높은 곳으로 분다.
④ 두 지점의 기압 차가 클수록 풍속이 빨라진다.
⑤ 지표면이 가열되는 곳은 공기가 상승하여 주위보다 기압이 낮아진다.

**18** 오른쪽 그림은 어느 해안 지역에서 부는 바람을 나타낸 것이다. 이에 대한 설명으로 옳은 것을 보기에서 모두 고른 것은?

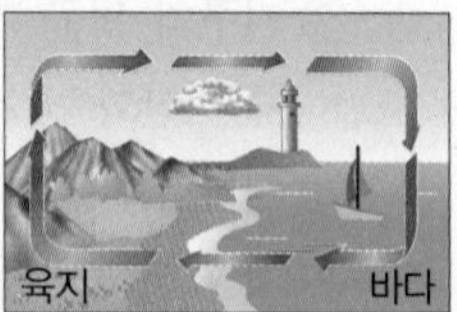


| 보기 |
|---|
| ㄱ. 낮에 해풍이 불고 있다.<br>ㄴ. 지표면의 기압은 육지가 바다보다 높다.<br>ㄷ. 육지가 바다보다 기온이 더 높다.<br>ㄹ. 육지와 바다의 열용량 차이로 부는 바람이다. |

① ㄱ, ㄹ ② ㄴ, ㄷ ③ ㄴ, ㄹ
④ ㄱ, ㄴ, ㄷ ⑤ ㄱ, ㄷ, ㄹ

**19** 그림 (가)와 (나)는 우리나라 부근에서 부는 계절풍을 나타낸 것이다.

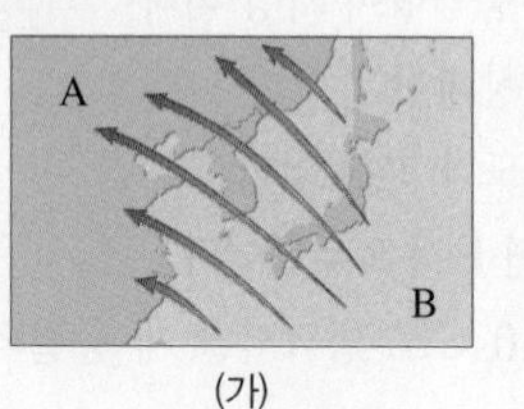

(가)

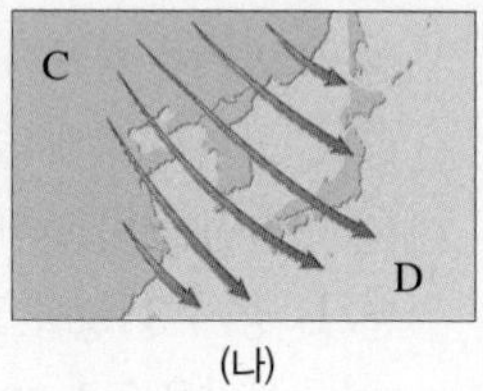

(나)

이에 대한 설명으로 옳은 것은?

① (가)는 겨울철에 부는 바람이다.
② (나)는 북서 계절풍이다.
③ A는 B보다 기압이 높다.
④ C는 D보다 기온이 높다.
⑤ (가)와 (나)는 해양이 대륙보다 빨리 가열되고 빨리 냉각되기 때문에 부는 바람이다.

**20** 그림은 우리나라에 영향을 주는 기단을 나타낸 것이다.

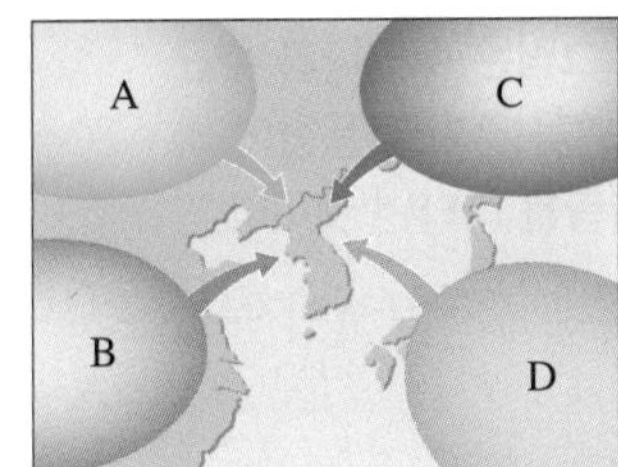


이에 대한 설명으로 옳은 것은?

① A는 봄과 가을에 주로 영향을 준다.
② B는 양쯔강 기단으로, 겨울에 영향을 준다.
③ C는 오호츠크해 기단으로, 한랭 건조하다.
④ D는 여름에 주로 영향을 주며, 고온 다습하다.
⑤ D는 북쪽의 따뜻한 기단과 만나 정체 전선을 형성하기도 한다.

[21~22] 그림은 서로 다른 종류의 전선을 나타낸 것이다.

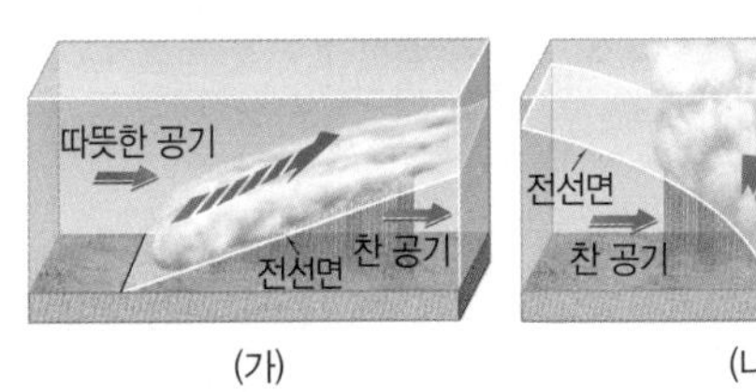


(가) (나)

**21** 이에 대한 설명으로 옳은 것을 보기에서 모두 고른 것은?

보기
ㄱ. (가)는 한랭 전선, (나)는 온난 전선이다.
ㄴ. 전선의 이동 속도는 (가)가 (나)보다 빠르다.
ㄷ. (가)에서는 지속적인 비가 내리고, (나)에서는 소나기성 비가 내린다.

① ㄱ ② ㄷ ③ ㄱ, ㄴ
④ ㄱ, ㄷ ⑤ ㄴ, ㄷ

**22** (가)와 (나) 전선의 기호를 각각 옳게 짝 지은 것은?

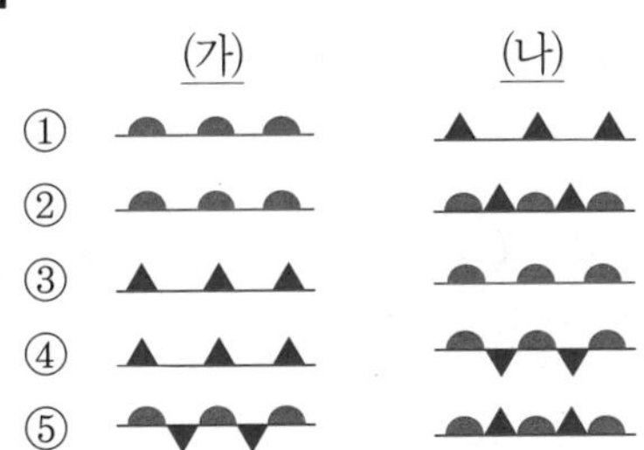


**23** 그림 (가)와 (나)는 북반구의 고기압과 저기압을 순서 없이 나타낸 것이다.

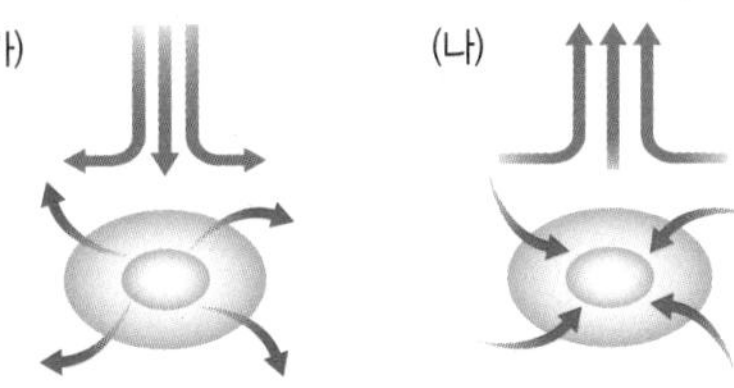


이에 대한 설명으로 옳지 않은 것은?

① (가)는 고기압, (나)는 저기압이다.
② (가)에서는 바람이 시계 방향으로 불어 나간다.
③ (가)에서는 공기가 하강하여 구름이 잘 생성된다.
④ (나)는 (가)보다 날씨가 대체로 흐리다.
⑤ 지표 부근에서 바람은 (가)에서 (나) 방향으로 분다.

**24** 그림은 온대 저기압의 모습을 나타낸 것이다.

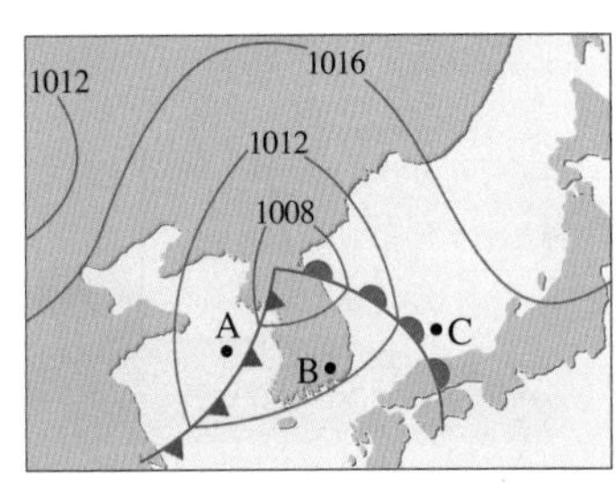


A~C 지역에 대한 설명으로 옳지 않은 것은?

① A 지역에는 소나기성 비가 내린다.
② B 지역은 날씨가 맑다.
③ C 지역은 층운형 구름이 발달한다.
④ B 지역은 한랭 전선이 통과한 후 남서풍이 불 것이다.
⑤ C 지역은 온난 전선이 통과한 후 기온이 높아진다.

**25** 그림 (가)는 우리나라 어느 계절의 일기도를, (나)는 우리나라에 영향을 주는 기단을 나타낸 것이다.

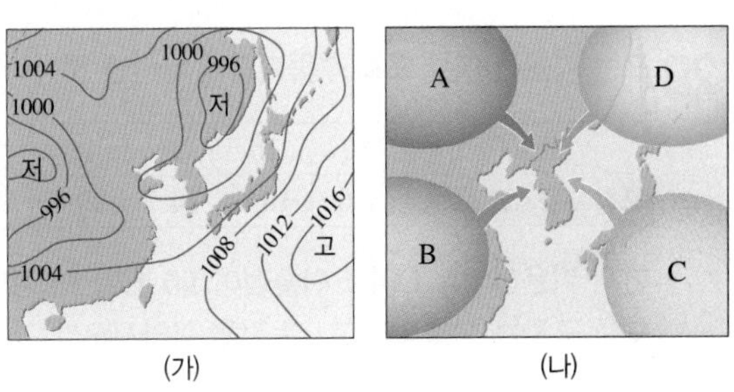


(가) (나)

(가) 일기도가 나타나는 계절과 이때 우리나라에 가장 큰 영향을 주는 기단을 (나)에서 골라 옳게 짝 지은 것은?

① 봄, 가을 - A ② 여름 - B
③ 여름 - C ④ 겨울 - A
⑤ 겨울 - D

## 서술형 문제

**26** 오른쪽 그림은 기권의 층상 구조를 나타낸 것이다.

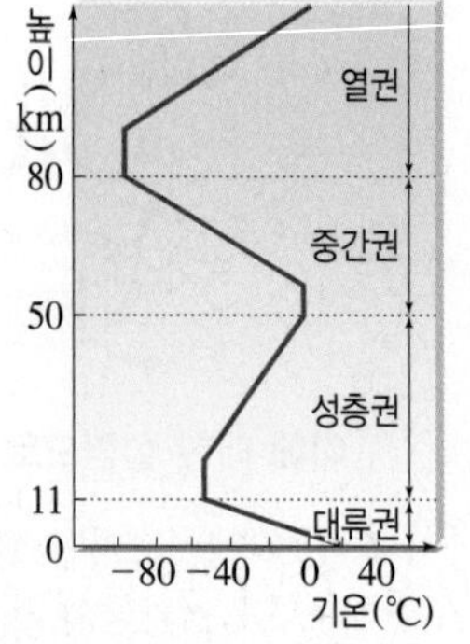


(1) 대류권과 중간권에서 높이 올라갈수록 기온이 낮아지는 까닭을 서술하시오.

(2) 대류권과 중간권의 공통점과 차이점을 서술하시오.(단, 공통점에서 기온 변화는 제외한다.)

**27** 그림은 지구의 복사 평형을 나타낸 것이다.

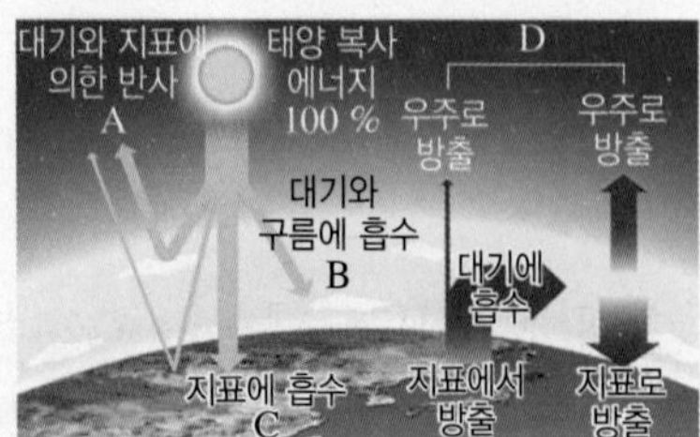


(1) A와 D는 각각 몇 %인지 쓰시오.

(2) B, C, D의 관계를 수식으로 나타내시오.

(3) 지구의 복사 평형에서 대기가 하는 역할과 그 결과를 서술하시오.

**28** 표는 기온에 따른 포화 수증기량을 나타낸 것이다.

| 기온(℃) | 10 | 15 | 20 | 25 | 30 |
|---|---|---|---|---|---|
| 포화 수증기량(g/kg) | 7.6 | 10.6 | 14.7 | 20.0 | 27.1 |

**현재 기온이 25 ℃이고 이슬점이 15 ℃일 때 상대 습도를 구하는 식을 세우고, 그 값을 구하시오.**

**29** 구름이 만들어지는 경우 세 가지를 서술하시오.

**30** 오른쪽 그림은 우리나라 부근에서 1년을 주기로 풍향이 바뀌는 바람을 나타낸 것이다.

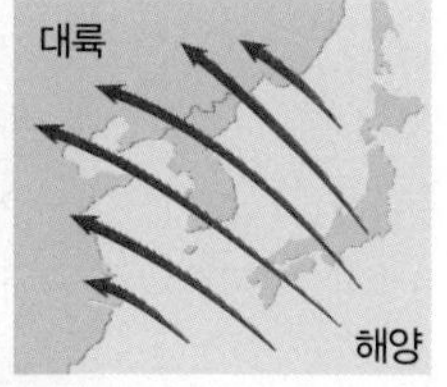


(1) 그림과 같은 바람이 부는 계절을 쓰시오.

(2) 위와 같은 방향으로 바람이 부는 까닭을 대륙과 해양의 기압의 크기를 비교하여 서술하시오.

**31** 그림 (가)와 (나)는 북반구의 고기압과 저기압에서 공기의 연직 운동을 순서 없이 나타낸 것이다.

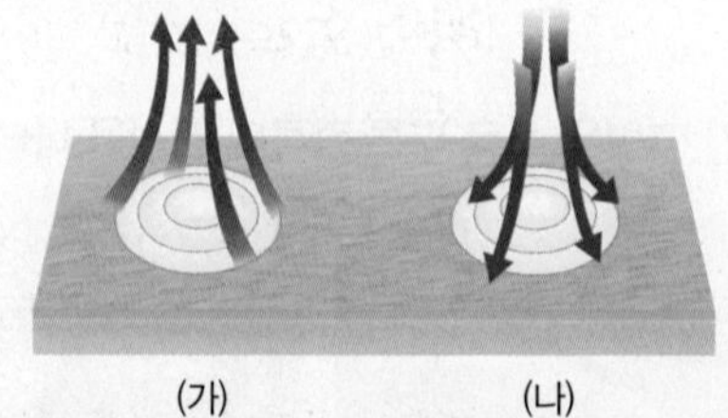


(1) 지표 부근에서 (가)와 (나)의 기압과 기압의 중심부에서 바람이 어떻게 부는지 각각 서술하시오.

(2) (가)와 (나)에서 날씨를 각각 서술하시오.

중요

**32** 그림은 어느 전선의 단면을 나타낸 것이다.

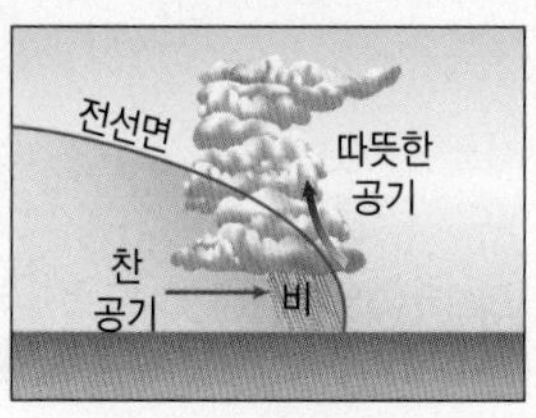


(1) 전선의 이름을 쓰고, 형성 과정을 서술하시오.

(2) 이 전선이 통과할 때 발생하는 구름의 종류, 강수 구역과 형태를 서술하시오.

# 대단원 콕콕 점검

이 단원에서 학습한 내용을 확실히 이해했나요?
다음 내용을 잘 알고 있는지 스스로 체크해 보세요.

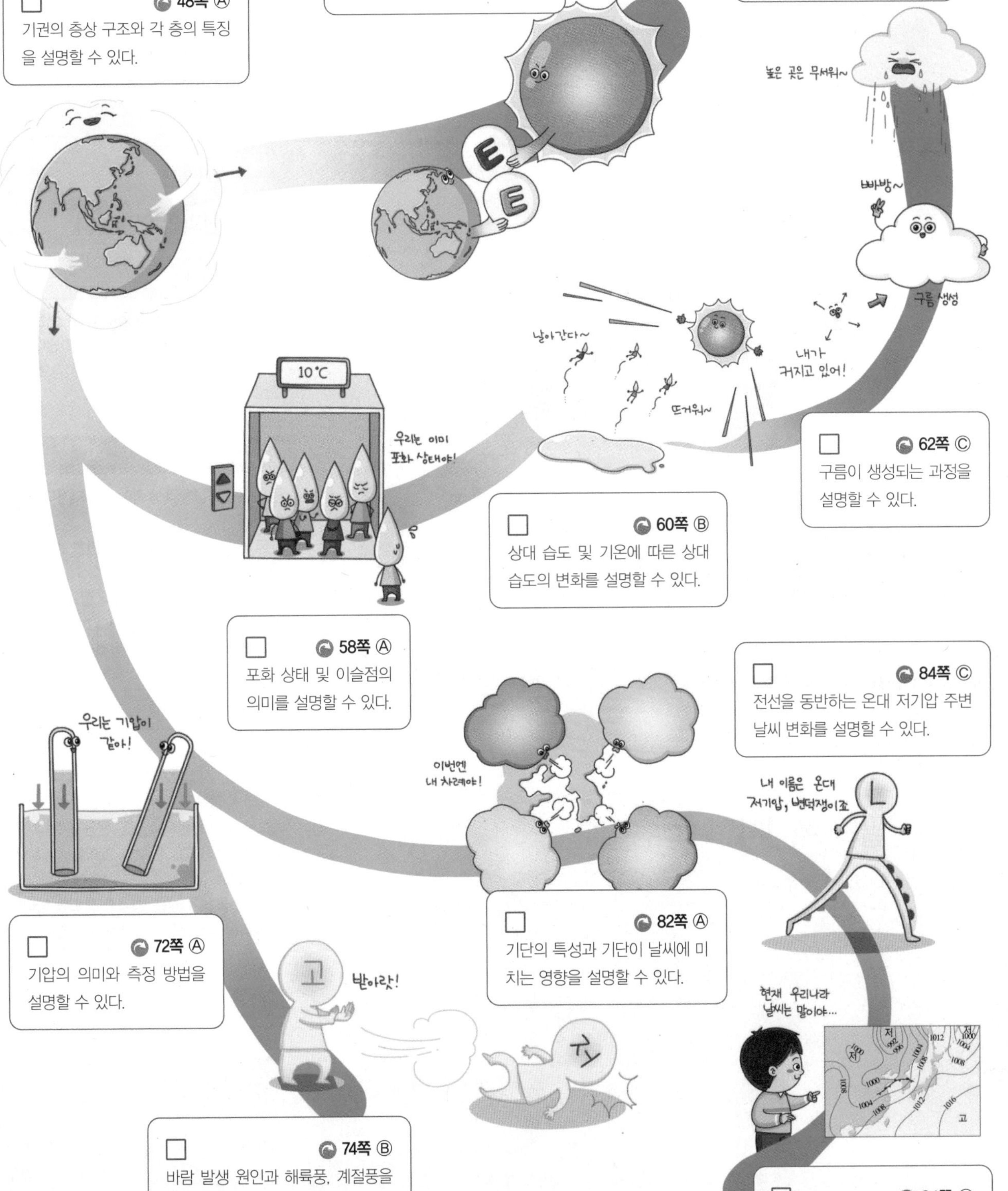

- ☐ 48쪽 Ⓐ 기권의 층상 구조와 각 층의 특징을 설명할 수 있다.
- ☐ 50쪽 Ⓑ 지구의 복사 평형과 지구 온난화를 설명할 수 있다.
- ☐ 62쪽 Ⓓ 구름에서 비나 눈이 내리는 과정을 설명할 수 있다.
- ☐ 62쪽 Ⓒ 구름이 생성되는 과정을 설명할 수 있다.
- ☐ 60쪽 Ⓑ 상대 습도 및 기온에 따른 상대 습도의 변화를 설명할 수 있다.
- ☐ 58쪽 Ⓐ 포화 상태 및 이슬점의 의미를 설명할 수 있다.
- ☐ 84쪽 Ⓒ 전선을 동반하는 온대 저기압 주변 날씨 변화를 설명할 수 있다.
- ☐ 72쪽 Ⓐ 기압의 의미와 측정 방법을 설명할 수 있다.
- ☐ 82쪽 Ⓐ 기단의 특성과 기단이 날씨에 미치는 영향을 설명할 수 있다.
- ☐ 74쪽 Ⓑ 바람 발생 원인과 해륙풍, 계절풍을 설명할 수 있다.
- ☐ 84쪽 Ⓓ 일기도에서 기압, 바람 등 날씨를 해석할 수 있다.

높은 곳은 무서워~
빠바방~
구름 생성
내가 커지고 있어!
날아간다~
뜨거워~
10 ℃
우리는 이미 포화 상태야!
우리는 기압이 같아!
이번엔 내 차례야!
내 이름은 온대 저기압, 변덕쟁이죠
받아랏!
현재 우리나라 날씨는 말이야…

- 모두 체크 — 참 잘했어요! 이 단원을 완벽하게 이해했군요!
- 10~7개 체크 — 알쏭달쏭한 내용은 해당 쪽으로 돌아가 복습하세요.
- 6개 이하 — 이 단원을 한 번 더 학습하세요.

# 운동과 에너지



## |다른 학년과의 연계는?|

**초등학교 5학년**

- 물체의 운동 : 물체가 운동하는 데 걸린 시간과 이동 거리로 물체의 운동을 나타낸다.
- 속력 : 물체의 이동 거리를 걸린 시간으로 나누어 구한다.

**중학교 3학년**

- 등속 운동 : 물체의 속력이 변하지 않고 일정한 운동이다.
- 자유 낙하 운동 : 물체가 중력만을 받아 낙하하는 운동이다.
- 일 : 물체에 힘을 가해 물체가 힘의 방향으로 이동했을 때 물체에 일을 했다고 한다.
- 에너지 : 일을 할 수 있는 능력이다.

**통합 과학**

- 자유 낙하 운동과 수평으로 던진 물체의 운동 : 역학적 시스템에서 자유 낙하 운동을 하는 물체와 수평으로 던진 물체에는 중력만 작용하므로 수직 방향으로 같은 운동을 한다.
- 운동량 : 운동하는 물체의 효과를 나타내는 물리량으로 질량과 속도를 곱하여 구한다.
- 충격량 : 물체가 받은 충격의 정도를 나타내는 물리량으로 운동량의 변화량과 같다.

이 단원에서는 물체의 운동과 일과 에너지에 대해 알아본다.
이 단원을 들어가기 전에 이전 학년에서 배운 개념을 확인해 보자.

## 알고 있나요?

다음 내용에서 필요한 단어를 골라 빈칸을 완성해 보자.

| 위치, 시간, 2, 5, 빠르다, 이동 거리, 속력 |
|---|

**초5**

### 1. 물체의 운동

① 물체의 운동은 이동하는 데 걸린 ❶□□과 이동 거리로 나타낸다.
② 그림의 자전거는 1초 동안 ❷□ m를 이동했다.
③ 그림의 자전거가 이동하는 1초 동안 나무의 ❸ □□는 변하지 않았으므로 나무는 운동하지 않았다.

### 2. 물체의 빠르기 비교

① 두 물체가 같은 위치에서 동시에 출발하여 같은 시간 동안 이동할 경우 더 멀리 이동한 물체의 속력이 더 ❹□□□.
② 그림의 100 m 달리기 경주와 같이 두 물체가 같은 거리를 이동했다면 시간이 더 적게 걸린 물체의 속력이 더 ❺□□□.

### 3. 물체의 속력

① 속력 $= \dfrac{❻□□\ □□}{\text{걸린 시간}}$
② ❼□□의 단위로는 m/s, km/h, cm/s, m/min 등이 있다.
③ 지민이가 100 m를 20초 동안 달렸다면 지민이의 속력은 ❽□ m/s이다.

정답 | ❶ 시간 ❷ 2 ❸ 위치 ❹ 빠르다 ❺ 빠르다 ❻ 이동 거리 ❼ 속력 ❽ 5

# 01 운동

## A 운동의 기록

화보 3.1

**1 운동** 시간에 따라 물체의 위치가 변하는 현상

**[운동의 기록]**
- 다중 섬광 사진 : 일정한 시간 간격으로 운동하는 물체를 촬영한 사진
- 물체가 빠르게 운동할수록 이웃한 물체 사이의 간격이 넓다. ➡ B가 A보다 빠르게 운동한다.

▲ 0.1초 간격으로 찍은 다중 섬광 사진

**2 속력** 일정한 시간 동안 물체가 이동한 거리[1]

$$\text{속력(m/s)}=\frac{\text{이동 거리(m)}}{\text{걸린 시간(s)}}$$

① 단위 : m/s(미터 매 초), km/h(킬로미터 매 시)[2]

② 평균 속력 : 물체의 속력이 일정하지 않을 때, 물체가 이동한 전체 거리를 걸린 시간으로 나누어 구한 속력

$$\text{평균 속력}=\frac{\text{전체 이동 거리}}{\text{걸린 시간}}$$

## B 등속 운동

**1 등속 운동** 시간에 따라 속력이 일정한 운동[3] 탐구 a 104쪽

① 속력이 항상 일정하다.

② 이동 거리가 시간에 비례하여 증가한다.

**[등속 운동을 하는 물체의 다중 섬광 사진 분석]**

| 시간(s) | 0 | 1 | 2 | 3 | 4 | 5 |
|---|---|---|---|---|---|---|
| 이동 거리(cm) | 0 | 4 | 8 | 12 | 16 | 20 |

- 사진이 찍힌 시간 간격은 1초이다.
- 물체의 이동 거리는 1초에 4 cm씩 증가한다. ➡ 속력이 4 cm/s이다.

**2 등속 운동을 하는 물체의 그래프**[4] 여기서 잠깐 106쪽

| 시간-이동 거리 그래프 | 시간-속력 그래프 |
|---|---|
| 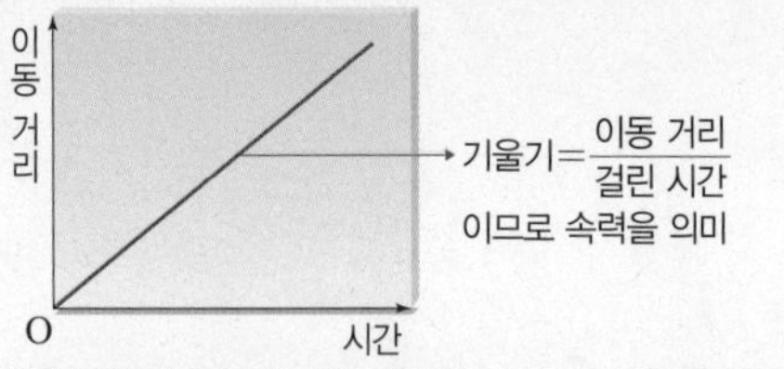 (그래프: 이동 거리 / 시간 / O) → 기울기 $=\frac{\text{이동 거리}}{\text{걸린 시간}}$이므로 속력을 의미 | 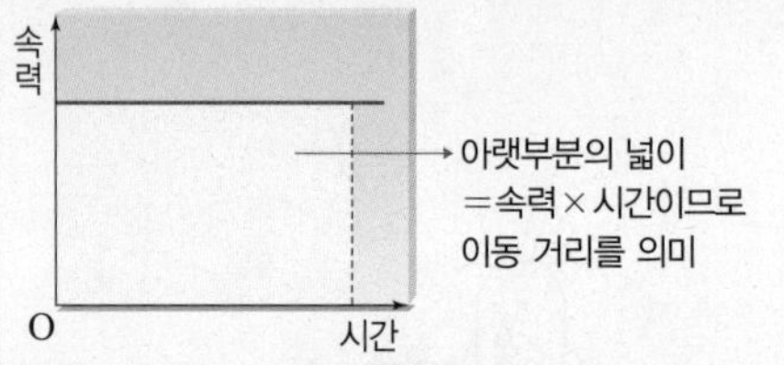 (그래프: 속력 / 시간 / O) → 아랫부분의 넓이 =속력×시간이므로 이동 거리를 의미 |
| 이동 거리가 시간에 비례하므로 원점을 지나는 기울어진 직선 모양이다. | 속력이 일정하므로 시간축에 나란한 직선 모양이다. |

화보 3.2

**3 등속 운동의 예** 모노레일, 무빙워크, 스키 리프트, 컨베이어, 에스컬레이터 등은 속력이 변하지 않고 일정한 운동을 한다.

### 플러스 강의

**❶ 운동하는 물체의 빠르기 비교**
- 같은 거리를 이동할 때 : 걸린 시간이 짧을수록 더 빠르다.
- 같은 시간 동안 이동할 때 : 이동한 거리가 길수록 더 빠르다.

**❷ 속력의 단위 변환**

1 km=1000 m이고, 1시간=3600초임을 이용하여 속력의 단위를 변환할 수 있다.

예 $36\text{ km/h}=\frac{36000\text{ m}}{3600\text{ s}}=10\text{ m/s}$

내 교과서 확인 | 미래엔

**❸ 힘이 작용하지 않을 때의 운동**

운동하는 물체와 바닥면 사이에 마찰력이 작용하면 물체의 속력은 점점 느려진다. 그러나 마찰력이 거의 작용하지 않는 에어 테이블이나 에어 트랙 위의 물체는 일정한 속력으로 운동할 수 있다.

내 교과서 확인 | 미래엔

**❹ 등속 운동 그래프**
- 시간 - 이동 거리 그래프의 예

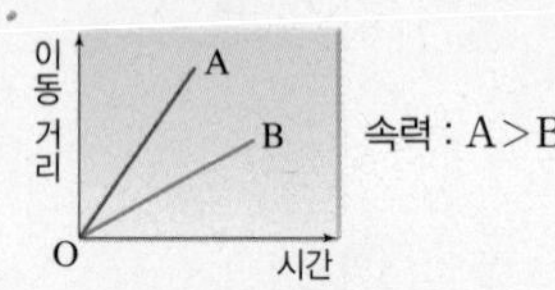


속력 : A>B

시간 - 이동 거리 그래프의 기울기가 A가 B보다 크므로 A의 속력이 B보다 빠르다.

- 시간 - 속력 그래프의 예

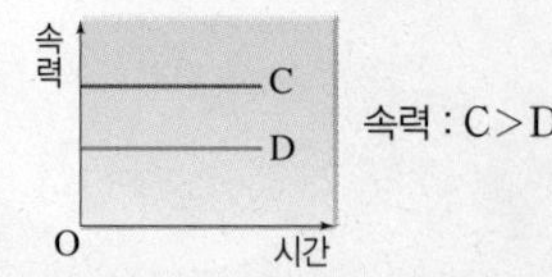


속력 : C>D

시간 - 속력 그래프의 아랫부분의 넓이가 C가 D보다 더 넓으므로 같은 시간 동안 C의 이동 거리가 D보다 길다.

● 정답과 해설 33쪽

**A 운동의 기록**

- □□ : 시간에 따라 물체의 위치가 변하는 현상
- 다중 섬광 사진 : 일정한 □□ 간격으로 운동하는 물체를 촬영한 사진
- □□ : 일정한 시간 동안 물체가 이동한 거리
- 속력의 단위 : □, km/h 등
- □□ □□ : 전체 이동 거리를 걸린 시간으로 나누어 구한 속력

**B 등속 운동**

- □□ 운동 : 시간에 따라 속력이 일정한 운동
- 시간-이동 거리 그래프에서 기울기는 □□을 의미한다.
- 시간-속력 그래프에서 그래프 아랫부분의 넓이는 □□ □□를 의미한다.
- 모노레일, 무빙워크, 에스컬레이터 등은 □□ 운동을 한다.

암기쾅 속력에 관계된 식 쉽게 외우기

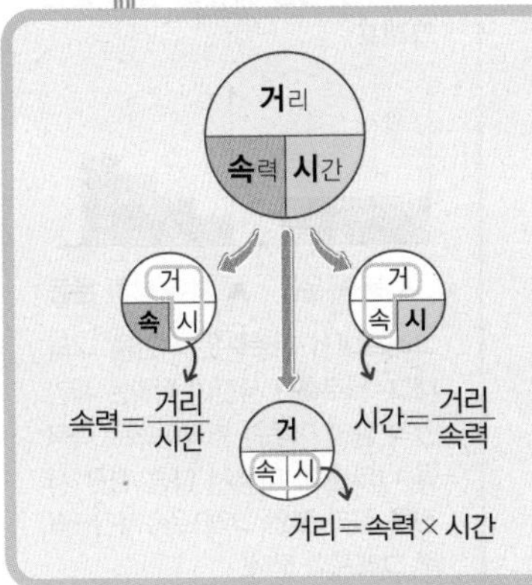


**A**

**1** 그림은 달리고 있는 지수의 위치를 같은 시간 간격으로 나타낸 것이다.

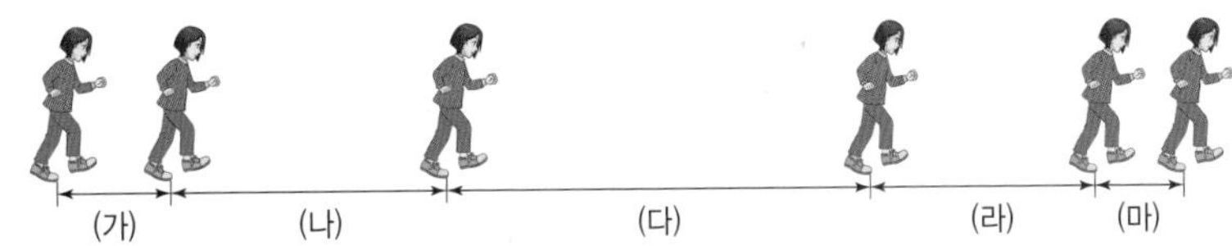


지수의 속력이 가장 빠른 구간을 쓰시오.

**2** 속력에 대한 설명으로 옳은 것은 ○, 옳지 않은 것은 ×로 표시하시오.

(1) 속력은 물체가 운동하는 방향을 나타내는 양이다. ( )

(2) 속력의 단위로는 m/s를 사용한다. ( )

(3) 1시간 동안 3600 m를 이동한 물체의 속력과 1초 동안 1 m를 이동한 물체의 속력은 같다. ( )

더 풀어보고 싶다면? 시험 대비 교재 58쪽 계산력·암기력 강화 문제

**3** 세 물체 A, B, C의 속력을 m/s 단위로 구하고, 속력을 비교하시오.

- A : 1초 동안 25 m를 달리는 버스 → ㉠( ) m/s
- B : 1분 동안 120 m를 걸어가는 어린이 → ㉡( ) m/s
- C : 2시간 동안 72 km를 달리는 자동차 → ㉢( ) m/s

➡ 속력의 비교 : ㉣( )>㉤( )>㉥( )

**B**

**4** 오른쪽 그림은 수평면 위에서 운동하는 물체를 1초 간격으로 찍은 다중 섬광 사진이다. AB 구간에서 물체의 평균 속력은 몇 m/s인지 구하시오.

| A → 운동 방향 | | | | | B |
|---|---|---|---|---|---|
| 0 | 20 | 40 | 60 | 80 | 100 |

(단위 : cm)

**5** 그래프를 분석하여 다음 값을 각각 구하시오.

(1)

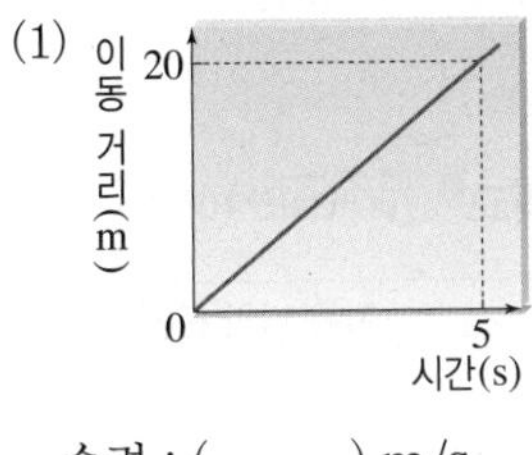


속력 : ( ) m/s

(2)

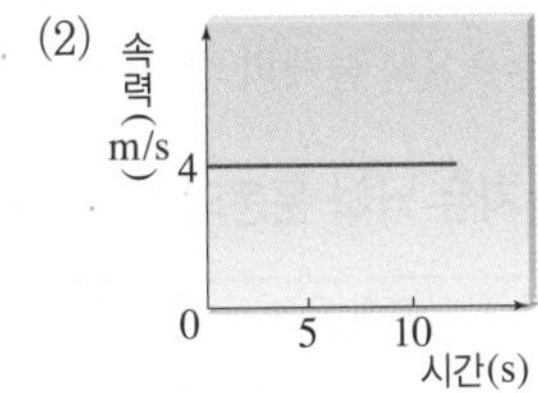


5초 동안 이동 거리 : ( ) m

**6** 등속 운동에 해당하는 예를 보기에서 모두 고르시오.

보기

ㄱ. 모노레일 ㄴ. 컨베이어 ㄷ. 떨어지는 공 ㄹ. 에스컬레이터

## C 자유 낙하 운동

**1 자유 낙하 운동** 공기 저항이 없을 때 정지해 있던 물체가 중력만 받으면서 아래로 떨어지는 운동

① **속력 변화** : 지표면 근처에서 자유 낙하 하는 물체의 속력은 1초에 9.8 m/s씩 증가한다.❶

② **중력 가속도 상수** : 속력 변화량 9.8을 중력 가속도 상수라고 한다.

③ **자유 낙하 운동 그래프** : 낙하하는 동안 속력이 일정하게 증가하므로 시간-속력 그래프가 원점을 지나는 기울어진 직선 모양이다.

➡ 속력 변화량이 9.8이므로 기울기가 9.8이다.

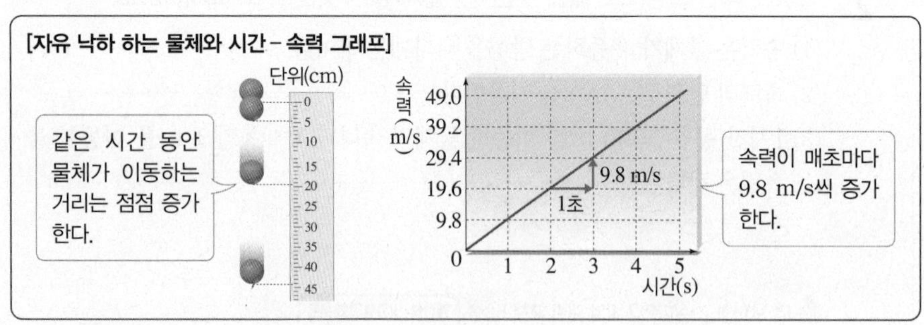


**2 질량이 다른 물체의 자유 낙하 운동** 탐구 b | 105쪽

① 진공에서 질량이 다른 두 물체를 같은 높이에서 동시에 떨어뜨리면 동시에 바닥에 도달한다. ➡ 물체의 종류나 모양, 질량에 관계없이 자유 낙하 할 때 속력이 1초마다 9.8 m/s씩 증가한다.❷

② 물체에 작용하는 중력의 크기는 물체의 질량에 비례하지만 물체의 속력 변화는 질량에 관계없이 일정하다.

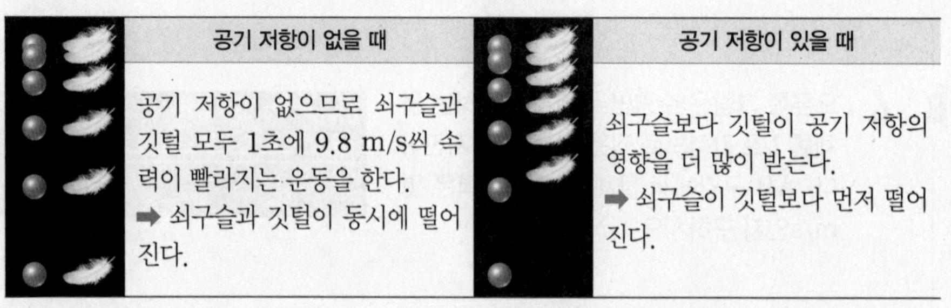

| 공기 저항이 없을 때 | 공기 저항이 있을 때 |
|---|---|
| 공기 저항이 없으므로 쇠구슬과 깃털 모두 1초에 9.8 m/s씩 속력이 빨라지는 운동을 한다.<br>➡ 쇠구슬과 깃털이 동시에 떨어진다. | 쇠구슬보다 깃털이 공기 저항의 영향을 더 많이 받는다.<br>➡ 쇠구슬이 깃털보다 먼저 떨어진다. |

③ **중력의 크기** : 자유 낙하 하는 물체에 작용하는 중력의 크기는 물체의 무게와 같다. 물체의 무게는 중력 가속도 상수에 물체의 질량을 곱하여 구한다.

➡ 무게(N) = 9.8 × 물체의 질량(kg)

**3 등속 운동과 자유 낙하 운동의 시간 - 속력 그래프 비교**❸ 여기서 잠깐 106쪽

| 등속 운동 | 자유 낙하 운동 |
|---|---|
| 속력 / O / 시간 / 속력이 일정 | 속력 / O / 시간 / 속력이 일정하게 증가 |
| • 시간축과 나란한 직선 모양이다.<br>• 같은 시간 동안 이동한 거리가 일정하다. | • 원점을 지나는 기울어진 직선 모양이다.<br>• 같은 시간 동안 이동한 거리가 점점 증가한다. |

### 플러스 강의

내 교과서 확인 | 미래엔

❶ **속력이 변하는 운동**

• 운동 방향과 같은 방향으로 일정한 크기의 힘이 계속 작용하면 물체는 속력이 일정하게 증가하는 운동을 한다.
• 운동 방향과 반대 방향으로 일정한 크기의 힘이 계속 작용하면 물체의 속력은 일정하게 감소한다.

❷ **자유 낙하 운동을 하는 물체들의 속력 변화**

같은 높이에서 동시에 자유 낙하 운동을 하는 물체들은 지면에 동시에 도달한다.

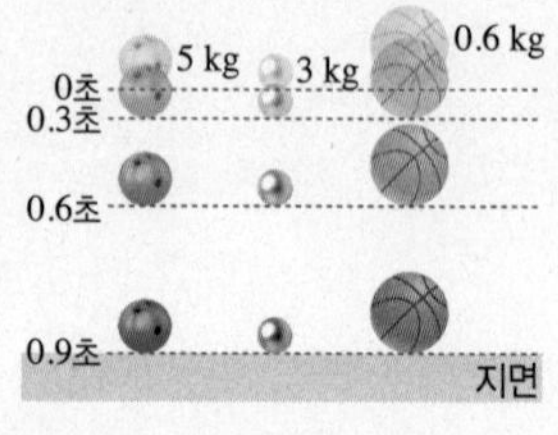


내 교과서 확인 | 미래엔

❸ **다중 섬광 사진을 잘라 붙인 그래프**

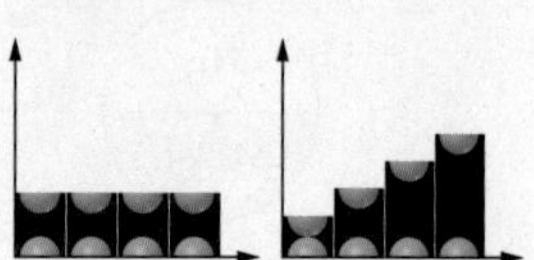

▲ 등속 운동 ▲ 자유 낙하 운동

그래프에서 가로축은 시간을 나타내고, 세로축은 사진이 찍히는 시간 간격 동안 이동한 거리이므로 속력을 나타낸다. 따라서 다중 섬광 사진을 잘라 붙인 그래프는 시간-속력 그래프와 같다.

**C 자유 낙하 운동**

- 자유 낙하 운동 : 공기 저항이 없을 때 정지해 있던 물체가 ☐☐만 받으면서 아래로 떨어지는 운동
- 지표면 근처에서 자유 낙하 하는 물체의 속력은 1초에 ☐ m/s씩 증가한다.
- 진공에서 질량이 다른 두 물체를 ☐☐ 높이에서 동시에 떨어뜨리면 동시에 바닥에 도달한다.

**암기광 질량과 자유 낙하 운동**

➡ 자유 낙하 할 때 질량에 관계없이 속력 변화는 같다.

**7** 자유 낙하 운동에 대한 설명으로 옳은 것은 ○, 옳지 않은 것은 ×로 표시하시오.

(1) 자유 낙하 하는 물체는 같은 시간 동안 일정한 거리를 이동한다. ( )

(2) 자유 낙하 하는 물체에 작용하는 힘은 중력이다. ( )

(3) 물체가 자유 낙하 할 때 물체의 속력은 일정하게 증가한다. ( )

(4) 진공 상태에서 골프공과 탁구공을 같은 높이에서 동시에 떨어뜨리면 골프공이 먼저 바닥에 도달한다. ( )

**8** 오른쪽 그림은 정지해 있던 물체가 중력을 받아 지면으로 떨어질 때 물체의 속력을 시간에 따라 나타낸 그래프이다. 세로축의 A에 들어갈 숫자로 옳은 것은?(단, 공기 저항은 무시한다.)

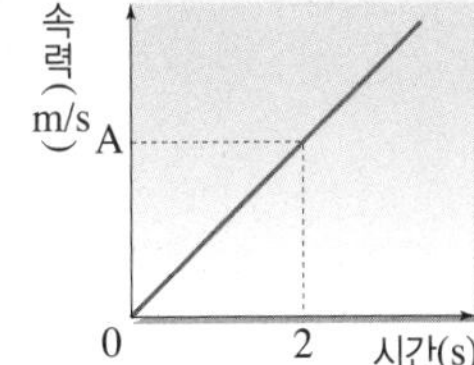


① 4.9 ② 9.8 ③ 10
④ 19.6 ⑤ 20

**9** 그림은 질량이 2 kg, 5 kg, 10 kg인 세 물체 A, B, C를 같은 높이에서 가만히 놓은 모습을 나타낸 것이다.(단, 공기 저항은 무시한다.)

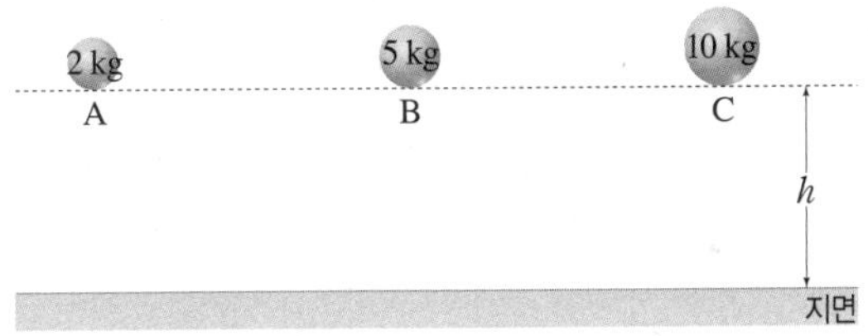


(1) 물체 A, B, C에 작용하는 중력의 크기 비(A : B : C)를 구하시오.

(2) 물체 A, B, C를 동시에 낙하시켰을 때 속력 변화의 비(A : B : C)를 구하시오.

**10** 오른쪽 그림은 쇠구슬과 깃털을 각각 진공 중과 공기 중의 같은 높이에서 동시에 낙하시키는 모습을 순서 없이 나타낸 것이다. ( ) 안에 알맞은 말을 고르시오. (단, 쇠구슬의 질량은 깃털의 질량보다 크다.)

(가)

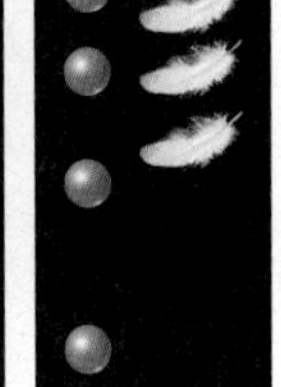
(나)

(1) (가)는 ㉠( 공기 중, 진공 중 )에서 낙하하는 모습이고, (나)는 ㉡( 공기 중, 진공 중 )에서 낙하하는 모습이다.

(2) (나)에서는 ( 쇠구슬, 깃털 )이 지면에 먼저 도달한다.

(3) (가)에서 쇠구슬과 깃털에 작용하는 중력의 크기는 ㉠( 같고, 다르고 ), 속력 변화는 ㉡( 같다, 다르다 ).

(4) 깃털이 받는 중력의 크기는 ( (가)에서 더 크다, (나)에서 더 크다, (가)와 (나)에서 같다 ).

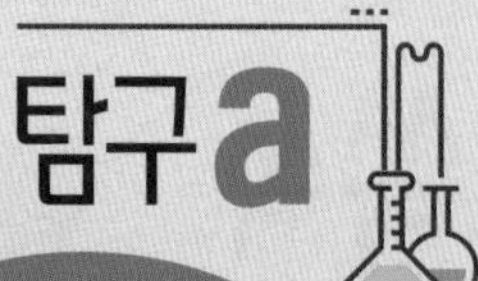

# 탐구 a 등속 운동의 표현과 분석

**이 탐구에서는** 등속 운동을 하는 물체의 이동 거리와 속력을 분석할 수 있다.

● 정답과 해설 33쪽

## 과정 & 결과

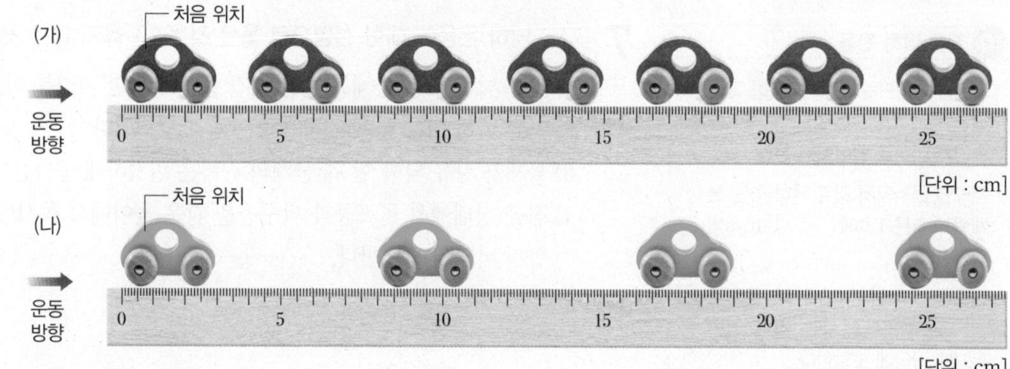


❶ 등속 운동을 하는 장난감 자동차를 1초 간격으로 찍은 다중 섬광 사진을 보고 이동 거리와 속력을 계산하여 표에 기록한다.

| | | | | | | | | | | | |
|---|---|---|---|---|---|---|---|---|---|---|---|
| (가) | 시간(s) | 0 | | 1 | | 2 | | 3 | | 4 | 5 |
| | 이동 거리(cm) | 0 | | 4 | | 8 | | 12 | | 16 | 20 |
| | 속력(cm/s) | | 4 | | 4 | | 4 | | 4 | | 4 |
| (나) | 시간(s) | 0 | | 1 | | 2 | | 3 | | 4 | 5 |
| | 이동 거리(cm) | 0 | | 8 | | 16 | | 24 | | 32 | 40 |
| | 속력(cm/s) | | 8 | | 8 | | 8 | | 8 | | 8 |

❷ ❶의 표를 보고 장난감 자동차의 시간-이동 거리 그래프와 시간-속력 그래프를 그린다.

## 해석

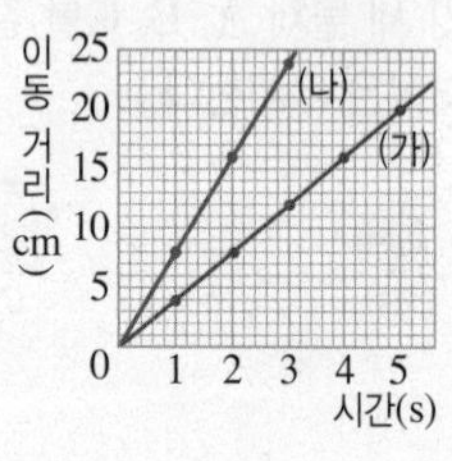


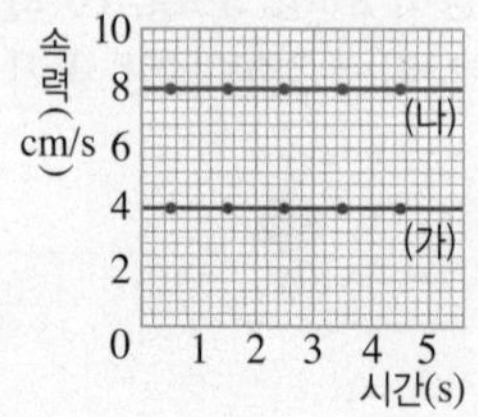


- 등속 운동을 하는 물체의 이동 거리는 시간에 따라 일정하게 증가한다.
- 같은 시간 동안 이동 거리가 클수록 속력이 크다.
  ➡ 같은 시간 동안 (나)가 (가)보다 많이 이동하므로 (나)의 속력이 (가)보다 크다.
  ➡ 시간-이동 거리 그래프의 기울기가 클수록 속력이 크다.

## 정리

1. 등속 운동을 하는 물체의 이동 거리는 시간에 ㉠(　　　)하여 증가한다.
2. 등속 운동을 하는 물체의 시간-㉡(　　　) 그래프는 원점을 지나는 기울어진 직선 모양이고, 시간-㉢(　　　) 그래프는 시간축에 나란한 직선 모양이다.

## 확인 문제

**01** 위 실험에 대한 설명으로 옳은 것은 ○, 옳지 않은 것은 ×로 표시하시오.

(1) 같은 시간 동안 이동한 거리는 (가)가 (나)보다 크다. ············ (　　)

(2) 같은 거리를 이동하는 데 걸린 시간은 (가)가 (나)보다 길다. ············ (　　)

(3) 시간-이동 거리 그래프에서 기울기는 물체의 속력의 역수를 의미한다. ············ (　　)

(4) 등속 운동을 하는 물체의 속력은 시간에 따라 일정하게 증가한다. ············ (　　)

**[02~03]** 표는 등속 운동을 하는 물체의 이동 거리를 시간에 따라 나타낸 것이다.

| 시간(s) | 0 | 1 | 2 | 3 | 4 |
|---|---|---|---|---|---|
| 이동 거리(m) | 0 | 2 | 4 | 6 | 8 |

**02** 물체의 속력을 구하시오.

**03** 10초 동안 물체가 이동한 거리는 몇 m인지 풀이 과정과 함께 구하시오.

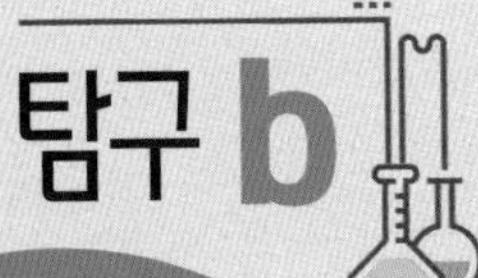

# 탐구 b 질량이 다른 물체의 자유 낙하 운동

**이 탐구에서는** 질량이 다른 두 물체가 자유 낙하 할 때 시간에 따른 속력 변화를 비교할 수 있다.

● 정답과 해설 34쪽

**과정**

❶ 줄자와 골프공, 점토를 담은 수조를 그림과 같이 설치한다.
❷ 가위로 실을 잘라 공이 낙하하는 모습을 동영상으로 촬영한 후 영상을 확인하여 공의 위치를 0.1초 간격으로 측정한다.
❸ 탁구공을 이용하여 과정 ❶~❷를 반복한다.
❹ 골프공과 탁구공의 시간-속력 그래프를 그린다.

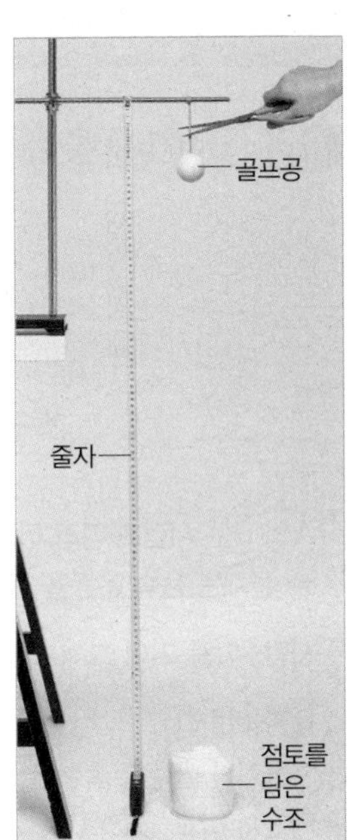


**결과 & 해석**

• 골프공과 탁구공이 낙하할 때 시간에 따른 구간 이동 거리가 같다.

| 시간(s) | 0~0.1 | 0.1~0.2 | 0.2~0.3 | 0.3~0.4 | 0.4~0.5 |
|---|---|---|---|---|---|
| 구간 이동 거리(m) | 0.049 | 0.147 | 0.245 | 0.343 | 0.441 |
| 구간 평균 속력(m/s) | 0.49 | 1.47 | 2.45 | 3.43 | 4.41 |
| 속력 변화 | 0.98 | 0.98 | 0.98 | 0.98 | |

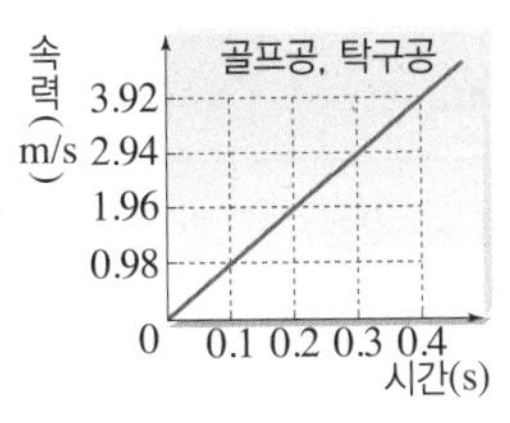


• 골프공과 탁구공이 자유 낙하 할 때 속력 변화는 0.1초에 0.98로, 즉 1초에 9.8로 일정하다.
➡ 자유 낙하 하는 물체의 시간에 따른 속력 변화는 질량과 관계없이 일정하다.

**정리**

1. 자유 낙하 하는 물체의 속력은 물체의 질량과 관계없이 1초에 ㉠(　　　) m/s씩 빨라진다.
2. 공기 저항을 무시할 때 같은 높이에서 동시에 떨어진 물체는 지면에 ㉡(　　　) 도달한다.

## 이렇게도 실험해요

내 교과서 확인 | 비상, 동아

|과정| ❶ 공과 깃털이 들어 있는 진공 낙하 실험 장치를 뒤집어 세우면서 공과 깃털이 낙하하는 장면을 촬영한다.
❷ 촬영한 영상을 관찰하여 바닥에 도달할 때까지 공과 깃털의 모습을 비교한다.

|결과| • 공과 깃털은 동시에 바닥에 도달한다.
➡ 자유 낙하 하는 물체는 질량과 관계없이 속력이 빨라지는 정도가 같기 때문이다.

## 확인 문제

**01** 위 실험에 대한 설명으로 옳은 것은 ○, 옳지 않은 것은 ×로 표시하시오.

(1) 골프공에 작용하는 중력의 크기는 탁구공에 작용하는 중력의 크기보다 크다. (　　)
(2) 골프공과 탁구공이 낙하할 때 속력 변화량은 일정하게 증가한다. (　　)
(3) 이와 같은 실험을 진공 상태에서 하면 골프공이 탁구공보다 먼저 지면에 도달한다. (　　)
(4) 진공 상태에서는 물체에 작용하는 중력의 크기가 모두 같다. (　　)

[02~03] 표는 질량이 300 g인 쇠공과 질량이 3 g인 탁구공이 진공 상태에서 자유 낙하 할 때 시간에 따른 속력을 나타낸 것이다.

| 시간(s) | | 1 | 2 | 3 | 4 |
|---|---|---|---|---|---|
| 속력 (m/s) | 쇠공 | 9.8 | 19.6 | 29.4 | 39.2 |
| | 탁구공 | 9.8 | 19.6 | 29.4 | 39.2 |

**02** 두 물체 중 작용하는 중력의 크기가 큰 물체를 쓰시오.

**03** 10초 후 두 물체의 속력을 비교하여 서술하시오.

이 단원에서는 시간-이동 거리, 시간-속력 그래프를 해석하는 문제가 시험에서 많이 출제가 돼요.
그래프의 가로축과 세로축을 잘 확인하고 그에 따라 물체가 어떤 운동을 하는지 분석해 보아요.

● 정답과 해설 34쪽

## 운동하는 물체의 그래프 분석하기

### 유형 ① 시간-이동 거리 그래프

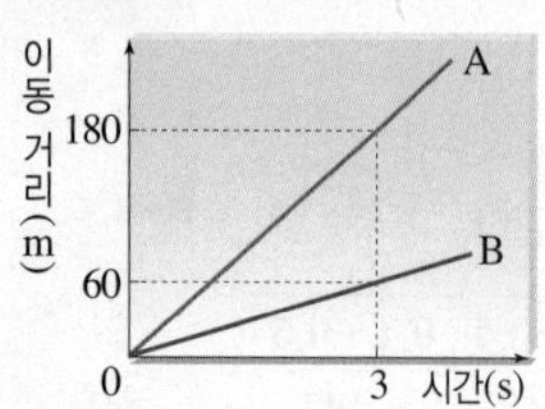


• A와 B는 시간에 따라 이동 거리가 일정하게 증가한다.
➡ 물체는 등속 운동을 한다.

• 시간-이동 거리 그래프에서 기울기는 $\frac{\text{이동 거리}}{\text{걸린 시간}}$이므로 속력을 의미한다.

• 기울기가 클수록 속력이 크다.
기울기 비교 : A>B
➡ 속력 비교 : A>B

| A의 속력 | B의 속력 |
|---|---|
| 3초 동안 180 m 이동<br>➡ $\frac{180\text{ m}}{3\text{ s}}=60\text{ m/s}$ | 3초 동안 60 m 이동<br>➡ $\frac{60\text{ m}}{3\text{ s}}=20\text{ m/s}$ |

등속 운동의 시간-이동 거리 그래프와 자유 낙하 운동의 시간-속력 그래프는 그래프 모양이 똑같이 생겨서 혼동하기 쉬워요.
문제를 풀기 전에 그래프의 가로축과 세로축이 무엇을 의미하는지 확인하는 것을 잊지 맙시다.

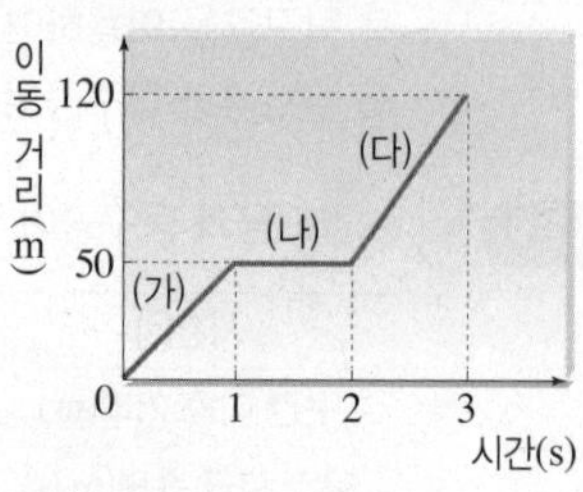


• (가) 구간 (0~1초)

| 이동 거리 | 걸린 시간 | 속력 |
|---|---|---|
| 50 m | 1초 | 50 m/s |

• (나) 구간 (1초~2초)

| 이동 거리 | 걸린 시간 | 속력 |
|---|---|---|
| 0 | 1초 | 0 |

• (다) 구간 (2초~3초)

| 이동 거리 | 걸린 시간 | 속력 |
|---|---|---|
| 120 m−50 m<br>=70 m | 1초 | 70 m/s |

• 기울기 비교 : (다)>(가)>(나)
➡ 속력 비교 : (다)>(가)>(나)

• 3초 동안 물체의 평균 속력

$$=\frac{\text{전체 이동 거리}}{\text{걸린 시간}}=\frac{(50+70)\text{ m}}{3\text{ s}}=40\text{ m/s}$$

---

**유제 ①** 오른쪽 그림은 직선상에서 운동하는 물체 A와 B의 이동 거리를 시간에 따라 나타낸 그래프이다. 이에 대한 설명으로 옳은 것을 보기에서 모두 고른 것은?

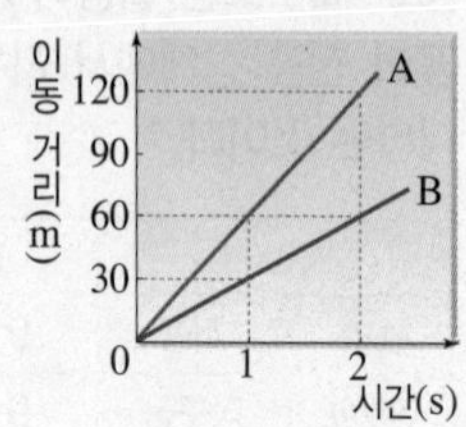


**보기**
ㄱ. A와 B는 속력이 점점 빨라지는 운동을 한다.
ㄴ. 2초 동안 B의 평균 속력은 90 m/s이다.
ㄷ. A의 속력은 B의 속력의 2배이다.
ㄹ. A와 B 사이의 거리는 시간이 지날수록 점점 벌어진다.

① ㄱ, ㄴ ② ㄱ, ㄷ ③ ㄴ, ㄷ
④ ㄴ, ㄹ ⑤ ㄷ, ㄹ

**유제 ②** 오른쪽 그림은 어떤 물체의 이동 거리를 시간에 따라 나타낸 그래프이다. 이에 대한 설명으로 옳은 것을 보기에서 모두 고른 것은?

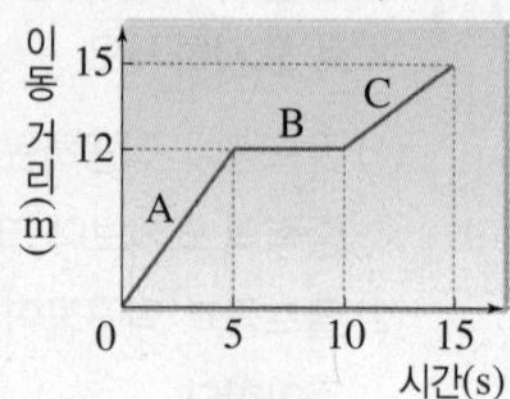


**보기**
ㄱ. A 구간에서 물체의 속력은 2.4 m/s이다.
ㄴ. A 구간에서 가장 빠른 속력으로 움직인다.
ㄷ. B 구간에서 물체는 등속 운동을 한다.
ㄹ. C 구간에서 물체의 속력은 1 m/s이다.

① ㄱ, ㄴ ② ㄱ, ㄷ ③ ㄴ, ㄷ
④ ㄴ, ㄹ ⑤ ㄷ, ㄹ

## 유형 ② 시간-속력 그래프

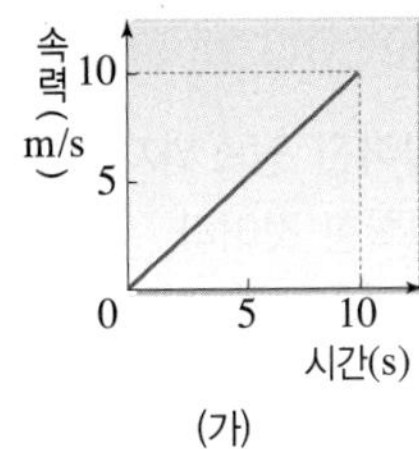

(가)

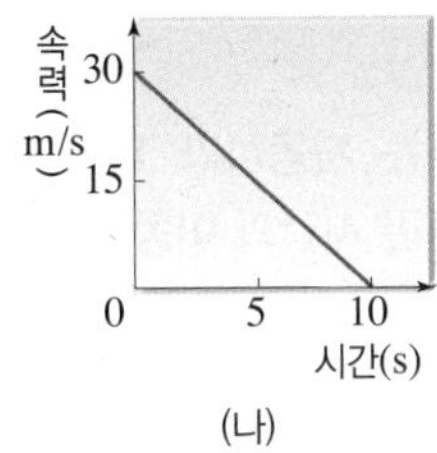

(나)

• 속력 변화

| (가) | (나) |
|---|---|
| 속력이 일정하게 증가한다.<br>예 자유 낙하 운동과 같이 운동 방향과 같은 방향으로 힘이 작용하는 경우 | 속력이 일정하게 감소한다.<br>예 달리는 자전거의 브레이크를 잡을 때처럼 운동 방향과 반대 방향으로 힘이 작용하는 경우 |

• 시간-속력 그래프에서 그래프 아랫부분의 넓이는 속력×시간이므로 이동 거리를 의미한다.

| (가) | (나) |
|---|---|
| • 이동 거리<br>$=\frac{1}{2}\times 10\text{ m/s}\times 10\text{ s}$<br>$=50\text{ m}$<br>• 평균 속력<br>$=\frac{50\text{ m}}{10\text{ s}}=5\text{ m/s}$ | • 이동 거리<br>$=\frac{1}{2}\times 30\text{ m/s}\times 10\text{ s}$<br>$=150\text{ m}$<br>• 평균 속력<br>$=\frac{150\text{ m}}{10\text{ s}}=15\text{ m/s}$ |

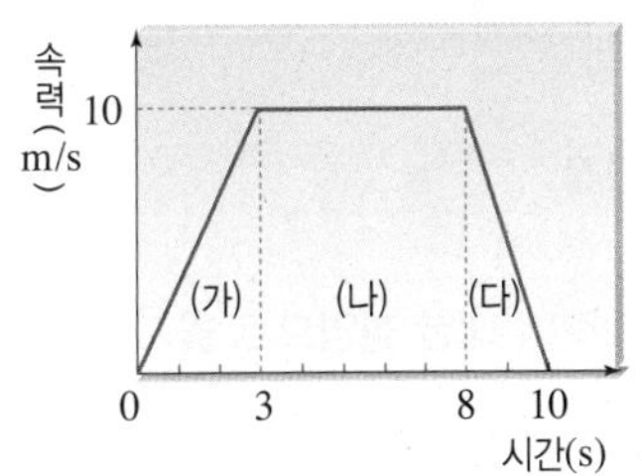


• (가) 구간(0~3초)

| 속력 변화 | 이동 거리 | 평균 속력 |
|---|---|---|
| 속력이 일정하게 증가한다. | $\frac{1}{2}\times 10\text{ m/s}\times 3\text{ s}$<br>$=15\text{ m}$ | $\frac{15\text{ m}}{3\text{ s}}=5\text{ m/s}$ |

• (나) 구간(3초~8초)

| 속력 변화 | 이동 거리 | 평균 속력 |
|---|---|---|
| 속력이 일정하다. | $10\text{ m/s}\times(8-3)\text{ s}$<br>$=50\text{ m}$ | $\frac{50\text{ m}}{5\text{ s}}=10\text{ m/s}$ |

• (다) 구간(8초~10초)

| 속력 변화 | 이동 거리 | 평균 속력 |
|---|---|---|
| 속력이 일정하게 감소한다. | $\frac{1}{2}\times 10\text{ m/s}\times$<br>$(10-8)\text{ s}$<br>$=10\text{ m}$ | $\frac{10\text{ m}}{2\text{ s}}=5\text{ m/s}$ |

• 10초 동안 물체의 평균 속력

$=\frac{\text{전체 이동 거리}}{\text{걸린 시간}}=\frac{(15+50+10)\text{ m}}{10\text{ s}}=7.5\text{ m/s}$

---

**유제 ③** 그림은 물체 A와 B의 속력을 시간에 따라 나타낸 그래프이다.

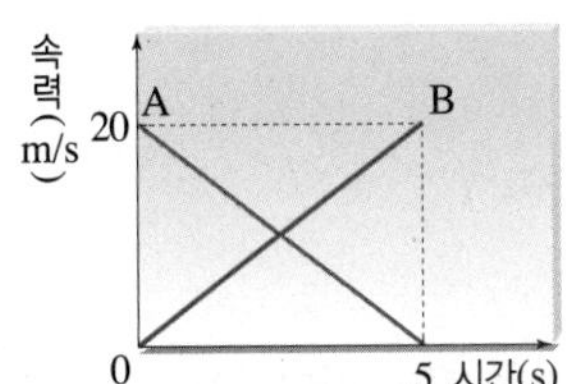


이에 대한 설명으로 옳은 것을 보기에서 모두 고른 것은?

**보기**

ㄱ. A는 5초 동안 100 m 이동한다.
ㄴ. A와 B의 평균 속력은 같다.
ㄷ. 높은 곳에서 가만히 놓아 떨어지는 물체의 시간-속력 그래프의 모양은 A와 비슷하다.

① ㄱ ② ㄴ ③ ㄱ, ㄷ
④ ㄴ, ㄷ ⑤ ㄱ, ㄴ, ㄷ

**유제 ④** 그림은 어떤 물체의 속력을 시간에 따라 나타낸 그래프이다.

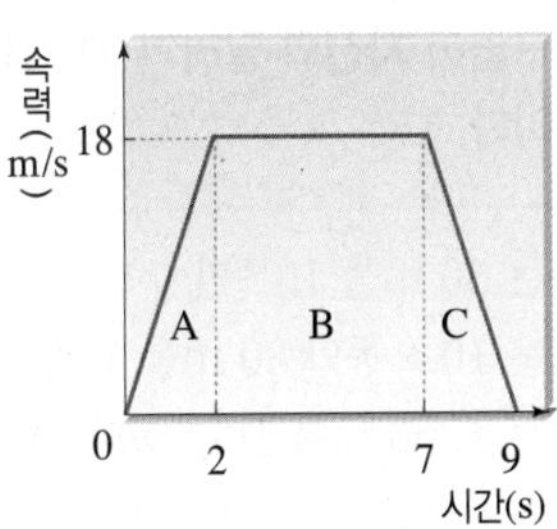


이에 대한 설명으로 옳은 것을 보기에서 모두 고른 것은?

**보기**

ㄱ. A에서 물체의 이동 거리는 일정하게 증가한다.
ㄴ. B에서 물체의 평균 속력은 3.6 m/s이다.
ㄷ. 9초 동안 물체가 이동한 거리는 126 m이다.

① ㄱ ② ㄷ ③ ㄱ, ㄴ
④ ㄱ, ㄷ ⑤ ㄴ, ㄷ

전국 주요 학교의 **시험에 가장 많이 나오는 문제**들로만 구성하였습니다.
모든 친구들이 '꼭' 봐야 하는 코너입니다.

# 기출 문제로 내신쑥쑥

## A 운동의 기록

**01** 운동과 속력에 대한 설명으로 옳지 않은 것은?

① 시간에 따라 물체의 위치가 변하는 것을 운동이라 고 한다.
② 속력은 일정한 시간 동안 물체가 이동한 거리이다.
③ 속력의 단위로 m/s, km/h 등을 사용한다.
④ 같은 시간 동안 이동한 거리가 길수록 속력이 빠르다.
⑤ 같은 거리를 이동하는 데 걸린 시간이 길수록 속력이 빠르다.

중요

**02** 그림은 등속 운동을 하는 야구공의 모습을 0.2초 간격으로 찍은 사진이다.

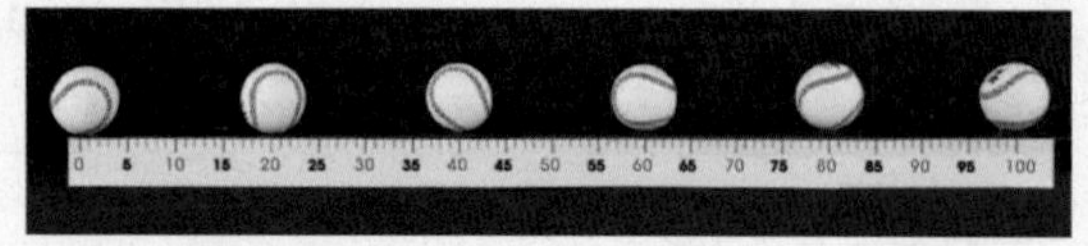


[단위 : cm]

사진을 찍는 동안 야구공의 속력은?

① 0.1 m/s ② 0.2 m/s ③ 1 m/s
④ 10 m/s ⑤ 20 m/s

**03** 다음은 친구들이 자신의 달리기 기록에 대해 대화하고 있는 내용이다.

> 지민: 나는 50 m를 10초만에 달렸어.
> 연우: 나는 10초 동안 80 m를 달렸어.
> 수영: 나는 1200 m를 10분 동안 달렸어.

이에 대한 설명으로 옳은 것을 보기에서 모두 고른 것은?

보기
ㄱ. 지민이의 속력은 5 m/s이다.
ㄴ. 연우의 속력은 8 m/s이다.
ㄷ. 수영이가 가장 빠르다.

① ㄱ ② ㄷ ③ ㄱ, ㄴ
④ ㄴ, ㄷ ⑤ ㄱ, ㄴ, ㄷ

**04** 표는 자동차가 120 m 떨어진 장소까지 가는 동안 걸린 시간과 이동 거리를 기록한 것이다.

| 걸린 시간(s) | 0 | 1 | 2 | 3 | 4 |
|---|---|---|---|---|---|
| 이동 거리(m) | 0 | 30 | 60 | 90 | 120 |

4초 동안 자동차의 속력은?

① 10 m/s ② 20 m/s ③ 30 m/s
④ 60 m/s ⑤ 90 m/s

중요

**05** 다음 중 속력이 가장 빠른 것은?

① 90 km/h로 날아가는 야구공
② 1초에 150 cm를 굴러가는 공
③ 1분에 600 m를 달리는 자전거
④ 30분에 36 km를 달리는 자동차
⑤ 10초 동안 50 m를 달리는 버스

**06** 길이가 100 m인 기차가 20 m/s의 일정한 속력으로 달리고 있다. 이 기차가 길이가 500 m인 터널을 완전히 통과하는 데 걸리는 시간은?

① 20초 ② 25초 ③ 30초
④ 35초 ⑤ 40초

**07** 오른쪽 그림과 같이 바다 위에 떠 있는 탐사선에서 초음파를 발사하면 초음파가 지면에 닿았다가 되돌아온다. 초음파가 발사되고 10초 후 되돌아왔다면 바다의 깊이는?(단, 초음파의 속력은 1500 m/s로 일정하다.)

① 1500 m ② 3000 m
③ 4500 m ④ 5000 m
⑤ 7500 m

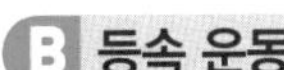

## B 등속 운동

**08** 그림은 움직이는 물체를 1초 간격으로 찍은 사진이다.

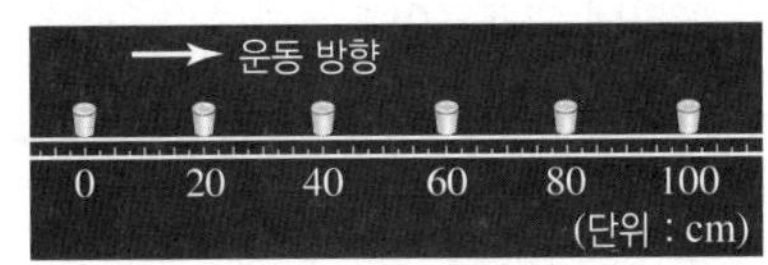


이에 대한 설명으로 옳은 것을 보기에서 모두 고른 것은?

보기
ㄱ. 물체의 속력은 20 m/s이다.
ㄴ. 물체는 등속 운동을 하고 있다.
ㄷ. 물체가 8초 동안 이동한 거리는 160 cm이다.

① ㄱ ② ㄷ ③ ㄱ, ㄴ
④ ㄴ, ㄷ ⑤ ㄱ, ㄴ, ㄷ

중요
**09** 오른쪽 그림은 물체 A~D의 시간에 따른 이동 거리를 나타낸 그래프이다. A~D 중 속력이 가장 빠른 것은?

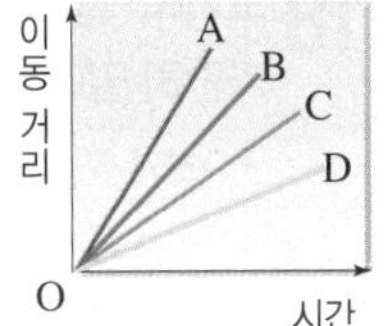


① A ② B ③ C
④ D ⑤ 모두 같다.

탐구 a 104쪽
**10** 그림 (가), (나)는 장난감 자동차를 1초마다 연속으로 찍은 사진이다.

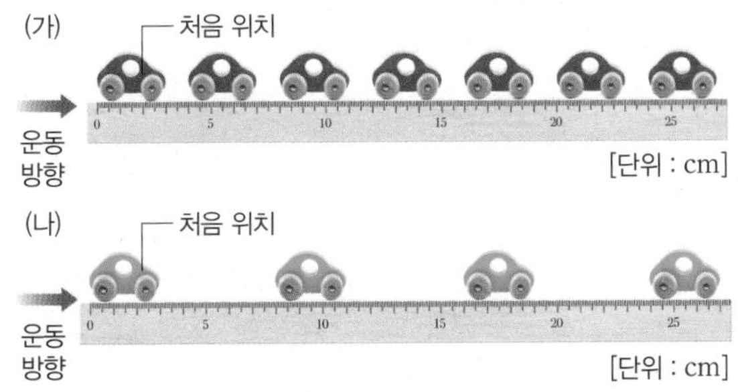


이에 대한 설명으로 옳은 것을 보기에서 모두 고른 것은?

보기
ㄱ. (가)에서 자동차의 속력이 일정하다.
ㄴ. (나)에서 자동차의 속력이 빨라지고 있다.
ㄷ. 속력은 (가)에서가 (나)에서보다 빠르다.

① ㄱ ② ㄷ ③ ㄱ, ㄴ
④ ㄴ, ㄷ ⑤ ㄱ, ㄴ, ㄷ

중요
**11** 그림은 수평면을 굴러가는 공의 운동을 1초 간격으로 찍은 사진이다.

이 공의 운동을 나타낸 그래프로 옳은 것을 모두 고르면?(2개)

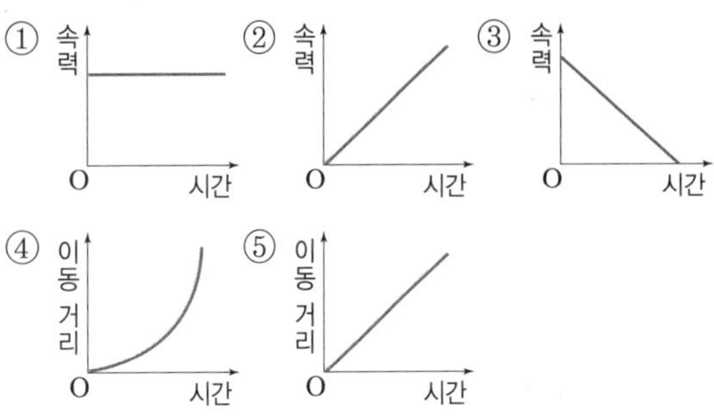


**12** 오른쪽 그림은 같은 방향으로 운동하는 고양이와 쥐의 시간에 따른 이동 거리를 나타낸 그래프이다. 이에 대한 설명으로 옳은 것은?

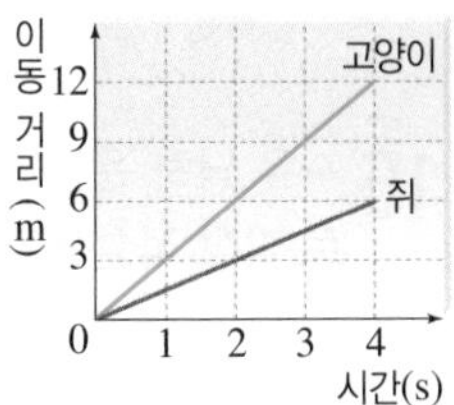


① 쥐가 고양이보다 속력이 빠르다.
② 고양이와 쥐의 속력의 비는 1 : 2이다.
③ 고양이와 쥐의 속력은 일정하게 증가한다.
④ 쥐가 2초 동안 이동한 거리는 6 m이다.
⑤ 같은 운동을 계속한다면 8초 후 고양이의 이동 거리는 24 m이다.

**13** 오른쪽 그림은 직선상에서 운동하는 어떤 물체의 시간에 따른 속력을 나타낸 그래프이다. 이에 대한 설명으로 옳지 않은 것은?

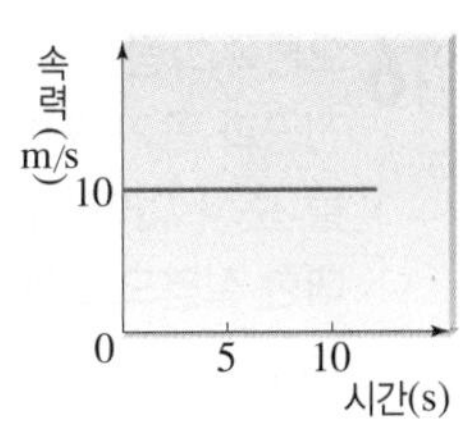


① 물체가 10초 동안 이동한 거리는 100 m이다.
② 물체가 10초 동안 이동한 거리는 5초 동안 이동한 거리의 2배이다.
③ 무빙워크는 이와 같은 운동을 한다.
④ 이 물체의 속력은 일정하게 증가한다.
⑤ 물체가 이동한 거리는 시간에 따라 일정하게 증가한다.

## C 자유 낙하 운동

탐구 b 105쪽

**14** 오른쪽 그림은 공중에서 가만히 놓은 공의 위치를 일정한 시간 간격으로 나타낸 사진이다. 이에 대한 설명으로 옳은 것을 보기에서 모두 고른 것은?(단, 공기 저항은 무시한다.)

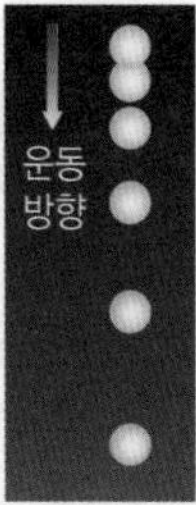


보기
ㄱ. 속력이 일정하다.
ㄴ. 공의 질량이 클수록 빨리 떨어진다.
ㄷ. 공에는 일정한 크기의 힘이 계속 작용한다.
ㄹ. 공의 운동 방향과 같은 방향으로 중력이 작용한다.

① ㄱ, ㄴ ② ㄱ, ㄷ ③ ㄴ, ㄷ
④ ㄷ, ㄹ ⑤ ㄴ, ㄷ, ㄹ

**15** 자유 낙하 운동을 하는 물체의 운동을 표현한 그래프로 가장 적절한 것은?

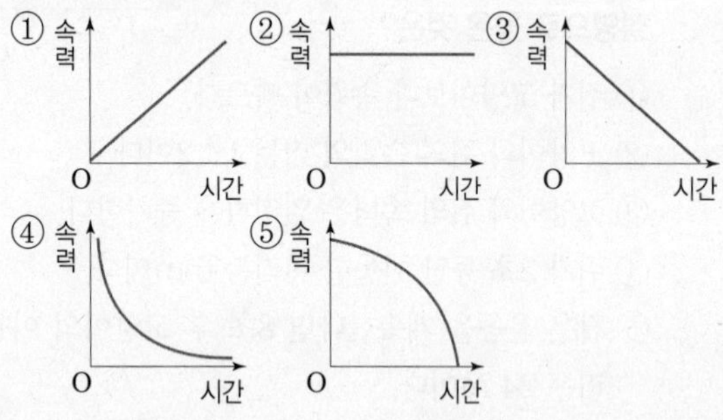


중요

**16** 오른쪽 그림은 같은 쇠구슬과 깃털이 진공과 공기 중에서 낙하하는 모습을 순서 없이 나타낸 것이다. 이에 대한 설명으로 옳지 않은 것은?

(가) (나)

① (가)는 공기 중, (나)는 진공 상태이다.
② (가)에서는 중력과 공기 저항이 작용한다.
③ (가)에서는 깃털이 쇠구슬보다 공기 저항의 영향을 더 크게 받는다.
④ (나)에서는 아무런 힘도 작용하지 않는다.
⑤ (가), (나)에서 깃털이 받는 중력의 크기는 같다.

중요

**17** 오른쪽 그림은 자유 낙하 운동을 하는 물체의 속력을 시간에 따라 나타낸 그래프이다. 이에 대한 설명으로 옳은 것을 보기에서 모두 고른 것은?

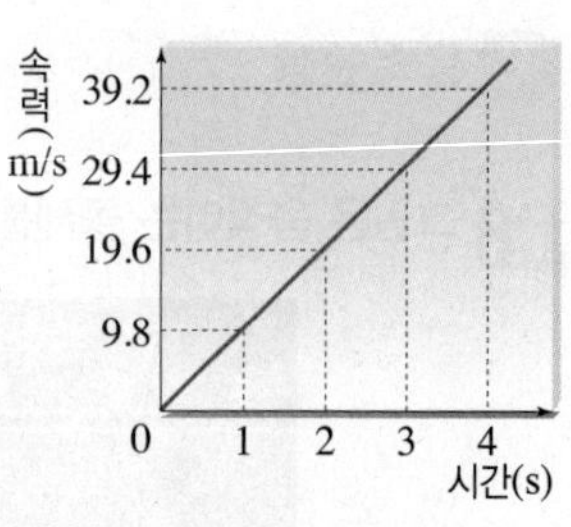


보기
ㄱ. 물체에 작용하는 중력의 크기를 알 수 있다.
ㄴ. 그래프의 기울기는 중력 가속도 상수와 같다.
ㄷ. 운동하는 에스컬레이터의 시간-속력 그래프와 같은 모양이다.

① ㄱ ② ㄴ ③ ㄱ, ㄴ
④ ㄱ, ㄷ ⑤ ㄴ, ㄷ

**18** 보기의 물체들을 진공 상태의 같은 높이에서 동시에 가만히 떨어뜨렸을 때 가장 먼저 바닥에 떨어지는 것은?

보기
ㄱ. 1 g의 깃털 ㄴ. 20 g의 탁구공
ㄷ. 0.2 kg의 고무공 ㄹ. 2 kg의 쇠공

① ㄱ ② ㄴ ③ ㄷ
④ ㄹ ⑤ 모두 동시에 떨어진다.

**19** 그림 (가), (나)는 두 물체의 시간에 따른 속력을 나타낸 그래프이다.

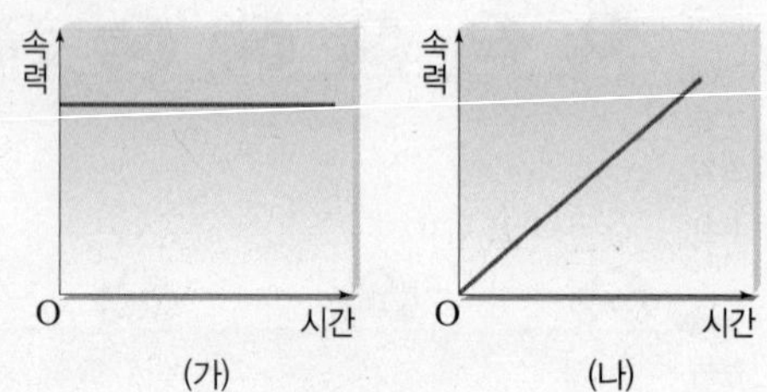


이에 대한 설명으로 옳은 것은?

① (가)는 등속 운동을 한다.
② (가)는 자유 낙하 하는 물체의 운동을 나타낸다.
③ (나)는 모노레일의 운동을 나타낸다.
④ (나)는 시간에 따라 이동 거리가 일정하게 증가한다.
⑤ (가)와 (나)의 그래프의 기울기는 이동 거리를 나타낸다.

## 서술형 문제

중요

**20** 그림은 책상 위를 움직이는 장난감 자동차의 운동을 촬영한 동영상을 0.1초 간격으로 나타낸 것이다.

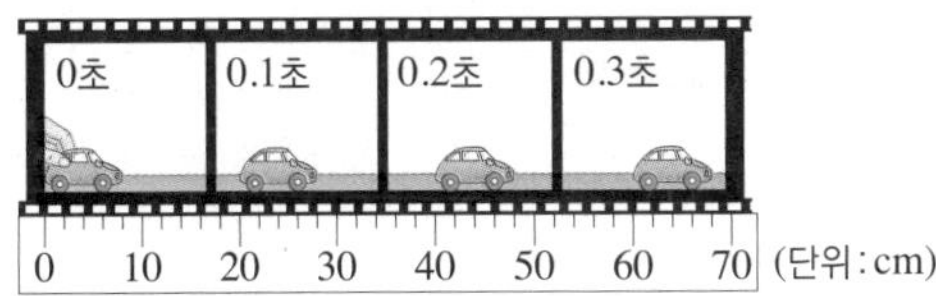


(1) 0~0.3초 동안 장난감 자동차의 속력은 몇 m/s인지 풀이 과정과 함께 구하시오.

(2) 장난감 자동차가 같은 운동을 유지하며 5초 동안 이동한 거리는 몇 m인지 풀이 과정과 함께 구하시오.

**21** 오른쪽 그림은 운동하는 어떤 물체의 속력을 시간에 따라 나타낸 그래프이다. 이 물체의 시간-이동 거리 그래프를 그리시오.

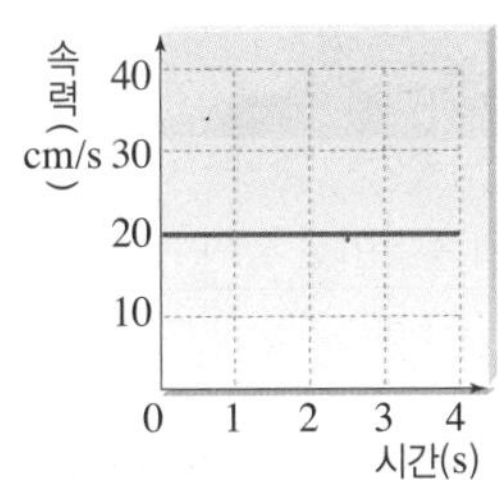


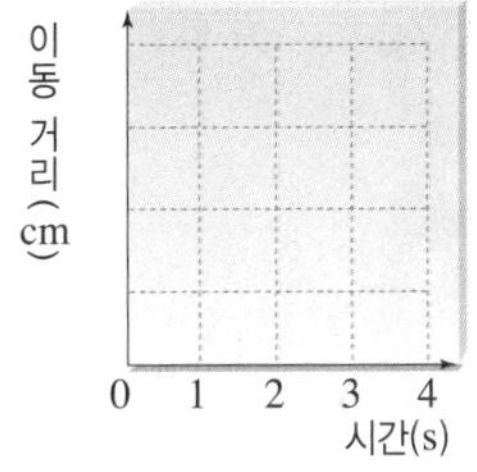


**22** 오른쪽 그림은 쇠구슬과 깃털이 진공 중에서 일정한 시간 간격으로 낙하하는 모습을 나타낸 것이다. 시간에 따라 두 물체의 속력은 어떻게 변하는지 다음 단어를 모두 포함하여 서술하시오.

속력, 일정하게, 속력 변화

● 정답과 해설 36쪽

**01** 그림은 직선상에서 운동하는 물체 A~D를 시간에 따른 이동 거리와 속력으로 나타낸 그래프이다.

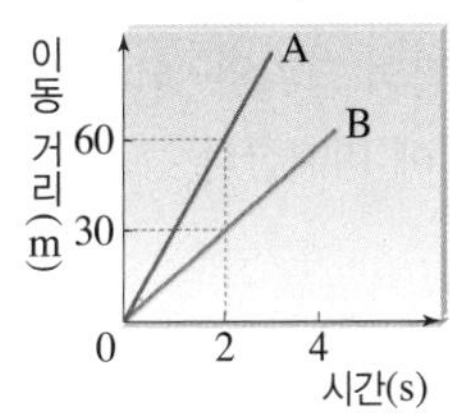


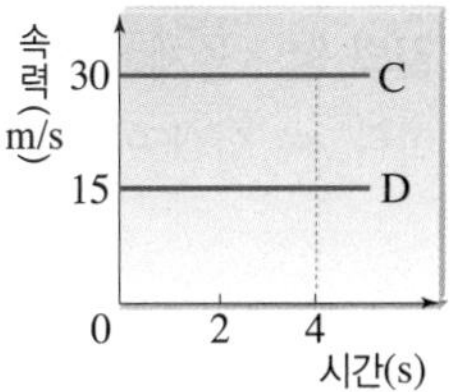


A~D의 운동에 대한 설명으로 옳지 않은 것은?(단, 네 물체의 운동 방향은 같다.)

① A와 C는 같은 속력으로 운동한다.
② B의 이동 거리는 시간에 비례한다.
③ 4초 동안 이동한 거리는 A가 D의 4배이다.
④ A~D 모두 등속 운동을 한다.
⑤ 다중 섬광 사진으로 C와 D의 운동을 기록하면 사진에 찍힌 물체 사이의 간격이 C가 D보다 넓다.

**02** 그림은 어떤 물체의 속력을 시간에 따라 나타낸 그래프이다.

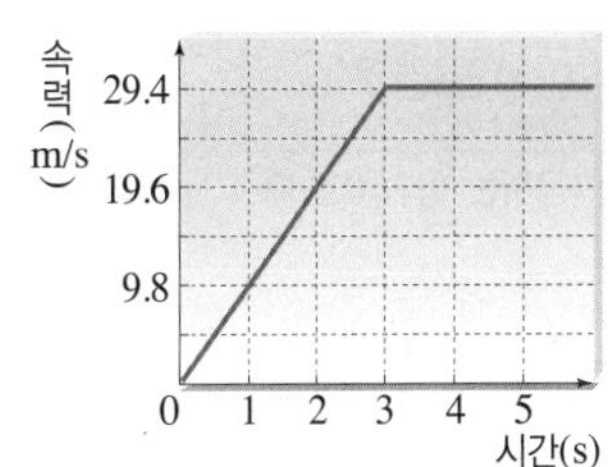


이에 대한 설명으로 옳은 것을 보기에서 모두 고른 것은?

보기
ㄱ. 0~3초 동안 물체는 등속 운동을 한다.
ㄴ. 3~5초 동안 물체가 이동한 거리는 58.8 m이다.
ㄷ. 5초 동안 물체는 매초 9.8 m/s씩 속력이 커졌다.

① ㄱ ② ㄴ ③ ㄱ, ㄷ
④ ㄴ, ㄷ ⑤ ㄱ, ㄴ, ㄷ

**03** 공을 가만히 들고 있다가 놓았더니 공이 4초 후에 지면에 도달하였다. 이때 공을 떨어뜨린 높이는?(단, 중력 가속도 상수는 9.8이고 공기 저항은 무시한다.)

① 39.2 m ② 49 m ③ 78.4 m
④ 122.5 m ⑤ 156.8 m

# 02 일과 에너지

## A 일과 에너지

**1 과학에서의 일** 물체에 힘이 작용하여 물체가 힘의 방향으로 이동하는 경우❶

**2 일의 양** 물체에 작용한 힘의 크기와 물체가 힘의 방향으로 이동한 거리의 곱으로 구한다. ➡ 힘과 이동한 거리에 비례한다.

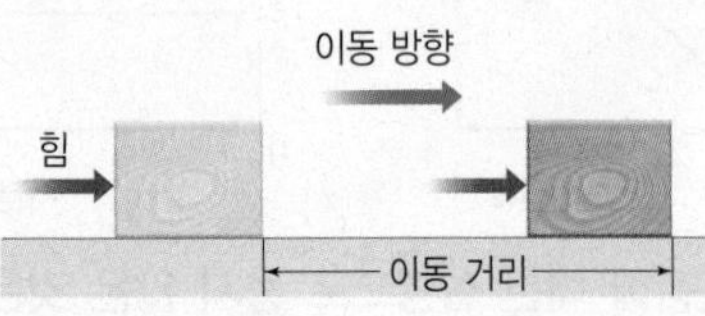


일(J)=힘(N)×이동 거리(m)

① 단위 : J(줄*) ➡ 1 J은 물체에 1 N의 힘을 작용하여 물체를 힘의 방향으로 1 m 이동시켰을 때 한 일의 양이다.❷

② 중력과 일의 양❸

| 구분 | 중력에 대해 한 일 | 중력이 한 일 |
|---|---|---|
| 예 | 물체를 들어 올릴 때에는 중력에 대해 일을 한다.<br>들어 올리는 힘<br>무게 =9.8×질량<br>들어 올린 높이 | 물체가 떨어질 때에는 중력이 물체에 일을 한다.<br>중력<br>떨어진 높이 |
| 일의 양 | 중력에 대해 한 일<br>=물체의 무게×들어 올린 높이 | 중력이 한 일<br>=중력의 크기×떨어진 높이 |

화보 3.3

③ 일의 양이 0인 경우

| 물체에 작용하는 힘이 0일 때 | 물체가 이동한 거리가 0일 때 | 힘의 방향과 이동 방향이 수직일 때 |
|---|---|---|
| | 힘의 방향 | 힘의 방향<br>이동 방향 |
| 스케이트를 타고 한 방향으로 등속 운동을 한다.<br>➡ 등속 운동을 하는 물체에 운동 방향으로 작용하는 힘은 0이므로 일의 양도 0이다. | 벽을 힘껏 밀었으나 움직이지 않는다.<br>➡ 물체가 이동하지 않으면 이동 거리가 0이므로 일의 양도 0이다. | 가방을 들고 수평 방향으로 걸어간다.<br>➡ 힘의 방향으로 이동한 거리가 0이므로 일의 양도 0이다. |

**3 일과 에너지**

① 에너지 : 일을 할 수 있는 능력 ➡ 일의 단위와 같은 J(줄)을 사용한다.

② 일과 에너지 전환 : 물체에 일을 하면 물체가 에너지를 갖고, 물체가 가진 에너지는 일로 전환될 수 있다. ➡ 일은 에너지로, 에너지는 다시 일로 전환된다.❹

**[일과 에너지의 전환 예]**

추를 들어 올리는 일을 한다. ➡ 추는 에너지를 가진다.

추는 떨어지면서 말뚝을 박는 일을 한다. ➡ 추의 에너지가 일로 전환된다.

---

### 플러스 강의

**❶ 과학에서의 일이 아닌 경우**

정신적인 활동은 과학에서의 일에 해당하지 않는다.

예 • 책을 읽는다.
• 음악을 듣는다.
• 과학 공부를 한다.

**❷ 일의 단위**

일의 단위 J과 N·m는 같은 단위이다.

1 J=1 N×1 m=1 N·m

**❸ 계단을 오를 때 한 일의 양**

수평 방향으로 작용한 힘은 0이고, 수직 방향으로 작용한 힘은 물체의 무게와 같으므로 물체에 한 일은 중력에 대해 한 일과 같다. ➡ 일의 양=물체의 무게×올라간 계단의 높이

**❹ 일이 에너지로 전환되는 예**

• 쇼트트랙 선수가 앞 선수를 미는 일을 하면 앞 선수의 에너지가 증가한다.
• 역도 선수가 역기를 들어 올리는 일을 하면 역기의 에너지가 증가한다.

**용어 돋보기**

* 줄_일과 에너지의 이론 정립에 기여한 영국의 과학자 Joule의 이름으로, 에너지와 일의 단위로 사용

**A 일과 에너지**

- 과학에서의 □ : 물체에 □이 작용하여 물체가 □의 방향으로 이동하는 경우
- 일=□×□□ □□
- 일의 양이 0인 경우
  - 물체에 작용한 힘이나 □□ □□가 0인 경우
  - 힘의 방향과 물체의 이동 방향이 □□인 경우
- 에너지 : □을 할 수 있는 능력
- 어떤 물체에 일을 하면 물체가 □□□를 갖고, 물체가 가진 에너지는 □로 전환될 수 있다.

**암기광 일의 양 구하기**

일이 많으면 힘이 들어.
일이 많은 걸 일거리가 많다고 해.
➡ 일은 힘과 이동 거리에 비례한다.

일=힘×이동 거리

**1** 과학에서의 일을 한 경우는 ○, 하지 않은 경우는 ×로 표시하시오.

(1) 1시간 동안 음악을 들으면서 책을 읽었다. ( )
(2) 바닥에 놓인 화분을 선반 위에 올려놓았다. ( )
(3) 교실 바닥에 놓인 책상을 교실 뒤까지 밀고 갔다. ( )

**2** 오른쪽 그림과 같이 무게가 50 N인 어떤 물체에 20 N의 힘을 작용하여 힘의 방향으로 3 m 이동시켰을 때 물체에 한 일의 양은 몇 J인지 구하시오.

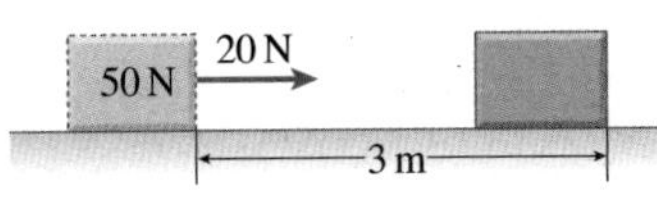


**3** 오른쪽 그림과 같이 무게가 10 N인 물체를 3 m 높이에서 가만히 놓아 지면으로 떨어뜨렸다. ( ) 안에 알맞은 용어 또는 값을 쓰시오.

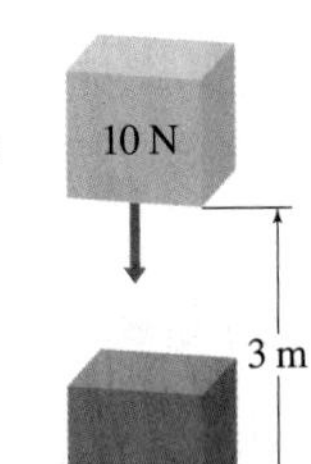


(1) 물체가 떨어질 때는 ( )이 물체에 일을 한다.
(2) 중력의 크기는 ( ) N이다.
(3) 물체가 지면에 도달하는 동안 중력이 물체에 한 일의 양은 10 N×㉠( ) m=㉡( ) J이다.

**4** 오른쪽 그림과 같이 민서는 무게가 100 N인 물체를 든 채로 수평 방향으로 20 m만큼 걸어갔다. 이때 민서가 한 일의 양은 몇 J인지 구하시오.

**5** 일과 에너지에 대한 설명으로 옳은 것은 ○, 옳지 않은 것은 ×로 표시하시오.

(1) 일을 할 수 있는 능력을 에너지라고 한다. ( )
(2) 에너지의 단위는 일의 단위와 같다. ( )
(3) 일과 에너지는 서로 전환될 수 있다. ( )
(4) 추를 들어 올리는 일을 하면 추의 에너지는 줄어든다. ( )

## B 중력에 의한 위치 에너지

**1 중력에 의한 위치 에너지** 높은 곳에 있는 물체가 가지는 에너지

① 크기 : 질량이 $m$(kg)인 물체를 높이 $h$(m)만큼 들어 올릴 때 중력에 대해 한 일의 양과 같다.❶

위치 에너지=9.8×질량×높이, $E=9.8mh$❷

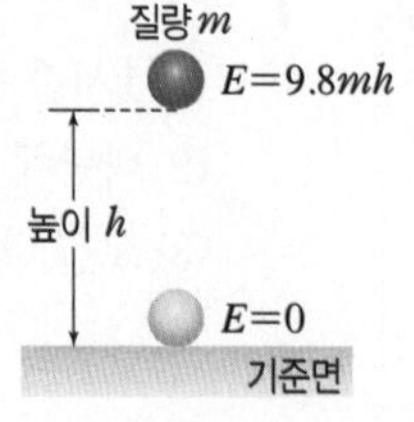


**2 중력에 의한 위치 에너지의 전환**

① 나무 도막 위에서 추를 떨어뜨리면 추의 중력에 의한 위치 에너지가 나무 도막을 밀어내는 일로 전환된다.

➡ 추의 중력에 의한 위치 에너지=나무 도막에 한 일

② 추의 질량이나 추의 낙하 높이가 2배, 3배, …로 커지면 나무 도막이 밀려나는 거리도 2배, 3배, …로 증가한다.

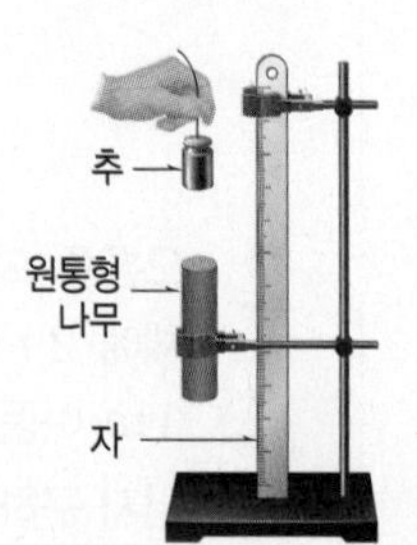


## C 중력이 한 일과 운동 에너지

**1 운동 에너지** 운동하는 물체가 가지는 에너지 탐구 a 116쪽

① 크기 : 질량이 $m$(kg)인 물체가 속력 $v$(m/s)로 운동할 때, 물체가 가지는 운동 에너지는 다음과 같다.

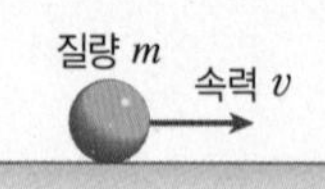


운동 에너지$=\frac{1}{2}\times$질량$\times$(속력)$^2$, $E=\frac{1}{2}mv^2$❷

**2 운동 에너지의 전환**❸

① 운동하는 수레가 나무 도막과 충돌하면 수레의 운동 에너지가 나무 도막을 밀어내는 일로 전환된다. ➡ 수레의 운동 에너지=나무 도막에 한 일

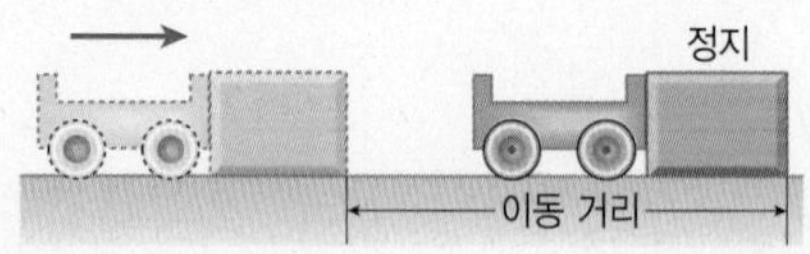


② 수레의 질량이 2배, 3배, …로 커지면 나무 도막이 밀려나는 거리도 2배, 3배, …로 증가한다.

③ 수레의 속력이 2배, 3배, …로 커지면 나무 도막이 밀려나는 거리는 4배, 9배, …로 증가한다.

**3 중력이 한 일과 운동 에너지** 물체가 자유 낙하 하는 동안 물체에 한 일의 양과 물체의 운동 에너지가 같다. 탐구 b 117쪽

**[자유 낙하 하는 물체에서의 일과 운동 에너지]**

물체가 중력의 방향으로 떨어진 높이를 측정하면 중력이 물체에 한 일을 알 수 있다. 이때 중력이 한 일은 물체의 운동 에너지와 같다.

중력이 한 일=힘×이동 거리
=9.8×질량×떨어진 높이
⬇
운동 에너지

### 플러스 강의

**❶ 기준면에 따른 위치 에너지**

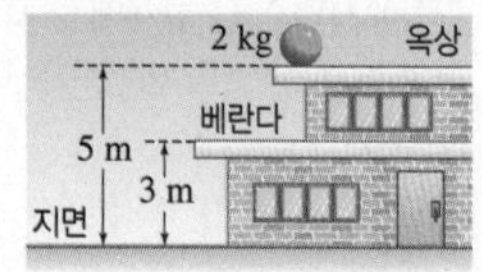


중력에 의한 위치 에너지는 기준면에 따라 달라진다. 위 그림에서 기준면이 달라질 때 공의 위치 에너지는 다음과 같다.

- 지면 기준 : (9.8×2) N×5 m =98 J
- 베란다 기준 : (9.8×2) N×2 m =39.2 J
- 옥상 기준 : 0

**❷ 중력에 의한 위치 에너지와 운동 에너지 그래프**

- 중력에 의한 위치 에너지와 질량 및 높이의 관계

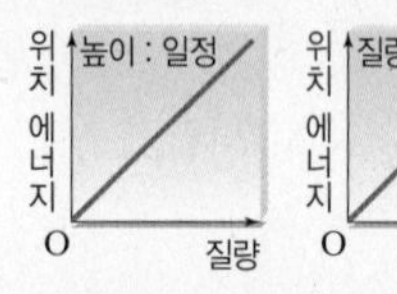


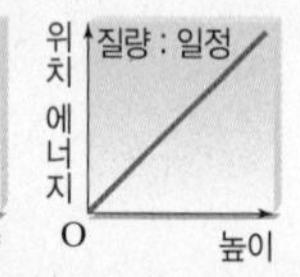


- 운동 에너지와 질량 및 속력의 관계

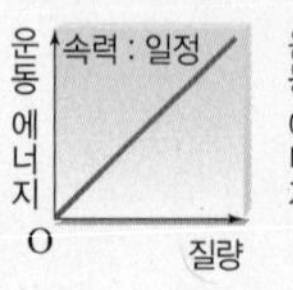


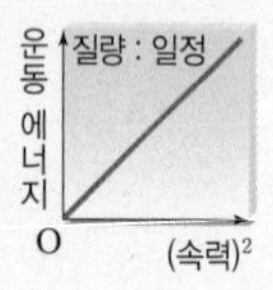


**❸ 에너지의 이용** 확보 3.4

- 중력에 의한 위치 에너지의 이용 : 수력 발전, 물레방아, 널뛰기 등
- 운동 에너지의 이용 : 요트, 볼링, 윈드서핑, 풍력 발전 등

● 정답과 해설 37쪽

**B 중력에 의한 위치 에너지**

- 중력에 의한 □□ 에너지 : 높은 곳에 있는 물체가 가지는 에너지
- 중력에 의한 위치 에너지의 크기 =9.8×□□×기준면으로부터의 □□

**C 중력이 한 일과 운동 에너지**

- □□ 에너지 : 운동하는 물체가 가지는 에너지
- 운동 에너지의 크기 $=\frac{1}{2}\times$□□×(□□)$^2$
- 중력이 한 일과 운동 에너지 : 물체가 자유 낙하 하는 동안 물체에 한 일의 양은 물체의 □□ □□□와 같다.

B

**6** 오른쪽 그림과 같이 질량이 4 kg인 물체가 기준면으로부터 3 m 높이에 있을 때, 이 물체의 중력에 의한 위치 에너지는?

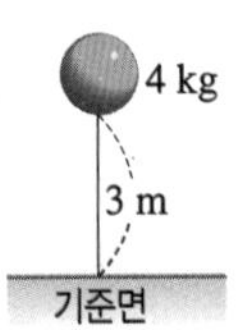


① 68.6 J ② 88.2 J ③ 98 J
④ 117.6 J ⑤ 196 J

**7** 오른쪽 그림과 같이 장치한 다음, 추를 떨어뜨렸더니 나무 도막이 밀려났다. 이에 대한 설명으로 옳은 것은 ○, 옳지 않은 것은 ×로 표시하시오.(단, 추에 작용하는 마찰은 무시한다.)

(1) 추의 중력에 의한 위치 에너지가 나무 도막을 밀어내는 일로 전환되었다. ( )
(2) 나무 도막이 밀려난 거리는 추의 중력에 의한 위치 에너지에 비례한다. ( )
(3) 추의 낙하 높이가 2배가 되면 나무 도막이 밀려난 거리는 $\frac{1}{2}$배가 된다. ( )

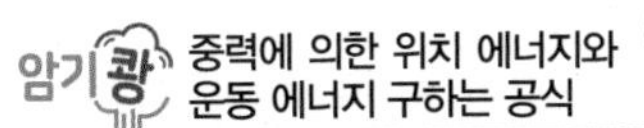


중력에 의한 위치 에너지 $=9.8mh$

운동 에너지$=\frac{1}{2}mv^2$

움직이는 move를 반으로!
•으로 2로
➡ $m\cdot v^2\times\frac{1}{2}$

C

**8** 질량이 10 kg인 물체가 5 m/s의 속력으로 운동하고 있을 때 물체의 운동 에너지는 몇 J인지 구하시오.

더 풀어보고 싶다면? 시험 대비 교재 66쪽 계산력·암기력 강화 문제

**9** 오른쪽 그림과 같이 수평면 위에 정지해 있는 물체에 10 N의 힘을 작용하여 2 m만큼 이동시켰을 때, 물체의 운동 에너지는 몇 J인지 구하시오.(단, 모든 마찰은 무시한다.)

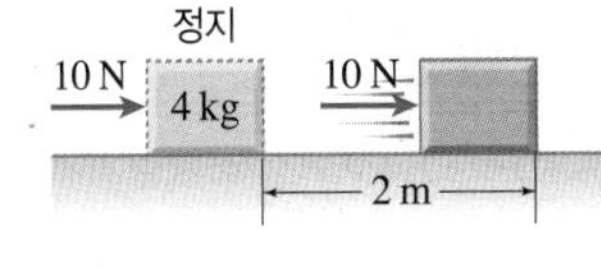


**10** 오른쪽 그림과 같이 10 m 높이에서 질량이 0.1 kg인 공이 자유 낙하를 하였다. 공이 10 m 낙하했을 때 운동 에너지는 몇 J인지 구하시오.

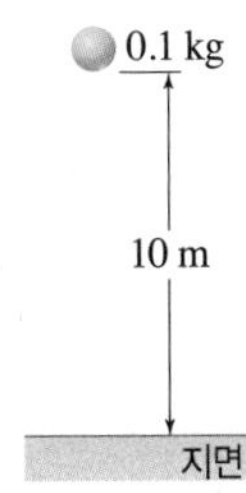

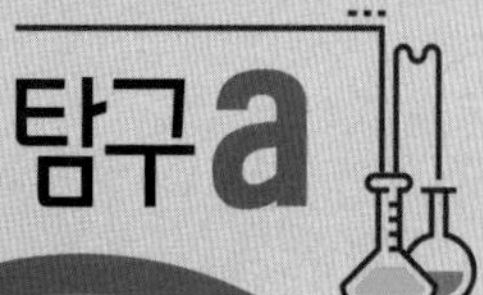

# 탐구 a 운동 에너지의 크기에 영향을 미치는 요인

**이 탐구에서는** 물체의 질량 및 속력이 운동 에너지의 크기에 미치는 영향을 설명할 수 있다.

● 정답과 해설 37쪽

페이지를 인식하세요! 오투실험실

## 실험 ❶ 수레의 질량과 나무 도막의 이동 거리의 관계

❶ 수레 3개에 서로 다른 개수의 추를 올려 각 수레의 질량을 다르게 한다.

❷ 그림과 같이 수레를 나란히 놓고 나무 막대로 속력이 같도록 밀어 나무 도막과 충돌시킨다.

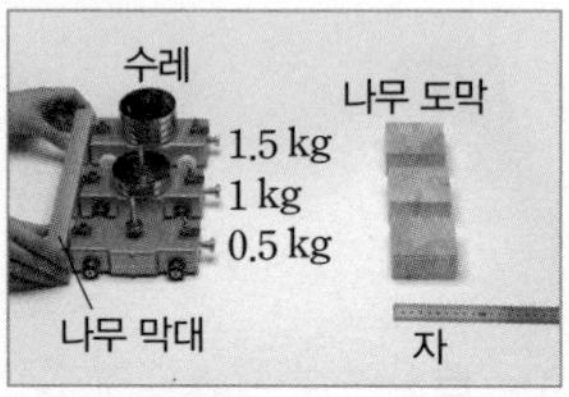


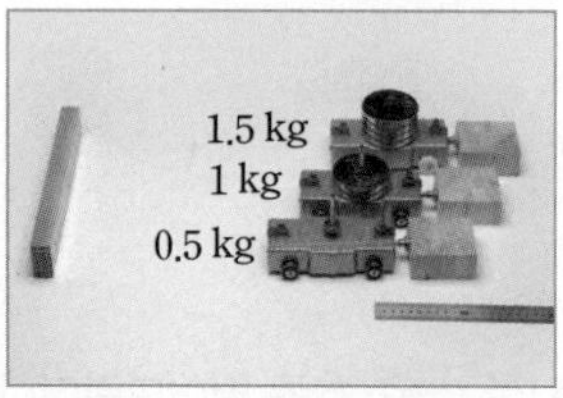


❸ 나무 도막이 밀려난 거리를 측정한다.

**결과 & 해석**

| 수레의 질량 (kg) | 나무 도막의 이동 거리(cm) |
|---|---|
| 0.5 | 4 |
| 1 | 8 |
| 1.5 | 12 |

➡

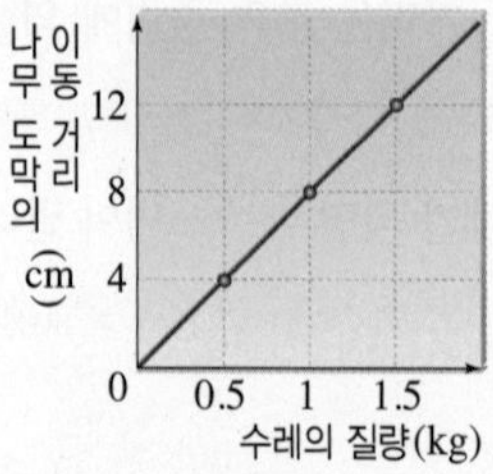


➡ 나무 도막의 이동 거리는 수레의 질량에 비례한다.

## 실험 ❷ 수레의 속력과 나무 도막의 이동 거리의 관계

❶ 그림과 같이 수레가 충돌 직전에 속력 측정기를 지나가도록 수레, 속력 측정기, 나무 도막을 설치한다.

❷ 수레의 질량은 일정하게 유지하고 속력을 다르게 하여 나무 도막과 충돌시킨다.

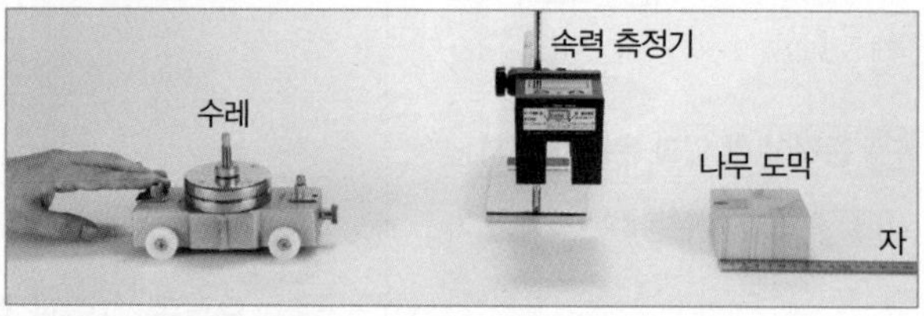


❸ 나무 도막이 밀려난 거리를 측정한다.

**결과 & 해석**

| 수레의 (속력)$^2$ ((m/s)$^2$) | 나무 도막의 이동 거리(cm) |
|---|---|
| 0.01 | 4 |
| 0.04 | 16 |
| 0.09 | 36 |

➡

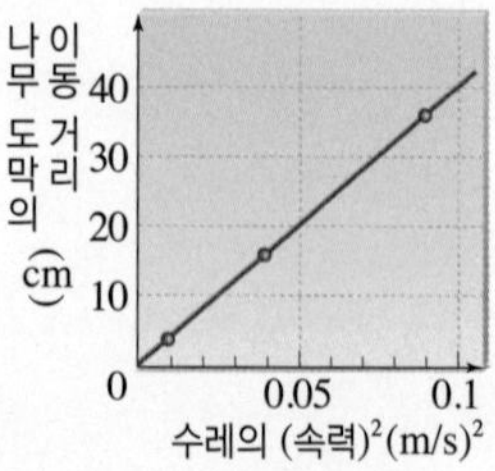


➡ 나무 도막의 이동 거리는 수레의 (속력)$^2$에 비례한다.

**정리**

1. 수레의 ㉠(　　　　)가 나무 도막을 미는 일로 전환되므로 나무 도막의 이동 거리는 수레의 ㉡(　　　　) 에너지에 비례한다.
2. 수레의 속력이 일정할 때 나무 도막의 이동 거리는 수레의 ㉢(　　　　)에 비례하고, 수레의 질량이 일정할 때 나무 도막의 이동 거리는 수레의 ㉣(　　　　)에 비례한다. ➡ 수레의 운동 에너지는 수레의 질량과 속력의 제곱에 각각 비례한다.

## 확인 문제

**01** 위 실험에 대한 설명으로 옳은 것은 ○, 옳지 않은 것은 ×로 표시하시오.

(1) 나무 도막이 밀려난 거리는 수레의 운동 에너지에 비례한다. ------------ (　　)

(2) 실험 ❶에서 수레의 운동 에너지는 수레의 질량에 비례한다는 것을 알 수 있다. ------------ (　　)

(3) 실험 ❷에서 수레의 운동 에너지는 수레의 속력에 비례한다는 것을 알 수 있다. ------------ (　　)

(4) 수레가 가진 운동 에너지는 나무 도막을 미는 일로 전환된다. ------------ (　　)

**02** 그림과 같이 질량이 다른 수레 A와 B를 나란히 놓고 나무 막대로 속력이 같도록 밀어서 나무 도막과 충돌시킨 후, 나무 도막이 밀려난 거리를 측정하였다.

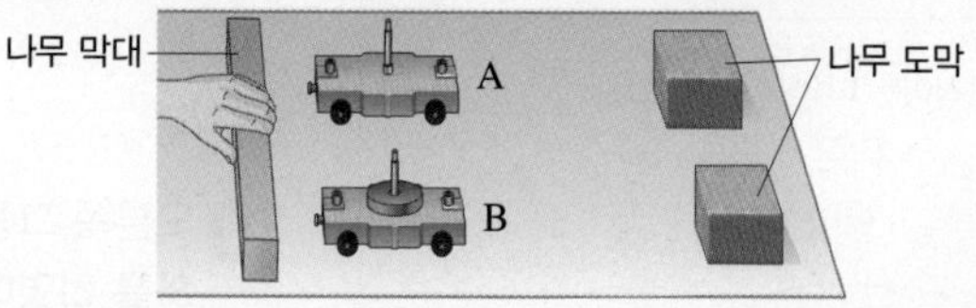


A와 B 중에서 나무 도막을 더 멀리까지 밀어내는 수레를 고르고, 그 까닭을 서술하시오.

# 탐구 b 중력이 한 일과 운동 에너지

**이 탐구에서는** 자유 낙하 하는 물체의 운동을 분석하여 중력이 한 일과 운동 에너지의 관계를 설명할 수 있다.

● 정답과 해설 37쪽

## 과정

❶ 쇠구슬의 질량을 측정한다.
❷ 스탠드를 사용하여 투명한 플라스틱 관을 지면에 수직으로 세우고, 종이컵에 모래를 넣어 관 아래에 놓는다.
❸ 관의 A점에 속력 측정기를 설치한 후 O점과 A점 사이의 거리를 측정한다.
❹ 쇠구슬을 O점에서 떨어뜨리고 속력을 측정한다.
❺ 과정 ❹를 두 번 더 반복하여 속력의 평균 값을 구한다.

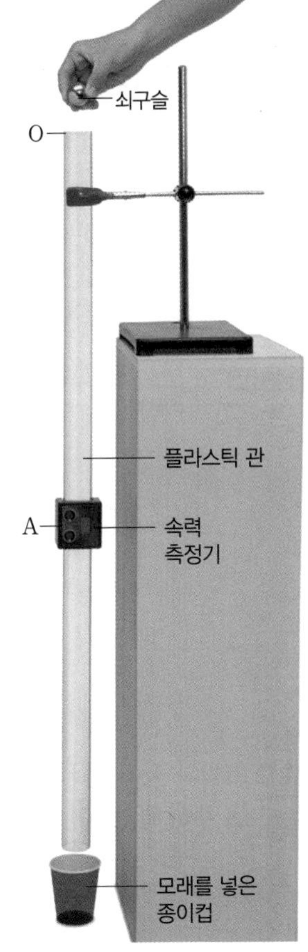


## 결과 & 해석

- 쇠구슬의 질량 : 0.11 kg
- O점에서 A점까지의 거리 : 0.5 m
- 쇠구슬의 평균 속력

| 횟수 | 1회 | 2회 | 3회 | 평균 |
|---|---|---|---|---|
| 속력(m/s) | 3.13 | 3.14 | 3.12 | 3.13 |

- 쇠구슬이 O점에서 A점까지 떨어지는 동안 중력이 쇠구슬에 한 일의 양 =중력의 크기×이동 거리=(9.8×0.11) N×0.5 m=약 0.54 J
- A점에서 쇠구슬의 운동 에너지=$\frac{1}{2}$×0.11 kg×(3.13 m/s)$^2$=약 0.54 J

➡ 쇠구슬이 O점에서 A점까지 자유 낙하 하는 동안 중력이 쇠구슬에 한 일의 양과 A점에서의 쇠구슬의 운동 에너지가 같다.
➡ 중력이 쇠구슬에 한 일이 쇠구슬의 운동 에너지로 전환되었다.

## 정리

1. 높은 곳의 물체가 낙하할 때 물체에 ㉠(　　　)이 작용하여 일을 한다.
2. 중력이 물체에 한 일은 물체의 ㉡(　　　)로 전환되므로, 낙하하는 동안 물체의 운동 에너지는 증가한다.

## 확인 문제

**01** 위 실험에 대한 설명으로 옳은 것은 ○, 옳지 않은 것은 ×로 표시하시오.

(1) 쇠구슬이 낙하하는 동안 중력이 쇠구슬에 한 일이 쇠구슬의 운동 에너지로 전환된다. ( )

(2) 중력이 쇠구슬에 한 일의 양은 쇠구슬이 낙하한 거리에 비례한다. ( )

(3) 실험에서 질량이 2배인 쇠구슬을 사용하면 쇠구슬의 운동 에너지는 2배가 된다. ( )

(4) 실험에서 O점에서 A점까지의 거리가 2배가 되면 쇠구슬의 속력은 4배가 된다. ( )

(5) 같은 실험을 더 높은 층에 위치한 실험실에서 하면 A점에서 쇠구슬의 속력도 커진다. ( )

**[02~03]** 오른쪽 그림과 같이 투명한 플라스틱 관과 속력 측정기를 설치하고 낙하하는 추의 속력을 측정하였다.

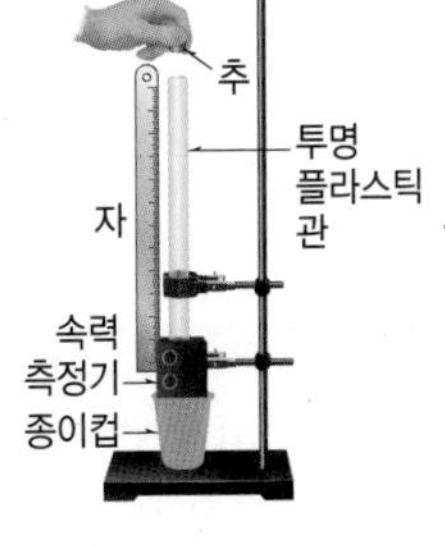


**02** 질량이 2 kg인 추가 50 cm 높이만큼 낙하할 때 중력이 추에 한 일의 양은 얼마인지 구하시오.

**03** 낙하 높이가 4배가 되는 곳에서 추를 낙하시켰을 때 같은 지점을 지나는 추의 속력은 어떻게 되는지 서술하시오.

전국 주요 학교의 **시험에 가장 많이 나오는 문제**들로만 구성하였습니다.
모든 친구들이 '꼭' 봐야 하는 코너입니다.

# 기출 문제로 내신 쑥쑥

## A 일과 에너지

중요
**01** 과학에서의 일을 한 경우를 모두 고르면?(2개)

① 과학책을 읽고 있다.
② 가방을 메고 계단을 걸어 올라갔다.
③ 바위를 힘껏 밀었으나 움직이지 않았다.
④ 바닥에 떨어진 책을 주워 책상 위에 놓았다.
⑤ 마찰이 없는 얼음판 위에 놓인 물체가 등속 운동을 하고 있다.

중요
**02** 그림과 같이 연우는 책상을 오른쪽으로 200 N의 힘을 주어 밀었다.

책상을 오른쪽으로 3 m 이동시켰을 때 연우가 한 일의 양은?

① 30 J ② 200 J ③ 300 J
④ 600 J ⑤ 800 J

**03** 그림과 같이 수평면 위에 질량이 10 kg인 물체를 놓고 일정한 속력으로 천천히 5 m를 끌고 가면서 150 J의 일을 하였다.

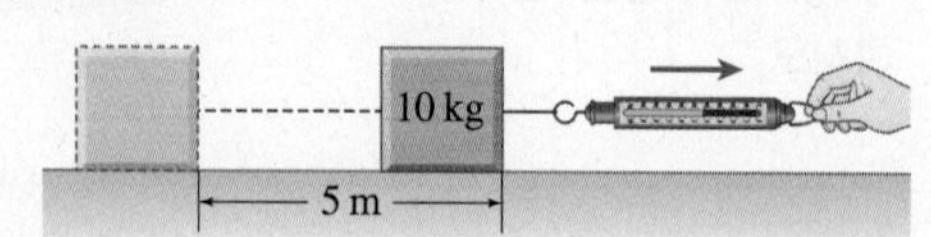


이때 물체에 작용한 힘의 크기는?

① 30 N ② 50 N ③ 98 N
④ 150 N ⑤ 490 N

**04** 그림과 같이 무게가 5 N인 사과가 3 m 높이에서 떨어졌다.

사과가 지면에 도달하는 동안 중력이 사과에 한 일의 양은?(단, 공기 저항은 무시한다.)

① 3 J ② 5 J ③ 15 J
④ 30 J ⑤ 50 J

**05** 그림 (가)는 무게가 20 N인 물체를 10 N의 힘으로 수평 방향으로 5 m 이동시킨 후 2 m 높이로 천천히 들어 올린 경로를, 그림 (나)는 (가)의 물체를 2 m 높이로 천천히 들어 올린 후 수평 방향으로 5 m 이동한 경로를 나타낸 것이다.

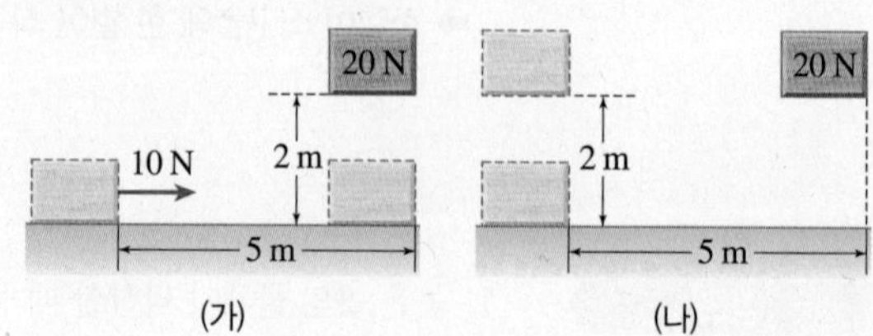


(가)와 (나)에서 한 일의 양을 옳게 짝 지은 것은?

| | (가) | (나) | | (가) | (나) |
|---|---|---|---|---|---|
| ① | 40 J | 40 J | ② | 50 J | 40 J |
| ③ | 90 J | 0 | ④ | 90 J | 40 J |
| ⑤ | 90 J | 90 J | | | |

중요
**06** 과학에서 말하는 일의 양이 0인 경우를 보기에서 모두 고른 것은?

보기
ㄱ. 철봉에 3분 동안 매달려 있었다.
ㄴ. 마트에서 물건을 실은 카트를 밀며 이동했다.
ㄷ. 미끄러운 얼음판 위를 스케이트를 타고 일정한 속력으로 미끄러졌다.
ㄹ. 가방을 메고 1층에서 3층까지 걸어 올라갔다.

① ㄱ, ㄴ ② ㄱ, ㄷ ③ ㄴ, ㄷ
④ ㄴ, ㄹ ⑤ ㄷ, ㄹ

**07** 일과 에너지에 대한 설명으로 옳은 것을 보기에서 모두 고른 것은?

보기
ㄱ. 물체에 일을 하면 물체의 에너지가 증가한다.
ㄴ. 에너지의 단위는 일의 단위와 같은 J(줄)을 사용한다.
ㄷ. 일은 에너지로 전환될 수 있지만 에너지는 일로 전환될 수 없다.

① ㄱ ② ㄷ ③ ㄱ, ㄴ
④ ㄴ, ㄷ ⑤ ㄱ, ㄴ, ㄷ

## B 중력에 의한 위치 에너지

중요
**08** 그림과 같이 물체 (가)~(마)가 매달려 있다.

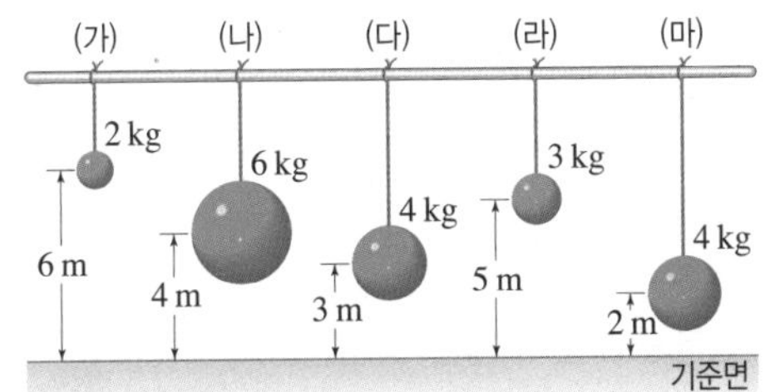


(가)~(마) 중 중력에 의한 위치 에너지가 가장 큰 것은?(단, 물체의 크기는 무시한다.)

① (가) ② (나) ③ (다)
④ (라) ⑤ (마)

**09** 오른쪽 그림과 같이 질량이 10 kg, 높이가 1 m인 책상 위에 질량이 2 kg인 가방이 놓여 있다. 이에 대한 설명으로 옳은 것을 보기에서 모두 고른 것은?

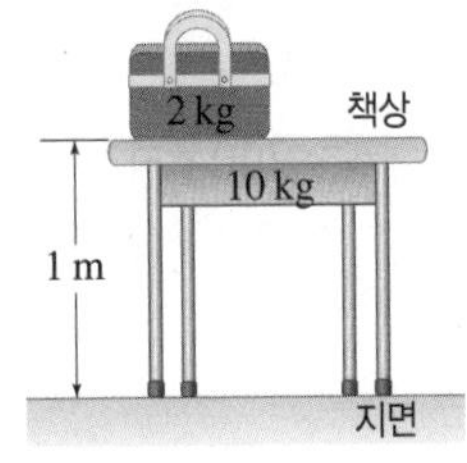

보기
ㄱ. 가방의 중력에 의한 위치 에너지는 기준면이 책상 면일 때와 지면일 때가 다르다.
ㄴ. 책상 면을 기준면으로 할 때 가방의 중력에 의한 위치 에너지는 0이다.
ㄷ. 지면을 기준면으로 할 때 가방의 중력에 의한 위치 에너지는 98 J이다.

① ㄱ ② ㄴ ③ ㄱ, ㄴ
④ ㄱ, ㄷ ⑤ ㄴ, ㄷ

**10** 오른쪽 그림과 같이 질량이 10 kg인 물체를 바닥으로부터 1 m 높이만큼 천천히 들어 올렸다. 이에 대한 설명으로 옳은 것을 보기에서 모두 고른 것은?

보기
ㄱ. 중력에 대해 일을 하였다.
ㄴ. 물체에 한 일의 양은 98 J이다.
ㄷ. 물체의 중력에 의한 위치 에너지는 98 J만큼 감소하였다.

① ㄱ ② ㄷ ③ ㄱ, ㄴ
④ ㄴ, ㄷ ⑤ ㄱ, ㄴ, ㄷ

**11** 오른쪽 그림과 같이 질량이 5 kg인 추를 높은 곳에서 떨어뜨렸더니 말뚝이 박힌 깊이가 10 cm였다. 같은 높이에서 질량이 20 kg인 추를 같은 말뚝에 떨어뜨린다면, 말뚝이 박히는 깊이는?(단, 말뚝과 지면 사이의 마찰력은 일정하다.)

① 10 cm ② 20 cm ③ 40 cm
④ 60 cm ⑤ 120 cm

중요
**12** 오른쪽 그림과 같이 장치하고 추의 질량과 높이를 변화시키면서 추를 낙하시켰을 때 나무 도막의 이동 거리를 측정하는 실험을 하였다. 이에 대한 설명으로 옳은 것을 보기에서 모두 고른 것은?(단, 추에 작용하는 마찰은 무시한다.)

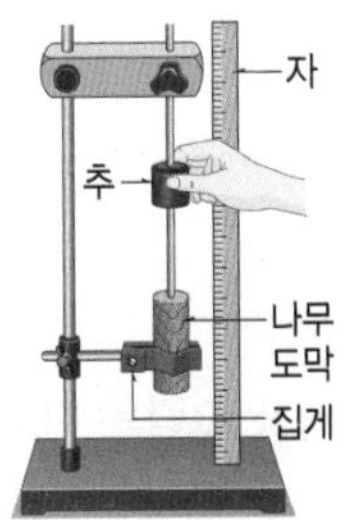


보기
ㄱ. 추의 중력에 의한 위치 에너지가 일로 전환된다.
ㄴ. 나무 도막의 이동 거리는 추의 질량에 비례한다.
ㄷ. 추의 낙하 높이가 달라져도 나무 도막이 받은 일의 양은 같다.

① ㄱ ② ㄴ ③ ㄱ, ㄴ
④ ㄱ, ㄷ ⑤ ㄴ, ㄷ

# 기출 문제로 내신쑥쑥

## C 중력이 한 일과 운동 에너지

**13** 질량이 4 kg인 쇠구슬이 2 m/s의 속력으로 움직이고 있을 때, 쇠구슬의 운동 에너지는?

① 2 J ② 4 J ③ 6 J
④ 8 J ⑤ 16 J

중요
**14** 승용차와 버스가 고속도로를 달리고 있다. 승용차의 질량은 버스의 $\frac{1}{2}$배이고, 승용차의 속력은 버스의 4배일 때 승용차의 운동 에너지는 버스의 몇 배인가?

① $\frac{1}{2}$배 ② 2배 ③ 4배
④ 8배 ⑤ 16배

중요
**15** 물체의 운동 에너지와 질량 및 속력의 관계를 나타낸 그래프로 옳은 것을 모두 고르면?(2개)

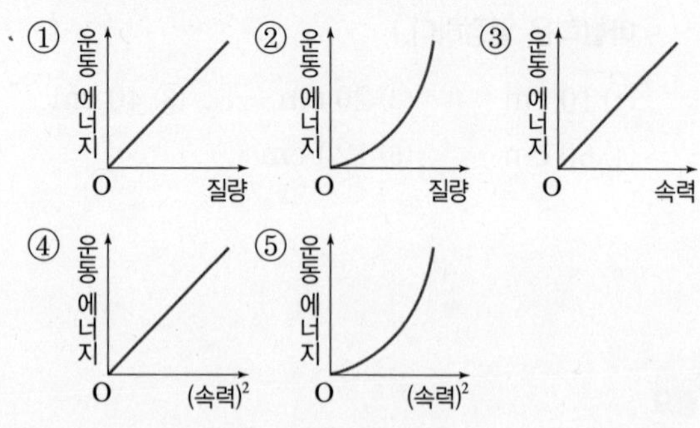


**16** 그림은 마찰이 없는 수평면 위에 정지해 있는 질량이 4 kg인 물체에 수평 방향의 일정한 힘 20 N을 작용하여 물체를 10 m 이동시킨 모습을 나타낸 것이다.

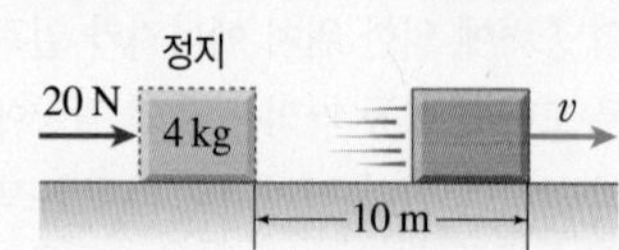


이 물체가 10 m 이동한 순간의 속력 $v$는?

① 2 m/s ② 4 m/s ③ 5 m/s
④ 10 m/s ⑤ 20 m/s

탐구 a 116쪽
**17** 책상 면 위에 그림과 같이 장치하고, 수레의 질량과 속력을 달리하면서 나무 도막과 충돌시키는 실험을 하였다. 표는 수레의 질량($m$)과 속력($v$)에 따른 나무 도막이 밀려난 거리($s$)를 나타낸 것이다.

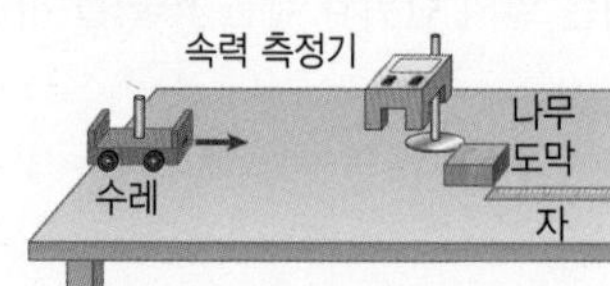


| $m$ | $v$ | $s$ |
|---|---|---|
| 2 kg | 2 m/s | 2 cm |
| 2 kg | 4 m/s | (가) |
| 4 kg | (나) | 16 cm |

(가)와 (나)에 알맞은 값을 옳게 짝 지은 것은?(단, 수레가 받는 마찰은 무시한다.)

| | (가) | (나) | | (가) | (나) |
|---|---|---|---|---|---|
| ① | 4 cm | 2 m/s | ② | 4 cm | 4 m/s |
| ③ | 8 cm | 2 m/s | ④ | 8 cm | 4 m/s |
| ⑤ | 8 cm | 8 m/s | | | |

중요 탐구 b 117쪽
**18** 오른쪽 그림과 같이 플라스틱 관 위쪽에서 100 g짜리 쇠구슬을 떨어뜨리고 아래에서 속력을 측정하였다. 이에 대한 설명으로 옳지 않은 것은?(단, 공기 저항은 무시한다.)

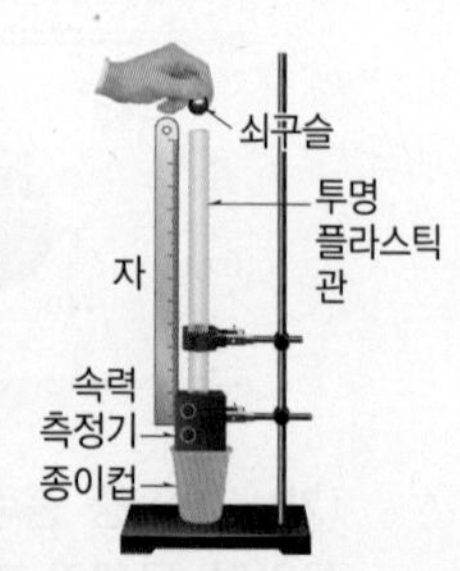


① 쇠구슬이 낙하하는 동안 중력이 쇠구슬에 일을 한다.
② 중력이 한 일의 양만큼 쇠구슬의 운동 에너지가 증가한다.
③ 쇠구슬이 낙하한 거리가 1 m인 경우 아래에서 쇠구슬의 운동 에너지는 0.98 J이다.
④ 200 g짜리 쇠구슬을 같은 높이에서 떨어뜨리면 아래에서 쇠구슬의 운동 에너지는 2배가 된다.
⑤ 200 g짜리 쇠구슬을 같은 높이에서 떨어뜨리면 아래에서 쇠구슬의 속력이 2배가 된다.

**19** 오른쪽 그림과 같이 질량이 다른 두 공을 5 m 높이에서 떨어뜨렸다. 지면에 닿으려는 순간 공의 운동 에너지는 질량이 600 g인 공이 질량이 300 g인 공의 몇 배인가?(단, 공기 저항은 무시한다.)

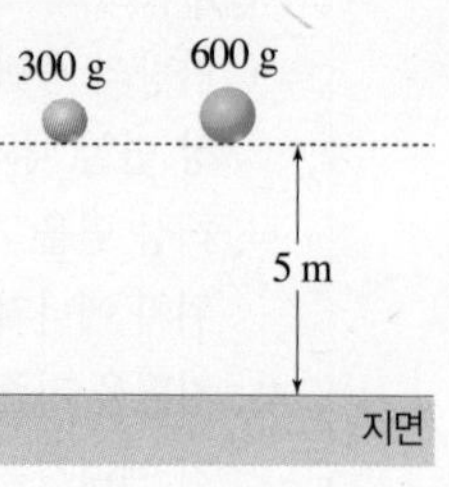


① 1배 ② 2배 ③ 3배
④ 6배 ⑤ 9배

## 서술형 문제

중요

**20** 그림과 같이 효진이가 질량이 1 kg인 물체를 베란다에서 옥상으로 옮겨 놓았다.

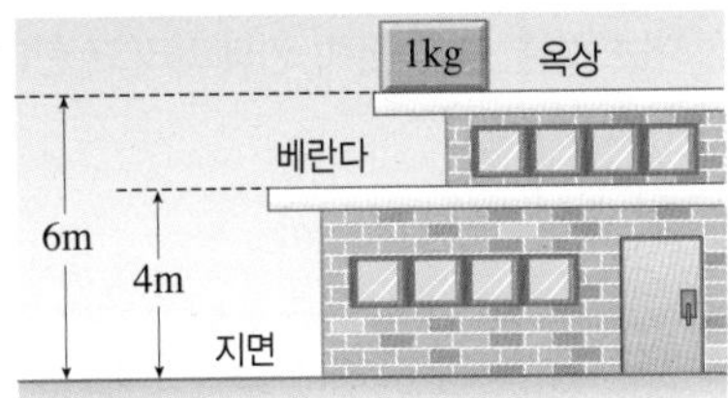


이때 효진이가 한 일의 양을 풀이 과정과 함께 구하시오.

---

**21** 그림과 같이 무게가 10 N인 물체를 높이 1 m인 빗면에 가만히 놓았더니 물체가 빗면을 따라 내려가 수평면에서 나무 도막을 2 m 이동시켰다.

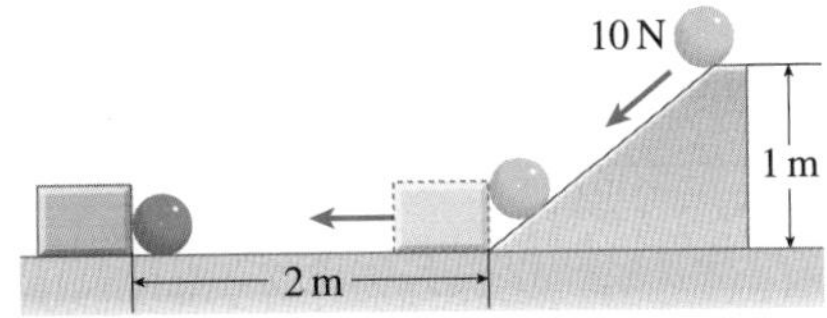


무게가 2배인 물체를 높이가 2배인 빗면에 가만히 놓았을 때, 나무 도막의 이동 거리를 풀이 과정과 함께 구하시오.(단, 물체에 작용하는 마찰은 무시한다.)

---

**22** 오른쪽 그림과 같이 O점으로부터 1 m 떨어진 A점에 속력 측정기를 설치하고 질량이 0.1 kg인 쇠구슬을 자유 낙하 시켰다.

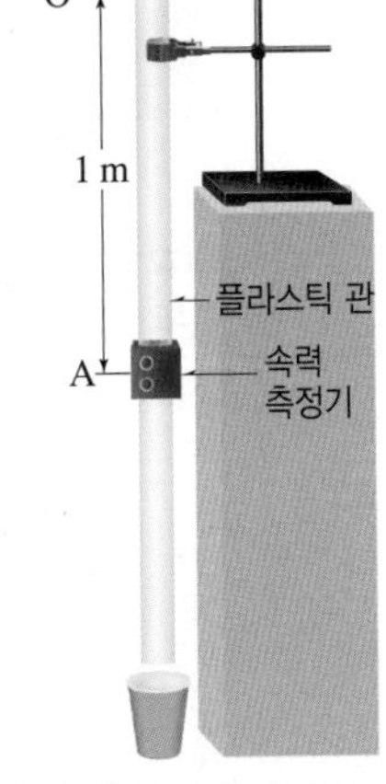


(1) 쇠구슬이 O점에서 A점까지 떨어지는 동안 중력이 쇠구슬에 한 일의 양을 풀이 과정과 함께 구하시오.

---

(2) A점에서 쇠구슬의 운동 에너지를 구하고, 중력이 쇠구슬에 한 일과 쇠구슬의 운동 에너지의 관계를 서술하시오.

---

● 정답과 해설 39쪽

**01** 그림과 같이 무게가 10 N인 물체를 수평면에서 천천히 5 m 끌어당긴 후 수직으로 천천히 2 m 들어 올렸다.

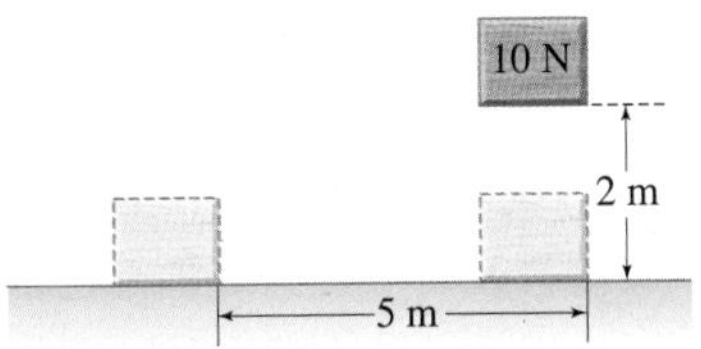


한 일의 양의 총합이 50 J이라면, 수평면에서 물체를 끌어당긴 힘의 크기는 몇 N인지 구하시오.

**02** 그림은 쇠구슬의 질량과 높이를 달리하면서 빗면에서 운동시켰을 때 동일한 나무 도막이 밀려난 거리를 측정하는 실험을 나타낸 것이다.

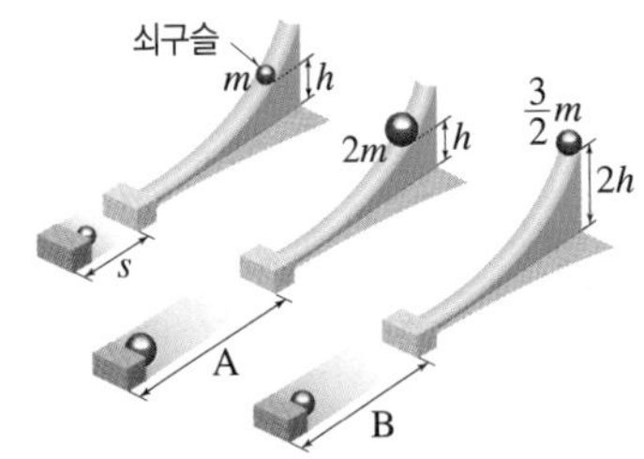


이에 대한 설명으로 옳은 것을 보기에서 모두 고른 것은?(단, 쇠구슬에 작용하는 마찰은 무시한다.)

보기
ㄱ. 쇠구슬의 중력에 의한 위치 에너지가 나무 도막을 미는 일로 전환된다.
ㄴ. A=2$s$이다.
ㄷ. A : B=2 : 3이다.

① ㄱ ② ㄷ ③ ㄱ, ㄴ
④ ㄴ, ㄷ ⑤ ㄱ, ㄴ, ㄷ

**03** 표는 자동차의 속력과 제동 거리를 나타낸 것이다.

| 속력(km/h) | 20 | 30 | 40 | 60 | 80 |
|---|---|---|---|---|---|
| 제동 거리(m) | 2 | 4.5 | 8 | (가) | 32 |

이에 대한 설명으로 옳은 것을 보기에서 모두 고른 것은?

보기
ㄱ. 제동 거리는 자동차의 속력의 제곱에 비례한다.
ㄴ. (가)는 16이다.
ㄷ. 자동차의 속력이 빠를수록 제동 거리가 길다.

① ㄱ ② ㄴ ③ ㄱ, ㄷ
④ ㄴ, ㄷ ⑤ ㄱ, ㄴ, ㄷ

# 단원 평가 문제

**01** 속력에 대한 설명으로 옳지 않은 것은?

① 단위 시간 동안 이동한 거리이다.
② 72 km/h가 2 m/s보다 빠르다.
③ 50 m/s는 1분에 50 m를 이동하는 속력이다.
④ 같은 시간 동안 이동 거리가 길수록 빠르다.
⑤ 속력이 빠를수록 다중 섬광 사진에서 이웃한 물체 사이의 거리가 넓게 나타난다.

**02** 다음은 여러 가지 물체의 속력을 나타낸 것이다.

A. 1분에 2400 m를 날아가는 비행기
B. 1초에 15 m를 달리는 치타
C. 100 m를 10초에 달리는 자전거
D. 시속 108 km로 날아가는 야구공
E. 2시간 동안 144 km를 달리는 자동차

속력이 빠른 것부터 순서대로 옳게 나열한 것은?

① A-D-B-E-C ② A-D-E-B-C
③ B-C-D-E-A ④ C-B-E-D-A
⑤ D-E-A-B-C

**03** 그림은 직선상을 운동하는 여러 물체의 운동을 같은 시간 간격으로 찍은 다중 섬광 사진이다.

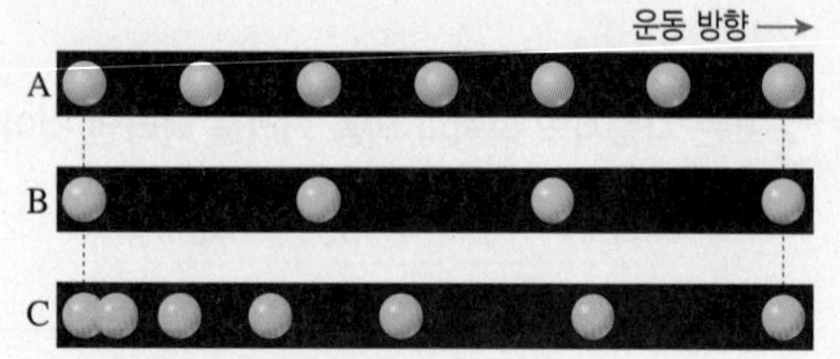


이에 대한 설명으로 옳은 것은?

① A는 B보다 속력이 빠르다.
② A와 C는 평균 속력이 같다.
③ B는 속력이 점점 빨라지는 운동을 한다.
④ C는 속력이 점점 느려지는 운동을 한다.
⑤ C의 시간 – 속력 그래프는 시간축과 나란한 직선 모양이다.

**04** 고속도로에는 자동차의 과속을 방지하기 위해 자동차의 속력을 측정하는 과속 단속 카메라가 설치되어 있다. 이 카메라를 두 지점에 설치하여 자동차의 속력을 측정하는 것을 구간 단속 카메라라고 한다.

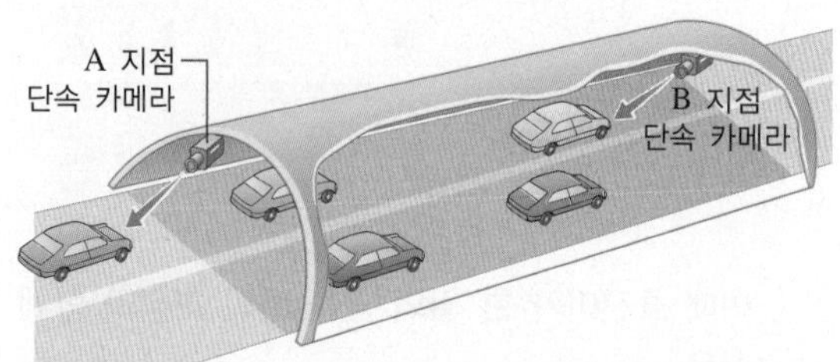


다음은 구간 단속 카메라에서 어떤 자동차의 운동을 측정한 값을 나타낸 것이다. 이에 대한 설명으로 옳은 것은?(단, 이 도로의 제한 속력은 110 km/h이다.)

- A와 B 지점 사이의 거리는 10 km이다.
- A 지점을 지날 때의 속력은 130 km/h이다.
- B 지점을 지날 때의 속력은 90 km/h이다.
- A와 B 지점의 두 카메라가 측정한 시간차는 5분이다.

① 자동차는 5분 동안 등속 운동을 했다.
② 자동차는 90 km/h보다 느리게 달린 순간이 없다.
③ 자동차는 130 km/h보다 빠르게 달린 순간이 없다.
④ 자동차는 과속 단속에 걸리지 않을 것이다.
⑤ 두 지점에 카메라를 설치하면 자동차의 평균 속력을 구할 수 있다.

**05** 그림은 직선상을 운동하는 장난감 자동차를 0.1초 간격으로 찍은 다중 섬광 사진이다.

이 장난감 자동차의 운동을 나타낸 그래프로 옳은 것을 모두 고르면?(2개)

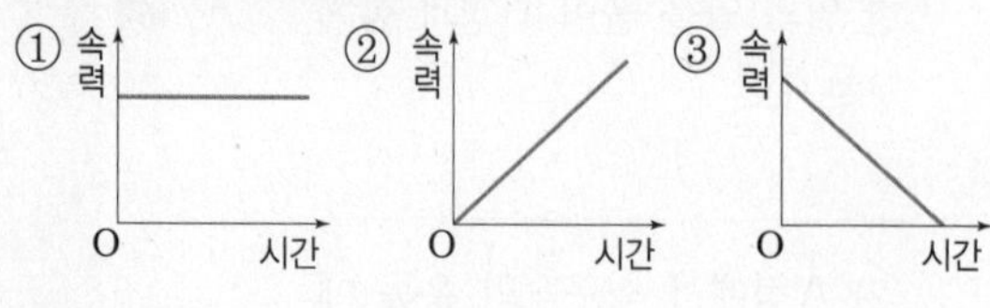


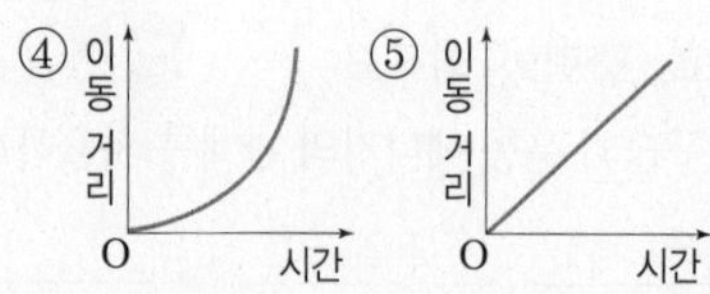

**06** 오른쪽 그림은 직선상에서 운동하는 물체의 이동 거리를 시간에 따라 나타낸 그래프이다. 이에 대한 설명으로 옳은 것을 보기에서 모두 고른 것은?

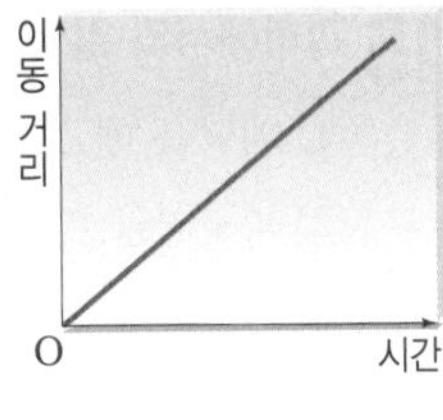


보기
ㄱ. 직선의 기울기는 속력을 나타낸다.
ㄴ. 물체는 등속 운동을 한다.
ㄷ. 에스컬레이터나 무빙워크도 같은 운동을 한다.

① ㄱ ② ㄴ ③ ㄱ, ㄷ
④ ㄴ, ㄷ ⑤ ㄱ, ㄴ, ㄷ

**07** 자유 낙하 하는 물체에 대한 설명으로 옳은 것은?

① 물체에 작용하는 힘의 크기가 증가한다.
② 물체의 속력은 낙하 시간에 비례하여 증가한다.
③ 물체의 질량이 클수록 1초마다 증가하는 속력이 크다.
④ 물체에는 운동 방향과 반대 방향의 일정한 힘이 작용한다.
⑤ 질량이 다른 두 물체가 같은 높이에서 동시에 자유 낙하 하면 질량이 큰 물체가 먼저 바닥에 도달한다.

**08** 그림은 같은 쇠구슬과 깃털을 각각 같은 높이의 진공 중과 공기 중에서 동시에 낙하시킨 모습을 순서 없이 나타낸 것이다.

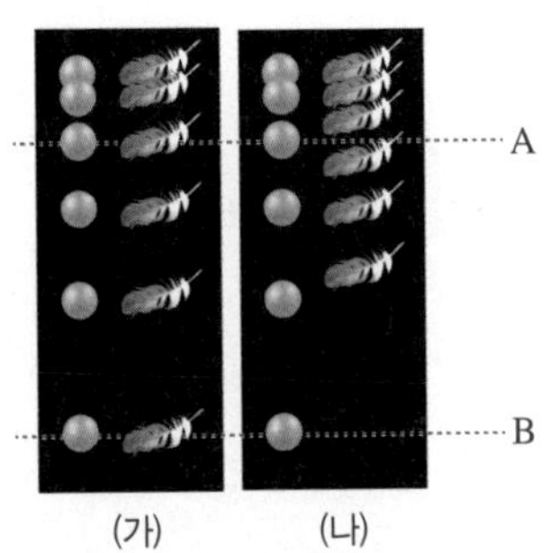

(가) (나)

이에 대한 설명으로 옳은 것은?(단, 쇠구슬의 질량은 깃털의 질량보다 크다.)

① (가)의 A 지점에서는 쇠구슬의 속력이 더 빠르고, B 지점에서는 깃털의 속력이 더 빠르다.
② (가)에서 쇠구슬과 깃털은 공기 저항을 받고 있다.
③ (나)에서 쇠구슬은 깃털보다 큰 중력을 받는다.
④ (가)의 깃털은 (나)의 깃털보다 큰 중력을 받는다.
⑤ (나)의 쇠구슬은 B 지점에서가 A 지점에서보다 큰 중력을 받는다.

**09** 공중에서 가만히 놓은 공의 운동을 나타낸 그래프로 옳은 것은?(단, 공기 저항은 무시한다.)

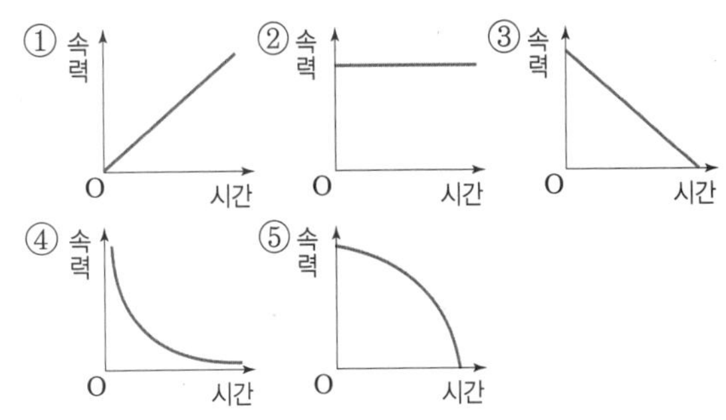


**10** 오른쪽 그림은 어떤 자동차가 출발해서 정지할 때까지 시간에 따른 속력 변화를 나타낸 그래프이다. 자동차가 (가) 등속 운동을 하는 동안 이동한 거리와 (나) 60초 동안 평균 속력을 옳게 짝 지은 것은?

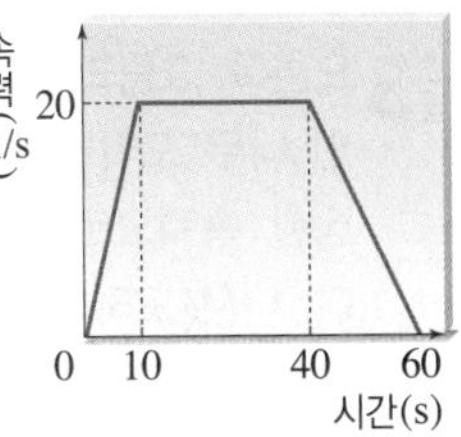


| | (가) | (나) | | (가) | (나) |
|---|---|---|---|---|---|
| ① | 100 m | 10 m/s | ② | 200 m | 45 m/s |
| ③ | 600 m | 15 m/s | ④ | 600 m | 45 m/s |
| ⑤ | 900 m | 45 m/s | | | |

**11** 그림과 같이 수평면 위에 놓인 질량이 3 kg인 물체에 6 N의 일정한 힘을 작용하여 일정한 속력으로 3 m 끌어당겼다.

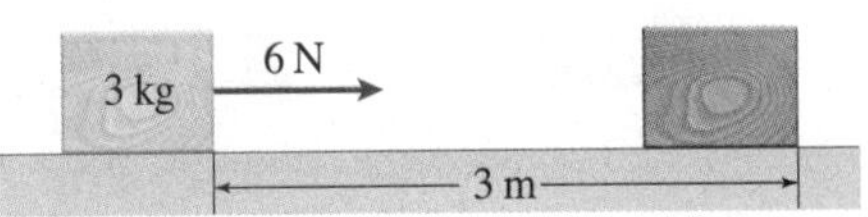


이에 대한 설명으로 옳은 것을 보기에서 모두 고른 것은?

보기
ㄱ. 물체에 과학에서 말하는 일을 해 주었다.
ㄴ. 중력에 대해 한 일의 양은 58.8 J이다.
ㄷ. 물체에 한 일의 양은 18 J이다.

① ㄱ ② ㄴ ③ ㄱ, ㄷ
④ ㄴ, ㄷ ⑤ ㄱ, ㄴ, ㄷ

**12** 그림과 같이 질량이 10 kg인 추를 5 m 높이까지 들어 올렸다.

추를 들어 올리는 동안 중력에 대해 한 일의 양은?(단, 도르래의 마찰과 공기 저항은 무시한다.)

① 49 J ② 240 J ③ 380 J
④ 490 J ⑤ 980 J

**13** 오른쪽 그림과 같이 질량이 2 kg인 나무 도막을 5 m 높이까지 일정한 속력으로 들어 올리려고 한다. 나무 도막에 작용해야 하는 힘의 크기와 일의 양을 옳게 짝 지은 것은?

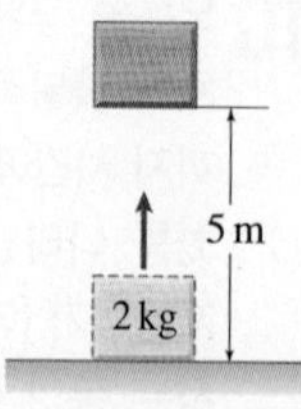


| | 힘의 크기 | 일의 양 | | 힘의 크기 | 일의 양 |
|---|---|---|---|---|---|
| ① | 2 N | 0 | ② | 2 N | 10 J |
| ③ | 19.6 N | 0 | ④ | 19.6 N | 98 J |
| ⑤ | 19.6 N | 196 J | | | |

**14** 그림과 같이 철수는 무게가 20 N인 물체를 일정한 속력으로 수평면에서 밀어서 2 m 이동시킨 후 1 m 높이에 있는 책상 위에 천천히 올려놓았다.

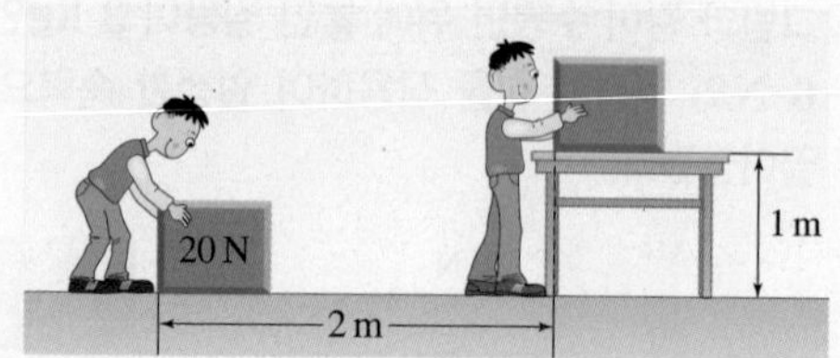


이에 대한 설명으로 옳은 것을 모두 고르면?(2개)

① 철수는 중력에 대해서만 일을 했다.
② 철수가 중력에 대해 한 일의 양은 20 J이다.
③ 철수가 물체를 들어 올리는 힘의 크기는 20 N이다.
④ 수평면에서 물체를 미는 힘이 10 N이라면 철수가 한 일의 총량은 60 J이다.
⑤ 철수가 한 일의 총량이 240 J이라면 수평면에서 물체를 미는 힘의 크기는 120 N이다.

**15** 과학에서의 일의 양이 0인 경우는?

① 배낭을 메고 산에 올라갔다.
② 축구공을 비스듬히 차 올렸다.
③ 가방을 들고 수평 방향으로 1 m 걸어갔다.
④ 수평면 위에 놓인 무거운 짐을 1 m 끌고 갔다.
⑤ 질량이 1 kg인 물체를 수직 방향으로 1 m 들어 올렸다.

**16** 그림과 같이 질량이 6 kg인 물체를 지면으로부터 들어 올리는 데 한 일의 양이 88.2 J이었다.

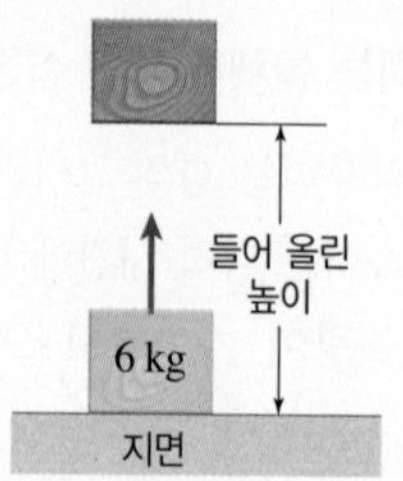


물체를 들어 올린 높이는?

① 1 m ② 1.5 m ③ 2 m
④ 2.5 m ⑤ 3 m

**17** 1 m 높이의 선반 위에 놓여 있는 질량이 5 kg인 물체를 3 m 높이의 선반으로 옮기는 데 필요한 에너지는?

① 10 J ② 49 J ③ 98 J
④ 100 J ⑤ 196 J

**18** 오른쪽 그림과 같이 질량이 100 g인 추를 30 cm 높이에서 떨어뜨렸더니 나무 도막이 2 cm 밀렸다. 똑같은 질량의 추를 다른 높이에서 떨어뜨렸더니 나무 도막이 3 cm 밀렸다면 추를 떨어뜨린 높이는?

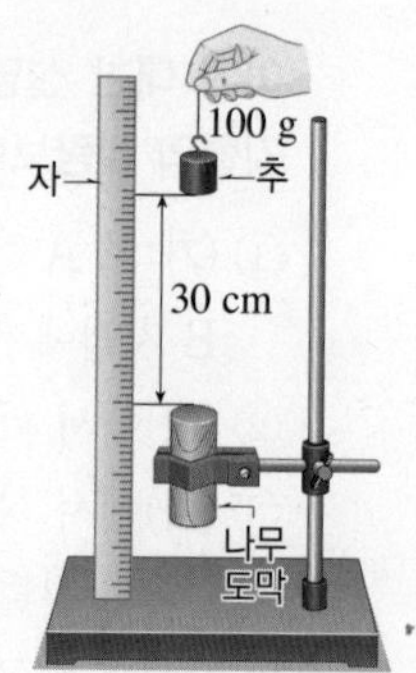


① 10 cm ② 15 cm
③ 20 cm ④ 45 cm
⑤ 60 cm

**19** 오른쪽 그림은 낙하시킨 추가 나무 도막에 충돌하여 나무 도막을 밀어 내는 실험 장치를 나타낸 것이다. 이에 대한 설명으로 옳지 않은 것은?(단, 추에 작용하는 마찰은 무시한다.)

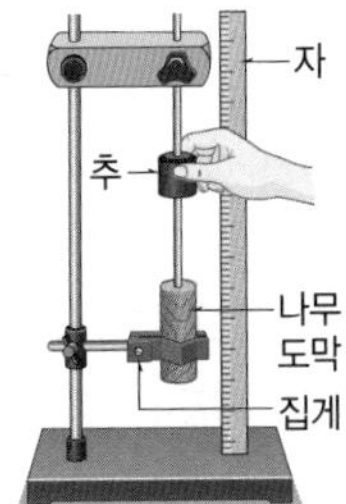


① 나무 도막이 밀려난 거리는 추의 낙하 높이에 비례한다.
② 나무 도막이 밀려난 거리는 추의 질량에 비례한다.
③ 나무 도막이 밀려난 거리는 추의 질량과 낙하 높이의 합에 비례한다.
④ 추가 나무 도막에 한 일의 양은 추의 중력에 의한 위치 에너지 변화량과 같다.
⑤ 추의 중력에 의한 위치 에너지가 나무 도막을 밀어 내는 일로 전환된다.

**20** 그림과 같이 마찰이 없는 빗면에서 질량이 1 kg인 수레를 가만히 놓았더니 수레가 빗면을 내려가 수평면에 놓여 있는 나무 도막과 충돌한 후 멈추었다.

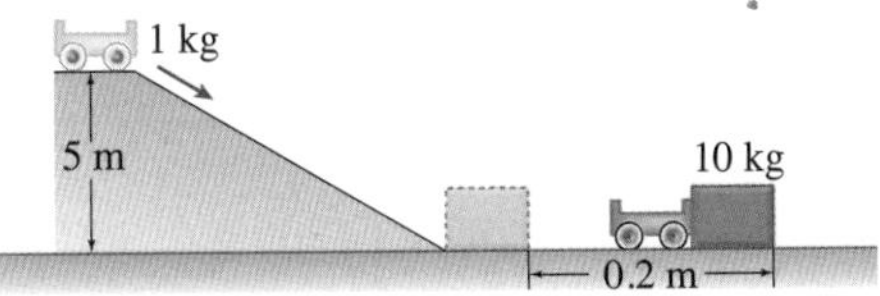


이에 대한 설명으로 옳지 않은 것은?(단, 수레에 작용하는 마찰은 무시한다.)

① 수레의 중력에 의한 위치 에너지는 수레의 무게에 비례한다.
② 충돌하기 직전에 수레가 가진 에너지는 49 J이다.
③ 나무 도막을 미는 힘의 크기는 98 N이다.
④ 빗면의 높이가 더 높아지면 나무 도막이 더 멀리 밀려난다.
⑤ 빗면의 높이는 10 m, 수레의 질량은 2 kg으로 실험하면 나무 도막은 0.8 m 밀려난다.

**21** 표는 두 물체 A와 B의 질량과 속력을 나타낸 것이다.

| 물체 | 질량 | 속력 |
|---|---|---|
| A | 2 kg | 4 m/s |
| B | 4 kg | 2 m/s |

A와 B의 운동 에너지의 비(A : B)는?

① 1 : 1　② 1 : 2　③ 1 : 4
④ 2 : 1　⑤ 4 : 1

**22** 그림과 같이 질량이 2 kg인 수레가 수평면에서 2 m/s의 속력으로 운동하다가 무게가 10 N인 나무 도막을 2 m 밀고 간 후 정지하였다.

수레가 8 m/s의 속력으로 운동한다면, 나무 도막을 밀고 간 거리는?(단, 수레에 작용하는 마찰은 무시한다.)

① 2 m　② 4 m　③ 8 m
④ 16 m　⑤ 32 m

**23** 그림 (가)와 같이 장치하고 수레를 나무 도막에 충돌시켜 나무 도막이 밀려난 거리를 측정하는 실험을 하였다. 그림 (나)는 나무 도막이 밀려난 거리($s$)를 수레의 속력 제곱($v^2$)에 따라 나타낸 것이다.

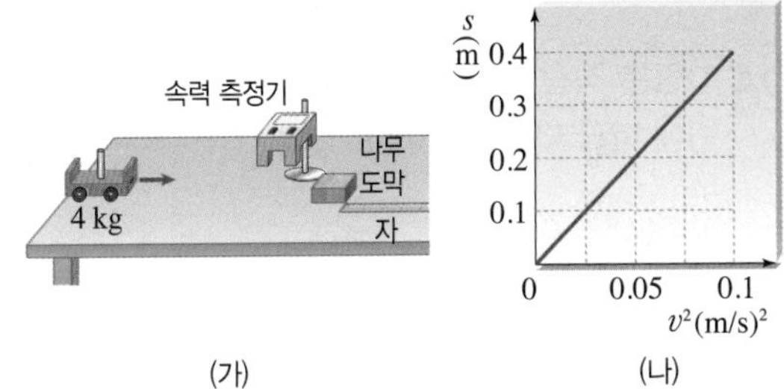


(가)　(나)

이에 대한 설명으로 옳지 않은 것은?(단, 수레에 작용하는 마찰은 무시한다.)

① 수레의 운동 에너지는 나무 도막에 한 일로 전환된다.
② 수레의 속력이 5 m/s일 때, 수레의 운동 에너지는 50 J이다.
③ 나무 도막이 밀려난 거리는 수레의 운동 에너지에 비례한다.
④ 나무 도막이 밀려난 거리는 수레의 속력에 비례한다.
⑤ 나무 도막을 밀고 가는 힘의 크기는 0.5 N이다.

**24** 오른쪽 그림과 같이 질량이 0.5 kg인 사과가 나무에서 떨어졌을 때 지면에서의 속력은 14 m/s이었다. 이에 대한 설명으로 옳은 것을 보기에서 모두 고르시오.

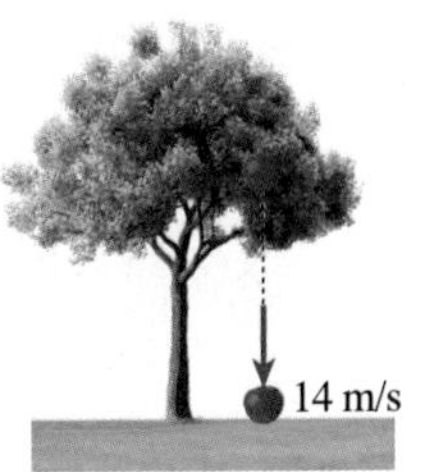


보기
ㄱ. 사과에 작용하는 중력의 크기는 0.5 N이다.
ㄴ. 중력이 사과에 한 일의 양은 49 J이다.
ㄷ. 사과는 떨어지면서 사과의 운동 에너지로 전환된다.

## 서술형 문제

**25** 그림은 등속 운동을 하는 물체를 0.1초 간격으로 촬영한 모습을 나타낸 것이다.

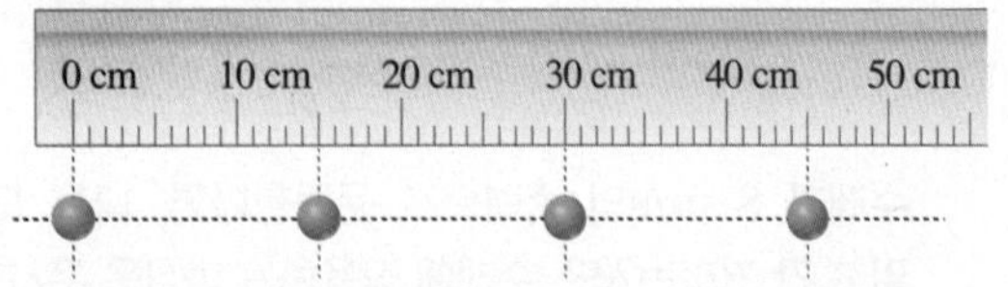


(1) 물체의 속력은 몇 m/s인지 풀이 과정과 함께 구하시오.

(2) 물체가 20초 동안 같은 운동을 유지한다면 이동한 거리는 몇 m인지 풀이 과정과 함께 구하시오.

**26** 그림은 직선상에서 운동하는 물체 A, B의 속력을 시간에 따라 나타낸 것이다.

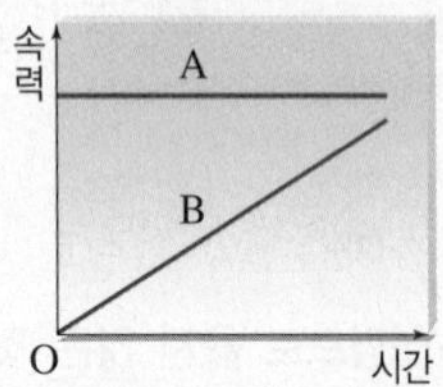


(1) A, B는 어떤 운동을 하는지 각각 서술하시오.

(2) A와 같은 운동을 하는 예를 두 가지 서술하시오.

**27** 오른쪽 그림은 골프공과 탁구공이 같은 높이에서 동시에 자유 낙하 하는 모습을 나타낸 것이다.

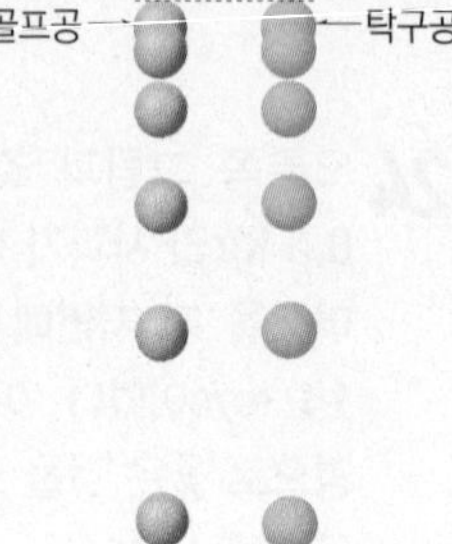


(1) 자유 낙하 하는 물체의 속력 변화와 질량의 관계를 서술하시오.

(2) 2초 후에 두 물체가 지면에 도달하였다면 지면에 도달할 때 물체의 속력은 몇 m/s인지 풀이 과정과 함께 구하시오.

**28** 오른쪽 그림과 같이 가만히 앉아서 독서를 하는 사람은 과학에서의 일을 한 경우인지, 하지 않은 경우인지를 쓰고, 그렇게 생각한 까닭을 서술하시오.

**29** 오른쪽 그림과 같이 장치한 후, 추의 질량과 낙하 높이를 다음 표의 A~D와 같이 변화시키면서 나무 도막이 밀려난 거리를 측정하였다. A~D에서 나무 도막이 밀려난 거리를 비교하고, 그 까닭을 서술하시오.(단, 추에 작용하는 마찰은 무시한다.)

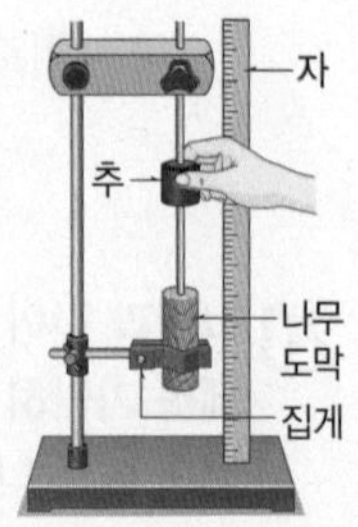


| 구분 | A | B | C | D |
|---|---|---|---|---|
| 추의 질량 | 200 g | 200 g | 300 g | 500 g |
| 추의 낙하 높이 | 15 cm | 20 cm | 20 cm | 10 cm |

**30** 그림과 같이 질량이 2 kg인 수레가 수평면에서 2 m/s의 속력으로 운동하다가 무게가 10 N인 나무 도막을 1 m 밀고 간 후 정지하였다.

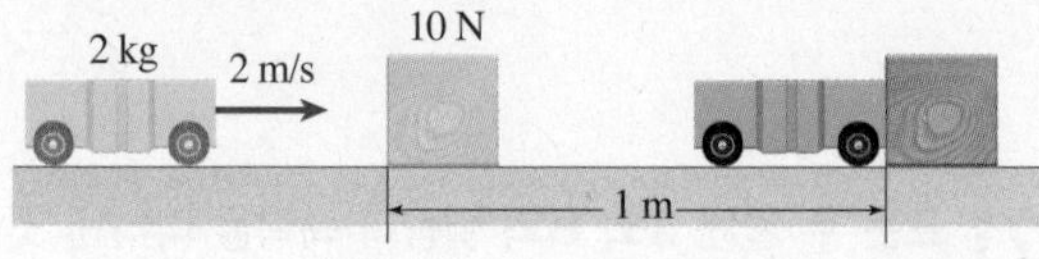


(1) 수레가 정지할 때까지 받은 일의 양은 몇 J인지 풀이 과정과 함께 구하시오.

(2) 수레의 운동 에너지와 나무 도막에 한 일 사이의 관계를 서술하시오.

이 단원에서 학습한 내용을 확실히 이해했나요?
다음 내용을 잘 알고 있는지 스스로 체크해 보세요.

달리기 코스

- ☐ 100쪽 Ⓐ 다중 섬광 사진을 보고 물체의 빠르기를 비교할 수 있다.
- ☐ 100쪽 Ⓐ 속력을 구할 수 있다.
- ☐ 100쪽 Ⓑ 등속 운동의 특징을 말할 수 있다.

점프 코스

- ☐ 102쪽 Ⓒ 자유 낙하 하는 물체의 속력 변화를 말할 수 있다.

타이어 코스

- ☐ 112쪽 Ⓐ 과학에서의 일의 정의를 알고 일의 양을 구할 수 있다.

말뚝 코스

- ☐ 114쪽 Ⓑ 중력에 의한 위치 에너지를 구하는 방법을 알고 위치 에너지가 일로 전환됨을 설명할 수 있다.

슬라이딩 코스

- ☐ 114쪽 Ⓒ 운동 에너지를 구하는 방법을 알고 중력이 한 일과 운동 에너지의 관계를 설명할 수 있다.

- 모두 체크 참 잘했어요! 이 단원을 완벽하게 이해했군요!
- 6~4개 체크 알쏭달쏭한 내용은 해당 쪽으로 돌아가 복습하세요.
- 3개 이하 이 단원을 한 번 더 학습하세요.

# Ⅳ

# 자극과 반응



### |다른 학년과의 연계는?|

**초등학교 6학년**

- 감각 기관 : 눈, 귀, 코, 혀, 피부 등과 같이 자극을 받아들이는 기관이다.
- 자극과 반응 : 감각 기관에서 받아들인 자극은 신경계를 거쳐 운동 기관으로 전달되어 반응이 일어난다.

**중학교 3학년**

- 감각 기관 : 눈, 귀, 코, 혀, 피부에서 자극을 받아들인다.
- 신경계 : 중추 신경계와 말초 신경계로 구분되며, 의식적 반응과 무조건 반사가 서로 다른 경로를 통해 일어난다.
- 항상성 : 신경과 호르몬에 의해 항상성이 유지된다.

**생명과학 Ⅰ**

- 자극의 전달 : 흥분 전도와 흥분 전달이 일어난다.
- 신경계 : 말초 신경계는 구심성 뉴런과 원심성 뉴런으로 나눌 수 있고, 원심성 뉴런으로 구성된 신경계는 체성 신경계와 자율 신경계로 구분된다.
- 항상성 : 신경계와 내분비계에 의해 항상성이 유지된다.

이 단원에서는 감각 기관과 신경계 및 호르몬에 대해 알아본다.
이 단원을 들어가기 전에 이전 학년에서 배운 개념을 확인해 보자.

다음 내용에서 필요한 단어를 골라 빈칸을 완성해 보자.

| 신경계, 운동 기관, 감각 기관, 뼈, 근육, 행동, 명령, 자극 |
|---|

**초6**

**1. 뼈와 근육**

① ❶□ : 우리 몸을 지지하고 몸속의 내부 기관을 보호하며, 근육과 함께 우리 몸을 움직일 수 있게 하는 등의 역할을 한다.
② ❷□□ : 뼈에 연결되어 있으며, ❸□□의 길이가 줄어들거나 늘어나면서 몸이 움직인다.

**2. 감각 기관과 신경계**

① ❹□□ □□ : 주변으로부터 전달된 자극을 느끼고 받아들이는 기관으로, 눈, 귀, 코, 혀, 피부 등이 있다.
② ❺□□□ : 온몸에 퍼져 있으며, ❻□□ □□이 받아들인 자극을 전달하며, 전달된 자극을 해석하여 행동을 결정하고, ❼□□ □□에 명령을 내린다.
③ 자극이 전달되고 반응하는 과정(날아오는 공을 방망이로 치는 과정)

| 날아오는 공을 본다. → ❽□□을 전달하는 신경계가 공이 날아온다는 자극을 전달한다. → ❾□□을 결정하는 신경계가 공을 어떻게 할지 결정한다. → ❿□□을 전달하는 신경계가 공을 치라는 명령을 전달한다. → 운동 기관이 전달된 명령을 수행한다. |
|---|

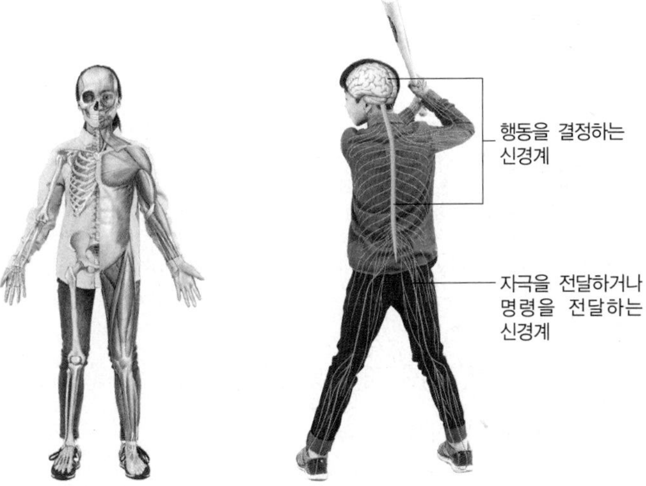

정답 | ❶ 뼈 ❷ 근육 ❸ 근육 ❹ 감각 기관 ❺ 신경계 ❻ 감각 기관 ❼ 운동 기관 ❽ 자극 ❾ 행동 ❿ 명령

# 01 감각 기관

## A 눈(시각)

**1 시각** 눈에서 빛을 *자극으로 받아들여 사물의 모양, 색깔, 거리 등을 느끼는 감각

화보 4.1

**2 눈의 구조와 기능**

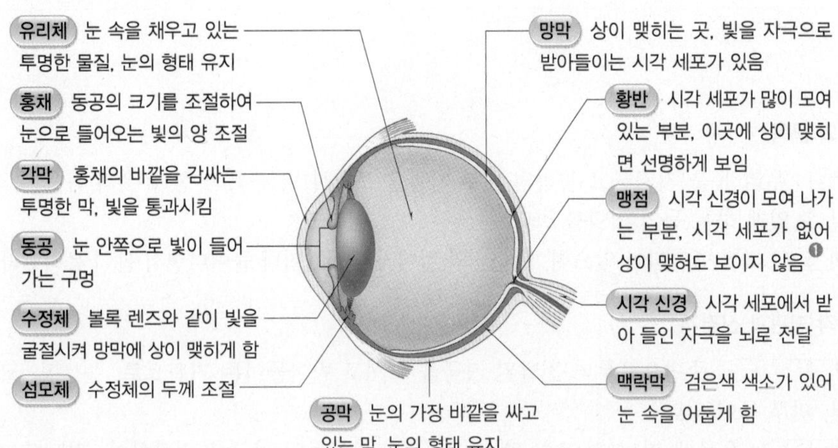

**3 물체를 보는 과정**

빛 → 각막 → 수정체 → 유리체 → 망막의 시각 세포 → 시각 신경 → 뇌

**4 눈의 조절 작용** 여기서 잠깐 135쪽

| 주변 밝기에 따른 동공의 크기 변화❷ | | 물체와의 거리에 따른 수정체의 두께 변화 | |
|---|---|---|---|
| 홍채의 크기에 따라 동공의 크기가 변하여 눈으로 들어오는 빛의 양이 조절된다. | | 섬모체에 의해 수정체의 두께가 변하여 망막에 또렷한 상이 맺힌다. | |
| 주변이 밝을 때 | 홍채 확장(면적 증가) → 동공 축소 • 눈으로 들어오는 빛의 양 감소 | 가까운 곳을 볼 때 | 섬모체 수축(수정체 쪽으로) → 수정체 두꺼워짐 |
| 주변이 어두울 때 | 홍채 수축(면적 감소) → 동공 확대 • 눈으로 들어오는 빛의 양 증가 | 먼 곳을 볼 때 | 섬모체 이완(수정체에서 먼 쪽으로) → 수정체 얇아짐 |

## B 피부(피부 감각)

**1 피부 감각** 피부를 통해 부드러움, 딱딱함, 차가움, 따뜻함, 아픔 등을 느끼는 감각

**2 감각점** 피부에서 자극을 받아들이는 부위 탐구 a 134쪽

| 감각점 | 통점 | 압점 | 촉점 | 냉점 | 온점 |
|---|---|---|---|---|---|
| 받아들이는 자극 | 통증 | 누르는 압력(눌림, 압박) | 접촉(촉감) | 차가움 / 상대적인 온도 변화❸ | 따뜻함 / 상대적인 온도 변화❸ |
| 감각점의 분포와 특징 | • 감각점은 몸 전체에 고르게 분포하지 않고 부위에 따라 다르게 분포한다.<br>• 같은 부위라도 감각점의 종류에 따라 분포하는 개수에 차이가 있다.<br>• 특정 감각점이 많은 부위는 그 감각점이 받아들이는 자극에 더 예민하다.<br>• 일반적으로 통점이 가장 많이 분포한다. ➡ 통증에 가장 예민하게 반응한다. | | | | |

**3 피부 감각을 느끼는 과정** 자극 → 피부의 감각점 → (피부) 감각 신경 → 뇌

### 플러스 강의

**❶ 맹점의 확인**

|과정| 오른쪽 눈을 가린 채 왼쪽 눈으로 병아리 그림을 응시하다가 오른쪽 방향으로 숫자를 차례대로 하나씩 본다.

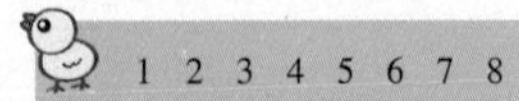


|결과| 어느 순간 병아리 그림이 보이지 않을 때가 있다. ➡ 병아리 그림의 상이 맹점에 맺혔기 때문

**❷ 주변 밝기에 따른 빛의 양 조절**

| 밝을 때 | 어두울 때 |
|---|---|
| 홍채 확장, 동공 축소 | 홍채 수축, 동공 확장 |
| 눈으로 들어오는 빛의 양 감소 | 눈으로 들어오는 빛의 양 증가 |

**❸ 피부의 온도 감각**

|과정| 오른손은 15 ℃의 물에, 왼손은 35 ℃의 물에 담갔다가 10초 후 두 손을 동시에 25 ℃의 물에 담근다.

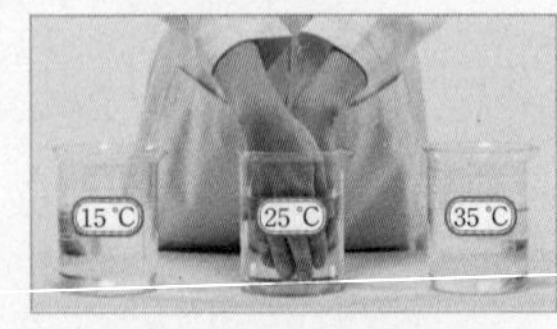


|결과| 오른손은 따뜻함을, 왼손은 차가움을 느낀다. ➡ 처음보다 온도가 높아지면 온점이 자극을 받아들이고, 온도가 낮아지면 냉점이 자극을 받아들이기 때문

|해석| 냉점과 온점은 절대적인 온도가 아닌 상대적인 온도 변화를 감지한다.

**용어 돋보기**

* 자극(刺 찌르다, 戟 창)_빛과 같이 생물에 작용하여 특정한 반응을 일으키는 환경의 변화

# 확인 문제로 개념 쏙쏙

● 정답과 해설 43쪽

## A 눈(시각)

- 눈의 구조와 기능
  - □□ : 눈 안쪽으로 빛이 들어가는 구멍
  - □□ : 상이 맺히는 곳
  - □□ : 시각 세포가 많이 모여 있는 부분으로, 상이 맺히면 선명하게 보이는 곳
  - □□ : 시각 세포가 없어 상이 맺혀도 보이지 않는 곳
- 주변 밝기에 따라 □□의 면적이 변하여 □□의 크기가 변한다.
- 물체와의 거리에 따라 □□□의 두께가 변한다.

## B 피부(피부 감각)

- □□□ : 피부에서 자극을 받아들이는 부위
- □□에서는 통증, □□에서는 누르는 압력, □□에서는 접촉, □□에서는 차가움, □□에서는 따뜻함을 느낀다.

암기 쾅 물체와의 거리에 따른 수정체의 두께 변화

글자 수대로 암기!
- 가깝다 – 수정체가 두껍다
- 멀다 – 수정체가 얇다

더 풀어보고 싶다면? 시험 대비 교재 74쪽 계산력·암기력 강화 문제

A

**1** 오른쪽 그림은 사람 눈의 구조를 나타낸 것이다. 각 설명에 해당하는 부위의 기호와 이름을 쓰시오.

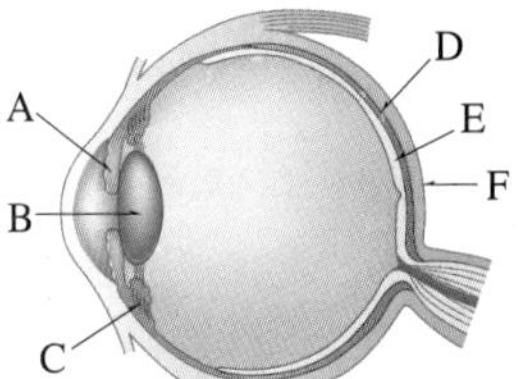

(1) 수정체의 두께를 조절한다.
(2) 볼록 렌즈와 같이 빛을 굴절시킨다.
(3) 검은색 색소가 있어 눈 속을 어둡게 한다.
(4) 빛을 자극으로 받아들이는 시각 세포가 있다.
(5) 동공의 크기를 조절하여 눈으로 들어오는 빛의 양을 조절한다.
(6) 눈의 가장 바깥을 싸고 있는 막으로, 눈의 형태를 일정하게 유지한다.

**2** 다음은 물체를 보는 과정을 나타낸 것이다. (　　) 안에 알맞은 구조를 쓰시오.

> 빛 → 각막 → ㉠(　　　) → 유리체 → ㉡(　　　)의 시각 세포 → 시각 신경 → 뇌

**3** 오른쪽 그림은 주변이 밝을 때와 어두울 때의 눈의 상태를 순서 없이 나타낸 것이다.

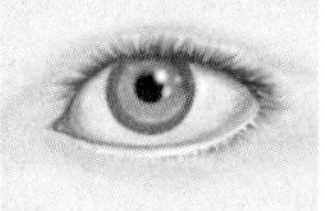
(가)

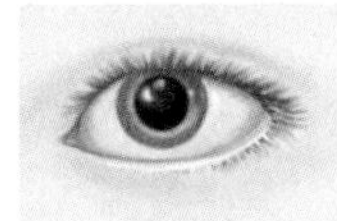
(나)

(1) (가)는 주변이 ㉠( 밝을, 어두울 ) 때의 상태로, 홍채가 ㉡( 수축, 확장 )되었다.
(2) (가)에서 (나)로 변할 때 동공의 크기가 ㉠( 작아, 커 )져 눈으로 들어오는 빛의 양이 ㉡( 증가, 감소 )한다.

**4** 다음은 먼 곳을 볼 때와 가까운 곳을 볼 때 눈에서 일어나는 조절 작용을 설명한 것이다. (　　) 안에 알맞은 말을 고르시오.

> 먼 곳을 볼 때는 섬모체가 ㉠( 수축, 이완 )하여 수정체의 두께가 ㉡( 두꺼워, 얇아 )지고, 가까운 곳을 볼 때는 섬모체가 ㉢( 수축, 이완 )하여 수정체의 두께가 ㉣( 두꺼워, 얇아 )진다.

B

**5** 피부 감각에 대한 설명으로 옳은 것은 ○, 옳지 않은 것은 ×로 표시하시오.

(1) 감각점은 몸 전체에 고르게 분포한다. (　　)
(2) 일반적으로 통점이 가장 많이 분포한다. (　　)
(3) 냉점과 온점은 절대적인 온도를 감지한다. (　　)
(4) 감각점에서 받아들인 자극은 피부 감각 신경을 통해 뇌로 전달된다. (　　)
(5) 특정 감각점이 많은 부위는 그 감각점이 받아들이는 자극에 더 예민하다. (　　)

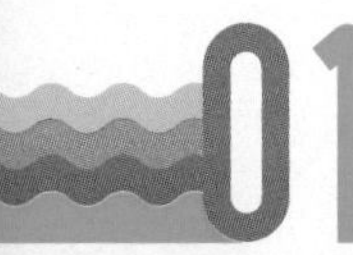

# 감각 기관

## C 귀(청각, 평형 감각)❶

### 1 귀의 구조와 기능

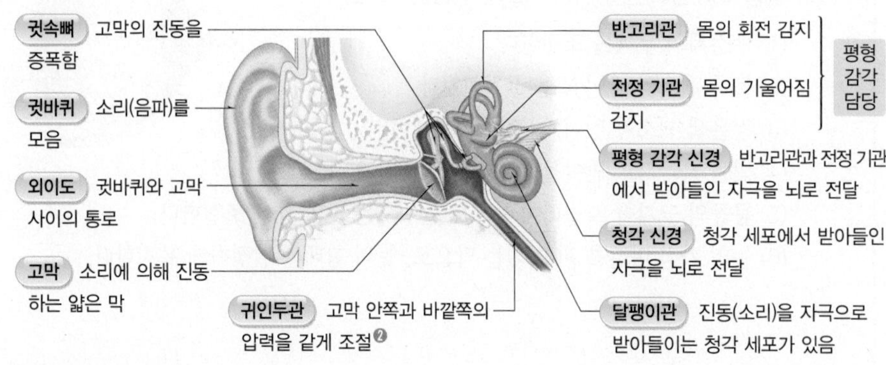


페이지를 인식하세요!
오투실험실

### 2 소리를 듣는 과정❸

소리 → 귓바퀴 → 외이도 → 고막 → 귓속뼈 → 달팽이관의 청각 세포 → 청각 신경 → 뇌

### 3 평형 감각

반고리관과 전정 기관에서 받아들인 자극이 평형 감각 신경을 통해 뇌로 전달되면 몸의 회전과 기울어짐 등을 감지하여 몸의 균형을 유지할 수 있다.

| 구분 | 예 | 그림 |
|---|---|---|
| 반고리관의 작용 예 | • 회전하는 놀이 기구를 탔을 때 몸이 회전하는 것을 느낀다.<br>• 눈을 감고 있어도 몸이 회전하는 방향을 느낄 수 있다. | 반고리관, 평형 감각 신경, 전정 기관 |
| 전정 기관의 작용 예 | • 돌부리에 걸려 넘어질 때 몸이 기울어지는 것을 느낀다.<br>• 승강기를 탔을 때 몸이 움직이는 것을 느낀다.<br>• 평균대 위에서 넘어지지 않고 중심을 잡는다. | |

## D 코(후각), 혀(미각)

| 코(후각) | 구분 | 혀(미각) |
|---|---|---|
| **후각 신경** 후각 세포에서 받아들인 자극을 뇌로 전달<br>**후각 상피** 점액으로 덮인, 후각 세포가 모여 있는 세포층<br>**후각 세포** 기체 상태의 화학 물질을 자극으로 받아들임 | 구조와 기능 | **유두** 혀 표면의 작은 돌기<br>**맛세포** 액체 상태의 화학 물질을 자극으로 받아들임<br>**맛봉오리** 유두 옆면에 분포, 맛세포가 모여 있음<br>**미각 신경** 맛세포에서 받아들인 자극을 뇌로 전달 |
| 코에서 기체 상태의 화학 물질을 자극으로 받아들여 냄새를 느끼는 감각 | 감각 | 혀에서 액체 상태의 화학 물질을 자극으로 받아들여 맛을 느끼는 감각 |
| 기체 상태의 화학 물질 → 후각 상피의 후각 세포 → 후각 신경 → 뇌 | 감각을 느끼는 과정 | 액체 상태의 화학 물질 → 맛봉오리의 맛세포 → 미각 신경 → 뇌 |
| 매우 민감한 감각이지만, 쉽게 피로해진다. ➡ 후각 세포는 쉽게 피로해지기 때문에 같은 냄새를 계속 맡으면 나중에는 잘 느끼지 못한다. | 특징 | 혀로 느끼는 기본적인 맛에는 단맛, 짠맛, 신맛, 쓴맛, 감칠맛이 있다.❹❺<br>➡ 다양한 음식 맛은 미각과 후각을 종합하여 느끼는 것이다.❻ |

### 플러스 강의

**❶ 청각과 평형 감각**

- 청각 : 귀에서 소리(물체의 진동이 공기를 통해 전달되는 음파)를 자극으로 받아들여 느끼는 감각
- 평형 감각 : 눈으로 보지 않아도 몸의 회전(회전 감각)을 느끼고, 몸의 움직임이나 기울어짐(위치 감각)을 느끼는 감각

**❷ 귀인두관의 작용 예**

자동차를 타고 높이 올라가거나 고속 승강기를 타고 높이 올라가면 기압 차이 때문에 귀가 먹먹해진다. 이때 침을 삼키거나 입을 크게 벌리면 귀인두관의 작용으로 먹먹한 느낌이 사라진다.

**❸ 소리를 듣는 과정에 관여하지 않는 구조**

반고리관, 전정 기관, 귀인두관은 소리를 듣는 과정에 직접 관여하지 않는다.

**❹ 감칠맛**

아미노산의 일종인 글루탐산의 맛으로, 고기, 생선, 다시마 등에서 느낄 수 있다.

**❺ 미각이 아닌 맛**

매운맛과 떫은맛은 각각 혀와 입속 피부의 통점과 압점에서 자극을 받아들여 느끼는 피부 감각으로, 미각이 아니다.

**❻ 미각과 후각 실험**

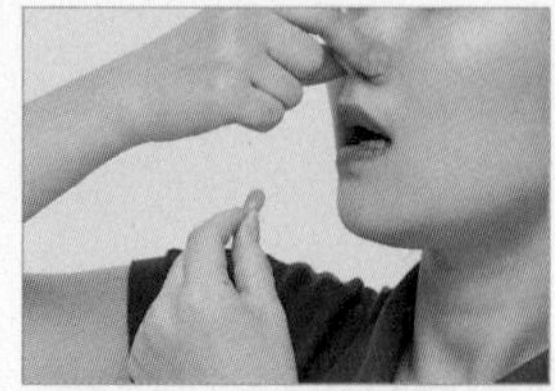

코를 막고 포도 맛 젤리와 사과 맛 젤리를 먹으면 단맛과 신맛만 느껴지지만, 코를 막지 않고 젤리를 먹으면 과일 냄새도 맡을 수 있어 과일 맛을 느낄 수 있다.
예 코감기에 걸리면 음식의 맛을 제대로 느끼지 못한다.

● 정답과 해설 43쪽

더 풀어보고 싶다면? 시험 대비 교재 74쪽 | 계산력·암기력 강화 문제

**C 귀(청각, 평형 감각)**

- □□: 소리에 의해 진동하는 얇은 막
- □□□: 고막의 진동을 증폭한다.
- □□□□: 진동(소리)을 자극으로 받아들이는 청각 세포가 있다.
- □□□□, □□ □□: 평형 감각을 담당한다.

**D 코(후각), 혀(미각)**

- □□ □□: 기체 상태의 화학 물질을 자극으로 받아들인다.
- □□□: 액체 상태의 화학 물질을 자극으로 받아들인다.

**암기 콱 소리를 듣는 과정**

고막은 귓속(뼈)에서 달팽이(관)를 만난다.

(고막 → 귓속뼈 → 달팽이관)

C

[6~7] 그림은 사람 귀의 구조를 나타낸 것이다.

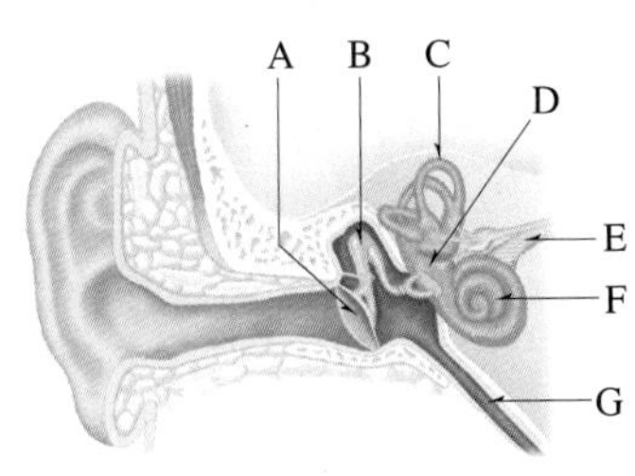


**6** A~G의 이름을 각각 쓰시오.

**7** A~G에 해당하는 설명을 선으로 연결하시오.

| | |
|---|---|
| (1) A • | • ㉠ 고막의 진동을 증폭한다. |
| (2) B • | • ㉡ 몸이 회전하는 것을 느낀다. |
| (3) C • | • ㉢ 몸이 기울어지는 것을 느낀다. |
| (4) D • | • ㉣ 소리에 의해 진동하는 얇은 막이다. |
| (5) E • | • ㉤ 고막 안쪽과 바깥쪽의 압력을 같게 조절한다. |
| (6) F • | • ㉥ 청각 세포에서 받아들인 자극을 뇌로 전달한다. |
| (7) G • | • ㉦ 소리를 자극으로 받아들이는 청각 세포가 있다. |

**8** 다음은 소리를 듣는 과정을 나타낸 것이다. (　　) 안에 알맞은 구조를 쓰시오.

> 소리 → 귓바퀴 → 외이도 → ㉠(　　　) → ㉡(　　　) → ㉢(　　　)의 청각 세포 → 청각 신경 → 뇌

D

**9** 후각과 미각에 대한 설명으로 옳은 것은 ○, 옳지 않은 것은 ×로 표시하시오.

(1) 후각은 매우 민감한 감각이다. ……………… (　　)

(2) 후각과 미각을 종합하여 음식 맛을 느낀다. ……………… (　　)

(3) 혀로 느끼는 기본적인 맛은 단맛, 짠맛, 신맛, 쓴맛, 매운맛이다. ……… (　　)

(4) 후각 세포는 쉽게 피로해져 같은 냄새를 오랫동안 계속 느끼게 한다. … (　　)

**10** 다음은 두 감각을 느끼는 과정을 나타낸 것이다. (　　) 안에 알맞은 말을 쓰시오.

(1) 냄새를 느끼는 과정 : ㉠(　　　) 상태의 화학 물질 → 후각 상피의 ㉡(　　　) → 후각 신경 → 뇌

(2) 맛을 느끼는 과정 : ㉠(　　　) 상태의 화학 물질 → 맛봉오리의 ㉡(　　　) → 미각 신경 → 뇌

# 탐구 a 피부의 감각점 분포 조사

**이 탐구에서는** 몸의 부위에 따라 감각점의 수에 차이가 있음을 확인한다.

● 정답과 해설 43쪽

과정 & 결과

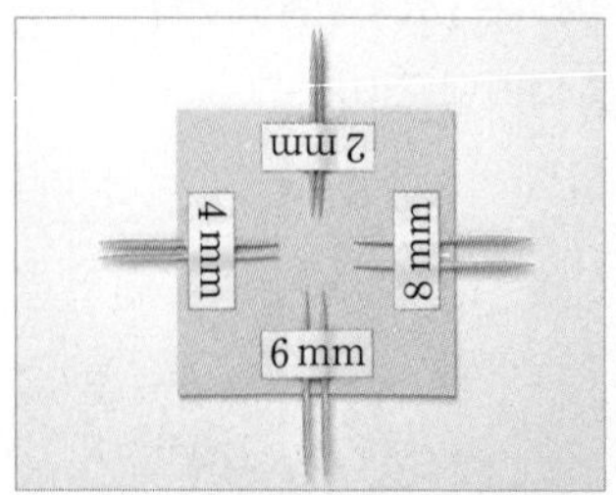


❶ 하드보드지의 네 변에 이쑤시개를 두 개씩 각각 8 mm, 6 mm, 4 mm, 2 mm 간격으로 붙인다.

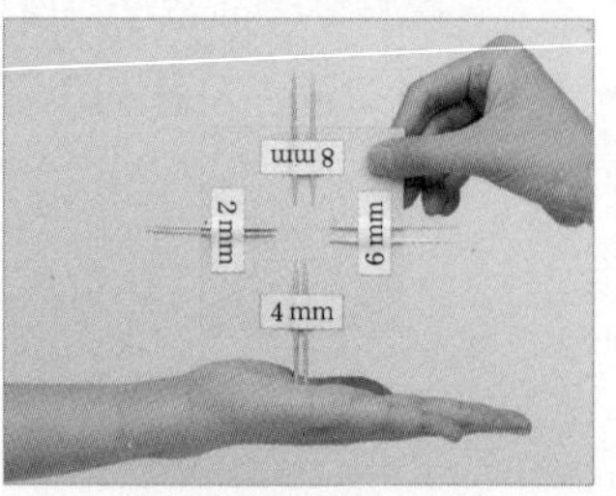


❷ 한 사람(A)은 눈을 가리고, 다른 사람(B)은 8 mm, 6 mm, 4 mm, 2 mm 간격의 순서로 A의 손바닥을 이쑤시개로 살짝 누른다. A는 이쑤시개가 두 개로 느껴지는지, 한 개로 느껴지는지 말한다.

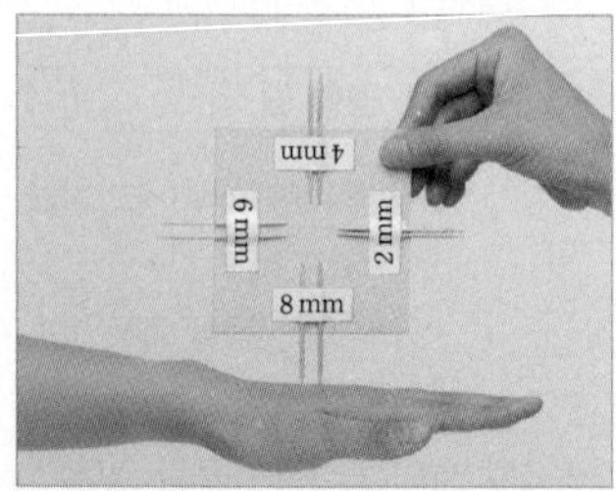


❸ A의 손가락 끝과 손등에 과정 ❷를 반복하고, 이쑤시개가 두 개로 느껴지는 최소 거리를 각각 표에 기록한다.

| 구분 | 손바닥 | 손가락 끝 | 손등 |
|---|---|---|---|
| 이쑤시개가 두 개로 느껴지는 최소 거리(mm) | 6 | 2 | 8 |

해석

- 이쑤시개가 한 개로 느껴지는 까닭 : 이쑤시개 간격에 해당하는 거리에 감각점이 한 개 분포하기 때문이다.
- 이쑤시개가 두 개로 느껴지는 최소 거리가 짧은 부위일수록 감각점이 많이 분포하여 감각이 예민한 부위이다.
  ➡ 감각점의 수는 손가락 끝이 가장 많고 손등이 가장 적다.
  ➡ 가장 예민한 부위는 손가락 끝이고, 가장 둔감한 부위는 손등이다.
- 이쑤시개가 두 개로 느껴지는 최소 거리가 몸의 부위마다 다른 까닭 : 감각점은 몸 전체에 고르게 분포하는 것이 아니라 부위에 따라 분포하는 정도가 다르기 때문이다.

정리

1. 감각점이 분포하는 정도는 몸의 부위에 따라 다르다. ➡ 특정 감각점이 많은 부위는 그 감각점이 받아들이는 자극에 더 예민하다.
2. 이쑤시개가 두 개로 느껴지는 최소 거리가 짧은 부위일수록 감각점이 ㉠( 많이, 적게 ) 분포하여 감각이 ㉡( 예민, 둔감 )한 부위이다.

## 확인 문제

**01** 위 실험에 대한 설명으로 옳은 것은 ○, 옳지 않은 것은 ×로 표시하시오.

(1) 피부의 감각점은 몸 전체에 고르게 분포되어 있다. ( )

(2) 가장 예민한 부위는 손등이고, 가장 둔감한 부위는 손가락 끝이다. ( )

(3) 이쑤시개 사이의 간격이 4 mm이면 손가락 끝에서는 이쑤시개가 두 개로 느껴진다. ( )

(4) 이쑤시개가 두 개로 느껴지는 최소 거리가 짧을수록 감각점이 많이 분포한 부위이다. ( )

**02** 손바닥, 손가락 끝, 손등 중 감각점이 가장 많이 분포한 부위를 쓰시오.

**03** 이쑤시개가 두 개로 느껴지는 최소 거리와 감각점 분포의 관계를 서술하시오.

밝기와 거리에 따른 눈의 조절 작용은 시험에 자주 출제되니 그림과 함께 이해해 봅시다. 1학년 때 배운 근시와 원시에 관한 개념도 시험에 출제될 수 있으니 여기서 잠깐 을 통해 눈의 구조와 관련지어 다시 한번 살펴봅시다.

● 정답과 해설 43쪽

## 눈의 조절 작용 및 눈의 이상

### ○ 눈의 조절 작용

#### ① 주변 밝기에 따른 눈의 조절 작용

| 주변이 밝을 때 | 주변이 어두울 때 |
|---|---|
| 주변이 밝아지면 홍채가 확장하면서 동공이 축소되어 눈으로 들어오는 빛의 양이 감소한다. | 주변이 어두워지면 홍채가 수축하면서 동공이 확대되어 눈으로 들어오는 빛의 양이 증가한다. |
| 홍채 확장 (면적 증가) → 동공 축소 → 눈으로 들어오는 빛의 양 감소 | 홍채 수축 (면적 감소) → 동공 확대 → 눈으로 들어오는 빛의 양 증가 |

#### ② 물체와의 거리에 따른 눈의 조절 작용

| 가까이 있는 물체를 볼 때 | 멀리 있는 물체를 볼 때 |
|---|---|
| 가까이 있는 물체를 볼 때는 수정체가 두꺼워져 망막에 또렷한 상이 맺힌다. | 멀리 있는 물체를 볼 때는 수정체가 얇아져 망막에 또렷한 상이 맺힌다. |
| 섬모체 수축 → 수정체 두꺼워짐 → 망막에 또렷한 상이 맺힘<br>망막 | 섬모체 이완 → 수정체 얇아짐 → 망막에 또렷한 상이 맺힘<br>망막 |

유제 ① 환하게 불이 켜진 방에 있다가 자려고 불을 껐을 때, 눈에서 일어나는 변화로 옳은 것은?

① 동공이 작아진다.
② 홍채가 수축한다.
③ 섬모체가 이완한다.
④ 수정체가 두꺼워진다.
⑤ 홍채의 크기가 커진다.

유제 ② 그림은 사람 눈의 구조를 나타낸 것이다.

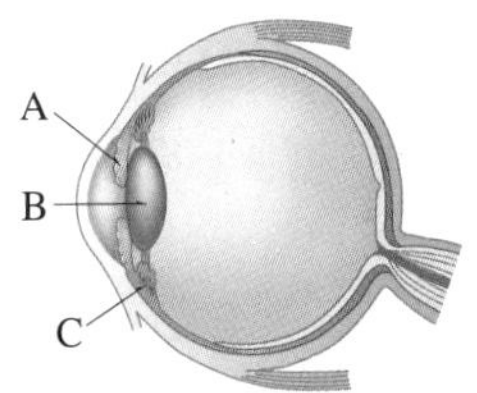


버스가 점점 가까워지는 모습을 볼 때, 눈에서 일어나는 변화로 옳은 것은?

① A가 확장하여 B가 얇아진다.
② A가 수축하여 B가 두꺼워진다.
③ C가 이완하여 B가 얇아진다.
④ C가 수축하여 B가 두꺼워진다.
⑤ C가 수축하여 A가 확장한다.

### ○ 눈의 이상과 교정 방법

근시는 오목 렌즈로 교정하고, 원시는 볼록 렌즈로 교정한다.

| 근시 | 구분 | 원시 |
|---|---|---|
| 멀리 있는 물체가 잘 보이지 않는다. | 증상 | 가까이 있는 물체가 잘 보이지 않는다. |
| 수정체와 망막 사이의 거리가 정상보다 멀다. ➡ 먼 곳을 볼 때 상이 망막 앞에 맺힌다. | 원인 | 수정체와 망막 사이의 거리가 정상보다 가깝다. ➡ 가까운 곳을 볼 때 상이 망막 뒤에 맺힌다. |
| 오목 렌즈로 빛을 퍼뜨려 교정한다.<br>교정했을 때, 수정체, 망막, 오목 렌즈, 시각 신경, 교정하지 않았을 때 | 교정 방법 | 볼록 렌즈로 빛을 모아 교정한다.<br>교정했을 때, 볼록 렌즈, 교정하지 않았을 때 |

유제 ③ 그림은 눈의 이상을 나타낸 것이다.

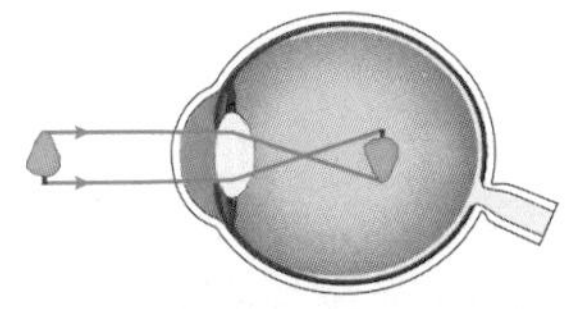

이에 대한 설명으로 옳은 것은?

① 원시이다.
② 오목 렌즈로 교정한다.
③ 상이 망막 뒤에 맺힌다.
④ 가까이 있는 물체가 잘 보이지 않는다.
⑤ 수정체와 망막 사이의 거리가 정상보다 가까울 때 나타난다.

전국 주요 학교의 **시험에 가장 많이 나오는 문제**들로만 구성하였습니다.
모든 친구들이 '꼭' 봐야 하는 코너입니다.

## A 눈(시각)

**[01~03] 그림은 사람 눈의 구조를 나타낸 것이다.**

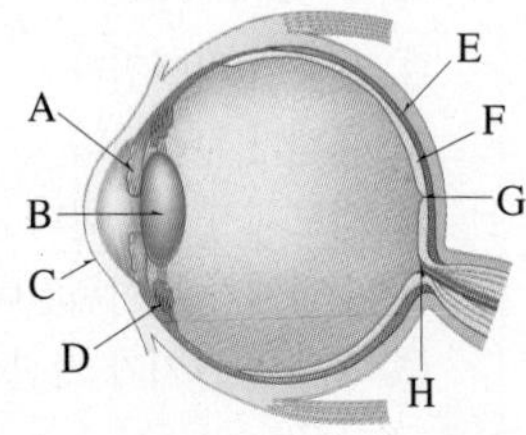


중요
**01 각 부분에 대한 설명으로 옳은 것은?**

① A는 수정체의 두께를 조절한다.
② C는 볼록 렌즈와 같이 빛을 굴절시킨다.
③ D는 B의 두께를 변화시켜 눈으로 들어오는 빛의 양을 조절한다.
④ E는 시각 세포가 있어 빛을 자극으로 받아들인다.
⑤ F는 물체의 상이 맺히는 곳이다.

**02 (가)와 (나)에 해당하는 구조의 기호를 옳게 짝 지은 것은?**

(가) 동공의 크기를 조절한다.
(나) 검은색 색소가 있어 눈 속을 어둡게 한다.

| | (가) | (나) | | (가) | (나) |
|---|---|---|---|---|---|
| ① | A | E | ② | A | F |
| ③ | B | E | ④ | D | E |
| ⑤ | D | F | | | |

**03 오른쪽 눈을 가린 채 왼쪽 눈으로 그림의 병아리를 응시하다가 오른쪽 방향으로 숫자를 차례대로 하나씩 보았더니 어느 순간 병아리가 보이지 않았다.**

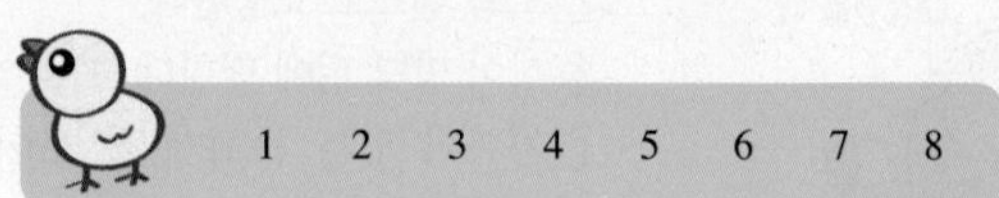


**이와 같은 현상과 관련 있는 눈의 구조의 기호와 이름을 쓰시오.**

중요
**04 물체를 보는 과정을 순서대로 옳게 나열한 것은?**

① 빛 → 각막 → 섬모체 → 망막의 시각 세포 → 시각 신경 → 뇌
② 빛 → 각막 → 수정체 → 섬모체 → 망막의 시각 세포 → 시각 신경 → 뇌
③ 빛 → 각막 → 수정체 → 유리체 → 망막의 시각 세포 → 시각 신경 → 뇌
④ 빛 → 망막 → 유리체 → 수정체 → 맥락막의 시각 세포 → 시각 신경 → 뇌
⑤ 빛 → 망막 → 수정체 → 유리체 → 맥락막의 시각 세포 → 시각 신경 → 뇌

중요
**05 그림은 홍채와 동공의 변화를 나타낸 것이다.**

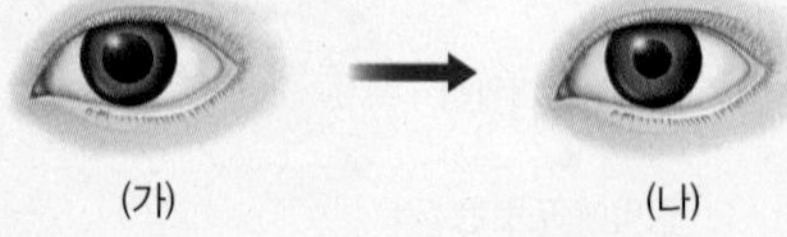


**눈이 (가)에서 (나)로 변할 때의 상황에 대한 설명으로 옳은 것은?**

① 홍채가 확장하였다.
② 수정체가 두꺼워졌다.
③ 동공의 크기가 커졌다.
④ 버스가 점점 멀어지는 모습을 바라보았다.
⑤ 밝은 낮에 어두운 영화관 안으로 들어갔다.

**06 오른쪽 그림은 수정체의 두께 변화를 나타낸 것이다. 수정체가 A에서 B로 변할 때의 상황에 대한 설명으로 옳은 것은?**

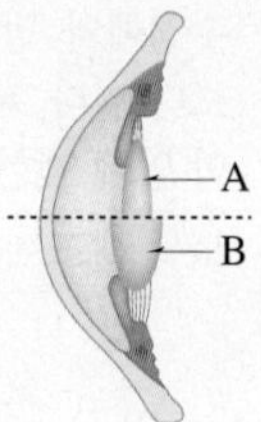


① 섬모체가 이완하였다.
② 주위 환경이 어두워졌다.
③ 먼 곳을 보다가 가까운 곳을 보았다.
④ 눈으로 들어오는 빛의 양이 증가하였다.
⑤ 책을 읽다가 창문 밖의 먼 산을 바라보았다.

중요

**07** 민서는 밝은 낮에 어두운 극장에서 영화를 본 후, 극장 밖으로 나가 비행기가 하늘을 날아가는 것을 보았다. 이때 민서의 눈에서 일어나는 변화로 옳은 것은?

| | 홍채 | 동공 | 섬모체 | 수정체 |
|---|---|---|---|---|
| ① | 수축 | 확대 | 이완 | 얇아짐 |
| ② | 수축 | 확대 | 수축 | 두꺼워짐 |
| ③ | 확장 | 축소 | 이완 | 얇아짐 |
| ④ | 확장 | 축소 | 수축 | 두꺼워짐 |
| ⑤ | 확장 | 확대 | 이완 | 얇아짐 |

## B 피부(피부 감각)

중요

**08** 피부 감각에 대한 설명으로 옳지 않은 것은?

① 감각점은 몸 전체에 고르게 분포한다.
② 일반적으로 통점이 가장 많이 분포한다.
③ 감각점에는 통점, 압점, 촉점, 냉점, 온점이 있다.
④ 같은 부위라도 감각점의 종류에 따라 분포하는 개수에 차이가 있다.
⑤ 피부 감각을 느끼는 과정은 '자극 → 피부의 감각점 → 피부 감각 신경 → 뇌'이다.

**09** 다음은 피부의 온도 감각에 대한 실험이다.

오른손은 15 ℃의 물에, 왼손은 35 ℃의 물에 담근 다음 약 10초 후에 두 손을 동시에 25 ℃의 물에 담근다.

이에 대한 설명으로 옳은 것을 보기에서 모두 고른 것은?

보기
ㄱ. 왼손은 따뜻하다고 느낀다.
ㄴ. 오른손은 차갑다고 느낀다.
ㄷ. 냉점과 온점에서는 상대적인 온도 변화를 감각한다.

① ㄱ ② ㄴ ③ ㄷ
④ ㄱ, ㄴ ⑤ ㄱ, ㄴ, ㄷ

탐구 a 134쪽

**10** 하드보드지에 이쑤시개를 두 개씩 각각 8 mm, 6 mm, 4 mm, 2 mm 간격으로 붙여 몸의 여러 부위에 각 간격의 이쑤시개를 눌러보았다. 표는 이쑤시개가 두 개로 느껴지는 최소 거리를 측정한 결과이다.

| 부위 | 손등 | 손바닥 | 손가락 끝 |
|---|---|---|---|
| 최소 거리 | 8 mm | 6 mm | 2 mm |

이에 대한 설명으로 옳지 않은 것은?

① 몸의 부위에 따라 감각점이 분포하는 정도가 다르다.
② 감각점 사이의 거리가 가장 짧은 곳은 손가락 끝이다.
③ 감각점이 많이 분포한 부위는 자극에 예민하다.
④ 감각점이 많이 분포한 부위일수록 이쑤시개가 두 개로 느껴지는 최소 거리가 짧다.
⑤ 두 이쑤시개 사이의 간격이 7 mm일 때, 손등에서는 이쑤시개가 두 개로 느껴진다.

## C 귀(청각, 평형 감각)

[11~12] 그림은 사람 귀의 구조를 나타낸 것이다.

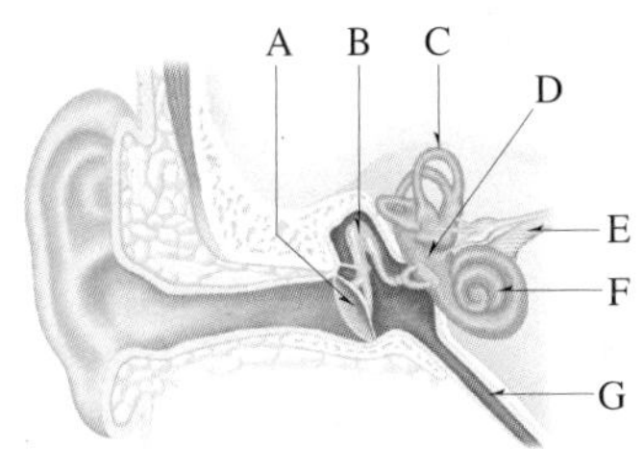


중요

**11** 각 부분에 대한 설명으로 옳은 것은?

① A는 소리의 진동을 증폭한다.
② B는 소리를 모은다.
③ C에는 청각 세포가 있다.
④ D는 몸의 기울어짐을 감지한다.
⑤ F는 소리 자극을 받아들여 G로 전달한다.

**12** 소리를 듣는 과정을 순서대로 옳게 나열한 것은?

① A → B → C → D ② A → B → D → E
③ A → B → D → F ④ A → B → F → E
⑤ C → D → F → G

[13~14] 그림은 귀의 구조 중 일부를 나타낸 것이다.

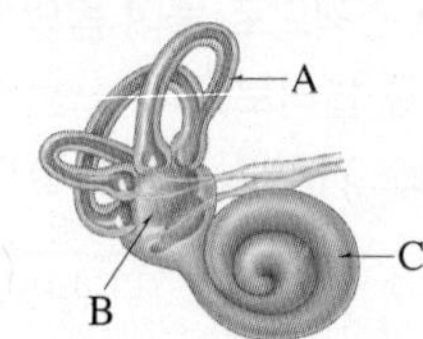


중요
**13** 각 부분에 대한 설명으로 옳은 것을 보기에서 모두 고른 것은?

보기
ㄱ. A는 회전 감각을 담당한다.
ㄴ. B는 고막 안쪽과 바깥쪽의 압력을 같게 조절한다.
ㄷ. A와 B에서 받아들인 자극은 청각 신경을 통해 뇌로 전달된다.

① ㄱ ② ㄴ ③ ㄱ, ㄷ
④ ㄴ, ㄷ ⑤ ㄱ, ㄴ, ㄷ

**14** (가)~(다) 현상과 가장 관계 깊은 귀의 구조를 옳게 짝지은 것은?

(가) 평균대 위를 넘어지지 않고 걸어간다.
(나) 휴대 전화에서 벨소리가 들린다.
(다) 회전하는 놀이 기구를 타면 어지러움을 느낀다.

| | (가) | (나) | (다) |
|---|---|---|---|
| ① | A | C | B |
| ② | B | A | C |
| ③ | B | C | A |
| ④ | C | A | B |
| ⑤ | C | B | A |

## D 코(후각), 혀(미각)

중요
**15** 후각에 대한 설명으로 옳지 않은 것은?

① 후각은 매우 민감한 감각이다.
② 기체 상태의 화학 물질을 자극으로 받아들인다.
③ 코에서 느끼는 냄새의 종류는 다섯 가지이다.
④ 후각 상피는 후각 세포가 모여 있는 세포층으로, 점액으로 덮여 있다.
⑤ 후각 세포에서 받아들인 자극은 후각 신경을 통해 뇌로 전달된다.

**16** 같은 냄새를 계속 맡고 있으면 나중에는 그 냄새를 잘 느끼지 못하게 된다. 그 까닭으로 옳은 것은?

① 후각 세포가 파괴되기 때문이다.
② 후각 세포가 쉽게 피로해지기 때문이다.
③ 미각이 피로해져 함께 작용하지 못하기 때문이다.
④ 후각 세포는 새로운 냄새를 잘 맡지 못하기 때문이다.
⑤ 몸의 부위에 따라 분포하는 후각 세포의 수가 다르기 때문이다.

**17** 혀의 맛세포에서 느끼는 기본적인 맛이 아닌 것은?

① 짠맛 ② 신맛 ③ 쓴맛
④ 감칠맛 ⑤ 매운맛

중요
**18** 그림은 혀의 구조를 나타낸 것이다.

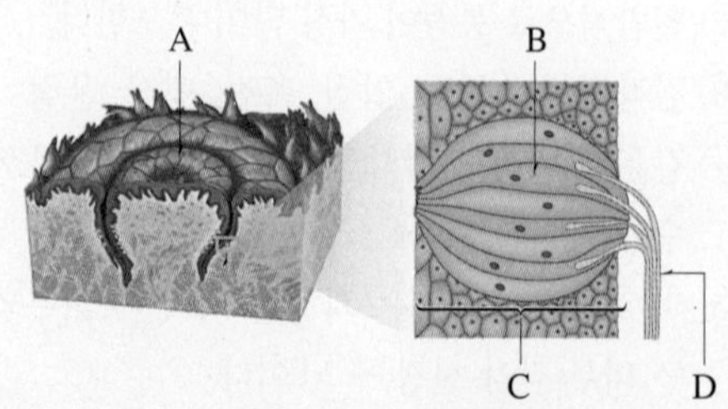


이에 대한 설명으로 옳지 않은 것은?

① 미각은 혀에서 자극을 받아들여 맛을 느끼는 감각이다.
② A는 혀 표면의 작은 돌기이다.
③ A의 옆면에는 C가 있다.
④ B는 고체 상태의 화학 물질을 자극으로 받아들인다.
⑤ D는 B에서 받아들인 자극을 뇌로 전달한다.

**19** 다음 실험을 통해 알 수 있는 사실로 옳은 것은?

(가) 코를 막고 사과 맛 젤리와 포도 맛 젤리를 먹으면 단맛과 신맛만 느껴진다.
(나) 코를 막지 않고 사과 맛 젤리와 포도 맛 젤리를 먹으면 과일 맛을 느낄 수 있다.

① 음식 맛은 코를 통해서만 느낀다.
② 음식 맛은 미각만으로 완벽하게 느낀다.
③ 코가 막히면 맛세포가 기능을 하지 못한다.
④ 음식 맛은 미각과 후각을 종합하여 느낀다.
⑤ 맛세포가 기능을 하지 못하면 냄새를 맡지 못한다.

## 서술형 문제

중요

**20** 오른쪽 그림은 사람 눈의 구조를 나타낸 것이다.

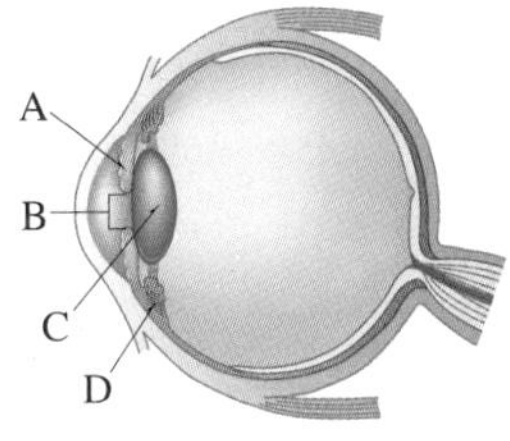


(1) 가까운 곳의 물체를 보다가 먼 곳의 물체를 보았을 때 C와 D의 변화를 서술하시오.

(2) 어두운 곳에서 밝은 곳으로 이동했을 때 A와 B의 변화를 서술하시오.

**21** 그림은 사람 귀의 구조를 나타낸 것이다.

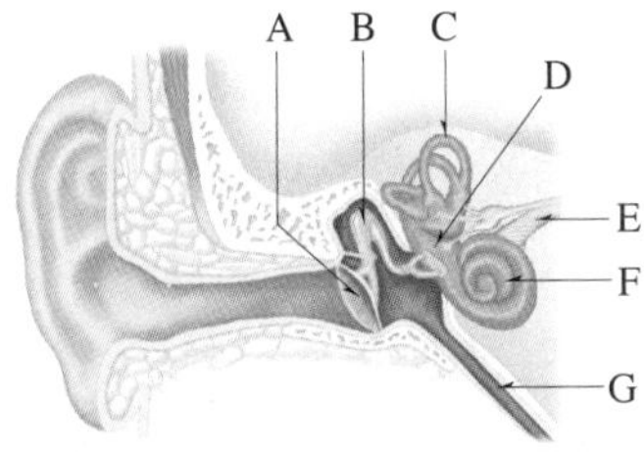


다음 현상과 관계 깊은 구조의 기호와 이름을 쓰고, 그 기능을 서술하시오.

> 자동차를 타고 높이 올라가면 귀가 먹먹해지는데, 침을 삼키거나 입을 크게 벌리면 이곳의 작용으로 먹먹한 느낌이 사라진다.

중요

**22** 우리는 몸의 부위에 따라 피부 감각을 느끼는 정도가 다르다. 그 까닭을 서술하시오.

**23** 코감기에 걸리면 음식의 맛을 제대로 느끼지 못한다. 그 까닭을 서술하시오.

## 수준 높은 문제로 실력 탄탄

● 정답과 해설 45쪽

**01** 그림은 어떤 사람의 동공의 크기 변화와 같은 시간 동안의 수정체의 두께 변화를 나타낸 것이다.

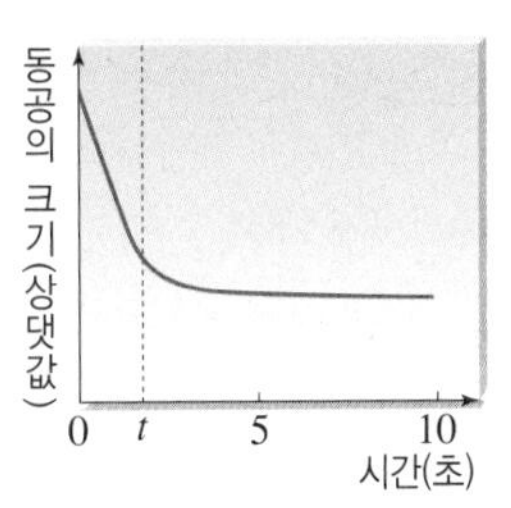


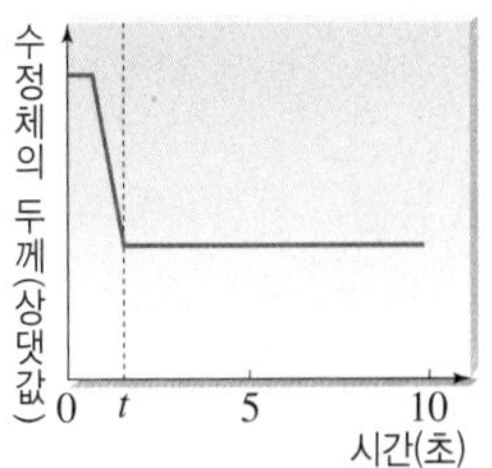


이에 대한 설명으로 옳은 것을 보기에서 모두 고른 것은?

보기
ㄱ. 0~$t$초 사이에 처음에 있던 곳보다 어두운 곳으로 이동하였다.
ㄴ. 0~$t$초 사이에 섬모체가 이완하였다.
ㄷ. $t$초에 보고 있는 물체는 처음에 보고 있던 물체보다 가까이 있다.

① ㄱ ② ㄴ ③ ㄷ
④ ㄱ, ㄴ ⑤ ㄴ, ㄷ

**02** 그림은 어떤 두 감각 기관의 세포와 신경을 나타낸 것이다.

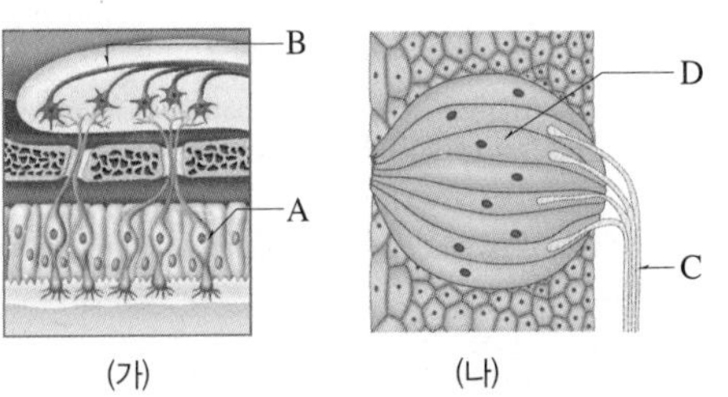


이에 대한 설명으로 옳은 것을 보기에서 모두 고른 것은?

보기
ㄱ. A는 맛봉오리에 있고, D는 후각 상피에 있다.
ㄴ. A는 기체 상태의 화학 물질을 자극으로 받아들인다.
ㄷ. B와 C는 각각 A와 D에서 받아들인 자극을 뇌로 전달한다.

① ㄱ ② ㄴ ③ ㄱ, ㄴ
④ ㄱ, ㄷ ⑤ ㄴ, ㄷ

# 02 신경계와 호르몬

## A 신경계

**1 신경계** 감각 기관에서 받아들인 자극을 전달하고, 이 자극을 판단하여 적절한 반응이 나타나도록 신호를 전달하는 체계

화보 4.2

**2 뉴런** 신경계를 이루고 있는 신경 세포

① 뉴런의 구조와 기능[❶]

가지 돌기에서 받아들인 자극이 축삭 돌기를 통해 다른 뉴런이나 기관으로 전달된다.

가지 돌기 다른 뉴런이나 감각 기관에서 전달된 자극을 받아들인다.

핵

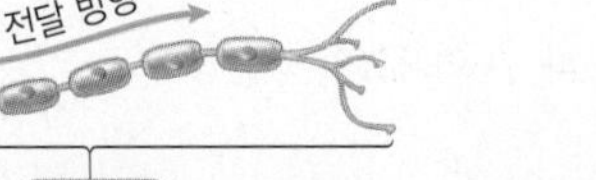


신경 세포체 핵과 세포질이 있어 여러 가지 생명 활동이 일어난다.

축삭 돌기 다른 뉴런이나 기관으로 자극을 전달한다.

② 뉴런의 종류 : 뉴런은 기능에 따라 감각 뉴런, 연합 뉴런, 운동 뉴런으로 구분된다.

| 감각 뉴런 | 연합 뉴런 | 운동 뉴런 |
|---|---|---|
| • 감각 신경을 이룸<br>• 감각 기관에서 받아들인 자극을 연합 뉴런으로 전달 | • 중추 신경계를 이룸<br>• 자극을 느끼고 판단하여 적절한 명령(신호)을 내림 | • 운동 신경을 이룸<br>• 연합 뉴런의 명령을 반응 기관으로 전달 |

③ 자극의 전달 경로 : 자극 → 감각 기관 → 감각 뉴런 → 연합 뉴런 → 운동 뉴런 → 반응 기관 → 반응

화보 4.3

**3 중추 신경계** 뇌와 척수로 이루어져 있으며, 자극을 느끼고 판단하여 적절한 명령을 내린다.[❷❸]

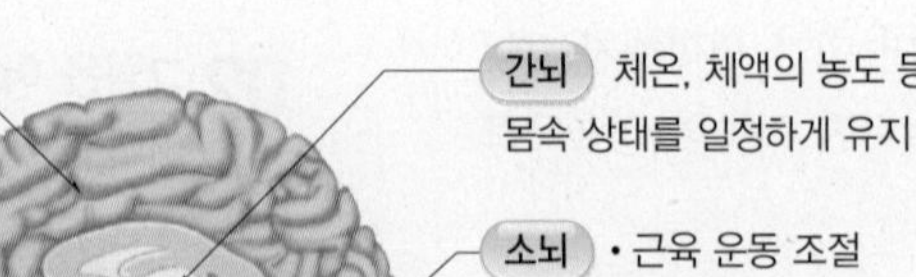


**4 말초 신경계** 감각 신경과 운동 신경으로 이루어져 있으며, 온몸에 퍼져 있어 중추 신경계와 온몸을 연결한다.

① 감각 신경은 감각 기관에서 받아들인 자극을 중추 신경계로 전달하며, 운동 신경은 중추 신경계에서 내린 명령을 반응 기관으로 전달한다.

② 자율 신경 : 교감 신경과 부교감 신경으로 구분되며, 내장 기관에 연결되어 대뇌의 직접적인 명령 없이 내장 기관의 운동을 조절한다.[❹]

| 구분 | 동공 크기 | 호흡 운동 | 심장 박동 | 소화 운동 |
|---|---|---|---|---|
| 교감 신경 | 확대 | 촉진 | 촉진 | 억제 |
| 부교감 신경 | 축소 | 억제 | 억제 | 촉진 |

### 플러스 강의

**❶ 뉴런의 구조**

다른 세포들과 달리 돌기가 발달되어 있어 자극을 받아들이고 전달하기에 적합하다.

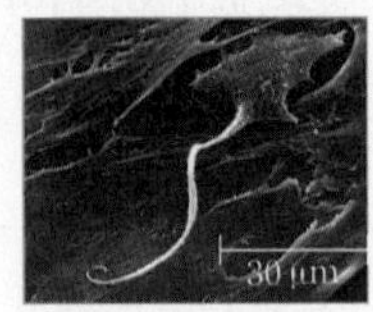


**❷ 신경계의 구조**

신경계는 중추 신경계와 말초 신경계로 구분된다.

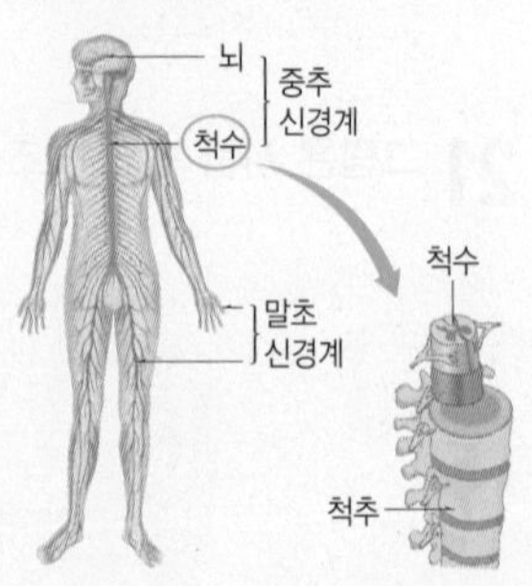


**❸ 특정 현상과 관계 깊은 뇌의 부위**

- 구구단을 외운다. ➡ 대뇌
- 더울 때 땀을 흘려 체온을 낮춘다. ➡ 간뇌
- 어두운 곳에서 동공이 커진다. ➡ 중간뇌
- 운동할 때 심장이 빨리 뛴다. ➡ 연수
- 한 발로 서서 몸의 균형을 유지한다. ➡ 소뇌

**❹ 교감 신경과 부교감 신경**

- 교감 신경과 부교감 신경은 같은 내장 기관에 분포하여 서로 반대 작용을 한다.
- 교감 신경은 긴장하거나 위기 상황에 처했을 때 우리 몸을 대처하기에 알맞은 상태로 만들고, 부교감 신경은 이를 원래의 안정된 상태로 되돌린다.

예 위험한 상황에 처하면 심장 박동과 호흡이 빨라지고, 위험한 상황이 지나면 심장 박동과 호흡이 이전 상태로 돌아온다.

● 정답과 해설 46쪽

**A 신경계**

- □□ : 신경계를 이루고 있는 신경 세포
- 뉴런의 구조 : 가지 돌기, 축삭 돌기, □□ □□□
- 뉴런의 종류 : 감각 뉴런, □□ 뉴런, 운동 뉴런
- □□ 신경계 : 자극을 느끼고 판단하여 적절한 명령을 내리며, □와 □□로 이루어져 있다.
- □□ 신경계 : 중추 신경계와 온몸을 연결하며, 감각 신경과 □□ 신경으로 이루어져 있다.

**1** 오른쪽 그림은 신경계를 이루고 있는 신경 세포의 구조를 나타낸 것이다. 각 설명에 해당하는 부위의 기호와 이름을 쓰시오.

(1) 다른 뉴런이나 기관으로 자극을 전달한다.
(2) 핵과 세포질이 있어 여러 가지 생명 활동이 일어난다.
(3) 다른 뉴런이나 감각 기관에서 전달된 자극을 받아들인다.

**[2~3]** 그림은 세 종류의 뉴런이 연결된 모습을 나타낸 것이다.

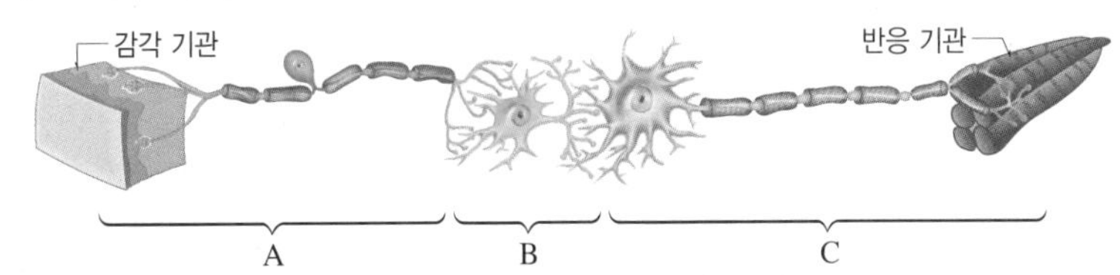


**2** 각 설명에 해당하는 뉴런의 기호와 이름을 쓰시오.

(1) 연합 뉴런의 명령을 반응 기관으로 전달한다.
(2) 전달받은 자극을 느끼고 판단하여 적절한 명령을 내린다.
(3) 감각 기관에서 받아들인 자극을 연합 뉴런으로 전달한다.

**3** A~C에서 자극이 전달되는 방향을 순서대로 나열하시오.

더 풀어보고 싶다면? 시험 대비 교재 82쪽 계산력·암기력 강화 문제

**4** 오른쪽 그림은 사람 뇌의 구조를 나타낸 것이다. A~E의 기능을 선으로 연결하시오.

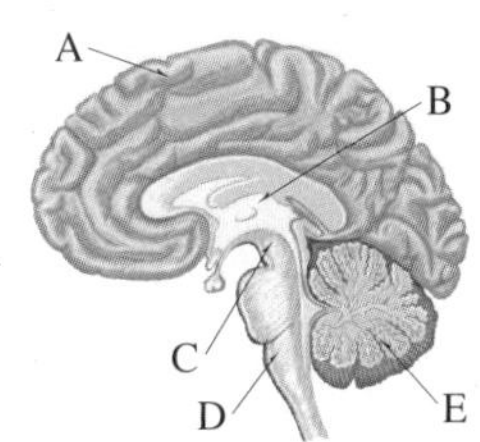


(1) A • • ㉠ 기억, 학습 등 정신 활동을 담당한다.
(2) B • • ㉡ 심장 박동, 호흡 운동 등을 조절한다.
(3) C • • ㉢ 눈의 움직임과 동공의 크기를 조절한다.
(4) D • • ㉣ 근육 운동 조절과 몸의 균형을 유지한다.
(5) E • • ㉤ 체온, 체액의 농도 등이 일정하게 유지되도록 한다.

연수가 호호하면 소심한 심장이 쿵쿵
(호: 흡 운동, 소: 화 운동, 심장: 박동)

**5** 말초 신경계에 대한 설명으로 옳은 것은 ○, 옳지 않은 것은 ×로 표시하시오.

(1) 척수는 말초 신경계에 속한다. ( )
(2) 부교감 신경은 심장 박동을 촉진한다. ( )
(3) 감각 신경과 운동 신경으로 이루어져 있다. ( )
(4) 자율 신경은 대뇌의 명령을 받아 내장 기관의 운동을 조절한다. ( )

## B 자극에 따른 반응의 경로 탐구 a 146쪽 탐구 b 147쪽

| 구분 | 의식적 반응 | 무조건 반사 | |
|---|---|---|---|
| 뜻 | 대뇌의 판단 과정을 거쳐 자신의 의지에 따라 일어나는 반응<br>➡ 대뇌가 반응의 중추이다. | 대뇌의 판단 과정을 거치지 않아 자신의 의지와 관계없이 일어나는 무의식적 반응<br>➡ 척수, 연수, 중간뇌가 반응의 중추이다. | |
| 특징 | 대뇌에서의 판단 과정이 복잡할수록 반응이 나타나는 데 시간이 더 걸린다. | 매우 빠르게 일어나므로 위험한 상황에서 몸을 보호하는 데 중요한 역할을 한다.❶ | |
| 반응 예 | • 주전자를 들고 컵에 물을 따른다.<br>• 손이 시린 것을 느끼고 장갑을 낀다.<br>• 날아오는 공을 보고 야구 방망이를 휘두른다. | 척수 | 뜨겁거나 날카로운 물체가 몸에 닿았을 때 몸을 움츠림, 무릎 반사 |
| | | 연수 | 재채기, 딸꾹질, 침 분비 |
| | | 중간뇌 | 동공 반사 |
| 반응 경로 | [주전자를 들고 컵에 물을 따를 때]<br>자극 → 감각 기관(눈) → 감각 신경(시각 신경) → 대뇌 → 척수 → 운동 신경 → 반응 기관(팔의 근육) → 반응 | [뜨거운 주전자에 손이 닿아 급히 뗄 때]<br>자극 → 감각 기관(피부) → 감각 신경(피부 감각 신경) → 척수 → 운동 신경 → 반응 기관(팔의 근육) → 반응❷ | |

## C 호르몬

**1 호르몬** 특정 세포나 기관으로 신호를 전달하여 몸의 기능을 조절하는 물질

① 내분비샘에서 만들어져 혈액으로 분비되어 혈관을 통해 온몸으로 이동한다.❸

② 표적 세포나 표적 기관에 작용하며, 적은 양으로 큰 효과를 나타낸다.❸❹

③ 호르몬의 분비량이 너무 많거나 적으면 몸에 이상 증상이 나타날 수 있다.

④ 호르몬과 신경의 작용 비교

| 구분 | 전달 매체 | 신호 전달 속도 | 효과의 지속성 | 작용 범위 |
|---|---|---|---|---|
| 호르몬 | 혈액 | 느림 | 지속적 | 넓음 |
| 신경 | 뉴런 | 빠름 | 일시적 | 좁음 |

화보 4.4 **2 내분비샘과 호르몬**

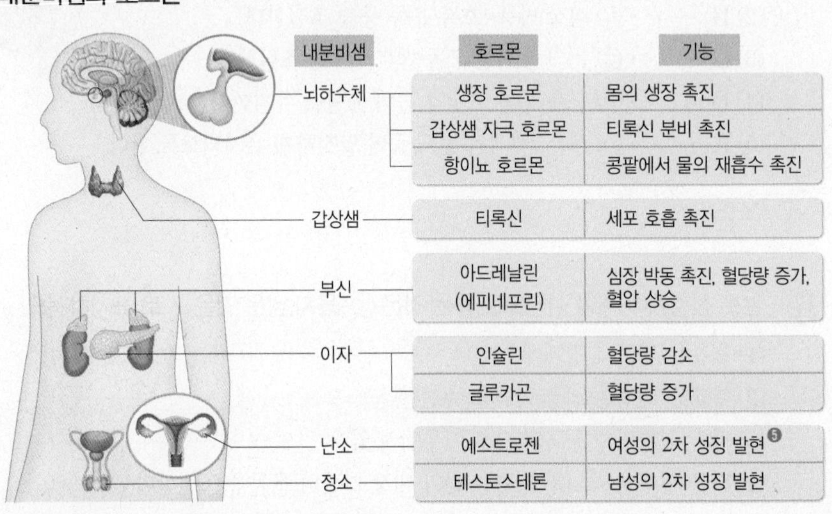


### 플러스 강의

**❶ 무조건 반사**
- 의식적 반응보다 반응 경로가 짧고 단순하기 때문에 의식적 반응보다 빠르게 일어난다.
- 무릎 반사 : 고무망치로 무릎뼈 아래를 치면 다리가 들리는 반응
- 동공 반사 : 밝기에 따라 동공의 크기가 커지거나 작아지는 반응

**❷ 반응 경로 비교**

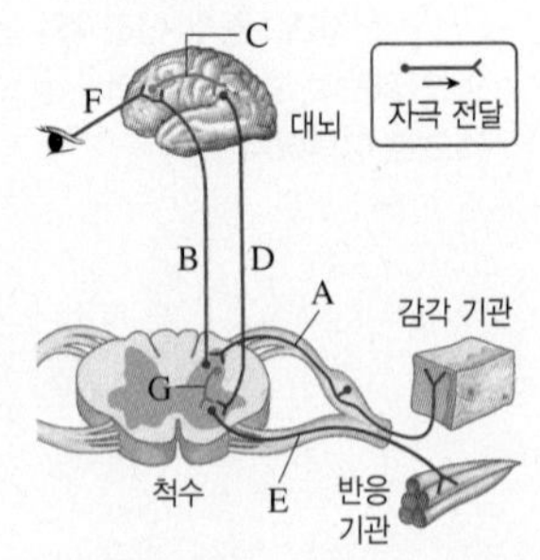


- 압정을 밟았을 때 자신도 모르게 발을 든다. ➡ A → G → E
- 공을 보고 원하는 방향으로 찬다. ➡ F → C → D → E
- 눈을 감고 더듬어서 책상 위의 연필을 집어 든다. ➡ A → B → C → D → E

얼굴에서 받아들인 자극은 척수를 거치지 않고 대뇌로 전달되지만, 팔이나 다리에서 받아들인 자극은 척수를 거쳐 대뇌로 전달된다.

**❸ 내분비샘과 표적 세포(기관)**
- 내분비샘 : 호르몬을 만들어 분비하는 조직이나 기관으로, 분비관이 따로 없다.
- 표적 세포(기관) : 호르몬의 작용을 받는 세포(기관)

**❹ 호르몬의 분비와 작용**

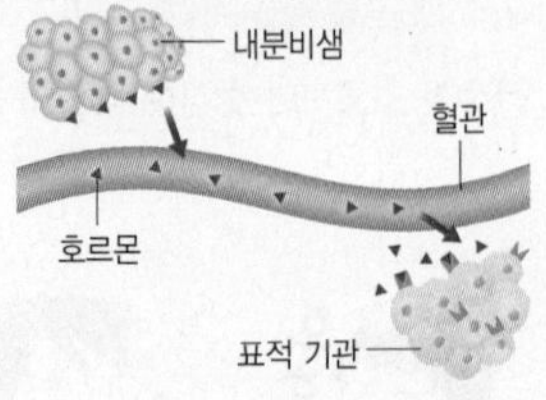


**❺ 2차 성징**
청소년기에 남성과 여성으로서의 여러 가지 특징이 나타나는 것

● 정답과 해설 46쪽

**B 자극에 따른 반응의 경로**

- 의식적 반응 : 대뇌의 판단 과정을 거쳐 자신의 의지에 따라 일어나는 반응 ➡ □□가 반응의 중추
- □□□ □□ : 대뇌의 판단 과정을 거치지 않아 자신의 의지와 관계없이 일어나는 무의식적 반응 ➡ □□, 연수, 중간뇌가 반응의 중추

**C 호르몬**

- □□□ : 특정 세포나 기관으로 신호를 전달하여 몸의 기능을 조절하는 물질로, □□□□에서 만들어져 혈액으로 분비된다.
- □□ 세포 : 호르몬의 작용을 받는 세포

암기쾅 내분비샘과 호르몬

난데없는 정신력 테스트,
(소 에스트로젠 / 소 / 토 스테론)

이인자는 글루카곤!
(자 / 슐 / 린)

B

**6** 의식적 반응과 무조건 반사에 대한 설명으로 옳은 것은 ○, 옳지 않은 것은 ×로 표시하시오.

(1) 무릎 반사의 중추는 척수이다. ( )
(2) 의식적 반응은 대뇌의 판단 과정을 거친다. ( )
(3) 무조건 반사는 의식적 반응에 비해 느리게 일어난다. ( )
(4) 손이 시린 것을 느끼고 장갑을 끼는 것은 의식적 반응이다. ( )
(5) 무조건 반사는 대뇌의 판단 과정이 복잡할수록 반응이 일어나는 데 시간이 더 걸린다. ( )

**7** 다음은 여러 가지 반응이 일어나는 경로이다. ( ) 안에 알맞은 말을 쓰시오.

(1) 뜨거운 냄비에 손이 닿았을 때 자신도 모르게 손을 떼는 반응 : 자극 → 감각 기관 → 감각 신경 → ( ) → 운동 신경 → 반응 기관 → 반응
(2) 신호등이 초록불로 바뀐 것을 보고 길을 건너는 반응 : 자극 → 감각 기관 → 감각 신경 → ㉠( ) → ㉡( ) → 운동 신경 → 반응 기관 → 반응

C

**8** 표는 호르몬과 신경의 특징을 비교한 것이다. ( ) 안에 알맞은 말을 쓰시오.

| 구분 | 전달 매체 | 신호 전달 속도 | 효과의 지속성 | 작용 범위 |
|---|---|---|---|---|
| 호르몬 | 혈액 | ㉠( ) | 지속적 | ㉢( ) |
| 신경 | 뉴런 | ㉡( ) | 일시적 | ㉣( ) |

더 풀어보고 싶다면? 시험 대비 교재 82쪽 계산력·암기력 강화 문제

[9~10] 오른쪽 그림은 사람의 내분비샘을 나타낸 것이다.

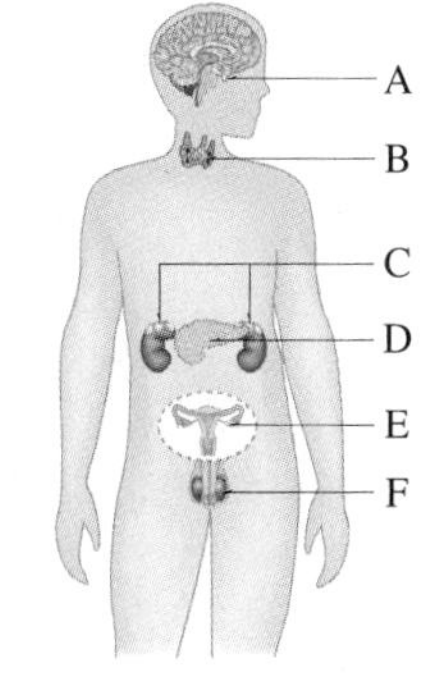


**9** 내분비샘 A~F의 이름을 쓰시오.

**10** 표는 각 내분비샘에서 분비되는 호르몬과 그 기능을 나타낸 것이다. ( ) 안에 알맞은 말을 쓰시오.

| 내분비샘 | 호르몬 | 기능 |
|---|---|---|
| A | 생장 호르몬 | 몸의 생장 촉진 |
| | ㉠( ) | 티록신 분비 촉진 |
| | ㉡( ) | 콩팥에서 물의 재흡수 촉진 |
| B | ㉢( ) | 세포 호흡 촉진 |
| C | 아드레날린(에피네프린) | 심장 박동 ㉣( ), 혈당량 증가, 혈압 상승 |
| D | 인슐린 | 혈당량 ㉤( ) |
| | ㉥( ) | 혈당량 ㉦( ) |
| E | 에스트로젠 | 여자의 2차 성징 발현 |
| F | ㉧( ) | 남자의 2차 성징 발현 |

**3 호르몬 관련 질병** 호르몬 과잉이나 부족에 의해 여러 가지 질병이 나타난다.

| 호르몬 이상 | | 질병 | 증상 |
|---|---|---|---|
| 생장 호르몬 | 결핍 | 소인증(성장기) | 키가 정상인에 비해 매우 작다. |
| | 과다 | 거인증(성장기) | 키가 정상인에 비해 매우 크다. |
| | | 말단 비대증(성장기 이후) | 입술과 코가 두꺼워져 얼굴 모습이 변하고, 손과 발이 커진다. |
| 티록신 | 결핍 | 갑상샘 기능 저하증 | 쉽게 피로해지고, 추위를 잘 타며, 체중이 증가한다. |
| | 과다 | 갑상샘 기능 항진증 | 맥박이 빨라지고, 눈이 돌출되며, 체중이 감소한다. |
| 인슐린 | 결핍 | 당뇨병 | 쉽게 피로해지고, 체중이 감소한다. 오줌에 당이 섞여 나오며, 심한 갈증을 느낀다. |

## D 항상성

**1 항상성** 몸 안팎의 환경이 변해도 적절하게 반응하여 몸의 상태를 일정하게 유지하는 성질 ➡ 신경과 호르몬의 작용으로 항상성이 유지된다. 예 체온 유지, 혈당량 유지❶

**2 체온 조절 과정** 간뇌의 명령으로 열 방출량과 열 발생량을 조절하여 체온을 유지한다.

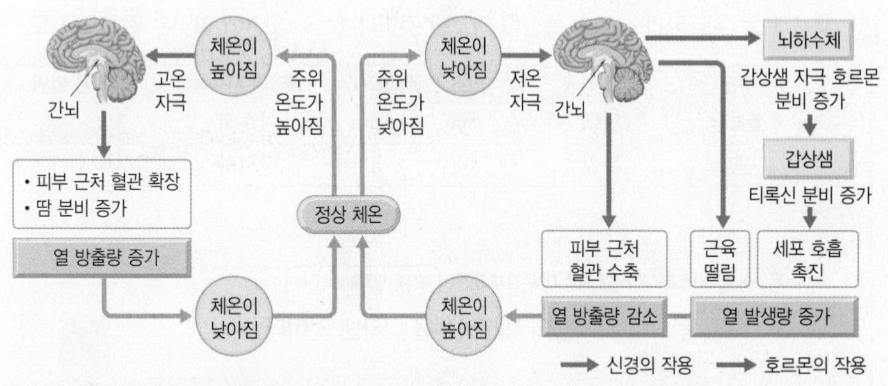


| 더울 때(체온이 높을 때) | 추울 때(체온이 낮을 때) |
|---|---|
| • 피부 근처 혈관 확장 ➡ 열 방출량 증가❷<br>• 땀 분비 증가 ➡ 열 방출량 증가❸ | • 피부 근처 혈관 수축 ➡ 열 방출량 감소<br>• 근육 떨림, 세포 호흡 촉진 ➡ 열 발생량 증가 |

**3 *혈당량 조절 과정** 인슐린과 글루카곤의 작용으로 혈당량을 유지한다.

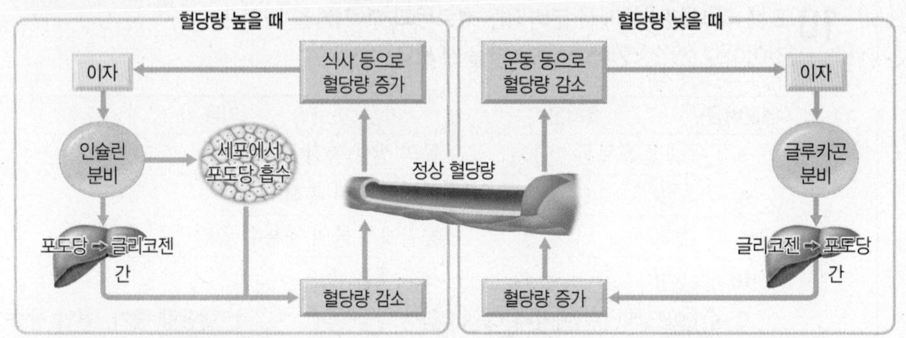


| 혈당량 높을 때 | 혈당량 낮을 때 |
|---|---|
| 이자에서 인슐린 분비 ➡ 간에서 포도당을 *글리코젠으로 합성하여 저장, 세포에서의 포도당 흡수 촉진 ➡ 혈당량 낮아짐 | 이자에서 글루카곤 분비 ➡ 간에서 글리코젠을 포도당으로 분해하여 혈액으로 내보냄 ➡ 혈당량 높아짐 |

### 플러스 강의

내 교과서 확인 | 미래엔

❶ **몸속 수분량 조절**
- 땀을 많이 흘림 → 몸속 수분량 감소 → 뇌하수체에서 항이뇨 호르몬 분비 증가 → 콩팥에서 물의 재흡수 촉진 → 오줌의 양 감소
- 물을 많이 마심 → 몸속 수분량 증가 → 뇌하수체에서 항이뇨 호르몬 분비 억제 → 콩팥에서 물의 재흡수 감소 → 오줌의 양 증가

❷ **피부 근처 혈관의 변화**

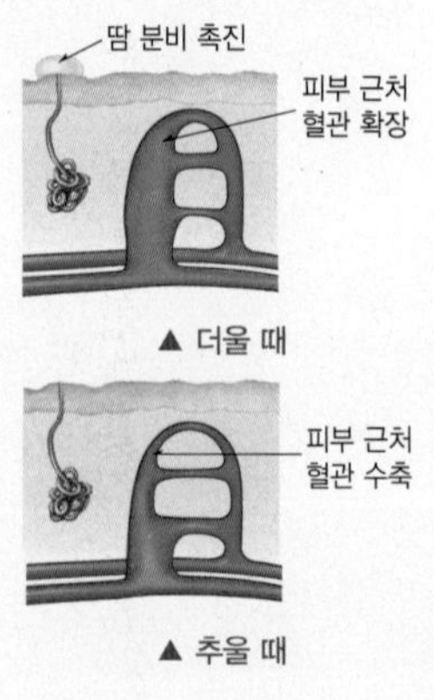


▲ 더울 때

▲ 추울 때

❸ **땀 분비와 체온 조절**
땀을 흘리면 땀이 기화하면서 피부의 열에너지를 흡수하여(*기화열) 체온이 낮아진다.

### 용어 돋보기

* **기화열**(氣 공기, 化 되다, 熱 열)_액체가 기체로 될 때 흡수하는 열에너지

* **혈당량**(血 피, 糖 사탕, 量 헤아리다)_혈액 속에 들어 있는 포도당의 양

* **글리코젠**(glycogen)_동물의 간이나 근육 등에 저장된 탄수화물

● 정답과 해설 46쪽

**C 호르몬**

- □□□ : 성장기에 생장 호르몬이 과다 분비되어 키가 비정상적으로 커지는 호르몬 관련 질병
- □□□ □□ □□□ : 티록신이 과다 분비되어 눈이 돌출되고 체중이 감소하는 호르몬 관련 질병

**D 항상성**

- □□□ : 몸 안팎의 환경이 변해도 적절하게 반응하여 몸의 상태를 일정하게 유지하는 성질
- 체온 조절
  - 더울 때 : 피부 근처 혈관 □□
  - 추울 때 : 피부 근처 혈관 □□
- 혈당량 조절
  - 혈당량이 높을 때 : 이자에서 □□□ 분비
  - 혈당량이 낮을 때 : 이자에서 □□□□ 분비

혈당량 조절

- 인슐린 : 포도당 → 글리코젠 ➡ 혈당량 감소
- 글루카곤 : 글리코젠 → 포도당 ➡ 혈당량 증가

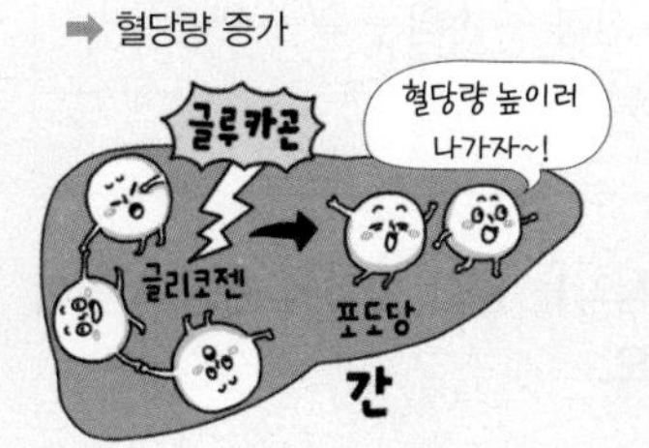


C

**11** 다음과 같은 호르몬 분비 이상으로 나타나는 질병을 선으로 연결하시오.

(1) 티록신 분비 부족 •     • ㉠ 소인증
(2) 인슐린 분비 부족 •     • ㉡ 당뇨병
(3) 성장기에 생장 호르몬 분비 부족 •     • ㉢ 말단 비대증
(4) 성장기 이후 생장 호르몬 과다 분비 •     • ㉣ 갑상샘 기능 저하증

D

[12~13] 보기는 추울 때와 더울 때 우리 몸에서 체온을 조절하는 작용이다.

> 보기
> ㄱ. 근육이 떨린다.
> ㄴ. 땀 분비가 증가한다.
> ㄷ. 피부 근처 혈관이 확장된다.
> ㄹ. 피부 근처 혈관이 수축된다.
> ㅁ. 티록신의 분비가 증가하여 세포 호흡이 촉진된다.

**12** 추울 때 몸에서 일어나는 작용을 보기에서 모두 고르시오.

**13** 열 방출량을 증가시키는 작용을 보기에서 모두 고르시오.

[14~15] 오른쪽 그림은 이자에서 분비되는 호르몬 A와 B의 작용을 나타낸 것이다.

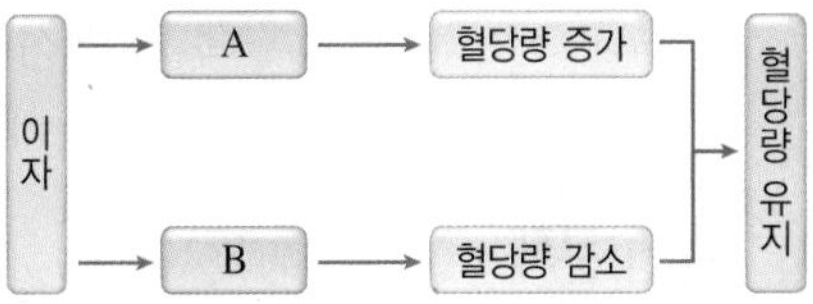

| | | | | |
|---|---|---|---|---|
| 이자 | → A | → 혈당량 증가 | → | 혈당량 유지 |
| | → B | → 혈당량 감소 | → | |

**14** 호르몬 A와 B의 이름을 쓰시오.

**15** 다음 (　　) 안에 알맞은 말을 고르시오.

(1) 혈당량이 높을 때는 이자에서 호르몬 ㉠( A, B )가 분비되어 간에서 ㉡( 포도당, 글리코젠 )을 ㉢( 포도당, 글리코젠 )으로 합성하여 저장하고, 세포에서의 포도당 흡수를 촉진한다.

(2) 혈당량이 낮을 때는 이자에서 호르몬 ㉠( A, B )가 분비되어 간에서 ㉡( 포도당, 글리코젠 )을 ㉢( 포도당, 글리코젠 )으로 분해하여 혈액으로 내보낸다.

# 자극의 종류에 따른 반응 경로

**이 탐구에서는** 의식적 반응이 일어나는 경로를 이해하고, 자극의 종류에 따라 반응 시간에 차이가 있음을 확인한다.

● 정답과 해설 46쪽

**과정**

❶ 한 사람(A)은 의자에 앉아 자를 잡을 준비를 하고, 다른 사람(B)은 자의 윗부분을 잡고 자를 떨어뜨릴 준비를 한다.(이때 A의 엄지손가락은 눈금 0에 위치한다.)

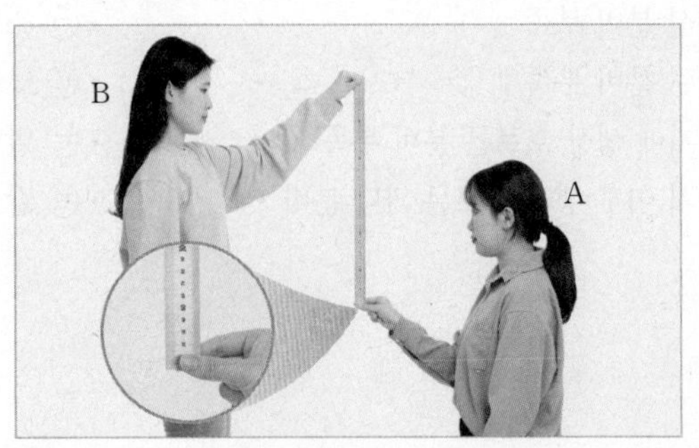


❷ B가 예고 없이 자를 떨어뜨리면 A는 떨어지는 자를 보고 잡는다. 엄지손가락 위치의 눈금을 읽어 자가 떨어진 거리를 측정한다.

❸ 과정 ❷를 5회 반복하여 평균값을 구한다.

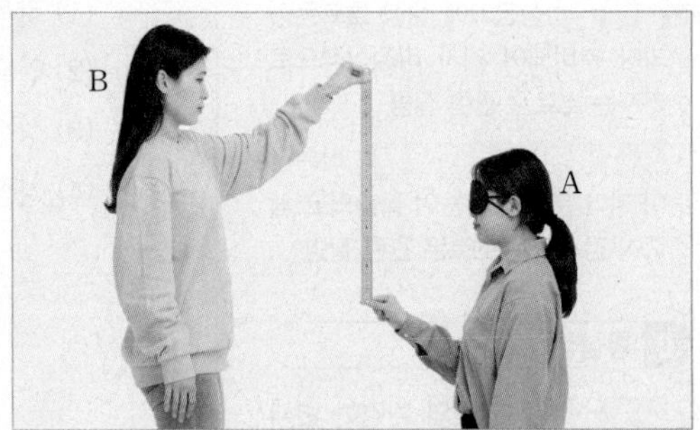


❹ A의 눈을 가린 후 B가 '땅' 소리를 내는 동시에 자를 떨어뜨리면 A는 그 소리를 듣고 자를 잡는다. 엄지손가락 위치의 눈금을 읽어 자가 떨어진 거리를 측정한다.

❺ 과정 ❹를 5회 반복하여 평균값을 구한다.

**결과 & 해석**

(단위 : cm)

| 구분 | 1회 | 2회 | 3회 | 4회 | 5회 | 평균값 |
|---|---|---|---|---|---|---|
| 눈으로 볼 때 | 24 | 21 | 19 | 19 | 17 | 20 |
| 소리를 들을 때 | 33 | 31 | 31 | 28 | 27 | 30 |

- 자가 떨어진 거리가 길수록 자를 잡기까지 걸린 시간(반응 시간)이 길다.
  ➡ 떨어지는 자를 눈으로 보고 잡는 반응이 '땅' 소리를 귀로 듣고 잡는 반응보다 빠르다.
- 시각을 통한 반응과 청각을 통한 반응은 반응 경로가 다르기 때문에 반응 시간에 차이가 난다.

| 시각을 통한 반응의 경로 | 빛 자극 → 눈 → 시각 신경 → 대뇌 → 척수 → 운동 신경 → 손의 근육 → 자를 잡음 |
|---|---|
| 청각을 통한 반응의 경로 | 소리 자극 → 귀 → 청각 신경 → 대뇌 → 척수 → 운동 신경 → 손의 근육 → 자를 잡음 |

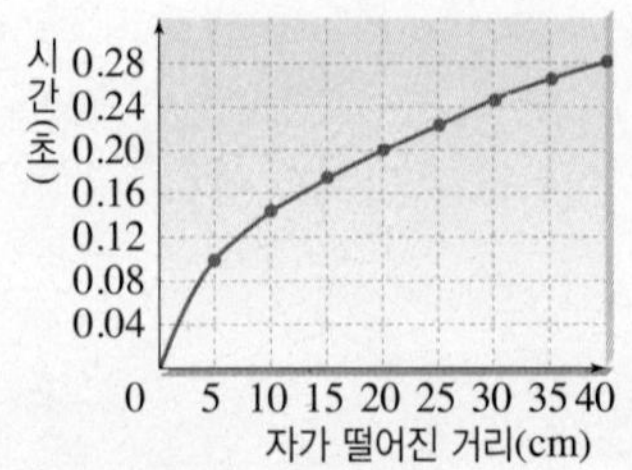


▲ 자가 떨어진 거리와 반응 시간의 관계

**정리**

1. 떨어지는 자를 잡는 반응은 ㉠( 대뇌, 척수 )가 반응의 중추인 ㉡( 의식적 반응, 무조건 반사 )이다.
2. 감각 기관에서 받아들인 자극이 신경계를 거쳐 반응으로 나타나기까지는 어느 정도 시간이 필요하며, 이때 걸리는 시간은 자극의 종류에 따라 차이가 있고, 사람에 따라서도 다르게 나타날 수 있다.

## 확인 문제

**01** 위 실험에 대한 설명으로 옳은 것은 ○, 옳지 않은 것은 ×로 표시하시오.

(1) 떨어지는 자를 잡는 반응의 중추는 척수이다. ( )

(2) 반응이 빠르게 일어날수록 자가 떨어진 거리가 짧다. ( )

(3) 시각을 통한 반응과 청각을 통한 반응은 반응 시간에 차이가 없다. ( )

(4) 떨어지는 자를 잡는 반응에는 대뇌의 판단 과정이 포함되지 않는다. ( )

**02** 떨어지는 자를 눈으로 보고 잡는 반응의 경로를 완성하시오.

자극 → 눈 → 시각 신경 → ㉠( ) → ㉡( ) → 운동 신경 → 손의 근육 → 반응

**03** 시각을 통한 반응과 청각을 통한 반응의 반응 시간이 다른 까닭을 서술하시오.

# 탐구 b 무조건 반사와 의식적 반응의 반응 경로

**이 탐구에서는** 무릎 반사를 통해 무조건 반사를 경험하고, 무조건 반사와 의식적 반응의 반응 경로를 비교한다.

● 정답과 해설 47쪽

**과정**

❶ 한 사람(A)이 발이 바닥에 닿지 않도록 책상에 앉은 다음, 눈을 감고 다리에 힘을 뺀다.
❷ 다른 한 사람(B)이 고무망치로 A의 무릎뼈 바로 아래를 가볍게 치고, A는 다리에 고무망치가 닿는 것을 느끼는 즉시 오른팔을 든다.

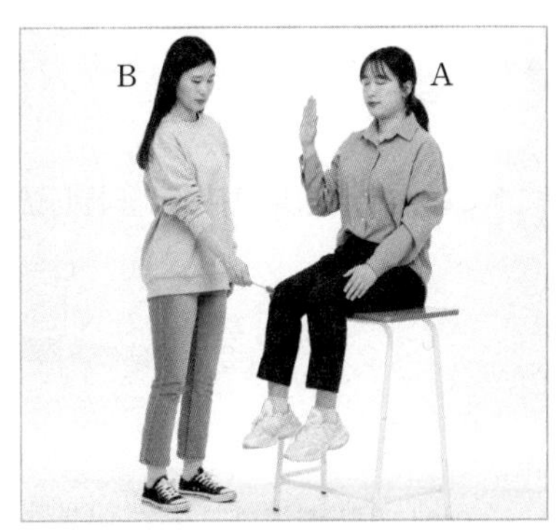

**결과 & 해석**

- 고무망치로 무릎뼈 아래를 치면 자신의 의지와 관계없이 다리가 들리는 반응이 일어난다. ➡ 무릎 반사는 무조건 반사이다.
- 고무망치가 닿는 것을 느끼고 오른팔을 드는 것은 자신의 의지에 따라 일어나는 의식적 반응이다. ➡ 고무망치의 자극은 대뇌로도 전달된다.
- 다리가 들리는 반응이 팔을 드는 반응보다 더 빠르게 일어난다. ➡ 다리가 들리는 반응의 경로가 팔을 드는 반응의 경로보다 짧고 단순하기 때문이다.

| | |
|---|---|
| 다리가 들리는 반응의 경로 | 자극 수용 → 감각 신경 → 척수 → 운동 신경 → 반응 기관 |
| 팔을 드는 반응의 경로 | 자극 수용 → 감각 신경 → 척수 → 대뇌 → 척수 → 운동 신경 → 반응 기관 |

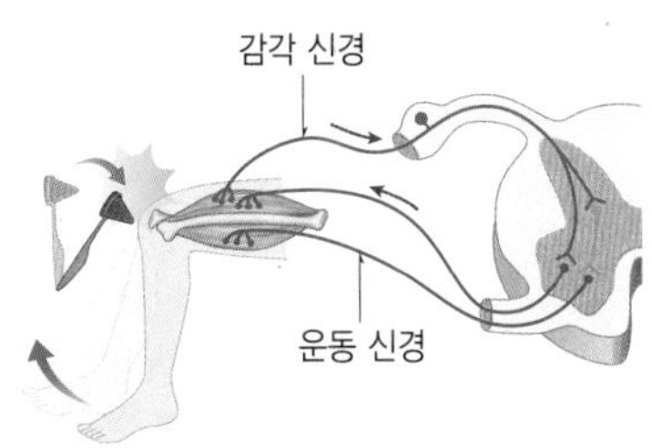

▲ 무릎 반사의 경로

**정리**

대뇌의 판단 과정을 ㉠( 거치는, 거치지 않는 ) 무조건 반사는 매우 ㉡( 빠르게, 느리게 ) 일어나기 때문에 위험한 상황에서 우리 몸을 보호하는 데 중요한 역할을 한다.

## 이렇게도 실험해요

내 교과서 확인 | 미래엔

반응 (가)~(라)가 일어나는 경로를 그림의 A~I를 이용하여 나열하고, 반응의 종류를 구분한다.

(가) 뜨거운 냄비에 손이 닿자 급히 손을 뗀다.
➡ F → G → I, 무조건 반사

(나) 어두운 방에서 손을 더듬어 전등 스위치를 누른다.
➡ F → D → B → E → H, 의식적 반응

(다) 골대를 향해 날아오는 공을 본 골키퍼가 공을 막아 낸다.
➡ A → B → E → H, 의식적 반응

(라) 영화의 한 장면을 보고 눈을 찡그린다.
➡ A → B → C, 의식적 반응

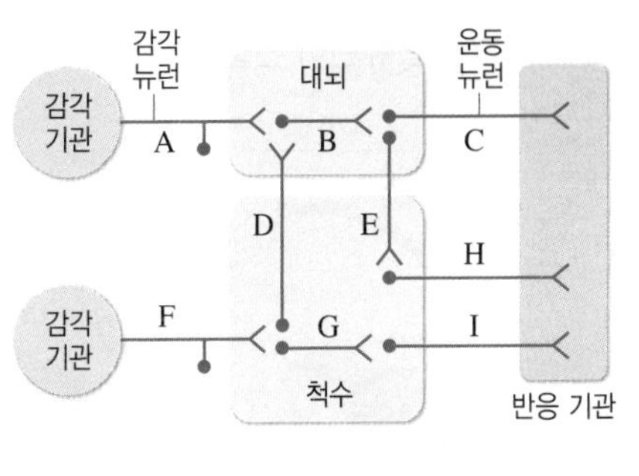


## 확인 문제

**01** 위 실험에 대한 설명으로 옳은 것은 ○, 옳지 않은 것은 ×로 표시하시오.

(1) 의식적 반응과 무릎 반사의 중추는 같다. ( )

(2) 고무망치가 닿는 자극은 대뇌로 전달되지 않는다. ( )

(3) 무릎 반사는 자신의 의지에 따라 일어나는 반응이다. ( )

(4) 오른팔을 드는 반응보다 다리가 저절로 들리는 반응이 더 빠르게 일어난다. ( )

**02** 무릎 반사가 일어나는 경로를 완성하시오.

자극 수용 → ㉠(　　) 신경 → ㉡(　　) → ㉢(　　) 신경 → 반응 기관

**03** 무조건 반사가 의식적 반응보다 빠르게 일어나는 까닭을 서술하시오.

전국 주요 학교의 **시험에 가장 많이 나오는 문제**들로만 구성하였습니다.
모든 친구들이 '꼭' 봐야 하는 코너입니다.

## A 신경계

중요
**01 그림은 뉴런의 구조를 나타낸 것이다.**

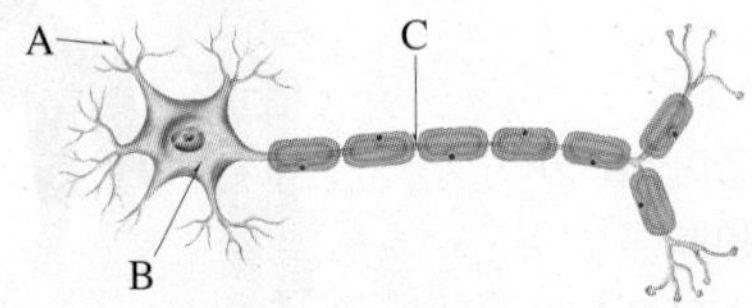


**이에 대한 설명으로 옳지 않은 것은?**

① 신경계를 이루고 있는 신경 세포이다.
② A는 가지 돌기로, 다른 뉴런이나 감각 기관에서 전달된 자극을 받아들인다.
③ B는 신경 세포체로, 핵과 세포질이 있어 여러 가지 생명 활동이 일어난다.
④ C는 축삭 돌기로, 다른 뉴런이나 기관으로 자극을 전달한다.
⑤ 자극은 C → B → A → 다음 뉴런 방향으로 전달된다.

**[02~03] 그림은 뉴런이 연결된 모습을 나타낸 것이다.**

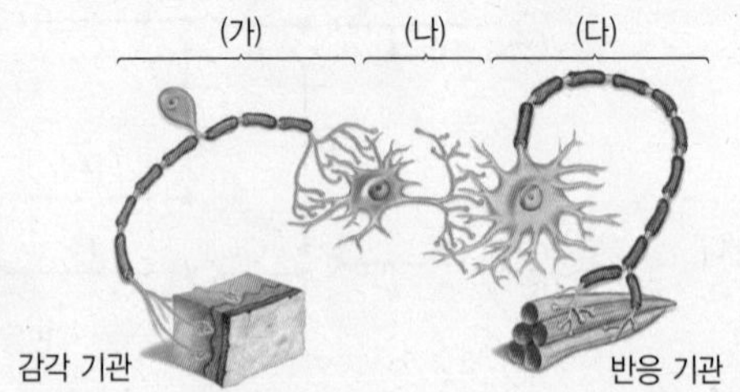


**02 뉴런 (가)~(다)의 종류를 쓰시오.**

중요
**03 이에 대한 설명으로 옳은 것은?**

① (가)는 자극을 느끼고 판단하여 명령을 내린다.
② (가)는 중추 신경계, (나)는 말초 신경계를 구성한다.
③ 시각 신경, 청각 신경 등은 (나)로 구성된다.
④ (다)는 연합 뉴런의 명령을 반응 기관으로 전달한다.
⑤ 자극의 전달 방향은 (다) → (나) → (가)이다.

**[04~06] 오른쪽 그림은 사람 뇌의 구조를 나타낸 것이다.**

중요
**04 각 부분에 대한 설명으로 옳은 것은?**

① A는 몸의 균형을 유지한다.
② B는 기억, 학습, 감정 등 정신 활동을 담당한다.
③ C는 체온을 일정하게 유지한다.
④ D는 심장 박동과 호흡 운동을 조절한다.
⑤ E는 뇌와 말초 신경 사이에서 신호를 전달한다.

**05 다음은 교통사고로 인해 뇌의 특정 부위가 손상된 환자에게서 나타나는 증상이다.**

(가) 사고 전의 일을 잘 기억하지 못하였다.
(나) 눈에 빛을 비추었더니 동공의 크기가 변하지 않았다.
(다) 심장 박동과 호흡은 정상이나 체온이 일정하게 유지되지 않았다.

**(가)~(다)와 관련된 손상 부위의 기호와 이름을 옳게 짝 지은 것은?**

| | (가) | (나) | (다) |
|---|---|---|---|
| ① | A, 대뇌 | C, 중간뇌 | B, 간뇌 |
| ② | A, 대뇌 | C, 중간뇌 | D, 연수 |
| ③ | A, 소뇌 | C, 중간뇌 | B, 간뇌 |
| ④ | B, 대뇌 | C, 간뇌 | E, 소뇌 |
| ⑤ | E, 소뇌 | B, 간뇌 | D, 연수 |

중요
**06 (가)~(라) 현상과 가장 관계 깊은 부위의 기호를 각각 쓰시오.**

(가) 과학 시간에 어려운 탐구 문제를 풀었다.
(나) 무더운 여름날 밖에 나갔더니 땀이 많이 났다.
(다) 평균대 위에서 팔을 벌려 몸의 균형을 유지했다.
(라) 운동을 하였더니 호흡이 가빠지고, 심장이 빨리 뛰었다.

**07** 사람의 신경계에 대한 설명으로 옳지 않은 것은?

① 신경계는 중추 신경계와 말초 신경계로 구분된다.
② 중추 신경계는 뇌와 척수로 이루어져 있다.
③ 말초 신경계는 온몸에 퍼져 있다.
④ 중추 신경계는 감각 신경과 운동 신경으로 이루어져 있다.
⑤ 중추 신경계는 자극을 느끼고 판단하여 적절한 명령을 내린다.

**08** 자율 신경에 대한 설명으로 옳은 것을 보기에서 모두 고른 것은?

보기
ㄱ. 말초 신경계에 속한다.
ㄴ. 위기 상황에서는 부교감 신경이 작용한다.
ㄷ. 대뇌의 직접적인 명령 없이 내장 기관의 운동을 조절한다.
ㄹ. 교감 신경은 심장 박동을 촉진하고, 소화 운동을 억제한다.

① ㄷ ② ㄱ, ㄷ ③ ㄴ, ㄷ
④ ㄷ, ㄹ ⑤ ㄱ, ㄷ, ㄹ

## B 자극에 따른 반응의 경로

**09** 우리 몸에서 일어나는 여러 가지 반응에 대한 설명으로 옳은 것은?

① 무조건 반사는 자신의 의지에 따라 일어난다.
② 의식적 반응은 자신의 의지와 관계없이 일어난다.
③ 무조건 반사는 의식적 반응보다 빠르게 일어난다.
④ 육상선수가 출발 신호를 듣고 출발하는 것은 무조건 반사이다.
⑤ 의식적 반응은 대뇌의 판단 과정이 복잡해져도 반응 시간이 변하지 않는다.

중요

**10** 다음은 우리 몸에서 일어나는 여러 가지 반응이다.

(가) 신호등을 보고 건널목을 건넜다.
(나) 밥을 입에 넣으니 침이 분비되었다.
(다) 뜨거운 피자에 손을 대는 순간 자신도 모르게 손을 움츠렸다.

이에 대한 설명으로 옳지 않은 것은?

① (가)는 의식적 반응이다.
② (가) 반응의 중추는 대뇌이다.
③ (나)와 (다)는 무조건 반사이다.
④ (나) 반응의 중추는 척수이다.
⑤ (다) 반응은 대뇌의 판단 과정을 거치지 않는다.

탐구 a 146쪽

**11** 그림 (가)는 한 사람이 예고 없이 자를 떨어뜨리면 다른 사람이 떨어지는 자를 보고 잡는 반응을, (나)는 한 사람이 '땅' 소리를 내며 자를 떨어뜨리면 다른 사람이 그 소리를 듣고 자를 잡는 반응을 나타낸 것이다.

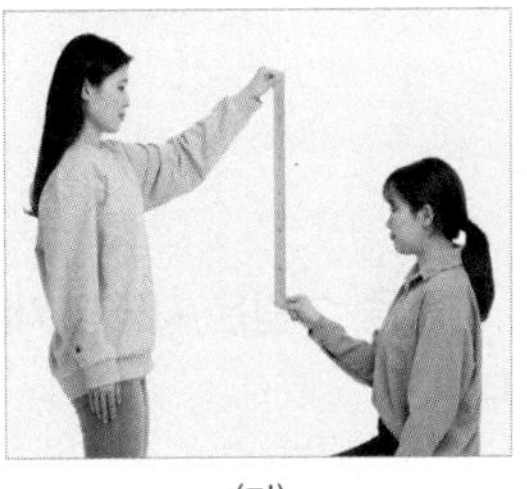
(가)

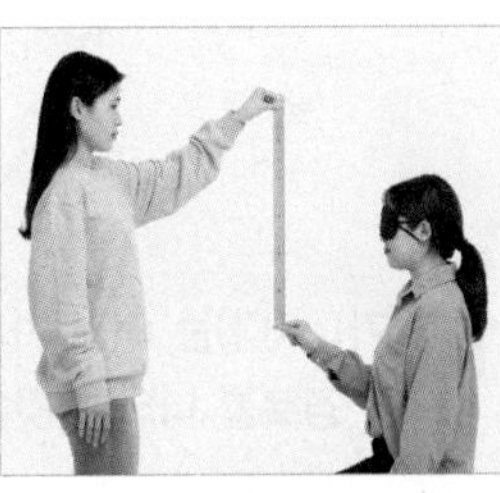
(나)

이에 대한 설명으로 옳은 것은?

① (가)와 (나)의 반응 경로는 같다.
② (가)와 (나)의 반응 시간은 같다.
③ (가)는 의식적 반응, (나)는 무조건 반사이다.
④ (가)의 반응 경로는 '눈 → 시각 신경 → 척수 → 운동 신경 → 손의 근육'이다.
⑤ 자가 떨어진 거리가 짧을수록 반응 시간이 짧다.

[12~13] 다음은 여러 가지 반응을 나타낸 것이다.

(가) 코에 먼지가 들어와 재채기를 하였다.
(나) TV 소리가 너무 커서 음량을 줄였다.
(다) 압정을 밟자마자 자신도 모르게 발을 떼었다.
(라) 밝은 곳에서 어두운 곳으로 가면 동공이 커진다.

**12** (가)~(라) 중 무조건 반사가 아닌 것을 쓰시오.

**13** (가)~(라) 반응의 중추를 각각 쓰시오.

탐구 b | 147쪽

**14** 다음은 무릎 반사와 의식적 반응에 대한 실험이다.

한 사람이 고무망치로 책상에 앉은 사람의 무릎뼈 바로 아래를 가볍게 치고, 책상에 앉은 사람은 눈을 감은 채 다리에 고무망치가 닿는 것을 느끼는 즉시 오른팔을 든다.

이에 대한 설명으로 옳지 않은 것은?

① 무릎 반사는 척수가 중추인 무조건 반사이다.
② 고무망치가 닿는 자극은 대뇌로 전달되지 않는다.
③ 오른팔을 드는 반응보다 무릎 반사가 더 빠르게 일어난다.
④ 무릎 반사는 '감각 신경 → 척수 → 운동 신경'의 경로로 일어난다.
⑤ 오른팔을 드는 반응은 '감각 신경 → 척수 → 대뇌 → 척수 → 운동 신경'의 경로로 일어난다.

중요

**15** (가)~(다)는 여러 가지 반응을, 그림은 자극에 대한 반응 경로를 나타낸 것이다.

(가) 뜨거운 주전자에 손이 닿았을 때 자신도 모르게 손을 뗐다.
(나) 신호등이 빨간 불로 바뀌는 것을 보고 급히 브레이크를 밟았다.
(다) 어둠 속에서 손으로 벽을 더듬어 전등 스위치를 찾아 불을 켰다.

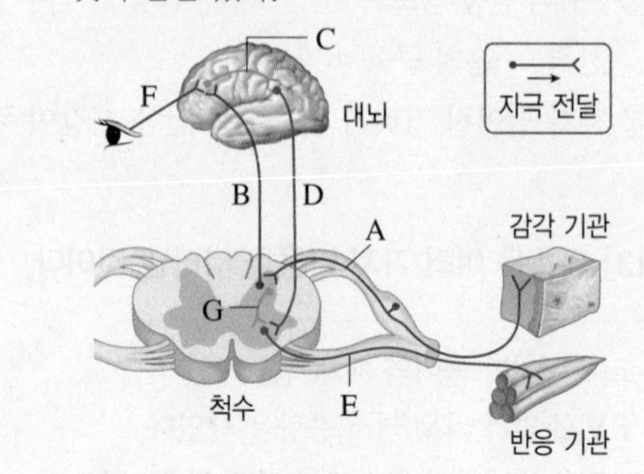


이에 대한 설명으로 옳지 않은 것은?

① C와 G는 연합 뉴런이다.
② E와 F는 말초 신경계에 속한다.
③ (가)의 반응 경로는 'A → G → E'이다.
④ (나)의 반응 경로는 'F → C → D → E'이다.
⑤ (다)의 반응 경로는 'F → C → D → E'이다.

## C 호르몬

중요

**16** 호르몬과 신경을 비교한 내용으로 옳지 않은 것은?

| | 구분 | 호르몬 | 신경 |
|---|---|---|---|
| ① | 전달 매체 | 혈액 | 뉴런 |
| ② | 전달 속도 | 느림 | 빠름 |
| ③ | 효과의 지속성 | 지속적 | 일시적 |
| ④ | 작용 범위 | 좁음 | 넓음 |
| ⑤ | 특징 | 표적 기관에만 작용 | 신호를 일정한 방향으로 전달 |

[17~18] 오른쪽 그림은 사람의 내분비샘을 나타낸 것이다.

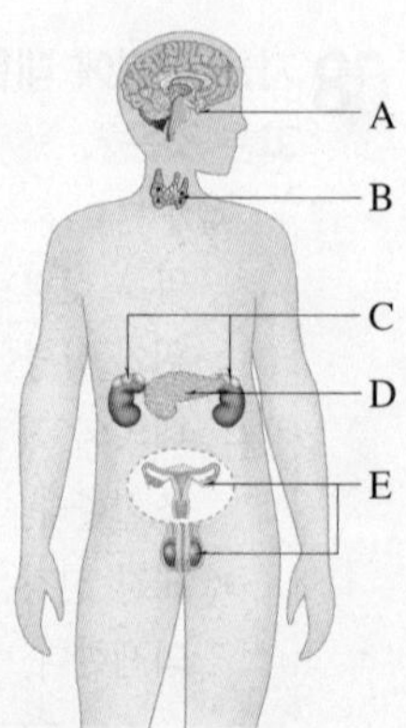


**17** 각 부분의 이름을 옳게 짝 지은 것은?

| | A | B | C | D |
|---|---|---|---|---|
| ① | 갑상샘 | 뇌하수체 | 부신 | 이자 |
| ② | 갑상샘 | 뇌하수체 | 이자 | 부신 |
| ③ | 뇌하수체 | 부신 | 이자 | 갑상샘 |
| ④ | 뇌하수체 | 갑상샘 | 이자 | 부신 |
| ⑤ | 뇌하수체 | 갑상샘 | 부신 | 이자 |

중요

**18** 각 부분에 대한 설명으로 옳지 않은 것은?

① A에서는 생장 호르몬, 갑상샘 자극 호르몬, 항이뇨 호르몬 등이 분비된다.
② B에서 분비되는 인슐린은 세포 호흡을 촉진한다.
③ C에서는 심장 박동을 촉진하는 아드레날린(에피네프린)이 분비된다.
④ D에서는 혈당량을 높이는 호르몬과 낮추는 호르몬이 모두 분비된다.
⑤ E에서 분비되는 에스트로젠과 테스토스테론은 각각 여자와 남자의 2차 성징이 발현되게 한다.

**19** 호르몬에 대한 설명으로 옳지 않은 것은?

① 혈관을 통해 온몸으로 이동한다.
② 적은 양으로 큰 효과를 나타낸다.
③ 내분비샘에서 만들어져 분비관으로 분비된다.
④ 분비량이 너무 많거나 적으면 몸에 이상 증상이 나타날 수 있다.
⑤ 특정 세포나 기관으로 신호를 전달하여 몸의 기능을 조절하는 물질이다.

**20** 호르몬 관련 질병에 대한 설명으로 옳은 것은?

① 인슐린이 과다 분비되면 오줌에 당이 섞여 나오는 당뇨병에 걸린다.
② 성장기 이후에 생장 호르몬이 과다 분비되면 말단 비대증에 걸린다.
③ 성장기에 생장 호르몬이 과다 분비되면 키가 자라지 않는 소인증에 걸린다.
④ 티록신이 부족하면 체중이 감소하고 눈이 돌출되는 갑상샘 기능 항진증에 걸린다.
⑤ 티록신이 과다 분비되면 체중이 증가하고 추위를 잘 타게 되는 갑상샘 기능 저하증에 걸린다.

## D 항상성

**21** 항상성 유지와 관계가 먼 것은?

① 혈당량을 일정하게 유지한다.
② 찬물에 들어갔더니 몸이 떨렸다.
③ 운동을 하여 체온이 올라가면 땀이 난다.
④ 간식을 많이 먹었더니 체중이 증가하였다.
⑤ 몸 안팎의 환경이 변해도 적절하게 반응하여 몸의 상태를 일정하게 유지하는 성질이다.

**22** 다음은 체온이 낮아졌을 때 호르몬에 의해 체온이 조절되는 과정을 순서 없이 나타낸 것이다.

(가) 체온이 높아진다.
(나) 세포 호흡이 촉진된다.
(다) 티록신의 분비가 증가한다.
(라) 간뇌에서 체온 변화를 감지한다.
(마) 갑상샘 자극 호르몬의 분비가 증가한다.

체온 조절 과정을 순서대로 나열하시오.

**23** 그림은 더울 때와 추울 때 피부 근처 혈관의 변화를 순서 없이 나타낸 것이다.

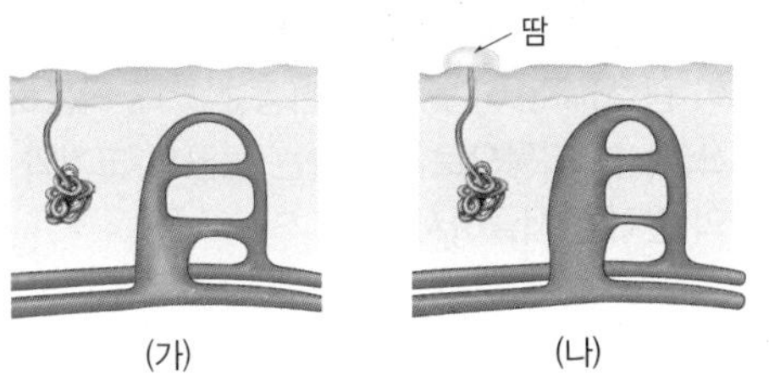


(가)에서 (나)로 변하는 상황일 때 몸에서 일어나는 체온 조절 반응으로 옳은 것을 모두 고르면?(2개)

① 근육이 떨린다.
② 땀 분비가 증가한다.
③ 피부 근처 혈관이 확장된다.
④ 열 발생량이 증가하는 반응이 일어난다.
⑤ 열 방출량이 감소하는 반응이 일어난다.

중요
**24** 다음은 혈당량 조절 과정을 나타낸 것이다.

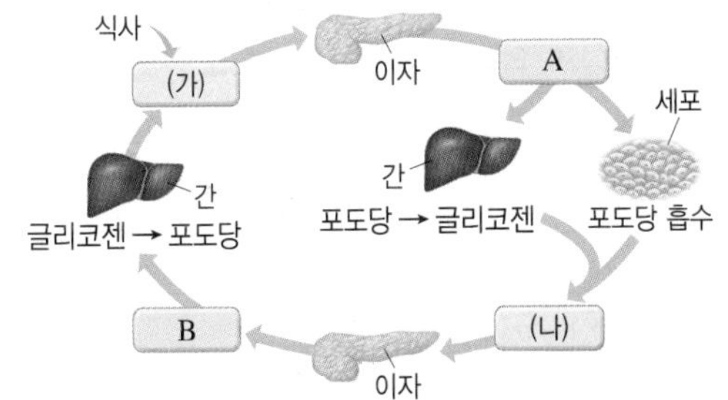


이에 대한 설명으로 옳은 것은?

① (가)에 해당하는 말은 '혈당량 감소'이다.
② (나)에 해당하는 말은 '혈당량 증가'이다.
③ 호르몬 A는 글루카곤, B는 인슐린이다.
④ 호르몬 A는 세포에서의 포도당 흡수를 촉진시킨다.
⑤ 호르몬 B는 간에서 포도당을 글리코젠으로 합성하여 저장한다.

**25** 물을 많이 마셨을 때 몸속 수분량을 조절하는 과정으로 옳은 것을 보기에서 모두 고른 것은?

보기
ㄱ. 항이뇨 호르몬의 분비가 억제된다.
ㄴ. 콩팥에서 재흡수되는 물의 양이 증가한다.
ㄷ. 오줌의 양이 증가한다.

① ㄱ ② ㄴ ③ ㄱ, ㄴ
④ ㄱ, ㄷ ⑤ ㄴ, ㄷ

## 서술형 문제

중요
**26** 자율 신경은 교감 신경과 부교감 신경으로 구분된다. 이 중 사나운 개를 만나 긴장했을 때 작용하는 신경을 쓰고, 그 작용으로 나타나는 동공의 크기와 심장 박동의 변화를 서술하시오.

**27** 무조건 반사는 위험한 상황에서 우리 몸을 보호하는 데 중요한 역할을 한다. 그 까닭을 서술하시오.

**28** 항상성의 의미를 다음 내용을 모두 포함하여 서술하시오.

| 환경, 반응, 유지, 몸의 상태 |
|---|

중요
**29** 그림은 식사와 운동을 할 때 우리 몸의 혈당량 변화를 나타낸 것이다.

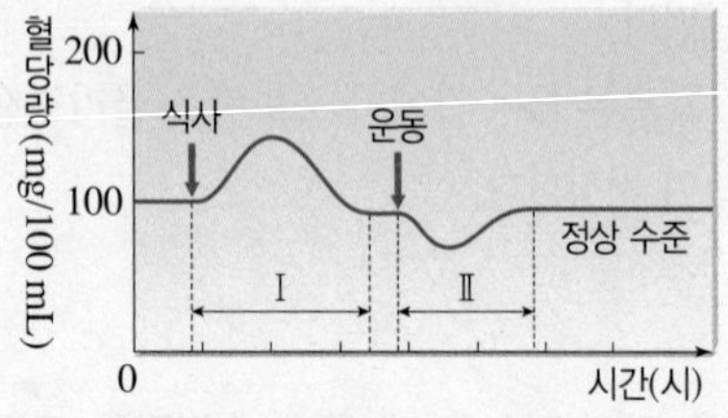


(1) 구간 Ⅰ과 Ⅱ에서 작용하는 호르몬의 이름을 각각 쓰시오. (단, 구간 Ⅰ과 Ⅱ에서 작용하는 호르몬은 모두 이자에서 분비된다.)

(2) 구간 Ⅰ에서 분비되는 호르몬에 의해 간에서 일어나는 작용을 서술하시오.

## 수준 높은 문제로 실력 탄탄

● 정답과 해설 49쪽

**01** 그림은 반응이 일어나는 여러 가지 경로를 나타낸 것이다.

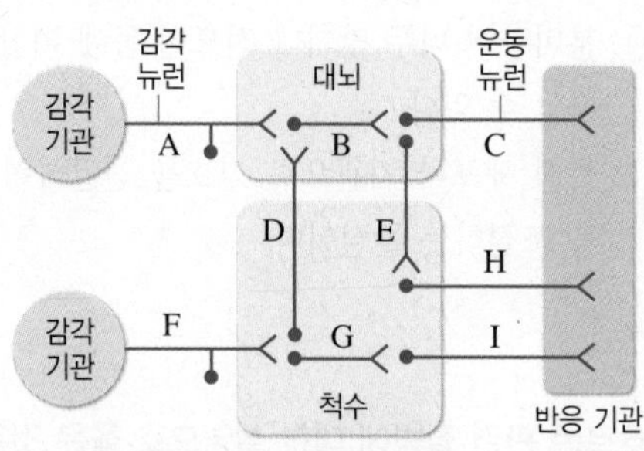


이에 대한 설명으로 옳지 않은 것은?

① 척수가 중추인 무조건 반사의 경로는 'F → G → I'이다.
② 앞에 놓인 공을 보고 원하는 방향으로 차는 반응의 경로는 'A → B → C'이다.
③ 손이 시린 것을 느끼고 주머니에 손을 넣는 반응의 경로는 'F → D → B → E → H'이다.
④ 손의 근육에 연결된 H와 I가 손상되면 손을 움직이지 못한다.
⑤ 다리의 피부에 연결된 F가 손상되면 다리에 닿는 감각을 느낄 수 없다.

**02** 그림은 운동을 했을 때 시간에 따른 체온의 변화를 나타낸 것이다.

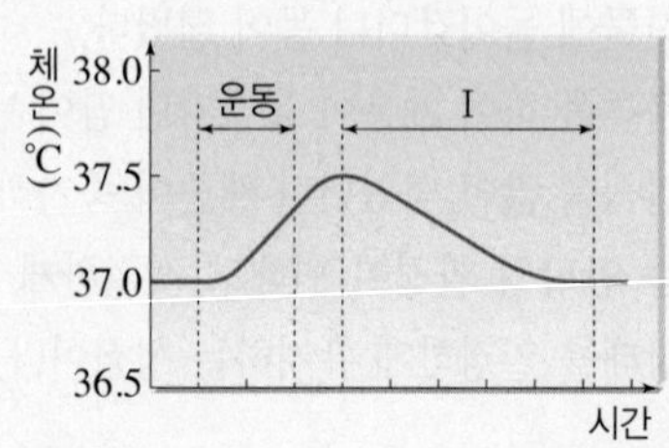


구간 Ⅰ에서 일어나는 체온 조절 과정에 대한 설명으로 옳은 것을 보기에서 모두 고른 것은?

보기
ㄱ. 땀 분비가 증가하여 열 방출량이 증가한다.
ㄴ. 근육 떨림이 일어나 열 발생량이 증가한다.
ㄷ. 티록신의 분비가 증가하여 세포 호흡이 촉진된다.
ㄹ. 피부 근처 혈관이 확장되어 열 방출량이 증가한다.

① ㄱ, ㄴ ② ㄱ, ㄹ ③ ㄴ, ㄷ
④ ㄴ, ㄹ ⑤ ㄱ, ㄷ, ㄹ

지금까지 열심히 달려오셨어요!
단원 평가 문제를 풀면서 자신의 **실력**을 **확인**해 봅시다.

# 단원 평가 문제

● 정답과 해설 49쪽

**01** 그림은 사람 눈의 구조를 나타낸 것이다.

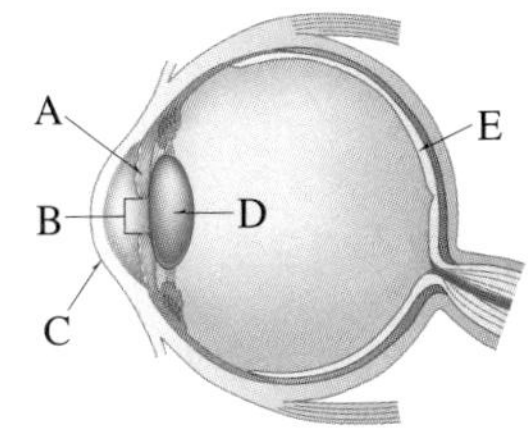


이에 대한 설명으로 옳은 것은?

① A는 D의 두께를 조절한다.
② 밝은 곳에서는 B의 크기가 커진다.
③ C에는 시각 세포가 있다.
④ E에는 상이 맺히면 선명하게 보이는 맹점이 있다.
⑤ E는 상이 맺히는 곳이다.

**02** 밝은 방 안에서 책을 읽다가 어두운 밖으로 나가 밤하늘에 떠 있는 별을 바라보았다. 이때 눈에서 일어나는 변화로 옳은 것은?

① 홍채는 수축하고, 섬모체는 이완한다.
② 홍채는 수축하고, 수정체의 두께는 두꺼워진다.
③ 홍채는 확장하고, 수정체의 두께는 얇아진다.
④ 동공의 크기는 변화 없고, 수정체의 두께는 얇아진다.
⑤ 동공의 크기는 작아지고, 수정체의 두께는 두꺼워진다.

**03** 피부 감각에 대한 설명으로 옳은 것을 보기에서 모두 고른 것은?

보기
ㄱ. 온점과 냉점에서는 절대적인 온도를 느낀다.
ㄴ. 몸의 부위에 따라 감각점이 분포하는 정도가 다르다.
ㄷ. 일반적으로 통점이 가장 적게 분포하여 통증에 가장 예민하게 반응한다.

① ㄱ ② ㄴ ③ ㄱ, ㄴ
④ ㄴ, ㄷ ⑤ ㄱ, ㄴ, ㄷ

[04~05] 그림은 사람 귀의 구조를 나타낸 것이다.

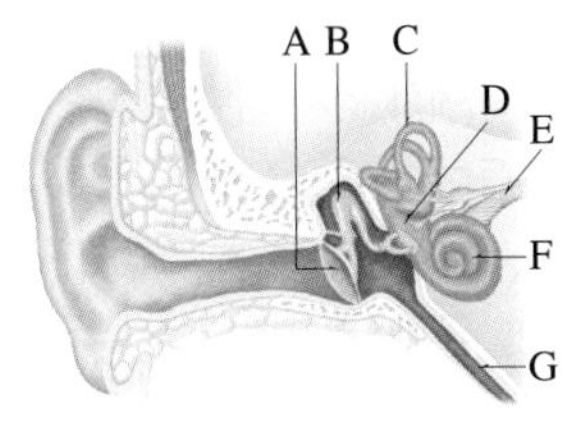


**04** 소리를 듣는 과정에서 (가)에 해당하는 구조의 기호와 기능을 옳게 짝 지은 것은?

소리 → 귓바퀴 → 외이도 → 고막 → (가) → 달팽이관의 청각 세포 → 청각 신경 → 뇌

① A – 소리에 의해 진동하는 얇은 막이다.
② B – 고막의 진동을 증폭한다.
③ C – 고막 안쪽과 바깥쪽의 압력을 같게 조절한다.
④ E – 청각 세포에서 받아들인 자극을 뇌로 전달한다.
⑤ F – 소리를 자극으로 받아들이는 청각 세포가 있다.

**05** 그림에서 소리를 듣는 과정에 직접 관여하지 않는 구조를 모두 고른 것은?

① A, B, C ② B, D, F ③ C, D, G
④ D, F, G ⑤ E, F, G

**06** (가)~(다) 현상과 가장 관계 깊은 귀의 구조를 옳게 짝 지은 것은?

(가) 눈을 감아도 몸의 회전 방향을 알 수 있다.
(나) 승강기를 탔을 때 몸이 움직이는 것을 느낀다.
(다) 고속 승강기를 타고 높이 올라가면 귀가 먹먹해지는데, 이때 침을 삼키면 먹먹한 느낌이 사라진다.

| | (가) | (나) | (다) |
|---|---|---|---|
| ① | 달팽이관 | 전정 기관 | 귀인두관 |
| ② | 반고리관 | 전정 기관 | 귀인두관 |
| ③ | 반고리관 | 달팽이관 | 귀인두관 |
| ④ | 전정 기관 | 반고리관 | 달팽이관 |
| ⑤ | 전정 기관 | 귀인두관 | 반고리관 |

**07** 후각과 미각에 대한 설명으로 옳은 것을 보기에서 모두 고른 것은?

보기
ㄱ. 후각은 음식 맛을 느끼는 데 영향을 미친다.
ㄴ. 후각 세포에서 액체 상태의 화학 물질을 자극으로 받아들여 냄새를 느낀다.
ㄷ. 혀의 맛세포에서 느끼는 기본적인 맛은 단맛, 짠맛, 신맛, 쓴맛, 떫은맛이다.

① ㄱ ② ㄴ ③ ㄱ, ㄴ
④ ㄱ, ㄷ ⑤ ㄴ, ㄷ

**08** 그림은 뉴런이 연결된 모습을 나타낸 것이다.

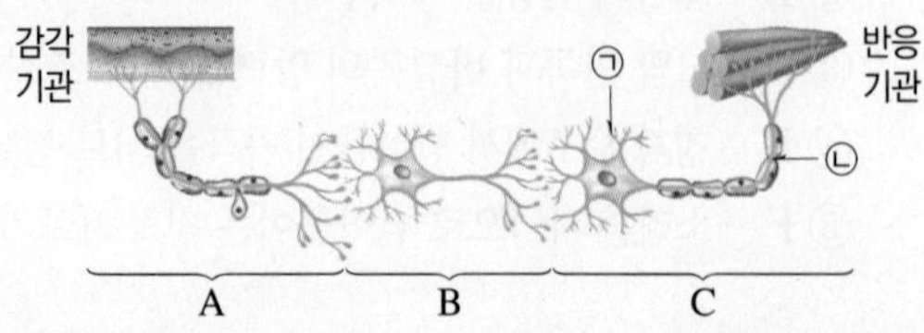


이에 대한 설명으로 옳은 것을 모두 고르면?(2개)

① ㉠은 자극을 받아들인다.
② ㉡은 가지 돌기이다.
③ A는 운동 신경을 구성한다.
④ A는 감각 뉴런, B는 연합 뉴런, C는 운동 뉴런이다.
⑤ 자극은 C → B → A 방향으로 전달된다.

**09** 오른쪽 그림은 사람의 신경계를 나타낸 것이다. 이에 대한 설명으로 옳지 않은 것은?

① A는 뇌와 척수로 구성된 중추 신경계이다.
② A는 자극을 느끼고 판단하여 명령을 내린다.
③ B는 모두 대뇌의 직접적인 명령을 받는다.
④ B는 온몸에 퍼져 있어 A와 온몸을 연결한다.
⑤ B는 감각 신경과 운동 신경으로 구성된 말초 신경계이다.

[10~11] 오른쪽 그림은 사람 뇌의 구조를 나타낸 것이다.

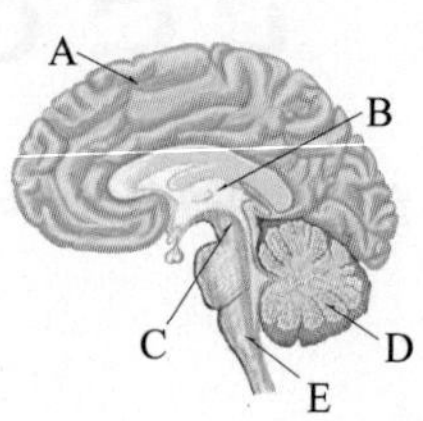


**10** 각 부분에 대한 설명으로 옳은 것은?

① A는 재채기, 딸꾹질과 같은 무조건 반사의 중추이다.
② B는 눈의 움직임, 동공과 홍채의 변화를 조절한다.
③ C는 날아오는 공을 보고 잡는 것과 같은 의식적 반응의 중추이다.
④ D는 근육 운동을 조절하고, 몸의 자세와 균형을 유지한다.
⑤ E는 체온, 체액의 농도 등 몸속 상태를 일정하게 유지한다.

**11** (가)~(다) 현상과 가장 관계 깊은 부위의 기호를 각각 쓰시오.

(가) 달리기를 할 때 심장이 빨리 뛴다.
(나) 밝은 곳에 있다가 어두운 곳에 들어갔을 때 동공이 커진다.
(다) 손상되면 과거에 일어난 일을 기억하지 못하거나 아픔을 느끼지 못한다.

**12** 오른쪽 그림은 쥐가 고양이에게 쫓기고 있는 상황을 나타낸 것이다. 이와 같은 위기 상황에서 작용하는 자율 신경의 종류와 몸에서 일어나는 변화에 대한 설명으로 옳은 것을 보기에서 모두 고른 것은?

보기
ㄱ. 교감 신경에 의해 동공이 확대된다.
ㄴ. 교감 신경에 의해 심장 박동이 억제된다.
ㄷ. 부교감 신경에 의해 소화 운동이 촉진된다.
ㄹ. 부교감 신경에 의해 호흡 운동이 억제된다.

① ㄱ ② ㄴ ③ ㄱ, ㄴ
④ ㄱ, ㄷ ⑤ ㄷ, ㄹ

**13** 무조건 반사에 대한 설명으로 옳지 않은 것은?

① 대뇌의 판단 과정을 거치지 않는다.
② 중간뇌가 중추인 무조건 반사도 있다.
③ 의식적 반응에 비해 느리게 일어난다.
④ 딸꾹질은 연수가 중추인 무조건 반사이다.
⑤ 위험한 상황에서 우리 몸을 보호하는 데 중요한 역할을 한다.

**14** 그림은 자극에 대한 반응의 경로를 나타낸 것이다.

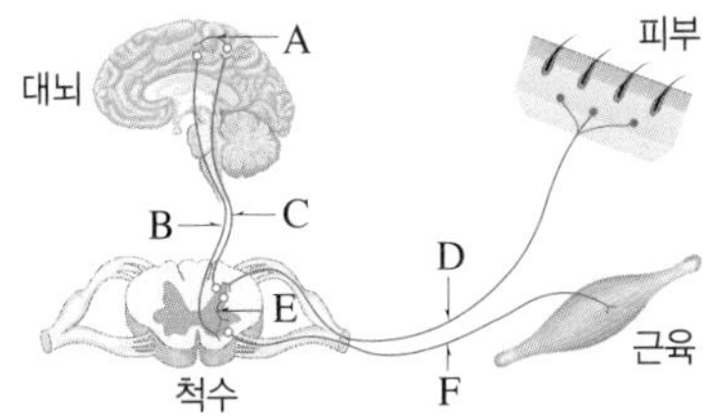


주머니 속에서 사탕과 동전을 만져보고, 사탕을 골라 밖으로 꺼냈다. 이와 같은 반응이 일어나는 경로로 옳은 것은?

① A → C → D
② D → E → F
③ F → E → D
④ D → C → A → B → F
⑤ D → C → A → B → E → D

**15** 그림은 고무망치로 무릎뼈 바로 아래를 가볍게 쳤을 때 자신도 모르게 다리가 저절로 들리는 반응을 나타낸 것이다.

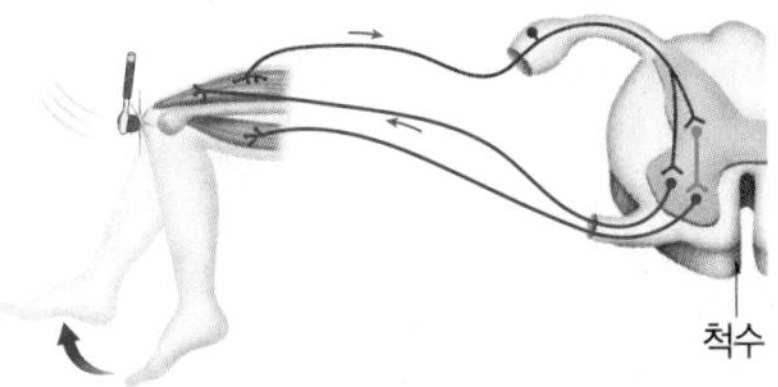


이 반응에 대한 설명으로 옳은 것을 보기에서 모두 고른 것은?

보기
ㄱ. 반응이 매우 빠르게 일어나는 무조건 반사이다.
ㄴ. 코에 먼지가 들어와 재채기가 나는 반응과 중추가 같다.
ㄷ. '감각 신경 → 척수 → 대뇌 → 척수 → 운동 신경'의 경로로 일어난다.

① ㄱ ② ㄴ ③ ㄷ
④ ㄱ, ㄴ ⑤ ㄴ, ㄷ

**16** 호르몬에 대한 설명으로 옳지 않은 것은?

① 내분비샘에서 혈액으로 분비된다.
② 적은 양으로 큰 효과를 나타낸다.
③ 신경에 비해 신호 전달 속도가 느리다.
④ 신경에 비해 작용 범위는 좁지만 효과가 오래 지속된다.
⑤ 분비량이 너무 많거나 적으면 몸에 이상 증상이 나타날 수 있다.

**17** 오른쪽 그림은 사람의 내분비샘을 나타낸 것이다. A~E에서 분비되는 호르몬의 이름과 그 기능을 옳게 짝 지은 것은?

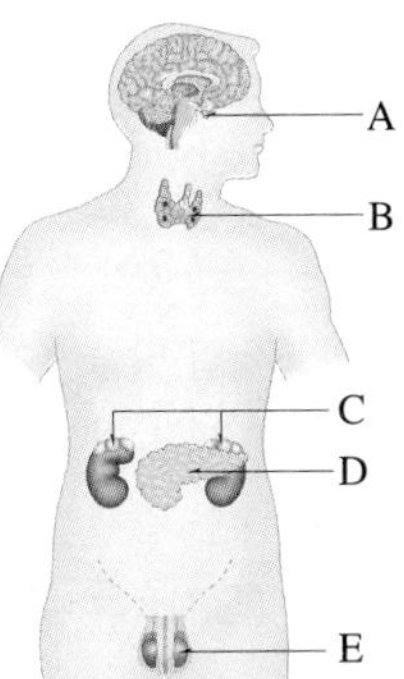


| | 내분비샘 | 호르몬 | 기능 |
|---|---|---|---|
| ① | A | 항이뇨 호르몬 | 몸의 생장 촉진 |
| ② | B | 생장 호르몬 | 세포 호흡 촉진 |
| ③ | C | 글루카곤 | 심장 박동 촉진 |
| ④ | D | 인슐린 | 혈당량 감소 |
| ⑤ | E | 티록신 | 2차 성징 발현 |

**18** 호르몬 분비 이상에 의한 질병과 이와 관련된 호르몬을 옳게 짝 지은 것은?

① 거인증 – 티록신
② 당뇨병 – 인슐린
③ 말단 비대증 – 테스토스테론
④ 갑상샘 기능 항진증 – 생장 호르몬
⑤ 갑상샘 기능 저하증 – 아드레날린(에피네프린)

**19** 항상성에 대한 설명으로 옳지 않은 것은?

① 신경은 항상성 유지에 관여하지 않는다.
② 인슐린과 글루카곤은 항상성 유지에 관여한다.
③ 추울 때 근육이 떨리는 것은 항상성 유지 작용이다.
④ 혈당량과 체온이 일정하게 유지되는 현상과 관련이 있다.
⑤ 몸 안팎의 환경이 변해도 적절하게 반응하여 몸의 상태를 일정하게 유지하는 성질이다.

**20** 따뜻한 실내에 있다가 추운 실외로 나갔더니 체온이 낮아졌다. 이때 몸에서 일어나는 현상으로 옳지 않은 것은?

① 근육이 떨린다.
② 열 방출량이 감소한다.
③ 세포 호흡이 촉진된다.
④ 열 발생량이 증가한다.
⑤ 피부 근처 혈관이 확장된다.

**21** 다음은 더운 날 땀을 많이 흘렸을 때 우리 몸에서 몸속 수분량을 조절하는 과정이다.

> 땀을 흘려 몸속 수분량이 감소하면 ㉠(　　)에서 ㉡(　　)의 분비가 증가한다. 이에 따라 콩팥에서 물의 재흡수가 ㉢(　　)되고, 오줌의 양이 ㉣(　　)한다.

㉠~㉣에 알맞은 말을 옳게 짝 지은 것은?

| | ㉠ | ㉡ | ㉢ | ㉣ |
|---|---|---|---|---|
| ① | 부신 | 아드레날린 | 촉진 | 감소 |
| ② | 이자 | 글루카곤 | 억제 | 증가 |
| ③ | 갑상샘 | 티록신 | 촉진 | 감소 |
| ④ | 뇌하수체 | 항이뇨 호르몬 | 억제 | 증가 |
| ⑤ | 뇌하수체 | 항이뇨 호르몬 | 촉진 | 감소 |

**22** 그림은 이자에서 분비되는 호르몬에 의해 혈당량이 조절되는 과정을 나타낸 것이다.

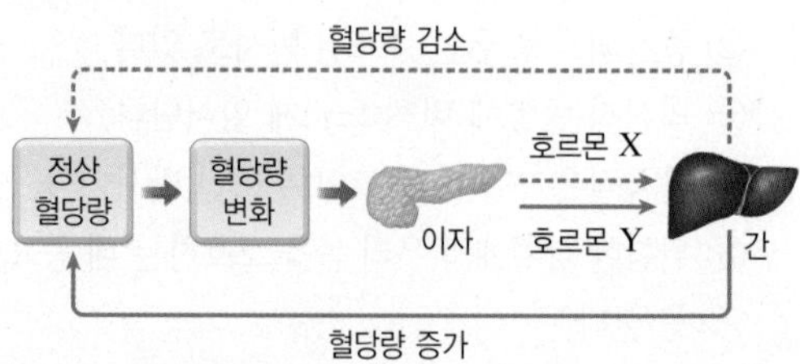


이에 대한 설명으로 옳은 것을 보기에서 모두 고른 것은?

> 보기
> ㄱ. 호르몬 X는 글루카곤이다.
> ㄴ. 간은 호르몬 X와 Y의 표적 기관이다.
> ㄷ. 혈당량이 높을 때는 이자에서 호르몬 X가 분비된다.
> ㄹ. 호르몬 Y가 분비되면 간에서 글리코젠을 포도당으로 분해하여 혈액으로 내보낸다.

① ㄱ, ㄴ　② ㄴ, ㄷ　③ ㄷ, ㄹ
④ ㄱ, ㄴ, ㄷ　⑤ ㄴ, ㄷ, ㄹ

**23** 그림 (가)는 하루 동안 변하는 어떤 사람의 간에 저장된 글리코젠의 양을, (나)는 이자에서 분비되는 두 호르몬의 작용을 나타낸 것이다.

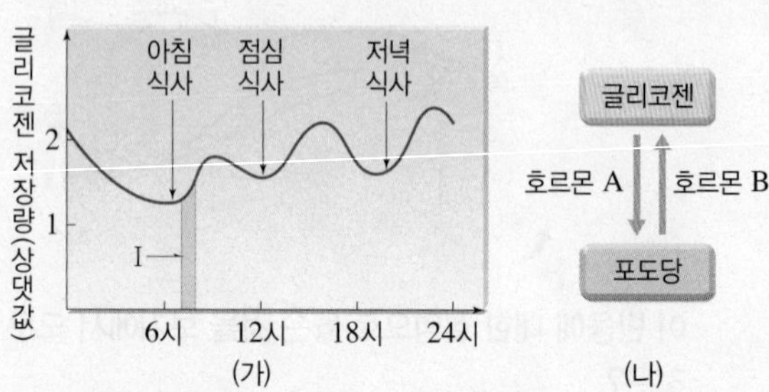


이에 대한 설명으로 옳은 것을 보기에서 모두 고른 것은?

> 보기
> ㄱ. 식사를 하면 혈당량이 증가한다.
> ㄴ. 구간 I에서 호르몬 A에 의해 글리코젠 저장량이 증가한다.
> ㄷ. 호르몬 B는 혈당량을 감소시킨다.

① ㄱ　② ㄴ　③ ㄱ, ㄴ
④ ㄱ, ㄷ　⑤ ㄴ, ㄷ

## 서술형 문제

**24** 오른쪽 눈을 가린 채 왼쪽 눈으로 그림의 병아리를 응시하다가 오른쪽 방향으로 숫자를 차례대로 하나씩 보았더니 어느 순간 병아리가 보이지 않았다.

이와 같은 현상이 나타나는 까닭을 눈의 구조와 관련지어 서술하시오.

**25** 그림은 사람 눈의 구조를 나타낸 것이다.

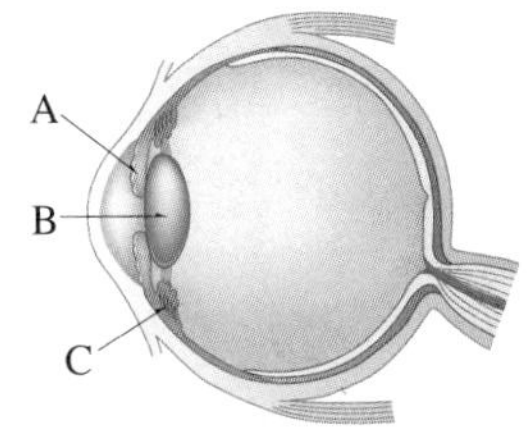


(1) A의 이름을 쓰고, 그 기능을 서술하시오.

(2) B와 C의 이름을 쓰시오.

(3) 먼 곳을 보다가 가까운 곳을 볼 때 B와 C의 변화를 서술하시오.

**26** 그림은 밝은 곳에서 어두운 곳으로 이동하였을 때 눈에서 일어나는 변화를 나타낸 것이다.

눈의 변화를 다음 단어를 모두 포함하여 서술하시오.

| 홍채, 동공, 빛의 양 |
|---|

**27** 후각은 매우 민감한 감각이지만, 같은 냄새를 오래 맡으면 나중에는 그 냄새를 잘 느끼지 못하게 된다. 그 까닭을 서술하시오.

**28** 그림은 우리 몸에서 신경과 호르몬이 작용하는 과정을 나타낸 것이다.

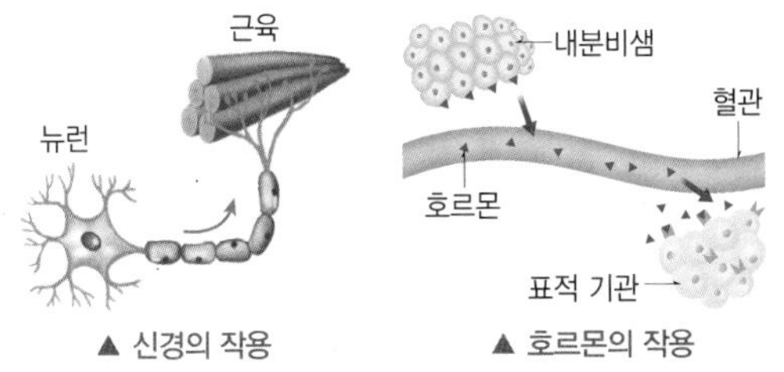


호르몬의 신호 전달 속도와 작용 범위를 신경과 비교하여 서술하시오.

**29** 뇌하수체에서 분비되는 호르몬을 두 가지만 쓰고, 그 기능을 서술하시오.

**30** 건강한 사람이 식사 등으로 인해 혈당량이 높아졌을 때 다시 정상 혈당량으로 조절되는 과정을 다음 단어를 모두 포함하여 서술하시오.

| 글리코젠, 이자, 포도당, 흡수 |
|---|

# 대단원 콕콕 점검

이 단원에서 학습한 내용을 확실히 이해했나요?
다음 내용을 잘 알고 있는지 스스로 체크해 보세요.

- [ ] 130쪽 Ⓐ~Ⓓ 감각 기관의 구조와 기능을 설명할 수 있다. 
- [ ] 130쪽 Ⓐ 물체를 보는 과정과 눈의 조절 작용을 설명할 수 있다. 
- [ ] 140쪽 Ⓐ 뉴런의 구조와 기능, 종류와 연결 순서를 설명할 수 있다. 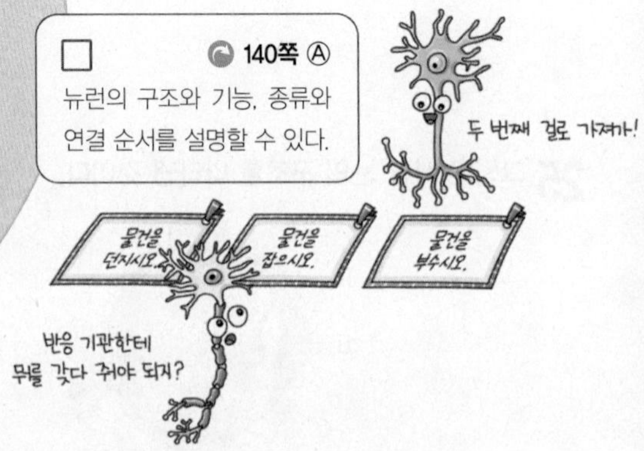
- [ ] 140쪽 Ⓐ 뇌의 구조와 기능을 설명할 수 있다. 
- [ ] 142쪽 Ⓑ 반응의 종류를 구분하고, 반응 경로를 나열할 수 있다. 
- [ ] 142쪽 Ⓒ 내분비샘에서 분비되는 호르몬의 종류와 기능을 설명할 수 있다. 
- [ ] 144쪽 Ⓓ 체온과 혈당량이 조절되는 과정을 설명할 수 있다.

- 모두 체크 참 잘했어요! 이 단원을 완벽하게 이해했군요!
- 6~4개 체크 알쏭달쏭한 내용은 해당 쪽으로 돌아가 복습하세요.
- 3개 이하 이 단원을 한 번 더 학습하세요.

MEMO

# MEMO

# 시험 대비 교재

## 오투 친구들! 시험 대비 교재는 이렇게 활용하세요.

중단원별로 구성하였으니, 학교 시험에 대비해 단원별로 편리하게 사용하세요.

중단원 핵심 요약

▼

잠깐 테스트

▼

계산력 · 암기력 강화 문제

▼

중단원 기출 문제

▼

서술형 정복하기

# 시험 대비 교재

## Ⅰ 화학 반응의 규칙과 에너지 변화



## Ⅱ 기권과 날씨



## Ⅲ 운동과 에너지



## Ⅳ 자극과 반응

# 중단원 핵심 요약

● 정답과 해설 52쪽

## 1 물질 변화

(1) 물리 변화 : 물질의 고유한 성질은 변하지 않으면서 모양이나 상태 등이 변하는 현상

| | |
|---|---|
| 모양 변화 | • 컵이 깨진다.<br>• 종이를 접거나 자른다.<br>• 빈 음료수 캔을 찌그러뜨린다. |
| 상태 변화 | • 아이스크림이 녹는다.<br>• 유리창에 김이 서린다.<br>• 물을 끓이면 수증기가 된다. |
| 확산 | • 잉크가 물속으로 퍼진다.<br>• 향수병의 마개를 열어 놓으면 향수 냄새가 공기 중으로 퍼진다. |
| 용해 | • 설탕을 물에 넣으면 용해된다.<br>• 따뜻한 우유에 코코아를 녹인다. |

(2) 화학 변화 : 어떤 물질이 ❶ ____이 다른 새로운 물질로 변하는 현상

| | |
|---|---|
| 열과 빛 발생 | • 양초가 탄다.<br>• 종이를 태운다.<br>• 메테인이 연소하여 열과 빛이 발생한다. |
| 앙금 생성 | • 아이오딘화 칼륨 수용액과 질산 납 수용액이 반응하면 노란색 앙금이 생성된다. |
| 기체 발생 | • 발포정을 물에 넣으면 기포가 발생한다.<br>• 달걀 껍데기와 묽은 염산이 반응하면 이산화 탄소 기체가 발생한다.<br>• 마그네슘 리본에 묽은 염산을 떨어뜨리면 수소 기체가 발생한다. |
| 색깔, 냄새, 맛 등의 변화 | • 철이 녹슨다.<br>• 과일이 익는다.<br>• 김치가 시어진다.<br>• 깎아 놓은 사과의 색이 변한다.<br>• 가을이 되면 단풍잎이 붉은색으로 변한다. |

## 2 물질 변화에서 입자 배열의 변화

| 구분 | 물리 변화 | 화학 변화 |
|---|---|---|
| 모형 | 물 분자 / 수증기 ← 상태 변화(기화) ← 물 분자 / 물 | 물 → 전기 분해 → 산소 분자, 수소 분자 / 수소 + 산소 |
| 변하는 것 | ❷ ____의 배열 | • ❸ ____의 배열<br>• 분자의 종류<br>• 물질의 성질 |
| 변하지 않는 것 | • 원자의 배열<br>• 원자의 종류와 개수<br>• 분자의 종류와 개수<br>• 물질의 성질, 총질량 | • ❹ ____의 종류와 개수<br>• 물질의 총질량 |

## 3 화학 반응과 화학 반응식

(1) 화학 반응 : 화학 변화가 일어나 반응 전 물질과 다른 새로운 물질이 생성되는 반응

(2) 화학식 : 물질을 구성하는 원자의 종류와 개수를 원소 기호를 이용하여 나타낸 식

(3) 화학 반응식 : 화학식을 이용하여 화학 반응을 나타낸 식

## 4 화학 반응식을 나타내는 방법

| | |
|---|---|
| 1단계 | 화살표의 왼쪽에는 ❺ ____을, 화살표의 오른쪽에는 ❻ ____을 쓴다. 이때 반응물이나 생성물이 두 가지 이상이면 각 물질을 '+'로 연결한다.<br>수소 + 산소 ⟶ 물 |
| 2단계 | 반응물과 생성물을 화학식으로 나타낸다.<br>$H_2 + O_2 \longrightarrow H_2O$ |
| 3단계 | 화학 반응 전후에 ❼ ____의 종류와 개수가 같도록 계수를 맞춘다. 이때 계수는 가장 간단한 정수비로 나타내며, 1은 생략한다. |
| | ❶ 반응물의 산소 원자가 2개이므로 생성물인 물 분자를 ❽ ____개로 만들어 산소 원자의 개수를 같게 한다.<br>$H_2 + O_2 \longrightarrow 2H_2O$<br>❷ 생성물의 수소 원자가 4개이므로 반응물인 수소 분자를 ❾ ____개로 만들어 수소 원자의 개수를 같게 한다.<br>$2H_2 + O_2 \longrightarrow 2H_2O$ |

## 5 화학 반응식으로 알 수 있는 것

반응물과 생성물의 종류, 반응물과 생성물을 이루는 원자의 종류와 개수, ❿ ____ 수의 비 등

| 화학 반응식 | $N_2$ | + | $3H_2$ | ⟶ | $2NH_3$ |
|---|---|---|---|---|---|
| 모형 | | | | | |
| 반응물과 생성물의 종류 | 반응물 | | | | 생성물 |
| | 질소 | | 수소 | | 암모니아 |
| 분자의 종류와 개수 | 질소 분자 1개 | | 수소 분자 3개 | | 암모니아 분자 ⓫ ____개 |
| 원자의 종류와 개수 | 질소 원자 2개 | | 수소 원자 6개 | | 질소 원자 2개<br>수소 원자 6개 |
| 계수비 | 1 | : | 3 | : | 2 |
| 입자 수의 비 | 1 | : | 3 | : | 2 |

● 정답과 해설 52쪽

MEMO

**1** 물질의 고유한 성질은 변하지 않으면서 모양이나 상태 등이 변하는 현상을 (　　　) 변화라고 한다.

**2** 어떤 물질이 성질이 다른 새로운 물질로 변하는 현상을 (　　　) 변화라고 한다.

**3** 다음 현상이 물리 변화이면 '물', 화학 변화이면 '화'라고 쓰시오.

(1) 양초가 열과 빛을 내며 탄다. ······ (　　　)
(2) 프라이팬 위에서 고기가 익는다. ······ (　　　)
(3) 드라이아이스의 크기가 점점 작아진다. ······ (　　　)
(4) 달걀 껍데기에 식초를 떨어뜨리면 기체가 발생한다. ······ (　　　)

**4** 물리 변화가 일어날 때는 분자의 종류는 변하지 않고 (　　　)의 배열만 달라진다.

**5** 화학 변화가 일어날 때는 ①( 원자, 분자 )의 종류와 개수는 변하지 않고 ②( 원자, 분자 )의 배열이 달라져 ③( 원자, 분자 )의 종류가 변한다.

**6** 화학식을 이용하여 화학 반응을 나타낸 식을 (　　　　)이라고 한다.

**7** 다음 화학 반응식에서 (　　) 안에 알맞은 계수를 쓰시오.

(1) (　　　)$Cu + O_2 \longrightarrow 2CuO$　　(2) $2H_2O_2 \longrightarrow$ (　　　)$H_2O + O_2$

**8** 물이 분해되어 수소와 산소를 생성하는 반응을 화학 반응식으로 나타내시오.

**[9~10] 오른쪽 화학 반응식은 질소와 수소가 반응하여 암모니아가 생성되는 반응을 나타낸 것이다.**

$$N_2 + 3H_2 \longrightarrow 2NH_3$$

**9** 각 물질의 계수비(질소 : 수소 : 암모니아)를 구하시오.

**10** 수소 분자 15개가 완전히 반응할 때 생성되는 암모니아 분자의 개수를 구하시오.

## ① 화학 반응식 완성하기 진도 교재 13쪽

• 화학 반응식을 나타내는 방법

❶ 반응물은 화살표(→)의 왼쪽에, 생성물은 화살표의 오른쪽에 쓴다.

❷ 반응물과 생성물을 화학식으로 나타낸다.

❸ 반응 전후에 원자의 종류와 개수가 같도록 화학식 앞의 계수를 맞춘다.(단, 계수가 1인 경우는 생략한다.)

● 화학 반응식의 계수 완성하기

**1** 다음 화학 반응식의 ( ) 안에 알맞은 계수를 넣어 완성하시오.(단, 계수가 1인 경우 생략하지 않고 나타낸다.)

(1) ( )Mg + ( )$O_2$ ⟶ ( )MgO

(2) ( )Na + ( )$Cl_2$ ⟶ ( )NaCl

(3) ( )$H_2$ + ( )$Cl_2$ ⟶ ( )HCl

(4) ( )CuO ⟶ ( )Cu + ( )$O_2$

(5) ( )$CH_4$ + ( )$O_2$ ⟶ ( )$CO_2$ + ( )$H_2O$

(6) ( )$C_2H_5OH$ + ( )$O_2$ ⟶ ( )$CO_2$ + ( )$H_2O$

(7) ( )$NaHCO_3$ ⟶ ( )$Na_2CO_3$ + ( )$CO_2$ + ( )$H_2O$

● 화학 반응식으로 나타내기

**2** 다음 반응을 화학 반응식으로 나타내시오.

(1) 물 ⟶ 수소 + 산소

(2) 질소 + 수소 ⟶ 암모니아

(3) 수소 + 염소 ⟶ 염화 수소

(4) 철 + 산소 ⟶ 산화 철(Ⅱ)

(5) 과산화 수소 ⟶ 물 + 산소

(6) 일산화 탄소 + 산소 ⟶ 이산화 탄소

**3** 다음 반응을 화학 반응식으로 나타내시오.

(1) 염화 나트륨(NaCl) 수용액과 질산 은($AgNO_3$) 수용액이 반응하여 염화 은과 질산 나트륨이 생성된다.

(2) 탄산 칼슘($CaCO_3$)과 묽은 염산(HCl)이 반응하여 염화 칼슘($CaCl_2$), 이산화 탄소, 물이 생성된다.

(3) 프로페인($C_3H_8$)이 연소하여 이산화 탄소와 물이 생성된다.

(4) 마그네슘 조각을 묽은 염산(HCl)에 넣으면 염화 마그네슘($MgCl_2$)과 수소가 생성된다.

# 중단원 기출 문제

● 정답과 해설 52쪽

**01** 다음 현상을 물리 변화와 화학 변화로 옳게 분류한 것은?

(가) 종이를 자른다.
(나) 프라이팬 위에서 달걀이 익는다.
(다) 이른 아침 풀잎에 이슬이 맺힌다.
(라) 잘라 놓은 사과 단면의 색깔이 변한다.

| | 물리 변화 | 화학 변화 |
|---|---|---|
| ① | (가), (나) | (다), (라) |
| ② | (가), (다) | (나), (라) |
| ③ | (가), (라) | (나), (다) |
| ④ | (나), (다) | (가), (라) |
| ⑤ | (나), (라) | (가), (다) |

**02** 물질 변화의 종류가 나머지 넷과 다른 것은?

① 마그네슘이 연소한다.
② 양초에 불을 붙여 태운다.
③ 오래된 우유가 상해 덩어리가 생긴다.
④ 발포정을 물에 넣으면 기포가 발생한다.
⑤ 향수병의 마개를 열어 놓으면 향수 냄새가 퍼진다.

**03** 우리 주변에서 일어나는 변화를 두 가지로 분류하였다.

| (가) | (나) |
|---|---|
| • 숯을 태운다.<br>• 철이 녹슨다. | • 나무를 자른다.<br>• 유리컵이 깨진다. |

이에 대한 설명으로 옳은 것은?

① (가)는 물리 변화이다.
② (나)에서는 물질의 성질이 변한다.
③ (가)에서는 원자의 배열이 변한다.
④ (나)에서는 원자의 종류가 변한다.
⑤ (가)에서는 물질의 성질이 변하지 않는다.

이 문제에서 나올 수 있는 보기는 多

**04** 화학 변화가 일어날 때에 대한 설명으로 옳은 것을 모두 고르면?(2개)

① 물질의 총질량이 증가한다.
② 물질의 모양이나 상태만 변한다.
③ 물질의 고유한 성질은 변하지 않는다.
④ 물질을 이루는 분자는 달라지지 않는다.
⑤ 원자의 배열이 변하여 새로운 분자가 생성된다.
⑥ 반응 전후에 원자의 종류와 개수는 변하지 않는다.
⑦ 반응 전후에 분자의 종류와 개수는 변하지 않는다.

**05** 그림은 물이 상태 변화 하는 과정을 모형으로 나타낸 것이다.

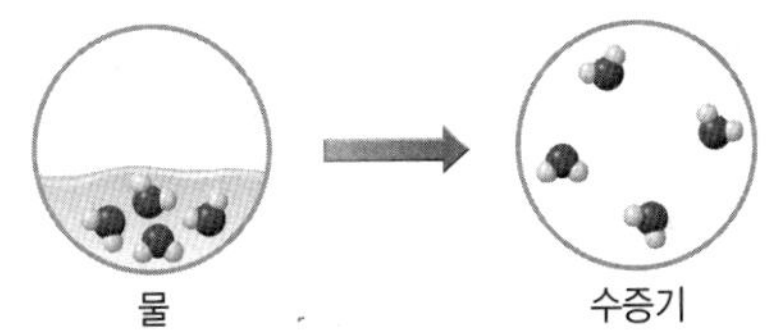


이와 같은 변화가 일어날 때 달라지는 것은?

① 원자의 배열　② 원자의 종류
③ 분자의 배열　④ 분자의 종류
⑤ 물질의 성질

**06** 그림은 어떤 물질의 변화를 모형으로 나타낸 것이다.

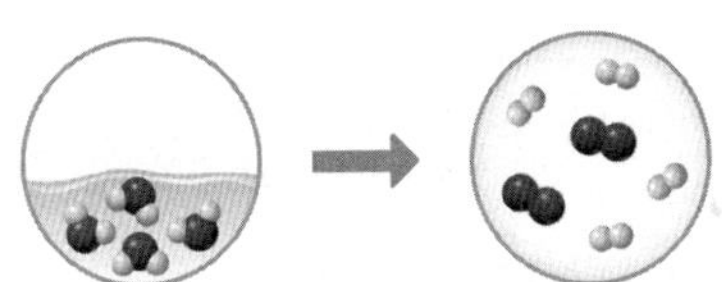

이와 같은 변화가 일어나는 경우를 보기에서 모두 고른 것은?

보기
ㄱ. 종이를 태운다.
ㄴ. 잉크가 물속으로 퍼진다.
ㄷ. 용광로에서 철이 녹는다.
ㄹ. 밀가루 반죽을 오븐에 넣어 구우면 부풀어 오르며 익는다.
ㅁ. 달걀 껍데기와 묽은 염산이 반응하면 이산화 탄소 기체가 발생한다.

① ㄱ, ㄴ, ㄷ　② ㄱ, ㄹ, ㅁ　③ ㄴ, ㄷ, ㄹ
④ ㄴ, ㄷ, ㅁ　⑤ ㄷ, ㄹ, ㅁ

**07** 그림은 물질의 변화를 모형으로 나타낸 것이다.

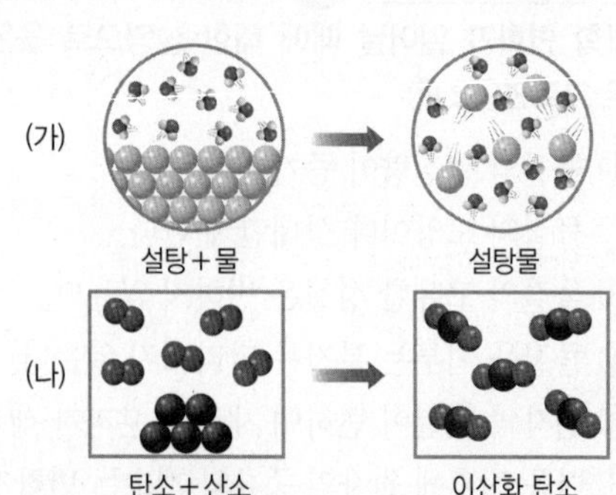


이에 대한 설명으로 옳지 않은 것은?

① (가)는 물리 변화이다.
② (가)는 분자의 종류가 달라진다.
③ (나)는 화학 변화이다.
④ (나)는 분자의 종류가 달라진다.
⑤ (가)와 (나)에서 원자의 종류와 개수는 변하지 않는다.

**08** 표는 마그네슘 리본, 구부린 마그네슘 리본, 마그네슘 리본이 타고 남은 재에 묽은 염산을 떨어뜨렸을 때의 변화를 나타낸 것이다.

| 마그네슘 리본 | 구부린 마그네슘 리본 | 마그네슘 리본이 타고 남은 재 |
|---|---|---|
| 기체 발생 | 기체 발생 | 기체가 발생하지 않음 |

이에 대한 설명으로 옳은 것을 보기에서 모두 고른 것은?

보기
ㄱ. 마그네슘 리본을 구부리는 것은 물리 변화이다.
ㄴ. 마그네슘 리본을 태우면 마그네슘의 성질이 변한다.
ㄷ. 마그네슘 리본과 구부린 마그네슘 리본에 묽은 염산을 떨어뜨리면 화학 변화가 일어난다.
ㄹ. 마그네슘 리본이 타고 남은 재에 묽은 염산을 떨어뜨리면 물리 변화가 일어난다.

① ㄱ, ㄴ, ㄷ ② ㄱ, ㄴ, ㄹ ③ ㄱ, ㄷ, ㄹ
④ ㄴ, ㄷ, ㄹ ⑤ ㄱ, ㄴ, ㄷ, ㄹ

**09** 화학 반응식을 나타내는 방법으로 옳지 않은 것은?

① 반응물은 화살표의 왼쪽에, 생성물은 화살표의 오른쪽에 쓴다.
② 반응물과 생성물이 여러 개인 경우 '+'로 연결한다.
③ 반응물과 생성물을 화학식으로 나타낸다.
④ 반응 전후에 분자의 종류와 개수가 같도록 계수를 맞춘다.
⑤ 계수가 1일 때는 1로 표시하지 않고 생략한다.

**10** 다음은 메테인이 연소하여 이산화 탄소와 물이 생성되는 반응을 화학 반응식으로 나타낸 것이다.

$CH_4$ + ( ㉠ )$O_2$ ⟶ ( ㉡ )$CO_2$ + ( ㉢ )$H_2O$

( ) 안에 알맞은 계수를 옳게 나타낸 것은?

| | ㉠ | ㉡ | ㉢ | | ㉠ | ㉡ | ㉢ |
|---|---|---|---|---|---|---|---|
| ① | 1 | 1 | 1 | ② | 1 | 2 | 2 |
| ③ | 2 | 1 | 2 | ④ | 2 | 2 | 1 |
| ⑤ | 3 | 2 | 3 | | | | |

**11** 화학 반응식이 옳은 것을 보기에서 모두 고른 것은?

보기
ㄱ. $H_2 + Cl_2 \longrightarrow 2HCl$
ㄴ. $N_2 + 2O_2 \longrightarrow 2NO_2$
ㄷ. $2Mg + O_2 \longrightarrow 2MgO$
ㄹ. $Cu + O_2 \longrightarrow CuO$

① ㄱ, ㄴ ② ㄴ, ㄷ ③ ㄷ, ㄹ
④ ㄱ, ㄴ, ㄷ ⑤ ㄴ, ㄷ, ㄹ

**12** 그림과 같은 모형으로 나타낼 수 있는 화학 반응식은?

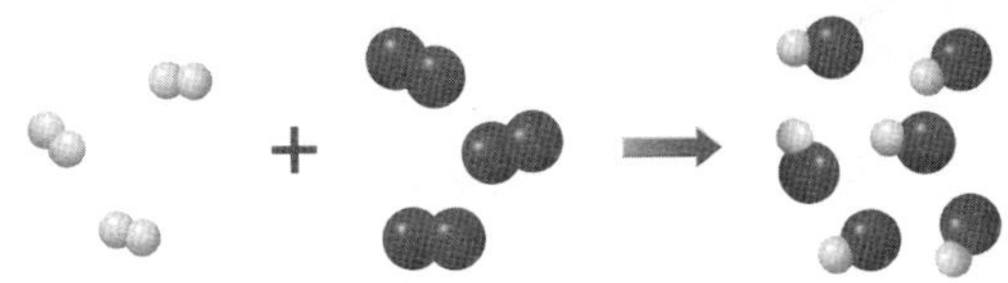

① $2Na + Cl_2 \longrightarrow 2NaCl$
② $2H_2O_2 \longrightarrow 2H_2O + O_2$
③ $N_2 + 3H_2 \longrightarrow 2NH_3$
④ $H_2 + Cl_2 \longrightarrow 2HCl$
⑤ $2H_2 + O_2 \longrightarrow 2H_2O$

**13** 탄산수소 나트륨($NaHCO_3$)을 가열하면 탄산 나트륨($Na_2CO_3$), 이산화 탄소, 물로 분해된다. 이 분해 반응을 화학 반응식으로 옳게 나타낸 것은?

① $NaHCO_3 \longrightarrow Na_2CO_3 + CO_2 + H_2O$
② $2NaHCO_3 \longrightarrow Na_2CO_3 + CO_2 + H_2O$
③ $2NaHCO_3 \longrightarrow Na_2CO_3 + CO_2 + 2H_2O$
④ $2NaHCO_3 \longrightarrow Na_2CO_3 + 3CO_2 + H_2O$
⑤ $2NaHCO_3 \longrightarrow 2Na_2CO_3 + CO_2 + H_2O$

**14** 다음 화학 반응식에 대한 설명으로 옳지 않은 것은?

$$N_2 + 3H_2 \longrightarrow 2NH_3$$

① 질소와 수소가 반응하여 암모니아가 생성된다.
② 반응 전후에 원자의 개수는 변하지 않는다.
③ 반응하는 질소와 수소의 분자 수의 비는 1 : 3이다.
④ 암모니아 분자는 8개의 원자로 이루어진다.
⑤ 수소 분자 3개가 완전히 반응하면 암모니아 분자 2개가 생성된다.

**15** 다음은 과산화 수소의 분해 반응을 화학 반응식으로 나타낸 것이다.

$$2H_2O_2 \longrightarrow (\text{㉠})H_2O + O_2$$

이에 대한 설명으로 옳은 것은?

① 반응물은 두 가지이다.
② ㉠에 알맞은 계수는 4이다.
③ 과산화 수소는 탄소와 산소로 이루어져 있다.
④ 반응 후 수소 원자의 개수가 감소한다.
⑤ 과산화 수소 분자 2개가 분해되면 산소 분자 1개가 생성된다.

**16** 그림은 어떤 물질 X를 연소시킬 때 일어나는 반응을 모형으로 나타낸 것이다.

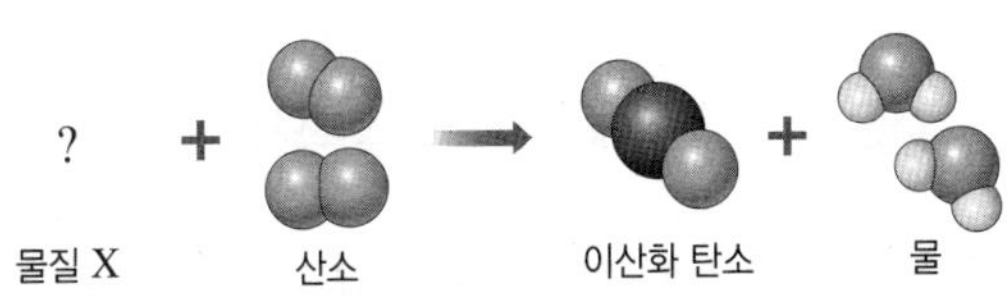


이에 대한 설명으로 옳지 않은 것은?

① 생성물은 이산화 탄소와 물이다.
② 물질 X는 탄소와 수소 성분을 포함하고 있다.
③ 물질 X와 산소의 질량의 합은 이산화 탄소와 물의 질량의 합과 같다.
④ 이 모형을 완성하려면 X 분자 1개를 그려야 한다.
⑤ X 분자 1개는 탄소 원자 1개와 수소 원자 3개로 이루어진다.

이 문제에서 나올 수 있는 보기는 多

**17** 화학 반응식으로 알 수 없는 것을 모두 고르면?(2개)

① 반응물과 생성물의 종류
② 생성물을 이루는 원자의 질량
③ 반응물을 이루는 원자의 종류
④ 반응물을 이루는 원자의 크기
⑤ 반응물과 생성물을 이루는 입자 수의 비
⑥ 반응물과 생성물을 이루는 원자의 개수

# 서술형 정복하기

## 1단계 단답형으로 쓰기

**1** 물질의 변화 중 물질의 성질은 변하지 않으면서 모양이나 상태 등이 변하는 현상은 무엇인지 쓰시오.

**2** 다음의 여러 가지 현상 중 화학 변화에 해당하는 것을 모두 고르시오.

(가) 빨래가 마른다.
(나) 김치가 시어진다.
(다) 설탕을 물에 넣으면 용해된다.

**3** 다음 (    ) 안에 알맞은 말을 쓰시오.

물리 변화가 일어날 때는 ㉠(        )의 배열이 변하고, 화학 변화가 일어날 때는 ㉡(        )의 배열이 변한다.

**4** 다음 화학 반응식의 (    ) 안에 알맞은 내용을 쓰시오.

$2Mg + O_2 \longrightarrow$ (        )

**5** 다음 (    ) 안에 알맞은 말을 고르시오.

암모니아 생성 반응에서 화학 반응식의 계수비는 ( 원자, 분자 ) 수의 비와 같다.

## 2단계 제시된 단어를 모두 이용하여 서술하기

[6~10] 각 문제에 제시된 단어를 모두 이용하여 답을 서술하시오.

**6** 물질의 변화를 물질의 성질 변화 여부와 관련지어 서술하시오.

물리 변화, 물질, 성질, 화학 변화

**7** 물리 변화가 일어날 때 변하지 않는 것과 변하는 것을 서술하시오.

원자의 종류, 원자의 배열, 분자의 종류, 분자의 배열

**8** 화학 변화가 일어날 때 변하지 않는 것과 변하는 것을 서술하시오.

원자의 종류, 원자의 배열, 분자의 종류

**9** 다음은 화학 반응식을 나타내는 방법이다.

❶ 반응물은 화살표의 왼쪽, 생성물은 화살표의 오른쪽에 쓴다.
❷ 반응물과 생성물을 화학식으로 나타낸다.
❸ (                                        )

(    ) 안에 알맞은 내용을 서술하시오.

화학 반응, 원자, 종류, 개수, 화학식, 계수

**10** 화학 반응식으로 알 수 있는 것과 알 수 없는 것을 서술하시오.

반응물과 생성물의 종류, 반응물과 생성물의 질량, 원자의 종류와 개수, 원자의 크기와 모양

● 정답과 해설 53쪽



## 3단계 실전 문제 풀어 보기

**11** 그림은 물의 변화를 모형으로 나타낸 것이다.

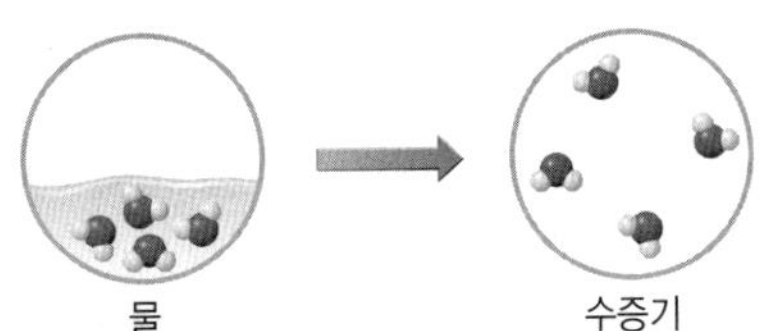


이와 같은 변화가 일어나는 예를 두 가지만 서술하시오.

**12** 다음은 주변에서 일어나는 여러 가지 현상이다.

> (가) 물속에서 잉크가 퍼진다.
> (나) 철로 만든 대문이 녹슨다.
> (다) 양초가 녹아 촛농이 흘러내린다.
> (라) 설탕을 가열하면 검게 타서 쓴맛이 난다.

(가)~(라)를 물리 변화와 화학 변화로 구분하고, 그 까닭을 물질의 성질과 관련지어 서술하시오.

답안작성 TIP

**13** 그림은 메테인의 연소 반응을 모형으로 나타낸 것이다.

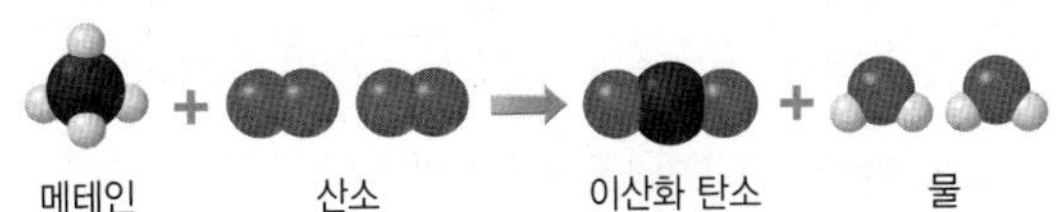


이 반응이 화학 변화인 까닭을 '원자'와 '분자'를 포함하여 서술하시오.

답안작성 TIP

**14** 그림은 질소와 수소가 반응하여 암모니아가 생성되는 반응을 모형으로 나타낸 것이다.

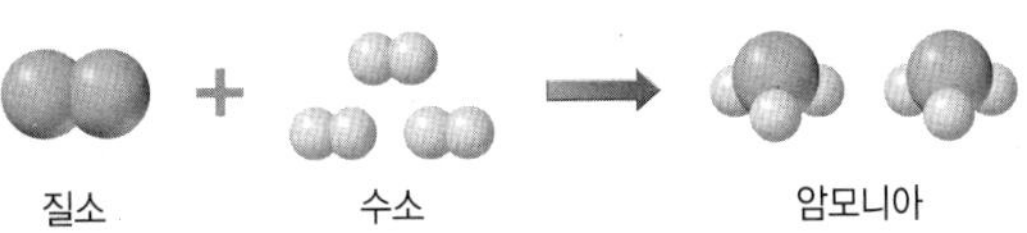


이 반응을 화학 반응식으로 나타내고, 각 물질의 분자 수의 비(질소 : 수소 : 암모니아)를 구하시오.

**15** 다음은 과산화 수소가 분해되는 반응을 화학 반응식으로 나타낸 것이다.

$$H_2O_2 \longrightarrow H_2O + O_2$$

이 화학 반응식을 옳게 고치고, 그 까닭을 서술하시오.

**16** 다음은 메탄올($CH_3OH$)의 연소 반응을 나타낸 것이다.

> 메탄올 + 산소 ⟶ 이산화 탄소 + 물

이 반응을 화학 반응식으로 나타내고, 반응 전후에 각 원자의 개수를 비교하시오.

**답안작성 TIP**

**13.** 메테인의 연소 반응 모형에서 메테인 분자와 산소 분자를 이루는 원자의 배열이 어떻게 되었는지 살펴본다. **14.** 암모니아 생성 반응에서 화학 반응식의 계수비는 분자 수의 비와 같다.

# 중단원 핵심 요약

● 정답과 해설 54쪽

**1** ❶ ______ **법칙** 화학 반응이 일어날 때 반응물의 총질량과 생성물의 총질량은 같다.

➡ 성립하는 까닭 : 화학 반응이 일어날 때 물질을 이루는 ❷ ______의 종류와 개수가 변하지 않기 때문

**2 여러 가지 화학 반응에서 질량 변화**

(1) 앙금 생성 반응

| 반응 | 염화 나트륨 + 질산 은 ⟶ 염화 은 + 질산 나트륨 |
|---|---|
| 질량 관계 | 닫힌 용기와 열린 용기에서 모두 반응 전후에 질량이 ❸ ______하다. |

(2) 기체 발생 반응

| 반응 | 탄산 칼슘 + 염화 수소 ⟶ 염화 칼슘 + 이산화 탄소 + 물 | |
|---|---|---|
| | **닫힌 용기** | **열린 용기** |
| 질량 관계 | 발생한 기체가 빠져나가지 못하므로 반응 전후 질량이 ❹ ______하다. | 발생한 기체가 날아가므로 반응 후 질량이 ❺ ______한다. |

(3) 연소 반응

| 반응 | 철 + 산소 ⟶ 산화 철(Ⅱ) | |
|---|---|---|
| | **닫힌 용기** | **열린 용기** |
| 질량 관계 | 결합한 산소의 질량을 합하면 반응 전후에 질량이 ❻ ______하다. | 철이 공기 중의 산소와 결합하므로 반응 후 질량이 ❼ ______한다. |
| 반응 | 나무 + 산소 ⟶ 재 + 이산화 탄소 + 수증기 | |
| | **닫힌 용기** | **열린 용기** |
| 질량 관계 | 발생한 기체의 질량을 합하면 반응 전후에 질량이 ❽ ______하다. | 발생한 기체가 날아가므로 반응 후 질량이 ❾ ______한다. |

**3** ❿ ______ **법칙** 화합물을 구성하는 성분 원소 사이에는 일정한 질량비가 성립한다.

➡ 일정 성분비 법칙은 ⓫ ______에서는 성립하지만, ⓬ ______에서는 성립하지 않는다.

**4 여러 가지 화합물과 일정 성분비 법칙**

(1) 화합물을 구성하는 성분 원소의 질량비

| 구분 | 물 | 암모니아 | 이산화 탄소 |
|---|---|---|---|
| 모형 | H O H | H N H H | O C O |
| 원자의 개수비 | 수소 : 산소 =2 : 1 | 질소 : 수소 =1 : 3 | 탄소 : 산소 =1 : 2 |
| 질량비 | 2×1 : 16 = ⓭ ______ | 14 : 3×1 =14 : 3 | 12 : 2×16 =3 : 8 |

(2) 볼트(B)와 너트(N)로 화합물 $BN_2$를 만들 때의 질량비

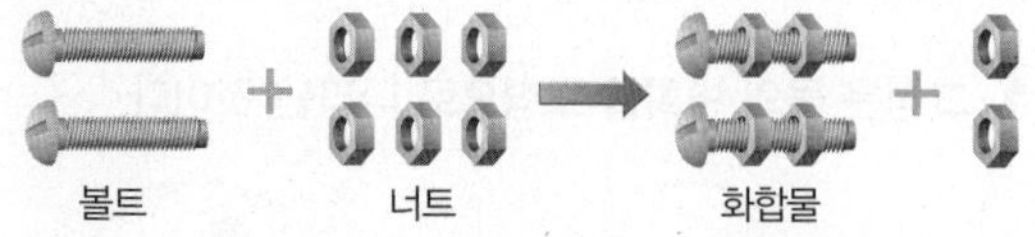


① 볼트와 너트는 1 : 2의 개수비로 결합하므로 너트 2개는 결합하지 않고 남는다.

② $BN_2$를 구성하는 B와 N의 질량비는 일정하다(단, B=5g, N=2g). ➡ B : N=5 g : 2×2 g=5 : 4

(3) 산화 구리(Ⅱ) 생성 반응에서 질량비

| 산화 구리(Ⅱ) 생성 반응 | 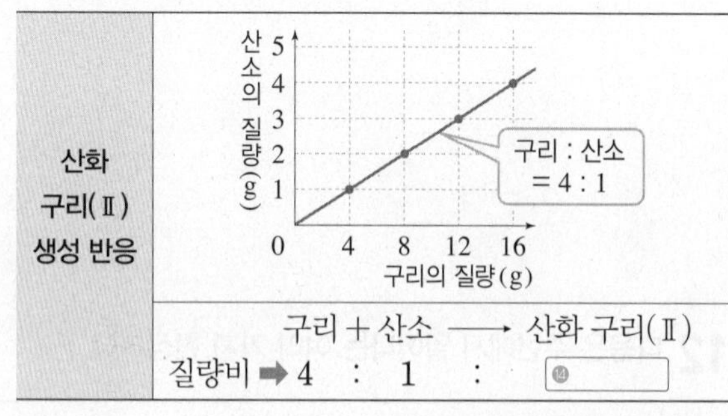 |
|---|---|
| | 구리 + 산소 ⟶ 산화 구리(Ⅱ)<br>질량비 ➡ 4 : 1 : ⓮ ______ |



**5** ⓯ ______ **법칙** 일정한 온도와 압력에서 기체가 반응하여 새로운 기체를 생성할 때 각 기체의 부피 사이에는 간단한 정수비가 성립한다.

➡ 온도와 압력이 일정할 때 모든 기체는 같은 부피 속에 같은 개수의 분자가 들어 있다.

**6 기체의 부피비와 분자 수의 비** 반응물과 생성물이 기체인 반응에서 기체 사이의 부피비와 분자 수의 비는 화학 반응식의 계수비와 같다.(단, 온도와 압력은 반응 전후 같다.)

(1) 수증기 생성 반응

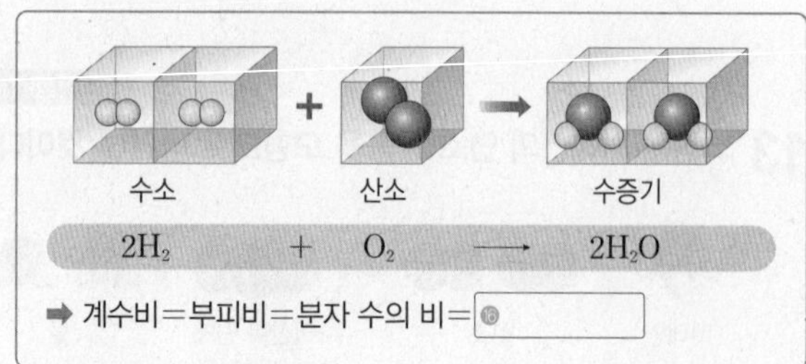


$2H_2$ + $O_2$ ⟶ $2H_2O$

➡ 계수비=부피비=분자 수의 비= ⓰ ______

(2) 암모니아 생성 반응

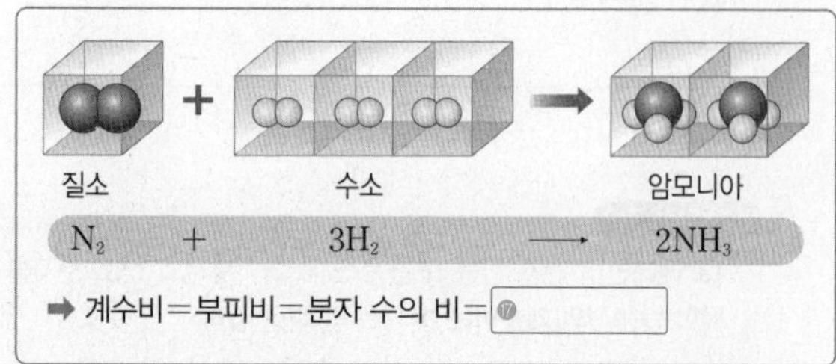


$N_2$ + $3H_2$ ⟶ $2NH_3$

➡ 계수비=부피비=분자 수의 비= ⓱ ______

● 정답과 해설 54쪽

MEMO

**1** 다음 화학 반응에서 반응 전후의 질량 관계를 A~D를 이용하여 나타내시오.(단, A~D는 각 물질의 질량이다.)

염화 나트륨 + 질산 은 ⟶ 염화 은 + 질산 나트륨
A　　B　　C　　D

**2** 질량 보존 법칙이 성립하는 경우를 보기에서 모두 고르시오.

보기
ㄱ. 나무가 연소한다.　ㄴ. 물이 기화한다.　ㄷ. 물이 분해된다.

**3** 다음 반응이 열린 용기에서 일어날 때 반응 후의 질량 변화를 선으로 연결하시오.

(1) 강철솜을 토치로 가열한다. • 　　• ㉠ 감소
(2) 묽은 염산에 달걀 껍데기를 넣는다. • 　　• ㉡ 일정
(3) 탄산 나트륨 수용액과 염화 칼슘 수용액을 섞는다. • 　　• ㉢ 증가

**4** 성분 물질의 질량비가 항상 일정한 것을 보기에서 모두 고르시오.

보기
ㄱ. 설탕물　ㄴ. 암모니아　ㄷ. 이산화 탄소　ㄹ. 에탄올 수용액

**5** 수소 10 g과 산소 40 g을 반응시켰더니 물 45 g이 생성되고 수소 5 g이 남았다. 반응하는 수소와 산소의 질량비(수소 : 산소)를 구하시오.

**6** 볼트(B) 10개와 너트(N) 12개를 이용하여 화합물 $BN_3$를 만들 때 최대로 만들 수 있는 $BN_3$의 개수를 구하시오.

**7** 구리를 가열하여 산화 구리(Ⅱ)를 만들 때 반응하는 구리와 산소의 질량비는 일정하므로 생성되는 산화 구리(Ⅱ)의 질량비도 일정하다. 이와 관련 있는 화학 법칙을 쓰시오.

**8** 일정한 온도와 압력에서 기체가 반응하여 새로운 기체를 생성할 때 각 기체의 부피 사이에는 간단한 정수비가 성립하며, 이를 (　　　　) 법칙이라고 한다.

**[9~10]** 오른쪽 그림은 수소 기체와 산소 기체가 반응하여 수증기가 생성될 때의 부피 관계를 나타낸 것이다.(단, 온도와 압력은 반응 전후 같다.)

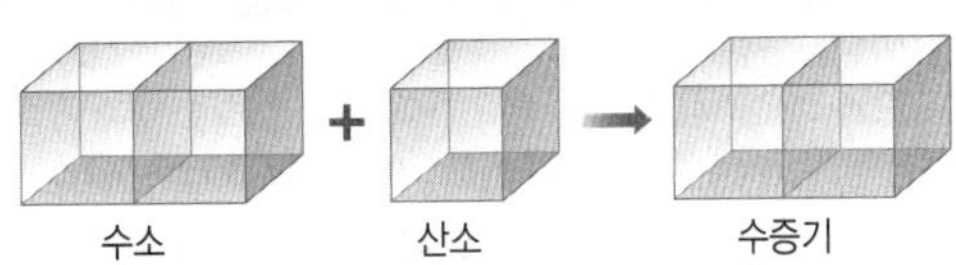


**9** 수소 기체 50 mL와 산소 기체 50 mL를 완전히 반응시킬 때 반응하지 않고 남는 기체의 종류와 부피(mL)를 구하시오.

**10** 수증기 40 mL를 얻기 위해 필요한 수소 기체와 산소 기체의 최소 부피(mL)를 구하시오.

# 계산력·암기력 강화 문제

● 정답과 해설 54쪽

## ① 화합물이 생성될 때 질량 관계 계산하기 진도 교재 23쪽

- 질량 보존 법칙 : 반응물의 총질량＝생성물의 총질량
- 일정 성분비 법칙 : 화합물을 구성하는 성분 원소 사이에는 일정한 질량비가 성립한다.
  ➡ 화합물이 생성될 때 반응하는 물질 사이의 질량비가 일정하다.

● 이산화 탄소 생성

**1** 공기 중에서 탄소 6 g을 산소와 완전히 반응시켰더니 이산화 탄소 22 g이 생성되었다.

(1) 반응에 참여한 산소의 질량을 구하시오.

➡ 반응에 참여한 산소의 질량＝(　　　)의 질량－(　　　)의 질량
＝22 g－6 g＝(　　　) g

(2) 반응하는 물질과 생성되는 물질의 질량비를 구하시오.

➡ 탄소 : 산소 : 이산화 탄소＝6 g : (　　　) g : 22 g＝(　 :　 :　 )

● 산화 구리(Ⅱ) 생성

**2** 오른쪽 그림은 구리와 산소가 반응하여 산화 구리(Ⅱ)가 생성될 때의 질량 관계를 나타낸 것이다.

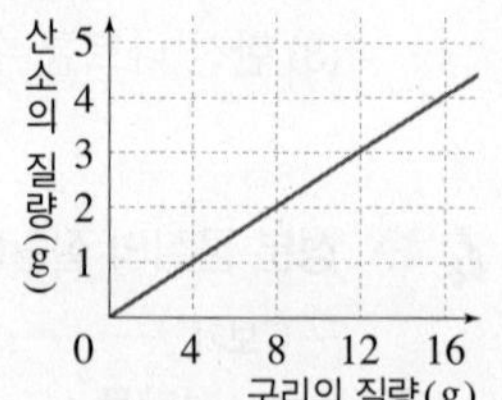


(1) 반응하는 물질과 생성되는 물질의 질량비를 구하시오.

➡ 구리 : 산소 : 산화 구리(Ⅱ)＝4 g : 1 g : (　　　) g
＝(　 :　 :　 )

(2) 구리 24 g을 완전히 반응시켜 얻을 수 있는 산화 구리(Ⅱ)의 질량을 구하시오.

➡ 구리 : 산화 구리(Ⅱ)＝(　 :　 )＝24 g : (　　　) g이므로 산화 구리(Ⅱ) (　　　) g이 생성된다.

● 산화 마그네슘 생성

**3** 오른쪽 그림은 마그네슘과 산소가 반응하여 산화 마그네슘이 생성될 때의 질량 관계를 나타낸 것이다.

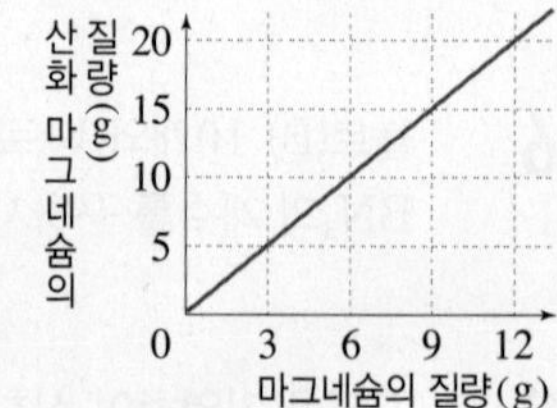


(1) 반응하는 물질과 생성되는 물질의 질량비를 구하시오.

➡ 마그네슘 : 산소 : 산화 마그네슘＝3 g : (　　　) g : 5 g＝(　 :　 :　 )

(2) 마그네슘 15 g을 완전히 반응시키기 위해 필요한 산소의 최소 질량을 구하시오.

➡ 마그네슘 : 산소＝(　 :　 )＝15 g : (　　　) g이므로 산소 (　　　) g이 필요하다.

● 물 생성

**4** 오른쪽 표는 수소와 산소가 반응하여 물이 생성될 때의 질량 관계를 나타낸 것이다.

| 실험 | 반응 전 기체의 질량(g) | | 반응 후 남은 기체의 종류와 질량(g) |
|---|---|---|---|
| | 수소 | 산소 | |
| 1 | 5 | 45 | 산소, 5 |
| 2 | 10 | 32 | ? |

(1) 반응하는 물질과 생성되는 물질의 질량비를 구하시오.

➡ 수소 : 산소 : 물＝5 g : (　　　) g : (　　　) g＝(　 :　 :　 )

(2) 실험 2에서 반응하지 않고 남는 기체의 종류와 질량을 구하시오.

➡ 수소 : 산소＝(　 :　 )＝(　　　) g : 32 g
따라서 수소 (　　　) g과 산소 32 g이 반응하고, 수소 (　　　) g이 반응하지 않고 남는다.

# 계산력·암기력 강화 문제

● 정답과 해설 54쪽



## ◆ 기체 반응 법칙 적용하기 진도 교재 25쪽

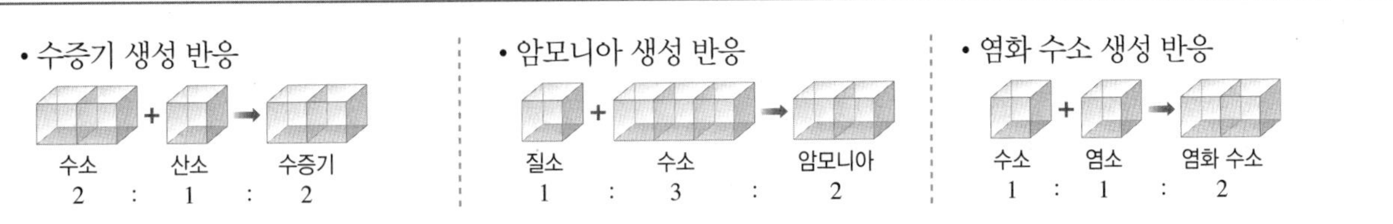


● 반응하는 기체의 부피 구하기(단, 온도와 압력은 반응 전후 같다.)

**1** 수증기 100 mL를 얻기 위해 필요한 산소 기체의 최소 부피(mL)를 구하시오.

**2** 질소 기체 5 L를 완전히 반응시켜 암모니아 기체를 얻기 위해 필요한 수소 기체의 최소 부피(L)를 구하시오.

**3** 염화 수소 기체 40 mL를 얻기 위해 필요한 수소 기체와 염소 기체의 최소 부피(mL)를 구하시오.

● 남는 기체의 부피 구하기(단, 온도와 압력은 반응 전후 같다.)

**4** 수소 기체 40 mL와 산소 기체 40 mL가 완전히 반응하여 수증기가 생성될 때 반응하지 않고 남는 기체의 종류와 부피(mL)를 구하시오.

**5** 질소 기체 20 mL와 수소 기체 100 mL가 완전히 반응하여 암모니아 기체가 생성될 때 반응하지 않고 남는 기체의 종류와 부피(mL)를 구하시오.

**6** 수소 기체 50 mL와 염소 기체 30 mL가 완전히 반응하여 염화 수소 기체가 생성될 때 반응하지 않고 남는 기체의 종류와 부피(mL)를 구하시오.

● 생성되는 기체의 부피 구하기(단, 온도와 압력은 반응 전후 같다.)

**7** 수소 기체 70 mL와 산소 기체 50 mL가 완전히 반응할 때 생성되는 수증기의 부피(mL)를 구하시오.

**8** 질소 기체 40 mL와 수소 기체 90 mL가 완전히 반응할 때 생성되는 암모니아 기체의 부피(mL)를 구하시오.

**9** 수소 기체 25 mL와 염소 기체 50 mL가 완전히 반응할 때 생성되는 염화 수소 기체의 부피(mL)를 구하시오.

# 중단원 기출 문제



**01** 질량 보존 법칙에 대한 설명으로 옳지 않은 것을 모두 고르면?(2개)

① 물리 변화, 화학 변화에서 모두 성립한다.
② 혼합물이 만들어질 때는 성립하지 않는다.
③ 반응물의 총질량과 생성물의 총질량이 같다.
④ 반응 전후에 원자의 종류와 개수가 변하지 않는다.
⑤ 기체 발생 반응은 닫힌 용기에서만 질량 보존 법칙이 성립한다.

**02** 물질 변화가 일어날 때 질량 보존 법칙이 성립하는 것을 보기에서 모두 고르시오.

보기
ㄱ. 마그네슘을 가열한다.
ㄴ. 드라이아이스의 크기가 작아진다.
ㄷ. 묽은 염산에 철 조각을 넣으면 수소 기체가 발생한다.
ㄹ. 탄산 나트륨 수용액과 염화 칼슘 수용액을 반응시키면 흰색 앙금이 생성된다.

**03** 그림과 같이 염화 나트륨 수용액과 질산 은 수용액의 질량을 측정하고, 두 수용액을 섞어 반응시켰다.

이에 대한 설명으로 옳은 것은?

① 노란색 앙금이 생성된다.
② 이산화 탄소 기체가 발생한다.
③ 두 수용액을 섞어도 질량은 변하지 않는다.
④ 앙금이 생겨 가라앉으므로 반응 전보다 질량이 증가한다.
⑤ 질량 보존 법칙을 확인하려면 밀폐된 용기에서 실험해야만 한다.

**04** 염화 칼슘 수용액과 탄산 나트륨 수용액을 섞으면 다음과 같은 반응이 일어난다.

| 염화 칼슘 | + 탄산 나트륨 | → 탄산 칼슘 | + 염화 나트륨 |
|---|---|---|---|
| A | B | C | D |

이 반응에서 생성된 탄산 칼슘의 질량(C)을 구하는 식으로 옳은 것은?(단, A~D는 각 물질의 질량이다.)

① $A+B+D$　② $A+B-D$
③ $A-(B+D)$　④ $D-A+B$
⑤ $D+B-A$

이 문제에서 나올 수 있는 보기는 多

**05** 그림과 같이 탄산 칼슘과 묽은 염산을 뚜껑이 닫힌 용기 속에서 반응시킬 때 반응 전후의 질량과 용기의 뚜껑을 연 후의 질량을 측정하였다.

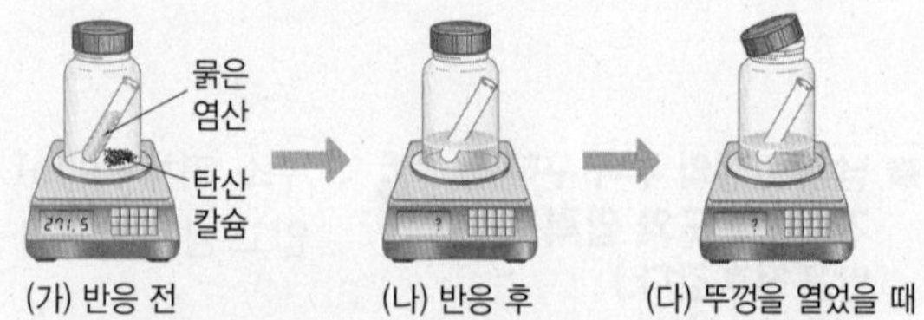

(가) 반응 전　(나) 반응 후　(다) 뚜껑을 열었을 때

이에 대한 설명으로 옳은 것을 모두 고르면?(3개)

① 산소 기체가 발생한다.
② 이 반응은 물리 변화이다.
③ (가)와 (나)의 질량은 같다.
④ (다)의 질량은 (나)의 질량보다 크다.
⑤ (나)와 (다)의 질량 차이가 있는 것은 반응 후 발생한 기체가 (다)에서 빠져나가기 때문이다.
⑥ 반응 전후에 원자의 종류와 개수는 변하지 않으므로 물질의 총질량은 일정하다.
⑦ 이 실험으로 일정 성분비 법칙을 확인할 수 있다.

**06** 탄산수소 나트륨 84 g을 충분히 가열하였더니 탄산 나트륨 53 g과 물 9 g이 생성되었다. 이때 발생한 이산화 탄소의 질량은?

① 9 g　② 22 g　③ 53 g
④ 62 g　⑤ 84 g

**07** 그림은 묽은 염산이 들어 있는 비커에 마그네슘을 넣었을 때 일어나는 반응을 모형으로 나타낸 것이다.

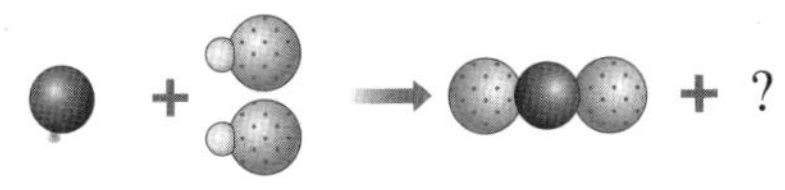


이에 대한 설명으로 옳지 않은 것은?

① 발생한 기체는 수소이다.
② 이 모형에서 기체는 ◯◯로 나타낼 수 있다.
③ 발생한 기체가 공기 중으로 날아가므로 반응 후 질량이 감소한다.
④ 질량 보존 법칙이 성립한다.
⑤ 반응 후에 원자의 종류와 배열이 달라진다.

**08** 공기 중에서 강철솜과 나무를 연소시켰다. 연소 후의 변화에 대한 설명으로 옳지 않은 것은?

① 나무는 연소 후 질량이 감소한다.
② 강철솜은 연소 후 질량이 증가한다.
③ 나무를 연소시키면 기체가 발생한다.
④ 밀폐된 용기에서 반응시키면 반응 전후에 총질량이 같다.
⑤ 반응 전후에 질량이 변하므로 질량 보존 법칙이 성립하지 않는다.

**09** 다음과 같은 물질의 변화가 열린 용기에서 일어날 때 반응 후 질량 변화를 옳게 나타낸 것은?

(가) 도가니에 구리 가루를 넣고 가열한다.
(나) 달걀 껍데기에 묽은 염산을 떨어뜨린다.
(다) 탄산수소 나트륨에 열을 가하여 분해한다.
(라) 아이오딘화 칼륨 수용액과 질산 납 수용액을 반응시킨다.

| | 감소 | 일정 | 증가 |
|---|---|---|---|
| ① | (가) | (나), (다) | (라) |
| ② | (나) | (라) | (가), (다) |
| ③ | (나), (다) | (라) | (가) |
| ④ | (다) | (나) | (가), (라) |
| ⑤ | (다), (라) | (나) | (가) |

**10** 일정 성분비 법칙이 성립하지 않는 것은?

① 수소 + 산소 ⟶ 물
② 질소 + 수소 ⟶ 암모니아
③ 탄소 + 산소 ⟶ 이산화 탄소
④ 암모니아 + 물 ⟶ 암모니아수
⑤ 마그네슘 + 산소 ⟶ 산화 마그네슘

**11** 표는 수소와 산소가 반응하여 새로운 물질이 생성될 때의 질량 관계를 나타낸 것이다.

| 실험 | 반응 전 기체의 질량(g) | | 반응 후 남은 기체의 종류와 질량(g) |
|---|---|---|---|
| | 수소 | 산소 | |
| 1 | 5 | 8 | 수소, 4 |
| 2 | 3 | 16 | 수소, 1 |
| 3 | 2 | 18 | 산소, 2 |

수소 5 g과 산소 50 g을 완전히 반응시킬 때 반응하지 않고 남는 물질과 질량은?

① 수소, 2 g ② 수소, 3 g
③ 산소, 5 g ④ 산소, 10 g
⑤ 산소, 15 g

**12** 그림은 질소와 수소가 반응하여 암모니아가 생성되는 반응을 모형으로 나타낸 것이다.

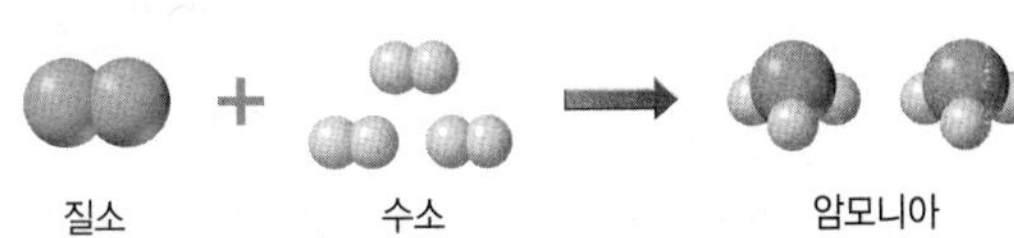


질소 30 g과 수소 6 g을 완전히 반응시킬 때 생성되는 암모니아의 질량은?(단, 원자 1개의 상대적 질량은 질소 14, 수소 1이다.)

① 25 g ② 27 g ③ 30 g
④ 34 g ⑤ 36 g

**13** 탄소 6 g과 산소 20 g을 완전히 반응시키면 이산화 탄소 22 g이 생성되고, 산소의 일부가 남는다. 이산화 탄소가 생성될 때 반응하는 탄소와 산소의 질량비(탄소 : 산소)는?

① 1 : 2　② 2 : 3　③ 2 : 5
④ 3 : 4　⑤ 3 : 8

**[14~16]** 그림은 질량이 4 g인 볼트(B)와 질량이 1 g인 너트(N)로 화합물 $BN_2$를 만드는 반응을 모형으로 나타낸 것이다.

**14** 화합물 $BN_2$를 구성하는 볼트와 너트의 질량비(볼트 : 너트)를 구하시오.

**15** 볼트 10개와 너트 14개를 이용하여 화합물 $BN_2$를 만들 때 (가) 최대로 만들 수 있는 화합물의 전체 질량과 (나) 결합하지 않고 남는 것의 종류와 개수를 옳게 나타낸 것은?

| | (가) | (나) |
|---|---|---|
| ① | 35 g | 볼트, 4개 |
| ② | 38 g | 너트, 6개 |
| ③ | 42 g | 볼트, 3개 |
| ④ | 52 g | 너트, 5개 |
| ⑤ | 55 g | 볼트, 1개 |

**16** 다음과 같이 볼트와 너트의 개수를 다르게 하여 화합물 $BN_2$를 만들 때 화합물이 가장 많이 만들어지는 경우는?

| | 볼트 | 너트 | | 볼트 | 너트 |
|---|---|---|---|---|---|
| ① | 5개 | 5개 | ② | 5개 | 10개 |
| ③ | 10개 | 10개 | ④ | 10개 | 15개 |
| ⑤ | 15개 | 10개 | | | |

**[17~20]** 오른쪽 그림은 구리와 산소가 반응하여 산화 구리(Ⅱ)가 생성될 때의 질량 관계를 나타낸 것이다.

**17** 반응하는 구리와 산소, 생성되는 산화 구리(Ⅱ)의 질량비(구리 : 산소 : 산화 구리(Ⅱ))를 구하시오.

**18** 구리 10 g을 산소와 완전히 반응시켰을 때 생성되는 산화 구리(Ⅱ)의 질량은?

① 12 g　② 12.5 g　③ 15 g
④ 16.5 g　⑤ 20 g

**19** 산화 구리(Ⅱ) 25 g을 얻기 위해 필요한 구리의 최소 질량은?

① 5 g　② 10 g　③ 15 g
④ 18 g　⑤ 20 g

**20** 다음과 같이 구리와 산소의 질량을 다르게 하여 반응시킬 때 생성되는 산화 구리(Ⅱ)의 질량이 가장 많은 것은?

| | 구리 | 산소 | | 구리 | 산소 |
|---|---|---|---|---|---|
| ① | 8 g | 5 g | ② | 8 g | 8 g |
| ③ | 8 g | 12 g | ④ | 12 g | 5 g |
| ⑤ | 15 g | 2 g | | | |

**21** 구리 가루 12.0 g을 도가니에 넣고 가열하면서 시간에 따른 도가니 속 물질의 질량을 측정하여 다음과 같은 결과를 얻었다.

| 시간(분) | 15 | 20 | 25 | 30 | 35 | 40 |
|---|---|---|---|---|---|---|
| 질량(g) | 14.3 | 14.6 | 14.8 | 15.0 | 15.0 | 15.0 |

시간에 따른 질량 변화를 나타낸 그래프로 옳은 것은?

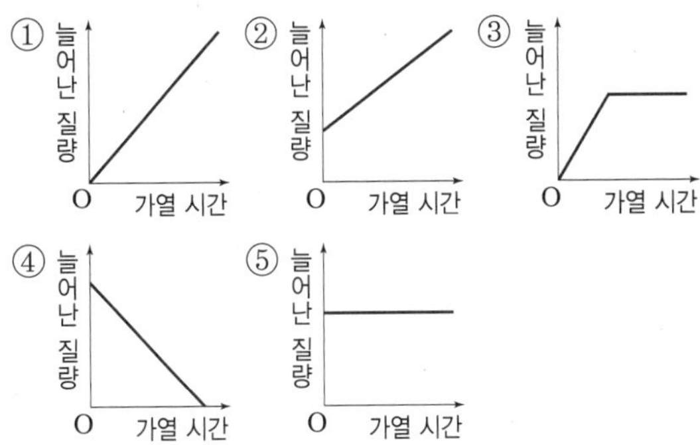


**[22~23]** 표는 마그네슘과 산소가 반응하여 산화 마그네슘이 생성될 때의 질량 관계를 나타낸 것이다.

| 마그네슘의 질량(g) | 1.5 | 3.0 | 4.5 | 6.0 |
|---|---|---|---|---|
| 산화 마그네슘의 질량(g) | 2.5 | 5.0 | 7.5 | 10.0 |

**22** 이에 대한 설명으로 옳지 않은 것은?

① 마그네슘과 산소의 질량비는 3 : 2이다.
② 마그네슘과 산화 마그네슘의 질량비는 3 : 5이다.
③ 반응한 산소의 질량은 산화 마그네슘의 질량에서 마그네슘의 질량을 뺀 값이다.
④ 마그네슘의 질량에 관계없이 반응하는 산소의 질량은 항상 일정하다.
⑤ 일정 성분비 법칙이 성립하는 것을 확인할 수 있다.

**23** 마그네슘 18 g을 완전히 가열하여 얻을 수 있는 산화 마그네슘의 질량은?

① 18 g ② 20 g ③ 25 g
④ 30 g ⑤ 35 g

**24** 오른쪽 그림은 마그네슘 가루 6 g을 도가니에 넣고 가열하면서 시간에 따른 도가니 속 물질의 질량 변화를 측정한 것이다. 산화 마그네슘 25 g을 얻기 위해 필요한 마그네슘과 산소의 최소 질량을 옳게 나타낸 것은?

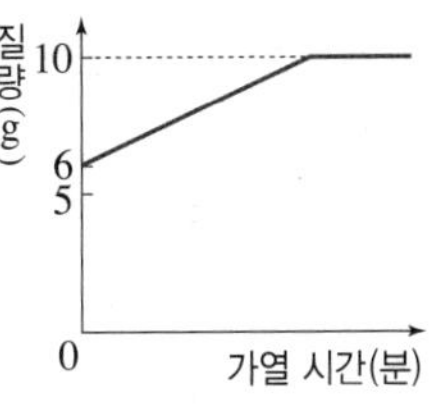


| | 마그네슘 | 산소 |
|---|---|---|
| ① | 8 g | 17 g |
| ② | 10 g | 15 g |
| ③ | 13 g | 12 g |
| ④ | 15 g | 10 g |
| ⑤ | 20 g | 5 g |

**[25~26]** 표는 일정량의 10 % 질산 납 수용액에 10 % 아이오딘화 칼륨 수용액을 넣을 때 생성된 앙금의 높이를 나타낸 것이다.

| 시험관 | A | B | C | D | E | F |
|---|---|---|---|---|---|---|
| 질산 납 수용액의 부피(mL) | 6 | 6 | 6 | 6 | 6 | 6 |
| 아이오딘화 칼륨 수용액의 부피(mL) | 0 | 2 | 4 | 6 | 8 | 10 |
| 앙금의 높이(mm) | 0 | 5 | 10 | 15 | 15 | 15 |

**25** 이 실험에서 아이오딘화 칼륨 수용액의 양이 증가해도 앙금의 높이가 더 이상 증가하지 않고 일정해지는 까닭과 관계 깊은 법칙을 쓰시오.

이 문제에서 나올 수 있는 보기는 多

**26** 이에 대한 설명으로 옳지 않은 것을 모두 고르면?(2개)

① 생성되는 앙금은 노란색의 아이오딘화 납이다.
② B에 아이오딘화 칼륨 수용액을 더 넣으면 앙금의 양이 증가한다.
③ C에는 반응하지 않은 아이오딘화 칼륨이 남아 있다.
④ D에서는 아이오딘화 칼륨과 질산 납이 모두 반응한다.
⑤ E와 F에 질산 납 수용액을 더 넣으면 앙금의 양이 증가한다.
⑥ 앙금의 높이가 일정해지는 것은 반응할 아이오딘화 칼륨이 없기 때문이다.
⑦ 일정량의 질산 납과 반응하는 아이오딘화 칼륨의 양은 일정하다.

**27** 기체 반응 법칙이 성립하는 반응을 모두 고르면?(2개)

① 철 + 산소 ⟶ 산화 철(Ⅱ)
② 수소 + 질소 ⟶ 암모니아
③ 염소 + 수소 ⟶ 염화 수소
④ 탄소 + 산소 ⟶ 이산화 탄소
⑤ 구리 + 산소 ⟶ 산화 구리(Ⅱ)

**[28~29]** 표는 기체 A와 기체 B가 반응하여 기체 C가 생성될 때의 부피 관계를 나타낸 것이다.(단, 온도와 압력은 반응 전후 같다.)

| 실험 | 반응 전 기체의 부피(mL) | | 생성된 기체 C의 부피(mL) | 반응 후 남은 기체의 종류, 부피(mL) |
|---|---|---|---|---|
| | A | B | | |
| 1 | 10 | 50 | 20 | B, 20 |
| 2 | 40 | 60 | 40 | A, 20 |

**28** 실험 결과에서 반응하는 기체와 생성되는 기체의 부피비(A : B : C)는?

① 1 : 1 : 1 ② 1 : 2 : 2 ③ 1 : 3 : 2
④ 2 : 1 : 2 ⑤ 3 : 1 : 2

**29** 기체 A 50 mL와 기체 B 90 mL를 완전히 반응시킬 때 (가) 생성되는 기체 C의 부피와 (나) 반응하지 않고 남는 기체의 종류와 부피를 옳게 나타낸 것은?

| | (가) | (나) |
|---|---|---|
| ① | 40 mL | A, 10 mL |
| ② | 40 mL | B, 10 mL |
| ③ | 60 mL | A, 20 mL |
| ④ | 60 mL | B, 20 mL |
| ⑤ | 140 mL | 없다. |

**30** 그림은 수소 기체와 산소 기체가 반응하여 수증기가 생성될 때의 부피 관계를 나타낸 것이다.

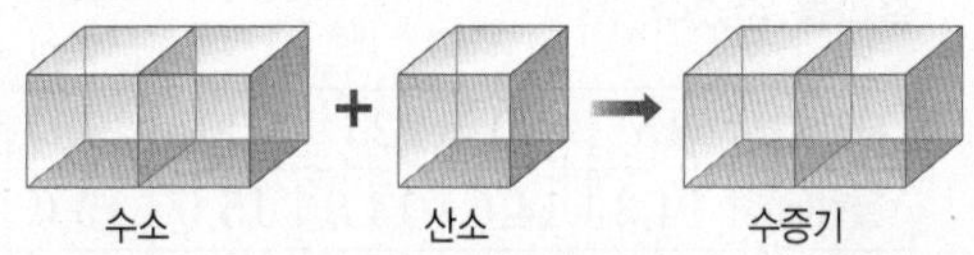


산소 기체 20 mL를 완전히 반응시키기 위해 필요한 수소 기체의 최소 부피와 이때 생성되는 수증기의 부피를 옳게 나타낸 것은?(단, 온도와 압력은 반응 전후 같다.)

| | 수소 | 수증기 | | 수소 | 수증기 |
|---|---|---|---|---|---|
| ① | 10 mL | 10 mL | ② | 10 mL | 20 mL |
| ③ | 20 mL | 20 mL | ④ | 40 mL | 40 mL |
| ⑤ | 40 mL | 60 mL | | | |

**31** 그림은 수소 기체와 염소 기체가 반응하여 염화 수소 기체가 생성될 때의 부피 관계를 나타낸 것이다.

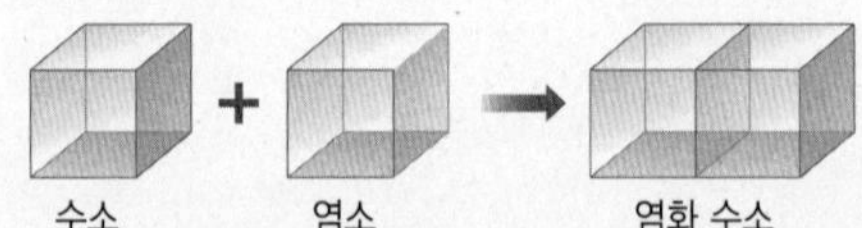


수소 분자 50개와 염소 분자 50개를 완전히 반응시킬 때 생성되는 염화 수소 분자의 개수는?(단, 온도와 압력은 반응 전후 같다.)

① 25개 ② 50개 ③ 75개
④ 100개 ⑤ 125개

이 문제에서 나올 수 있는 보기는 多

**32** 그림은 질소 기체와 수소 기체가 반응하여 암모니아 기체가 생성되는 반응을 모형으로 나타낸 것이다.

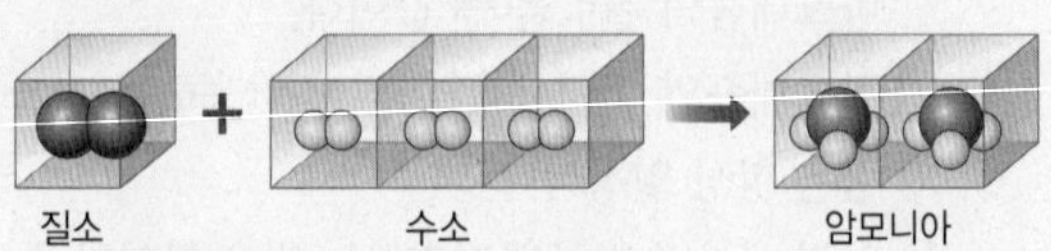


이에 대한 설명으로 옳지 않은 것을 모두 고르면?(단, 온도와 압력은 반응 전후 같다.)(2개)

① 반응 후 분자의 개수는 반응 전보다 감소한다.
② 각 기체는 같은 부피 속에 같은 개수의 원자가 들어 있다.
③ 부피비는 질소 : 수소 : 암모니아 = 1 : 3 : 2이다.
④ 반응하는 질소와 수소의 분자 수의 비는 1 : 3이다.
⑤ 반응 전후에 물질의 총질량은 같다.
⑥ 일정 성분비 법칙은 설명할 수 없다.
⑦ 기체 반응 법칙이 성립한다.

# 서술형 정복하기

● 정답과 해설 57쪽

## 1단계 단답형으로 쓰기

**1** 화학 반응이 일어날 때 반응물의 총질량과 생성물의 총질량은 같다. 이와 관련된 법칙은 무엇인지 쓰시오.

**2** 열린 용기에서 다음 반응이 일어날 때 반응 후 질량이 일정한 것을 고르시오.

(가) 강철솜의 연소
(나) 탄산 칼슘과 묽은 염산의 반응
(다) 염화 나트륨 수용액과 질산 은 수용액의 반응

**3** 화합물을 구성하는 성분 원소 사이에는 일정한 질량비가 성립한다. 이와 관련된 법칙은 무엇인지 쓰시오.

**4** 구리와 산소는 4 : 1의 질량비로 반응하여 산화 구리(Ⅱ)를 생성한다. 구리 32 g이 완전히 반응할 때 생성되는 산화 구리(Ⅱ)의 질량은 몇 g인지 쓰시오.

**5** 일정한 온도와 압력에서 기체가 반응하여 새로운 기체를 생성할 때 각 기체의 부피 사이에는 간단한 정수비가 성립한다. 이와 관련된 법칙은 무엇인지 쓰시오.

## 2단계 제시된 단어를 모두 이용하여 서술하기

[6~10] 각 문제에 제시된 단어를 모두 이용하여 답을 서술하시오.

**6** 질량 보존 법칙이 성립하는 까닭을 서술하시오.

화학 반응, 물질, 원자, 종류, 개수

**7** 열린 공간에서 강철솜과 나무를 가열할 때의 질량 변화를 서술하시오.

산소, 증가, 기체, 감소

**8** 일정 성분비 법칙이 성립하는 까닭을 서술하시오.

원자, 개수비, 화합물

**9** 물과 과산화 수소는 모두 수소와 산소로 이루어져 있지만 서로 다른 물질인 까닭을 서술하시오.

성분 원소, 질량비

**10** 질소 기체 3 mL와 수소 기체 9 mL가 완전히 반응하면 암모니아 기체 몇 mL가 생성되는지 서술하시오.(단, 온도와 압력은 반응 전후 같다.)

질소, 수소, 암모니아, 1, 3, 2

## 3단계 실전 문제 풀어 보기

답안작성 TIP

**11** 그림과 같이 마그네슘이 들어 있는 유리병에 묽은 염산을 넣고 뚜껑을 닫은 후 반응시켰다.

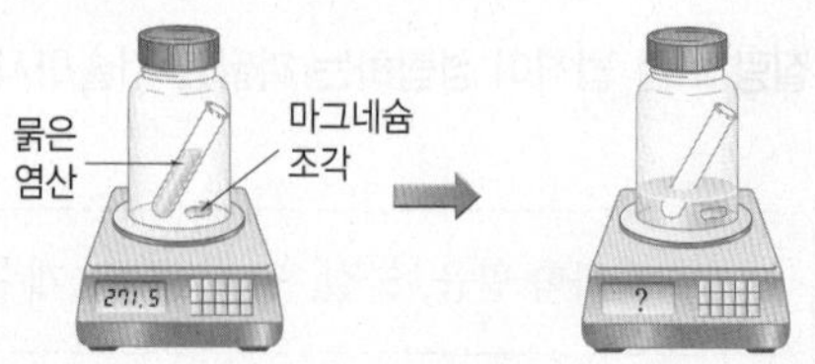


(1) 실험 결과 발생하는 기체의 이름을 쓰시오.

(2) 반응 전후의 질량 변화를 비교하고, 이를 통해 확인할 수 있는 법칙을 쓰시오.

**12** 질량이 같은 강철솜을 막대저울의 양쪽에 매달아 수평을 이루게 한 후, 강철솜 B를 충분히 가열하였다.

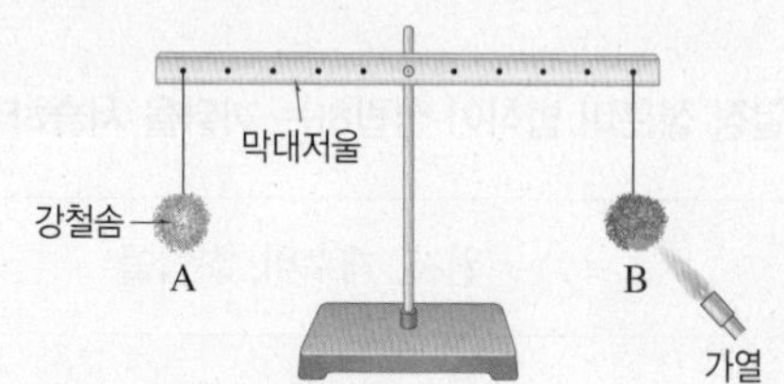


연소가 끝난 후 막대저울은 어떻게 되는지 결과와 그 까닭을 서술하시오.

• 결과 :

• 까닭 :

**13** 오른쪽 그림은 과산화 수소 분자를 모형으로 나타낸 것이다. 과산화 수소를 구성하는 수소와 산소의 질량비(수소 : 산소)를 풀이 과정과 함께 서술하시오.(단, 원자 1개의 상대적 질량은 수소 1, 산소 16이다.)

**14** 볼트(B) 10개와 너트(N) 10개를 이용하여 그림과 같은 화합물 $BN_2$를 만들려고 한다.

최대로 만들 수 있는 화합물 $BN_2$의 개수를 풀이 과정과 함께 서술하시오.

답안작성 TIP

**15** 오른쪽 그림은 구리 가루 8 g을 도가니에 넣고 가열하면서 시간에 따른 도가니 속 물질의 질량을 측정한 결과이다. 일정 시간이 지난 후 질량 변화가 없는 까닭을 '질량비'를 포함하여 서술하시오.

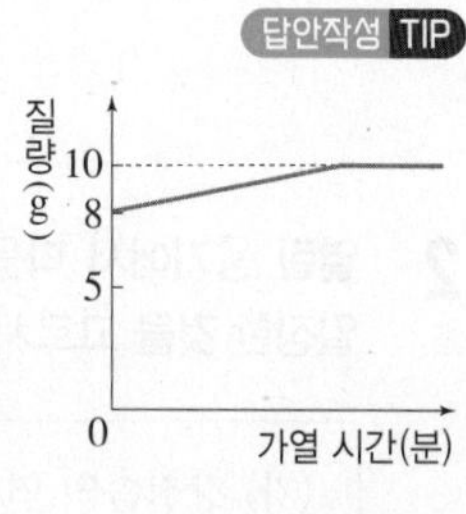


**16** 그림은 수소 기체와 산소 기체가 반응하여 수증기가 생성될 때의 부피 관계를 나타낸 것이다.

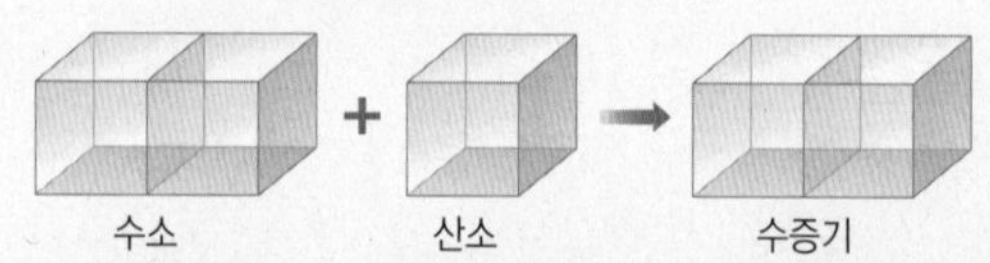


수소 기체 50 mL와 산소 기체 20 mL가 완전히 반응할 때 반응하지 않고 남는 기체의 종류와 부피를 풀이 과정과 함께 서술하시오.(단, 온도와 압력은 반응 전후 같다.)

**17** 표는 기체 A와 기체 B의 부피를 다르게 하여 반응시켰을 때 생성된 기체 C의 부피를 나타낸 것이다.

| 실험 | 반응 전 기체의 부피(mL) | | 반응 후 남은 기체의 종류, 부피(mL) | 생성된 기체 C의 부피(mL) |
|---|---|---|---|---|
| | A | B | | |
| 1 | 30 | 60 | A, 10 | 40 |
| 2 | 30 | ㉠ | B, 20 | 60 |

㉠에 알맞은 값을 풀이 과정과 함께 서술하시오.(단, 온도와 압력은 반응 전후 같다.)

답안작성 TIP

**11.** 마그네슘과 염화 수소가 반응하면 기체가 발생하며, 이 반응은 닫힌 용기에서 일어난다. **15.** 구리 8 g을 가열하면 공기 중의 산소와 반응하여 산화 구리(Ⅱ) 10 g이 생성된다.

# 중단원 핵심 요약

## 03 화학 반응에서의 에너지 출입

● 정답과 해설 58쪽



### 1 화학 반응에서의 에너지 출입

(1) 발열 반응 : 화학 반응이 일어날 때 에너지를 ❶ ______ 하는 반응

반응물 ⟶ 생성물 + 에너지

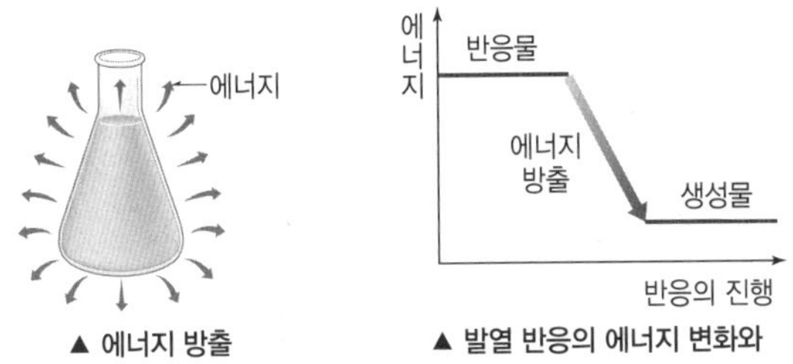

▲ 에너지 방출　　▲ 발열 반응의 에너지 변화와 에너지의 출입

① 발열 반응이 일어날 때 주변으로 에너지를 방출한다.
➡ 주변의 온도가 ❷ ______ 진다.

② 발열 반응의 예 : 연소 반응, 산과 염기의 반응, 산화 칼슘과 물의 반응, 호흡, 금속이 녹스는 반응, 산과 금속의 반응 등

| 연소 반응 | 산과 염기의 반응 |
|---|---|
| 나무가 연소할 때 열에너지와 빛에너지를 방출한다. | 염산과 수산화 나트륨 수용액이 반응할 때 열에너지를 방출한다. |
| **산화 칼슘과 물의 반응** | **산과 금속의 반응** |
| 산화 칼슘과 물이 반응할 때 열에너지를 방출한다. | 염산과 마그네슘이 반응할 때 열에너지를 방출한다. |

(2) 흡열 반응 : 화학 반응이 일어날 때 에너지를 ❸ ______ 하는 반응

반응물 + 에너지 ⟶ 생성물

▲ 에너지 흡수

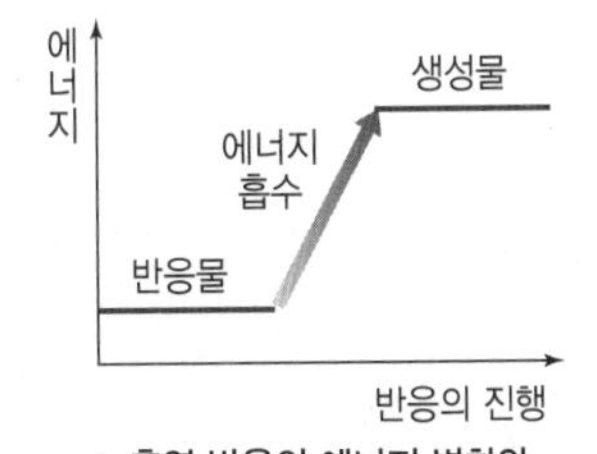

▲ 흡열 반응의 에너지 변화와 에너지의 출입

① 흡열 반응이 일어날 때 주변에서 에너지를 흡수한다.
➡ 주변의 온도가 ❹ ______ 진다.

② 흡열 반응의 예 : 수산화 바륨과 염화 암모늄의 반응, 광합성, 탄산수소 나트륨의 열분해, 소금과 물의 반응, 물의 전기 분해, 질산 암모늄과 물의 반응 등

| 수산화 바륨과 염화 암모늄의 반응 | 광합성 |
|---|---|
| (수산화 바륨 + 염화 암모늄) 수산화 바륨과 염화 암모늄이 반응할 때 열에너지를 흡수한다. | 식물이 광합성을 할 때 빛에너지를 흡수한다. |
| **탄산수소 나트륨의 열분해** | **소금과 물의 반응** |
| 탄산수소 나트륨을 가열하면 에너지를 흡수하면서 분해되어 이산화 탄소를 생성한다. | (소금, 얼음, 물) 소금과 물이 반응할 때 열에너지를 흡수한다. |

### 2 화학 반응에서 출입하는 에너지의 활용

① ❺ ______ 반응의 활용

| | |
|---|---|
| 난방 및 음식 조리 | 연료가 연소할 때 방출하는 에너지를 이용하여 난방을 하거나 음식을 조리한다. |
| 손난로 | 철 가루와 산소가 반응할 때 방출하는 에너지로 손을 따뜻하게 한다. |
| 발열 컵 | 산화 칼슘과 물이 반응할 때 방출하는 에너지로 용기 안의 음료를 데운다. |
| 염화 칼슘 제설제 | 염화 칼슘과 물이 반응할 때 방출하는 에너지로 눈을 녹인다. |

② ❻ ______ 반응의 활용

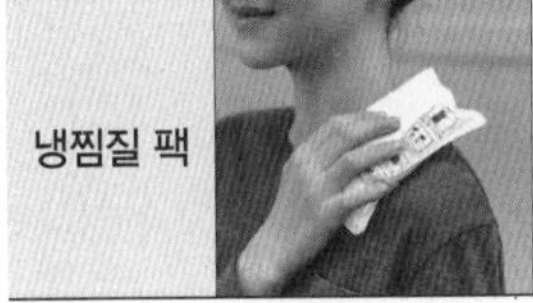

| | |
|---|---|
| 냉찜질 팩 | 질산 암모늄과 물이 반응할 때 에너지를 흡수하여 주변의 온도가 낮아지므로 통증을 완화시킨다. |

● 정답과 해설 58쪽

MEMO

**1** 화학 반응이 일어날 때 주변의 온도가 높아지거나 낮아지는 까닭은 (　　　)이/가 출입하기 때문이다.

**2** 화학 반응이 일어날 때 주변으로 에너지를 방출하는 반응은 (　　　) 반응이다.

**3** 화학 반응이 일어날 때 주변에서 에너지를 흡수하는 반응은 (　　　) 반응이다.

**4** 발열 반응이 일어날 때 주변의 온도는 ①(　　　)아지고, 흡열 반응이 일어날 때 주변의 온도는 ②(　　　)아진다.

**5** 다음 반응을 발열 반응과 흡열 반응으로 구분하시오.

(가) 광합성　　(나) 호흡
(다) 물의 전기 분해　　(라) 금속이 녹스는 반응

**6** 나무가 연소할 때 에너지를 ①( 방출, 흡수 )하므로 주변의 온도가 ②( 높아, 낮아 )진다.

**7** 소금이 물과 반응할 때 에너지를 ①(　　　)하므로 소금과 물의 반응은 ②(　　　) 반응이다.

**8** 손난로는 ①(　　　) 반응을 활용한 예이고, 냉찜질 팩은 ②(　　　) 반응을 활용한 예이다.

**9** 냉각 장치에 활용할 수 있는 화학 반응을 보기에서 모두 고르시오.

보기
ㄱ. 산과 염기의 반응　　ㄴ. 산화 칼슘과 물의 반응
ㄷ. 질산 암모늄과 물의 반응　　ㄹ. 수산화 바륨과 염화 암모늄의 반응

**10** 에너지를 방출하는 현상과 관련 있는 예를 모두 고르시오.

(가) 가스레인지로 음식을 조리한다.
(나) 석고 붕대가 굳으면서 따뜻해진다.
(다) 밀가루 반죽에 베이킹 소다를 넣고 가열하면 반죽이 부풀어 오른다.

# 중단원 기출 문제



● 정답과 해설 58쪽

이 문제에서 나올 수 있는 보기는 多

**01** 화학 반응에서의 에너지 출입에 대한 설명으로 옳지 않은 것은?

① 발열 반응은 에너지를 방출하는 반응이다.
② 흡열 반응은 에너지를 흡수하는 반응이다.
③ 발열 반응이 일어나면 주변의 온도가 높아진다.
④ 흡열 반응이 일어나면 주변의 온도가 낮아진다.
⑤ 산과 염기의 반응, 질산 암모늄과 물의 반응은 흡열 반응이다.
⑥ 산과 금속의 반응, 산화 칼슘과 물의 반응은 발열 반응이다.

**02** 화학 반응이 일어날 때 에너지를 방출하는 반응은?

① 소금과 물이 반응한다.
② 식물의 엽록소에서 광합성이 일어난다.
③ 베이킹 소다를 이용하여 빵을 부풀린다.
④ 염화 칼슘 제설제를 이용하여 눈을 녹인다.
⑤ 물을 분해하여 수소 기체와 산소 기체를 얻는다.

**03** 물에 적신 석고 붕대를 다친 다리에 감으면 붕대가 굳으면서 다리 주변이 따뜻해진다. 이에 대한 설명으로 옳은 것을 보기에서 모두 고른 것은?

보기
ㄱ. 에너지를 흡수하는 반응이다.
ㄴ. 반응이 일어나면 주변의 온도가 높아진다.
ㄷ. 철이 녹스는 반응과 에너지 출입의 방향이 같다.

① ㄱ ② ㄴ ③ ㄱ, ㄷ
④ ㄴ, ㄷ ⑤ ㄱ, ㄴ, ㄷ

**04** 흡열 반응을 보기에서 모두 고른 것은?

보기
ㄱ. 호흡
ㄴ. 질산 암모늄과 물의 반응
ㄷ. 수산화 바륨과 염화 암모늄의 반응
ㄹ. 염산과 수산화 나트륨 수용액의 반응

① ㄱ, ㄴ ② ㄱ, ㄷ ③ ㄴ, ㄷ
④ ㄴ, ㄹ ⑤ ㄷ, ㄹ

**05** 다음은 물의 전기 분해 반응을 화학 반응식으로 나타낸 것이다.

$$(\ ㉠\ )H_2O \longrightarrow (\ ㉡\ )H_2 + O_2$$

이에 대한 설명으로 옳은 것을 보기에서 모두 고른 것은?

보기
ㄱ. ㉠과 ㉡은 모두 2이다.
ㄴ. 에너지를 흡수하는 반응이다.
ㄷ. 금속이 녹슬 때 일어나는 에너지의 출입과 같다.

① ㄱ ② ㄷ ③ ㄱ, ㄴ
④ ㄴ, ㄷ ⑤ ㄱ, ㄴ, ㄷ

**06** 탄산수소 나트륨, 설탕 등을 넣은 밀가루 반죽을 높은 온도로 구울 때 빵이 부풀어 오른다. 이에 대한 설명으로 옳은 것을 보기에서 모두 고른 것은?

보기
ㄱ. 탄산수소 나트륨을 가열하면 분해된다.
ㄴ. 탄산수소 나트륨이 분해될 때 에너지를 방출한다.
ㄷ. 탄산수소 나트륨이 분해될 때 생성된 기체는 이산화 탄소이다.

① ㄱ ② ㄴ ③ ㄱ, ㄷ
④ ㄴ, ㄷ ⑤ ㄱ, ㄴ, ㄷ

**07** 그림은 두 가지 반응에서 반응물과 생성물의 에너지 변화를 나타낸 것이다.

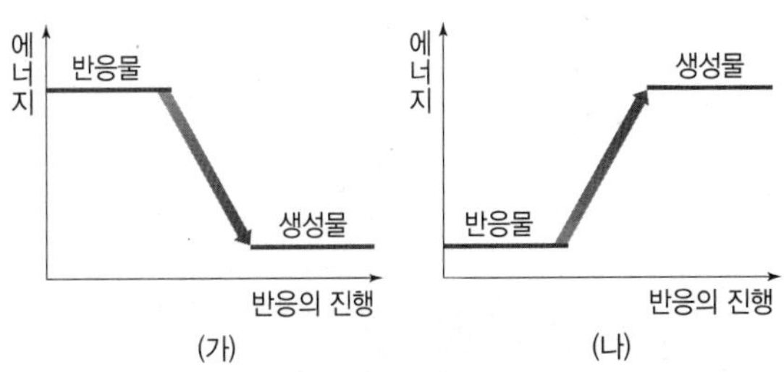


이에 대한 설명으로 옳은 것을 보기에서 모두 고른 것은?

보기
ㄱ. (가)는 발열 반응이고, (나)는 흡열 반응이다.
ㄴ. 연소 반응은 (가)와 같은 에너지 변화가 나타난다.
ㄷ. 산과 금속의 반응은 (나)와 같은 에너지 변화가 나타난다.

① ㄱ ② ㄷ ③ ㄱ, ㄴ
④ ㄴ, ㄷ ⑤ ㄱ, ㄴ, ㄷ

**08** 표는 묽은 염산을 이용한 두 가지 실험을 나타낸 것이다.

| 실험 | (가) | (나) |
|---|---|---|
| 과정 | 묽은 염산이 들어 있는 시험관에 마그네슘 조각 3~4개를 넣는다. | 묽은 염산이 들어 있는 시험관에 수산화 나트륨 수용액을 넣는다. |
| | 마그네슘 조각 / 묽은 염산 | 묽은 염산 / 수산화 나트륨 수용액 |

이에 대한 설명으로 옳은 것을 보기에서 모두 고른 것은?

보기
ㄱ. 실험 (가)에서 기체가 발생한다.
ㄴ. 실험 (나)의 반응이 일어날 때 주변에서 에너지를 흡수한다.
ㄷ. 실험 (가)와 (나)에서 시험관 속 용액의 온도가 낮아진다.

① ㄱ ② ㄷ ③ ㄱ, ㄴ
④ ㄴ, ㄷ ⑤ ㄱ, ㄴ, ㄷ

이 문제에서 나올 수 있는 보기는 多

**09** 부직포 주머니에 철 가루, 숯가루, 소금, 질석, 물을 넣고 밀봉한 다음 주머니를 흔들었다. 이에 대한 설명으로 옳지 않은 것을 모두 고르면?(2개)

① 주변의 온도가 높아진다.
② 에너지를 방출하는 반응이 일어난다.
③ 철 가루와 공기 중의 질소가 반응한다.
④ 부직포도 반응에 참여하는 반응물이다.
⑤ 반응물이 에너지를 방출하며 생성물로 변한다.
⑥ 나무가 연소할 때와 에너지의 출입 방향이 같다.

**10** 다음은 질산 암모늄이 물에 녹는 반응에서의 에너지 출입을 알아보기 위한 실험이다.

질산 암모늄이 들어 있는 투명 봉지에 물이 들어 있는 지퍼 백을 넣고 투명 봉지를 밀봉한 다음, 물이 들어 있는 지퍼 백을 눌러 물이 나오게 하였다.

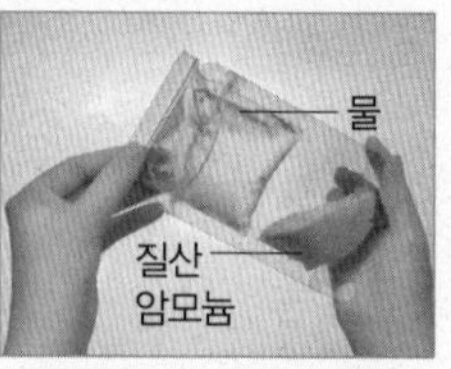


이에 대한 설명으로 옳은 것을 보기에서 모두 고른 것은?

보기
ㄱ. 흡열 반응이 일어난다.
ㄴ. 질산 암모늄 대신 산화 칼슘을 넣어도 같은 현상이 일어난다.
ㄷ. 불 없이 음식을 데우거나 조리할 때 이 반응을 활용할 수 있다.

① ㄱ ② ㄷ ③ ㄱ, ㄴ
④ ㄴ, ㄷ ⑤ ㄱ, ㄴ, ㄷ

**11** 나무판 위를 물로 적신 다음, 수산화 바륨과 염화 암모늄을 넣은 삼각 플라스크를 올려놓고 두 물질을 섞으면 나무판 위의 물이 얼어서 나무판이 삼각 플라스크에 달라붙는다. 삼각 플라스크 안에서 일어나는 반응에 대한 설명으로 옳은 것을 보기에서 모두 고른 것은?

보기
ㄱ. 흡열 반응이 일어난다.
ㄴ. 반응이 일어나면 주변의 온도가 높아진다.
ㄷ. 물을 전기 분해할 때 일어나는 에너지의 출입과 같다.

① ㄴ ② ㄱ, ㄴ ③ ㄱ, ㄷ
④ ㄴ, ㄷ ⑤ ㄱ, ㄴ, ㄷ

**12** 주변의 온도가 높아지는 반응을 활용한 예로 옳은 것을 보기에서 모두 고른 것은?

보기
ㄱ. 발열 컵을 이용하여 음료를 데운다.
ㄴ. 눈이 내린 도로에 염화 칼슘을 뿌려 눈을 녹인다.
ㄷ. 냉찜질 팩으로 열을 내리거나 통증을 완화시킨다.

① ㄷ ② ㄱ, ㄴ ③ ㄱ, ㄷ
④ ㄴ, ㄷ ⑤ ㄱ, ㄴ, ㄷ

# 서술형 정복하기

● 정답과 해설 59쪽

## 1단계 단답형으로 쓰기

**1** 다음 (   ) 안에 알맞은 말을 쓰시오.

> 화학 반응이 일어날 때 발열 반응은 주변으로 에너지를 ㉠(   )하고 흡열 반응은 주변에서 에너지를 ㉡(   ) 한다.

**2** 다음에서 발열 반응을 모두 고르시오.

> (가) 눈이 온 뒤 염화 칼슘 제설제를 뿌린다.
> (나) 염산과 수산화 나트륨 수용액이 반응한다.
> (다) 빵을 만들 때 사용하는 탄산수소 나트륨이 분해된다.

## 2단계 제시된 단어를 모두 이용하여 서술하기

[3~5] 각 문제에 제시된 단어를 모두 이용하여 답을 서술하시오.

**3** 화학 반응이 일어날 때 에너지 출입에 따른 주변의 온도 변화를 서술하시오.

> 에너지, 방출, 흡수, 온도

**4** 휴대용 손난로를 흔들면 따뜻해지는 까닭을 서술하시오.

> 철 가루, 산소, 에너지, 방출

**5** 휴대용 냉각 팩이 시원한 까닭을 서술하시오.

> 질산 암모늄, 물, 에너지, 흡수

## 3단계 실전 문제 풀어 보기

답안작성 TIP

**06** 다음은 호흡에 대해 설명한 것이다.

> 호흡은 세포에서 포도당($C_6H_{12}O_6$)이 산소와 반응하여 물과 이산화 탄소로 분해되면서 에너지를 얻는 과정이다.

이 내용을 참고하여 달리기를 했을 때의 체온 변화를 쓰고, 그 까닭을 화학 반응에서의 에너지 출입과 관련지어 서술하시오.

답안작성 TIP

**07** 다음은 손 냉장고 만드는 과정을 설명한 것이다.

> (가) 질산 암모늄이 들어 있는 투명 봉지에 물이 들어 있는 지퍼 백을 넣고 투명 봉지를 밀봉한다.
>
> 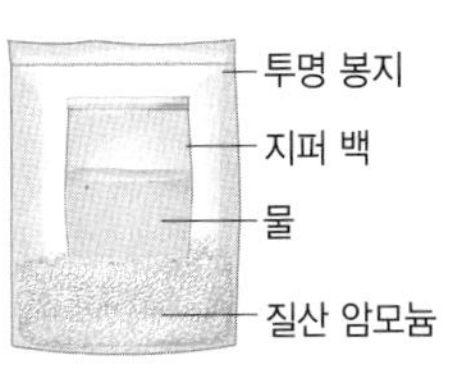
> 
>
> (나) 물이 들어 있는 지퍼 백을 손으로 눌러 터뜨리면 질산 암모늄과 물이 반응하면서 봉지가 차가워진다.

질산 암모늄과 물의 반응은 발열 반응과 흡열 반응 중 무엇인지 쓰고, 그 까닭을 서술하시오.

**08** 다음은 실생활에서 일어나는 현상을 나타낸 것이다.

> (가) 식물이 광합성을 한다.
> (나) 가스레인지에서 메테인 가스가 연소한다.

(1) 두 반응을 발열 반응과 흡열 반응으로 구분하시오.

(2) 발열 반응과 흡열 반응이 일어날 때 주변의 온도 변화를 서술하시오.

답안작성 TIP

**06.** 포도당이 분해되는 반응은 에너지를 방출하는 반응이다.
**07.** 질산 암모늄과 물이 반응하면 주변에서 에너지를 흡수한다.

# 중단원 핵심 요약

● 정답과 해설 59쪽

**1 기권(대기권)** 지구 표면을 둘러싸고 있는 대기(공기)

(1) 대기는 지표에서 높이 약 1000 km까지 분포한다.
➡ 지표 부근일수록 많이 모여 있다.

(2) 대기는 여러 가지 기체로 이루어져 있다.

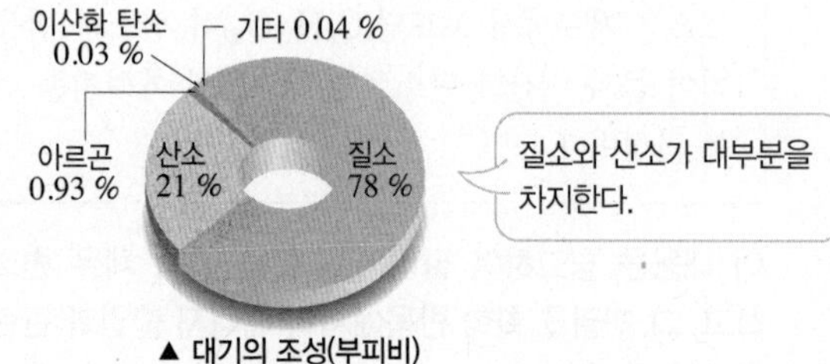


▲ 대기의 조성(부피비)

**2 기권의 층상 구조**

(1) 구분 기준 : 높이에 따른 ❶ 변화

(2) 구분 : 지표에서부터 4개의 층으로 구분

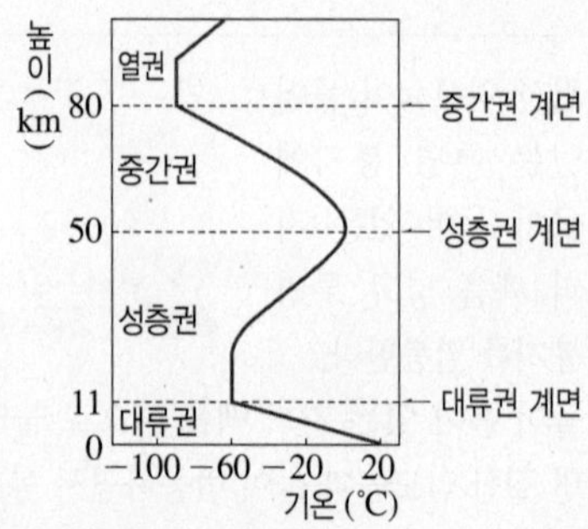


| 구분 | 높이에 따른 기온 변화 | 특징 |
|---|---|---|
| ❷ | 높이 올라갈수록 기온 하강 ➡ 높이 올라갈수록 지표에서 방출되는 에너지를 적게 받기 때문 | • 대류 ○<br>• 기상 현상 ○<br>• 공기의 대부분이 분포 |
| 성층권 | 높이 올라갈수록 기온 ❸ ➡ 오존층에서 자외선을 흡수하기 때문 | • 대류 ×<br>• 오존층 존재<br>• 매우 안정한 층<br>• 장거리 비행기의 항로 |
| 중간권 | 높이 올라갈수록 기온 하강 ➡ 높이 올라갈수록 지표에서 방출되는 에너지를 적게 받기 때문 | • 대류 ○<br>• 기상 현상 ×<br>• 유성<br>• 중간권 계면에서 최저 온도 |
| 열권 | 높이 올라갈수록 기온 상승 ➡ 태양 에너지에 의해 직접 가열되기 때문 | • 대류 ×<br>• 낮과 밤의 기온 차 큼<br>• 오로라 발생<br>• 인공위성의 궤도 |

➡ 대류권에서 기상 현상이 나타나는 까닭 : 대류가 일어나고, ❹ 가 존재하기 때문

➡ 중간권에서 기상 현상이 나타나지 않는 까닭 : ❹ 가 거의 없기 때문

**3 지구의 복사 평형**

(1) ❺ : 물체가 흡수하는 복사 에너지양과 방출하는 복사 에너지양이 같은 상태 ➡ 온도 일정

(2) 지구의 복사 평형 : 지구는 흡수한 태양 복사 에너지양만큼 지구 복사 에너지를 방출하여 복사 평형을 이룬다. ➡ 지구의 평균 기온 일정

• 지구에 들어오는 태양 복사 에너지 : 100 %
– 우주로 반사 : 30 %
– 구름, 대기 및 지표면에 흡수 : ❻ %
• 우주로 방출되는 지구 복사 에너지 : ❼ %
복사 평형

**4** ❽ 대기가 지표에서 방출하는 지구 복사 에너지의 일부를 흡수했다가 지표로 다시 방출하여 지구의 평균 기온이 높게 유지되는 현상

(1) 온실 기체 : 온실 효과를 일으키는 기체 예 수증기, 이산화 탄소, 메테인 등

(2) 지구는 대기가 없을 때보다 높은 온도에서 복사 평형을 이룬다. ➡ 평균 온도 : 지구 > 달

**5 지구 온난화** 온실 효과가 강화되어 지구의 평균 기온이 높아지는 현상

(1) 주요 원인 : 화석 연료의 사용 증가로 대기 중 온실 기체의 양 증가 ➡ ❾ 가 가장 많다.

(2) 대기 중 이산화 탄소 농도와 지구의 평균 기온 관계

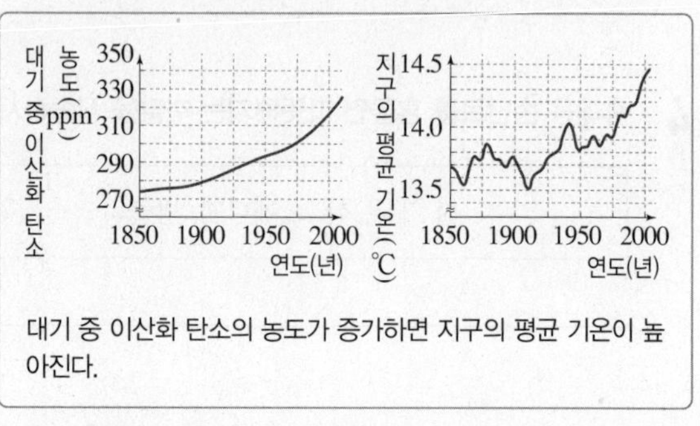


대기 중 이산화 탄소의 농도가 증가하면 지구의 평균 기온이 높아진다.

(3) 지구 온난화의 영향

① 빙하 감소, 만년설 감소

② 해수면 ❿ → 육지 면적 감소

③ 폭염, 홍수, 가뭄 등의 기상 이변 증가

④ 농작물 생산량 변화, 생태계 변화, 물 부족 현상

# 잠깐 테스트



● 정답과 해설 59쪽

MEMO

**1** 지구 표면을 둘러싸고 있는 대기를 무엇이라고 하는지 쓰시오.

**2** 지구에서 대기는 지표에서 높이 약 (        ) km까지 분포한다.

**3** 대기는 여러 가지 기체로 이루어져 있으며, ①(        )가 약 78 %, ②(        )가 약 21 %를 차지한다.

**4** 기권을 대류권, 성층권, 중간권, 열권의 4개 층으로 구분하는 기준은 ①(        )에 따른 ②(        ) 변화이다.

**5** 오른쪽 그림은 기권의 층상 구조를 나타낸 것이다. A~D 중 다음과 같은 특징을 나타내는 층의 기호를 쓰시오.

(1) 대류가 일어나고, 기상 현상이 나타나는 층 …… (        )

(2) 오존층이 존재하고, 매우 안정한 층 …………… (        )

(3) 오로라가 나타나기도 하고, 낮과 밤의 기온 차가 매우 큰 층 …………………………………………… (        )

(4) 대류는 일어나지만 기상 현상이 나타나지 않는 층 …………………………………………… (        )

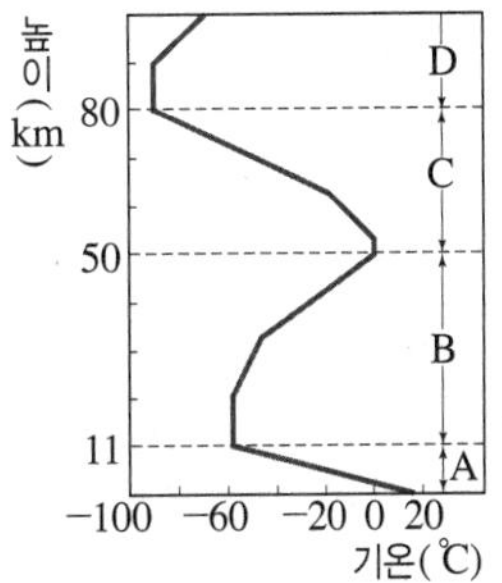


**6** 태양이 방출하는 복사 에너지를 ①(        )라 하고, 지구가 방출하는 복사 에너지를 ②(        )라고 한다.

**7** 지구는 지구에 들어오는 태양 복사 에너지 100 % 중 ①(        ) %를 흡수하고, 흡수한 양만큼 지구 복사 에너지를 우주로 방출하여 ②(        )을 이룬다.

**8** 대기가 지표에서 방출하는 지구 복사 에너지의 일부를 흡수했다가 지표로 다시 방출하여 지구의 평균 기온이 높게 유지되는 현상을 ①(        )라 하고, 이러한 현상을 일으키는 기체를 ②(        )라고 한다.

**9** 지구 온난화는 온실 효과가 강화되어 지구의 평균 기온이 ( 높, 낮 )아지는 현상이다.

**10** 지구 온난화의 주요 원인은 인류의 산업 활동으로 ①(        )의 사용이 증가하면서 대기 중 ②(        )의 양이 증가한 것이다.

# 중단원 기출 문제

**01** 그림은 지구 대기를 구성하는 기체의 부피비를 나타낸 것이다.

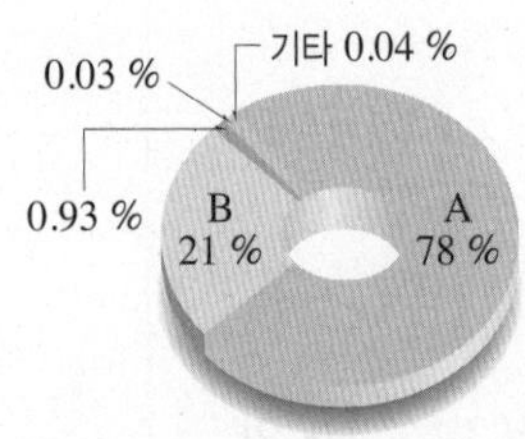


A, B에 해당하는 기체를 옳게 짝 지은 것은?

| | A | B | | A | B |
|---|---|---|---|---|---|
| ① | 산소 | 질소 | ② | 산소 | 이산화 탄소 |
| ③ | 질소 | 산소 | ④ | 질소 | 이산화 탄소 |
| ⑤ | 아르곤 | 산소 | | | |

이 문제에서 나올 수 있는 보기는 多

**02** 기권에 대한 설명으로 옳은 것을 모두 고르면?(2개)

① 기권의 두께는 약 11 km이다.
② 대부분의 대기는 성층권에 분포한다.
③ 대기에는 여러 가지 기체들이 섞여 있다.
④ 대기를 이루는 기체 중 산소가 가장 많다.
⑤ 대기를 이루는 기체는 대부분 지표 부근에 모여 있다.
⑥ 수증기는 시간이나 장소에 관계없이 그 양이 일정하다.
⑦ 지구에 대기가 없다면 지구의 평균 온도는 현재보다 높을 것이다.

**03** 지구를 둘러싸고 있는 기권을 높이에 따라 4개의 층으로 구분하는 기준은?

① 높이에 따른 기압의 변화
② 높이에 따른 기온의 변화
③ 높이에 따른 풍속의 변화
④ 높이에 따른 구름의 양 변화
⑤ 높이에 따른 대기의 성분 변화

**[04~07]** 오른쪽 그림은 기권의 층상 구조를 나타낸 것이다.

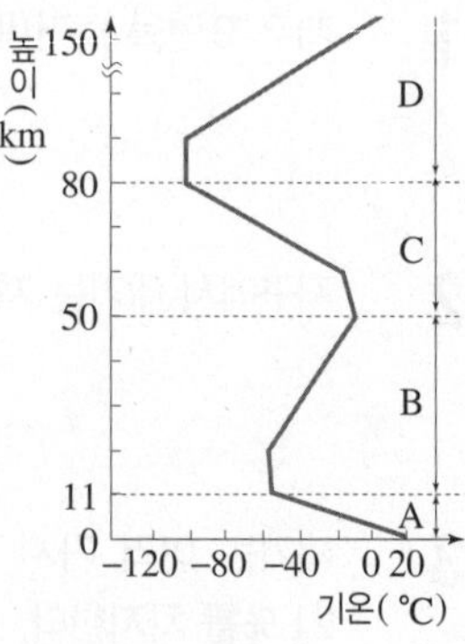


**04** A~D층의 이름을 옳게 짝 지은 것은?

| | A | B | C | D |
|---|---|---|---|---|
| ① | 대류권 | 성층권 | 중간권 | 열권 |
| ② | 대류권 | 중간권 | 성층권 | 열권 |
| ③ | 성층권 | 열권 | 중간권 | 대류권 |
| ④ | 중간권 | 성층권 | 대류권 | 열권 |
| ⑤ | 열권 | 중간권 | 성층권 | 대류권 |

**05** A~D층에 대한 설명으로 옳은 것은?

① A – 낮과 밤의 기온 차가 크고, 오로라가 나타난다.
② B – 불안정한 층으로, 대류가 일어난다.
③ C – 구름, 비 등 기상 현상이 나타난다.
④ C – 유성이 관측되기도 한다.
⑤ D – 장거리 비행기의 항로로 이용된다.

**06** A층에서 높이 올라갈수록 기온이 낮아지는 까닭으로 옳은 것은?

① 대류가 활발하게 일어나기 때문
② 오존층이 자외선을 흡수하기 때문
③ 태양 에너지에 의해 직접 가열되기 때문
④ 온실 효과를 일으키는 기체가 증가하기 때문
⑤ 높이 올라갈수록 지표에서 방출되는 에너지가 적게 도달하기 때문

**07** A~D 중 대류는 일어나지만, 기상 현상은 나타나지 않는 층의 기호를 쓰시오.

**08** 다음은 기권의 각 층에서 나타나는 특징을 나타낸 것이다.

> (가) 오로라가 나타나기도 한다.
> (나) 자외선을 흡수하는 오존층이 있다.
> (다) 바람이 불고 강수 현상이 나타난다.

지표면에 가까운 층부터 순서대로 쓰시오.

**09** 중간권에 대한 설명으로 옳은 것은?

① 인공위성의 궤도로 이용된다.
② 대류가 일어나고 기상 현상이 나타난다.
③ 중간권 계면 부근에서 기온이 가장 높다.
④ 고위도 지방에서 오로라가 나타나기도 한다.
⑤ 행성간 물질이 대기와의 마찰로 타면서 유성이 관측된다.

이 문제에서 나올 수 있는 보기는 多

**10** 복사 에너지에 대한 설명으로 옳지 않은 것은?

① 물질의 도움 없이 직접 전달되는 에너지를 복사 에너지라고 한다.
② 태양이 방출하는 복사 에너지를 태양 복사 에너지라고 한다.
③ 물체의 온도가 높을수록 방출하는 복사 에너지양이 많다.
④ 지구는 흡수한 태양 복사 에너지양만큼 지구 복사 에너지를 방출한다.
⑤ 지구 대기 중의 온실 기체는 태양 복사 에너지의 일부를 흡수했다가 지표면으로 다시 방출한다.
⑥ 물체가 흡수하는 에너지양이 방출하는 에너지양보다 많으면 온도가 상승한다.

**11** 복사 평형 상태일 때 물체가 흡수하는 복사 에너지양과 방출하는 복사 에너지양을 옳게 비교한 것은?

① 흡수하는 에너지양 > 방출하는 에너지양
② 흡수하는 에너지양 < 방출하는 에너지양
③ 흡수하는 에너지양 = 방출하는 에너지양
④ 흡수하는 에너지양 = 0
⑤ 방출하는 에너지양 = 0

이 문제에서 나올 수 있는 보기는 多

**12** 그림 (가)와 같이 장치한 후, 적외선등을 켜고 일정한 시간 간격으로 알루미늄 컵 속 공기의 온도를 측정하였더니 (나)와 같이 나타났다.

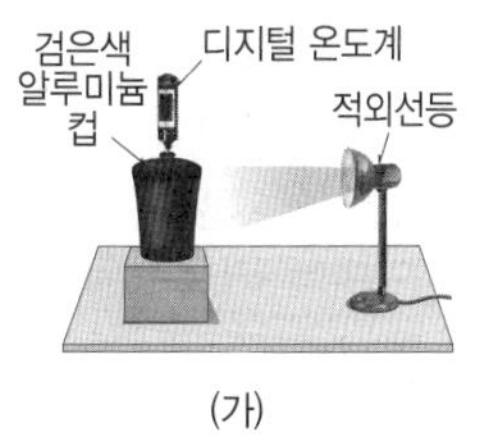

(가)

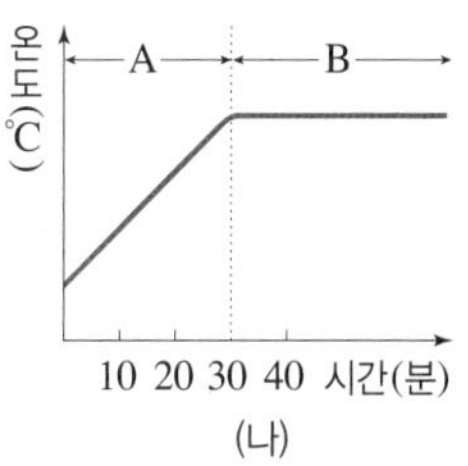

(나)

이에 대한 설명으로 옳지 않은 것을 모두 고르면?(2개)

① 지구의 온실 효과를 알아보기 위한 실험이다.
② 알루미늄 컵은 지구, 적외선등은 태양을 의미한다.
③ 적외선등을 더 가까이 하면 온도가 계속 올라간다.
④ A 구간에서 컵이 흡수하는 에너지양은 방출하는 에너지양보다 많다.
⑤ B 구간에서 알루미늄 컵은 복사 평형 상태이다.
⑥ 적외선등을 더 멀리하면 A 구간의 시간이 길어진다.
⑦ 적외선등을 더 멀리하면 B 구간의 온도가 낮아진다.

**13** 그림은 지구에서 복사 에너지의 출입을 나타낸 것이다.

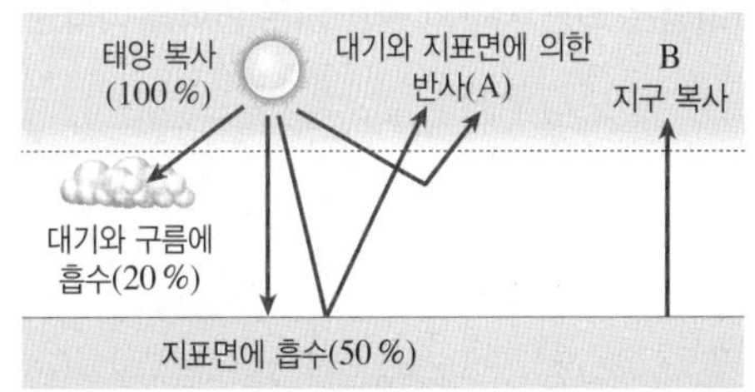


지구에서 반사되는 에너지양 A와 지구에서 방출되는 에너지양 B를 옳게 짝 지은 것은?(단, 지구에 들어오는 태양 복사 에너지양은 100 %라고 가정한다.)

| | A | B |
|---|---|---|
| ① | 20 % | 30 % |
| ② | 20 % | 50 % |
| ③ | 30 % | 50 % |
| ④ | 30 % | 70 % |
| ⑤ | 50 % | 70 % |

**14** 그림 (가)와 (나)는 각각 대기가 없을 때와 있을 때 지구의 복사 에너지 출입을 나타낸 것이다.

(가) 대기가 없을 때

(나) 대기가 있을 때

이에 대한 설명으로 옳지 않은 것은?

① (가)에서는 온실 효과가 일어난다.
② (나)의 대기는 지구 복사 에너지를 흡수한다.
③ (나)의 대기에는 메테인, 이산화 탄소 등이 있다.
④ 지구의 평균 기온은 (나)가 (가)보다 높다.
⑤ (나)는 (가)보다 높은 온도에서 복사 평형을 이룬다.

**15** 지구 온난화에 대한 설명으로 옳지 않은 것은?

① 지구의 평균 기온이 상승하는 현상이다.
② 온실 효과가 강화되어 나타나는 현상이다.
③ 인간 활동은 지구 온난화에 영향을 미치지 않는다.
④ 온실 효과를 일으키는 기체에는 메테인, 이산화 탄소 등이 있다.
⑤ 지구 온난화의 주요 원인은 화석 연료 사용 증가로 인한 대기 중 이산화 탄소의 농도 증가이다.

**16** 그림은 최근 지구의 평균 기온 변화를 나타낸 것이다.

이에 대한 설명으로 옳지 않은 것은?

① 지구의 평균 기온이 대체로 상승하였다.
② 대기 중 이산화 탄소의 농도가 증가하여 기온이 변하였을 것이다.
③ 해수면의 높이는 낮아졌을 것이다.
④ 기상 이변이 증가하였을 것이다.
⑤ 온실 효과가 강화되었을 것이다.

**17** 다음과 같은 기체들의 공통점은?

> 수증기, 이산화 탄소, 메테인

① 기상 현상을 일으킨다.
② 온실 효과를 일으킨다.
③ 생물의 호흡에 이용된다.
④ 식물의 광합성에 이용된다.
⑤ 생물체를 구성하는 주요 물질이다.

이 문제에서 나올 수 있는 보기는 多

**18** 지구 온난화의 영향으로 나타나는 현상으로 옳지 않은 것을 모두 고르면?(3개)

① 만년설이 감소한다.
② 해수의 부피가 줄어든다.
③ 육지의 면적이 늘어난다.
④ 물 부족 현상이 나타난다.
⑤ 농작물 수확량이 변화한다.
⑥ 극지방의 빙하 면적이 증가한다.
⑦ 홍수, 폭염 등 기상 이변이 발생한다.

**19** 그림은 지구의 평균 기온이 상승함에 따라 지구 곳곳에서 나타나는 현상들이다.

(가) 빙하 면적 감소

(나) 홍수, 집중 호우

이러한 현상을 막기 위한 방법으로 옳지 않은 것은?

① 에너지와 자원을 절약한다.
② 화석 연료의 사용량을 줄인다.
③ 나무를 심어 광합성량을 늘린다.
④ 풍력, 태양열 등 친환경 에너지를 개발한다.
⑤ 국제 협력을 통해 온실 기체의 배출량을 늘린다.

# 서술형 정복하기

● 정답과 해설 60쪽

## 1단계 단답형으로 쓰기

**1** 기권의 층상 구조 중 대류가 활발하게 일어나고, 여러 가지 기상 현상이 나타나는 층을 쓰시오.

**2** 기권의 층상 구조 중 높이 올라갈수록 기온이 높아지고 낮과 밤의 기온 차가 매우 큰 층을 쓰시오.

**3** 물체가 흡수하는 복사 에너지양과 방출하는 복사 에너지양이 같은 상태를 무엇이라고 하는지 쓰시오.

**4** 온실 효과가 강화되어 지구의 평균 기온이 높아지는 현상을 무엇이라고 하는지 쓰시오.

**5** 지구 온난화에 영향을 주는 온실 기체를 세 가지만 쓰시오.

## 2단계 제시된 단어를 모두 이용하여 서술하기

[6~10] 각 문제에 제시된 단어를 모두 이용하여 답을 서술하시오.

**6** 대류권과 중간권의 공통점을 두 가지 서술하시오.

기온, 대류

**7** 성층권에서 높이 올라갈수록 나타나는 기온 변화와 그러한 기온 변화가 나타나는 까닭을 서술하시오.

오존층, 자외선

**8** 지구는 태양으로부터 끊임없이 에너지를 받고 있지만, 평균 기온이 거의 일정하게 유지되는 까닭을 서술하시오.

흡수, 방출, 지구 복사 에너지양, 태양 복사 에너지양

**9** 달보다 지구의 평균 온도가 더 높은 까닭을 서술하시오.

대기, 온실 효과

**10** 지구 온난화의 주요 원인을 서술하시오.

화석 연료, 온실 기체

## 3단계 실전 문제 풀어 보기

답안작성 TIP

**11** 그림은 기권의 층상 구조를 나타낸 것이다.

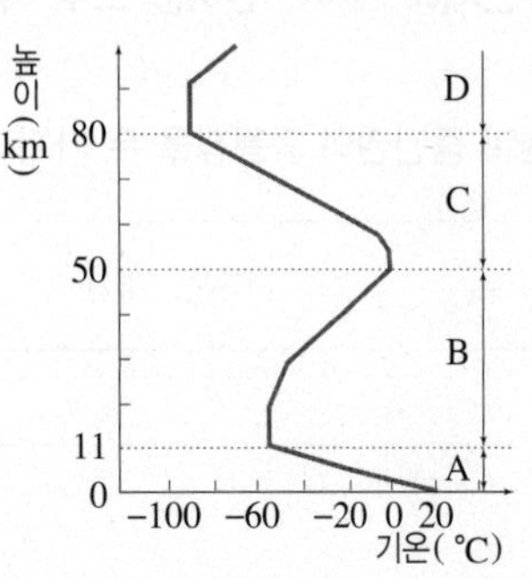


(1) 기권을 4개의 층으로 구분한 기준을 쓰시오.

(2) A~D 중 기상 현상이 나타나는 층을 고르고, 기상 현상이 나타나기 위한 조건 두 가지를 서술하시오.

**12** 그림과 같이 검은색 알루미늄 컵에 온도계를 꽂고 적외선등을 켠 다음 2분마다 온도를 측정하였다.

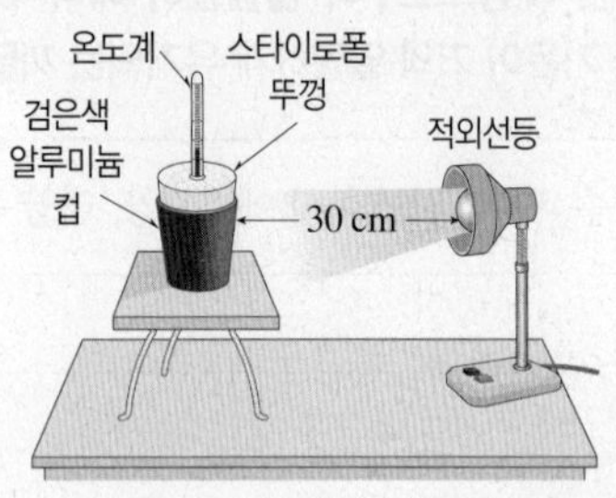


(1) 시간이 지남에 따라 컵 속 공기의 온도는 어떻게 변하는지 그래프를 그리시오.

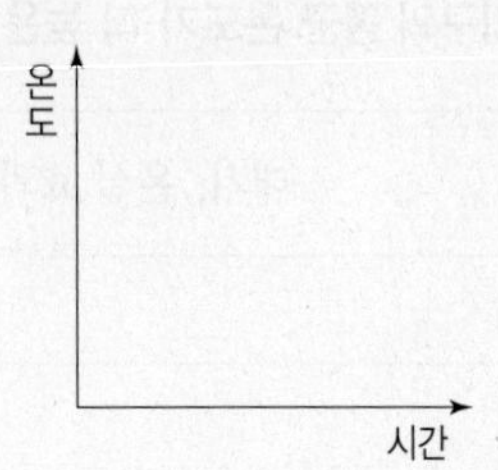


(2) 온도 변화가 (1)과 같이 나타난 까닭을 서술하시오.

답안작성 TIP

**13** 그림은 지구의 복사 평형을 나타낸 것이다.

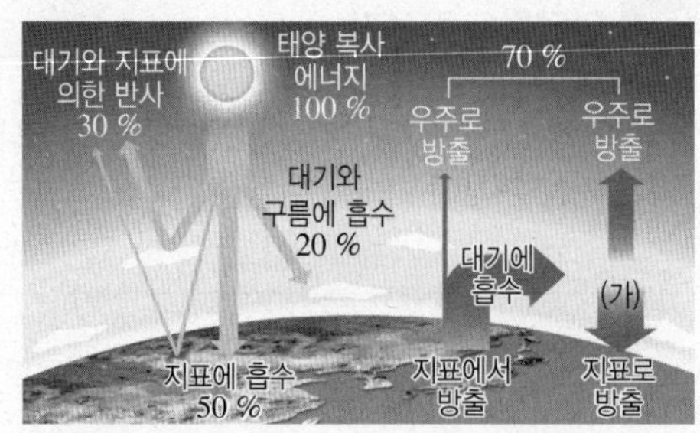


만약 지구에 대기가 없을 경우, 지구의 평균 기온이 어떻게 변화될지 (가) 과정과 관련지어 서술하시오.

**14** 그림은 1880년 이후 대기 중 이산화 탄소 농도의 변화와 지구의 평균 기온 변화를 나타낸 것이다.

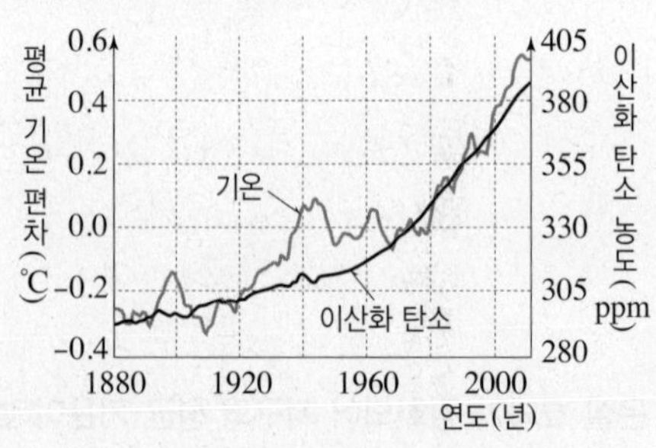


(1) 대기 중 이산화 탄소 농도 변화와 지구의 평균 기온 변화의 관계를 서술하시오.

(2) 이와 같은 기온 상승이 지속될 때 나타날 수 있는 현상을 두 가지 서술하시오.

답안작성 TIP

**11.** (1) 기권의 층상 구조는 구분 기준에 따라 대류권, 성층권, 중간권, 열권의 4개 층으로 구분한다. **13.** 지구는 대기가 존재하여 온실 효과가 일어나 평균 기온이 높게 유지된다는 것을 생각한다.

# 중단원 핵심 요약

● 정답과 해설 61쪽

## 1 공기의 불포화 상태와 포화 상태

(1) 불포화 상태 : 어떤 기온에서 일정한 양의 공기가 수증기를 더 포함할 수 있는 상태

(2) ❶ ______ : 어떤 기온에서 일정한 양의 공기가 수증기를 최대로 포함하고 있는 상태

## 2 포화 수증기량

| | |
|---|---|
| 포화 수증기량 | • 포화 상태의 공기 1 kg에 들어 있는 수증기량(g)<br>• 기온이 높을수록 포화 수증기량 ❷ ______ |
| 포화 수증기량 곡선 | 수증기량(g/kg) 27.1, 14.7 / 기온(°C) 0 5 10 15 20 25 30 / 포화 수증기량 곡선 / A, B, C / ①, ②<br>• 포화 상태의 공기 : 포화 수증기량 곡선에 있는 공기(B, C)<br>• 불포화 상태의 공기 : 포화 수증기량 곡선 아래에 있는 공기(A)<br>• 불포화 상태의 공기를 포화시키는 방법 : 기온을 낮추거나(①) 수증기를 공급(②)한다. |

## 3 이슬점과 응결량

| | |
|---|---|
| 이슬점 | • 응결 : 공기 중의 수증기가 ❸ ______로 변하는 현상<br>• ❹ ______ : 공기가 냉각되어 수증기가 응결하기 시작할 때의 온도<br>• 실제 수증기량이 많을수록 이슬점이 ❺ ______<br>• 이슬점에서의 포화 수증기량=실제 수증기량 |
| 응결량 | • 공기가 냉각되어 이슬점보다 낮은 온도가 될 때 응결되는 물의 양<br>• 응결량=실제 수증기량－냉각된 온도에서의 포화 수증기량 |
| 포화 수증기량 곡선 | 수증기량(g/kg) 27.1, 14.7, 7.6 / 기온(°C) 0 5 10 15 20 25 30 / 포화 수증기량 곡선 / 포화, 응결 시작 / 응결 / A″ (냉각) / A′ (냉각) / A / 불포화 공기 / 7.1 g/kg / 응결량 / A 공기의 이슬점<br>• A 공기의 이슬점 : A 공기를 냉각시킬 때 포화 상태(A′)가 되어 응결이 시작되는 온도 ➡ 20 °C<br>• A 공기를 10 °C로 냉각(A″)시킬 때 응결량 =14.7 g/kg－7.6 g/kg=7.1 g/kg |

## 4 상대 습도

(1) 상대 습도를 구하는 식

$$\text{상대 습도(\%)}=\frac{\text{현재 공기 중의 실제 수증기량(g/kg)}}{\text{현재 기온에서의 포화 수증기량(g/kg)}}\times 100$$

(2) 맑은 날 하루 동안의 기온, 상대 습도, 이슬점 변화

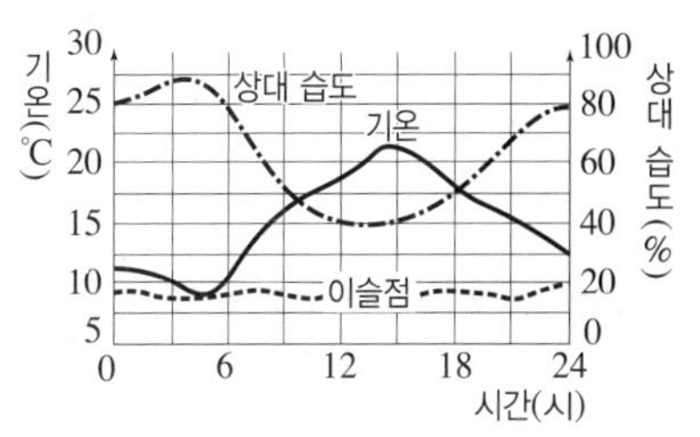


① 기온과 상대 습도 변화는 대체로 반대로 나타난다.

② ❻ ______은 거의 일정하다. ➡ 하루 동안 공기 중에 포함된 수증기량 변화가 거의 없기 때문

## 5 구름의 생성

| | |
|---|---|
| 구름의 생성 과정 | 공기 상승 → 단열 ❼ ______ → 기온 ❽ ______ → 이슬점 도달 → 수증기 응결 → 구름 생성 |
| 공기가 상승하여 구름이 생성되는 경우 | • 지표면의 일부가 강하게 가열될 때<br>• 공기가 산을 타고 올라갈 때<br>• 찬 공기와 따뜻한 공기가 만날 때<br>• 공기가 모여드는 저기압의 중심일 때 |

## 6 구름의 모양

| 구분 | 적운형 구름 | 층운형 구름 |
|---|---|---|
| 모양 | 위로 솟는 모양 | 옆으로 퍼지는 모양 |
| 공기의 상승 | 강할 때 생성 | 약할 때 생성 |
| 강수 | 소나기성 비 | 지속적인 비 |

## 7 강수 이론

| ❾ ______ | ❿ ______ |
|---|---|
| 0 °C / 빗방울 / 물방울 | −40 °C / 0 °C / 얼음 알갱이 / 물방울 |
| • 저위도 지방(열대 지방)<br>• 크고 작은 물방울들이 서로 부딪치고 합쳐짐 → 크기가 커져서 무거워짐 → 빗방울이 되어 떨어짐 → 비(따뜻한 비) | • 중위도나 고위도 지방<br>• 수증기가 얼음 알갱이에 달라붙음 → 크기가 커져서 무거워짐 → 그대로 떨어지면 눈, 떨어지다가 녹으면 비(차가운 비) |

Ⅱ 기권과 날씨

# 잠깐 테스트

● 정답과 해설 61쪽

MEMO

**1** ①(　　　)은 포화 상태의 공기 1 kg에 들어 있는 수증기량(g)으로, 기온이 높을수록 포화 수증기량이 ②(　　　)한다.

**[2~4] 오른쪽 그림은 기온과 포화 수증기량의 관계를 나타낸 것이다.**

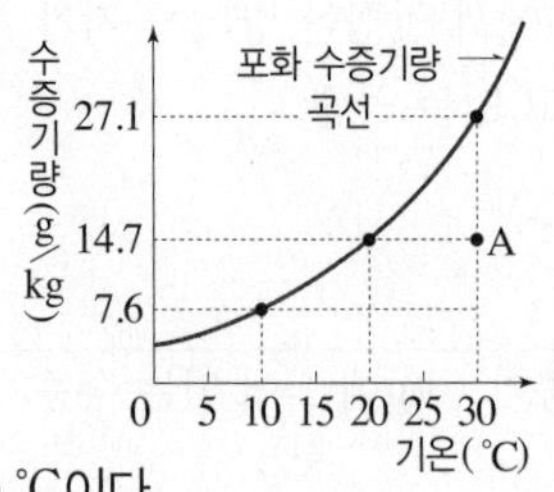


**2** A 공기의 포화 수증기량은 ①(　　　) g/kg이고, 실제 수증기량은 ②(　　　) g/kg이다.

**3** A 공기는 ①( 포화, 불포화 ) 상태이고, 이슬점은 ②(　　　) °C이다.

**4** A 공기 1 kg을 10 °C로 냉각시킬 때 응결량은 ①(　　　) g−②(　　　) g=③(　　　) g이다.

**5** 기온이 15 °C인 공기 1 kg에 5.3 g의 수증기가 포함되어 있다. 이 공기의 상대 습도는 몇 %인가?(단, 15 °C에서 포화 수증기량은 10.6 g/kg이다.)

**6** 오른쪽 그림은 어느 맑은 날 하루 동안의 기온, 상대 습도, 이슬점 변화를 나타낸 것이다.

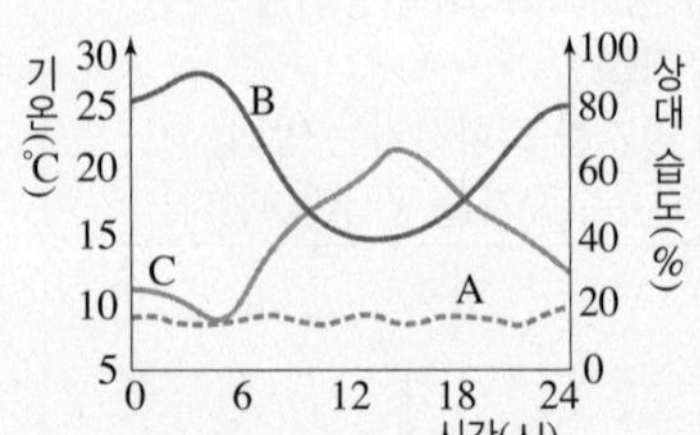


(1) A, B, C가 나타내는 것을 각각 쓰시오.

(2) 기온과 상대 습도는 (　　　) 나타난다.

**7** 다음은 구름의 생성 과정을 나타낸 것이다. (　　　) 안에 알맞은 말을 쓰시오.

> 공기 상승 → 단열 ①(　　　) → 기온 ②(　　　) → 수증기 ③(　　　) → 구름 생성

**8** 오른쪽 그림과 같이 물을 조금 넣은 플라스틱 병의 뚜껑을 닫고 간이 가압 장치를 여러 번 눌렀다가, 뚜껑을 열었다.

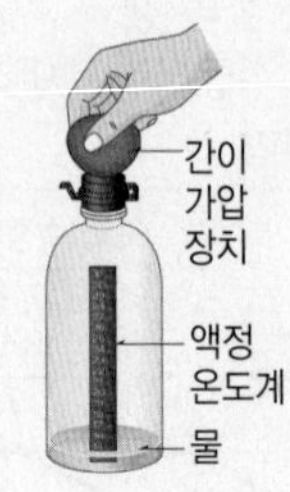


(1) 뚜껑을 열면 플라스틱 병 속의 공기가 팽창하면서 기온이 ①(　　　) 지고, 플라스틱 병 내부는 ②(　　　).

(2) 플라스틱 병 속에 향 연기를 넣고 실험하면 향 연기가 (　　　) 역할을 하여 응결이 더 잘 일어난다.

**9** 열대 지방이나 저위도 지방의 구름 속에서 크고 작은 ①(　　　)이 서로 부딪치면서 합쳐져 점점 커지고, 무거워지면 떨어져서 비가 된다는 강수 이론을 ②(　　　)이라고 한다.

**10** 중위도나 고위도 지방의 구름 속에서 수증기가 얼음 알갱이에 달라붙어 ①(　　　)가 커지고, 무거워져 떨어지면 눈, 떨어지다 녹으면 비가 된다는 강수 이론을 ②(　　　)이라고 한다.

# 계산력·암기력 강화 문제



● 정답과 해설 61쪽



## ① 포화 수증기량 구하기 진도 교재 59쪽

- 포화 수증기량 : 포화 상태의 공기 1 kg에 들어 있는 수증기량(g) ➡ 단위 : g/kg
- 포화 수증기량은 기온이 높을수록 증가한다.

● **그래프에서 포화 수증기량 구하기**

**1** 현재 기온이 5 ℃인 포화 상태의 공기 1 kg에 들어 있는 수증기량을 구하시오.

**2** 현재 기온이 10 ℃인 포화 상태의 공기 2 kg에 들어 있는 수증기량을 구하시오.

**3** 기온이 20 ℃인 공기 5 kg에 최대한 포함될 수 있는 수증기량을 구하시오.

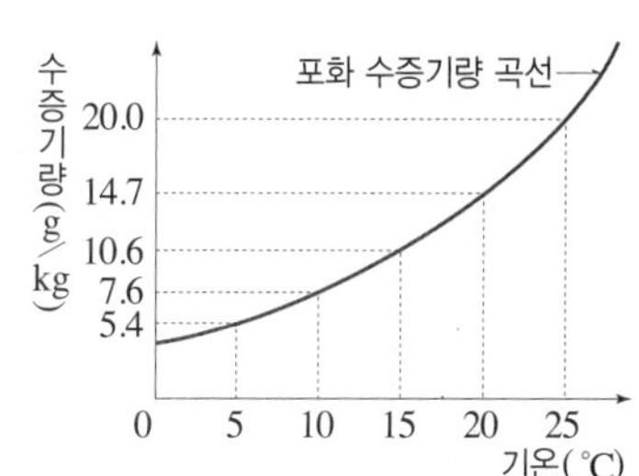


● **표에서 포화 수증기량 구하기**

| 기온(℃) | 10 | 15 | 20 | 25 | 30 |
|---|---|---|---|---|---|
| 포화 수증기량(g/kg) | 7.6 | 10.6 | 14.7 | 20.0 | 27.1 |

**4** 현재 기온이 10 ℃인 공기가 포화 상태일 때 1 kg에 들어 있는 수증기량을 구하시오.

**5** 현재 기온이 15 ℃인 포화 상태의 공기 3 kg에 들어 있는 수증기량을 구하시오.

**6** 현재 기온이 25 ℃인 포화 상태의 공기 500 g에 들어 있는 수증기량을 구하시오.

**7** 현재 기온이 30 ℃인 공기 1 kg에 들어 있는 수증기량이 23.1 g일 때, 이 공기가 포화 상태가 되기 위해 더 필요한 수증기량을 구하시오.

## ① 이슬점 구하기 진도 교재 59쪽

- 이슬점 : 공기가 냉각되어 수증기가 응결하기 시작할 때의 온도
  = 불포화 공기가 냉각되어 포화 상태가 될 때의 온도
  = 냉각될 때 포화 수증기량 곡선과 만나는 점의 온도

● **그래프에서 이슬점 구하기**

**1** A~E 공기의 이슬점을 각각 구하시오.

(1) A 공기 : ______________

(2) B 공기 : ______________

(3) C 공기 : ______________

(4) D 공기 : ______________

(5) E 공기 : ______________

포화 수증기량 곡선
수증기량(g/kg)
27.1
20.0
14.7
10.6
7.6
5.4
A
B
C
D
E
0
5
10
15
20
25
30
기온(℃)

● 표에서 이슬점 구하기

| 기온(℃) | 0 | 5 | 10 | 15 | 20 | 25 | 30 |
|---|---|---|---|---|---|---|---|
| 포화 수증기량(g/kg) | 3.8 | 5.4 | 7.6 | 10.6 | 14.7 | 20.0 | 27.1 |

**2** 현재 기온이 20 ℃인 공기 1 kg에 10.6 g의 수증기가 들어 있을 때, 이 공기의 이슬점을 구하시오.

**3** 현재 기온이 20 ℃인 공기 1 kg에 14.7 g의 수증기가 들어 있을 때, 이 공기의 이슬점을 구하시오.

**4** 현재 기온이 15 ℃인 공기 1 kg에 7.6 g의 수증기가 들어 있을 때, 이 공기의 이슬점을 구하시오.

**5** 현재 기온이 10 ℃인 공기 2 kg에 10.8 g의 수증기가 들어 있을 때, 이 공기의 이슬점을 구하시오.

## ◇ 응결량 구하기 진도 교재 59쪽

• 응결량 : 공기가 냉각되어 이슬점보다 낮은 온도가 될 때 응결되는 물의 양
➡ 실제 수증기량(g/kg) − 냉각된 온도에서의 포화 수증기량(g/kg)

● 그래프에서 응결량 구하기

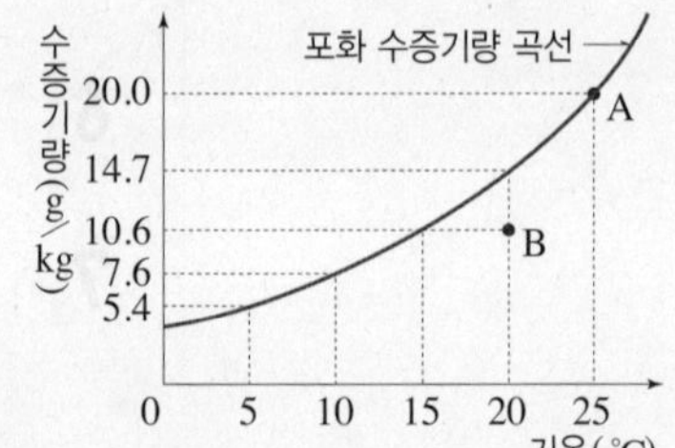


**1** A 공기 1 kg을 15 ℃로 냉각시켰을 때 응결량을 구하시오.

**2** B 공기 1 kg을 5 ℃로 냉각시켰을 때 응결량을 구하시오.

**3** B 공기 5 kg을 10 ℃로 냉각시켰을 때 응결량을 구하시오.

● 표에서 응결량 구하기

| 기온(℃) | 0 | 5 | 10 | 15 | 20 | 25 | 30 |
|---|---|---|---|---|---|---|---|
| 포화 수증기량(g/kg) | 3.8 | 5.4 | 7.6 | 10.6 | 14.7 | 20.0 | 27.1 |

**4** 현재 기온이 20 ℃인 포화 상태의 공기 1 kg을 10 ℃로 냉각시켰을 때 응결량을 구하시오.

**5** 현재 기온이 25 ℃인 공기 1 kg에 18.0 g의 수증기가 들어 있다. 이 공기 1 kg을 15 ℃로 냉각시켰을 때 응결량을 구하시오.

**6** 현재 기온이 25 ℃인 공기 2 kg에 38.0 g의 수증기가 들어 있다. 이 공기 2 kg을 20 ℃로 냉각시켰을 때 응결량을 구하시오.

## ❶ 상대 습도 구하기 진도 교재 61쪽

$$상대\ 습도(\%)=\frac{현재\ 공기\ 중에\ 포함된\ 실제\ 수증기량(g/kg)}{현재\ 기온에서의\ 포화\ 수증기량(g/kg)}\times 100$$

● 표에서 상대 습도 구하기

| 기온(°C) | 0 | 5 | 10 | 15 | 20 | 25 | 30 |
|---|---|---|---|---|---|---|---|
| 포화 수증기량(g/kg) | 3.8 | 5.4 | 7.6 | 10.6 | 14.7 | 20.0 | 27.1 |

**1** 현재 기온이 30 °C인 공기 1 kg에 15.2 g의 수증기가 들어 있을 때, 이 공기의 상대 습도를 구하시오.(단, 소수 첫째 자리에서 반올림한다.)

**2** 현재 기온이 20 °C인 공기 1 kg에 9.0 g의 수증기가 들어 있을 때, 이 공기의 상대 습도를 구하시오.(단, 소수 첫째 자리에서 반올림한다.)

**3** 현재 기온이 30 °C인 공기 2 kg에 30.4 g의 수증기가 들어 있을 때, 이 공기의 상대 습도를 구하시오.(단, 소수 첫째 자리에서 반올림한다.)

**4** 어느 실험실의 기온이 30 °C이고, 이슬점이 20 °C일 때 이 공기의 상대 습도를 구하시오.(단, 소수 둘째 자리에서 반올림한다.)

**5** 현재 기온이 15 °C이고, 이슬점이 5 °C인 공기의 상대 습도를 구하시오.(단, 소수 둘째 자리에서 반올림한다.)

● 상대 습도를 이용하여 실제 수증기량 구하기

| 기온(°C) | 0 | 5 | 10 | 15 | 20 | 25 | 30 |
|---|---|---|---|---|---|---|---|
| 포화 수증기량(g/kg) | 3.8 | 5.4 | 7.6 | 10.6 | 14.7 | 20.0 | 27.1 |

**6** 현재 기온이 30 °C인 공기의 상대 습도가 50 %일 때, 이 공기 1 kg에 들어 있는 수증기의 양을 구하시오.

**7** 현재 기온이 25 °C인 공기의 상대 습도가 56 %일 때, 이 공기 1 kg에 들어 있는 수증기의 양을 구하시오.

**8** 현재 기온이 20 °C이고, 상대 습도가 50 %인 공기 2 kg에 들어 있는 수증기의 양을 구하시오.

**9** 현재 기온이 30 °C인 공기의 상대 습도가 70 %일 때, 이 공기 5 kg에 들어 있는 수증기의 양을 구하시오.

[01~02] 그림은 포화 수증기량 곡선을 나타낸 것이다.

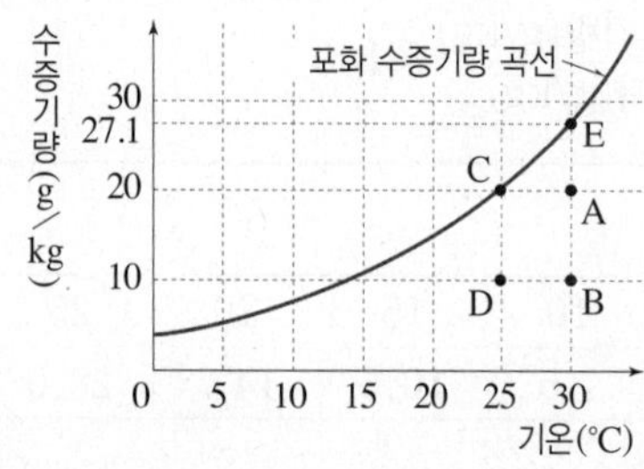


**01** 포화 수증기량이 같은 공기끼리 옳게 짝 지은 것을 모두 고르면?(2개)

① A, C ② B, D ③ C, D
④ A, B, D ⑤ A, B, E

**02** A 공기 1 kg을 포화 상태로 만들기 위해서는 다음과 같은 두 가지 방법이 있다. (     ) 안에 알맞은 값을 쓰시오.

- 기온을 ㉠(     )°C로 낮춘다.
- 수증기 ㉡(     )g을 더 공급한다.

이 문제에서 나올 수 있는 보기는 多

**03** 이슬점에 대한 설명으로 옳지 않은 것을 모두 고르면?(2개)

① 응결이 시작되는 온도이다.
② 수증기가 물방울이 될 때의 온도를 말한다.
③ 포화 수증기량이 증가하면 이슬점도 높아진다.
④ 공기 중의 수증기량이 적을수록 이슬점이 높다.
⑤ 이슬점에 도달한 공기의 상대 습도는 100 %이다.
⑥ 이슬점에서의 포화 수증기량은 실제 수증기량과 같다.
⑦ 공기가 냉각되어 포화 상태에 도달할 때의 온도이다.

[04~05] 그림은 기온과 포화 수증기량의 관계를 나타낸 것이다.

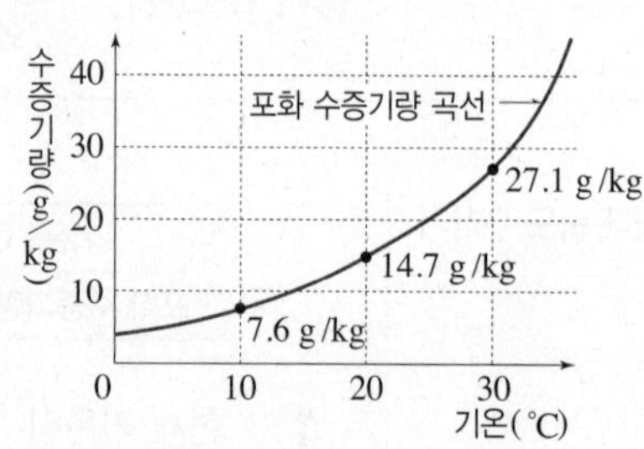


**04** 30 °C의 공기 1 kg에 14.7 g의 수증기가 포함되어 있을 때, 이 공기의 이슬점은 몇 °C인지 쓰시오.

**05** 30 °C의 공기 3 kg에 44.1 g의 수증기가 포함되어 있다. 이 공기 3 kg의 온도를 10 °C까지 냉각시킬 때 응결량은 몇 g인지 쓰시오.

[06~07] 표는 기온에 따른 포화 수증기량을 나타낸 것이다.

| 기온(°C) | 5 | 10 | 15 | 20 | 25 | 30 |
|---|---|---|---|---|---|---|
| 포화 수증기량 (g/kg) | 5.4 | 7.6 | 10.6 | 14.7 | 20.0 | 27.1 |

**06** 현재 기온이 25 °C이고, 이슬점이 15 °C인 공기의 상대 습도는 몇 %인가?

① 31 % ② 41 % ③ 53 %
④ 74 % ⑤ 80 %

**07** 어떤 공기의 기온이 30 °C이고, 상대 습도가 약 39 %일 때, 이 공기의 이슬점은 몇 °C인가?

① 약 5 °C ② 약 10 °C ③ 약 15 °C
④ 약 20 °C ⑤ 약 25 °C

[08~09] 그림은 기온과 포화 수증기량의 관계를 나타낸 것이다.

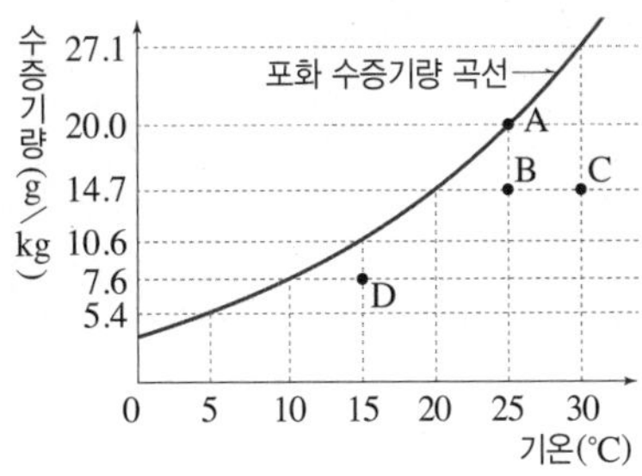


**08** B 공기의 상대 습도를 구하시오.

이 문제에서 나올 수 있는 보기는 多

**09** 공기 A~D에 대한 설명으로 옳은 것은?

① A는 불포화 상태이다.
② B와 C는 이슬점이 같다.
③ 이슬점은 A가 가장 낮다.
④ A와 B는 상대 습도가 같다.
⑤ 상대 습도는 D가 가장 높다.
⑥ 포화 수증기량은 A가 가장 많다.

**10** 겨울철 밀폐된 방 안에서 난로를 피웠을 때 포화 수증기량, 이슬점, 상대 습도의 변화를 옳게 짝 지은 것은?

| | 포화 수증기량 | 이슬점 | 상대 습도 |
|---|---|---|---|
| ① | 증가 | 상승 | 감소 |
| ② | 증가 | 일정 | 감소 |
| ③ | 감소 | 상승 | 일정 |
| ④ | 감소 | 일정 | 증가 |
| ⑤ | 일정 | 하강 | 일정 |

**11** 그림은 맑은 날 하루 동안의 기온, 상대 습도, 이슬점 변화를 나타낸 것이다.

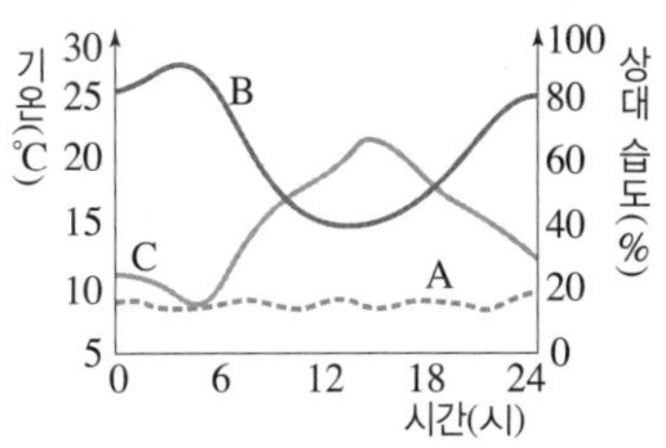


이에 대한 설명으로 옳은 것은?

① 상대 습도는 14~15시경에 가장 높다.
② 기온이 높아지면 상대 습도는 높아진다.
③ 하루 중 가장 큰 변화를 보인 것은 이슬점이다.
④ 포화 수증기량은 4~5시경에 가장 많았다.
⑤ 이날 대기 중 수증기량은 거의 변화가 없었다.

**12** 그림은 날씨가 맑은 어느 날 하루 동안의 기온과 이슬점 변화를 나타낸 것이다.

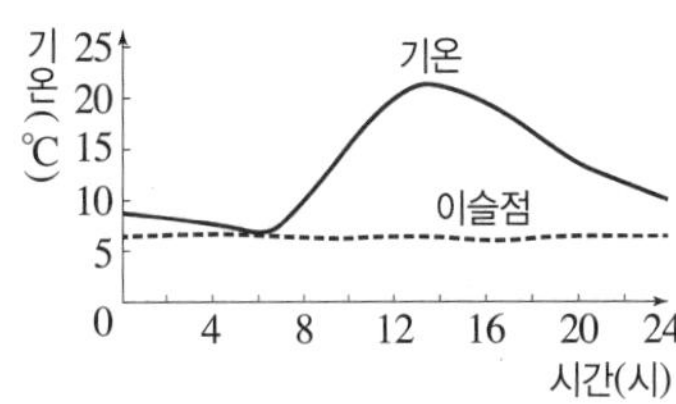


이에 대한 설명으로 옳은 것은?

① 공기 중 수증기량은 13시경에 가장 많았다.
② 상대 습도는 13시경에 가장 높았다.
③ 포화 수증기량은 거의 변화가 없었다.
④ 이슬점은 기온보다 하루 중 변화가 컸다.
⑤ 이날 지표 부근에 안개가 발생했다면 그 시각은 6시경이었을 것이다.

**13** 보기는 구름의 생성 과정을 순서 없이 나열한 것이다.

| 보기 | |
|---|---|
| ㄱ. 공기 상승 | ㄴ. 구름 생성 |
| ㄷ. 단열 팽창 | ㄹ. 기온 하강 |
| ㅁ. 수증기 응결 | |

순서대로 옳게 나열한 것은?

① ㄱ → ㄷ → ㄹ → ㅁ → ㄴ
② ㄱ → ㄹ → ㅁ → ㄷ → ㄴ
③ ㄷ → ㄱ → ㅁ → ㄹ → ㄴ
④ ㄷ → ㅁ → ㄹ → ㄱ → ㄴ
⑤ ㅁ → ㄹ → ㄱ → ㄷ → ㄴ

**14** 오른쪽 그림과 같이 플라스틱 병에 물을 약간 넣고 뚜껑을 닫은 후, 간이 가압 장치를 눌러 압축시킨다. 뚜껑을 갑자기 열었을 때, 플라스틱 병 내부에서 일어나는 변화를 옳게 짝 지은 것은?

간이 가압 장치
액정 온도계
물

| | 부피 | 기온 | 내부 |
|---|---|---|---|
| ① | 압축 | 상승 | 맑아짐 |
| ② | 압축 | 하강 | 흐려짐 |
| ③ | 팽창 | 상승 | 맑아짐 |
| ④ | 팽창 | 하강 | 맑아짐 |
| ⑤ | 팽창 | 하강 | 흐려짐 |

**15** 그림은 구름이 생성되는 과정을 나타낸 것이다.

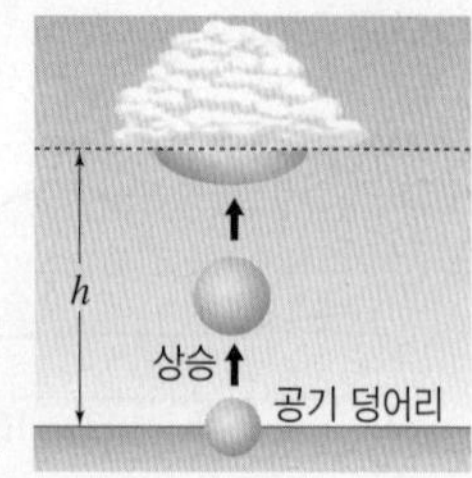


이에 대한 설명으로 옳은 것은?

① 지표면이 냉각될 때 공기 덩어리가 상승한다.
② 공기 덩어리가 단열 압축되어 기온이 높아진다.
③ 공기 덩어리가 상승하면서 포화 수증기량이 감소한다.
④ 공기 덩어리가 상승하면서 상대 습도는 낮아진다.
⑤ 높이 $h$에서 기온이 이슬점보다 낮다.

이 문제에서 나올 수 있는 보기는 多

**16** 구름이 생성되는 경우가 아닌 것을 모두 고르면?(3개)

① 공기가 하강할 때
② 지표면의 일부가 가열될 때
③ 공기가 산비탈을 타고 오를 때
④ 찬 공기가 따뜻한 공기를 파고들 때
⑤ 공기가 산의 빗면을 타고 내려올 때
⑥ 공기가 모여드는 저기압의 중심일 때
⑦ 공기가 빠져나가는 고기압의 중심일 때
⑧ 따뜻한 공기가 찬 공기를 타고 올라갈 때

**17** 그림 (가)와 (나)는 두 종류의 구름을 나타낸 것이다.

(가)

(나)

이에 대한 설명으로 옳은 것은?

① (가)는 층운형 구름이다.
② (가)는 (나)보다 공기의 상승 운동이 약하다.
③ (나)는 좁은 지역에 소나기성 비를 내린다.
④ (가)와 (나)는 구름의 높이에 따라 분류한 것이다.
⑤ (가)와 (나)는 공기의 상승 운동 정도가 달라서 모양이 다르다.

**18** 저위도 지방의 강수 과정에 대한 설명으로 옳은 것은?

① 얼음 알갱이가 떨어지다가 녹으면 비가 된다.
② 온도가 0 °C보다 낮은 구름에서 비가 내린다.
③ 얼음 알갱이가 무거워지면 지상으로 떨어져 눈이 된다.
④ 구름 속에 얼음 알갱이와 물방울이 함께 존재하는 구간이 있다.
⑤ 구름 속의 물방울들이 서로 부딪치고 합쳐지면 떨어져서 비가 된다.

이 문제에서 나올 수 있는 보기는 多

**19** 오른쪽 그림은 어느 지역에서 생성된 구름의 모습을 나타낸 것이다. 이에 대한 설명으로 옳지 않은 것을 모두 고르면?(2개)

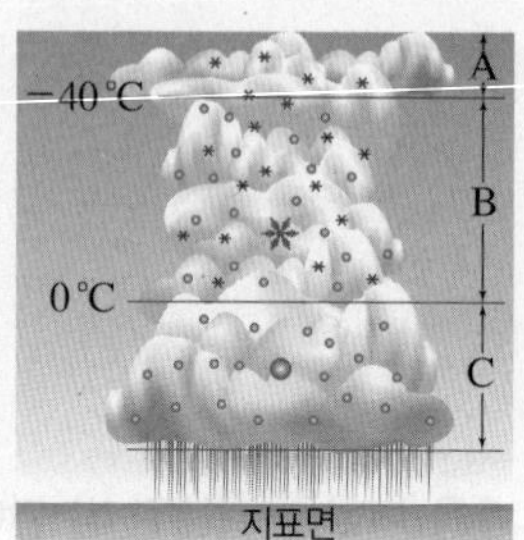


① 열대 지방에서 주로 발달한다.
② 빙정설에 해당한다.
③ 우리나라에 내리는 비를 설명할 수 있다.
④ A 구간에서 얼음 알갱이끼리 충돌하여 눈이 만들어진다.
⑤ B 구간에서 얼음 알갱이에 수증기가 달라붙어 얼음 알갱이가 커진다.
⑥ C 구간은 주로 물방울로 이루어져 있다.

# 서술형 정복하기

● 정답과 해설 63쪽

## 1단계 단답형으로 쓰기

**1** 포화 상태의 공기 1 kg에 들어 있는 수증기량(g)을 무엇이라고 하는지 쓰시오.

**2** 공기가 냉각되어 수증기가 응결하기 시작할 때의 온도를 무엇이라고 하는지 쓰시오.

**3** 상대 습도를 구하는 공식을 쓰시오.

**4** 공기가 외부와 열을 주고 받지 않으면서 부피가 팽창하는 현상을 무엇이라고 하는지 쓰시오.

**5** 열대 지방이나 저위도 지방에서 비가 내리는 과정을 설명하는 강수 이론을 쓰시오.

## 2단계 제시된 단어를 모두 이용하여 서술하기

[6~9] 각 문제에 제시된 단어를 모두 이용하여 답을 서술하시오.

**6** 불포화 공기를 포화 상태로 만드는 방법을 서술하시오.

기온, 수증기

**7** 응결량의 정의와 응결량을 구하는 방법을 서술하시오.

이슬점, 응결, 실제 수증기량, 포화 수증기량

**8** 구름이 생성되는 과정을 서술하시오.

공기 덩어리, 부피, 기온, 이슬점, 응결

**9** 우리나라에서 비나 눈이 내리는 과정을 서술하시오.

$-40 \sim 0\,^{\circ}C$, 수증기, 얼음 알갱이

## 3단계 실전 문제 풀어 보기

답안작성 TIP

**10** 표는 기온에 따른 포화 수증기량을 나타낸 것이다.

| 기온(°C) | 5 | 10 | 15 | 20 | 25 | 30 |
|---|---|---|---|---|---|---|
| 포화 수증기량(g/kg) | 5.4 | 7.6 | 10.6 | 14.7 | 20.0 | 27.1 |

**현재 기온이 20 °C인 밀폐된 방 안의 공기 2 kg 속에 21.2 g의 수증기가 포함되어 있다.**

(1) 이 공기의 이슬점은 몇 °C인지 쓰시오.

(2) 난로를 피워 방 안의 기온이 25 °C가 되었을 때, 이 방의 상대 습도를 식을 세워 구하시오.

답안작성 TIP

**11** 오른쪽 그림은 포화 수증기량 곡선을 나타낸 것이다. A~D 중 상대 습도가 가장 낮은 공기를 고르고, 그 까닭을 서술하시오.

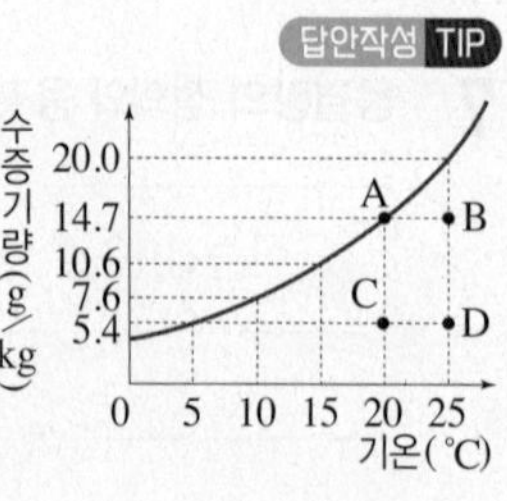


**12** 그림은 맑은 날의 기온, 상대 습도, 이슬점 변화를 나타낸 것이다.

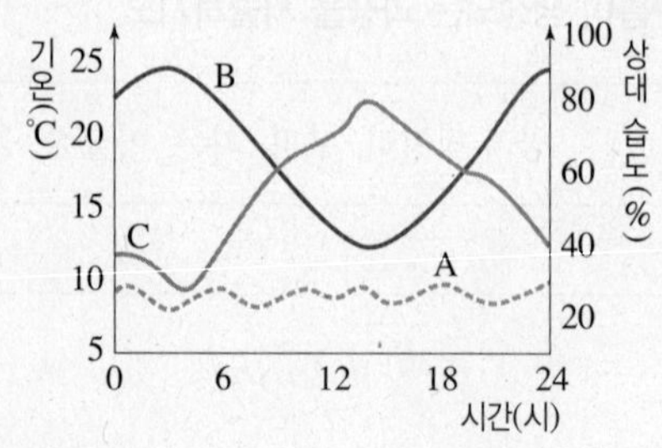


(1) A, B, C는 각각 무엇인지 쓰시오.

(2) 하루 중 A의 변화가 거의 없는 까닭을 서술하시오.

**13** 그림은 구름 발생 원리를 알아보기 위한 실험 장치이다.

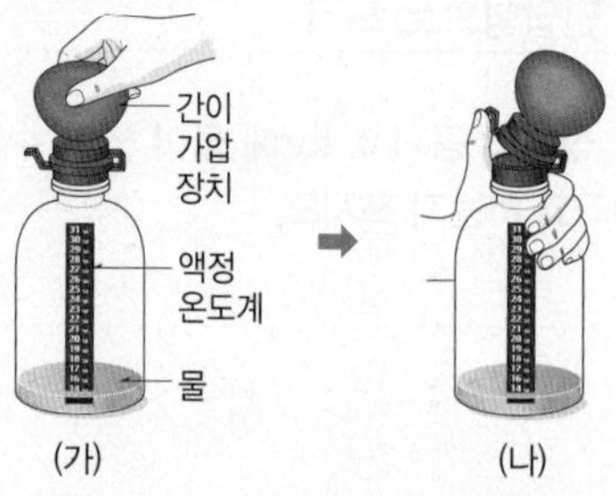


(1) 간이 가압 장치로 플라스틱 병 안의 공기를 압축시켰다가 그림 (나)와 같이 뚜껑을 열 때 플라스틱 병 안에서 생기는 변화를 쓰고, 이러한 변화가 나타나는 까닭을 부피 및 기온 변화와 관련지어 서술하시오.

(2) 향 연기를 넣고 같은 실험을 할 때, 플라스틱 병 안에서 생기는 변화와 향 연기의 역할을 서술하시오.

답안작성 TIP

**14** 그림 (가)와 (나)는 강수 이론을 나타낸 것이다.

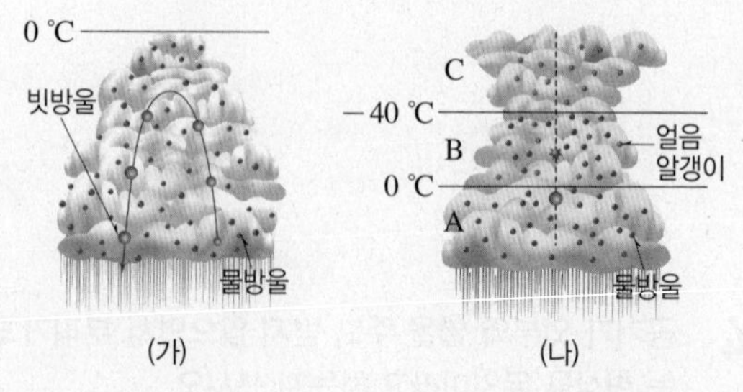


(1) (가)에서 비가 내리는 과정을 서술하시오.

(2) (나)의 A~C 중 얼음 알갱이가 성장하는 구간을 쓰고, 그 구간에서 얼음 알갱이가 성장하는 원리를 서술하시오.

답안작성 TIP

**10.** (1) 실제 수증기량(g/kg)과 포화 수증기량이 같은 온도를 찾는다. **11.** A~D 공기의 포화 수증기량과 실제 수증기량을 비교하여 상대 습도를 비교한다. **14.** 구름을 구성하고 있는 입자를 비교하여 (가)와 (나)의 강수 이론이 무엇인지 파악한다.

# 중단원 핵심 요약

● 정답과 해설 64쪽

**1 기압(대기압)** 공기가 단위 넓이($1\ m^2$)에 작용하는 힘

(1) 기압의 작용 : ❶ ______ 방향으로 동일하게 작용한다.

| 기압이 모든 방향으로 작용하기 때문에 나타나는 현상 | | |
|---|---|---|
| 물을 담은 유리컵을 종이로 덮고 거꾸로 뒤집어도 물이 쏟아지지 않는다. | 뜨거운 물이 담긴 페트병을 얼음물에 넣으면 페트병이 찌그러진다. | 신문지를 펼쳐 자로 빠르게 들어 올리면 신문지가 잘 올라오지 않는다. |

(2) 기압의 측정

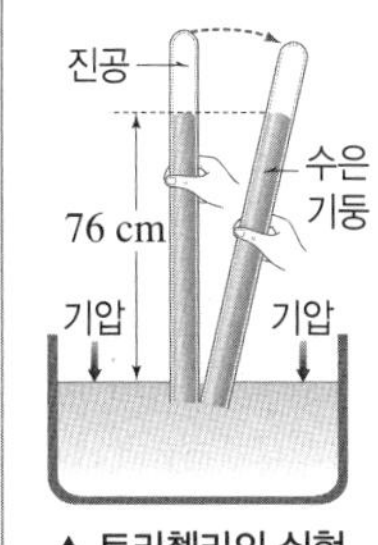

▲ 토리첼리의 실험

- 1기압일 때 수은 기둥은 76 cm 높이에서 멈춘다. ➡ 수은 면을 누르는 공기의 압력(기압)과 수은 기둥이 누르는 압력이 같기 때문
- 기압이 일정하면 유리관의 굵기나 기울기에 관계없이 수은 기둥의 높이는 ❷ ______ 하다.
- 기압이 높아지면 수은 기둥의 높이가 높아진다.

(3) 기압의 크기

1기압 = 76 cmHg = 760 mmHg ≒ ❸ ______ hPa
= 물기둥 약 10 m의 압력
= 공기 기둥 약 1000 km의 압력

(4) 기압의 변화

① 높이 올라갈수록 기압이 급격히 낮아진다.

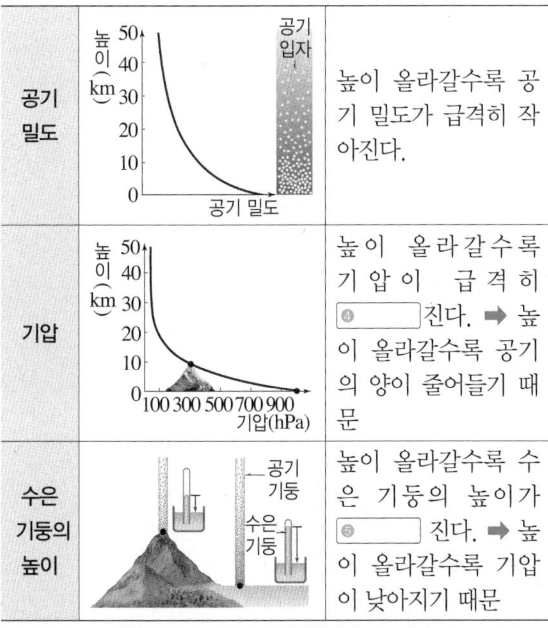


| 구분 | 그래프/그림 | 설명 |
|---|---|---|
| 공기 밀도 | | 높이 올라갈수록 공기 밀도가 급격히 작아진다. |
| 기압 | | 높이 올라갈수록 기압이 급격히 ❹ ______ 진다. ➡ 높이 올라갈수록 공기의 양이 줄어들기 때문 |
| 수은 기둥의 높이 | | 높이 올라갈수록 수은 기둥의 높이가 ❺ ______ 진다. ➡ 높이 올라갈수록 기압이 낮아지기 때문 |

② 공기가 끊임없이 움직이므로 측정 장소와 시간에 따라 기압이 달라진다.

**2 바람** 공기가 기압이 높은 곳에서 낮은 곳으로 수평 방향으로 이동하는 것

(1) 바람이 부는 원인 : 기압 차이 ➡ 지표의 가열과 냉각에 따른 ❻ ______ 차이 때문에 발생

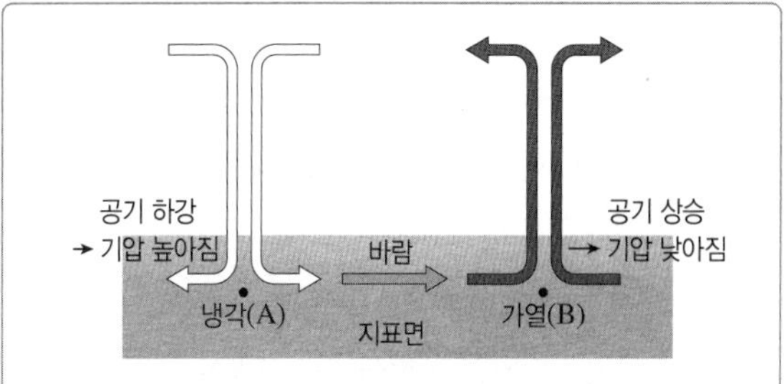


- 지표면이 냉각된 곳(A) : 공기 하강 ➡ 기압 높아짐
- 지표면이 가열된 곳(B) : 공기 상승 ➡ 기압 낮아짐
- 바람의 방향 : 기압이 높은 곳(A) → 기압이 낮은 곳(B)
- 기압 차이가 클수록 바람의 세기가 강하다.

(2) ❼ ______ : 해안에서 하루를 주기로 풍향이 바뀌는 바람 ➡ 낮에는 육지가 바다보다 빨리 가열되고, 밤에는 육지가 바다보다 빨리 냉각되기 때문에 발생

| 구분 | 해풍 | 육풍 |
|---|---|---|
| 모습 | | |
| 부는 때 | 낮 | 밤 |
| 기온 | 육지 > 바다 | 육지 < 바다 |
| 기압 | 육지 ❽ ______ 바다 | 육지 ❾ ______ 바다 |
| 바람이 부는 방향 | 육지 ← 바다 | 육지 → 바다 |

(3) **계절풍** : 대륙과 해양의 사이에서 1년을 주기로 풍향이 바뀌는 바람 ➡ 여름철에는 대륙이 해양보다 빨리 가열되고, 겨울철에는 대륙이 해양보다 빨리 냉각되기 때문에 발생

| 구분 | ❿ ______ 계절풍 (우리나라) | ⓫ ______ 계절풍 (우리나라) |
|---|---|---|
| 모습 | | |
| 부는 때 | 여름철 | 겨울철 |
| 기온 | 대륙 > 해양 | 대륙 < 해양 |
| 기압 | 대륙 < 해양 | 대륙 > 해양 |
| 바람이 부는 방향 | 대륙 ← 해양 | 대륙 → 해양 |

# 잠깐 테스트

● 정답과 해설 64쪽

MEMO

**1** 공기가 단위 넓이에 작용하는 힘을 ①(　　　)이라고 하며, ①(　　　)은 ②(　　　) 방향으로 동일하게 작용한다.

**2** 다음은 1기압의 크기를 나타낸 것이다. (　　　) 안에 알맞은 값을 쓰시오.

> 1기압=①(　　　)cmHg=760 mmHg≒②(　　　)hPa
> =물기둥 약 ③(　　　)m의 압력=공기 기둥 약 ④(　　　)km의 압력

**[3~5] 승우는 1기압인 실험실에서 오른쪽 그림과 같이 한쪽 끝이 막힌 유리관에 수은을 가득 채운 다음, 수은이 담긴 그릇에 거꾸로 세워 보았다.**

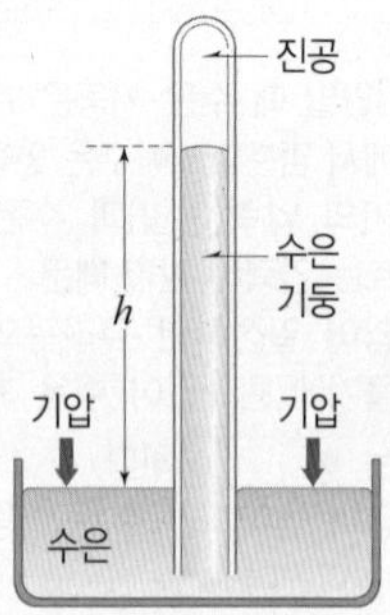


**3** 유리관 속의 수은이 어느 정도 내려오다가 ①(　　　)cm 높이에서 멈추었는데, 이는 수은 기둥의 압력과 수은 면에 작용하는 ②(　　　)이 같아졌기 때문이다.

**4** 이 실험에서 유리관을 기울이면 수은 기둥의 높이는 ①(　　　)cm가 되고, 이는 약 ②(　　　)hPa과 크기가 같다.

**5** 높은 산 위에서 이 실험을 하면 수은 기둥의 높이는 (　　　)진다.

**6** 바람은 기압이 ①(　　　)은 곳에서 ②(　　　)은 곳으로 수평 방향으로 이동하는 것으로, 기압 차이는 지표의 가열과 냉각에 따른 ③(　　　) 차이 때문에 생긴다.

**[7~8] 오른쪽 그림은 어느 해안 지방에서 부는 바람의 방향을 나타낸 것이다.**

**7** 이 바람은 해풍과 육풍 중 어느 것에 해당하는가?

**8** 해안 지방에 이와 같은 바람이 부는 때는 낮과 밤 중 언제인가?

**[9~10] 오른쪽 그림은 우리나라 주변에서 부는 바람의 모습을 나타낸 것이다.**

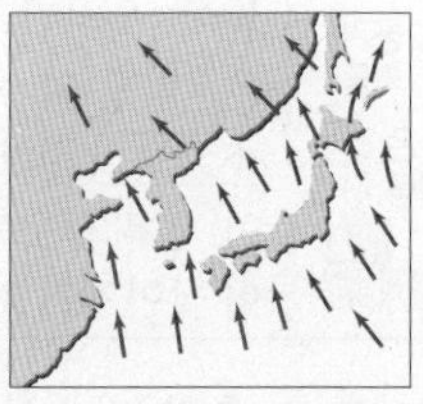

**9** 이 바람은 남동 계절풍과 북서 계절풍 중 어느 것에 해당하는가?

**10** 우리나라에 이와 같은 바람이 부는 때는 여름철과 겨울철 중 언제인가?

● 정답과 해설 64쪽

**01** 기압에 대한 설명으로 옳지 않은 것은?

① 1기압은 약 1013 hPa과 같다.
② 공기가 단위 넓이에 작용하는 힘이다.
③ 모든 방향에서 다른 크기로 작용한다.
④ 측정하는 장소나 시간에 따라 달라진다.
⑤ 지표에서 높이 올라갈수록 기압이 낮아진다.

이 문제에서 나올 수 있는 보기는 多

**02** 그림은 수은을 가득 채운 유리관을 수은 그릇에 거꾸로 세워 기압을 측정하는 실험을 나타낸 것이다.

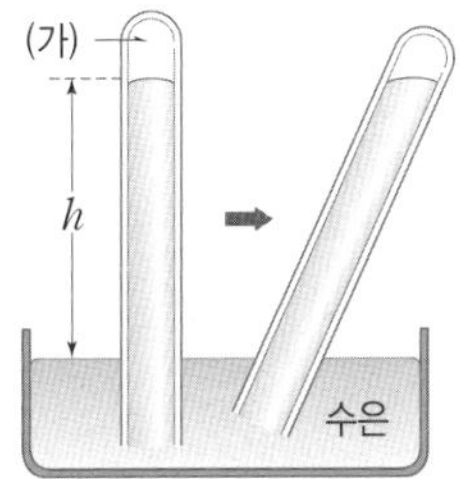


이에 대한 설명으로 옳지 않은 것을 모두 고르면?(2개)

① 기압은 토리첼리가 최초로 측정하였다.
② (가)는 공기가 채워져 있는 상태이다.
③ 수은 기둥이 내려오다가 멈춘 까닭은 수은 기둥의 압력과 수은 면을 누르는 기압이 같기 때문이다.
④ 1기압일 때 $h$는 76 cm이다.
⑤ 유리관을 기울이면 $h$는 낮아진다.
⑥ 높은 산 위에서 측정하면 $h$는 낮아진다.
⑦ 더 굵은 유리관을 사용해도 $h$는 변하지 않는다.

**03** 기압의 크기가 가장 큰 것은?

① 2026 hPa
② 76 mmHg
③ 물기둥 약 5 m의 압력
④ 수은 기둥 76 cm의 압력
⑤ 공기 기둥 약 100 km의 압력

**04** 높이 올라가면서 토리첼리의 실험을 했을 때 수은 기둥의 높이 변화를 옳게 나타낸 것은?

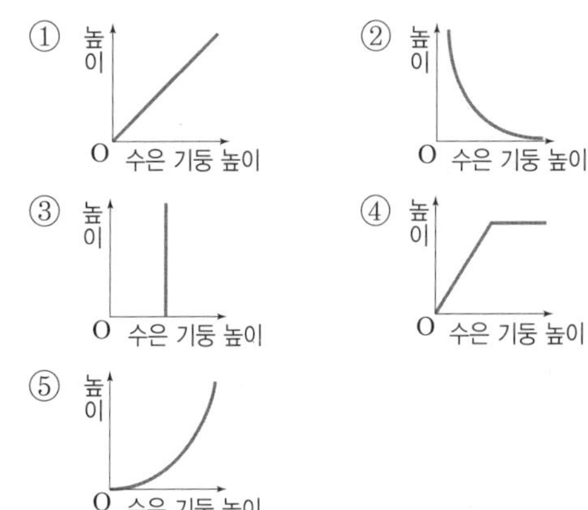


**05** 바람에 대한 설명으로 옳지 않은 것은?

① 바람의 세기를 풍속이라고 한다.
② 기압 차이가 작을수록 풍속이 강하다.
③ 해안에서는 낮에 바다에서 육지로 바람이 분다.
④ 지표의 온도 차이로 발생한 기압 차이 때문에 바람이 분다.
⑤ 공기가 기압이 높은 곳에서 낮은 곳으로 수평 방향으로 이동하는 것이다.

**06** 그림은 지표면이 가열 또는 냉각되는 지역에서 공기의 흐름을 화살표로 나타낸 것이다.

이에 대한 설명으로 옳은 것은?

① A는 지표면이 냉각된 지역이다.
② B는 지표면의 기압이 주변보다 높다.
③ 구름은 A보다 B 지역에 더 잘 생긴다.
④ 지표면 부근에서 바람은 A에서 B로 분다.
⑤ 북반구는 B에서 바람이 시계 반대 방향으로 불어 나간다.

이 문제에서 나올 수 있는 보기는 多

**07** 그림은 해안 지역에서 하루를 주기로 풍향이 바뀌는 바람을 나타낸 것이다.

이에 대한 설명으로 옳은 것을 모두 고르면?(2개)

① 밤에 부는 바람이다.
② 기온은 육지가 바다보다 낮다.
③ 기압은 육지가 바다보다 높다.
④ 바다에서 육지로 부는 육풍이다.
⑤ 육지가 바다보다 빨리 가열되기 때문에 그림과 같은 바람이 분다.
⑥ 육지 쪽에 하강 기류가 형성되었다.
⑦ 계절풍이 부는 원리와 같다.

**08** 해륙풍이 불 때 기온과 기압을 옳게 비교한 것은?

| | 기온 | 기압 |
|---|---|---|
| ① 육풍 | 육지<바다 | 육지<바다 |
| ② 육풍 | 육지<바다 | 육지>바다 |
| ③ 육풍 | 육지>바다 | 육지>바다 |
| ④ 해풍 | 육지>바다 | 육지>바다 |
| ⑤ 해풍 | 육지<바다 | 육지<바다 |

이 문제에서 나올 수 있는 보기는 多

**09** 그림은 우리나라 부근에서 부는 계절풍을 나타낸 것이다.

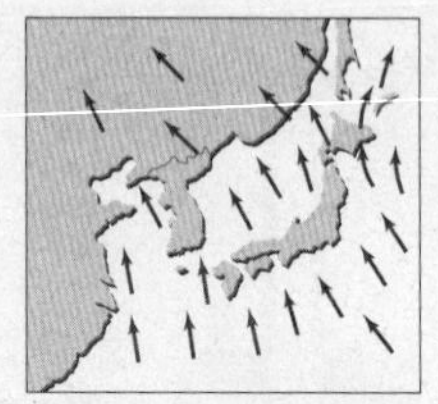

이에 대한 설명으로 옳지 않은 것은?

① 남동 계절풍에 해당한다.
② 여름철에 부는 계절풍이다.
③ 대륙은 해양보다 기온이 높다.
④ 해양은 대륙보다 기압이 낮다.
⑤ 1년을 주기로 부는 바람이다.
⑥ 계절에 따라 대륙과 해양이 가열되는 정도가 다르기 때문에 부는 바람이다.

**10** 그림과 같이 수조에 따뜻한 물과 얼음물이 담긴 지퍼백을 넣고 5분 정도 지난 후에 칸막이를 들어 올려 향 연기의 이동을 관찰하였다.

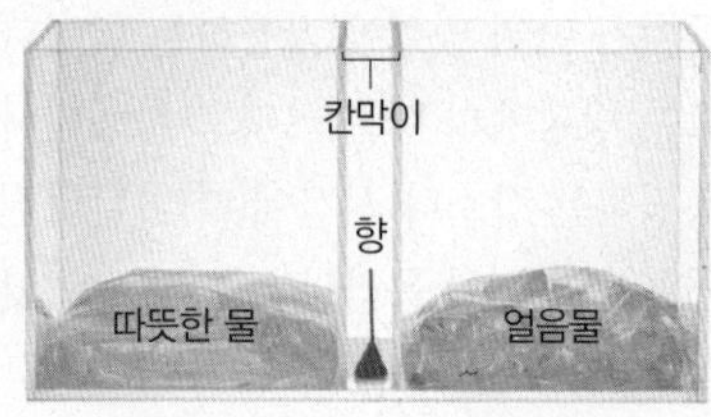


이에 대한 설명으로 옳은 것을 보기에서 모두 고르면?

보기
ㄱ. 따뜻한 물 쪽의 공기가 얼음물 쪽의 공기보다 공기의 밀도가 크다.
ㄴ. 따뜻한 물 쪽의 공기가 얼음물 쪽의 공기보다 기압이 높다.
ㄷ. 향 연기는 얼음물 쪽에서 따뜻한 물 쪽으로 이동한다.
ㄹ. 향 연기는 수조 안에서의 기압 차이로 이동한다.

① ㄱ, ㄴ ② ㄱ, ㄷ ③ ㄴ, ㄷ
④ ㄴ, ㄹ ⑤ ㄷ, ㄹ

이 문제에서 나올 수 있는 보기는 多

**11** 그림과 같이 모래와 물을 담은 그릇을 나란히 놓고 적외선등으로 가열하면서 온도 변화를 측정하였다.

이에 대한 설명으로 옳지 않은 것을 모두 고르면?(3개)

① 모래가 물보다 빨리 가열된다.
② 모래 쪽의 공기는 상승한다.
③ 향 연기는 모래에서 물 쪽으로 이동한다.
④ 육풍이 부는 원리를 설명하기 위한 실험이다.
⑤ 낮에는 육지의 기압이 바다의 기압보다 낮다.
⑥ 육지가 바다보다 온도가 빨리 변하는 것을 설명할 수 있다.
⑦ 이 실험으로 우리나라 겨울철에 북서 계절풍이 부는 원리를 설명할 수 있다.

# 서술형 정복하기

● 정답과 해설 65쪽

## 1단계 단답형으로 쓰기

**1** 공기가 단위 넓이에 작용하는 힘을 무엇이라고 하는지 쓰고, 이 힘이 작용하는 방향을 쓰시오.

**2** 1기압은 수은 기둥의 몇 cm에 해당하는 압력인지 쓰시오.

**3** 기권에서 높이에 따른 기압의 변화를 쓰시오.

**4** 공기가 기압이 높은 곳에서 낮은 곳으로 수평 방향으로 이동하는 것을 무엇이라고 하는지 쓰시오.

**5** 대륙과 해양의 사이에서 1년을 주기로 풍향이 바뀌는 바람을 무엇이라고 하는지 쓰시오.

## 2단계 제시된 단어를 모두 이용하여 서술하기

[6~9] 각 문제에 제시된 단어를 모두 이용하여 답을 서술하시오.

**6** 길이가 1 m인 유리관에 수은을 가득 채우고 수은이 담긴 그릇에 거꾸로 세웠더니, 유리관 속의 수은이 내려오다가 수은 면으로부터 76 cm 높이에서 멈추었다. 그 까닭을 서술하시오.

수은 기둥, 수은 면, 기압, 압력

**7** 높은 산을 오를 때 산소마스크가 필요한 까닭을 서술하시오.

높이, 공기의 양

**8** 바람이 부는 방향을 서술하시오.

기압이 낮은 곳, 기압이 높은 곳

**9** 해륙풍이 부는 까닭을 서술하시오.

낮, 밤, 기온, 기압

**3단계** 실전 문제 풀어 보기

**10** 기압이 모든 방향으로 작용하기 때문에 나타나는 현상을 두 가지만 서술하시오.

**[11~12]** 그림은 토리첼리의 기압 측정 실험을 나타낸 것이다.

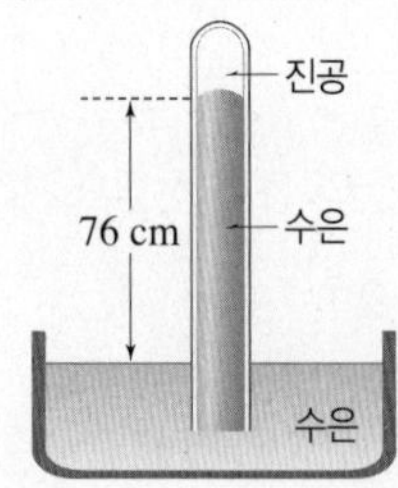


답안작성 TIP

**11** 높은 산 위에서 이 실험을 한다면, 수은 기둥의 높이는 어떻게 변할지 쓰고, 그 까닭은 무엇인지 서술하시오.

**12** 해풍이 불 때 바다와 육지에서 토리첼리의 기압 실험을 한다면 바다와 육지 중 수은 기둥의 높이가 더 높게 나타나는 곳을 쓰고, 그 까닭을 서술해 보자.

**13** 지표면의 가열과 냉각 차이로 바람이 부는 까닭을 서술하시오.

**14** 그림 (가)와 (나)는 우리나라에서 부는 계절풍을 나타낸 것이다.

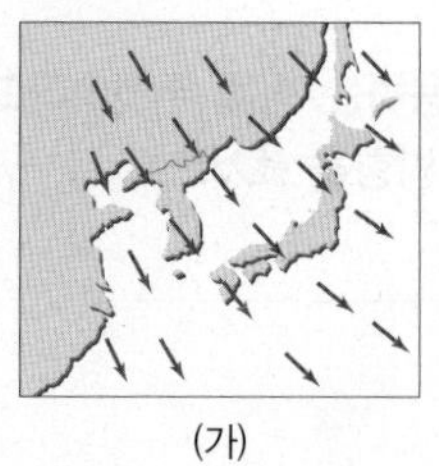
(가)

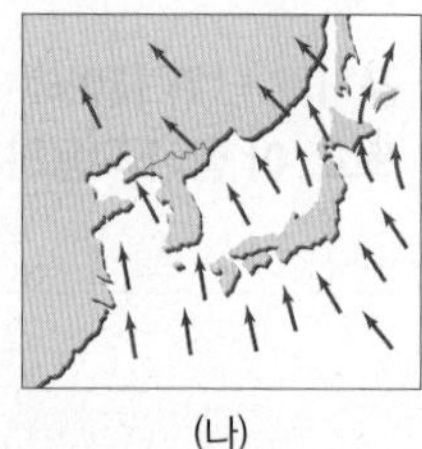
(나)

(1) (가)와 (나) 계절풍의 이름을 쓰시오.

(2) (가)와 (나)는 각각 어느 계절에 부는지 쓰시오.

(3) (가)에서 계절풍이 부는 과정을 서술하시오.

답안작성 TIP

**15** 바람이 부는 원리를 알아보기 위해 그림과 같이 실험 장치를 설치한 후, 물과 모래를 10분 동안 가열하면서 온도 변화를 측정하였다.

(1) 적외선등을 켜고 가열했을 때 향 연기의 이동 방향을 서술하시오.

(2) (1)에서와 같이 향 연기가 이동하는 까닭을 온도 변화, 기압 변화와 관련지어 서술하시오.

답안작성 TIP

**11.** 높이 올라갈수록 공기의 양이 급격히 줄어든다는 것을 생각한다. **15.** (1) 바람은 기압이 높은 곳에서 낮은 곳으로 분다는 것을 바탕으로 바람의 방향을 파악한다. 향 연기는 바람의 방향을 따라 이동한다.

# 중단원 핵심 요약

● 정답과 해설 66쪽

## 1 우리나라 주변의 기단

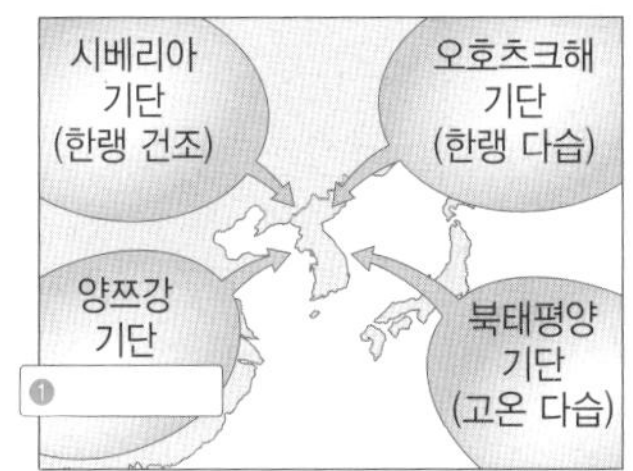


| 기단 | 영향을 주는 계절 | 나타나는 날씨 |
| --- | --- | --- |
| 시베리아 기단 | ❷ ______ | 춥고 건조한 날씨 |
| 양쯔강 기단 | 봄, 가을 | 따뜻하고 건조한 날씨 |
| 오호츠크해 기단 | 초여름 | 동해안 지역에 저온 현상 |
| 북태평양 기단 | ❸ ______ | 무덥고 습한 날씨 |

## 2 전선

(1) 전선면 : 성질이 다른 두 기단이 만나 생긴 경계면

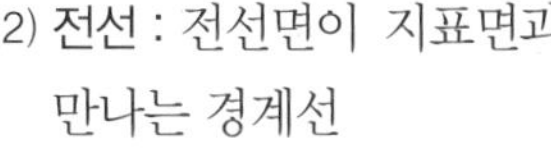

(2) 전선 : 전선면이 지표면과 만나는 경계선

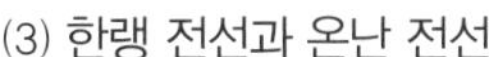

(3) 한랭 전선과 온난 전선

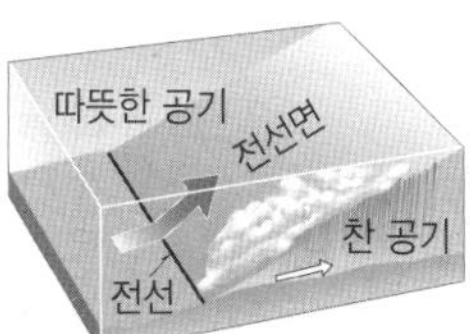


▲ 전선면과 전선

| 구분 | 한랭 전선 | 온난 전선 |
| --- | --- | --- |
| 단면도 | 따뜻한 공기, 찬 공기, 비 | 따뜻한 공기, 찬 공기, 비 |
| 형성 과정 | 찬 공기가 따뜻한 공기 아래를 파고들면서 형성 | 따뜻한 공기가 찬 공기를 타고 오르면서 형성 |
| 전선면의 기울기 | 급함 | 완만함 |
| 구름의 종류 | ❹ ______ 구름 | ❺ ______ 구름 |
| 강수 구역 | 좁은 지역 | 넓은 지역 |
| 강수 형태 | 소나기성 비 | 지속적인 비 |
| 이동 속도 | 빠름 | 느림 |
| 통과 후 기온 | 낮아짐 | 높아짐 |
| 전선 기호 | ▲▲▲ | ●●● |

(4) 폐색 전선과 정체 전선

| 구분 | 폐색 전선 | ❻ ______ |
| --- | --- | --- |
| 형성 과정 | 한랭 전선과 온난 전선이 겹쳐지면서 형성 | 세력이 비슷한 두 기단이 한곳에 오래 머무르며 형성 |
| 전선 기호 | ●▲●▲ | ▼●▼● |

## 3 고기압과 저기압

| 구분 | 고기압 | 저기압 |
| --- | --- | --- |
| 모습 | | |
| 정의 | 주위보다 기압이 높은 곳 | 주위보다 기압이 낮은 곳 |
| 바람의 방향(북반구) | 시계 방향으로 불어 나감 | 시계 반대 방향으로 불어 들어옴 |
| 기류 | ❼ ______ 기류 | ❽ ______ 기류 |
| 날씨 | 맑음 | 흐림 |

## 4 온대 저기압

**온대 저기압** 중위도 지방에서 북쪽의 찬 기단과 남쪽의 따뜻한 기단이 만나 한랭 전선과 온난 전선을 동반하는 저기압

(1) 온대 저기압 주변의 날씨

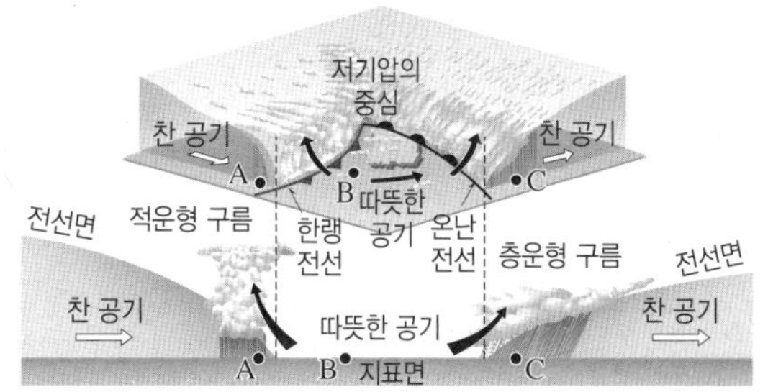


| A(한랭 전선 뒤) | B(두 전선 사이) | C(온난 전선 앞) |
| --- | --- | --- |
| • 좁은 지역에 ❾ ______ 비<br>• 기온 낮음<br>• 북서풍 | • 날씨 ❿ ______<br>• 기온 높음<br>• 남서풍 | • 넓은 지역에 ⓫ ______ 비<br>• 기온 낮음<br>• 남동풍 |

(2) 온대 저기압의 이동 : 서쪽에서 동쪽으로 이동 ➡ 온난 전선 먼저 통과 후 한랭 전선 통과

## 5 우리나라의 계절별 일기도와 날씨

| | | |
| --- | --- | --- |
| 봄 | 이동성 고기압과 이동성 저기압이 자주 지나가 날씨가 자주 변함 | • 따뜻하고 건조한 날씨<br>• 황사, 꽃샘추위 |
| 가을 | | • 북태평양 기단의 세력 약화<br>• 첫서리 |
| 여름 | • 북태평양 기단의 영향으로 덥고 습한 날씨<br>• ⓬ ______형 기압 배치<br>• 남동 계절풍<br>• 초여름 장마, 무더위(폭염), 열대야, 태풍 | |
| 겨울 | • 시베리아 기단의 영향으로 춥고 건조한 날씨<br>• ⓭ ______형 기압 배치<br>• 북서 계절풍<br>• 한파, 폭설 | |

MEMO

**1** 넓은 장소에 오래 머물러 성질이 지표와 비슷해진 큰 공기 덩어리를 ①(　　　)이라고 한다. 해양에서 발생한 기단은 ②(　　　)하고, 고위도에서 발생한 기단은 ③(　　　)하다.

**2** 오른쪽 그림은 우리나라 주변의 기단을 나타낸 것이다. A~D 기단의 이름과 연관된 날씨를 선으로 연결하시오.

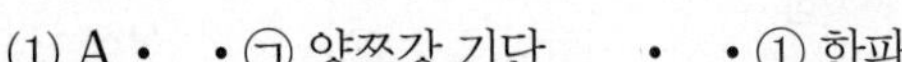

(1) A • 　• ㉠ 양쯔강 기단 　• 　• ① 한파
(2) B • 　• ㉡ 북태평양 기단 　• 　• ② 무더위
(3) C • 　• ㉢ 시베리아 기단 　• 　• ③ 온난 건조
(4) D • 　• ㉣ 오호츠크해 기단 • 　• ④ 동해안 저온 현상

**3** 성질이 다른 두 기단이 만나서 생기는 경계면을 ①(　　　)이라 하고, ①(　　　)이 지표면과 이루는 경계선을 ②(　　　)이라고 한다.

**[4~5] 오른쪽 그림은 전선의 단면을 나타낸 것이다.**

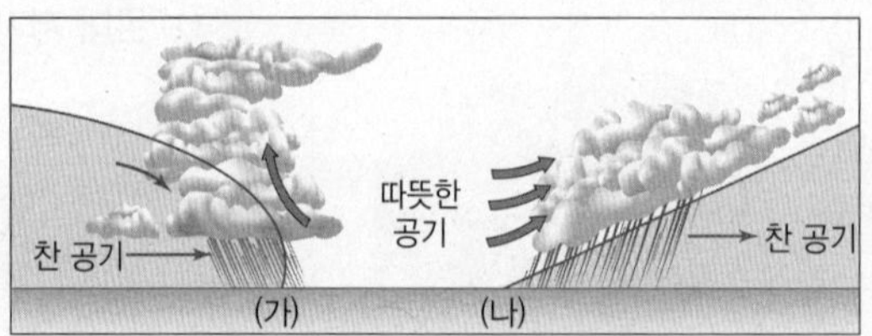


**4** (가)와 (나)에 해당하는 전선의 이름을 각각 쓰시오.

**5** (가)는 (나)보다 전선면의 기울기가 ①( 급, 완만 )하고, 이동 속도가 ②( 빠르며, 느리며 ), ③( 넓은, 좁은 ) 지역에 ④( 지속적인, 소나기성 ) 비를 내린다.

**6** 오른쪽 그림 (가)와 (나)는 북반구에서 나타나는 공기의 이동 모습을 나타낸 것이다. (가)와 (나)는 각각 고기압과 저기압 중 어느 것에 해당하는가?

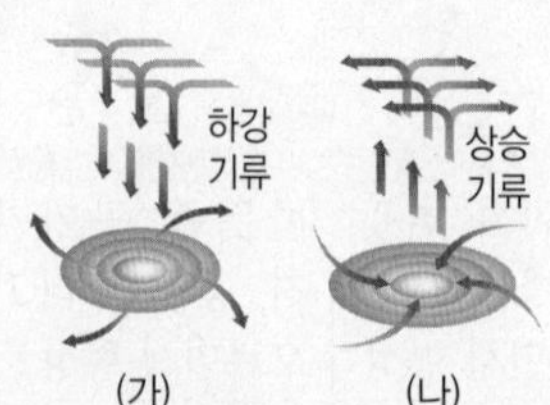


**[7~9] 오른쪽 그림은 중위도 지방에서 발달하는 온대 저기압을 나타낸 것이다.**

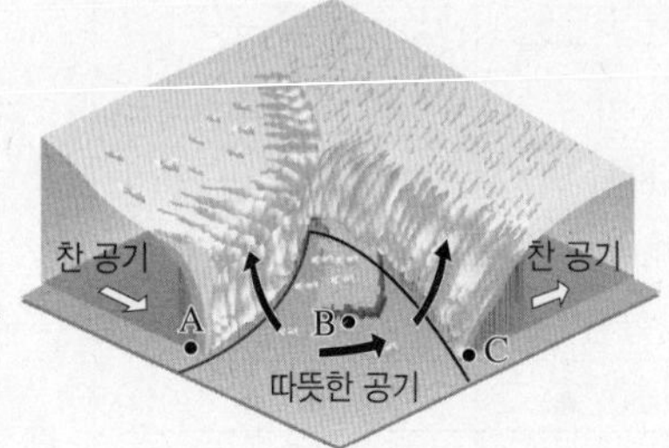


**7** A~C 중 현재 지속적인 비가 내리는 지역은 어느 곳인가?

**8** A~C 중 현재 북서풍이 불고 있는 지역은 어느 곳인가?

**9** A~C 중 현재 기온은 따뜻하지만 앞으로 소나기성 비가 내리고, 기온이 낮아질 것으로 예상되는 지역은 어느 곳인가?

**10** ①( 여름철, 겨울철 ) 일기도는 서고동저형 기압 배치가 나타나고, ②( 북서 계절풍, 남동 계절풍 )이 분다.

# 중단원 기출 문제

● 정답과 해설 66쪽

**01** 기단에 대한 설명으로 옳지 않은 것은?

① 기단의 기온과 습도는 발생지의 성질에 따라 달라진다.
② 대륙에서 발생한 기단은 건조하다.
③ 저위도에서 발생한 기단은 기온이 높다.
④ 기단이 다른 곳으로 이동해도 기단의 성질은 변하지 않는다.
⑤ 기단은 주변 지역의 날씨에 영향을 미친다.

**[02~03]** 그림은 우리나라 날씨에 영향을 주는 기단을 나타낸 것이다.

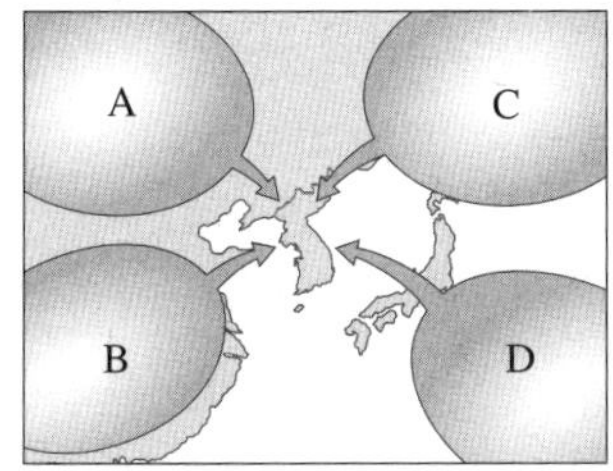


**02** A~D 중 우리나라에 다음과 같은 영향을 주는 기단과 기단의 이름을 옳게 짝 지은 것은?

무더위, 열대야, 남동 계절풍

① A – 양쯔강 기단
② B – 오호츠크해 기단
③ C – 양쯔강 기단
④ D – 북태평양 기단
⑤ D – 시베리아 기단

이 문제에서 나올 수 있는 보기는 多

**03** 기단 A~D에 대한 설명으로 옳은 것을 모두 고르면? (2개)

① A와 C 기단은 한랭하다.
② C와 D 기단은 건조하다.
③ B 기단은 가을철에 영향을 미친다.
④ C 기단은 겨울철에 영향을 미친다.
⑤ D 기단은 봄철에 영향을 미친다.
⑥ B와 D 기단이 만나 장마 전선을 형성한다.

**04** 우리나라 주변 기단의 영향으로 나타나는 여름철과 겨울철 날씨의 특징으로 옳지 않은 것은?

① 여름철에는 덥고 습한 날씨가 나타난다.
② 겨울철에 양쯔강 기단의 영향을 받는다.
③ 여름철에 북태평양 기단의 영향을 받는다.
④ 겨울철에는 춥고 건조한 날씨가 나타난다.
⑤ 겨울철에 영향을 주는 기단은 고위도 대륙에서 발생한다.

**05** 전선의 종류에 대한 설명으로 옳은 것을 보기에서 모두 고른 것은?

보기
ㄱ. 한랭 전선은 온난 전선과 정체 전선이 겹쳐져서 생긴다.
ㄴ. 폐색 전선은 한랭 전선과 온난 전선이 겹쳐져서 생긴다.
ㄷ. 정체 전선은 찬 공기가 따뜻한 공기를 파고들면서 생긴다.
ㄹ. 온난 전선은 따뜻한 공기가 찬 공기를 타고 오르면서 생긴다.

① ㄱ, ㄴ  ② ㄱ, ㄷ  ③ ㄱ, ㄹ
④ ㄴ, ㄷ  ⑤ ㄴ, ㄹ

**06** 오른쪽 그림은 어느 전선의 단면을 나타낸 것이다. 이에 대한 설명으로 옳은 것은?

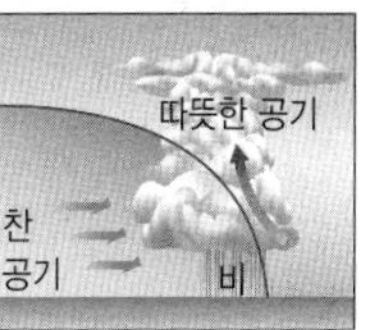


① 지속적인 비가 내린다.
② 넓은 지역에 비가 내린다.
③ 층운형 구름이 발달한다.
④ 전선면의 기울기가 완만하다.
⑤ 전선 기호는 ▲▲▲ 이다.

Ⅱ 기권과 날씨

이 문제에서 나올 수 있는 보기는 多

**07** 한랭 전선과 온난 전선의 특징을 비교한 것으로 옳지 않은 것을 모두 고르면?(2개)

| | 구분 | 한랭 전선 | 온난 전선 |
|---|---|---|---|
| ① | 전선면의 기울기 | 급하다. | 완만하다. |
| ② | 강수 구역 | 좁은 지역 | 넓은 지역 |
| ③ | 강수의 지속 시간 | 짧다. | 길다. |
| ④ | 이동 속도 | 느리다. | 빠르다. |
| ⑤ | 구름의 종류 | 적운형 구름 | 층운형 구름 |
| ⑥ | 전선 기호 | ▲▲▲ (반원 기호) | ▲ ▲ ▲ |
| ⑦ | 강수 형태 | 소나기성 비 | 지속적인 비 |

**08** 북반구의 고기압이나 저기압에서의 공기의 흐름을 옳게 나타낸 것은?

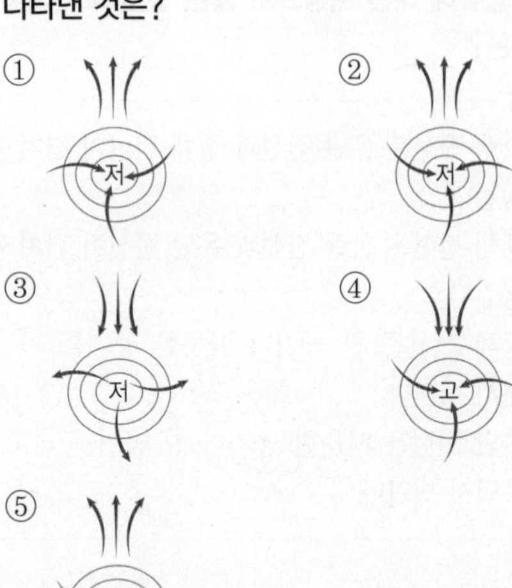


**09** 그림은 북반구의 어느 지역에서 공기의 이동 모습을 나타낸 것이다.

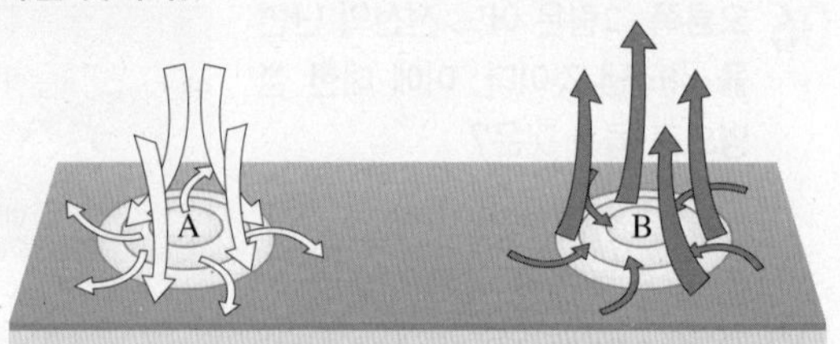


A와 B 지역은 고기압과 저기압 중 각각 어느 것에 해당하는지 쓰시오.

**10** 고기압과 저기압에 대한 설명으로 옳은 것은?

| | 고기압 | 저기압 |
|---|---|---|
| ① | 기압이 1기압보다 높다. | 기압이 1기압보다 낮다. |
| ② | 바람이 불어 들어온다. | 바람이 불어 나간다. |
| ③ | 하강 기류가 생긴다. | 상승 기류가 생긴다. |
| ④ | 날씨가 흐리다. | 날씨가 맑다. |
| ⑤ | 북반구에서는 시계 반대 방향으로 바람이 분다. | 북반구에서는 시계 방향으로 바람이 분다. |

**11** 그림은 우리나라 부근의 일기도를 나타낸 것이다.

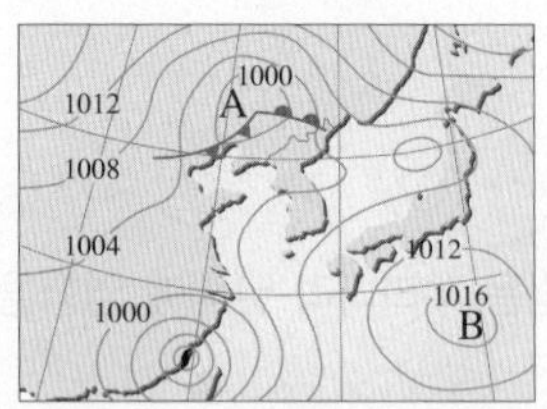


이에 대한 설명으로 옳은 것은?

① A 지역은 고기압이다.
② A 지역은 흐리거나 비가 온다.
③ B 지역은 상승 기류가 발달한다.
④ B 지역에서는 바람이 주변에서 불어 들어온다.
⑤ 바람은 A 지역에서 B 지역 방향으로 불 것이다.

이 문제에서 나올 수 있는 보기는 多

**12** 그림은 온대 저기압을 나타낸 것이다.

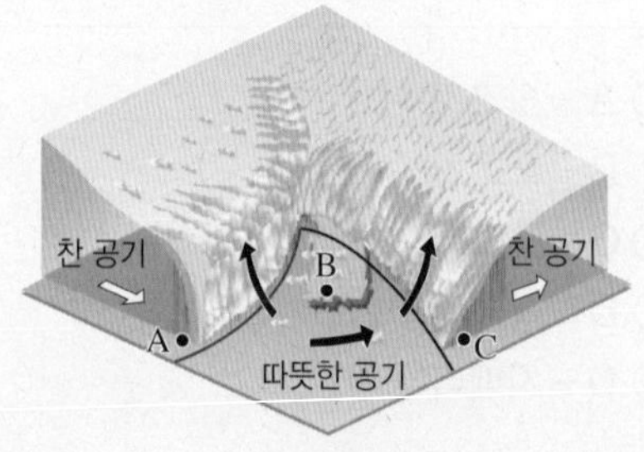


이에 대한 설명으로 옳지 않은 것을 모두 고르면?(2개)

① A 지역은 현재 기온이 낮다.
② A 지역에는 현재 소나기성 비가 내린다.
③ B 지역은 현재 날씨가 맑지만, 앞으로 소나기성 비가 내릴 것이다.
④ C 지역에는 현재 넓은 지역에 지속적인 비가 내린다.
⑤ 저위도 지방에서 발생하는 저기압이다.
⑥ 편서풍에 의해 서쪽에서 동쪽으로 이동한다.
⑦ 한랭 전선이 먼저 통과하고, 온난 전선이 나중에 통과한다.

## 13 그림은 온대 저기압의 단면을 나타낸 것이다.

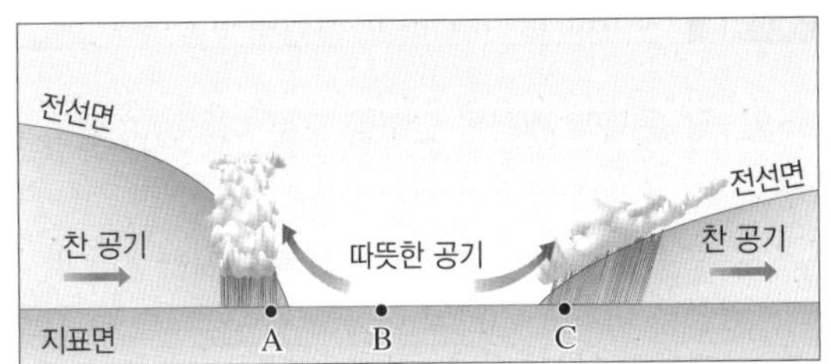


현재 A, B, C 지역의 날씨를 옳게 짝 지은 것은?

| | A | B | C |
|---|---|---|---|
| ① | 맑음 | 소나기성 비 | 지속적인 비 |
| ② | 소나기성 비 | 맑음 | 지속적인 비 |
| ③ | 소나기성 비 | 지속적인 비 | 맑음 |
| ④ | 지속적인 비 | 맑음 | 소나기성 비 |
| ⑤ | 지속적인 비 | 소나기성 비 | 맑음 |

## 14 다음은 어느 지역에서 온대 저기압이 지나는 동안의 날씨를 순서 없이 나타낸 것이다.

(가) 북서풍이 불고, 적운형 구름이 발달한다.
(나) 남서풍이 불고, 맑고 따뜻한 날씨가 나타난다.
(다) 남동풍이 불고, 약한 비가 지속적으로 내린다.

이 지역의 날씨 변화를 시간 순서대로 옳게 나열한 것은?

① (가) → (나) → (다)
② (나) → (가) → (다)
③ (나) → (다) → (가)
④ (다) → (가) → (나)
⑤ (다) → (나) → (가)

## 15 그림 (가)는 어느 날 우리나라 부근의 일기도를 나타낸 것이고, (나)는 같은 날, 같은 시각에 인공위성에서 찍은 사진이다.

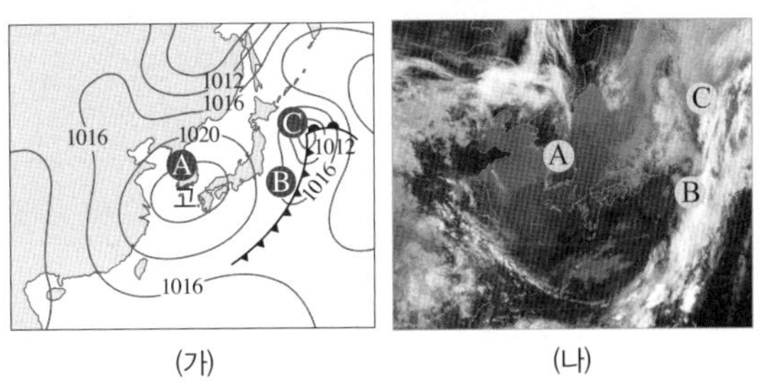


(가) (나)

이에 대한 설명으로 옳은 것을 보기에서 모두 고른 것은?

보기
ㄱ. A 지역은 다른 지역보다 기압이 높다.
ㄴ. B 지역에서는 지속적인 비가 내린다.
ㄷ. C 지역에서는 상승 기류가 발달하여 구름이 많다.

① ㄱ ② ㄴ ③ ㄱ, ㄷ
④ ㄴ, ㄷ ⑤ ㄱ, ㄴ, ㄷ

[16~17] 그림은 우리나라 부근의 일기도이다.

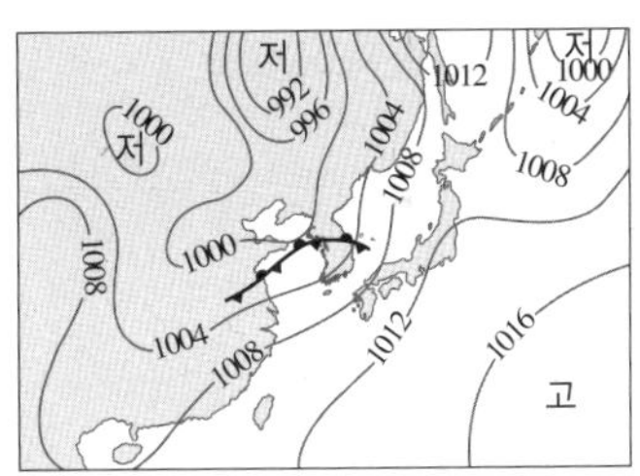


## 16 그림과 같은 일기도가 자주 나타나는 계절은?

① 봄 ② 여름 ③ 가을
④ 겨울 ⑤ 봄, 가을

## 17 위 일기도가 나타나는 계절에 대한 설명으로 옳지 않은 것은?

① 북서 계절풍이 분다.
② 열대야가 나타나기도 한다.
③ 덥고 습한 날씨가 나타난다.
④ 남고북저형 기압 배치를 이룬다.
⑤ 북태평양 기단의 영향을 받고 있다.

# 서술형 정복하기

## 1단계 단답형으로 쓰기

**1** 넓은 장소에 오래 머물러 성질이 지표와 비슷해진 큰 공기 덩어리를 무엇이라고 하는지 쓰시오.

**2** 우리나라에 영향을 주는 기단 중 봄, 가을에 큰 영향을 주며, 온난 건조한 성질이 나타나는 기단을 쓰시오.

**3** 세력이 비슷한 두 기단이 한곳에 오랫동안 머물러 있는 전선으로, 우리나라에서는 장마 전선이라고도 하는 전선을 무엇이라고 하는지 쓰시오.

**4** 중위도 지방에서 북쪽의 찬 기단과 남쪽의 따뜻한 기단이 만나 발생하며, 온난 전선과 한랭 전선을 동반하는 저기압을 무엇이라고 하는지 쓰시오.

**5** 우리나라 겨울에 나타나는 계절풍과 기압 배치를 쓰시오.

## 2단계 제시된 단어를 모두 이용하여 서술하기

[6~9] 각 문제에 제시된 단어를 모두 이용하여 답을 서술하시오.

**6** 주로 우리나라의 여름에 영향을 미치는 기단과 겨울에 영향을 미치는 기단의 이름을 각각 쓰고, 두 기단의 성질을 서술하시오.

> 북태평양 기단, 시베리아 기단, 고온 다습, 한랭 건조

**7** 한랭 전선과 온난 전선의 특징을 비교하여 서술하시오.

> 이동 속도, 구름, 지역, 비

**8** 북반구 지상에서의 고기압 지역과 저기압 지역을 비교하여 서술하시오.

> 시계 방향, 시계 반대 방향,
> 상승 기류, 하강 기류, 날씨

**9** 온대 저기압이 이동하는 방향을 서술하시오.

> 편서풍, 동쪽, 서쪽

## 3단계 실전 문제 풀어 보기

[10~11] 그림은 우리나라에 영향을 미치는 기단을 나타낸 것이다.

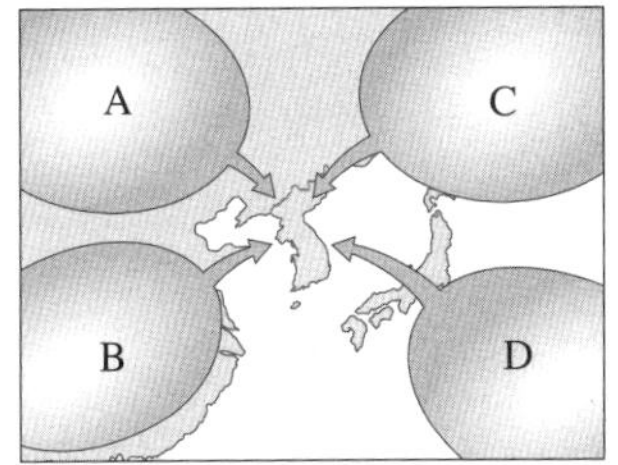


답안작성 TIP

**10** 우리나라 겨울철에 영향을 미치는 기단의 기호와 이름을 쓰고, 그 기단의 성질을 서술하시오.

**11** 우리나라 여름철에 영향을 미치는 기단의 기호와 이름을 쓰고, 이 기단의 영향으로 나타나는 특징적인 날씨를 한 가지 서술하시오.

**12** 그림은 두 기단이 만나서 생긴 어느 전선의 단면을 나타낸 것이다.

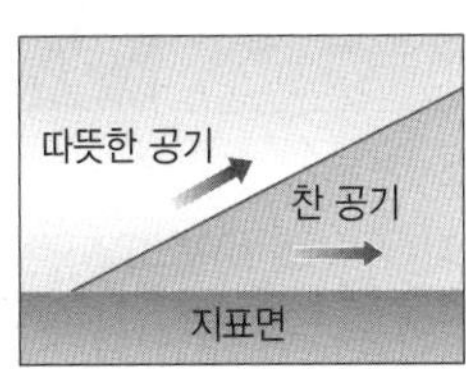


이 전선의 이름을 쓰고, 이와 같은 전선에서 만들어지는 구름의 종류와 강수 형태를 서술하시오.

**13** 그림은 북반구의 어느 저기압 중심 부근에 나타나는 등압선을 나타낸 것이다. 바람의 이동 방향을 그림 위에 화살표로 그리시오.

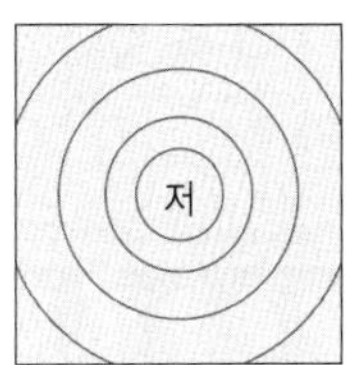


[14~16] 그림은 우리나라 부근에서 발달한 온대 저기압의 모습을 나타낸 것이다.

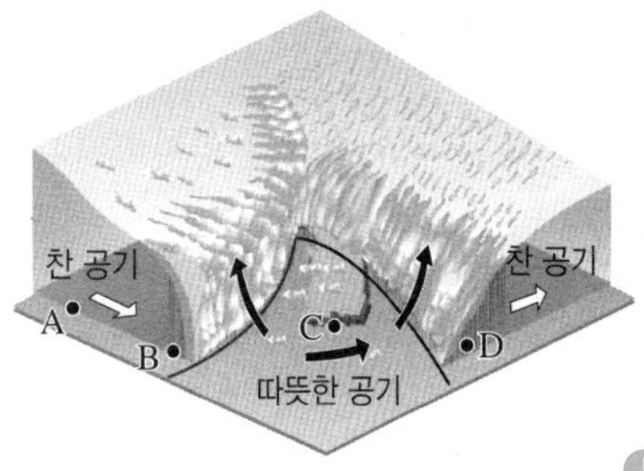


답안작성 TIP

**14** B와 D에서 발달하는 구름의 종류를 각각 서술하시오.

**15** A~D 중 기온이 가장 높은 곳은 어디인지 쓰고, 그 까닭을 서술하시오.

답안작성 TIP

**16** 현재 날씨가 맑은 C 지역은 온대 저기압이 이동함에 따라 날씨가 변할 것이다. 온대 저기압의 이동에 영향을 주는 원인을 포함하여 C 지역의 날씨 변화를 서술하시오.

답안작성 TIP

**10.** 기단은 발생지의 성질(기온, 습도 등)에 따라 결정된다. **14.** 한랭 전선과 온난 전선의 위치를 파악한다. **16.** 우리나라의 위치를 파악하고 온대 저기압의 이동 방향을 생각해 본다.

# 중단원 핵심 요약



● 정답과 해설 68쪽

## 1 운동의 기록

(1) 운동 : 시간에 따라 물체의 위치가 변하는 현상

(2) 다중 섬광 사진 : 일정한 시간 간격으로 운동하는 물체를 촬영한 사진 ➡ 물체 사이의 간격이 넓을수록 물체의 속력이 ( ❶ ).

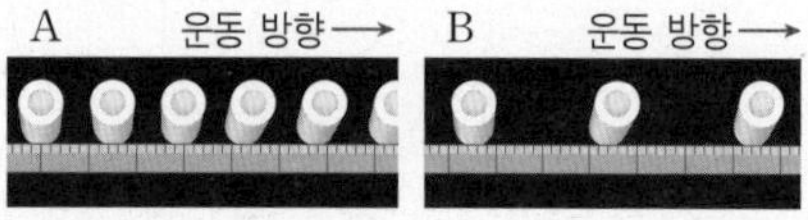


▲ 0.1초 간격으로 찍은 다중 섬광 사진 B가 A보다 빠르게 운동한다.

## 2 속력 일정한 시간 동안 물체가 이동한 거리

$$속력(m/s)=\frac{이동\ 거리(m)}{걸린\ 시간(s)}$$

(1) 단위 : ( ❷ ), km/h 등

(2) ( ❸ ) : 물체의 속력이 일정하지 않을 때 평균적으로 나타낸 속력

$$평균\ 속력(m/s)=\frac{전체\ 이동\ 거리(m)}{걸린\ 시간(s)}$$

## 3 등속 운동

(1) 등속 운동 : 시간에 따라 속력이 일정한 운동

① 시간에 따라 이동 거리가 비례하여 증가한다.

② 다중 섬광 사진에서 물체 사이의 거리가 일정하다.

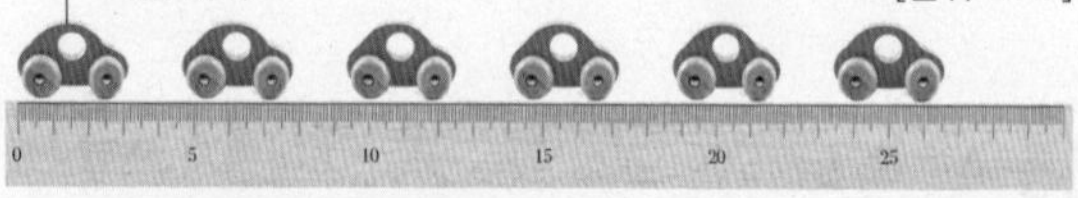


(2) 등속 운동을 하는 물체의 그래프

| 시간-이동 거리 그래프 | 시간-속력 그래프 |
|---|---|
| 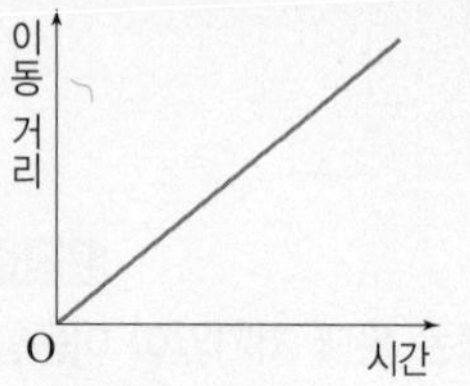  | 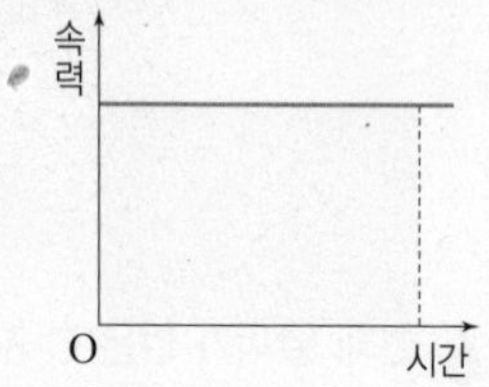  |
| • 이동 거리가 시간에 비례하여 증가한다.<br>• 그래프의 기울기는 $\frac{이동\ 거리}{걸린\ 시간}$이므로 ( ❹ )을 의미한다. | • 시간이 지나도 속력이 일정하다.<br>• 그래프 아랫부분의 넓이는 속력×시간이므로 ( ❺ )를 의미한다. |

(3) 등속 운동의 예 : 모노레일, 무빙워크, 스키 리프트, 컨베이어, 에스컬레이터 등

## 4 자유 낙하 운동

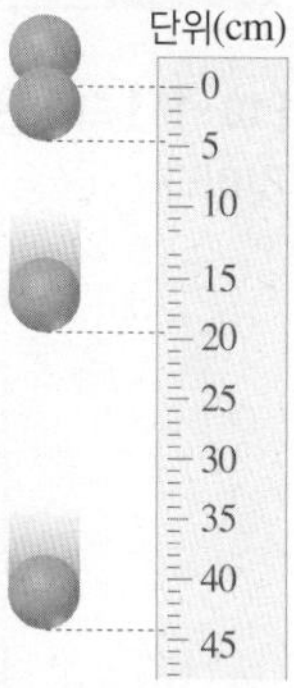


(1) 자유 낙하 운동 : 공기 저항이 없을 때 정지해 있던 물체가 ( ❻ )만 받으면서 아래로 떨어지는 운동

① 속력 변화 : 지구의 지표면 근처에서 자유 낙하 하는 물체의 속력은 1초에 9.8 m/s씩 증가한다.

② 중력 가속도 상수 : 속력 변화량 ( ❼ )이다.

③ 이동 거리 : 같은 시간 동안 물체가 이동하는 거리는 점점 증가한다.

(2) 자유 낙하 운동 그래프

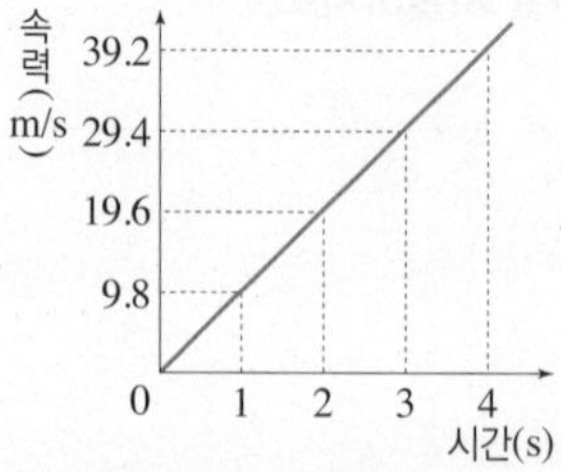


1초에 9.8 m/s씩 속력이 증가하므로 기울기가 9.8인 기울어진 직선 모양이다.

(3) 질량이 다른 물체의 자유 낙하 운동

① 진공 상태에서 질량이 다른 두 물체를 같은 높이에서 동시에 떨어뜨리면 동시에 바닥에 도달한다.

② 물체가 낙하할 때 물체의 질량에 관계없이 속력이 1초에 ( ❽ )씩 증가한다.

③ 중력의 크기 : 자유 낙하 하는 물체의 중력의 크기는 물체의 무게와 같다.

| | 공기 저항이 ( ❾ ) 때 | | 공기 저항이 ( ❿ ) 때 |
|---|---|---|---|
| 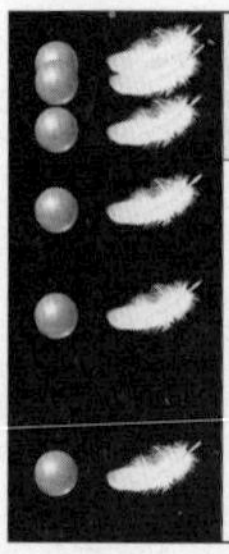 | 쇠구슬과 깃털이 동시에 떨어진다. | 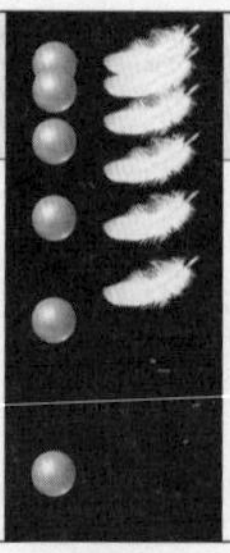 | 쇠구슬보다 깃털이 천천히 떨어진다. |

## 5 등속 운동과 자유 낙하 운동의 시간-속력 그래프 비교

| 등속 운동 | 자유 낙하 운동 |
|---|---|
| 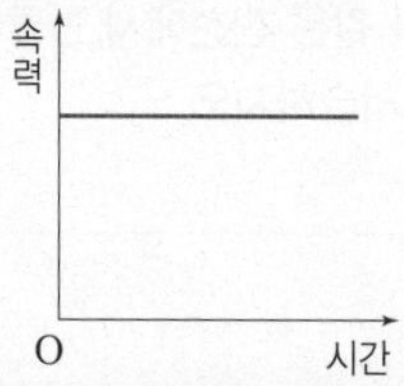  | 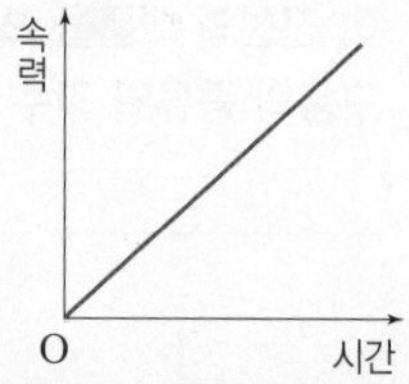  |
| • 속력이 일정하다.<br>• 같은 시간 동안 이동한 거리가 일정하다. | • 속력이 일정하게 증가한다.<br>• 같은 시간 동안 이동한 거리가 점점 증가한다. |

# 잠깐 테스트



● 정답과 해설 68쪽

MEMO

**1** 다중 섬광 사진에서는 물체 사이의 간격이 ( 좁을수록, 넓을수록 ) 속력이 빠르다.

**2** 물체의 속력은 $\frac{①(\quad)}{\text{걸린 시간}}$이며, 단위는 ②(　　　) 또는 km/h를 사용한다.

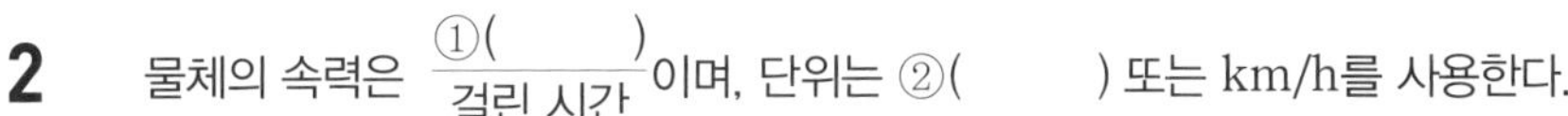

**3** 20초 동안 50 m를 이동하는 물체의 평균 속력은 몇 m/s인지 구하시오.

**4** 오른쪽 그림은 1초 간격으로 찍은 다중 섬광 사진을 나타낸 것이다. 이 물체의 평균 속력은 몇 m/s인지 구하시오.

**[5~6] 오른쪽 그림은 두 물체 A와 B의 시간에 따른 이동 거리를 나타낸 그래프이다.**

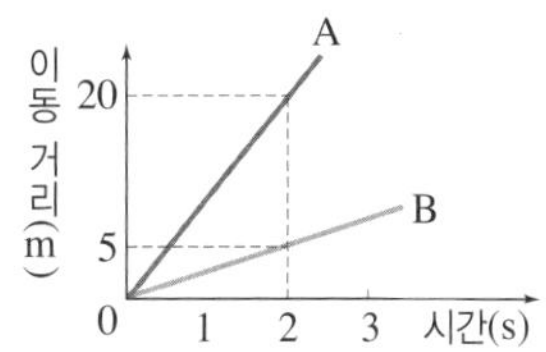


**5** A와 B의 속력의 비(A : B)를 구하시오.

**6** A와 B의 운동에 대한 설명으로 옳은 것은 ○, 옳지 않은 것은 ×로 표시하시오.

(1) A와 B는 모두 속력이 일정하게 증가하는 운동을 한다. ························ (　　　)

(2) A의 속력은 10 m/s이다. ······························································· (　　　)

**7** 오른쪽 그림은 운동하는 물체의 시간에 따른 속력을 나타낸 그래프이다. 물체가 10초 동안 이동한 거리는 (　　　) m이다.

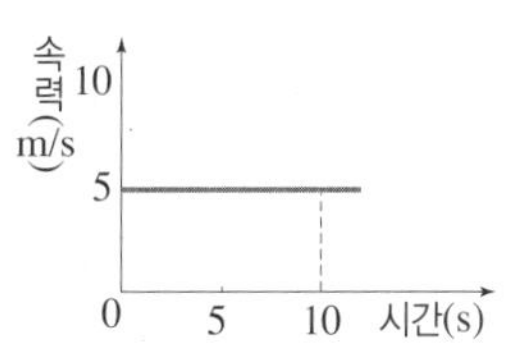


**8** 정지해 있던 물체가 중력만 받으면서 아래로 떨어지는 운동을 ①(　　　) 운동이라고 한다. 이때 낙하하는 물체의 속력은 1초에 ②(　　　) m/s씩 증가한다.

**9** 자유 낙하 하는 물체의 속력 변화량 (　　　)을 중력 가속도 상수라고 한다.

**10** 공기 저항이 없을 때 같은 높이에서 자유 낙하 하는 두 물체는 질량에 관계없이 바닥에 (　　　) 도달한다.

# 계산력·암기력 강화 문제

● 정답과 해설 68쪽

## ❶ 속력, 이동 거리, 걸린 시간 구하기 진도 교재 101쪽

• 단위 변환 : 속력을 구할 때 기본 단위는 m와 초이다.
- 1 km=1000 m
- 1 cm=0.01 m
- 1분=60초
- 1시간=60분=3600초

• 속력을 구하는 공식의 변형
- 속력(m/s)=$\frac{\text{이동 거리(m)}}{\text{걸린 시간(s)}}$
- 이동 거리(m)=속력(m/s)×걸린 시간(s)
- 걸린 시간(s)=$\frac{\text{이동 거리(m)}}{\text{속력(m/s)}}$

● 속력 구하기

**1** 50 cm/s=(　　　) m/s

**2** 72 km/h=$\frac{①(\quad\quad)\text{ m}}{②(\quad\quad)\text{ s}}$=③(　　　) m/s

**3** 5분 동안 240 m를 이동하는 사람의 속력은 (　　　) m/s이다.

**4** 2시간 동안 144 km를 이동하는 자동차의 속력은 ①(　　　) km/h=②(　　　) m/s이다.

**5** 길이가 200 m인 기차가 길이가 800 m인 다리를 완전히 통과하는 데 걸린 시간이 10초라면, 기차의 평균 속력은 (　　　) m/s이다.

**6** 기범이는 집에서 200 m 떨어진 약국까지 40초 만에 뛰어갔다가, 돌아올 때는 천천히 걸어서 1분 만에 도착했다. 기범이의 전체 이동 거리는 ①(　　　) m이고, 걸린 시간은 ②(　　　)초이므로 평균 속력은 ③(　　　) m/s이다.

● 이동 거리 구하기

**7** 12 m/s의 속력으로 달리는 자동차가 3초 동안 이동한 거리는 (　　　) m이다.

**8** 3 km/h의 속력으로 달리는 장난감 버스가 12분 동안 이동한 거리는 ①(　　　) km=②(　　　) m이다.

● 걸린 시간 구하기

**9** 70 m/s의 일정한 속력으로 달리는 자동차가 280 m를 가는 데 걸린 시간은 (　　　)초이다.

**10** 2시간 동안 60 km를 가는 자동차가 서울에서 150 km 떨어진 대전까지 가는 데 걸린 시간은 ①(　　　)시간=②(　　　)초이다.

**11** 영희는 600 m를 이동하는 데 처음 200 m는 10 m/s로, 나머지 400 m는 5 m/s로 이동하였다. 처음 200 m를 이동하는 데 걸린 시간은 ①(　　　)초이고, 나중 400 m를 이동하는 데 걸린 시간은 ②(　　　)초이므로, 전체 600 m를 이동하는 동안의 평균 속력은 ③(　　　) m/s이다.

# 중단원 기출 문제

● 정답과 해설 68쪽

**01** 물체의 운동에 대한 설명으로 옳은 것을 보기에서 모두 고른 것은?

보기
ㄱ. 운동은 시간에 따라 물체의 위치가 변하는 것이다.
ㄴ. 물체의 빠르기는 속력이라고 하고, 단위는 주로 m/s를 사용한다.
ㄷ. 1 m/s와 1 km/h는 같은 빠르기를 나타낸다.
ㄹ. 같은 시간 동안 이동한 거리가 짧을수록 속력이 빠르다.

① ㄱ, ㄴ ② ㄱ, ㄷ ③ ㄴ, ㄷ
④ ㄴ, ㄹ ⑤ ㄷ, ㄹ

**02** 보기는 여러 교통 기기의 운동을 나타낸 것이다. 보기에서 속력이 다른 하나를 고른 것은?

보기
ㄱ. 1초 동안 10 m를 이동하는 자전거
ㄴ. 1분 동안 1 km를 이동하는 트럭
ㄷ. 1시간 동안 36 km를 이동하는 택시
ㄹ. 5시간 동안 180 km를 이동하는 버스

① ㄱ ② ㄴ ③ ㄷ
④ ㄹ ⑤ 모두 같다.

**03** 그림은 학교 주변의 약도를 나타낸 것이다.

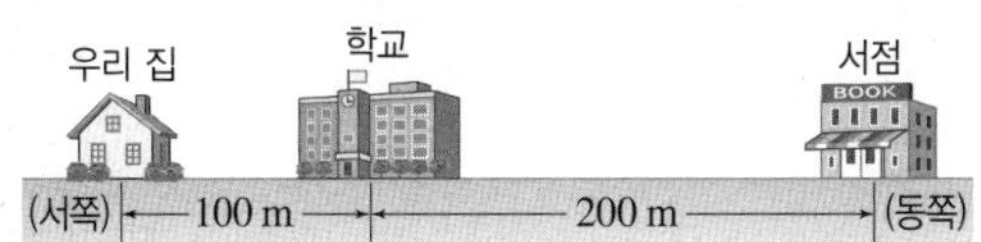


우리 집에서 학교까지는 3분이 걸렸고, 학교에서 서점까지는 7분이 걸렸다면 우리 집에서 서점까지 이동한 평균 속력은?

① 0.5 m/s ② 3 m/s ③ 5 m/s
④ 30 m/s ⑤ 50 m/s

[04~06] 표는 민수가 탄 고속버스가 출발하여 목적지에 도착할 때까지 1시간 간격으로 출발 지점에서의 이동 거리를 기록한 것이다.

| 시간(h) | 0 | 1 | 2 | 3 | 4 | 5 |
|---|---|---|---|---|---|---|
| 이동 거리(km) | 0 | 80 | 170 | 240 | 335 | 400 |

**04** 고속버스의 평균 속력이 가장 빠른 구간은?

① 0~1시간 ② 1~2시간 ③ 2~3시간
④ 3~4시간 ⑤ 4~5시간

**05** 고속버스가 목적지에 도착할 때까지의 평균 속력은?

① 70 km/h ② 75 km/h ③ 80 km/h
④ 85 km/h ⑤ 90 km/h

**06** 출발한 후 1~3시간 사이에 고속버스의 평균 속력은?

① 75 km/h ② 80 km/h ③ 82.5 km/h
④ 85 km/h ⑤ 90 km/h

**07** 그림은 A, B의 운동을 같은 시간 간격으로 찍은 다중 섬광 사진을 나타낸 것이다.

이에 대한 설명으로 옳은 것을 보기에서 모두 고른 것은?

보기
ㄱ. A가 B보다 속력이 빠르다.
ㄴ. 같은 거리를 지나가는 데 걸린 시간이 B가 더 짧다.
ㄷ. 다중 섬광 사진을 분석하면 물체의 속력을 구할 수 있다.

① ㄱ ② ㄴ ③ ㄱ, ㄷ
④ ㄴ, ㄷ ⑤ ㄱ, ㄴ, ㄷ

Ⅲ 운동과 에너지

**08** 그림은 굴러가는 공을 0.2초 간격으로 사진을 찍은 다중 섬광 사진을 나타낸 것이다.

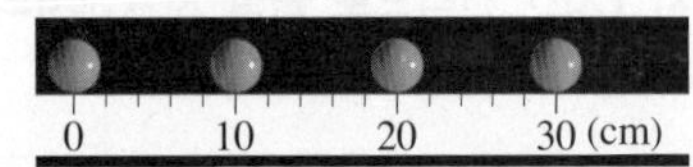


이에 대한 설명으로 옳은 것은?

① 공의 속력은 1 m/s이다.
② 공이 50 cm 이동하는 데 10초가 걸릴 것이다.
③ 속력이 점점 빨라지는 운동을 한다.
④ 시간-이동 거리 그래프 모양이 시간축에 나란한 직선 모양이다.
⑤ 공은 1분 동안 30 m를 이동할 수 있다.

**09** 그림은 수평면을 굴러가는 장난감 자동차의 위치를 1초 간격으로 나타낸 것이다.

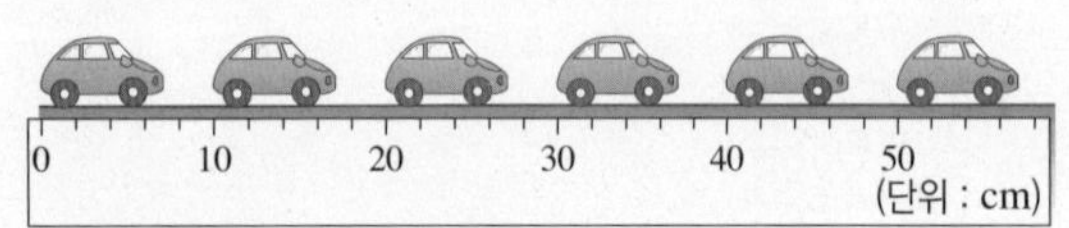


5초 동안 이 장난감 자동차의 평균 속력은?

① 0.1 m/s ② 0.5 m/s ③ 1 m/s
④ 2 m/s ⑤ 10 m/s

**10** 그림 (가)는 어떤 물체의 시간에 따른 속력을, (나)는 같은 물체의 시간에 따른 이동 거리를 나타낸 그래프이다.

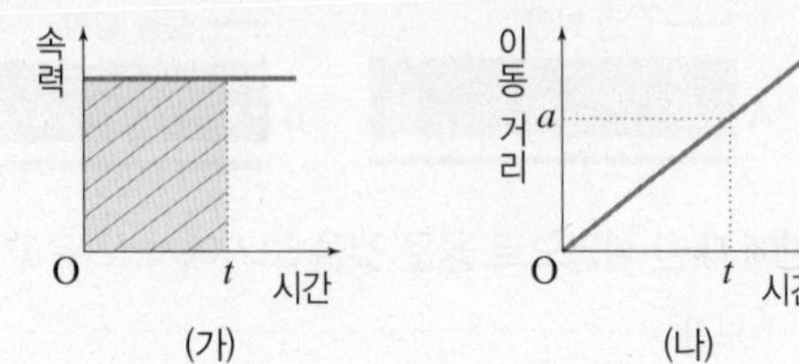


이에 대한 설명으로 옳은 것은?(단, 이 물체는 직선상에서 운동하고 있다.)

① (가)의 빗금 친 부분의 넓이는 속력을 나타낸다.
② (나)의 $a$는 $t$일 때 속력을 나타낸다.
③ (가)의 빗금 친 부분의 넓이와 (나)의 $t$는 같다.
④ 물체는 등속 운동을 한다.
⑤ 물체가 이동한 거리는 시간에 관계없이 일정하다.

이 문제에서 나올 수 있는 보기는 多

**11** 오른쪽 그림은 기준점에서 동시에 출발한 물체 A, B의 시간에 따른 이동 거리를 나타낸 그래프이다. 이에 대한 설명으로 옳지 않은 것은?

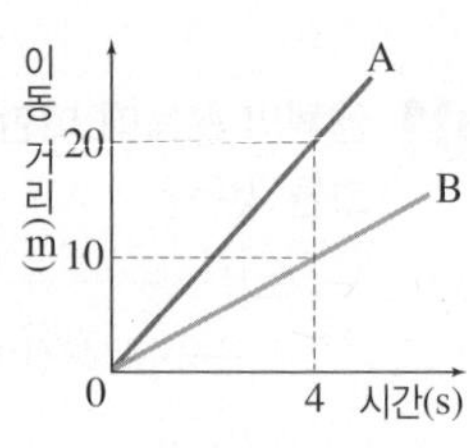


① A가 B보다 빠르다.
② A의 속력은 5 m/s이다.
③ B의 속력은 2.5 m/s이다.
④ A와 B는 모두 속력이 일정한 운동을 한다.
⑤ 5초일 때 두 물체 A와 B는 10 m 떨어져 있다.
⑥ 8초일 때 B의 이동 거리는 20 m이다.

**12** 오른쪽 그림은 어떤 물체의 시간에 따른 이동 거리를 나타낸 그래프이다. 이에 대한 설명으로 옳은 것은?

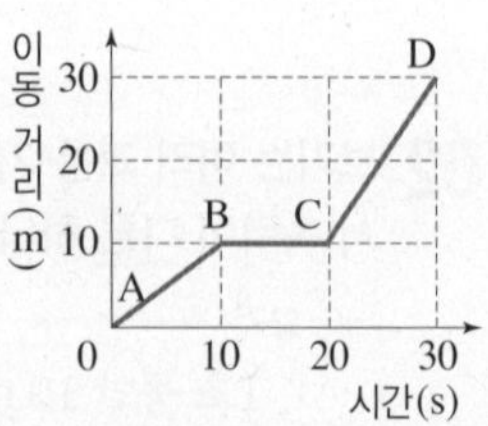


① AB 구간의 속력은 10 m/s이다.
② BC 구간에서 물체는 정지해 있다.
③ CD 구간의 속력은 1 m/s이다.
④ 30초 동안 이동한 거리는 350 m이다.
⑤ 30초 동안의 평균 속력은 15 m/s이다.

**13** 오른쪽 그림은 자유 낙하 하는 공의 운동을 일정한 시간 간격으로 찍은 다중 섬광 사진이다. 이 공의 운동에 대한 설명으로 옳지 않은 것은?

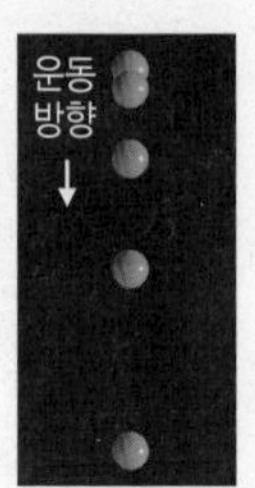


① 공은 낙하할수록 속력이 증가한다.
② 공과 공 사이의 간격은 일정하게 증가한다.
③ 공에 작용하는 힘의 방향은 연직 아래 방향이다.
④ 공의 운동 방향과 공에 작용하는 힘의 방향이 같다.
⑤ 공의 질량이 클수록 더 빨리 떨어진다.

**14** 오른쪽 그림은 자유 낙하 운동을 하는 물체를 촬영한 다중 섬광 사진을 잘라 그래프로 만든 것이다. 이에 대한 설명으로 옳은 것을 보기에서 모두 고른 것은?

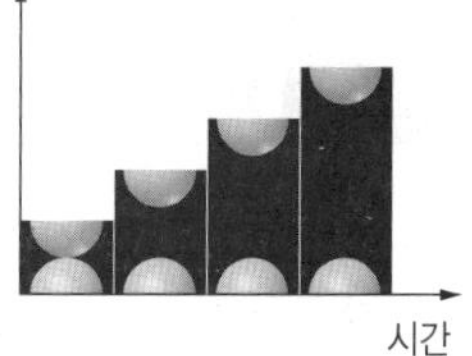


보기
ㄱ. 물체의 속력이 일정하게 증가한다.
ㄴ. 그래프의 세로축은 이동 거리를 의미한다.
ㄷ. 물체를 찍는 시간 간격은 점점 증가한다.
ㄹ. 물체에는 일정한 크기의 힘이 작용한다.

① ㄱ, ㄴ ② ㄱ, ㄹ ③ ㄴ, ㄷ
④ ㄴ, ㄹ ⑤ ㄷ, ㄹ

**15** 그림과 같이 질량이 다른 두 물체 A와 B를 같은 높이에서 동시에 떨어뜨렸다.

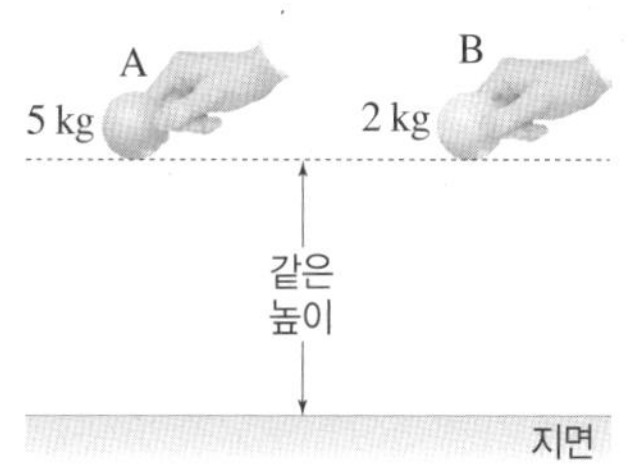


이때 (가) 두 물체에 작용하는 중력의 크기와 (나) 두 물체의 속력 변화를 비교한 것으로 옳게 짝 지은 것은?(단, 공기 저항은 무시한다.)

| | (가) | (나) |
|---|---|---|
| ① | A가 더 크다. | A가 더 크다. |
| ② | A가 더 크다. | 두 물체가 같다. |
| ③ | B가 더 크다. | B가 더 크다. |
| ④ | B가 더 크다. | 두 물체가 같다. |
| ⑤ | 두 물체가 같다. | 두 물체가 같다. |

**16** 공기 중과 진공 중에서 질량이 5 g인 깃털과 질량이 5 kg인 쇠구슬을 같은 높이에서 동시에 낙하시킬 때, 지면에 먼저 떨어지는 물체를 옳게 짝 지은 것은?

| | 공기 중 | 진공 중 |
|---|---|---|
| ① | 깃털 | 깃털 |
| ② | 깃털 | 쇠구슬 |
| ③ | 동시 | 쇠구슬 |
| ④ | 쇠구슬 | 동시 |
| ⑤ | 쇠구슬 | 쇠구슬 |

**17** 오른쪽 그림은 두 물체 A와 B의 속력을 시간에 따라 나타낸 그래프이다. 이에 대한 설명으로 옳은 것은?(단, 물체에 작용하는 마찰력은 무시한다.)

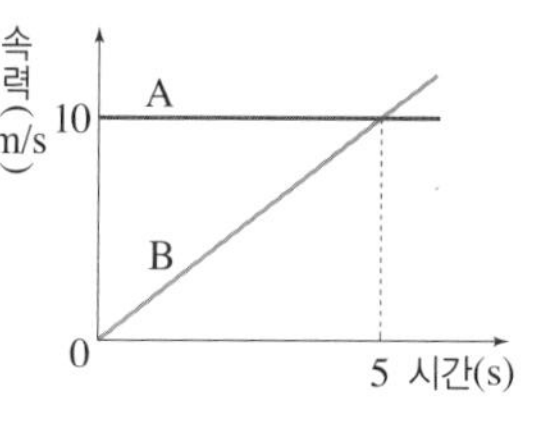


① A는 정지해 있는 물체이다.
② 5초 동안 A와 B가 이동한 거리는 같다.
③ 5초 동안 A와 B의 평균 속력은 같다.
④ 5초 동안 B의 평균 속력은 5 m/s이다.
⑤ A에는 운동 방향과 같은 방향으로 일정한 크기의 힘이 작용한다.

**18** 달의 중력은 지구 중력의 $\frac{1}{6}$이다. 따라서 중력 가속도 상수의 값도 지구의 $\frac{1}{6}$이다. 이에 대한 설명으로 옳은 것은?

① 달에서 물체의 무게는 지구에서와 같다.
② 달에서 자유 낙하 하는 물체의 속력 변화는 지구에서보다 크다.
③ 달에서 물체를 자유 낙하 시키면 2초 후 물체의 속력이 19.6 m/s가 된다.
④ 달에서 물체를 자유 낙하 시키면 물체가 지구에서보다 천천히 떨어진다.
⑤ 달에서 쇠공과 깃털을 같은 높이에서 동시에 떨어뜨리면 쇠공이 먼저 지면에 도달한다.

**19** 갈릴레이는 물체가 낙하할 때 속력이 물체의 질량과 어떤 관계가 있는지 알아보기 위해 오른쪽 그림과 같이 두 물체를 연결하여 떨어뜨리는 실험을 생각해 냈다. 이에 대한 설명으로 옳은 것은?

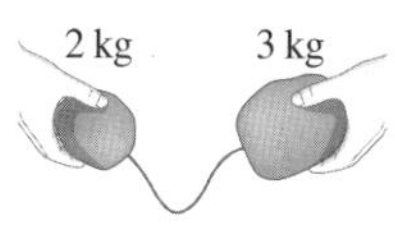


① 두 물체를 연결하면 2 kg짜리 물체만 떨어뜨렸을 때보다 빠르게 떨어진다.
② 두 물체를 연결하면 3 kg짜리 물체만 떨어뜨렸을 때보다 느리게 떨어진다.
③ 이 실험으로 가벼운 물체일수록 빠르게 떨어진다는 것을 알 수 있다.
④ 이 실험으로 무거운 물체일수록 빠르게 떨어진다는 것을 알 수 있다.
⑤ 이 실험으로 물체의 질량과 관계없이 물체는 동시에 떨어진다는 것을 알 수 있다.

# 서술형 정복하기

## 1단계 단답형으로 쓰기

**1** 물체의 빠르기를 알기 위해 측정해야 하는 값 두 가지를 쓰시오.

**2** 속력이 변하지 않고 일정한 운동을 무엇이라고 하는지 쓰시오.

**3** 10 m/s의 속력으로 등속 운동을 하는 물체가 5초 동안 이동한 거리를 구하시오.

**4** 자유 낙하 하는 물체에 작용하는 힘은 무엇인지 쓰시오.

**5** 지구에서 중력 가속도 상수는 얼마인지 쓰시오.

**6** 쇠구슬과 깃털을 공기 중의 같은 높이에서 동시에 떨어뜨렸을 때 먼저 떨어지는 물체는 무엇인지 쓰시오.

## 2단계 제시된 단어를 모두 이용하여 서술하기

[7~10] 각 문제에 제시된 단어를 모두 이용하여 답을 서술하시오.

**7** 운동하는 물체를 일정한 시간 간격으로 촬영한 다중 섬광 사진에서 물체 사이의 간격과 속력의 관계를 서술하시오.

멀수록, 가까울수록, 빠르고, 느리다

**8** 등속 운동을 하는 물체의 이동 거리는 어떻게 변하는지 서술하시오.

등속 운동, 시간, 이동 거리, 일정

**9** 자유 낙하 운동은 어떤 운동인지 서술하시오.

자유 낙하, 중력, 방향

**10** 공기 저항이 없을 때 자유 낙하 하는 물체의 질량과 속력 변화는 어떤 관계가 있는지 서술하시오.

자유 낙하, 질량, 속력 변화, 일정

● 정답과 해설 70쪽

## 3단계 실전 문제 풀어 보기

**11** 그림은 굴러가는 공의 운동을 0.1초 간격으로 다중 섬광 사진을 찍은 것이다.

공의 속력 변화를 쓰고, 그 까닭을 서술하시오.

---

**12** 어떤 자동차가 30분 동안 30 km를 이동하였다.

(1) 자동차의 속력은 몇 km/h인지 풀이 과정과 함께 구하시오.

---

(2) 이 자동차가 같은 속력으로 300 km를 이동하는 데 걸리는 시간을 풀이 과정과 함께 구하시오.

---

답안작성 TIP

**13** 그림은 운동하는 물체의 이동 거리를 시간에 따라 나타낸 그래프이다.

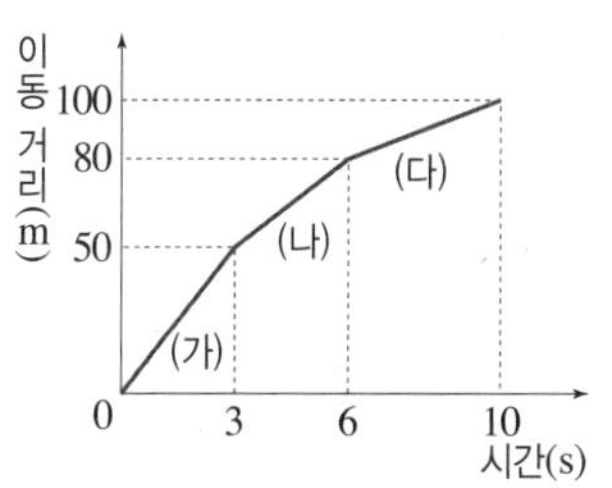


(1) (가)~(다) 중 물체의 속력이 가장 빠른 구간은 어디인지 쓰고, 그 까닭을 서술하시오.

---

(2) 속력이 가장 느린 구간에서 물체의 속력은 얼마인지 풀이 과정과 함께 구하시오.

---

(3) 0~10초 동안 물체의 평균 속력은 얼마인지 풀이 과정과 함께 구하시오.

---

**14** 그림은 컨베이어 위의 물체가 이동하는 모습이다.

이와 같은 운동을 하는 예를 두 가지 이상 서술하시오.

---

**15** 오른쪽 그림은 진공 중에서 낙하하는 쇠구슬과 깃털의 모습을 일정한 시간 간격으로 다중 섬광 사진을 찍은 것이다.

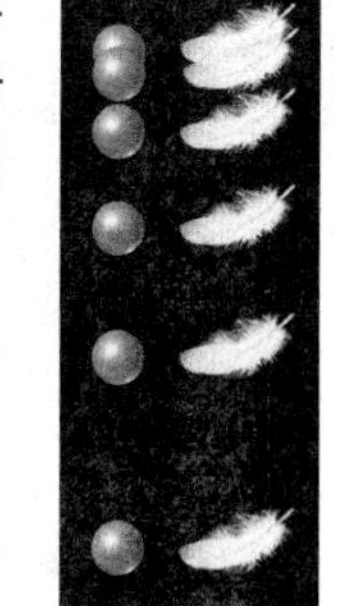

(1) 쇠구슬과 깃털의 속력 변화를 비교하여 서술하시오.

---

(2) 쇠구슬과 깃털을 공기 중에서 떨어뜨리면 어떻게 되는지 그 까닭과 함께 서술하시오.

---

답안작성 TIP

**16** 그림은 직선상을 운동하는 물체의 속력을 시간에 따라 나타낸 그래프이다.

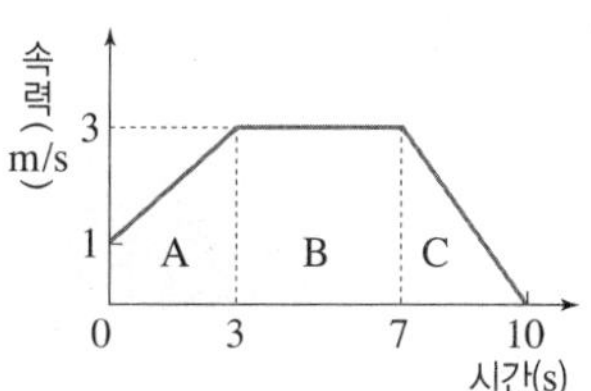


(1) 물체가 운동하는 방향과 같은 방향으로 힘을 받은 구간은 어디인지 쓰고, 그 까닭을 서술하시오.

---

(2) 물체가 일정한 속력으로 운동한 구간은 어디인지 쓰고, 그 구간에서 물체가 이동한 거리를 풀이 과정과 함께 구하시오.

---

답안작성 TIP

**13.** 시간 – 이동 거리 그래프의 기울기는 $\frac{\text{이동 거리}}{\text{걸린 시간}}$이므로 속력을 의미한다. **16.** 시간 – 속력 그래프에서 그래프 아랫부분의 넓이는 이동 거리를 의미한다.

# 중단원 핵심 요약



● 정답과 해설 71쪽

## 1 일

(1) 과학에서의 일 : 물체에 힘을 작용하여 물체가 힘의 방향으로 이동하는 경우

(2) 일의 양($W$) : 물체에 작용한 힘의 크기($F$)와 물체가 힘의 방향으로 이동한 거리($s$)의 곱으로 구한다.

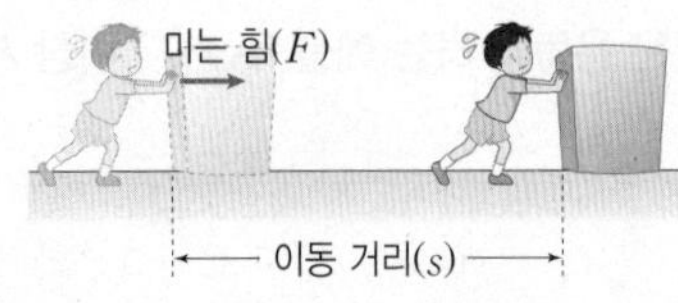


일(J)=힘(N)×이동 거리(m), $W=Fs$

(3) 단위 : ❶ ______

## 2 중력과 일의 양

(1) 중력에 대해 한 일 : 물체를 들어 올릴 때에는 중력에 대해 일을 한다.

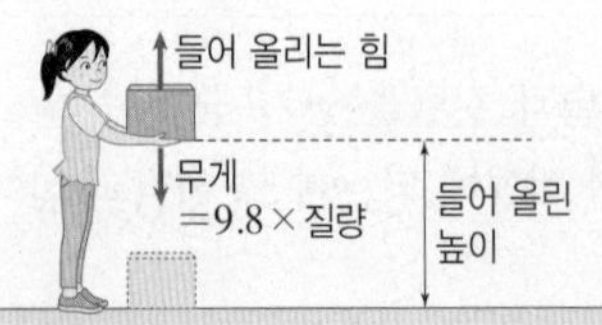


중력에 대해 한 일=물체의 ❷ ______ ×들어 올린 높이

(2) 중력이 한 일 : 물체가 떨어질 때에는 중력이 물체에 일을 한다.

중력이 한 일=중력의 크기×떨어진 ❸ ______

## 3 일의 양이 0인 경우

(1) 물체에 작용하는 힘이 0일 때 : 물체가 등속 운동을 하는 경우

(2) 물체가 이동한 거리가 0일 때 : 힘을 작용해도 물체가 움직이지 않는 경우

(3) 힘의 방향과 이동 방향이 ❹ ______ 일 때 : 힘의 방향으로 이동한 거리가 0이므로

## 4 일과 에너지

(1) 에너지 : 일을 할 수 있는 능력 ➡ 일과 같은 단위 J(줄)을 사용한다.

(2) 일과 에너지 전환 : 일은 에너지로, 에너지는 다시 일로 전환될 수 있다.

① 물체에 일을 해 주면 물체의 에너지는 ❺ ______ 한다.

② 물체가 일을 하면 물체의 에너지는 ❻ ______ 한다.

## 5 중력에 의한 위치 에너지

(1) 중력에 의한 위치 에너지 : 중력이 작용하는 공간에서 높은 곳에 있는 물체가 가지는 에너지

(2) 크기 : 물체에 작용하는 중력의 크기와 물체의 높이에 비례한다.



위치 에너지=9.8×❼ ______ ×높이, $E=9.8mh$

(3) 위치 에너지 그래프

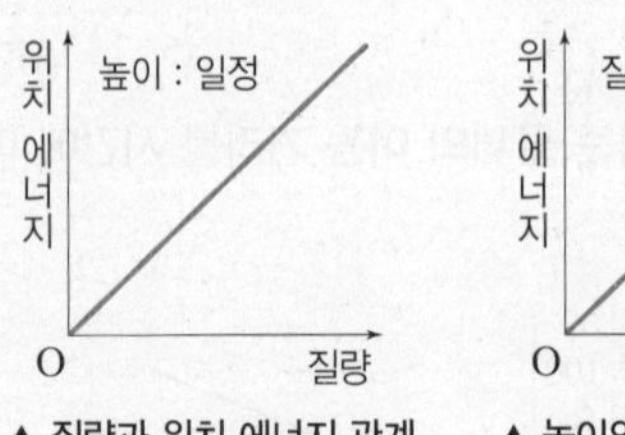


▲ 질량과 위치 에너지 관계

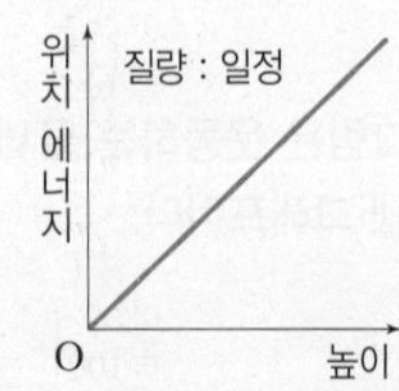


▲ 높이와 위치 에너지 관계

## 6 운동 에너지

(1) 운동 에너지 : 운동하는 물체가 가지는 에너지

(2) 크기 : 물체의 질량과 (속력)$^2$에 비례한다.

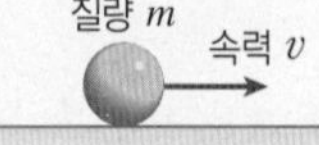


운동 에너지$=\frac{1}{2}$×질량×❽ ______ , $E=\frac{1}{2}mv^2$

(3) 운동 에너지 그래프

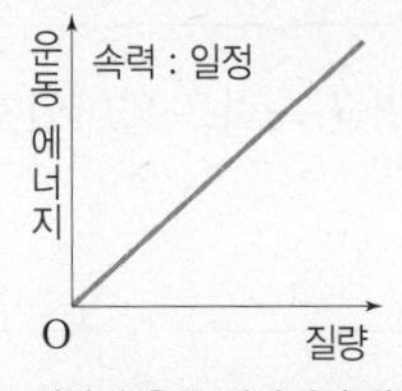


▲ 질량과 운동 에너지의 관계

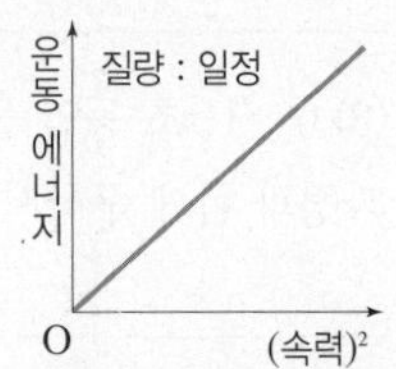


▲ (속력)$^2$과 운동 에너지의 관계

(4) 중력이 한 일과 운동 에너지 : 물체가 자유 낙하 하는 동안 물체에 한 일의 양과 물체의 운동 에너지가 같다.

# 잠깐 테스트



● 정답과 해설 71쪽

MEMO

**1** 과학에서의 일은 물체에 ①(　　　)을 작용하여 물체가 ②(　　　)의 방향으로 ③(　　　)하는 것을 의미한다.

**2** 어떤 상자를 5 N의 힘으로 밀고 가는 동안 한 일의 양이 100 J이었다. 이때 힘의 방향으로 상자가 이동한 거리는 (　　　) m이다.

**3** 질량이 5 kg인 물체를 천천히 들어 올리는 데 필요한 힘의 크기는 ①(　　　) N이고, 이 물체를 4 m 높이까지 들어 올리는 동안 한 일의 양은 ②(　　　) J이다.

**4** 2 m 높이에 있는 질량이 10 kg인 물체가 바닥에 떨어질 때 중력이 물체에 한 일의 양은 (　　　) J이다.

**5** 일의 양이 0인 경우는 작용한 힘이 ①(　　　)이거나 물체의 이동 거리가 ②(　　　)일 때, 또는 힘의 방향과 물체의 이동 방향이 ③(　　　)을 이룰 때이다.

**6** 일을 할 수 있는 능력을 ①(　　　)라고 하며, 단위로는 ②(　　　)을 사용한다.

**7** 물체에 일을 해 주면, 물체가 ①(　　　)를 갖고 물체가 가진 ②(　　　)는 ③(　　　)로 전환될 수 있다.

**8** 중력에 의한 위치 에너지는 물체의 ①(　　　)에 비례하고, 기준면으로부터의 ②(　　　)에 비례한다.

**9** 오른쪽 그림과 같이 질량이 10 kg인 물체가 옥상에 놓여 있다. 지면을 기준으로 할 때 물체의 높이는 ①(　　　) m이므로 중력에 의한 위치 에너지는 ②(　　　) J이다. 또한 베란다를 기준으로 할 때 물체의 높이는 ③(　　　) m이므로 중력에 의한 위치 에너지는 ④(　　　) J이다.

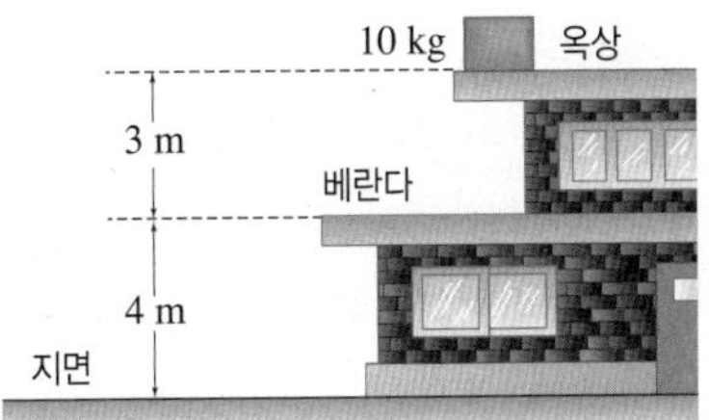


**10** 질량이 4 kg인 물체가 10 m/s의 속력으로 운동하고 있다. 이 물체가 정지하면서 다른 물체에 해 줄 수 있는 일의 양은 (　　　) J이다.

# 계산력·암기력 강화 문제

● 정답과 해설 71쪽

## 질량과 속력 변화에 따른 운동 에너지 변화 계산하기 진도 교재 115쪽

운동 에너지$=\frac{1}{2}\times$질량$\times$(속력)$^2$ ➡ 운동 에너지는 질량과 (속력)$^2$에 각각 비례한다.

● **운동 에너지 변화 계산하기**

**1** 운동하고 있는 수레의 질량과 속력을 각각 3배로 하면 수레의 운동 에너지는 (　　　)배가 된다.

**2** 도로에 트럭과 승용차가 달리고 있다. 트럭의 질량은 승용차의 2배이고, 트럭의 속력은 승용차의 $\frac{1}{2}$배일 때 트럭의 운동 에너지는 승용차의 (　　　)배이다.

**3** 질량이 1000 kg이고 속력이 100 km/h인 자동차 A와 질량이 2000 kg이고 속력이 50 km/h인 자동차 B의 운동 에너지의 비(A : B)는 (　　:　　)이다.

## 운동 에너지와 일의 전환 적용하기 진도 교재 115쪽

• 일 $\xrightarrow{\text{전환}}$ 운동 에너지 : 해 준 일의 양만큼 물체의 운동 에너지가 증가한다.

$$\frac{1}{2}mv_{\text{처음}}^2+W=\frac{1}{2}mv_{\text{나중}}^2$$

• 운동 에너지 $\xrightarrow{\text{전환}}$ 일 : 물체는 자신이 가진 운동 에너지만큼 일을 할 수 있다.

$$\frac{1}{2}mv^2=Fs$$

● **운동 에너지와 일의 전환(단, 수레와 바닥 사이의 마찰은 무시한다.)**

**1** 마찰이 없는 수평면에 정지해 있던 질량이 2 kg인 수레에 25 J의 일을 하였더니 수레의 속력은 (　　　) m/s가 되었다.

**2** 5 m/s의 속력으로 운동하던 질량이 4 kg인 수레가 나무 도막과 충돌하여 나무 도막이 1 m 이동한 후 멈추었다. 이때 나무 도막을 미는 힘의 크기는 (　　　) N이다.

● **이동 거리 구하기(단, 수레와 바닥 사이의 마찰은 무시한다.)**

**3** 정지해 있던 나무 도막에 질량이 500 g인 수레가 2 m/s의 속력으로 충돌하였더니 나무 도막이 10 cm 이동하였다. 질량이 같은 수레가 6 m/s의 속력으로 나무 도막에 충돌하면 나무 도막은 (　　　) cm 이동한다.(단, 나무 도막이 받는 힘의 크기는 일정하다.)

**4** 질량이 1 kg인 수레가 2 m/s의 속력으로 운동하다가 정지해 있는 나무 도막과 충돌하면 나무 도막을 (　　　) cm 밀고 간 후 정지한다.(단, 나무 도막을 미는 힘의 크기는 10 N이다.)

# 중단원 기출 문제

● 정답과 해설 71쪽

이 문제에서 나올 수 있는 보기는 多

**01** 과학에서의 일을 하지 않은 경우를 모두 고르면?(3개)

① 책을 읽고 있다.
② 가방을 메고 계단을 올라갔다.
③ 빗면을 따라 공을 끌어 올렸다.
④ 상자를 들어 올려 선반에 놓았다.
⑤ 철봉에 10분 동안 매달려 있었다.
⑥ 우주에서 우주선이 직선상을 일정한 속력으로 움직이고 있다.

**02** 그림과 같이 수평면에 놓인 무게 30 N인 물체에 수평 방향으로 20 N의 힘을 작용하여 일정한 속력으로 40 cm 만큼 이동시켰다.

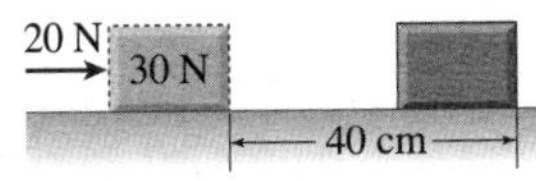


물체를 미는 힘의 크기($F$)와 물체에 한 일의 양($W$)을 옳게 짝 지은 것은?

| | $F$ | $W$ | | $F$ | $W$ |
|---|---|---|---|---|---|
| ① | 20 N | 8 J | ② | 20 N | 12 J |
| ③ | 20 N | 800 J | ④ | 30 N | 12 J |
| ⑤ | 30 N | 1200 J | | | |

**03** 그림은 무게가 400 N인 물체를 수평 방향으로 2 m만큼 밀어서 등속으로 이동시키는 모습을 나타낸 것이다.

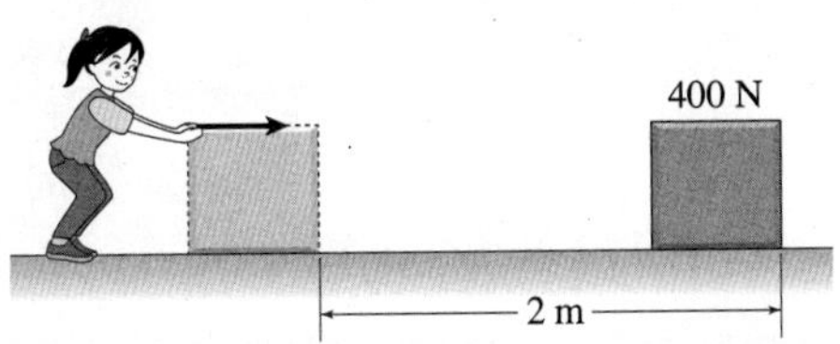


이때 물체에 한 일의 양이 300 J이라면 물체를 미는 힘의 크기는?

① 30 N ② 150 N ③ 300 N
④ 400 N ⑤ 800 N

**04** 오른쪽 그림과 같이 바닥에 놓인 질량이 1 kg인 돌을 2 m 높이의 선반 위로 천천히 들어 올려 놓았다. 이때 돌을 들어 올린 힘의 크기와 한 일의 양을 옳게 짝 지은 것은?

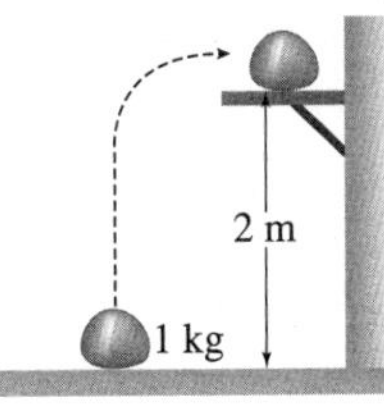


| | 힘의 크기 | 일의 양 | | 힘의 크기 | 일의 양 |
|---|---|---|---|---|---|
| ① | 1 N | 2 J | ② | 1 N | 9.8 J |
| ③ | 9.8 N | 9.8 J | ④ | 9.8 N | 19.6 J |
| ⑤ | 19.6 N | 9.8 J | | | |

**05** 오른쪽 그림과 같이 지면에서 2 m 높이의 선반 A에 있는 물체를 높이가 6 m인 선반 B에 올려놓는 데 한 일의 양이 19.6 J이었다. 이 물체의 질량은?

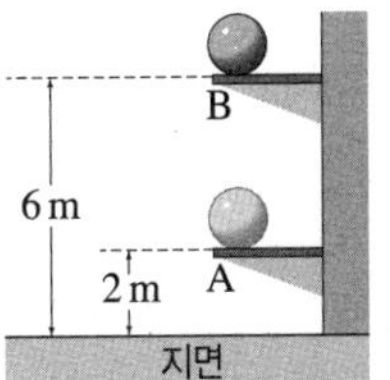


① 0.1 kg ② 0.5 kg ③ 1 kg
④ 5 kg ⑤ 10 kg

**06** 그림은 질량이 10 kg인 물체를 든 채로 A 지점에서 B 지점을 거쳐 2 m 높이의 계단을 오른 후 C 지점까지 이동한 모습을 나타낸 것이다.

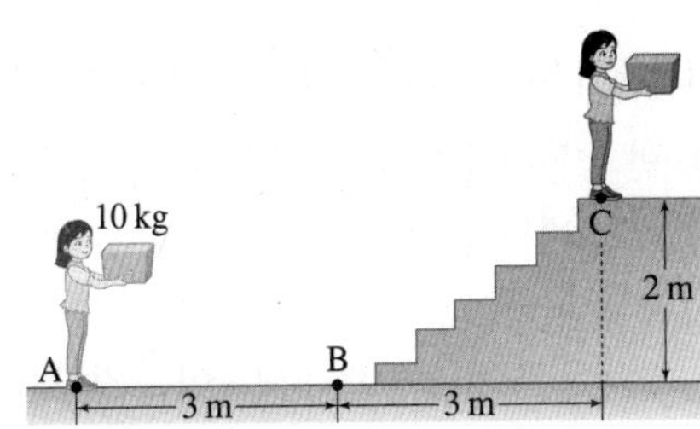


물체에 한 일의 양은?

① 20 J ② 50 J ③ 196 J
④ 490 J ⑤ 784 J

Ⅲ 운동과 에너지

**07** 그림과 같이 무게가 10 N인 물체를 일정한 속력으로 5 m 밀고 간 후, 2 m 높이까지 천천히 들어 올렸다.

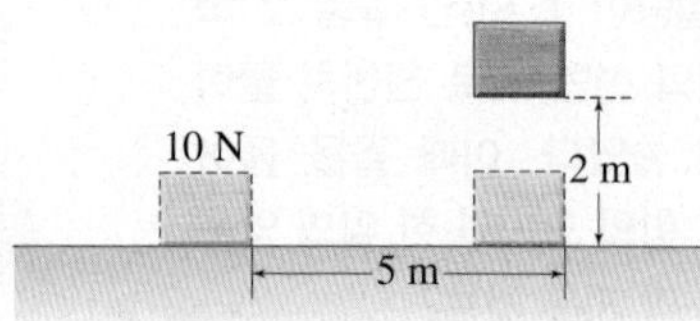


이때 한 일의 양이 총 60 J이었다면, 물체를 미는 힘의 크기와 미는 동안 한 일의 양을 옳게 짝 지은 것은?

| | 미는 힘 | 일의 양 | | 미는 힘 | 일의 양 |
|---|---|---|---|---|---|
| ① | 2 N | 40 J | ② | 2 N | 50 J |
| ③ | 8 N | 40 J | ④ | 8 N | 50 J |
| ⑤ | 10 N | 100 J | | | |

**08** 그림과 같이 정민이는 무게가 10 N인 물체를 든 채로 수평 방향으로 3 m만큼 걸어갔다.

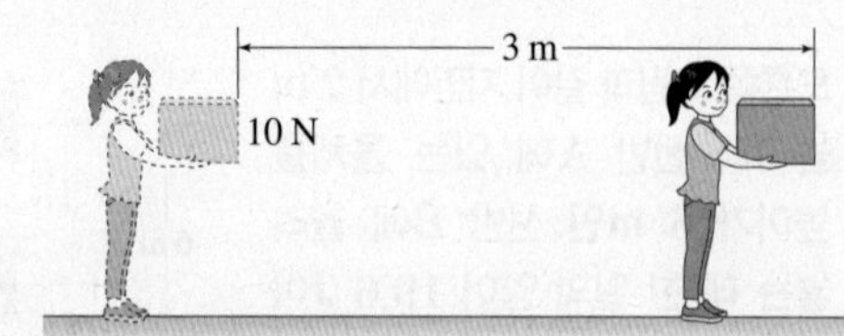


정민이가 한 일의 양은?

① 0 ② 10 J ③ 30 J
④ 98 J ⑤ 294 J

**09** 무게가 30 N인 물체를 지면으로부터 5 m 높이에서 떨어뜨렸다면 물체가 지면에 도달하는 동안 중력이 한 일의 양은?

① 5 J ② 30 J ③ 100 J
④ 150 J ⑤ 300 J

**10** 과학에서 일의 양이 0인 경우를 모두 고르면?(2개)

① 빈 양동이를 들고 1층에서 3층까지 올라갔다.
② 교실 바닥에 떨어진 책을 주워서 책상 위에 올려 놓았다.
③ 교탁을 힘껏 밀었으나 교탁이 움직이지 않았다.
④ 청소를 하기 위해 책상을 모두 교실 뒤로 밀어서 옮겼다.
⑤ 물이 가득 들어 있는 양동이를 들고 30분 동안 제자리에 서 있었다.

**11** 일과 에너지에 대한 설명으로 옳지 않은 것은?

① 일과 에너지는 서로 전환된다.
② 일과 에너지의 단위는 J(줄)을 사용한다.
③ 물체에 일을 해 주면 물체의 에너지가 증가한다.
④ 에너지는 일을 할 수 있는 능력을 말한다.
⑤ 물체가 외부에 일을 하면 물체의 에너지는 증가한다.

이 문제에서 나올 수 있는 보기는 多

**12** 중력에 의한 위치 에너지에 대한 설명으로 옳지 않은 것은?

① 중력이 작용하는 곳에서 높은 곳에 있는 물체가 가지는 에너지이다.
② 댐 안의 물은 중력에 의한 위치 에너지를 가진다.
③ 기준면에 따라 중력에 의한 위치 에너지의 크기가 달라진다.
④ 물체의 질량과 높이에 각각 비례한다.
⑤ 기준면에서 1 m 높이에 있는 질량이 1 kg인 물체의 중력에 의한 위치 에너지는 1 J이다.
⑥ 기준면에 있는 물체의 중력에 의한 위치 에너지는 0이다.
⑦ 물체를 기준면에서 그 위치까지 천천히 들어 올리는 동안 한 일의 양과 같다.

**13** 그림과 같이 질량이 10 kg인 물체가 베란다로부터 3 m 높이의 옥상에 있다. 이때 베란다는 지면으로부터 5 m 높이에 있다.

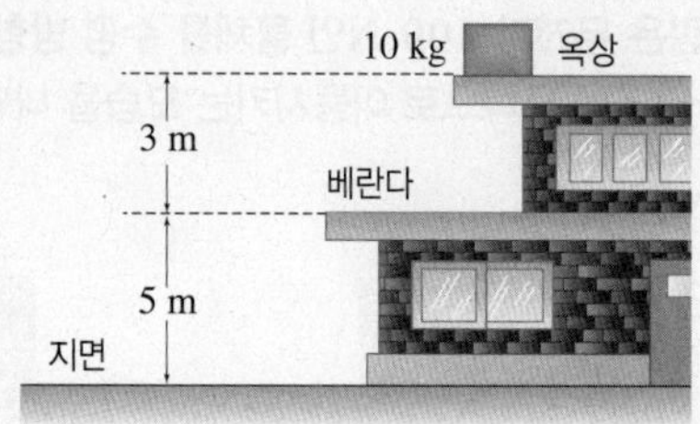


지면을 기준으로 할 때(A)와 베란다를 기준으로 할 때(B) 물체가 가지는 중력에 의한 위치 에너지의 비 A : B는?

① 1 : 1 ② 2 : 3 ③ 3 : 8
④ 5 : 8 ⑤ 8 : 3

**14** 오른쪽 그림과 같이 A점에 있는 질량이 $m$인 물체는 지면을 기준으로 10 J의 중력에 의한 위치 에너지를 가진다. 이때 B점에 있는 질량이 $2m$인 물체가 지면을 기준으로 가지는 중력에 의한 위치 에너지는?

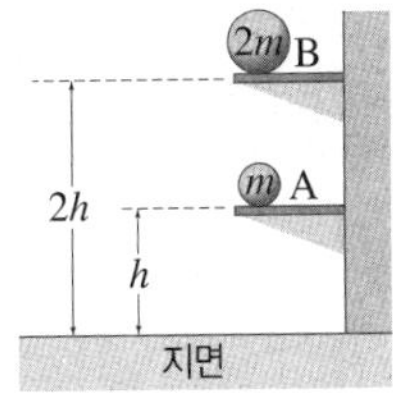


① 4 J ② 9.8 J ③ 10 J
④ 40 J ⑤ 392 J

**15** 그림에서 지면을 기준으로 할 때, 중력에 의한 위치 에너지가 가장 큰 것은?(단, 물체의 크기는 무시한다.)

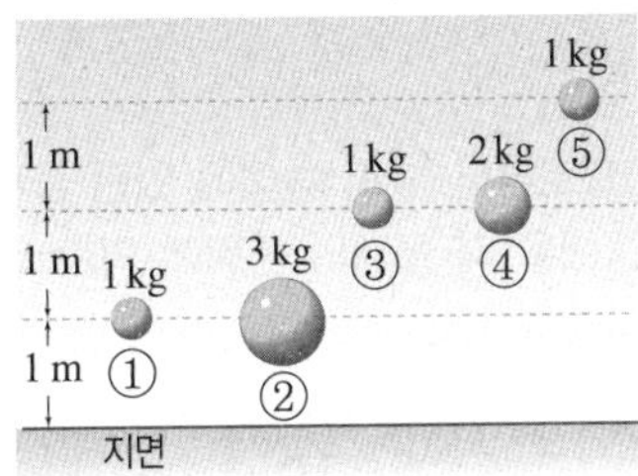


**16** 중력에 의한 위치 에너지에 영향을 주는 요인을 알아보기 위해 오른쪽 그림과 같이 장치하고, 추의 질량과 낙하 높이를 변화시켜 나무 도막의 이동 거리를 측정하였다. 표는 이 실험의 결과를 나타낸 것이다.

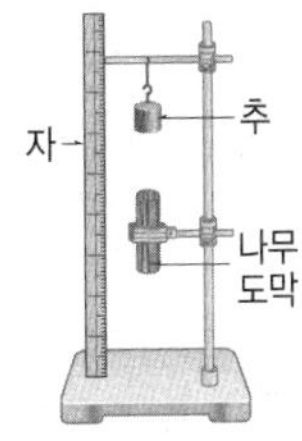


| 실험 | 추의 질량 | 추의 낙하 높이 | 나무 도막의 이동 거리 |
|---|---|---|---|
| 1 | 10 kg | 50 cm | 5 cm |
| 2 | 10 kg | 100 cm | 10 cm |
| 3 | 20 kg | 50 cm | 10 cm |

이에 대한 설명으로 옳지 않은 것은?

① 추의 중력에 의한 위치 에너지는 추의 질량과 낙하 높이에 각각 비례한다.
② 실험 1에서 낙하 전 추의 중력에 의한 위치 에너지는 실험 2에서보다 작다.
③ 실험 2와 3에서 낙하 전 추의 중력에 의한 위치 에너지는 같다.
④ 낙하 높이가 같을 때 나무 도막의 이동 거리는 추의 질량에 비례한다.
⑤ 추의 질량이 20 kg, 낙하 높이가 100 cm일 경우 나무 도막의 이동 거리는 40 cm이다.

**17** 그림과 같이 마찰이 없는 수평면에서 질량이 2 kg인 수레가 2 m/s의 속력으로 운동하고 있다.

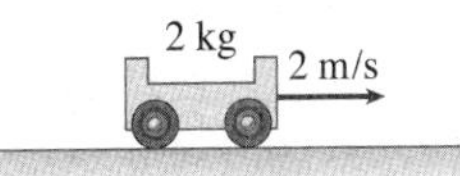


그림에서 수레의 속력이 4 m/s가 되도록 하려면, 수레에 해 주어야 하는 일의 양은?

① 10 J ② 12 J ③ 20 J
④ 40 J ⑤ 60 J

**18** 그림과 같이 질량이 5 kg인 수레가 4 m/s의 속력으로 나무 도막과 충돌하여 4 m 이동한 후 정지하였다.

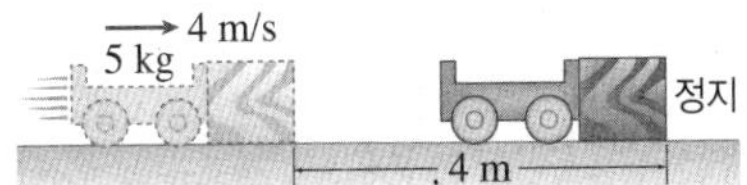


질량이 10 kg, 속력이 12 m/s인 수레를 동일한 나무 도막에 충돌시킬 경우, 나무 도막의 이동 거리는 몇 배가 되는가?(단, 수레가 받는 마찰은 무시한다.)

① 4배 ② 5배 ③ 6배
④ 15배 ⑤ 18배

**19** 그림과 같이 40 km/h의 속력으로 달리던 자동차가 브레이크를 밟고 4 m를 미끄러진 후 정지하였다.

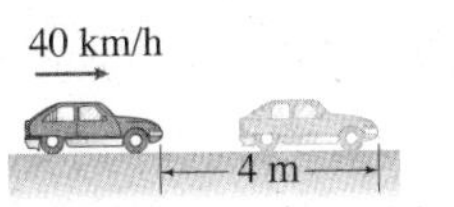


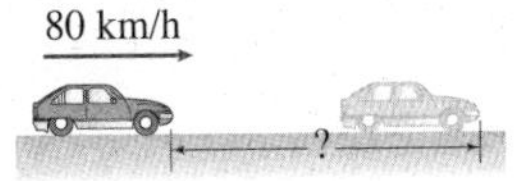


이 자동차가 80 km/h의 속력으로 달리다가 브레이크를 밟았을 때, 자동차가 미끄러지는 거리는?(단, 자동차에 작용하는 마찰력의 크기는 일정하다.)

① 8 m ② 12 m ③ 16 m
④ 32 m ⑤ 64 m

# 서술형 정복하기



## 1단계 단답형으로 쓰기

**1** 과학에서 말하는 일의 양은 작용한 힘과 어떤 값을 곱해서 구하는지 쓰시오.

**2** 일을 할 수 있는 능력을 무엇이라 하는지 쓰시오.

**3** 일과 에너지의 단위를 쓰시오.

**4** 200 J의 에너지를 갖고 있는 물체가 외부에 20 J만큼의 일을 해 주었을 때 이 물체의 에너지는 얼마인지 쓰시오.

**5** 중력에 대해 일을 하여 물체를 높은 곳으로 들어 올리면 물체가 무엇을 갖게 되는지 쓰시오.

**6** 운동하고 있는 수레의 속력이 2배가 되면 수레의 운동 에너지는 몇 배가 되는지 쓰시오.

## 2단계 제시된 단어를 모두 이용하여 서술하기

[7~10] 각 문제에 제시된 단어를 모두 이용하여 답을 서술하시오.

**7** 가방을 들고 수평 방향으로 이동했을 때 가방에 한 일의 양이 0인 까닭을 서술하시오.

힘의 방향, 수직, 이동한 거리, 일의 양

**8** 기준면으로부터 5 m 높이에 있던 물체를 10 m 높이로 이동했을 때 물체의 중력에 의한 위치 에너지의 변화를 서술하시오.

위치 에너지, 높이, 비례

**9** 운동하는 수레가 나무 도막에 부딪혀 나무 도막을 밀고 가다가 정지할 때 일과 에너지의 전환은 어떻게 일어나는지 서술하시오.

운동 에너지, 일, 전환

**10** 자유 낙하 하는 물체에 중력이 한 일의 양과 물체의 운동 에너지의 관계에 대해 서술하시오.

중력이 한 일의 양, 운동 에너지, 전환, 같다.

## 3단계 실전 문제 풀어 보기

**11** 그림과 같이 수평면 위에 놓인 무게가 5 N인 물체를 3 N의 힘으로 2 m 밀고 갔다.

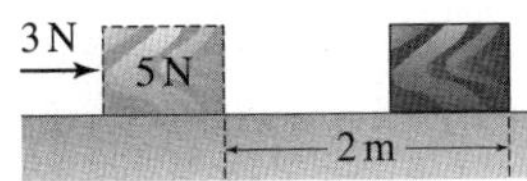


물체에 한 일의 양은 얼마인지 풀이 과정과 함께 구하시오.

**12** 오른쪽 그림은 민서가 질량이 1 kg인 상자를 50 cm 높이까지 천천히 들어 올리는 모습을 나타낸 것이다.

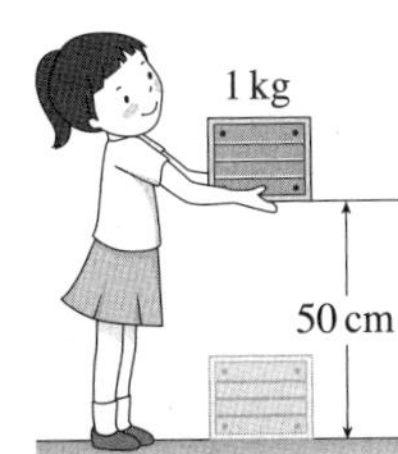


(1) 민서가 상자에 한 일의 양을 풀이 과정과 함께 구하시오.

(2) 상자의 중력에 의한 위치 에너지의 변화량을 구하고, 그 까닭을 서술하시오.

**13** 다음은 과학에서의 일이 0인 경우이다.

> (가) 바위를 힘껏 밀었지만 움직이지 않는다.
> (나) 지후가 가방을 들고 평평한 운동장을 걸어가고 있다.
> (다) 마찰이 없는 얼음판 위에서 스케이트를 탄 민서가 등속 운동을 하고 있다.

(가)~(다)의 경우가 일의 양이 0인 까닭을 각각 서술하시오.

답안작성 TIP

**14** 그림과 같이 정지해 있는 질량이 다른 수레 A, B에 같은 크기의 힘 $F$를 작용하여 각각 거리 $s$만큼 이동시켰다.

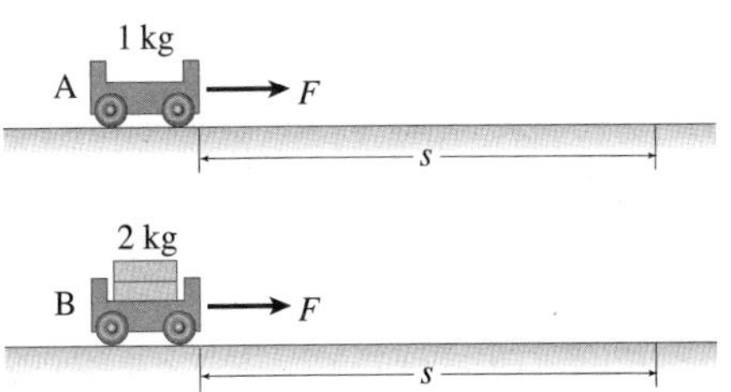


이때 수레 A, B의 운동 에너지 $E_A$, $E_B$의 크기를 비교하고, 그 까닭을 서술하시오.(단, 모든 마찰은 무시한다.)

답안작성 TIP

**15** 오른쪽 그림과 같은 장치로 중력에 의한 위치 에너지와 질량의 관계를 알아보려고 한다. 이때 변화시켜야 하는 값과 일정하게 유지시켜야 하는 값을 각각 모두 쓰시오.(단, 추에 작용하는 마찰은 무시한다.)

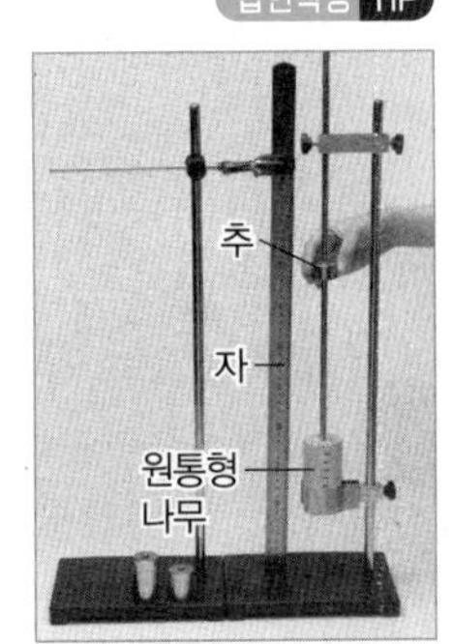


**16** 그림과 같이 수평면 위를 운동하는 질량이 2 kg인 수레가 나무 도막과 충돌하여 나무 도막에 400 J의 일을 하고 정지하였다.(단, 수레가 받는 마찰은 무시한다.)

(1) 나무 도막과 충돌 전, 수레가 가지고 있던 운동 에너지는 몇 J인지 구하고 그 까닭을 서술하시오.

(2) 나무 도막의 이동 거리가 2 m일 때, 나무 도막을 미는 힘의 크기는 몇 N인지 풀이 과정과 함께 구하시오.

답안작성 TIP

**14.** 수레에 해 준 일의 양이 모두 수레의 운동 에너지로 전환된다. **15.** 어떤 요인이 실험에 미치는 영향을 알아볼 때는 알아보고자 하는 요인만 변화시키면서 실험을 한다. 이때 다른 조건들은 모두 동일하게 유지해야 한다.

# 중단원 핵심 요약

## 01 감각 기관

● 정답과 해설 73쪽

### 1 눈(시각)

(1) 눈의 구조와 기능

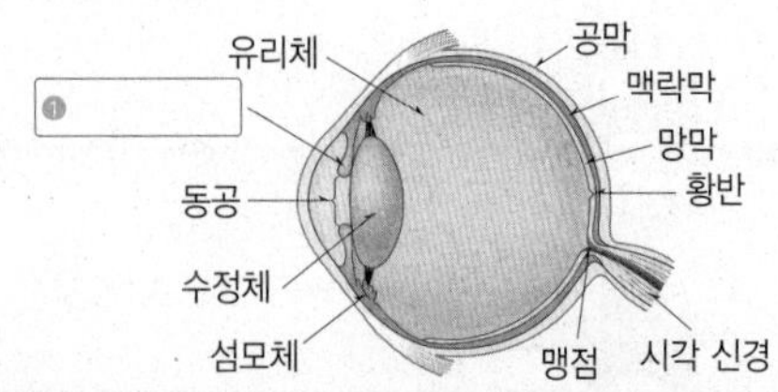

| | |
|---|---|
| 홍채 | 동공의 크기를 조절하여 눈으로 들어오는 빛의 양 조절 |
| 동공 | 눈 안쪽으로 빛이 들어가는 구멍 |
| ❷ | 볼록 렌즈와 같이 빛을 굴절시켜 망막에 상이 맺히게 함 |
| 섬모체 | 수정체의 두께 조절 |
| ❸ | 상이 맺히는 곳, 시각 세포가 있음 |
| 시각 신경 | 시각 세포에서 받아들인 자극을 뇌로 전달 |
| 맹점 | 시각 세포가 없어 상이 맺혀도 보이지 않음 |
| 맥락막 | 검은색 색소가 있어 눈 속을 어둡게 함 |

(2) 물체를 보는 과정

빛 → 각막 → 수정체 → 유리체 → 망막의 시각 세포 → 시각 신경 → 뇌

(3) 눈의 조절 작용

**주변 밝기에 따른 동공의 크기 변화**

| 주변이 밝을 때 | 주변이 어두울 때 |
|---|---|

**물체와의 거리에 따른 수정체의 두께 변화**

| 가까운 곳을 볼 때 | 먼 곳을 볼 때 |
|---|---|

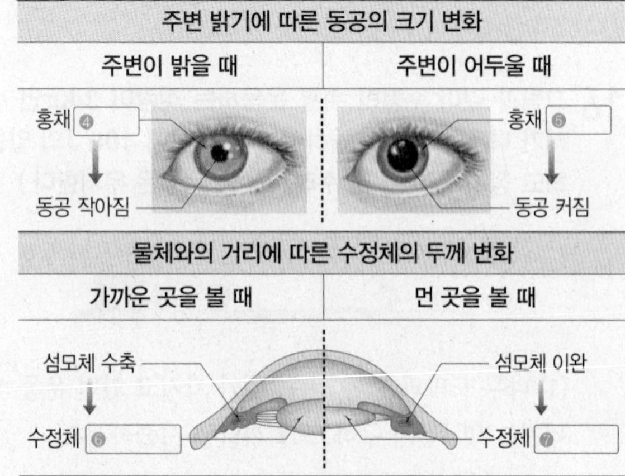

### 2 피부(피부 감각)

(1) 감각점의 분포

① 감각점은 몸의 부위에 따라 다르게 분포한다. ➡ 특정 감각점이 많은 부위는 그 감각점이 받아들이는 자극에 더 예민하다.

② 일반적으로 감각점 중 ❽ ______ 이 가장 많다.

(2) 피부 감각을 느끼는 과정

자극 → 피부의 감각점 → (피부) 감각 신경 → 뇌

### 3 귀(청각, 평형 감각)

(1) 귀의 구조와 기능

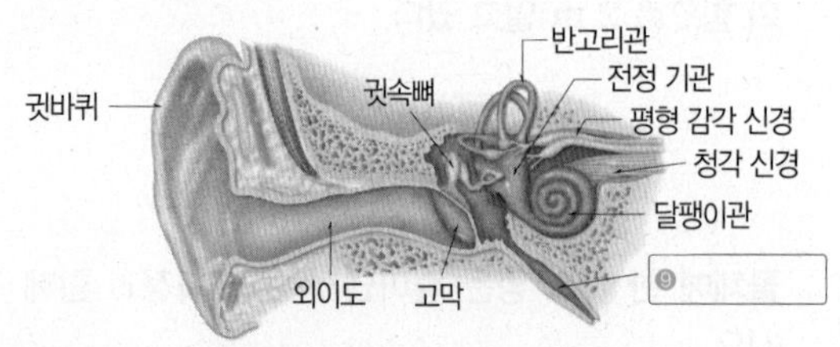

| | | |
|---|---|---|
| 고막 | 소리에 의해 진동하는 얇은 막 | |
| 귓속뼈 | 고막의 진동을 증폭함 | |
| ❿ | 청각 세포가 있음 | |
| 청각 신경 | 청각 세포에서 받아들인 자극을 뇌로 전달 | |
| 귀인두관 | 고막 안쪽과 바깥쪽의 압력을 같게 조절 | |
| ⓫ | 몸의 회전 감지 | 평형 감각 담당 |
| ⓬ | 몸의 움직임, 기울어짐 감지 | |

(2) 소리를 듣는 과정

소리 → 귓바퀴 → 외이도 → 고막 → ⓭ ______ → 달팽이관의 청각 세포 → 청각 신경 → 뇌

(3) 소리를 듣는 과정에 직접 관여하지 않는 구조 : 반고리관, 전정 기관, 귀인두관

### 4 코(후각)

(1) 특징 : 매우 민감한 감각이지만, 쉽게 피로해진다. ➡ 후각 세포는 쉽게 피로해지기 때문에 같은 냄새를 계속 맡으면 나중에는 잘 느끼지 못한다.

(2) 냄새를 맡는 과정

⓮ ______ 상태의 화학 물질 → 후각 상피의 후각 세포 → 후각 신경 → 뇌

### 5 혀(미각)

(1) 특징

① 혀에서 느끼는 기본적인 맛 : 단맛, 짠맛, 신맛, 쓴맛, 감칠맛

② 다양한 음식 맛은 미각과 후각을 종합하여 느끼는 것이다. ➡ 코감기에 걸리면 음식 맛을 제대로 느낄 수 없다.

(2) 맛을 느끼는 과정

⓯ ______ 상태의 화학 물질 → 맛봉오리의 맛세포 → 미각 신경 → 뇌

# 잠깐 테스트



● 정답과 해설 73쪽

MEMO

**[1~2] 오른쪽 그림은 사람 눈의 구조를 나타낸 것이다.**

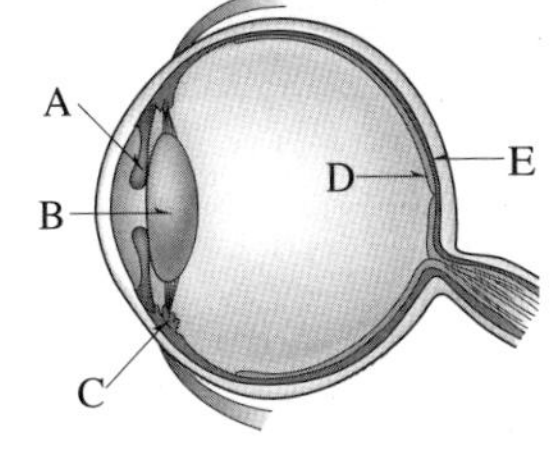


**1** 각 설명에 해당하는 구조의 기호와 이름을 쓰시오.

(1) 상이 맺히는 곳이다.
(2) 동공의 크기를 조절한다.
(3) 수정체의 두께를 조절한다.

**2** 다음은 물체를 보는 과정이다. (　　) 안에 알맞은 구조의 기호를 쓰시오.

빛 → 각막 → ①(　　　) → 유리체 → ②(　　　)의 시각 세포 → 시각 신경 → 뇌

**3** 책상에 앉아 가까이 있는 책을 보다가 창문 밖의 먼 산을 보면 섬모체가 ①( 수축, 이완 ) 하여 수정체가 ②( 얇아, 두꺼워 )진다.

**4** 각 상황에서의 홍채와 동공의 크기 변화를 옳게 연결하시오.

| 상황 | 홍채 | 동공의 크기 |
|---|---|---|
| (1) 밝을 때 • | • ㉠ 수축 • | • ① 작아짐 |
| (2) 어두울 때 • | • ㉡ 확장 • | • ② 커짐 |

**5** 일반적으로 피부에 가장 많은 감각점은 (　　　)이다.

**[6~7] 오른쪽 그림은 사람 귀의 구조를 나타낸 것이다.**

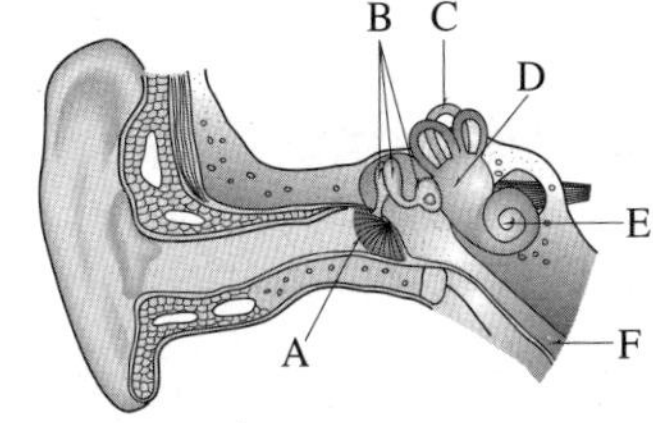


**6** 각 설명에 해당하는 구조의 기호와 이름을 쓰시오.

(1) 청각 세포가 있다.
(2) 고막의 진동을 증폭한다.
(3) 소리에 의해 진동하는 얇은 막이다.

**7** 눈을 감고도 몸의 회전을 느낄 수 있는 것은 ①(　　　)의 작용 때문이고, 돌부리에 걸려 넘어질 때 몸의 기울어짐을 느끼는 것은 ②(　　　)의 작용 때문이다.

**8** 매우 민감하지만 쉽게 피로해지는 감각은 (　　　)이다.

**9** 혀에서 느끼는 기본적인 맛에는 단맛, 짠맛, 신맛, (　　　), (　　　)이 있다.

**10** 표는 여러 종류의 감각 세포가 받아들이는 자극을 나타낸 것이다. (　　) 안에 알맞은 말을 쓰시오.

| 세포 | 시각 세포 | 청각 세포 | 후각 세포 | 맛세포 |
|---|---|---|---|---|
| 자극 | ①(　　　) | 소리 | ②(　　　) 상태의 화학 물질 | ③(　　　) 상태의 화학 물질 |

Ⅳ 자극과 반응

# 계산력·암기력 강화 문제



● 정답과 해설 73쪽

## ❶ 눈의 구조와 기능 암기하기 진도 교재 131쪽

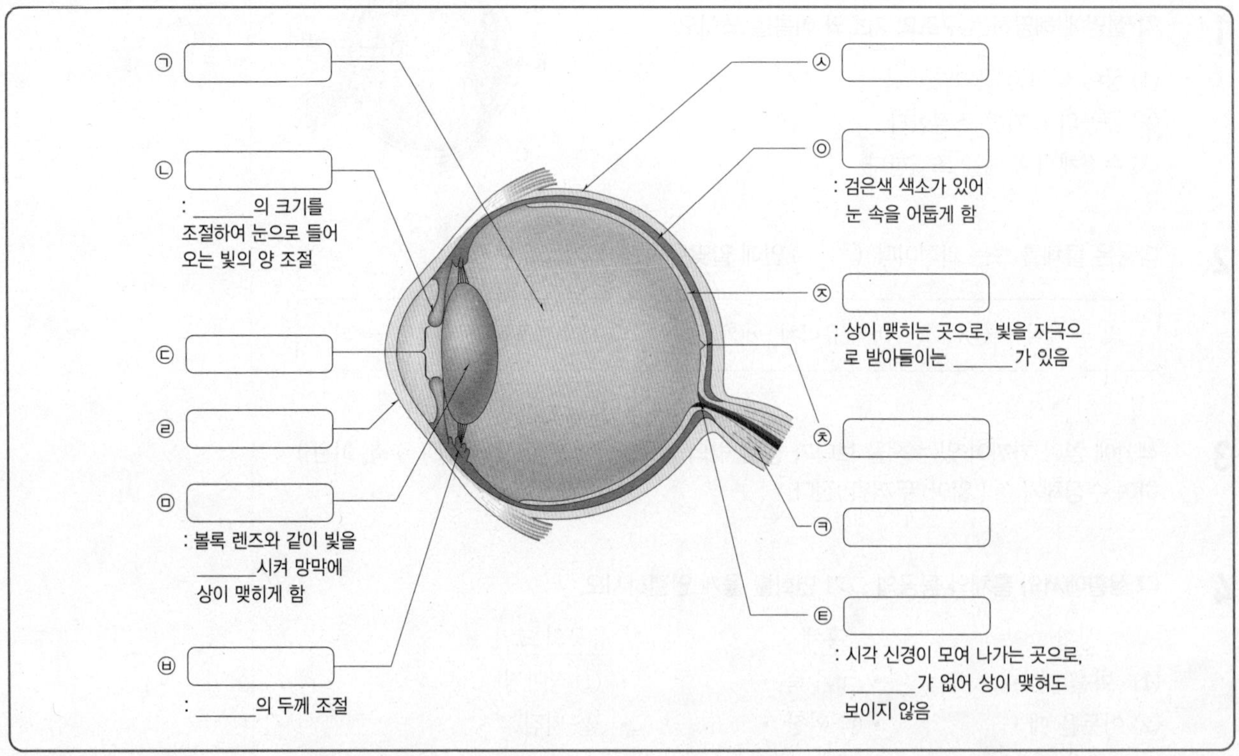


## ❷ 귀의 구조와 기능 암기하기 진도 교재 133쪽

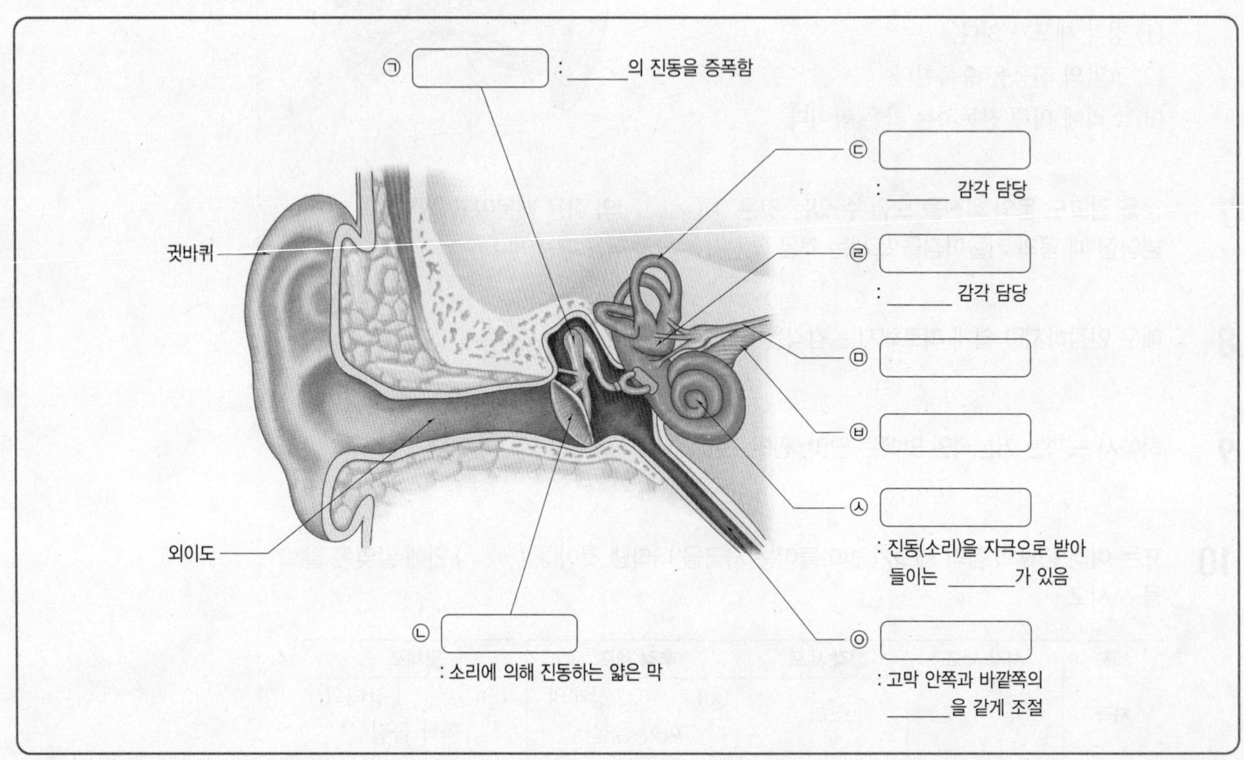

# 중단원 기출 문제

● 정답과 해설 73쪽

[01~02] 그림은 사람 눈의 구조를 나타낸 것이다.

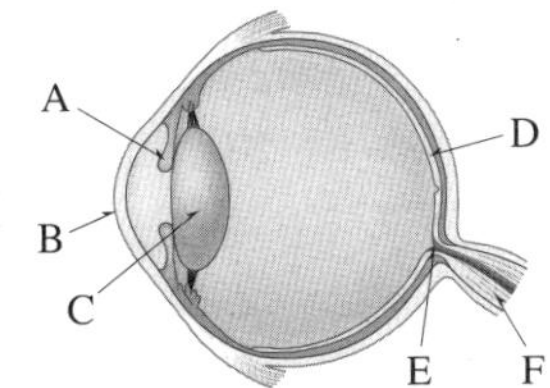


이 문제에서 나올 수 있는 보기는 多

**01** 각 부분의 이름과 기능을 옳게 짝 지은 것을 모두 고르면?(2개)

① A : 홍채 – 눈으로 들어오는 빛의 양을 조절한다.
② B : 각막 – 상이 맺히는 곳으로, 시각 세포가 있다.
③ C : 수정체 – 섬모체의 두께를 조절한다.
④ D : 망막 – 검은색 색소가 있어 눈 속을 어둡게 한다.
⑤ E : 맹점 – 상이 맺히면 선명하게 보인다.
⑥ F : 시각 신경 – 시각 세포에서 받아들인 자극을 뇌로 전달한다.

**02** 다음에서 설명하는 부위의 기호를 쓰시오.

• 시각 신경이 모여 나가는 곳이다.
• 시각 세포가 없어 상이 맺혀도 물체가 보이지 않는다.

**03** 다음은 물체를 보는 과정이다.

빛 → ㉠(　　　) → ㉡(　　　) → ㉢(　　　) → ㉣(　　　)의 시각 세포 → 시각 신경 → 뇌

㉠~㉣에 들어갈 눈의 구조를 옳게 짝 지은 것은?

| | ㉠ | ㉡ | ㉢ | ㉣ |
|---|---|---|---|---|
| ① | 각막 | 수정체 | 유리체 | 망막 |
| ② | 각막 | 유리체 | 수정체 | 망막 |
| ③ | 망막 | 수정체 | 유리체 | 공막 |
| ④ | 공막 | 수정체 | 유리체 | 망막 |
| ⑤ | 홍채 | 수정체 | 유리체 | 각막 |

**04** 그림은 밝기에 따른 홍채와 동공의 변화를 나타낸 것이다.

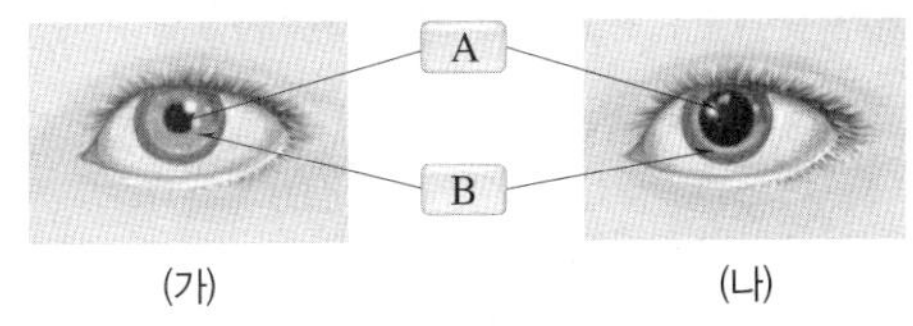


이에 대한 설명으로 옳지 않은 것은?

① A는 눈 안쪽으로 빛이 들어가는 구멍이다.
② B가 수축되면 A가 커진다.
③ (가) → (나)로 될 때 홍채의 면적이 증가한다.
④ 밝은 곳에서 어두운 곳으로 이동하면 (가) → (나)로 변한다.
⑤ (나) → (가)로 될 때 동공이 작아진다.

**05** 오른쪽 그림은 물체와의 거리에 따른 수정체의 두께 변화를 나타낸 것이다. (가)에서 (나)로 변할 때의 상황에 대한 설명으로 옳은 것은?

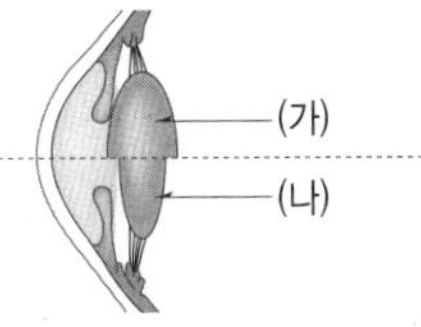


① 홍채가 확장된다.
② 섬모체가 이완한다.
③ 수정체가 두꺼워진다.
④ 동공의 크기가 작아진다.
⑤ 먼 산을 보다가 가까이 있는 책을 볼 때 눈이 (가) → (나)로 변한다.

**06** 민서는 밝은 방 안에서 책을 읽다가 어두운 밖으로 나가 밤하늘에 떠 있는 별을 바라보았다. 이때 민서의 눈에서 일어나는 변화로 옳은 것은?

| | 홍채 | 동공 | 섬모체 | 수정체 |
|---|---|---|---|---|
| ① | 수축 | 확대 | 이완 | 얇아짐 |
| ② | 수축 | 확대 | 수축 | 두꺼워짐 |
| ③ | 확장 | 축소 | 이완 | 얇아짐 |
| ④ | 확장 | 축소 | 수축 | 두꺼워짐 |
| ⑤ | 확장 | 확대 | 이완 | 얇아짐 |

**07** 그림은 시력에 이상이 있는 눈의 모습을 나타낸 것이다.

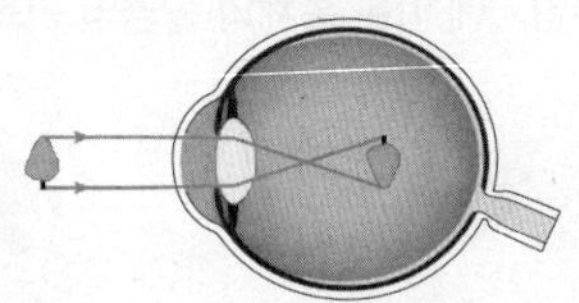

이에 대한 설명으로 옳지 않은 것은?

① 근시이다.
② 볼록 렌즈로 교정한다.
③ 상이 망막 앞에 맺힌다.
④ 멀리 있는 물체를 잘 볼 수 없다.
⑤ 수정체와 망막 사이의 거리가 정상보다 멀다.

**08** 그림과 같이 하드보드지에 이쑤시개를 두 개씩 각각 8 mm, 6 mm, 4 mm, 2 mm 간격으로 붙인 후 각 간격의 이쑤시개를 몸의 여러 부위에 눌러 이쑤시개가 두 개로 느껴지는 최소 거리를 측정하였더니 그 결과가 표와 같았다.

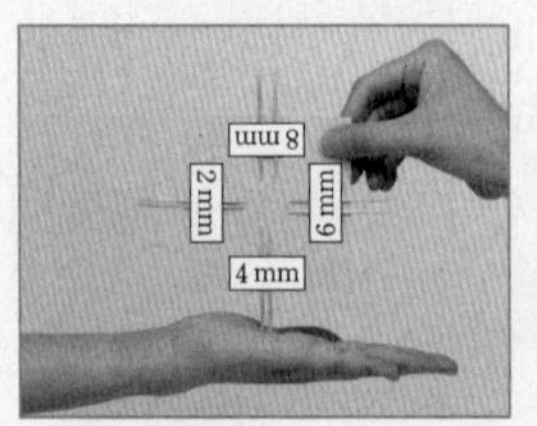


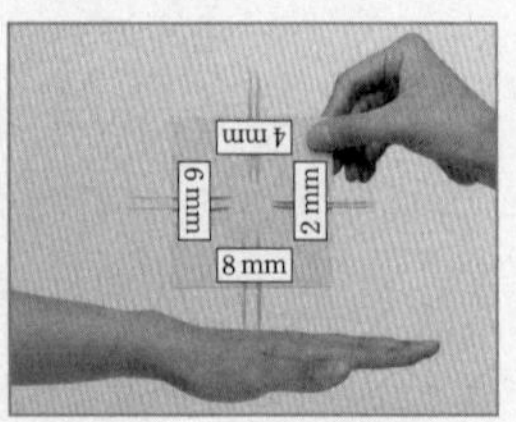


| 구분 | 손바닥 | 손가락 끝 | 손등 |
| --- | --- | --- | --- |
| 최소 거리(mm) | 6 | 2 | 8 |

이에 대한 설명으로 옳은 것을 보기에서 모두 고른 것은?

보기
ㄱ. 가장 둔감한 부위는 손등이다.
ㄴ. 손바닥은 손가락 끝보다 감각이 예민하다.
ㄷ. 이쑤시개 사이의 간격이 4 mm일 때 손가락 끝에서는 이쑤시개를 두 개로 느낀다.
ㄹ. 이쑤시개를 두 개로 느끼는 최소 거리가 짧을수록 감각점이 많이 분포한 부위이다.

① ㄱ, ㄴ ② ㄴ, ㄷ ③ ㄷ, ㄹ
④ ㄱ, ㄴ, ㄹ ⑤ ㄱ, ㄷ, ㄹ

**09** 피부 감각에 대한 설명으로 옳은 것을 보기에서 모두 고른 것은?

보기
ㄱ. 일반적으로 피부에는 압점이 가장 많다.
ㄴ. 온점과 냉점에서는 절대적인 온도를 느낀다.
ㄷ. 감각점이 분포하는 정도는 몸의 부위에 따라 다르다.
ㄹ. 특정 감각점이 많은 부위는 그 감각점이 받아들이는 자극에 더 예민하다.

① ㄱ, ㄴ ② ㄴ, ㄷ ③ ㄷ, ㄹ
④ ㄱ, ㄴ, ㄹ ⑤ ㄱ, ㄷ, ㄹ

**[10~12]** 그림은 사람 귀의 구조를 나타낸 것이다.

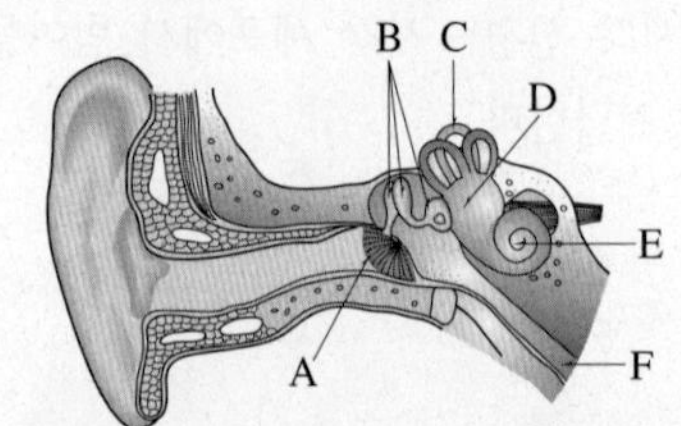


**10** 각 부분의 기호와 이름을 옳게 짝 지은 것은?

① A – 고막 ② B – 귀인두관
③ C – 전정 기관 ④ E – 귓속뼈
⑤ F – 달팽이관

이 문제에서 나올 수 있는 보기는 多

**11** 각 부분에 대한 설명으로 옳은 것은?

① A에 청각 세포가 있다.
② B는 고막 안쪽과 바깥쪽의 압력을 같게 조절한다.
③ C는 몸의 회전 감각을 담당한다.
④ D는 고막의 진동을 증폭한다.
⑤ E는 몸의 기울어짐 감각을 담당한다.
⑥ F는 청각 세포에서 받아들인 자극을 뇌로 전달한다.

**12** 그림에서 소리를 듣는 과정에 직접 관여하지 않는 구조를 모두 고른 것은?

① A, B, C ② A, D, F ③ B, D, E
④ C, D, F ⑤ D, E, F

**13** 다음은 소리를 듣는 과정이다. (　　) 안에 알맞은 구조를 쓰시오.

> 소리 → 귓바퀴 → ㉠(　　　) → ㉡(　　　) → ㉢(　　　) → ㉣(　　　)의 청각 세포 → 청각 신경 → 뇌

**14** (가)~(다) 현상과 가장 관계가 깊은 귀의 구조를 각각 옳게 짝 지은 것은?

> (가) 회전 의자에 앉아 눈을 감고 있어도 몸의 회전 방향을 알 수 있다.
> (나) 자동차를 타고 높이 올라가면 귀가 먹먹해지는데 이때 침을 삼키면 이곳의 작용으로 먹먹한 느낌이 사라진다.
> (다) 좁은 평균대 위를 걸을 때 몸이 기울어지는 것을 느낀다.

| | (가) | (나) | (다) |
|---|---|---|---|
| ① | 귀인두관 | 귓속뼈 | 반고리관 |
| ② | 귀인두관 | 전정 기관 | 반고리관 |
| ③ | 반고리관 | 전정 기관 | 달팽이관 |
| ④ | 반고리관 | 귀인두관 | 달팽이관 |
| ⑤ | 반고리관 | 귀인두관 | 전정 기관 |

**15** 그림은 사람 귀의 구조 중 일부를 나타낸 것이다.

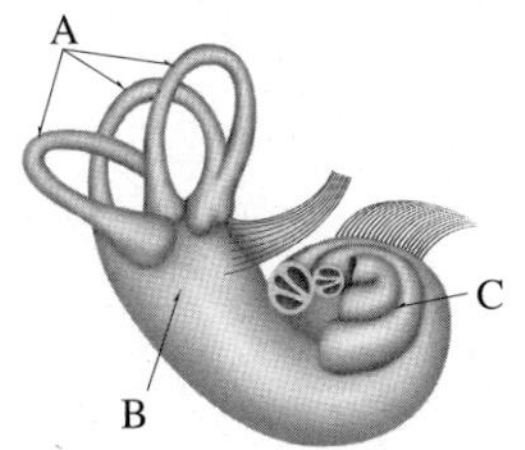


이에 대한 설명으로 옳은 것을 모두 고르면?(2개)

① A는 회전을 감지한다.
② B에 소리를 자극으로 받아들이는 청각 세포가 있다.
③ C는 몸의 기울어짐을 감지한다.
④ 고막의 진동은 귓속뼈에서 증폭되어 C로 전달된다.
⑤ B와 C는 평형 감각을 담당한다.

**16** 코의 구조와 후각에 대한 설명으로 옳지 않은 것은?

① 후각 상피에 후각 세포가 있다.
② 후각은 음식 맛을 느끼는 데 관여한다.
③ 후각은 매우 민감하지만 쉽게 피로해진다.
④ 후각 세포에서 받아들인 자극은 후각 신경을 통해 뇌로 전달된다.
⑤ 후각은 액체 상태의 화학 물질을 자극으로 받아들여 냄새를 느끼는 것이다.

**17** 코감기에 걸리면 음식 맛을 제대로 느낄 수 없다. 그 까닭으로 옳은 것은?

① 미각이 후각보다 예민하기 때문이다.
② 감칠맛을 느끼지 못하게 되기 때문이다.
③ 미각이 후각보다 쉽게 피로해지기 때문이다.
④ 코가 막히면 혀의 감각이 마비되기 때문이다.
⑤ 음식 맛은 미각과 후각을 종합하여 느끼는 것이기 때문이다.

**18** 혀의 맛세포에서 느끼는 기본적인 맛끼리 옳게 짝 지은 것은?

① 쓴맛, 짠맛, 떫은맛
② 짠맛, 신맛, 떫은맛
③ 단맛, 쓴맛, 짠맛, 감칠맛
④ 쓴맛, 짠맛, 신맛, 매운맛
⑤ 단맛, 신맛, 감칠맛, 매운맛

**19** 감각 기관과 그 기관에서 받아들이는 자극을 옳게 짝 지은 것은?

① 귀 – 빛
② 눈 – 소리
③ 피부 – 접촉
④ 코 – 액체 상태의 화학 물질
⑤ 혀 – 기체 상태의 화학 물질

# 서술형 정복하기



## 1단계 단답형으로 쓰기

**1** 눈에서 볼록 렌즈와 같이 빛을 굴절시켜 망막에 상이 맺히게 하는 구조의 이름을 쓰시오.

**2** 물체를 보는 과정에서 (  ) 안에 알맞은 말을 쓰시오.

> 빛 → 각막 → ㉠(  ) → 유리체 → 망막의 ㉡(  ) → 시각 신경 → 뇌

**3** 피부의 감각점 중 가장 많이 분포하는 것을 쓰시오.

**4** 귀에서 청각 세포가 있는 구조의 이름을 쓰시오.

**5** 혀에서 느끼는 기본적인 맛 5가지를 쓰시오.

## 2단계 제시된 단어를 모두 이용하여 서술하기

[6~10] 각 문제에 제시된 단어를 모두 이용하여 답을 서술하시오.

**6** 홍채의 기능을 서술하시오.

> 동공, 눈, 빛의 양

**7** 맹점에는 상이 맺혀도 보이지 않는다. 그 까닭을 서술하시오.

> 시각 신경, 시각 세포

**8** 고막의 기능을 서술하시오.

> 소리, 진동, 막

**9** 같은 냄새를 계속 맡으면 나중에는 잘 느끼지 못한다. 그 까닭을 서술하시오.

> 후각 세포, 피로

**10** 후각 세포와 맛세포에서 받아들이는 자극의 종류를 서술하시오.

> 액체, 기체, 물질

## 3단계 실전 문제 풀어 보기

답안작성 TIP

**11** 그림은 주변의 밝기가 변할 때 눈에서 일어나는 변화를 나타낸 것이다.

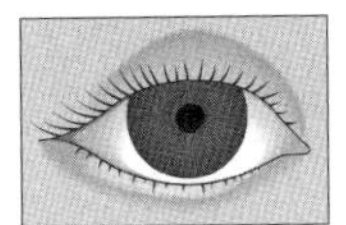
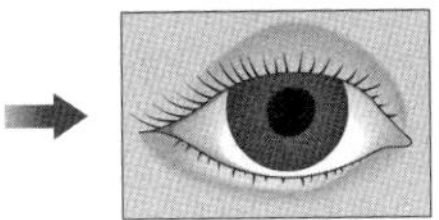

(1) 주위의 밝기는 어떻게 변했는지 서술하시오.

(2) 홍채와 동공의 변화를 서술하시오.

답안작성 TIP

**12** 오른쪽 그림은 물체와의 거리에 따른 수정체의 두께 변화를 나타낸 것이다.

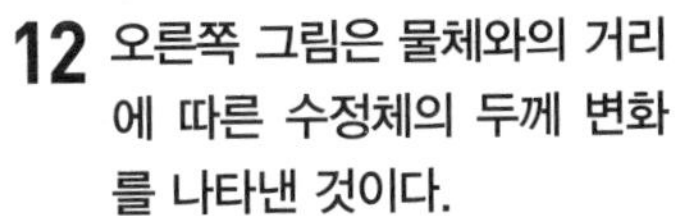
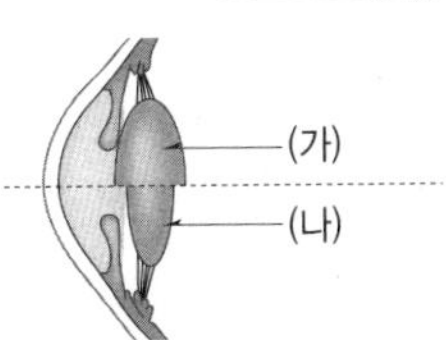


(1) 교실에서 가까이 있는 책을 읽다가 창문 밖으로 멀리 있는 구름을 바라보았을 때 수정체는 (가) → (나), (나) → (가) 중 어떻게 변하는지 쓰시오.

(2) (1)에서 섬모체와 수정체의 변화를 서술하시오.

**13** 우리는 일반적으로 여러 가지 피부 감각 중 통증에 가장 예민하다. 그 까닭을 서술하시오.

**14** 그림은 사람 귀의 구조를 나타낸 것이다.

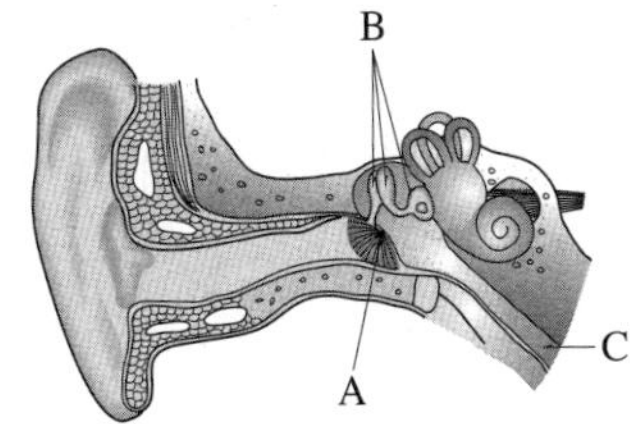


(1) A~C의 이름을 쓰시오.

(2) C의 기능을 서술하시오.

**15** 귀에 이상이 없는 개구리는 널빤지를 기울일 때 그림 (가)와 같이 몸을 들어 균형을 유지할 수 있으나, 전정 기관이 파괴된 개구리는 그림 (나)와 같이 몸을 들지 않고 균형을 잘 잡지 못한다.

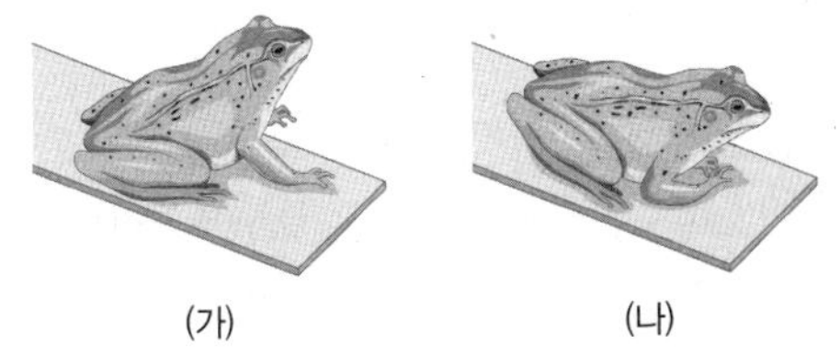

(가) (나)

이 실험 결과를 통해 알 수 있는 전정 기관의 기능을 서술하시오.

**16** 코를 막은 채 포도 맛 젤리와 사과 맛 젤리를 먹으면 단맛과 신맛만 느껴지지만, 코를 막지 않고 포도 맛 젤리와 사과 맛 젤리를 먹으면 과일 맛을 느낄 수 있다. 이를 통해 알 수 있는 사실을 서술하시오.

답안작성 TIP

**11.** 밝을 때는 동공의 크기가 작아져 눈으로 들어오는 빛의 양이 감소하고, 어두울 때는 동공의 크기가 커져 눈으로 들어오는 빛의 양이 증가한다. **12.** 가까운 곳을 볼 때는 수정체의 두께가 두꺼워지고, 먼 곳을 볼 때는 수정체의 두께가 얇아진다.

# 중단원 핵심 요약



● 정답과 해설 75쪽

## 1 뉴런

(1) 뉴런의 구조 : 신경 세포인 뉴런은 가지 돌기, 신경 세포체, ❶ ______ 돌기로 이루어져 있다.

(2) 뉴런의 종류와 자극의 전달 : 자극은 감각 뉴런 → ❷ ______ 뉴런 → ❸ ______ 뉴런 순으로 전달된다.

## 2 신경계

(1) 중추 신경계 : 뇌와 ❹ ______로 이루어져 있다.

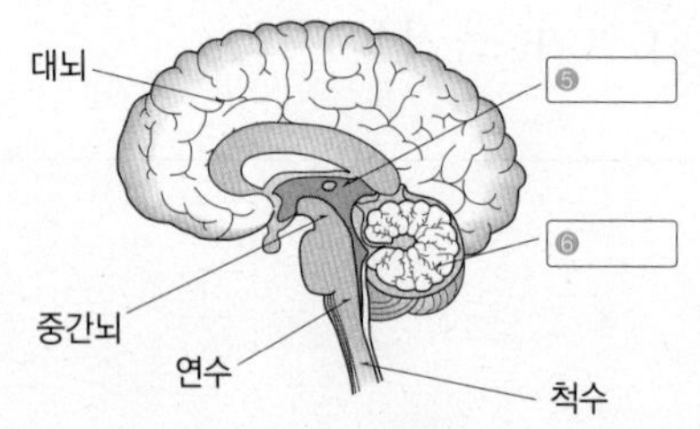


| | |
|---|---|
| ❼ ______ | 몸의 감각과 운동 조절 담당, 기억·추리·학습·감정 등 복잡한 정신 활동 담당 |
| 간뇌 | 체온 등 몸속 상태를 일정하게 유지 |
| 중간뇌 | 눈의 움직임, 동공과 홍채의 변화 조절 |
| 소뇌 | 근육 운동 조절, 몸의 자세와 균형 유지 |
| ❽ ______ | 심장 박동·호흡 운동·소화 운동 등 조절 |
| 척수 | 뇌와 말초 신경 사이의 신호 전달 통로 |

(2) 말초 신경계 : 감각 신경과 운동 신경으로 이루어져 있으며, 중추 신경계와 온몸을 연결한다.

• 자율 신경 : 대뇌의 직접적인 명령 없이 내장 기관의 운동을 조절한다. 예 교감 신경, 부교감 신경

## 3 자극에 따른 반응의 경로

(1) 의식적 반응 : 반응의 중추가 ❾ ______이다.

(2) 무조건 반사 : 반응이 매우 빠르게 일어나므로 위험한 상황에서 몸을 보호하는 데 중요한 역할을 한다.

| 중추 | 반응 예 |
|---|---|
| 척수 | 뜨겁거나 날카로운 물체가 몸에 닿았을 때 몸을 움츠림, 무릎 반사 |
| 연수 | 재채기, 딸꾹질, 침 분비 |
| 중간뇌 | 동공 반사 |

(3) 반응 경로 비교

| 의식적 반응 | 무조건 반사 |
|---|---|
| 주전자를 들고 컵에 물을 따르는 반응 | 뜨거운 주전자에 손이 닿았을 때 급히 손을 떼는 반응 |
| 자극 → 감각 기관(눈) → 시각 신경 → ❿ ______ → 척수 → 운동 신경 → 반응 기관(팔의 근육) → 반응 | 자극 → 감각 기관(피부) → 피부 감각 신경 → ⓫ ______ → 운동 신경 → 반응 기관(팔의 근육) → 반응 |

## 4 호르몬

(1) 호르몬의 특징

① ⓬ ______에서 만들어져 혈액으로 분비되어 혈관을 통해 온몸으로 이동한다.

② 특정 세포나 기관에 작용하며, 적은 양으로 큰 효과를 나타낸다.

③ 분비량이 너무 많거나 적으면 이상 증상이 나타난다.

④ 호르몬은 신경에 비해 신호 전달 속도가 느리지만, 효과가 지속적이며, 작용 범위가 넓다.

(2) 호르몬의 종류와 기능

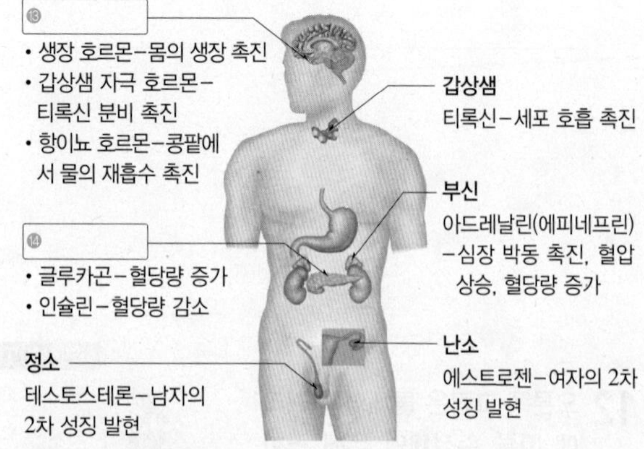


(3) 호르몬 관련 질병

| | | |
|---|---|---|
| 생장 호르몬 | 결핍 | ⓯ ______(성장기) |
| | 과다 | • 거인증(성장기)<br>• 말단 비대증(성장기 이후) |
| 티록신 | 결핍 | 갑상샘 기능 저하증 |
| | 과다 | 갑상샘 기능 항진증 |
| 인슐린 | 결핍 | ⓰ ______ |

## 5 항상성

(1) ⓱ ______ : 몸 안팎의 환경이 변해도 적절하게 반응하여 몸의 상태를 일정하게 유지하는 성질

(2) 체온 조절 과정

| | |
|---|---|
| 더울 때 | • 피부 근처 혈관 확장 ➡ 열 방출량 ⓲ ______<br>• 땀 분비 증가 ➡ 열 방출량 증가 |
| 추울 때 | • 피부 근처 혈관 수축 ➡ 열 방출량 ⓳ ______<br>• 근육 떨림, 세포 호흡 촉진 ➡ 열 발생량 증가 |

(3) 혈당량 조절 과정

| | |
|---|---|
| 혈당량 높을 때 | 이자에서 ⓴ ______ 분비 → 간에서 포도당을 글리코젠으로 합성하여 저장, 세포에서의 포도당 흡수 촉진 → 혈당량 낮아짐 |
| 혈당량 낮을 때 | 이자에서 ㉑ ______ 분비 → 간에서 글리코젠을 포도당으로 분해하여 혈액으로 내보냄 → 혈당량 높아짐 |

● 정답과 해설 75쪽

MEMO

**1** 오른쪽 그림은 뉴런의 구조를 나타낸 것이다.

(1) A ~ C의 이름을 쓰시오.

(2) 다른 뉴런이나 기관으로 자극을 전달하는 부분의 기호를 쓰시오.

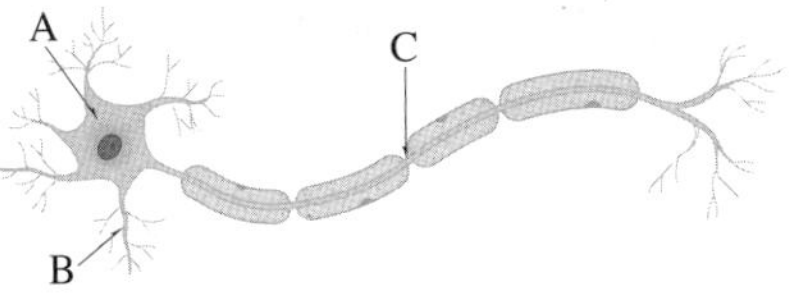


**[2~3] 오른쪽 그림은 뉴런이 연결된 모습을 나타낸 것이다.**

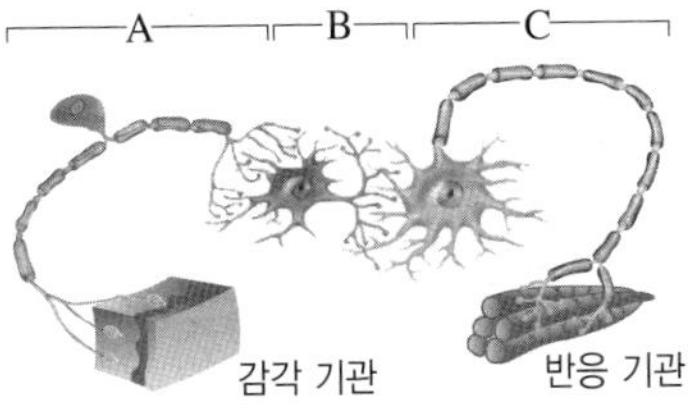

A B C
감각 기관
반응 기관

**2** 각 설명에 해당하는 뉴런의 기호와 이름을 쓰시오.

(1) 중추 신경계를 구성한다.

(2) 연합 뉴런의 명령을 반응 기관으로 전달한다.

(3) 감각 기관에서 받아들인 자극을 연합 뉴런으로 전달한다.

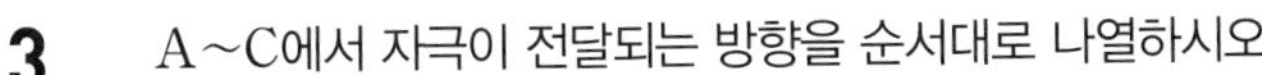

**3** A ~ C에서 자극이 전달되는 방향을 순서대로 나열하시오.

**4** 오른쪽 그림은 사람 뇌의 구조를 나타낸 것이다. 각 설명에 해당하는 부분의 기호와 이름을 쓰시오.

(1) 몸의 자세와 균형을 유지한다.

(2) 심장 박동과 호흡 운동을 조절한다.

(3) 체액의 농도와 체온 등이 일정하게 유지되도록 한다.

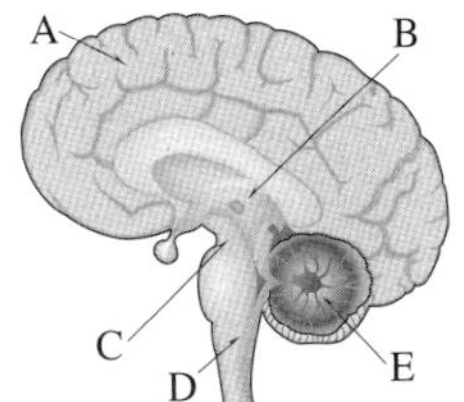


**5** 무릎 반사의 중추는 ①(　　　), 동공 반사의 중추는 ②(　　　)이다.

**6** 호르몬은 신경에 비해 신호 전달 속도는 ①( 빠르고, 느리고 ), 작용 범위는 ②( 좁다, 넓다 ).

**7** 오른쪽 그림은 사람의 내분비샘을 나타낸 것이다. 각 설명에 해당하는 내분비샘의 기호와 이름을 쓰시오.

(1) 생장 호르몬, 갑상샘 자극 호르몬, 항이뇨 호르몬 등을 분비한다.

(2) 아드레날린(에피네프린)을 분비한다.

(3) 인슐린과 글루카곤을 분비한다.

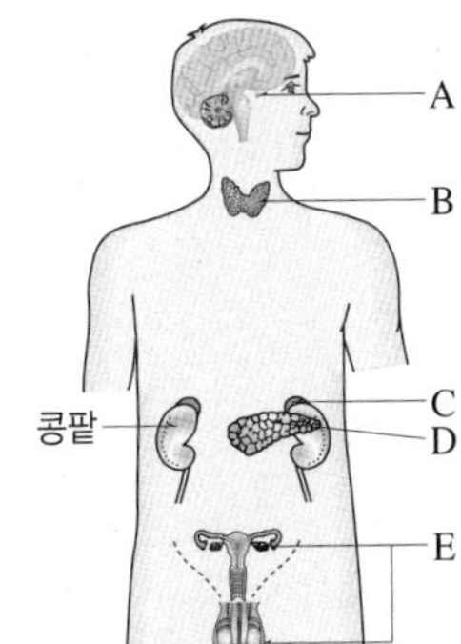


**8** (　　　　)은 티록신의 분비가 과다하여 발생하는 질병으로, 체중이 감소하고 눈이 돌출되는 증상이 나타난다.

**9** 체온이 낮아지면 피부 근처 혈관이 ①( 수축, 이완 )하여 열 방출량이 ②( 증가, 감소 )한다.

**10** 혈당량이 높을 때는 이자에서 ①( 인슐린, 글루카곤 )이 분비되어 간에서 ②( 글리코젠 → 포도당, 포도당 → 글리코젠 )으로 합성하여 저장한다.

# 계산력·암기력 강화 문제

● 정답과 해설 76쪽

## 중추 신경계의 구조와 기능 암기하기 진도 교재 141쪽

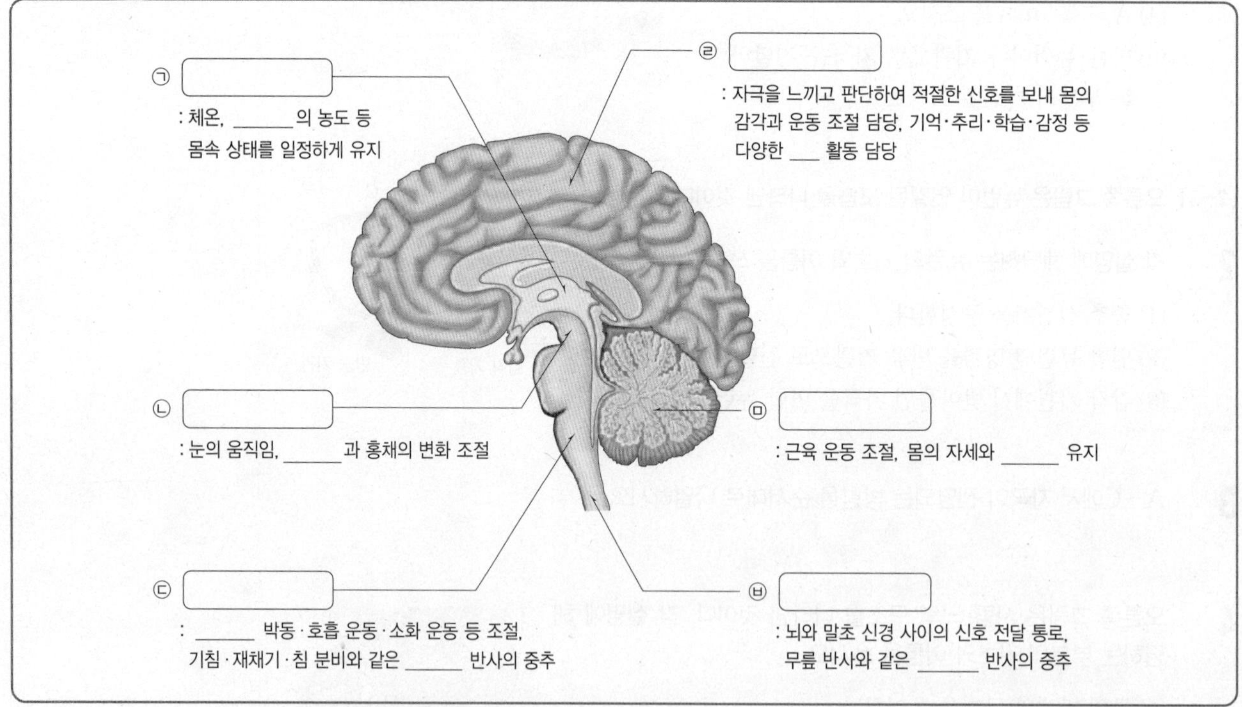


## 호르몬의 종류와 기능 암기하기 진도 교재 143쪽

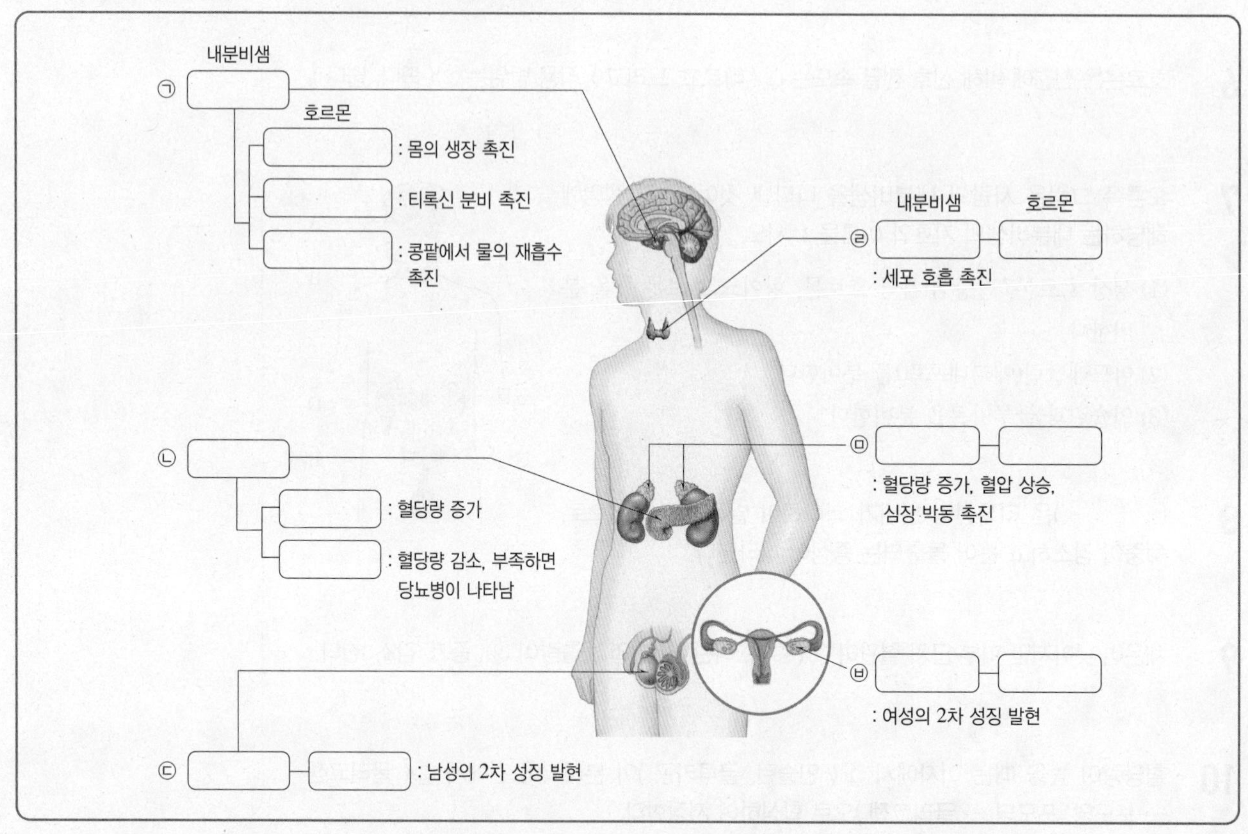

# 중단원 기출 문제



● 정답과 해설 76쪽

**01** 그림은 뉴런의 구조를 나타낸 것이다.

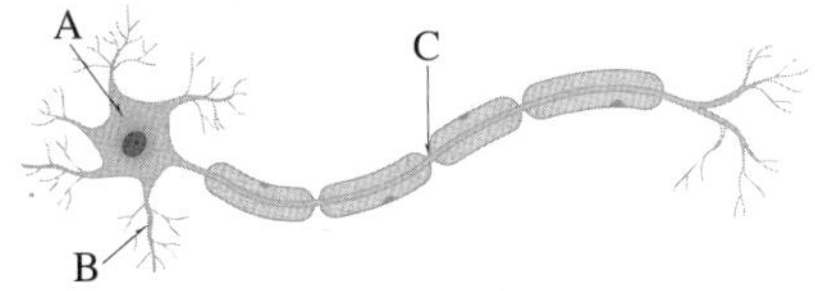


이에 대한 설명으로 옳은 것은?

① A는 가지 돌기로, 핵과 세포질이 있다.
② A는 신경 세포체로, 다른 뉴런이나 기관으로 자극을 전달한다.
③ B는 축삭 돌기로, 자극을 받아들인다.
④ B는 신경 세포체로, 자극을 받아들인다.
⑤ C는 축삭 돌기로, 다른 뉴런이나 기관으로 자극을 전달한다.

**02** 그림은 뉴런이 연결된 모습을 나타낸 것이다.

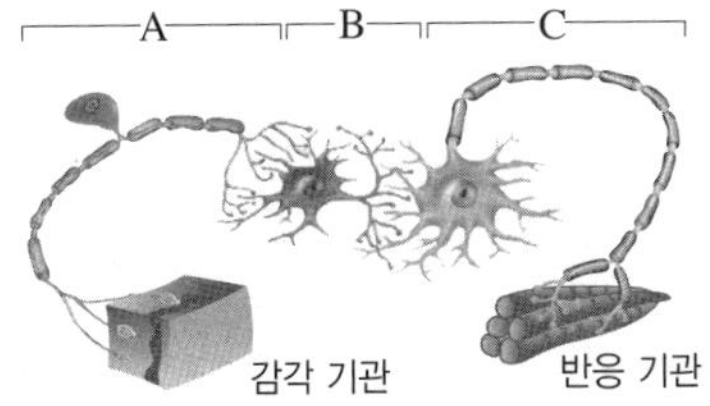


이에 대한 설명으로 옳지 않은 것은?

① A는 감각 뉴런으로, 감각 신경을 구성한다.
② A는 감각 기관에서 받아들인 자극을 연합 뉴런으로 전달한다.
③ B는 연합 뉴런으로, 말초 신경계를 구성한다.
④ C는 운동 뉴런으로, 운동 신경을 구성한다.
⑤ 자극은 A → B → C 방향으로 전달된다.

**03** 오른쪽 그림은 사람 뇌의 구조를 나타낸 것이다. 각 구조의 기능에 대한 설명으로 옳은 것은?

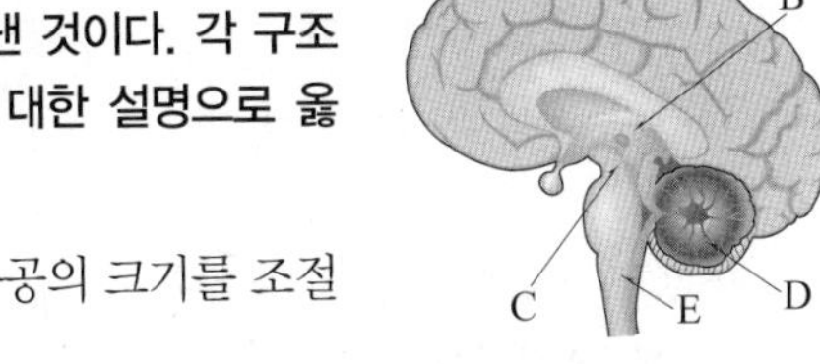


① A – 동공의 크기를 조절한다.
② B – 기억과 추리 등 정신 활동을 담당한다.
③ C – 몸의 균형을 유지한다.
④ D – 체온을 일정하게 유지한다.
⑤ E – 심장 박동을 조절한다.

**04** (가)~(다) 현상과 가장 관계가 깊은 뇌의 구조를 각각 옳게 짝 지은 것은?

> (가) 구구단을 외운다.
> (나) 날씨가 더울 때 땀이 난다.
> (다) 의식을 잃은 사람의 뇌의 활동을 확인할 때 손전등을 눈에 비추어 본다.

| | (가) | (나) | (다) |
|---|---|---|---|
| ① | 대뇌 | 연수 | 간뇌 |
| ② | 대뇌 | 간뇌 | 중간뇌 |
| ③ | 간뇌 | 소뇌 | 연수 |
| ④ | 소뇌 | 대뇌 | 연수 |
| ⑤ | 연수 | 소뇌 | 중간뇌 |

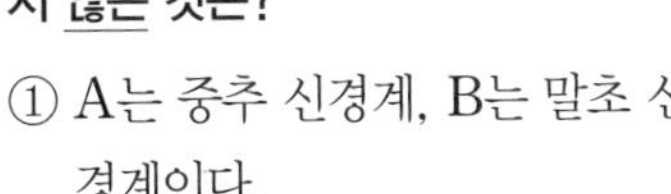

**05** 오른쪽 그림은 사람의 신경계를 나타낸 것이다. 이에 대한 설명으로 옳지 않은 것은?

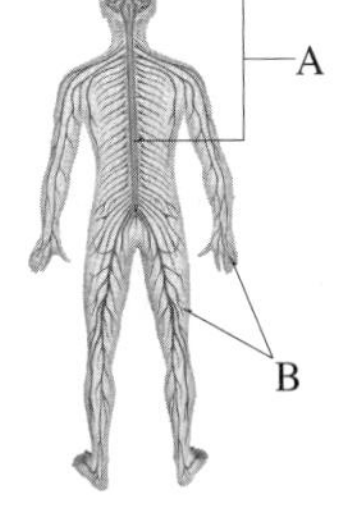


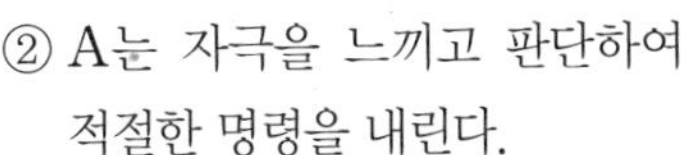

① A는 중추 신경계, B는 말초 신경계이다.
② A는 자극을 느끼고 판단하여 적절한 명령을 내린다.
③ 척수는 B에 속한다.
④ 자율 신경은 B에 속한다.
⑤ B는 감각 기관에서 받아들인 자극을 A로 전달하고, A의 명령을 반응 기관으로 전달한다.

이 문제에서 나올 수 있는 보기는 多

**06** 자율 신경에 대한 설명으로 옳은 것을 모두 고르면? (2개)

① 교감 신경과 부교감 신경이 있다.
② 부교감 신경은 소화 운동을 억제한다.
③ 교감 신경이 작용하면 동공이 축소된다.
④ 부교감 신경이 작용하면 호흡이 빨라진다.
⑤ 위기 상황에서는 부교감 신경이 작용하여 심장 박동이 빨라진다.
⑥ 산길을 가다 멧돼지를 만나 긴장한 사람의 몸에서는 교감 신경이 작용한다.

**07** 의식적 반응과 무조건 반사에 대한 설명으로 옳지 않은 것은?

① 의식적 반응의 중추는 대뇌이다.
② 의식적 반응이 무조건 반사보다 빠르게 일어난다.
③ 무조건 반사의 반응 경로에는 대뇌가 포함되지 않는다.
④ 무조건 반사는 위급한 상황에서 몸을 보호하는 데 중요하다.
⑤ 공을 보고 원하는 방향으로 차는 반응의 경로는 '눈 → 시각 신경 → 대뇌 → 척수 → 운동 신경 → 다리의 근육'이다.

**08** 무릎 반사에 대한 설명으로 옳지 않은 것을 모두 고르면?(2개)

① 고무망치의 자극은 대뇌로도 전달된다.
② '감각 신경 → 척수 → 운동 신경'의 경로를 거쳐 반응이 일어난다.
③ 딸꾹질이 나는 것과 반응의 중추가 같다.
④ 눈에 손전등을 비추었을 때 동공이 작아지는 것과 반응의 중추가 같다.
⑤ 뜨거운 주전자에 손이 닿았을 때 자신도 모르게 손을 움츠리는 것과 반응의 중추가 같다.

**09** 그림은 사람의 신경계에서 자극이 전달되어 반응이 일어나는 경로를 나타낸 것이다.

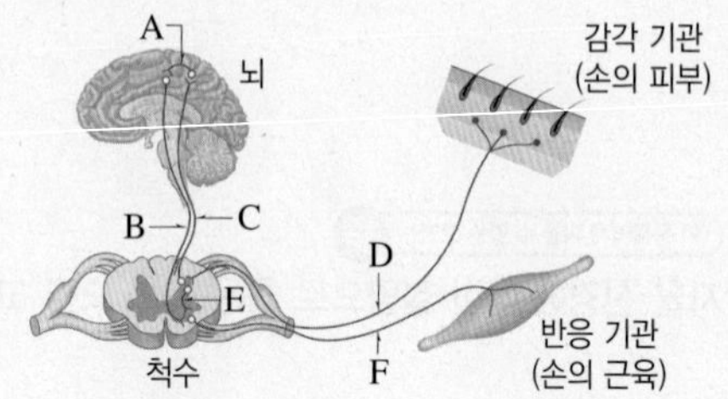


반응 경로가 (가) D → C → A → B → F인 경우와 (나) D → E → F인 경우를 보기에서 각각 골라 기호를 쓰시오.

보기
ㄱ. 손이 시린 것을 느끼고 바지 주머니에 손을 넣었다.
ㄴ. 선인장 가시에 손이 닿자 자신도 모르게 손을 움츠렸다.

**10** 신경과 호르몬에 대한 설명으로 옳지 않은 것을 모두 고르면?(2개)

① 호르몬은 신경보다 작용 범위가 넓다.
② 호르몬은 신경보다 효과가 오래 지속된다.
③ 호르몬은 뉴런에 연결된 기관에만 작용한다.
④ 호르몬은 신경보다 신호 전달 속도가 빠르다.
⑤ 호르몬은 표적 세포나 표적 기관에 작용하여 그 기능을 조절한다.

**11** 내분비샘에서 분비되는 호르몬과 그 기능을 옳게 짝 지은 것은?

| | 내분비샘 | 호르몬 | 기능 |
|---|---|---|---|
| ① | 뇌하수체 | 에스트로젠 | 몸의 생장 촉진 |
| ② | 갑상샘 | 갑상샘 자극 호르몬 | 티록신 분비 촉진 |
| ③ | 이자 | 인슐린 | 혈당량 증가 |
| ④ | 부신 | 글루카곤 | 혈압 상승 |
| ⑤ | 정소 | 테스토스테론 | 남성의 2차 성징 발현 |

**12** 오른쪽 그림은 사람의 내분비샘을 나타낸 것이다. 이에 대한 설명으로 옳은 것은?

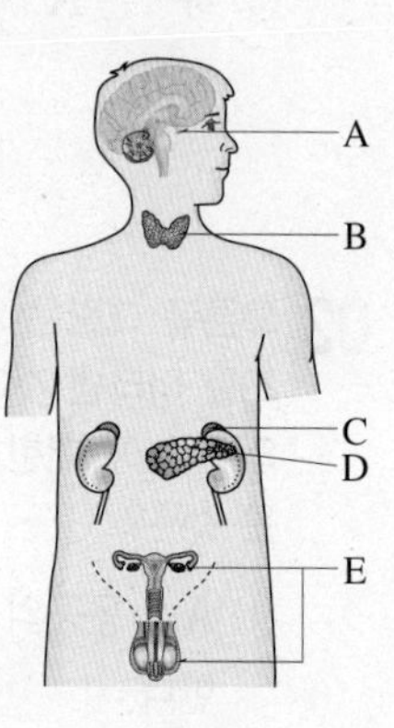


① A – 혈당량을 감소시키는 인슐린을 분비한다.
② B – 세포 호흡을 촉진하는 티록신을 분비한다.
③ C – 콩팥에서 물의 재흡수를 촉진하는 항이뇨 호르몬을 분비한다.
④ D – 여자의 2차 성징이 발현되게 하는 에스트로젠을 분비한다.
⑤ E – 심장 박동을 촉진하는 아드레날린을 분비한다.

이 문제에서 나올 수 있는 보기는 多

**13** 호르몬 관련 질병에 대한 설명으로 옳은 것을 모두 고르면?(2개)

① 티록신이 결핍되면 거인증에 걸린다.
② 아드레날린이 결핍되면 당뇨병에 걸린다.
③ 인슐린이 결핍되면 말단 비대증에 걸린다.
④ 생장 호르몬이 결핍되면 소인증에 걸린다.
⑤ 티록신이 과다 분비되면 갑상샘 기능 저하증에 걸린다.
⑥ 추위를 잘 타고 체중이 증가하는 것은 갑상샘 기능 항진증의 증상이다.
⑦ 입술과 코가 두꺼워져 얼굴 모습이 변하고, 손과 발이 커지는 것은 말단 비대증의 증상이다.

**14** 항상성에 대한 설명으로 옳지 않은 것은?

① 호르몬과 신경의 작용으로 유지된다.
② 체온 조절 과정에는 간뇌가 관여하지 않는다.
③ 더울 때 땀이 나는 것은 항상성 유지 작용이다.
④ 글루카곤은 혈당량을 일정하게 유지하는 데 관여한다.
⑤ 항이뇨 호르몬은 몸속 수분량을 일정하게 유지하는 데 관여한다.

**15** 그림은 혈당량 조절 과정을 나타낸 것이다.

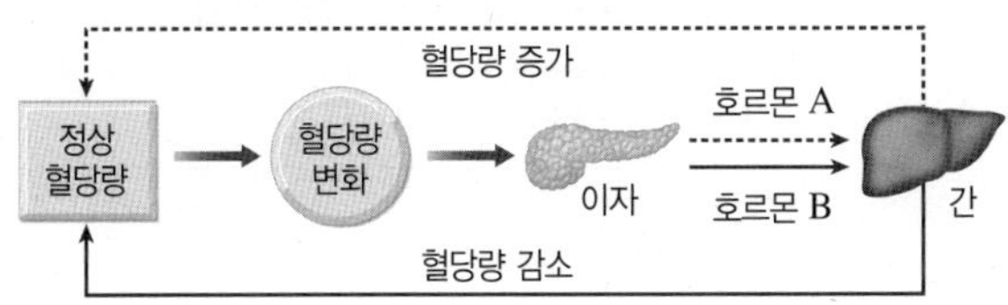


이에 대한 설명으로 옳지 않은 것은?

① A는 글루카곤이다.
② B는 세포에서의 포도당 흡수를 촉진한다.
③ B는 간에서 포도당을 글리코젠으로 합성시킨다.
④ 식사를 한 직후에는 A의 분비량이 많아진다.
⑤ A와 B는 모두 이자에서 혈액으로 분비된다.

**16** 그림은 혈당량 조절 과정을 나타낸 것이다.

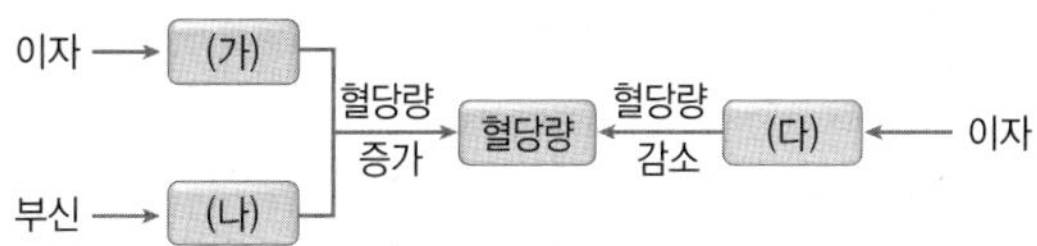


호르몬 (가)~(다)의 이름을 옳게 짝 지은 것은?

| | (가) | (나) | (다) |
|---|---|---|---|
| ① | 인슐린 | 글루카곤 | 아드레날린 |
| ② | 인슐린 | 아드레날린 | 글루카곤 |
| ③ | 글루카곤 | 아드레날린 | 인슐린 |
| ④ | 글루카곤 | 인슐린 | 아드레날린 |
| ⑤ | 아드레날린 | 글루카곤 | 인슐린 |

이 문제에서 나올 수 있는 보기는 多

**17** 체온이 낮을 때 일어나는 현상으로 옳지 않은 것을 모두 고르면?(2개)

① 근육이 떨린다.
② 땀 분비가 증가한다.
③ 세포 호흡이 촉진된다.
④ 티록신의 분비가 증가한다.
⑤ 피부 근처 혈관이 확장된다.
⑥ 갑상샘 자극 호르몬의 분비가 증가한다.

**18** 다음은 물을 많이 마셨을 때 일어나는 몸속 수분량의 조절 과정이다.

몸속 수분량 증가 → 뇌하수체에서 ( A ) 분비 억제 → 콩팥에서 재흡수되는 물의 양 ( B ) → 오줌의 양 ( C )

(   ) 안에 알맞은 말을 옳게 짝 지은 것은?

| | A | B | C |
|---|---|---|---|
| ① | 티록신 | 증가 | 증가 |
| ② | 인슐린 | 감소 | 감소 |
| ③ | 에스트로젠 | 증가 | 감소 |
| ④ | 항이뇨 호르몬 | 감소 | 증가 |
| ⑤ | 항이뇨 호르몬 | 증가 | 감소 |

# 서술형 정복하기



## 1단계 단답형으로 쓰기

**1** 중추 신경계를 구성하며, 자극을 느끼고 판단하여 적절한 명령을 내리는 뉴런의 종류를 쓰시오.

**2** 뇌에서 근육 운동을 조절하고, 몸의 자세와 균형을 유지하는 부분의 이름을 쓰시오.

**3** 공을 보고 원하는 방향으로 차는 반응의 경로를 완성하시오.

눈 → 시각 신경 → ㉠(　　　) → ㉡(　　　) → 운동 신경 → 다리의 근육

**4** 뇌하수체에서 분비되어 콩팥에서 물의 재흡수를 촉진하는 호르몬의 이름을 쓰시오.

**5** 혈당량이 높을 때 이자에서 분비되는 호르몬의 이름을 쓰시오.

## 2단계 제시된 단어를 모두 이용하여 서술하기

[6~10] 각 문제에 제시된 단어를 모두 이용하여 답을 서술하시오.

**6** 축삭 돌기의 기능을 서술하시오.

뉴런, 기관, 자극

**7** 간뇌의 기능을 서술하시오.

체온, 체액의 농도

**8** 무조건 반사가 일어나는 속도를 의식적 반응과 비교하고, 그에 따른 유리한 점을 서술하시오.

몸, 보호, 역할

**9** 호르몬의 작용을 신경의 작용과 비교하여 서술하시오.

신호 전달 속도, 작용 범위

**10** 추울 때 일어나는 체온 조절 작용을 서술하시오.

근육, 세포 호흡, 열 발생량

## 3단계 실전 문제 풀어 보기

**11** 그림은 뉴런이 연결되어 있는 모습을 나타낸 것이다.

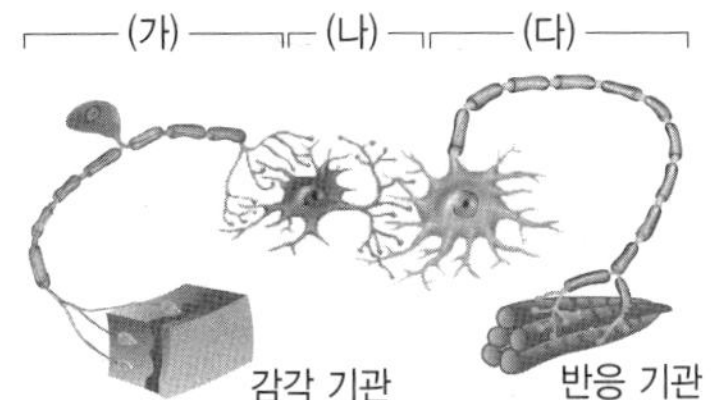


(1) (가) 뉴런의 이름을 쓰고, 그 기능을 서술하시오.

(2) (가)~(다)에서 자극이 전달되는 경로를 순서대로 나열하시오.

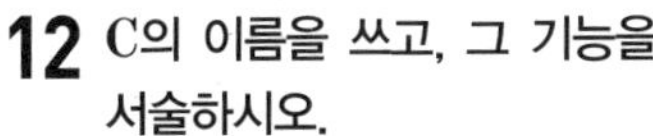

**[12~13]** 오른쪽 그림은 사람 뇌의 구조를 나타낸 것이다.

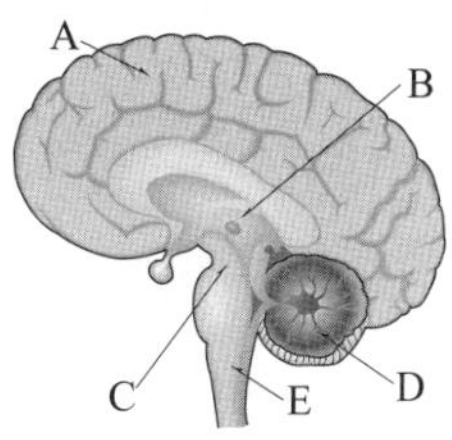


**12** C의 이름을 쓰고, 그 기능을 서술하시오.

**13** 어떤 사람이 교통사고 이후에 사고 전 일을 잘 기억하지 못하였다면, 이 사람은 뇌의 어떤 부분이 손상된 것인지 그림에서 찾아 기호를 쓰고, 그 까닭을 서술하시오.

**[14~15]** 오른쪽 그림은 사람의 내분비샘을 나타낸 것이다.

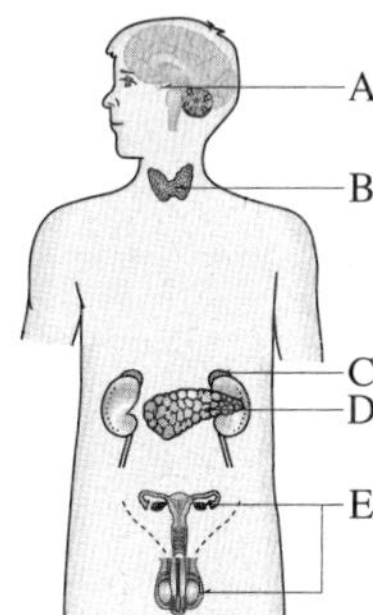


**14** B에서 분비되는 호르몬의 이름을 쓰고, 그 기능을 서술하시오.

답안작성 TIP

**15** D에서 분비되어 혈당량을 증가시키는 호르몬의 이름을 쓰고, 이 호르몬이 분비되었을 때 간에서 일어나는 작용을 서술하시오.

**16** 키가 비정상적으로 커지는 거인증이 나타나는 까닭을 관련 호르몬이 분비되는 내분비샘을 포함하여 서술하시오.

답안작성 TIP

**17** 더운 여름날 체온이 높아졌을 때 우리 몸에서 일어나는 체온 조절 작용을 다음에 제시된 내용을 모두 포함하여 서술하시오.

- 땀 분비의 변화
- 피부 근처 혈관의 변화
- 열 방출량의 변화

답안작성 TIP

**15.** 간에서 포도당을 저장하면 혈당량이 감소하고, 간에서 포도당을 혈액으로 내보내면 혈당량이 증가한다. **17.** 체온을 높이려면 열 방출량이 감소시켜야 하고, 체온을 낮추려면 열 방출량이 증가시켜야 한다.

MEMO

생생한 과학의 즐거움! 과학은 역시!

15개정 교육과정

# 오투

## 중학 과학 3·1

# 정답과 해설

**책 속의 가접 별책** (특허 제 0557442호)
'정답과 해설'은 본책에서 쉽게 분리할 수 있도록 제작되었으므로
유통 과정에서 분리될 수 있으나 파본이 아닌 정상제품입니다.

visang

# 오투

# 3-1

# 정답과 해설

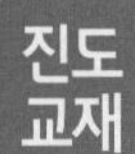

진도 교재

# 정답과 해설

## Ⅰ 화학 반응의 규칙과 에너지 변화

### 01 물질 변화와 화학 반응식

**확인 문제로 개념쏙쏙** 진도 교재 11, 13쪽

Ⓐ 물리, 화학, 분자, 원자

Ⓑ 화학식, 화학 반응식

**1** 성질 **2** (1) 화 (2) 물 (3) 물 (4) 물 (5) 화 (6) 화 **3** ㄱ, ㄴ, ㄷ **4** (1) 물리 변화 (2) 화학 변화 **5** (1) 화 (2) 화 (3) 물 (4) 물 **6** (1) × (2) × (3) ○ (4) ○ **7** 화학 반응 **8** (1) ○ (2) × (3) ○ **9** (1) 2 (2) $O_2$ (3) 2NaCl **10** $2H_2 + O_2 \longrightarrow 2H_2O$ **11** (1) ○ (2) × (3) ○ **12** ㄷ, ㄹ

**1** 물질의 성질이 변하지 않는 현상은 물리 변화이고, 물질의 성질이 변하는 현상은 화학 변화이다.

**2** (1), (5), (6) 물질의 성질이 변하는 화학 변화이다.
(2), (3), (4) 물질의 성질이 변하지 않는 물리 변화이다.

**3** 바로알기 ㄹ. 고체에서 액체로의 상태 변화는 물리 변화이므로 화학 변화가 일어났음을 알 수 있는 현상이 아니다.

**4** (1) 분자 자체는 변하지 않고 분자의 배열이 변하므로 물리 변화이다.
(2) 원자의 배열이 달라져 두 종류의 원자가 결합한 새로운 분자가 생기므로 화학 변화이다.

**5** (1), (2) 화학 변화가 일어나면 원자의 배열이 달라져 분자의 종류가 변하기 때문에 처음과 성질이 다른 새로운 물질이 생긴다.
(3), (4) 물리 변화는 물질의 상태나 모양은 변하지만 물질의 성질은 변하지 않는다. 즉, 원자의 배열은 변하지 않고 분자의 배열만 변한다.

**6** 화학 변화가 일어나면 원자의 배열이 달라져 분자의 종류가 변하므로 물질의 성질이 변한다. 그러나 원자의 개수와 종류는 변하지 않는다.

**7** 화학 반응이 일어나면 원자의 배열이 달라져 반응 전 물질과 다른 새로운 물질이 생성된다.

**8** (3) 화학 반응식을 쓸 때 계수는 가장 간단한 정수비로 나타내며, 1인 경우에는 생략한다.
바로알기 (2) 화학 반응식을 나타낼 때 반응 전후에 원자의 종류와 개수가 같도록 화학식 앞의 계수를 맞춘다.

**9** (1) $H_2 + Cl_2 \longrightarrow 2HCl$
(2) $2H_2O_2 \longrightarrow 2H_2O + O_2$
(3) $Na_2CO_3 + CaCl_2 \longrightarrow 2NaCl + CaCO_3$

**10** 수소의 화학식은 $H_2$, 산소의 화학식은 $O_2$, 물의 화학식은 $H_2O$이다. 모형에서 수소 분자 2개와 산소 분자 1개가 반응하여 물 분자 2개가 생성된다.

**11** (3) 암모니아 생성 반응에서 화학 반응식의 계수비는 분자 수의 비와 같다.
바로알기 (2) 화학 반응 전후에 원자의 종류와 개수는 같다.

**12** 바로알기 ㄱ, ㄴ. 화학 반응식에서 반응물과 생성물의 질량, 원자의 크기는 알 수 없다.

**탐구a** 진도 교재 14쪽

㉠ 물리, ㉡ 화학

**01** (1) × (2) ○ (3) × (4) × (5) × **02** (가), (나) **03** 화학 변화, 원자 배열이 달라져 물질의 종류가 변하기 때문이다.

**01** 바로알기 (1) 마그네슘 리본을 구부리는 것은 물리 변화이다.
(3) 마그네슘 리본을 구부려도 마그네슘 리본을 이루는 원자의 종류와 개수는 변하지 않는다.
(4) 마그네슘 리본에 묽은 염산을 떨어뜨리면 수소 기체가 발생한다.
(5) 구부린 마그네슘 리본에 묽은 염산을 떨어뜨리면 수소 기체가 발생하지만, 마그네슘 리본이 타고 남은 재에 묽은 염산을 떨어뜨리면 기체가 발생하지 않는다.

**02** (가), (나) 마그네슘 리본과 묽은 염산이 반응하여 수소 기체가 발생한다.

$$Mg + 2HCl \longrightarrow MgCl_2 + H_2$$

(다) 마그네슘 리본이 타고 남은 재는 산화 마그네슘(MgO)이며, 산화 마그네슘이 묽은 염산과 반응하면 염화 마그네슘과 물이 생성된다. 따라서 기체는 발생하지 않는다.

$$MgO + 2HCl \longrightarrow MgCl_2 + H_2O$$

**03**

| 채점 기준 | 배점 |
| --- | --- |
| 화학 변화를 쓰고, 그 까닭을 옳게 서술한 경우 | 100 % |
| 화학 변화만 쓴 경우 | 50 % |

**여기서 잠깐** 진도 교재 15쪽

유제❶ (1) 2, 1, 2 (2) 1, 1, 1 (3) 2, 2, 1 (4) 1, 2, 1, 1

유제❷ (1) $2H_2+O_2 \longrightarrow 2H_2O$
(2) $2CO+O_2 \longrightarrow 2CO_2$
(3) $2Mg+O_2 \longrightarrow 2MgO$
(4) $Na_2CO_3+CaCl_2 \longrightarrow 2NaCl+CaCO_3$

유제❶ (1) $2Cu + O_2 \longrightarrow 2CuO$
(2) $C + O_2 \longrightarrow CO_2$
(3) $2H_2O \longrightarrow 2H_2 + O_2$
(4) $Mg + 2HCl \longrightarrow MgCl_2 + H_2$

유제❷ (4) 반응물과 생성물을 화학식으로 나타낸다.
탄산 나트륨+염화 칼슘 ⟶ 염화 나트륨+탄산 칼슘
➡ $Na_2CO_3 + CaCl_2 \longrightarrow NaCl + CaCO_3$
반응 전에는 나트륨 원자 2개, 염소 원자 2개, 반응 후에는 나트륨 원자 1개, 염소 원자 1개이므로 NaCl 앞에 2를 붙인다.
➡ $Na_2CO_3 + CaCl_2 \longrightarrow 2NaCl + CaCO_3$
반응 전후에 원자의 종류와 개수가 같으므로 화학 반응식이 완성되었다.

기출 문제로 **내신쑥쑥** 진도 교재 16~19쪽

| | | | | | |
|---|---|---|---|---|---|
| 01 ④ | 02 ⑤ | 03 ⑤ | 04 ② | 05 ④ | 06 ③ |
| 07 ② | 08 ②, ③ | 09 ⑤ | 10 ⑤ | 11 ⑤ | 12 ④ |
| 13 ⑤ | 14 ⑤ | 15 ④ | 16 ③ | 17 ⑤ | 18 ③ |
| 19 ④ | 20 ④ | 21 ⑤ | | | |

서술형 문제 22 (가) 물리 변화, (나) 화학 변화, (가)는 물질의 성질이 변하지 않고, (나)는 물질의 성질이 변하기 때문이다. 23 (1) (가) 화학 변화, (나) 물리 변화 (2) (가)는 **원자의 배열**이 달라져 분자의 종류가 변하였고, (나)는 **분자의 배열**만 달라졌기 때문이다. 24 (1) $2H_2O_2 \longrightarrow 2H_2O + O_2$ (2) 2 : 2 : 1, 과산화 수소 분해 반응의 화학 반응식에서 계수비는 분자 수의 비와 같다.

**01** ①, ② 화학 변화는 물질의 성질이 변하고, 물리 변화는 물질의 성질이 변하지 않는다.
③, ⑤ 과일이 익는 것은 화학 변화이고, 물질의 모양이나 상태가 변하는 것은 물리 변화이다.
바로알기 ④ 설탕이 물에 용해되는 것은 물리 변화이다.

**02** ㄷ. 물질의 모양이 변하므로 물리 변화이다.
ㄹ, ㅁ. 물질의 상태가 변하므로 물리 변화이다.
바로알기 ㄱ. 냄새, 맛 등이 변하므로 화학 변화이다.
ㄴ. 열과 빛이 발생하므로 화학 변화이다.

**03** ①, ④ 물질의 모양이 변하므로 물리 변화이다.
② 향수 입자가 확산하므로 물리 변화이다.
③ 물질의 상태가 변하므로 물리 변화이다.
바로알기 ⑤ 단풍이 들어 나뭇잎의 색이 변하는 것은 화학 변화이다.

**04** ①, ③, ④, ⑤ 화학 변화가 일어났음을 알 수 있는 현상에는 앙금 생성, 열과 빛의 발생, 색깔과 맛의 변화, 새로운 기체 발생 등이 있다.
바로알기 ② 상태 변화는 물리 변화이므로 화학 변화가 일어났음을 알 수 있는 현상이 아니다.

**05** 물질의 변화가 일어날 때 물질의 성질이 달라지는 것은 화학 변화이다. ㉠과 ㉣은 물질의 성질이 달라지는 변화이므로 화학 변화이고, ㉡과 ㉢은 상태 변화, ㉤은 모양 변화이므로 물리 변화이다.

**06**
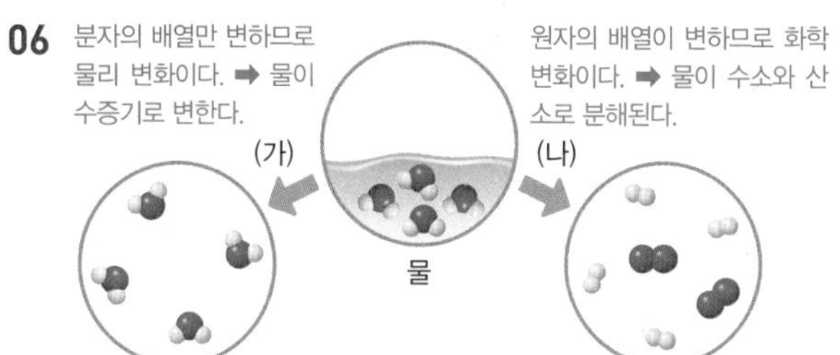


③ (가)는 물리 변화이므로 물질의 성질은 변하지 않는다.
바로알기 ② (가)에서 분자의 종류는 변하지 않는다.
④ (나)에서는 원자의 배열이 달라진다.
⑤ 물리 변화와 화학 변화에서 모두 원자의 종류와 개수는 변하지 않는다.

**07** ① 양초가 연소하면 열과 빛이 발생하므로 화학 변화이다.
③ 발포정을 물에 넣었을 때 기포가 발생하므로 화학 변화이다.
④ 밀가루 반죽을 오븐에 넣고 가열하면 기체가 발생하면서 부풀어 오르고 맛이 변하므로 화학 변화이다.
⑤ 달걀 껍데기와 묽은 염산이 반응하면 기체가 발생하므로 화학 변화이다.
바로알기 ② 잉크가 물속으로 퍼지는 확산은 물리 변화이다.

**08** ②, ③ 화학 변화가 일어날 때 원자의 종류와 개수는 변하지 않는다.
바로알기 ①, ④, ⑤ 화학 변화가 일어나면 원자의 배열이 달라져 분자의 종류가 변하므로 물질의 성질이 달라진다.

**09** 메테인의 연소, 철이 녹스는 현상, 앙금 생성 반응은 모두 화학 변화이다.
ㄱ, ㄴ. 화학 변화가 일어나면 원자의 배열이 달라져 분자의 종류가 변하기 때문에 물질이 처음과 성질이 다른 새로운 물질로 변한다.
ㄷ. 화학 변화가 일어나도 물질을 이루는 원자의 종류는 변하지 않는다.

**10** ①, ② (가)는 고체 설탕이 액체로 상태 변화하므로, 분자의 배열만 변하는 물리 변화이다.
③, ④ (나)는 액체 설탕이 타면서 검게 변하므로, 원자의 배열이 달라져 분자의 종류가 변하는 화학 변화이다. 설탕이 타면서 검게 변하므로, 색깔이 변하고 타는 냄새가 나는 것을 알 수 있다.
바로알기 ⑤ (가)는 물리 변화이므로 변화 전과 동일하게 단맛이 나지만, (나)는 화학 변화이므로 단맛이 나지 않는다.

**11** ① 마그네슘 리본을 구부려도 마그네슘의 성질이 변하지 않으므로 물리 변화이다.
②, ③ 마그네슘 리본이 연소하면 성질이 변하므로 화학 변화이다. 따라서 마그네슘 리본이 타고 남은 재는 마그네슘과는 성질이 다르다.

④ (가)와 (나)에 묽은 염산을 떨어뜨리면 마그네슘이 묽은 염산과 반응하여 기체가 발생한다.

바로알기 ⑤ (나)에 간이 전기 전도계를 대면 전류가 흐르지만, (다)에 간이 전기 전도계를 대면 전류가 흐르지 않는다.

**12** ⑤ 화학 반응식을 통해 반응물과 생성물의 종류, 각 물질을 이루는 원자의 종류와 개수, 입자 수의 비 등을 알 수 있다.

바로알기 ④ 화학 반응식의 계수비로부터 반응물과 생성물의 입자 수의 비를 알 수 있다. 일반적으로 화학 반응식의 계수비는 각 물질의 질량비와 같지 않다.

**13** ⑤ 질소의 화학식은 $N_2$, 산소의 화학식은 $O_2$, 이산화 질소의 화학식은 $NO_2$이다. 반응물은 화살표의 왼쪽, 생성물은 화살표의 오른쪽에 화학식으로 나타낸 후 반응 전후에 원자의 종류와 개수가 같도록 계수를 맞춘다.

**14** ①, ②, ③ 메테인의 연소 반응에서 반응물은 메테인과 산소, 생성물은 이산화 탄소와 물이다.

메테인 + 산소 ⟶ 이산화 탄소 + 물

④ 화학 반응 전후에 원자의 종류와 개수가 같아야 한다.

바로알기 ⑤ 메테인이 연소하면 이산화 탄소와 물이 생성되며 이를 화학 반응식으로 나타내면 다음과 같다.

$CH_4 + 2O_2 \longrightarrow CO_2 + 2H_2O$

**15** ④ 반응물의 산소 원자가 2개이므로 ㉡에 1, ㉢에 2를 붙이면 산소 원자가 2개로 같아진다. 이에 따라 생성물의 마그네슘 원자가 2개이므로, ㉠에 2를 붙이면 마그네슘 원자가 2개로 같아진다.

**16** • $2CO + O_2 \longrightarrow 2CO_2$

• $2H_2O_2 \longrightarrow 2H_2O + O_2$

③ ㉠~㉣의 합은 2+1+2+1=6이다.

**17** ⑤ 반응 전후에 나트륨 원자 2개, 탄소 원자 1개, 산소 원자 3개, 칼슘 원자 1개, 염소 원자 2개로 같다.

바로알기 ① $2H_2 + O_2 \longrightarrow 2H_2O$

② $C + O_2 \longrightarrow CO_2$

③ $2Cu + O_2 \longrightarrow 2CuO$

④ $Mg + 2HCl \longrightarrow MgCl_2 + H_2$

**18** ①, ④ 반응물인 질소, 수소의 성질과 생성물인 암모니아의 성질은 전혀 다르다.

② 반응하는 분자 수의 비는 질소 : 수소=1 : 3이다.

⑤ 암모니아 생성 반응에서 화학 반응식의 계수비는 질소 : 수소 : 암모니아=1 : 3 : 2이고, 계수비는 분자 수의 비와 같다.

바로알기 ③ 반응 전에는 질소 분자 1개와 수소 분자 3개이고, 반응 후에는 암모니아 분자 2개이므로 반응 후에 분자의 개수가 감소한다.

**19** ④ 염화 수소 생성 반응에서 계수비는 수소 : 염화 수소=1 : 2이며, 계수비는 분자 수의 비와 같다. 따라서 수소 분자 3개가 모두 반응할 때 생성되는 염화 수소 분자는 6개이다.

**20** ④ 반응물과 생성물의 개수비는 A : $B_2$ : AB=2 : 1 : 2이다. 따라서 화학 반응식은 $2A + B_2 \longrightarrow 2AB$이다.

**21** ①, ②, ③, ④ 화학 반응식을 통해 반응물과 생성물의 종류, 반응물과 생성물을 이루는 원자의 종류와 개수, 입자 수의 비 등을 알 수 있다.

바로알기 ⑤ 화학 반응식에서 원자의 크기, 질량, 모양 등은 알 수 없다.

**22**

| 채점 기준 | 배점 |
|---|---|
| (가)와 (나)가 어떤 변화인지 구분하고, 그 까닭을 옳게 서술한 경우 | 100 % |
| (가)와 (나)가 어떤 변화인지만 옳게 쓴 경우 | 50 % |

**23** 화학 변화에서는 원자의 배열이 변하고, 물리 변화에서는 분자의 배열이 변한다.

| | 채점 기준 | 배점 |
|---|---|---|
| (1) | (가)와 (나)를 옳게 구분한 경우 | 50 % |
| (2) | 용어를 모두 포함하여 까닭을 옳게 서술한 경우 | 50 % |

**24**

| | 채점 기준 | 배점 |
|---|---|---|
| (1) | 화학 반응식을 옳게 나타낸 경우 | 50 % |
| (2) | 계수비를 옳게 쓰고, 계수비가 의미하는 것을 옳게 서술한 경우 | 50 % |
| | 계수비만 옳게 쓴 경우 | 25 % |

## 수준 높은 문제로 실력탄탄

진도 교재 19쪽

**01** ② **02** ⑤ **03** ②

**01** ① 구리를 증발 접시 위에 놓고 가열하면 구리가 산소와 반응하여 산화 구리(Ⅱ)가 생성되므로 화학 변화이다.

③ 수산화 나트륨을 조금 넣은 물에 전류를 흘려 주면 물이 분해되어 수소 기체와 산소 기체가 발생하므로 화학 변화이다.

④ 철이 산소와 반응하면 붉은색 산화 철(Ⅱ)이 생성되므로 화학 변화이다.

⑤ 탄산 나트륨 수용액과 염화 칼슘 수용액이 반응하면 흰색의 탄산 칼슘 앙금이 생성되므로 화학 변화이다.

바로알기 ② 물과 에탄올을 섞어 에탄올 수용액을 만드는 것은 물리 변화이다.

**02** ⑤ 암모니아 생성 반응의 화학 반응식에서 계수비는 질소 : 수소 : 암모니아=1 : 3 : 2이므로 질소 분자 3개가 완전히 반응하기 위해 필요한 수소 분자의 최소 개수는 9개이다. 수소 분자 1개는 수소 원자 2개로 이루어져 있으므로 필요한 수소 원자의 최소 개수는 18개이다.

**03** (가) $CH_4 + 2O_2 \longrightarrow CO_2 + 2H_2O$

(나) $2H_2O \longrightarrow 2H_2 + O_2$

ㄱ. 메테인의 연소 반응에서 산소 분자는 반응물이고, 물의 분해 반응에서 산소 분자는 생성물이다.

ㄴ. 메테인의 연소 반응에서 ㉠+㉡+㉢=1+2+2=5이다.

바로알기 ㄷ. 물의 분해 반응에서 ㉣은 2이고, ㉤은 1이다.

## 02 화학 반응의 규칙

### 확인 문제로 개념쏙쏙 　진도 교재 21, 23, 25쪽

**A** 질량, 일정, 일정, 감소, ㉠ 일정, ㉡ 일정, ㉢ 증가, ㉣ 감소
**B** 일정 성분비, 1 : 8, 5, 4 : 1
**C** 부피, 분자, 분자, 2 : 1 : 2, 1 : 3 : 2, 1 : 1 : 2, 1 : 2 : 2

**1** (1) ○ (2) × (3) × **2** 원자 **3** 같다. **4** (1) ○ (2) × (3) ○ **5** (1) 감소 (2) 증가 (3) 일정 (4) 감소 **6** 6 g **7** (1) ○ (2) × (3) ○ **8** ㄷ, ㄹ **9** 36 g **10** (1) 3 : 4 (2) 15개 **11** (1) 4 : 1 (2) 25 g **12** (1) ○ (2) ○ (3) × (4) ○ **13** (1) 2 : 1 : 2 (2) (가) 30 mL, (나) 60 mL **14** (1) ㉠ A, 20 mL, ㉡ B, 15 mL (2) 70 mL **15** 1 : 3 : 2 **16** 수소, 300 mL

**1** 바로알기 (2) 질량 보존 법칙은 물리 변화와 화학 변화에서 모두 성립한다.
(3) 기체 발생 반응에서도 발생한 기체의 질량을 고려하면 반응 전후에 물질의 총질량은 같으므로 질량 보존 법칙이 성립한다.

**2** 화학 반응이 일어날 때 물질을 이루는 원자의 종류와 개수가 변하지 않으므로 질량이 보존된다.

**3** 염화 나트륨 수용액과 질산 은 수용액이 반응하면 흰색 앙금인 염화 은이 생성되며, 반응 전후에 물질의 총질량은 같다.
염화 나트륨+질산 은 ⟶ 염화 은↓+질산 나트륨

**4** (1) 탄산 칼슘과 묽은 염산이 반응하면 이산화 탄소 기체가 발생한다.
(3) (나)에서 반응이 끝난 후 뚜껑을 열면 발생한 기체가 빠져나가므로 질량이 감소한다.
바로알기 (2) 뚜껑이 닫힌 용기에서는 발생한 기체가 빠져나가지 못하므로 (가)와 (나)의 질량이 같다.

**5** (1) 수소 기체가 발생하여 공기 중으로 날아가므로 반응 후 질량이 감소한다.
염화 수소+마그네슘 ⟶ 염화 마그네슘+수소↑
(2) 철과 결합한 산소의 질량만큼 반응 후 질량이 증가한다.
철+산소 ⟶ 산화 철(Ⅱ)
(3) 황산 바륨 앙금이 생성되므로 반응 전후에 질량이 일정하다.
황산 나트륨+염화 바륨 ⟶ 황산 바륨↓+염화 나트륨
(4) 이산화 탄소 기체와 수증기가 발생하여 공기 중으로 날아가므로 반응 후 질량이 감소한다.
나무+산소 ⟶ 재+이산화 탄소+수증기

**6** 철 + 산소 ⟶ 산화 철(Ⅱ)
21 g + $x$ = 27 g ➡ $x$=6 g

**7** (1), (3) 두 가지 이상의 물질이 반응하여 화합물을 만들 때 반응하는 물질 사이의 질량비는 일정하다. 따라서 화합물은 일정 성분비 법칙이 성립한다.
바로알기 (2) 혼합물은 성분 물질의 혼합 비율에 따라 질량비가 달라지므로 혼합물에서는 일정 성분비 법칙이 성립하지 않는다.

**8** 일정 성분비 법칙은 혼합물에서는 성립하지 않고, 화합물에서만 성립한다.

**9** 질량비는 수소 : 산소 : 물=1 : 8 : 9=4 g : 32 g : 36 g이다.

**10** (1) 화합물 $BN_2$는 볼트(B) 1개와 너트(N) 2개로 이루어지므로 질량비는 볼트 : 너트=3 g : 2×2 g=3 : 4이다.
(2) 화합물 $BN_2$는 볼트 1개와 너트 2개로 이루어지므로 볼트 15개와 너트 30개로 $BN_2$를 15개 만들 수 있고, 볼트 5개가 남는다.

**11** 질량비는 구리 : 산소 : 산화 구리(Ⅱ)=4 : 1 : 5=20 g : 5 g : 25 g이다.

**12** 바로알기 (3) 반응물과 생성물이 기체인 반응에서 반응하는 기체의 부피를 합한 값은 생성되는 기체의 부피와 같을 수도 있고, 다를 수도 있다.

**13** (1) 수소 기체와 산소 기체가 반응하여 수증기가 생성될 때 부피비는 수소 : 산소 : 수증기=2 : 1 : 2이다.
(2) 부피비는 수소 : 산소 : 수증기=2 : 1 : 2=60 mL : 30 mL : 60 mL이므로 수소 기체 60 mL와 산소 기체 30 mL가 반응하여 수증기 60 mL가 생성된다.

**14** (1) 기체 A와 기체 B가 반응하여 기체 C를 생성할 때 기체의 부피비 A : B : C=2 : 1 : 2이다. 따라서 실험 1에서는 기체 A 20 mL와 기체 B 10 mL가 반응하여 기체 C 20 mL가 생성되고, 기체 A 20 mL는 반응하지 않고 남는다. 실험 3에서는 기체 A 30 mL와 기체 B 15 mL가 반응하여 기체 C 30 mL가 생성되고, 기체 B 15 mL는 반응하지 않고 남는다.

**15** 수소 기체 80 mL 중 20 mL가 남았으므로 반응에 참여한 수소 기체의 부피는 60 mL이다. 따라서 부피비는 질소 : 수소 : 암모니아=20 mL : 60 mL : 40 mL=1 : 3 : 2이다.

**16** 염화 수소 기체의 생성 반응에서 부피비는 수소 : 염소=1 : 1이므로 수소 기체 100 mL와 염소 기체 100 mL가 반응하여 염화 수소 기체 200 mL가 생성되고, 수소 기체 300 mL는 반응하지 않고 남는다.

### 탐구a 　진도 교재 26쪽

㉠ 일정, ㉡ 질량 보존, ㉢ 감소, ㉣ 일정, ㉤ 질량 보존
**01** (1) × (2) ○ (3) ○ (4) ○ (5) × **02** 염화 은, 55 g
**03** (가)>(나), (나)의 경우 발생한 기체가 용기 밖으로 빠져나가기 때문이다.

**01** 바로알기 (1) 염화 나트륨 수용액과 질산 은 수용액이 반응하면 흰색의 염화 은 앙금이 생성된다.
(5) 기체가 발생하는 반응에서도 발생한 기체의 질량을 고려하면 반응 전후에 물질의 총질량은 일정하므로 질량 보존 법칙이 성립한다.

**02** 염화 나트륨 수용액과 질산 은 수용액이 반응하면 흰색 앙금인 염화 은이 생성된다. 앙금 생성 반응에서는 반응 전후에 질량이 변하지 않으므로 혼합 용액의 질량은 30 g+25 g=55 g이다.

**03** 탄산 칼슘과 묽은 염산이 반응하면 이산화 탄소 기체가 발생한다. 이때 열린 용기에서 기체 발생 반응이 일어나면 발생한 기체가 빠져나가므로 반응 후 질량이 감소한다.

| 채점 기준 | 배점 |
|---|---|
| (가)와 (나)의 질량을 옳게 비교하고, 그 까닭을 옳게 서술한 경우 | 100 % |
| (가)와 (나)의 질량만 옳게 비교한 경우 | 50 % |

## 탐구 b

진도 교재 27쪽

㉠ 산소, ㉡ 4 : 1, ㉢ 일정 성분비

**01** (1) × (2) ○ (3) × (4) ○ (5) × **02** 4 : 1 **03** 질량비는 구리 : 산소 : 산화 구리(Ⅱ)=4 : 1 : 5=24 g : 6 g : 30 g이므로 생성되는 산화 구리(Ⅱ)의 질량은 30 g이다.

**01** (4) 질량비는 구리 : 산소 : 산화 구리(Ⅱ)=4 : 1 : 5=10 g : 2.5 g : 12.5 g이다.

바로알기 (1) 구리와 산소는 일정한 질량비로 반응하므로 구리의 질량이 증가하면 반응하는 산소의 질량도 증가한다.
(3) 질량비는 구리 : 산소=4 : 1=8 g : 2 g이므로 구리 8 g이 완전히 반응하는 데 필요한 산소의 최소 질량은 2 g이다.
(5) 구리와 산소가 4 : 1의 질량비로 반응하여 산화 구리(Ⅱ)가 생성되므로 질량비는 구리 : 산소 : 산화 구리(Ⅱ)=4 : 1 : 5이다. 따라서 구리와 산화 구리(Ⅱ)의 질량비는 일정하다.

**02** 구리 4 g이 산소와 반응하여 산화 구리(Ⅱ) 5 g이 생성되었으므로, 구리 4 g은 산소 1 g과 반응하였다.

**03**

| 채점 기준 | 배점 |
|---|---|
| 구리 : 산소 : 산화 구리(Ⅱ)의 질량비에 실제 질량을 대입하여 산화 구리(Ⅱ)의 질량을 옳게 서술한 경우 | 100 % |
| 구리 : 산소 : 산화 구리(Ⅱ)의 질량비만 제시한 뒤 산화 구리(Ⅱ)의 질량을 옳게 나타낸 경우 | 50 % |

## 여기서 잠깐

진도 교재 28쪽

유제❶ ㉠ 1 : 8, ㉡ 2, ㉢ 2, ㉣ 1 : 1, ㉤ 1 : 16
유제❷ 7 : 16
유제❸ 수소 6 g, 산소 48 g
유제❹ 6 mL
유제❺ 아이오딘화 칼륨 수용액, 4 mL

유제❶ ㉠ 물 분자를 구성하는 수소 : 산소의 질량비=(2×1) : (1×16)=1 : 8이다.
㉤ 과산화 수소 분자를 구성하는 수소 원자 : 산소 원자의 개수비=1 : 1이므로 수소 : 산소의 질량비=(1×1) : (1×16)=1 : 16이다.

유제❷ 이산화 질소를 구성하는 질소와 산소의 개수비(질소 : 산소)는 1 : 2이므로 질량비는 (1×14) : (2×16)=14 : 32=7 : 16이다.

유제❸ 수소 : 산소 : 물의 질량비=1 : 8 : 9=6 g : 48 g : 54 g이다.

유제❹ 같은 농도의 아이오딘화 칼륨 수용액과 질산 납 수용액은 1 : 1의 부피비로 반응하므로 10 % 아이오딘화 칼륨 수용액 6 mL와 완전히 반응한 10 % 질산 납 수용액의 부피는 6 mL이다.

유제❺ 시험관 F에는 반응하지 않은 질산 납 수용액 4 mL가 있으므로 이 물질을 완전히 반응시키기 위해서는 아이오딘화 칼륨 수용액 4 mL를 넣어 주면 된다.

## 기출 문제로 내신쑥쑥

진도 교재 29~33쪽

**01** ④ **02** ④ **03** ⑤ **04** ③ **05** ④ **06** ② **07** ③, ④ **08** ⑤ **09** ③, ④ **10** ② **11** ④ **12** ④ **13** ③ **14** ③ **15** ⑤ **16** ④ **17** ⑤ **18** ⑤ **19** ③ **20** ③ **21** ④ **22** ①, ② **23** ④ **24** ③ **25** ④ **26** ④ **27** ③

서술형 문제 **28** 질량은 변하지 않는다. 화학 반응 전후에 원자의 종류와 개수가 변하지 않기 때문이다. **29** (1) 질량비는 마그네슘 : 산소 : 산화 마그네슘=3 : 2 : 5=21 g : 14 g : 35 g이므로 필요한 산소의 최소 질량은 14 g이다. (2) 화합물을 구성하는 성분 원소 사이에는 일정한 질량비가 성립한다. **30** (1) $N_2 + 3H_2 \longrightarrow 2NH_3$ (2) 질소 기체 5 mL, 질소 기체와 수소 기체가 반응할 때의 부피비는 1 : 3이기 때문이다.

**01** ④ 화학 반응이 일어날 때 반응물의 총질량과 생성물의 총질량은 같다.

바로알기 ①, ②, ⑤ 연소 반응, 기체 발생 반응, 앙금 생성 반응에서 반응물의 총질량과 생성물의 총질량은 같으므로 질량 보존 법칙이 성립한다.
③ 질량 보존 법칙은 물리 변화와 화학 변화에서 모두 성립한다. 따라서 물리 변화에 의해 혼합물이 만들어질 때에도 질량 보존 법칙이 성립한다.

**02** ④ 화학 반응이 일어날 때 원자는 새로 생기거나 없어지지 않는다. 따라서 반응 전후에 원자의 종류와 개수가 변하지 않으므로 화학 반응이 일어나도 질량이 보존된다.

**03** ⑤ 이 반응은 앙금 생성 반응으로, 반응 전후에 질량이 같다.
염화 나트륨+질산 은 ⟶ 염화 은↓+질산 나트륨
바로알기 ① 흰색 앙금인 염화 은이 생성된다.
②, ③ 반응 후 원자의 종류와 개수가 변하지 않으므로 질량은 변하지 않는다.
④ 반응 후 원자의 배열은 달라진다.

**04** ③ 탄산 나트륨 수용액과 염화 칼슘 수용액을 섞어 반응시키면 흰색의 탄산 칼슘 앙금이 생성된다.
탄산 나트륨+염화 칼슘 ⟶ 탄산 칼슘↓+염화 나트륨
화학 반응에서 반응 전 물질의 총질량은 반응 후 물질의 총질량과 같으므로 반응 후 혼합 용액의 총질량은 25 g+25 g=50 g이다.

**05** ④ 탄산 칼슘과 묽은 염산이 반응하면 이산화 탄소 기체가 발생하는데, (나)와 같이 닫힌 용기에서 반응시키면 기체가 빠져나가지 못하므로 질량이 변하지 않는다. 그러나 (다)와 같이 뚜껑을 열면 기체가 빠져나가므로 질량이 감소한다. 따라서 질량을 비교하면 (가)=(나)>(다)이다.

**06** ㄱ. 탄산 칼슘과 묽은 염산이 반응하면 이산화 탄소 기체가 발생한다.
탄산 칼슘+염화 수소 ⟶ 염화 칼슘+이산화 탄소↑+물
ㄴ. (다)와 같이 열린 용기에서는 발생한 기체가 빠져나가므로 질량이 감소한다.
바로알기 ㄷ. 두 물질이 반응하여 발생한 기체의 질량을 고려하면 반응 전후에 질량은 변하지 않는다. 따라서 이 실험에서도 질량 보존 법칙이 성립한다.

**07** ③ 강철솜과 결합한 산소의 질량만큼 연소 후 질량이 증가한다. 따라서 연소 후 막대저울은 B쪽으로 기울어진다.
④ 강철솜이 연소하면 산화 철(Ⅱ)이 생성되며, 산화 철(Ⅱ)은 강철솜과는 성질이 다른 새로운 물질이다.
바로알기 ① 강철솜을 가열하면 공기 중의 산소와 결합하여 산화 철(Ⅱ)이 생성된다.
② (철+산소)의 질량=산화 철(Ⅱ)의 질량과 같으므로 연소 후 막대저울은 수평을 유지할 수 없다.
⑤ 강철솜 B를 가열하면 공기 중의 산소와 결합하여 산화 철(Ⅱ)이 생성되므로 연소 후 A와 B를 이루는 원자의 종류와 개수는 서로 다르다.

**08** ①, ② 나무를 연소시키면 재와 이산화 탄소, 수증기가 발생하며, 처음 물질과 성질이 다른 새로운 물질이 생성되므로 이 반응은 화학 변화이다.
③ 밀폐 용기에서 실험했으므로 반응 전후에 물질의 총질량은 같다.
④ 화학 반응이 일어나도 반응 전후에 원자의 종류와 개수는 변하지 않는다.
바로알기 ⑤ 열린 공간에서 나무를 연소시키면 발생한 기체가 공기 중으로 날아가므로 반응 후에 질량이 감소한다.

**09** ③ 종이에 불을 붙이면 이산화 탄소 기체와 수증기가 발생하여 공기 중으로 날아가고 재가 남으므로 질량이 감소한다.
④ 묽은 염산에 마그네슘 조각을 넣으면 수소 기체가 발생하여 공기 중으로 날아가므로 질량이 감소한다.
마그네슘+염화 수소 ⟶ 염화 마그네슘+수소↑
바로알기 ①, ② 마그네슘이나 강철솜을 태우면 공기 중의 산소와 결합하므로 결합한 산소의 질량만큼 반응 후에 질량이 증가한다.
⑤ 앙금 생성 반응에서는 기체가 출입하지 않으므로 반응 전후에 질량이 일정하다.

**10** ①, ③, ④, ⑤ 마그네슘을 연소시켜 얻은 산화 마그네슘, 물, 암모니아, 산화 구리(Ⅱ)는 화합물이므로 일정 성분비 법칙이 성립한다.
바로알기 ② 설탕물은 혼합물이므로 일정 성분비 법칙이 성립하지 않는다.

**11** ④ 암모니아 분자는 질소 원자 1개와 수소 원자 3개로 이루어진다. 따라서 암모니아를 구성하는 질소와 수소의 질량비는 14 : (3×1)=14 : 3이다.

**12** ㄱ. 물을 구성하는 수소 원자는 2개이고, 산소 원자는 1개이므로, 물을 구성하는 수소 원자와 산소 원자의 개수비는 2 : 1이다.
ㄴ. 과산화 수소를 구성하는 수소와 산소의 질량비는 2×1 : 2×16=1 : 16이다.
ㄹ. 물을 구성하는 수소 : 산소의 질량비는 1 : 8이고, 과산화 수소를 구성하는 수소 : 산소의 질량비는 1 : 16이다. 물과 과산화 수소는 성분 원소의 질량비가 다르므로 서로 다른 물질이다.
바로알기 ㄷ. 같은 원소로 이루어진 화합물이라도 성분 원소의 질량비가 다르면 서로 다른 물질이다.

**13** ①, ② 볼트 1개와 너트 2개가 결합하여 화합물 $BN_2$를 만들었으므로 개수비는 B : N=1 : 2이며, 이 반응의 화학 반응식은 B+2N ⟶ $BN_2$이다.
④, ⑤ 화합물이 생성되는 반응은 질량 보존 법칙과 일정 성분비 법칙이 성립한다. 따라서 이 반응을 이용하여 두 가지 법칙을 모두 설명할 수 있다.
바로알기 ③ 볼트 1개의 질량은 5 g, 너트 1개의 질량은 2 g이므로, $BN_2$를 이루는 B와 N의 질량비=5 g : (2×2 g)=5 : 4이다.

**14** ③ 화합물 $BN_2$는 볼트 1개와 너트 2개로 이루어지므로 볼트 10개와 너트 20개로 $BN_2$ 10개를 만들 수 있고, 볼트 5개가 남는다.

**15** ㄱ. 실험 1에서 수소 3 g이 남았으므로 반응한 수소는 3 g (=6 g−3 g)이다. 따라서 질량비는 수소 : 산소=1 : 8=3 g : 24 g이므로 반응한 산소의 질량은 24 g이다.
ㄴ. 실험 3에서 질량비는 수소 : 산소=1 : 8=2 g : 16 g이므로 수소 2 g과 산소 16 g이 반응하며, 산소 4 g이 남는다.
ㄷ. 물 생성 반응에서 질량비는 수소 : 산소=1 : 8이다.

**16** ④ 물 생성 반응에서 수소와 산소의 질량비는 1 : 8이므로 수소 0.8 g이 모두 반응하기 위해 필요한 산소의 최소 질량은 6.4 g이다.

**17** ⑤ 그림 (나)에서 구리의 질량이 4 g, 8 g… 으로 증가할수록 생성되는 산화 구리(Ⅱ)의 질량도 증가한다.

바로알기 ① 구리 4 g이 반응하여 산화 구리(Ⅱ) 5 g이 생성되므로, 반응한 산소의 질량은 1 g(=5 g−4 g)이다. 따라서 질량비는 구리 : 산소=4 : 1이다.
② 산화 구리(Ⅱ) 10 g에는 구리 8 g과 산소 2 g이 들어 있다.
③ 구리의 질량이 증가하면 결합하는 산소의 질량도 증가하지만 반응하는 구리와 산소의 질량비는 일정하다.
④ 산화 구리(Ⅱ)가 생성되는 반응은 질량 보존 법칙이 성립한다.

**18** ⑤ 질량비는 구리 : 산소 : 산화 구리(Ⅱ)=4 : 1 : 5=20 g : 5 g : 25 g이다. 따라서 구리 20 g과 산소 5 g이 반응하여 산화 구리(Ⅱ) 25 g이 생성된다.

구리 + 산소 ⟶ 산화 구리(Ⅱ)
×5 ( 4 : 1 : 5 ) ×5
20 g 5 g 25 g

**19** ③ 산화 구리(Ⅱ)가 생성될 때 반응하는 구리와 산소의 질량비는 4 : 1로 일정하다.

바로알기 ①, ②, ④ 구리의 질량이 증가하면 결합하는 산소의 질량이 증가하므로 생성되는 산화 구리(Ⅱ)의 질량도 증가하며, 산화 구리(Ⅱ) 속에 포함된 산소의 질량도 증가한다.
⑤ 구리의 질량이 증가하면 구리와 산소가 완전히 반응하는 데 걸리는 시간도 증가한다.

**20** ③ 마그네슘 3 g과 산소 2 g이 반응하면 산화 마그네슘 5 g이 생성되므로 질량비는 마그네슘 : 산소=3 : 2이다.

**21** ④ 마그네슘 : 산소 : 산화 마그네슘의 질량비=3 : 2 : 5이므로, 산화 마그네슘 30 g을 얻기 위해 필요한 마그네슘의 최소 질량은 18 g이다.

마그네슘 + 산소 ⟶ 산화 마그네슘
×6 ( 3 : 2 : 5 ) ×6
18 g 12 g 30 g

**22** ①, ② 기체 반응 법칙은 반응물과 생성물이 기체인 경우에만 성립한다.

바로알기 ③ 탄소는 고체이므로 기체 반응 법칙이 성립하지 않는다.
④ 마그네슘, 산화 마그네슘은 고체이므로 기체 반응 법칙이 성립하지 않는다.
⑤ 반응물과 생성물 모두 기체가 아니므로 기체 반응 법칙이 성립하지 않는다.

**23**

| 실험 | 반응 전 기체의 부피(mL) | | 반응 후 남은 기체의 종류와 부피(mL) | 생성된 수증기의 부피(mL) |
|---|---|---|---|---|
| | 수소 | 산소 | | |
| 1 | 20 | 10 | 0 | 20 |
| 2 | 50 | 20 | ㉠수소, 10 | 40 |
| 3 | 80 | 50 | 산소, 10 | ㉡80 |

[실험 1] 부피비는 수소 : 산소 : 수증기=2 : 1 : 2이다.
[실험 2] 수증기가 40 mL 생성되었으므로 수소 기체 40 mL와 산소 기체 20 mL가 반응하고, 수소 기체 10 mL가 남는다.
[실험 3] 산소 기체 10 mL가 남았으므로 수소 기체 80 mL와 산소 기체 40 mL가 반응하여 수증기 80 mL가 생성되었다.
①, ② ㉠에서 남은 기체는 수소 10 mL이다.
③ ㉡에서 생성된 수증기의 부피는 80 mL이다.
⑤ 실험 1, 2, 3에서 반응하는 기체의 부피비는 2 : 1로 같다.

바로알기 ④ 실험 2에서 수소 기체 10 mL가 남아 있으므로, 산소 기체를 더 넣으면 수증기가 생성되어 부피가 증가한다.

**24** ① 반응 전후에 원자의 종류와 개수가 변하지 않으므로 반응 전후에 물질의 총질량은 같다.
② 같은 온도와 압력에서 각 기체 1부피에 포함된 분자의 개수는 같다.
④ 기체 사이의 반응에서 각 기체의 부피비는 분자 수의 비와 같으므로 수소 : 산소 : 수증기의 분자 수의 비는 2 : 1 : 2이다.
⑤ 부피비는 수소 : 산소 : 수증기=2 : 1 : 2이므로 반응하는 수소 기체의 부피와 생성되는 수증기의 부피는 같다.

바로알기 ③ 수소 기체와 산소 기체는 2 : 1의 부피비로 반응한다.

**25** ㄴ. 암모니아 생성 반응에서 부피비는 질소 : 수소=1 : 3이며, 부피비는 분자 수의 비와 같으므로 질소 분자 1개는 수소 분자 3개와 반응한다.
ㄷ. 부피비는 질소 : 암모니아=1 : 2이므로 질소 기체 20 mL가 모두 반응하면 암모니아 기체 40 mL가 생성된다.

바로알기 ㄱ. 반응 전에는 질소 분자 1개, 수소 분자 3개이며, 반응 후에는 암모니아 분자 2개이므로 반응 전후에 분자의 종류와 개수는 서로 다르다. 하지만 반응 전후에 원자의 종류와 개수는 같다.

**26** ④ 수소 기체 10 mL와 염소 기체 10 mL가 반응하면 염화 수소 기체 20 mL가 생성된다. 생성된 염화 수소 분자는 1부피마다 각각 1개씩 들어가도록 그려야 한다.

**27** ③ 이산화 질소 기체의 생성 반응에서 부피비는 질소 : 산소 : 이산화 질소=1 : 2 : 2이므로 질소 기체 15 mL와 산소 기체 30 mL가 반응하여 이산화 질소 기체 30 mL가 생성된다.

**28** 밀폐된 공간에서 탄산 칼슘과 묽은 염산이 반응하면 생성된 이산화 탄소 기체가 밖으로 빠져나가지 못하므로 질량이 변하지 않는다.

| 채점 기준 | 배점 |
|---|---|
| 질량 변화를 옳게 예상하고, 그 까닭을 옳게 서술한 경우 | 100 % |
| 질량 변화만 옳게 예상한 경우 | 50 % |

**29** 마그네슘과 산소가 반응하면 산화 마그네슘이 생성된다.

$$2Mg + O_2 \longrightarrow 2MgO$$

질량비 ➡ 3 : 2 : 5

| | 채점 기준 | 배점 |
|---|---|---|
| (1) | 산소의 최소 질량을 풀이 과정과 함께 옳게 서술한 경우 | 50 % |
| | 산소의 최소 질량만 옳게 쓴 경우 | 25 % |
| (2) | (1)의 결과로 알 수 있는 법칙을 옳게 서술한 경우 | 50 % |

**30** (2) 암모니아 기체 생성 반응에서 부피비는 질소 : 수소 : 암모니아=1 : 3 : 2이다.

| | 채점 기준 | 배점 |
|---|---|---|
| (1) | 화학 반응식을 옳게 나타낸 경우 | 50 % |
| (2) | 남는 기체의 종류와 부피를 옳게 쓰고, 그 까닭을 옳게 서술한 경우 | 50 % |
| | 남는 기체의 종류와 부피만 옳게 쓴 경우 | 25 % |

수준 높은 문제로 **실력탄탄** 진도 교재 33쪽

**01** ①, ⑤ **02** ④

**01** ① D점에서 두 수용액이 모두 반응하였으므로 반응하는 두 수용액의 부피비는 6 mL : 6 mL=1 : 1이다.
⑤ 두 수용액이 일정한 부피비로 반응하여 아이오딘화 납 앙금이 생성되며, 이때 아이오딘화 납을 이루는 아이오딘과 납의 질량비는 일정하다.

바로알기 ② 시험관 C에서는 넣어 준 질산 납이 모두 반응하고, 반응하지 못한 아이오딘화 칼륨이 남아 있다. ➡ 질산 납 수용액을 더 넣어야 앙금이 증가한다.

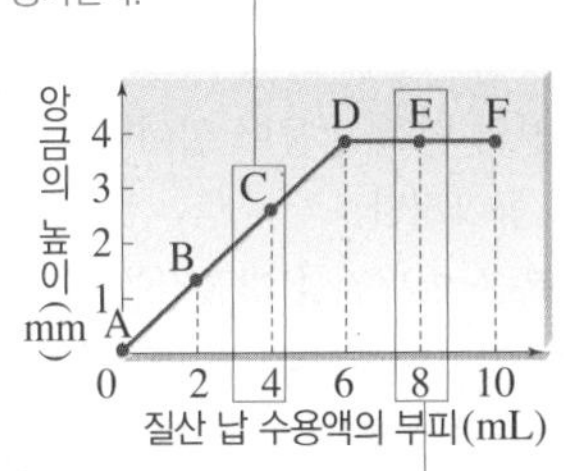


③ 시험관 E에서는 넣어 준 질산 납 수용액 8 mL 중 2 mL가 반응하지 않고 남아 있다. ➡ 질산 납을 모두 반응시키려면 아이오딘화 칼륨 수용액 2 mL를 더 넣어야 한다.

④ 앙금의 높이가 일정량 이상이 되면 더 높아지지 않는 까닭은 아이오딘화 칼륨이 모두 반응했기 때문이다.

**02** 암모니아 기체 생성 반응에서 기체의 부피 관계는 다음과 같다.

| 실험 | 반응 전 기체의 부피(mL) | | 반응 후 남은 기체의 부피(mL) | 생성된 기체의 부피(mL) |
|---|---|---|---|---|
| | 수소 | 질소 | | |
| A | 9 | 15 | 질소, 12 | 6 |
| B | 18 | 12 | 질소, 6 | 12 |
| C | 27 | 9 | 0 | 18 |
| D | 36 | 6 | 수소, 18 | 12 |

ㄴ. B점에서는 수소 기체 18 mL와 질소 기체 6 mL가 반응하여 암모니아 기체 12 mL가 생성되고, 질소 기체 6 mL는 반응하지 않고 남는다.
ㄷ. 암모니아 기체는 A점에서 6 mL, B점에서 12 mL, C점에서 18 mL, D점에서 12 mL가 생성되므로 C점에서 가장 많이 생성된다.

바로알기 ㄱ. 반응 부피비는 질소 : 수소=1 : 3이므로 A점에서는 수소 기체, D점에서는 질소 기체가 모두 반응한다.

## 03 화학 반응에서의 에너지 출입

확인 문제로 **개념쏙쏙** 진도 교재 35쪽

**A** 방출, 높, 흡수, 낮

**1** (1) ○ (2) × (3) × **2** (1) 발 (2) 발 (3) 흡 (4) 흡 (5) 흡 (6) 발 **3** ㉠ 흡수, ㉡ 흡열 **4** (1) 높 (2) 낮 (3) 방출

**1** 바로알기 (2) 발열 반응은 에너지를 방출하는 반응이고, 흡열 반응은 에너지를 흡수하는 반응이다.
(3) 발열 반응이 일어나면 주변의 온도가 높아지고, 흡열 반응이 일어나면 주변의 온도가 낮아진다.

**2** (1), (2), (6) 금속이 녹스는 반응, 호흡, 산과 염기의 반응은 에너지를 방출하는 발열 반응이다.
(3), (4), (5) 소금과 물의 반응, 탄산수소 나트륨의 열분해, 수산화 바륨과 염화 암모늄의 반응은 에너지를 흡수하는 흡열 반응이다.

**3** 광합성은 빛에너지를 흡수하는 흡열 반응이다.

**4** (1), (3) 손난로, 염화 칼슘 제설제는 발열 반응을 활용한 예이다.
(2) 냉찜질 팩은 흡열 반응을 활용한 예이다.

**탐구a** 진도 교재 36쪽

㉠ 방출, ㉡ 흡수

**01** (1) ○ (2) × (3) × (4) ○ (5) ○ **02** (나), (다) **03** 흡열 반응, 수산화 바륨과 염화 암모늄이 반응할 때 주변에서 에너지를 흡수하기 때문이다.

**01** (1) 산인 묽은 염산과 금속인 마그네슘이 반응할 때 온도계의 눈금이 올라갔으므로 산과 금속의 반응은 에너지를 방출하는 발열 반응이다.
(4) 발열 반응은 에너지를 방출하므로 주변의 온도가 높아진다.
(5) 수산화 바륨과 염화 암모늄이 반응할 때 주변의 온도가 낮아지므로 나무판 위의 물이 언다.

바로알기 (2) 산인 묽은 염산과 염기인 수산화 나트륨 수용액이 반응할 때 온도계의 눈금이 올라갔으므로 산과 염기의 반응은 에너지를 방출하는 발열 반응이다.
(3) 수산화 바륨과 염화 암모늄이 반응할 때 에너지를 흡수하므로 주변의 온도가 낮아진다.

**02** 호흡은 에너지를 방출하는 발열 반응이고, 광합성과 물의 전기 분해는 에너지를 흡수하는 흡열 반응이다.

**03** 수산화 바륨과 염화 암모늄의 반응은 주변에서 에너지를 흡수하는 흡열 반응이다.

| 채점 기준 | 배점 |
|---|---|
| 흡열 반응을 쓰고, 그 까닭을 에너지 출입과 관련지어 옳게 서술한 경우 | 100 % |
| 흡열 반응만 쓴 경우 | 50 % |

## 탐구 b

진도 교재 37쪽

㉠ 방출, ㉡ 흡수

**01** (1) × (2) × (3) ○ (4) ○ **02** 발열 반응 : (가), (나), 흡열 반응 : (다) **03** (가)와 (나)는 에너지를 방출하므로 주변의 온도가 높아지고, (다)는 에너지를 흡수하므로 주변의 온도가 낮아진다.

**01** (3) 손난로와 발열 컵은 모두 발열 반응을 활용한 장치이다.
**바로알기** (1) 손난로를 흔들면 주머니 안의 철 가루가 공기 중의 산소와 반응하여 에너지를 방출하므로 주변의 온도가 높아진다.
(2) 질산 암모늄과 물이 반응할 때 에너지를 흡수하므로 주변의 온도가 낮아진다.

**02** (가) 나무가 연소하면 에너지를 방출하므로 이를 이용하여 실내를 따뜻하게 한다.
(나) 휴대용 손난로는 철 가루와 산소가 반응할 때 방출하는 에너지로 손을 따뜻하게 한다.
(다) 냉찜질 팩은 질산 암모늄과 물이 반응할 때 에너지를 흡수하여 주변의 온도가 낮아지므로 열을 내리거나 통증을 완화시키는 데 사용한다.

**03**

| 채점 기준 | 배점 |
|---|---|
| (가)~(다)의 온도 변화를 에너지 출입과 관련지어 옳게 서술한 경우 | 100 % |
| (가)~(다)의 온도 변화만 옳게 쓴 경우 | 50 % |

## 기출 문제로 내신쑥쑥

진도 교재 38~40쪽

**01** ⑤ **02** ② **03** ④ **04** ⑤ **05** ④ **06** ② **07** ② **08** ③ **09** ② **10** ② **11** ⑤ **12** ⑤

**서술형문제** **13** 산화 칼슘과 물이 반응할 때 방출하는 에너지를 이용하여 열에 약한 구제역 바이러스를 제거할 수 있기 때문이다. **14** 손난로를 사용하기 전에 철 가루와 공기 중의 산소가 반응하여 따뜻해지는 것을 방지하기 위해 손난로를 비닐봉지로 밀봉한다. **15** 수산화 바륨과 염화 암모늄이 반응할 때 에너지를 흡수하므로 주변의 온도가 낮아져 나무판 위의 물이 얼었기 때문이다.

**01** **바로알기** ① 화학 반응이 일어날 때에는 에너지를 방출하거나 흡수한다.
② 발열 반응이 일어나면 에너지를 방출하므로 주변의 온도가 높아진다.
③ 흡열 반응이 일어나면 에너지를 흡수하므로 주변의 온도가 낮아진다.
④ 물의 전기 분해는 물이 전기 에너지를 흡수하여 일어나는 흡열 반응이다.

**02** ㄷ. 염산과 수산화 나트륨 수용액의 반응은 반응이 일어날 때 에너지를 방출하므로 주변의 온도가 높아지는 반응이다.
**바로알기** ㄱ, ㄴ. 광합성, 수산화 바륨과 염화 암모늄의 반응은 반응이 일어날 때 에너지를 흡수하므로 주변의 온도가 낮아지는 반응이다.

**03** ㄴ, ㄹ, ㅁ. 에너지를 흡수하는 반응이다.
**바로알기** ㄱ, ㄷ. 에너지를 방출하는 반응이다.

**04** ⑤ 석고의 주성분인 황산 칼슘은 물과 반응하면 굳으면서 에너지를 방출한다.
**바로알기** ①, ②, ③ 금속이 녹스는 반응은 에너지를 방출하는 발열 반응이므로 주변의 온도가 높아진다. 따라서 주변과의 에너지 출입이 있다.
④ 냉각 장치는 흡열 반응을 활용한 예이다.

**05** ㄴ. 메테인의 연소 반응이 일어나면 에너지를 방출하므로 주변의 온도가 높아진다.
ㄷ. 사람의 호흡은 에너지를 방출하는 발열 반응이므로 메테인의 연소 반응과 에너지 출입의 방향이 같다.
**바로알기** ㄱ. 메테인의 연소 반응은 에너지를 방출하는 발열 반응이다.

**06** ㄴ. 산과 금속의 반응, 산과 염기의 반응은 주변으로 에너지를 방출하는 발열 반응이다.
**바로알기** ㄱ, ㄷ. 발열 반응은 주변으로 에너지를 방출하는 반응이므로 반응이 일어날 때 시험관에 넣은 온도계의 눈금이 올라간다.

**07** ㄴ. 수산화 바륨과 염화 암모늄이 반응할 때 에너지를 흡수하므로 주변의 온도가 낮아진다.
**바로알기** ㄱ. 수산화 바륨과 염화 암모늄의 반응은 에너지를 흡수하는 흡열 반응이다.
ㄷ. 산화 칼슘과 물의 반응은 발열 반응이므로 나무판 위의 물이 얼지 않아 나무판이 삼각 플라스크에 달라붙지 않는다.

**08** ㄱ, ㄷ. 주머니를 흔들면 철 가루가 공기 중의 산소와 반응하여 에너지를 방출하므로 주변의 온도가 높아진다.
**바로알기** ㄴ. 철 가루와 산소의 반응은 에너지를 방출하는 반응이다.

**09** ①, ③, ④ 질산 암모늄과 물의 반응은 에너지를 흡수하는 반응이므로 주변의 온도가 낮아져 투명 봉지가 차가워진다.
⑤ 질산 암모늄과 물의 반응은 흡열 반응이므로, 이 반응을 활용하면 냉찜질 팩을 만들 수 있다.
**바로알기** ② 질산 암모늄과 물이 반응할 때 에너지를 흡수한다.

**10** ② 눈과 염화 칼슘의 반응, 황산 칼슘과 물의 반응은 에너지를 방출하는 발열 반응이고, 질산 암모늄과 물의 반응은 에너지를 흡수하는 흡열 반응이다.

**11** (가) 손난로는 철 가루와 산소가 반응할 때 방출하는 에너지로 손을 따뜻하게 한다.
(나) 손 냉장고는 질산 암모늄과 물이 반응할 때 에너지를 흡수하여 주변의 온도를 낮춘다.
(다) 발열 도시락은 산화 칼슘과 물이 반응할 때 방출하는 에너지로 용기 안의 음식을 데운다.
(라) 가스레인지는 연료가 연소할 때 방출하는 에너지를 이용하여 음식을 조리한다.
(마) 염화 칼슘 제설제는 염화 칼슘과 물이 반응할 때 방출하는 에너지로 눈을 녹인다.

**12** ㄱ, ㄴ. 소금과 물의 반응은 에너지를 흡수하는 흡열 반응이다.
ㄷ. 연소 반응은 에너지를 방출하는 발열 반응이다.

**13** 산화 칼슘과 물이 반응할 때 에너지를 방출하여 주변의 온도가 높아지므로 구제역 바이러스를 제거하는 데 적합하다.

| 채점 기준 | 배점 |
|---|---|
| 구제역 바이러스를 제거하는 데 산화 칼슘과 물의 반응을 이용하는 까닭을 에너지 출입과 관련지어 옳게 서술한 경우 | 100 % |
| 산화 칼슘과 물의 반응이 발열 반응이기 때문이라고 서술한 경우 | 30 % |

**14** 손난로는 철 가루가 공기 중의 산소와 반응할 때 방출하는 에너지를 활용한 장치이다.

| 채점 기준 | 배점 |
|---|---|
| 손난로가 비닐봉지 안에 밀봉되어 있는 까닭을 화학 반응과 관련지어 옳게 서술한 경우 | 100 % |
| 공기와의 접촉을 막기 위해서라고 서술한 경우 | 30 % |

**15**

| 채점 기준 | 배점 |
|---|---|
| 에너지 출입과 온도 변화를 이용하여 까닭을 옳게 서술한 경우 | 100 % |
| 에너지 출입, 온도 변화 중 한 가지만 이용하여 까닭을 서술한 경우 | 50 % |

## 수준 높은 문제로 실력탄탄

진도 교재 40쪽

**01** ② **02** ②

**01** ㄱ, ㄹ. 염산과 마그네슘의 반응은 발열 반응이므로 주변의 온도가 높아진다.
ㄴ, ㄷ. 빵을 만들 때 사용하는 베이킹파우더의 주성분인 탄산수소 나트륨을 가열하면 에너지를 흡수하여 분해되면서 이산화 탄소 기체를 생성하므로 빵이 부풀어 오른다. 흡열 반응이 일어나면 주변의 온도가 낮아진다.
ㅁ. 냉찜질 팩은 에너지를 흡수하여 주변의 온도를 낮추므로 (나)와 에너지의 출입이 같다.

**02** (가)는 광합성, (나)는 호흡 과정의 화학 반응식이다.
(가) $6CO_2 + 6H_2O \xrightarrow{\text{빛에너지}} C_6H_{12}O_6 + 6O_2$
(나) $C_6H_{12}O_6 + 6O_2 \longrightarrow 6CO_2 + 6H_2O$ + 에너지
ㄴ. 광합성은 에너지를 흡수하는 흡열 반응이고, 호흡은 에너지를 방출하는 발열 반응이다.
**바로알기** ㄷ. (가)는 에너지를 흡수하는 흡열 반응이므로 반응이 일어날 때 주변의 온도가 낮아지고, (나)는 에너지를 방출하는 발열 반응이므로 반응이 일어날 때 주변의 온도가 높아진다.

## 단원평가문제

진도 교재 41~44쪽

**01** ③ **02** ⑤ **03** ② **04** ③ **05** ⑤ **06** ④ **07** ③ **08** ③ **09** ② **10** ② **11** ⑤ **12** ④ **13** ③ **14** ③ **15** ④ **16** ⑤ **17** ③ **18** ② **19** ⑤ **20** ② **21** ④

**서술형 문제** **22** (1) 화학 변화, 원자의 배열이 달라져 분자의 종류가 변하기 때문이다. (2) $CH_4 + 2O_2 \longrightarrow CO_2 + 2H_2O$ **23** (1) 감소한다. (2) 밀폐된 용기에 넣어 반응 전과 후의 질량을 측정한다. **24** • 강철솜 : 연소 후 질량이 증가한다. • 나무 : 연소 후 질량이 감소한다. **25** 화학 반응이 일어날 때 원자의 종류와 개수가 변하지 않기 때문이다. **26** 실험 1에서 반응하는 질량비는 수소 : 산소=1 : 8이므로 실험 2에서 수소 3 g과 산소 24 g이 반응하며, 산소 6 g이 남는다. **27** 구리 12 g, 산소 3 g, 산화 구리(Ⅱ)를 구성하는 구리와 산소는 4 : 1의 질량비로 반응하기 때문이다. **28** 부피비는 질소 : 이산화 질소=1 : 2이므로 질소 기체 30 mL가 완전히 반응하면 이산화 질소 기체 60 mL가 생성된다. **29** 발열 반응, 연료가 연소하면서 에너지를 방출하기 때문이다.

**01** ① 나무가 타면 열과 빛이 발생하므로 화학 변화이다.
② 철이 녹스는 것은 화학 변화이다.
④ 깎아 놓은 사과의 색이 변하는 것은 화학 변화이다.
⑤ 밀가루 반죽을 오븐에 넣고 가열하면 기체가 발생하여 부풀어 오르고, 반죽이 익으면 색깔, 냄새, 맛 등이 변하며 빵이 된다. 이 현상은 화학 변화이다.
**바로알기** ③ 액체에서 기체로 상태가 변하는 기화이므로 물리 변화이다.

**02** (나), (다) 양초에 불을 붙이면 촛농이 액체 상태로 융해하여 녹고, 녹은 촛농은 흘러내리다가 응고하여 굳는다. 이는 상태 변화이므로 물리 변화이다.
**바로알기** (가) 양초는 열과 빛을 내며 타는데, 이는 화학 변화가 일어났음을 알 수 있는 현상이다.

**03** (가)는 원자의 배열이 달라져 분자의 종류가 변하므로 화학 변화이고, (나)는 분자의 배열만 달라지므로 물리 변화이다.
ㄱ, ㄷ. 물리 변화, 화학 변화가 일어날 때 원자의 종류와 개수는 변하지 않는다.
**바로알기** ㄴ, ㄹ. 물리 변화가 일어날 때는 분자의 종류나 물질의 성질이 변하지 않지만, 화학 변화가 일어날 때는 분자의 종류가 변하므로 물질의 성질이 변한다.

**04** **바로알기** ③ $2H_2O_2 \longrightarrow 2H_2O + O_2$

**05** 메테인의 연소 반응을 화학 반응식으로 나타내면 다음과 같다.
$CH_4 + 2O_2 \longrightarrow CO_2 + 2H_2O$
**바로알기** ⑤ 탄소 원자가 1개, 산소 원자가 4개여야 하므로 ⓜ에 알맞은 계수는 1이다.

**06** ④ 질소와 수소가 반응하여 암모니아가 생성되는 반응을 화학 반응식으로 나타내면 다음과 같다.
$N_2 + 3H_2 \longrightarrow 2NH_3$

**07** ①, ② 반응물은 수소와 산소, 생성물은 물이며, 반응 전후에 원자의 개수는 변하지 않는다.
④, ⑤ 물 생성 반응에서 화학 반응식의 계수비는 분자 수의 비와 같으므로 분자 수의 비는 수소 : 산소 : 물=2 : 1 : 2이다. 따라서 수소 분자 20개와 산소 분자 10개가 완전히 반응하면 물 분자 20개가 생성된다.
**바로알기** ③ 수소 분자와 산소 분자가 반응하여 물 분자가 생성되므로 분자의 종류가 변한다.

**08** ①, ②, ⑤ 염화 나트륨과 질산 은이 반응하면 흰색의 염화 은 앙금과 질산 나트륨이 생성된다. 이는 원자의 배열이 달라져 새로운 물질이 생성된 것이다.
④ 반응 전후에 원자의 종류와 개수가 변하지 않으므로 반응물의 총질량과 생성물의 총질량은 같다.
**바로알기** ③ 염화 나트륨 수용액과 질산 은 수용액의 반응에서 반응 전후에 원자의 종류와 개수는 변하지 않는다.

**09** ㄱ, ㄷ. 탄산 칼슘과 묽은 염산이 반응하면 이산화 탄소 기체가 발생한다. (나)와 같이 닫힌 용기에서는 기체가 빠져나가지 못하므로 질량이 변하지 않고, (다)와 같이 열린 용기에서는 기체가 빠져나가므로 질량이 감소한다. 따라서 질량은 (가)=(나)>(다)이다.
**바로알기** ㄴ. (나)에서 반응 후 이산화 탄소 기체가 발생한다.
ㄹ. 공기 중으로 날아간 기체의 질량을 고려하면 반응 전후에 질량은 변하지 않는다. 따라서 기체가 발생하는 반응에서도 질량 보존 법칙이 성립한다.

**10** ①, ④, ⑤ 강철솜을 가열하면 철이 공기 중의 산소와 결합하여 산화 철(Ⅱ)이 생성되므로 질량이 증가한다. 하지만 강철솜과 반응한 산소의 질량을 고려하면 반응 전후에 물질의 총질량은 같다.
③ 연소 후 생성된 산화 철(Ⅱ)은 강철솜과 성질이 다르다.
**바로알기** ② 나무를 연소시키면 발생한 기체가 공기 중으로 날아가므로 질량이 감소한다.

**11** ㄹ, ㅁ, ㅂ. 산화 구리(Ⅱ), 이산화 탄소, 아이오딘화 납은 화합물이므로 일정 성분비 법칙이 성립한다.
**바로알기** ㄱ, ㄴ, ㄷ. 우유, 설탕물, 탄산음료는 혼합물이므로 일정 성분비 법칙이 성립하지 않는다.

**12** ④ 실험 1에서 기체 A 5 g이 남았으므로 기체 A 1 g과 기체 B 8 g이 반응하였고, 질량비는 A : B=1 : 8이다. 따라서 A : B=1 : 8=3 g : 24 g이므로 기체 A 3 g과 기체 B 24 g이 반응하여 기체 C 27 g(=3 g+24 g)이 생성되고, 기체 A 2 g은 반응하지 않고 남는다.

**13** ③ 이산화 탄소 분자는 탄소 원자 1개와 산소 원자 2개로 이루어져 있으므로 이산화 탄소를 구성하는 탄소와 산소의 질량비는 12 : 2×16=3 : 8이다.

**14** ③ 화합물 $BN_2$는 볼트(B) 1개와 너트(N) 2개로 이루어지므로 볼트 4개와 너트 8개로 $BN_2$를 4개 만들고, 볼트 1개가 남는다. 볼트 5개의 질량이 15 g이므로 볼트 1개의 질량은 3 g이고, 너트 8개의 질량이 16 g이므로 너트 1개의 질량은 2 g이다. 따라서 $BN_2$ 1개의 질량은 7 g(=3 g+2×2 g)이고, $BN_2$ 4개의 질량은 28 g이다.

**15** ④ 구리 4 g과 산소 1 g이 반응하므로 질량비는 구리 : 산소=4 : 1이다. 따라서 구리 : 산소=4 : 1=20 g : 5 g이므로 구리 20 g과 산소 5 g이 반응하여 산화 구리(Ⅱ) 25 g(=20 g+5 g)이 생성되고, 산소 3 g은 반응하지 않고 남는다.

**16** ⑤ 마그네슘 3.0 g이 반응하여 산화 마그네슘 5.0 g이 생성되므로 반응한 산소의 질량은 2.0 g(=5.0 g−3.0 g)이다. 따라서 질량비는 마그네슘 : 산소 : 산화 마그네슘=3 : 2 : 5=15 g : 10 g : 25 g이므로 산화 마그네슘 25 g을 얻기 위해 필요한 최소 질량은 마그네슘 15 g과 산소 10 g이다.

**17** ③ 부피비는 수소 : 산소 : 수증기=2 : 1 : 2=50 mL : 25 mL : 50 mL이므로 수소 기체 50 mL와 산소 기체 25 mL가 반응하여 수증기 50 mL가 생성되고, 산소 기체 5 mL가 남는다.

**18** ② 실험 1에서 두 기체가 모두 반응하였으므로 부피비는 질소 : 수소=20 mL : 60 mL=1 : 3이다. 실험 2에서 질소 : 수소=1 : 3=30 mL : 90 mL이므로 질소 기체 15 mL는 반응하지 않고 남는다.

**19** ① 반응 전후에 수소 원자 2개, 염소 원자 2개로 원자의 종류와 개수가 같으므로 반응 전후에 물질의 총질량은 같다. 즉, 질량 보존 법칙이 성립한다.
② 염화 수소를 이루는 수소 원자와 염소 원자의 개수비가 일정하므로 질량비도 일정하다. 즉, 일정 성분비 법칙이 성립한다.
③ 기체가 반응하여 새로운 기체가 생성되었으며, 부피비는 수소 : 염소 : 염화 수소=1 : 1 : 2로 일정하다. 즉, 기체 반응 법칙이 성립한다.
④ 각 기체 1부피에 분자가 1개씩 들어 있다.
**바로알기** ⑤ 부피비는 수소 : 염소 : 염화 수소=1 : 1 : 2이므로 수소 기체 10 mL와 염소 기체 10 mL가 완전히 반응하면 염화 수소 기체 20 mL가 생성된다.

**20** ㄱ, ㄴ, ㄹ. 철 가루와 산소의 반응, 산과 염기의 반응, 연료의 연소 반응은 발열 반응이다.

바로알기 ㄷ, ㅁ. 식물의 광합성, 탄산수소 나트륨의 열분해는 흡열 반응이다.

**21** ①, ②, ③ 질산 암모늄과 물이 반응할 때 주변에서 에너지를 흡수하는 흡열 반응이 일어나므로 주변의 온도가 낮아진다. ⑤ 물의 전기 분해는 물이 전기 에너지를 흡수하여 분해되는 흡열 반응이다. 따라서 질산 암모늄과 물의 반응, 물의 전기 분해는 에너지 출입의 방향이 같다.

바로알기 ④ 질산 암모늄과 물의 반응은 흡열 반응이고, 발열 도시락은 발열 반응을 활용한 예이다.

**22**

| | 채점 기준 | 배점 |
|---|---|---|
| (1) | 화학 변화를 쓰고, 그 까닭을 원자의 배열과 관련지어 옳게 서술한 경우 | 50 % |
| | 화학 변화만 쓴 경우 | 25 % |
| (2) | 화학 반응식을 옳게 나타낸 경우 | 50 % |

**23** 탄산 칼슘+염화 수소 ⟶ 염화 칼슘+이산화 탄소+물의 반응이 일어난다. 열린 용기에서 기체 발생 반응이 일어나면 질량이 감소하지만, 발생한 기체의 질량을 고려하면 반응 전후에 질량은 변하지 않는다.

| | 채점 기준 | 배점 |
|---|---|---|
| (1) | 질량 변화를 옳게 쓴 경우 | 50 % |
| (2) | 밀폐된 용기에서 반응시킨다고 서술한 경우 | 50 % |

**24** • 강철솜을 연소시키면 공기 중의 산소와 반응하여 산화 철(Ⅱ)이 생성되므로 결합한 산소의 질량만큼 연소 후에 질량이 증가한다.

• 나무를 연소시키면 이산화 탄소 기체와 수증기가 발생하여 공기 중으로 날아가므로 연소 후에 질량이 감소한다.

| 채점 기준 | 배점 |
|---|---|
| 강철솜과 나무의 질량 변화를 모두 옳게 서술한 경우 | 100 % |
| 강철솜과 나무의 질량 변화 중 한 가지만 옳게 서술한 경우 | 50 % |

**25**

| 채점 기준 | 배점 |
|---|---|
| 질량 보존 법칙이 성립하는 까닭을 옳게 서술한 경우 | 100 % |
| 그 외의 경우 | 0 % |

**26** 실험 1에서 수소 2 g이 남았으므로 수소 2 g(=4 g−2 g)과 산소 16 g이 반응하였다. 따라서 질량비는 수소 : 산소=1 : 8이다.

| 채점 기준 | 배점 |
|---|---|
| 남은 기체의 종류와 질량을 풀이 과정과 함께 옳게 서술한 경우 | 100 % |
| 남은 기체의 종류와 질량만 옳게 구한 경우 | 50 % |

**27** 구리와 산소가 반응하여 산화 구리(Ⅱ)가 생성될 때 질량비는 구리 : 산소 : 산화 구리(Ⅱ)=4 : 1 : 5이다.

| 채점 기준 | 배점 |
|---|---|
| 구리와 산소의 최소 질량을 옳게 구하고, 그 까닭을 옳게 서술한 경우 | 100 % |
| 구리와 산소의 최소 질량만 옳게 구한 경우 | 50 % |

**28**

| 채점 기준 | 배점 |
|---|---|
| 이산화 질소 기체의 부피를 풀이 과정과 함께 옳게 서술한 경우 | 100 % |
| 이산화 질소 기체의 부피만 옳게 구한 경우 | 50 % |

**29**

| 채점 기준 | 배점 |
|---|---|
| 발열 반응을 쓰고, 그 까닭을 옳게 서술한 경우 | 100 % |
| 발열 반응만 쓴 경우 | 50 % |

화학 반응의 규칙과 에너지 변화에 대해 완벽하게 이해했나요? 알쏭달쏭한 내용은 한 번 더 확인해 보아요!

# Ⅱ 기권과 날씨

## 01 기권과 지구 기온

확인 문제로 **개념쏙쏙** 진도 교재 49, 51쪽

Ⓐ 기권, 기온, 대류권, 성층권, 중간권, 열권, 오존층
Ⓑ 복사 평형, 태양, 지구, 온실 효과, 지구 온난화, 화석 연료

**1** (1) 1000 (2) 많이 (3) 여러 가지 (4) 질소 **2** (1) (가) 대류권, (나) 성층권, (다) 중간권, (라) 열권 (2) (가), (다) (3) (나), (라) (4) (가) (5) (나) **3** (1)-㉢ (2)-㉡ (3)-㉢ (4)-㉠ **4** (1)-㉡ (2)-㉣ (3)-㉠ (4)-㉢ **5** (1) ㉠ 높이, ㉡ 4 (2) 대류권 (3) 중간권 **6** (1) 같다 (2) 일정하다 **7** (1) 70 (2) 30 (3) 70 **8** ㉠ 대기, ㉡ 온실 효과, ㉢ 높은 **9** ①, ② **10** (1) × (2) ○ (3) × (4) ×

**1** (1) 기권은 지표로부터 높이 약 1000 km까지의 구간이다.
(2) 지표 부근일수록 중력의 영향을 크게 받으므로 기체가 많이 모여 있다.
(3) 지구의 대기는 질소, 산소, 아르곤, 이산화 탄소 등 여러 가지 기체로 이루어져 있다.

**2** (1) 기권은 지표에서부터 대류권, 성층권, 중간권, 열권의 4개 층으로 구분한다.
(2) 높이 올라갈수록 기온이 낮아지는 (가) 대류권과 (다) 중간권은 아래쪽에 가벼운 따뜻한 공기가 있고 위쪽에 무거운 찬 공기가 있기 때문에 대류가 잘 일어난다.
(3) 높이 올라갈수록 기온이 높아지는 (나) 성층권과 (라) 열권은 위쪽에 가벼운 따뜻한 공기가 있고 아래쪽에 무거운 찬 공기가 있기 때문에 대기가 안정하다.
(4) 기상 현상이 나타나는 층은 대류가 일어나고 수증기가 존재하는 (가) 대류권이다.

**3** 지표에서부터 중간권까지는 지표에 가까워 지표에서 방출하는 에너지의 영향을 많이 받으며, 지표에서 멀어질수록 지표에서 방출하는 에너지가 적게 도달하므로 기온이 낮아진다. 그러나 그중 성층권은 오존층이 태양으로부터 오는 자외선을 흡수하므로 높이 올라갈수록 기온이 높아진다. 열권은 지표에서 멀어 태양 에너지의 영향을 더 많이 받으므로 높이 올라갈수록 태양 에너지에 의해 직접 가열되어 기온이 높아진다.

**4** (1) 대류권에서는 대류가 일어나고 수증기가 존재하여 기상 현상이 나타난다.
(2) 성층권에는 오존층이 존재하고, 대기가 안정하여 장거리 비행기의 항로로 이용된다.

**5** (1) 기권은 높이에 따른 기온 변화에 따라 지표에서부터 대류권, 성층권, 중간권, 열권의 4개 층으로 구분한다.
(2) 지표에 가까울수록 중력의 영향을 크게 받기 때문에 공기의 대부분은 대류권에 모여 있다.

**6** 물체가 흡수하는 복사 에너지양과 방출하는 복사 에너지양이 같은 상태를 복사 평형이라고 하며, 복사 평형 상태에서 물체의 온도는 일정하게 유지된다.

**7**

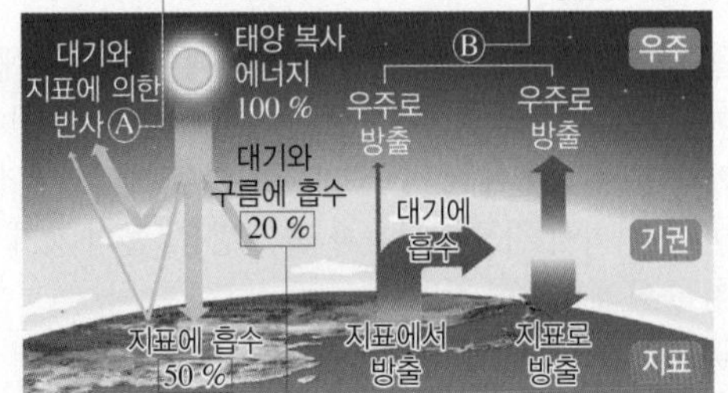


(1) 지구에 들어오는 태양 복사 에너지양 100 % 중 50 %는 지표에 흡수되고, 20 %는 대기와 구름에 흡수된다.
(2) 지구에 들어오는 태양 복사 에너지양 100 % 중 30 %는 대기와 지표에 의해 반사된다.
(3) 지구는 복사 평형을 이루므로 지구(대기와 구름 및 지표)에 흡수된 태양 복사 에너지양 70 %만큼 지구 복사 에너지가 우주로 방출된다.

**8** 지구와 달은 태양으로부터의 거리가 거의 같지만, 달은 대기가 없고 지구는 대기가 있다. 따라서 지구는 대기의 온실 효과가 일어나 달보다 높은 온도에서 복사 평형이 이루어지므로 평균 온도가 더 높게 나타난다.

**9** 대표적인 온실 기체에는 수증기, 메테인, 이산화 탄소 등이 있으며, 지구 복사 에너지를 흡수한 후 지표로 다시 방출하여 온실 효과를 일으킨다.
바로알기 ①, ② 산소와 질소는 지구 대기의 주요 성분으로, 온실 기체가 아니다.

**10** 바로알기 (1) 지구 온난화는 온실 효과가 강화되어 지구의 평균 기온이 높아지는 현상이다.
(3) 대기 중 이산화 탄소의 농도가 증가하면 온실 효과가 강화되어 지구의 평균 기온이 높아진다.
(4) 지구 온난화가 나타나면 기온이 높아지므로 빙하가 녹거나 해수의 부피가 팽창하여 해수면이 높아진다.

### 탐구a 진도 교재 52쪽

㉠ 지구, ㉡ 복사 평형, ㉢ 지구 복사, ㉣ 복사 평형
**01** (1) × (2) × (3) ○ (4) ○ (5) ○ **02** 복사 평형 **03** 컵이 흡수하는 에너지양과 방출하는 에너지양이 같아서 온도가 일정하게 유지된다.

**01** (3), (4) 20분 이후에 컵 속 공기의 온도가 48.8 ℃로 일정하므로 적외선등을 켜고 20분이 지난 후에 컵 속의 공기는 복사 평형에 도달하였다. 따라서 20분 이후에 컵의 에너지 흡수량과 방출량은 같다.
바로알기 (1) 컵 속 공기의 온도는 처음에는 높아지다가 시간이 지나면 복사 평형에 도달하여 일정해진다.

(2) 20분 이전에는 컵의 에너지 흡수량이 방출량보다 많아서 컵 속 공기의 온도가 상승한다.

**02** 복사 평형이 이루어지면 온도가 일정하게 유지되므로 (나)는 복사 평형 상태이다.

**03** (가) 구간에서는 컵이 흡수하는 에너지양이 방출하는 에너지양보다 많아서 온도가 상승하다가 (나) 구간에서 컵이 흡수하는 에너지양과 방출하는 에너지양이 같아지면서 온도가 일정하게 유지된다.

| 채점 기준 | 배점 |
|---|---|
| 에너지 흡수량과 방출량이 같다고 서술한 경우 | 100 % |
| 에너지 흡수량과 방출량으로 서술하지 않은 경우 | 0 % |

## 여기서 잠깐

진도 교재 53쪽

유제① (1) 70 (2) 30 (3) 70
유제② (1) ㉠ A, ㉡ C (2) ㉠ A, ㉡ C (3) ㉠ A, ㉡ B
유제③ (1) ㉠ 50, ㉡ 70 (2) ㉠ 50, ㉡ 30 (3) ㉠ 20, ㉡ 70
유제④ D 유제⑤ ③

유제① 지구에 들어오는 태양 복사 에너지양(A)을 100이라고 할 때, 30은 우주로 반사(B)되고, 70은 대기와 지표에 흡수된다. 흡수된 양만큼 지구 복사 에너지를 방출하므로 지구에서 방출하는 지구 복사 에너지양(C)은 70이다.

유제② (1) • 지구에 들어오는 태양 복사 에너지양(A)=우주로 반사되는 태양 복사 에너지양(B)+대기와 지표에 흡수되는 태양 복사 에너지양
• 대기와 지표에 흡수되는 태양 복사 에너지양=지구가 방출하는 지구 복사 에너지양(C)(복사 평형)
∴ 지구에 들어오는 태양 복사 에너지양(A)=우주로 반사되는 태양 복사 에너지양(B)+지구가 방출하는 지구 복사 에너지양(C) ➡ A=B+C
(2) A=B+C ➡ B=A−C
(3) A=B+C ➡ C=A−B

유제④ 지표에서 방출된 지구 복사 에너지 중 일부를 대기 중의 온실 기체가 흡수했다가 지표로 다시 방출(D)하여 지구의 평균 기온이 높게 유지되는 현상을 온실 효과라고 한다.

유제⑤

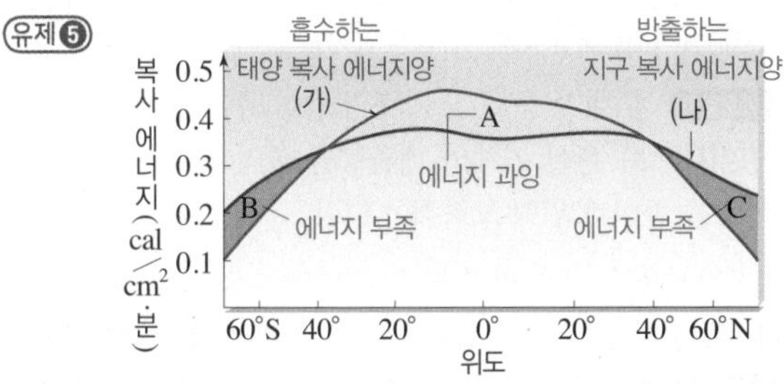


A : 흡수하는 태양 복사 에너지양>방출하는 지구 복사 에너지양
B, C : 흡수하는 태양 복사 에너지양<방출하는 지구 복사 에너지양

바로알기 ③ 대기와 해수의 순환으로 저위도의 남는 에너지(A)가 고위도로 이동한다.

## 기출 문제로 내신쑥쑥

진도 교재 54~57쪽

01 ④ 02 ② 03 ③ 04 ③ 05 ④ 06 ④ 07 ③ 08 ⑤ 09 ③ 10 ① 11 ③ 12 ② 13 ④ 14 ③ 15 ⑤ 16 ② 17 ③ 18 ③

서술형 문제 **19** (1) 높이에 따른 기온 변화 (2) B층에 오존층이 존재하여 오존이 태양에서 오는 자외선을 흡수하기 때문이다. (3) C층에는 대기 중에 수증기가 거의 없기 때문이다. **20** (1) 컵이 흡수하는 복사 에너지양이 방출하는 복사 에너지양보다 많기 때문이다. (2) 컵이 흡수하는 복사 에너지양과 방출하는 복사 에너지양이 같기 때문이다. **21** 지구는 **대기**가 있어서 **온실 효과**가 일어나 달보다 높은 온도에서 **복사 평형**을 이루기 때문이다. **22** 흡수한 태양 복사 에너지양만큼 지구 복사 에너지를 방출하여 복사 평형을 이루고 있기 때문이다.

**01** ④ 대기 중의 수증기는 그 양이 적지만, 기상 현상을 일으키는 중요한 역할을 한다.
바로알기 ① 기권은 높이에 따라 태양 복사 에너지와 지구 복사 에너지의 영향으로 기온 분포가 변한다.
② 지표에 가까울수록 공기가 많이 모여 있으며, 대부분의 공기는 대류권에 모여 있다.
③ 대기는 여러 가지 기체로 이루어져 있으며, 그중 질소와 산소가 대부분을 차지한다.
⑤ 기권은 지표로부터 높이 약 1000 km까지의 구간이다.

**02** 기권은 높이에 따른 기온 변화를 기준으로 지표에서부터 대류권(A), 성층권(B), 중간권(C), 열권(D)으로 구분한다. 높이 올라갈수록 기온이 낮아지는 층(A, C)이 위에 무거운 찬 공기가 분포하고 아래에 가벼운 따뜻한 공기가 분포하여 대류가 잘 일어난다.

**03** ③ C층(중간권)은 대류는 일어나지만 수증기가 거의 없어서 기상 현상이 나타나지 않는다.
바로알기 ① A층(대류권)에는 수증기가 많다.
② B층(성층권)은 오존층이 자외선을 흡수하여 높이 올라갈수록 기온이 높아진다.
④ 대기가 안정하여 장거리 비행기의 항로로 이용되는 층은 B층(성층권)이다.
⑤ D층(열권)은 태양 에너지에 의해 직접 가열되어 높이 올라갈수록 기온이 높아진다.

**04** ③ 대부분의 공기는 지표 부근에 모여 있고, 열권은 공기가 매우 희박하다.
바로알기 ① 오로라가 잘 나타나는 층은 열권이다.
② 중간권은 높이 올라갈수록 기온이 낮아지므로, 위쪽에 무거운 찬 공기가 분포하고 아래쪽에 가벼운 따뜻한 공기가 분포하여 대류가 잘 일어난다.
④ 높이 올라갈수록 기온이 낮아지는 층은 대류권과 중간권이다.
⑤ 기권은 높이에 따른 기온 변화를 기준으로 4개의 층으로 구분된다.

**05** 높이 올라갈수록 기온이 높아져서 안정한 층은 성층권과 열권이고, 그중 오존층을 포함하고 있는 층은 성층권이다.

**06** (가)는 성층권, (나)는 열권, (다)는 대류권, (라)는 중간권에 대한 설명이다. 기권은 지표에서부터 (다) 대류권 → (가) 성층권 → (라) 중간권 → (나) 열권 순으로 분포한다.

**07** 지구에서 성층권에 높은 농도로 오존이 존재하지 않는다면, 지표로부터 높이 올라갈수록 지구 복사 에너지가 도달하는 양이 감소하여 기온이 낮아지다가 태양 복사 에너지의 영향을 더 많이 받는 높이부터 기온이 높아져 기권은 2개의 층으로 구분될 것이다.

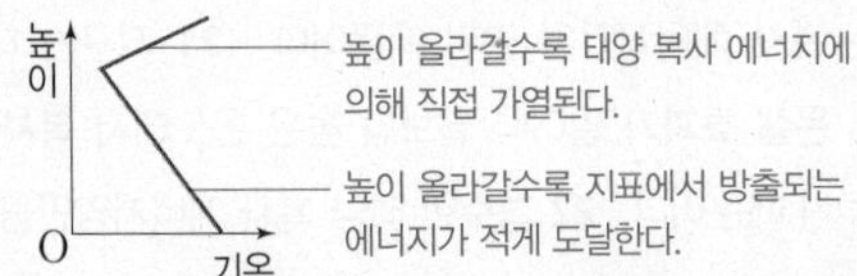


**08** ⑤ 지구는 흡수하는 태양 복사 에너지양과 방출하는 지구 복사 에너지양이 같아서 복사 평형을 이루고 있다.

바로알기 ① 복사 에너지는 물질의 도움 없이 직접 전달되는 에너지이다.
② 모든 물체는 물체의 온도에 해당하는 복사 에너지를 방출한다.
③ 태양이 방출하는 복사 에너지를 태양 복사 에너지라고 한다.
④ 물체의 온도가 높을수록 방출하는 복사 에너지양이 많다.

**09** ④ 어느 정도 시간이 지나면 컵이 방출하는 에너지양과 흡수하는 에너지양이 같아져서 복사 평형 상태에 도달한다.
⑤ 적외선등과 컵 사이의 거리가 가까워지면 더 높은 온도에서 복사 평형이 이루어진다.

바로알기 ③ 컵 속 공기의 온도는 처음에는 상승하지만, 어느 정도 시간이 지나면 복사 평형에 도달하여 일정하게 유지된다.

**10**

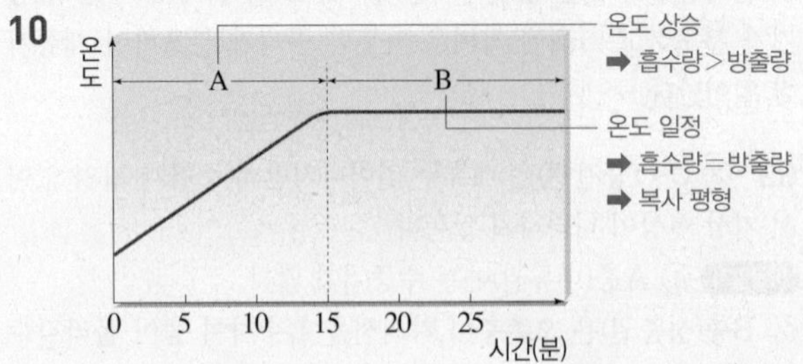


ㄱ. A 구간에서는 물체가 흡수하는 에너지양이 방출하는 에너지양보다 많아 온도가 상승한다.

바로알기 ㄴ. B 구간에서도 물체는 에너지를 흡수하고 방출한다. 흡수하는 에너지양과 방출하는 에너지양이 같아서 온도가 일정하게 유지된다.
ㄷ. 복사 평형이 이루어지면 온도가 일정하게 유지되므로 복사 평형 상태인 구간은 온도가 일정한 B 구간이다.

**11** 그림에서 지구에 들어오는 태양 복사 에너지양(100 %)은 A+B+C이고, 이중 지구는 흡수한 태양 복사 에너지양(=지표에 흡수된 양+대기와 구름에 흡수된 양)만큼 지구 복사 에너지를 우주로 방출하므로 B+C=D이다.

바로알기 ① A=100 %−D
② C=D−B
④ A+D=A+B+C
⑤ A+B+C=A+D

**12** ① 태양 복사 에너지양 100 % 중 대기와 지표에 의해 반사되는 양(A)은 30 %이다.
③ 지구는 복사 평형을 이루므로 지구에서 우주로 방출되는 지구 복사 에너지양(D)은 지구에 흡수되는 태양 복사 에너지양(B+C)과 같다. 즉, D=B+C=70 %이다.
④ (가)는 대기가 지구 복사 에너지의 일부를 흡수했다가 지표로 다시 방출하는 과정으로, 이로 인해 온실 효과가 나타난다.
⑤ 지구는 복사 에너지 흡수량과 방출량이 같으므로, 평균 기온이 일정하게 유지된다.

바로알기 ② 태양 복사 에너지양 100 % 중 30 %는 대기와 지표에 의해 반사(A)되고, 나머지 70 %는 대기와 구름(B) 및 지표(C)에 흡수된다.

**13** ⑤ 지구 온난화로 기온이 상승하면 해수의 부피가 증가하여 해수면이 상승한다. 따라서 해발 고도가 낮은 섬들은 침수될 수 있다.

바로알기 ④ 온실 기체는 지구 복사 에너지를 잘 흡수하므로 대기 중 온실 기체의 농도가 증가하면 온실 효과가 강화되어 지구의 평균 기온이 높아진다.

**14** ㄱ. (가)와 (나)는 모두 흡수한 태양 복사 에너지양만큼 우주로 복사 에너지를 방출하여 복사 평형을 이루고 있다.
ㄴ. 지구는 대기가 있어서 지구 표면에서 방출되는 복사 에너지를 대기가 흡수하였다가 지표로 다시 방출하여 온실 효과가 일어난다.

바로알기 ㄷ. 달과 지구는 태양으로부터의 거리가 거의 같지만, 달에서는 대기가 없어 온실 효과가 일어나지 않으므로 지구보다 낮은 온도에서 복사 평형이 일어난다. 따라서 평균 온도는 (가)보다 (나)일 때 높다.

**15** 온실 효과로 인해 지구는 대기가 없을 때보다 평균 기온이 높게 유지된다. 온실 효과를 일으키는 온실 기체에는 수증기, 이산화 탄소, 메테인 등이 있다.

**16** ① 최근 대기 중 이산화 탄소의 농도가 급격히 증가한 것은 산업 발달로 화석 연료의 사용량이 증가했기 때문이다.
⑤ 대기 중 이산화 탄소의 농도가 증가하면 지구의 평균 기온이 상승한다.

바로알기 ② 온실 기체인 이산화 탄소 농도가 증가함에 따라 온실 효과는 강화되고 지구의 평균 기온은 상승할 것이다.

**17** ①, ② 지구 온난화로 지구의 평균 기온이 상승하면 빙하가 녹고 해수의 부피가 팽창하여 해수면이 상승한다.

바로알기 ③ 지구 온난화에 의해 해수면이 상승하면 해안 저지대가 침수되어 육지의 면적이 감소한다.

**18** 바로알기 ③ 대기 중 온실 기체의 양이 증가하면 지구 온난화가 일어나므로 온실 기체의 배출량을 줄이고, 대기 중 온실 기체의 양을 줄이기 위해 노력해야 한다.

**19** (1) 기권은 높이에 따른 기온 변화에 따라 4개 층으로 구분한다. A는 대류권, B는 성층권, C는 중간권, D는 열권이다.
(2) 성층권(B)에는 오존이 집중적으로 분포하는 구간이 있다.
(3) 대류가 잘 일어나고, 대기 중에 수증기가 있어야 기상 현상이 나타난다. 중간권(C)은 대류가 잘 일어나지만, 수증기가 거의 없어 기상 현상이 나타나지 않는다.

| | 채점 기준 | 배점 |
|---|---|---|
| (1) | 높이와 기온 변화를 모두 포함하여 옳게 쓴 경우 | 20 % |
| (2) | 오존 또는 오존층이 태양의 자외선을 흡수하기 때문이라고 서술한 경우 | 40 % |
| (3) | 대기 중에 수증기가 거의 없기 때문이라고 서술한 경우 | 40 % |

**20** A 구간에서는 온도가 상승하다가 B 구간에서는 복사 평형에 도달하여 온도가 일정하게 유지된다.

| | 채점 기준 | 배점 |
|---|---|---|
| (1) | 컵이 흡수하는 에너지양이 방출하는 에너지양보다 많기 때문이라고 서술한 경우 | 50 % |
| (2) | 컵이 흡수하는 에너지양과 방출하는 에너지양이 같기 때문이라고 서술한 경우 | 50 % |

**21** 달에는 대기가 없어서 온실 효과가 일어나지 않는다. 지구는 대기가 있어서 온실 효과가 일어나 대기가 없을 때보다 높은 온도에서 복사 평형이 이루어지므로 달보다 평균 온도가 높다.

| 채점 기준 | 배점 |
|---|---|
| 대기, 온실 효과, 복사 평형을 모두 포함하여 옳게 서술한 경우 | 100 % |
| 대기, 온실 효과만 포함하여 옳게 서술한 경우 | 70 % |
| 대기나 온실 효과 중 한 가지만 포함하여 옳게 서술한 경우 | 40 % |

**22** 태양은 복사 에너지를 방출하며, 그중 일부가 지구에 도달한다. 지구는 태양 복사 에너지를 흡수하고, 흡수한 양만큼 지구 복사 에너지를 방출하여 복사 평형을 이룬다.

| 채점 기준 | 배점 |
|---|---|
| 지구의 에너지 흡수량과 방출량을 이용하여 복사 평형을 서술한 경우 | 100 % |
| 지구가 복사 평형을 이루기 때문이라고만 서술한 경우 | 50 % |

수준 높은 문제로 **실력탄탄** 진도 교재 57쪽

**01** ① **02** ② **03** ②

**01** ① 지구 대기에서 가장 많은 양을 차지하는 A는 질소이다.

바로알기 ② 지구 대기에서 두 번째로 많은 양을 차지하는 B는 산소이다. 이산화 탄소는 약 0.03 %를 차지한다.

③ 태양으로부터 오는 유해한 자외선을 막아 주는 기체는 오존이다.

④ 비, 구름 등 기상 현상의 원인이 되는 기체는 수증기이다.

⑤ 온실 효과를 일으키는 온실 기체에는 수증기, 이산화 탄소, 메테인 등이 있다. A(질소)와 B(산소)는 온실 기체가 아니다.

**02** 적외선등으로부터 물체까지의 거리가 멀수록 복사 평형을 이루는 온도가 낮고, 복사 평형에 도달하는 시간이 길다.

바로알기 ①, ⑤ A와 B는 모두 온도가 상승하다가 복사 평형에 도달하면 일정해진다.

③, ④ B는 A보다 적외선등으로부터의 거리가 가까우므로 복사 평형에 도달하는 시간은 A보다 짧다.

**03**

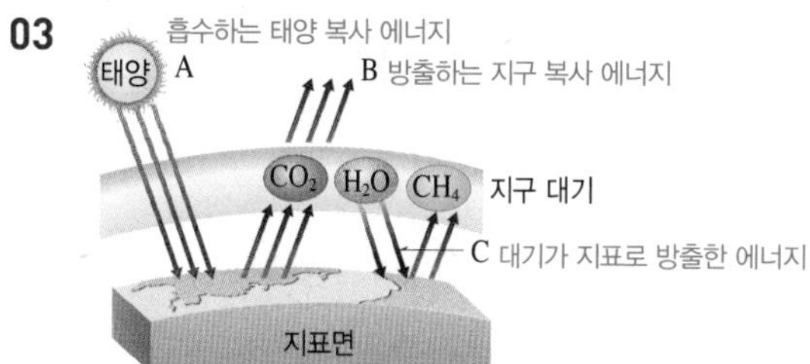


① 지구 대기 중의 온실 기체는 지구 복사 에너지를 잘 흡수하므로 지표에서 방출되는 복사 에너지를 흡수하였다가 지표로 다시 방출하여 온실 효과를 일으킨다.

③, ④ C는 지구 대기가 지표로 방출하는 에너지로, 온실 효과를 일으킨다. 온실 효과를 일으키는 온실 기체 중 하나인 이산화 탄소의 농도가 증가하면 C의 양이 증가하여 온실 효과가 강화될 것이다.

⑤ 대기가 없는 경우 온실 효과가 일어나지 않으므로 온실 효과가 일어나는 현재보다 기온이 낮아질 것이다.

바로알기 ② A는 지구가 흡수하는 태양 복사 에너지이고, B는 지구가 우주로 방출하는 지구 복사 에너지이다. 지구는 복사 평형을 이루고 있으므로 A의 양과 B의 양이 같다.

## 02 구름과 강수

확인 문제로 **개념쏙쏙** 진도 교재 59, 61, 63쪽

**A** 포화 상태, 포화 수증기량, 기온, 이슬점, 실제 수증기량, 응결량

**B** 습도, 포화, 많을, 낮을, 이슬점, 기온

**C** 구름, 단열 팽창, 상승, 적운형, 층운형

**D** 병합설, 빙정설

**1** (1) ○ (2) × (3) × (4) × (5) × (6) ○ **2** (1) 30 ℃ (2) 20.0 g/kg (3) 27.1 g/kg (4) 25 ℃ **3** (1) D (2) B (3) A (4) B, C, D (5) D **4** ㉠ 25, ㉡ 7.1 **5** ㉠ 20.0, ㉡ 10.6, ㉢ 9.4 **6** 50 % **7** (1) ㉠ 20.0, ㉡ 14.7 (2) ㉠ B, ㉡ B, ㉢ B (3) B>A>C (4) 27 % **8** ㉠ 일정, ㉡ 증가, ㉢ 낮아진다 **9** A : 상대 습도, B : 기온, C : 이슬점 **10** (1) ○ (2) × (3) ○ **11** ㉠ 팽창, ㉡ 하강, ㉢ 응결 **12** (1) × (2) ○ (3) ○ (4) ○ (5) × (6) ○ **13** (1) 가열 (2) 상승 (3) 올라갈 때 (4) ㉠ 낮은, ㉡ 모여들 때 **14** (1) 적운형 (2) 강할 때 (3) 소나기성 비 **15** (1) 병 (2) 빙 (3) 빙 (4) 병 (5) 병 (6) 빙

**1** 바로알기 (2) 기온이 높을수록 포화 수증기량이 증가한다.

(3) 포화 수증기량은 기온에 따라 달라진다. 이슬점은 포화 수증기량에 영향을 주지 않는다.

(4) 기온은 이슬점에 영향을 주지 않는다.

(5) 실제 수증기량이 많을수록 이슬점이 높다.

**[2~5]**

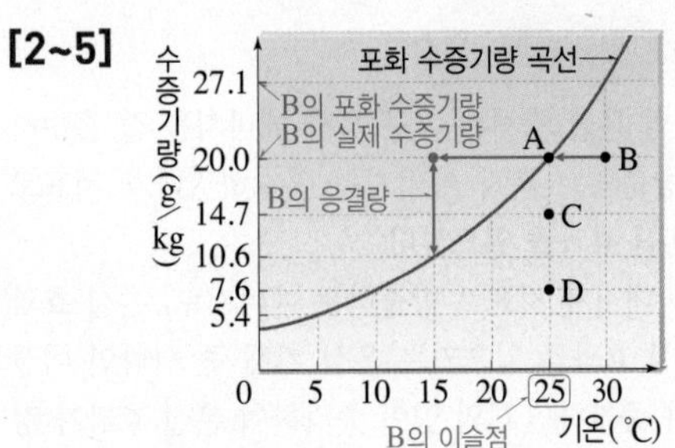


**2** (1), (2) B 공기의 기온은 가로축 값인 30 ℃, 실제 수증기량은 세로축 값인 20.0 g/kg이다.

(3) B 공기의 포화 수증기량은 30 ℃에서 포화 수증기량 곡선에 있는 값인 27.1 g/kg이다.

(4) B 공기의 이슬점은 공기를 냉각시켰을 때 포화 상태가 되어 응결이 일어나기 시작하는 온도이므로 25 ℃이다.

**3** (1) D의 실제 수증기량이 7.6 g/kg으로 가장 적다.

(2) 기온이 가장 높은 B의 포화 수증기량이 27.1 g/kg으로 가장 많다.

(3) 포화 상태의 공기는 포화 수증기량과 실제 수증기량이 같으므로 포화 수증기량 곡선에 있는 공기(A)이다.

(4) 불포화 상태의 공기는 포화 수증기량보다 실제 수증기량이 적으므로 포화 수증기량 곡선 아래에 있는 공기(B, C, D)이다.

(5) 실제 수증기량이 가장 적은 공기가 이슬점이 가장 낮다. 따라서 D의 이슬점이 10 ℃로 가장 낮다.

**4** B 공기를 포화 상태로 만들려면, B 공기의 실제 수증기량 20.0 g/kg이 포화 수증기량인 25 ℃로 기온을 낮추거나, B 공기의 실제 수증기량 20.0 g/kg에 수증기 7.1 g/kg을 공급해 현재 기온에서 포화 수증기량인 27.1 g/kg이 되도록 한다.

**5** 응결량=실제 수증기량−냉각된 온도에서의 포화 수증기량
- B 공기의 실제 수증기량 : 20.0 g/kg
- 15 ℃에서의 포화 수증기량 : 10.6 g/kg
- 응결량 : 20.0 g/kg−10.6 g/kg=9.4 g/kg

**6** 기온이 32 ℃인 공기 1 kg에 포함된 실제 수증기량은 15 g이고, 32 ℃에서 포화 수증기량은 약 30 g/kg이다.

$\therefore$ 상대 습도(%)$=\dfrac{\text{실제 수증기량}}{\text{포화 수증기량}}\times100=\dfrac{15\text{ g/kg}}{30\text{ g/kg}}\times100=50\ \%$

**7** (1) A 공기의 포화 수증기량은 20.0 g/kg이고, 실제 수증기량은 14.7 g/kg이다.

$\therefore$ 상대 습도(%)$=\dfrac{\text{실제 수증기량}}{\text{포화 수증기량}}\times100=\dfrac{14.7\text{ g/kg}}{20.0\text{ g/kg}}\times100$

(3) 상대 습도는 포화 수증기량 곡선에 가까울수록 높다. 따라서 상대 습도는 B>A>C이다.

(4) 기온이 25 ℃인 공기의 포화 수증기량은 20.0 g/kg이다. 이슬점이 5 ℃인 공기의 실제 수증기량은 5.4 g/kg이다.

$\therefore$ 상대 습도(%)$=\dfrac{5.4\text{ g/kg}}{20.0\text{ g/kg}}\times100=27\ \%$

**8** 상대 습도는 포화 수증기량에 대한 실제 수증기량이 많을수록 높아진다. 밀폐된 공간에서는 실제 수증기량이 일정하고, 난방을 하여 기온이 높아짐에 따라 포화 수증기량이 증가하므로 상대 습도는 낮아진다.

**9**

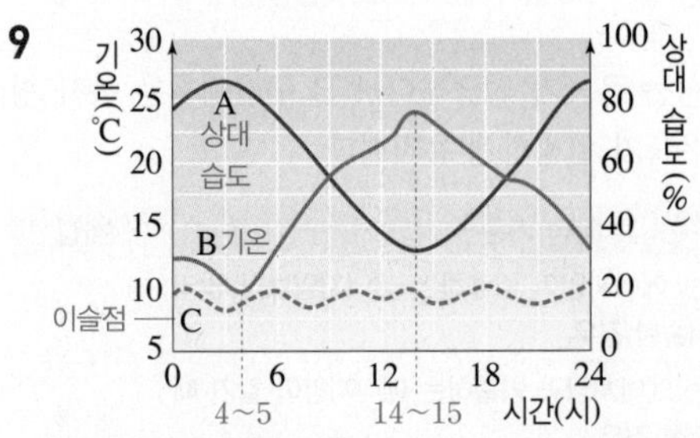


B는 14~15시경에 가장 높고 4~5시경에 가장 낮으므로 기온이고, 기온과 대체로 반대로 나타나는 A는 상대 습도이다. 하루 동안 변화가 거의 없는 C는 이슬점이다.

**10** 바로알기 (2) 맑은 날에는 공기 중에 포함된 수증기량이 거의 일정하다. 실제 수증기량이 일정할 때 기온이 높을수록 포화 수증기량이 증가하므로 상대 습도가 낮아진다.

**11** 공기가 상승하면 주변 기압이 낮아지면서 단열 팽창하여 기온이 낮아진다. 기온이 낮아지다가 이슬점에 도달하면 상대 습도가 100 %가 되고 수증기가 응결하여 구름이 생성된다.

**12** 바로알기 (1) 공기 덩어리가 A에서 B로 상승하면 주변의 기압이 낮아진다.

(5) 공기 덩어리가 상승하여 기온이 낮아지면 포화 수증기량이 감소하면서 상대 습도가 높아진다.

**13** 구름은 공기가 상승할 때 생성된다.

(1) 지표면의 일부가 강하게 가열되면 공기 덩어리가 주변 공기보다 밀도가 작아져 상승한다.

(3) 공기가 산 사면을 타고 내려갈 때는 단열 압축에 의해 구름이 소멸된다.

(4) 주변보다 기압이 높아 공기가 불어 나가는 곳에서는 공기가 하강하여 구름이 소멸된다. 주변보다 기압이 낮아 공기가 모여드는 곳에서는 공기가 상승하여 구름이 생성된다.

**14** (1) 그림은 위로 솟는 모양이므로 적운형 구름이다.

(2) 공기의 상승이 강할 때 적운형 구름이 잘 생성되고, 공기의 상승이 약할 때 층운형 구름이 잘 생성된다.

(3) 적운형 구름에서는 주로 소나기성 비가 내리고, 층운형 구름에서는 주로 지속적인 비가 내린다.

**15** (1), (4), (5) 열대 지방에서는 구름의 온도가 0 ℃ 이상으로, 구름의 전 구간이 물방울로 이루어져 있으며, 크고 작은 물방울들이 서로 부딪치면서 합쳐져 빗방울이 된다. 이러한 강수 과정을 병합설이라고 한다.

(2), (3), (6) 중위도 지방이나 고위도 지방에서는 구름의 온도가 낮아 구름 속에 물방울과 얼음 알갱이가 함께 존재한다. 물방울에서 증발한 수증기가 얼음 알갱이에 달라붙어 점점 커지고 무거워지면 떨어져 비나 눈이 된다. 이러한 강수 과정을 빙정설이라고 한다.

## 여기서 잠깐

진도 교재 64~65쪽

유제❶ (1) A : 10.6, B : 5.4, C : 5.4
(2) A : 10.6, B : 7.6, C : 14.7

유제❷ A : 20, B : 10, C : 10

유제❸ (1) ㉠ 7.6, ㉡ 5.4, ㉢ 2.2
(2) ㉠ 10.6, ㉡ 5.4, ㉢ 5.2

유제❹ (1) ㉠ 14.7, ㉡ 10.6 (2) ㉠ 10.6, ㉡ 10.6

유제❺ (1) A (2) C, D (3) A>B>C=D=E (4) C (5) A, B
(6) A=B=E>D>C

유제❻ (1) A (2) C, D (3) A>B>C=D=E

유제❼ (1) E (2) A (3) A>B>E (4) C>D>E

유제❽ ㄴ, ㄷ, ㅂ

유제❺ (1) 세로축 값이 클수록 실제 수증기량이 많다.
(2) 세로축 값이 같으면 실제 수증기량이 같다.
(3) 실제 수증기량이 많은 순서=세로축 값이 큰 순서
(4) 기온이 낮을수록 포화 수증기량이 적다.
(5) 기온이 같으면 포화 수증기량이 같다.
(6) 포화 수증기량이 많은 순서=기온이 높은 순서

유제❻ (1) 실제 수증기량이 많을수록 이슬점이 높다.
(2) 실제 수증기량이 같으면 이슬점이 같다.
(3) 이슬점이 높은 순서=실제 수증기량이 많은 순서

유제❼ (1) 포화 수증기량 곡선에서 멀리 있는 공기일수록 상대 습도가 낮다.
(2) 포화 수증기량 곡선에 가까이 있는 공기일수록 상대 습도가 높으며, 포화 수증기량 곡선에 있는 공기(A)는 상대 습도가 100 %이다.
(3) A, B, E는 포화 수증기량이 같으므로 실제 수증기량이 많을수록 상대 습도가 높다. ➡ A>B>E
(4) C, D, E는 실제 수증기량이 같으므로 포화 수증기량이 적을수록 상대 습도가 높다. ➡ C>D>E

유제❽ C, D, E 공기는 세로축의 값, 즉 실제 수증기량이 같으므로 이슬점이 같고, 같은 온도로 냉각시킬 때 응결량도 같다.

## 탐구 a

진도 교재 66쪽

㉠ 압축, ㉡ 팽창, ㉢ 상승, ㉣ 하강, ㉤ 소멸, ㉥ 생성, ㉦ 팽창, ㉧ 응결, ㉨ 응결핵

**01** (1) ○ (2) ○ (3) × (4) × **02** 기온 하강 **03** 플라스틱 병 내부가 뿌옇게 흐려진다. 뚜껑을 열면 플라스틱 병 내부의 공기가 단열 팽창하여 기온이 낮아져서 **포화 수증기량**이 감소함에 따라 **상대 습도**가 증가하여 수증기가 응결하기 때문이다.

**01** 바로알기 (3) 간이 가압 장치를 누를 때는 단열 압축되어 기온이 상승하고, 뚜껑을 열 때는 단열 팽창되어 기온이 하강한다. 따라서 구름 발생 원리와 같은 경우는 뚜껑을 열 때이다.
(4) 향 연기는 응결이 더 잘 일어나도록 돕는다.

**02** 뚜껑을 열면 플라스틱 병 내부의 기압이 낮아져 단열 팽창하면서 기온이 하강한다.

**03** 플라스틱 병의 뚜껑을 열면 내부 공기의 부피가 팽창하고 기온이 하강하여 수증기의 응결이 일어나 플라스틱 병 내부가 뿌옇게 흐려진다.

| 채점 기준 | 배점 |
|---|---|
| 나타나는 변화를 옳게 서술하고, 그 까닭을 주어진 단어를 모두 포함하여 옳게 서술한 경우 | 100 % |
| 나타나는 변화를 옳게 서술하고, 그 까닭을 주어진 단어 중 한 가지만 포함하여 서술한 경우 | 70 % |
| 나타나는 변화만 옳게 서술한 경우 | 40 % |

## 기출 문제로 내신쑥쑥

진도 교재 67~71쪽

**01** ③ **02** ⑤ **03** ③ **04** ② **05** ② **06** ⑤ **07** ⑤ **08** ③ **09** ① **10** ③ **11** ⑤ **12** 10.6 g **13** ② **14** ④ **15** ① **16** ㄷ **17** ⑤ **18** ④ **19** ③ **20** ③ **21** ⑤ **22** ③ **23** ③ **24** ③ **25** ④ **26** ④ **27** ③ **28** ③

서술형문제 **29** (1) 기온을 15 ℃로 낮춘다. 수증기 9.4 g/kg을 공급한다. (2) $\frac{10.6\,g/kg}{20.0\,g/kg} \times 100$ (3) C, 공기 중에 포함된 실제 수증기량이 같기 때문이다. **30** (1) ㉠ 상대 습도, ㉡ 기온 (2) 상대 습도는 낮아진다. 맑은 날 공기 중의 수증기량은 거의 일정하고, 기온이 높아지면 포화 수증기량이 증가하기 때문이다. **31** (1) (가) 열대 지방이나 저위도 지방, (나) 중위도나 고위도 지방 (2) (가) 구름 속의 크고 작은 물방울들이 서로 부딪치면서 합쳐져 점점 커지고, 무거워지면 지표면으로 떨어져 비가 된다. (나) 물방울에서 증발한 수증기가 얼음 알갱이에 달라붙어 얼음 알갱이가 커지고, 무거워져 떨어지면 눈, 떨어지다 녹으면 비가 된다.

**01** ④ 이슬점은 현재 공기 중에 포함된 실제 수증기량에 따라 달라진다. 실제 수증기량이 많을수록 온도가 조금만 내려가도 포화되어 응결이 일어나므로 이슬점이 높아진다.
⑤ 이슬점은 공기가 실제 수증기량으로 포화 상태가 되어 응결이 일어나기 시작하는 온도이므로 이슬점에서의 포화 수증기량은 실제 수증기량과 같다.
바로알기 ③ 포화 상태에서는 포화 수증기량과 실제 수증기량이 같다.

**02** ㄱ. (가)에서는 증발이 계속 일어나 비커의 물이 계속 줄어든다.
ㄴ, ㄷ. (나)에서는 어느 정도 증발이 일어난 후 수조 속 공기가 포화 상태가 되어 더 이상 비커의 물이 줄어들지 않는다. 따라서 3일 후에는 (가)보다 더 많은 양의 물이 남아 있다.

**03** 가열한 플라스크를 찬물에 넣으면 플라스크 내부의 기온이 낮아져 포화 수증기량이 감소하면서 응결이 일어나 플라스크 내부가 뿌옇게 흐려진다.

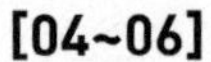


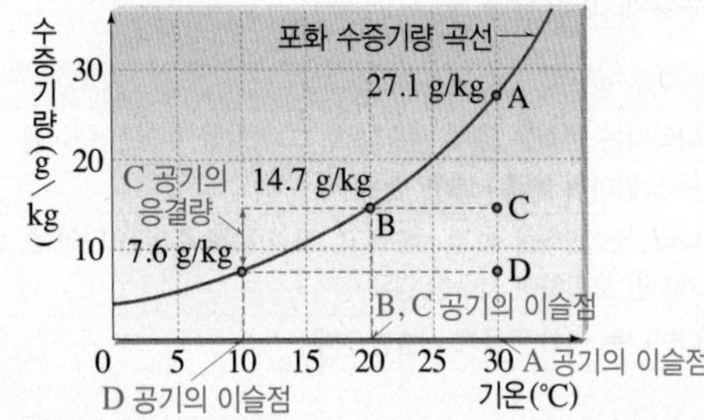


**04** ② 포화 수증기량 곡선에 있는 B 공기는 포화 상태이므로, 실제 수증기량과 포화 수증기량이 같다.
**바로알기** ① A 공기는 포화 수증기량 곡선에 있으므로 포화 상태이다. 불포화 상태의 공기는 포화 수증기량 곡선 아래에 있는 C와 D이다.
③ C 공기의 실제 수증기량은 14.7 g/kg으로, B와 같다.
④ D 공기를 포화시키려면 19.5(=27.1−7.6) g/kg의 수증기를 더 공급해야 한다.
⑤ D 공기의 이슬점은 D 공기를 냉각시켰을 때 포화 수증기량 곡선과 만나는 점의 온도인 10 ℃이다.

**05** 이슬점은 해당 공기의 실제 수증기량으로 포화 상태가 되는 온도이다. A의 이슬점은 30 ℃, B와 C의 이슬점은 20 ℃, D의 이슬점은 10 ℃이다.

**06** C 공기의 실제 수증기량은 14.7 g/kg이고, 10 ℃에서의 포화 수증기량은 7.6 g/kg이다. 따라서 C 공기 4 kg의 기온을 10 ℃로 낮추었을 때의 응결량은 (14.7 g/kg−7.6 g/kg)× 4 kg=28.4 g이다.

**07** (가) 이슬점 : 현재 공기 중의 실제 수증기량 20.0 g/kg은 이슬점에서의 포화 수증기량과 같으므로 이슬점은 25 ℃이다.
(나) 공기 2 kg의 기온을 15 ℃로 낮추었을 때의 응결량 :
(20.0 g/kg−10.6 g/kg)×2 kg=18.8 g

**08** ① 상대 습도는 $\dfrac{\text{실제 수증기량}}{\text{포화 수증기량}}\times100$이다. 포화 상태인 공기는 포화 수증기량과 실제 수증기량이 같으므로 상대 습도가 100 %이다.
④ 기온이 일정하면 포화 수증기량이 일정하므로 실제 수증기량이 많을수록 상대 습도가 높다.
⑤ 맑은 날에는 실제 수증기량이 대체로 일정하므로, 기온과 상대 습도의 변화가 대체로 반대로 나타난다.
**바로알기** ③ 실제 수증기량이 일정할 때 기온이 높을수록 포화 수증기량이 증가하므로 상대 습도가 낮다.

**[09~11]**

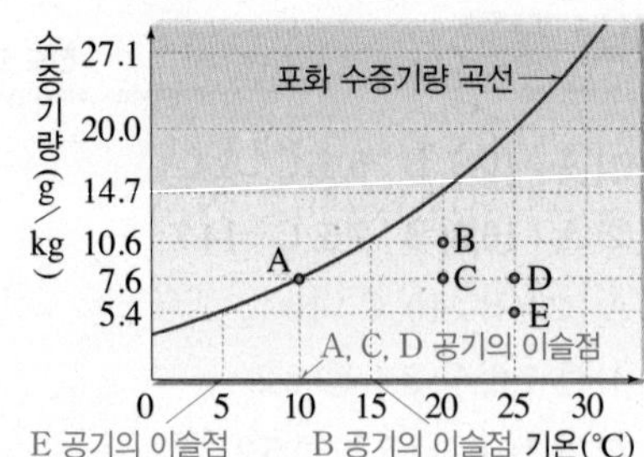


**09** 포화 수증기량 곡선에 있는 A는 상대 습도가 100 %이다. 포화 수증기량이 같은 B와 C 중 B는 C보다 상대 습도가 높다. 실제 수증기량이 같은 C와 D 중 C는 D보다 상대 습도가 높다. 포화 수증기량이 같은 D와 E 중 D는 E보다 상대 습도가 높다. ➡ 상대 습도 : A>B>C>D>E

**10** 기온이 10 ℃인 공기 500 g 속에 들어 있는 수증기의 양이 1.9 g이므로 1 kg 속에는 3.8 g이 들어 있다. 기온이 10 ℃일 때 포화 수증기량은 7.6 g/kg이므로 상대 습도를 구하면 다음과 같다.

$$\text{상대 습도(\%)}=\frac{\text{공기 중에 포함된 실제 수증기량(g/kg)}}{\text{현재 기온에서의 포화 수증기량(g/kg)}}\times100$$
$$=\frac{3.8\text{ g/kg}}{7.6\text{ g/kg}}\times100=50\ \%$$

**11** ⑤ E의 온도를 낮추면 포화 수증기량이 감소하므로 상대 습도가 높아진다.
**바로알기** ① A의 실제 수증기량은 7.6 g/kg이고, B의 실제 수증기량은 10.6 g/kg이다.
② B와 C는 기온이 20 ℃로 같으므로 포화 수증기량이 14.7 g/kg으로 같다.
③ C와 D는 실제 수증기량이 7.6 g/kg으로 같으므로 이슬점이 10 ℃로 같다.
④ D는 E와 포화 수증기량은 같지만 E보다 실제 수증기량이 더 많으므로 E보다 상대 습도가 높아 더 습한 공기이다.

**12** 공기 중에 포함된 실제 수증기량은 이슬점에서의 포화 수증기량과 같다. 이슬점 15 ℃에서의 포화 수증기량은 10.6 g/kg이므로, 이 공기 1 kg에는 10.6 g의 수증기가 들어 있다.

**13** 기온이 30 ℃인 공기 3 kg 속에 31.8 g의 수증기가 들어 있으므로 공기 1 kg 속에는 수증기 10.6 g이 들어 있다. 따라서 상대 습도를 구하면 다음과 같다.

$$\text{상대 습도(\%)}=\frac{\text{실제 수증기량}}{\text{포화 수증기량}}\times100=\frac{10.6\text{ g/kg}}{27.1\text{ g/kg}}\times100$$
$$\fallingdotseq39\ \%$$

**14** 기온이 25 ℃이고 상대 습도가 80 %인 공기의 실제 수증기량은 포화 수증기량$\times\dfrac{\text{상대 습도}}{100}$$=20.0\text{ g/kg}\times\dfrac{80}{100}=$ 16.0 g/kg이다. 10 ℃에서의 포화 수증기량은 7.6 g/kg이므로 공기 2 kg의 기온을 10 ℃로 낮추었을 때의 응결량은 (16.0 g/kg −7.6 g/kg)×2 kg=16.8 g이다.

**15** **바로알기** ㄴ. 밀폐된 방 안에서 기온만 높아진 경우이므로 실제 수증기량과 이슬점은 변하지 않는다.
ㄷ. 실제 수증기량은 일정하지만 기온이 높아져 포화 수증기량이 증가하므로 상대 습도는 낮아진다.

**16** 수증기량이 일정한 밀폐된 실내에서 이슬점은 일정하고, 냉방을 하므로 기온과 포화 수증기량은 감소한다. 따라서 포화 수증기량에 대한 실제 수증기량의 비율이 증가하므로 상대 습도는 높아진다.

**17** ① B는 14~15시경에 가장 높으므로 기온이고, 기온 변화와 반대로 나타나는 A는 상대 습도이다. 또한, 맑은 날 공기 중의 수증기량은 거의 일정하므로 C는 이슬점이다.
②, ③ 맑은 날에는 기온(B)과 상대 습도(A)가 대체로 반대로 나타나고, 이슬점(C)이 거의 일정하다. 흐리거나 비 오는 날은 비교적 기온과 상대 습도의 변화가 작고, 이슬점이 높다.
④ 하루 중 상대 습도가 가장 낮을 때는 기온이 가장 높은 14~15시경이다.
바로알기 ⑤ 맑은 날에는 하루 동안 공기 중 수증기량의 변화가 거의 없으므로 이슬점이 거의 일정하다.

**18** 공기 덩어리가 상승하면 주변 기압이 낮아지므로 부피가 팽창(단열 팽창)하면서 공기 내부의 기온이 낮아지고, 이슬점에 도달하여 공기 중의 수증기가 응결하면 구름이 생성된다.

**19** ①, ② 높이 올라갈수록 주변 기압이 낮아지므로 공기 덩어리가 상승하면 공기의 부피가 팽창(단열 팽창)한다.
⑤ 공기 덩어리가 포함하는 수증기량이 많을수록 이슬점이 높으므로 이슬점에 빨리 도달하여 낮은 높이에서 구름이 생성된다.
바로알기 ③ 상승하는 공기는 구름의 밑면인 (나) 높이에서 포화 상태가 되어 응결이 일어난다.

**20** ③ 공기가 상승하면 기온이 낮아져 포화 수증기량이 감소하므로 상대 습도가 높아진다.
바로알기 ① 구름은 (나) 공기 상승 → (가) 단열 팽창 → (다) 응결 시작 순으로 생성된다.
② 공기가 단열 팽창하면 기온이 낮아진다.
④ 응결은 수증기가 물로 변하는 현상이다.
⑤ 공기 덩어리의 기온이 낮아져 이슬점과 같아질 때 수증기가 응결하기 시작한다.

**21** 뚜껑을 열면 단열 팽창이 일어나고 플라스크 병 내부의 기온이 낮아지면서 응결이 일어나 뿌옇게 흐려진다.

**22** ①, ② (가)에서 간이 가압 장치를 여러 번 누르면 플라스틱 병 안의 공기가 단열 압축되어 기온이 상승한다.
④ (나)에서 기온이 낮아지면서 상대 습도가 높아져 응결이 일어난다.
⑤ 향 연기는 응결이 잘 일어나도록 도와 준다.
바로알기 ③ (나)에서 뚜껑을 열면 플라스틱 병 안의 공기가 단열 팽창하면서 기온이 낮아져 포화 수증기량이 감소한다.

**23** ㄴ. 따뜻한 공기와 찬 공기가 만나면, 따뜻한 공기가 찬 공기 위로 올라가면서 공기가 상승하여 구름이 생성된다.
ㄷ. 이동하는 공기가 산을 타고 오르면, 공기가 상승하면서 구름이 생성된다.
바로알기 ㄱ. 지표면의 일부가 강하게 가열될 때 가벼워진 공기가 상승하여 구름이 생성된다.
ㄹ. 기압이 낮은 곳(저기압)으로 공기가 모여들 때, 공기가 상승하면서 구름이 생성된다. 기압이 높은 곳(고기압)에서 공기가 퍼질 때는 기압이 높은 곳의 중심부에서 공기가 하강하여 구름이 소멸한다.

**24** ㄷ. (가) 적운형 구름은 공기의 상승이 강할 때, (나) 층운형 구름은 공기의 상승이 약할 때 생성된다.
바로알기 ㄱ. (가)는 위로 솟는 모양이므로 적운형 구름이고, (나)는 옆으로 퍼지는 모양이므로 층운형 구름이다.
ㄴ. (가) 적운형 구름에서 소나기성 비가 내리고, (나) 층운형 구름에서는 지속적인 비가 내린다.

**25** 바로알기 ④ 저위도 지방에서는 구름의 온도가 주로 0 ℃보다 높아 구름이 물방울만으로 이루어져 있다.

**26** 바로알기 ④ 그림은 병합설을 나타낸 것으로, 저위도 지방에서 비가 내리는 원리를 나타낸다. 중위도나 고위도 지방에서 내리는 비는 빙정설로 설명된다.

**27** ③ B층에서는 물방울에서 증발한 수증기가 얼음 알갱이에 달라붙어 얼음 알갱이가 점점 커진다.
바로알기 ①, ⑤ 구름 속 온도가 0 ℃ 이하인 구름에서 얼음 알갱이의 성장으로 비와 눈이 내린다는 이론을 빙정설이라고 한다. 빙정설은 중위도나 고위도 지방의 강수 이론이다.
② A층에는 얼음 알갱이만 있고, B층에는 얼음 알갱이와 물방울이 있다.
④ 기온이 −40~0 ℃인 구간(B)에서 얼음 알갱이가 커져서 그대로 떨어지면 눈이 되고, 떨어지다 녹으면 비가 된다.

**28** 바로알기 ㄴ. 중위도나 고위도 지방에서는 구름 속에서 얼음 알갱이에 수증기가 달라붙어 얼음 알갱이가 점점 커지고, 얼음 알갱이가 무거워지면 떨어져 비나 눈이 내린다.

**29** (1) 불포화 상태의 공기를 포화시키려면 온도를 낮추거나 수증기를 공급한다.
(2) 상대 습도는 $\frac{\text{실제 수증기량}}{\text{포화 수증기량}} \times 100$이다. A 공기의 포화 수증기량은 20.0 g/kg이고, 실제 수증기량은 10.6 g/kg이므로 상대 습도는 $\frac{10.6\text{ g/kg}}{20.0\text{ g/kg}} \times 100$이다.
(3) 실제 수증기량이 같으면 이슬점이 같으므로 B와 이슬점이 같은 공기는 C이며, 이슬점은 10 ℃이다.

| | 채점 기준 | 배점 |
|---|---|---|
| (1) | A 공기를 포화 상태로 만들기 위한 방법 두 가지를 수치를 포함하여 옳게 서술한 경우 | 40 % |
| | A 공기를 포화 상태로 만들기 위한 방법 한 가지만 수치를 포함하여 옳게 서술한 경우 | 20 % |
| | A 공기를 포화 상태로 만들기 위한 방법 두 가지를 수치를 포함하지 않고 옳게 서술한 경우 | |
| (2) | A 공기의 상대 습도를 구하는 식을 옳게 세운 경우 | 20 % |
| (3) | C를 쓰고, 그 까닭을 옳게 서술한 경우 | 40 % |
| | C만 쓴 경우 | 20 % |

**30** (1) 14~15시경에 가장 높은 ㉡이 기온이고, ㉠은 상대 습도이다.
(2) 상대 습도는 기온이 낮을수록(포화 수증기량이 적을수록), 실제 수증기량이 많을수록 높아진다.

| | 채점 기준 | 배점 |
|---|---|---|
| (1) | ㉠과 ㉡을 옳게 쓴 경우 | 40 % |
| (2) | 기온이 높아질 때 상대 습도의 변화를 옳게 쓰고, 그 까닭을 포화 수증기량을 포함하여 옳게 서술한 경우 | 60 % |
| | 기온이 높아질 때 상대 습도의 변화만 옳게 쓴 경우 | 30 % |

**31** (1) (가)는 구름이 물방울만으로 이루어져 있으므로 열대 지방이나 저위도 지방의 강수 과정이다. (나)는 구름이 물방울과 얼음 알갱이로 이루어져 있으므로 중위도나 고위도 지방의 강수 과정이다.
(2) (가)는 병합설, (나)는 빙정설을 나타낸다.

| | 채점 기준 | 배점 |
|---|---|---|
| (1) | (가)와 (나)는 어느 지방의 강수 과정인지 모두 옳게 쓴 경우 | 40 % |
| (2) | (가)와 (나)의 강수 과정을 모두 옳게 서술한 경우 | 60 % |
| | (가)와 (나) 중 한 가지의 강수 과정만 옳게 서술한 경우 | 30 % |

수준 높은 문제로 **실력탄탄** 진도 교재 71쪽

**01** ③ **02** ⑤ **03** ③

**01** ① A는 이슬점이 낮고 기온과 상대 습도의 변화가 크므로 맑은 날이다. 비 오는 날은 공기 중의 수증기량이 많아져 이슬점이 높고, 상대 습도가 높아지므로 C가 비 오는 날이고, B는 흐린 날이다.
② 3일 중 비 오는 날(C)의 상대 습도가 가장 높다.
④ 맑은 날(A)은 이슬점의 변화가 거의 없지만, 흐린 날(B)은 이슬점의 변화가 맑은 날보다 크다.
⑤ 맑은 날(A) 기온은 15시경에 가장 높고 상대 습도는 15시경에 가장 낮으므로 기온과 상대 습도는 대체로 반대로 나타난다.
바로알기 ③ 비 오는 날(C)은 공기 중의 수증기량이 많아져 이슬점이 높다.

**02** (가)~(다)는 공기가 상승하여 구름이 발생하는 경우이다. (가)는 지표면의 일부가 강하게 가열될 때, (나)는 공기가 산을 타고 오를 때, (다)는 찬 공기가 따뜻한 공기를 파고들 때 공기가 상승한다. 상승하는 공기는 단열 팽창하여 기온이 낮아지므로 포화 수증기량이 감소하여 상대 습도가 높아진다.

**03** 그림은 빙정설에서 얼음 알갱이가 성장하는 과정을 나타낸 것이다. −40~0 ℃ 구간의 구름에는 물방울과 얼음 알갱이가 존재하며, 물방울에서 증발한 수증기가 승화하여 얼음 알갱이에 달라붙어 얼음 알갱이가 성장한다.
바로알기 ③ 얼음 알갱이에 수증기가 달라붙어 크기가 점점 커진다.

## 03 기압과 바람

확인 문제로 **개념쏙쏙** 진도 교재 73, 75쪽

Ⓐ 기압, 모든, 수은, 기압, 높아, 1, 낮아
Ⓑ 높, 낮, 기압, 해륙풍, 해풍, 육풍, 계절풍, 남동, 북서

**1** (1) 모든 (2) 같은 **2** (1) 같다 (2) 76 (3) 채워져 있지 않다 (4) 변함없다 (5) 변함없다 (6) 높다 **3** ㉠ 76, ㉡ 760, ㉢ 1013, ㉣ 10 **4** (1) > (2) > (3) > (4) > **5** (1) ○ (2) × (3) × (4) ○ **6** ㉠ 낮아지고, ㉡ 높아지며, ㉢ 높은 곳, ㉣ 낮은 곳 **7** (1) A (2) B (3) ㉠ B, ㉡ A **8** 기압 **9** (1) → (2) 육풍 (3) 밤 (4) < (5) > **10** (1) (가) 남동 계절풍, (나) 북서 계절풍 (2) B, C (3) (가) 여름철, (나) 겨울철

**1** 물을 담은 유리컵을 종이로 덮고 거꾸로 뒤집어도 기압이 모든 방향에서 작용하여 물이 쏟아지지 않는다. 기압은 사람에게 작용하지만 사람의 몸속에서 외부로도 같은 크기의 압력이 작용하기 때문에 일상생활에서 기압을 거의 느끼지 못한다.

**2** (1) 수은 기둥이 누르는 압력과 공기가 수은 면을 누르는 기압이 같아서 수은 기둥이 더 이상 내려오지 않는다.
(3) (가)는 진공 상태이다.
(4), (5) 기압이 같을 때, 수은 기둥의 높이는 유리관의 굵기나 기울기에 관계없이 일정하다.
(6) 수은 기둥 76 cm에 해당하는 압력은 물기둥 약 10 m에 해당하는 압력과 같으므로 물로 같은 실험을 하면 물기둥의 높이는 수은 기둥의 높이보다 높다.

**3** 1기압=76 cmHg=760 mmHg≒1013 hPa=물기둥 약 10 m의 압력=공기 기둥 약 1000 km의 압력

**4** 높이 올라갈수록 공기의 양, 공기의 밀도, 기압, 수은 기둥의 높이가 감소한다. 따라서 지표면이 높은 산 정상보다 공기의 양이 많고, 공기의 밀도가 크며, 기압이 높고, 수은 기둥의 높이가 높게 나타난다.

**5** (1) 단위 넓이에 수직으로 작용하는 힘을 압력이라 하고, 공기가 단위 넓이에 작용하는 힘을 기압(대기압)이라고 한다.
(4) 공기는 끊임없이 움직이므로 기압은 측정 시간이나 장소에 따라 달라진다.
바로알기 (2) 기압은 모든 방향으로 동일하게 작용한다.
(3) 높이 올라갈수록 공기의 양이 줄어들어 기압이 낮아진다.

**6** 지표면이 가열되는 곳에서는 공기의 밀도가 작아져 공기가 상승하고, 기압이 낮아진다. 지표면이 냉각되는 곳에서는 공기의 밀도가 커져 공기가 하강하고, 기압이 높아진다. 공기는 기압이 높은 곳에서 낮은 곳으로 수평 방향으로 이동한다.

**7**

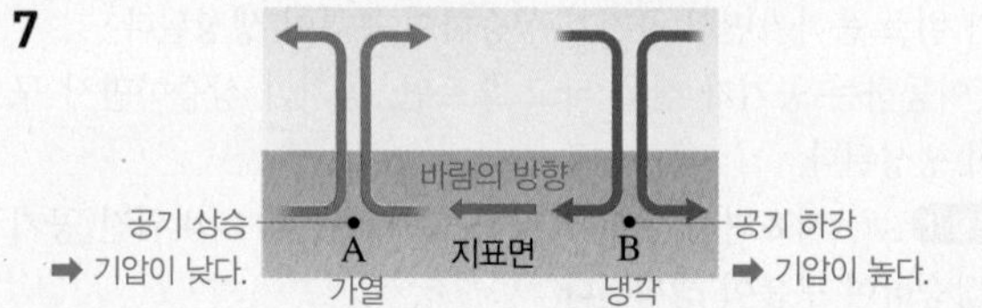

(1) 지표면이 가열된 곳(A)에서는 공기가 상승하고, 지표면이 냉각된 곳(B)에서는 공기가 하강한다.
(2) 공기가 하강하는 곳(B)의 지표면은 공기가 쌓여 기압이 높아지고, 공기가 상승하는 곳(A)은 지표면 부근의 기압이 낮아진다.
(3) 바람은 기압이 높은 곳(B)에서 낮은 곳(A)으로 분다.

**8** 낮에는 육지가 바다보다 빨리 가열되므로 상대적으로 기압이 낮아져 해풍이 분다. 여름철에는 대륙이 해양보다 빨리 가열되므로 상대적으로 기압이 낮아져 남동 계절풍이 분다.

**9** (1), (2) 그림에서 바람이 육지에서 바다로 불고 있으므로 육풍이다.
(3), (4) 육지가 냉각되어 공기가 하강하고 있으므로 밤에 부는 바람이며, 기온은 육지가 바다보다 낮다.
(5) 기온은 육지가 바다보다 낮으므로 기압은 육지가 바다보다 높다.
**[다른 풀이]** 바람은 기압이 높은 곳에서 낮은 곳으로 불므로 육지가 바다보다 기압이 높다.

**10** 

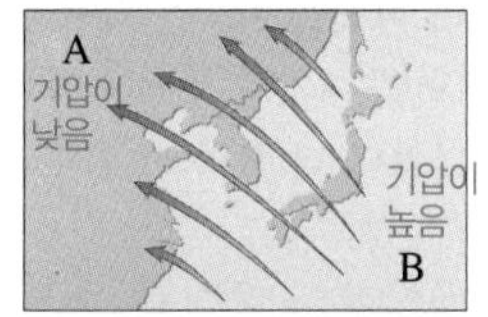

(가) 남동 계절풍

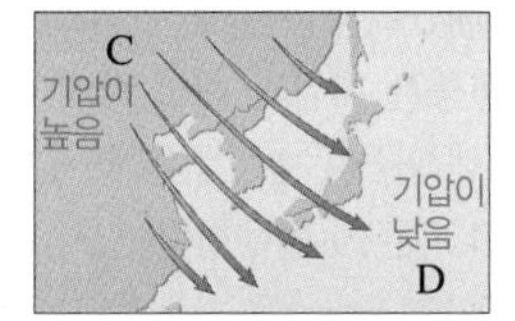

(나) 북서 계절풍

여름철에는 대륙이 해양보다 빨리 가열되므로 상대적으로 기압이 높은 해양(B)에서 기압이 낮은 대륙(A)으로 (가)와 같은 남동 계절풍이 분다. 겨울철에는 대륙이 해양보다 빨리 냉각되므로 상대적으로 기압이 높은 대륙(C)에서 기압이 낮은 해양(D)으로 (나)와 같은 북서 계절풍이 분다.

## 탐구 a

진도 교재 76쪽

㉠ 높, ㉡ 낮, ㉢ 높, ㉣ 낮, ㉤ 기압
**01** (1) × (2) ○ (3) ○ **02** 얼음물이 있는 쪽 → 따뜻한 물이 있는 쪽 **03** 지표면의 **온도**가 높은 쪽은 **공기**가 **상승**하여 **기압**이 낮아지고, 지표면의 **온도**가 낮은 쪽은 **공기**가 **하강**하여 **기압**이 높아져 기압 차이로 바람이 분다.

**01** (2) 얼음물이 있는 쪽은 공기가 하강하여 기압이 높아지고, 따뜻한 물이 있는 쪽은 공기가 상승하여 기압이 낮아진다.
(3) 이 실험으로 지표면의 온도 차이로 발생한 기압 차이로 바람이 분다는 원리를 알 수 있다.
**바로알기** (1) 얼음물이 있는 쪽의 공기는 냉각되어 밀도가 커져 하강하고, 따뜻한 물이 있는 쪽의 공기는 가열되어 밀도가 작아져 상승한다.

**02** 향 연기는 기압이 높아진 얼음물이 있는 쪽에서 기압이 낮아진 따뜻한 물이 있는 쪽으로 이동한다.

**03** 지표면의 차등 가열로 온도가 높은 곳은 공기가 상승하여 기압이 낮아지고 온도가 낮은 곳은 공기가 하강하여 기압이 높아지며, 기압이 높은 곳에서 낮은 곳으로 공기가 이동하여 바람이 분다.

| 채점 기준 | 배점 |
|---|---|
| 주어진 용어를 모두 포함하여 옳게 서술한 경우 | 100 % |
| 온도와 기압만 포함하여 옳게 서술한 경우 | 60 % |
| 기압만 포함하여 옳게 서술한 경우 | 30 % |

## 기출 문제로 내신쑥쑥

진도 교재 78~81쪽

**01** ④ **02** ③ **03** ① **04** ⑤ **05** ④ **06** ③ **07** ①
**08** ② **09** ② **10** ③ **11** ③ **12** ④ **13** ③ **14** ③
**15** ④ **16** ④ **17** ① **18** ②
**서술형 문제** **19** (1) 기압이 모든 방향으로 작용하기 때문이다. (2) 기압과 같은 크기의 압력이 사람의 몸속에서 외부로 작용하고 있기 때문이다. **20** 높은 산에서 수은 기둥의 높이 $h$는 낮아진다. 그 까닭은 높이 올라갈수록 기압이 낮아지기 때문이다. **21** (1) 육풍 (2) 밤에 육지가 바다보다 빨리 냉각되어 육지가 바다보다 온도가 낮아진다. 육지에서는 공기가 하강하여 기압이 높아지고, 바다에서는 공기가 상승하여 기압이 낮아지므로 육지에서 바다로 바람이 분다. **22** (1) 해양에서 대륙으로 남동 계절풍이 분다. (2) 여름철에는 대륙이 해양보다 빨리 가열되어 기압이 낮아지기 때문에 기압이 높은 해양에서 기압이 낮은 대륙으로 바람이 분다.

**01** ① 1기압=76 cmHg≒1013 hPa
③ 지표에서 높이 올라갈수록 공기의 양이 줄어들어 기압이 낮아진다.
**바로알기** ④ 공기는 끊임없이 움직이므로 기압은 측정하는 시간이나 장소에 따라 달라진다.

**02** 1 m 길이의 유리관에 수은을 가득 채우고 거꾸로 세웠을 때는 수은 기둥의 높이가 76 cm보다 높으므로 수은 기둥의 압력이 수은 면을 누르는 기압보다 커서 유리관 속 수은이 내려온다. 수은 기둥의 높이가 76 cm가 되었을 때 수은 기둥의 압력이 수은 면을 누르는 기압과 같아져 수은 기둥이 더 이상 내려오지 않고 멈춘다.

**03** 기압이 일정하면 굵은 유리관을 사용하거나 유리관을 기울이더라도 수은 기둥의 높이가 변하지 않는다.

**04** 1기압=76 cmHg≒1013 hPa=물기둥 약 10 m의 압력=공기 기둥 약 1000 km의 압력
**바로알기** ⑤ 공기 기둥 약 10 km의 압력은 1기압보다 작다.

**05** ② 수은 기둥의 높이 76 cm에 해당하는 기압을 1기압이라고 한다. 따라서 이 지역은 현재 1기압이다.
③ 수은 기둥이 누르는 압력과 수은 면에 작용하는 기압이 같기 때문에 수은 기둥이 76 cm에서 더 이상 내려오지 않는다.
⑤ 높은 산에 올라가면 기압이 낮아지므로 높은 산에서 실험을 하면 수은 기둥의 높이는 76 cm보다 낮아진다.
바로알기 ④ 수은의 밀도가 물보다 약 13.6배 크므로 1기압일 때 수은 대신 물을 이용하여 실험하면 물기둥의 높이는 76 cm ×13.6≒10 m가 된다.

**06** ③ A의 압력이 커지면 수은 기둥을 떠받치는 힘도 커지므로 $h_1$의 높이는 높아진다.
바로알기 ① 수은 기둥이 내려오다 멈추었으므로 A의 압력은 B의 압력과 같다.
② 1기압일 때 $h_1$의 높이는 76 cm(=0.76 m)이다.
④, ⑤ 수은 기둥의 높이는 유리관의 굵기나 기울기가 변해도 변함없다. 따라서 $h_2$의 높이는 $h_1$의 높이와 같다.

**07** ① 높이 올라갈수록 공기의 양이 감소하여 공기 밀도가 작아진다.
바로알기 ② 높이 올라갈수록 공기의 양이 줄어들며, 기권에서 공기의 대부분은 대류권에 모여 있다.
③ 높이 올라갈수록 공기의 양이 줄어들어 기압이 급격히 낮아진다.
④, ⑤ 높이 올라갈수록 기압이 낮아지므로 저지대보다 고지대에서 공기 기둥의 높이가 낮고, 수은 면에 작용하는 기압이 낮아져 수은 기둥의 높이도 낮다.

**08** ① 높은 곳은 기압이 낮아 몸속의 압력과 차이가 생기기 때문에 귀가 먹먹해진다.
③ 높이 올라갈수록 기압이 낮아지므로 풍선 내부의 압력이 주변 기압보다 커서 풍선이 점점 커진다.
④ 하늘을 나는 비행기의 고도가 높아지면 기압이 낮아지므로 과자 봉지 내부의 압력이 기압보다 커서 과자 봉지가 부풀어 오른다.
⑤ 물을 담은 컵을 종이로 덮고 거꾸로 뒤집어도 기압이 사방에서 작용하므로 컵 안의 물이 쏟아지지 않는다.
바로알기 ② 높은 산을 올라가면 공기의 양이 급격히 줄어들어 기압이 낮아지므로 숨을 쉬기 힘들어진다. 따라서 매우 높은 산의 정상에서는 산소마스크가 필요하다.

**09** ㄴ. 바람은 기압 차이로 불며, 기압 차이가 클수록 바람의 세기가 강하다.
바로알기 ㄱ. 바람은 공기가 기압이 높은 곳에서 낮은 곳으로 수평 방향으로 이동하는 것이다.
ㄷ. 풍향은 바람이 불어오는 방향이므로 동쪽에서 서쪽으로 부는 바람은 동풍이다.

**10**

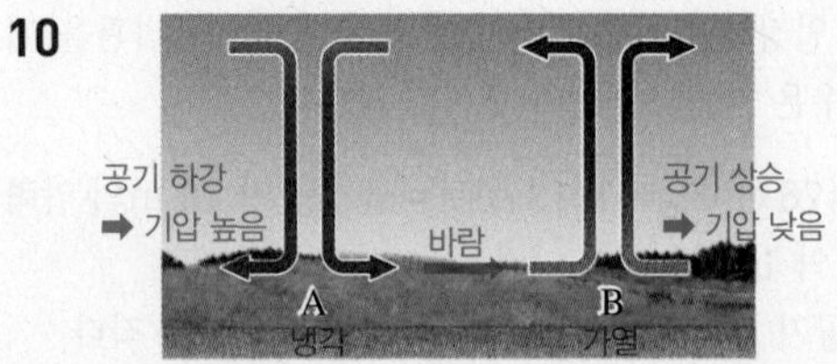


③ 지표면이 가열되어 공기 밀도가 작아지면 주변보다 가벼워져 공기가 상승한다.
바로알기 ① A는 지표면이 냉각되면서 공기가 주변보다 무거워져 하강하는 곳이다. 지표면이 가열된 곳은 공기가 주변보다 가벼워져 상승하는 B이다.
② 지표면이 냉각된 곳(A)에서는 공기가 하강하여 지표면의 기압이 높아지고, 지표면이 가열된 곳(B)에서는 공기가 상승하여 지표면의 기압이 낮아진다. 따라서 A는 B보다 기압이 높다.
④ 지표면에서 바람은 기압이 높은 A에서 기압이 낮은 B로 분다.
⑤ 바람은 수평 방향으로 이동하는 공기의 흐름이다.

**11** ③ 우리나라에서 여름철에는 대륙이 해양보다 빨리 가열되어 대륙이 해양보다 기압이 낮으므로 해양에서 대륙 쪽으로 남동 계절풍이 분다.
바로알기 ① 해안에서 낮에는 육지가 빨리 가열되어 기압이 낮아지므로 바다에서 육지로 해풍이 분다.
② 밤에는 육지가 바다보다 빨리 냉각되므로 육지가 바다보다 기압이 높다.
④ 해안에서 하루를 주기로 풍향이 바뀌는 바람은 해륙풍이다. 계절풍은 대륙과 해양 사이에서 1년을 주기로 풍향이 바뀐다.
⑤ 해륙풍과 계절풍은 육지가 바다보다 더 빨리 가열되고 냉각되기 때문에 발생한다.

**12** 낮에는 육지가 바다보다 빨리 가열되기 때문에 기온이 높은 육지 쪽에서 공기의 상승이 일어나고 기압이 낮아져 바다에서 육지로 해풍이 분다.

**13** 지표면 부근에서 공기가 육지(A)에서 바다(B)로 이동하고 있으므로 육풍이 부는 모습이다.
ㄱ. 바람은 기압이 높은 곳에서 낮은 곳으로 불므로 A가 B보다 기압이 높다.
ㄴ. 기온이 낮은 곳에서 공기가 하강하여 기압이 높아지므로 기압이 더 높은 A가 B보다 기온이 낮다.
바로알기 ㄷ. 육풍은 육지가 바다보다 빨리 냉각되어 기온이 낮을 때 불므로 밤에 부는 바람이다.

**14** ③ 기압은 공기가 냉각되는 곳에서 높고, B보다 A의 기압이 더 높으므로 기온은 A가 B보다 낮다.
바로알기 ① 그림에서 바람이 북서쪽에서 불어오므로(대륙에서 해양으로 불므로) 북서 계절풍이 불고 있다.
② 바람이 A에서 B로 불므로 기압은 A가 B보다 높다.
④ 우리나라 겨울철에는 대륙이 해양보다 빨리 냉각되어 대륙에서 해양으로 북서 계절풍이 분다.
⑤ 계절풍은 대륙과 해양의 가열과 냉각에 따른 기온 차이로 발생하는 기압 차이 때문에 분다.

**15** ④ (나)에서 바람이 D에서 C로 불고 있다. 바람은 기압이 높은 곳에서 낮은 곳으로 불므로 기압은 C가 D보다 낮다.
바로알기 ① (가)는 바다에서 육지 쪽으로 바람이 불므로 해풍에 해당한다.
② (가)에서 바람이 B에서 A로 불므로 기압은 A가 B보다 낮다. 공기가 가열되는 곳에서 기압이 낮으므로 기온은 A가 B보다 높다.

③ 여름철에는 대륙이 해양보다 빨리 가열되어 대륙 쪽에서 공기가 상승하면서 기압이 낮아져 해양에서 대륙으로 바람(남동 계절풍)이 분다. 따라서 남동 계절풍이 불고 있는 (나)는 여름철에 부는 바람이다.
⑤ 해풍과 남동 계절풍은 모두 육지(대륙)가 바다(해양)보다 빨리 가열되기 때문에 발생한다.

**[16~17]**

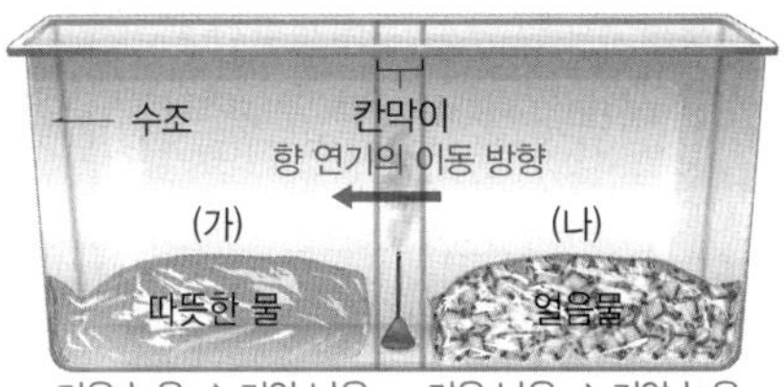


**16** (가)는 따뜻한 물 위의 공기가 가열되어 주변 공기보다 가벼워지므로 상승하면서 기압이 낮아진다. (나)는 얼음물 위의 공기가 냉각되어 주변 공기보다 무거워지므로 하강하면서 기압이 높아진다. 따라서 향 연기는 (나)에서 (가) 방향으로 이동한다.

**17** ㄱ. 따뜻한 물 위에서 가열된 공기는 밀도가 작아져 상승한다.
**바로알기** ㄴ. 얼음물 위에서 냉각된 공기는 밀도가 커져 하강한다.
ㄷ. 따뜻한 물쪽과 얼음물 쪽의 기압 차이가 클수록 향 연기가 빠르게 이동한다.

**18** ② 적외선등을 켜고 시간이 지나면 모래의 온도가 물의 온도보다 높아져 모래 쪽에서 공기가 상승한다.
**바로알기** ① 모래는 물보다 빨리 가열되므로 10분 후 모래의 온도는 물의 온도보다 높다.
③, ④ 모래의 온도가 물의 온도보다 높아져 기압이 낮아지므로 향 연기는 물에서 모래 쪽으로 이동한다.
⑤ 이와 같은 원리로 육지가 바다보다 빨리 가열되어 부는 바람은 해풍이며, 육풍은 육지가 바다보다 빨리 냉각되어 부는 바람이다.

**19** (1) 종이로 덮고 거꾸로 뒤집은 유리컵의 물이 떨어지지 않는 것은 공기의 압력이 모든 방향으로 물체에 작용하기 때문이다.
(2) 사람은 일상생활에서는 기압과 같은 크기의 압력이 몸속에서 외부로 작용하기 때문에 기압을 잘 느끼지 못한다. 하지만 높은 곳으로 올라가거나 비행기를 타고 이동하여 기압이 급격히 변하면 기압을 느낄 수 있다.

| | 채점 기준 | 배점 |
|---|---|---|
| (1) | 기압의 작용 방향을 포함하여 옳게 서술한 경우 | 50 % |
| (2) | 기압의 크기와 작용 방향을 포함하여 옳게 서술한 경우 | 50 % |

**20** 지표에서 높이 올라갈수록 공기의 양이 줄어든다. 따라서 높은 산에 올라가면 기압이 낮아지므로 수은 기둥의 높이도 낮아진다.

| 채점 기준 | 배점 |
|---|---|
| 수은 기둥의 높이 변화와 그 까닭을 모두 옳게 서술한 경우 | 100 % |
| 수은 기둥의 높이 변화만 옳게 서술한 경우 | 50 % |

**21** 그림에서 육지에서 바람이 불어오므로 육풍이 분다.

| | 채점 기준 | 배점 |
|---|---|---|
| (1) | 육풍을 옳게 쓴 경우 | 30 % |
| (2) | 이 바람이 부는 까닭을 육지와 바다의 온도 차이, 공기의 상승과 하강, 기압 차이를 모두 포함하여 옳게 서술한 경우 | 70 % |
| | 온도 차이, 기압 차이만 포함하여 옳게 서술한 경우 | 50 % |
| | 기압 차이만 포함하여 옳게 서술한 경우 | 30 % |

**22** 우리나라 여름철에는 대륙이 해양보다 빨리 가열되어 기압이 낮아지므로 남동쪽에 있는 해양에서 바람이 불어와 남동 계절풍이 분다.

| | 채점 기준 | 배점 |
|---|---|---|
| (1) | 계절풍의 방향과 이름을 모두 옳게 서술한 경우 | 50 % |
| | 계절풍의 방향만 옳게 서술한 경우 | 30 % |
| (2) | 이와 같은 방향으로 바람이 부는 까닭을 대륙과 해양의 기압 차이를 포함하여 옳게 서술한 경우 | 50 % |

## 수준 높은 문제로 실력탄탄

진도 교재 81쪽

**01** ③ **02** C>A>B **03** ⑤

**01** ①, ② (가)는 반구를 붙인 후 내부의 공기를 빼냈으므로 반구 외부의 압력이 내부의 압력보다 크다. (나)는 내부의 공기를 빼내지 않았으므로 반구 내부의 압력이 외부의 압력과 같다.
④ 게리케의 실험에서 (가)는 반구를 분리하는 데 양쪽에서 각각 8마리의 말이 잡아당길 정도로 큰 힘이 필요했다.
**바로알기** ③ (가)는 반구 외부의 압력이 내부의 압력보다 크므로 쉽게 분리되지 않으며, (나)는 반구 내부의 압력이 외부의 압력과 같아서 쉽게 분리된다.

**02**

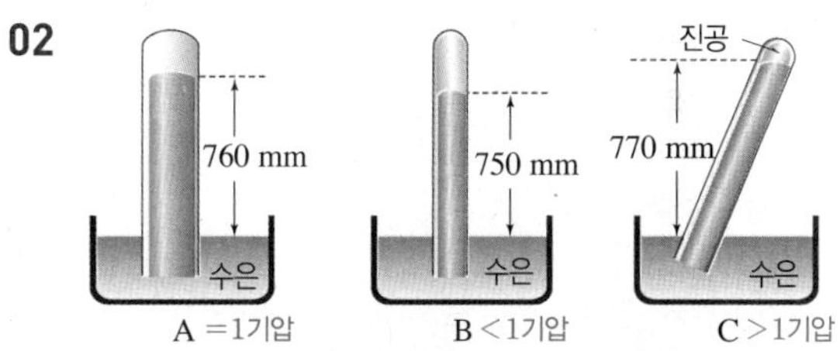


1기압은 수은 기둥의 높이 760 mm에 해당하는 압력이고, 기압이 높은 곳일수록 수은 기둥의 높이가 높다. 유리관의 굵기나 기울기로 수은 기둥의 높이가 달라지지 않으므로, A는 1기압이고, B는 1기압보다 작으며, C는 1기압보다 크다.

**03**

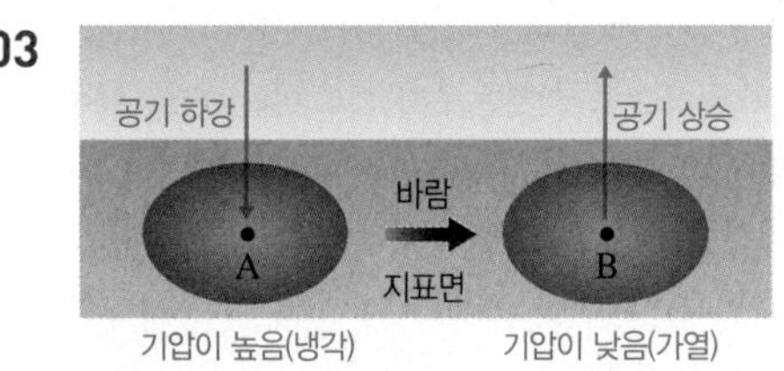


ㄴ. B에서는 공기가 가열되어 밀도가 작아져 상승하고, A에서는 공기가 냉각되어 밀도가 커져 공기가 하강한다.
ㄷ. 구름은 공기가 상승하는 곳(B)에서 잘 생성된다.
**바로알기** ㄱ. 바람이 A에서 B로 불고 있으므로 A는 냉각되어 기압이 높은 곳이고, B는 가열되어 기압이 낮은 곳이다.

# 04 날씨의 변화

확인 문제로 **개념쏙쏙** 진도 교재 83, 85쪽

Ⓐ 기단, 양쯔강, 오호츠크해, 북태평양, 시베리아
Ⓑ 전선면, 전선, 한랭 전선, 온난 전선, 폐색 전선, 정체 전선
Ⓒ 고기압, 저기압, 온대 저기압
Ⓓ 일기도, 이동성, 남고북저, 서고동저

**1** (1) ○ (2) ○ (3) × (4) × **2** A : 시베리아 기단, B : 양쯔강 기단, C : 오호츠크해 기단, D : 북태평양 기단 **3** (1)-㉠ (2)-㉢ (3)-㉡ (4)-㉣ (5)-㉥ (6)-㉤ (7)-㉦ (8)-㉧ **4** ㉠ ▲▲▲, ㉡ ●●●, ㉢ ▲●▲●, ㉣ ▼●▼● **5** (1) 한랭 (2) 급함 (3) 적운형 (4) 소나기성 비 (5) 빠름 (6) 낮아짐 **6** (1) ㉠ 시계 방향, ㉡ 불어 나간다 (2) ㉠ 상승 기류, ㉡ 흐리다 **7** (가) 저기압, (나) 고기압 **8** (1) B (2) C (3) A (4) A : 북서풍, B : 남서풍, C : 남동풍 **9** ㉠ 서, ㉡ 동 **10** (1) (가) 남고북저형, (나) 서고동저형 (2) (가) 여름철, (나) 겨울철

**1** (2) 기단의 기온과 습도는 발생지의 성질에 따라 결정된다. 고위도에서 발생한 기단은 기온이 낮고, 저위도에서 발생한 기단은 기온이 높다.
바로알기 (3) 해양에서 발생한 기단은 습하고, 대륙에서 발생한 기단은 건조하다.
(4) 기단이 발생지와 성질이 다른 지역으로 이동하면 성질이 변할 수 있다.

**2**

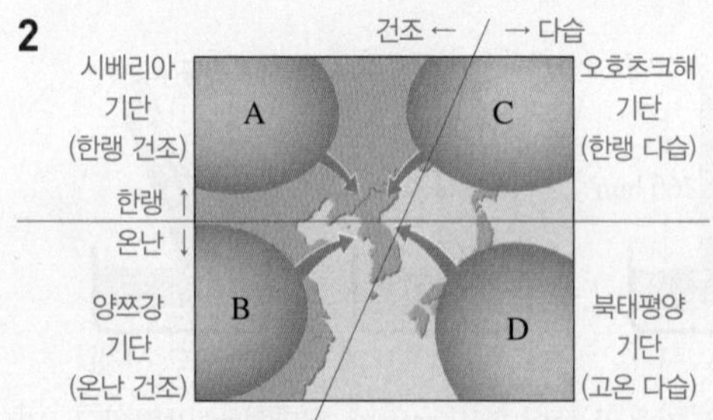


**3** (1), (5) A는 한랭 건조한 시베리아 기단으로, A의 영향으로 겨울에 춥고 건조한 날씨가 나타난다.
(2), (6) B는 온난 건조한 양쯔강 기단으로, B의 영향으로 봄과 가을에 따뜻하고 건조한 날씨가 나타난다.
(3), (7) C는 한랭 다습한 오호츠크해 기단으로, C의 영향으로 초여름에 동해안 지역에서는 저온 현상이 나타난다.
(4), (8) D는 고온 다습한 북태평양 기단으로, D의 영향으로 여름에 무덥고 습한 날씨가 나타난다.

**5** (1) 찬 공기가 따뜻한 공기 아래를 파고들고 있으므로 그림은 한랭 전선의 단면이다.
(2), (3), (4) 한랭 전선은 전선면의 기울기가 급하여 공기가 강하게 상승하므로 적운형 구름이 만들어지고, 좁은 지역에 소나기성 비가 내린다.
(5) 한랭 전선은 온난 전선에 비해 이동 속도가 빠르다.
(6) 한랭 전선이 통과하면 찬 공기의 영향으로 기온이 낮아진다.

**6** (1) 북반구 지상의 고기압 중심에서는 바람이 시계 방향으로 불어 나가며, 저기압 중심에서는 바람이 시계 반대 방향으로 불어 들어온다.
(2) 저기압에서는 상승 기류가 발달하여 공기가 상승하면서 구름이 잘 생성되므로 날씨가 대체로 흐리고 비나 눈이 올 수 있다. 고기압에서는 하강 기류가 발달하여 구름이 소멸되므로 날씨가 대체로 맑다.

**7** 북반구의 고기압에서는 바람이 시계 방향으로 불어 나가고, 저기압에서는 바람이 시계 반대 방향으로 불어 들어온다. (가)는 바람이 시계 반대 방향으로 불어 들어오므로 저기압이고, (나)는 바람이 시계 방향으로 불어 나가므로 고기압이다.

**8**

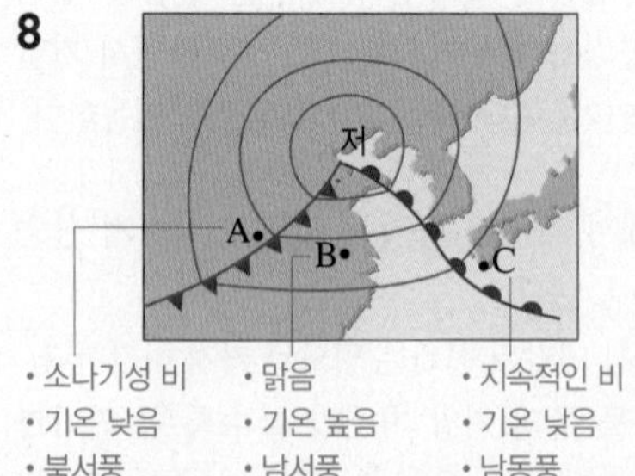


(1) 두 전선 사이에 위치한 곳(B)은 따뜻한 공기가 있으므로 기온이 가장 높다.
(2) 온난 전선 앞쪽에 위치한 곳(C)에서는 층운형 구름이 발달해 있다.
(3) 한랭 전선 뒤쪽에 위치한 곳(A)에서는 적운형 구름이 발달하여 좁은 지역에 소나기성 비가 내린다.
(4) 북반구의 저기압 중심에서는 바람이 시계 반대 방향으로 불어 들어오므로 한랭 전선 뒤쪽인 A에서는 북서풍, 두 전선 사이인 B에서는 남서풍, 온난 전선 앞쪽인 C에서는 남동풍이 분다.

**9** 온대 저기압은 중위도 지방에서 발생하여 중위도 지방의 상공에서 부는 편서풍의 영향을 받는다. 따라서 편서풍을 따라 서쪽에서 동쪽으로 이동하면서 그 지역의 날씨를 변화시킨다.

**10**

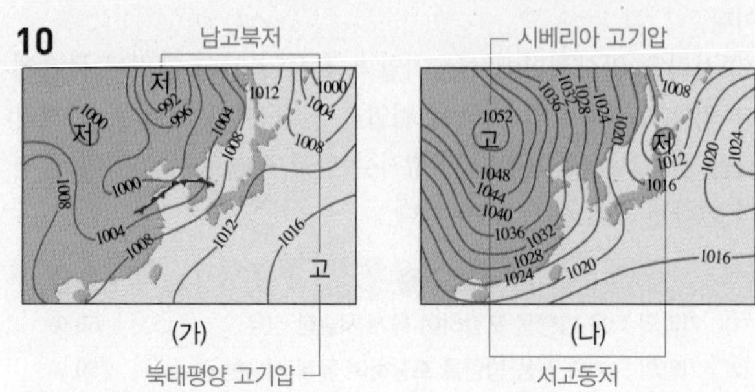


(1) (가)는 우리나라의 남쪽에 고기압이, 북쪽에 저기압이 위치하므로 남고북저형 기압 배치를 보이며, (나)는 우리나라의 서쪽에 고기압이, 동쪽에 저기압이 위치하므로 서고동저형 기압 배치를 보인다.
(2) (가)는 우리나라의 남동쪽에 있는 북태평양 기단의 영향을 크게 받는 여름철 일기도이고, (나)는 우리나라의 북서쪽에 있는 시베리아 기단의 영향을 크게 받는 겨울철 일기도이다.

## 여기서 잠깐

진도 교재 86쪽

유제❶ 봄, 가을
유제❷ ㉠ 봄, 가을, ㉡ 이동성
유제❸ ㉠ 여름, ㉡ 정체(장마)
유제❹ ㉠ 여름, ㉡ 고, ㉢ 저
유제❺ ㉠ 겨울, ㉡ 고, ㉢ 저
유제❻ ㉠ 겨울, ㉡ 고, ㉢ 저

유제❶, 유제❷ 봄철과 가을철에는 이동성 고기압과 이동성 저기압이 자주 지나가면서 날씨가 자주 바뀐다.

유제❸ 일기도에 태풍과 정체 전선(장마 전선)이 보이므로 여름철 일기도이다.

유제❹ 여름철에는 북태평양 기단의 세력이 커지면서 남고북저형의 기압 배치가 나타나고, 남동 계절풍이 분다.

유제❺, 유제❻ 겨울철에는 시베리아 기단의 세력이 커지면서 서고동저형의 기압 배치가 나타나고, 북서 계절풍이 분다.

## 기출 문제로 내신쑥쑥

진도 교재 87~91쪽

01 ① 02 ⑤ 03 ② 04 ③ 05 ④ 06 ② 07 ①
08 ⑤ 09 ④ 10 ⑤ 11 ④ 12 ⑤ 13 ② 14 ①
15 ② 16 ② 17 ③ 18 C 19 ⑤ 20 ⑤ 21 ⑤
22 ④ 23 ④ 24 ④ 25 ①

서술형 문제 26 (1) A (2) 한랭 건조한 성질을 띤다. 27 (1) 기온이 낮고, 층운형 구름이 발달하여 지속적인 비가 내리며, 남동풍이 분다. (2) 온난 전선이 통과한 후에 기온이 높아지고, 날씨가 맑아지며, 남서풍이 분다. 그 후 한랭 전선이 통과하여 기온이 낮아지고, 적운형 구름이 발달하여 소나기성 비가 내리며, 북서풍이 분다. 28 (1) (나), 남고북저형의 기압 배치가 나타나기 때문이다. (2) 한파가 나타난다. 폭설이 나타난다. 북서 계절풍이 분다. 춥고 건조한 날씨가 나타난다. 등

**01** ④ 기단의 성질은 발생지의 성질에 따라 결정되며, 기단이 다른 지역으로 이동하면 성질이 변한다.
바로알기 ① 대륙에서 형성된 기단은 건조하다.

**[02~04]**

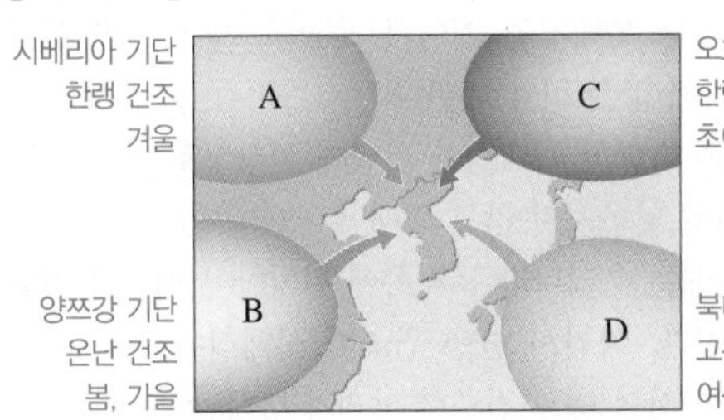


**02** 우리나라는 여름철에 북태평양 기단(D)의 영향을 받는다. 시베리아 기단(A)은 겨울철에, 양쯔강 기단(B)은 봄철과 가을철에, 오호츠크해 기단(C)은 초여름에 주로 영향을 미친다.

**03** 우리나라는 겨울철에 주로 시베리아 기단(A)의 영향을 받는다. 시베리아 기단은 고위도 대륙에서 발생하여 한랭 건조한 성질을 띤다.

**04** ③ 우리나라는 봄철에 양쯔강 기단(C)의 영향을 받아 따뜻하고 건조한 날씨가 나타난다.
바로알기 ① 건조한 기단은 대륙에서 발생한 A와 B이다. C는 해양에서 발생하여 습한 기단이다.
② 한랭한 기단은 고위도에서 발생한 A와 C이다. B는 저위도에서 발생하여 온난한 기단이다.
④ 무덥고 습한 날씨는 고온 다습한 성질을 띠는 북태평양 기단(D)의 영향을 받아 나타난다. 오호츠크해 기단(C)은 한랭 다습한 성질을 띤다.
⑤ 초여름에 우리나라의 동해안 지역에 저온 현상이 나타나는 것은 한랭한 오호츠크해 기단(C)의 영향을 받기 때문이다. D는 고온 다습한 성질을 띠는 북태평양 기단으로, D의 영향을 받을 때는 무덥고 습한 날씨가 나타난다.

**05**

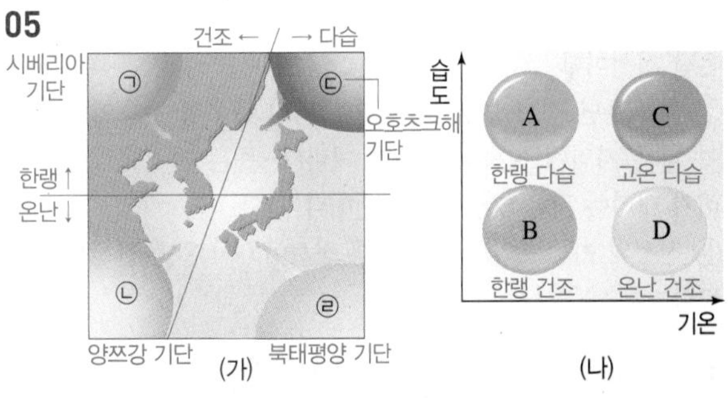


| (가) 기단 | 발생 지역 | (나) 성질 |
|---|---|---|
| ㉠ | 고위도 대륙 | 기온이 낮고, 습도가 낮다. ➡ B |
| ㉡ | 저위도 대륙 | 기온이 높고, 습도가 낮다. ➡ D |
| ㉢ | 고위도 해양 | 기온이 낮고, 습도가 높다. ➡ A |
| ㉣ | 저위도 해양 | 기온이 높고, 습도가 높다. ➡ C |

**06** ② 전선은 성질이 다른 두 기단이 만나 형성되기 때문에 전선을 경계로 기온, 습도, 바람 등이 크게 달라진다.
바로알기 ① 성질이 다른 두 기단이 만나서 생긴 경계면은 전선면이고, 전선은 전선면이 지표면과 만나는 경계선이다.
③ 전선면을 따라 따뜻한 공기는 위로 올라간다.
④ 한랭 전선은 찬 공기가 따뜻한 공기 아래를 파고들면서 형성된다. 따뜻한 공기가 찬 공기를 타고 오르면서 형성되는 전선은 온난 전선이다.
⑤ 한랭 전선이 빠르게 이동하여 온난 전선과 겹쳐지면 폐색 전선이 형성된다. 정체 전선은 성질이 다르고 세력이 비슷한 두 공기가 만날 때 형성된다.

**07** 수조에 따뜻한 물과 찬물을 넣고 칸막이를 들어 올리면, 찬물이 따뜻한 물보다 밀도가 크므로 찬물이 따뜻한 물 아래로 이동하면서 경계면을 형성한다. 이 경계면이 전선면에 해당하고, 경계면과 수조 바닥이 닿는 경계선이 전선에 해당한다.

**08** 바로알기 ⑤ 한랭 전선이 온난 전선보다 이동 속도가 빠르다.

**09** ④ 온난 전선이 통과하면 다가오는 따뜻한 공기의 영향으로 기온이 높아진다.

바로알기 ① 그림은 따뜻한 공기가 찬 공기 위를 타고 오르는 온난 전선의 단면이다.

②, ③ 온난 전선은 전선면의 기울기가 완만하므로 공기의 상승이 약하여 층운형 구름이 발달한다.

⑤ 전선의 기호는 이다.

**10** ㄷ. 위로 솟는 모양의 구름이 생성되므로 좁은 지역에 소나기성 비가 내린다.

ㄹ. 한랭 전선은 온난 전선에 비해 이동 속도가 빠르다.

바로알기 ㄱ. 찬 공기가 따뜻한 공기 쪽으로 이동하여 따뜻한 공기 아래를 파고들면서 형성된 한랭 전선이다.

ㄴ. 전선면의 기울기가 급하므로 공기가 강하게 상승하면서 위로 솟는 모양의 적운형 구름이 생성된다.

**11** 바로알기 ① (가)는 찬 공기가 따뜻한 공기 아래를 파고들므로 한랭 전선이고, (나)는 따뜻한 공기가 찬 공기를 타고 오르므로 온난 전선이다.

② (가) 한랭 전선이 통과하면 다가오는 찬 공기의 영향으로 기온이 낮아진다. 전선이 통과한 후 기온이 높아지는 것은 (나) 온난 전선이다.

③ (나) 온난 전선에서는 전선면을 따라 층운형 구름이 발달하여 넓은 지역에 지속적인 비가 내린다. 좁은 지역에 소나기성 비가 내리는 것은 (가) 한랭 전선이다.

⑤ 전선의 이동 속도는 (가) 한랭 전선이 (나) 온난 전선보다 빠르다.

**12** 바로알기 ① 저기압 중심에서는 공기가 모이므로 상승 기류가 발달한다.

② 고기압에서는 하강 기류가 발달하므로 구름이 소멸되어 날씨가 맑다.

③ 고기압은 주위보다 기압이 높은 곳이고 저기압은 주위보다 기압이 낮은 곳으로, 고기압과 저기압은 주위 기압과 비교하여 상대적으로 결정한다.

④ 북반구의 경우, 고기압 중심에서는 바람이 시계 방향으로 불어 나간다.

**13** 북반구의 고기압에서는 바람이 시계 방향으로 불어 나가며 하강 기류가 발달한다(②). 북반구의 저기압에서는 바람이 시계 반대 방향으로 불어 들어오며 상승 기류가 발달한다.

**14** (가)는 주위보다 기압이 높으므로 바람이 불어 나가고, (나)는 주위보다 기압이 낮으므로 바람이 불어 들어온다. 따라서 (가)는 고기압, (나)는 저기압이다.

① (가)는 고기압으로, 하강 기류가 발달하므로 구름이 소멸되어 날씨가 맑다.

바로알기 ② (가)는 주위보다 기압이 높으므로 바람이 불어 나간다.

③ (나)에서는 공기가 상승하므로 상승 기류가 발달한다.

④ (나)에서는 시계 반대 방향으로 바람이 불어 들어온다.

⑤ 바람은 고기압인 (가)에서 저기압인 (나) 방향으로 분다.

**15** ㄴ. 바람은 기압이 높은 곳에서 낮은 곳으로 분다. 그림에서 바람이 중심에서 바깥으로 불어 나가고 있으므로 중심부가 주위보다 기압이 높은 고기압이다.

바로알기 ㄱ. 그림에서 바람이 시계 방향으로 불어 나가고 있다.

ㄷ. 고기압 중심에서는 하강 기류가 발달하여 공기가 하강하면서 단열 압축이 일어난다.

**16** 온대 저기압 중심의 남서쪽(㉠)에는 한랭 전선이, 남동쪽(㉡)에는 온난 전선이 발달한다. 한랭 전선은 온난 전선보다 전선면의 기울기가 급하고, 한랭 전선 뒤쪽과 온난 전선 앞쪽에는 찬 공기가 분포하며, 한랭 전선과 온난 전선 사이에는 따뜻한 공기가 분포한다.

전선면의 기울기가 급함 ② 찬 공기 따뜻한 공기 찬 공기 전선면의 기울기가 완만함 ㉠ ㉡ 한랭 전선 온난 전선

**[17~18]**

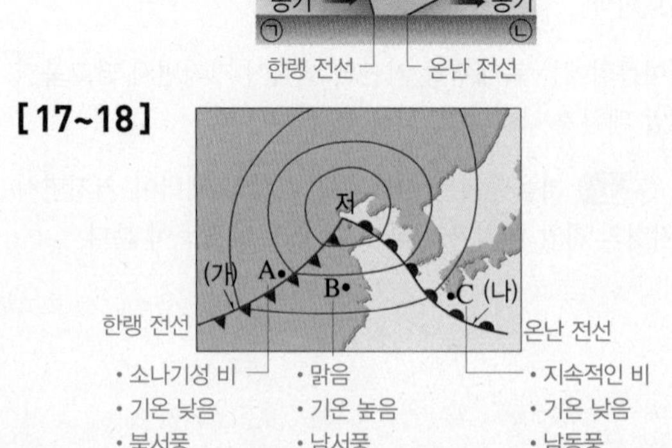


**17** ③ B 지역은 한랭 전선과 온난 전선 사이에 따뜻한 공기가 있는 지역으로, 날씨가 맑고 기온이 높다.

바로알기 ① (가)는 한랭 전선, (나)는 온난 전선이다.

② A 지역은 한랭 전선의 뒤쪽으로, 적운형 구름이 발달한다.

④ C 지역은 온난 전선의 앞쪽으로, 현재 남동풍이 분다. 남서풍이 부는 지역은 B 지역이다.

⑤ 온대 저기압은 편서풍의 영향으로 서쪽에서 동쪽으로 이동하면서 그 지역의 날씨를 변화시킨다.

**18** 온난 전선의 앞쪽인 C 지역은 층운형 구름이 발달해 있고, 넓은 지역에 걸쳐 지속적인 비가 내린다. 편서풍의 영향으로 온대 저기압이 서쪽에서 동쪽으로 이동함에 따라 서쪽 지역(B)의 날씨가 다가와 맑아질 것으로 예상된다.

**19** ㄴ. 일기도에서 저기압인 지역은 위성 사진에서 구름이 많으므로 대체로 날씨가 흐릴 것이다.

ㄷ. 일기도에서 우리나라의 북쪽에 저기압이, 남쪽에 고기압이 위치하므로 고기압에서 저기압 쪽으로 남풍 계열의 바람이 불 것이다.

바로알기 ㄱ. 위성 사진에서 구름이 많은 지역은 하얗게 나타난다. 일기도에서 고기압인 지역은 위성 사진에서 하얀 부분이 거의 없으므로 구름이 거의 없다.

**20** ② 초여름에는 북태평양 기단과 북쪽의 찬 기단이 만나 장마 전선을 형성해 많은 비가 내린다.

③ 여름에는 고온 다습한 북태평양 기단의 영향으로 밤에도 기온이 25 ℃ 이하로 낮아지지 않는 열대야가 나타나기도 한다.

바로알기 ⑤ 겨울에는 우리나라 북서쪽에 위치한 시베리아 기단의 세력이 강해진다. 따라서 한랭 건조한 시베리아 기단의 영향으로 우리나라에서는 춥고 건조한 날씨가 나타난다.

**21** ⑤ 여름철에는 고온 다습한 북태평양 기단의 영향으로 무더위(폭염)나 열대야가 나타난다.

바로알기 ① 북서 계절풍은 겨울철에 분다. 우리나라 여름철에는 남동 계절풍이 분다.
② 황사는 봄철에 자주 발생한다.
③ 서고동저형의 기압 배치가 나타나는 계절은 겨울철이다. 여름철에는 남고북저형의 기압 배치가 나타난다.
④ 이동성 고기압의 영향을 자주 받는 계절은 봄철, 가을철이다. 여름철에는 규모가 큰 북태평양 고기압의 영향을 받는다.

**22** ㄴ. 우리나라 봄철과 가을철에는 양쯔강 기단의 영향을 주로 받는다.
ㄷ. 이동성 고기압이 지날 때는 날씨가 맑고, 이동성 고기압이 지난 후에는 뒤따라 이동성 저기압이 지나면서 날씨가 흐려지므로 날씨가 자주 바뀐다.

바로알기 ㄱ. 일기도에서 우리나라 주변에 양쯔강 부근에서 발달한 이동성 고기압이 지나고 있으므로 봄철 또는 가을철의 일기도이다. 겨울철에는 시베리아 기단의 세력이 커져 우리나라의 서쪽에 고기압이, 동쪽에 저기압이 분포해 서고동저형의 기압 배치가 나타난다.

**23** ④ 장마 전선은 정체 전선으로, 남쪽의 따뜻한 기단과 북쪽의 찬 기단이 만나 한곳에 오래 머무르며 많은 비를 내린다.

바로알기 ①, ② 남고북저형의 기압 배치가 나타나고, 우리나라에 장마 전선이 형성되어 있으므로 여름철 일기도이다.
③ 우리나라는 북태평양 기단의 영향을 받는다.
⑤ 북태평양 기단의 세력이 확장되면서 북쪽의 찬 기단과 만나 정체 전선이 형성된다.

**24** (가)는 서고동저형의 기압 배치가 나타나므로 겨울철 일기도이고, 겨울철에 우리나라는 시베리아 기단(A)의 영향을 받는다.

**25** 바로알기 ① (가)는 북태평양 기단의 영향으로 남고북저형의 기압 배치가 나타나는 여름철 일기도이고, (나)는 시베리아 기단의 영향으로 서고동저형의 기압 배치가 나타나는 겨울철 일기도이다.

**26** (1) A는 시베리아 기단, B는 양쯔강 기단, C는 오호츠크해 기단, D는 북태평양 기단이다.
(2) 시베리아 기단은 고위도에서 발생하여 기온이 낮고, 대륙에서 발생하여 습도가 낮다. 따라서 한랭 건조한 성질을 띤다.

| | 채점 기준 | 배점 |
|---|---|---|
| (1) | A를 고른 경우 | 40 % |
| (2) | 한랭 건조하다고 서술하거나 기온이 낮고 습도가 낮다고 서술한 경우 | 60 % |
| | 기온과 습도 중 한 가지만 옳게 서술한 경우 | 30 % |

**27** (1) A 지역은 현재 온난 전선의 앞쪽(❶)에 위치한다.
(2) 온대 저기압이 A 지역을 통과하면 온난 전선과 한랭 전선이 차례로 통과한다. 온난 전선이 통과하면 한랭 전선과 온난 전선 사이(❷)의 날씨로 변하고, 한랭 전선이 통과하면 한랭 전선 뒤쪽(❸)의 날씨로 변한다.

| ❸ 한랭 전선 뒤 | ❷ 한랭 전선과 온난 전선 사이 | ❶ 온난 전선 앞 |
|---|---|---|
| • 기온이 낮음<br>• 적운형 구름<br>• 소나기성 비<br>• 북서풍 | • 기온이 높음<br>• 맑음<br>• 남서풍 | • 기온이 낮음<br>• 층운형 구름<br>• 지속적인 비<br>• 남동풍 |

| | 채점 기준 | 배점 |
|---|---|---|
| (1) | A 지역의 현재 날씨를 모두 옳게 서술한 경우 | 40 % |
| (2) | 온난 전선이 통과한 후와 한랭 전선이 통과한 후의 날씨 변화를 차례대로 옳게 서술한 경우 | 60 % |
| | 온난 전선이 통과한 후의 날씨 변화만 옳게 서술한 경우 | 30 % |

**28** (가)는 서고동저형의 기압 배치가 나타나므로 겨울철 일기도이고, (나)는 남고북저형의 기압 배치가 나타나므로 여름철 일기도이다.

| | 채점 기준 | 배점 |
|---|---|---|
| (1) | (나)를 고르고, 기압 배치를 옳게 서술한 경우 | 60 % |
| | (나)만 고른 경우 | 30 % |
| (2) | (가) 계절 날씨의 특징 두 가지를 모두 옳게 서술한 경우 | 40 % |
| | (가) 계절 날씨의 특징을 한 가지만 옳게 서술한 경우 | 20 % |

## 수준 높은 문제로 실력탄탄

진도 교재 91쪽

**01** ① **02** ① **03** ③

**01** 차가운 육지에서 발생한 기단은 기온이 낮고 건조한 성질을 띤다. 이러한 기단이 따뜻한 바다 위를 지나면 열과 수증기를 공급받아서 기온이 상승하고 습도가 높아진다. 이에 따라 구름이 잘 생성되어 많은 비나 눈이 내리기도 한다. 이러한 원리로 겨울철에 차고 건조한 시베리아 기단의 세력이 확장되어 우리나라 황해를 지나면 서해안에 폭설이 내리기도 한다.

**02** A 지역은 주위보다 기압이 낮으므로 저기압이고, B 지역은 주위보다 기압이 높으므로 고기압이며, C 지역은 주위보다 기압이 낮으므로 저기압이다. 북반구의 저기압 중심에서는 바람이 시계 반대 방향으로 불어 들어오고, 고기압 중심에서는 바람이 시계 방향으로 불어 나간다.

저기압(A, C) ➡ 바람이 시계 반대 방향으로 불어 들어온다.(①)

고기압(B) ➡ 바람이 시계 방향으로 불어 나간다.(④)

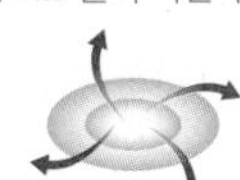

**03** ③ B 지역은 고기압으로, 북반구의 고기압 중심에서는 바람이 시계 방향으로 불어 나간다.

바로알기 ① A 지역은 저기압으로, 저기압 중심에서는 상승 기류가 발달하여 구름이 잘 발생하므로 날씨가 흐리다.
② B 지역은 주위보다 기압이 높으므로 고기압이다.
④ 바람은 기압이 높은 곳에서 낮은 곳으로 불므로 B(고기압)에서 A(저기압) 쪽으로 분다.
⑤ C 지역은 주위보다 기압이 낮으므로 저기압이다. 저기압 중심에서는 주변에서 공기가 들어와 상승 기류가 발달한다.

## 단원평가문제

진도 교재 92~96쪽

01 ① 02 ④ 03 ② 04 ③ 05 ④ 06 ③ 07 ④ 08 ⑤ 09 ③ 10 ⑤ 11 ① 12 ① 13 ④ 14 ㉠ 팽창, ㉡ 하강, ㉢ 이슬점, ㉣ 응결 15 ④ 16 ⑤ 17 ③ 18 ⑤ 19 ② 20 ④ 21 ② 22 ① 23 ③ 24 ④ 25 ③

서술형문제 26 (1) 높이 올라갈수록 지표에서 방출되는 에너지가 적게 도달하기 때문이다. (2) • 공통점 : 대류가 일어난다. • 차이점 : 대류권에서는 기상 현상이 나타나지만, 중간권에서는 기상 현상이 나타나지 않는다. 27 (1) A : 30 %, D : 70 % (2) B+C=D (3) 대기는 지구 복사 에너지의 일부를 흡수하였다가 다시 지표로 방출한다. 그 결과 지구는 대기가 없을 때보다 평균 온도가 높다. 28 $\frac{10.6\ g/kg}{20.0\ g/kg}\times 100 = 53\ \%$ 29 지표면의 일부가 강하게 가열될 때, 이동하는 공기가 산을 만날 때, 따뜻한 공기와 찬 공기가 만날 때, 주위보다 기압이 낮아 공기가 모여들 때(저기압 중심일 때) 구름이 만들어진다. 30 (1) 여름철 (2) 여름에 대륙이 해양보다 빨리 가열되어 기온이 높아지므로 대륙이 해양보다 기압이 낮다. 따라서 기압이 높은 해양에서 기압이 낮은 대륙으로 바람이 분다. 31 (1) (가) 저기압, 바람이 시계 반대 방향으로 불어 들어온다. (나) 고기압, 바람이 시계 방향으로 불어 나간다. (2) (가) 흐리거나 비나 눈이 내린다. (나) 맑다. 32 (1) 한랭 전선, 찬 공기가 따뜻한 공기 아래를 파고들면서 만들어진다. (2) 적운형 구름이 발달하고, 좁은 지역에 소나기성 비가 내린다.

**01** A는 대류권, B는 성층권, C는 중간권, D는 열권이다. 지표에 가까울수록 중력이 커지므로 공기가 많이 모여 있다. 따라서 기권 공기의 대부분은 대류권(A)에 분포한다. 대류권에서는 대류가 일어나고 수증기가 있어서 기상 현상이 나타난다.

**02** 바로알기 ① 오존층이 존재하는 층은 성층권(B)이다.
② 대류가 일어나는 층은 높이 올라갈수록 기온이 낮아지는 대류권(A)과 중간권(C)이다.
③ B층은 높이 올라갈수록 기온이 높아지기 때문에 대기가 안정하여 장거리 비행기의 항로로 이용된다.
⑤ 기권을 4개의 층으로 구분하는 기준은 높이에 따른 기온 변화이다.

**03** B층은 성층권으로, 높이 약 20~30 km 구간에 자외선을 흡수하는 오존층이 존재하기 때문에 높이 올라갈수록 기온이 높아진다.

**04** 바로알기 ㄴ. 지구는 태양 복사 에너지를 끊임없이 흡수하지만 흡수한 만큼 지구 복사 에너지를 방출하여 복사 평형을 이루기 때문에 평균 기온이 일정하게 유지된다.

**05** ④ B 구간에서는 컵이 방출하는 에너지양과 흡수하는 에너지양이 같아 복사 평형을 이루므로 온도가 일정하게 유지된다.
바로알기 ① 알루미늄 컵은 지구, 적외선등은 태양에 해당한다.
② 적외선등을 켜고 15분이 지난 후에 온도가 일정해지기 시작하였는데, 이때가 복사 평형에 도달한 시각이다.
③ A 구간에서는 컵이 흡수하는 에너지양이 방출하는 에너지양보다 많아서 온도가 상승한다.
⑤ 적외선등과 컵 사이의 거리가 멀어지면 더 낮은 온도에서 복사 평형을 이루므로 더 낮은 온도에서 온도가 일정해진다.

**06** 바로알기 ①, ②, ④ 지구에 흡수되는 태양 복사 에너지양은 70 %로, 지표면에 흡수되는 태양 복사 에너지양이 50 %, 대기와 구름에 의해 흡수되는 태양 복사 에너지양이 20 %이다.
⑤ 지구에 들어오는 태양 복사 에너지양 100 % 중 30 %는 반사되고, 나머지 70 %는 지구에 흡수된다. 지구에서 우주로 방출되는 지구 복사 에너지양도 70 %로, 흡수되는 태양 복사 에너지양과 같아서 지구는 복사 평형을 이루고 있다.

**07** ① 산업 활동이 증가함에 따라 화석 연료의 사용이 증가하여 대기 중 이산화 탄소의 농도가 증가하였다.
②, ③ 이산화 탄소는 온실 기체이므로 대기 중 이산화 탄소의 농도가 증가하면 지구의 평균 기온이 상승한다.
⑤ 지구의 평균 기온이 계속 상승하면 해수의 부피가 팽창하여 해수면이 점점 높아질 것이다.
바로알기 ④ 이 기간 동안 지구의 평균 기온이 상승하였으므로 지구 온난화가 나타나고 있다. 지구 온난화는 온실 효과가 강화되어 나타난다.

**[08~10]**

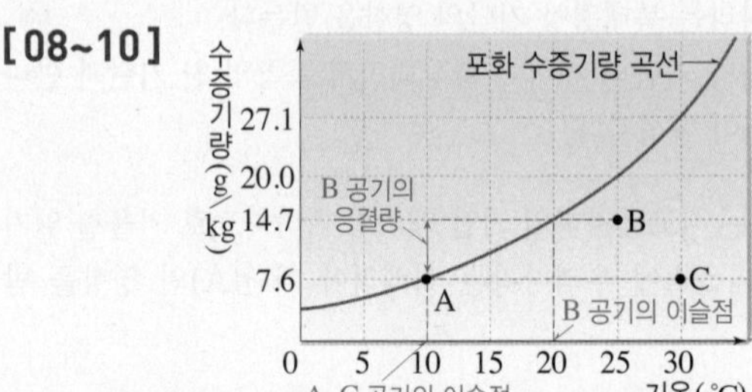


**08** ① A 공기의 포화 수증기량은 7.6 g/kg로, B 공기(20.0 g/kg)와 C 공기(27.1 g/kg)보다 적다.
② B 공기는 포화 수증기량 곡선의 아래쪽에 있으므로 불포화 상태이다.
③ A 공기는 포화 상태이므로 상대 습도가 100 %이다. B 공기는 C 공기보다 포화 수증기량 곡선에 더 가까우므로 상대 습도가 더 높다. 따라서 상대 습도가 가장 낮은 공기는 C이다.
④ A와 C 공기의 이슬점은 10 °C이고, B 공기의 이슬점은 20 °C이다.
바로알기 ⑤ B 공기 1 kg을 10 °C로 냉각시키면 10 °C에서의 포화 수증기량을 제외한 나머지가 응결되므로 14.7 g−7.6 g=7.1 g이 응결된다. 따라서 B 공기 3 kg을 10 °C로 냉각시킬 때 응결량은 7.1 g/kg×3 kg=21.3 g이다.

**09** C 공기의 실제 수증기량은 7.6 g/kg이고, 포화 수증기량은 27.1 g/kg이므로 C 공기를 포화시키려면 27.1 g/kg−7.6 g/kg=19.5 g/kg의 수증기가 더 필요하다. 따라서 C 공기 500 g을 포화시키려면 19.5 g/kg×0.5 kg=9.75 g의 수증기가 더 필요하다.

**10** B 공기의 포화 수증기량은 20.0 g/kg이고, 실제 수증기량은 14.7 g/kg이다. 상대 습도(%)$=\frac{\text{실제 수증기량}(14.7\ g/kg)}{\text{포화 수증기량}(20.0\ g/kg)}\times100$이므로 B 공기의 상대 습도는 약 73.5 %이다.

**11** 현재 공기 1 kg 속에는 10.6 g의 수증기가 있고, 10 ℃로 냉각시키면 10 ℃에서의 포화 수증기량 7.6 g/kg을 제외한 나머지가 응결된다. 따라서 10.6 g−7.6 g=3.0 g의 수증기가 응결된다.

**12** • (가) 이슬점 : 현재 공기 2 kg에 21.2 g의 수증기가 들어 있으므로 1 kg에는 21.2 g÷2=10.6 g의 수증기가 들어 있다. 실제 수증기량은 이슬점에서의 포화 수증기량과 같으므로 이슬점은 15 ℃이다.

• (나) 상대 습도(%)$=\frac{\text{실제 수증기량}}{\text{포화 수증기량}}\times100=\frac{10.6\ g/kg}{27.1\ g/kg}\times100$ ≒39 %

**13** 바로알기 ① ㉠은 상대 습도, ㉡은 기온이다.
② 기온은 새벽 6시경에 가장 낮았다.
③ 상대 습도는 기온이 낮을수록, 실제 수증기량이 많을수록 높다. 맑은 날에는 공기 중의 수증기량이 거의 일정하므로 기온과 상대 습도의 변화가 대체로 반대로 나타난다.
⑤ 기온이 높아지면 포화 수증기량이 증가하여 상대 습도가 변한다.

**14** 공기 덩어리가 상승하면 주변의 기압이 낮아져서 단열 팽창하고, 공기 덩어리의 기온이 하강하면서 이슬점에 도달하면 수증기가 응결하여 물방울이 된다. 이러한 과정으로 물방울들이 모여 하늘 높은 곳에 떠 있는 것이 구름이다.

**15** ① (가)는 중위도나 고위도 지방에서 내리는 비를 설명하는 빙정설이고, (나)는 열대 지방이나 저위도 지방에서 내리는 비를 설명하는 병합설이다.
②, ③ (가)에서는 물방울에서 증발한 수증기가 얼음 알갱이에 달라붙어 점점 커지고, 무거워진 얼음 알갱이가 지표로 떨어져 비나 눈이 된다.
바로알기 ④ (나)에서는 기온이 높아 구름의 온도가 0 ℃ 이상이고, 구름 입자가 모두 물방울로 이루어져 있다. 이러한 구름에서 내리는 비를 따뜻한 비라고 한다.

**16** ① 수은 기둥의 압력은 기압과 같아서 수은 기둥이 멈춘 것이다.
② 1기압은 약 1013 hPa과 같고 수은 기둥 76 cm의 압력과 같다. 이 지역에서 실험한 수은 기둥의 높이가 76 cm보다 높으므로 이 지역의 기압은 1013 hPa보다 크다.
③ 기압이 같으면 수은 기둥을 기울여도 수은 기둥의 높이는 달라지지 않는다.
④ 높이 올라갈수록 기압이 낮아지므로 높은 산의 정상에서는 수은 기둥의 높이가 낮아진다.
바로알기 ⑤ 수은 기둥의 높이는 시험관의 굵기와 관계가 없다. 따라서 같은 기압에서 시험관의 굵기가 다른 것으로 실험해도 수은 기둥의 높이는 변하지 않는다.

**17** 바로알기 ② 바람은 기압이 높은 곳에서 낮은 곳으로 분다.

**18** 그림은 해륙풍 중 해풍이 부는 모습이다.
ㄱ. 바다에서 육지로 바람이 불므로 해풍의 모습이다. 해풍은 낮에 육지가 바다보다 빨리 가열되어 기압이 낮아지면서 분다.
ㄷ. 육지에서 공기가 상승하고 있으므로 육지가 바다보다 빨리 가열되어 온도가 높다는 것을 알 수 있다.
ㄹ. 육지는 바다보다 열용량이 작아서 빨리 가열되고 빨리 냉각된다. 이에 따라 육지와 바다의 온도 차이가 생기고 기압 차이가 발생하여 해륙풍이 분다.
바로알기 ㄴ. 지표 부근에서 바다에서 육지로 바람이 불고 있다. 바람은 기압이 높은 곳에서 낮은 곳으로 불므로 지표면의 기압은 바다가 육지보다 높다.

**19**

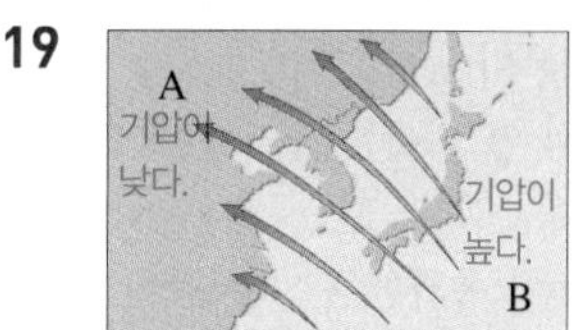

(가) 남동 계절풍(여름철)

(나) 북서 계절풍(겨울철)

② (가)는 해양에서 대륙 쪽으로 부는 남동 계절풍이고, (나)는 대륙에서 해양 쪽으로 부는 북서 계절풍이다.
바로알기 ① (가) 남동 계절풍은 여름철에 부는 바람이고, (나) 북서 계절풍은 겨울철에 부는 바람이다.
③ 바람은 기압이 높은 곳에서 낮은 곳으로 불므로, B는 A보다 기압이 높다.
④ 겨울철에는 대륙(C)이 해양(D)보다 빨리 냉각되므로, C는 D보다 기온이 낮다.
⑤ 계절풍은 대륙이 해양보다 빨리 가열되고 빨리 냉각되기 때문에 부는 바람이다.

**20** A는 시베리아 기단, B는 양쯔강 기단, C는 오호츠크해 기단, D는 북태평양 기단이다.
④ 북태평양 기단(D)은 저위도 해양에서 발생하여 고온 다습한 기단으로, 우리나라의 여름에 영향을 준다.
바로알기 ① 시베리아 기단(A)은 우리나라의 겨울에 영향을 준다.
② 양쯔강 기단(B)은 우리나라의 봄과 가을에 영향을 준다.
③ 오호츠크해 기단(C)은 고위도 해양에서 발생하여 한랭 다습하다.
⑤ 북태평양 기단(D)은 따뜻하고 습한 기단으로, 북쪽의 찬 기단과 만나 정체 전선(장마 전선)을 형성하기도 한다.

**21** ㄷ. (가)에서는 층운형 구름이 생성되었으므로 지속적인 비가 내리고, (나)에서는 적운형 구름이 생성되었으므로 소나기성 비가 내린다.
바로알기 ㄱ. (가)는 따뜻한 공기가 찬 공기를 타고 오르면서 형성되었으므로 온난 전선이다. (나)는 찬 공기가 따뜻한 공기 아래를 파고들면서 형성되었으므로 한랭 전선이다.
ㄴ. 전선의 이동 속도는 (나) 한랭 전선이 (가) 온난 전선보다 빠르다.

**22** (가) 온난 전선의 기호는 ▲▲▲(반원) 이고, (나) 한랭 전선의 기호는 ▲▲▲ 이다.

**23** ① (가)는 바람이 불어 나가므로 고기압이고, (나)는 바람이 불어 들어오므로 저기압이다.
② (가)에서는 바람이 시계 방향으로 불어 나가고, (나)에서는 바람이 시계 반대 방향으로 불어 들어온다.
④ (나)에서는 공기가 상승하여 구름이 잘 생성되므로 날씨가 대체로 흐리다.
⑤ 지표 부근에서 바람은 고기압인 (가)에서 저기압인 (나) 방향으로 분다.
**바로알기** ③ (가)에서는 하강 기류가 나타나며, 공기가 하강하면 단열 압축이 일어나 기온이 상승하므로 구름이 잘 소멸한다.

**24** ①, ②, ③ 한랭 전선 뒤쪽인 A 지역은 적운형 구름이 발달하여 소나기성 비가 내린다. 온난 전선 앞쪽인 C 지역은 층운형 구름이 발달하여 지속적인 비가 내린다. 두 전선 사이에 위치한 B 지역은 날씨가 맑고 기온이 높다.
⑤ C 지역은 온난 전선이 통과한 후 따뜻한 공기가 다가와 기온이 높아진다.
**바로알기** ④ B 지역은 한랭 전선이 통과한 후 북서풍이 불 것이다.

**25** (가)는 남고북저형의 기압 배치가 나타나므로 여름철 일기도이고, 여름철에는 북태평양 기단(C)의 영향을 크게 받는다.

**26** (1) 대류권과 중간권은 높이 올라갈수록 지표에서 방출되는 에너지가 적게 도달하기 때문에 기온이 낮아진다.
(2) 대류권과 중간권은 높이 올라갈수록 기온이 낮아지기 때문에 대류가 일어난다. 대류권에는 수증기가 존재하기 때문에 기상 현상이 나타나지만, 중간권에는 수증기가 거의 없기 때문에 기상 현상이 나타나지 않는다.

| | 채점 기준 | 배점 |
|---|---|---|
| (1) | 기온이 낮아지는 까닭을 옳게 서술한 경우 | 40 % |
| (2) | 공통점(대류)과 차이점(기상 현상)을 모두 옳게 서술한 경우 | 60 % |
| | 공통점 또는 차이점 중 한 가지만 옳게 서술한 경우 | 30 % |

**27** 지구로 들어오는 태양 복사 에너지를 100 %라고 할 때, 30 %는 대기와 지표에 의해 반사되고(A), 70 %는 대기와 구름, 지표에 흡수된다(B+C). 그리고 흡수된 70 % 만큼 지구 복사 에너지가 우주로 방출된다(D). 따라서 B, C, D 사이에는 B+C=D의 관계식이 성립한다.

| | 채점 기준 | 배점 |
|---|---|---|
| (1) | A와 D의 값을 모두 옳게 쓴 경우 | 20 % |
| (2) | B, C, D의 관계를 수식으로 옳게 나타낸 경우<br>(B=D−C, C=D−B도 정답으로 인정) | 30 % |
| (3) | 대기의 역할과 결과를 모두 옳게 서술한 경우 | 40 % |

**28** 이슬점에서의 포화 수증기량은 실제 수증기량과 같으므로 실제 수증기량은 10.6 g/kg이고, 포화 수증기량은 20.0 g/kg이다. 상대 습도는 $\frac{\text{실제 수증기량}}{\text{포화 수증기량}} \times 100 = \frac{10.6\ \text{g/kg}}{20.0\ \text{g/kg}} \times 100$ $= 53\ \%$이다.

| 채점 기준 | 배점 |
|---|---|
| 상대 습도를 구하는 식과 값을 옳게 쓴 경우 | 100 % |
| 상대 습도를 구하는 식만 옳게 쓴 경우 | 50 % |

**29** 구름이 만들어지기 위해서는 공기가 상승해야 한다.

| 채점 기준 | 배점 |
|---|---|
| 구름이 만들어지는 경우 세 가지를 모두 옳게 서술한 경우 | 100 % |
| 구름이 만들어지는 경우를 두 가지만 옳게 서술한 경우 | 60 % |
| 구름이 만들어지는 경우를 한 가지만 옳게 서술한 경우 | 30 % |

**30** (1) 바람이 남동쪽에서 불어 오므로 남동 계절풍이 불고 있다. 남동 계절풍은 우리나라의 남동쪽에 고기압이 발달하여 남고북저형의 기압 배치가 나타나는 여름철에 분다.
(2) 여름철에는 대륙이 해양보다 빨리 가열되어 대륙이 해양보다 기압이 낮아진다. 따라서 해양에서 대륙 방향으로 계절풍이 분다.

| | 채점 기준 | 배점 |
|---|---|---|
| (1) | 그림과 같은 바람이 부는 계절을 옳게 쓴 경우 | 40 % |
| (2) | 바람이 부는 까닭을 대륙과 해양의 가열과 냉각 차이로 기압의 크기를 비교하여 옳게 서술한 경우 | 60 % |
| | 대륙과 해양의 기압의 크기만 비교하여 옳게 서술한 경우 | 30 % |

**31** (1) 저기압 중심에서 상승 기류가 나타나고, 고기압 중심에서 하강 기류가 나타난다. 따라서 (가)는 저기압이고, (나)는 고기압이다.
(2) (가)와 같이 공기가 상승하면 구름이 잘 발생하여 흐리거나 비나 눈이 내리고, (나)와 같이 공기가 하강하면 구름이 잘 소멸되어 대체로 날씨가 맑다.

| | 채점 기준 | 배점 |
|---|---|---|
| (1) | (가)와 (나)의 기압과 바람을 모두 옳게 서술한 경우 | 60 % |
| | (가)와 (나)의 기압만 옳게 서술한 경우 | 30 % |
| (2) | (가)와 (나)의 날씨를 모두 옳게 서술한 경우 | 40 % |

**32** (1) 그림은 찬 공기가 따뜻한 공기 아래를 파고들면서 형성된 한랭 전선의 단면이다.
(2) 한랭 전선에서는 전선면의 기울기가 급하여 따뜻한 공기가 강하게 상승하므로 적운형 구름이 발달한다.

| | 채점 기준 | 배점 |
|---|---|---|
| (1) | 전선의 이름과 형성 과정을 모두 옳게 서술한 경우 | 50 % |
| | 전선의 이름만 옳게 쓴 경우 | 20 % |
| (2) | 구름의 종류, 강수 구역과 강수 형태를 모두 옳게 서술한 경우 | 50 % |
| | 구름의 종류만 옳게 서술한 경우 | 20 % |

이 단원에서는 기권의 층상 구조와 구름의 생성 과정, 날씨의 변화 등을 배웠어요. 공기의 이동에 따른 변화를 생각하며 배운 내용을 정리해 봅시다.

# Ⅲ 운동과 에너지

## 01 운동

### 확인 문제로 개념쏙쏙 — 진도 교재 101, 103쪽

Ⓐ 운동, 시간, 속력, m/s, 평균 속력
Ⓑ 등속, 속력, 이동 거리, 등속
Ⓒ 중력, 9.8, 같은

**1** (다) **2** (1) × (2) ○ (3) ○ **3** ㉠ 25, ㉡ 2, ㉢ 10, ㉣ A, ㉤ C, ㉥ B **4** 0.2 m/s **5** (1) 4 (2) 20 **6** ㄱ, ㄴ, ㄹ **7** (1) × (2) ○ (3) ○ (4) × **8** ④ **9** (1) 2 : 5 : 10 (2) 1 : 1 : 1 **10** (1) ㉠ 진공 중, ㉡ 공기 중 (2) 쇠구슬 (3) ㉠ 다르고, ㉡ 같다 (4) (가)와 (나)에서 같다

**1** 물체 사이의 시간 간격이 같을 때 물체의 속력이 빠를수록 물체 사이의 거리가 멀다. 따라서 (다) 구간에서 지수의 속력이 가장 빠르다.

**2** (2) 속력의 단위로는 m/s, km/h 등을 사용한다.
(3) 1시간 동안 3600 m를 이동한 물체의 속력$=\frac{3600\text{ m}}{1\text{ h}}=\frac{3600\text{ m}}{3600\text{ s}}=1\text{ m/s}$이고, 1초 동안 1 m를 이동한 물체의 속력$=\frac{1\text{ m}}{1\text{ s}}=1\text{ m/s}$이므로 서로 같다.
바로알기 (1) 속력은 물체가 운동하는 빠르기를 나타낸다.

**3** 속력은 단위 시간 동안 이동한 거리이므로 다음과 같다.
A의 속력$=25\text{ m/s}$
B의 속력$=\frac{\text{이동 거리}}{\text{걸린 시간}}=\frac{120\text{ m}}{60\text{ s}}=2\text{ m/s}$
C의 속력$=\frac{\text{이동 거리}}{\text{걸린 시간}}=\frac{72000\text{ m}}{(2\times60\times60)\text{ s}}=10\text{ m/s}$
따라서 속력은 A>C>B 순이다.

**4** A를 처음 위치로 봤을 때 B는 다섯 번째 찍힌 물체이므로 A에서 B까지 이동하는 데 걸린 시간은 5초이다.
평균 속력$=\frac{\text{전체 이동 거리}}{\text{걸린 시간}}=\frac{100\text{ cm}}{5\text{ s}}=20\text{ cm/s}=0.2\text{ m/s}$

**5** (1) 시간-이동 거리 그래프의 기울기=속력
$=\frac{20\text{ m}}{5\text{ s}}=4\text{ m/s}$
(2) 시간-속력 그래프의 아랫부분 넓이=이동 거리
$=4\text{ m/s}\times5\text{ s}=20\text{ m}$

**6** 공기 저항을 무시할 때 떨어지는 공은 속력이 일정하게 빨라지는 운동을 한다.

**7** (2) 물체가 중력만 받으면서 낙하하는 운동을 자유 낙하 운동이라고 한다.
(3) 물체가 자유 낙하 할 때 중력을 받아 속력이 1초에 9.8 m/s씩 일정하게 증가하는 운동을 한다.
바로알기 (1) 자유 낙하 하는 물체가 같은 시간 동안 이동한 거리는 점점 증가한다.
(4) 진공 상태에서 자유 낙하 하는 물체는 질량에 관계없이 속력이 일정하게 증가한다. 따라서 같은 높이에서 동시에 낙하한 물체는 동시에 바닥에 도달한다.

**8** 정지해 있던 물체가 중력을 받아 지면으로 떨어지는 운동은 자유 낙하 운동이다. 자유 낙하 하는 물체의 속력은 1초에 9.8 m/s씩 증가하므로 2초 후에 물체의 속력은 $9.8\text{ m/s}\times2=19.6\text{ m/s}$이다.

**9** (1) 물체에 작용하는 중력의 크기는 물체의 질량에 비례하므로 A, B, C에 작용하는 중력의 크기 비(A : B : C)는 2 : 5 : 10이다.
(2) 물체가 자유 낙하 할 때 물체의 속력은 질량에 관계없이 일정하게 증가하므로 세 물체의 속력 변화는 같다. 따라서 A, B, C의 속력 변화의 비(A : B : C)는 1 : 1 : 1이다.

**10** (1) 공기 중에서 낙하할 때는 깃털이 더 큰 공기 저항을 받으므로 쇠구슬이 깃털보다 먼저 떨어지고, 진공 중에서 낙하할 때는 공기 저항이 없으므로 두 물체가 동시에 떨어진다. 따라서 (가)는 진공 중이고, (나)는 공기 중이다.
(2) 공기 중에서 깃털은 공기 저항을 받아 쇠구슬보다 느리게 떨어지므로 쇠구슬이 지면에 먼저 도달한다.
(3) 물체에 작용하는 중력의 크기는 물체의 질량에 비례하므로 쇠구슬에 더 큰 중력이 작용한다. 진공 상태일 때 낙하하는 물체의 속력 변화량은 질량에 관계없이 9.8로 같다.
(4) 깃털의 질량은 (가)와 (나)에서 같기 때문에 깃털이 받는 중력의 크기도 같다.

### 탐구 a — 진도 교재 104쪽

㉠ 비례, ㉡ 이동 거리, ㉢ 속력
**01** (1) × (2) ○ (3) × (4) × **02** 2 m/s **03** 이동 거리=속력×시간=2 m/s×10 s=20 m이다.

**01** (2) (가)의 속력은 4 cm/s이고, (나)의 속력은 8 cm/s이다. (가)의 속력이 (나)보다 느리므로 같은 거리를 이동할 때 더 많은 시간이 걸린다.
바로알기 (1) 사진이 찍히는 시간 간격은 1초로 (가)와 (나)가 같다. 같은 시간 동안 물체가 더 많이 이동한 것은 사진에 찍힌 물체 사이의 거리가 먼 (나)이다.
(3) 시간-이동 거리 그래프에서 기울기$=\frac{\text{이동 거리}}{\text{걸린 시간}}$이므로 속력을 의미한다.
(4) 등속 운동을 하는 물체의 속력은 시간에 따라 변하지 않고 일정하다.

**02** 속력은 단위 시간 동안 물체가 이동한 거리를 말한다. 물체는 1초에 2 m를 이동하므로 속력은 2 m/s이다.

**03** 속력은 물체가 이동한 거리를 걸린 시간으로 나누어서 구한다. 따라서 물체가 이동한 거리는 속력에 시간을 곱하면 구할 수 있다.

| 채점 기준 | 배점 |
|---|---|
| 풀이 과정과 함께 이동한 거리를 옳게 구한 경우 | 100 % |
| 풀이 과정 없이 이동한 거리만 구한 경우 | 40 % |

## 탐구 b

진도 교재 105쪽

㉠ 9.8, ㉡ 동시에

**01** (1) ○ (2) × (3) × (4) × **02** 쇠공 **03** 1초에 속력이 9.8 m/s씩 증가하므로 10초 후 두 물체의 속력은 98 m/s로 같다.

**01** (1) 중력의 크기는 질량에 비례하므로 골프공과 탁구공에 작용하는 중력의 크기는 다르다. 골프공의 질량이 탁구공보다 크므로 골프공에 작용하는 중력의 크기가 탁구공보다 크다.

바로알기 (2) 물체가 낙하할 때 속력 변화량은 9.8로 일정하다.
(3) 진공 상태에서 낙하하면 공기 저항을 받지 않으므로 두 공의 속력 변화가 같아 지면에 도달하는 시간이 같다.
(4) 진공 상태에서도 물체에 작용하는 중력의 크기는 물체의 질량에 비례한다.

**02** 물체에 작용하는 중력의 크기는 물체의 질량에 비례한다. 쇠공이 탁구공보다 질량이 크므로 쇠공에 작용하는 중력의 크기가 탁구공보다 크다.

**03** 쇠공과 탁구공의 속력은 1초에 9.8 m/s씩 일정하게 증가하므로 10초 후 쇠공과 탁구공의 속력은 같다.

| 채점 기준 | 배점 |
|---|---|
| 두 물체의 10초 후 속력을 구하여 옳게 비교한 경우 | 100 % |
| 물체의 속력이 같다고만 서술한 경우 | 40 % |

## 여기서 잠깐

진도 교재 106~107쪽

유제① ⑤
유제② ①
유제③ ②
유제④ ②

유제①

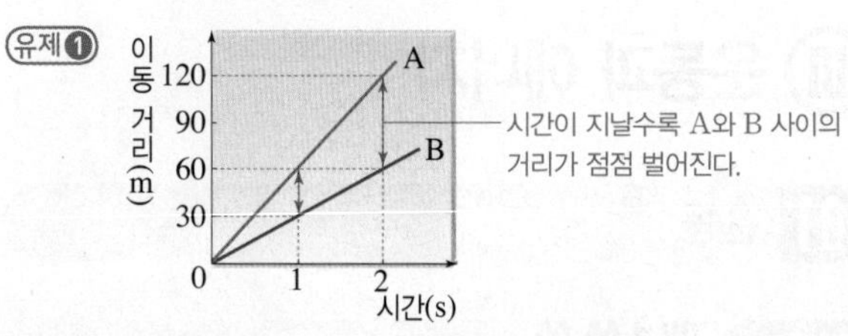


ㄷ. A는 1초에 60 m씩 이동하므로 속력이 60 m/s이고, B는 1초에 30 m씩 이동하므로 속력이 30 m/s이다.
ㄹ. A가 B보다 속력이 30 m/s만큼 빠르므로 두 물체 사이의 거리가 1초에 30 m씩 더 벌어진다.

바로알기 ㄱ. A와 B는 이동 거리가 일정하게 증가하므로 속력이 일정한 등속 운동을 한다.
ㄴ. 2초 동안 B의 평균 속력은 $\frac{60\text{ m}}{2\text{ s}}$=30 m/s이다.

유제②

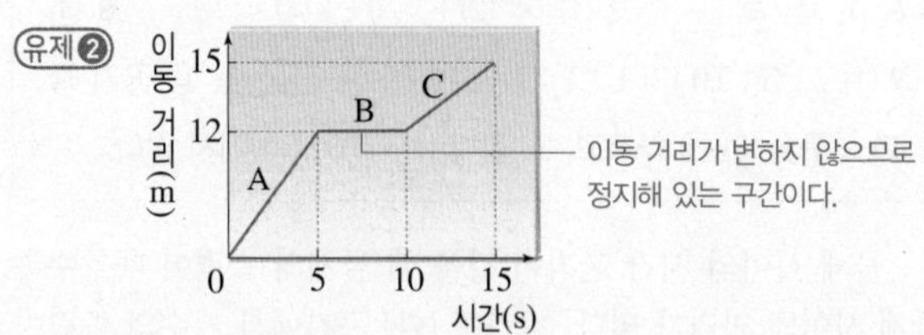


ㄱ. A 구간에서 물체는 5초 동안 12 m를 이동하였으므로 속력은 $\frac{12\text{ m}}{5\text{ s}}$=2.4 m/s이다.
ㄴ. 시간-이동 거리 그래프에서 기울기는 속력을 의미하므로 기울기가 가장 큰 A 구간에서 물체의 속력이 가장 빠르다.

바로알기 ㄷ. B 구간에서 물체는 시간이 지나도 이동 거리가 변하지 않으므로 속력이 0이다.
ㄹ. C 구간에서 물체는 5초 동안 3 m 이동하였으므로 속력은 $\frac{3\text{ m}}{5\text{ s}}$=0.6 m/s이다.

유제③

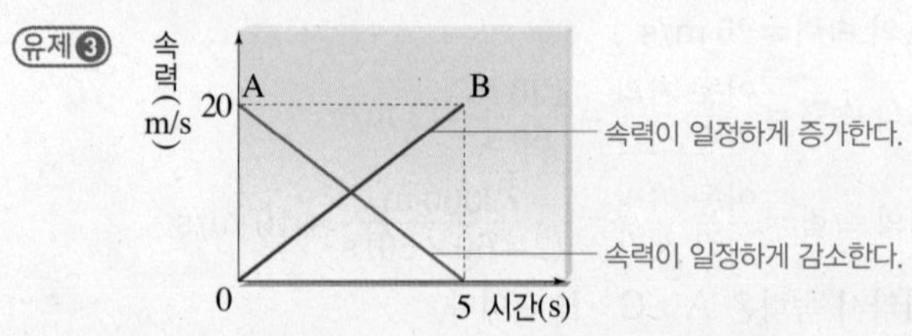


ㄴ. A가 5초 동안 이동한 거리는 50 m이므로 평균 속력은 10 m/s이다. B가 5초 동안 이동한 거리도 $\frac{1}{2}$×20 m/s×5 s =50 m이므로 평균 속력은 A와 같다.

바로알기 ㄱ. A가 5초 동안 이동한 거리는 $\frac{1}{2}$×20 m/s×5 s =50 m이다.
ㄷ. B는 속력이 일정하게 증가하는 운동을 하므로 물체를 높은 곳에서 가만히 놓아 떨어지는 운동, 즉 자유 낙하 하는 물체는 B와 비슷한 운동을 한다.

유제④

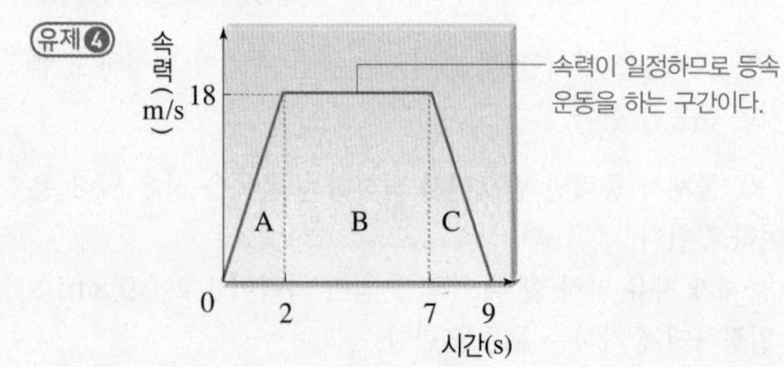

ㄷ. 시간-속력 그래프에서 물체가 이동한 거리는 그래프 아랫부분의 넓이와 같다. 따라서 9초 동안 이동한 거리는 $\frac{1}{2}\times(9+5)\ \text{s}\times18\ \text{m/s}=126\ \text{m}$이다.

**바로알기** ㄱ. A에서 일정하게 증가하는 것은 속력이다. 따라서 이동 거리는 증가량이 일정하지 않고 점점 커진다.
ㄴ. B에서 물체의 속력은 18 m/s로 일정하므로, 평균 속력도 18 m/s이다.

## 기출 문제로 내신쑥쑥

진도 교재 108~111쪽

01 ⑤ 02 ③ 03 ③ 04 ③ 05 ① 06 ③ 07 ⑤
08 ④ 09 ① 10 ① 11 ①, ⑤ 12 ⑤ 13 ④ 14 ④
15 ① 16 ④ 17 ② 18 ⑤ 19 ①

**서술형 문제** 20 (1) 속력$=\frac{\text{이동 거리}}{\text{시간}}=\frac{60\ \text{cm}}{0.3\ \text{s}}=200\ \text{cm/s}=2\ \text{m/s}$ (2) 이동 거리=속력×시간$=2\ \text{m/s}\times5\ \text{s}=10\ \text{m}$이다. **21** 해설 참조 **22** 쇠구슬과 깃털의 **속력**은 **일정하게 커지고**, **속력 변화**는 같다.

**01** **바로알기** ⑤ 같은 거리를 이동하는 데 걸린 시간이 짧을수록 속력이 빠르다.

**02** 0.2초 동안 야구공이 이동한 거리가 20 cm이므로 야구공의 속력은 $\frac{0.2\ \text{m}}{0.2\ \text{s}}=1\ \text{m/s}$이다.

**03** ㄱ. 지민이의 속력은 $\frac{50\ \text{m}}{10\ \text{s}}=5\ \text{m/s}$이다.
ㄴ. 연우의 속력은 $\frac{80\ \text{m}}{10\ \text{s}}=8\ \text{m/s}$이다.
**바로알기** ㄷ. 수영이의 속력은 $\frac{1200\ \text{m}}{10\times60\ \text{s}}=2\ \text{m/s}$이므로 수영이의 속력이 가장 느리다.

**04** 4초 동안 120 m를 이동하였으므로 속력은 $\frac{120\ \text{m}}{4\ \text{s}}=30\ \text{m/s}$이다.

**05** ① $90\ \text{km/h}=\frac{90\ \text{km}}{1\ \text{h}}=\frac{90000\ \text{m}}{3600\ \text{s}}=25\ \text{m/s}$
② 150 cm=1.5 m이므로 속력은 1.5 m/s이다.
③ $\frac{600\ \text{m}}{1\ \text{min}}=\frac{600\ \text{m}}{60\ \text{s}}=10\ \text{m/s}$
④ $\frac{36\ \text{km}}{30\ \text{min}}=\frac{36000\ \text{m}}{(30\times60)\ \text{s}}=20\ \text{m/s}$
⑤ $\frac{50\ \text{m}}{10\ \text{s}}=5\ \text{m/s}$
따라서 가장 속력이 빠른 것은 ①번이다.

**06** 길이가 100 m인 기차가 길이가 500 m인 터널을 완전히 빠져 나가려면 600 m를 이동해야 한다. 따라서 터널을 통과하는 데 걸린 시간$=\frac{\text{이동 거리}}{\text{속력}}=\frac{600\ \text{m}}{20\ \text{m/s}}=30\ \text{s}$이다.

**07** 초음파가 지면에 닿았다가 되돌아오는 데 10초가 걸렸으므로 지면까지 가는 데는 5초가 걸린 것이다. 따라서 배에서 지면까지의 거리$=1500\ \text{m/s}\times5\ \text{s}=7500\ \text{m}$이다.

**08** ㄴ. 물체 사이의 간격이 일정하므로 등속 운동을 한다.
ㄷ. 8초 동안 이동한 거리는 $20\ \text{cm/s}\times8\ \text{s}=160\ \text{cm}$이다.
**바로알기** ㄱ. 물체는 1초 동안 20 cm씩 이동하므로 속력은 $\frac{20\ \text{cm}}{1\ \text{s}}=20\ \text{cm/s}=0.2\ \text{m/s}$이다.

**09** 시간-이동 거리 그래프에서 기울기는 속력을 의미하므로 기울기가 가장 큰 A의 속력이 가장 빠르다.

**10** ㄱ. (가)에서 자동차 사이의 간격이 일정하므로 자동차는 등속 운동을 한다.
**바로알기** ㄴ. (나)에서 자동차 사이의 간격이 일정하므로 자동차는 등속 운동을 한다.
ㄷ. 같은 시간 동안 이동 거리가 (나)에서가 (가)에서보다 크므로 속력은 (나)에서가 (가)에서보다 빠르다.

**11** ①, ⑤ 같은 시간 동안 물체가 이동한 거리가 일정하므로 물체는 등속 운동을 한다. 따라서 시간-이동 거리 그래프는 원점을 지나는 기울어진 직선 모양이고, 시간-속력 그래프는 가로축에 나란한 직선 모양이다.

**12** ⑤ 고양이는 시간에 따라 이동 거리가 일정하게 증가하는 등속 운동을 한다. 4초 동안 12 m를 이동했으므로 8초 후에는 24 m를 이동한다.
**바로알기** ① 고양이는 4초 동안 12 m, 쥐는 4초 동안 6 m를 이동하였으므로 고양이가 쥐보다 빠르다.
② 고양이의 속력은 3 m/s이고, 쥐의 속력은 1.5 m/s이므로 속력의 비는 2 : 1이다.
③ 고양이와 쥐는 속력이 일정한 등속 운동을 한다.
④ 쥐는 2초 동안 3 m 이동한다.

**13** ① 10초 동안 이동한 거리는 그래프 아랫부분의 넓이와 같으므로 $10\ \text{m/s}\times10\ \text{s}=100\ \text{m}$이다.
② 속력이 일정하므로 물체의 이동 거리는 시간에 비례한다. 10초 동안 이동한 거리는 5초 동안 이동한 거리의 2배이다.
③ 주어진 그래프를 보면 물체는 속력이 일정한 등속 운동을 한다. 무빙워크는 등속 운동을 한다.
⑤ 등속 운동을 하는 물체가 이동한 거리는 시간에 따라 일정하게 증가한다. 물체의 속력이 10 m/s이므로 1초 증가할 때마다 이동 거리가 10 m씩 증가한다.
**바로알기** ④ 물체의 속력은 10 m/s로 일정하다.

**14** ㄷ, ㄹ. 자유 낙하 하는 물체는 운동 방향과 같은 방향인 연직 아래 방향으로 크기가 일정한 중력을 받으므로 속력이 일정하게 증가하는 운동을 한다.
**바로알기** ㄱ. 속력이 일정하게 증가한다.
ㄴ. 자유 낙하 하는 물체의 속력 변화량은 물체의 질량과 관계없이 9.8로 일정하다.

**15** 자유 낙하 하는 물체는 속력이 일정하게 증가하는 운동을 한다. 따라서 시간-속력 그래프가 원점을 지나는 기울어진 직선 모양이다.

**16** ① (가)에서는 깃털이 쇠구슬보다 천천히 떨어지므로 공기 중이고, (나)에서는 깃털과 쇠구슬이 동시에 떨어지므로 진공 상태이다.
② (가)에서는 아래쪽으로 중력이 작용하고 위쪽으로 공기 저항이 작용한다.
③ 공기와 접촉하는 면적이 클수록 공기 저항을 크게 받는다. 따라서 깃털이 받는 공기 저항이 쇠구슬보다 크기 때문에 깃털이 쇠구슬보다 천천히 떨어진다.
⑤ (가)와 (나)에서 깃털의 질량은 같으므로 중력의 크기도 같다.
바로알기 ④ 진공 상태에서는 공기 저항이 작용하지 않지만 중력이 작용한다. 즉, 쇠구슬과 깃털에는 힘이 작용한다.

**17** ㄴ. 속력이 1초에 9.8 m/s씩 빨라지므로 그래프의 기울기는 중력 가속도 상수인 9.8과 같다.
바로알기 ㄱ. 물체에 작용하는 중력의 크기는 중력 가속도 상수에 물체의 질량을 곱하여 구한다. 물체의 질량에 관계없이 낙하하는 물체의 시간-속력 그래프의 모양이 같으므로 그래프로 물체의 질량을 알 수 없고, 물체에 작용하는 중력의 크기도 알 수 없다.
ㄷ. 에스컬레이터는 속력이 일정한 등속 운동을 한다.

**18** 진공 상태에서 자유 낙하 하는 물체는 물체의 질량이나 모양과 관계없이 속력이 1초에 9.8 m/s씩 증가하는 운동을 한다. 따라서 같은 높이에서 동시에 떨어뜨린 물체는 모두 동시에 바닥에 떨어진다.

**19** ① (가)는 속력이 일정하므로 등속 운동을 한다.
바로알기 ② (나)는 자유 낙하 하는 물체의 운동을 나타낸다.
③ 모노레일은 등속 운동을 하므로 모노레일의 운동을 나타내는 것은 (가)이다.
④ 시간에 따라 이동 거리가 일정하게 증가하는 것은 (가)이다.
⑤ (가)와 (나)의 그래프 아랫부분의 넓이가 이동 거리를 나타낸다.

**20** (1) 속력은 이동 거리를 걸린 시간으로 나누어 구한다. 그림에서 장난감 자동차의 위치는 자동차의 뒷부분을 기준으로 측정한다.
(2) 이동 거리는 속력×시간으로 구한다.

| | 채점 기준 | 배점 |
|---|---|---|
| (1) | 풀이 과정과 함께 속력을 옳게 구한 경우 | 50 % |
| | 풀이 과정 없이 속력만 구한 경우 | 20 % |
| (2) | 풀이 과정과 함께 이동 거리를 옳게 구한 경우 | 50 % |
| | 풀이 과정 없이 이동 거리만 구한 경우 | 20 % |

**21** 

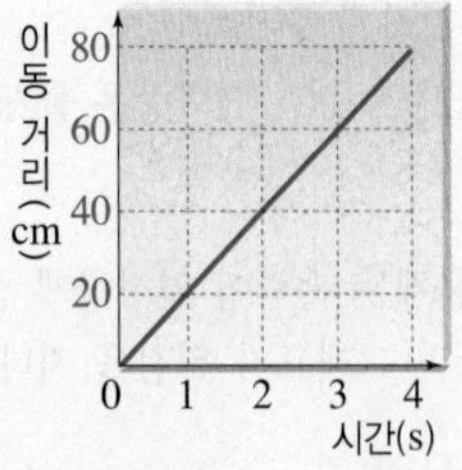


물체는 속력이 20 cm/s인 등속 운동을 하고 있으므로 이동 거리는 1초마다 20 cm씩 증가한다.

| 채점 기준 | 배점 |
|---|---|
| 모범 답안과 같이 그린 경우만 정답 인정 | 100 % |

**22** 쇠구슬과 깃털은 자유 낙하 하므로 속력은 일정하게 증가하고 속력 변화는 같다.

| 채점 기준 | 배점 |
|---|---|
| 주어진 단어를 모두 사용하여 옳게 서술한 경우 | 100 % |
| 주어진 단어 중 사용한 단어 하나당 | 30 % |

**01** ③ **02** ② **03** ③

**01** ① A와 C의 속력은 30 m/s로 같고, B와 D의 속력은 15 m/s로 같다.

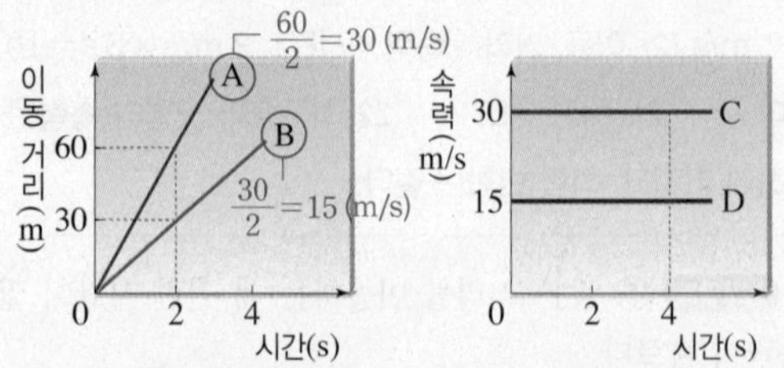


②, ④ 시간-이동 거리 그래프의 기울기는 속력과 같고, A와 B의 기울기는 각각 일정하므로 A와 B의 속력은 일정하다. 그리고 시간-속력 그래프에서 C와 D는 시간축에 나란하므로 속력이 일정하다. 따라서 A~D 모두 등속 운동을 한다.
⑤ C의 속력이 D의 2배이므로 사진에 찍힌 물체 사이의 간격은 C가 D의 2배이다.
바로알기 ③ A의 속력이 D의 2배이므로 같은 시간 동안 이동한 거리도 A가 D의 2배이다.

**02** ㄴ. 3~5초 동안 속력은 29.4 m/s로 일정하므로 이동 거리=29.4 m/s×2 s=58.8 m이다.
바로알기 ㄱ. 0~3초 동안 물체의 속력은 일정하게 증가한다.
ㄷ. 0~3초 동안 물체는 매초 9.8 m/s씩 속력이 커지고, 3~5초 동안 속력은 일정하다.

**03** 자유 낙하 하는 물체의 속력은 1초에 9.8 m/s씩 일정하게 증가하므로 시간-속력 그래프는 그림과 같다. 공이 4초 후에 지면에 도달하였으므로 그때 공의 속력은 9.8×4=39.2 (m/s)이다. 4초 동안 공이 이동한 거리는 시간-속력 그래프 아랫부분의 넓이와 같으므로 $\frac{1}{2}$×39.2 m/s×4 s=78.4 m이다.

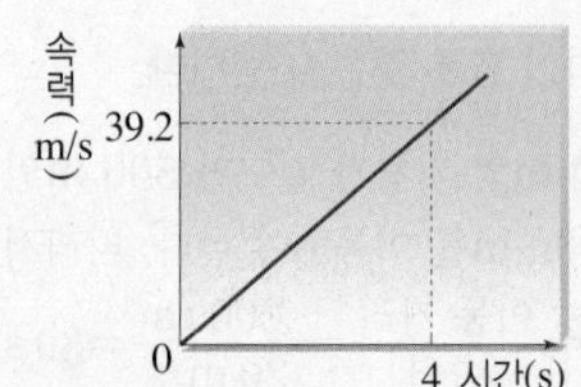

## 02 일과 에너지

### 확인 문제로 개념쏙쏙 진도 교재 113, 115쪽

**A** 일, 힘, 힘, 힘, 이동 거리, 이동 거리, 수직, 일, 에너지, 일
**B** 위치, 질량, 높이
**C** 운동, 질량, 속력, 운동 에너지

**1** (1) × (2) ○ (3) ○ **2** 60 J **3** (1) 중력 (2) 10 (3) ㉠ 3, ㉡ 30 **4** 0 **5** (1) ○ (2) ○ (3) ○ (4) × **6** ④ **7** (1) ○ (2) ○ (3) × **8** 125 J **9** 20 J **10** 9.8 J

**1** (2) 화분에 힘을 작용하여 힘의 방향으로 들어 올렸으므로 과학에서의 일을 한 경우이다.
(3) 책상에 힘을 작용하여 힘의 방향으로 밀고 갔으므로 과학에서의 일을 한 경우이다.
**바로알기** (1) 음악을 듣고, 책을 읽는 등의 정신적인 활동은 과학에서의 일을 한 경우가 아니다.

**2** 물체에 한 일의 양은 물체에 작용한 힘과 그 힘의 방향으로 이동한 거리의 곱으로 구한다.
일의 양=힘×이동 거리=20 N×3 m=60 J
**바로알기** 물체에 수평 방향으로 힘을 작용하여 그 힘의 방향으로 물체를 이동시킬 때, 일의 양은 물체의 무게나 질량과 직접적인 관계가 없다.

**3** (1) 물체를 들어 올릴 때에는 중력에 대해 일을 하고, 물체가 떨어질 때에는 중력이 물체에 일을 한다.
(2) 중력의 크기는 물체의 무게와 같으므로 10 N이다.
(3) 중력이 한 일의 양은 중력의 크기×떨어진 높이=10 N×3 m =30 J이다.

**4** 민서가 물체에 작용한 힘의 방향과 이동 방향이 서로 수직이므로 한 일의 양은 0이다.

**5** (1), (2) 에너지는 일을 할 수 있는 능력으로, 에너지의 단위는 일의 단위와 같은 J, N·m 등을 사용한다.
(3) 일은 에너지로, 에너지는 일로 전환될 수 있다.
**바로알기** (4) 물체에 일을 하면 한 일의 양만큼 일을 받은 물체의 에너지는 증가한다.

**6** 중력에 의한 위치 에너지=9.8×질량×높이=(9.8×4) N ×3 m=117.6 J이다.

**7** (1), (2) 추가 가진 중력에 의한 위치 에너지가 나무 도막을 밀어내는 일로 전환된다. 따라서 「추의 중력에 의한 위치 에너지=나무 도막을 미는 힘×나무 도막이 밀려난 거리」이므로 나무 도막이 밀려난 거리는 추의 중력에 의한 위치 에너지에 비례한다.
**바로알기** (3) 추의 낙하 높이가 2배가 되면 중력에 의한 위치 에너지도 2배가 되어 추가 나무 도막에 한 일의 양도 2배가 된다. 이때 나무 도막을 미는 힘의 크기는 일정하므로, 나무 도막이 밀려난 거리는 2배가 된다.

**8** 운동 에너지$=\frac{1}{2}\times$질량$\times$(속력)$^2=\frac{1}{2}\times 10\ \text{kg}\times(5\ \text{m/s})^2$ =125 J이다.

**9** 물체에 한 일=10 N×2 m=20 J이 물체의 운동 에너지로 전환된다.

**10** 물체가 자유 낙하 하는 동안 중력이 물체에 한 일의 양과 물체의 운동 에너지가 같으므로 공이 10 m 낙하했을 때 운동 에너지=(9.8×0.1) N×10 m=9.8 J이다.

### 탐구 a 진도 교재 116쪽

㉠ 운동 에너지, ㉡ 운동, ㉢ 질량, ㉣ (속력)$^2$
**01** (1) ○ (2) ○ (3) × (4) ○ **02** B, 두 수레의 속력은 같고 수레의 질량이 B가 A보다 크므로 운동 에너지도 B가 A보다 크기 때문이다.

**01** (1) 수레의 운동 에너지가 나무 도막을 미는 일로 전환되므로, 나무 도막이 밀려난 거리는 수레의 운동 에너지에 비례한다.
(2) **실험 ❶**에서 수레의 질량과 나무 도막이 밀려난 거리가 비례 관계이므로, 수레의 운동 에너지는 수레의 질량에 비례한다는 것을 알 수 있다.
(4) 수레가 운동하다가 나무 도막과 충돌한 후 정지하므로 수레가 나무 도막에 일을 하여 수레의 에너지가 감소한 것이다.
**바로알기** (3) **실험 ❷**에서 수레의 (속력)$^2$과 나무 도막의 이동 거리가 비례 관계이므로, 수레의 운동 에너지는 수레의 (속력)$^2$에 비례한다는 것을 알 수 있다.

**02** 수레와 나무 도막이 충돌할 때 수레의 운동 에너지가 나무 도막을 미는 일로 전환된다. 운동 에너지는 질량과 속력의 제곱에 비례하므로 A보다 질량이 큰 B가 나무 도막을 더 멀리까지 밀어낸다. 나무 막대를 이용하여 동시에 밀면 수레의 속력을 같게 할 수 있다.

| 채점 기준 | 배점 |
| --- | --- |
| B를 고르고, 그 까닭을 옳게 서술한 경우 | 100 % |
| B만 쓴 경우 | 40 % |

### 탐구 b 진도 교재 117쪽

㉠ 중력, ㉡ 운동 에너지
**01** (1) ○ (2) ○ (3) ○ (4) × (5) × **02** 9.8 J **03** 중력이 추에 하는 일의 양이 4배가 되므로 추의 운동 에너지도 4배가 된다. 따라서 추의 속력은 2배가 된다.

**01** (1) 중력이 쇠구슬에 한 일의 양만큼 쇠구슬의 운동 에너지가 증가한다.

(2) 한 일의 양은 힘과 힘의 방향으로 이동한 거리를 곱해서 구한다. 따라서 쇠구슬이 중력의 방향으로 낙하한 거리와 중력이 한 일의 양은 비례한다.
(3) 질량이 2배가 되면 쇠구슬에 작용하는 중력의 크기도 2배가 되므로 중력이 한 일의 양이 2배가 된다. 따라서 쇠구슬의 운동 에너지도 2배가 된다.
바로알기 (4) O점에서 A점까지의 거리, 즉 낙하한 거리가 2배가 되면 쇠구슬의 운동 에너지가 2배가 되므로 쇠구슬의 (속력)$^2$이 2배가 된다.
(5) 쇠구슬의 속력은 쇠구슬이 낙하하는 거리가 증가해야 커진다. 실험을 한 위치가 변하면 기준면의 위치가 변하지만 쇠구슬이 낙하한 거리는 변함이 없으므로 A점에서 쇠구슬의 속력도 변하지 않는다.

**02** 중력이 한 일의 양=중력의 크기×낙하한 거리로 구할 수 있다. 중력이 한 일의 양=(9.8×2) N×0.5 m=9.8 J이다.

**03** 중력이 한 일의 양은 추가 낙하하는 거리에 비례하므로 추의 낙하 높이가 4배가 되면 추의 운동 에너지도 4배가 된다. 운동 에너지는 (속력)$^2$에 비례하므로 같은 지점을 지나는 추의 속력은 2배가 된다.

| 채점 기준 | 배점 |
|---|---|
| 속력이 2배가 된다는 것을 그 까닭과 함께 옳게 서술한 경우 | 100 % |
| 속력이 증가한다고만 서술한 경우 | 30 % |

기출 문제로 **내신쑥쑥** 진도 교재 118~121쪽

**01** ②, ④ **02** ④ **03** ① **04** ③ **05** ④ **06** ② **07** ③
**08** ② **09** ③ **10** ③ **11** ③ **12** ③ **13** ④ **14** ④
**15** ①, ④ **16** ④ **17** ④ **18** ⑤ **19** ②
서술형문제 **20** 효진이는 중력에 대해 일을 하였으므로 한 일의 양은 무게×들어 올린 높이=(9.8×1) N×(6 m−4 m)=19.6 J이다. **21** 물체의 무게와 높이가 각각 처음의 2배이므로 중력에 의한 위치 에너지는 처음의 2×2=4배가 된다. 따라서 나무 도막의 이동 거리는 2 m×4=8 m가 된다. **22** (1) 일의 양=(9.8×0.1) N×1 m=0.98 J이다.
(2) 0.98 J, 쇠구슬이 떨어지는 동안 중력이 쇠구슬에 한 일과 쇠구슬의 운동 에너지는 같다.

**01** ② 가방에 위쪽으로 힘을 작용하여 위 방향으로 계단을 걸어 올라갔으므로, 가방에 일을 한 경우이다.
④ 책에 위쪽으로 힘을 작용하여 책상 위로 들어 올렸으므로, 책에 일을 한 경우이다.
바로알기 ① 정신적인 활동은 과학에서의 일을 한 경우가 아니다.
③ 이동 거리가 0이므로 일의 양이 0이다.
⑤ 물체에 작용한 힘이 0이므로 일의 양이 0이다.

**02** 일의 양=힘×힘의 방향으로 이동한 거리=200 N×3 m=600 J이다.

**03** 물체를 끄는 동안 한 일의 양을 구할 때 물체의 무게가 물체를 끄는 힘의 크기와 같지 않음에 주의한다.
일의 양=물체를 끄는 힘×이동 거리=$x$×5 m=150 J이므로 물체에 작용한 힘의 크기 $x$=30 N이다.

**04** 중력이 한 일=중력의 크기×떨어진 높이이고 중력의 크기는 무게이므로 일의 양=5 N×3 m=15 J이다.

**05** (가) 물체를 미는 일+중력에 대해 한 일
=10 N×5 m+20 N×2 m=50 J+40 J=90 J
(나) 중력에 대해 한 일=20 N×2 m=40 J
바로알기 (나)에서 물체를 들어 올린 후 수평으로 이동하는 동안에는 힘의 방향과 이동 방향이 수직이므로 일의 양이 0이다.

**06** ㄱ. 매달린 상태를 유지했으므로 이동한 거리가 0이다. 따라서 한 일의 양도 0이다.
ㄷ. 미끄러운 얼음판 위를 등속으로 움직이려면 작용하는 힘이 없어야 한다. 따라서 가해 준 힘의 크기가 0이므로 한 일의 양도 0이다.
바로알기 ㄴ. 카트를 미는 힘과 같은 방향으로 카트가 이동하였으므로 카트에 일을 했다.
ㄹ. 가방을 메고 계단을 오를 때는 중력과 반대 방향인 위쪽으로 힘을 가한다. 힘을 가해 준 방향인 위쪽으로 이동을 하므로 한 일의 양이 0이 아니다.

**07** ㄱ. 물체에 일을 해 주면 물체의 에너지가 증가하고, 물체가 외부에 일을 하면 물체의 에너지가 감소한다.
ㄴ. 에너지의 단위로 일의 단위와 같은 J, N·m 등을 사용한다.
바로알기 ㄷ. 일은 에너지로, 에너지는 일로 전환될 수 있다.

**08** 「질량×기준면으로부터의 높이」가 클수록 중력에 의한 위치 에너지가 크다.
(가) : 2×6=12 (나) : 6×4=24 (다) : 4×3=12
(라) : 3×5=15 (마) : 4×2=8
따라서 (나)의 중력에 의한 위치 에너지가 가장 크다.

**09** ㄱ. 가방의 위치가 같더라도 기준면이 달라지면 기준면으로부터의 높이가 달라진다. 따라서 중력에 의한 위치 에너지도 달라진다.
ㄴ. 책상 면이 기준면이면 가방의 기준면으로부터의 높이는 0이므로, 중력에 의한 위치 에너지는 0이다.
바로알기 ㄷ. 지면이 기준면이면 가방의 높이는 1 m이므로 중력에 의한 위치 에너지=(9.8×2) N×1 m=19.6 J이다.

**10** ㄱ. 물체를 들어 올리는 일을 하므로 중력에 대해 일을 하였다.
ㄴ. 물체에 한 일의 양은 (9.8×10) N×1 m=98 J이다.
바로알기 ㄷ. 물체에 일을 해 주었으므로 물체의 중력에 의한 위치 에너지는 98 J만큼 증가하였다.

**11** 물체의 중력에 의한 위치 에너지는 질량과 높이의 곱에 비례한다. 질량이 5 kg에서 20 kg으로 4배가 되었으므로 중력에 의한 위치 에너지는 4배가 된다. 따라서 추가 말뚝에 한 일의 양도 4배가 되어 말뚝이 박히는 깊이=10 cm×4=40 cm가 된다.

**12** ㄱ, ㄴ. 추의 중력에 의한 위치 에너지가 나무 도막을 밀어 내는 일로 전환된다. 따라서 나무 도막의 이동 거리는 추의 중력에 의한 위치 에너지에 비례하므로 추의 질량과 낙하 높이에 각각 비례한다.

바로알기 ㄷ. 추의 낙하 높이에 따라 나무 도막이 받은 일의 양은 달라진다.

**13** 쇠구슬의 운동 에너지$=\frac{1}{2}\times$질량$\times$(속력)$^2=\frac{1}{2}\times 4$ kg $\times(2$ m/s$)^2=8$ J이다.

**14** 버스의 질량을 $m$, 속력을 $v$라 하면 승용차의 질량은 $\frac{1}{2}m$, 속력은 $4v$이다. 「운동 에너지$=\frac{1}{2}\times$질량$\times$(속력)$^2$」이므로 버스의 운동 에너지는 $\frac{1}{2}mv^2$이고, 승용차의 운동 에너지는 $\frac{1}{2}\times\frac{1}{2}m\times(4v)^2=4mv^2$이다. 따라서 승용차의 운동 에너지는 버스의 8배이다.

**15** 운동 에너지는 물체의 질량과 (속력)$^2$에 각각 비례한다. 이때 운동 에너지가 (속력)$^2$에 비례하는 것을 나타내는 그래프에는 다음의 두 종류가 있다.

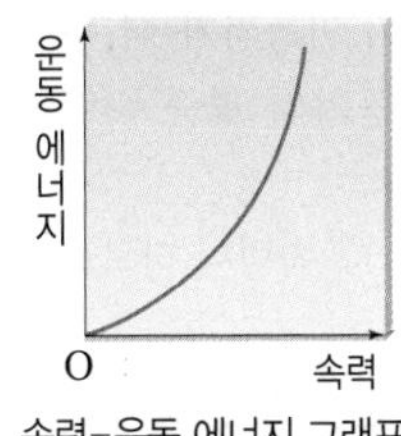

속력-운동 에너지 그래프

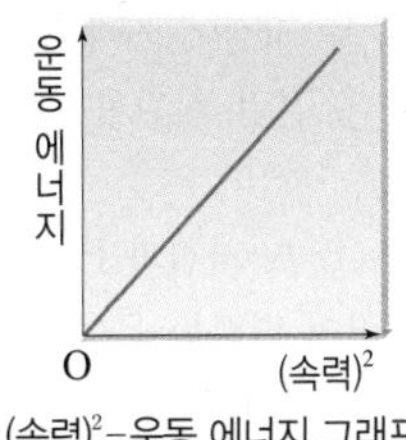

(속력)$^2$-운동 에너지 그래프

**16** 정지해 있던 물체에 20 N×10 m=200 J의 일을 해 주었으므로, 10 m 이동한 순간 물체의 운동 에너지는 200 J이 된다. 따라서 $\frac{1}{2}\times 4$ kg$\times v^2=200$ J에서 물체의 속력 $v=10$ m/s이다.

**17** 수레의 운동 에너지가 나무 도막을 미는 일로 전환되므로, 나무 도막이 밀려난 거리는 수레의 운동 에너지에 비례한다.
수레의 질량이 2 kg, 속력이 2 m/s일 때 나무 도막이 밀려난 거리가 2 cm이다. 한편 질량이 같고 속력이 2배인 4 m/s가 되면 운동 에너지는 $2^2$배인 4배가 되어, 나무 도막이 밀려난 거리도 2 cm의 4배인 8 cm가 된다.
(가)가 8 cm이므로, 나무 도막이 밀려난 거리가 8 cm의 2배인 16 cm이기 위해서는 수레의 운동 에너지도 2배가 되어야 한다. 이때 질량이 2 kg의 2배인 4 kg이므로, (나)는 (가)일 때와 같은 4 m/s이다.

**18** ① 쇠구슬은 중력이 끌어당기는 힘 때문에 낙하한다. 따라서 중력은 쇠구슬에 일을 한다.
② 중력이 쇠구슬에 한 일은 쇠구슬의 운동 에너지로 전환된다. 따라서 낙하할수록 쇠구슬의 운동 에너지가 증가하고 속력은 빨라진다.
③ 쇠구슬이 1 m 낙하하는 동안 중력이 쇠구슬에 한 일의 양은 (9.8×0.1) N×1 m=0.98 J이다.
④ 쇠구슬의 질량이 2배가 되면 중력이 쇠구슬에 한 일의 양도 2배가 된다. 그러므로 낙하한 쇠구슬의 운동 에너지도 2배가 된다.

바로알기 ⑤ 쇠구슬의 질량이 100 g에서 200 g으로 2배가 되면 중력이 한 일의 양이 2배가 되어 운동 에너지가 2배가 된다. 이때 낙하한 거리가 변했다면 속력도 변하지만 낙하 거리는 일정하므로 속력은 변하지 않는다. 자유 낙하 하는 물체의 속력 변화는 질량과 관계가 없기 때문이다.

**19** 공이 자유 낙하 하는 동안 중력이 한 일은 공의 운동 에너지와 같다. 질량이 2배가 되면 중력이 한 일의 양도 2배가 되므로 운동 에너지가 2배가 된다. 따라서 질량이 600 g인 공의 운동 에너지는 질량이 300 g인 공의 운동 에너지의 2배이다.

**20** 중력에 대해 일을 하였으므로 베란다에서 옥상으로 물체를 이동할 때 두 지점에서의 중력에 의한 위치 에너지 차이만큼 일을 해 주어야 한다. 따라서 한 일의 양은 (9.8×1) N×(6 m−4 m)=19.6 J이다.

| 채점 기준 | 배점 |
|---|---|
| 풀이 과정과 함께 일의 양을 옳게 구한 경우 | 100 % |
| 풀이 과정 없이 일의 양만 구한 경우 | 40 % |

**21** 물체의 중력에 의한 위치 에너지가 나무 도막을 미는 일로 전환된다. 따라서 중력에 의한 위치 에너지가 커지면 나무 도막이 밀려나는 거리가 증가한다. 물체의 중력에 의한 위치 에너지는 물체의 질량과 높이에 비례하므로 무게와 높이가 모두 2배가 되면 위치 에너지는 4배가 된다.

| 채점 기준 | 배점 |
|---|---|
| 풀이 과정과 함께 이동 거리를 옳게 구한 경우 | 100 % |
| 풀이 과정 없이 이동 거리만 구한 경우 | 40 % |

**22** 쇠구슬을 낙하시켰을 때 중력이 쇠구슬에 한 일은 쇠구슬의 운동 에너지로 전환된다. 즉, 쇠구슬이 A점까지 떨어지는 동안 중력이 쇠구슬에 한 일의 양은 A점에서 쇠구슬의 운동 에너지와 같다.

| | 채점 기준 | 배점 |
|---|---|---|
| (1) | 풀이 과정과 함께 일의 양을 옳게 구한 경우 | 40 % |
| | 풀이 과정 없이 일의 양만 구한 경우 | 20 % |
| (2) | 운동 에너지를 구하고 관계를 옳게 서술한 경우 | 60 % |
| | 운동 에너지만 구한 경우 | 30 % |

수준 높은 문제로 **실력탄탄** 진도 교재 121쪽

**01** 6 N **02** ⑤ **03** ③

**01** 중력에 대해 한 일의 양=힘×이동 거리=물체의 무게×물체를 들어 올린 높이=10 N×2 m=20 J이다. 전체 한 일의 양 50 J 중에서 중력에 대해 한 일의 양이 20 J이므로 50 J−20 J=30 J은 물체를 끌어당기는 일의 양이다. 물체를 끌어당기는 데 한 일의 양=힘×이동 거리=물체를 끌어당긴 힘×이동 거리=$x$×5 m=30 J이므로 힘의 크기 $x$= 6 N이다.

**02** ㄱ, ㄴ. 쇠구슬의 중력에 의한 위치 에너지가 나무 도막을 미는 일로 전환되므로, 쇠구슬의 중력에 의한 위치 에너지와 나무 도막의 이동 거리는 비례 관계이다. 따라서

$(m\times h):s=(2m\times h):\mathrm{A}=\left(\frac{3}{2}m\times 2h\right):\mathrm{B}$에서 A=$2s$이고, B=$3s$이다.

ㄷ. A : B=$2s$ : $3s$=2 : 3이다.

**03** ㄱ, ㄷ. 자동차의 속력이 20 km/h에서 40 km/h로 2배가 되었을 때 제동 거리는 2 m에서 8 m로 4배, 20 km/h에서 80 km/h로 4배가 되었을 때 제동 거리는 32 m로 16배가 되었다. 따라서 제동 거리는 자동차 속력의 제곱에 비례한다.

바로알기 ㄴ. 자동차의 속력이 20 km/h에서 60 km/h로 3배가 되면 제동 거리는 $3^2$=9배인 2 m×9=18 m가 된다.

| 속력(km/h) | 20 | 30 | 40 | 60 | 80 |
|---|---|---|---|---|---|
| 제동 거리(m) | 2 | 4.5 | 8 | (가) | 32 |

(20→40: ×2, 20→80: ×4 / 2→8: ×$2^2$, 2→32: ×$4^2$)

## 단원평가문제

진도 교재 122~126쪽

01 ③ 02 ② 03 ② 04 ⑤ 05 ①, ⑤ 06 ⑤ 07 ② 08 ③ 09 ① 10 ③ 11 ③ 12 ④ 13 ④ 14 ②, ③ 15 ③ 16 ② 17 ③ 18 ④ 19 ③ 20 ③ 21 ④ 22 ⑤ 23 ④ 24 ㄴ, ㄷ

서술형문제 **25** (1) 0.1초에 15 cm씩 이동하므로 속력은 $\frac{0.15\text{ m}}{0.1\text{ s}}$=1.5 m/s이다. (2) 속력이 1.5 m/s이므로 20초 동안 이동한 거리는 1.5 m/s×20 s=30 m이다. **26** (1) A는 속력이 일정한 등속 운동을 하고, B는 속력이 일정하게 증가하는 운동을 한다. (2) 모노레일의 운동, 무빙워크의 운동이 있다. **27** (1) 자유 낙하 하는 물체는 질량과 관계없이 모두 속력이 일정하게 증가하는 운동을 한다. (2) 자유 낙하 하는 물체는 속력이 1초에 9.8 m/s씩 증가하는 운동을 하므로 2초 후에 속력이 2×9.8 m/s=19.6 m/s가 된다. **28** 일을 하지 않은 경우, 정신적인 활동이어서 힘의 크기와 이동 거리로 표현할 수 없기 때문이다. **29** A<B<D<C, 추의 질량×낙하 높이의 값이 클수록 추의 중력에 의한 위치 에너지가 커서 나무 도막이 밀려난 거리가 크기 때문이다. **30** (1) 수레가 받은 일의 양=$\frac{1}{2}$×2 kg×$(2\text{ m/s})^2$=4 J이다. (2) 수레의 운동 에너지는 나무 도막을 미는 일로 전환되므로 수레의 운동 에너지는 나무 도막에 한 일의 양과 같다.

**01** ① 속력은 단위 시간 동안 이동한 거리이다.

② 72 km/h=$\frac{72000\text{ m}}{3600\text{ s}}$=20 m/s이므로 2 m/s보다 빠르다.

④ 같은 시간 동안 이동한 거리가 길을수록, 같은 거리를 이동하는 데 걸린 시간이 짧을수록 빠르다.

⑤ 다중 섬광 사진에서는 물체의 속력이 빠를수록 이웃한 물체 사이의 간격이 넓다.

바로알기 ③ 50 m/s는 1초 동안 50 m를 이동하는 속력이다.

**02** 속력의 단위를 m/s로 통일하여 비교한다.

A : $\frac{2400\text{ m}}{1\text{ min}}=\frac{2400\text{ m}}{60\text{ s}}$=40 m/s

B : 15 m/s

C : $\frac{100\text{ m}}{10\text{ s}}$=10 m/s

D : $\frac{108\text{ km}}{1\text{ h}}=\frac{108000\text{ m}}{3600\text{ s}}$=30 m/s

E : $\frac{144\text{ km}}{2\text{ h}}=\frac{144000\text{ m}}{(2\times3600)\text{ s}}$=20 m/s

**03** ② A와 C는 전체 이동 거리가 같고, 사진이 찍힌 횟수가 같으므로 걸린 시간도 같다. 따라서 평균 속력이 같다.

바로알기 ① 이웃한 물체 사이의 간격, 즉 같은 시간 동안 이동 거리가 더 큰 것은 B이므로 B의 속력이 더 빠르다.

③ B는 같은 시간 동안 이동 거리가 일정하므로 등속 운동을 한다.

④ C는 물체 사이의 간격이 점점 멀어지므로 속력이 점점 빨라지는 운동을 한다.

⑤ 시간−속력 그래프가 시간축과 나란한 직선 모양은 등속 운동에 해당하므로 A, B와 관련이 있다.

**04** ⑤ 두 지점에 카메라를 설치하여 자동차가 이 구간을 통과하는 데 걸린 시간을 측정하면 자동차의 평균 속력을 구할 수 있다.

바로알기 ① A 지점과 B 지점을 지날 때 속력이 다르므로 자동차는 속력이 변하는 운동을 했다.

②, ③ A 지점과 B 지점 사이의 평균 속력은 구할 수 있지만 가장 빠르거나 느릴 때의 속력은 주어진 자료만으로는 알 수 없다.

④ 자동차의 평균 속력=$\frac{10\text{ km}}{5\text{ min}}=\frac{10\text{ km}}{\frac{5}{60}\text{ h}}$=120 km/h이므로 도로의 제한 속력 110 km/h를 넘었다. 따라서 과속 단속 대상이다.

**05** 등속 운동을 하는 물체의 시간−속력 그래프는 시간축에 나란한 직선이고, 시간−이동 거리 그래프는 원점을 지나는 기울어진 직선 모양이다.

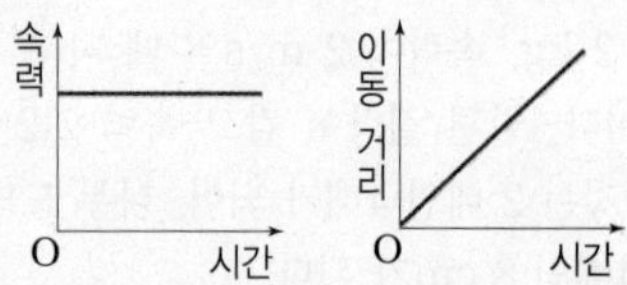


**06** ㄱ. 시간−이동 거리 그래프의 기울기는 속력을 나타낸다.

ㄴ. 등속 운동을 하는 물체의 속력은 일정하고 이동 거리는 일정하게 증가한다.

ㄷ. 에스컬레이터나 무빙워크는 등속 운동을 한다.

**07** ② 자유 낙하 하는 물체의 속력은 1초에 9.8 m/s씩 일정하게 증가한다.

**바로알기** ① 물체에 작용하는 힘의 크기는 일정하다.
③ 물체의 질량에 관계없이 속력 변화는 같다.
④ 물체에는 운동 방향과 같은 방향의 일정한 힘이 작용한다.
⑤ 질량이 다른 두 물체가 같은 높이에서 동시에 자유 낙하 하면 질량에 관계없이 동시에 바닥에 도달한다.

**08** (가)에서는 쇠구슬과 깃털의 속력 변화가 같으므로 진공 중이고, (나)에서는 쇠구슬이 깃털보다 먼저 떨어지므로 공기 저항을 받는 공기 중이다.
③ 쇠구슬은 깃털보다 질량이 크므로 중력도 크다.

**바로알기** ① (가)는 진공 상태이므로 낙하하는 쇠구슬과 깃털의 속력 변화가 같다. 따라서 낙하하는 동안 모든 지점에서 쇠구슬과 깃털의 속력은 같다.
② (가)는 쇠구슬과 깃털이 같은 속력으로 떨어지고 있으므로 공기 저항이 없는 진공 상태이다.
④ (가)와 (나)에서 깃털의 질량은 같으므로 깃털에 작용하는 중력의 크기도 같다.
⑤ 중력의 크기는 물체의 질량에 비례한다. 쇠구슬의 질량은 변하지 않으므로 A, B 지점에서 쇠구슬에 작용하는 중력의 크기는 같다.

**09** 공중에서 가만히 놓은 공에는 연직 아래 방향으로 중력이 작용한다. 물체의 운동 방향과 힘의 방향이 같으므로 물체의 속력은 일정하게 증가한다.

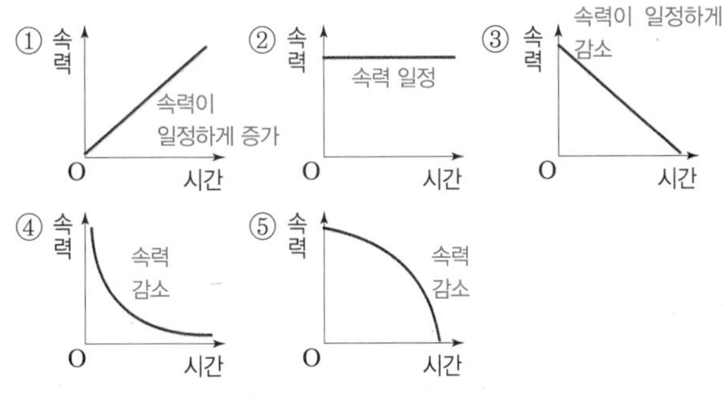


**10**

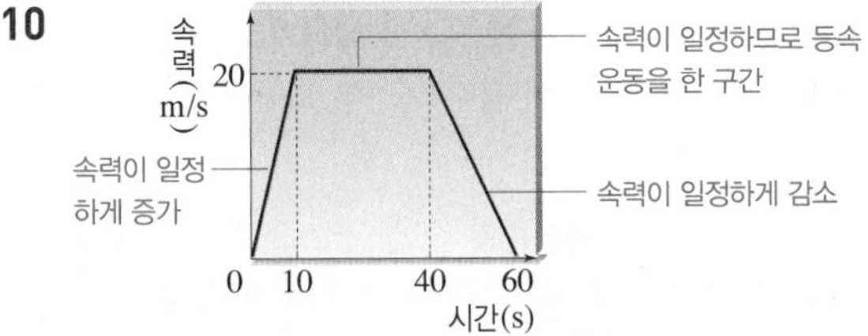


등속 운동을 한 구간은 10~40초이므로, 이동한 거리는 20 m/s × (40−10) s=600 m이다.
전체 이동 거리를 시간-속력 그래프 아랫부분의 넓이로 구하면 $\frac{1}{2}$×(30 s+60 s)×20 m/s=900 m이다. 따라서
평균 속력=$\frac{\text{전체 이동 거리}}{\text{걸린 시간}}=\frac{900\text{ m}}{60\text{ s}}$=15 m/s이다.

**11** ㄱ. 힘을 작용한 방향으로 물체가 이동하였으므로 과학에서의 일을 한 것이다.
ㄷ. 물체를 끌어당기는 동안 한 일=끌어당기는 힘×이동 거리 =6 N×3 m=18 J이다.

**바로알기** ㄴ. 물체가 중력의 방향으로 이동한 거리는 0이므로 중력에 대해 한 일의 양은 0이다.

**12** 중력에 대해 한 일의 양=추의 무게×들어 올린 높이=(9.8×10) N×5 m=490 J이다.

**13** 작용해야 하는 힘의 크기=나무 도막의 무게
=9.8×2=19.6 (N)
일의 양=들어 올린 힘×들어 올린 높이
=19.6 N×5 m=98 J

**14**

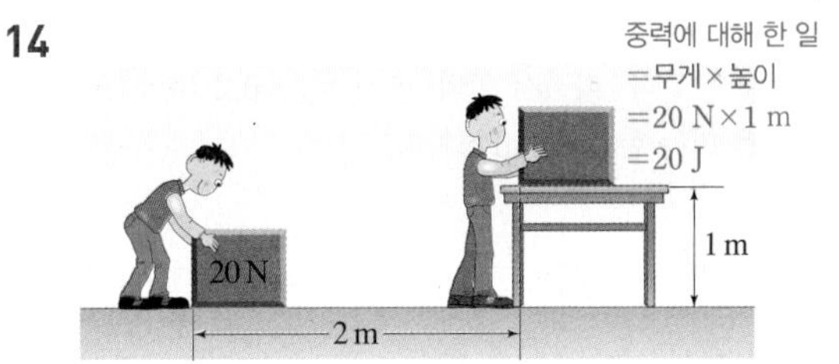


② 중력에 대해 한 일의 양=무게×높이=20 N×1 m=20 J
③ 물체를 천천히 들어 올렸으므로, 물체를 들어 올리는 힘의 크기는 물체의 무게와 같은 20 N이다.

**바로알기** ① 철수는 물체를 미는 일을 한 후, 물체를 들어 올리면서 중력에 대해 일을 하였다.
④ 물체를 미는 동안 한 일의 양=미는 힘×이동 거리=10 N ×2 m=20 J이므로 철수가 한 일의 총량=물체를 미는 일의 양+중력에 대해 한 일의 양=20 J+20 J=40 J이다.
⑤ 물체를 미는 동안 한 일의 양=철수가 한 일의 총량−중력에 대해 한 일의 양=240 J−20 J=220 J이다. 따라서 미는 힘×2 m=220 J이므로 미는 힘의 크기는 110 N이다.

**15** ③ 물체의 이동 방향과 힘의 방향이 수직이면 힘의 방향으로 이동한 거리가 0이므로 일의 양이 0이다.

**16** 「88.2 J=(9.8×6) N×들어 올린 높이」에서 들어 올린 높이는 1.5 m이다.

**17** 물체의 위치를 1 m에서 3 m 높이로 들어 올리므로 이동 거리는 2 m이다. 따라서 물체에 해야 하는 일의 양은 (9.8×5) N ×2 m=98 J이다.

**18** 추의 중력에 의한 위치 에너지가 나무 도막을 미는 일로 전환된다. 추의 중력에 의한 위치 에너지는 추의 높이에 비례하므로 나무 도막이 밀려난 거리는 추를 떨어뜨린 높이에 비례한다. 30 cm : $x$=2 cm : 3 cm에서 추를 떨어뜨린 높이 $x$=45 cm이다.

**19** **바로알기** ③ 나무 도막이 밀려난 거리는 추의 중력에 의한 위치 에너지에 비례하므로 추의 질량과 낙하 높이의 곱에 비례한다.

**20** ① 중력에 의한 위치 에너지는 9.8×질량×높이로 구한다. 이때 (9.8×질량)은 물체의 무게이므로 수레의 중력에 의한 위치 에너지는 수레의 무게에 비례한다.

② 나무 도막과 충돌하기 직전에 수레가 가진 에너지는 수레가 처음에 가진 중력에 의한 위치 에너지와 같다. 따라서 (9.8×1) N×5 m= 49 J이다.
④ 수레의 중력에 의한 위치 에너지가 나무 도막을 미는 일로 전환되므로 높이가 높아져서 중력에 의한 위치 에너지가 커질수록 나무 도막도 많이 밀려난다.
⑤ 빗면의 높이는 2배, 수레의 질량도 2배가 되었으므로 수레의 중력에 의한 위치 에너지는 2×2=4배가 된다. 따라서 나무 도막이 밀려나는 거리도 4배가 되므로 0.2 m×4=0.8 m가 된다.
**바로알기** ③ 수레의 중력에 의한 위치 에너지가 나무 도막을 미는 일의 양과 같다. 따라서 일의 양 $W=f\times0.2$ m=49 J에서 나무 도막을 미는 힘 $f$=245 N이다.

**21** A의 운동 에너지는 $\frac{1}{2}\times2\ \text{kg}\times(4\ \text{m/s})^2=16$ J이고, B의 운동 에너지는 $\frac{1}{2}\times4\ \text{kg}\times(2\ \text{m/s})^2=8$ J이다. 따라서 A : B=16 J : 8 J=2 : 1이다.

**22** 수레의 운동 에너지가 나무 도막을 미는 일로 전환되므로, 나무 도막이 밀려난 거리는 수레의 운동 에너지에 비례한다. 수레의 속력이 2 m/s에서 8 m/s로 4배가 되면 운동 에너지는 $4^2$배인 16배가 된다. 따라서 수레가 나무 도막에 한 일이 16배가 되어, 나무 도막을 밀고 간 거리는 2 m×16=32 m가 된다.

**23** ①, ③ 수레가 가진 운동 에너지가 나무 도막에 한 일로 전환되므로, 나무 도막이 밀려난 거리는 수레의 운동 에너지에 비례한다.
② $\frac{1}{2}\times4\ \text{kg}\times(5\ \text{m/s})^2=50$ J이다.
⑤ 그래프에서 속력 제곱이 $0.05(\text{m/s})^2$일 때 나무 도막이 0.2 m 밀려났으므로, $\frac{1}{2}\times4\ \text{kg}\times0.05(\text{m/s})^2=f\times0.2$ m에서 나무 도막을 밀고 가는 힘 $f$=0.5 N이다.
**바로알기** ④ 그래프에서 나무 도막이 밀려난 거리는 수레의 속력 제곱에 비례한다.

**24** ㄴ, ㄷ. 사과는 떨어지면서 운동 에너지로 전환되므로 중력이 사과에 한 일의 양은 $\frac{1}{2}\times0.5\ \text{kg}\times(14\ \text{m/s})^2=49$ J이다.
**바로알기** ㄱ. 사과에 작용하는 중력의 크기는 (9.8×0.5) N=4.9 N이다.

**25** 속력=$\frac{\text{이동 거리}}{\text{걸린 시간}}$이므로 이동 거리=속력×걸린 시간으로 구할 수 있다.

| | 채점 기준 | 배점 |
|---|---|---|
| (1) | 풀이 과정과 함께 속력을 옳게 구한 경우 | 50 % |
| | 풀이 과정 없이 속력만 구한 경우 | 20 % |
| (2) | 풀이 과정과 함께 이동 거리를 옳게 구한 경우 | 50 % |
| | 풀이 과정 없이 이동 거리만 구한 경우 | 20 % |

**26**
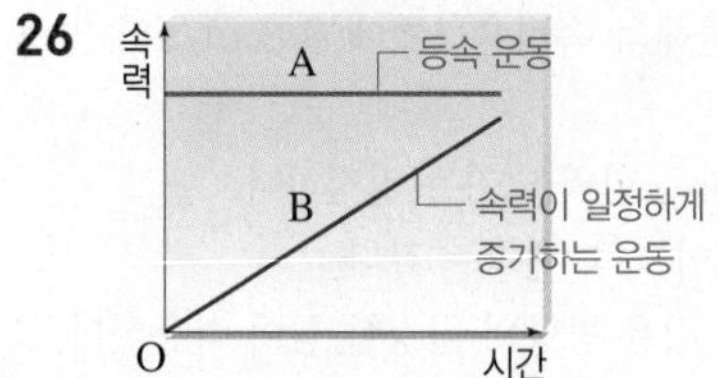


A는 그래프가 일정하므로 속력이 일정한 운동을 하고, B는 그래프가 시간에 비례하여 증가하므로 속력이 일정하게 증가하는 운동을 한다.

| | 채점 기준 | 배점 |
|---|---|---|
| (1) | A, B의 운동을 모두 옳게 서술한 경우 | 50 % |
| | A, B 중 한 가지의 운동만 서술한 경우 | 20 % |
| (2) | 운동의 예를 두 가지 모두 옳게 서술한 경우 | 50 % |
| | 운동의 예를 한 가지만 서술한 경우 | 20 % |

**27** 자유 낙하 하는 물체는 질량에 관계없이 속력 변화량이 모두 9.8로 일정하다. 따라서 낙하한 시간을 알면 물체의 속력을 구할 수 있다.

| | 채점 기준 | 배점 |
|---|---|---|
| (1) | 속력 변화가 질량에 관계없이 일정하다고 서술한 경우 | 50 % |
| | 질량에 대한 언급 없이 속력 변화가 일정하다고 서술한 경우 | 20 % |
| | 속력 변화가 일정하게 증가한다고 서술한 경우 오답 처리 | 0 % |
| (2) | 풀이 과정과 함께 속력을 옳게 구한 경우 | 50 % |
| | 풀이 과정 없이 속력만 구한 경우 | 25 % |

**28** 물체에 힘을 작용하여 물체가 힘의 방향으로 이동하였을 때에만 과학에서의 일을 하였다고 한다.

| 채점 기준 | 배점 |
|---|---|
| 일을 하지 않은 경우라고 쓰고, 힘의 크기와 이동 거리로 표현할 수 없기 때문이라고 서술한 경우 | 100 % |
| 일을 하지 않은 경우라고만 쓴 경우 | 30 % |

**29** 나무 도막이 밀려난 거리는 추의 중력에 의한 위치 에너지에 비례하고, 추의 중력에 의한 위치 에너지는 「질량×낙하 높이」에 비례하므로, 이 값이 클수록 나무 도막이 밀려난 거리가 크다.

| 채점 기준 | 배점 |
|---|---|
| 나무 도막이 밀려난 거리를 옳게 비교하고, 그 까닭을 「추의 질량×낙하 높이」를 통해 서술한 경우 | 100 % |
| 나무 도막이 밀려난 거리만 옳게 비교한 경우 | 50 % |

**30** 수레의 처음 운동 에너지가 모두 나무 도막을 미는 일로 전환되므로 수레가 정지할 때까지 받은 일의 양은 수레의 운동 에너지와 같다.

| | 채점 기준 | 배점 |
|---|---|---|
| (1) | 풀이 과정과 함께 일의 양을 옳게 구한 경우 | 50 % |
| | 풀이 과정 없이 일의 양만 구한 경우 | 20 % |
| (2) | 운동 에너지와 일 사이의 관계를 옳게 서술한 경우 | 50 % |
| | 수레의 운동 에너지가 일로 전환된다고만 한 경우 | 20 % |

# Ⅳ 자극과 반응

## 01 감각 기관

### 확인 문제로 개념쏙쏙 진도 교재 131, 133쪽

Ⓐ 동공, 망막, 황반, 맹점, 홍채, 동공, 수정체
Ⓑ 감각점, 통점, 압점, 촉점, 냉점, 온점
Ⓒ 고막, 귓속뼈, 달팽이관, 반고리관, 전정 기관
Ⓓ 후각 세포, 맛세포

**1** (1) C, 섬모체 (2) B, 수정체 (3) D, 맥락막 (4) E, 망막 (5) A, 홍채 (6) F, 공막 **2** ㉠ 수정체, ㉡ 망막 **3** (1) ㉠ 밝을, ㉡ 확장 (2) ㉠ 커, ㉡ 증가 **4** ㉠ 이완, ㉡ 얇아, ㉢ 수축, ㉣ 두꺼워 **5** (1) × (2) ○ (3) × (4) ○ (5) ○ **6** A : 고막, B : 귓속뼈, C : 반고리관, D : 전정 기관, E : 청각 신경, F : 달팽이관, G : 귀인두관 **7** (1)－㉣ (2)－㉠ (3)－㉡ (4)－㉢ (5)－㉥ (6)－㉦ (7)－㉤ **8** ㉠ 고막, ㉡ 귓속뼈, ㉢ 달팽이관 **9** (1) ○ (2) ○ (3) × (4) × **10** (1) ㉠ 기체, ㉡ 후각 세포 (2) ㉠ 액체, ㉡ 맛세포

**1**

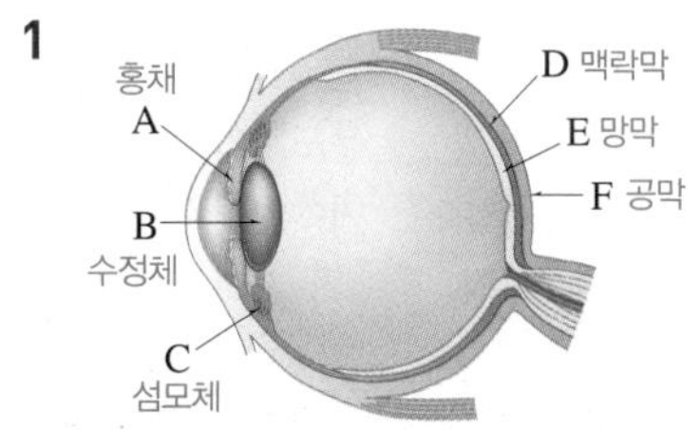


**3** (1) (가)는 주변이 밝을 때의 상태로, 홍채가 확장되어 동공의 크기가 작아진다. ➡ 눈으로 들어오는 빛의 양이 감소한다.
(2) (가)에서 (나)로 변하는 것은 주변이 어두워질 때의 상태로, 홍채가 수축되어 동공의 크기가 커진다.➡ 눈으로 들어오는 빛의 양이 증가한다.

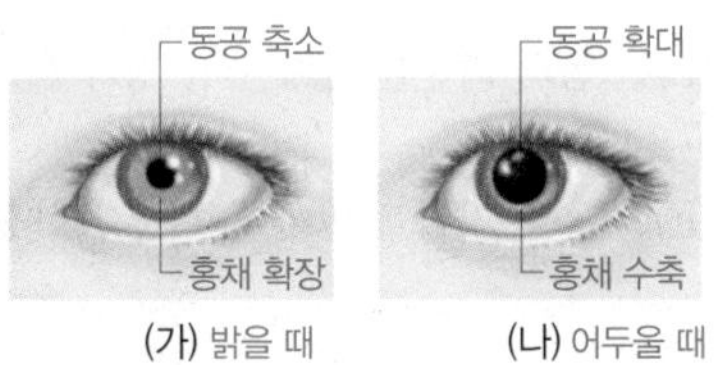

(가) 밝을 때 (나) 어두울 때

**5** 바로알기 (1) 감각점은 몸의 부위에 따라 다르게 분포한다.
(3) 냉점과 온점은 절대적인 온도가 아니라 상대적인 온도 변화를 감지한다.

**6**

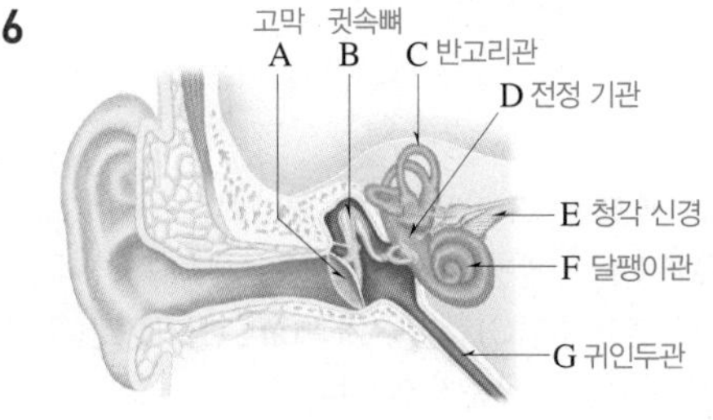


**8** 소리가 귓바퀴에서 모여 외이도를 지나 고막에 도달하면 고막이 진동하고, 이 진동은 귓속뼈를 지나면서 증폭되어 달팽이관으로 전달된다. 달팽이관에 있는 청각 세포가 진동을 자극으로 받아들이고, 이 자극이 청각 신경을 통해 뇌로 전달되어 소리를 듣게 된다.

**9** 바로알기 (3) 매운맛은 미각이 아니라 피부 감각이다.
(4) 후각 세포는 쉽게 피로해지기 때문에 같은 냄새를 계속 맡으면 나중에는 잘 느끼지 못한다.

**10** 후각 상피의 후각 세포에서는 기체 상태의 화학 물질을 자극으로 받아들이고, 맛봉오리의 맛세포에서는 액체 상태의 화학 물질을 자극으로 받아들인다.

### 탐구 a 진도 교재 134쪽

㉠ 많이, ㉡ 예민
**01** (1) × (2) × (3) ○ (4) ○ **02** 손가락 끝 **03** 이쑤시개가 두 개로 느껴지는 최소 거리가 짧은 부위일수록 감각점이 많이 분포한 부위이다.

**01** 바로알기 (1) 감각점은 몸의 부위에 따라 다르게 분포한다.
(2) 이쑤시개를 두 개로 느끼는 최소 거리가 가장 짧은 손가락 끝이 가장 예민하다.

**02** 이쑤시개가 두 개로 느껴지는 최소 거리가 가장 짧은 손가락 끝이 감각점이 가장 많이 분포한 부위이다.

**03** 이쑤시개 간격에 해당하는 거리에 감각점이 한 개 분포하면 이쑤시개가 한 개로 느껴진다.

| 채점 기준 | 배점 |
|---|---|
| 최소 거리가 짧은 부위일수록 감각점이 많이 분포한 부위라는 내용을 포함하여 옳게 서술한 경우 | 100 % |
| 그 외의 경우 | 0 % |

### 여기서 잠깐 진도 교재 135쪽

유제❶ ② 유제❷ ④ 유제❸ ②

유제❶ 환하게 불이 켜진 방에 있다가 불을 끄면 주변이 어두워진다. 이때 눈에서는 홍채가 수축하면서 동공이 확대되어 눈으로 들어오는 빛의 양이 증가한다.
바로알기 ① 주변이 밝아질 때이다.
③ 멀리 있는 물체를 볼 때이다.
④ 가까이 있는 물체를 볼 때이다.
⑤ 주변이 어두워지면 동공의 크기가 커진다.

유제❷ A는 홍채, B는 수정체, C는 섬모체이다. 멀리 있는 물체가 가까워질 때 섬모체(C)가 수축하여 수정체(B)가 두꺼워진다.
바로알기 ①, ②, ⑤ 홍채(A)는 주변 밝기에 따라 변화한다.
③ 멀리 있는 물체를 볼 때이다.

유제③ 멀리 있는 물체를 볼 때 상이 망막 앞에 맺히는 근시이다.
② 근시는 오목 렌즈로 빛을 퍼뜨려 교정한다.
바로알기 ① 근시이다.
③ 상이 망막 앞에 맺힌다.
④ 멀리 있는 물체가 잘 보이지 않는다.
⑤ 수정체와 망막 사이의 거리가 정상보다 멀 때 나타난다.

기출 문제로 **내신쑥쑥** 진도 교재 136~139쪽

01 ⑤ 02 ① 03 H, 맹점 04 ③ 05 ① 06 ③
07 ③ 08 ① 09 ③ 10 ⑤ 11 ④ 12 ④ 13 ①
14 ③ 15 ③ 16 ② 17 ⑤ 18 ④ 19 ④
서술형 문제 20 (1) D(섬모체)가 이완하여 C(수정체)의 두께가 얇아진다. (2) A(홍채)가 확장되어 B(동공)의 크기가 작아진다. 21 G : 귀인두관, 고막 안쪽과 바깥쪽의 압력을 같게 조절한다. 22 몸의 부위에 따라 감각점이 분포하는 정도가 다르기 때문이다. 23 음식 맛은 미각과 후각을 종합하여 느끼는 것이기 때문이다.

**01** ⑤ 망막(F)은 시각 세포가 있어 물체의 상이 맺히는 곳이다.
바로알기 ① 홍채(A)는 눈으로 들어오는 빛의 양을 조절한다. 수정체의 두께를 조절하는 것은 섬모체(D)이다.
② 각막(C)은 홍채의 바깥을 감싸는 투명한 막으로, 빛을 통과시킨다. 빛을 굴절시키는 것은 수정체(B)이다.
③ 섬모체(D)는 수정체(B)의 두께를 변화시켜 망막에 또렷한 상이 맺히게 한다.
④ 맥락막(E)에는 검은색 색소가 있어 눈 속을 어둡게 한다. 시각 세포가 있어 빛을 자극으로 받아들이는 곳은 망막(F)이다.

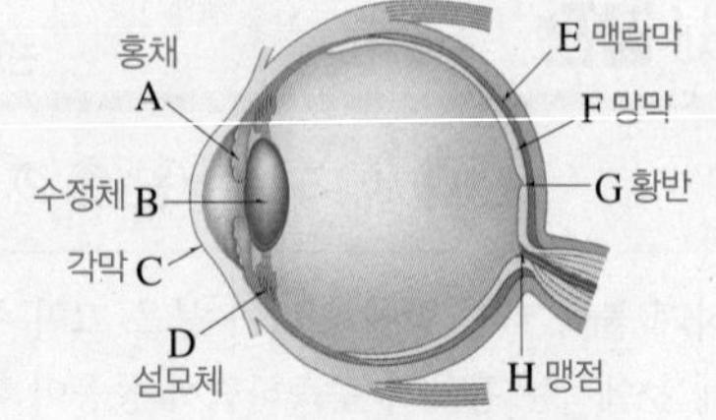


**02** ① 동공의 크기를 조절하는 것은 홍채(A)이고, 검은색 색소가 있어 눈 속을 어둡게 하는 것은 맥락막(E)이다.

**03** 맹점(H)은 시각 신경이 모여 나가는 곳으로 시각 세포가 없어 상이 맺혀도 보이지 않는다. 병아리가 보이지 않은 이유는 상이 맹점에 맺혔기 때문이다.

**04** 바로알기 ④, ⑤ 시각 세포는 망막에 있다.

**05** 눈이 (가)에서 (나)로 변할 때는 주변이 밝아져 홍채가 확장되고 동공의 크기가 작아진 상황이다.
바로알기 ③, ⑤ 주변이 어두워질 때이다.
④ 가까이 있는 물체가 점점 멀어지므로 섬모체가 이완하여 수정체가 얇아지는 상황이다.

**06** A는 먼 곳을 볼 때 수정체가 얇아진 상태이고, B는 가까운 곳을 볼 때 수정체가 두꺼워진 상태이다.

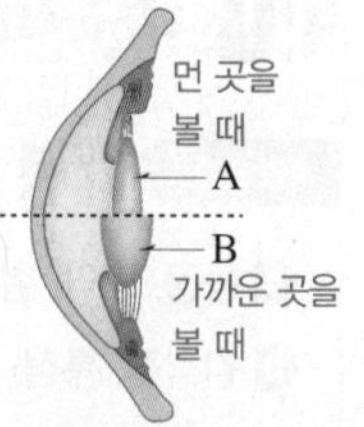


바로알기 ①, ⑤ A → B의 상황은 먼 곳을 보다가 가까운 곳을 볼 때로, 섬모체가 수축하여 수정체가 두꺼워졌다.
②, ④ 밝기가 변하면 홍채의 크기에 따라 동공의 크기가 변하여 눈으로 들어오는 빛의 양이 조절된다.

**07** 주변이 밝아졌으므로(어두운 극장 → 밝은 밖) 홍채가 확장되어 동공이 작아진다. 가까운 곳을 보다가 먼 곳을 보았으므로(영화 → 하늘의 비행기) 섬모체가 이완하여 수정체가 얇아진다.

**08** 바로알기 ① 감각점은 몸의 부위에 따라 다르게 분포한다.

**09** 냉점과 온점은 상대적인 온도 변화를 감각하는 감각점으로, 이전보다 온도가 높아지면 온점이 자극을 받아들이고, 온도가 낮아지면 냉점이 자극을 받아들인다. 따라서 15 ℃의 물에서 25 ℃의 물로 옮긴 오른손은 따뜻하다고 느끼고, 35 ℃의 물에서 25 ℃의 물로 옮긴 왼손은 차갑다고 느낀다.

**10** ②, ④ 두 이쑤시개가 한 개로 느껴지는 까닭은 이쑤시개 간격에 해당하는 거리에 감각점이 한 개 분포하기 때문이다. 따라서 감각점이 많이 분포한 부위일수록 이쑤시개가 두 개로 느껴지는 최소 거리가 짧으며, 감각점 사이의 거리가 가장 짧은 곳은 손가락 끝이다.
바로알기 ⑤ 손등에서 이쑤시개가 두 개로 느껴지는 최소 거리는 8 mm이다. 따라서 두 이쑤시개 사이의 간격이 7 mm이면 손등에서 이쑤시개가 한 개로 느껴진다.

**11** 바로알기 ① 고막(A)은 소리에 의해 진동하는 얇은 막이다.
② 귓속뼈(B)는 고막의 진동을 증폭한다. 소리를 모으는 곳은 귓바퀴이다.
③ 반고리관(C)은 몸의 회전을 감지한다. 청각 세포가 있는 곳은 달팽이관(F)이다.
⑤ 달팽이관(F)은 소리 자극을 받아들여 청각 신경(E)으로 전달한다.

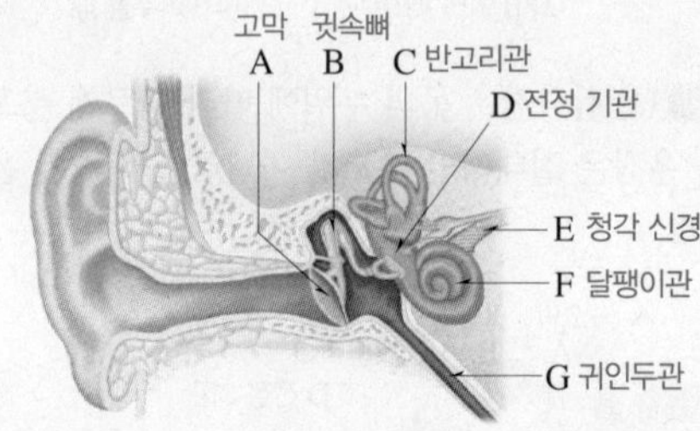


**12** 소리를 듣는 과정은 '소리(음파) → 귓바퀴 → 외이도 → 고막(A) → 귓속뼈(B) → 달팽이관(F)의 청각 세포 → 청각 신경(E) → 뇌'이다. 반고리관(C), 전정 기관(D), 귀인두관(G)은 소리를 듣는 과정에 직접 관여하지 않는다.

**13** A는 반고리관, B는 전정 기관, C는 달팽이관이다.
ㄱ. 반고리관(A)은 회전 감각을 담당한다.
**바로알기** ㄴ. 전정 기관(B)은 위치 감각을 담당하며, 고막 안쪽과 바깥쪽의 압력을 같게 조절하는 곳은 귀인두관이다.
ㄷ. 반고리관(A)과 전정 기관(B)에서 받아들인 자극은 평형 감각 신경을 통해 뇌로 전달된다.

**14** (가)는 몸의 움직임이나 기울임을 감지하는 현상이므로 전정 기관(B), (나)는 소리를 듣는 현상이므로 달팽이관(C), (다)는 몸의 회전을 감지하는 현상이므로 반고리관(A)과 관계 깊다.

**15** 기체 상태의 화학 물질을 자극으로 받아들이는 후각 세포는 콧속 윗부분의 후각 상피에 분포한다. 후각 세포에서 받아들인 자극이 후각 신경을 통해 뇌로 전달되어 냄새를 맡을 수 있게 된다.
**바로알기** ③ 사람의 코는 수천 가지의 냄새를 맡을 수 있다.

**16** ② 후각 세포는 쉽게 피로해지기 때문에 같은 냄새를 계속 맡으면 나중에는 잘 느끼지 못한다.

**17** 혀의 맛세포에서 느끼는 기본적인 맛에는 단맛, 짠맛, 신맛, 쓴맛, 감칠맛이 있다. 매운맛은 미각이 아니라 혀와 입속 피부의 통점에서 자극을 받아들여 느끼는 피부 감각이다.

**18** **바로알기** ④ 맛세포(B)는 액체 상태의 화학 물질을 자극으로 받아들인다.

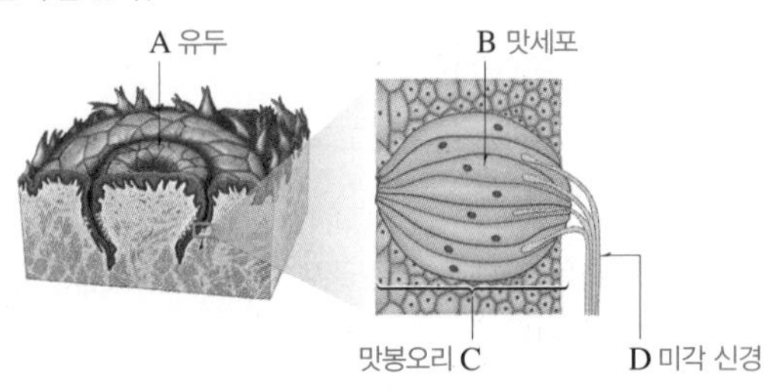


**19** ④ 코를 막았을 때(가)는 단맛과 신맛만 느껴졌으나 코를 막지 않았을 때(나)는 과일 냄새를 맡을 수 있어 과일 맛을 느낄 수 있다. 이를 통해 음식 맛은 미각과 후각을 종합하여 느끼는 것임을 알 수 있다.

**20** 물체와의 거리가 변하면 섬모체에 의해 수정체의 두께가 조절되고, 주변 밝기가 변하면 홍채에 의해 동공의 크기가 조절된다.

| | 채점 기준 | 배점 |
|---|---|---|
| (1) | C와 D의 변화를 모두 옳게 서술한 경우 | 50 % |
| | 둘 중 한 가지만 옳게 서술한 경우 | 25 % |
| (2) | A와 B의 변화를 모두 옳게 서술한 경우 | 50 % |
| | 둘 중 한 가지만 옳게 서술한 경우 | 25 % |

**21** A는 고막, B는 귓속뼈, C는 반고리관, D는 전정 기관, E는 청각 신경, F는 달팽이관, G는 귀인두관이다. 귀인두관(G)을 통해 외부 공기가 귓속으로 드나들어 고막 안쪽과 바깥쪽의 압력이 같게 조절된다.

| 채점 기준 | 배점 |
|---|---|
| 기호와 이름을 옳게 쓰고, 그 기능을 옳게 서술한 경우 | 100 % |
| 기호와 이름만 옳게 쓴 경우 | 50 % |

**22** 감각점은 몸의 부위에 따라 분포하는 정도가 다르며, 감각점이 많이 분포한 곳일수록 감각이 예민하다.

| 채점 기준 | 배점 |
|---|---|
| 몸의 부위에 따라 감각점의 분포 정도가 다르기 때문이라는 내용을 포함하여 옳게 서술한 경우 | 100 % |
| 감각점의 분포 정도를 언급하지 않은 경우 | 0 % |

**23** 코감기에 걸리면 냄새를 잘 맡을 수 없다.

| 채점 기준 | 배점 |
|---|---|
| 음식 맛은 미각과 후각을 종합하여 느끼는 것이라는 내용을 포함하여 옳게 서술한 경우 | 100 % |
| 미각과 후각 중 하나라도 언급하지 않은 경우 | 0 % |

**01** ② **02** ⑤

**01** 0~$t$초 사이에 동공의 크기는 작아지고 있고, 수정체의 두께는 얇아지고 있다. 어두운 곳에서는 홍채가 수축되어(면적이 줄어듦) 동공이 커지고, 밝은 곳에서는 홍채가 확장되어(면적이 늘어남) 동공이 작아진다. 가까운 곳을 볼 때는 섬모체가 수축하여 수정체가 두꺼워지고, 먼 곳을 볼 때는 섬모체가 이완하여 수정체가 얇아진다.
ㄴ. 0~$t$초 사이에 수정체가 얇아지고 있으므로, 섬모체가 이완하였다.
**바로알기** ㄱ. 0~$t$초 사이에 동공의 크기가 작아지고 있으므로 처음에 있던 곳보다 밝은 곳으로 이동하였다.
ㄷ. $t$초에서의 수정체 두께가 0초에서의 수정체 두께보다 얇은 것으로 보아 이 사람이 $t$초에 보고 있는 물체는 처음에 보고 있던 물체보다 먼 곳에 있다.

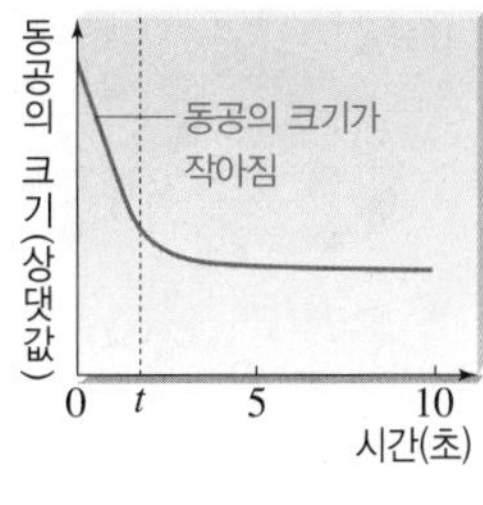


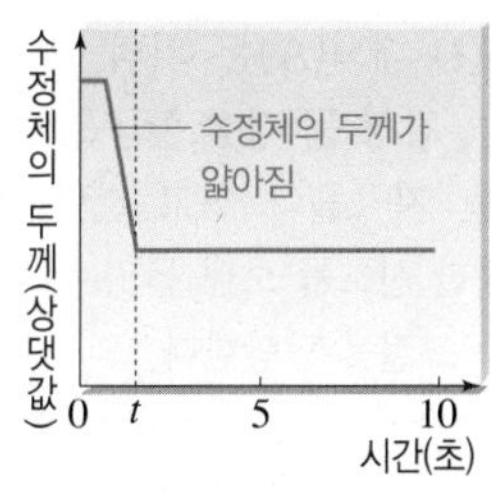


**02** A는 후각 세포, B는 후각 신경, C는 미각 신경, D는 맛세포이다.
ㄴ. 후각 세포(A)에서는 기체 상태의 화학 물질을 자극으로 받아들인다.
ㄷ. 냄새를 맡는 과정은 '기체 상태의 화학 물질 → 후각 상피의 후각 세포(A) → 후각 신경(B) → 뇌'이고, 맛을 느끼는 과정은 '액체 상태의 화학 물질 → 맛봉오리의 맛세포(D) → 미각 신경(C) → 뇌'이다.
**바로알기** ㄱ. 후각 상피에 후각 세포(A)가 모여 있고, 맛봉오리에 맛세포(D)가 모여 있다.

## 02 신경계와 호르몬

확인 문제로 **개념쏙쏙** 진도 교재 141, 143, 145쪽

Ⓐ 뉴런, 신경 세포체, 연합, 중추, 뇌, 척수, 말초, 운동
Ⓑ 대뇌, 무조건 반사, 척수
Ⓒ 호르몬, 내분비샘, 표적, 거인증, 갑상샘 기능 항진증
Ⓓ 항상성, 확장, 수축, 인슐린, 글루카곤

**1** (1) C, 축삭 돌기 (2) A, 신경 세포체 (3) B, 가지 돌기 **2** (1) C, 운동 뉴런 (2) B, 연합 뉴런 (3) A, 감각 뉴런 **3** A → B → C **4** (1)-㉠ (2)-㉤ (3)-㉢ (4)-㉡ (5)-㉣ **5** (1) × (2) × (3) ○ (4) × **6** (1) ○ (2) ○ (3) × (4) ○ (5) × **7** (1) 척수 (2) ㉠ 대뇌, ㉡ 척수 **8** ㉠ 느림, ㉡ 빠름, ㉢ 넓음, ㉣ 좁음 **9** A : 뇌하수체, B : 갑상샘, C : 부신, D : 이자, E : 난소, F : 정소 **10** ㉠ 갑상샘 자극 호르몬, ㉡ 항이뇨 호르몬, ㉢ 티록신, ㉣ 촉진, ㉤ 감소, ㉥ 글루카곤, ㉦ 증가, ㉧ 테스토스테론 **11** (1)-㉣ (2)-㉡ (3)-㉠ (4)-㉢ **12** ㄱ, ㄹ, ㅁ **13** ㄴ, ㄷ **14** A : 글루카곤, B : 인슐린 **15** (1) ㉠ B, ㉡ 포도당, ㉢ 글리코젠 (2) ㉠ A, ㉡ 글리코젠, ㉢ 포도당

**1**

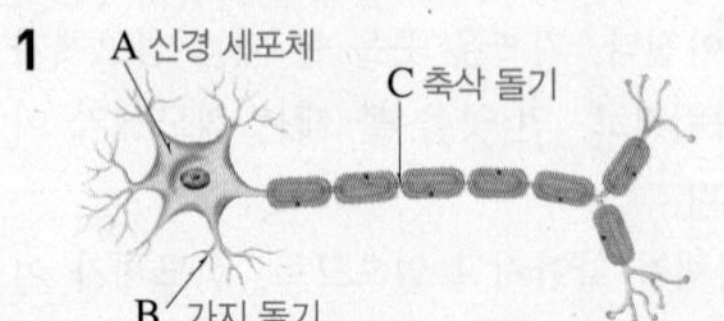


**2** 감각 뉴런(A)은 감각 기관에서 받아들인 자극을 연합 뉴런(B)으로 전달하고, 운동 뉴런(C)은 연합 뉴런(B)의 명령을 반응 기관으로 전달한다. 연합 뉴런(B)은 뇌와 척수로 이루어진 중추 신경계를 구성하며, 전달받은 자극을 느끼고 판단하여 적절한 명령을 내린다.

**4** (1) 대뇌(A)는 기억, 추리, 학습, 감정 등 정신 활동을 담당하며, 자극을 느끼고 판단하여 적절한 신호를 보내 몸의 감각과 운동 조절을 담당한다.

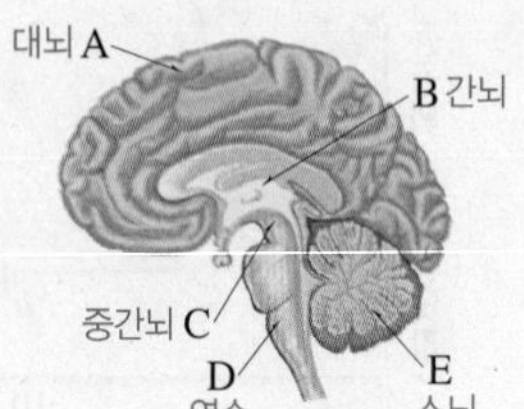


(3) 중간뇌(C)는 눈의 움직임, 동공과 홍채의 변화를 조절한다.
(4) 연수(D)는 심장 박동과 호흡 운동, 소화 운동 등 생명 유지 활동을 조절한다. 또 기침, 재채기, 눈물 분비와 같은 반응의 중추이다.

**5** 바로알기 (1) 중추 신경계는 뇌와 척수로 이루어져 있다.
(4) 자율 신경은 대뇌의 직접적인 명령 없이 내장 기관의 운동을 조절한다.

**6** 바로알기 (3) 무조건 반사는 의식적 반응보다 반응 경로가 짧고 단순하므로 의식적 반응보다 빠르게 일어난다.
(5) 무조건 반사는 대뇌의 판단 과정을 거치지 않는다.

**7** (1) 척수가 반응의 중추인 무조건 반사이다.
(2) 눈에서 받아들인 자극은 시각 신경을 통해 대뇌로 전달되고, 대뇌의 명령은 척수를 거쳐 운동 신경을 통해 다리의 근육으로 전달된다. 의식적 반응의 중추는 대뇌이다.

**8** 호르몬은 신경에 비해 신호 전달 속도는 느리지만 넓은 범위에서 지속적으로 효과가 나타난다.

**[9~10]**

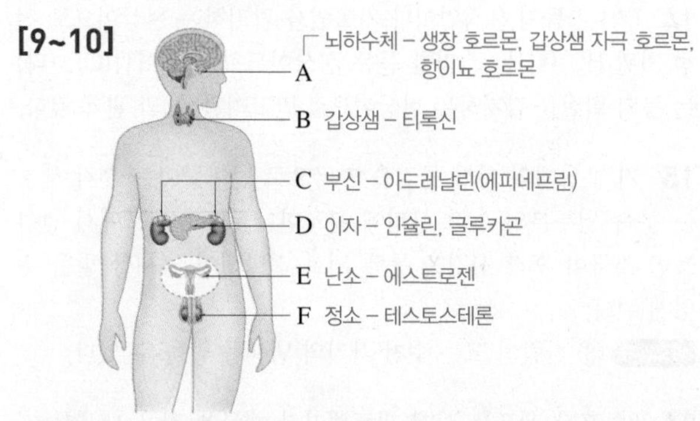


**11** 성장기에 생장 호르몬의 분비가 부족하면 소인증, 과다하면 거인증이 나타나고, 성장기 이후에 생장 호르몬의 분비가 과다하면 말단 비대증이 나타난다. 티록신 분비가 부족하면 갑상샘 기능 저하증, 과다하면 갑상샘 기능 항진증이 나타나고, 인슐린 분비가 부족하면 당뇨병이 나타난다.

**12** 추울 때는 근육이 떨리고, 티록신의 분비 증가로 세포 호흡이 촉진되어 열 발생량이 증가하고, 피부 근처 혈관이 수축되어 열 방출량이 감소한다.

**13** 더울 때는 땀 분비가 증가하고 피부 근처 혈관이 확장되어 열 방출량이 증가한다.

**14** A는 혈당량을 증가시키는 글루카곤이고, B는 혈당량을 감소시키는 인슐린이다.

### 탐구 a 진도 교재 146쪽

㉠ 대뇌, ㉡ 의식적 반응
**01** (1) × (2) ○ (3) × (4) × **02** ㉠ 대뇌, ㉡ 척수 **03** 반응 경로가 다르기 때문이다.

**01** 바로알기 (1), (4) 떨어지는 자를 잡는 반응은 대뇌의 판단 과정을 거쳐 자신의 의지에 따라 일어나는 의식적 반응이다. 의식적 반응의 중추는 대뇌이다.
(3) 시각을 통한 반응이 청각을 통한 반응보다 빠르다.

**02** 눈에서 받아들인 자극은 시각 신경을 통해 대뇌로 전달되고, 대뇌의 명령은 척수를 거쳐 운동 신경을 통해 손의 근육으로 전달된다.

**03**

| 채점 기준 | 배점 |
|---|---|
| 반응 경로가 다르기 때문이라는 내용을 포함하여 옳게 서술한 경우 | 100 % |
| 반응 경로가 다르다는 내용을 포함하지 않은 경우 | 0 % |

## 탐구 b

진도 교재 147쪽

㉠ 거치지 않는, ㉡ 빠르게

**01** (1) × (2) × (3) × (4) ○ **02** ㉠ 감각, ㉡ 척수, ㉢ 운동

**03** 무조건 반사는 반응 경로에서 대뇌를 거치지 않아 의식적 반응보다 반응 경로가 짧고 단순하기 때문이다.

**01** 바로알기 (1) 의식적 반응의 중추는 대뇌이고, 무릎 반사의 중추는 척수이다.
(2) 고무망치가 닿는 자극이 대뇌로 전달되기 때문에 고무망치가 닿는 것을 느끼고 오른팔을 들 수 있다.
(3) 무릎 반사는 자신의 의지와 관계없이 일어나는 무조건 반사이다.

**02** 무릎 반사의 반응 경로에는 대뇌가 포함되지 않는다.

**03**

| 채점 기준 | 배점 |
|---|---|
| 의식적 반응보다 반응 경로가 짧고 단순하기 때문이라는 내용을 포함하여 옳게 서술한 경우 | 100 % |
| 반응 경로를 언급하지 않은 경우 | 0 % |

## 기출 문제로 내신쑥쑥

진도 교재 148~152쪽

**01** ⑤ **02** (가) 감각 뉴런, (나) 연합 뉴런, (다) 운동 뉴런 **03** ④ **04** ④ **05** ① **06** (가) A, (나) B, (다) E, (라) D **07** ④ **08** ⑤ **09** ③ **10** ④ **11** ⑤ **12** (나) **13** (가) 연수, (나) 대뇌, (다) 척수, (라) 중간뇌 **14** ② **15** ⑤ **16** ④ **17** ⑤ **18** ② **19** ③ **20** ② **21** ④ **22** (라) → (마) → (다) → (나) → (가) **23** ②, ③ **24** ④ **25** ④

서술형 문제 **26** 교감 신경, 동공의 크기가 커지고 심장 박동이 빨라진다. **27** 의식적 반응에 비해 매우 빠르게 일어나기 때문이다. **28** 몸 안팎의 **환경**이 변해도 적절하게 **반응**하여 **몸의 상태**를 일정하게 **유지**하는 성질이다. **29** (1) Ⅰ : 인슐린, Ⅱ : 글루카곤 (2) 간에서 포도당을 글리코젠으로 합성하여 저장한다.

**01** A는 가지 돌기, B는 신경 세포체, C는 축삭 돌기이다.
바로알기 ⑤ 가지 돌기(A)는 다른 뉴런이나 감각 기관에서 전달된 자극을 받아들이고, 축삭 돌기(C)는 다른 뉴런이나 기관으로 자극을 전달한다. 가지 돌기(A)에서는 다른 뉴런으로 자극이 전달되지 않는다.

**02**

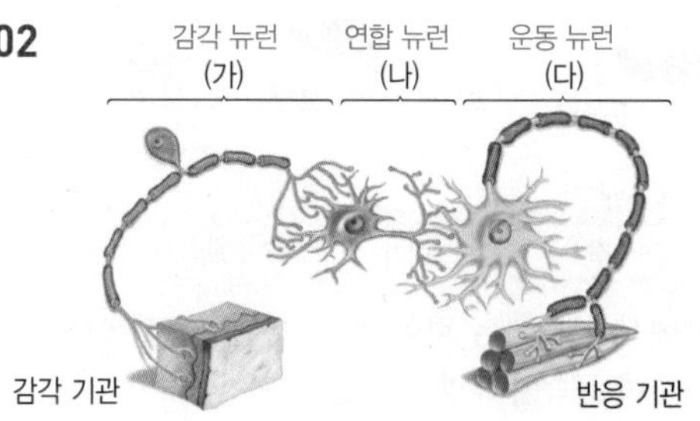


**03** ④ 운동 뉴런(다)은 운동 신경을 구성하며, 연합 뉴런(나)의 명령을 반응 기관으로 전달한다.
바로알기 ① 전달받은 자극을 느끼고 판단하여 적절한 명령을 내리는 것은 연합 뉴런(나)이다.
②, ③ 감각 뉴런(가)은 감각 신경을 구성하며, 말초 신경계는 감각 신경과 운동 신경으로 이루어져 있다. 연합 뉴런(나)은 중추 신경계를 구성한다.
⑤ 자극은 감각 뉴런(가) → 연합 뉴런(나) → 운동 뉴런(다)의 방향으로 전달된다.

**04** A는 대뇌, B는 간뇌, C는 중간뇌, D는 연수, E는 소뇌이다.
④ 연수(D)는 심장 박동과 호흡 운동, 소화 운동 등 생명 유지 활동을 조절한다. 또 재채기나 기침, 침 분비, 눈물 분비와 같이 자신의 의지와 관계없이 일어나는 반응의 중추이다.
바로알기 ① 대뇌(A)는 기억, 추리, 학습, 감정 등 다양한 정신 활동을 담당하며, 자극을 느끼고 판단하여 적절한 신호를 보내 몸의 감각과 운동 조절을 담당한다. 근육 운동을 조절하고, 몸의 자세와 균형을 유지하는 것은 소뇌(E)이다.
② 간뇌(B)는 체온과 체액의 농도 등 몸속 상태가 일정하게 유지되도록 한다.
③ 중간뇌(C)는 눈의 움직임, 동공과 홍채의 변화를 조절한다.
⑤ 소뇌(E)는 근육 운동을 조절하고, 몸의 자세와 균형을 유지한다. 뇌와 말초 신경 사이에서 신호를 전달하는 것은 척수이다.

**05** (가) 기억과 같은 정신 활동은 대뇌(A)에서 담당한다.
(나) 동공과 홍채의 변화 조절은 중간뇌(C)에서 담당한다.
(다) 체온 등을 일정하게 유지하는 것은 간뇌(B)가 담당한다. 심장 박동과 호흡은 정상이므로 연수(D)는 손상되지 않았다.

**06** (가) 복잡한 정신 활동은 대뇌(A)에서 담당한다.
(나) 더운 날씨에 땀을 흘리는 것은 체온을 낮추는 작용이다. 체온 조절은 간뇌(B)에서 담당한다.
(다) 몸의 자세와 균형 유지는 소뇌(E)에서 담당한다.
(라) 호흡 운동과 심장 박동의 조절은 연수(D)에서 담당한다.

**07** 바로알기 ④ 중추 신경계는 뇌와 척수로 이루어져 있으며, 말초 신경계는 감각 신경과 운동 신경으로 이루어져 있다.

**08** ㄹ. 교감 신경은 호흡 운동과 심장 박동을 촉진하고, 소화 운동을 억제하며, 부교감 신경은 호흡 운동과 심장 박동을 억제하고 소화 운동을 촉진한다.
바로알기 ㄴ. 교감 신경은 긴장하거나 위기 상황에 처했을 때 우리 몸을 대처하기에 알맞은 상태로 만들고, 부교감 신경은 이를 원래의 안정된 상태로 되돌린다.

**09** 바로알기 ①, ② 무조건 반사는 자신의 의지와 관계없이 일어나는 무의식적 반응이고, 의식적 반응은 자신의 의지에 따라 일어나는 반응이다.
④ 육상선수가 출발 신호를 듣고 출발하는 것은 의식적 반응이다.
⑤ 의식적 반응은 대뇌에서의 판단 과정이 복잡할수록 반응이 일어나는 데 시간이 더 걸린다.

**10** (가) 눈으로 받아들인 자극에 대해 대뇌가 판단하여 반응한 것으로 의식적 반응이다.
(나) 침 분비는 연수가 중추인 무조건 반사이다.
(다) 뜨거운 물체에 몸이 닿았을 때 자신도 모르게 몸을 움츠리는 반응은 척수가 중추인 무조건 반사이다.

**11** 바로알기 ①, ②, ③ (가)와 (나)는 모두 의식적 반응이지만, 반응 경로가 달라 반응 시간이 다르다.
④ (가)의 반응 경로는 '눈 → 시각 신경 → 대뇌 → 척수 → 운동 신경 → 손의 근육'이다.

**12** (가) 재채기는 연수가 중추인 무조건 반사이다.
(나) 귀에서 받아들인 자극에 대해 대뇌가 판단하여 일어난 의식적 반응이다.
(다) 날카로운 물체에 몸이 닿았을 때 자신도 모르게 몸을 움츠리는 반응은 척수가 중추인 무조건 반사이다.
(라) 동공 반사는 중간뇌가 중추인 무조건 반사이다.

**13** (나) 의식적 반응의 중추는 대뇌이다.

**14** 바로알기 ② 고무망치의 자극이 대뇌로 전달되기 때문에 고무망치가 닿는 것을 느끼고 오른팔을 들 수 있다. 무조건 반사가 일어난다고 해서 자극이 대뇌로 전달되지 않는 것은 아니다.

**15** ① 뇌에서 두 뉴런을 연결하는 C와 척수에서 두 뉴런을 연결하는 G는 모두 연합 뉴런이다.
② 연합 뉴런의 명령을 반응 기관으로 전달하는 E는 운동 신경에 해당하고, 감각 기관(눈)에서 받아들인 자극을 뇌에 전달하는 F는 감각 신경에 해당한다. 따라서 E와 F는 모두 말초 신경계에 속한다.
③ (가)는 척수가 중추인 무조건 반사이므로 반응 경로는 A → G → E이다.
④ (나)는 눈에서 받아들인 자극이 시각 신경을 통해 대뇌로 전달되고, 대뇌의 명령이 척수와 운동 신경을 통해 다리의 근육으로 전달된 반응이다. 이 반응의 경로는 F → C → D → E이다.
바로알기 ⑤ (다)는 손의 피부에서 받아들인 자극이 감각 신경과 척수를 통해 대뇌로 전달되고, 대뇌의 명령이 척수와 운동 신경을 통해 손의 근육으로 전달된 반응이다. 이 반응의 경로는 A → B → C → D → E이다.

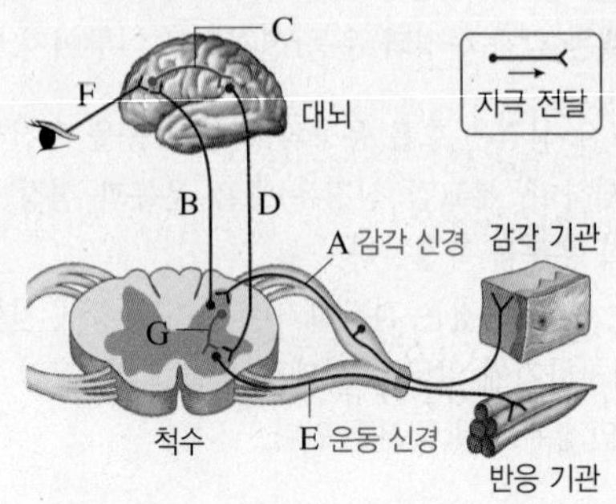


**16** 내분비샘에서 혈액으로 분비된 호르몬은 혈관을 통해 온몸으로 이동하여 표적 기관에만 작용한다. 따라서 호르몬은 신경에 비해 신호 전달 속도가 느리지만, 효과가 지속적으로 나타나며, 작용하는 범위가 넓다.

**17** A는 뇌하수체, B는 갑상샘, C는 부신, D는 이자, E는 난소와 정소이다.

**18** ① 뇌하수체(A)에서는 몸의 생장을 촉진하는 생장 호르몬, 티록신 분비를 촉진하는 갑상샘 자극 호르몬, 콩팥에서 물의 재흡수를 촉진하는 항이뇨 호르몬 등이 분비된다.
③ 부신(C)에서는 심장 박동을 촉진하고, 혈압을 상승시키며, 혈당량을 높이는 아드레날린(에피네프린)이 분비된다.
④ 이자(D)에서는 혈당량을 높이는 글루카곤과 혈당량을 낮추는 인슐린이 모두 분비된다.
⑤ 에스트로젠은 여성으로서의 특징이 나타나는 2차 성징을 발현하게 하고, 테스토스테론은 남성으로서의 특징이 나타나는 2차 성징을 발현하게 한다.
바로알기 ② 갑상샘(B)에서는 세포 호흡을 촉진하는 티록신이 분비된다.

**19** 바로알기 ③ 내분비샘에는 분비관이 따로 없다. 호르몬은 내분비샘에서 혈액으로 분비되어 혈관을 통해 이동한다.

**20** 바로알기 ① 인슐린이 부족할 때 당뇨병에 걸린다.
③ 성장기에 생장 호르몬이 과다 분비되면 거인증, 부족하면 소인증에 걸린다.
④, ⑤ 티록신이 부족하면 갑상샘 기능 저하증, 과다 분비되면 갑상샘 기능 항진증에 걸린다.

**21** ①, ②, ③ 혈당량 조절과 체온을 일정하게 유지하는 것은 항상성 유지 작용이다. 몸이 떨리는 것은 열 발생량을 증가시켜 체온을 높이는 작용이고, 땀이 나는 것은 열 방출량을 증가시켜 체온을 낮추는 작용이다.
바로알기 ④ 체중이 증가하는 것은 항상성 유지 작용이 아니다.

**22** (라) 간뇌에서 체온 변화 감지 → (마) 뇌하수체에서 갑상샘 자극 호르몬 분비 증가 → (다) 갑상샘에서 티록신 분비 증가 → (나) 세포 호흡 촉진, 열 발생량 증가 → (가) 체온 상승의 순으로 체온이 조절된다.

**23** (가)는 추울 때, (나)는 더울 때이다.
②, ③ 더울 때(나)는 땀 분비가 증가하고, 피부 근처 혈관이 확장되어 열 방출량이 증가한다.
바로알기 ①, ④, ⑤ 추울 때(가)는 근육이 떨리고 세포 호흡이 촉진되어 열 발생량이 증가하고, 피부 근처 혈관이 수축되어 열 방출량이 감소한다.

**24** 바로알기 ①, ②, ③ 혈당량이 높을 때(가)는 인슐린(A)이 분비되어 혈당량을 낮추고, 혈당량이 낮을 때(나)는 글루카곤(B)이 분비되어 혈당량을 높인다.
⑤ 글루카곤(B)은 혈당량이 낮을 때 간에서 글리코젠을 포도당으로 분해시켜 혈당량을 높인다.

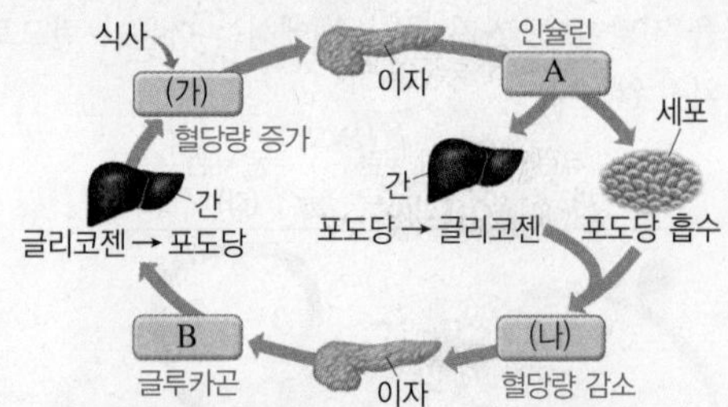


**25** 뇌하수체에서 분비되는 항이뇨 호르몬은 콩팥에서 물의 재흡수를 촉진하여 몸속 수분량을 조절한다.

바로알기 ㄴ. 물을 많이 마시면 몸속 수분량이 증가하여 뇌하수체에서 항이뇨 호르몬의 분비가 억제되어 콩팥에서 재흡수되는 물의 양이 감소한다. 재흡수되는 물의 양이 감소하면 오줌의 양이 증가하므로 몸속 수분량은 다시 감소한다.

**26**

| 채점 기준 | 배점 |
|---|---|
| 교감 신경이라고 쓰고, 동공의 크기와 심장 박동의 변화를 모두 옳게 서술한 경우 | 100 % |
| 교감 신경이라고 쓰고, 동공의 크기와 심장 박동의 변화 중 한 가지만 옳게 서술한 경우 | 60 % |
| 교감 신경이라고만 쓴 경우 | 30 % |

**27**

| 채점 기준 | 배점 |
|---|---|
| 반응이 빠르게 일어나기 때문이라는 내용을 포함하여 옳게 서술한 경우 | 100 % |
| 반응이 빠르게 일어난다는 내용이 없는 경우 | 0 % |

**28**

| 채점 기준 | 배점 |
|---|---|
| 단어를 모두 포함하여 옳게 서술한 경우 | 100 % |
| 단어를 두 가지만 포함하여 서술한 경우 | 50 % |

**29** 혈당량이 높을 때는 인슐린이 분비되고, 혈당량이 낮을 때는 글루카곤이 분비된다.

| | 채점 기준 | 배점 |
|---|---|---|
| (1) | Ⅰ과 Ⅱ에서 작용하는 호르몬을 모두 옳게 쓴 경우 | 40 % |
| | 둘 중 하나라도 틀리게 쓴 경우 | 0 % |
| (2) | 포도당을 글리코젠으로 합성한다는 내용을 포함하여 옳게 서술한 경우 | 60 % |
| | 포도당을 글리코젠으로 합성한다는 내용이 없는 경우 | 0 % |

## 수준 높은 문제로 실력탄탄

진도 교재 152쪽

**01** ② **02** ②

**01** ④, ⑤ 감각 신경이 손상되면 감각을 느끼지 못하고, 운동 신경이 손상되면 반응 기관이 명령에 따라 움직이지 못한다.
바로알기 ② 특정 방향으로 공을 차라는 대뇌의 명령은 척수와 운동 신경을 거쳐 다리의 근육으로 전달된다. 즉, A → B → E → H의 경로로 반응이 일어난다.

**02** 구간 Ⅰ에서는 체온을 낮추는 조절 작용이 일어나고 있다.
ㄱ, ㄹ. 땀 분비가 증가하고, 피부 근처 혈관이 확장되면 열 방출량이 증가하여 체온이 내려간다.
바로알기 ㄴ, ㄷ. 근육 떨림이 일어나고, 세포 호흡이 촉진되면 열 발생량이 증가하여 체온이 올라간다.

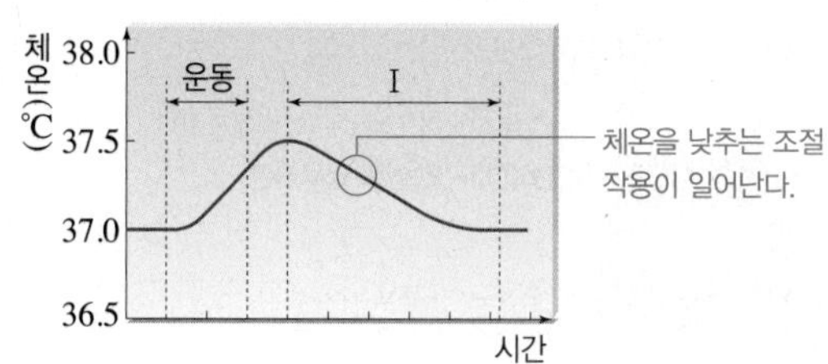


## 단원평가문제

진도 교재 153~157쪽

**01** ⑤ **02** ① **03** ② **04** ② **05** ③ **06** ② **07** ① **08** ①, ④ **09** ③ **10** ④ **11** (가) E, (나) C, (다) A **12** ① **13** ③ **14** ④ **15** ① **16** ④ **17** ④ **18** ② **19** ① **20** ⑤ **21** ⑤ **22** ⑤ **23** ④

서술형 문제 **24** 병아리의 상이 맹점에 맺혔기 때문이다. **25** (1) 홍채, 동공의 크기를 조절하여 눈으로 들어오는 빛의 양을 조절한다. (2) B : 수정체, C : 섬모체 (3) 섬모체(C)가 수축하여 수정체(B)가 두꺼워진다. **26** **홍채**가 수축하면서 **동공**이 확대되어 눈으로 들어오는 **빛의 양**이 증가한다. **27** 후각 세포가 쉽게 피로해지기 때문이다. **28** 호르몬은 신경에 비해 신호 전달 속도는 느리지만, 작용 범위가 넓다. **29** 생장 호르몬 : 몸의 생장을 촉진한다. 갑상샘 자극 호르몬 : 티록신 분비를 촉진한다. 항이뇨 호르몬 : 콩팥에서 물의 재흡수를 촉진한다. **30** **이자**에서 인슐린이 분비되어 간에서 **포도당**을 **글리코젠**으로 합성하여 저장하고, 세포에서의 포도당 **흡수**가 촉진되어 혈당량이 낮아진다.

**01** ⑤ E는 망막으로, 시각 세포가 있으며, 상이 맺힌다.
바로알기 ① A는 홍채로, 동공(B)의 크기를 변화시켜 눈으로 들어오는 빛의 양을 조절한다.
② B는 동공으로, 밝은 곳에서는 홍채(A)가 확장되어 동공의 크기가 작아진다.
③ C는 각막으로, 홍채(A)의 바깥을 감싸는 투명한 막이다. 시각 세포는 망막(E)에 있다.
④ 상이 맺혔을 때 선명하게 보이는 곳은 황반이다. 맹점에 상이 맺히면 물체가 보이지 않는다.

**02** 밝은 방 안에서 어두운 밖으로 나왔으므로 홍채가 수축하여 동공의 크기가 커지고, 가까이 있는 책을 보다가 멀리 있는 별을 보았으므로 섬모체가 이완하여 수정체의 두께가 얇아진다.

**03** 바로알기 ㄱ. 온점과 냉점은 절대적인 온도가 아니라 상대적인 온도 변화를 느낀다.
ㄷ. 일반적으로 통점이 가장 많이 분포하여 통증에 가장 예민하게 반응한다.

**04** 소리를 듣는 과정은 '소리 → 귓바퀴 → 외이도 → 고막(A) → (가) 귓속뼈(B) → 달팽이관(F)의 청각 세포 → 청각 신경(E) → 뇌'이다.
② 귓속뼈(B)는 고막의 진동을 증폭한다.
바로알기 ③ 반고리관(C)은 몸의 회전 감각을 담당한다. 고막 안쪽과 바깥쪽의 압력을 같게 조절하는 곳은 귀인두관(G)이다.

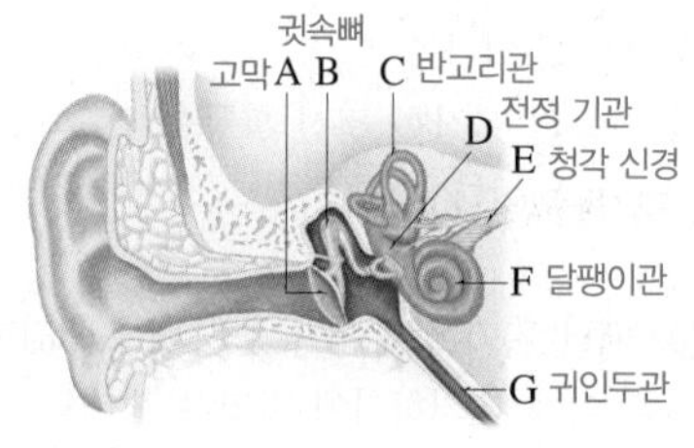

**05** 몸의 회전을 감지하는 반고리관(C), 몸의 움직임과 기울어짐을 감지하는 전정 기관(D), 압력 조절을 담당하는 귀인두관(G)은 소리를 듣는 과정에 직접 관여하지 않는다.

**06** (가) 몸의 회전 감각은 반고리관에서 담당한다.
(나) 몸의 움직임과 기울어짐 감각은 전정 기관에서 담당한다.
(다) 고막 안쪽과 바깥쪽의 압력을 같게 조절하는 것은 귀인두관에서 담당한다.

**07** ㄱ. 다양한 음식 맛은 후각과 미각을 종합하여 느낀다.
바로알기 ㄴ. 후각 세포는 기체 상태의 화학 물질을 자극으로 받아들인다. 액체 상태의 화학 물질을 자극으로 받아들이는 것은 혀의 맛세포이다.
ㄷ. 혀의 맛세포에서 느끼는 기본적인 맛은 단맛, 짠맛, 신맛, 쓴맛, 감칠맛이다. 떫은맛은 피부 감각(압각)이다.

**08** ① 가지 돌기(㉠)는 다른 뉴런이나 감각 기관에서 전달된 자극을 받아들인다.
바로알기 ② ㉡은 축삭 돌기이다. 축삭 돌기(㉡)는 다른 뉴런이나 기관으로 자극을 전달한다.
③ 감각 뉴런(A)은 감각 신경을 구성한다.
⑤ 자극은 감각 뉴런(A) → 연합 뉴런(B) → 운동 뉴런(C) 방향으로 전달된다.

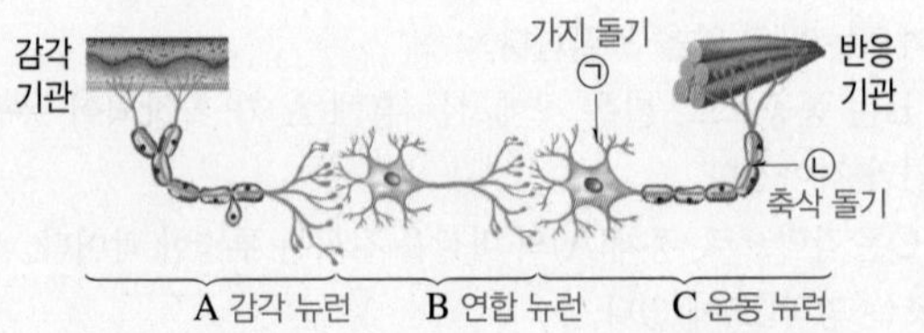


**09** 사람의 신경계는 중추 신경계(A)와 말초 신경계(B)로 구분된다.
바로알기 ③ 말초 신경계(B) 중 자율 신경은 대뇌의 직접적인 명령을 받지 않고 내장 기관의 운동을 조절한다.

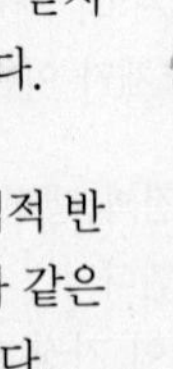


**10** 바로알기 ① 대뇌(A)는 의식적 반응의 중추이다. 재채기, 딸꾹질과 같은 무조건 반사의 중추는 연수(E)이다.
② 간뇌(B)는 체온, 체액의 농도 등 몸속 상태를 일정하게 유지한다.
③ 중간뇌(C)는 눈의 움직임, 동공과 홍채의 변화를 조절한다.
⑤ 연수(E)는 심장 박동과 호흡 운동을 조절한다.

**11** (가) 달리기를 할 때 심장이 빨리 뛰는 것과 같이 심장 박동을 조절하는 중추는 연수(E)이다.
(나) 주변의 밝기에 따라 동공의 크기가 변하는 것은 동공 반사로, 중추는 중간뇌(C)이다.
(다) 기억, 학습 등의 복잡한 정신 활동을 담당하고 자극을 느끼는 중추는 대뇌(A)이다.

**12** 긴장했을 때나 위기 상황에 처했을 때는 교감 신경이 작용하여 우리 몸을 이에 대처하기에 알맞은 상태로 만든다. 교감 신경은 동공을 확대시키고 심장 박동과 호흡 운동을 촉진하며, 소화 운동을 억제한다.

**13** ① 무조건 반사는 대뇌의 판단 과정을 거치지 않아 자신의 의지와 관계없이 일어나는 무의식적 반응이다.
②, ④ 빛의 양에 따른 동공의 크기 변화(동공 반사)는 중간뇌가 중추인 무조건 반사이고, 딸꾹질은 연수가 중추인 무조건 반사이다.
바로알기 ③ 무조건 반사는 의식적 반응에 비해 매우 빠르게 일어나므로 위험한 상황에서 우리 몸을 보호하는 데 중요한 역할을 한다.

**14** 사탕과 동전을 만져보고 사탕을 골라 밖으로 꺼내는 행동은 의식적 반응으로, 대뇌가 반응의 중추이다. 따라서 반응 경로는 D → C → A → B → F이다.

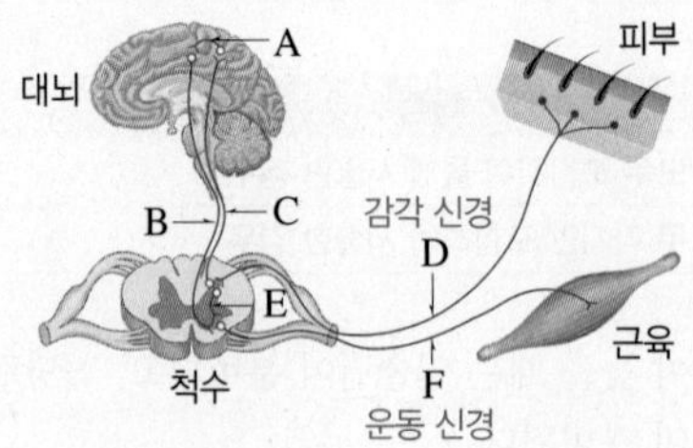


**15** ㄱ. 무릎 반사는 척수가 중추인 무조건 반사이다. 무조건 반사는 반응이 매우 빠르게 일어난다.
바로알기 ㄴ. 재채기는 연수가 중추인 무조건 반사이다.
ㄷ. 무릎 반사는 '감각 신경 → 척수 → 운동 신경'의 경로로 일어난다. 무릎 반사의 반응 경로에는 대뇌가 포함되지 않는다.

**16** 바로알기 ④ 호르몬은 신경에 비해 신호 전달 속도는 느리지만, 작용하는 범위가 넓고 효과가 오래 지속된다.

**17** ④ 혈당량을 낮추는 인슐린은 이자(D)에서 분비된다.
바로알기 ① 뇌하수체(A)에서 분비되는 항이뇨 호르몬은 콩팥에서 물의 재흡수를 촉진한다.
② 뇌하수체(A)에서 분비되는 생장 호르몬은 몸의 생장을 촉진한다. 갑상샘(B)에서는 세포 호흡을 촉진하는 티록신이 분비된다.
③ 글루카곤은 이자(D)에서 분비되어 혈당량을 높인다. 부신(C)에서는 심장 박동을 촉진하고 혈당량을 증가시키는 아드레날린(에피네프린)이 분비된다.
⑤ 정소(E)에서는 남자의 2차 성징이 나타나게 하는 테스토스테론이 분비된다.

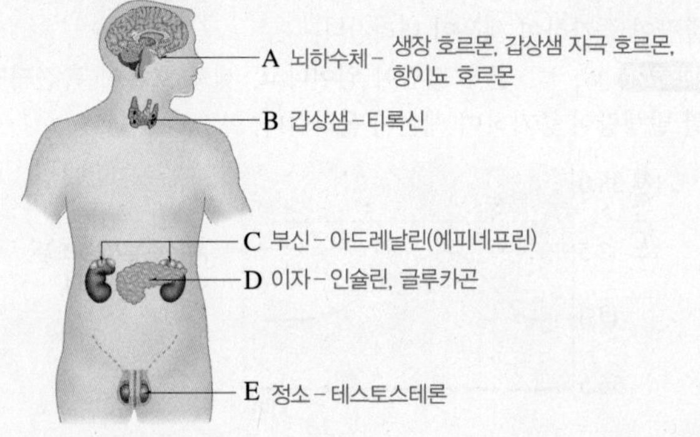

**18** 바로알기 ①, ③ 거인증은 성장기에 생장 호르몬이 과다 분비될 때 나타나고, 말단 비대증은 성장기 이후 생장 호르몬이 과다 분비될 때 나타난다.
④, ⑤ 갑상샘 기능 항진증은 티록신이 과다 분비될 때 나타나고, 갑상샘 기능 저하증은 티록신이 부족할 때 나타난다.

**19** ②, ④, ⑤ 항상성은 몸 안팎의 환경이 변해도 적절하게 반응하여 혈당량, 체온 등 몸의 상태를 일정하게 유지하는 성질로, 호르몬과 신경에 의해 유지된다. 인슐린과 글루카곤은 혈당량을 일정하게 유지하는 데 관여한다.
③ 추울 때 근육이 떨리는 것은 체온을 높이기 위해 열 발생량을 증가시키는 작용이다.
바로알기 ① 호르몬과 신경에 의해 항상성이 유지된다.

**20** ①, ③, ④ 추울 때는 근육이 떨리고, 세포 호흡이 촉진되어 열 발생량이 증가한다.
② 추울 때는 피부 근처 혈관이 수축하여 열 방출량이 감소한다.
바로알기 ⑤ 더울 때 피부 근처 혈관이 확장되어 열 방출량이 증가한다.

**21** 땀을 흘려 몸속 수분량이 감소하면 뇌하수체(㉠)에서 항이뇨 호르몬(㉡)의 분비가 증가한다. 이에 따라 콩팥에서 물의 재흡수가 촉진(㉢)되고, 오줌의 양이 감소(㉣)한다.

**22** ㄴ. 이자에서 분비되는 인슐린(X)과 글루카곤(Y)은 모두 간에 작용하므로 간이 표적 기관이다.
ㄷ, ㄹ. 혈당량이 높을 때는 인슐린(X)이 분비되어 간에서 포도당을 글리코젠으로 합성하여 저장하고, 혈당량이 낮을 때는 글루카곤(Y)이 분비되어 간에서 글리코젠을 포도당으로 분해하여 혈액으로 내보낸다.
바로알기 ㄱ. 혈당량을 감소시키는 호르몬 X는 인슐린이고, 혈당량을 증가시키는 호르몬 Y는 글루카곤이다.

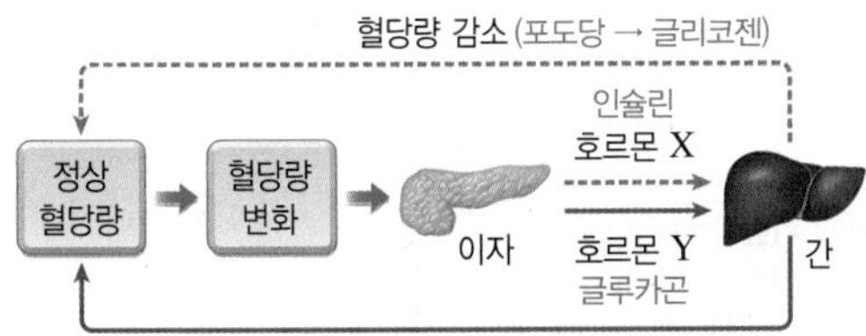


**23** ㄱ, ㄷ. (가)에서 식사 후에 글리코젠 저장량이 증가하는 까닭은 식사로 높아진 혈당량을 낮추기 위해 인슐린(B)이 분비되어 간에서 포도당을 글리코젠으로 합성하여 저장하기 때문이다.
바로알기 ㄴ. 글루카곤(A)이 분비되면 간에서 글리코젠을 포도당으로 분해한다. 구간 Ⅰ에서는 인슐린(B)의 작용으로 글리코젠 저장량이 증가한다.

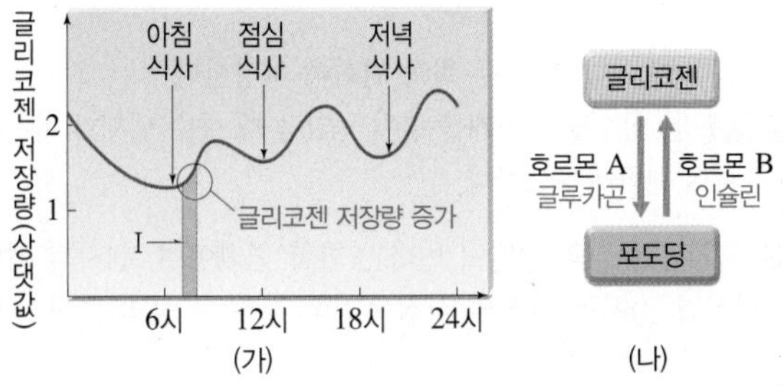


**24** 시각 세포가 없는 맹점에는 상이 맺혀도 보이지 않는다.

| 채점 기준 | 배점 |
|---|---|
| 병아리의 상이 맹점에 맺혔기 때문이라는 내용을 포함하여 옳게 서술한 경우 | 100 % |
| 맹점이라는 단어를 포함하지 않은 경우 | 0 % |

**25** A는 홍채, B는 수정체, C는 섬모체이다. 홍채(A)는 주변 밝기에 따라 동공의 크기를 변화시켜 빛의 양을 조절하고, 섬모체(C)는 물체와의 거리에 따라 수정체(B)의 두께를 변화시켜 망막에 상이 맺히게 한다.

| | 채점 기준 | 배점 |
|---|---|---|
| (1) | 홍채라고 쓰고, 그 기능을 옳게 서술한 경우 | 40 % |
| | 홍채라고만 쓴 경우 | 10 % |
| (2) | B와 C의 이름을 모두 옳게 쓴 경우 | 20 % |
| | 둘 중 하나만 옳게 쓴 경우 | 10 % |
| (3) | B와 C의 변화를 모두 옳게 서술한 경우 | 40 % |
| | 둘 중 하나만 옳게 서술한 경우 | 20 % |

**26** 밝은 곳에서 어두운 곳으로 이동하면 눈으로 들어오는 빛의 양을 늘리기 위한 조절 작용이 일어난다.

| 채점 기준 | 배점 |
|---|---|
| 단어를 모두 포함하여 옳게 서술한 경우 | 100 % |
| 단어를 두 가지만 포함하여 서술한 경우 | 60 % |
| 단어를 한 가지만 포함하여 서술한 경우 | 30 % |

**27**

| 채점 기준 | 배점 |
|---|---|
| 후각 세포가 쉽게 피로해지기 때문이라는 내용을 포함하여 옳게 서술한 경우 | 100 % |
| 후각 세포가 쉽게 피로해진다는 내용을 포함하지 않은 경우 | 0 % |

**28**

| 채점 기준 | 배점 |
|---|---|
| 신호 전달 속도와 작용 범위를 모두 옳게 비교하여 서술한 경우 | 100 % |
| 둘 중 하나만 옳게 비교하여 서술한 경우 | 50 % |

**29**

| 채점 기준 | 배점 |
|---|---|
| 호르몬 두 가지와 그 기능을 모두 옳게 서술한 경우 | 100 % |
| 호르몬 한 가지와 그 기능을 옳게 서술한 경우 | 50 % |
| 호르몬 두 가지의 이름만 옳게 쓴 경우 | 30 % |

**30** 혈당량이 높을 때는 이자에서 혈당량을 낮추는 호르몬인 인슐린이 분비되고, 혈당량이 낮을 때는 이자에서 혈당량을 높이는 호르몬인 글루카곤이 분비된다.

| 채점 기준 | 배점 |
|---|---|
| 글리코젠, 이자, 포도당, 흡수를 모두 포함하여 혈당량 조절 과정을 옳게 서술한 경우 | 100 % |
| 이자에서 인슐린이 분비된다고 쓰고, 인슐린의 기능을 한 가지만 포함하여 조절 과정을 서술한 경우 | 70 % |
| 이자에서 인슐린이 분비된다고만 서술한 경우 | 40 % |

시험 대비 교재

# 정답과 해설

## Ⅰ 화학 반응의 규칙과 에너지 변화

### 01 물질 변화와 화학 반응식

**중단원 핵심 요약** 시험 대비 교재 2쪽

① 성질 ② 분자 ③ 원자 ④ 원자 ⑤ 반응물 ⑥ 생성물 ⑦ 원자 ⑧ 2 ⑨ 2 ⑩ 입자 ⑪ 2

**잠깐 테스트** 시험 대비 교재 3쪽

**1** 물리 **2** 화학 **3** (1) 화 (2) 화 (3) 물 (4) 화 **4** 분자 **5** ① 원자, ② 원자, ③ 분자 **6** 화학 반응식 **7** (1) 2 (2) 2 **8** $2H_2O \longrightarrow 2H_2 + O_2$ **9** 1 : 3 : 2 **10** 10개

**계산력·암기력 강화 문제** 시험 대비 교재 4쪽

◆ 화학 반응식 완성하기

**1** (1) 2, 1, 2 (2) 2, 1, 2 (3) 1, 1, 2 (4) 2, 2, 1 (5) 1, 2, 1, 2 (6) 1, 3, 2, 3 (7) 2, 1, 1, 1 **2** (1) $2H_2O \longrightarrow 2H_2 + O_2$ (2) $N_2 + 3H_2 \longrightarrow 2NH_3$ (3) $H_2 + Cl_2 \longrightarrow 2HCl$ (4) $2Fe + O_2 \longrightarrow 2FeO$ (5) $2H_2O_2 \longrightarrow 2H_2O + O_2$ (6) $2CO + O_2 \longrightarrow 2CO_2$ **3** (1) $NaCl + AgNO_3 \longrightarrow AgCl + NaNO_3$ (2) $CaCO_3 + 2HCl \longrightarrow CaCl_2 + CO_2 + H_2O$ (3) $C_3H_8 + 5O_2 \longrightarrow 3CO_2 + 4H_2O$ (4) $Mg + 2HCl \longrightarrow MgCl_2 + H_2$

**1** 화학 반응식의 계수를 맞출 때는 두 가지 물질에 들어 있으면서 개수가 다른 원자를 먼저 맞추는 것이 편리하다.
(1) O 원자의 개수를 맞춘 후, Mg 원자의 개수를 맞춘다.
$Mg + O_2 \longrightarrow 2MgO \Rightarrow 2Mg + O_2 \longrightarrow 2MgO$
(2) Cl 원자의 개수를 맞춘 후, Na 원자의 개수를 맞춘다.
$Na + Cl_2 \longrightarrow 2NaCl \Rightarrow 2Na + Cl_2 \longrightarrow 2NaCl$
(3) H 원자의 개수를 맞추면 Cl 원자의 개수도 같다.
$H_2 + Cl_2 \longrightarrow 2HCl$
(4) O 원자의 개수를 맞춘 후, Cu 원자의 개수를 맞춘다.
$2CuO \longrightarrow Cu + O_2 \Rightarrow 2CuO \longrightarrow 2Cu + O_2$
(5) H 원자와 C 원자의 개수를 맞춘 후, O 원자의 개수를 맞춘다. O 원자는 세 가지 물질에 들어 있으므로 마지막에 맞춘다.
$CH_4 + O_2 \longrightarrow CO_2 + 2H_2O$
$\Rightarrow CH_4 + 2O_2 \longrightarrow CO_2 + 2H_2O$
(6) C 원자의 개수를 맞춘 후 H 원자의 개수를 맞추고, O 원자의 개수를 맞춘다.(C 원자와 H 원자의 순서를 바꾸어 계산해도 된다.)
$C_2H_5OH + O_2 \longrightarrow 2CO_2 + H_2O$
$\Rightarrow C_2H_5OH + O_2 \longrightarrow 2CO_2 + 3H_2O$
$\Rightarrow C_2H_5OH + 3O_2 \longrightarrow 2CO_2 + 3H_2O$
(7) Na 원자의 개수를 맞춘 후, H 원자와 C 원자의 개수를 확인한다.(Na 원자와 H 원자의 순서를 바꾸어 계산해도 된다.)
$2NaHCO_3 \longrightarrow Na_2CO_3 + CO_2 + H_2O$

**2** (4) 금속 물질의 화학식은 원소 기호로 나타내므로 철은 Fe이다.
(5) O 원자의 개수를 맞추기 위해 $H_2O_2$와 $H_2O$ 앞에 2를 붙이면 H 원자의 개수도 같다.
$H_2O_2 \longrightarrow H_2O + O_2 \Rightarrow 2H_2O_2 \longrightarrow 2H_2O + O_2$
(6) O 원자의 개수를 맞추기 위해 CO와 $CO_2$ 앞에 2를 붙이면 C 원자의 개수도 같다.
$CO + O_2 \longrightarrow CO_2 \Rightarrow 2CO + O_2 \longrightarrow 2CO_2$

**3** (2) Cl 원자의 개수를 맞춘 후 나머지 원자의 개수를 확인한다.
$CaCO_3 + 2HCl \longrightarrow CaCl_2 + CO_2 + H_2O$
(3) C 원자의 개수를 맞춘 후 H 원자의 개수를 맞추고, O 원자의 개수를 맞춘다.
$C_3H_8 + O_2 \longrightarrow 3CO_2 + H_2O$
$\Rightarrow C_3H_8 + O_2 \longrightarrow 3CO_2 + 4H_2O$
$\Rightarrow C_3H_8 + 5O_2 \longrightarrow 3CO_2 + 4H_2O$
(4) H 원자의 개수를 맞춘 후, 나머지 원자의 개수를 확인한다.
$Mg + 2HCl \longrightarrow MgCl_2 + H_2$

**중단원 기출 문제** 시험 대비 교재 5~7쪽

**01** ② **02** ⑤ **03** ③ **04** ⑤, ⑥ **05** ③ **06** ② **07** ② **08** ① **09** ④ **10** ③ **11** ④ **12** ④ **13** ② **14** ④ **15** ⑤ **16** ⑤ **17** ②, ④

**01** (가)는 모양이 변하고, (다)는 공기 중의 수증기가 액화하는 현상이므로 모두 물리 변화이다.
(나)는 달걀의 성분이 열에 의해 성질이 변하고, (라)는 사과에 포함된 물질이 산화 효소와 공기의 영향으로 인해 갈색으로 변하므로 모두 화학 변화이다.

**02** ①, ②, ③, ④ 모두 화학 변화에 해당한다.
바로알기 ⑤ 향수병의 마개를 열어 놓았을 때 향수 냄새가 퍼지는 것은 물리 변화에 해당한다.

**03** (가)는 물질의 성질이 변하는 화학 변화이며, 원자의 배열이 변한다. (나)는 물질의 성질이 변하지 않는 물리 변화이며, 원자의 종류는 변하지 않는다.

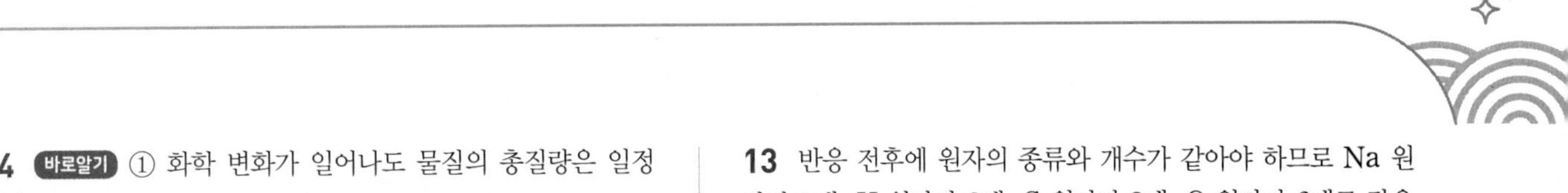

**04** 바로알기 ① 화학 변화가 일어나도 물질의 총질량은 일정하다.
② 물질의 모양이나 상태만 변하는 것은 물리 변화이다.
③ 화학 변화가 일어나면 물질의 성질이 변한다.
④ 화학 변화가 일어나면 물질을 이루는 분자의 종류가 달라진다.
⑦ 화학 변화가 일어나면 반응 전후에 원자의 배열이 달라져서 분자의 종류가 변한다. 반응 전후에 분자의 개수 변화는 반응의 종류에 따라 다르다.

**05** 물이 수증기로 변하는 것은 물리 변화이다. 이때 분자 자체는 변하지 않고 분자의 배열만 변하므로 원자의 배열과 종류, 분자의 종류, 물질의 성질은 변하지 않는다.

**06** ㄱ, ㄹ, ㅁ. 원자의 배열이 달라지는 화학 변화이다.
바로알기 ㄴ. 확산, ㄷ. 상태 변화이므로 모두 물리 변화이다.

**07** ① (가)는 분자의 종류는 변하지 않고 분자의 배열만 변하므로 물리 변화이다.
③, ④ (나)는 원자의 배열이 달라져 분자의 종류가 변하므로 화학 변화이다.
⑤ 물리 변화와 화학 변화가 일어날 때 원자의 종류와 개수는 변하지 않는다.
바로알기 ② (가)는 물리 변화이므로 분자의 종류가 달라지지 않는다.

**08** ㄱ, ㄴ. 마그네슘 리본을 구부리는 것은 물질의 성질이 변하지 않는 물리 변화이고, 마그네슘 리본을 태우는 것은 물질의 성질이 변하는 화학 변화이다.
ㄷ. 마그네슘 리본과 구부린 마그네슘 리본에 묽은 염산을 떨어뜨리면 수소 기체가 발생하는 화학 변화가 일어난다.
$Mg + 2HCl \longrightarrow MgCl_2 + H_2$
바로알기 ㄹ. 마그네슘 리본이 타고 남은 재는 산화 마그네슘이며, 산화 마그네슘($MgO$)에 묽은 염산을 떨어뜨리면 기체가 발생하지 않는다. 하지만 산화 마그네슘은 묽은 염산과 반응하여 물과 염화 마그네슘이 생성되므로 마그네슘 리본을 태운 재와 묽은 염산의 반응은 화학 변화이다.
$MgO + 2HCl \longrightarrow MgCl_2 + H_2O$

**09** 바로알기 ④ 반응 전후에 원자의 종류와 개수가 같도록 계수를 맞춘다.

**10** ③ 반응 전 탄소 원자가 1개, 수소 원자가 4개이므로 ㉡은 1, ㉢은 2이다. 따라서 반응 후 산소 원자가 4개가 되므로 ㉠은 2이다.
$CH_4 + 2O_2 \longrightarrow CO_2 + 2H_2O$

**11** 바로알기 ㄹ. $2Cu+O_2 \longrightarrow 2CuO$

**12** ④ 주어진 모형에서는 서로 다른 분자가 각각 1개씩 반응하여 새로운 분자 2개가 생성되었다. 따라서 수소 분자 1개와 염소 분자 1개가 반응하여 염화 수소 분자 2개가 생성되는 반응이 해당된다.
바로알기 ① 2Na는 나트륨 원자 2개를 의미하므로 주어진 모형으로 나타낼 수 없다.

**13** 반응 전후에 원자의 종류와 개수가 같아야 하므로 Na 원자가 2개, H 원자가 2개, C 원자가 2개, O 원자가 6개로 같은 화학 반응식을 찾는다.
$2NaHCO_3 \longrightarrow Na_2CO_3 + CO_2 + H_2O$

**14** ② 반응 전후에 원자의 개수는 질소 원자 2개와 수소 원자 6개로 같다.
⑤ 암모니아 생성 반응에서 화학 반응식의 계수비는 분자 수의 비와 같다. 따라서 수소 분자 3개가 완전히 반응하면 암모니아 분자 2개가 생성된다.
바로알기 ④ 암모니아 분자의 화학식은 $NH_3$이므로, 질소 원자 1개와 수소 원자 3개로 이루어진다.

**15** ⑤ 과산화 수소 분해 반응에서 화학 반응식의 계수비는 분자 수의 비와 같다. 따라서 과산화 수소 분자 2개가 분해되면 산소 분자 1개가 생성된다.
바로알기 ① 반응물은 과산화 수소 한 가지이다.
② 반응 후 산소 원자가 총 4개여야 하므로 ㉠에 알맞은 계수는 2이다.
③ 과산화 수소는 수소와 산소로 이루어져 있다.
④ 반응 전후에 수소 원자의 개수는 일정하다.

**16** ② 물질 X가 산소($O_2$)와 반응하여 이산화 탄소($CO_2$)와 물($H_2O$)이 생성되므로 물질 X는 탄소(C)와 수소(H) 성분을 포함하고 있다.
③ 반응물인 (물질 X+산소)의 질량은 생성물인 (이산화 탄소+물)의 질량과 같다.
바로알기 ⑤ 반응 전에는 산소 원자가 4개 있고, 반응 후에는 탄소 원자가 1개, 수소 원자가 4개, 산소 원자가 4개 있다. 따라서 X 분자의 모형은 탄소 원자 1개와 수소 원자 4개로 만들어야 하며, 탄소 원자를 쪼갤 수 없으므로 X 분자 1개는 탄소 원자 1개와 수소 원자 4개로 이루어진다.

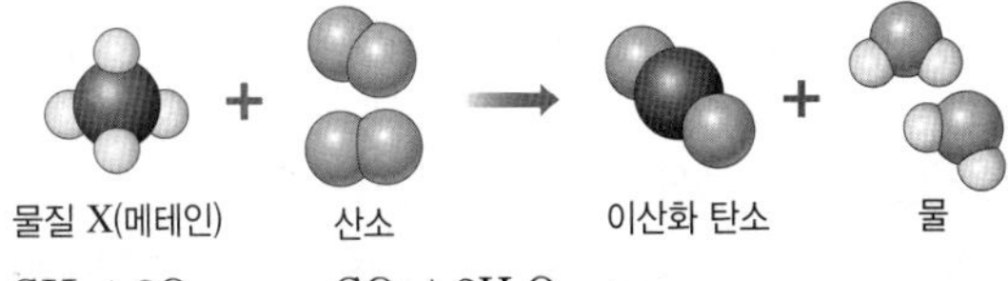


$CH_4+2O_2 \longrightarrow CO_2+2H_2O$

**17** 바로알기 ②, ④ 화학 반응식에서 반응물이나 생성물을 이루는 원자의 질량, 크기는 알 수 없다.

**서술형 정복하기** 시험 대비 교재 8~9쪽

**1** 답 물리 변화

**2** 답 (나)

**3** 답 ㉠ 분자, ㉡ 원자

**4** 답 2MgO

**5** 답 분자

시험 대비 교재

**6** 모범답안 **물리 변화**는 **물질의 성질**이 변하지 않고, **화학 변화**는 **물질의 성질**이 변한다.

**7** 모범답안 물리 변화가 일어나면 **원자의 종류**, **원자의 배열**, **분자의 종류**는 변하지 않고, **분자의 배열**이 변한다.

**8** 모범답안 화학 변화가 일어나면 **원자의 종류**는 변하지 않고, **원자의 배열**과 **분자의 종류**가 변한다.

**9** 모범답안 **화학 반응** 전후에 **원자**의 **종류**와 **개수**가 같도록 **화학식** 앞의 **계수**를 맞춘다.

**10** 모범답안 화학 반응식으로 **반응물과 생성물의 종류**, **원자의 종류와 개수**를 알 수 있고, **반응물과 생성물의 질량**, **원자의 크기와 모양**은 알 수 없다.

**11** 모범답안 아이스크림이 녹는다. 종이를 자른다. 등

| 채점 기준 | 배점 |
|---|---|
| 물리 변화의 예를 두 가지 모두 서술한 경우 | 100 % |
| 물리 변화의 예를 한 가지만 서술한 경우 | 50 % |

**12** 모범답안 물리 변화 : (가)와 (다), 화학 변화 : (나)와 (라), (가)와 (다)는 물질의 성질이 변하지 않으므로 물리 변화이고, (나)와 (라)는 물질의 성질이 변하므로 화학 변화이다.

| 채점 기준 | 배점 |
|---|---|
| 물리 변화와 화학 변화를 옳게 구분하고, 그 까닭을 옳게 서술한 경우 | 100 % |
| 물리 변화와 화학 변화만 옳게 구분한 경우 | 50 % |

**13** 모범답안 원자들의 배열이 변하여 새로운 분자가 생성되기 때문이다.

| 채점 기준 | 배점 |
|---|---|
| 원자와 분자를 포함하여 까닭을 옳게 서술한 경우 | 100 % |
| 그 외의 경우 | 0 % |

**14** 모범답안 $N_2 + 3H_2 \longrightarrow 2NH_3$, 1 : 3 : 2

| 채점 기준 | 배점 |
|---|---|
| 화학 반응식을 옳게 나타내고, 각 물질의 분자 수의 비를 옳게 구한 경우 | 100 % |
| 화학 반응식 또는 분자 수의 비 중 한 가지만 옳게 쓴 경우 | 50 % |

**15** 모범답안 $2H_2O_2 \longrightarrow 2H_2O + O_2$, 반응 전후에 원자의 종류와 개수가 같아야 하므로 $H_2O_2$와 $H_2O$의 계수는 2가 되어야 한다.

| 채점 기준 | 배점 |
|---|---|
| 화학 반응식을 옳게 고치고, 그 까닭을 옳게 서술한 경우 | 100 % |
| 화학 반응식만 옳게 고친 경우 | 50 % |

**16** 모범답안 $2CH_3OH + 3O_2 \longrightarrow 2CO_2 + 4H_2O$, 반응 전후에 탄소 원자 2개, 수소 원자 8개, 산소 원자 8개로 같다.

| 채점 기준 | 배점 |
|---|---|
| 화학 반응식을 옳게 쓰고, 원자의 개수를 옳게 비교한 경우 | 100 % |
| 화학 반응식만 옳게 쓴 경우 | 50 % |

## 02 화학 반응의 규칙

### 중단원 핵심 요약

시험 대비 교재 10쪽

① 질량 보존 ② 원자 ③ 일정 ④ 일정
⑤ 감소 ⑥ 일정 ⑦ 증가 ⑧ 일정
⑨ 감소 ⑩ 일정 성분비 ⑪ 화합물 ⑫ 혼합물
⑬ 1 : 8 ⑭ 5 ⑮ 기체 반응 ⑯ 2 : 1 : 2
⑰ 1 : 3 : 2

### 잠깐 테스트

시험 대비 교재 11쪽

**1** A+B=C+D **2** ㄱ, ㄴ, ㄷ **3** (1) - ⓒ (2) - ⓐ (3) - ⓑ **4** ㄴ, ㄷ **5** 1 : 8 **6** 4개 **7** 일정 성분비 법칙 **8** 기체 반응 **9** 산소, 25 mL **10** 수소 40 mL, 산소 20 mL

### 계산력·암기력 강화 문제

시험 대비 교재 12쪽

◇ 화합물이 생성될 때 질량 관계 계산하기

**1** (1) 이산화 탄소, 탄소, 16 (2) 16, 3, 8, 11 **2** (1) 5, 4, 1, 5 (2) 4, 5, 30, 30 **3** (1) 2, 3, 2, 5 (2) 3, 2, 10, 10 **4** (1) 40, 45, 1, 8, 9 (2) 1, 8, 4, 4, 6

**1** (1) (탄소 + 산소)의 질량=이산화 탄소의 질량

**2** (1) 구리 4 g과 산소 1 g이 반응하므로 산화 구리(Ⅱ) 5 g (=4 g+1 g)이 생성된다.

**3** (1) 마그네슘 3 g이 반응하여 산화 마그네슘 5 g이 생성되므로 반응한 산소의 질량은 2 g(=5 g−3 g)이다.

**4** (1) 실험 1에서 산소 5 g이 남았으므로 반응한 산소는 40 g이다. 따라서 수소 5 g과 산소 40 g이 반응하여 물 45 g(=5 g +40 g)이 생성된다.

### 계산력·암기력 강화 문제

시험 대비 교재 13쪽

◇ 기체 반응 법칙 적용하기

**1** 50 mL **2** 15 L **3** 수소 20 mL, 염소 20 mL **4** 산소, 20 mL **5** 수소, 40 mL **6** 수소, 20 mL **7** 70 mL **8** 60 mL **9** 50 mL

**1** 수소 : 산소 : 수증기=2 : 1 : 2=100 mL : 50 mL : 100 mL이므로 수소 기체 100 mL와 산소 기체 50 mL가 반응하여 수증기 100 mL가 생성된다.

**2** 질소 : 수소=1 : 3=5 L : 15 L이므로 질소 기체 5 L와 수소 기체 15 L가 반응한다.

**3** 수소 : 염소 : 염화 수소=1 : 1 : 2=20 mL : 20 mL : 40 mL이므로 수소 기체 20 mL와 염소 기체 20 mL가 반응하여 염화 수소 기체 40 mL가 생성된다.

**4** 수소 : 산소=2 : 1=40 mL : 20 mL이므로 수소 기체 40 mL와 산소 기체 20 mL가 반응하고, 산소 기체 20 mL가 남는다.

**5** 질소 : 수소=1 : 3=20 mL : 60 mL이므로 질소 기체 20 mL와 수소 기체 60 mL가 반응하고, 수소 기체 40 mL가 남는다.

**6** 수소 : 염소=1 : 1=30 mL : 30 mL이므로 수소 기체 30 mL와 염소 기체 30 mL가 반응하고, 수소 기체 20 mL가 남는다.

**7** 수소 : 산소 : 수증기=2 : 1 : 2=70 mL : 35 mL : 70 mL이므로 수소 기체 70 mL와 산소 기체 35 mL가 반응하여 수증기 70 mL가 생성되고, 산소 기체 15 mL가 남는다.

**8** 질소 : 수소 : 암모니아=1 : 3 : 2=30 mL : 90 mL : 60 mL이므로 질소 기체 30 mL와 수소 기체 90 mL가 반응하여 암모니아 기체 60 mL가 생성되고, 질소 기체 10 mL가 남는다.

**9** 수소 : 염소 : 염화 수소=1 : 1 : 2=25 mL : 25 mL : 50 mL이므로 수소 기체 25 mL와 염소 기체 25 mL가 반응하여 염화 수소 기체 50 mL가 생성되고, 염소 기체 25 mL가 남는다.

## 중단원 기출 문제

시험 대비 교재 14~18쪽

**01** ②, ⑤ **02** ㄱ, ㄴ, ㄷ, ㄹ **03** ③ **04** ② **05** ③, ⑤, ⑥ **06** ② **07** ⑤ **08** ⑤ **09** ③ **10** ④ **11** ④ **12** ④ **13** ⑤ **14** 2 : 1 **15** ③ **16** ④ **17** 4 : 1 : 5 **18** ② **19** ⑤ **20** ④ **21** ③ **22** ④ **23** ④ **24** ④ **25** 일정 성분비 법칙 **26** ③, ⑥ **27** ②, ③ **28** ③ **29** ③ **30** ④ **31** ④ **32** ②, ⑥

**01** ①, ③, ④ 반응 전후에 원자의 종류와 개수는 변하지 않으므로 질량 보존 법칙은 물리 변화와 화학 변화에서 모두 성립한다.
바로알기 ② 화합물과 혼합물이 만들어질 때 모두 질량 보존 법칙이 성립한다.
⑤ 열린 용기에서 기체 발생 반응이 일어나면 발생한 기체가 빠져나가므로 질량이 감소하지만, 빠져나간 기체의 질량을 고려하면 반응 전후에 총질량은 일정하다. 따라서 열린 용기에서도 질량 보존 법칙이 성립한다.

**02** 질량 보존 법칙은 물리 변화와 화학 변화에서 모두 성립한다.

**03** ③ 염화 나트륨 수용액과 질산 은 수용액이 반응하면 흰색 앙금인 염화 은이 생성되며, 반응 전후 질량은 변하지 않는다.
바로알기 ④ 반응 전후에 원자의 종류와 개수가 변하지 않으므로 질량은 변하지 않는다.
⑤ 이 반응에서는 기체가 출입하지 않으므로 열린 용기에서 실험해도 질량 보존 법칙을 확인할 수 있다.

**04** ② 반응물의 총질량과 생성물의 총질량은 같으므로 A+B=C+D이다. 따라서 C=A+B−D이다.

**05** ③, ⑤, ⑥ (나)에서는 발생한 기체가 빠져나가지 못하므로 질량이 같지만, (다)에서 뚜껑을 열면 기체가 빠져나가 질량이 감소한다. 따라서 질량은 (가)=(나)>(다)이다.
바로알기 ①, ② 탄산 칼슘과 묽은 염산이 반응하면 이산화 탄소 기체가 발생하며, 이 반응은 화학 변화이다.
⑦ 이 실험으로는 질량 보존 법칙을 확인할 수 있다.

**06** 탄산수소 나트륨 ⟶ 탄산 나트륨 + 물 + 이산화 탄소
84 g = 53 g + 9 g + $x$
➡ $x$=22 g

**07** 이 반응의 화학 반응식은 다음과 같다.
$Mg + 2HCl \longrightarrow MgCl_2 + H_2$
③, ④ 열린 용기에서 실험하면 기체가 날아가므로 질량이 감소하지만 기체의 질량을 고려하면 질량 보존 법칙이 성립한다.
바로알기 ⑤ 화학 반응이 일어날 때 원자의 종류와 개수는 변하지 않고, 원자의 배열이 달라진다.

**08** ①, ③ 나무를 연소시키면 이산화 탄소 기체와 수증기가 발생하여 공기 중으로 날아가므로 연소 후 질량이 감소한다.
② 강철솜을 연소시키면 산화 철(Ⅱ)이 생성되므로 결합한 산소의 질량만큼 연소 후 질량이 증가한다.
바로알기 ⑤ 공기 중에서 반응이 일어나면 질량이 보존되지 않는 것처럼 보이지만, 출입하는 기체의 질량을 고려하면 반응 전후에 물질의 총질량은 같으므로 질량 보존 법칙이 성립한다.

**09** (가) 구리가 산소와 반응하므로 결합한 산소의 질량만큼 반응 후 질량이 증가한다.
(나), (다) 달걀 껍데기와 묽은 염산이 반응하면 이산화 탄소 기체가 발생하고, 탄산수소 나트륨이 분해되면 이산화 탄소 기체가 발생하므로 반응 후 질량이 감소한다.
(라) 아이오딘화 칼륨 수용액과 질산 납 수용액이 반응하면 노란색 앙금인 아이오딘화 납이 생성되므로 반응 전후에 질량이 일정하다.

**10** 일정 성분비 법칙은 화합물에서는 성립하지만, 혼합물에서는 성립하지 않는다.
①, ②, ③, ⑤ 물, 암모니아, 이산화 탄소, 산화 마그네슘은 모두 화합물이다.
바로알기 ④ 암모니아수는 혼합물이다.

**11** ④ 실험 1에서 수소 4 g이 남았으므로 수소 1 g과 산소 8 g이 반응하여 물이 생성되었다. 따라서 질량비는 수소 : 산소=1 : 8=5 g : 40 g이므로 수소 5 g과 산소 40 g이 반응하고, 산소 10 g은 남는다.

**12** ④ 암모니아를 구성하는 성분의 질량비는 질소 : 수소=14 : 3이므로 질소 28 g과 수소 6 g이 반응하여 암모니아 34 g이 생성되고, 질소 2 g이 남는다.

**13** ⑤ 탄소 6 g과 산소가 반응하여 이산화 탄소 22 g이 생성되므로 반응한 산소의 질량은 16 g(=22 g−6 g)이고, 산소 4 g이 반응하지 않고 남는다. 따라서 반응하는 질량비는 탄소 : 산소=6 g : 16 g=3 : 8이다.

**14** 이 화합물은 볼트(B) 1개와 너트(N) 2개로 이루어지므로 볼트와 너트의 질량비는 볼트 : 너트=4 g : 2×1 g=2 : 1이다.

**15** ③ 볼트 7개와 너트 14개로 화합물 $BN_2$ 7개를 만들 수 있고, 볼트 3개가 남는다. 따라서 화합물의 전체 질량은 (4 g+2×1 g)×7=42 g이다.

**16** 볼트와 너트가 1 : 2의 개수비로 결합하고, 여분의 물질은 남는다.

| | ① | ② | ③ | ④ | ⑤ |
|---|---|---|---|---|---|
| 화합물 $BN_2$ | 2개 | 5개 | 5개 | 7개 | 5개 |
| 남는 물질 | 볼트 3개, 너트 1개 | — | 볼트 5개 | 볼트 3개, 너트 1개 | 볼트 10개 |

**17** 구리와 산소가 반응하여 산화 구리(Ⅱ)가 생성될 때 질량비는 구리 : 산소 : 산화 구리(Ⅱ)=4 : 1 : 5이다.

**18** ② 구리 4 g과 산소 1 g이 반응하면 산화 구리(Ⅱ) 5 g (=4g +1 g)이 생성되므로 질량비는 구리 : 산소 : 산화 구리(Ⅱ)=4 : 1 : 5이다. 따라서 구리 : 산소 : 산화 구리(Ⅱ)=4 : 1 : 5=10 g : 2.5 g : 12.5 g에 의해 산화 구리(Ⅱ) 12.5 g이 생성된다.

**19** ⑤ 구리 : 산소 : 산화 구리(Ⅱ)=4 : 1 : 5=20 g : 5 g : 25 g이므로 산화 구리(Ⅱ) 25 g을 얻기 위해 필요한 구리의 최소 질량은 20 g이다.

**20** 구리 : 산소=4 : 1의 질량비로 반응하고, 여분의 물질은 반응하지 않고 남는다.

| | 구리 | 산소 | 산화 구리(Ⅱ) | 남는 물질 |
|---|---|---|---|---|
| ① | 8 g | 5 g | 10 g | 산소, 3 g |
| ② | 8 g | 8 g | 10 g | 산소, 6 g |
| ③ | 8 g | 12 g | 10 g | 산소, 10 g |
| ④ | 12 g | 5 g | 15 g | 산소, 2 g |
| ⑤ | 15 g | 2 g | 10 g | 구리, 7 g |

**21** ③ 일정량의 구리 가루를 가열하면 구리가 모두 반응할 때까지는 생성되는 산화 구리(Ⅱ)의 질량이 점점 증가한다. 그러나 구리가 모두 반응한 이후에는 더 이상 산화 구리(Ⅱ)가 생성되지 않으므로 질량이 일정해진다.

**22** ①, ② 질량비는 마그네슘 : 산소 : 산화 마그네슘=3 : 2 : 5이다.
③ (마그네슘+산소)의 질량=산화 마그네슘의 질량
➡ 산소의 질량=산화 마그네슘의 질량−마그네슘의 질량
⑤ 마그네슘과 산소의 질량비가 일정하므로, 일정 성분비 법칙이 성립한다.

**바로알기** ④ 마그네슘의 질량이 증가하면 반응하는 산소의 질량도 함께 증가한다.

**23** ④ 질량비는 마그네슘 : 산소 : 산화 마그네슘=3 : 2 : 5이므로 마그네슘 : 산화 마그네슘=3 : 5=18 g : 30 g이다. 따라서 마그네슘 18 g을 완전히 가열하면 산화 마그네슘 30 g이 생성된다.

**24** ④ 마그네슘 6 g이 산소와 반응하여 산화 마그네슘 10 g이 생성되므로 마그네슘과 반응한 산소의 질량은 4 g이며, 질량비는 마그네슘 : 산소 : 산화 마그네슘=6 g : 4 g : 10 g=3 : 2 : 5이다.

마그네슘 + 산소 ⟶ 산화 마그네슘
3 : 2 : 5
15 g : 10 g : 25 g

**[25~26]**

질산 납이 남아 있다. (A, B, C) / 두 수용액이 모두 반응하였다. (D)

| 시험관 | A | B | C | D | E | F |
|---|---|---|---|---|---|---|
| 질산 납 수용액의 부피(mL) | 6 | 6 | 6 | 6 | 6 | 6 |
| 아이오딘화 칼륨 수용액의 부피(mL) | 0 | 2 | 4 | 6 | 8 | 10 |
| 앙금의 높이(mm) | 0 | 5 | 10 | 15 | 15 | 15 |

아이오딘화 칼륨이 남아 있다. (E, F)

**25** 질산 납 수용액과 아이오딘화 칼륨 수용액이 반응하면 노란색 앙금인 아이오딘화 납이 생성되며, 아이오딘과 납 사이에는 일정한 질량비가 성립한다.

**26** ② B에는 반응하지 못한 질산 납이 남아 있으므로 아이오딘화 칼륨 수용액을 더 넣으면 앙금의 양이 증가한다.
④ D 이후로 앙금의 높이가 일정하므로 D에서 아이오딘화 칼륨과 질산 납이 모두 반응하였다.
⑤ E와 F에는 과량의 아이오딘화 칼륨이 반응하지 못하고 남아 있으므로 질산 납 수용액을 더 넣으면 앙금의 양이 증가한다.
⑦ 두 수용액이 1 : 1의 부피비로 반응하므로 일정량의 질산 납과 반응하는 아이오딘화 칼륨의 양은 일정하다.

**바로알기** ③ C에는 반응하지 않은 질산 납이 남아 있다.
⑥ 앙금의 높이가 일정해지는 것은 더 이상 아이오딘화 칼륨과 반응할 질산 납이 없기 때문이다.

**27** 기체 반응 법칙은 일정한 온도와 압력에서 기체가 반응하여 새로운 기체를 생성할 때 각 기체의 부피 사이에는 간단한 정수비가 성립한다는 것이다. 따라서 기체 반응 법칙은 반응물과 생성물이 모두 기체인 반응에서 성립한다.

**바로알기** ① 철과 산화 철(Ⅱ)은 고체, ④ 탄소는 고체, ⑤ 구리와 산화 구리(Ⅱ)는 고체이므로 기체 반응 법칙이 성립하지 않는다.

**[28~29]**

| 실험 | 반응 전 기체의 부피(mL) | | 생성된 기체 C의 부피(mL) | 반응 후 남은 기체의 종류, 부피(mL) |
|---|---|---|---|---|
| | A | B | | |
| 1 | 10 | 50 (반응 부피 30) | 20 | B, 20 |
| 2 | 40 (반응 부피 20) | 60 | 40 | A, 20 |

**28** ③ 실험 1에서 B 20 mL가 남았으므로 A 10 mL와 B 30 mL가 반응하여 C 20 mL가 생성되었다. 따라서 부피비는 A : B : C=10 mL : 30 mL : 20 mL=1 : 3 : 2이다.

**29** ③ 부피비는 A : B : C=1 : 3 : 2=30 mL : 90 mL : 60 mL이므로 기체 A 30 mL와 기체 B 90 mL가 반응하여 기체 C 60 mL가 생성되고, 기체 A 20 mL가 남는다.

**30** ④ 부피비는 수소 : 산소 : 수증기=2 : 1 : 2=40 mL : 20 mL : 40 mL이므로 수소 기체 40 mL와 산소 기체 20 mL가 반응하여 수증기 40 mL가 생성된다.

**31** ④ 기체 사이의 반응에서 각 기체의 부피비는 분자 수의 비와 같으므로 분자 수의 비는 수소 : 염소 : 염화 수소=1 : 1 : 2=50 : 50 : 100이다. 따라서 수소 분자 50개와 염소 분자 50개가 반응하여 염화 수소 분자 100개가 생성된다.

**32** ① 반응 전 분자의 총개수는 4개이고, 반응 후 분자의 총개수는 2개이다.
③, ④ 반응물과 생성물이 기체인 반응에서 기체 사이의 부피비와 분자 수의 비는 같다. 따라서 부피비(분자 수의 비)는 질소 : 수소 : 암모니아=1 : 3 : 2이다.
⑤ 반응 전후에 원자의 종류와 개수가 같으므로 반응 전후에 물질의 총질량은 같다.
⑦ 반응물과 생성물이 모두 기체이고, 각 기체의 부피 사이에 간단한 정수비가 성립하므로 기체 반응 법칙이 성립한다.
바로알기 ② 각 기체는 같은 부피 속에 같은 개수의 분자가 들어 있지만, 각 분자를 구성하는 원자의 개수에 따라 같은 부피 속에 들어 있는 원자의 개수는 달라진다. 1부피 속에 질소 기체와 수소 기체는 각각 원자 2개가 들어 있고, 암모니아 기체는 원자 4개가 들어 있다.
⑥ 암모니아를 이루는 질소 원자와 수소 원자의 개수비가 1 : 3으로 일정하므로 질소와 수소의 질량비도 일정하다.

## 서술형 정복하기

시험 대비 교재 19~20쪽

**1** 답 질량 보존 법칙

**2** 답 (다)

**3** 답 일정 성분비 법칙

**4** 답 40 g

**5** 답 기체 반응 법칙

**6** 모범답안 **화학 반응**이 일어날 때 **물질**을 이루는 **원자**의 **종류**와 **개수**가 변하지 않기 때문이다.

**7** 모범답안 강철솜을 가열하면 공기 중의 **산소**와 결합하므로 질량이 **증가**하고, 나무를 가열하면 발생한 **기체**가 공기 중으로 날아가므로 질량이 **감소**한다.

**8** 모범답안 물질을 구성하는 **원자**가 항상 일정한 **개수비**로 결합하여 **화합물**을 생성하기 때문이다.

**9** 모범답안 **성분 원소**의 **질량비**가 다르기 때문이다.

**10** 모범답안 부피비는 **질소** : **수소** : **암모니아**=**1** : **3** : **2**이므로 암모니아 기체 6 mL가 생성된다.

**11** 모범답안 (1) 수소
(2) 반응 전후에 질량은 변하지 않는다. 질량 보존 법칙
| 해설 | 마그네슘과 묽은 염산의 반응을 화학 반응식으로 나타내면 다음과 같다.

$$Mg + 2HCl \longrightarrow MgCl_2 + H_2$$

| | 채점 기준 | 배점 |
|---|---|---|
| (1) | 기체의 이름을 옳게 쓴 경우 | 50 % |
| (2) | 질량 변화를 옳게 비교하고, 확인할 수 있는 법칙을 옳게 쓴 경우 | 50 % |
| | 질량 변화 비교 또는 확인할 수 있는 법칙 중 한 가지만 옳게 쓴 경우 | 25 % |

**12** 모범답안 • 결과 : 막대저울이 오른쪽(B 쪽)으로 기울어진다.
• 까닭 : 강철솜을 가열하면 산소와 결합하여 질량이 증가하기 때문이다.

| 채점 기준 | 배점 |
|---|---|
| 막대저울의 움직임과 그 까닭을 모두 옳게 서술한 경우 | 100 % |
| 막대저울의 움직임만 옳게 서술한 경우 | 50 % |

**13** 모범답안 과산화 수소 분자는 수소 원자 2개와 산소 원자 2개로 이루어지므로 과산화 수소를 구성하는 수소와 산소의 질량비는 (2×1) : (2×16)=1 : 16이다.

| 채점 기준 | 배점 |
|---|---|
| 수소와 산소의 질량비를 풀이 과정과 함께 옳게 서술한 경우 | 100 % |
| 수소와 산소의 질량비만 옳게 쓴 경우 | 50 % |

**14** 모범답안 화합물 $BN_2$는 볼트 1개와 너트 2개로 이루어지므로 볼트 5개와 너트 10개로 화합물 $BN_2$를 5개 만들 수 있다.
| 해설 | 볼트 5개와 너트 10개로 화합물 $BN_2$ 5개를 만들고, 볼트 5개가 남는다.

| 채점 기준 | 배점 |
|---|---|
| 화합물 모형의 개수를 풀이 과정과 함께 옳게 서술한 경우 | 100 % |
| 화합물 모형의 개수만 옳게 구한 경우 | 50 % |

**15** 모범답안 구리와 산소가 반응하여 산화 구리(Ⅱ)가 생성될 때 반응하는 구리와 산소의 질량비(구리 : 산소=4 : 1)가 일정하기 때문이다.
| 해설 | 구리 가루를 가열하면 산소와 반응하여 산화 구리(Ⅱ)가 생성되므로 질량이 점점 증가한다. 그런데 반응하는 구리와 산소의 질량비는 일정하므로 구리가 모두 반응한 후에는 더 이상 산화 구리(Ⅱ)가 생성되지 않아 질량이 일정해진다.

| 채점 기준 | 배점 |
|---|---|
| 구리와 산소의 질량비가 일정하다는 내용을 포함하여 까닭을 옳게 서술한 경우 | 100 % |
| 구리가 모두 반응하였기 때문이라고 서술한 경우 | 50 % |

16 모범답안 부피비는 수소 : 산소=2 : 1이므로 수소 기체 40 mL와 산소 기체 20 mL가 반응하고, 수소 기체 10 mL가 남는다.

| 채점 기준 | 배점 |
|---|---|
| 남는 기체의 종류와 부피를 풀이 과정과 함께 옳게 서술한 경우 | 100 % |
| 남는 기체의 종류와 부피만 옳게 구한 경우 | 50 % |

17 모범답안 실험 1에서 부피비는 A : B=1 : 3이므로 실험 2에서 기체 A 30 mL와 기체 B 90 mL가 반응한다. 반응 후 기체 B 20 mL가 남았으므로 반응 전 기체 B의 부피 ㉠은 110 mL이다.

| 해설 | 실험 1에서 반응 후 기체 A 10 mL가 남았으므로 기체 A 20 mL와 기체 B 60 mL가 반응하였고, 부피비는 A : B =1 : 3이다.

| 채점 기준 | 배점 |
|---|---|
| ㉠의 값을 풀이 과정과 함께 옳게 서술한 경우 | 100 % |
| ㉠의 값만 옳게 구한 경우 | 50 % |

## 03 화학 반응에서의 에너지 출입

### 중단원 핵심 요약

시험 대비 교재 21쪽

① 방출 ② 높아 ③ 흡수 ④ 낮아 ⑤ 발열 ⑥ 흡열

### 잠깐 테스트

시험 대비 교재 22쪽

1 에너지 2 발열 3 흡열 4 ① 높, ② 낮 5 발열 반응 : (나), (라), 흡열 반응 : (가), (다) 6 ① 방출, ② 높아 7 ① 흡수, ② 흡열 8 ① 발열, ② 흡열 9 ㄷ, ㄹ 10 (가), (나)

### 중단원 기출 문제

시험 대비 교재 23~24쪽

01 ⑤ 02 ④ 03 ④ 04 ③ 05 ③ 06 ③ 07 ③ 08 ① 09 ③, ④ 10 ① 11 ③ 12 ②

01 ①, ③ 발열 반응은 주변으로 에너지를 방출하므로 주변의 온도가 높아진다.
②, ④ 흡열 반응은 주변에서 에너지를 흡수하므로 주변의 온도가 낮아진다.
⑥ 산과 금속의 반응, 산화 칼슘과 물의 반응은 에너지를 방출하는 발열 반응이다.
바로알기 ⑤ 산과 염기의 반응은 발열 반응이고, 질산 암모늄과 물의 반응은 흡열 반응이다.

02 ④ 염화 칼슘 제설제는 염화 칼슘과 물이 반응할 때 방출하는 에너지로 눈을 녹인다.
바로알기 ①, ②, ③, ⑤ 에너지를 흡수하는 흡열 반응이다.

03 ㄴ. 석고의 주성분인 황산 칼슘은 물과 반응하면 굳으면서 에너지를 방출한다.
ㄷ. 물에 젖은 석고 붕대가 굳는 반응과 철이 녹스는 반응은 에너지를 방출하는 발열 반응이다.
바로알기 ㄱ. 물에 젖은 석고 붕대가 굳는 반응은 에너지를 방출하는 반응이다.

04 ㄴ, ㄷ. 에너지를 흡수하는 흡열 반응이다.
바로알기 ㄱ, ㄹ. 에너지를 방출하는 발열 반응이다.

05 ㄱ. 반응 전후 원자의 종류와 개수가 같아야 하므로 ㉠과 ㉡은 모두 2이다.
ㄴ. 물의 전기 분해 반응은 에너지를 흡수하는 흡열 반응이다.
바로알기 ㄷ. 금속이 녹스는 반응은 발열 반응이므로 흡열 반응인 물의 전기 분해 반응과 에너지의 출입이 다르다.

06 ㄱ, ㄷ. 탄산수소 나트륨을 가열하면 에너지를 흡수하면서 분해되어 이산화 탄소 기체를 생성하므로 빵이 부풀어 오른다.
바로알기 ㄴ. 탄산수소 나트륨이 분해될 때 에너지를 흡수한다.

07 ㄱ. (가)는 주변으로 에너지를 방출하는 발열 반응이고, (나)는 주변에서 에너지를 흡수하는 흡열 반응이다.
ㄴ. 연소 반응은 에너지를 방출하는 발열 반응이므로 (가)와 같은 에너지 변화가 나타난다.
바로알기 ㄷ. 산과 금속의 반응은 발열 반응이므로 (가)와 같은 에너지 변화가 나타난다.

08 ㄱ. (가)에서 묽은 염산과 마그네슘이 반응하면 수소 기체가 발생한다.
바로알기 ㄴ, ㄷ. (가)는 금속과 산의 반응, (나)는 산과 염기의 반응으로 모두 주변으로 에너지를 방출하는 발열 반응이다. 따라서 실험 (가)와 (나)에서 시험관 속 용액의 온도가 높아진다.

09 ①, ②, ⑤ 철 가루와 공기 중의 산소가 반응할 때 에너지를 방출하므로 부직포 주머니가 따뜻해지고, 주변의 온도가 높아진다.
⑥ 철 가루와 산소의 반응, 연소 반응은 모두 에너지를 방출하는 발열 반응이다.
바로알기 ③ 철 가루와 공기 중의 산소가 반응한다.
④ 부직포는 반응에 참여하지 않는다. 부직포를 사용하는 까닭은 부직포 주머니에 미세한 구멍이 있어서 주머니를 흔들면 철 가루가 공기 중의 산소와 반응할 수 있기 때문이다.

10 ㄱ. 질산 암모늄과 물이 반응할 때 에너지를 흡수하는 흡열 반응이 일어난다.

**바로알기** ㄴ. 산화 칼슘과 물의 반응은 에너지를 방출하는 발열 반응이다.
ㄷ. 불 없이 음식을 데우거나 조리하기 위해서는 에너지를 방출하는 반응을 활용해야 한다.

**11** ㄱ, ㄷ. 수산화 바륨과 염화 암모늄의 반응, 물의 전기 분해 반응은 모두 흡열 반응이다.
**바로알기** ㄴ. 수산화 바륨과 염화 암모늄의 반응이 일어나면 주변의 온도가 낮아진다.

**12** ㄱ, ㄴ. 발열 컵, 염화 칼슘 제설제는 발열 반응을 활용한 예이다.
**바로알기** ㄷ. 냉찜질 팩은 흡열 반응을 활용한 예이다.

## 서술형 정복하기

시험 대비 교재 25쪽

**1** 답 ㉠ 방출, ㉡ 흡수

**2** 답 (가), (나)

**3** 모범답안 화학 반응이 일어날 때 **에너지**를 **방출**하면 주변의 **온도**가 높아지고, **에너지**를 **흡수**하면 주변의 **온도**가 낮아진다.

**4** 모범답안 **철 가루**와 **산소**가 반응할 때 **에너지**를 **방출**하기 때문이다.

**5** 모범답안 **질산 암모늄**과 **물**이 반응할 때 **에너지**를 **흡수**하기 때문이다.

**6** 모범답안 체온이 높아진다. 호흡은 에너지를 방출하는 반응이므로 달리기를 하면 호흡이 활발해져서 에너지가 많이 방출되기 때문이다.

| 채점 기준 | 배점 |
|---|---|
| 체온 변화를 옳게 쓰고, 그 까닭을 화학 반응에서의 에너지 출입과 관련지어 옳게 서술한 경우 | 100 % |
| 체온 변화만 옳게 쓴 경우 | 50 % |

**7** 모범답안 흡열 반응, 질산 암모늄과 물이 반응할 때 봉지가 차가워지기 때문이다.

| 채점 기준 | 배점 |
|---|---|
| 흡열 반응을 쓰고, 그 까닭을 옳게 서술한 경우 | 100 % |
| 흡열 반응만 쓴 경우 | 50 % |

**8** 모범답안 (1) 발열 반응 : (나), 흡열 반응 : (가)
(2) 발열 반응이 일어날 때 주변의 온도가 높아지고, 흡열 반응이 일어날 때 주변의 온도가 낮아진다.

| | 채점 기준 | 배점 |
|---|---|---|
| (1) | 발열 반응과 흡열 반응을 옳게 구분한 경우 | 50 % |
| (2) | 발열 반응과 흡열 반응이 일어날 때 주변의 온도 변화를 모두 옳게 서술한 경우 | 50 % |
| | 발열 반응과 흡열 반응이 일어날 때 주변의 온도 변화를 한 가지만 옳게 서술한 경우 | 25 % |

# Ⅱ 기권과 날씨

## 01 기권과 지구 기온

### 중단원 핵심 요약

시험 대비 교재 26쪽

① 기온 ② 대류권 ③ 상승 ④ 수증기
⑤ 복사 평형 ⑥ 70 ⑦ 70 ⑧ 온실 효과
⑨ 이산화 탄소 ⑩ 상승

### 잠깐 테스트

시험 대비 교재 27쪽

**1** 기권(대기권) **2** 1000 **3** ① 질소, ② 산소 **4** ① 높이, ② 기온 **5** (1) A (2) B (3) D (4) C **6** ① 태양 복사 에너지, ② 지구 복사 에너지 **7** ① 70, ② 복사 평형 **8** ① 온실 효과, ② 온실 기체 **9** 높 **10** ① 화석 연료, ② 온실 기체(이산화 탄소)

### 중단원 기출 문제

시험 대비 교재 28~30쪽

**01** ③ **02** ③, ⑤ **03** ② **04** ① **05** ④ **06** ⑤
**07** C **08** (다) → (나) → (가) **09** ⑤ **10** ⑤ **11** ③
**12** ①, ③ **13** ④ **14** ① **15** ③ **16** ③ **17** ②
**18** ②, ③, ⑥ **19** ⑤

**01** 지구 대기를 구성하는 기체의 부피비 : 질소>산소>…

**02** **바로알기** ① 기권의 두께는 약 1000 km이다.
② 대부분의 대기는 대류권에 분포한다.
④ 대기를 구성하는 기체 중 가장 많은 양을 차지하는 것은 질소이고, 두 번째로 많은 양을 차지하는 것은 산소이다.
⑥ 수증기는 시간이나 장소에 따라 양이 달라진다.
⑦ 지구에 대기가 없다면 온실 효과가 일어나지 않아 지구의 평균 온도는 현재보다 낮을 것이다.

**03** 기권은 높이에 따른 기온 변화를 기준으로 4개의 층으로 구분한다.

**04** 기권은 높이에 따른 기온 변화를 기준으로 지표에서부터 대류권(A), 성층권(B), 중간권(C), 열권(D)으로 구분한다.

**05** **바로알기** ① 낮과 밤의 기온 차가 크고, 오로라가 나타나는 층은 열권(D)이다.
② 대류가 일어나는 층은 대류권(A)과 중간권(C)이다. 성층권(B)은 높이 올라갈수록 기온이 높아지므로 안정한 층이고, 대류가 잘 일어나지 않는다.
③ 기상 현상이 나타나는 층은 대류권(A)이다.
⑤ 장거리 비행기의 항로로 이용되는 층은 성층권(B)이다.

**06** 대류권(A)은 높이 올라갈수록 지표에서 방출되는 에너지가 적게 도달하기 때문에 기온이 낮아진다.

**07** 중간권(C)은 대류가 일어나지만, 수증기가 거의 없기 때문에 기상 현상은 나타나지 않는다.

**08** 오로라는 열권, 오존층은 성층권, 구름과 비(기상 현상)는 대류권에서 나타나는 특징이다. 따라서 지표면에 가까운 층에서 나타나는 특징부터 나열하면 (다) 구름, 비 → (나) 오존층 → (가) 오로라이다.

**09** 바로알기 ①은 열권, ②는 대류권, ④는 열권의 특징이다. ③ 중간권 계면 부근에서 최저 기온이 나타난다.

**10** 바로알기 ⑤ 지구 대기 중의 온실 기체는 지표에서 방출되는 지구 복사 에너지의 일부를 흡수하였다가 지표로 다시 방출하여 지구의 평균 기온을 높게 한다.

**11** 복사 평형은 물체가 흡수하는 복사 에너지양과 방출하는 복사 에너지양이 같은 상태로, 온도가 일정하게 유지된다.

**12** ④ A 구간에서는 컵이 흡수하는 에너지양이 방출하는 에너지양보다 많아서 온도가 상승한다.
⑤ B 구간에서는 컵이 흡수하는 에너지양이 방출하는 에너지양과 같아 복사 평형을 이루므로 온도가 일정하게 유지된다.
⑥, ⑦ 적외선등을 멀리하면 복사 평형에 도달하는 시간이 늦어지고 낮은 온도에서 복사 평형을 이룬다.
바로알기 ① 지구의 복사 평형을 알아보기 위한 실험이다.
③ 전외선등을 더 가까이 하면 열원에 가까워지므로 더 높은 온도에서 복사 평형이 일어나 온도가 일정해진다.

**13** 지구에 들어오는 태양 복사 에너지 100 % 중 30 %는 반사되고, 70 %가 대기와 구름 및 지표면에 흡수된다. 지구는 흡수한 태양 복사 에너지양(70 %)만큼 지구 복사 에너지를 우주로 방출한다.

**14** (나)에서는 대기 중의 온실 기체가 지구 복사 에너지를 흡수하였다 다시 방출하여 온실 효과가 일어난다. 따라서 (가)보다 높은 온도에서 복사 평형을 이루어 평균 기온이 높게 나타난다.
바로알기 ① (가)에서는 대기가 없어서 온실 효과가 일어나지 않는다.

**15** 바로알기 ③ 인간의 산업 활동으로 화석 연료 사용이 증가하여 대기 중으로 배출되는 온실 기체의 양이 증가하였다.

**16** 지구의 평균 기온이 대체로 상승하였으므로 지구 온난화가 일어났음을 알 수 있다.
바로알기 ③ 지구 온난화의 영향으로 빙하가 녹고 해수의 부피가 팽창하여 해수면의 높이가 높아졌을 것이다.

**17** 수증기, 이산화 탄소, 메테인은 모두 온실 효과를 일으키는 온실 기체이다. 온실 기체가 증가하면 온실 효과가 강화되어 지구의 평균 기온이 상승하는 지구 온난화가 일어난다.

**18** 바로알기 ②, ③, ⑥ 기온이 상승하면 해수의 부피가 팽창하여 해수면의 높이가 상승하고, 육지의 면적은 줄어든다. 또한, 극지방의 빙하가 녹아 빙하 면적이 감소한다.

**19** 바로알기 ⑤ 지구 온난화의 원인은 대기 중 온실 기체 증가이므로 국제 협력을 통해 온실 기체의 배출량을 줄여야 한다.

## 서술형 정복하기

시험 대비 교재 31~32쪽

**1** 답 대류권

**2** 답 열권

**3** 답 복사 평형

**4** 답 지구 온난화

**5** 답 수증기, 이산화 탄소, 메테인

**6** 모범답안 대류권과 중간권은 높이 올라갈수록 **기온**이 낮아지고, **대류**가 활발하게 일어난다.

**7** 모범답안 높이 올라갈수록 기온이 높아진다. 이는 **오존층**이 태양에서 오는 **자외선**을 흡수하기 때문이다.

**8** 모범답안 지구가 **흡수**하는 **태양 복사 에너지양**과 **방출**하는 **지구 복사 에너지양**이 같으므로 지구의 평균 기온이 거의 일정하게 유지된다.

**9** 모범답안 지구는 **대기**가 있어서 **온실 효과**가 일어나지만, 달은 **대기**가 없어 **온실 효과**가 일어나지 않기 때문에 달보다 지구의 평균 온도가 높다.

**10** 모범답안 지구 온난화의 주요 원인은 **화석 연료** 사용 증가로 인한 대기 중 **온실 기체**의 농도 증가이다.

**11** 모범답안 (1) 높이에 따른 기온 변화
(2) A, 대류가 일어나야 한다. 수증기가 존재해야 한다.

| | 채점 기준 | 배점 |
|---|---|---|
| (1) | 구분 기준을 옳게 쓴 경우 | 50 % |
| (2) | 기상 현상이 나타나는 층과 조건을 모두 옳게 서술한 경우 | 50 % |
| | 기상 현상이 나타나는 층만 옳게 쓴 경우 | 20 % |

**12** 모범답안 (1)

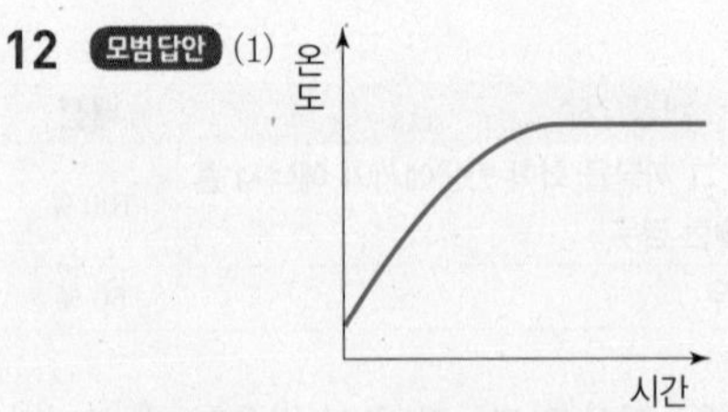


(2) 처음에는 알루미늄 컵이 흡수하는 복사 에너지양이 방출하는 복사 에너지양보다 많아서 온도가 상승하고, 일정한 시간이 지나면 알루미늄 컵이 흡수하는 복사 에너지양과 방출하는 복사 에너지양이 같아져 복사 평형에 도달하여 온도가 일정해진다.

| | 채점 기준 | 배점 |
|---|---|---|
| (1) | 온도가 상승하다가 일정해지는 모습으로 그린 경우 | 50 % |
| (2) | 복사 평형의 개념을 포함하여 옳게 서술한 경우 | 50 % |

**13** 모범답안 지구에 대기가 없을 경우, (가) 과정이 나타나지 않아 지표가 흡수한 태양 복사 에너지를 그대로 지구 복사 에너지로 방출하므로 현재보다 평균 기온이 낮아질 것이다.

| 채점 기준 | 배점 |
|---|---|
| (가) 과정과 관련지어 평균 기온 변화를 옳게 서술한 경우 | 100 % |
| 평균 기온 변화만 옳게 서술한 경우 | 50 % |

**14** 모범답안 (1) 대기 중 이산화 탄소 농도가 높아질수록 지구의 평균 기온이 대체로 상승한다.
(2) 빙하가 녹고, 만년설이 감소한다, 해수면이 상승한다, 육지의 면적이 감소한다, 가뭄, 홍수 등 기상 이변이 증가한다, 농작물의 생산량이 변한다, 생태계가 변화한다, 물 부족 현상이 나타난다. 등

| | 채점 기준 | 배점 |
|---|---|---|
| (1) | 대기 중 이산화 탄소 농도 변화와 지구의 평균 기온 변화의 관계를 옳게 서술한 경우 | 50 % |
| (2) | 지구 온난화로 인한 현상 두 가지를 옳게 서술한 경우 | 50 % |
| | 지구 온난화로 인한 현상 한 가지만 옳게 서술한 경우 | 25 % |

## 02 구름과 강수

### 중단원 핵심 요약 시험 대비 교재 33쪽

① 포화 상태 ② 증가 ③ 물 ④ 이슬점
⑤ 높음 ⑥ 이슬점 ⑦ 팽창 ⑧ 하강
⑨ 병합설 ⑩ 빙정설

### 잠깐 테스트 시험 대비 교재 34쪽

**1** ① 포화 수증기량, ② 증가 **2** ① 27.1, ② 14.7 **3** ① 불포화, ② 20 **4** ① 14.7, ② 7.6, ③ 7.1 **5** 50 % **6** (1) A : 이슬점, B : 상대 습도, C : 기온 (2) 반대로 **7** ① 팽창, ② 하강, ③ 응결 **8** (1) ① 낮아, ② 뿌옇게 흐려진다 (2) 응결핵 **9** ① 물방울, ② 병합설 **10** ① 얼음 알갱이, ② 빙정설

### 계산력·암기력 강화 문제 시험 대비 교재 35쪽

◇ 포화 수증기량 구하기

**1** 5.4 g **2** 15.2 g **3** 73.5 g **4** 7.6 g **5** 31.8 g **6** 10.0 g **7** 4.0 g

**2** 기온이 10 ℃인 공기의 포화 수증기량은 7.6 g/kg이므로 포화 상태의 공기 2 kg에는 7.6 g/kg×2 kg=15.2 g의 수증기가 들어 있다.

**3** 기온이 20 ℃인 공기의 포화 수증기량이 14.7 g/kg이므로 이 공기 5 kg에 최대한 포함될 수 있는 수증기량은 14.7 g/kg ×5 kg=73.5 g이다.

**5** 기온이 15 ℃인 공기의 포화 수증기량이 10.6 g/kg이므로 포화 상태의 공기 3 kg에는 10.6 g/kg×3 kg=31.8 g의 수증기가 들어 있다.

**6** 기온이 25 ℃인 공기의 포화 수증기량은 20.0 g/kg이므로 포화 상태의 공기 500 g 속에는 20.0 g/kg×0.5 kg=10.0 g의 수증기가 들어 있다.

**7** 기온이 30 ℃인 공기 1 kg에 최대한 포함될 수 있는 수증기량은 27.1 g이고, 실제 수증기량은 23.1 g이다. 따라서 이 공기 1 kg에 4.0 g(=27.1 g−23.1 g)의 수증기가 더 공급되어야 포화 상태가 된다.

### 계산력·암기력 강화 문제 시험 대비 교재 35~36쪽

◇ 이슬점 구하기

**1** (1) 30 ℃ (2) 20 ℃ (3) 20 ℃ (4) 10 ℃ (5) 5 ℃ **2** 15 ℃ **3** 20 ℃ **4** 10 ℃ **5** 5 ℃

**2** 실제 수증기량은 이슬점에서의 포화 수증기량과 같다. 따라서 실제 수증기량인 10.6 g/kg이 포화 수증기량인 온도(15 ℃)가 이슬점이다.

**4** 7.6 g/kg이 포화 수증기량인 온도(10 ℃)가 이슬점이다.

**5** 공기 1 kg에 들어 있는 실제 수증기량이 포화 수증기량과 같은 온도가 이슬점이다. 공기 2 kg에 10.8 g의 수증기가 들어 있으므로, 공기 1 kg에는 5.4 g의 수증기가 들어 있고, 이 수증기량이 포화 수증기량인 온도(5 ℃)가 이슬점이다.

### 계산력·암기력 강화 문제 시험 대비 교재 36쪽

◇ 응결량 구하기

**1** 9.4 g **2** 5.2 g **3** 15.0 g **4** 7.1 g **5** 7.4 g **6** 8.6 g

**1** A 공기 1 kg의 실제 수증기량은 20.0 g이고, 15 ℃일 때 포화 수증기량은 10.6 g/kg이므로 A 공기 1 kg을 냉각시킬 때 응결량은 20.0 g−10.6 g=9.4 g이다.

**2** B 공기 1 kg의 실제 수증기량은 10.6 g이고, 5 ℃일 때의 포화 수증기량은 5.4 g/kg이므로 A 공기 1 kg을 냉각시킬 때 응결량은 10.6 g−5.4 g=5.2 g이다.

**3** B 공기 1 kg의 실제 수증기량은 10.6 g이고, 10 ℃일 때의 포화 수증기량은 7.6 g/kg이므로 B 공기 1 kg을 냉각시킬 때 응결량은 10.6 g−7.6 g =3.0 g이다. 따라서 B 공기 5 kg을 10 ℃로 냉각시켰을 때 응결량은 3.0 g/kg×5 kg=15.0 g이다.

**4** 20 ℃인 포화 상태의 공기 1 kg에는 수증기가 14.7 g이 들어 있고, 10 ℃일 때의 포화 수증기량은 7.6 g/kg이므로, 공기 1 kg의 응결량은 14.7 g−7.6 g=7.1 g이다.

**5** 현재 공기 1 kg에는 18.0 g의 수증기가 들어 있고, 15 ℃에서 포화 수증기량은 10.6 g/kg이므로, 공기 1 kg의 응결량은 18.0 g−10.6 g=7.4 g이다.

**6** 현재 공기의 양이 2 kg이므로 냉각된 온도에서의 포화 수증기량도 2 kg일 때를 계산하여 뺀다. 따라서 응결량은 38.0 g−(14.7 g/kg×2 kg)=8.6 g이다.

## 계산력·암기력 강화 문제

시험 대비 교재 37쪽

### 상대 습도 구하기

**1** 약 56 % **2** 약 61 % **3** 약 56 % **4** 약 54.2 %
**5** 약 50.9 % **6** 13.55 g **7** 11.2 g **8** 14.7 g
**9** 94.85 g

**1** 상대 습도(%)$=\frac{\text{현재 공기 중에 포함된 실제 수증기량}}{\text{현재 기온(30 ℃)에서의 포화 수증기량}}$ $\times 100=\frac{15.2\text{ g/kg}}{27.1\text{ g/kg}}\times 100 ≒ 56\ \%$

**2** 상대 습도(%)$=\frac{9.0\text{ g/kg}}{14.7\text{ g/kg}}\times 100 ≒ 61\ \%$

**3** 공기 1 kg에는 15.2 g의 수증기가 들어 있다. 30 ℃일 때 포화 수증기량은 27.1 g/kg이므로 상대 습도는 $\frac{15.2\text{ g/kg}}{27.1\text{ g/kg}}$ $\times 100 ≒ 56\ \%$이다.

**4** 실제 수증기량은 이슬점(20 ℃)에서의 포화 수증기량과 같으므로 14.7 g/kg이다. 따라서 상대 습도는 $\frac{14.7\text{ g/kg}}{27.1\text{ g/kg}}\times 100$ $≒ 54.2\ \%$이다.

**5** 실제 수증기량은 이슬점(5 ℃)에서의 포화 수증기량과 같으므로 5.4 g/kg이다. 따라서 상대 습도는 $\frac{5.4\text{ g/kg}}{10.6\text{ g/kg}}\times 100 ≒$ $50.9\ \%$이다.

**6** $50\ \%=\frac{x}{27.1\text{ g/kg}}\times 100$, $x=13.55$ g/kg

**7** $56\ \%=\frac{x}{20.0\text{ g/kg}}\times 100$, $x=11.2$ g/kg

**8** 공기 1 kg에 들어 있는 수증기량($x$)을 구해 보면, $50\ \%=\frac{x}{14.7\text{ g/kg}}\times 100$에서 $x=7.35$ g/kg이므로 공기 2 kg에는 7.35 g/kg×2 kg=14.7 g의 수증기가 들어 있다.

**9** $70\ \%=\frac{x}{27.1\text{ g/kg}}\times 100$에서 $x=18.97$ g/kg이므로 공기 5 kg에는 18.97 g/kg×5 kg=94.85 g의 수증기가 들어 있다.

## 중단원 기출 문제

시험 대비 교재 38~40쪽

**01** ③, ⑤ **02** ㉠ 25, ㉡ 7.1 **03** ③, ④ **04** 20 ℃
**05** 21.3 g **06** ③ **07** ③ **08** 73.5 % **09** ② **10** ②
**11** ⑤ **12** ⑤ **13** ① **14** ⑤ **15** ③ **16** ①, ⑤, ⑦
**17** ⑤ **18** ⑤ **19** ①, ④

**01** 포화 수증기량은 포화 상태의 공기 1 kg에 들어 있는 수증기량(g)이다. 현재 기온에서 포화 수증기량 곡선과 만나는 점이 같은 공기끼리 포화 수증기량이 같다.

**02** 불포화 상태인 A 공기를 포화 상태로 만들기 위해서는 기온을 낮추거나 수증기를 공급하여 포화 수증기량 곡선에 있는 공기로 만들면 된다.

**03** 바로알기 ③, ④ 이슬점은 포화 수증기량과 관계없고, 공기 중에 포함된 실제 수증기량이 많을수록 높다.

**04** 실제 수증기량은 이슬점에서의 포화 수증기량과 같다. 30 ℃의 공기 1 kg에 14.7 g의 수증기가 포함되어 있으므로 14.7 g/kg이 포화 수증기량이 되는 온도인 20 ℃가 이슬점이다.

**05** 응결량=실제 수증기량(g/kg)−냉각된 온도에서의 포화 수증기량(g/kg)이다. 10 ℃에서 포화 수증기량은 7.6 g/kg이므로 공기 3 kg일 때 최대로 포함할 수 있는 수증기량은 7.6 g/kg×3 kg=22.8 g이다. 따라서 30 ℃의 공기 3 kg을 10 ℃까지 냉각시킬 때 응결량은 44.1 g−22.8 g=21.3 g이다.

**06** 상대 습도(%)$=\frac{10.6\text{ g/kg}}{20.0\text{ g/kg}}\times 100=53\ \%$

**07** 현재 공기 중의 실제 수증기량이 $x$일 때,
$\frac{x}{27.1\text{ g/kg}}\times 100=39\ \%$, $x ≒ 10.6$ g/kg이다.
이슬점은 실제 수증기량 10.6 g/kg이 포화 수증기량이 되는 온도이므로 약 15 ℃이다.

**08** 상대 습도(%)$=\frac{\text{실제 수증기량}}{\text{포화 수증기량}}\times 100$
$=\frac{14.7\text{ g/kg}}{20.0\text{ g/kg}}\times 100=73.5\ \%$

**09**

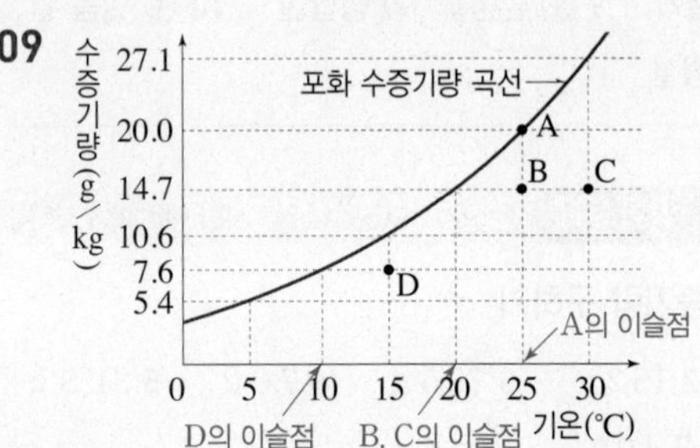


② B와 C는 실제 수증기량이 같으므로 이슬점이 20 ℃로 같다.
바로알기 ① A는 포화 상태이다. B, C, D는 불포화 상태이다.
③ 실제 수증기량이 많을수록 이슬점이 높으므로, 이슬점은 D가 가장 낮다. ➡ 이슬점 비교 : A>B=C>D

④, ⑤ 포화 수증기량 곡선에 위치하는 공기(A)는 상대 습도가 100 %로 가장 높다. 포화 수증기량 곡선에서 멀어질수록 상대 습도가 낮으므로 C의 상대 습도가 가장 낮다.
⑥ 기온이 높을수록 포화 수증기량이 많으므로, 포화 수증기량은 C가 가장 많다. ➡ 포화 수증기량 비교 : C>A=B>D

**10** 밀폐된 방 안에서 기온만 높아진 경우이므로 실제 수증기량과 이슬점은 변하지 않는다. 즉, 실제 수증기량은 일정하지만, 기온이 높아져 포화 수증기량이 증가하므로 상대 습도가 낮아진다.

**11**

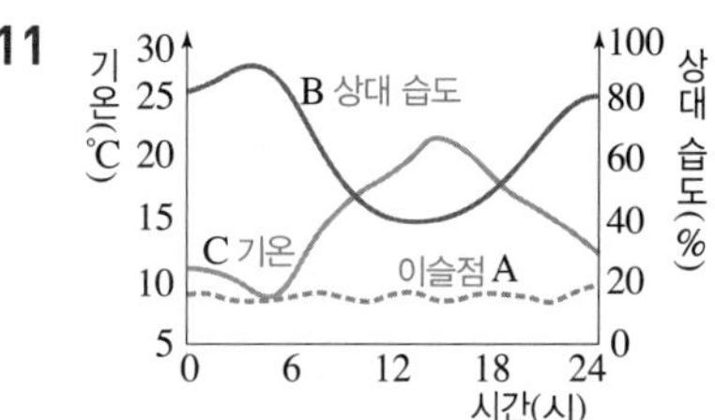


C는 14~15시경에 가장 높으므로 기온이고, 기온과 반대로 나타나는 B는 상대 습도이다. 맑은 날 대기 중의 수증기량은 거의 변화가 없으므로 A는 이슬점이다.
⑤ 이날 이슬점이 거의 일정하였다.
**바로알기** ② 이슬점이 거의 일정할 때, 기온이 높아지면 상대 습도는 낮아진다.
③ 이슬점은 하루 중 변화가 가장 작았다.
④ 포화 수증기량은 기온이 가장 낮은 4~5시경에 가장 적었고, 기온이 가장 높은 14~15시경에 가장 많았다.

**12** ⑤ 안개는 공기가 포화되어 수증기가 응결하여 생기므로 상대 습도가 가장 높은 6시경에 발생하였을 것이다.
**바로알기** ① 이슬점은 공기 중 수증기량에 따라 달라진다. 하루 동안 이슬점의 변화가 거의 없었으므로 수증기량은 변화가 거의 없었다.
② 상대 습도는 기온과 반대로 나타나므로 13시경에 가장 낮았다.
③ 포화 수증기량은 기온이 높을수록 증가하므로 13시경에 가장 많았다.
④ 이슬점은 기온보다 하루 중 변화가 작았다.

**13** 구름의 생성 과정 : 공기 상승(ㄱ) → 단열 팽창(ㄷ) → 기온 하강(ㄹ) → 이슬점 도달 → 수증기 응결(ㅁ) → 구름 생성(ㄴ)

**14** 뚜껑을 열면 플라스틱 병 내부의 공기가 단열 팽창하면서 기온이 낮아지고 이슬점에 도달하면 응결이 일어나 병 내부가 뿌옇게 흐려진다.

**15** ③ 공기 덩어리가 상승하면 단열 팽창하여 기온이 낮아지므로 포화 수증기량이 감소한다.
**바로알기** ① 지표면이 가열될 때 공기 덩어리가 상승한다.
② 공기 덩어리가 단열 팽창하여 기온이 낮아진다.
④ 공기 덩어리가 상승하면서 상대 습도는 높아진다.
⑤ 높이 $h$에서 수증기가 응결하므로 공기 덩어리의 기온이 이슬점과 같아졌다.

**16** 구름이 생성되기 위해서는 공기가 상승해야 한다.
④ 찬 공기가 따뜻한 공기를 파고들면 따뜻한 공기가 상승하여 구름이 생성된다.
**바로알기** ①, ⑤, ⑦ 공기가 하강하여 구름이 생성되지 않는다.

**17** **바로알기** ① (가)는 적운형 구름, (나)는 층운형 구름이다.
② (가)는 (나)보다 공기의 상승 운동이 강하다.
③ (나)는 넓은 지역에 지속적인 비를 내린다.
④ (가)와 (나)는 구름의 모양에 따라 분류한 것이다.

**18** ⑤ 저위도 지방은 구름의 온도가 0 ℃ 이상이고, 구름 입자가 모두 물방울로 이루어져 있으며, 물방울들이 서로 부딪치고 합쳐져서 빗방울이 된다.

**19** **바로알기** ① 중위도나 고위도 지방에서 주로 발달한다.
④ B 구간에서 수증기가 얼음 알갱이에 달라붙어 성장하고, 얼음 알갱이가 그대로 떨어지면 눈이 된다. 얼음 알갱이가 떨어지다가 녹으면 비(차가운 비)가 된다.

## 서술형 정복하기

시험 대비 교재 41~42쪽

**1** 답 포화 수증기량

**2** 답 이슬점

**3** 답 상대 습도(%)
$=\dfrac{\text{현재 공기 중에 포함된 실제 수증기량(g/kg)}}{\text{현재 기온에서의 포화 수증기량(g/kg)}}\times 100$

**4** 답 단열 팽창

**5** 답 병합설

**6** 모범답안 **기온**을 낮추거나 **수증기**를 공급한다.

**7** 모범답안 응결량은 공기가 냉각되어 **이슬점**보다 낮은 온도가 될 때 **응결**되는 물의 양으로, **실제 수증기량**에서 냉각된 온도에서의 **포화 수증기량**을 빼서 구한다.

**8** 모범답안 **공기 덩어리**가 상승하여 **부피**가 팽창하면 **기온**이 낮아지고, **이슬점**에 도달하여 수증기가 **응결**하면 구름이 생성된다.

**9** 모범답안 **−40~0 ℃** 구간의 구름에서 **수증기**가 **얼음 알갱이**에 달라붙어 **얼음 알갱이**가 커지고, 무거워져 떨어지면 눈, 떨어지다가 녹으면 비가 된다.

**10** 모범답안 (1) 15 ℃
(2) $\dfrac{10.6\ \text{g/kg}}{20.0\ \text{g/kg}}\times 100=53\ \%$

**| 해설 |** (1) 실제 수증기량(21.2 g÷2 kg=10.6 g/kg)은 이슬점에서의 포화 수증기량과 같다.
(2) 상대 습도(%)$=\dfrac{\text{실제 수증기량}}{\text{25 ℃에서의 포화 수증기량}}\times 100$

| | 채점 기준 | 배점 |
|---|---|---|
| (1) | 이슬점을 옳게 쓴 경우 | 40 % |
| (2) | 식을 옳게 세우고 상대 습도를 옳게 구한 경우 | 60 % |
| | 식만 옳게 세운 경우 | 30 % |

**11** 모범답안 D, 포화 수증기량에 대한 실제 수증기량의 비율이 가장 낮기 때문이다.

| 해설 | 상대 습도는 포화 수증기량에 대한 실제 수증기량의 비율을 백분율로 나타낸 것이다. A~D 중 D는 포화 수증기량은 가장 많은데, 실제 수증기량은 가장 적어서 포화 수증기량에 대한 실제 수증기량의 비율이 가장 낮으므로 상대 습도가 가장 낮다.

| 채점 기준 | 배점 |
|---|---|
| 상대 습도가 가장 낮은 공기를 고르고, 그 까닭을 옳게 서술한 경우 | 100 % |
| 상대 습도가 가장 낮은 공기만 옳게 고른 경우 | 50 % |

**12** 모범답안 (1) A : 이슬점, B : 상대 습도, C : 기온
(2) 맑은 날은 공기 중의 수증기량이 거의 일정하기 때문이다.

| 해설 | 이슬점은 실제 수증기량에 따라 변하므로 공기 중 수증기량이 거의 일정하면 이슬점도 거의 변하지 않는다.

| | 채점 기준 | 배점 |
|---|---|---|
| (1) | A, B, C를 옳게 쓴 경우 | 50 % |
| (2) | 수증기량이 일정함을 언급하여 옳게 서술한 경우 | 50 % |

**13** 모범답안 (1) 플라스틱 병 안이 뿌옇게 흐려진다. 뚜껑을 열면 플라스틱 병 안 공기의 부피가 팽창하면서 기온이 낮아져 수증기가 응결하기 때문이다.
(2) 향 연기를 넣었을 때 플라스틱 병 안이 더 뿌옇게 흐려진다. 향 연기가 수증기의 응결을 도와주는 응결핵 역할을 하기 때문이다.

| | 채점 기준 | 배점 |
|---|---|---|
| (1) | 플라스틱 병 안의 변화와 변화가 나타나는 까닭을 부피와 기온을 언급하여 옳게 서술한 경우 | 60 % |
| | 플라스틱 병 안의 변화만 옳게 서술한 경우 | 30 % |
| (2) | 플라스틱 병 안의 변화와 향 연기의 역할을 모두 옳게 서술한 경우 | 40 % |
| | 플라스틱 병 안의 변화만 옳게 서술하거나 향 연기의 역할만 옳게 서술한 경우 | 20 % |

**14** 모범답안 (1) 크고 작은 물방울들이 서로 부딪치면서 합쳐지고 커져서 무거워진 물방울이 지표로 떨어져 비가 된다.
(2) B, 물방울에서 증발한 수증기가 얼음 알갱이에 달라붙어서 얼음 알갱이가 성장한다.

| 해설 | (가)는 열대 지방이나 저위도 지방에서 비가 만들어지는 병합설을 나타낸 것이고, (나)는 중위도나 고위도 지방에서 비가 만들어지는 빙정설을 나타낸 것이다.

| | 채점 기준 | 배점 |
|---|---|---|
| (1) | 크고 작은 물방울들이 부딪치면서 합쳐진다는 내용을 언급하여 옳게 서술한 경우 | 50 % |
| (2) | B를 쓰고, 얼음 알갱이가 성장하는 원리를 옳게 서술한 경우 | 50 % |
| | 얼음 알갱이가 성장하는 원리만 옳게 서술한 경우 | 30 % |
| | B만 쓴 경우 | 20 % |

# 03 기압과 바람

## 중단원 핵심 요약

시험 대비 교재 43쪽

① 모든 ② 일정 ③ 1013 ④ 낮아
⑤ 낮아 ⑥ 온도 ⑦ 해륙풍 ⑧ <
⑨ > ⑩ 남동 ⑪ 북서

## 잠깐 테스트

시험 대비 교재 44쪽

**1** ① 기압, ② 모든 **2** ① 76, ② 1013, ③ 10, ④ 1000
**3** ① 76, ② 기압 **4** ① 76, ② 1013 **5** 낮아 **6** ① 높, ② 낮, ③ 온도 **7** 육풍 **8** 밤 **9** 남동 계절풍 **10** 여름철

## 중단원 기출 문제

시험 대비 교재 45~46쪽

**01** ③ **02** ②, ⑤ **03** ① **04** ② **05** ② **06** ②
**07** ⑤, ⑦ **08** ② **09** ④ **10** ⑤ **11** ③, ④, ⑦

**01** ⑤ 지표에서 높이 올라갈수록 공기의 양이 줄어들므로 기압이 낮아진다.

바로알기 ③ 기압은 모든 방향에서 같은 크기로 작용한다.

**02** ⑥ 높은 산 위는 기압이 낮으므로 높은 산 위에서 토리첼리 실험을 하면 $h$가 낮아진다.

바로알기 ② (가)는 공기가 비어 있는 진공 상태이다.
⑤ 기압이 같을 때 유리관이 기울어져도 수은 기둥의 높이는 변하지 않는다.

**03** 1기압=76 cmHg=760 mmHg≒1013 hPa=물기둥 약 10 m의 압력=공기 기둥 약 1000 km의 압력
①은 2기압이고, ②, ③, ⑤는 1기압보다 작으며, ④는 1기압이다.

**04** 높이 올라갈수록 기압이 낮아지므로 수은 기둥의 높이도 낮아진다.

**05** 바로알기 ② 기압 차이가 클수록 풍속이 강하다.

**06** 지표면이 가열된 곳에서는 상승 기류가 나타나고, 지표면이 냉각된 곳에서는 하강 기류가 나타난다.
② A는 공기가 상승하여 지표면의 기압이 주변보다 낮고, B는 하강하는 공기가 쌓여 지표면의 기압이 주변보다 높다.

바로알기 ① A는 상승 기류가 나타나므로 지표면이 가열된 지역이고, B는 하강 기류가 나타나므로 지표면이 냉각된 지역이다.
③ 구름은 공기가 상승할 때 잘 생성되므로 B보다 A 지역에 더 잘 생긴다.
④ 지표면 부근에서 바람은 기압이 높은 B에서 기압이 낮은 A로 분다.
⑤ 북반구 지표 부근의 고기압(B)에서는 바람이 시계 방향으로 불어 나간다.

**07** 그림은 해풍이 부는 모습을 나타낸 것이다.
바로알기 ①, ②, ③ 낮에는 육지가 바다보다 빨리 가열되므로 육지의 기온이 바다보다 높고, 육지 쪽보다 바다 쪽의 기압이 더 높아서 해풍이 분다.
④ 바다에서 육지로 부는 바람은 해풍이다.
⑥ 낮에는 육지가 바다보다 빨리 가열되기 때문에 기온이 높은 육지 쪽에서 공기의 상승이 일어난다.

**08** 육풍은 육지에서 바다로 부는 바람으로, 육지의 기압이 바다보다 높을 때 분다. 육지가 냉각되어 하강 기류가 생길 때 기압이 높아지므로 기온은 육지가 바다보다 낮다.
해풍은 바다에서 육지로 부는 바람으로, 육지의 기압이 바다보다 낮을 때 분다. 육지가 가열되어 상승 기류가 생길 때 기압이 낮아지므로 기온은 육지가 바다보다 높다.

**09** 그림은 우리나라 여름철에 부는 남동 계절풍이다.
바로알기 ④ 여름철에는 대륙이 해양보다 빨리 가열되므로 대륙 쪽의 기압보다 해양 쪽의 기압이 더 높다.

**10** ㄷ. 향 연기는 기압이 높은 곳(얼음물 쪽)에서 기압이 낮은 곳(따뜻한물 쪽)으로 이동한다.
바로알기 ㄱ, ㄴ. 따뜻한 물 쪽의 공기는 밀도가 작아져 상승하고 기압이 낮아진다. 얼음물 쪽의 공기는 밀도가 커져 하강하고 기압이 높아진다.

**11** 바로알기 ③ 향 연기는 기압이 높아진 물 쪽에서 기압이 낮아진 모래 쪽으로 이동한다.
④, ⑦ 적외선등으로 가열하였으므로 이 실험으로 낮에 부는 해풍 또는 우리나라 여름철에 부는 남동 계절풍을 설명할 수 있다.

## 서술형 정복하기

시험 대비 교재 47~48쪽

**1** 답 기압, 모든 방향

**2** 답 76 cm

**3** 답 높이 올라갈수록 기압이 급격히 낮아진다.

**4** 답 바람

**5** 답 계절풍

**6** 모범답안 **수은 기둥**이 누르는 **압력**과 **수은 면**에 작용하는 **기압**이 같아졌기 때문이다.

**7** 모범답안 **높이** 올라갈수록 **공기의 양**이 감소하여 숨쉬기 어려워지기 때문에 산소마스크가 필요하다.

**8** 모범답안 바람은 **기압이 높은 곳**에서 **기압이 낮은 곳**으로 분다.

**9** 모범답안 **낮**에는 육지가 바다보다 빨리 가열되어 **기온**이 높아지므로 **기압**이 낮아지고, **밤**에는 육지가 바다보다 빨리 냉각되어 **기온**이 낮아지므로 **기압**이 높아지기 때문에 기압 차이로 해륙풍이 분다.

**10** 모범답안 물을 담은 유리컵을 종이로 덮고 거꾸로 뒤집어도 물이 쏟아지지 않는다. 뜨거운 물이 담긴 페트병을 얼음물에 넣으면 페트병이 사방으로 찌그러진다. 신문지를 펼쳐 자로 빠르게 들어 올리면 신문지가 잘 올라오지 않는다. 등

| 채점 기준 | 배점 |
|---|---|
| 현상을 두 가지 모두 옳게 서술한 경우 | 100 % |
| 현상을 한 가지만 옳게 서술한 경우 | 50 % |

**11** 모범답안 낮아진다. 높이 올라갈수록 기압이 낮아지기 때문이다.

| 채점 기준 | 배점 |
|---|---|
| 높이 변화와 까닭을 모두 옳게 서술한 경우 | 100 % |
| 높이 변화만 옳게 서술한 경우 | 50 % |

**12** 모범답안 바다, 해풍이 불 때 바다가 육지보다 기압이 높으므로 수은 기둥의 높이는 육지보다 바다에서 더 높게 나타난다.
| 해설 | 해풍은 바다에서 육지로 부는 바람이므로 바다가 육지보다 기압이 높다. 수은 기둥의 높이는 기압이 높을수록 높아지므로 해풍이 불 때 육지보다 바다에서 수은 기둥의 높이가 높다.

| 채점 기준 | 배점 |
|---|---|
| 바다를 쓰고, 그 까닭을 육지와 바다의 기압을 비교하여 옳게 서술한 경우 | 100 % |
| 바다만 쓴 경우 | 50 % |

**13** 모범답안 지표면의 온도 차이 때문에 기압 차이가 발생하여 바람이 분다.

| 채점 기준 | 배점 |
|---|---|
| 온도 차이와 기압 차이를 언급하여 옳게 서술한 경우 | 100 % |
| 기압 차이만 언급하여 옳게 서술한 경우 | 70 % |

**14** 모범답안 (1) (가) 북서 계절풍, (나) 남동 계절풍
(2) (가) 겨울철, (나) 여름철
(3) 겨울철에는 대륙이 해양보다 빨리 냉각되므로 대륙의 기압이 상대적으로 높아져서 대륙에서 해양으로 바람이 분다.

| | 채점 기준 | 배점 |
|---|---|---|
| (1) | (가)와 (나)의 계절풍을 모두 옳게 쓴 경우 | 30 % |
| (2) | (가)와 (나)의 계절을 모두 옳게 쓴 경우 | 30 % |
| (3) | 대륙과 해양의 가열 정도와 기압의 차이를 언급하여 옳게 서술한 경우 | 40 % |
| | 기압의 차이만 언급하여 옳게 서술한 경우 | 20 % |

**15** 모범답안 (1) 향 연기는 물에서 모래 쪽으로 이동한다.
(2) 물보다 모래의 온도가 더 빨리 올라가서 모래 쪽보다 물 쪽의 기압이 높아지기 때문이다.
| 해설 | 모래는 물에 비해 빨리 가열되고 빨리 냉각된다.

| | 채점 기준 | 배점 |
|---|---|---|
| (1) | 향 연기의 이동 방향을 옳게 서술한 경우 | 40 % |
| (2) | 온도 변화와 기압 변화를 모두 언급하여 까닭을 옳게 서술한 경우 | 60 % |
| | 기압 변화만 언급하여 까닭을 옳게 서술한 경우 | 30 % |

## 04 날씨의 변화

### 중단원 핵심 요약
시험 대비 교재 49쪽

① 온난 건조 ② 겨울 ③ 여름 ④ 적운형
⑤ 층운형 ⑥ 정체 전선 ⑦ 하강 ⑧ 상승
⑨ 소나기성 ⑩ 맑음 ⑪ 지속적인 ⑫ 남고북저
⑬ 서고동저

### 잠깐 테스트
시험 대비 교재 50쪽

**1** ① 기단, ② 습, ③ 한랭 **2** (1)-Ⓒ-① (2)-㉠-③ (3)-㉣-④ (4)-Ⓛ-② **3** ① 전선면, ② 전선 **4** (가) 한랭 전선, (나) 온난 전선 **5** ① 급, ② 빠르며, ③ 좁은, ④ 소나기성 **6** (가) 고기압, (나) 저기압 **7** C **8** A **9** B **10** ① 겨울철, ② 북서 계절풍

### 중단원 기출 문제
시험 대비 교재 51~53쪽

**01** ④ **02** ④ **03** ①, ③ **04** ② **05** ⑤ **06** ⑤
**07** ④, ⑥ **08** ② **09** A : 고기압, B : 저기압 **10** ③
**11** ② **12** ⑤, ⑦ **13** ② **14** ⑤ **15** ③ **16** ②
**17** ①

**01** 바로알기 ④ 기단의 기온과 습도는 발생지의 성질에 따라 결정되는데, 기단이 발생지에서 다른 지역으로 이동하면 지표의 영향을 받아 성질이 변할 수 있다.

**[02~03]**

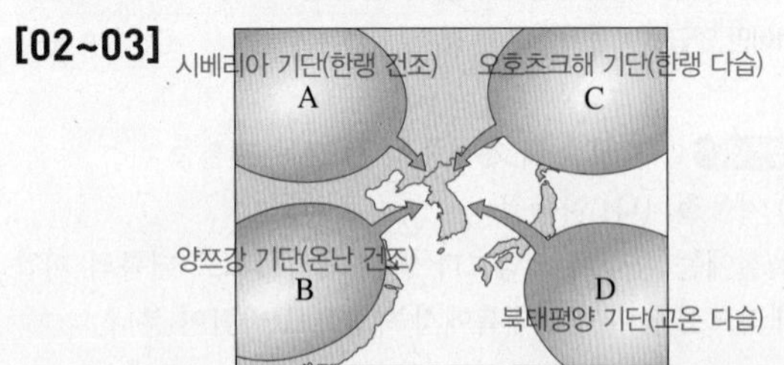


**02** 고온 다습한 북태평양 기단(D)의 세력이 강해지면, 우리나라에 무더위와 열대야가 나타나며 남동 계절풍이 분다.

**03** 바로알기 ② 대륙에서 발생하는 기단(A, B)은 건조하고, 해양에서 발생하는 기단(C, D)은 습하다.
④, ⑤ C 기단(오호츠크해 기단)은 초여름에 영향을 미치고, D 기단(북태평양 기단)은 여름철에 영향을 미친다.
⑥ C 기단(오호츠크해 기단)과 D 기단(북태평양 기단)이 만나 장마 전선을 형성하기도 한다.

**04** 바로알기 ② 우리나라 겨울철에는 시베리아 기단의 영향을 받는다.

**05** 바로알기 ㄱ. 한랭 전선은 찬 공기가 따뜻한 공기 아래를 파고들면서 생긴다.
ㄷ. 정체 전선은 세력이 비슷한 두 기단이 한곳에 오랫동안 머무르며 생긴다.

**06** 찬 공기가 따뜻한 공기를 파고들 때 생기는 한랭 전선이다.
바로알기 ①, ②, ③ 한랭 전선에서는 적운형 구름이 발달하고 좁은 지역에 소나기성 비가 내린다.
④ 한랭 전선은 전선면의 기울기가 급하다.

**07** 바로알기 ④ 한랭 전선은 온난 전선보다 이동 속도가 빠르다.
⑥ 한랭 전선의 기호는 ▲▲▲, 온난 전선의 기호는 ●●● 이다.

**08** 북반구의 저기압 중심에서는 시계 반대 방향으로 바람이 불어 들어오고, 상승 기류가 생긴다. 북반구의 고기압 중심에서는 시계 방향으로 바람이 불어 나가고, 하강 기류가 생긴다.

**09** 바람이 중심에서 불어 나가고 하강 기류가 나타나는 A는 고기압이고, 바람이 중심으로 불어 들어오고 상승 기류가 나타나는 B는 저기압이다.

**10** 바로알기

| | 고기압 | 저기압 |
|---|---|---|
| ① | 주위 기압보다 높다. | 주위 기압보다 낮다. |
| ② | 바람이 불어 나간다. | 바람이 불어 들어온다. |
| ④ | 날씨가 맑다. | 날씨가 흐리다. |
| ⑤ | 북반구에서는 시계 방향으로 바람이 분다. | 북반구에서는 시계 반대 방향으로 바람이 분다. |

**11** ② 저기압(A) 중심에서는 상승 기류가 발달하여 구름이 생성되므로 날씨가 흐리거나 비가 온다.
바로알기 ① A 지역은 저기압이다.
③, ④ B 지역은 고기압으로, 바람이 시계 방향으로 불어 나가고 하강 기류가 발달한다.
⑤ 바람은 기압이 높은 B 지역에서 A 지역 방향으로 분다.

**12**

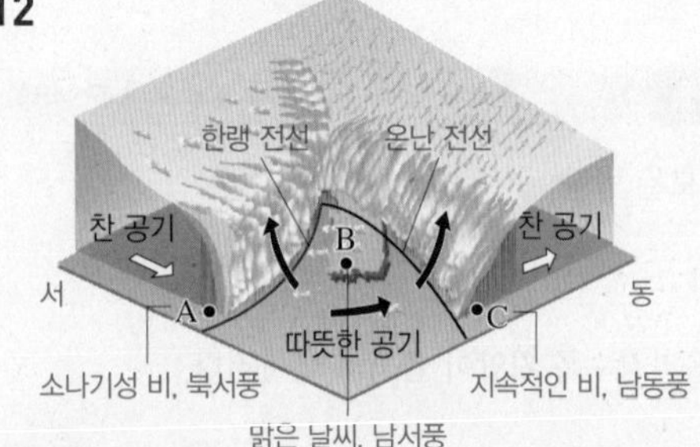


바로알기 ⑤ 온대 저기압은 중위도 지방에서 발생한다.
⑦ 온대 저기압은 편서풍에 의해 서쪽에서 동쪽으로 이동하므로, 온난 전선이 먼저 통과하고 한랭 전선이 나중에 통과한다.

**13** 온대 저기압 중심의 남서쪽으로는 전선면의 경사가 급한 한랭 전선이 발달하고, 남동쪽으로는 전선면의 경사가 완만한 온난 전선이 발달한다. A는 한랭 전선 뒤쪽에 위치하므로 소나기성 비가 내리고, C는 온난 전선 앞쪽에 위치하므로 지속적인 비가 내린다. 두 전선 사이에 위치한 B는 날씨가 맑다.

**14** (가)는 한랭 전선 뒤쪽, (나)는 한랭 전선과 온난 전선 사이, (다)는 온난 전선 앞쪽에서 나타나는 풍향과 날씨이다. 온대 저기압이 지날 때 온난 전선이 먼저 통과하고, 한랭 전선이 나중에 통과하므로 날씨 변화는 (다) → (나) → (가)로 나타난다.

15 ㄷ. C 지역은 저기압 중심부로, 상승 기류가 발달한다. 상승하는 공기의 수증기가 응결하여 구름이 생성되므로 위성 사진에 하얗게 나타난다.

바로알기 ㄴ. 한랭 전선의 뒤쪽인 B 지역에서는 적운형 구름이 발달하여 소나기성 비가 내린다.

**[16~17]**

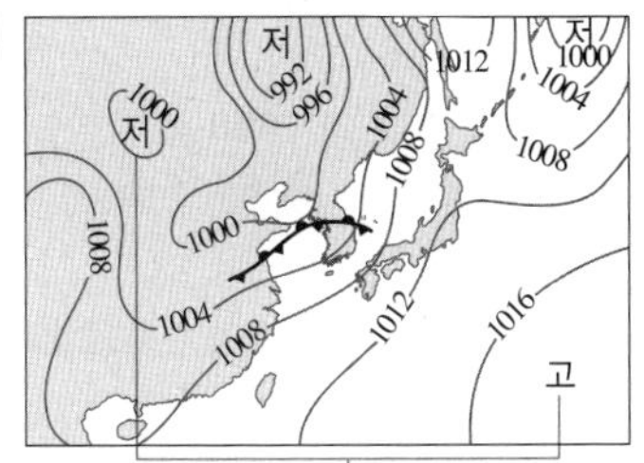


남고북저형 기압 배치, 북태평양 기단 세력 강화

16 그림은 북태평양 기단의 영향을 받아 남고북저형 기압 배치가 나타나는 여름철 일기도이다.

17 바로알기 ① 여름철에는 북태평양 기단의 영향을 받아 남동 계절풍이 분다. 북서 계절풍이 부는 계절은 겨울철이다.

## 서술형 정복하기

시험 대비 교재 54~55쪽

1 답 기단

2 답 양쯔강 기단

3 답 정체 전선

4 답 온대 저기압

5 답 북서 계절풍, 서고동저형 기압 배치

6 모범답안 우리나라의 여름에 영향을 미치는 **북태평양 기단**은 **고온 다습**하고, 겨울에 영향을 미치는 **시베리아 기단**은 **한랭 건조**하다.

7 모범답안 한랭 전선은 **이동 속도**가 빠르고 적운형 **구름**이 발달하며, 좁은 **지역**에 소나기성 **비**가 내린다. 온난 전선은 **이동 속도**가 느리고 층운형 **구름**이 발달하며, 넓은 **지역**에 지속적인 **비**가 내린다.

8 모범답안 고기압 지역은 **바람**이 **시계 방향**으로 불어 나가고, **하강 기류**가 나타나며, **날씨**가 맑다. 저기압 지역은 **바람**이 **시계 반대 방향**으로 불어 들어오고, **상승 기류**가 나타나며, **날씨**가 흐리다.

9 모범답안 온대 저기압은 **편서풍**에 의해 **서쪽**에서 **동쪽**으로 이동한다.

10 모범답안 A, 시베리아 기단, 한랭 건조하다.

| 해설 | A는 시베리아 기단, B는 양쯔강 기단, C는 오호츠크해 기단, D는 북태평양 기단이다.

| 채점 기준 | 배점 |
|---|---|
| 기단의 기호, 이름, 성질을 모두 옳게 서술한 경우 | 100 % |
| 기단의 기호, 이름, 성질 중 두 가지만 옳게 서술한 경우 | 60 % |
| 기단의 기호, 이름, 성질 중 한 가지만 옳게 서술한 경우 | 30 % |

11 모범답안 D, 북태평양 기단, 폭염, 열대야, 무덥고 습한 날씨가 나타난다.

| 해설 | 북태평양 기단(D)은 고온 다습하다.

| 채점 기준 | 배점 |
|---|---|
| 기단의 기호, 이름, 날씨를 모두 옳게 서술한 경우 | 100 % |
| 기단의 기호, 이름, 날씨 중 두 가지만 옳게 서술한 경우 | 60 % |
| 기단의 기호, 이름, 날씨 중 한 가지만 옳게 서술한 경우 | 30 % |

12 모범답안 온난 전선, 층운형 구름이 만들어지고 지속적인 비가 내린다.

| 해설 | 따뜻한 공기가 찬 공기를 타고 오르며 만들어진다.

| 채점 기준 | 배점 |
|---|---|
| 전선의 이름, 구름의 종류, 강수 형태를 모두 옳게 서술한 경우 | 100 % |
| 전선의 이름, 구름의 종류만 옳게 서술한 경우 | 60 % |
| 전선의 이름만 옳게 서술한 경우 | 30 % |

13 모범답안

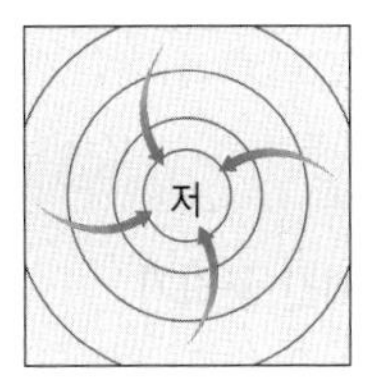


| 해설 | 북반구 저기압 중심 부근에서는 바람이 시계 반대 방향으로 불어 들어온다.

| 채점 기준 | 배점 |
|---|---|
| 화살표가 시계 반대 방향으로 중심을 향해 휘어져 들어가도록 그린 경우 | 100 % |
| 화살표가 중심을 향해 들어가도록 그린 경우 | 30 % |

14 모범답안 B에서는 적운형 구름이 발달하고, D에서는 층운형 구름이 발달한다.

| 해설 | B는 한랭 전선 뒤쪽에, D는 온난 전선 앞쪽에 위치한다.

| 채점 기준 | 배점 |
|---|---|
| B와 D에서 발달하는 구름의 종류를 모두 옳게 서술한 경우 | 100 % |
| B와 D 중 한 가지만 옳게 서술한 경우 | 50 % |

15 모범답안 C, 한랭 전선과 온난 전선 사이에는 따뜻한 공기가 분포하기 때문이다.

| 채점 기준 | 배점 |
|---|---|
| 위치와 까닭을 모두 옳게 서술한 경우 | 100 % |
| 위치만 옳게 서술한 경우 | 50 % |

16 모범답안 온대 저기압은 편서풍의 영향으로 서쪽에서 동쪽으로 이동하기 때문에 앞으로 C 지역은 한랭 전선이 통과하면서 기온이 낮아지고 적운형 구름이 발달하여 소나기성 비가 내릴 것이다.

| 채점 기준 | 배점 |
|---|---|
| 편서풍, 온대 저기압의 이동 방향(서쪽 → 동쪽), 날씨 변화를 모두 언급하여 옳게 서술한 경우 | 100 % |
| 편서풍과 날씨 변화만 옳게 서술한 경우 | 70 % |
| 날씨 변화만 옳게 서술한 경우 | 40 % |

# Ⅲ 운동과 에너지

## 01 운동

**중단원 핵심 요약** 시험 대비 교재 56쪽

① 빠르다 ② m/s ③ 평균 속력 ④ 속력
⑤ 이동 거리 ⑥ 중력 ⑦ 9.8 ⑧ 9.8 m/s
⑨ 없을 ⑩ 있을

**잠깐 테스트** 시험 대비 교재 57쪽

**1** 넓을수록 **2** ① 이동 거리, ② m/s **3** 2.5 m/s
**4** 0.1 m/s **5** 4 : 1 **6** (1) × (2) ○ **7** 50 **8** ① 자유 낙하, ② 9.8 **9** 9.8 **10** 동시에

**계산력·암기력 강화 문제** 시험 대비 교재 58쪽

◆ **속력, 이동 거리, 걸린 시간 구하기**

**1** 0.5 **2** ① 72000, ② 3600, ③ 20 **3** 0.8 **4** ① 72, ② 20 **5** 100 **6** ① 400, ② 100, ③ 4 **7** 36
**8** ① 0.6, ② 600 **9** 4 **10** ① 5, ② 18000 **11** ① 20, ② 80, ③ 6

**1** 50 cm=50×0.01 m=0.5 m

**2** 72 km=72×1000 m=72000 m, 1시간=3600초

$\therefore$ 72 km/h$=\frac{72000\text{ m}}{3600\text{ s}}=$20 m/s

**3** $\frac{240\text{ m}}{5\text{ min}}=\frac{240\text{ m}}{(5\times60)\text{ s}}=0.8\text{ m/s}$

**4** $\frac{144\text{ km}}{2\text{ h}}=72\text{ km/h}=\frac{72000\text{ m}}{3600\text{ s}}=20\text{ m/s}$

**5** 평균 속력$=\frac{\text{전체 이동 거리}}{\text{걸린 시간}}=\frac{(200+800)\text{ m}}{10\text{ s}}=100\text{ m/s}$

**6** 집에서 약국까지 왕복하였으므로 전체 이동 거리=200 m+200 m=400 m이고, 걸린 시간은 40초+60초=100초이다.

평균 속력$=\frac{\text{전체 이동 거리}}{\text{걸린 시간}}=\frac{400\text{ m}}{100\text{ s}}=4\text{ m/s}$

**7** 이동 거리=속력×걸린 시간=12 m/s×3 s=36 m

**8** 12분$=\frac{12}{60}$시간$=\frac{1}{5}$시간이므로, 이동 거리=속력×걸린 시간$=3\text{ km/h}\times\frac{1}{5}\text{ h}=0.6\text{ km}=600\text{ m}$이다.

**9** 걸린 시간$=\frac{\text{이동 거리}}{\text{속력}}=\frac{280\text{ m}}{70\text{ m/s}}=4\text{ s}$

**10** 2시간 동안 60 km를 가는 자동차는 1시간 동안 30 km를 가므로 속력은 30 km/h이다.

걸린 시간$=\frac{\text{이동 거리}}{\text{속력}}=\frac{150\text{ km}}{30\text{ km/h}}=5\text{ h}=(5\times60\times60)\text{ s}$
$=18000\text{ s}$

**11** ① 걸린 시간$=\frac{\text{이동 거리}}{\text{속력}}=\frac{200\text{ m}}{10\text{ m/s}}=20\text{ s}$

② 걸린 시간$=\frac{\text{이동 거리}}{\text{속력}}=\frac{400\text{ m}}{5\text{ m/s}}=80\text{ s}$

③ 평균 속력$=\frac{\text{전체 이동 거리}}{\text{걸린 시간}}=\frac{600\text{ m}}{20\text{ s}+80\text{ s}}=6\text{ m/s}$

**중단원 기출 문제** 시험 대비 교재 59~61쪽

**01** ① **02** ② **03** ① **04** ④ **05** ③ **06** ② **07** ③
**08** ⑤ **09** ① **10** ④ **11** ⑤ **12** ② **13** ⑤ **14** ②
**15** ② **16** ④ **17** ④ **18** ④ **19** ⑤

**01** 바로알기 ㄷ. 1 km/h$=\frac{1000\text{ m}}{3600\text{ s}}\fallingdotseq0.28\text{ m/s}$이므로 1 m/s와 같은 빠르기가 아니다.
ㄹ. 같은 시간 동안 이동한 거리가 길수록 속력이 빠르다.

**02** ㄱ. 10 m/s

ㄴ. $\frac{1000\text{ m}}{60\text{ s}}\fallingdotseq16.7\text{ m/s}$

ㄷ. $\frac{36\text{ km}}{1\text{ h}}=\frac{36000\text{ m}}{3600\text{ s}}=10\text{ m/s}$

ㄹ. $\frac{180\text{ km}}{5\text{ h}}=\frac{180000\text{ m}}{5\times3600\text{ s}}=10\text{ m/s}$

**03** 전체 이동 거리는 100 m+200 m=300 m이고, 걸린 시간은 3분+7분=10분이다. 그러므로 평균 속력$=\frac{300\text{ m}}{10\text{ min}}=\frac{300\text{ m}}{600\text{ s}}=0.5\text{ m/s}$이다.

**04** 주어진 표에서 이동 거리의 차는 1시간 동안 이동한 거리이므로 평균 속력과 같다.

| 시간(h) | 0 | 1 | 2 | 3 | 4 | 5 |
|---|---|---|---|---|---|---|
| 이동 거리(km) | 0 | 80 | 170 | 240 | 335 | 400 |
| 평균 속력(km/h) | 80 | 90 | 70 | 95 | 65 | |

따라서 평균 속력이 가장 빠른 구간은 3~4시간이다.

**05** 평균 속력$=\frac{\text{전체 이동 거리}}{\text{걸린 시간}}=\frac{400\text{ km}}{5\text{ h}}=80\text{ km/h}$

**06** 평균 속력$=\frac{\text{1~3시간 사이에 이동한 거리}}{\text{걸린 시간}}$
$=\frac{(240-80)\text{ km}}{2\text{ h}}=80\text{ km/h}$

**07** ㄱ. 물체 사이의 간격이 넓을수록 같은 시간 간격 동안 이동한 거리가 길므로 속력이 빠른 것이다. 따라서 A가 B보다 빠르다.

ㄷ. 사진이 찍힌 시간 간격을 알면 물체 사이의 간격을 측정하여 물체의 속력을 구할 수 있다.

바로알기 ㄴ. A의 속력이 더 빠르므로 같은 거리를 지나가는 데 걸린 시간이 A가 B보다 짧다.

**08** ⑤ 공이 1분 동안에 이동하는 거리$=0.5\text{ m/s}\times60\text{ s}=30\text{ m}$이다.

바로알기 ① 0.2초 동안 10 cm를 이동하므로 공의 속력$=\dfrac{0.1\text{ m}}{0.2\text{ s}}=0.5\text{ m/s}$이다.

② 공이 10 cm 이동하는 데 0.2초 걸리므로 50 cm 이동하는 데는 1초가 걸린다.

③ 공 사이의 간격이 일정하므로 공은 등속 운동을 한다.

④ 등속 운동을 할 때 물체의 이동 거리는 시간에 따라 일정하게 증가하므로 시간-이동 거리 그래프의 모양이 원점을 지나는 기울어진 직선 모양이다.

**09** 5초 동안 50 cm 이동했으므로 평균 속력$=\dfrac{50\text{ cm}}{5\text{ s}}=10\text{ cm/s}=0.1\text{ m/s}$이다.

**10** ④ 시간에 따라 속력이 일정하고, 이동 거리가 시간에 비례하므로 물체는 등속 운동을 한다.

바로알기 ①, ②, ③ (가)의 빗금 친 부분의 넓이는 시간 $t$ 동안 이동 거리, 즉 (나)의 $a$를 나타낸다.

⑤ 물체의 이동 거리는 시간에 비례하여 증가한다.

**11**

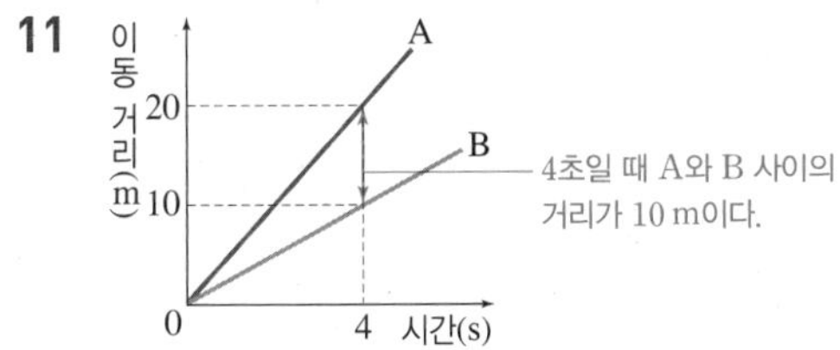


① 같은 시간(4초) 동안 이동한 거리는 A가 B보다 크므로, 속력은 A가 B보다 빠르다.

② A의 속력$=\dfrac{20\text{ m}}{4\text{ s}}=5\text{ m/s}$

③ B의 속력$=\dfrac{10\text{ m}}{4\text{ s}}=2.5\text{ m/s}$

④ 시간 - 이동 거리 그래프의 기울기는 속력으로, A, B 그래프의 기울어진 정도가 일정하므로 속력도 일정하다.

⑥ 8초일 때 B의 이동 거리$=2.5\text{ m/s}\times8\text{ s}=20\text{ m}$이다.

바로알기 ⑤ 5초일 때 A의 이동 거리$=5\text{ m/s}\times5\text{ s}=25\text{ m}$이고, B의 이동 거리$=2.5\text{ m/s}\times5\text{ s}=12.5\text{ m}$이다. 따라서 5초일 때 A와 B 사이의 거리는 $25\text{ m}-12.5\text{ m}=12.5\text{ m}$이다.

**12**

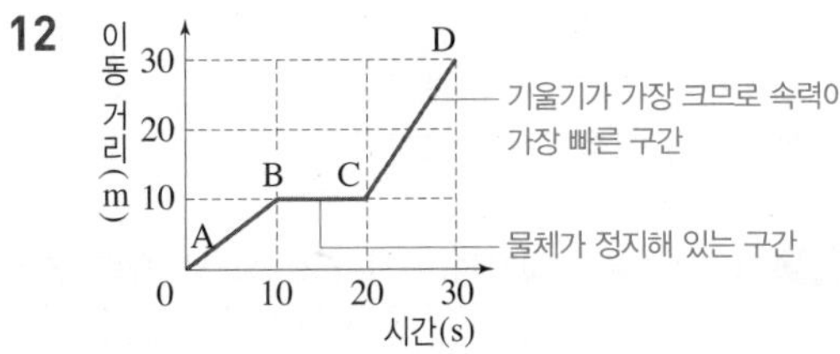


② BC 구간에서 물체의 이동 거리가 변하지 않고 일정하므로 물체는 정지해 있다.

바로알기 ① AB 구간의 속력$=\dfrac{10\text{ m}}{10\text{ s}}=1\text{ m/s}$

③ CD 구간의 속력$=\dfrac{30\text{ m}-10\text{ m}}{10\text{ s}}=2\text{ m/s}$

④ 세로축이 이동 거리로, 30초 동안 이동 거리는 30 m이다.

⑤ 30초 동안 평균 속력$=\dfrac{\text{전체 이동 거리}}{\text{걸린 시간}}=\dfrac{30\text{ m}}{30\text{ s}}=1\text{ m/s}$

**13** ① 이웃한 공과 공 사이의 간격이 아래로 갈수록 넓어지므로 공의 속력이 증가한다.

② 공에 작용하는 힘이 중력으로 일정하므로 속력 변화도 일정하다. 공 사이의 간격은 속력에 비례하므로 공 사이의 간격은 일정하게 증가한다.

③, ④ 힘과 운동 방향 모두 연직 아래쪽이다.

바로알기 ⑤ 자유 낙하 하는 물체의 속력 변화는 질량에 관계없이 일정하므로 같은 높이에서 떨어지는 공은 질량에 관계없이 떨어지는 정도가 같다.

**14**

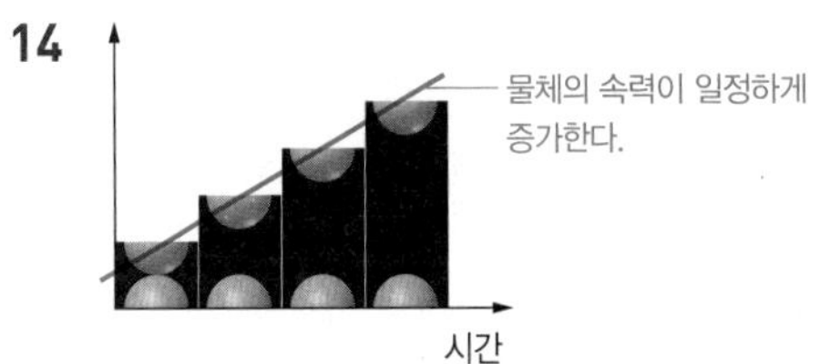


자유 낙하 하는 물체의 다중 섬광 사진을 잘라 그림과 같이 붙인 경우 한 구간이 일정한 시간 동안 이동한 거리를 의미한다. 따라서 그래프의 세로축은 속력을 의미한다.

ㄱ. 자유 낙하 하는 물체의 속력은 일정하게 증가한다.

ㄹ. 자유 낙하 하는 물체의 질량이 변하지 않으므로 중력이 일정하게 작용한다.

바로알기 ㄴ. 세로축은 속력을 의미한다.

ㄷ. 다중 섬광 사진에서 물체를 찍는 시간 간격은 일정하다.

**15** 물체에 작용하는 중력의 크기는 물체의 질량에 비례하므로 질량이 큰 A에 작용하는 중력이 더 크다. 자유 낙하 하는 물체의 속력 변화량은 물체의 질량에 관계없이 9.8로 일정하다.

**16** 공기 중에서는 공기 저항의 영향을 크게 받는 깃털의 속력 변화가 쇠구슬에 비해 작아 깃털이 지면에 나중에 떨어진다. 진공 중에서는 중력만 작용하므로 깃털과 쇠구슬의 속력 변화가 같아서 지면에 동시에 떨어진다.

**17** ④ 시간-속력 그래프에서 그래프 아랫부분의 넓이는 이동 거리를 의미하므로 5초 동안 B가 이동한 거리는 $\dfrac{1}{2}\times10\text{ m/s}\times5\text{ s}=25\text{ m}$이고, B의 평균 속력$=\dfrac{25\text{ m}}{5\text{ s}}=5\text{ m/s}$이다.

바로알기 ① A는 속력이 10 m/s로 일정한 등속 운동을 한다.

② 5초 동안 A는 $10\text{ m/s}\times5\text{ s}=50\text{ m}$, B는 25 m 이동한다.

③ A의 평균 속력은 10 m/s, B의 평균 속력은 5 m/s이다.

⑤ 물체에 작용하는 힘이 없어야 물체가 등속 운동을 한다. 물체의 운동 방향과 같은 방향으로 일정한 힘이 작용하면 물체의 속력이 일정하게 증가하는 운동을 한다. 따라서 운동 방향으로 일정한 크기의 힘이 작용한 것은 B이다.

**18** ④ 달의 중력 가속도 상수가 지구보다 작으므로 낙하하는 물체의 속력 변화가 지구보다 작아서 같은 높이에서 떨어뜨리면 지구에서보다 천천히 떨어진다.

바로알기 ① 물체의 무게는 중력 가속도 상수에 질량을 곱해 구하므로 달에서 물체의 무게는 지구에서보다 작다.

② 달에서는 중력 가속도 상수가 지구에서보다 작으므로 자유 낙하 하는 물체의 속력 변화량이 9.8보다 작다.

③ 지구에서 물체를 자유 낙하 시켰을 때 2초 후 속력은 2×9.8=19.6(m/s)이지만 달에서 중력 가속도 상수는 지구보다 작으므로 2초 후 속력도 지구에서보다 작다.

⑤ 달에서도 질량이 다른 물체가 자유 낙하 할 때 두 물체의 속력 변화는 같으므로 지면에 동시에 도달한다.

**19** 물체가 낙하할 때 질량이 클수록 속력이 빨라진다고 가정하면 2 kg인 물체보다 3 kg인 물체가 빠르게 낙하해야 한다. 따라서 두 물체를 연결하여 낙하시키면 2 kg인 물체가 3 kg인 물체의 운동을 방해하고, 3 kg인 물체가 2 kg인 물체를 더 빠르게 끌어당기므로 2 kg인 물체 하나만 떨어뜨렸을 때보다는 빠르고, 3 kg인 물체 하나만 떨어뜨렸을 때보다는 느리게 떨어져야 한다. 그러나 두 물체를 연결하면 물체의 전체 질량은 5 kg이 되므로 처음 가정에 의하면 2 kg인 물체, 3 kg인 물체를 하나씩 떨어뜨렸을 때보다 빠르게 떨어져야 한다. 따라서 질량이 클수록 속력이 빠르게 떨어진다는 가정은 옳지 않다. 즉, 이 사고 실험을 통해 질량과 속력 변화는 관계없다는 결론을 얻을 수 있다.

## 서술형 정복하기

시험 대비 교재 62~63쪽

**1** 답 이동 거리, 걸린 시간

**2** 답 등속 운동

**3** 답 50 m

**4** 답 중력

**5** 답 9.8

**6** 답 쇠구슬

**7** 모범답안 물체 사이의 간격이 **멀수록** 속력이 **빠르고**, 간격이 **가까울수록** 속력이 **느리다**.

**8** 모범답안 **등속 운동**을 하는 물체의 **이동 거리**는 **시간**에 따라 **일정**하게 증가한다.

**9** 모범답안 물체가 **중력**만 받아 아래 **방향**으로 떨어지는 운동을 **자유 낙하** 운동이라고 한다.

**10** 모범답안 물체가 **자유 낙하** 할 때는 물체의 **질량**에 관계없이 **속력 변화**가 1초에 9.8 m/s씩으로 **일정**하다.

**11** 모범답안 공의 속력이 점점 느려진다. 일정한 시간 간격으로 찍은 공 사이의 간격이 점점 좁아지기 때문이다.

| 채점 기준 | 배점 |
|---|---|
| 속력 변화와 그 까닭을 옳게 서술한 경우 | 100 % |
| 속력이 느려진다라고만 서술한 경우 | 40 % |

**12** 모범답안 (1) 속력$=\frac{30\text{ km}}{0.5\text{ h}}=60\text{ km/h}$이다.

(2) 시간$=\frac{300\text{ km}}{60\text{ km/h}}=5\text{ h}$이다.

| 해설 | 속력$=\frac{\text{이동 거리}}{\text{걸린 시간}}$이고, 걸린 시간$=\frac{\text{이동 거리}}{\text{속력}}$이다.

| | 채점 기준 | 배점 |
|---|---|---|
| (1) | 풀이 과정과 함께 속력을 옳게 구한 경우 | 50 % |
| | 풀이 과정 없이 속력만 구한 경우 | 20 % |
| (2) | 풀이 과정과 함께 시간을 옳게 구한 경우 | 50 % |
| | 풀이 과정 없이 시간만 구한 경우 | 20 % |

**13** 모범답안 (1) (가), 시간-이동 거리 그래프의 기울기가 가장 크기 때문이다.

(2) 속력이 가장 느린 (다)에서 4초 동안 20 m 이동하였으므로 속력은 $\frac{20\text{ m}}{4\text{ s}}=5\text{ m/s}$이다.

(3) 10초 동안 100 m를 이동하였으므로 평균 속력$=\frac{100\text{ m}}{10\text{ s}}=10\text{ m/s}$이다.

| 해설 |

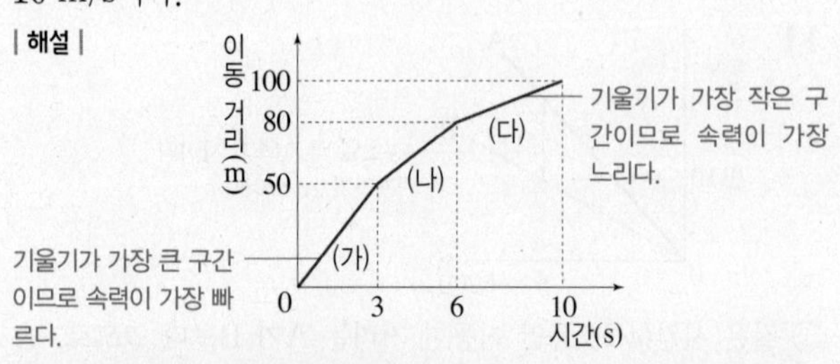


| | 채점 기준 | 배점 |
|---|---|---|
| (1) | (가)를 쓰고 그 까닭을 옳게 서술한 경우 | 40 % |
| | (가)만 쓴 경우 | 20 % |
| (2) | 풀이 과정과 함께 속력을 옳게 구한 경우 | 30 % |
| | 풀이 과정 없이 속력만 구한 경우 | 15 % |
| (3) | 풀이 과정과 함께 평균 속력을 옳게 구한 경우 | 30 % |
| | 풀이 과정 없이 평균 속력만 구한 경우 | 15 % |

**14** 모범답안 에스컬레이터, 무빙워크, 모노레일, 리프트 등이 있다.

| 해설 | 컨베이어 위의 물체는 속력이 일정한 등속 운동을 한다.

| 채점 기준 | 배점 |
|---|---|
| 등속 운동의 예를 두 가지 이상 옳게 서술한 경우 | 100 % |
| 등속 운동의 예를 한 가지만 옳게 서술한 경우 | 50 % |

**15** 모범답안 (1) 쇠구슬과 깃털의 위치가 같으므로 속력 변화가 같다.

(2) 깃털에 더 큰 공기 저항이 작용하므로 쇠구슬이 깃털보다 먼저 떨어진다.

| | 채점 기준 | 배점 |
|---|---|---|
| (1) | 속력이 일정하게 빨라진다고 서술한 경우도 정답 인정 | 50 % |
| | 속력이 똑같이 빨라진다고만 서술한 경우 | 20 % |
| (2) | 먼저 떨어지는 물체와 그 까닭을 옳게 서술한 경우 | 50 % |
| | 쇠구슬이 먼저 떨어진다. 또는 깃털이 나중에 떨어진다고만 서술한 경우 | 20 % |

**16** 모범답안 (1) A, 물체의 운동 방향과 같은 방향으로 힘을 받으면 물체의 속력이 증가하기 때문이다.
(2) B, 이동 거리=속력×걸린 시간=3 m/s×(7−3) s=12 m이다.

| 해설 |

속력(m/s) 3, 1 / 시간(s) 0, 3, 7, 10 / A, B, C
속력이 일정한 구간
속력이 감소하는 구간
속력이 증가하는 구간 ➡ 운동 방향과 같은 방향으로 힘을 받는다.

| | 채점 기준 | 배점 |
|---|---|---|
| (1) | A를 쓰고, 그 까닭을 옳게 서술한 경우 | 50 % |
| | A만 쓴 경우 | 20 % |
| (2) | B를 쓰고 풀이 과정과 함께 이동한 거리를 옳게 구한 경우 | 50 % |
| | B를 쓰고, 풀이 과정 없이 이동 거리만 구한 경우 | 40 % |
| | B만 쓴 경우 | 20 % |

## 02 일과 에너지

### 중단원 핵심 요약 — 시험 대비 교재 64쪽

① J(줄) ② 무게 ③ 높이 ④ 수직
⑤ 증가 ⑥ 감소 ⑦ 질량 ⑧ (속력)$^2$

### 잠깐 테스트 — 시험 대비 교재 65쪽

**1** ① 힘, ② 힘, ③ 이동 **2** 20 **3** ① 49, ② 196
**4** 196 **5** ① 0, ② 0, ③ 수직 **6** ① 에너지, ② J(줄)
**7** ① 에너지, ② 에너지, ③ 일 **8** ① 질량, ② 높이
**9** ① 7, ② 686, ③ 3, ④ 294 **10** 200

### 계산력·암기력 강화 문제 — 시험 대비 교재 66쪽

◆ 질량과 속력 변화에 따른 운동 에너지 변화 계산하기

**1** 27 **2** $\frac{1}{2}$ **3** 2 : 1

**1** 운동 에너지는 질량×(속력)$^2$에 비례한다. ∴ $3\times3^2=27$배

**2** 운동 에너지는 질량×(속력)$^2$에 비례한다.
∴ $2\times\left(\frac{1}{2}\right)^2=\frac{1}{2}$배

**3** A의 질량은 B의 $\frac{1}{2}$배이고, A의 속력은 B의 2배이므로, A의 운동 에너지는 B의 $\frac{1}{2}\times2^2=2$배이다. 따라서 A와 B의 운동 에너지의 비 A : B=2 : 1이다.

### 계산력·암기력 강화 문제 — 시험 대비 교재 66쪽

◆ 운동 에너지와 일의 전환 적용하기

**1** 5 **2** 50 **3** 90 **4** 20

**1** 수레의 운동 에너지=받은 일의 양
$\frac{1}{2}\times2\text{ kg}\times v^2=25\text{ J}$, ∴ $v=5\text{ m/s}$

**2** 수레의 운동 에너지는 나무 도막을 미는 일로 모두 전환되었다.
수레의 운동 에너지=$\frac{1}{2}\times4\text{ kg}\times(5\text{ m/s})^2$=미는 힘×1 m
∴ 미는 힘=50 N

**3** 수레의 질량은 일정하므로 나무 도막의 이동 거리는 수레의 속력의 제곱에 비례한다. 따라서 수레의 속력이 3배가 되면 나무 도막의 이동 거리는 $10\text{ cm}\times3^2=90\text{ cm}$가 된다.

**4** 수레의 운동 에너지=나무 도막에 한 일의 양
$\frac{1}{2}\times1\text{ kg}\times(2\text{ m/s})^2=10\text{ N}\times s$, ∴ $s=0.2\text{ m}=20\text{ cm}$

### 중단원 기출 문제 — 시험 대비 교재 67~69쪽

**01** ①, ⑤, ⑥ **02** ① **03** ② **04** ④ **05** ② **06** ③
**07** ③ **08** ① **09** ④ **10** ③, ⑤ **11** ⑤ **12** ⑤ **13** ⑤
**14** ④ **15** ④ **16** ⑤ **17** ② **18** ⑤ **19** ③

**01** 물체에 힘을 작용하여 물체가 힘의 방향으로 이동했을 때 일을 하였다고 한다.
바로알기 ① 정신적인 활동은 과학에서의 일이 아니다.
⑤ 이동 거리가 0이므로 과학에서의 일을 하지 않은 경우이다.
⑥ 마찰이 없는 공간에서 등속 운동을 하는 물체에는 작용한 힘이 0이므로 우주선에 한 일의 양은 0이다.

**02** 물체가 일정한 속력으로 이동하므로, 물체를 미는 힘의 크기는 20 N이다. 또한 한 일의 양=힘×이동 거리=20 N×40 cm=20 N×0.4 m=8 J이다.

**03** 한 일의 양=미는 힘×이동 거리=미는 힘×2 m=300 J이므로 물체를 미는 힘의 크기는 150 N이다.

**04** 돌을 들어 올리는 힘의 크기=돌의 무게=9.8×1=9.8 (N)
일의 양=돌을 들어 올리는 힘×들어 올린 높이
=9.8 N×2 m=19.6 J

**05** 「일의 양=무게×높이=9.8×질량×높이」이므로, 19.6 J=(9.8×$m$) N×(6−2) m에서 물체의 질량 $m$=0.5 kg이다.

**06** • A 지점에서 B 지점 : 물체에 작용한 힘의 방향이 위쪽이고, 이동 방향은 오른쪽이므로 힘의 방향과 이동 방향이 수직이다. 따라서 한 일의 양이 0이다.
• B 지점에서 C 지점 : 물체에 작용한 힘의 방향은 위쪽이므로 수평 방향으로 한 일이 0이고, 수직 방향으로는 중력에 대해 일을 하였다. 따라서 한 일의 양=무게×높이=(9.8×10) N ×2 m=196 J이므로, 전체 한 일의 양=0+196 J=196 J이다.

**07** 미는 동안 한 일의 양+중력에 대해 한 일의 양
=(미는 힘×5 m)+(10 N×2 m)=60 J
∴ 미는 동안 한 일의 양=40 J, 미는 힘의 크기=8 N

**08** 물체를 들고 수평 방향으로 이동할 때는 힘의 방향과 이동 방향이 수직이므로 한 일의 양이 0이다.

**09** 중력이 한 일의 양=무게×떨어진 높이=30 N×5 m=150 J이다.

**10** ③, ⑤ 이동 거리가 0이므로 일의 양이 0이다.
바로알기 ①, ② 물체에 작용한 힘의 방향은 위쪽, 이동 방향도 위쪽이므로 물체에 일을 했다.
④ 책상을 미는 힘의 방향으로 책상이 이동하였으므로 책상에 일을 했다.

**11** 바로알기 ⑤ 물체가 외부에 일을 하면 물체의 에너지는 한 일의 양만큼 감소한다.

**12** 바로알기 ⑤ (9.8×1) N×1 m=9.8 J

**13** 물체의 질량이 일정할 때, 물체의 중력에 의한 위치 에너지는 기준면으로부터의 높이에 비례한다. 따라서 중력에 의한 위치 에너지의 비 A : B=(3 m+5 m) : 3 m=8 : 3이다.

**14** 중력에 의한 위치 에너지는 물체의 질량과 높이의 곱에 비례한다. B점의 물체는 A점의 물체와 비교하면 질량이 2배이고, 높이도 2배이다. 그러므로 B점에 있는 물체의 중력에 의한 위치 에너지는 A점에 있는 물체의 2×2=4배인 10 J×4=40 J이다.

**15** '질량×높이'의 값이 클수록 중력에 의한 위치 에너지가 크다. '질량×높이'는 다음과 같다.
① 1(kg)×1(m)=1 ② 3(kg)×1(m)=3
③ 1(kg)×2(m)=2 ④ 2(kg)×2(m)=4
⑤ 1(kg)×3(m)=3
그러므로 중력에 의한 위치 에너지가 가장 큰 것은 ④이다.

**16** ②, ③ 낙하 전 추의 중력에 의한 위치 에너지
실험 1 : (9.8×10) N×0.5 m=49 J
실험 2 : (9.8×10) N×1 m=98 J
실험 3 : (9.8×20) N×0.5 m=98 J
④ 실험 1과 3을 통해 추의 질량과 나무 도막의 이동 거리에 대해 알 수 있다.
바로알기 ⑤ 실험 3에서 추의 낙하 높이가 2배가 된 경우이므로 나무 도막의 이동 거리도 2배인 20 cm가 된다.

**17** 수레의 운동 에너지 증가량=수레에 해 준 일의 양
$\left\{\frac{1}{2}\times 2\text{ kg}\times(4\text{ m/s})^2\right\}-\left\{\frac{1}{2}\times 2\text{ kg}\times(2\text{ m/s})^2\right\}=12\text{ J}$

**18** 나무 도막에 한 일의 양은 수레의 운동 에너지에 비례한다. 질량이 10 kg으로 2배, 속력이 12 m/s로 3배가 되면 운동 에너지는 $2\times3^2$=18배가 된다. 따라서 나무 도막의 이동 거리도 18배가 된다.

**19** 자동차의 제동 거리는 자동차의 운동 에너지에 비례한다. 자동차의 운동 에너지는 자동차의 질량×자동차의 (속력)$^2$에 비례하므로 속력이 2배가 되면 운동 에너지는 $2^2$=4배가 된다. 따라서 제동 거리는 4 m×4=16 m가 된다.

## 서술형 정복하기

시험 대비 교재 70~71쪽

**1** 답 힘의 방향으로 이동한 거리

**2** 답 에너지

**3** 답 J(줄)

**4** 답 180 J

**5** 답 중력에 의한 위치 에너지

**6** 답 4배

**7** 모범답안 가방을 든 **힘의 방향**과 이동한 방향이 **수직**이어서 힘의 방향으로 **이동한 거리**가 0이므로 **일의 양**이 0이다.

**8** 모범답안 중력에 의한 **위치 에너지**는 물체의 **높이**에 **비례**하므로 중력에 의한 위치 에너지가 2배가 된다.

**9** 모범답안 수레의 **운동 에너지**가 나무 도막을 미는 **일**로 **전환**된다.

**10** 모범답안 중력이 물체에 한 일이 물체의 **운동 에너지**로 **전환**되므로 **중력이 한 일의 양**과 물체의 운동 에너지는 **같다**.

**11** 모범답안 일의 양=작용한 힘×힘의 방향으로 이동한 거리=3 N×2 m=6 J이다.

| 채점 기준 | 배점 |
|---|---|
| 풀이 과정과 함께 일의 양을 옳게 구한 경우 | 100 % |
| 풀이 과정 없이 일의 양만 구한 경우 | 40 % |

**12** 모범답안 (1) 일의 양=물체의 무게×들어 올린 높이=(9.8×1) N×0.5 m=4.9 J이다.

(2) 민서가 상자에 한 일이 상자의 중력에 의한 위치 에너지로 전환되므로 중력에 의한 위치 에너지의 변화량은 민서가 해 준 일의 양과 같다. 그러므로 4.9 J이다.

| | 채점 기준 | 배점 |
|---|---|---|
| (1) | 풀이 과정과 함께 일의 양을 옳게 구한 경우 | 50 % |
| | 풀이 과정 없이 일의 양만 구한 경우 | 20 % |
| (2) | 한 일의 양과 같다는 것을 포함하여 위치 에너지 변화량을 옳게 구한 경우 | 50 % |
| | 위치 에너지 변화량만 구한 경우 | 20 % |

**13** 모범답안 (가) 이동 거리가 0이기 때문이다. (나) 힘의 방향과 이동 방향이 수직이기 때문이다. (다) 작용한 힘이 0이기 때문이다.

| 해설 | 과학에서 말하는 일은 물체에 힘을 작용하여 물체가 힘의 방향으로 이동한 경우를 의미한다.

| 채점 기준 | 배점 |
|---|---|
| (가)~(다)의 까닭을 모두 옳게 서술한 경우 | 100 % |
| (가)~(다) 중 그 까닭을 옳게 서술한 것 하나당 | 30 % |

**14** 모범답안 $E_A = E_B$, 수레에 해 준 일의 양이 같기 때문이다.

| 해설 | 마찰이 없을 때 수레에 한 일의 양만큼 수레의 운동 에너지가 증가하고, 두 수레에 한 일의 양은 $F \times s$로 같다.

| 채점 기준 | 배점 |
|---|---|
| 두 수레의 운동 에너지가 같다고 쓰고, 그 까닭을 옳게 서술한 경우 | 100 % |
| 두 수레의 운동 에너지가 같다고만 쓴 경우 | 50 % |

**15** 모범답안 • 변화시켜야 하는 값 : 추의 질량
• 유지시켜야 하는 값 : 추의 낙하 높이, 원통형 나무를 밀어내는 힘의 크기

| 해설 | 추의 중력에 의한 위치 에너지가 원통형 나무를 미는 일로 전환된다. 따라서 중력에 의한 위치 에너지와 질량의 관계를 알아보기 위해서는 같은 높이에서 낙하한 추의 질량이 달라질 때, 원통형 나무에 한 일의 양이 어떻게 달라지는지를 측정하면 된다.

| 채점 기준 | 배점 |
|---|---|
| 변화시켜야 하는 값과 유지시켜야 하는 값을 모두 옳게 서술한 경우 | 100 % |
| 두 가지 값 중 한 가지만 옳게 서술한 경우 | 40 % |

**16** 모범답안 (1) 400 J, 수레가 가진 운동 에너지는 모두 나무 도막에 한 일로 전환되었기 때문이다.
(2) 나무 도막에 한 일의 양=나무 도막을 미는 힘×나무 도막의 이동 거리이므로 400 J=$F$×2 m에서 나무 도막을 미는 힘의 크기 $F$=200 N이다.

| | 채점 기준 | 배점 |
|---|---|---|
| (1) | 운동 에너지와 그 까닭을 모두 옳게 서술한 경우 | 50 % |
| | 운동 에너지만 옳게 쓴 경우 | 20 % |
| (2) | 풀이 과정과 함께 힘의 크기를 옳게 구한 경우 | 50 % |
| | 풀이 과정 없이 힘의 크기만 구한 경우 | 20 % |

# Ⅳ 자극과 반응

## 01 감각 기관

### 중단원 핵심 요약

시험 대비 교재 72쪽

① 홍채 ② 수정체 ③ 망막 ④ 확장
⑤ 수축 ⑥ 두꺼워짐 ⑦ 얇아짐 ⑧ 통점
⑨ 귀인두관 ⑩ 달팽이관 ⑪ 반고리관 ⑫ 전정 기관
⑬ 귓속뼈 ⑭ 기체 ⑮ 액체

### 잠깐 테스트

시험 대비 교재 73쪽

**1** (1) D, 망막 (2) A, 홍채 (3) C, 섬모체 **2** ① B, ② D
**3** ① 이완, ② 얇아 **4** (1)－㉡－① (2)－㉠－② **5** 통점
**6** (1) E, 달팽이관 (2) B, 귓속뼈 (3) A, 고막 **7** ① C, ② D
**8** 후각 **9** 쓴맛, 감칠맛 **10** ① 빛, ② 기체, ③ 액체

### 계산력·암기력 강화 문제

시험 대비 교재 74쪽

◆ 눈의 구조와 기능 암기하기

㉠ 유리체 ㉡ 홍채, 동공 ㉢ 동공 ㉣ 각막 ㉤ 수정체, 굴절 ㉥ 섬모체, 수정체 ㉦ 공막 ㉧ 맥락막 ㉨ 망막, 시각 세포 ㉩ 황반 ㉪ 시각 신경 ㉫ 맹점, 시각 세포

◆ 귀의 구조와 기능 암기하기

㉠ 귓속뼈, 고막 ㉡ 고막 ㉢ 반고리관, 회전 ㉣ 전정 기관, 기울어짐 ㉤ 평형 감각 신경 ㉥ 청각 신경 ㉦ 달팽이관, 청각 세포 ㉧ 귀인두관, 압력

### 중단원 기출 문제

시험 대비 교재 75~77쪽

**01** ①, ⑥ **02** E **03** ① **04** ③ **05** ② **06** ①
**07** ② **08** ⑤ **09** ③ **10** ① **11** ③ **12** ④
**13** ㉠ 외이도, ㉡ 고막, ㉢ 귓속뼈, ㉣ 달팽이관 **14** ⑤
**15** ①, ④ **16** ⑤ **17** ⑤ **18** ③ **19** ③

**01** A는 홍채, B는 각막, C는 수정체, D는 망막, E는 맹점, F는 시각 신경이다.
① 홍채(A) – 동공의 크기를 조절하여 눈으로 들어오는 빛의 양을 조절한다.

시험 대비 교재

바로알기 ② 각막(B) – 홍채의 바깥을 감싸는 투명한 막이다. 시각 세포는 망막(D)에 있다.
③ 수정체(C) – 볼록 렌즈와 같이 빛을 굴절시켜 망막에 상이 맺히게 한다.
④ 망막(D) – 상이 맺히는 곳으로, 시각 세포가 있다. 검은색 색소가 있어 눈 속을 어둡게 하는 것은 맥락막이다.
⑤ 맹점(E) – 시각 신경이 모여 나가는 곳으로, 시각 세포가 없어 상이 맺혀도 보이지 않는다. 상이 맺혔을 때 선명하게 보이는 곳은 황반이다.

**02** 맹점(E)은 시각 신경이 모여 나가는 곳으로, 시각 세포가 없어 상이 맺혀도 보이지 않는다.

**03** 물체에서 반사된 빛은 각막을 지나 수정체를 통과하면서 굴절되어 망막에 상을 맺는다. 망막에 있는 시각 세포는 빛을 자극으로 받아들이고, 이 자극이 시각 신경을 통해 뇌로 전달되어 물체를 볼 수 있게 된다.

**04** ④ 밝은 곳에서 어두운 곳으로 이동하면 눈으로 들어오는 빛의 양을 늘리기 위해 홍채가 수축되어 동공이 커진다.
⑤ (나) → (가)로 될 때는 홍채가 확장되어 동공이 작아지는 경우로, 어두운 곳에서 밝은 곳으로 이동할 때이다.
바로알기 ③ (가) → (나)로 될 때는 홍채가 수축되어 면적이 감소하고, 동공이 커진다.

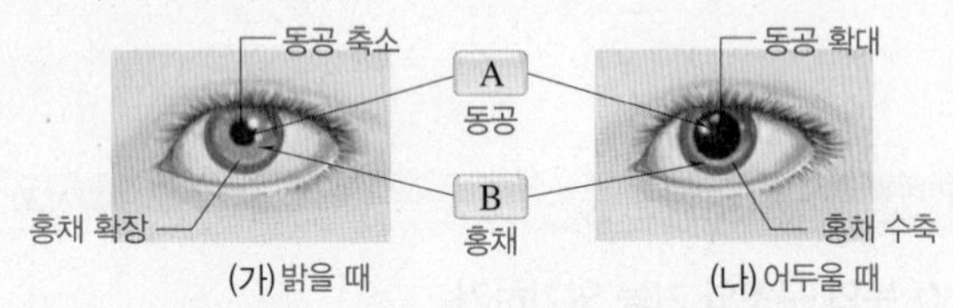


**05** 가까운 곳을 볼 때는 (가)와 같이 섬모체가 수축하여 수정체가 두꺼워지고, 먼 곳을 볼 때는 (나)와 같이 섬모체가 이완하여 수정체가 얇아진다.
바로알기 ①, ④ 주위 밝기가 변할 때 홍채와 동공의 크기가 변한다. 홍채가 확장되어 동공이 작아지는 경우는 주위가 밝아질 때이다.
⑤ 먼 산을 보다가 가까이 있는 책을 보면 눈이 (나) → (가)로 변한다.

**06** 주변이 어두워졌으므로(밝은 방 → 어두운 밖) 홍채가 수축되어 동공이 커진다. 가까운 곳을 보다가 먼 곳을 보았으므로(책 → 별) 섬모체가 이완하여 수정체가 얇아진다.

**07** 바로알기 ② 수정체와 망막 사이의 거리가 정상보다 멀어 먼 곳을 볼 때 상이 망막 앞에 맺히는 근시는 빛을 퍼뜨리는 오목 렌즈로 교정한다.

**08** ㄱ. 조사 부위 중 가장 둔감한 부위는 이쑤시개를 두 개로 느끼는 최소 거리가 가장 긴 손등이다.
ㄷ. 손가락 끝에서 이쑤시개를 두 개로 느끼는 최소 거리는 2 mm이므로, 이쑤시개 사이의 거리가 4 mm일 때 손가락 끝에서는 이쑤시개를 두 개로 느낀다.
ㄹ. 이쑤시개를 두 개로 느끼는 최소 거리가 짧을수록 감각점이 많이 분포하여 예민한 부위이다.
바로알기 ㄴ. 조사 부위 중 가장 예민한 부위는 이쑤시개를 두 개로 느끼는 최소 거리가 가장 짧은 손가락 끝이다.

**09** ㄷ, ㄹ. 감각점의 분포 정도는 몸의 부위에 따라 다르므로 피부 감각을 느끼는 정도도 몸의 부위에 따라 다르다.
바로알기 ㄱ. 일반적으로 피부에는 통점이 가장 많아 통증에 가장 예민하게 반응한다.
ㄴ. 온점과 냉점에서는 절대적인 온도가 아니라 상대적인 온도 변화를 느낀다. 처음보다 온도가 높아지면 온점이 자극을 받아들이고, 온도가 낮아지면 냉점이 자극을 받아들인다.

**10**

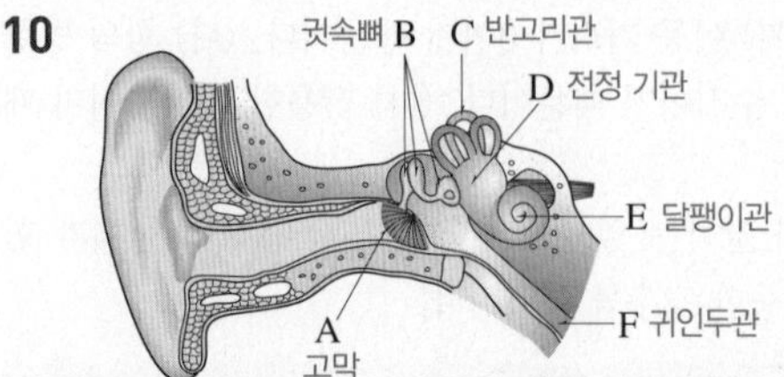


**11** 바로알기 ① 청각 세포는 달팽이관(E)에 있다.
② 고막 안쪽과 바깥쪽의 압력을 같게 조절하는 것은 귀인두관(F)이다.
④ 고막의 진동을 증폭하는 것은 귓속뼈(B)이다.
⑤ 몸의 기울어짐 감각은 전정 기관(D)에서 담당한다.
⑥ 청각 세포에서 받아들인 자극을 뇌로 전달하는 것은 청각 신경이다.

**12** ④ 반고리관(C)은 회전 감각을, 전정 기관(D)은 기울어짐 감각을 담당하고, 귀인두관(F)은 고막 안쪽과 바깥쪽의 압력을 같게 조절한다.

**13** 귓바퀴에서 모인 소리는 외이도를 지나 고막을 진동시키고, 이 진동은 귓속뼈에서 증폭되어 달팽이관으로 전달된다. 달팽이관에 있는 청각 세포가 이를 자극으로 받아들이고, 이 자극은 청각 신경을 통해 뇌로 전달된다.

**14** (가) 몸의 회전 감각은 반고리관에서 담당하고, (나) 압력 조절은 귀인두관에서 담당하고, (다) 몸의 기울어짐 감각은 전정 기관에서 담당한다.

**15** 바로알기 ② 소리를 자극으로 받아들이는 청각 세포가 있는 곳은 달팽이관(C)이다.
③ 전정 기관(B)에서 몸의 기울어짐 감각을 담당한다.
⑤ 반고리관(A)과 전정 기관(B)에서 평형 감각을 담당한다.

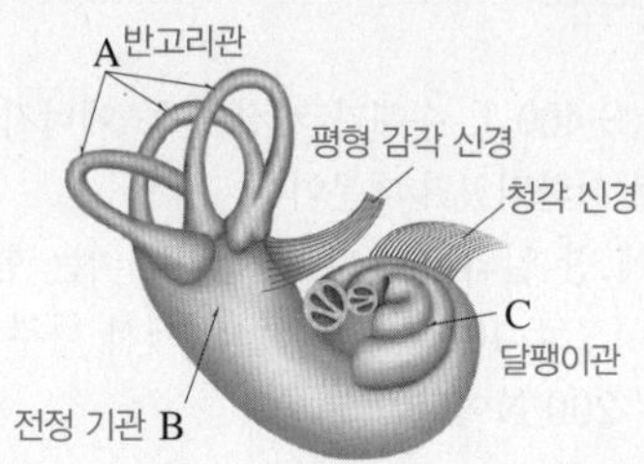


**16** 바로알기 ⑤ 후각 세포는 기체 상태의 화학 물질을 자극으로 받아들인다.

**17** ⑤ 다양한 음식 맛은 미각과 후각을 종합하여 느끼는 것이므로, 코감기에 걸리면 음식 맛을 제대로 느낄 수 없다.

**18** 혀의 맛세포에서 느끼는 기본적인 맛은 단맛, 짠맛, 쓴맛, 신맛, 감칠맛이다. 떫은맛과 매운맛은 각각 압점과 통점에서 느끼는 피부 감각이다.

**19** ③ 피부의 촉점에서는 접촉(촉감)을 자극으로 받아들인다.
**바로알기** ① 귀의 청각 세포에서는 소리를, ② 눈의 시각 세포에서는 빛을, ④ 코의 후각 세포에서는 기체 상태의 화학 물질을, ⑤ 혀의 맛세포에서는 액체 상태의 화학 물질을 자극으로 받아들인다.

## 서술형 정복하기

시험 대비 교재 78~79쪽

**1** 답 수정체

**2** 답 ㉠ 수정체, ㉡ 시각 세포

**3** 답 통점

**4** 답 달팽이관

**5** 답 단맛, 짠맛, 신맛, 쓴맛, 감칠맛

**6** 모범답안 **동공**의 크기를 조절하여 **눈**으로 들어오는 **빛의 양**을 조절한다.

**7** 모범답안 맹점은 **시각 신경**이 모여 나가는 곳으로, **시각 세포**가 없기 때문이다.

**8** 모범답안 **소리**에 의해 **진동**하는 얇은 **막**이다.

**9** 모범답안 **후각 세포**가 쉽게 **피로**해지기 때문이다.

**10** 모범답안 후각 세포에서는 **기체** 상태의 화학 **물질**을 자극으로 받아들이고, 맛세포에서는 **액체** 상태의 화학 **물질**을 자극으로 받아들인다.

**11** 모범답안 (1) 어두워졌다.
(2) 홍채가 수축되어(면적 감소) 동공의 크기가 커졌다(확대).

| | 채점 기준 | 배점 |
|---|---|---|
| (1) | 밝기 변화를 옳게 서술한 경우 | 40 % |
| (2) | 홍채와 동공의 변화를 모두 옳게 서술한 경우 | 60 % |
| | 둘 중 하나라도 틀리게 서술한 경우 | 0 % |

**12** 모범답안 (1) (가) → (나)
(2) 섬모체가 이완하여 수정체가 얇아진다.

| | 채점 기준 | 배점 |
|---|---|---|
| (1) | (가) → (나)라고 옳게 쓴 경우 | 40 % |
| (2) | 섬모체와 수정체의 변화를 모두 옳게 서술한 경우 | 60 % |
| | 둘 중 하나라도 틀리게 서술한 경우 | 0 % |

**13** 모범답안 일반적으로 감각점 중 통점이 가장 많기 때문이다.

| 채점 기준 | 배점 |
|---|---|
| 통점이 가장 많기 때문이라는 내용을 포함하여 옳게 서술한 경우 | 100 % |
| 통점을 언급하지 않은 경우 | 0 % |

**14** 모범답안 (1) A : 고막, B : 귓속뼈, C : 귀인두관
(2) 고막 안쪽과 바깥쪽의 압력을 같게 조절한다.

| | 채점 기준 | 배점 |
|---|---|---|
| (1) | A~C의 이름을 모두 옳게 쓴 경우 | 40 % |
| | A~C의 이름 중 하나라도 틀리게 쓴 경우 | 0 % |
| (2) | 압력 조절 기능을 옳게 서술한 경우 | 60 % |
| | 압력 조절을 언급하지 않은 경우 | 0 % |

**15** 모범답안 몸이 기울어지는 것을 감지한다.

| 채점 기준 | 배점 |
|---|---|
| 몸의 기울어짐 감각을 담당한다는 내용을 포함하여 옳게 서술한 경우 | 100 % |
| 평형 감각을 담당한다고만 서술한 경우 | 30 % |

**16** 모범답안 다양한 음식 맛은 미각과 후각을 종합하여 느끼는 것이다.

| 채점 기준 | 배점 |
|---|---|
| 음식 맛은 미각과 후각을 종합하여 느끼는 것이라는 내용을 포함하여 옳게 서술한 경우 | 100 % |
| 미각과 후각 중 하나라도 언급하지 않은 경우 | 0 % |

# 02 신경계와 호르몬

## 중단원 핵심 요약

시험 대비 교재 80쪽

① 축삭 ② 연합 ③ 운동 ④ 척수
⑤ 간뇌 ⑥ 소뇌 ⑦ 대뇌 ⑧ 연수
⑨ 대뇌 ⑩ 대뇌 ⑪ 척수 ⑫ 내분비샘
⑬ 뇌하수체 ⑭ 이자 ⑮ 소인증 ⑯ 당뇨병
⑰ 항상성 ⑱ 증가 ⑲ 감소 ⑳ 인슐린
㉑ 글루카곤

## 잠깐 테스트

시험 대비 교재 81쪽

**1** (1) A : 신경 세포체, B : 가지 돌기, C : 축삭 돌기 (2) C **2** (1) B, 연합 뉴런 (2) C, 운동 뉴런 (3) A, 감각 뉴런 **3** A → B → C **4** (1) E, 소뇌 (2) D, 연수 (3) B, 간뇌 **5** ① 척수, ② 중간뇌 **6** ① 느리고, ② 넓다 **7** (1) A, 뇌하수체 (2) C, 부신 (3) D, 이자 **8** 갑상샘 기능 항진증 **9** ① 수축, ② 감소 **10** ① 인슐린, ② 포도당 → 글리코젠

**계산력·암기력 강화 문제** 시험 대비 교재 82쪽

◆ **중추 신경계의 구조와 기능 암기하기**

㉠ 간뇌, 체액 ㉡ 중간뇌, 동공 ㉢ 연수, 심장, 무조건 ㉣ 대뇌, 정신 ㉤ 소뇌, 균형 ㉥ 척수, 무조건

◆ **호르몬의 종류와 기능 암기하기**

㉠ 뇌하수체, 생장 호르몬, 갑상샘 자극 호르몬, 항이뇨 호르몬 ㉡ 이자, 글루카곤, 인슐린 ㉢ 정소, 테스토스테론 ㉣ 갑상샘, 티록신 ㉤ 부신, 아드레날린(에피네프린) ㉥ 난소, 에스트로젠

**중단원 기출 문제** 시험 대비 교재 83~85쪽

| | | | | |
|---|---|---|---|---|
| 01 ⑤ | 02 ③ | 03 ⑤ | 04 ② | 05 ③ | 06 ①, ⑥ |
| 07 ② | 08 ③, ④ | 09 (가) ㄱ, (나) ㄴ | 10 ③, ④ | | |
| 11 ⑤ | 12 ② | 13 ④, ⑦ | 14 ② | 15 ④ | 16 ③ |
| 17 ②, ⑤ | 18 ④ | | | | |

**01** A는 신경 세포체, B는 가지 돌기, C는 축삭 돌기이다.
바로알기 핵과 세포질이 있는 신경 세포체(A)에서는 여러 가지 생명 활동이 일어나고, 가지 돌기(B)에서는 다른 뉴런이나 감각 기관에서 오는 자극을 받아들인다.

**02** A는 감각 뉴런, B는 연합 뉴런, C는 운동 뉴런이다.
바로알기 ③ 연합 뉴런(B)은 중추 신경계를 구성한다.

**03** 바로알기 ① 동공의 크기 조절은 중간뇌(C)에서 담당한다.
② 기억, 추리와 같은 복잡한 정신 활동은 대뇌(A)에서 담당한다.
③ 몸의 균형 유지는 소뇌(D)에서 담당한다.
④ 체온 조절은 간뇌(B)에서 담당한다.

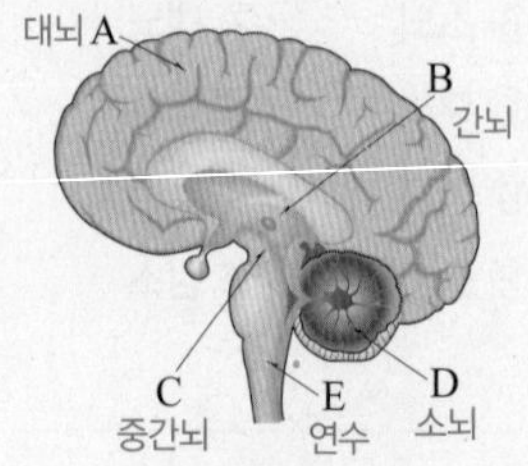


**04** (가) 복잡한 정신 활동은 대뇌에서 담당한다.
(나) 체온 조절은 간뇌에서 담당한다.
(다) 손전등을 눈에 비추어 보는 것은 동공 반사가 일어나는지 확인하려는 것이다. 동공 반사의 중추는 중간뇌이다.

**05** A는 중추 신경계, B는 말초 신경계이다.
⑤ 말초 신경계(B)를 구성하는 감각 신경은 감각 기관에서 받아들인 자극을 중추 신경계(A)로 전달하고, 운동 신경은 중추 신경계(A)의 명령을 반응 기관으로 전달한다.
바로알기 ③ 중추 신경계(A)는 뇌와 척수로 이루어져 있다.

**06** 바로알기 ②, ④ 부교감 신경은 소화 운동을 촉진하고, 호흡 운동을 억제한다.
③, ⑤ 위기 상황에서는 교감 신경이 작용하여 동공이 확대되고, 심장 박동이 빨라진다.

**07** 바로알기 ② 반응 경로가 짧고 단순한 무조건 반사는 의식적 반응에 비해 반응이 빠르게 일어나기 때문에 위급한 상황에서 몸을 보호하는 데 중요한 역할을 한다.

**08** ① 무조건 반사가 일어난다고 해서 자극이 대뇌로 전달되지 않는 것은 아니다.
②, ⑤ 무릎 반사는 척수가 중추인 무조건 반사이다.
바로알기 ③ 딸꾹질의 중추는 연수이고, ④ 동공 반사의 중추는 중간뇌이다.

**09** (가) D → C → A → B → F는 대뇌를 거치는 의식적 반응의 경로이다. ➡ ㄱ
(나) D → E → F는 척수 반사의 경로이다. ➡ ㄴ

**10** 바로알기 ③ 뉴런을 통해 신호를 전달하는 것은 신경이다.
④ 호르몬은 신경보다 신호 전달 속도가 느리다.

**11** 바로알기 ① 뇌하수체 – 생장 호르몬 – 몸의 생장 촉진
② 갑상샘 – 티록신 – 세포 호흡 촉진, 갑상샘 자극 호르몬은 뇌하수체에서 분비된다.
③ 이자 – 인슐린 – 혈당량 감소
④ 부신 – 아드레날린(에피네프린) – 심장 박동 촉진, 혈당량 증가, 혈압 상승

**12** A는 뇌하수체, B는 갑상샘, C는 부신, D는 이자, E는 난소와 정소이다.
바로알기 ① 인슐린은 이자(D)에서 분비된다.
③ 항이뇨 호르몬은 뇌하수체(A)에서 분비된다.
④ 에스트로젠은 난소(E)에서 분비된다.
⑤ 아드레날린은 부신(C)에서 분비된다.

**13** 바로알기 ①, ②, ③, ⑤ 거인증은 성장기에 생장 호르몬 과다 분비, 당뇨병은 인슐린 결핍, 말단 비대증은 성장기 이후에 생장 호르몬 과다 분비, 갑상샘 기능 저하증은 티록신 결핍에 의해 나타난다.
⑥ 갑상샘 기능 항진증에 걸리면 맥박이 빨라지고, 눈이 돌출되며, 체중이 감소한다. 추위를 잘 타고 체중이 증가하는 것은 갑상샘 기능 저하증의 증상이다.

**14** ③ 더울 때 땀이 나는 것은 체온을 낮추는 조절 작용이다.
④ 글루카곤은 혈당량을 높이는 호르몬이다.
⑤ 항이뇨 호르몬은 콩팥에서 물의 재흡수를 촉진하는 호르몬이다.
바로알기 ② 간뇌에서 체온 변화를 인식하면 적절한 명령을 내리고, 이것이 신경과 호르몬에 의해 여러 기관으로 전달되면 각 기관의 작용으로 체온이 일정하게 유지된다.

**15** ① A는 혈당량을 높이는 글루카곤, B는 혈당량을 낮추는 인슐린이다.
②, ③ 인슐린(B)은 세포에서의 포도당 흡수를 촉진하고, 간에서 포도당을 글리코젠으로 합성시켜 혈당량을 낮춘다.

⑤ 호르몬은 내분비샘에서 혈액으로 분비된다.

**바로알기** ④ 식사를 한 직후에는 혈당량이 정상보다 높아진 상태이므로 인슐린(B)이 분비되어 혈당량을 낮춘다.

**16** 이자에서 분비되어 혈당량을 증가시키는 호르몬 (가)는 글루카곤이고, 부신에서 분비되어 혈당량을 증가시키는 호르몬 (나)는 아드레날린(에피네프린)이다. 이자에서 분비되어 혈당량을 감소시키는 호르몬 (다)는 인슐린이다.

**17** **바로알기** ②, ⑤ 체온이 높을 때 열 방출량을 증가시켜 체온을 낮추는 작용이다.

**18** 뇌하수체에서 분비되는 항이뇨 호르몬은 콩팥에서 물의 재흡수를 촉진하여 오줌의 양을 줄이고 몸속 수분량을 늘린다. 물을 많이 마셨을 때 몸속 수분량이 조절되는 과정은 다음과 같다.

> 물을 많이 마심 → 몸속 수분량 증가 → 뇌하수체에서 항이뇨 호르몬(A) 분비 억제 → 콩팥에서 재흡수되는 물의 양 감소(B) → 오줌의 양 증가(C) → 몸속 수분량 감소

## 서술형 정복하기

시험 대비 교재 86~87쪽

**1** 답 연합 뉴런

**2** 답 소뇌

**3** 답 ㉠ 대뇌, ㉡ 척수

**4** 답 항이뇨 호르몬

**5** 답 인슐린

**6** **모범답안** 다른 **뉴런**이나 **기관**으로 **자극**을 전달한다.

**7** **모범답안** **체온**, **체액의 농도** 등 몸속 상태를 일정하게 유지한다.

**8** **모범답안** 무조건 반사는 의식적 반응보다 빠르게 일어나므로 위험한 상황에서 우리 **몸**을 **보호**하는 데 중요한 **역할**을 한다.

**9** **모범답안** 호르몬은 신경에 비해 **신호 전달 속도**는 느리지만, **작용 범위**는 넓다.

**10** **모범답안** 추울 때는 **근육**이 떨리고, **세포 호흡**이 촉진되어 **열 발생량**이 증가한다.

**11** **모범답안** (1) 감각 뉴런, 감각 기관에서 받아들인 자극을 연합 뉴런으로 전달한다.
(2) (가) → (나) → (다)

| | 채점 기준 | 배점 |
|---|---|---|
| (1) | 감각 뉴런이라고 쓰고, 그 기능을 옳게 서술한 경우 | 70 % |
| | 감각 뉴런이라고만 쓴 경우 | 20 % |
| (2) | 자극의 전달 경로를 옳게 나열한 경우 | 30 % |

**12** **모범답안** 중간뇌, 눈의 움직임과 동공 및 홍채의 변화를 조절한다.

| 채점 기준 | 배점 |
|---|---|
| 중간뇌라고 쓰고, 그 기능을 옳게 서술한 경우 | 100 % |
| 중간뇌라고만 쓴 경우 | 30 % |

**13** **모범답안** A, 기억과 같은 복잡한 정신 활동은 대뇌(A)에서 담당하기 때문이다.

| 채점 기준 | 배점 |
|---|---|
| A라고 쓰고, 대뇌의 기능을 들어 까닭을 옳게 서술한 경우 | 100 % |
| A라고만 쓴 경우 | 30 % |

**14** **모범답안** 티록신, 세포 호흡을 촉진한다.

| 채점 기준 | 배점 |
|---|---|
| 티록신이라고 쓰고, 그 기능을 옳게 서술한 경우 | 100 % |
| 티록신이라고만 쓴 경우 | 30 % |

**15** **모범답안** 글루카곤, 간에서 글리코젠을 포도당으로 분해하여 혈액으로 내보낸다.

| 채점 기준 | 배점 |
|---|---|
| 글루카곤이라고 쓰고, 간에서의 작용을 옳게 서술한 경우 | 100 % |
| 글루카곤이라고만 쓴 경우 | 30 % |

**16** **모범답안** 성장기에 뇌하수체에서 생장 호르몬이 과다하게 분비되면 거인증이 나타난다.

| 채점 기준 | 배점 |
|---|---|
| 성장기에 뇌하수체에서 생장 호르몬이 과다하게 분비되었기 때문이라는 내용을 포함하여 옳게 서술한 경우 | 100 % |
| 성장기라는 단서가 없는 경우 | 70 % |

**17** **모범답안** 땀 분비가 증가하고, 피부 근처 혈관이 확장되어 열 방출량이 증가한다.

| 채점 기준 | 배점 |
|---|---|
| 제시된 세 가지 내용을 모두 포함하여 옳게 서술한 경우 | 100 % |
| 두 가지 내용만 포함하여 옳게 서술한 경우 | 60 % |
| 한 가지 내용만 포함하여 옳게 서술한 경우 | 30 % |

시험 대비 문제까지 꼼꼼하게 풀었다면
이제 '자극과 반응'은 문제 없어요!

MEMO

MEMO

MEMO